信息系统研发与运维安全

题库

（下）

国网安徽省电力有限公司互联网部 编
国网黄山供电公司

图书在版编目（CIP）数据

信息系统研发与运维安全题库.下/国网安徽省电力有限公司互联网部，国网黄山供电公司编.——北京：企业管理出版社，2021.12
ISBN 978-7-5164-2514-5

Ⅰ.①信… Ⅱ.①国…②国… Ⅲ.①电力系统—信息系统—习题集 Ⅳ.①TM7-44

中国版本图书馆CIP数据核字（2021）第224872号

书　　名	信息系统研发与运维安全题库（下）
书　　号	ISBN 978-7-5164-2514-5
作　　者	国网安徽省电力有限公司互联网部　国网黄山供电公司
选题策划	周灵均　上官艳秋
责任编辑	张　羿　周灵均
出版发行	企业管理出版社
经　　销	新华书店
地　　址	北京市海淀区紫竹院南路17号　　邮　编：100048
网　　址	http://www.emph.cn　　电子信箱：26814134@qq.com
电　　话	编辑部（010）68701661　　发行部（010）68701816
印　　刷	北京虎彩文化传播有限公司
版　　次	2021年12月第1版
印　　次	2021年12月第1次印刷
开　　本	710mm×1000mm　1/16
印　　张	34.5
字　　数	750千字
定　　价	298.00元（全二册）

版权所有　翻印必究·印装有误　负责调换

编委会

主　任　韩学民　毛　峰
副主任　郑高峰　卓文合　陈清萍　胡海琴　凌晓斌
委　员　秦丹丹　王　峰　刘朋熙　王海超　肖家锴　陶　军
　　　　　唐　波
主　编　蔡　翔
副主编　杨先杰　张　勇　方　圆　俞骏豪　李　周　马俊杰
　　　　　陈　洋
编　委　关　鹏　叶水勇　李龙跃　刘　丽　付　颖　陈　明
　　　　　刘　琦　管建超　吴家奇　李　超　褚　岳　张科健
　　　　　刘茂彬　夏　欢　朱笔挥　韩　辉　郑宏阔　姜晓涛
　　　　　郑　瑾　叶望芬　王智广　邵　杰　施　俊　程敏珠
　　　　　程永奇　姚嘉智

目 录
CONTENTS

上 册
一、单项选择题（4650题） ·· 1

下 册
二、多项选择题（1630题） ·· **641**
三、判断题（2860题） ··· **875**
四、简答题（860题） ·· **1085**

二、多项选择题
（1630题）

1. 移动智能终端的特点有（　　）。
A. 开放性的 OS 平台　　　　　　　B. 具备 PDA 的功能
C. 随时随地接入互联网　　　　　　D. 可扩展性强、功能强大
答案：ABCD

2. 移动终端病毒传播的途径有（　　）。
A. 电子邮箱　　　　　　　　　　　B. 网络浏览
C. 终端内存　　　　　　　　　　　D. 聊天程序
答案：ABD

3. 安卓开发的四大组件是（　　）。
A. Activity　　　　　　　　　　　B. Service
C. Broadcast Receiver　　　　　　D. Content Provider
答案：ABCD

4. 常用的静态分析工具有（　　）。
A. AXMLPrinter 2　　　　　　　　B. JD-GUI
C. APKTool　　　　　　　　　　　D. Android 逆向助手
答案：ABCD

5. App 源码安全漏洞主要有（　　）。
A. 代码混淆漏洞　　　　　　　　　B. Dex 保护漏洞
C. so 保护漏洞　　　　　　　　　　D. 调试设置漏洞
答案：ABCD

6. 下列属于重放类安全问题的是（　　）。
A. 篡改机制　　　　　　　　　　　B. 登录认证报文重放
C. 交易通信数据重放　　　　　　　D. 界面劫持
答案：BC

7. 移动应用 App 安全加固可以解决哪些安全问题？（　　）

A. 二次打包　　　　　　　　　B. 恶意篡改

C. 权限滥用　　　　　　　　　D. 代码破解

答案：ABD

8. 可以用于安卓逆向的工具有（　　）。

A. Android Studio　　　　　　B. APKTool

C. APKIDE　　　　　　　　　D. AndroidKiller

答案：ABCD

9. 以下哪些属于 APK 包的内容？（　　）

A. AndroidManifest. xml　　　B. classes. dex

C. lib　　　　　　　　　　　D. res

答案：ABCD

10. Android 常见的恶意软件行为有（　　）。

A. 恶意扣费　　　　　　　　　B. 隐私窃取

C. 远程控制　　　　　　　　　D. 系统破坏

答案：ABCD

11. 移动 App 中常见的 Web 漏洞有（　　）。

A. SQL 注入漏洞　　　　　　　B. 任意用户注册漏洞

C. 用户信息泄露　　　　　　　D. 后台弱口令

答案：ABCD

12. Android 开发过程中，下面可能导致安全漏洞的开发习惯是（　　）。

A. 在程序代码中插入 Log 方法输出敏感信息方便调试

B. 在应用正式版 Andoridmanifest. xml 中设置 android：debuggable="false"

C. 使用 SecureRandom 时使用安全的方法设置 seed

D. 设置应用配置文件为任意用户可读写

答案：AD

13. Android manifest. xml 中哪项配置可能造成安卓内部文件被窃取？（　　）

A. Android: allowbackup="true"　　　　B. Android: name ="con. trsc"

C. Android: debug ="true"　　　　　　D. Androidtarget sdkversion ="17"

答案：ABC

14. 关于 XcodeGhost 事件的正确说法是（　　）。

A. 部分 Android 产品也受到了影响

B. 应用程序开发使用了包含后门插件的 IDE

二、多项选择题

C. 当手机被盗时才有风险

D. 苹果官方回应 App Store 上的应用程序不受影响

答案：AB

15. 使用以下哪些工具可以直接调试安卓 App 代码逻辑？（　　）

A. baksmali　　　　　　　　B. DDMS

C. IDA　　　　　　　　　　D. GDB

答案：CD

16. 以下哪些属于常见的移动安全测试工具？（　　）

A. APKTool　　　　　　　　B. Dex2jar

C. JD-GUI　　　　　　　　D. Drozer

答案：ABCD

17. 下列对于"身份鉴别"描述正确的是（　　）。

A. 终端操作系统应支持开机口令、生物特征验证、PIN 码等多种身份鉴别技术

B. 终端操作系统的开机口令应配置口令强度限制的开启或关闭

C. 终端操作系统应启用用户登录安全处理机制

D. 终端操作系统应具有应用权限的控制功能

答案：ABC

18. Android 应用中导致 HTTPS 中间人攻击的原因有（　　）。

A. 没有对 SSL 证书进行校验　　　　B. 没有对主机名进行校验

C. SSL 证书被泄露　　　　　　　　D. 使用 Wi-Fi 连接网络

答案：ABC

19. 移动应用软件安全对"卸载升级"有哪些要求？（　　）

A. 软件卸载后应确保数据和文件完全清除

B. 软件应具备升级校验功能

C. 软件应确保卸载后无残留数据，或残留数据中无敏感信息

D. 软件升级过程中应进行完整性校验，防止升级文件被篡改

答案：ABCD

20. 组件安全技术要求中下列说法正确的有（　　）。

A. 软件调用 Activity 组件的过程中，应确保无法进行权限攻击或劫持

B. 软件调用 Broadcast Receiver 组件的过程中，应确保无法进行监听或劫持

C. 软件调用 Service 组件的过程中，应确保无法进行权限攻击

D. 软件调用 Content Provider 组件的过程中，应确保无法进行权限攻击

答案：ABCD

21. 移动互联网主要由下列哪几部分构成？（　　）
A. 各种应用 App
B. 便携式终端
C. 移动通信网接入
D. 不断创新的商业模式
答案：ABCD

22. 大数据应用安全策略包括（　　）。
A. 用户访问控制
B. 防止 APT 攻击
C. 整合工具和流程
D. 数据实时分析引擎
答案：ABCD

23. 国网公司对大数据安全的要求包括（　　）。
A. 隐私保护
B. 大数据安全标准的制定
C. 安全管理机制的规范
D. 网络环境的安全感知
答案：ABCD

24. 数据脱敏又称为（　　）。
A. 数据漂白
B. 数据去隐私化
C. 数据变形
D. 数据加密
答案：ABC

25. 一般的脱敏规则分为（　　）两类。
A. 可恢复
B. 不可恢复
C. 可修改
D. 不可修改
答案：AB

26. 数据的 CIA 是指（　　）。
A. 保密性
B. 完整性
C. 可用性
D. 系统性
答案：ABC

27. 数据库加密产品目前从技术角度一般可以分为（　　）两种。
A. 列加密
B. 表加密
C. 行加密
D. 库加密
答案：AB

28. 数字水印技术基本具有（　　）特点。
A. 安全性
B. 隐蔽性
C. 鲁棒性
D. 敏感性
答案：ABCD

29. 数字水印按检测过程划分为（　　）两种。

二、多项选择题

A. 盲水印　　　　　　　　　　B. 非盲水印
C. 视频水印　　　　　　　　　D. 文本水印

答案：AB

30. 按数字水印的内容可以将水印划分为（　　）。

A. 有意义水印　　　　　　　　B. 无意义水印
C. 图像水印　　　　　　　　　D. 音频水印

答案：AB

31. 按数字水印的隐藏位置可将水印划分为（　　）。

A. 时（空）域数字水印　　　　B. 频域数字水印
C. 时/频域数字水印　　　　　 D. 时间/尺度域数字水印

答案：ABCD

32. 进一步明确大数据（　　）、开放等各环节的责任主体和具体措施，完善安全保密管理措施，切实加强对涉及国家利益、公共安全、商业秘密、个人隐私等信息的保护。

A. 采集　　　　　　　　　　　B. 传输
C. 存储　　　　　　　　　　　D. 使用

答案：ABCD

33. Oracle 支持的加密方式有（　　）。

A. DES　　　　　　　　　　　 B. RC4_256
C. RC4_40　　　　　　　　　　D. DES40

答案：ABCD

34. 以下哪些因素会威胁数据安全？（　　）

A. 非法入侵　　　　　　　　　B. 硬盘驱动器损坏
C. 病毒　　　　　　　　　　　D. 信息窃取

答案：ABCD

35. 在数据使用环节，要落实（　　）。

A. 公司业务授权及账号权限管理要求　　B. 合理分配数据访问权限
C. 强化数据访问控制　　　　　　　　　D. 健全数据安全监测与审计机制

答案：ABCD

36. 以下哪些加密算法是已经被破解的？（　　）

A. LanManager 散列算法　　　　B. WEP
C. MD5　　　　　　　　　　　　D. WPA2

答案：ABC

37. 公司在使用数据签名技术时，除充分保护密钥的机密性，防止窃取者伪造密钥持有人

— 645 —

的签名外，还应注意（　　）。

A. 采取保护公钥完整性的安全措施，例如使用公钥证书

B. 确定签名算法的类型、属性以及所用密钥长度

C. 用于数字签名的密钥应不同于用来加密内容的密钥

D. 符合有关数字签名的法律法规，必要时，应在合同或协议中规定使用数字签名的相关事宜

答案：ABCD

38. 个人信息生命周期包括个人信息持有者（　　）、共享、转让和公开披露、删除个人信息在内的全部生命历程。

A. 收集　　　　　　　　　　B. 保存

C. 应用　　　　　　　　　　D. 委托处理

答案：ABCD

39. 大数据常用的安全组件有（　　）。

A. Kerberos　　　　　　　　B. Apache Sentry

C. Apache Ranger　　　　　 D. Hive

答案：ABC

40. （　　）不能保证数据的机密性。

A. 数字签名　　　　　　　　B. 消息认证

C. 单项函数　　　　　　　　D. 加密算法

答案：ABC

41. （　　）不能有效地进行数据保护。

A. 明文存储数据　　　　　　B. 使用自发明的加密算法

C. 使用弱加密或者过时的加密算法　　D. 使用足够强度的加密算法，比如 AES

答案：ABC

42. （　　）是在进行加密存储时需要注意的事项。

A. 加密的密钥应该保存在受控的区域，防止被未授权者访问

B. 密钥在废弃之后，要及时删除

C. 可以使用自发明的算法

D. 密钥的传输可以走 HTTP 通道

答案：AB

43. DSS（Digital Signature Standard）中应包括（　　）。

A. 鉴别机制　　　　　　　　B. 加密机制

C. 数字签名　　　　　　　　D. 数据完整性

二、多项选择题

答案：ABD

44. 以下哪些是涉密信息系统开展分级保护工作的环节？（　　）

A. 系统测评　　　　　　　　B. 系统定级

C. 系统审批　　　　　　　　D. 方案设计

答案：ABCD

45. 在设计密码的存储和传输安全策略时应考虑的原则包括（　　）。

A. 禁止明文传输用户登录信息及身份凭证

B. 禁止在数据库或文件系统中明文存储用户密码

C. 必要时可以考虑在 Cookie 中保存用户密码

D. 应采用单向散列值在数据库中存储用户密码，并使用强密码，在生成单向散列值过程中加入随机值

答案：ABD

46. 安全审计是对系统活动和记录的独立检查和验证，以下哪些是审计系统的作用？（　　）

A. 辅助辨识和分析未经授权的活动或攻击

B. 对与已建立的安全策略的一致性进行核查

C. 及时阻断违反安全策略的访问

D. 帮助发现需要改进的安全控制措施

答案：ABD

47. 安全移动存储介质按需求可以划分为（　　）。

A. 交换区　　　　　　　　　B. 保密区

C. 启动区　　　　　　　　　D. 绝密区

答案：ABC

48. 数字证书可以存储的信息包括（　　）。

A. 身份证号码、社会保险号、驾驶证号码

B. 组织工商注册号、组织机构代码、组织税号

C. IP 地址

D. E-mail 地址

答案：ABCD

49. 查询已注册计算机可以根据（　　）条件查询。

A. IP 地址　　　　　　　　　B. MAC 地址

C. 计算机名称　　　　　　　D. 部门

答案：ABCD

50. 常用的对称密码算法有哪些？（　　）

A. 微型密码算法（TEA） B. 高级加密标准（AES）

C. 国际数据加密算法（IDEA） D. 数据加密标准（DES）

答案：BD

51. 大数据中的数据多样性包括（　　）。

A. 地理位置 B. 视频

C. 网络日志 D. 图片

答案：ABCD

52. 登录 Oracle 数据库要素有（　　）。

A. IP 地址 B. SID

C. 端口 D. 账户/口令

答案：ABD

53. A、B 类主机房设备宜采用分区布置，一般可分为哪些区域？（　　）

A. 服务器区 B. 网络设备区

C. 存储器区 D. 监控操作区

答案：ABCD

54. 磁介质的报废处理，应采用（　　）。

A. 直接丢弃 B. 砸碎丢弃

C. 反复多次擦写 D. 内置电磁辐射干扰器

答案：CD

55. 主机房、基本工作间应设（　　）灭火系统，并应按现行有关规范要求执行。

A. 二氧化碳 B. 卤代烷

C. 七氟丙烷 D. 高压水

答案：ABC

56. 主机房应安装感烟探测器。当设有固定灭火器系统时，应采用（　　）两种探测器的组合。

A. 感烟 B. 感温

C. 探水 D. 探风

答案：AB

57. （　　）未断开前，不得断开蓄电池之间的连接。

A. 直流开关 B. 旁路检修开关

C. 负载 D. 熔断器

答案：AD

58. 机房及相关设施宜配备（　　）等安全设施。

A. 防盗 B. 防小动物

二、多项选择题

C. 防低温　　　　　　　　　　　D. 防噪声

答案：AB

59. 机房内的（　　）及消防系统应符合有关标准、规范的要求。

A. 照明　　　　　　　　　　　　B. 温度

C. 湿度　　　　　　　　　　　　D. 防静电设施

答案：ABCD

60. 信息机房内（　　）应具备标签标识，标签内容清晰、完整，才符合国网公司的规范标准要求。

A. 空调　　　　　　　　　　　　B. 设备

C. 线缆　　　　　　　　　　　　D. 机器

答案：BC

61. 信息机房线缆部署应实现强弱电分离，并完善（　　）等各项安全措施。

A. 防潮防水　　　　　　　　　　B. 防火阻燃

C. 阻火分隔　　　　　　　　　　D. 防小动物

答案：ABCD

62. 以下措施中属于机房防尘的是（　　）。

A. 安装风浴通道　　　　　　　　B. 工作人员穿防尘服饰鞋帽进入工作区域

C. 采用不吸尘不起尘材料装修　　D. 定期对机房进行换气

答案：ABC

63. 不是 PKI 提供的核心服务包括（　　）。

A. 认证　　　　　　　　　　　　B. 可用性

C. 密钥管理　　　　　　　　　　D. 加密管理

答案：BD

64. PKI 系统的基本组件不包括（　　）。

A. 终端实体　　　　　　　　　　B. 注销机构

C. 证书撤销列表发布者　　　　　D. 密文管理中心

答案：BD

65. PKI 管理对象不包括（　　）。

A. ID 和口令　　　　　　　　　　B. 密钥

C. 证书颁发　　　　　　　　　　D. 证书撤销

答案：AC

66. 下列措施中，（　　）用于防范传输层保护不足。

A. 对所有敏感信息的传输都要加密

— 649 —

B. 对于所有需要认证访问的或者包含敏感信息的内容使用 SSL/TLS 连接

C. 可以将 HTTP 和 HTTPS 混合使用

D. 对所有的 Cookie 使用 Secure 标志

答案：ABD

67. 下列关于 PKI 工作流程的说法正确的有（　　）。

A. 证书申请由实体提出　　　　　　B. 实体身份审核由 RA 完成

C. 证书由 CA 颁发　　　　　　　　D. 实体撤销证书需向 RA 申请

答案：AC

68. 以下无法防止重放攻击的是（　　）。

A. 对用户的账户和密码进行加密　　B. 使用一次一密的加密方式

C. 使用复杂的账户名和口令　　　　D. 经常修改用户口令

答案：CD

69. 以下哪种不是常用的哈希算法（Hash）？（　　）

A. 3DES　　　　　　　　　　　　B. MD5

C. RSA　　　　　　　　　　　　　D. AES

答案：ACD

70. 常用的对称密码算法有哪些？（　　）

A. TEA　　　　　　　　　　　　　B. AES

C. IDEA　　　　　　　　　　　　　D. DES

答案：BD

71. 数据备份通常有哪几种方式？（　　）

A. 临时备份　　　　　　　　　　　B. 差异备份

C. 增量备份　　　　　　　　　　　D. 完全备份

答案：BCD

72. 以下（　　）行为不能实现数据有效保护。

A. 加密存储　　　　　　　　　　　B. 使用自发明加密算法

C. 明文传输　　　　　　　　　　　D. 数据水印

答案：BC

73. 在数据存储及使用环节，应积极采取（　　）等技术措施，保证数据安全。

A. 加密　　　　　　　　　　　　　B. 备份

C. 脱敏　　　　　　　　　　　　　D. 日志审计

答案：ABCD

74. 身份鉴别是安全服务中的重要一环，以下关于身份鉴别叙述正确的是（　　）。

二、多项选择题

A. 身份鉴别是授权控制的基础

B. 身份鉴别一般不用提供双向的认证

C. 目前一般采用基于对称密钥加密或公开密钥加密的方法

D. 数字签名机制是实现身份鉴别的重要机制

答案：ACD

75. 下列属于公钥的分配方法的是（   ）。

A. 公用目录表   B. 公钥管理机构

C. 公钥证书   D. 秘密传输

答案：ABC

76. 关于密码学的讨论中，下列（   ）观点是不正确的。

A. 密码学是研究与信息安全相关的方面如机密性、完整性、实体鉴别、抗否认等的综合技术

B. 密码学的两大分支是密码编码学和密码分析学

C. 密码并不是提供安全的单一的手段，而是一组技术

D. 密码学中存在一次一密的密码体制，它是绝对安全的

答案：ABD

77. 以下关于对称密钥加密说法错误的有（   ）。

A. 加密方和解密方可以使用不同的算法   B. 加密密钥和解密密钥可以是不同的

C. 加密密钥和解密密钥是相同的   D. 密钥的管理非常简单

答案：ABD

78. 严格的口令策略应当包括哪些要素？（   ）

A. 满足一定的长度，比如 8 位以上   B. 同时包含数字、字母和特殊字符

C. 系统强制要求定期更改口令   D. 用户可以设置空口令

答案：ABCD

79. 以下关于 CA 认证中心说法错误的有（   ）。

A. CA 认证是使用对称密钥机制的认证方法

B. CA 认证中心只负责签名，不负责证书的产生

C. CA 认证中心负责证书的颁发和管理，并依靠证书证明用户的身份

D. CA 认证中心不用保持中立，可以随便找一个用户来做 CA 认证中心

答案：ABD

80. 数据备份系统由（   ）几部分组成。

A. 备份服务器   B. 备份网络

C. 备份设备   D. 备份软件

答案：ABCD

81. 密码系统包括几方面元素？（　　）

A. 明文空间
B. 密文空间
C. 密钥空间
D. 密码算法

答案：ABCD

82. 办公网络中计算机的逻辑组织形式可以有两种：工作组和域。下列关于工作组的叙述中正确的是（　　）。

A. 工作组中的每台计算机都在本地存储账户
B. 本计算机的账户可以登录到其他计算机上
C. 工作组中的计算机的数量最好不要超过 10 台
D. 工作组中的操作系统必须一样

答案：AC

83. 不属于操作系统自身的安全漏洞的是（　　）。

A. 操作系统自身存在的"后门"
B. QQ 木马病毒
C. 管理员账户设置弱口令
D. 电脑中防火墙未做任何访问限制

答案：BCD

84. 操作系统的脆弱性表现在（　　）。

A. 操作系统体系结构自身
B. 操作系统可以创建进程
C. 操作系统的程序是可以动态连接的
D. 操作系统支持在网络上传输文件

答案：ABCD

85. 操作系统的基本功能有（　　）。

A. 处理器管理
B. 文件管理
C. 存储管理
D. 设备管理

答案：ABCD

86. 操作系统的主要功能是（　　）。

A. 硬件维护
B. 资源管理
C. 程序控制
D. 人机交互

答案：BCD

87. 操作系统应当配置登录失败的处理策略，主要有（　　）。

A. 设置账户锁定策略，包括账户锁定阈值和账户锁定时间
B. 设置用户空闲会话时长
C. 设置重置账户锁定计数器
D. 禁止用户修改密码

答案：AC

88. 产生系统死锁的原因可能是（　　）。

二、多项选择题

A. 进程释放资源 B. 多个进程竞争
C. 资源出现了循环等待 D. 多个进程竞争共享型设备
答案：BC

89. 常见的后门包括（　　）。
A. Rhosts++ 后门 B. Login 后门
C. 服务进程后门 D. UID Shell
答案：ABC

90. 处理器执行的指令被分成两类，其中有一类称为特权指令，它不允许（　　）使用。
A. 操作员 B. 联机用户
C. 操作系统 D. 目标程序
答案：ABD

91. 对于 Windows 的系统服务，应该采取最小化原则：关闭不用的服务、关闭危险性大的服务等。对于一台对外提供 WWW 服务的系统，需要关闭的服务有（　　）。
A. Remote Registry B. Terminal Services
C. IIS Admin D. Messenger
答案：ABD

92. 根据 Blued-H、SchroedeI.M.D 的要求，设计安全操作系统应遵循的原则有（　　）。
A. 最小特权 B. 操作系统中保护机制的经济性
C. 开放设计 D. 特权分离
答案：ABCD

93. 关于 Rootkit 说法正确的是（　　）。
A. Rootkit 是给超级用户 root 用的
B. Rootkit 是入侵者在入侵了一台主机后，用来创建后门并加以伪装的程序包
C. 在对系统进行审计时，可以通过校验分析和扫描开放端口的方式来检测是否存在 Rootkit 等问题
D. Rootkit 其实就是一些事先修改过的用来替换系统程序的程序
答案：BCD

94. 禁用账户特点有哪些？（　　）
A. Administrator 账户不可以被禁用
B. Administrator 账户可以禁用自己，所以在禁用自己之前应创建至少一个管理组的账户
C. 普通用户可以被禁用
D. 禁用的账户过一段时间会自动启用
答案：BC

95. 可从以下哪几个方面审计 Windows 系统是否存在后门？（ ）

A. 查看服务信息　　　　　　　　B. 查看驱动信息

C. 查看注册表键值　　　　　　　D. 查看系统日志

答案：ABCD

96. 使用 Windows Server 2003 中的备份工具（"备份"）配置和创建备份所需的常规信息有（ ）。

A. 执行基础备份　　　　　　　　B. 为备份选择目的地

C. 为备份选择相应的选项　　　　D. 计划备份

答案：ABCD

97. 通用操作系统必需的安全性功能有（ ）。

A. 用户认证　　　　　　　　　　B. 文件和 I/O 设备的访问控制

C. 内部进程间通信的同步　　　　D. 作业管理

答案：ABCD

98. 网络操作系统应当提供哪些安全保障？（ ）

A. 验证（Authentication）

B. 授权（Authorization）

C. 数据保密性（Data Confidentiality）

D. 数据一致性（Data Integrity）和数据的不可否认性（Data Nonrepudiation）

答案：ABCD

99. 系统加固的主要目的是（ ）。

A. 降低系统面临的威胁　　　　　B. 减小系统自身的脆弱性

C. 提高攻击系统的难度　　　　　D. 减少安全事件造成的影响

答案：BCD

100. 在默认情况下，Linux 支持下列哪些文件系统？（ ）

A. FAT　　　　　　　　　　　　B. NTFS

C. EXT2　　　　　　　　　　　 D. EXT3

答案：ACD

101. 造成操作系统安全漏洞的原因有（ ）。

A. 不安全的编程语言　　　　　　B. 不安全的编程习惯

C. 考虑不周的架构设计　　　　　D. 人为的恶意破坏

答案：ABC

102. 针对 Linux 主机，一般的加固手段包括（ ）。

A. 打补丁　　　　　　　　　　　B. 关闭不必要的服务

二、多项选择题

C. 限制访问主机　　　　　　　　D. 切断网络

答案：ABC

103. 针对 Windows 系统的安全保护，下列说法正确的是（　　）。

A. 禁止用户账号安装打印驱动，可防止伪装成打印机驱动的木马

B. 禁止存储设备的自动播放，可以防止针对 U 盘的病毒

C. 系统程序崩溃时会产生 Coredump 文件，这种文件中不包含重要系统信息

D. 破坏者可以利用系统蓝屏重启计算机，从而把恶意程序加载到系统中，所以应禁止蓝屏重启

答案：ABD

104. 组成 UNIX 系统结构的层次有（　　）。

A. 用户层　　　　　　　　　　　B. 驱动层

C. 硬件层　　　　　　　　　　　D. 内核层

答案：ACD

105. 被感染病毒后，计算机可能出现的异常现象或症状有（　　）。

A. 计算机系统出现异常死机或死机频繁　　B. 文件的内容和文件属性无故改变

C. 系统被非法远程控制　　　　　　　　　D. 自动发送邮件

答案：ABCD

106. 有两个账号 001 和 002，经检查发现 002 账号名被添加到 /etc/cron.d/cron.deny 文件中。下面说法正确的是（　　）。

A. 001 用户可以创建、编辑、显示和删除 Crontab 文件

B. 002 用户可以创建、编辑、显示和删除 Crontab 文件

C. 删除 /etc/cron.d/cron.deny 文件后，001 和 002 用户都可以创建、编辑、显示和删除 Crontab 文件

D. 删除 /etc/cron.d/cron.deny 文件后，001 和 002 用户都不可以创建、编辑、显示和删除 Crontab 文件

答案：ABD

107. 在一台 Windows 系统的机器上设定的账号锁定策略为：账号锁定阈值为 5 次，账号锁定时间为 20 分钟，复位账号锁定计数器时间为 20 分钟。下面的说法正确的是（　　）。

A. 只要保证系统能够安装上最新的补丁，这台机器就是安全的

B. Office 等应用软件有独立的 SP、Hotfix 补丁

C. 如用账号破解软件不停地对某一账号进行登录尝试，假设此账号一直没有破解成功，则系统管理员将不能正常登录

D. 以上说法均不正确

答案：BC

108. Windows 系统中的审计日志包括（　　）。

A. 系统日志（SystemLog）　　　　B. 安全日志（SecurityLog）

C. 应用程序日志（ApplicationsLog）　　D. 用户日志（UserLog）

答案：ABC

109. 以下密码哪些属于常见的危险密码？（　　）

A. 跟用户名相同的密码　　　　　B. 10 位的综合密码

C. 只有 4 位数的密码　　　　　　D. 使用生日作为密码

答案：ACD

110. 以下策略哪些属于本地计算机策略？（　　）

A. 审核策略　　　　　　　　　　B. Kerberos 身份验证策略

C. 用户权利指派　　　　　　　　D. 安全选项

答案：ACD

111. 下列关于组策略的描述哪些是正确的？（　　）

A. 首先应用的是本地组策略

B. 除非冲突，组策略的应用应该是累积的

C. 如果存在冲突，最先应用组策略的将获胜

D. 策略在策略容器上的顺序决定应用的顺序

答案：ABD

112. 以下哪种特性在 Windows 2000 下可以通过系统本身的工具来进行设置和控制？（　　）

A. 物理安全性　　　　　　　　　B. 用户安全性

C. 文件安全性　　　　　　　　　D. 入侵安全性

答案：BCD

113. 操作系统的安全审计是指对系统中有关安全的活动进行记录、检查和审核的过程，为了完成审计功能，审计系统包括哪些功能模块？（　　）

A. 审计数据挖掘　　　　　　　　B. 审计事件收集及过滤

C. 审计事件记录及查询　　　　　D. 审计事件分析及响应报警系统

答案：BCD

114. 主机型漏洞扫描器可能具备的功能有（　　）。

A. 重要资料锁定　　　　　　　　B. 弱口令检查

C. 系统日志及文本文件分析　　　D. 动态报警

答案：ABCD

115. 在 UNIX 系统中，关于 Shadow 文件说法正确的是（　　）。

A. 只有超级用户可以查看 　　　　　　B. 保存了用户的密码

C. 增强系统的安全性 　　　　　　　　D. 对普通用户是只读的

答案：ABCD

116. 可能和计算机病毒有关的现象有（　　）。

A. 可执行文件大小改变了 　　　　　　B. 系统频繁死机

C. 内存中有来历不明的进程 　　　　　D. 计算机主板损坏

答案：ABC

117. 系统安全管理包括（　　）。

A. 系统软件与补丁管理 　　　　　　　B. 日常防病毒管理

C. 安全产品策略备份 　　　　　　　　D. 频繁更换服务器硬件

答案：ABC

118. 在 Windows 2000 中，以下服务一般可以关闭的是（　　）。

A. Remote Registry Service：允许远程注册表操作

B. Routing and Remote Access：在局域网以及广域网环境中为企业提供路由服务

C. Remot Procedure Call（RPC）：提供终结点映射程序（Endpoint Mapper）以及其他 RPC 的服务

D. Messenger 发送和接受系统管理员或者"警报者"服务传递

答案：ABD

119. 以下属于 NTFS 文件系统安全的项目是（　　）。

A. 用户级别的安全 　　　　　　　　　B. 文件加密

C. 从本地和远程驱动器上创建独立卷的能力 　　D. 安全的备份

答案：ABC

120. 在 NTFS 文件系统中，如果一个共享文件夹的共享权限和 NTFS 权限发生了冲突，那么以下说法不正确的是（　　）。

A. 共享权限优先 NTFS 权限 　　　　　B. 系统会认定最少的权限

C. 系统会认定最多的权限 　　　　　　D. 以上都是

答案：AC

121. 在 Windows 2000 中网络管理员利用注册表可以（　　）。

A. 修改系统默认启动选项 　　　　　　B. 设置系统自动登录

C. 修改桌面配置选项 　　　　　　　　D. 删除应用程序

答案：ABC

122. 下列哪些 UNIX 中的服务由于具有较大的安全隐患，所以不推荐使用（　　）。

A. Rlogin 　　　　　　　　　　　　　B. NIS

C. NFS D. RSH

答案：ABCD

123. 在 Windows 的安全子系统中哪些属于本地安全授权 LSA 的功能？（ ）

A. 创建用户的访问令牌 B. 管理本地安全服务的服务账号

C. 存储和映射用户权限 D. 管理审核策略和设置

答案：ABCD

124. UNIX 文件的存取权限包括以下哪几类用户的权限？（ ）

A. owner B. informix

C. group D. other

答案：ACD

125. HP-UX 基于角色的访问控制（RBAC）提供下列哪些功能？（ ）

A. HP-UX 专用的预定义配置文件，便于轻松快速部署

B. 通过 Plugable Authentication Module（PAM）实现灵活的重新身份验证，支持基于每条命令的限制

C. 集成 HP-UX 审核系统，以便生成单个统一的审核记录

D. 用于定制访问控制决策的可插拔体系结构

答案：ABCD

126. 关于 Windows 活动目录说法正确的是（ ）。

A. 活动目录是采用分层结构来存储网络对象信息的一种网络管理体系

B. 活动目录可以提供存储目录数据和网络用户及管理员使用这些数据的方法

C. 利用活动目录来实行域内计算机的分布式管理

D. 活动目录与域紧密结合构成域目录林和域目录树，使大型网络中庞大、复杂的网络管理、控制、访问变得简单，使网络管理的效率更高

答案：ABCD

127. 在 AIX 下执行命令 chuser rlogin=false login=true su = truesugroups = system root，那么下面说法正确的是（ ）。

A. root 账号不能登录 B. 只有 system 组的账号才可以 su 到 root

C. Rlogin 不能使用 root 账号 D. 所有账号都可以 su 到 root

答案：BC

128. 给操作系统做安全配置厂要求设置一些安全策略，在 AIX 系统要配置账号密码策略，下面说法正确的是（ ）。

A. chsec —f /etc/security/user —s default —a maxage=13：设置密码可使用的最长时间

B. chsec —f /etc/security/user —s default —a minlen=6：设置密码最小长度

二、多项选择题

C. chsec —f /etc/security/user —s default —a minage=1：设置密码修改所需最短时间

D. chsec —f /etc/security/user —s default —a pwdwarntime=28：设置用户登录时的警告信息

答案：ABC

129. A 类媒体：媒体上的记录内容对（　　）功能来说是最重要的、不能替代的、毁坏后不能立即恢复的。

A. 安全　　　　　　　　　　B. 运行

C. 系统　　　　　　　　　　D. 设备

答案：CD

130. 根据《中华人民共和国网络安全法》的规定，关键信息基础设施的运营者应当履行（　　）安全保护义务。

A. 定期对从业人员进行网络安全教育、技术培训和技能考核

B. 对重要系统和数据库进行容灾备份

C. 制定网络安全事件应急预案，并定期进行演练

D. 设置专门安全管理机构和安全管理负责人，并对该负责人和关键岗位的人员进行安全背景审查

答案：ABCD

131. 对于内网移动作业终端的接入，以下说法正确的是（　　）。

A. 可以使用国家电网公司自建无线专网　　B. 可以使用统一租用的虚拟专用无线公网

C. 仅能使用国家电网公司自建无线专网　　D. 禁止使用统一租用的虚拟专用无线公网

答案：AB

132. 《中华人民共和国网络安全法》出台的重大意义，主要表现在以下哪几个方面？（　　）

A. 服务于国家网络安全战略和网络强国建设　　B. 助力网络空间治理，护航"互联网 +"

C. 提供维护国家网络主权的法律依据　　　　　D. 在网络空间领域贯彻落实依法治国精神

答案：ABCD

133. 关键信息基础设施运营单位主要负责人对关键信息基础设施安全保护负总责，其主要责任包括（　　）。

A. 负责建立健全网络安全责任制

B. 保障人力、财力、物力投入

C. 领导关键信息基础设施安全保护和重大网络安全事件处置工作

D. 组织研究解决重大网络安全问题

答案：ABCD

134. 某单位信息内网的一台计算机上一份重要文件泄密，但从该计算机上无法获得泄密细节和线索，可能的原因是（　　）。

A. 该计算机未开启审计功能　　　B. 该计算机审计日志未安排专人进行维护

C. 该计算机感染了木马　　　　　D. 该计算机存在系统漏洞

答案：ABCD

135. 境外的机构、组织、个人从事（　　）等危害中华人民共和国的关键信息基础设施的活动，造成严重后果的，依法追究法律责任，国务院公安部门和有关部门可以决定对该机构、组织、个人采取冻结财产或者其他必要的制裁措施。

A. 干扰　　　　　　　　　　　　B. 侵入

C. 破坏　　　　　　　　　　　　D. 攻击

答案：ABCD

136. 关键信息基础设施保护工作部门每年向国家互联网信息部门、国务院公安部门报送年度关键信息基础设施安全保护工作情况，包括（　　）。

A. 关键信息基础设施认定和变化情况

B. 关键信息基础设施安全状况和趋势分析

C. 关键信息基础设施安全检查检测发现的主要问题及整改情况

D. 关键信息基础设施责任人变化情况

答案：ABC

137. 规范外部软件及插件的使用，在集成外部软件及插件时，应进行必要的（　　）。

A. 安全检测　　　　　　　　　　B. 规范性检测

C. 裁剪　　　　　　　　　　　　D. 过滤

答案：AC

138. 国家电网公司办公计算机信息安全管理遵循哪些原则？（　　）

A. 涉密不上网　　　　　　　　　B. 上网不涉密

C. 重复利用互联网　　　　　　　D. 交叉运行

答案：AB

139. 国家电网公司信息安全技术督查工作遵循信息安全（　　）相互监督，相互分离的原则。

A. 技术　　　　　　　　　　　　B. 管理

C. 运行　　　　　　　　　　　　D. 督查

答案：BCD

140. 任何个人和组织都应当对其使用网络的行为负责，不得设立用于（　　）违法犯罪活动的网站、通信群组，不得利用网络发布涉及（　　）以及其他违法犯罪活动的信息。

A. 实施诈骗　　　　　　　　　　B. 制作或者销售违禁物品

C. 传授犯罪方法　　　　　　　　D. 制作或者销售管制物品

答案：ABCD

二、多项选择题

141. 跨专业共享数据中涉及国家电网公司商密及重要数据的,其( )等行为须经相关部门审批。

A. 采集 B. 传输
C. 使用 D. 销毁

答案:AB

142. 内外网移动作业终端应统一进行( )。

A. 定制 B. 报废
C. 配发 D. 维修

答案:AC

143. 根据《中华人民共和国网络安全法》的规定,有下列( )行为之一的,由相关主管部门责令改正、给予警告,拒不改正或者导致危害网络安全等后果的,处五万元以上五十万元以下罚款,对直接负责的主管人员处一万元以上十万元以下罚款。

A. 未按照规定及时告知用户并向有关主管部门报告的

B. 设置恶意程序的

C. 对其产品、服务存在的安全缺陷、漏洞等风险未立即采取补救措施的

D. 擅自终止为其产品、服务提供安全维护的

答案:ABCD

144. 网络安全事件发生的风险增大时,省级以上人民政府有关部门应当按照规定的权限和程序,并根据网络安全风险的特点和可能造成的危害,采取下列( )措施。

A. 要求单位和个人协助抓捕嫌犯

B. 要求有关部门、机构和人员及时收集、报告有关信息,加强对网络安全风险的监测

C. 向社会发布网络安全风险预警,发布避免、减轻危害的措施

D. 组织有关部门、机构和专业人员,对网络安全风险信息进行分析评估,预测事件发生的可能性、影响范围和危害程度

答案:BCD

145. 国家支持网络运营者之间在网络安全信息( )等方面进行合作,提高网络运营者的安全保障能力。

A. 应急处置 B. 通报
C. 收集 D. 分析

答案:ABCD

146. 网络运营者收集、使用个人信息,应当遵循( )的原则,公开收集、使用规则,明示收集、使用信息的目的、方式和范围,并经被收集者同意。

A. 真实 B. 必要

— 661 —

C. 合法 D. 正当

答案：BCD

147. 根据《中华人民共和国网络安全法》的规定，国务院和省、自治区、直辖市人民政府应当统筹规划，加大投入，扶持重点网络安全技术产业和项目（　）。

A. 支持企业、研究机构和高等学校等参与国家网络安全技术创新项目

B. 支持网络安全技术的研究开发和应用

C. 推广安全可信的网络产品和服务

D. 保护网络技术知识产权

答案：ABCD

148. 系统上线运行后，应由（　）根据国家网络安全等级保护的有关要求，进行网络安全等级保护备案。

A. 信息化管理部门 B. 相关业务部门

C. 职能部门 D. 系统运维部门

答案：AB

149. 关键信息基础设施安全保护坚持（　），强化和落实关键信息基础设施运营单位主体责任，充分发挥政府及社会各方的作用，共同保护关键信息基础设施安全。

A. 综合协调 B. 重点保护

C. 分工负责 D. 依法保护

答案：ACD

150. 研发蓝队的任务是（　）。

A. 安全需求检查 B. 安全测试检查

C. 用户权限检查 D. 渗透测试

答案：ABCD

151.《中华人民共和国网络安全法》规定以下哪些选项是网络运营者要承担的一般性义务？（　）

A. 遵守法律、行政法规 B. 履行网络安全保护义务

C. 遵守个人道德 D. 遵守商业道德，诚实守信

答案：ABD

152. 因业务需要，境内数据确需向境外提供的，应当按照国家有关部门制定的办法进行安全评估，并经国家电网公司（　）审批，视情况向国家有关部门报备。

A. 保密办 B. 业务主管部门

C. 职能部门 D. 总部

答案：AB

153. 应对信息系统（　）情况进行监控。

二、多项选择题

A. 评估
B. 运行
C. 应用
D. 安全防护

答案：BCD

154. 在风险分析中，以下（ ）说法是不正确的。

A. 定性影响分析可以很容易地对控制进行成本收益分析

B. 定量影响分析不能用在对控制进行的成本收益分析中

C. 定量影响分析的主要优点是它对影响大小给出了一个度量

D. 定量影响分析的主要优点是它对风险进行排序并对那些需要立即改善的环节进行标识

答案：ABD

155. 在信息系统设计阶段，以下说法正确的是（ ）。

A. 在设计阶段，应明确系统的安全防护需求

B. 在系统规划设计阶段应对系统进行预定级，编制定级报告

C. 在设计阶段应编写系统安全防护方案

D. 涉及内外网交互的业务系统，禁止使用隔离装置规则库中默认禁止的结构化查询语言

答案：CD

156. 制度标准的认定和计算机案件的数据鉴定（ ）。

A. 是一项专业性较强的技术工作

B. 必要时可进行相关的验证或侦查实验

C. 可聘请有关方面的专家，组成专家鉴定组进行分析鉴定

D. 可以由发生事故或计算机案件的单位出具鉴定报告

答案：ABC

157. 落实国家关键信息基础设施保护和等级保护要求，满足公司泛在电力物联网建设需要，适应"互联网+"等新兴业务快速发展，在坚持"（ ）"原则基础上，形成"（ ）"的核心防护能力。

A. 安全分区、网络专用、横向隔离、纵向认证

B. 双网双机、分区分域、等级防护、多层防御

C. 可信互联、精准防护、安全互动、智能防御

D. 可管可控、精准防护、可视可信、智能防御

答案：AC

158. 下列属于泛在电力物联网全场景网络安全防护体系建设中安全管理体系明确的管理职责是（ ）。

A. 健全管理统一、职责明确、界面清晰的网络安全管理职责体系

B. 明确互联网部是公司网络安全归口管理部门，增加国网大数据中心作为支撑机构

C. 明确网络安全职能管理部门、业务部门职责分工

D. 强化数据安全管理职责

答案：ABCD

159. 下列关于互联网大区说法正确的是（　　）。

A. 互联网大区可以部署数据库，构建数据中心，用于存储处理公司普通数据，降低跨区数据传输压力

B. 互联网大区禁止存储公司商密数据

C. 互联网大区禁止长期存储重要数据

D. 禁止终端在互联网大区、管理信息大区和生产控制大区之间交叉使用

答案：ABCD

160. VPN 技术采用的主要协议有（　　）。

A. IPSec　　　　　　　　　B. PPTP

C. L2TP　　　　　　　　　D. WEP

答案：ABC

161. 对于防火墙的设计准则，业界有一个非常著名的标准，即两个基本的策略（　　）。

A. 允许从内部站点访问 Internet 而不允许从 Internet 访问内部站点

B. 没有明确允许的就是禁止的

C. 没有明确禁止的就是允许的

D. 只允许从 Internet 访问特定的系统

答案：BC

162. 防火墙部署中的透明模式的优点包括（　　）。

A. 性能较高　　　　　　　　B. 易于在防火墙上实现 NAT

C. 不需要改变原有网络的拓扑结构　　D. 防火墙自身不容易受到攻击

答案：ACD

163. 防火墙的包过滤功能会检查如下信息（　　）。

A. 源 IP 地址　　　　　　　B. 目标 IP 地址

C. 源端口　　　　　　　　　D. 目标端口

答案：ABCD

164. 在 OSI 参考模型中有 7 个层次，提供了相应的安全服务来加强信息系统的安全性，以下哪些层次不是提供保密性、身份鉴别、数据完整性服务的？（　　）

A. 网络层　　　　　　　　　B. 表示层

C. 会话层　　　　　　　　　D. 物理层

答案：BCD

二、多项选择题

165. 在直接连接到 Internet 的 Windows 系统中，应当强化 TCP/IP 堆栈的安全性以防范 DOS 攻击，设置以下注册表值有助于防范针对 TCP/IP 堆栈的 DOS 攻击（ ）。

A. EnableDeadGWDetect B. SynAttackProtect
C. EnablePMTUDiscovery D. PerformRouterDiscovery

答案：ABCD

166. SG-I6000 系统中安全备案功能按部门分为以下哪几项？（ ）

A. 信息部门 B. 调度部门
C. 运检部门 D. 营销部门

答案：ABCD

167. 公司 SG-I6000 系统应用模块实施范围包括（ ）灾备管理、安全管理和决策分析的业务应用。

A. 运行管理 B. 检修管理
C. 调度管理 D. 客服管理

答案：ABCD

168. SG-I6000 系统需要进行安全备案的设备类型有（ ）。

A. 主机 B. 网络
C. 终端 D. 打印机

答案：ABCD

169. SG-I6000 构建调度管理、（ ）、资源监管、灾备管理、安全管理、决策分析、移动运维十个业务应用模块，支撑信息通信日常运维业务工作。

A. 运行管理 B. 检修管理
C. 客服管理 D. 三线管理

答案：ABCD

170. 在配置信息内外网逻辑强隔离装置时，以下哪些是必需的步骤？（ ）

A. 配置数据库信息 B. 配置应用信息
C. 重新启动设备 D. 配置策略关联

答案：ABD

171. 信息安全网络隔离装置（NDS100）也叫逻辑强隔离装置，部署在网络边界处，实现（ ）功能。

A. 访问控制 B. 网络强隔离
C. 地址绑定 D. 防 SQL 注入攻击

答案：ABCD

172. TCP/IP 参考模型中，以下哪些应用层协议是运行在 TCP 之上的？（ ）

A. HTTP B. SNMP
C. FTP D. SMTP

答案：ACD

173. TCP/IP 规定了哪些特殊意义的地址形式？（ ）

A. 网络地址 B. 广播地址
C. 组播地址 D. 回送地址

答案：BCD

174. 下面哪些协议属于 OSI 参考模型第七层？（ ）

A. FTP B. SPX
C. Telnet D. PPP

答案：AC

175. TCP/IP 协议栈包括以下哪些层次？（ ）

A. 网络层、传输层 B. 会话层、表示层
C. 应用层 D. 网络接口层

答案：ACD

176. 防火墙不能防止以下（ ）攻击。

A. 内部网络用户的攻击 B. 传送已感染病毒的软件和文件
C. 外部网络用户的 IP 地址欺骗 D. 数据驱动型的攻击

答案：ABD

177. 防火墙的测试性能参数一般包括（ ）。

A. 吞吐量 B. 新建连接速率
C. 并发连接数 D. 处理时延

答案：ABCD

178. 防火墙的构建要从哪些方面着手考虑？（ ）

A. 体系结构的设计 B. 体系结构的制定
C. 安全策略的设计 D. 安全策略的制定

答案：AD

179. 防火墙的日志管理应遵循如下原则（ ）。

A. 本地保存日志 B. 本地保存日志并把日志保存到日志服务器上
C. 保持时钟同步 D. 在日志服务器上保存日志

答案：BC

180. 防火墙的作用有（ ）。

A. 过滤进出网络的数据 B. 管理进出网络的访问行为

二、多项选择题

C. 封堵某些禁止的行为 D. 记录通过防火墙的信息内容和活动

答案：ABCD

181. 下面关于防火墙概念和功能的描述哪些是正确的？（　）

A. 防火墙可能会成为数据传输的瓶颈

B. 防火墙可实行强制安全策略

C. 防火墙可记录连接情况

D. 使用防火墙可防止一个网段的问题向另一个网段传播

答案：ABCD

182. 以下哪些是应用层防火墙的特点？（　）

A. 更有效地阻止应用层攻击 B. 工作在 OSI 模型的第七层

C. 速度快且对用户透明 D. 比较容易进行审计

答案：ABD

183. 在防火墙的"访问控制"应用中，内网、外网、DMZ 三者的访问关系为（　）。

A. 内网可以访问外网 B. 内网可以访问 DMZ 区

C. DMZ 区可以访问内网 D. 外网可以访问 DMZ 区

答案：ABD

184. 以下选项中，哪些可能是应用服务器无法通过信息安全网络隔离装置（NDS100）访问数据库的原因？（　）

A. 应用服务器与数据库服务器的网络不通或路由不可达

B. 数据库信息中的 IP 地址及端口配置错误

C. 数据库使用了 Oracle 10g 版本

D. 应用服务器使用了 JDBC 的连接方式

答案：AB

185. 为 IPSec 服务的总共有三个协议，分别是（　）。

A. AH 协议 B. ESP 协议

C. IKE 协议 D. SET 协议

答案：ABC

186. AH 是报文验证头协议，主要提供以下（　）功能。

A. 数据机密性 B. 数据完整性

C. 数据来源认证 D. 反重放

答案：BCD

187. STP 和 RSTP 协议的区别在于（　）。

A. 协议版本不同 B. 配置消息格式不同

C. 端口状态转换方式不同　　　　　　D. 拓扑改变消息的传播方式不同

答案：ABCD

188. 关于 MPLS 协议，下面说法正确的是（　　）。

A. 属于相同转发等价类的分组在 MPLS 网络中将获得完全相同的处理

B. 标签为一个长度固定、只具有本地意义的短标识符，用于唯一表示一个分组所属的转发等价类

C. 对应一个 FEC 可能会有多个标签，但是一个标签只能代表一个 FEC

D. 在 MPLS 体系中标签由上游指定，标签绑定按照从上游到下游的方向分发

答案：ABC

189. 以下哪种路由协议只关心到达目的网段的距离和方向？（　　）

A. IGP　　　　　　　　　　　　　　B. OSPF

C. RIPv1　　　　　　　　　　　　　D. RIPv2

答案：CD

190. 网络层的协议有（　　）协议。

A. IP　　　　　　　　　　　　　　　B. ARP

C. ICMP　　　　　　　　　　　　　D. RARP

答案：ABCD

191. 下列对于 PAP 协议描述正确的是（　　）。

A. 使用两步握手方式完成验证　　　　B. 使用三步握手方式完成验证

C. 使用明文密码进行验证　　　　　　D. 使用加密密码进行验证

答案：AC

192. 下列哪两项是用户数据报协议 UDP 的特点？（　　）

A. 流量控制　　　　　　　　　　　　B. 系统开销低

C. 无连接　　　　　　　　　　　　　D. 面向连接

答案：BC

193. 以下描述中不属于 SSL 协议握手层功能的有（　　）。

A. 负责建立维护 SSL 会话　　　　　　B. 保证数据传输可靠

C. 异常情况下关闭 SSL 连接　　　　　D. 验证数据的完整性

答案：BD

194. 以下哪些协议是完成网络层路由器与路由器之间路由表信息共享的？（　　）

A. OSPF　　　　　　　　　　　　　B. BGP

C. STP　　　　　　　　　　　　　　D. VRRP

答案：AB

二、多项选择题

195. 以下属于网络通信协议的有哪些？（　　）

A. IPX/SPX　　　　　　　　　　B. TCP/IPv4

C. TCP/IPv6　　　　　　　　　　D. NETBEUI

答案：ABCD

196. 在 OSPF 协议中，对于 DR 的描述正确的是（　　）。

A. 本广播网络中所有的路由器都将共同参与 DR 选举

B. 若两台路由器的优先级值不同，则选择优先级值较小的路由器作为 DR

C. 若两台路由器的优先级值相等，则选择 Router ID 大的路由器作为 DR

D. DR 和 BDR 之间也要建立邻接关系

答案：ACD

197. 在运行 OSPF 动态路由协议时，何种情况下不用选举 DR 和 BDR？（　　）

A. Broadcast　　　　　　　　　　B. NBMA

C. Point-to-Point　　　　　　　　D. Point-to-Multipoint

答案：CD

198. （　　）是中间件的特点。

A. 满足大量应用的需要　　　　　　B. 运行于多种硬件和 OS（Operating System）平台

C. 支持分布式计算　　　　　　　　D. 支持标准的协议

答案：ABCD

199. Apache Web 服务器主要有三个配置文件，位于 /usr/local/apache/conf 目录下，包括以下哪些？（　　）

A. httpcon：主配置文件　　　　　　B. srm.conf：添加资源文件

C. access.conf：设置文件的访问权限　D. version.conf：版本信息文件

答案：ABC

200. 为了通过 HTTP 错误代码来显示不同错误页面，需要修改 WebLogic 的 web.xml 中（　　）元素。

A. error-page　　　　　　　　　　B. error-code

C. location　　　　　　　　　　　D. error-type

答案：ABC

201. 下面哪些方法，可以实现对 IIS 重要文件的保护或隐藏？（　　）

A. 通过修改注册表，将缺省配置文件改名，并转移路径

B. 将 wwwroot 目录，更改到非系统分区

C. 修改日志文件的缺省位置

D. 将脚本文件和静态网页存放到不同目录下，并分配不同权限

答案：ABCD

202. 以下哪项可以避免 IIS PUT 上传攻击？（　　）

A. 设置 Web 目录的 NTFS 权限为：禁止 Internet 来宾账户写权限

B. 禁用 WebDAV 扩展

C. 修改网站的默认端口

D. 设置 IIS 控制台网站属性：主目录权限禁止写入权限

答案：ABD

203. 以下哪些是 Web 常见中间件？（　　）

A. Tomcat　　　　　　　　　　B. Informix

C. WebLogic　　　　　　　　　D. WebShpere

答案：ACD

204. 以下属于 Tomcat 安全防护措施的是（　　）。

A. 更改服务默认端口　　　　　B. 配置账户登录超时自动退出功能

C. 禁止 Tomcat 列表显示文件　　D. 设置登录密码

答案：ABCD

205. 以下属于 WebLogic 安全防护措施的是（　　）。

A. 限制应用服务器 Socket 数量　B. 应禁止 Send Server Header

C. 目录列表访问限制　　　　　　D. 支持加密协议

答案：ABCD

206. 在 WebLogic 中，Web 应用的根目录一般由（　　）文件的 context-root 元素定义。

A. webapp.xml　　　　　　　　B. application.xml

C. Web-application.xml　　　　　D. weblogic.xml

答案：BD

207. 在 WebLogic 中发布 EJB 涉及哪些配置文件？（　　）

A. ejbjar.xml　　　　　　　　　B. config-jar.xml

C. weblogic-ejb-jar.xml　　　　　D. weblogic-bmprdbms-jar.xml

答案：AC

208. IIS 中间件易出现的安全漏洞有（　　）。

A. PUT 上传漏洞　　　　　　　B. 短文件名猜解漏洞

C. 远程代码执行漏洞　　　　　　D. 解析漏洞

答案：ABCD

209. Nginx 中间件易出现的漏洞有（　　）。

A. 解析漏洞　　　　　　　　　　B. 目录遍历

二、多项选择题

C. CRLF 注入　　　　　　　D. 目录穿越

答案：ABCD

210. WebLogic 内部的权限管理也是通过角色和用户组来实现的，主要分为哪几个用户组？（　）

A. Administrators　　　　　B. Deployers

C. Monitors　　　　　　　　D. Operators

答案：ABCD

211. JBoss 的两个管理控制台为（　）。

A. JMX-Console　　　　　　B. Admin-Console

C. Console　　　　　　　　D. Web-Console

答案：AD

212. 以下属于 Tomcat 弱口令的是（　）。

A. tomcat　　　　　　　　　B. admin

C. 123456　　　　　　　　　D. 111111

答案：ABCD

213. 由于 WebLogic 承载着系统应用的发布，所以其重要性也是不可估量，那么我们该怎么去面对 WebLogic 的漏洞，来保障系统的安全，可采用如下哪些措施？（　）

A. 经常关注 WebLogic 的安全情况，对其爆发的最新漏洞进行及时升级或打补丁

B. 尽量关闭 WebLogic 在公网上的开放，仅限于在内网进行维护、管理

C. 修改 WebLogic 的默认端口 7001 以及后台的默认访问路径

D. 部署 WAF 等安全措施，可以在一定程度上减轻该漏洞的危害

答案：ABCD

214. Serv-U 软件因自身缺陷曾多次被黑客用来进行提权攻击，针对提权的防御办法有（　）。

A. 禁用 anonymous 账户

B. 修改 Serv-U 默认管理员信息和端口号

C. 修改默认安装路径，并限制安全目录的访问权限

D. 限制用户权限，删除所有用户的执行权限

答案：ABCD

215. 通过修改 nginx.conf 文件可以实现（　）。

A. 隐藏版本信息　　　　　　B. 限制 HTTP 请求方法

C. 限制 IP 访问　　　　　　　D. 限制并发和速度

答案：ABCD

216. 以下哪些服务器曾被发现文件解析漏洞？（　）

A. Apache
B. IIS
C. Nginx
D. Squid

答案：ABC

217. 以下属于常见应用中间件的是（　　）。

A. IIS
B. Apache
C. Nginx
D. WebLogic

答案：ABCD

218. （　　）是用于 C# 逆向分析的工具。

A. OD
B. IDA
C. Reflector
D. ILSpy

答案：CD

219. Android 开发过程中，下面哪些开发习惯可能导致安全漏洞？（　　）

A. 在程序代码中插入 Log 方法输出敏感信息方便调试
B. 在应用正式版 Andoridmanifest.xml 中设置 android：debuggable="false"
C. 使用 SecureRandom 时使用安全的方法设置 seed
D. 设置应用配置文件为任意用户可读写

答案：AD

220. CPU 发出的访问存储器的地址不是（　　）。

A. 物理地址
B. 偏移地址
C. 逻辑地址
D. 段地址

答案：BCD

221. ELF 文件中主要有哪几个类型？（　　）

A. 可重定位文件
B. 可执行文件
C. 共享目标文件
D. 共享属性文件

答案：ABC

222. IsDebugger 函数不是用来检测（　　）。

A. 程序是否正在被调试
B. 程序是否运行
C. 程序是否损坏
D. 程序是否有 Bug

答案：BCD

223. 关于缓冲区溢出攻击，正确的描述是（　　）。

A. 缓冲区溢出攻击手段一般分为本地攻击和远程攻击
B. 缓冲区溢出是一种系统攻击的手段，通过向程序的缓冲区写超出其长度的内容，造成缓冲区的溢出，从而破坏程序的堆栈，使程序转而执行其他指令，以达到攻击的目的

二、多项选择题

C. 缓冲区溢出攻击之所以成为一种常见的安全攻击手段，其原因在于缓冲区溢出漏洞太普遍了，并且易于实现

D. 缓冲区溢出攻击的目的在于扰乱具有某些特权运行的程序的功能，这样可以使得攻击者取得 root 权限，那么整个主机就被控制了

答案：ABC

224. 宏指令与子程序的主要区别在于（ ）。

A. 完成的功能完全不同 B. 目标程序的长度不同

C. 执行程序的速度不同 D. 汇编时处理的方式不同

答案：BCD

225. 汇编语言经编译后可直接生成的文件类型有（ ）。

A. OBJ B. LST

C. EXE D. CRF

答案：ABD

226. 寄存器 EAX 的常用用途有（ ）。

A. 乘除运算 B. 字输入输出

C. 中间结果缓存 D. 函数返回值

答案：ABCD

227. 进程隐藏技术有（ ）。

A. 基于系统服务的进程隐藏技术 B. 基于 API Hook 的进程隐藏技术

C. 基于 DLL 的进程隐藏技术 D. 基于远程线程注入代码的进程隐藏技术

答案：ABCD

228. 壳的加载过程有（ ）

A. 解密原程序的各个区块的数据 B. 获取壳所需要使用的 API 地址

C. Hook-API 及重定位 D. 跳转到程序原入口点

答案：ABCD

229. 壳对程序代码的保护方法有哪些？（ ）

A. 加密 B. 反跟踪代码

C. 限制启动次数 D. 花指令

答案：ABC

230. 可与串操作指令 "CMPSW" 指令配合使用的重复前缀有（ ）。

A. REP B. REPZ

C. REPNZ D. REPE

答案：BCD

231. 控制语句有哪些特点？（　　）

A. 控制语句模式不确定性
B. 控制语句模式确定性
C. 反编译控制语句不可归约性
D. 反编译控制语句可归约性

答案：BD

232. 漏洞标准是关于漏洞命名、评级、检测、管理的一系列规则和规范。以下简称中哪些属于常用的信息安全漏洞标准？（　　）

A. CVE
B. CVSS
C. OSI
D. RCE

答案：AB

233. 逻辑地址是由（　　）组成的。

A. 段地址
B. 物理地址
C. 偏移地址
D. 实际地址

答案：AC

234. 软件逆向的应用包括（　　）。

A. 软件破解
B. 软件开发
C. 病毒分析
D. 漏洞分析

答案：ABCD

235. 软件逆向分析的一般流程是（　　）。

A. 解码/反汇编
B. 中间语言翻译
C. 数据流分析
D. 控制流分析

答案：ABCD

236. 逃过 PI 检测的方法是（　　）。

A. SMC 技术
B. TOPO 技术
C. 在加壳后程序中创建一个新的区段
D. 软件升级

答案：ABC

237. 下列对于 Rootkit 技术的解释准确的是（　　）。

A. Rootkit 是一种危害大、传播范围广的蠕虫
B. Rootkit 是攻击者用来隐藏自己和保留对系统的访问权限的一组工具
C. Rootkit 和系统底层技术结合十分紧密
D. Rootkit 的工作机制是定位和修改系统的特定数据，改变系统的正常操作流程

答案：BCD

238. 下面关于 WebShell 说法正确的是（　　）。

A. WebShell 指的是 Web 服务器上的某种权限

二、多项选择题

B. WebShell 可以穿越服务器防火墙

C. WebShell 不会在系统日志中留下记录，只会在 Web 日志中留下记录

D. WebShell 也会被管理员用来作为网站管理工具

答案：ABD

239. 下面哪些方法属于对恶意程序的动态分析？（　　）

A. 文件校验，杀软查杀　　　　　　　　B. 网络监听和捕获

C. 基于注册表、进程线程、替罪羊文件的监控　　D. 代码仿真和调试

答案：BCD

240. 循环程序结构的三个主要组成部分是（　　）。

A. 置初值部分　　　　　　　　　　　　B. 工作部分

C. 循环控制部分　　　　　　　　　　　D. 结束部分

答案：ABC

241. 以下各种寄存器中，属于标志寄存器的有（　　）。

A. AH　　　　　　　　　　　　　　　B. CF

C. PF　　　　　　　　　　　　　　　D. ZF

答案：BCD

242. "根治"SQL 注入的办法有（　　）。

A. 使用参数化 SQL 提交　　　　　　　B. 使用防火墙封端口

C. 对 SQL 参数进行黑名单过滤　　　　D. 使用 PreparedStatement 技术

答案：AD

243. （　　）将引起文件上传的安全问题。

A. 文件上传路径控制不当　　　　　　　B. 上传可执行文件

C. 上传文件的类型控制不严格　　　　　D. 上传文件的大小控制不当

答案：ABCD

244. （　　）能有效地防止信息泄漏和不恰当的错误处理。

A. 不给用户任何提示信息

B. 除了必要的注释外，将所有的调试语句删除

C. 对返回客户端的提示信息进行统一和格式化

D. 制作统一的出错提示页面

答案：BCD

245. （　　）是不安全的直接对象引用而造成的危害。

A. 用户无须授权访问其他用户的资料　　B. 用户无须授权访问支持系统文件资料

C. 修改数据库信息　　　　　　　　　　D. 用户无须授权访问权限外信息

答案：ABD

246. （ ）是目录浏览造成的危害。

A. 非法获取系统信息　　　　　　　B. 得到数据库用户名和密码

C. 获取配置文件信息　　　　　　　D. 获得整个系统的权限

答案：ABCD

247. （ ）是由失效的身份认证和会话管理而造成的危害。

A. 窃取用户凭证和会话信息　　　　B. 冒充用户身份查看或者变更记录，甚至执行事务

C. 访问未授权的页面和资源　　　　D. 执行超越权限操作

答案：ABCD

248. 下面哪些选项属于等级保护对数据安全的要求？（ ）

A. 数据的完整性　　　　　　　　　B. 数据的加密性

C. 数据的公开性　　　　　　　　　D. 数据的备份与还原

答案：ABD

249. 网络数据是指通过网络（ ）和产生的各种电子数据。

A. 收集　　　　　　　　　　　　　B. 存储

C. 传输　　　　　　　　　　　　　D. 处理

答案：ABCD

250. Cookie 分为（ ）两种。

A. 本地型 Cookie　　　　　　　　　B. 临时 Cookie

C. 远程 Cookie　　　　　　　　　　D. 暂态 Cookie

答案：AB

251. Java Web 中，要想定义一个不能被实例化的抽象类，在类定义中哪些修饰符是不需要加上的？（ ）

A. final　　　　　　　　　　　　　B. public

C. private　　　　　　　　　　　　D. abstract

答案：ABC

252. Java 的原始数据类型包括（ ）。

A. short　　　　　　　　　　　　　B. boolean

C. byte　　　　　　　　　　　　　D. float

答案：ABCD

253. 冰河木马是比较典型的一款木马程序，该木马具备以下哪些特征？（ ）

A. 在系统目录下释放木马程序　　　B. 默认监听 7626 端口

C. 进程默认名为 Kernel32.exe　　　D. 采用了进程注入技术

答案：ABC

254. 下列关于 Metasploit 工作说法正确的是（　　）。

A. 加载一个 Exploit 的命令是 set　　B. 加载一个 Shellcode 的命令是 use

C. 可以生成 Android 木马文件　　D. 可以生成 Office 漏洞利用文件

答案：CD

255. PHP 后台不允许用户提交的参数名中包含下画线 _，用户不可以用（　　）代替下画线绕过。

A. .　　B. /

C. -　　D. +

答案：BCD

256. PHP 网站可能存在的问题包括（　　）。

A. 代码执行　　B. SQL 注入

C. CSRF（Cross Site Request Forgeries）　　D. 文件包含

答案：ABCD

257. SQL 注入攻击，除注入 select 语句外，还可以注入哪些语句？（　　）

A. 注入 delecte 语句　　B. 注入 insert 语句

C. 注入 update 语句　　D. 注入 create 语句

答案：ABC

258. SQL 注入攻击有可能产生（　　）危害。

A. 网页被挂木马　　B. 恶意篡改网页内容

C. 未经授权状况下操作数据库中的数据　　D. 私自添加系统账号

答案：ABCD

259. SQL 注入通常会在哪些地方传递参数值而引起 SQL 注入？（　　）

A. Web 表单　　B. Cookies

C. URL 包含的参数值　　D. 以上都不是

答案：ABC

260. 拟态防御网络层的拟态变换有（　　）。

A. 改变 IP 地址　　B. 改变端口

C. 改变协议　　D. 多种形式的组合

答案：ABCD

261. 关于 IP 欺骗，正确的说法是（　　）。

A. 劫持（Hajacking）是 IP 欺骗的一种

B. IP 欺骗经常被用作 DOS 的帮凶，其目的是隐藏攻击的元凶

C. IP 欺骗是进攻的结果

D. IP 欺骗主机之间的信任关系时，应该说服管理员终止这种信任关系

答案：AB

262. Web 错误信息可能泄露哪些信息？（　　）

A. 服务器型号版本　　　　　　B. 数据库型号版本

C. 网站路径　　　　　　　　　D. 后台源代码

答案：ABCD

263. Web 目录发现了下列文件，哪项需要被清理？（　　）

A. .git　　　　　　　　　　　B. .svn

C. backup.tar.xz　　　　　　　D. index.php

答案：ABC

264. Web 身份认证漏洞，严重影响 Web 的安全，其漏洞主要体现在以下哪些方面？（　　）

A. 存储认证凭证直接采用 Hash 方式

B. 认证凭证是否可猜测，认证凭证生成规律性强

C. 内部或外部攻击者进入系统的密码数据库存储，在数据库中的用户密码没有被加密，所有用户的密码都被攻击者获得

D. 能够通过薄弱的账户管理功能（如账户创建、密码修改、密码恢复、弱口令）重写

答案：ABCD

265. XSS 攻击常见的手法有（　　）。

A. 盗取 Cookie　　　　　　　B. 点击劫持

C. 修改管理员密码　　　　　　D. getshell

答案：ABCD

266. XSS 的防御方法有（　　）。

A. 输入过滤　　　　　　　　　B. 白名单过滤

C. 输出编码　　　　　　　　　D. 黑名单过滤

答案：ABCD

267. XSS 攻击的危害包括（　　）。

A. 盗取各类用户账号，如机器登录账号、用户网银账号、各类管理员账号

B. 发布恶意广告

C. 控制企业数据，包括读取、篡改、添加、删除企业敏感数据的能力

D. 控制受害者机器向其他网站发起攻击

答案：ACD

268. XSS 漏洞分为（　　）等几类。

二、多项选择题

A. 直接 XSS
B. 反射型 XSS
C. 存储型 XSS
D. DOM BASEED XSS

答案：BCD

269. 信息发布应遵守国家及公司相关规定，这包括（　　）。

A. 严格按照审核发布流程
B. 必须经审核批准后方可发布
C. 严禁在互联网和信息内网上发布涉密信息
D. 网站更新要落实到责任部门、责任人员

答案：ABCD

270. 编译 Java Application 源程序文件将产生相应的字节码文件，这些字节码文件的扩展名肯定不是（　　）。

A. .java
B. .class
C. .html
D. .exe

答案：ACD

271. 不能在浏览器的地址栏中看到提交数据的表单提交方式（　　）。

A. submit
B. get
C. post
D. out

答案：ACD

272. 常见 Web 源码泄露有（　　）。

A. git 源码泄漏
B. hg 源码泄漏
C. DS_Store 文件泄漏
D. SVN 泄露

答案：ABCD

273. 程序默认情况下应对所有的输入信息进行验证，不能通过验证的数据应会被拒绝。以下输入需要进行验证的是（　　）。

A. HTTP 请求消息
B. 第三方接口数据
C. 不可信来源的文件
D. 临时文件

答案：ABCD

274. 常见的碎片攻击包括（　　）。

A. Smurf
B. Teardrop
C. Jolt2
D. Ping Of Death

答案：BCD

275. 对于 Apache Struts 2 远程命令执行的漏洞解释正确的是（　　）。

A. 该漏洞是由于在使用基于 Jakarta 插件的文件上传功能条件下，恶意用户可以通过修改 HTTP 请求头中的 Content-Type 值来触发该漏洞，进而执行任意系统命令，导致系统被黑客入侵

B. Struts 2 的核心是使用 WebWork 框架，处理 action 时通过调用底层的 getter/setter 方法来处理 HTTP 的参数，它将每个 HTTP 参数声明为一个 ONGL 语句

C. 为了防范篡改服务器端对象，XWork 的 ParametersInterceptor 不允许参数名中出现"#"字符，但如果使用了 Java 的 Unicode 字符串表示 \u0023，攻击者就可以绕过保护

D. 修复漏洞最简单的方法为更新 Struts 2 的 jar 包为最新版本

答案：ABCD

276. 对于 SQL 注入攻击，我们可以做如下防范（　　）。

A. 防止系统敏感信息泄露。设置 php.ini 选项 display_errors=off，防止 PHP 脚本出错之后，在 web 页面输出敏感信息错误，让攻击者有机可乘

B. 数据转义。设置 php.ini 选项 magic_quotes_gpc=on，它会将提交的变量中所有的单引号（'），双引号（"），反斜杠（\），空白字符都在前面自动加上 \；或者采用 mysql_real_escape 函数或 addslashes 函数进行输入参数的转义

C. 使用静态网页，关闭交互功能

D. 增加黑名单或者白名单验证

答案：ABD

277. 对于 SQL 注入攻击的防御，可以采取哪些措施？（　　）

A. 不要使用管理员权限的数据库连接，每个应用使用单独的权限有限的数据库连接

B. 不要把机密信息直接存放，加密或者 Hash 掉密码和敏感的信息

C. 不要使用动态拼装 SQL，可以使用参数化的 SQL 或者直接使用存储过程进行数据查询存取

D. 对表单里的数据进行验证与过滤，在实际开发过程中可以单独列一个验证函数，该函数把每个要过滤的关键词如 select、1=1 等都列出来，然后每个表单提交时都调用这个函数

答案：ABCD

278. 对于 XSS 攻击，我们可以做如下防范（　　）。

A. 输入过滤

B. 输出编码并安全编码

C. Web 应用程序在设置 Cookie 时，将其属性设为 HttpOnly

D. 部署 WAF（Web 应用防火墙）

答案：ABCD

二、多项选择题

279. 以下关于 P2DR 模型说法正确的是（　　）。

　　A. P2DR 模型包括四个主要部分：Policy（安全策略）、Protection（防护）、Detection（检测）和 Restore（恢复）

　　B. P2DR 模型强调控制和对抗，即强调系统安全的动态性

　　C. 以安全检测、漏洞监测和自适应填充"安全间隙"为循环来提高网络安全

　　D. 没有考虑人为的管理因素

　　答案：ABC

280. 防范 PHP 文件包含漏洞的措施有（　　）。

　　A. 开发过程中应该尽量避免动态的变量，尤其是用户可以控制的变量

　　B. 采用"白名单"的方式将允许包含的文件列出来，只允许包含白名单中的文件，这样就可以避免任意文件包含的风险

　　C. 将文件包含漏洞利用过程中的一些特殊字符定义在黑名单中，对传入的参数进行过滤

　　D. 通过设定 php.ini 中 open_basedir 的值将允许包含的文件限定在某一特定目录内，这样可以有效地避免利用文件包含漏洞进行的攻击

　　答案：ABCD

281. 对于防范网页挂马攻击，作为第三方的普通浏览者，以下哪种办法比较有效？（　　）

　　A. 及时给系统和软件打最新补丁　　B. 不浏览任何网页

　　C. 安装防火墙　　D. 安装查杀病毒和木马的软件

　　答案：AD

282. 根据 XSS 攻击的效果，可以将 XSS 分为哪三类？（　　）

　　A. 反射型 XSS（Non-persistent XSS）　　B. 存储型 XSS（Persistent XSS）

　　C. DOM based XSS（Document Object Model XSS）　　D. Cookie based XSS

　　答案：ABC

283. 攻击者提交请求 http://www.xxxyzz.com/displaynews.asp?id=772，网站反馈信息为"Microsoft OLE DB Provider for ODBC Drivers 错误'80040e14'"，能够说明该网站（　　）。

　　A. 数据库为 Access　　B. 网站服务程序没有对 ID 进行过滤

　　C. 数据库表中有个字段名为 ID　　D. 该网站可能存在 SQL 注入漏洞

　　答案：ABCD

284. 关于 Cookie 和 Session 说法不正确的是（　　）。

　　A. Session 机制是在服务器端存储

　　B. Cookie 虽然在客户端存储，但是一般都是采用加密存储，即使 Cookie 泄露，只要保证攻击者无法解密 Cookie，就不用担心由此带来的安全威胁

　　C. SessionID 是服务器用来识别不同会话的标识

D. 我们访问一些站点，可以选择自己喜好的色调，之后每次登录网站，都是我们选择的色调，这个是靠 Session 技术实现的

答案：BD

285. 关于 HTTP 协议，以下哪些字段内容包含在 HTTP 响应头（Response Headers）中？（　）

A. Accept：请求　　　　　　　　B. Server

C. Set-Cookie　　　　　　　　　D. Refere

答案：BC

286. 关于 XSS 跨站脚本攻击，下列说法正确的有（　）。

A. 跨站脚本攻击，分为反射型和存储型两种类型

B. XSS 攻击，一共涉及三方，即攻击者、客户端与网站

C. XSS 攻击，最常用的攻击方式就是通过脚本盗取用户端 Cookie，从而进一步进行攻击

D. XSS（Cross Site Scripting）跨站脚本，是一种迫使 Web 站点回显可执行代码的攻击技术，而这些可执行代码由攻击者提供、最终为用户浏览器加载

答案：ABCD

287. 可以获取到系统权限的漏洞有（　）。

A. 命令执行　　　　　　　　　　B. SQL 注入

C. XSS 跨站攻击　　　　　　　　D. 文件上传

答案：ABD

288. 哪些函数是 PHP 代码注入漏洞的敏感函数？（　）

A. create_function　　　　　　　B. assert

C. preg_replace+\e　　　　　　　D. eval

答案：ABCD

289. 如果服务器上的所有 HTML 页面都已经被挂马，以下哪些方法可以快速清除恶意代码？（　）

A. 使用专门软件清除 HTML 页面中的代码　B. 使用备份还原 HTML 页面

C. 重新编写 HTML 页面　　　　　　D. 删除所有被修改过的 HTML 页面

答案：ABD

290. 审计 Web 日志的时候一般需要注意的异常参数请求包括（　）。

A. "'"　　　　　　　　　　　　　B. "--"

C. "union"　　　　　　　　　　　D. "1=1"

答案：ABCD

291. Java 语言使用 response 对象进行重定向时，使用的方法不包括（　）。

A. getAttribute　　　　　　　　　B. setContentType

二、多项选择题

C. sendRedirect D. setAttribute

答案：ABD

292. 属于 XSS 跨站攻击的是（ ）。

A. 钓鱼欺骗 B. 身份盗用

C. SQL 数据泄露 D. 网站挂马

答案：ABD

293. 数字证书含有的信息包括（ ）。

A. 用户的名称 B. 用户的公钥

C. 用户的私钥 D. 证书有效期

答案：ABD

294. 提高 Web 安全防护性能，减少安全漏洞，下列哪些做法是正确的？（ ）

A. 新建一个名为 Administrator 的陷阱账号，为其设置最小的权限

B. 将 Guest 账户禁用并更改名称和描述，然后输入一个复杂的密码

C. "安全设置→本地策略→安全选项"中将"不显示上次的用户名"设为禁用

D. 修改组策略中登录的次数限制，并设置锁定的时间

答案：ABD

295. 统一资源定位符由什么组成？（ ）

A. 路径 B. 服务器域名或 IP 地址

C. 协议 D. 参数

答案：ABCD

296. 网页挂马行为可能存在于以下文件中（ ）。

A. HTML 页面 B. JS 代码

C. CSS 代码 D. SWF 文件

答案：ABCD

297. 为了防止 SQL 注入，下列特殊字符（ ）需要进行转义。

A. ' '（单引号） B. %（百分号）

C. ;（分号） D. " "（双引号）

答案：ABCD

298. 文件操作中应对上传文件进行限制，下列操作中（ ）能对上传文件进行限制。

A. 上传文件类型应遵循最小化原则，仅允许上传必需的文件类型

B. 上传文件大小限制，应限制上传文件大小的范围

C. 上传文件保存路径限制，过滤文件名或路径名中的特殊字符

D. 应关闭文件上传目录的执行权限

答案：ABCD

299. 以下哪些等级的信息系统需要由公安机关颁发备案证明？（　）

A. 1 级

B. 3 级

C. 4 级

D. 5 级

答案：BCD

300. 下列措施中，（　）能帮助减少跨站请求伪造。

A. 限制身份认证 Cookie 的到期时间　　B. 执行重要业务之前，要求用户提交额外的信息

C. 使用一次性令牌　　D. 对用户输出进行处理

答案：ABC

301. 下列对跨站脚本攻击（XSS）的描述不正确的有（　）。

A. XSS 攻击是 SQL 注入攻击的一种变种

B. XSS 攻击全称是 Cross Site Script 攻击

C. XSS 攻击就是利用被控制的机器不断地向被攻击网站发送访问请求，迫使 IIS 连接数超出限制，当 CPU 资源或者带宽资源耗尽，那么网站也就被攻击垮了，从而达到攻击目的

D. XSS 攻击可以分为反射型、存储型和 DOM based XSS

答案：AC

302. 下列方法中（　）可以作为防止跨站脚本攻击的方法。

A. 验证输入数据类型是否正确　　B. 使用白名单对输入数据进行验证

C. 使用黑名单对输入数据进行安全检查或过滤　　D. 对输出数据进行净化

答案：ABCD

303. 下列关于 Web 应用说法正确的是（　）。

A. HTTP 请求中，Cookie 可以用来保持 HTTP 会话状态

B. Web 的认证信息可以考虑通过 Cookie 来携带

C. 通过 SSL 安全套阶层协议，可以实现 HTTP 的安全传输

D. Web 的认证，通过 Cookie 和 SessionID 都可以实现，但是 Cookie 安全性更好

答案：ABC

304. 下列关于跨站请求伪造的说法正确的是（　）。

A. 只要你登录一个站点 A 且没有退出，任何页面都可以发送一些你有权限执行的请求并执行

B. 站点 A 的会话持续的时间越长，收到跨站请求伪造攻击的概率就越大

C. 目标站点的功能采用 GET 还是 POST 并不重要，只不过 POST 知识加大了一点跨站请

二、多项选择题

求伪造的难度而已

D. 有时候复杂的表单采用多步提交的方式防止跨站请求伪造攻击其实并不可靠，因为可以发送多个请求来模拟多步提交

答案：ABCD

305. 下列关于网络钓鱼的描述正确的是（　　）。

A. "网络钓鱼"（Phishing）一词，是"Phone"和"Fishing"的综合体

B. 网络钓鱼都是通过欺骗性的电子邮件来进行诈骗活动

C. 为了消除越来越多的以网络钓鱼和电子邮件欺骗的形式进行的身份盗窃和欺诈行为，相关行业成立了一个协会——反网络钓鱼工作小组

D. 网络钓鱼在很多方面和一般垃圾邮件有所不同，理解这些不同点对设计反网络钓鱼技术至关重要

答案：ACD

306. 有利于提高无线 AP 安全性的措施有（　　）。

A. 关闭 SSID 广播　　　　　　B. 关闭 DHCP 服务

C. 关闭 AP 的无线功能　　　　D. 开启 WPA 加密并设置复杂密码

答案：ABD

307. 造成缓冲区溢出漏洞的原因有（　　）。

A. 某些开发人员没有安全意识　　B. 某些高级语言没有缓冲区边界检查

C. 用户输入数据太长，超出系统负荷　　D. 软件测试不够严格

答案：ABD

308. 无线网络中常见的三种攻击方式包括（　　）。

A. 中间人攻击　　　　　　B. 漏洞扫描攻击

C. 会话劫持攻击　　　　　D. 拒绝服务攻击

答案：ACD

309. 下列哪些漏洞利用了 HTTP 协议的 PUT 和 MOVE 方法？（　　）

A. IIS 写权限漏洞　　　　　B. Struts 2 远程命令执行漏洞

C. ActiveMQ 远程代码执行漏洞　　D. Java 反序列化漏洞

答案：AC

310. 下列哪些选项是上传功能常用安全检测机制？（　　）

A. 客户端检查机制 JavaScript 验证　　B. 服务端 MIME 检查验证

C. 服务端文件扩展名检查验证机制　　D. URL 中是否包含一些特殊标签 <、>、script、alert

答案：ABC

311. 下列是文件上传漏洞常见检测内容的是（　　）。

A. 基于目录验证的上传漏洞　　　　　B. 基于服务端扩展名验证的上传漏洞

C. 基于 MIME 验证的上传漏洞　　　　D. 基于 JavaScript 验证的上传漏洞

答案：ABCD

312. 下列属于 XSS 漏洞防御办法的是（　　）。

A. HttpOnly　　　　　　　　　　　　B. 验证码

C. 输入检查　　　　　　　　　　　　D. 输出检查

答案：ACD

313. 下列属于预防跨站请求伪造的措施的是（　　）。

A. 三次确认　　　　　　　　　　　　B. 二次确认

C. 插件限制　　　　　　　　　　　　D. Token 认证

答案：BD

314. 下面关于 SSRF 漏洞说法不正确的是（　　）。

A. SSRF 是一种由攻击者构造形成由服务端发起请求的一个安全漏洞。一般情况下，SSRF 攻击的目标是从外网无法访问的内部系统

B. SSRF 形成的原因大都是服务端提供了从其他服务器应用获取数据的功能且没有对目标地址做过滤与限制

C. 能够请求到与它相连而与内网隔离的外部系统

D. SSRF 漏洞是构造服务器发送请求的安全漏洞，所以我们就可以通过抓包分析发送的请求是否是由客户端发送的来判断是否存在 SSRF 漏洞

答案：CD

315. 下面关于跨站请求伪造，说法正确的是（　　）。

A. 攻击者必须伪造一个已经预测好请求参数的操作数据包

B. 对于 GET 方法请求，URL 包含了请求的参数，因此伪造 GET 请求，直接用 URL 即可

C. 因为 POST 请求伪造难度大，因此，采用 POST 方法，可以一定程度上预防 CSRF

D. 对于 POST 方法的请求，因为请求的参数是在数据体中，目前可以用 AJAX 技术支持伪造 POST 请求

答案：ABD

316. 下面属于 JSP 指令的是（　　）。

A. include　　　　　　　　　　　　　B. import

C. page　　　　　　　　　　　　　　D. taglib

答案：ACD

317. 下面叙述中属于 Web 站点与浏览器的安全通信的是（　　）。

A. Web 站点验证客户身份　　　　　　B. 浏览器验证 Web 站点的真实性

C. Web 站点与浏览器之间信息的加密传输　　D. 操作系统的用户管理

答案：ABC

318. 下面有关 HTTP 协议的说法正确的是（　　）。

A. HTTP 协议是 Web 应用所使用的主要协议

B. HTTP 协议是一种超文本传输协议（Hypertext Transfer Protocol），是基于请求/响应模式的

C. HTTP 是无状态协议

D. HTTP 的请求和响应消息如果没有发送并传递成功的话，HTTP 可以保存已传递的信息

答案：ABC

319. 要安全浏览网页，应该（　　）。

A. 定期清理浏览器缓存和上网历史记录

B. 禁止使用 ActiveX 控件和 Java 脚本

C. 定期清理浏览器 Cookies

D. 在他人计算机上使用"自动登录"和"记住密码"功能

答案：ABC

320. 要运行 JSP 程序，下列说法正确的是（　　）。

A. 服务器端需要安装 Servlet 容器，如 Tomcat 等

B. 客户端需要安装 Servlet 容器，如 Tomcat 等

C. 服务器端需要安装 JDK

D. 客户端需要安装浏览器，如 IE 等

答案：ACD

321. 当 Web 页面显示下列信息时，哪些预示着该页面存在潜在安全漏洞？（　　）

A. Copyright©，sgcc 2002-2013　　B. java.lang.NullPointerException

C. right syntax to use near "1" at line 1　　D. 京 ICP 证 070598 号

答案：BC

322. 页面上出现了下列信息，哪种信息预示着该页面存在潜在的安全漏洞？（　　）

A. /var/www/html/inc/config.php not found　　B. /etc/shadow

C. You have an error in your SQL Syntax　　D. /xss/

答案：ABCD

323. 下面 HTTP 数据包参数，哪些可能存在 SQL 注入风险？（　　）

A. 非金属光缆　　B. 自承式光缆

C. 地线复合光缆　　D. 普通光缆

答案：AB

324. 以下关于 HTTP 劫持说法正确的是（ ）。

A. HTTP 劫持是在使用者与其目的网络服务所建立的专用数据通道中，监视特定数据信息，提示当满足设定的条件时，就会在正常的数据流中插入精心设计的网络数据报文，目的是让用户端程序解释"错误"的数据，并以弹出新窗口的形式在使用者界面展示宣传性广告或者直接显示某网站的内容

B. HTTP 劫持通常是不定时出现在你的系统中的，只有病毒引起的恶意推广才会不停地出现在你的视线中

C. 如果确认遭遇了 HTTP 劫持，可以向 ISP 客服强烈投诉，来达到免于被劫持的目的

D. 劫持技术本身设计中并不包括类似黑名单的功能

答案：ABC

325. 以下哪几种工具可以对网站进行自动化 Web 漏洞扫描？（ ）

A. HackBar   B. AWVS

C. IBM Appscan   D. Nmap

答案：BC

326. 以下哪项不是防范 SQL 注入攻击的有效手段？（ ）

A. 删除存在注入点的网页

B. 对数据库系统的管理权限进行严格的控制

C. 通过网络防火墙严格限制 Internet 用户对 Web 服务器的访问

D. 对 Web 用户输入的数据进行严格的过滤

答案：AC

327. 以下哪些变量有可能造成直接的 SQL 注入？（ ）

A. $_GET   B. $_POST

C. $_REQUEST   D. $_COOKIE

答案：ABD

328. 以下哪些代码会造成 PHP 文件包含漏洞？（ ）

A. include（$_GET['page']）   B. echo readfile（$_GET['server']）

C. #include <stdio. h>   D. require_once（$_GET['page']）

答案：ABD

329. 以下哪些方法，可以有效防御 CSRF 带来的威胁？（ ）

A. 使用图片验证码

B. 要求所有 POST 请求都包含一个伪随机值

C. 只允许 GET 请求检索数据，但是不允许它修改服务器上的任何数据

D. 使用多重验证，例如手机验证码

二、多项选择题

答案：ABCD

330. 以下哪些工具能抓取 HTTP 的数据包？（　　）

A. Namp B. Wireshark

C. Burp Suite D. SQLMap

答案：BC

331. 以下哪些工具是用于 Web 漏洞扫描的？（　　）

A. Binwalk B. Acunetix WVS

C. IBM Appscan D. NetCat

答案：BC

332. 以下哪些类型的漏洞的侵害是在用户浏览器上发生的？（　　）

A. XSS B. SSRF

C. CSRF D. SQL 注入

答案：AC

333. 灰鸽子木马是比较典型的一款木马程序，该木马具备以下特征（　　）。

A. 采用了 explorer.exe 进程注入技术 B. 采用了 iexplore.exe 进程注入技术

C. 隐藏服务、端口、进程等技术 D. 默认监听 80 端口

答案：ABC

334. 以下哪些属于跨站脚本攻击（XSS）防御规则？（　　）

A. 不要在允许位置插入不可信数据

B. 在向 HTML 元素内容插入不可信数据前对 HTML 解码

C. 在向 HTML JavaScript Data Values 插入不可信数据前，进行 JavaScript 解码

D. 在向 HTML 样式属性值插入不可信数据前，进行 CSS 解码

答案：ABCD

335. 以下哪种代码可以造成 XSS 漏洞？（　　）

A. JSFuck B. JJEncode

C. C++ D. Java

答案：AB

336. 以下属于 Web 攻击技术的有（　　）。

A. XSS B. SQL 注入

C. CSRF D. DDoS

答案：ABC

337. 应根据情况综合采用多种输入验证的方法，以下输入验证方法需要采用（　　）。

A. 检查数据是否符合期望的类型 B. 检查数据是否符合期望的长度

C. 检查数值数据是否符合期望的数值范围　　D. 检查数据是否包含特殊字符

答案：ABCD

338. 根据国家电网公司集中部署 ERP 开发规范，在程序开发设计阶段需要交付的有（　　）。

A. 功能说明书　　　　　　　　　　　　B. 功能说明书评审记录

C. 技术说明书　　　　　　　　　　　　D. 方案评审记录

答案：ABCD

339. 有关 Struts 2 的说法正确的是（　　）。

A. Struts 2 是一个用于简化 MVC 框架（Framework）开发的 Web 应用框架

B. 应用 Struts 2 不需要进行配置

C. Struts 2 含有丰富的标签

D. Struts2 采用了 WebWork 的核心技术

答案：ACD

340. 有很多办法可以帮助我们抵御针对网站的 SQL 注入，包括（　　）。

A. 删除网页中的 SQL 调用代码，用纯静态页面

B. 关闭 DB 中不必要的扩展存储过程

C. 编写安全的代码，尽量不用动态 SQL；对用户数据进行严格检查过滤

D. 关闭 Web 服务器中的详细错误提示

答案：BCD

341. 在安全编码中，应建立错误信息保护机制。下列措施（　　）是错误信息保护机制。

A. 对错误信息进行规整和清理后再返回到客户端

B. 禁止将详细错误信息直接反馈到客户端

C. 应只向客户端返回错误码，详细错误信息可记录在后台服务器

D. 可将错误信息不经过处理后返回给客户端

答案：ABC

342. 在测试一个使用 joe 和 pass 证书登录的 Web 应用程序的过程中，在登录阶段，在拦截代理服务器上看到一个要求访问以下 URL 的请求：http://www.wahh-app.com/app?action=login&uname=joe&password=pass。如果不再进行其他探测，可以确定哪几种漏洞？（　　）

A. 由于证书在该 URL 的查询字符串中传送，因此，这些证书将面临通过浏览器历史记录、Web 服务器和 IDS 日志或直接在屏幕上显示而遭到未授权泄露的风险

B. 密码为一个包含四个小写字母的英文单词。应用程序并未实施任何有效的密码强度规则

C. 证书通过未加密 HTTP 连接传送，因而易于被位于网络适当位置的攻击者拦截

D. 以上都不正确

答案：ABC

二、多项选择题

343. 造成 SQL 注入的原因是（　　）。

A. 使用了参数化 SQL 提交
B. 用户参数参与了 SQL 拼接
C. 未对用户参数进行过滤
D. 使用了 PreparedStatement 技术

答案：BC

344. 怎样才能找到网站漏洞，提前预防 Web 安全问题？（　　）

A. 对数据库所在的文件夹设置写权限
B. 采用 Web 漏洞扫描工具对网站进行扫描
C. 人工或使用工具对网站代码进行审核
D. 从 Web 服务日志分析攻击者提交的 URL

答案：BCD

345. 针对 SQL 注入和 XSS 跨站的说法中，哪些说法是正确的？（　　）

A. SQL 注入的 SQL 命令在用户浏览器中执行，而 XSS 跨站的脚本在 Web 后台数据库中执行

B. XSS 和 SQL 注入攻击中的攻击指令都是由黑客通过用户输入域注入，只不过 XSS 注入的是 HTML 代码（也称脚本），而 SQL 注入的是 SQL 命令

C. XSS 和 SQL 注入攻击都利用了 Web 服务器没有对用户输入数据进行严格的检查和有效过滤的缺陷

D. XSS 攻击盗取 Web 终端用户的敏感数据，甚至控制用户终端操作，SQL 注入攻击盗取 Web 后台数据库中的敏感数据，甚至控制整个数据库服务器

答案：BCD

346. 针对用户输入内容直接输出到网页上的过滤方法有（　　）。

A. 过滤 Script
B. 过滤 Alert
C. 过滤尖括号
D. 过滤双引号

答案：ABC

347. 常见的网络攻击类型有（　　）。

A. 被动攻击
B. 协议攻击
C. 主动攻击
D. 物理攻击

答案：AC

348. BackTrack 可以被用于（　　）。

A. 安全评估
B. 无线评估
C. 取证分析
D. 查杀蠕虫木马

答案：ABC

349. Burp Suite 是用于攻击 Web 应用程序的集成平台。它包含了许多工具，并为这些工具设计了许多接口，以加快攻击应用程序的过程，以下说法正确的是（　　）。

A. Burp Suite 默认监听本地的 8080 端口

B. Burp Suite 默认监听本地的 8000 端口

C. Burp Suite 可以扫描访问过的网站是否存在漏洞

D. Burp Suite 可以抓取数据包破解短信验证码

答案：ACD

350. DDoS 按类型分为（　　）。

A. 基于 ARP　　　　　　　　B. 基于 ICMP

C. 基于 IP　　　　　　　　　D. 基于应用层

答案：ABCD

351. Firefox 浏览器插件 HackBar 提供的功能（　　）。

A. POST 方式提交数据　　　　B. BASE64 编码和解码

C. 代理修改 Web 页面的内容　　D. 修改浏览器访问 Referer

答案：ABD

352. mimikatz 是一款提取 Windows 口令的工具，它不能从（　　）进程中提取口令。

A. LSASS　　　　　　　　　B. Explorer

C. IExplore　　　　　　　　D. svchost

答案：BCD

353. Nessus 可以将扫描结果生成文件，其中可以生成（　　）。

A. TXT　　　　　　　　　　B. PSD

C. PDF　　　　　　　　　　D. HTML

答案：ACD

354. Nessus 可以扫描的目标地址可以是（　　）。

A. 单一的主机地址　　　　　　B. IP 范围

C. 网段　　　　　　　　　　D. 导入主机列表的文件

答案：ABCD

355. Nmap 可以用于（　　）。

A. 病毒扫描　　　　　　　　B. 端口扫描

C. 操作系统与服务指纹识别　　D. 漏洞扫描

答案：BCD

356. OSI 中哪一层可提供机密性服务？（　　）

A. 表示层　　　　　　　　　B. 传输层

C. 网络层　　　　　　　　　D. 会话层

答案：ABC

357. PHP Wrapper 是 PHP 内置封装协议，可用于本地文件包含漏洞的伪协议主要有（　　）。

A. file:// B. php://filter
C. file://filter D. php://

答案：AB

358. PHP 提供以下哪些函数来避免 SQL 注入？（ ）

A. mysql_real_escape_string B. escapeshellarg
C. addslashes D. htmlentities

答案：AC

359. 符合双因素鉴别原则的是（ ）。

A. 智能卡及生物检测设备 B. 令牌（Tokens）及生物检测设备
C. 口令和短信验证码 D. 用户名和口令

答案：ABC

360. 攻防对抗赛中，常见的 Web 防护手段有（ ）。

A. 禁用危险方法 B. 禁用 Eval
C. 使用 Web 应用防火墙 D. 文件防篡改

答案：ABCD

361. 攻防渗透过程有（ ）。

A. 信息收集 B. 分析目标
C. 实施攻击 D. 方便再次进入

答案：ABCD

362. 关于"熊猫烧香"病毒，以下说法正确的是（ ）。

A. 感染操作系统 EXE 程序 B. 感染 HTML 网页文件
C. 利用了 MS06-014 漏洞传播 D. 利用了 MS06-041 漏洞传播

答案：ABC

363. 关于"震网病毒"病毒，以下说法正确的是（ ）。

A. 利用 MS10-092 漏洞传播 B. 利用 MS10-061 漏洞传播
C. 利用 MS10-073 漏洞传播 D. 利用 MS10-046 漏洞传播

答案：ABCD

364. 关于 RA 的功能，下列说法不正确的是（ ）。

A. 验证申请者的身份 B. 提供目录服务，可以查寻用户证书的相关信息
C. 证书更新 D. 证书发放

答案：ACD

365. 关于 WEP 和 WPA 加密方式的说法中正确的有（ ）。

A. 802.11b 协议中首次提出 WPA 加密方式

B. 802.11i 协议中首次提出 WPA 加密方式

C. 采用 WEP 加密方式，只要设置足够复杂的口令就可以避免被破解

D. WEP 口令无论多么复杂，都很容易遭到破解

答案：BD

366. 关于黑客注入攻击说法正确的是（　　）。

A. 它的主要原因是程序对用户的输入缺乏过滤

B. 一般情况下防火墙对它无法防范

C. 对它进行防范时要关注操作系统的版本和安全补丁

D. 注入成功后可以获取部分权限

答案：ABD

367. 关于如何抵御常见的 DDoS 攻击，正确的说法是（　　）。

A. 确保所有服务器采用最新系统，并打上安全补丁

B. 确保从服务器相应的目录或文件数据库中删除未使用的服务如 FTP 或 NFS

C. 确保运行在 UNIX 上的所有服务都有 TCP 封装程序，限制对主机的访问权限

D. 禁止使用网络访问程序如 Telnet、FTP、RSH、Rlogin、RCP 和 SSH

答案：ABC

368. 关于主机入侵检测系统，正确的说法是（　　）。

A. 基于主机的 IDS 通常需要在受保护的主机上安装专门的检测代理（Agent）

B. 监测范围小，只能检测本机的攻击

C. 主机级的 IDS 结构使用一个管理者和数个代理

D. 不会影响被监测对象的结构和性能

答案：ABC

369. 黑客攻击通常有（　　）。

A. 扫描网络　　　　　　　　B. 植入木马

C. 获取权限　　　　　　　　D. 擦除痕迹

答案：ABCD

370. 黑客利用最频繁的入侵方式有（　　）。

A. 基于协议的入侵　　　　　B. 基于认证的入侵

C. 基于漏洞的入侵　　　　　D. 基于第三方程序（木马）的入侵

答案：BCD

371. 黑客社会工程学是一种利用人的弱点如人的本能反应、好奇心、信任、贪便宜等弱点进行诸如欺骗、伤害等危害手段，获取自身利益的手法。其经典技术有（　　）。

A. 直接索取　　　　　　　　B. 个人冒充

C. 反向社会工程　　　　　　　D. 邮件利用

答案：ABCD

372. 灰鸽子木马是一种反弹连接型木马，它可以控制用户的计算机，关于灰鸽子木马，以下哪些说法是正确的是？（　）

A. 灰鸽子木马会插入 IE 进程进行连接，本机防火墙不会拦截

B. 灰鸽子木马可以启动用户电脑摄像头，可控制用户摄像头

C. 灰鸽子木马可以盗取用户电脑上的银行卡、游戏账号等

D. 灰鸽子木马可以在用户关机的状态下，远程激活用户电脑主板，控制用户电脑

答案：ABC

373. 获取口令的常用方法有（　）。

A. 蛮力穷举　　　　　　　　　B. 字典搜索

C. 盗窃、窥视　　　　　　　　D. 木马盗取

答案：ABCD

374. 加强 SQL Server 安全的常见的安全手段有（　）。

A. IP 安全策略里面，将 TCP 1433、UDP1434 端口拒绝所有 IP

B. 打最新补丁

C. 去除一些非常危险的存储过程

D. 增强操作系统的安全性

答案：ABC

375. 建立堡垒主机的一般原则是（　）。

A. 最简化原则　　　　　　　　B. 复杂化原则

C. 预防原则　　　　　　　　　D. 网络隔离原则

答案：AC

376. 拒绝服务攻击的对象可能为（　）。

A. 网桥　　　　　　　　　　　B. 防火墙

C. 服务器　　　　　　　　　　D. 路由器

答案：ABCD

377. 拒绝服务攻击的后果是（　）。

A. 信息不可用　　　　　　　　B. 应用程序不可用

C. 系统宕机　　　　　　　　　D. 阻止通信

答案：ABCD

378. 可以从哪些地方 Bypass WAF？（　）

A. 架构层　　　　　　　　　　B. 资源层

C. 协议层 D. 规则缺陷

答案：ABCD

379. 可以通过以下哪些方法限制对 Linux 系统服务的访问？（ ）

A. 配置 xinetd.conf 文件，通过设定 IP 范围，来控制访问源

B. 通过 TCP Wrapper 提供的访问控制方法

C. 配置 .rhost 文件，增加 + 号，可以限制所有访问

D. 通过配置 IPtable，来限制或者允许访问源和目的地址

答案：ABD

380. 利用 BIND/DNS 漏洞攻击的分类主要有（ ）。

A. 拒绝服务 B. 匿名登录

C. 缓冲区溢出 D. DNS 缓存中毒

答案：ACD

381. 路由器的 Login Banner 信息中不能包括（ ）信息。

A. 路由器的名字 B. 路由器运行的软件

C. 路由器所有者信息 D. 路由器的型号

答案：ABCD

382. 逻辑漏洞的修复方案有（ ）。

A. 减少验证码有效时间

B. 对重要参数加入验证码同步信息或时间戳

C. 重置密码后，新密码不应返回在数据包中

D. 限制该功能单个 IP 提交频率

答案：ABCD

383. 逻辑漏洞之支付漏洞的修复方案有（ ）。

A. 和银行交易时，做数据签名，对用户金额和订单签名

B. 如果一定需要用 URL 传递相关参数，建议进行后端的签名验证

C. 服务端校验客户端提交的参数

D. 支付时应直接读客户端的值

答案：ABC

384. 逻辑强隔离装置部署在应用服务器与数据库服务器之间，能实现哪些功能？（ ）

A. 访问控制 B. 网络强隔离

C. 地址绑定 D. 防 SQL 注入攻击

答案：ABCD

385. 哪些文件属于日志文件的范畴？（ ）

二、多项选择题

A. access. log
B. passwd，shadow
C. error. log
D. logrotate

答案：AC

386. 内容过滤的目的包括（　　）。

A. 阻止不良信息对人们的侵害
B. 规范用户的上网行为，提高工作效率
C. 防止敏感数据的泄漏
D. 遏制垃圾邮件的蔓延

答案：ABCD

387. 内容过滤技术的应用领域包括（　　）。

A. 防病毒
B. 网页防篡改
C. 防火墙
D. 入侵检测

答案：ACD

388. 破解 UNIX 系统用户口令的暴力破解程序包括（　　）。

A. PwDump
B. Crack
C. John the Rippe
D. L0pht Crack

答案：BC

389. 企业内部互联网可以建立在企业内部网络上或是互联网上。以下哪项控制机制适合于在互联网上建立一个安全的企业内部互联网？（　　）

A. 用户信道加密
B. 安装加密的路由器
C. 安装加密的防火墙
D. 在私有的网络服务器上实现密码控制机制

答案：ACD

390. 人为的恶意攻击分为被动攻击和主动攻击，在以下攻击类型中属于主动攻击的是（　　）。

A. 数据 CG
B. 数据篡改
C. 身份假冒
D. 数据流分析

答案：BC

391. 任何信息安全系统中都存在薄弱点，它可以存在于（　　）。

A. 使用过程中
B. 网络中
C. 管理过程中
D. 计算机系统中

答案：ABCD

392. 如果 http://xxx.com/news.action?id=1?id=1 and 1=1?id=1 and len ('a')=1?id=1 and substring ('ab', 0, (1) ='a' 返回结果均相同，可以判断出服务器（　　）。

A. 使用了 Struts 2 框架
B. 使用了 Oracle 数据库
C. 使用了 SQL Server 数据库
D. 使用了 MySQL 数据库

答案：AD

393. 如何防范 XSS 攻击？（ ）

A. 不打开来历不明的邮件　　　　　B. 不随意点击留言板里的链接

C. 系统过滤特殊字符　　　　　　　D. 使用网上导航链接

答案：ABC

394. 如何防范个人口令被字典暴力攻击？（ ）

A. 确保口令不在终端上再现　　　　B. 避免使用过短的口令

C. 使用动态口令卡产生的口令　　　D. 严格限定从一个给定的终端进行非法认证的次数

答案：ACD

395. 网络服务器中充斥着大量要求回复的信息，消耗带宽，导致网络或系统停止正常服务，这不属于哪些攻击类型？（ ）

A. 文件共享　　　　　　　　　　　B. 拒绝服务

C. 远程过程调用　　　　　　　　　D. BIND 漏洞

答案：ACD

396. 使用网络漏洞扫描程序能够发现的是（ ）。

A. 用户的弱口令　　　　　　　　　B. 系统磁盘空间已满

C. 操作系统的版本　　　　　　　　D. 系统提供的网络服务

答案：ACD

397. 属于数据库加密方式的是（ ）。

A. 库外加密　　　　　　　　　　　B. 库内加密

C. 硬件/软件加密　　　　　　　　 D. 专用加密中间件

答案：ABC

398. 属于溢出提权的方式是（ ）。

A. pr 提权　　　　　　　　　　　　B. 巴西烤肉提权

C. MS06040 提权　　　　　　　　　D. IIS 本地溢出提取

答案：ABCD

399. 在 HP-UX 系统中，（ ）命令不能查看主机挂载的文件系统。

A. bdf　　　　　　　　　　　　　　B. ioscan -fn

C. mount -a　　　　　　　　　　　 D. vgdisplay -v

答案：BCD

400. 网络钓鱼常用的手段是（ ）。

A. 利用垃圾邮件　　　　　　　　　B. 利用社会工程学

C. 利用虚假的电子商务网站　　　　D. 利用假冒的网上银行、网上证券网站

答案：ABCD

二、多项选择题

401. 网络面临的典型威胁包括（　　）。

A. 未经授权的访问　　　　　　　　B. 信息在传送过程中被截获、篡改

C. 黑客攻击　　　　　　　　　　　D. 滥用和误用

答案：ABCD

402. 网络蠕虫一般指利用计算机系统漏洞、通过互联网传播扩散的一类病毒程序，该类病毒程序大规模爆发后，会对相关网络造成拒绝服务攻击，为了防止受到网络蠕虫的侵害，应当注意对（　　）及时进行升级更新。

A. 计算机操作系统　　　　　　　　B. 计算机硬件

C. 文字处理软件　　　　　　　　　D. 应用软件

答案：ACD

403. 网页防篡改技术包括（　　）。

A. 网站采用负载平衡技术　　　　　B. 防范网站、网页被篡改

C. 访问网页时需要输入用户名和口令　D. 网页被篡改后能够自动恢复

答案：BD

404. 网闸可能应用在（　　）。

A. 内网处理单元　　　　　　　　　B. 外网处理单元

C. 专用隔离硬件交换单元　　　　　D. 入侵检测单元

答案：ABC

405. 网站可能受到的攻击类型有（　　）。

A. DDoS　　　　　　　　　　　　B. SQL 注入攻击

C. 网络钓鱼　　　　　　　　　　　D. Cross Site Scripting

答案：ABCD

406. 无线网络的拒绝服务攻击模式有哪几种？（　　）

A. 伪信号攻击　　　　　　　　　　B. Land 攻击

C. 身份验证洪水攻击　　　　　　　D. 取消验证洪水攻击

答案：BCD

407. 下列关于安全口令的说法，正确的是（　　）。

A. 不使用空口令或系统缺省的口令，因为这些口令众所周知，为典型的弱口令

B. 口令中不应包含本人、父母、子女和配偶的姓名、出生日期、纪念日、登录名、E-mail 地址等与本人有关的信息，以及字典中的单词

C. 口令不应该为用数字或符号代替某些字母的单词

D. 这些安全口令应集中保管，以防丢失

答案：ABC

408. 下列哪些漏洞是由于未对输入做过滤造成的？（　　）

A. 缓冲区溢出　　　　　　　　B. SQL 注入

C. XSS　　　　　　　　　　　D. 命令行注入

答案：ABCD

409. 下列哪几项是信息安全漏洞的载体？（　　）

A. 网络协议　　　　　　　　　B. 操作系统

C. 应用系统　　　　　　　　　D. 业务数据

答案：ABC

410. 下列哪些工具是常见的恶意远程控制软件？（　　）

A. PcShare　　　　　　　　　 B. Ghost

C. Radmin　　　　　　　　　 D. DarkComet

答案：ABD

411. 下列文件包含防御方法的有（　　）。

A. 检查变量是否已经初始化

B. 建议假定所有输入都是可疑的，尝试对所有输入可能包含的文件地址进行严格的检查

C. 对服务器本地文件以及远程文件进行严格的检查，参数中不允许出现../之类的目录跳转符

D. 严格检查 include 内的文件包含函数中的参数是否外界可控

答案：ABCD

412. 下列说法正确的是（　　）。

A. 安防工作永远是风险、性能、成本之间的折中

B. 网络安全防御系统是个动态的系统，攻防技术都在不断发展，安防系统必须同时发展与更新

C. 系统的安全防护人员必须密切追踪最新出现的不安全因素和最新的安防理念，以便对现有的安防系统及时提出改进意见

D. 建立 100% 安全的网络

答案：ABC

413. 下面不是网络端口扫描技术的是（　　）。

A. 全连接扫描　　　　　　　　B. 半连接扫描

C. 插件扫描　　　　　　　　　D. 特征匹配扫描

答案：CD

414. 下面对于 X-Scan 扫描器的说法，正确的有（　　）。

A. 可以进行端口扫描

二、多项选择题

B. 含有攻击模块，可以针对识别到的漏洞自动发起攻击

C. 对于一些已知的 CGI 和 RPC 漏洞，X-Scan 给出了相应的漏洞描述以及已有的通过此漏洞进行攻击的工具

D. 需要网络中每个主机的管理员权限

答案：AC

415. 下面可能被用来提权的应用软件是（ ）。

A. Serv-U   B. Radmin

C. PcAnywhere   D. VNC

答案：ABCD

416. 下面哪种上传文件的格式是利用的 Nginx 解析漏洞？（ ）

A. /test.asp;1.jpg   B. /test.jpg/1.php

C. /test.asp/test.jpg D. /test.jpg%00.php

答案：BD

417. 下面软件产品中，（ ）是漏洞扫描器。

A. X-Scan   B. Nmap

C. Norton AntiVirus   D. Snort

答案：AB

418. 一个安全的网络系统具有的特点是（ ）。

A. 保持各种数据的机密性

B. 保持所有信息、数据及系统中各种程序的完整性和准确性

C. 保证合法访问者的访问和接受正常的服务

D. 保证网络在任何时刻都有很高的传输速度

答案：ABC

419. 一个恶意的攻击者必须具备哪几点？（ ）

A. 方法   B. 机会

C. 动机   D. 运气

答案：ABC

420. 一个强壮的密码应该包含 8 位以上的（ ），而且不应该是字典中的单词。

A. 字符   B. 数字

C. 符号   D. 大小写混排

答案：ABCD

421. 一台 Linux 服务器运行的服务包括 SMTP、POP3、IMAP 和 SNMP，对其进行端口扫描，可以发现下列哪些 TCP 端口可能开放？（ ）

A. 25 B. 110
C. 21 D. 143

答案：ABD

422. 以下查看 Windows 系统连接端口的命令，正确的是（ ）。

A. netstat -an B. netstat -a | find "80"

C. netstat -n | find "80" D. netstat -port

答案：ABC

423. 以下对 Windows 系统的服务描述，错误的是（ ）。

A. Windows 服务必须是一个独立的可执行程序

B. Windows 服务的运行不需要用户的交互登录

C. Windows 服务都是随系统启动而启动，无须用户进行干预

D. Windows 服务都需要用户进行登录后，以登录用户的权限进行启动

答案：ACD

424. 以下关于 CC 攻击说法正确的是（ ）。

A. CC 攻击需要借助代理进行 B. CC 攻击利用的是 TCP 协议的缺陷

C. CC 攻击难以获取目标机器的控制权 D. CC 攻击最早在国外大面积流行

答案：ACD

425. 以下关于 SYN Flood 和 SYN Cookie 技术的哪些说法是不正确的？（ ）

A. SYN Flood 攻击主要是通过发送超大流量的数据包来堵塞网络带宽

B. SYN Cookie 技术的原理是通过 SYN Cookie 网关设备拆分 TCP 三次握手过程，计算每个 TCP 连接的 Cookie 值，对该连接进行验证

C. SYN Cookie 技术在超大流量攻击的情况下可能会导致网关设备由于进行大量的计算而失效

D. 以上说法都正确

答案：AD

426. 以下关于 Windows SAM（安全账号管理器）的说法正确的是（ ）。

A. 安全账号管理器（SAM）具体表现就是 %SystemRoot%\system32\config\sam

B. 安全账号管理器（SAM）存储的账号信息是存储在注册表中

C. 安全账号管理器（SAM）存储的账号信息 Administrator 和 System 是可读和可写的

D. 安全账号管理器（SAM）是 Windows 的用户数据库系统进程通过 Security Accounts Manager 服务进行访问和操作

答案：ABD

427. 以下哪几项应用协议比较安全？（ ）

二、多项选择题

A. SFTP   B. STELNET
C. SMPT   D. HTTP

答案：AB

428. 以下哪些方法可以关闭共享？（　　）

A. net share 共享名 /del   B. net stop server
C. net use 共享名 /del   D. net stop netshare

答案：AB

429. 以下哪些方法可以预防路径遍历漏洞？（　　）

A. 在 UNIX 中使用 Chrooted 文件系统防止路径向上回溯

B. 程序使用一个硬编码，被允许访问的文件类型列表

C. 对用户提交的文件名进行相关解码与规范化

D. 使用相应的函数如（Java）getCanonicalPath 方法检查访问的文件是否位于应用程序指定的起始位置

答案：ABCD

430. 以下哪些方式可以强化 SMB 会话安全？（　　）

A. 限制匿名访问   B. 控制 LAN Manager 验证
C. 使用 SMB 的签名   D. 使用 USB_KEY 认证

答案：ABC

431. 以下哪些工具提供拦截和修改 HTTP 数据包的功能？（　　）

A. Burp Suite   B. HackBar
C. Fiddler   D. Nmap

答案：AC

432. 以下哪些拒绝服务攻击方式不是流量型拒绝服务攻击？（　　）

A. Land   B. UDPFlood
C. Smurf   D. Teardrop

答案：AD

433. 以下哪些说法是正确的？（　　）

A. IOS 系统从 IOS 6 开始引入 KernelASLR 安全措施

B. 主流的 iPhone 手机内置了 AES 及 RSA 硬件加速解密引擎

C. 安卓系统采用了安全引导链（Secureboot Chain），而 IOS 系统则未采用

D. Android 4.1 系统默认启用了内存 ASLR

答案：ABD

434. 以下哪些问题是导致系统被入侵的直接原因？（　　）

A. 系统存在溢出漏洞　　　　　　　B. 系统用户存在弱口令

C. 没有使用 IPS　　　　　　　　　D. 登录口令没有加密传输

答案：ABD

435. 以下哪些协议通信时是加密的？（　）

A. FTP　　　　　　　　　　　　　B. HTTPS

C. SNMP　　　　　　　　　　　　D. SSH

答案：BD

436. 以下能实现端口扫描的软件有（　）。

A. 流光软件　　　　　　　　　　　B. SuperScan 软件

C. 字典攻击软件　　　　　　　　　D. Nmap

答案：ABD

437. 以下能有效减少无线网络的安全风险，避免个人隐私信息被窃取的措施有（　）。

A. 使用 WPA 等加密的网络　　　　B. 定期维护和升级杀毒软件

C. 隐藏 SSID，禁止非法用户访问　　D. 安装防火墙

答案：ABCD

438. 以下哪些策略是有效提高网络性能的？（　）

A. 增加带宽　　　　　　　　　　　B. 基于端口策略的流量管理

C. 基于应用层的流量管理　　　　　D. 限制访问功能

答案：ABC

439. 以下（　）属于对服务进行暴力破解的工具。

A. Nmap　　　　　　　　　　　　B. Bruter

C. SQLMap　　　　　　　　　　　D. Hydra

答案：BD

440. 以下属于抓包软件的有（　）。

A. Sniffer　　　　　　　　　　　　B. Netscan

C. Wireshark　　　　　　　　　　D. Ethereal

答案：ACD

441. 应用程序开发过程中，下面哪些开发习惯可能导致安全漏洞？（　）

A. 在程序代码中打印日志输出敏感信息方便调试　　B. 在使用数组前判断是否越界

C. 在生成随机数前使用当前时间设置随机数种子　　D. 设置配置文件权限为 rw-rw-rw-

答案：AD

442. 用户收到了一封可疑的电子邮件，要求用户提供银行账户及密码，这不属于哪些攻击手段？（　）

A. 钓鱼攻击 B. DDoS 攻击

C. 暗门攻击 D. 缓存溢出攻击

答案：BCD

443. 越权有哪几类？（　　）

A. 未授权访问 B. 垂直越权

C. 平行越权 D. 以上都不是

答案：ABC

444. 在 SQL Server 2000 中有一些无用的存储过程，这些存储过程极容易被攻击者利用，攻击数据库系统。下面的存储过程哪些可以用来执行系统命令或修改注册表？（　　）

A. xp_cmdshell B. xp_regwrite

C. xp_regdeletekey D. select * from master

答案：ABC

445. 在 WLAN 系统中，目前通过以下哪些途径提高 WLAN 网络安全？（　　）

A. 对同一 AP 下的用户进行隔离 B. 对同一 AC 下的用户进行隔离

C. 采用账号/密码认证 D. 采用 SSL 封装认证数据

答案：ABCD

446. 在对 IIS 脚本映射做安全配置的过程中，下面说法正确的是（　　）。

A. 无用的脚本映射会给 IIS 引入安全隐患

B. 木马后门可能会通过脚本映射来实现

C. 在脚本映射中，可以通过限制 GET、HEAD、PUT 等方法的使用，来对客户端的请求做限制

D. 以上说法均不正确

答案：ABC

447. 下列对主机网络安全技术的描述中，（　　）是错误的。

A. 主机网络安全技术考虑的元素有 IP 地址、端口号、协议、MAC 地址等网络特性和用户、资源权限以及访问时间等操作系统特性

B. 主机网络安全技术是被动防御的安全技术

C. 主机网络安全所采用的技术手段通常在被保护的主机内实现，一般为硬件形式

D. 主机网络安全技术结合了主机安全技术和网络安全技术

答案：BC

448. 在 HP-UX 系统中，set_parms 后面可以带（　　）参数。

A. date

B. ip_address

C.hostname

D.addl_netwrk

答案：BCD

449. 主机型漏洞扫描器可能具备的功能有（　）。

A. 重要资料锁定：利用安全的校验和机制来监控重要的主机资料或程序的完整性

B. 弱口令检查：采用结合系统信息、字典和词汇组合等的规则来检查弱口令

C. 系统日志和文本文件分析：针对系统日志档案，如 UNIX 的 syslogs 及 NT 的事件日志（Event Log），以及其他文本文件的内容做分析

D. 动态报警：当遇到违反扫描策略或发现已知安全漏洞时，提供及时的告警。告警可以采取多种方式，可以是声音、弹出窗口、电子邮件甚至手机短信等

答案：ABCD

450. 做系统快照，查看端口信息的方式有（　）。

A. netstat -an　　　　　　　　B. net share

C. net use　　　　　　　　　　D. 用 taskinfo 来查看连接情况

答案：AD

451. 信息系统验收过程中进行全面的（　），通过后方可投入运行。

A. 安全测评　　　　　　　　　B. 渗透测试

C. 风险评估　　　　　　　　　D. 危险分析

答案：AB

452. 以下符合《国家电网公司信息系统运行管理办法》要求的是（　）。

A. 巡检主要是及时掌握信息系统及运行环境的运行状况，可分为定期巡检、特殊巡检和监察巡检

B. 两票由信息系统检修人员编写，由调度人员对工作票进行核实签发，运行人员履行两票许可手续

C. 运行方式应包括网络与信息系统现状描述、需求分析和运行方式安排三部分内容

D. 信息系统缺陷按照严重程度分为重大共性缺陷、紧急缺陷、重要缺陷和一般缺陷四个级别

答案：ABC

453. 以下选项中符合《国家电网公司网络与信息系统安全管理办法》要求的是（　）。

A. 网络与信息系统安全工作坚持"三纳入一融合"原则

B. 网络与信息系统安全管理工作机制遵循"统一指挥、密切配合、职责明确、流程规范、响应及时"的协同原则

C. 网络与信息系统应急管理体系建设坚持的方针是"安全第一、预防为主"

二、多项选择题

D. 网络与信息安全管理措施涉及物理安全、网络安全、终端安全、主机安全、应用安全、数据安全等方面

答案：ABC

454. 网络与信息系统次年需求分析与信息系统方式编排根据（   ）等方面进行分析和预测，同时结合次年信息化项目的新（改、扩）建计划，制定符合实际的信息系统年度方式。

A. 业务需求
B. 次年存在的问题
C. 当年存在的问题
D. 次年网络与信息系统检修计划

答案：ACD

455. 信息系统运行风险预警工作流程包括预警发布、预警承办、（   ）四个环节。

A. 风险评估
B. 风险预测
C. 预警解除
D. 风险规避

答案：AC

456. 信息系统运行风险预警管控重点抓好风险辨识和管控措施落实"两个环节"，满足"准确性、及时性、（   ）"要求。

A. 稳定性
B. 全局性
C. 全面性
D. 可靠性

答案：CD

457. 公司应急预案体系由（   ）方案构成。

A. 总体应急预案
B. 分项应急预案
C. 专项应急预案
D. 现场处置方案

答案：ACD

458. 2017 年版《国家电网公司安全事故调查规程》较旧版的调查规程新增了（   ）条款。

A. 机房不间断电源系统、直流电源系统故障
B. 机房空气调节系统停运
C. 信息网络
D. 信息安全

答案：AB

459. 新版调查规程对以下哪些信息系统相关的业务做了相关的规定？（   ）

A. 信息安全
B. 本地信息网络
C. 上下级信息网络
D. 信息系统纵向贯通

答案：ABCD

460. 省电力公司级以上单位与各下属单位间的网络不可用，影响范围达（   ），且持续时间（   ）小时以上构成六级信息系统事件。

A. 20%，12
B. 80%，2
C. 40%，8
D. 20%，24

答案：CD

461. 以下（　　）项属于七级信息系统事件。

A. 省电力公司级以上单位与公司集中式容灾中心间的网络不可用，且持续时间2小时以上

B. 一类信息系统数据丢失，影响公司生产经营

C. 一类信息系统业务中断，且持续时间2小时以上

D. 一类信息系统纵向贯通全部中断，且持续时间2小时以上

答案：ABC

462. 八级信息系统事件，（　　）供电公司级单位本地信息网络不可用，且持续时间1小时以上；（　　）供电公司级单位本地信息网络不可用，且持续时间4小时以上。

A. 地市　　　　　　　　　　B. 县

C. 网省　　　　　　　　　　D. 总部

答案：AB

463. 计算机信息系统的运行安全包括（　　）。

A. 系统风险管理　　　　　　B. 审计跟踪

C. 备份和恢复　　　　　　　D. 电磁信息泄露

答案：ABC

464. 信息设备检修主要包括（　　）三类，其中应以计划检修为主，通过优化检修计划，最大限度提高设备的可用率。

A. 计划检修　　　　　　　　B. 临时检修

C. 紧急抢修　　　　　　　　D. 普通检修

答案：ABC

465. 信息内外网办公计算机应分别部署于信息内外网桌面终端安全域，桌面终端安全域应采取IP/MAC绑定、（　　）、恶意代码过滤、补丁管理、事件审计、桌面资产管理等措施进行安全防护（　　）。

A. 安全准入管理　　　　　　B. 访问控制

C. 入侵检测　　　　　　　　D. 病毒防护

答案：ABCD

466. 信息系统业务运维工作内容主要包括（　　）功能配置变更、账号权限管理、应用问题处理、业务应用情况分析等。

A. 运行监控　　　　　　　　B. 故障处理

C. 日常应用巡检　　　　　　D. 用户操作指导

答案：CD

467. 根据可能造成的事故后果，隐患分为（　　）三个等级。

二、多项选择题

A. 一般事故隐患　　　　　　　B. 重大事故隐患
C. 危急事故隐患　　　　　　　D. 安全事件隐患

答案：ABD

468.《国家电网公司信息系统运行管理办法》中规定，省公司级信息系统运维单位主要职责是（　　）。

A. 负责本单位信息系统运行工作

B. 负责本单位信息系统运行管理工作

C. 负责本单位信息系统运行安全保障及应急处置工作

D. 负责本单位信息系统运行情况的分析与总结，定期出具分析报告并提交信息化职能管理部门

答案：ACD

469. 以下哪些属于桌面终端安全域进行安全防护采取的措施？（　　）

A. 访问控制　　　　　　　　　B. 桌面资产管理
C. 日志审计　　　　　　　　　D. 恶意代码过滤

答案：ABD

470.《国家电网公司信息系统运行管理办法》中，省公司级信息化职能管理部门主要职责包括（　　）。

A. 负责本单位信息系统运行的安全管理工作

B. 负责本单位信息系统运行工作的监督、检查、评价和考核工作

C. 负责本单位信息系统运行工作

D. 负责本单位信息系统运行安全保障及应急处置工作

答案：AB

471. 对于人员的信息安全管理要求中，下列（　　）说法是正确的。

A. 对单位的新录用人员要签署保密协议

B. 对离岗的员工应立即终止其在信息系统中的所有访问权限

C. 要求第三方人员在访问前与公司签署安全责任合同书或保密协议

D. 因为第三方人员签署了安全责任合同书或保密协议，所以在巡检和维护时不必陪同

答案：ABC

472. 国家电网公司办公计算机信息安全外设管理应遵循（　　）。

A. 严禁扫描仪、打印机等计算机外设在信息内网和信息外网上交叉使用

B. 计算机外设要统一管理、统一登记和配置属性参数

C. 计算机外设的存储部件要定期进行检查和清除

D. 应定期对安全移动存储介质进行清理、核对

答案：ABCD

473. 公司信息系统运行工作坚持（　）的原则。

A. 立即响应　　　　　　　　　　B. 安全第一

C. 预防为主　　　　　　　　　　D. 综合治理

答案：BCD

474. 下列哪些系统属于一类信息系统？（　）

A. 营销业务系统　　　　　　　　B. 95598 呼叫平台

C. 国网电子商城　　　　　　　　D. 证券业务管理系统

答案：ABCD

475. 国家电网公司信息系统应急预案工作原则包括（　）。

A. 安全第一　　　　　　　　　　B. 预防为主

C. 统一指挥　　　　　　　　　　D. 技术支撑

答案：BCD

476. 以下哪些符合国家电网公司企业级信息系统部署和应用现状？（　）

A. 二级中心　　　　　　　　　　B. 二级部署

C. 三层应用　　　　　　　　　　D. 三层部署

答案：AC

477.《国家电网公司信息系统应急预案》规定中，以下哪些部分需要制定专项应急预案？（　）

A. 通信链路　　　　　　　　　　B. 网络

C. 主机　　　　　　　　　　　　D. 网站

答案：ABC

478. 信息系统检修工作可分为（　）。

A. 计划检修　　　　　　　　　　B. 临时检修

C. 日常检修　　　　　　　　　　D. 紧急抢修

答案：ABD

479.《国家电网公司信息系统业务授权许可使用管理办法》中所称的信息系统用户是指经公司批准，允许使用信息系统开展（　）的公司在岗人员。

A. 生产　　　　　　　　　　　　B. 经营

C. 管理业务　　　　　　　　　　D. 业绩

答案：ABC

480. 国家电网公司所属的信息化建设实施等单位作为信息系统设计、建设和测试工作的承担单位，主要职责包括（　）。

A. 负责在设计阶段考虑信息系统安全措施

B. 负责在建设阶段考虑信息系统安全措施

C. 负责在测试阶段考虑信息系统安全措施

D. 按"同步规划、同步设计、同步运行"的原则落实信息系统业务授权许可使用需求

答案：ABCD

481. 国家电网公司办公计算机信息安全管理办法做出的规定之一是电网公司信息内外网执行（　　）策略。

A. 等级防护　　　　　　　　B. 分区分域

C. 全部保护　　　　　　　　D. 逻辑强隔离

答案：ABD

482.《国家电网公司信息系统运行管理办法》所称的信息系统是指公司一体化企业级（　　）、信息管控等信息化保障系统，含灾备系统。

A. 信息集成平台　　　　　　B. 业务应用系统

C. 安全防护　　　　　　　　D. 安全维护

答案：ABC

483. 省公司级信息系统运维单位（部门）主要职责包括（　　）。

A. 负责本单位信息系统运行情况的分析与总结，定期出具分析报告并提交信息化职能管理部门

B. 负责本单位信息系统运行工作

C. 负责本单位信息系统运行工作的监督、检查、评价和考核工作

D. 负责本单位信息系统运行安全保障及应急处置工作

答案：ABD

484. 以下哪些属于信息系统业务运维单位的职责？（　　）

A. 根据业务运维情况，提出信息系统优化需求

B. 负责统一管理本单位系统用户权限账号的新增和变更需求

C. 系统运维的现场支持工作

D. 受理并解决用户的系统应用类服务请求

答案：AD

485. 国家电网公司移动应用工作应遵循（　　）的原则，加强移动应用管理，做好职责分工，切实落实责任。

A. 谁主管、谁负责　　　　　B. 谁发布、谁负责

C. 谁运行、谁负责　　　　　D. 管业务必须管安全

答案：ABCD

486. 省公司级单位信息通信职能管理部门是本单位信息安全等级保护工作归口管理部门，

主要职责包括（　　）。

A. 负责落实公司信息安全等级保护制度标准

B. 负责组织、协调、监督、考核本单位信息系统安全等级保护的定级、备案、方案设计、建设整改、等级测评等各环节工作

C. 负责与所在地公安机关、行业信息安全主管部门的相关工作对接

D. 负责落实本单位由信通专业负责建设的信息系统的等级保护各环节工作

答案：ABCD

487.（　　）的通信通道或安全自动装置的通信通道非计划中断，为八级设备事件。

A. 调度电话业务　　　　　　　B. 视频会议业务

C. 调度数据网业务　　　　　　D. 线路保护

答案：ACD

488.（　　）与直接调度范围内10%以上厂站的调度电话、调度数据网业务及实时专线通信业务全部中断，为通信系统五级事件。

A. 国家电力调度控制中心　　　B. 国家电网调控分中心

C. 省电力调度控制中心　　　　D. 地市电力调度控制中心

答案：ABC

489. 制定《国家电网公司电力安全工作规程（信息部分）》的主要目的包括（　　）。

A. 加强信息作业管理　　　　　B. 规范各类人员行为

C. 保证信息系统及数据安全　　D. 提高信息系统可靠性水平

答案：ABC

490. 信息作业人员应被告知其作业现场和工作岗位存在的（　　）。

A. 安全风险　　　　　　　　　B. 安全注意事项

C. 事故防范　　　　　　　　　D. 紧急处理措施

答案：ABCD

491. 其他不需填用信息工作票、信息工作任务单的工作，应（　　）。

A. 按书面记录执行

B. 按留有录音或书面派工记录的口头命令执行

C. 按留有录音或书面派工记录的电话命令执行

D. 按工单、工作记录、巡视记录等执行

答案：ABCD

492. 关于信息工作票的填写与签发，说法正确的是（　　）。

A. 信息工作票可以由工作负责人填写

B. 信息工作票编号可以不连续

二、多项选择题

C. 信息工作票由工作票签发人审核、签名后方可执行

D. 一张信息工作票中，工作许可人与工作负责人不得互相兼任一张信息工作任务单中，工作票签发人与工作负责人可以互相兼任。

答案：AC

493. 关于信息工作票的使用，说法正确的是（ ）。

A. 一个工作负责人不能同时执行多张信息工作票

B. 在原信息工作票的安全措施范围内增加工作任务时，应由工作负责人征得信息工作票签发人和工作许可人同意，并在工作票上增填工作项目

C. 信息工作票有污损不能继续使用时，应办理新的工作票

D. 已执行的信息工作票、信息工作任务单至少应保存三年

答案：ABC

494. 信息工作票需要变更工作班成员时，新的作业人员经过（ ）后方可参与工作。

A. 安全交底　　　　　　　　B. 签名确认

C. 相关培训　　　　　　　　D. 考试合格

答案：AB

495.《国家电网公司电力安全工作规程（信息部分）》规定，工作负责人应由有本专业工作经验、（ ）的人员担任，名单应公布。

A. 熟悉工作范围内信息系统情况　　B. 熟悉安全工作规程

C. 熟悉工作班成员工作能力　　　　D. 经信息运维部门批准

答案：ABCD

496.《国家电网公司电力安全工作规程（信息部分）》规定，工作许可人应由（ ）的人员担任，名单应公布。

A. 有一定工作经验　　　　　　B. 熟悉工作范围内信息系统情况

C. 熟悉本规程　　　　　　　　D. 经信息运维部门批准

答案：ABCD

497. 信息工作票签发人的安全责任包括（ ）。

A. 确认工作必要性和安全性

B. 确认信息工作票上所填安全措施是否正确完备

C. 确认所派工作负责人和工作班人员是否适当、充足

D. 确认工作具备条件

答案：ABC

498.《国家电网公司电力安全工作规程（信息部分）》规定,工作许可人的安全责任包括（ ）。

A. 确认工作具备条件，工作不具备条件时应退回工作票

— 713 —

B. 确认工作票所列的安全措施已实施

C. 确定需监护的作业内容

D. 监督作业人员是否遵守安全操作规程

答案：AB

499.《国家电网公司电力安全工作规程（信息部分）》规定，工作班成员的安全责任包括（　　）。

A. 熟悉工作内容、工作流程，清楚工作中的风险点和安全措施，并在工作票上签名确认

B. 服从工作负责人的指挥，严格遵守《国家电网公司电力安全工作规程（信息部分）》和劳动纪律

C. 正确使用工器具、调试计算机（或其他专用设备）、外接存储设备以及软件工具等

D. 关注工作班成员身体状况和精神状态是否正常、人员变动是否合适

答案：ABC

500.《国家电网公司电力安全工作规程（信息部分）》规定，工作终结报告应按（　　）方式进行。

A. 当面报告　　　　　　　　　B. 电话报告

C. 邮件报告　　　　　　　　　D. 短信报告

答案：AB

501. 在信息系统上工作，授权应基于（　　）的原则。

A. 权限最小化　　　　　　　　B. 权限分离

C. 最短时限　　　　　　　　　D. 避免冲突

答案：AB

502. 以下关于信息备份的说法，正确的是（　　）。

A. 网络设备或安全设备检修前，应备份配置文件

B. 主机设备或存储设备检修前，应根据需要备份运行参数

C. 数据库检修前，应备份可能受影响的业务数据、配置文件、日志文件等

D. 中间件检修前，应备份配置文件

答案：ABCD

503. 信息系统上线前，应（　　）。

A. 删除临时账号　　　　　　　B. 删除临时数据

C. 修改系统账号默认口令　　　D. 回收所有账号权限

答案：ABC

504. 下列关于信息系统巡视说法正确的是（　　）。

A. 巡视时不得改变信息系统或机房动力环境设备的运行状态

B. 巡视时发现异常问题，应及时报告信息运维单位（部门）

C. 巡视时不得更改、清除信息系统和机房动力环境告警信息

二、多项选择题

D. 对于巡视发现的信息系统紧急异常，可酌情自行处理

答案：ABC

505. 为保证信息系统运行的可靠性，应（　）。

A. 开展信息系统巡视

B. 安全设备特征库定期更新

C. 信息系统的配置、业务数据等定期备份，备份的数据宜定期进行验证

D. 信息系统的账号、权限应按需分配

答案：ABCD

506. 在不间断电源工作时，应注意哪些事项？（　）

A. 新增负载前，应核查电源负载能力

B. 裸露电缆线头应做绝缘处理

C. 拆接负载电缆前，应断开负载端电源开关

D. 配置旁路检修开关的不间断电源设备检修时，应严格执行停机及断电顺序

答案：ABCD

507. 请列举风冷型精密空调常见高压告警原因（　）。

A. 冷凝器清洁状况差　　　　　B. 冷凝调速器故障导致风机全速运转

C. 制冷剂充注量过大　　　　　D. 冷凝调速器故障导致风机不运转

答案：ACD

508. 下列属于引发交流故障的原因的有（　）。

A. 交流停电　　　　　　　　　B. 交流输入过欠压

C. 交流接触器损坏　　　　　　D. 交流空开跳闸

答案：ABCD

509. 开关电源系统中，以下（　）是属于紧急告警。

A. 整流器故障　　　　　　　　B. 负载高压

C. 交流输入故障　　　　　　　D. 均充

答案：ABC

510. 电源技术中，安规是安全规范和安全标准的简称，对于安规设计以下说法正确的是（　）。

A. 安规设计的目的是降低电气产品对人身和财产的各种伤害

B. 安规是电源操作维护人员需要遵守的工作规范

C. 安规是电源生产厂家在电源设计时需满足的标准

D. 为保证可信度，安规的认证采用第三方认证的方式

答案：ACD

511. 电源设备的电磁干扰性主要分为哪两个方面？（　　）

A. 传导干扰　　　　　　　　　　B. 谐波干扰

C. 辐射干扰　　　　　　　　　　D. 静电干扰

答案：AB

512. 直流供电系统由（　　）组成。

A. 整流设备　　　　　　　　　　B. 蓄电池组

C. 直流配电设备　　　　　　　　D. 逆变器

答案：ABC

513. 在 Vi 编辑器中，（　　）命令可以用来插入文本。

A. a　　　　　　　　　　　　　　B. x

C. i　　　　　　　　　　　　　　D. dd

答案：AC

514. （　　）存储管理方式提供二维地质结构。

A. 段式管理　　　　　　　　　　B. 页式管理

C. 段页式管理　　　　　　　　　D. 可变分区

答案：AC

515. （　　）可以直接通过 OS 的（作业）控制接口完成。

A. 用户复制文件　　　　　　　　B. 查看目录

C. 向寄存器存数据　　　　　　　D. 读磁盘的扇区

答案：BCD

516. Cron 的守护程序 Crond 启动时将会扫描（　　），查找由 root 或其他系统用户输入的定期调度的作业。

A. /etc/crontab　　　　　　　　B. /var/spool/cron

C. /etc/cron.conf　　　　　　　D. /etc/nsswitch.conf

答案：AB

517. ifconfig 可以支持下列（　　）。

A. 修改网络设备信息　　　　　　B. 停止网络设备

C. 修改网络硬件地址　　　　　　D. 绑定不同的 IP 地址到同一个网卡

答案：ABCD

518. Internet 连接共享（ICS）是接入 Internet 的方法之一。下列关于 Internet 连接共享叙述正确的是（　　）。

A. 服务器只有一个网络连接也可以实现 Internet 连接共享

B. 服务器至少应该有两个网络连接才可以实现 Internet 连接共享

二、多项选择题

C. Internet 连接共享适用于小型网络和家庭网络

D. 服务器必须有两块网卡才能实现 Internet 连接共享

答案：BC

519. Linux 系统安全管理的内容包括（　　）。

A. 普通用户的系统安全　　　　　　B. 文件系统的安全

C. 进程的安全　　　　　　　　　　D. 文件内容的安全

答案：ABCD

520. Linux 系统下，格式化 cklv，新建目录 /mnt/lvm，并将 cklv 挂载到 /mnt/lvm，实现以上要求的命令是（　　）。

A. mke2fs -j /dev/ckvg/cklv　　　　B. mkdir /mnt/lvm

C. mount -t ext3 /dev/ckvg/cklv /mnt/lvm　　D. lvcreate -L 1000M -n cklv ckvg

答案：ABC

521. 以下关于 Oracle 数据文件的说法，正确的是（　　）。

A. 数据库中的数据存储在数据文件中；一个表空间只能由一个数据文件组成；一个数据文件仅能与一个数据库联系；数据文件一旦建立，就不能改变大小

B. 一个表空间只能由一个数据文件组成

C. 一个数据文件仅能与一个数据库联系

D. 数据文件一旦建立，就不能改变大小

答案：AC

522. Oracle 数据库的物理组件必须包含（　　）。

A. 数据文件　　　　　　　　　　　B. 控制文件

C. 表空间文件　　　　　　　　　　D. 日志文件

答案：AB

523. Oracle 中的三种系统文件分别是（　　）。

A. 数据文件 DBF　　　　　　　　　B. 控制文件 CTL

C. 日志文件 LOG　　　　　　　　　D. 归档文件 ARC

答案：ABC

524. 数据库调优读写分离常用的方法有（　　）。

A. 分库　　　　　　　　　　　　　B. 分区

C. 分表　　　　　　　　　　　　　D. 分开

答案：ABC

525. DBA 的职责有（　　）。

A. 监控数据库的使用和运行　　　　B. 决定 DB 中的信息内容和结构

C. 定义数据的安全性要求和完整性约束条件　　D. 决定 DB 的存储结构和存取策略

答案：ABCD

526. 国家电网公司数据交换系统（ESB）可靠性保障包含（　　）。

A. 运行可靠性　　B. 数据可靠性

C. 传输可靠性　　D. 调用可靠性

答案：ACD

527. ISS 安全事件的分级主要考虑（　　）三个要素。

A. 信息系统的重要程度　　B. 系统损失

C. 社会影响　　D. 国家安全

答案：ABC

528. 建转运计划应包含（　　）等。

A. 建转运生产准备计划　　B. 运维团队组建计划

C. 运维团队培训计划　　D. 信息运维计划

答案：ABC

529. 信息系统业务运维工作内容主要包括：日常应用巡检、（　　）、数据质量分析等。

A. 用户操作指导　　B. 功能配置变更

C. 账号权限管理　　D. 应用问题处理

答案：ABCD

530. 《国家电网公司信息系统账号实名制管理细则》（国家电网企管〔2017〕312 号）规定，公司各单位信息系统业务授权许可部门主要职责包括（　　）。

A. 落实公司账号实名制管理要求

B. 负责核对申请信息中的人员身份

C. 落实公司信息系统账号相关保密管理要求

D. 对本单位相关信息系统账号实名制工作情况进行核查、监督、评价和考核，对账号违规情况进行核查

答案：AD

531. WebSphere Server 中修改连接池连接数的参数是（　　）。

A. 连接池、连接超时　　B. 语句高速缓存大小

C. 连接池、最大连接数　　D. 连接池、最小连接数

答案：CD

532. 信息内网终端安全运行指标中，属于日上报周期的指标是（　　）。

A. 终端注册率　　B. 安装防病毒软件的终端数

C. 违规外联告警数　　D. 补丁安装率

二、多项选择题

答案：BCD

533. 通过 SG-I6000 系统发起设备报废流程，设备状态须是（ ）状态，流程才可以发起。

A. 在运　　　　　　　　　　B. 待报废

C. 退役　　　　　　　　　　D. 未投运

答案：BC

534. 在 SG-I60000 系统中，下列哪些项目属于一级检修计划申请需要填写的内容？（ ）

A. 计划负责人　　　　　　　B. 影响范围

C. 是否国网信通联调　　　　D. 是否灾备中心联调

答案：ABCD

535. SG-I6000 系统中，根据设备资源管理规范，以下在台账录入时作为必填项的有（ ）。

A. 设备名称　　　　　　　　B. 制造商、品牌、系列

C. 所属网络　　　　　　　　D. 安放地点

答案：ABCD

536. SG-I6000 系统中，以下哪些"安放地点"需要先在建筑场地菜单新建？（ ）

A. 设备机房　　　　　　　　B. 物资仓库

C. 办公场地　　　　　　　　D. 数据中心

答案：ABC

537. 在 SG-I6000 系统设备管理中，以下设备属于主机设备的是（ ）。

A. PC 服务器　　　　　　　　B. 交换机

C. 工控机　　　　　　　　　D. 台式机

答案：AC

538. 在 SG-I6000 系统中，设备管理发起流程后，工单状态主要包括（ ）。

A. 申请　　　　　　　　　　B. 审核

C. 确认　　　　　　　　　　D. 归档

答案：ABD

539. SG-I6000 系统中一单两票包括（ ）。

A. 工单　　　　　　　　　　B. 调度联系单

C. 操作票　　　　　　　　　D. 指令票

答案：ACD

540. SG-I6000 检修计划申请流程包含以下哪些阶段？（ ）

A. 填报　　　　　　　　　　B. 审批

C. 执行　　　　　　　　　　D. 验证

答案：ABCD

— 719 —

541. SG-I6000 系统平台包括哪几大模块？（ ）

A. 工作台 B. 基础管理

C. 业务管理 D. 决策分析

答案：ABCD

542. SG-I6000 中检修管理包含哪些？（ ）

A. 二级检修计划管理 B. 两票管理

C. 紧急抢修 D. 一级检修查询

答案：ABCD

543. 下列字段在 SG-I6000 中属于必填字段的是（ ）。

A. 安放地点 B. 运维责任人

C. 领用部门 D. 领用人

答案：AD

544. SG-I6000 系统与 ERP 同步后台报"维护工厂与 WBS 元素不一致"，造成此项的原因可能是（ ）。

A. 维护工厂没有同步 B. 功能位置没有同步

C. WBS 没有同步 D. 该 WBS 不属于该维护工厂

答案：ABC

545. 在 SG-I6000 系统中，进入视图编辑页面任务栏中包含（ ）视图。

A. 网络视图 B. 接口视图

C. 应用视图 D. 预置视图

答案：ABC

546. SG-I6000 系统告警紧急度包括以下哪些级别？（ ）

A. 高 B. 一般

C. 中 D. 低

答案：ACD

547. 在 SG-I6000 系统中新增设备台账，且该台账需要与 ERP 系统进行设备同步时，以下哪些内容为必填项？（ ）

A. 资产原值 B. 维护工厂

C. 功能位置 D. 设备增加方式

答案：ABCD

548. SG-I6000 系统中关于检修工单、工作票及操作票的以下描述正确的是（ ）。

A. 操作票可以不用依附工作票

B. 操作票必须依附工作票

二、多项选择题

C. 检修计划申请完成后可以不用开具工作票及操作票

D. 检修计划申请完成后必须开具相对应的工作票及操作票

答案：BD

549. SG-I6000 系统发起设备投运流程后，选中需要投运的设备，在投运编辑页面，需要输入的字段有（ ）。

　　A. 投运日期　　　　　　　　　　B. 设备名称
　　C. IP 地址　　　　　　　　　　　D. 运行部门

答案：ACD

550. 设备台账通过 SG-I6000 创建后可以同步到 ERP 的有哪些类型的设备？（ ）

　　A. 主机设备　　　　　　　　　　B. 终端设备
　　C. 存储设备　　　　　　　　　　D. 辅助设备

答案：ABCD

551. 通过 SG-I6000 与 ERP 设备集成接口转资后，ERP 系统会将（ ）字段回填到 SG-I6000。

　　A. ERP 设备编码　　　　　　　　B. ERP 资产编码
　　C. SG-I6000 设备 ID　　　　　　 D. SG-I6000 设备名称

答案：AB

552. 信息通信一体化调度运行支撑平台（SG-I6000）设备入库流程包括（ ）。

　　A. 入库申请提交　　　　　　　　B. 入库申请审核
　　C. 入库申请回退　　　　　　　　D. 入库申请归档

答案：ABCD

553. 信息系统检修按照计划性可分为（ ）。

　　A. 计划检修　　　　　　　　　　B. 临时检修
　　C. 紧急检修　　　　　　　　　　D. 故障检修

答案：ABC

554. 信息系统缺陷包括（ ）。

　　A. 一般缺陷　　　　　　　　　　B. 较大缺陷
　　C. 重要缺陷　　　　　　　　　　D. 紧急缺陷

答案：ACD

555. 以下哪几种服务属于 SG-I6000 系统后台支撑服务？（ ）

　　A. KPIIN 服务　　　　　　　　　B. KPIU 服务
　　C. BUSINESS 服务　　　　　　　D. ETL 服务

答案：ABD

556. SG-I6000 数据架构基于（　　）。

A. 业务架构　　　　　　　　B. 应用架构

C. 总体架构　　　　　　　　D. 技术架构

答案：AB

557. SG-I6000 一体化运维应用包括（　　）。

A. 调度　　　　　　　　　　B. 运行

C. 检修　　　　　　　　　　D. 客服

答案：ABCD

558. SG-I6000 设备全过程管理功能包括（　　）。

A. 设备入库　　　　　　　　B. 设备投运

C. 设备申请　　　　　　　　D. 设备回收

答案：ABCD

559. SG-I6000 系统智能查询主要包括（　　）两大类功能。

A. 多维度查询　　　　　　　B. 模糊查询

C. 合规性查询　　　　　　　D. 高级查询

答案：AC

560. 以下哪些选项属于 SG-I6000 系统基础运维工作的内容？（　　）

A. 日常运维　　　　　　　　B. 日常巡检

C. 缺陷处理　　　　　　　　D. 国网转型工作

答案：ABC

561. SG-I6000 系统推荐使用的浏览器有（　　）。

A. IE 7 及以上　　　　　　　B. Chrome

C. Firefox　　　　　　　　　D. Safari

答案：BC

562. SG-I6000 的软件资源包括（　　）。

A. 操作系统　　　　　　　　B. ERP

C. IP 资源池　　　　　　　　D. 应用实例

答案：ABD

563. SG-I6000 的基础支撑资源包括（　　）。

A. 网络电路　　　　　　　　B. 电源负载

C. 账号权限　　　　　　　　D. 机房空调

答案：BC

564. 检修工作操作过程要按照（　　）的工作内容严格执行，不得擅自扩大工作票工作内容

二、多项选择题

和范围。

A. 工作票 B. 检修票

C. 操作票 D. 紧急抢修票

答案：AC

565. 在 SG-I6000 系统中，设备投运主要包括以下功能（　）。

A. 支持批量设备的投运申请 B. 支持用户灵活地进行批量设备的调整

C. 支持批量审核单的直接处理 D. 支持一个审核单中多个设备的处理

答案：ABCD

566. 在 SG-I6000 系统中，设备变更主要包括以下功能（　）。

A. 提供变更信息的编辑

B. 提供批量导入变更设备的功能

C. 提供变更信息的申请和审核

D. 支持用户批量导入变更失败时可明确提示用户导入失败

答案：ABCD

567. 注册客户端时缺省注册一般是（　）情况。

A. 计算机不能与服务器正常通信 B. 区域管理器未开

C. 防火墙端口未开 D. 被系统防御软件阻拦

答案：ABCD

568. 对于桌面终端安全采取的安全防护措施，包括以下哪些措施？（　）

A. 安全准入管理、访问控制 B. 入侵检测、病毒防护

C. 事件审计 D. 补丁管理

答案：ABCD

569. 公司信息内网桌面终端系统采用基线策略的是（　）。

A. 资产信息采集 B. 用户权限策略

C. 用户密码检测 D. 杀毒软件策略

答案：ABCD

570. 默认情况下，在运行 Windows 的系统中，使用事件查看器可以查看（　）类型的日志。

A. 应用程序 B. 安全性

C. 系统 D. 目录服务

答案：ABC

571. 桌面系统补丁自动分发策略中，自动检测客户端补丁信息的方式有（　）。

A. 系统启动时检测 B. 间隔检测

C. 定时检测 D. 不定时检测

答案：ABC

572. 桌面系统能实现什么功能？（　　）

A. 查看杀毒软件安装数量
B. 软件自动分发
C. 阻断未注册终端接入网络
D. 记录违规外联

答案：ABCD

573. 桌面终端标准化管理功能范畴包括桌面终端计算机（　　）。

A. 资产管理
B. 软件管理
C. 补丁管理
D. 安全管理

答案：ABCD

574. 在 Windows 10 中任务管理器能够实现的功能有（　　）。

A. 结束进程
B. 结束应用程序
C. 查看 CPU 使用情况
D. 查看服务情况

答案：ABCD

575. 桌面终端运维包括哪些内容？（　　）

A. 安装调试
B. 软件升级
C. 配置变更
D. 备份

答案：ABCD

576. 终端违规行为安全告警至少包括（　　）

A. 对桌面终端登录 OA 输错密码进行告警
B. 对桌面终端存在弱口令的情况进行告警
C. 对桌面终端系统用户权限变化进行告警
D. 对网络桌面终端网络流量进行监控告警

答案：BCD

577. 正确卸载桌面系统客户端程序的方式有哪些？（　　）

A. 在客户端桌面"开始→运行"输入"uninstalledp"并获取卸载密码进行卸载
B. 桌面系统终端管理终端点—点控制卸载
C. 通过下发策略设置客户端定时卸载
D. 通过控制面板，添加 / 删除卸载

答案：ABCD

578. 下面对软件分发描述正确的有（　　）。

A. 可进行 EXE、TXT 类型的软件分发功能
B. 可以对软件分发是否成功进行查询
C. 管理员不可以对文件分发到桌面终端后的路径进行设置
D. 软件分发策略的制定，对不同的桌面终端提供不同的软件分发

答案：ABD

二、多项选择题

579. 使用桌面系统做软件分发时，关于上传文件描述错误的是（ ）。

A. 所有计算机都可以上传文件到服务器

B. 只有注册的计算机可以上传文件到服务器

C. 只有指定授权的注册计算机可以上传文件到服务器

D. 只有指定授权的注册或者非注册计算机可以上传文件到服务器

答案：ACD

580. 管理员通过桌面系统下发 IP/MAC 绑定策略后，终端用户修改了 IP 地址，对其采取的处理方式包括（ ）。

A. 自动恢复其 IP 至原绑定状态　　B. 断开网络并持续阻断

C. 弹出提示窗口对其发出告警　　D. 锁定键盘鼠标

答案：ABC

581. 查询已注册计算机可以根据（ ）查询。

A. IP 地址　　B. MAC 地址

C. 计算机名称　　D. 部门

答案：ABCD

582. 杀毒软件运行监控策略中，如客户端未运行防病毒软件，管理员可以对其（ ）。

A. 仅提示　　B. 断开网络

C. 禁止开机　　D. 自动重启

答案：ABD

583. 通常情况下打印机无法打印有哪些情况？（ ）

A. 驱动不正确　　B. 打印机打印服务没打开

C. 打印机本身故障　　D. 脱机使用

答案：ABCD

584. 下列情况属于违规行为的有（ ）。

A. 在信息内网计算机上存储国家秘密信息

B. 在信息外网计算机上存储企业秘密信息

C. 在信息内网和信息外网计算机上交叉使用普通优盘

D. 在信息内网和信息外网计算机上交叉使用移动硬盘

答案：ABCD

585. 下列行为存在安全隐患的有（ ）。

A. 将下载后的文件立即扫描杀毒　　B. 下载并打开陌生人发送的 Flash 游戏

C. 从互联网上下载软件后直接双击运行　　D. 打开安全优盘时不预先进行病毒扫描

答案：BCD

586. 以下能够用作显示输出接口的有（ ）。

A. VGA
B. HDMI
C. DVI
D. S-VIDEO

答案：ABCD

587. 系统启动时蓝屏通常是由以下哪种情况造成的？（ ）

A. 内存条故障
B. 硬盘线接触不良
C. 硬盘工作模式设置不当
D. 某些声卡驱动安装错误

答案：ABCD

588. PowerPoint 可以插入的对象有（ ）。

A. 图片
B. 超链接
C. 音频
D. 视频

答案：ABCD

589. WLAN 通信协议标准包括（ ）。

A. 802.11b
B. 802.11g
C. 802.11n
D. 802.11p

答案：ABCD

590. 外网邮件用户的密码要求为（ ）。

A. 首次登录外网邮件系统后应立即更改初始密码
B. 密码长度不得小于 8 位
C. 密码必须包含字母和数字
D. 外网邮件用户应每 6 个月更改一次密码

答案：ABC

591. NTFS 较之 FAT32 格式主要有以下哪些优点？（ ）

A. 有一定防病毒能力
B. 能够存放 4G 以上的文件
C. 利用配额功能配合 FTP 分配磁盘空间使用
D. 安全设置更加复杂化

答案：BCD

592. 对于加强办公计算机外设管理，描述正确的是（ ）。

A. 计算机外设要统一管理、统一登记和配置属性参数
B. 严禁私自修改计算机外设的配置属性参数，如需修改要报知计算机运行维护部门，按照相关流程进行维护
C. 严禁计算机外设在信息内外网交叉使用

二、多项选择题

D. 计算机外设的存储部件要定期进行检查和清除

答案：ABCD

593. 桌面终端标准化管理系统中应注册设备不包括（　　）。

A. 被划为无效的设备　　　　　　B. 未获得 MAC 的设备

C. 被保护的设备　　　　　　　　D. 累计在线时间没有超过 24 小时的设备

答案：ABCD

594. WLAN 加密方式有（　　）。

A. WEP　　　　　　　　　　　　B. WAP

C. WPA2　　　　　　　　　　　D. WPA2-PSK

答案：ABCD

595. 局域网的拓扑结构最主要有（　　）。

A. 星型　　　　　　　　　　　　B. 网状型

C. 总线型　　　　　　　　　　　D. 链型

答案：ABC

596. 终端安全事件统计包括（　　）。

A. 对桌面终端运行资源的告警数量进行统计

B. 对桌面终端 CPU 型号进行统计

C. 对桌面终端安装杀毒软件的情况进行统计

D. 对桌面终端违规外联行为的告警数量进行统计

答案：ACD

597. 在使用违规外联监控策略的时候必须点选的选项是（　　）。

A. 允许探头进行违规联网监控　　B. 采用探测外网方法

C. 客户端所限定使用的网段　　　D. 禁止使用代理上网访问

答案：ABD

598. Windows Server 2003 计算机的管理员有禁用账户的权限，下列关于禁用账户叙述正确的是（　　）。

A. Administrator 账户不可以被禁用

B. Administrator 账户可以禁用自己，所以在禁用自己之前应该先创建至少一个管理员组的账户

C. 普通用户可以被禁用

D. 禁用的账户过一段时间会自动启用

答案：BC

599. NTFS 标准权限包括（　　）。

A. 完全控制 B. 删除
C. 修改 D. 只读

答案：ACD

600. 上外网痕迹检查，管理员通过此项功能检查客户端的（　　）含有指定的外网地址痕迹。

A. IE 缓存 B. Cookies
C. 收藏夹 D. IE 清单

答案：ABCD

601. 软件安装监控策略中，对软件安装违规处理的方式有（　　）。

A. 不处理 B. 仅提示
C. 断开网络 D. 关闭终端计算机

答案：ABC

602. 以下哪些 Windows 7 版本允许你加入一个活动目录域？（　　）

A. Windows 家庭版 B. Windows 专业版
C. Windows 旗舰版 D. Windows 企业版

答案：BCD

603. 双绞线制作的标准是（　　）。

A. 568A B. 568B
C. 567A D. 567B

答案：AB

604. 数据查询是桌面终端标准化管理系统工作的结果，可以向用户提供对（　　）的综合查询。

A. 网络实时流量信息 B. 网络设备信息
C. 网络划分信息 D. 网络中相关的设备安全状态信息

答案：BCD

605. 在桌面终端管理系统扫描器的配置中若勾选 SNMP 扫描表示（　　）。

A. 发现网络中的路由 B. 发现网络中的交换机
C. 发现网络中的打印机 D. 发现网络中的服务器

答案：ABC

606. 桌面管理系统内容由（　　）组成。

A. 资产管理 B. 补丁管理
C. 软件管理 D. 安全管理

答案：ABCD

607. 操作系统的结构设计应追求的设计目标是（　　）。

A. 正确性 B. 高效性

二、多项选择题

C. 维护性 D. 随意性

答案：ABC

608. 创建虚拟机后，虚拟机被部署在数据存储上，以下哪些类型的数据存储受支持？（ ）

A. NFS（Network File System）数据存储

B. EXT4 数据存储

C. NTFS 数据存储

D. VMFS（VMware Virtual Machine File System）数据存储

答案：AD

609. 管理员的哪些任务与管理主机有关？（ ）

A. 创建安全策略 B. 监控性能

C. 修补虚拟化管理程序 D. 创建门户以让用户访问其虚拟机

答案：AB

610. 服务器虚拟化最主要的作用是（ ）。

A. 可以节省资金、节省服务器的采购成本和运营成本

B. 可以减轻管理人员负担，管理的服务器减少到原来的 1/10 甚至更低

C. 可以节省空间，由于物理服务器数量的减少而节省了空间

D. 可以提高效率，原来多台服务器大量网络/存储端口利用率低、成本高，整合成虚拟服务器后大大降低了服务器的成本，网络交换机、存储交换机和线缆数量提高了所有设备的利用率

答案：BD

611. 虚拟存储器的特征是（ ）。

A. 多次性 B. 虚拟性

C. 对换性 D. 离散性

答案：ABCD

612. 虚拟化经常使用的模式或技术有（ ）。

A. 单一资源的多个逻辑表示 B. 多个资源的单一逻辑表示

C. 在多个资源之间提供单一逻辑表示 D. 单个资源的单一逻辑表示

答案：ABCD

613. 虚拟机的好处有哪些？（ ）

A. 虚拟机可在运行时自动增加和减少所分配的内存

B. 虚拟机可以还原到先前的状态，因而故障恢复更轻松

C. 虚拟机的速度比使用相同硬件的物理机更快

D. 虚拟机允许在运行时添加网卡和硬盘等组件

— 729 —

答案：AB

614. 虚拟机的优势有哪些？（ ）

A. 封装性　　　　　　　　　B. 隔离性

C. 兼容性　　　　　　　　　D. 独立于硬件

答案：ABC

615. 虚拟交换机支持的性能相关选项有（ ）。

A. QoS　　　　　　　　　　B. VLAN

C. 流量调整　　　　　　　　D. LACP

答案：AC

616. 以下关于虚拟化的描述中，正确的是（ ）。

A. 减少服务器数量，提高服务器利用率　　B. 快速调配服务器

C. 性价比高　　　　　　　　D. 简单高效的管理

答案：ABCD

617. 云终端系统服务器底层采用的是服务器虚拟化技术，不是（ ）。

A. XenSever　　　　　　　　B. VMware

C. Gentoo　　　　　　　　　D. Rysnc

答案：BCD

618. 可以被虚拟的资源包括（ ）。

A. CPU　　　　　　　　　　B. 内存

C. 存储　　　　　　　　　　D. 网络

答案：ABCD

619. ESXi 主机支持哪两种文件系统？（ ）

A. NTFS　　　　　　　　　　B. VMFS

C. NFS　　　　　　　　　　 D. UFS

答案：BC

620. 创建虚拟机时磁盘置备的类型有哪几种？（ ）

A. 厚置备延迟置零　　　　　　B. 厚置备置零

C. 精简置备　　　　　　　　　D. 完全置备

答案：ABC

621. 一个集群主要有哪些功能？（ ）

A. Host Health Status（主机健康状态）

B. High Availability（HA）（HA 功能）

C. Distributed Resource Scheduler（DRS）（动态资源平衡）

二、多项选择题

D. Resource Pools（资源池）

答案：BC

622. CSMA/CD 的原理简单总结为（　　）。

A. 冲突停发　　　　　　　　　　B. 先发后听、边发边听

C. 先听后发、边发边听　　　　　D. 随机延迟后重发

答案：ACD

623. 以太网交换机以 MAC 地址寻址方式完成（　　）工作。

A. 帧转发　　　　　　　　　　　B. 帧过滤

C. 段转发　　　　　　　　　　　D. 段过滤

答案：AB

624. 以太网交换机在设计上主要从（　　）考虑技术指标。

A. 应用场合　　　　　　　　　　B. 拓扑结构

C. 可靠性　　　　　　　　　　　D. 网络监测与维护

答案：ABCD

625. 以太网涉及的技术有（　　）。

A. Internet　　　　　　　　　　B. TCP/IP

C. CSMA/CD　　　　　　　　　 D. CDMA

答案：ABC

626. 以太网使用的电缆有（　　）。

A. 屏蔽双绞线　　　　　　　　　B. 非屏蔽双绞线

C. 多模或单模光缆　　　　　　　D. 非同轴电缆

答案：ABC

627. 以太网交换机端口的工作模式可以设置为（　　）。

A. 全双工　　　　　　　　　　　B. TRUNK 模式

C. 半双工　　　　　　　　　　　D. 自动协商方式

答案：ACD

628. 以太网链路聚合的优点有（　　）。

A. 提高链路带宽　　　　　　　　B. 流量负载分担

C. 提高可靠性　　　　　　　　　D. 降低设备成本

答案：ABC

629. 进行子网划分的优点有（　　）。

A. 减少网络流量，提高网络效率　　B. 把大的网段划小，增加更多可用的 IP 地址

C. 提高网络规划和部署的灵活性　　D. 简化网络管理

答案：ACD

630. IPv6 数据包头的主要特性为（　　）。

A. 更大的地址空间　　　　　　B. 包头的简化和可扩展性

C. 安全性的提高　　　　　　　D. 高性能和高 QoS

答案：ABCD

631. 下列关于 OSPF 协议的说法正确的是（　　）。

A. 支持基于接口的报文验证

B. 支持到同一目的地址的多条等值路由

C. 是一个基于链路状态算法的边界网关路由协议

D. 发现的路由可以根据不同的类型而有不同的优先级

答案：ABD

632. 在故障检测中，哪些工具可以帮助用来检测连通性？（　　）

A. Ping　　　　　　　　　　　B. Traceroute

C. IPConfig　　　　　　　　　D. Show Version

答案：AB

633. TCP/IP 协议栈的传输层有两种协议，分别为（　　）。

A. TCP　　　　　　　　　　　B. UDP

C. ARP　　　　　　　　　　　D. RARP

答案：AB

634. OSPF 划分区域有哪些好处？（　　）

A. 能够减少 LSDB 的大小从而降低对路由器内存的消耗

B. LSA 也能够随着区域的划分而减少，降低对路由器 CPU 的消耗

C. 大量的 LSA 泛洪扩散被限制在单个区域

D. 一个区域的路由器能够了解它们所在区域外部的拓扑细节

答案：ABC

635. 以太网是一个支持广播的网络，一旦网络中有环路，这种简单的广播机制就会引发灾难性后果，下面哪几种现象可能是环路导致的？（　　）

A. 设备无法远程登录

B. 在设备上使用 display、interface 命令查看接口统计信息时发现接口收到大量广播报文

C. CPU 占用率超过 70%

D. 通过 Ping 命令进行网络测试时丢包严重

答案：ABCD

636. 三层交换机可以使用（　　）实现负载均衡。

二、多项选择题

A. 基于源 IP 地址   B. 基于目的 IP 地址

C. 基于源 MAC 地址   D. 基于目的 MAC 地址

答案：ABCD

637. 假设子网掩码为 255.255.254.0，下面哪两个 IP 地址用于分配给主机使用？（　　）

A. 113.10.4.0   B. 186.54.3.0

C. 175.33.3.255   D. 26.35.2.255

答案：BD

638. FTP 协议可能用到的端口号有（　　）。

A. 20   B. 21

C. 23   D. 25

答案：AB

639. 局域网中，常见的网络传输介质有（　　）。

A. 光纤   B. 同轴电缆

C. 双绞线   D. ADSL

答案：ABC

640. 以下关于以太网交换机交换方式的叙述中，哪些是正确的？（　　）

A. Store and Forward 方式不检测帧错误

B. Cut-Through 方式，交换机收到一个帧的前 64 字节即开始转发该帧

C. Fragment-Free 方式检测帧的前 64 字节中的错误

D. Store and Forward 方式丢弃总长度小于 64 字节的帧

答案：CD

641. 下面协议中属于传输层协议的是（　　）。

A. UDP   B. TELNET

C. TCP   D. HTTP

答案：AC

642. OSPF 的 Hello 报文包含丰富的信息，（　　）属于报文的信息。

A. 目标路由器接口的地址掩码   B. DR 和 BDR

C. 始发路由器接口的认证类型和认证信息   D. 路由器的优先级

答案：BCD

643. UDP 协议和 TCP 协议的共同之处有（　　）。

A. 流量控制   B. 重传机制

C. 校验和   D. 提供目的端口号、源端口号

答案：CD

644. 下面关于 IP 地址的说法正确的是（　）。

A. IP 地址由两部分组成：网络号和主机号

B. A 类 IP 地址的网络号有 8 位，实际的可变位数为 7 位

C. D 类 IP 地址通常作为组播地址

D. 地址转换（NAT）技术通常用于解决 A 类地址到 C 类地址的转换问题

答案：ABC

645. 根据在网络中所处的位置和担当的角色，可以将交换机划分为（　）。

A. 接入层交换机　　　　　　　　B. 汇聚层交换机

C. 核心层交换机　　　　　　　　D. 路由层交换机

答案：ABC

646. 千兆以太网和百兆以太网的共同特点是（　）。

A. 相同的数据格式　　　　　　　B. 相同的物理层实现技术

C. 相同的组网方法　　　　　　　D. 相同的介质访问控制方法

答案：ACD

647. 关于 IP 协议，以下哪些说法是正确的？（　）

A. IP 协议规定了 IP 地址的具体格式　　　B. IP 协议规定了 IP 地址与其域名的对应关系

C. IP 协议规定了 IP 数据报的具体格式　　D. IP 协议规定了 IP 数据报分片和重组原则

答案：ABC

648. Linux 系统下，在 /tmp/ 下新建目录 testqq，并指定权限 711 的命令包括（　）。

A. mkdir /tmp/ttestqq　　　　　　B. chmod 711 /tmp/testqq

C. chown 711 /tmp/testqq　　　　D. touch /tmp/ttestqq

答案：AB

649. Linux 系统下能查看性能命令的有（　）。

A. top　　　　　　　　　　　　　B. iostat

C. vmstat　　　　　　　　　　　D. ls

答案：ABC

650. Linux 系统中的设备类型有（　）。

A. 块设备　　　　　　　　　　　B. 字符设备

C. 流设备　　　　　　　　　　　D. 缓冲设备

答案：ABC

651. Linux 系统中进行软件包卸载可用的命令为（　）。

A. rpm -ivh　　　　　　　　　　B. rpm -ev

C. rpm -qa　　　　　　　　　　D. yum remove

二、多项选择题

答案：BD

652. Linux 中，下面哪些命令可以用来显示目录空间使用情况？（　　）

A. df　　　　　　　　　　B. du

C. ls　　　　　　　　　　D. more

答案：AB

653. Linux 中常用的几种压缩工具是（　　）。

A. winzip　　　　　　　　B. tar

C. gzip　　　　　　　　　D. compress

答案：BCD

654. password 文件中包含的字段有（　　）。

A. UID　　　　　　　　　B. TERM

C. HOME　　　　　　　　D. SHELL

答案：ACD

655. RPM 设计的目的是（　　）。

A. 方便的升级功能　　　　B. 强大的查询功能

C. 系统校验　　　　　　　D. 优化 Linux 系统

答案：ABC

656. Sendmail 邮件系统使用的两个主要协议是（　　）。

A. SMTP　　　　　　　　B. POP

C. TCP　　　　　　　　　D. IP

答案：AB

657. Vi 的三种工作模式是（　　）。

A. 编辑模式　　　　　　　B. 插入模式

C. 命令模式　　　　　　　D. 检查模式

答案：ABC

658. Windows 任务管理器能够实现的功能有（　　）。

A. 查看硬盘使用情况　　　B. 结束进程

C. 结束应用程序　　　　　D. 查看 CPU 使用情况

答案：BCD

659. Windows 日志文件包括哪些？（　　）

A. 应用程序日志　　　　　B. 安全日志

C. 账户日志　　　　　　　D. 系统日志

答案：ABD

660. 安全策略所涉及的方面是（　　）。
A. 物理安全策略
B. 访问控制策略
C. 信息加密策略
D. 防火墙策略
答案：ABC

661. 把一个普通用户变为管理员可用（　　）。
A. su
B. passwd
C. usrchmod
D. 修改 /etc/passwd 文件
答案：AD

662. 编译内核时，（　　）命令可以用来生成配置文件 .config。
A. make menuconfig
B. make: config
C. make xconfig
D. make config
答案：ACD

663. 编译器驱动程序包括（　　）。
A. 语言预处理器
B. 编译器
C. 汇编器
D. 链接器
答案：ABCD

664. 不能把以下哪个运行级别设置为系统缺省运行级别？（　　）
A. 0
B. 3
C. 5
D. 6
答案：AD

665. 操作系统的动态分区管理内存分配算法有（　　）。
A. 首次适应算法
B. 循环首次适应算法
C. 最佳适应算法
D. 下次适应算法
答案：ABC

666. 操作系统是计算机系统中的一种必不可少的系统软件，这是因为它能（　　）。
A. 为用户提供方便的使用接口
B. 使硬件的功能发挥得更好
C. 提高源程序的编制质量
D. 提高资源的使用效率
答案：ABD

667. 查看系统进程的命令包括（　　）。
A. ps
B. px
C. top
D. pstree
答案：ACD

668. 常见的域名服务器种类有（　　）。

二、多项选择题

A. 根（root）服务器
B. 主域名服务器（Primary Servers）
C. 辅助域名服务器（Secondary Servers）
D. 专用缓存域名服务器（Cache-Only Servers）

答案：ABCD

669. 出现下列哪些情况时，可能导致 mount 出错？（ ）

A. 指定的是一个不正确的设备名
B. 设备不可读
C. 试图在一个不存在的挂载点挂载设备
D. 文件系统存在碎片

答案：ABC

670. 创建一个用户账号需要在 /etc/passwd 中定义哪些信息？（ ）

A. login name
B. passwod age
C. default group
D. UID

答案：AD

671. 存储系统在计算机系统中存储层次可分为（ ）。

A. 应用存储器
B. 高速缓冲存储器
C. 主存储器
D. 辅助存储器

答案：BCD

672. 段式和页式存储管理的地址结构很类似，但是它们之间有实质上的不同，表现为（ ）。

A. 页式的逻辑地址是连续的，段式的逻辑地址可以不连续
B. 页式的地址是一维的，段式的地址是二维的
C. 分页是操作系统进行，分段是用户确定
D. 各页可以分散存放在主存，每段必须占用连续的主存空间

答案：ABCD

673. 对 NTFS 文件系统可以进行两种权限设置，分别是（ ）。

A. 基本访问权限
B. 读权限
C. 特殊访问权限
D. 写权限

答案：AC

674. 对打印机进行 I/O 控制时，通常采用（ ）方式，对硬盘的 I/O 控制采用（ ）方式。

A. 程序直接控制
B. 中断驱动
C. DMA
D. 通道

答案：BC

675. 对若干个能各自独立执行的进程来说，它们一定有不同的（ ）。

A. 程序
B. 工作区
C. 进程控制块
D. 活动规律

答案：BCD

676. 各个操作系统在实现过程中可以根据具体策略有选择性地使用硬件提供的保护级别，对于 Windows 操作系统来说，只使用了（　）两级。

A. ring0　　　　　　　　　　B. ring3

C. ring5　　　　　　　　　　D. ring2

答案：AB

677. 公司需要使用域控制器来集中管理域账户，那么安装域控制器必须具备以下哪些条件？（　）

A. 本地磁盘至少有一个 NTFS 分区

B. 有相应的 DNS 服务器支持

C. 操作系统版本是 Windows Server 2012 或者 Windows XP

D. 本地磁盘必须全部是 NTFS 分区

答案：AB

678. 关于 /etc/group 文件的描述，下列哪些是正确的？（　）

A. 用来分配用户到每个组

B. 给每个组 ID 分配一个名字

C. 存储用户的口令

D. 详细说明哪些用户能访问网络资源，比如打印机资源

答案：AB

679. 关于"umount"命令操作，下面哪些描述是错误的？（　）

A. 你可以在卸载之前把软盘取出

B. 你应该在卸载之前把 CD 盘取出

C. 默认情况下，普通用户可以使用该命令

D. 默认情况下，root 用户可以使用该命令卸载任何路径中的任何文件系统

答案：ABCD

680. 关于 SSH，下列说法中正确的是（　）。

A. SSH 为建立在应用层和传输层基础上的安全协议

B. SSH 安装容易、使用简单，一般的 UNIX 系统、Linux 系统、FreeBSD 系统都附带支持 SSH 的应用程序包

C. 使用 SSH，你可以把所有传输的数据进行加密，能够防止 DNS 欺骗和 IP 欺骗

D. 使用 SSH 传输的数据是经过压缩的，传输的速度更快

答案：ABCD

681. 关于计算机语言的描述，不正确的是（　）。

A. 机器语言的语句全部由 0 和 1 组成，指令代码短，执行速度快

二、多项选择题

B. 机器语言因为是面向机器的低级语言，所以执行速度慢

C. 汇编语言已将机器语言符号化，所以它与机器无关

D. 汇编语言比机器语言执行速度快

答案：BCD

682. 基于域名的虚拟主机所具有的优点是（　　）。

A. 不需要更多的 IP 地址　　　　B. 配置简单

C. 无须特殊的软硬件支持　　　　D. 多数现代的浏览器支持这种虚拟主机的实现方法

答案：ABCD

683. 操作系统中，进程有的状态是下面哪几种？（　　）

A. 阻塞状态　　　　　　　　　　B. 等待状态

C. 就绪状态　　　　　　　　　　D. 中转状态

答案：ABC

684. 拒绝某一个网段的主机访问本机的 SSH 服务，可以使用哪些方法？（　　）

A. tcp_wrappers　　　　　　　　B. iptables

C. pam　　　　　　　　　　　　D. chattr

答案：ABC

685. 描述 RAID 种类正确的是（　　）。

A. RAID 0~7．50．53　　　　　　B. RAID 3．4．5．10

C. RAID 11．50．53　　　　　　　D. RAID 10．6．50

答案：ABD

686. 能够列出系统上用户登录时间的命令是（　　）。

A. who am I　　　　　　　　　　B. who

C. finger everyone　　　　　　　D. finger username

答案：BD

687. 能够作为 Linux 根分区的分区类型是（　　）。

A. EXT3　　　　　　　　　　　　B. EXT2

C. NTFS　　　　　　　　　　　　D. ReiserFS

答案：ABD

688. 能同时执行多个程序的 OS 是（　　）。

A. 多道批处理　　　　　　　　　B. 单道批处理

C. 分时系统　　　　　　　　　　D. 实时系统

答案：ACD

689. 实时操作系统按应用的不同分为（　　）两种。

A. 过程控制系统　　　　　　　　B. 数据处理系统

C. 单道批处理系统　　　　　　　D. 多道批处理系统

答案：AB

690. 使用 fdisk 对硬盘分区进行管理时，下面的参数正确的是（　　）。

A. l 参数，可以显示出 Linux 所支持的分区类型

B. d 参数，删除一个分区

C. n 参数，增加一个分区

D. m 参数，改变分区的类型

答案：ABC

691. 使用 fsck 命令检查文件系统时，应该（　　）。

A. 卸载（unmount）将要检查的文件系统

B. 一定要在单用户模式下进行

C. 最好使用 -t 选项指定要检查的文件系统类型

D. 在 Linux 下，运行 fsck 对文件系统进行了改变后不必重新启动系统，系统已经将正确的信息读入

答案：AC

692. 文件的存储结构不必连续存放的有（　　）。

A. 链接结构　　　　　　　　　　B. 索引结构

C. 顺序结构　　　　　　　　　　D. 记录式结构

答案：AB

693. 系统用户账户信息被存储在下面哪些文件中？（　　）

A. /etc/fstab　　　　　　　　　B. /etc/shadow

C. /etc/passwd　　　　　　　　D. /etc/inittab

答案：BC

694. 下列存储器（　　）可以用来存储页表。

A. Cache　　　　　　　　　　　B. 磁盘

C. 主存　　　　　　　　　　　　D. 块表

答案：BCD

695. 下列哪些命令可以用来检测用户 lisa 的信息？（　　）

A. finger lisa　　　　　　　　　B. grep lisa /etc/passwd

C. find lisa /etc/passwd　　　　D. who lisa

答案：AB

696. 下列对 Windows Server 本地用户名的描述哪些是正确的？（　　）

二、多项选择题

A. 用户名应为 1~40 个字符　　　　　B. 用户名不能只包含句号和空格

C. 用户名不能包含 "<" 字符　　　　　D. 用户名可以与组名相同

答案：BC

697. 下列关于"进程"的叙述中，正确的是（　　）。

A. 一旦创建了进程，它将永远存在　　B. 进程是一个能独立运行的单位

C. 进程是程序的一次执行过程　　　　D. 单处理机系统中进程是处理机调度的基本单位

答案：BCD

698. 下列关于计算机病毒的描述中，正确的是（　　）。

A. 计算机病毒是一个标记或一个命令

B. 计算机病毒是人为制造的一种程序

C. 计算机病毒是一种通过磁盘、网络等媒介传播、扩散，并能传染给其他程序的程序

D. 计算机病毒是能够实现自身复制，并借助一定媒体存在的具有潜伏性、传染性和破坏性的程序

答案：BCD

699. 下列哪些卷可以提高磁盘性能且存在容错功能？（　　）

A. 简单卷　　　　　　　　　　　　　B. 镜像卷

C. RAID5 卷　　　　　　　　　　　　D. 跨区卷

答案：BC

700. 下列哪些是 Windows 自带的传输加密软件？（　　）

A. SSH　　　　　　　　　　　　　　B. TLS

C. IPSec VPN　　　　　　　　　　　 D. SSL

答案：CD

701. 下列哪些命令可以安全地关掉运行的操作系统？（　　）

A. init 0　　　　　　　　　　　　　 B. init 1

C. shutdown -h now　　　　　　　　 D. 直接关掉电源

答案：AC

702. 下列哪些命令详细显示操作系统的每一个进程？（　　）

A. ps　　　　　　　　　　　　　　　B. ps -f

C. ps -ef　　　　　　　　　　　　　D. ps -aux

答案：CD

703. 下列属于 Shell 功能的是（　　）。

A. 中断　　　　　　　　　　　　　　B. 文件名的通配符

C. 管道功能　　　　　　　　　　　　D. 输入输出重定向

答案：BCD

704. 下列说法中错误的是（   ）。

A. 服务器的端口号是在一定范围内任选的，客户进程的端口号是预先配置的

B. 服务器的端口号和客户进程的端口号都是在一定范围内任选的

C. 服务器的端口号是预先配置的，客户进程的端口号是在一定范围内任选的

D. 服务器的端口号和客户进程的端口号都是预先配置的

答案：ABD

705. 下列文件中，（   ）的物理结构便于文件的扩充。

A. 顺序文件　　　　　　　　B. 链接文件

C. 索引文件　　　　　　　　D. 多级索引文件

答案：BCD

706. 下列文件中适合随机存取的是（   ）。

A. 连续文件　　　　　　　　B. 索引文件

C. 索引顺序文件　　　　　　D. 串联文件

答案：CD

707. 下列是临界资源的有（   ）。

A. 打印机　　　　　　　　　B. 非共享的资源

C. 共享变量　　　　　　　　D. 共享缓冲区

答案：ACD

708. 下面关于内存和外存的叙述中，正确的是（   ）。

A. 与外存相比，内存容量较小但速度较快

B. 内存的编址单位是字节，磁盘的编址单位也是字节

C. CPU 当前正在执行的指令都必须存放在内存储器中

D. 外存中的数据需要先送入内存后才能够被 CPU 处理

答案：ABC

709. 下面会引起进程创建的事件是（   ）。

A. 用户登录　　　　　　　　B. 设备中断

C. 作业调度　　　　　　　　D. 执行系统调用

答案：AD

710. 下面文件中，不包含供 NFS Daemon 使用的目录列表的是（   ）。

A. /etc/nfs　　　　　　　　 B. /etc/nfs.conf

C. /etc/exports　　　　　　 D. /etc/netdir

答案：ABD

二、多项选择题

711. 下面哪些协议使用了两个以上的端口？（ ）

A. TELNET　　　　　　　　　　B. FTP

C. Samba　　　　　　　　　　　D. HTTP

答案：BC

712. 下面是关于线程的叙述，其中正确的是（ ）。

A. 线程自己拥有一点资源，但它可以使用所属进程的资源

B. 由于同一进程中的多个线程具有相同的地址空间，所以它们之间的同步和通信也易于实现

C. 进程创建与线程创建的时空开销不相同

D. 进程切换与线程切换的时空开销相同

答案：BC

713. 下面有关 NTFS 文件系统的描述中正确的是（ ）。

A. NTFS 可自动地修复磁盘错误　　　　B. NTFS 可防止未授权用户访问文件

C. NTFS 没有磁盘空间限制　　　　　　D. NTFS 支持文件压缩功能

答案：ABD

714. 虚拟设备是指采用（ ）技术,将某个（ ）设备改进为供多个用户使用的（ ）设备。

A. SPOOLing　　　　　　　　　B. 独享

C. 共享　　　　　　　　　　　　D. VMM

答案：ABC

715. 选择排队作业中等待时间最长的作业优先调度，该调度算法可能不是（ ）。

A. 先来先服务调度算法　　　　　B. 高响应比优先调度算法

C. 优先权调度算法　　　　　　　D. 短作业优先调度算法

答案：AD

716. 一般来说，系统中的主分区编号表示为 hdax 形式时，编号可能为（ ）。

A. 3　　　　　　　　　　　　　B. 4

C. 5　　　　　　　　　　　　　D. 6

答案：AB

717. 下列哪些是 NAS 的优点？（ ）

A. NAS 可以即插即用

B. NAS 通过 TCP/IP 网络连接到应用服务器，因此可以基于已有的企业网络方便连接

C. 支持 Block 级的应用，如使用裸设备的数据库系统

D. 具有高可扩展性

答案：AB

718. 下列哪些是 SAN 的优点？（ ）

A. 设备整合，多台服务器可以通过存储网络同时访问后端存储系统，不必为每台服务器单独购买存储设备，降低存储设备异构化程度，减轻维护工作量，降低维护费用

B. 数据集中，不同应用和服务器的数据实现了物理上的集中，空间调整和数据复制等工作可以在一台设备上完成，大大提高了存储资源利用率

C. 高可扩展性，存储网络架构使得服务器可以方便地接入现有 SAN 环境，较好地适应应用变化的需求

D. 通过 TCP/IP 网络连接到应用服务器，基于已有的企业网络可以方便连接

答案：ABC

719. 下列（ ）项是五级信息系统事件。

A. 因信息系统原因导致涉及国家秘密信息外泄，或信息系统数据遭恶意篡改，对公司生产经营产生重大影响

B. 营销、财务、电力市场交易、安全生产管理等重要业务应用 3 天以上数据完全丢失，且不可恢复

C. 公司各单位本地信息网络完全瘫痪，且影响时间超过 8 小时（一个工作日）

D. 全部信息系统与公司总部纵向贯通中断，影响时间超过 4 小时

答案：ABC

720. 以下服务的启动命令正确的有（ ）。

A. 启动 DHCP 服务的命令为 #/etc/rc.d/init.d/dhcpd start

B. 启动 Web 服务的命令为 #/etc/rc.d/init.d/httpd start

C. 使用 rm 命令要小心，因为一旦文件被删除是不能被恢复的

D. 启动 TCP/IP 网络的命令为 #services network start

答案：ABD

721. 以下哪些是办公终端操作系统必须安装的软件？（ ）

A. 桌面管理系统　　　　　　B. ERP 系统

C. 杀毒软件　　　　　　　　D. 即时通信

答案：AC

722. 以下属于 NTFS 标准权限的有（ ）。

A. 修改　　　　　　　　　　B. 完全控制

C. 删除　　　　　　　　　　D. 读取

答案：ABD

723. 硬盘分区是针对一个硬盘进行操作的，它可以分为（ ）。

A. 扩展分区　　　　　　　　B. 物理分区

C. 逻辑分区　　　　　　　　D. 主分区

二、多项选择题

答案：ACD

724. 操作系统用户的账户信息保存在下列哪些文件中？（　　）

A. /etc/fstab   B. /etc/shadow

C. /etc/passwd   D. /etc/inittab

答案：BC

725. 用命令成功建立一个用户后，其信息会记录在下面哪几个文件中？（　　）

A. /etc/passwd   B. /etc/userinfo

C. /etc/shadow   D. /etc/profile

答案：AC

726. 下列有关进程的说法中，（　　）是错误的。

A. 进程是静态的   B. 进程是动态的

C. 进程和程序是一一对应的   D. 进程和作业是一一对应的

答案：ACD

727. 与进程管理有关的命令是（　　）。

A. fdisk   B. kill

C. pstree   D. ps

答案：BCD

728. 在（　　）中，要求空闲分区按空闲区地址递增顺序链接成空闲分区链；在（　　）中是按空闲区大小递增顺序形成空闲分区链；在（　　）中，是按空闲区大小递减的顺序形成空闲分区链。

A. 首次适应算法   B. 最坏适应算法

C. 最佳适应算法   D. 循环首次适应算法

答案：ACB

729. 在 /etc/passwd 文件中保存的其他特殊账户，缺省情况下包括（　　）。

A. syslog   B. ftp

C. mail   D. lp

答案：BCD

730. 在 BASH 中，如果你想设定一些永久的参数如 PATH，并不需要每次登录后重新设置，你可以在下列哪些文件中定义这些参数？（　　）

A. $HOME/. bashrc   B. $HOME/. bash_profile

C. $HOME/. cshrc   D. $HOME/. bash_logout

答案：AB

731. 在 Linux 系统中，关于硬链接的描述正确的是（　　）。

— 745 —

A. 可以跨文件系统 B. 不可以跨文件系统

C. 为链接文件创建新的 i 节点 D. 链接文件的 i 节点同被链接文件的 i 节点

答案：BD

732. 在 Linux 系统中，下列关于建立系统用户的描述正确的是（ ）。

A. 在 Linux 系统下建立用户使用 adduser 命令

B. 每个系统用户分别在 /etc/passwd 和 /etc/shadow 文件中有一条记录

C. 访问每个用户的工作目录使用命令 "cd / 用户名"

D. 每个系统用户在默认状态下的工作目录为 /home/ 用户名

答案：ABD

733. 在 Linux 系统中，执行（ ）命令可以使用户退出系统返回到 login 状态。

A. kill -9 0 B. kill -kill 0

C. kill -9 1 D. kill -9 -1

答案：AB

734. 在 Linux 中，具有方便使用的联机帮助功能。用户通常可通过下面哪几种方式来获取操作命令的使用方法或参数选项内容？（ ）

A. man 命令 B. whatis 命令

C. info 命令 D. 命令 --help

答案：ABCD

735. 在 RedHat Linux 文件系统中查找文件目录可以使用的命令有（ ）。

A. find B. grep

C. whereis D. whois

答案：AC

736. 在 Shell 编程中关于 $2 的描述正确的是（ ）。

A. 程序后面携带了两个位置参数 B. 宏替换

C. 程序后面携带的第二个位置参数 D. 用 $2 引用第二个位置参数

答案：CD

737. 在 Shell 中，当用户准备结束登录对话进程时，可用哪些命令？（ ）

A. logout B. exit

C. Ctrl+D D. shutdown

答案：ABC

738. 在 Windows 2008 中对备份有了一定的改变，关于 Windows 2008 的备份叙述正确的是（ ）。

A. 只能选择备份整个卷而不能单独备份某个文件夹或文件

B. 可以用 NTBackup 的备份文件还原数据

二、多项选择题

C. 不再支持增量备份

D. 如果运行计划备份,需要有一个磁盘或卷专用于存储备份数据

答案:BD

739. 在 Windows XP 系统中用事件查看器查看日志文件,可看到的日志包括( )。

A. 安全性日志　　　　　　　　B. 网络攻击日志

C. 记账日志　　　　　　　　　D. IE 日志

答案:ACD

740. 在 Windows 系统中,进程是程序中的一次执行活动,主要包括( )。

A. 系统进程　　　　　　　　　B. 软件进程

C. 硬件进程　　　　　　　　　D. 程序进程

答案:AD

741. 在 Windows 中,如果需要开启文件共享,必须要开启的服务有( )。

A. Network Connections　　　　B. Server

C. Workstation　　　　　　　　D. Computer Browser

答案:BCD

742. 在 Windows 注册表中,键值由键值项名称和键值项数据组成。其中键值项数据类型有以下哪几种?( )

A. 字符串值　　　　　　　　　B. 二进制值

C. 三进制值　　　　　　　　　D. DWORD 值

答案:ABD

743. 在 Word 中,以下有关"项目符号"的说法正确的有( )。

A. 项目符号可以是英文字母　　B. 项目符号可以改变格式

C. #、& 不可以定义为项目符号　D. 项目符号可以自动顺序生成

答案:ABD

744. 在操作系统中,进程的最基本的特征是( )。

A. 动态性　　　　　　　　　　B. 顺序性

C. 并发性　　　　　　　　　　D. 可再现性

答案:AC

745. 在操作系统中,进程和程序的区别是( )。

A. 程序是一组有序的静态指令,进程是一次程序的执行过程

B. 程序只能在前台运行,而进程可以在前台或后台运行

C. 程序没有状态,而进程是有状态的

D. 程序可以长期保存,进程是暂时的

— 747 —

答案：ACD

746. 在单处理机计算机系统中，多道程序的执行具有（ ）的特点。

A. 程序执行宏观上并行
B. 程序执行微观上串行
C. 设备和处理机可以并行
D. 设备和处理机只能串行

答案：ABD

747. 在计算机的内置组中，Power Users 组有以下哪些管理功能？（ ）

A. 可以管理 Administrators 组的成员
B. 可以共享计算机上的文件夹
C. 具有创建用户账户和组账户的权限
D. 对计算机有完全控制权限

答案：BC

748. 在交互控制方式下，用户可采用（ ）来控制作业的执行。

A. 命令语言
B. 汇编语言
C. 高级程序设计语言
D. 会话语言

答案：AD

749. 以下关于包过滤技术与代理技术的比较，正确的是（ ）。

A. 包过滤技术的安全性较弱，代理服务技术的安全性较高

B. 包过滤不会对网络性能产生明显影响

C. 代理服务技术会严重影响网络性能

D. 代理服务技术对应用和用户是绝对透明的

答案：ABC

750. 在使用了 Shadow 口令的系统中，/etc/passwd 和 /etc/shadow 两个文件的权限错误的是（ ）。

A. -rw-r-----，-r--------
B. -rw-r--r--，-r--r--r--
C. -rw-r--r--，-r--------
D. -rw-r--rw-，-r-----r--

答案：ABD

751. 在下列 RAID 级别中，能够提供数据保护的有（ ）。

A. RAID0
B. RAID1
C. RAID5
D. RAID0+1

答案：BCD

752. 在下列作业调度算法中，（ ）算法是与作业在输入井中的等待时间有关的。

A. 先来先服务
B. 响应比高者优先
C. 优先数调度
D. 均衡调度

答案：ABC

753. 暂停某用户账号可以使用以下哪些方法？（ ）

二、多项选择题

A. 把 /etc/passwd 文件中该用户信息字段前加 "!!"

B. passwd -1[用户名]

C. 将 /etc/passwd 该用户信息 Shell 字段改成 /sbin/nologin

D. passwd–u[用户名]

答案：BC

754. 针对 X Windows Application 无法启动，请从下列选项中选出最恰当的两个答案（　　）。

A. DISPLAY 变量没有正确设置　　　　B. XServer 的访问控制权限没有正确设置

C. 客户端 Ping XServer 时丢包　　　　D. X Windows Server 没有启动

答案：AC

755. 针对 Windows 系统的安全保护，下列说法正确的是（　　）。

A. 禁止用户账号安装打印驱动，可防止伪装成打印机驱动的木马

B. 禁止存储设备的自动播放，可以防止针对 U 盘的 U 盘病毒

C. 系统程序崩溃时会产生 coredump 文件，这种文件中不包含重要系统信息

D. 破坏者可以利用系统蓝屏重启计算机，从而把恶意程序加载到系统中，所以应禁止蓝屏重启

答案：ABD

756. B/S 结构的缺点是（　　）。

A. 无法实现具有个性化的功能要求　　　B. 操作是以鼠标为最基本的操作方式

C. 页面动态刷新，响应速度明显降低　　D. 给数据库访问造成较大的压力

答案：ABCD

757. B/S 结构的优点是（　　）。

A. 可以随时随地进行查询、浏览等业务处理　　B. 业务扩展简单方便

C. 维护简单方便　　　　　　　　　　　　　　D. 开发简单，共享性强

答案：ABCD

758. BEA WebLogic Platform 包括哪些部分？（　　）

A. BEA WebLogic Workshop　　　　B. BEA Eclipse Standard

C. BEA WebLogic Portal　　　　　　D. BEA WebLogic Server

答案：ACD

759. C/S 结构的缺点是（　　）。

A. 需要专门的客户端软件　　　　　　B. 兼容性差

C. 开发成本较高　　　　　　　　　　D. 对客户端的操作系统一般会有限制

答案：ABCD

760. COM 的特性是（　　）。

A. 语言无关 B. 进程透明

C. 可重用性 D. 多线程特性

答案：ABCD

761. EJB 组件有哪几种？（ ）

A. Entity Bean B. Session Bean

C. Java Bean D. Message-Driven Bean

答案：ABD

762. Java 内存由哪几部分组成？（ ）

A. Young B. Tenured

C. Perm D. Virtual

答案：ABC

763. WebLogic 中生产模式和开发模式的区别是（ ）。

A. 开发模式是为了保证速度快而放在指定目录下

B. 开发模式是比较自由的，它保证开发灵活性

C. 开发模式下随便把它扔在哪里都会自动更新，保证了开发人员能够快速部署发布

D. 一般开发好的产品，都给客户用生产模式部署

答案：BCD

764. WebLogic 集群可以采用（ ）方式进行会话的复制。

A. 内存 B. 共享磁盘

C. 数据库 D. 域

答案：ABC

765. WebLogic 可以运行在（ ）操作系统上。

A. Windows B. Linux

C. AIX D. FreeBSD

答案：ABCD

766. WebLogic 内置的 JMS 消息服务器支持以下（ ）功能。

A. 集群 B. 保序（UOO）

C. 可靠传输（SAF） D. 补丁通知

答案：ABC

767. Weblogic 系统出现 OutOfMemoryError，有可能不足的内存类型有（ ）。

A. 操作系统物理内存 B. Java 虚拟机堆内存（Heap Space）

C. 特定 Java 内存（如 PermGen Space） D. 操作系统 SWAP 内存

答案：ABCD

二、多项选择题

768. WebLogic 系统出现挂起故障,可能的原因有( )。

A. WebLogic Server 或 Java 应用程序代码中存在死锁线程

B. WebLogic Server 执行线程数较小,线程队列有阻塞的请求

C. JVM 垃圾回收(GC)频繁或 Bug

D. 文件描述符数不足

答案:ABCD

769. WebLogic 域记录的三种日志文件分别是( )。

A. WebLogic Server 运行日志　　　B. HTTP 访问日志

C. 域运行日志　　　　　　　　　　D. 集群日志

答案:ABC

770. 公司大部分业务系统均通过负载均衡设备对外提供服务,后端由 WebLogic 提供服务器,其默认情况下 WebLogic 的 access.log 日志无法得到访问用户的真实物理 IP 地址,为得到用户访问时的 IP 地址,需要采取以下哪些措施?( )

A. 修改应用程序,使其支持记录用户访问 IP 地址

B. 在负载均衡设备上对该虚拟服务增加 x-forward-for 字段

C. 将 WebLogic 日志格式改为扩展日志,并增加对 x-forward-for 字段的记录

D. 升级 WebLogic 到最新版本

答案:BC

771. 国网公司目录典型设计中规划的目录是( )。

A. 安全目录　　　　　　　　　　　B. 身份目录

C. 认证目录　　　　　　　　　　　D. 企业资源目录

答案:BCD

772. 何时使用多层集群架构?( )

A. 需要对集群 EJB 的方法调用进行负载平衡

B. 需要在提供 HTTP 的同时对提供集群对象的服务器之间进行灵活的负载平衡

C. 需要更高的可用性(减少单点故障数)

D. 需要更灵活的安全性规划

答案:ABCD

773. 建立集群有什么好处?( )

A. 提升性能　　　　　　　　　　　B. 高可用性

C. 高可扩展性　　　　　　　　　　D. 负载分担

答案:BCD

774. 如何在门户中实现统一用户身份管理?( )

A. 使用其内置的 LDAP 服务器　　B. 使用第三方 LDAP 产品

C. 使用数据库进行用户管理　　D. 只能使用 WebLogic 提供的认证工具

答案：ABC

775. 随着中间件在信息化建设中的广泛应用，中间件应用需求还表现出哪些新的特点？（　　）

A. 可成长性　　B. 适应性

C. 可管理性　　D. 高可信性

答案：ABCD

776. 下列关于中间件的作用描述正确的是（　　）。

A. 中间件降低了应用开发的复杂程度

B. 提高了软件的复用性

C. 中间件应用在分布式系统中

D. 使程序可以在不同系统软件上移植，从而大大减少了技术上的负担

答案：ABD

777. 下列哪些因素导致 WebLogic 服务器挂起？（　　）

A. 配置的线程数不足　　B. 应用程序死锁

C. JDBC 配置错误　　D. 垃圾回收花费太多时间

答案：ABD

778. 下面属于 Apache 配置文件的是（　　）。

A. server.conf　　B. httpd.conf

C. lio.conf　　D. inetd.conf

答案：BCD

779. 下面属于配置集群的必要条件的是（　　）。

A. 所有 Server 同一网段，并 IP 广播可达

B. Server 必须是静态 IP

C. Server 位于同一服务器上

D. License 含有 Cluster 许可

答案：ABD

780. 消息发送的模式有哪些？（　　）

A. 同步通信　　B. 异步通信

C. 单向　　D. 延迟同步

答案：AB

781. 消息中间件 TLQ 正常启动后可以看到哪些进程？（　　）

A. tlqd.exe　　B. tlq.exe

二、多项选择题

C. tlqservice.exe D. tlqmoni.exe

答案：ACD

782. 以下不是 WebLogic 所遵循的标准架构的是（　　）。

A. DCOM B. J2EE

C. DCE D. TCPIP

答案：ACD

783. 以下关于 Java 反序列化漏洞的说法正确的有（　　）。

A. 利用该漏洞可以在目标服务器当前权限环境下执行任意代码

B. 该漏洞的产生原因是 Apache Commons Collections 组件的 Deserialize 功能存在的设计缺陷

C. Apache Commons Collections 组件中对于集合的操作存在可以进行反射调用的方法，且该方法在相关对象反序列化时并未进行任何校验

D. 程序攻击者利用漏洞时需要发送特殊的数据给应用程序或给使用包含 Java "InvokerTransFormer.class" 序列化数据的应用服务器

答案：ABCD

784. 以下哪些操作可以解决 Linux 下因 Java 随机数问题导致的 WebLogic 启动慢的问题？（　　）

A. 启动参数配置：-Djava.security.egd=file:/dev/./urandom

B. 启动参数配置：-Djava.security.egd=file:/dev/urandom

C. 配置 java.security 文件中的 securerandom.source=file:/dev/urandom

D. 配置 java.security 文件中的 securerandom.source=file:/dev/./urandom

答案：AD

785. 以下哪些命令的作用是启动 WebLogic 服务？（　　）

A. setDomainEnv.sh B. startManagedWebLogic.sh

C. startWebLogic.sh D. config.sh

答案：BC

786. 以下哪些途径可以获取 ThreadDump？（　　）

A. kill -3 <pid> B. jstack <pid>

C. WLST D. 控制台

答案：ABCD

787. 以下属于 Tomcat 安全防护措施的是（　　）。

A. 更改服务默认端口 B. 配置账户登录超时自动退出功能

C. 禁止 Tomcat 列表显示文件 D. 设置登录密码

答案：ABCD

788. 以下选项中，应用服务器无法通过信息安全网络隔离装置（NDS100）访问数据库的原因的是（　）。

A. 应用服务器与数据库服务器的网络不通或路由不可达

B. 数据库信息中的 IP 地址及端口配置错误

C. 数据库使用了 Oracle 10g 版本

D. 应用服务器使用了 JDBC 的连接方式

答案：AB

789. 中间件包括（　）。

A. 应用中间件
B. 消息中间件
C. 事务中间件
D. Web 中间件

答案：ABCD

790. 中间件的产生是为了解决哪些关键问题？（　）

A. 有效安全地实现异构资源信息的共享

B. 快速开发与集成各种异构应用软件系统

C. 降低应用软件开发成本

D. 提高系统的稳定性与可维护性

答案：ABCD

791. 中间件的特性是（　）。

A. 易用性
B. 位置透明性
C. 消息传输的完整性
D. 唯一性

答案：ABC

792. 中间件系统调优包括以下哪些项目？（　）

A. 性能调优
B. 参数调整
C. 补丁升级
D. 异常恢复

答案：ABC

793. 中间件的应用需求还表现出哪些新的特点？（　）

A. 可成长性
B. 适应性
C. 可管理性
D. 高可信性

答案：ABCD

794. Docker 通常用于哪些场景？（　）

A. Web 应用的自动化打包和发布

B. 自动化测试和持续集成、发布

C. 在服务型环境中部署和调整数据库或其他的后台应用

二、多项选择题

D. 从头编译或者扩展现有的 OpenShift 或 Cloud Foundry 平台来搭建自己的 PaaS 环境

答案：ABCD

795. 以下是 Docker 使用的核心技术的是（　）。

A. LXC　　　　　　　　　　　B. AUFS

C. CGroups　　　　　　　　　D. XEN

答案：ABC

796. 正确配置 DB Cache 对于数据库性能具有重要意义，下面哪些是 DB Cache 相关的闩锁？（　）

A. cache buffer handles　　　　B. cache buffers chains

C. cache buffers lru chain　　　D. library cache lock

答案：ABC

797. 在实际优化过程中，我们通常需要优化语句的访问路径，下列哪些是优化访问路径的方法？（　）

A. 调整索引的访问方式

B. 及时根据执行计划的开销调整表连接顺序

C. 及时更新表的统计信息，让 CBO 选择正确的执行计划

D. 正确选择表与表之间的连接方式

答案：ABCD

798. 在生产数据库中，日志文件并行写的等待时间非常高，在查找问题时日志都放在一个磁盘上，下列缩短日志等待时间的做法中，哪些是不正确的？（　）

A. 开启附属日志进程　　　　　B. 增加日志成员文件

C. 增加日志缓存大小　　　　　D. 把日志文件放在不同的磁盘上

答案：ABC

799. 在下列场景中可使用 Oracle Data Recovery Advisor 进行恢复的是（　）。

A. 数据库在运行时数据文件出现故障

B. 用户删除了一个重要的表

C. 归档日志文件丢失

D. 由于数据文件丢失导致数据库无法打开

答案：AD

800. 在 Oracle 中，当从 SQL 表达式调用函数时，下列描述不正确的是（　）。

A. 从 SELECT 语句调用的函数均不能修改数据库表

B. 函数可以带有 IN、OUT 等模式的参数

C. 函数的返回值必须是数据库类型，不得使用 PL/SQL 类型

D. 形式参数必须使用数据库类型，不得使用 PL/SQL 类型

答案：AC

801. 在 Oracle 中，PL/SQL 块中定义了一个带参数的游标：CURSOR emp_cursor (dnum NUMBER) ISSELECT sal, comm FROM emp WHERE deptno=dnum; 那么打开此游标的正确语句是（　　）。

A. OPEN emp_cursor (20)

B. OPEN emp_cursor FOR 20

C. OPEN emp_cursor USING 20

D. FOR emp_rec IN emp_cursor (20) LOOP... END LOOP

答案：AD

802. 在 Oracle 外部表上可以执行哪些操作？（　　）

A. 创建视图 B. 创建索引
C. 创建同义词 D. 增加一个虚拟列

答案：AC

803. 在 Oracle 数据库系统中，安全机制主要做（　　）工作。

A. 防止非授权的数据库存取 B. 防止非授权的数据库对模式对象的存取
C. 控制磁盘使用 D. 控制系统资源使用

答案：ABCD

804. 在 Oracle 环境下，以下说法中正确的是（　　）。

A. <> 表示不等于 B. _ 代表一个字符
C. % 代表 0 个或者多个字符 D. * 代表 0 个或者多个字符

答案：ABC

805. 在 Oracle 环境下，需要创建表空间，当数据超过表空间大小时，要对表空间进行扩充，以下选项中扩充方式正确的有（　　）。

A. 添加数据文件 B. 改变数据文件的大小
C. 允许数据文件自动扩展 D. 表空间不能再用，重新创建表空间

答案：ABC

806. 在 MySQL 提示符下，输入（　　）命令，可以查看由 MySQL 自己解释的命令。

A. \? B. ?
C. help D. \h

答案：BCD

807. 游标的操作包括（　　）。

A. open B. fetch

二、多项选择题

C. execute D. close

答案：ABD

808. 由于服务器意外掉电宕机，经过查看 Oracle Alert 日志，发现是 UNDO 表空间损坏而造成数据库系统无法开启，正确的修复步骤包括（   ）。

A. 查询当前数据库使用的是哪个取消表空间（UNDO1），创建新的取消表空间（UNDO2）

B. 将参数设置为 UNDO_MANAGEMNET=MANUAL UNDO_TABLESPACE=UNDO2

C. 重建表空间 UNDO1 将参数 UNDO_MANAGEMNET=AUTO UNDO_TABLESPACE=UNDO1

D. 删除取消表空间（UNDO2）

答案：ABCD

809. 以下哪些是数据库接口规范？（   ）

A. ODBC B. OCI
C. DAO D. OBI

答案：ABC

810. 以下哪些方法可以减少热块争用（BUFFER BUSY WAIT）？（   ）

A. 增加 SHARED_POOL_SIZE B. 使用 BLOCK_SIZE 较小的表空间存储
C. 增加 LOG_BUFFER D. 减少全表扫描

答案：BD

811. 以下哪些操作需要 UNDO 数据？（   ）

A. 提交事务 B. 闪回事务
C. 事务恢复 D. 数据一致性查询

答案：BCD

812. 以下关于 Oracle 数据文件的说法，正确的是（   ）。

A. 数据库中的数据存储在数据文件中 B. 一个表空间只能由一个数据文件组成
C. 一个数据文件仅能与一个数据库联系 D. 数据文件一旦建立，就不能改变大小

答案：AC

813. 以下关于 MySQL 的说法中正确的是（   ）。

A. MySQL 是一种关系型数据库管理系统

B. MySQL 软件是一种开放源码软件

C. MySQL 服务器工作在客户端/服务器模式下，或工作在嵌入式系统中

D. MySQL 完全支持标准的 SQL 语句

答案：ABC

814. 下面属于外连接的有（   ）。

A. Left Join
B. Right Join
C. Full Join
D. Cross Join

答案：ABC

815. 下面哪些方法可以用于进行 Oracle 性能优化？（ ）

A. 通过 SQL 优化
B. 通过命中率调整
C. 通过 OWI 等待事件
D. 响应时间模型

答案：ABCD

816. 下面运算符会从最终结果中删除重复的行的是（ ）。

A. INTERSECT
B. MINUS
C. UNION
D. UNION ALL

答案：ABC

817. 下面哪些操作可能产生排序操作的情况？（ ）

A. ORDER BY 语句
B. DISTINCT 语句
C. GROUP BY 语句
D. UNION 操作

答案：ABCD

818. 下面关于临时表空间和临时段的说法，正确的是（ ）。

A. 临时表空间中的临时段可用于排序、表连接等的临时空间

B. 很多 DBA 发现临时表空间总是处于 100% 使用，因此诊断数据库一定存在严重问题

C. Oracle 可以设置多个临时表空间

D. RAC 环境中，如果某个实例临时段不足，而表空间无法扩展，可以使用其他实例中的临时段

答案：ACD

819. 下面关于 UNDO_RETENTION 的描述，正确的是（ ）。

A. UNDO_RETENTION 的单位是秒

B. UNDO_RETENTION 设置得越大越好

C. UNDO_RETENTION 设置得偏小，可能导致 ORA-1555

D. UNDO_RETENTION 不能动态修改

答案：AC

820. 下面关于 CheckPoint 说法正确的有（ ）。

A. CheckPoint 可以确保数据一致性

B. CheckPoint 使数据库能快速恢复

C. CheckPoint 发生后 DBWR 将所有脏数据写到数据文件中

D. CheckPoint 发生后 LGWR 更新控制文件和数据文件的 SCN

二、多项选择题

答案：ABCD

821. 下列选项中说法正确的是（　　）。

A. "empno NUMBER（6）"表示 empno 列中的数据为整数，最大位数为 6 位

B. "balance NUMBER（10，1）"表示 balance 列中的数据，整数最大位数为 10 位，小数为 1 位

C. "bak CHAR（10）"表示 bak 列中最多可存储 10 个字节的字符串，并且占用的空间是固定的 10 个字节

D. "content VARCHAR2（300）"表示 content 列中最多可存储长度为 300 个字节的字符串，根据其中保存的数据长度，占用的空间是变化的，最大占用空间为 300 个字节

答案：ACD

822. 下列说法正确的是（　　）。

A. 一张数据表一旦建立完成，是不能修改的

B. 在 MySQL 中，用户在单机上操作的数据就存放在单机中

C. 在 MySQL 中，可以建立多个数据库，但也可以通过限定，使用户只能建立一个数据库

D. 要建立一张数据表，必须先建立数据表的结构

答案：BCD

823. 下列哪些是会触发 LGWR 触发写日志的条件？（　　）

A. LGWR 休眠 3 秒钟　　　　　　　B. 事务 Commit

C. Redo Log Buffer 中有超过 1M 的数据　　D. DBWR 写入数据文件之前

答案：ABCD

824. 下列关于 Oracle 数据库中的会话（Session），说法正确的有（　　）。

A. 用户退出或者异常终止时会话暂停

B. 用户由 Oracle 服务器验证通过时会话开始

C. 使用共享服务器模式可能出现多个用户进程共享一个服务器进程

D. 会话是用户和 Oracle 服务器之间的一种特定连接

答案：BCD

825. 下列关于 Oracle 数据库说法正确的是（　　）。

A. 写日志优先

B. 写数据优先

C. 任何 INSERT、UPDATE、DELETE、CREATE、ALTER、DROP 操作之前都会写入重做日志文件

D. 任何 INSERT、UPDATE、DELETE、CREATE、ALTER、DROP 操作之前都会写入报警日志文件

答案：AC

826. 下列关于 Oracle 的归档日志，说法正确的有（　　）。

A. Oracle 要将填满的在线日志文件组归档时，要建立归档日志

B. 在操作系统或磁盘故障中可保证全部提交的事务可被恢复

C. 数据库可运行在两种不同方式下：非归档模式和归档模式

D. 数据库在 ARCHIVELOG 方式下使用时，不能进行在线日志的归档

答案：ABC

827. 下列关于 Oracle GoldenGate 说法正确的是（　　）。

A. 支持跨平台之间的数据复制

B. 源端部署数据库处于非归档模式

C. 对于 RAC 环境，GoldenGate 的相关软件必须部署在 Shared Disk 中

D. 支持一对一或一对多的数据复制

答案：ACD

828. 误删除了 USER 表空间的数据文件，应该在哪种状态下恢复表空间？（　　）

A. NOMOUNT   B. MOUNT

C. OPEN   D. 以上都不对

答案：BC

829. 物理 DG 提供了哪几种数据保护模式？（　　）

A. Maximum Availability   B. Maximum Performance

C. Maximum Security   D. Maximum Protection

答案：ABD

830. 数据库内存参数设置如下，并重启实例：MEMORY_MAX_TARGET=0MEMORY_TARGET=500MPGA_AGGREGATE_TARGET=90MSGA_TARGET=270M，关于以上参数说法正确的是（　　）。

A. MEMORY_MAX_TARGET 参数被自动设置为 500M

B. PGA_AGGREGATE_TARGET 和 SGA_TARGET 参数被自动设置为 0

C. MEMORY_MAX_TARGET 参数的值仍为 0，除非手动修改

D. PGA_AGGREGATE_TARGET 和 SGA_TARGET 参数的最小值分写为 90M 和 270M

答案：AD

831. 数据备份通常有哪几种方式？（　　）

A. 完全备份   B. 差异备份

C. 增量备份   D. 临时备份

答案：ABC

二、多项选择题

832. 事务具体的特征包括（　）。

A. 原子性　　　　　　　　　　B. 一致性

C. 隔离性　　　　　　　　　　D. 持续性

答案：ABCD

833. 使用 ALTER SYSTEM 语句修改系统的初始化参数时，SCOPE 选项可以指定为哪些值？（　）

A. MEMORY　　　　　　　　　B. SPFILE

C. PFILE　　　　　　　　　　 D. BOTH

答案：ABD

834. 审计日志用来记录非法的系统访问尝试的审计追踪，包括下列哪项信息？（　）

A. 访问用户信息　　　　　　　B. 事件或交易尝试的类型

C. 操作终端信息　　　　　　　D. 获取的数据

答案：ABC

835. 若要删除 book 表中所有数据，以下语句错误的是（　）。

A. truncate table book　　　　B. drop table book

C. delete from book　　　　　D. delete * from book

答案：BD

836. 若 tnsnames.ora 文件中部分配置如下：xfhtdb =（DESCRIPTION =（ADDRESS =（PROTOCOL = TCP）（HOST = hello）（PORT = 152（1））（CONNECT_DATA =（SERVER = DEDICATED）（SERVICE_NAME = scce）））则表明（　）。

A. Oracle 服务器所在的主机名为 DEDICATED

B. Oracle 服务器所在的主机名为 scce

C. 对应数据库的 SID 为 scce

D. Oracle 服务器所在的主机名为 hello

答案：CD

837. 如何验证控制文件是不是多重映像？（　）

A. 查询动态性能视图 V$PARAMETER

B. 查询动态性能视图 V$DATABASE

C. 查询动态性能视图 V$CONTROLFILE

D. 使用 SHOW PARAMETERS CONTROL_FILES

答案：ACD

838. 如果需要对已删除的表 mytest 执行闪回删除操作，应注意下列哪些事项？（　）

A. 确保当前数据库的回收站功能处于启用状态

B. 如果回收站中有多个 mytest 表，则需要知道希望恢复的 mytest 表在回收站中的名称

C. 如果该表所在用户下已经存在对象名 mytest，则在还原该表时应该为该表重新命名

D. 需要知道删除该表的时间

答案：AC

839. 以下哪项是 Oracle 客户端的链接工具？（　　）

A. IE 浏览器　　　　　　　　　B. SQL*PLUS

C. PLSQL Developer　　　　　　D. 以上答案均不对

答案：BC

840. 哪些类型数据可以用来创建备份集？（　　）

A. Data Files　　　　　　　　　B. Archive Logs

C. Online Logs　　　　　　　　D. Backup Sets

答案：ABD

841. 哪些操作需要请求回滚数据？（　　）

A. 回退事务　　　　　　　　　B. 恢复失败的事务

C. 执行一致性查询　　　　　　D. 将表空间状态从 READ ONLY 更改为 READ WRITE

答案：ABC

842. 某数据库实例在过去的一个月中持续运行，其中 AWR 快照保留时间为 7 天，STATISTICS_LEVEL 参数设置为 TYPICAL，用户反映前一天下午 7 点到 9 点数据库性能较差，为了诊断问题，以下哪些操作会被执行？（　　）

A. 使用 ASH 报告

B. 使用 AWR 对比报告

C. 使用前一天下午 7 点到 9 点的 ADDM 报告

D. 使用前一天下午 7 点到 9 点的 AWR 对比报告

答案：BCD

843. 查询以下哪两个动态性能视图以显示控制文件的名称和位置？（　　）

A. V$SESSION　　　　　　　　B. V$INSTANCE

C. V$PARAMETER　　　　　　D. V$CONTROLFILE

答案：CD

844. 假设通过使用如下 DDL 语句创建了一个新用户——dog: CREATE USER dog IDENTIFIED BY wangwang; dog 创建之后，并没有授予这个用户任何权限。现在 dog 用户需要在其默认表空间中创建一个表，请问需授予该用户哪些系统权限？（　　）

A. CREATE VIEW　　　　　　　B. CREATE TABLE

C. CREATE SESSION　　　　　　D. CREATE ANY TABLE

二、多项选择题

答案：BC

845. 集群架构的优点包括（　　）。

A. 易于管理　　　　　　　　　　B. 灵活的负载均衡

C. 可靠的安全性　　　　　　　　D. 可扩展性

答案：ABCD

846. 何时出现完整检查点？（　　）

A. 在 NORMAL 关闭期间　　　　B. 在 IMMEDIATE 关闭期间

C. 使表空间脱机时　　　　　　　D. 执行日志切换时

答案：AB

847. 关于索引，以下哪些说法是正确的？（　　）

A. 应该为较大的表建立索引，小表最好不要建

B. 一般来说，表越大，索引越有效

C. 索引越多，查询、插入、修改、删除操作的执行速度就越快

D. 查询型的表应多建索引，更新型的表应少建索引

答案：ABD

848. 关于数据库中索引说法正确的是（　　）。

A. 当创建索引时，Oracle 会为索引创建索引树，表和索引树通过 ROWID（伪列）来定位数据

B. 当表里的数据更新时，Oracle 会自动维护索引树

C. 如果表更新比较频繁，那么在索引中删除标识会越来越多，这时索引的查询效率必然降低，所以应该定期重建索引

D. 在索引重建期间，用户还可以使用原来的索引

答案：ABCD

849. 关于数据库后台进程描述错误的有（　　）。

A. 数据库进程 ckpt 不是关键进程，可以随便 kill 进程

B. 数据库进程 lgwr 不是关键进程，可以随便 kill 进程

C. 数据库后台进程，通常都不能直接 kill，否则可能导致实例异常中止

D. 数据库监听程序也属于数据库的后台进程

答案：ABD

850. 关于创建 Oracle 用户的描述，正确的是（　　）。

A. 创建 Oracle 用户时，不能随意指定用户默认表空间，只能用数据库默认的

B. 创建 Oracle 用户时，可以指定用户默认的临时表空间

C. 创建 Oracle 用户后，不用授予任何权限，就可以登录数据库

D. 创建 Oracle 用户后，必须要授予必要的权限，才能登录数据库

答案：BD

851. 关于表压缩哪些说法是正确的？（　　）

A. 可以节省磁盘空间，并降低内存使用率

B. 可以节省磁盘空间，但是无法降低内存使用率

C. 在 DML 操作以及直接加载数据操作期间都会产生额外的 CPU 开销

D. 在 DML 操作期间会产生额外的 CPU 开销，但在直接装载操作期间不会产生额外的 CPU 开销

答案：AC

852. 关于 Truncate table，以下哪些描述是错误的？（　　）

A. Truncate table 可跟 Where 从句，根据条件进行删除

B. Truncate table 用来删除表中所有数据

C. 触发器对 Truncate table 无效

D. Delete 比 Truncate table 速度快

答案：AD

853. 关于 spfile 参数文件，以下说法正确的是（　　）。

A. spfile 是二进制文件

B. spfile 文件不能位于客户端

C. spfile 文件不能包含静态参数

D. spfile 文件可以直接编辑

答案：AB

854. 关于 Share SQL Area 和 Private SQL Area，以下说法正确的是（　　）。

A. Share SQL Area 位于共享池中

B. 在一个会话开始时 Share SQL Area 才被分配

C. Share SQL Area 总是位于大池中

D. Private SQL Area 分配的数量取决于 OPEN_CURSOR

答案：AD

855. 关于 Oracle 中的分区表，下列说法正确的是（　　）。

A. 对每一个分区，可以建立本地索引

B. 可以用 EXP 工具只导出单个分区的数据

C. 分区表的索引最好建为全局索引，以便于维护

D. 可以通过 alter table 命令，把一个现有分区分成多个分区

答案：ABD

856. 关于 Oracle 中 undo_retention 参数的用途，下列说法正确的是（　　）。

A. 用来指定 UNDO 记录保存的最长时间

二、多项选择题

B. 以毫秒为单位

C. 是个动态参数，完全可以在实例运行时随时修改

D. 是个全局参数，初始化设定后就不可修改

答案：AC

857. 关于 Oracle 数据库写入的后台进程，以下说法正确的是（　　）。

A. 在实例中有多个数据库写入进程

B. 无论何时，如果有检查点操作发生时，数据库写入进程即会写入脏数据到数据文件

C. 无论何时，如果有事务提交操作发生时，数据库写入进程即会写入脏数据到数据文件

D. 在脏数据写入数据文件之前，日志文件被写入

答案：AB

858. 关于 Oracle 数据 pump，哪种说法是正确的？（　　）

A. expdp 和 impdp 是 Oracle 数据 pump 的服务端组件

B. dbms_datapump PL/SQL 包可以独立进行数据 pump 操作

C. 只有 SYSDBA 有权限进行数据 pump 导入与导出

D. expdp 和 impdp 使用 dbms_metadata 提供的程序执行导入与导出的命令

答案：AB

859. 关于 AWR 的描述正确的是（　　）。

A. 所有的 AWR 表都属于 SYSTEM 表空间

B. AWR 包含了系统网络带宽和日志的信息

C. AWR 收集快照是通过访问数据字典进行的

D. AWR 收集快照通常可以自定义组件

答案：CD

860. 关于 TRUNCATE 命令在一个表上的影响，下列说法正确的是（　　）。

A. 表相应的索引也被删除

B. 当执行 TRUNCATE 命令时，表上的删除触发器被解除

C. 高水位（HWM）设置为指向表段中第一个可用的数据块

D. 没有 UNDO 或者很少的 UNDO 数据产生在执行 TRUNCATE 命令期间

答案：ACD

861. 对于 Oracle 数据库中的事务，哪些选项表述正确？（　　）

A. 多个事务可以使用相同的回滚段

B. 事务在启动时被分配一个回滚段

C. 多个事务不能在回滚表空间中共享同一个回滚区

D. 当回滚表空间不足时，事务使用系统回滚段存储回滚数据

答案：AB

862. 对表 SALES 进行修改约束操作：ALTER TABLE SALES MODIFY CONSTRAINT pk DISABLE VALIDATE. 关于该命令的说法正确的是（　　）。

　　A. 该约束仍然有效

　　B. 该约束上的索引被删除

　　C. 允许 SQL*Loader 加载数据到该表中

　　D. 新数据可以参照该约束，原有的数据不会被影响

答案：ABC

863. 对 Oracle 网络配置的工具主要有（　　）。

　　A. net mgr　　　　　　　　　　　B. netca

　　C. sql*plus　　　　　　　　　　　D. svrctl

答案：AB

864. 定义存储过程如下：CREATE OR REPLACE PROCEDURE INSERT TEAM（V_ID in NUMBER，V_CITY in VARCHER2 DEFAULT 'AUSTIN' V_NAME in VARCHER2）IS　BEGIN INSERT INTO TEAM（id，city，name）VALUES（v_id，v_city，v_name）；COMMIT; END. 以下哪些 PL/SQL 语句能够正确调用该过程？（　　）

　　A. EXECUTE INSERT_TEAM

　　B. EXECUTE INSERT_TEAM（V_NAME=. > "LONG HORNS"）

　　C. V_CITY=>"AUSTIN"

　　D. EXECUTE INSERT_TEAM（3，"AUSTIN"，"LONG HORNS"）

答案：CD

865. 从数据库系统的角度来看，锁的分类包含以下哪项？（　　）

　　A. 独占锁　　　　　　　　　　　　B. 共享锁

　　C. 更新锁　　　　　　　　　　　　D. 死锁

答案：ABC

866. 表命名时需要遵循的规则中选择正确的是（　　）。

　　A. 表名的首字符应该为字母

　　B. 不能使用保留字

　　C. 可以使用下画线、数字、字母，但不能使用空格和单引号

　　D. 同一用户下表名不能重复

答案：ABCD

867. 安装 Oracle 数据库之前，需要检查的项目包括（　　）。

　　A. 磁盘空间大小　　　　　　　　　B. 内存和 SWAP 配置

C. 操作系统版本　　　　　　　　　D. 操作系统主机名和 IP 地址配置

答案：ABCD

868. 安装 Oracle 数据库之前，配置操作系统内核参数，描述正确的是（　　）。

A. 前缀为 shm 的参数是有关内存配置的

B. 前缀为 sem 的参数是有关信号量的

C. 配置好内核参数后，需要使用 sysctl-p 命令使其生效

D. 内核参数与 Oracle 安装没有关系

答案：ABCD

869. 安装 Oracle 数据库，关于用户 limit 参数配置描述正确的是（　　）。

A. 参数 nproc 是允许打开的进程数目　　B. 参数 nofile 是允许打开的文件数目

C. 关键字 hard 是对参数的硬限制　　　　D. 关键字 soft 是对参数的软限制

答案：ABCD

870. Oracle 中，下列哪些情况索引无效？（　　）

A. 使用 <> 比较时，索引无效，建议使用 < or >

B. 使用后置模糊匹配 % 时无效

C. 使用函数

D. 使用不匹配的数据类型

答案：ACD

871. Oracle 中，下列哪些存储结构是必需的（而不是可选的）SGA 部分？（　　）

A. 数据库高速缓存区　　　　　　　　B. Java 池

C. 重做日志缓冲区　　　　　　　　　D. 共享池

答案：ACD

872. Oracle 中，表名应该严格遵循下列哪些命名规则？（　　）

A. 表名的最大长度为 20 个字符

B. 表名首字符可以为字母或下画线

C. 同一用户模式下的不同表不能具有相同的名称

D. 不能使用 Oracle 保留字来为表命名

答案：CD

873. Oracle 数据文件的扩展方式有（　　）。

A. 手动扩展　　　　　　　　　　　　B. 自动扩展

C. 增加数据文件个数　　　　　　　　D. 增加表空间个数

答案：AB

874. Oracle 数据库中使用 Export 卸出数据时，可以根据需要采用哪几种方式卸出数据？（　　）

A. 表方式 B. 文件方式

C. 用户方式 D. 全部数据库方式

答案：ACD

875. Oracle 数据库中，事务控制语言包括（　　）。

A. COMMIT B. SAVEPOINT

C. POLLBACK D. GRANT

答案：ABC

876. Oracle 数据库以下参数值的含义为 FAST_START_MTTR_TARGET=0LOG_CHECKPOINT_INTERVAL=0，则（　　）。

A. SGA Advisor 失效 B. MTTR Advisor 生效

C. 自动检查点调整失效 D. 检查点信息将不能写入告警日志

答案：BC

877. Oracle 数据库提供了一组称为 Oracle 闪回技术的功能，以支持查看数据过去的状态，将数据倒回到某个时间，而无须恢复备份数据（　　）以下的（　　）闪回功能与备份和恢复密切相关（　　）。

A. 闪回表 B. 闪回数据库

C. 闪回创建 D. 闪回删除

答案：ABD

878. 关于 Oracle 数据库的参数配置，描述正确的是（　　）。

A. 数据库的参数都可以在线修改生效

B. 数据库的静态参数必须要重启生效

C. 数据库的 spfile 参数文件，包含二进制字符，不能使用 Vi 进行修改

D. 数据库具体哪个参数文件启动，在 alert_log 日志中可以看到

答案：BCD

879. Oracle 常用的约束类型包括（　　）。

A. PRIMARY B. FOREIGN

C. UNIQUE D. CHECK

答案：ABCD

880. HR 用户在插入数据到 TTK 表中时收到错误提示"ERROR at line 1：ORA-01653：unable to extend table HR. TTK by 128 in tablespace SMD Upon investigation, you find that SMDis a small file tablespace."哪三种动作允许用户插入数据？（　　）

A. 添加数据文件到 SMD 表空间

B. 改变 SMD 表空间的段空间管理为自动

二、多项选择题

C. 调整 SMD 表空间相关的数据文件使之更大

D. 变更 SMD 表空间相关的数据文件为自动增长

答案：ACD

881. Oracle 数据库的审计类型有（　　）。

A. 语句审计　　　　　　　　　B. 系统进程审计

C. 特权审计　　　　　　　　　D. 模式对象审计

答案：ACD

882. 计算机的存储系统一般是指（　　）。

A. ROM　　　　　　　　　　　B. 内存（主存）

C. RAM　　　　　　　　　　　D. 外存（辅存）

答案：BD

883. 包过滤技术的优点有哪些？（　　）

A. 对用户是透明的　　　　　　B. 安全性较高

C. 传输能力较强　　　　　　　D. 成本较低

答案：ACD

884. 在 Oracle 11g 中，聚簇因子与索引扫描关系密切，因为它可以显示（　　）。

A. 数据库是否会在大范围扫描中使用索引

B. 相对于索引键的表组织程度

C. 索引的数量及详细信息

D. 如果必须按索引键顺序排列，是否应考虑使用索引组织表、分区或表簇

答案：ABD

885. Oracle 在遇到坏块时，（　　）方式处理是正确的。

A. 如果损坏的对象是索引，重建索引

B. 使用备份进行恢复

C. 使用 CREATE TABLE AS 创建新表

D. 使用 10231 或 DBMS_REPAIR 跳过坏块，然后用 EXP 导出表重新建立新表

答案：ABD

886. MySQL 索引的种类都有哪些？（　　）

A. B 树　　　　　　　　　　　B. Hash

C. R 树　　　　　　　　　　　D. Fulltext

答案：ABCD

887. 怎样检查当前 RMAN 配置信息？（　　）

A. 使用 RMAN 连接到目标数据库，使用 SHOW ALL 命令

— 769 —

B. 在 SQL*PLUS 中执行 SHOW RMAN CONFIGURATION

C. 使用 RMAN 连接到恢复 Catalog，使用 SHOW ALL 命令

D. 连接到目标数据库实例，查询 V$RMAN_CONFIGURATION 视图

答案：AD

888. MySQL 复制功能使用三个线程实现，一个在主服务器上，两个在从服务器上，在从服务器上的进程分别为（　　）。

A. Binlog Dump B. Slave_IO_running

C. Slave_SQL_Running D. Binlog Server

答案：BC

889. MySQL 主从复制主要有以下几种模式？（　　）

A. 异步复制 B. 全同步复制

C. 半同步复制 D. 实时复制

答案：ABC

890. MySQL 主从复制中，在哪种情况下从服务器创建新 relay log 文件？（　　）

A. 启动 I/O thread 线程时 B. 执行 FLUSH LOGS 时

C. 启动 SQL thread 线程时 D. 达到 slave_pending_jobs_size_max 参数限制

答案：AB

891. 为保证数据库信息的运行安全采取的主要措施有（　　）。

A. 备份与恢复 B. 应急

C. 风险分析 D. 审计跟踪

答案：ABCD

892. 下列关于索引的说法中，正确的是（　　）。

A. 表是否具有索引不会影响到所使用的 SQL 的编写形式

B. 在为表创建索引后，所有的查询操作都会使用索引

C. 为表创建索引后，可以提高查询的执行速度

D. 在为表创建索引后，Oracle 优化器将根据具体情况决定是否采用索引

答案：AD

893. 下列与数据库性能调优相关的是（　　）。

A. 系统管理员 B. DBA

C. 设计人员 D. 开发人员

答案：ABCD

894. 基于网络的入侵检测系统有哪些缺点？（　　）

A. 对加密通信无能为力 B. 对高速网络无能为力

C. 不能预测命令的执行后果　　　　　D. 管理和实施比较复杂

答案：ABC

895. 以下对于蠕虫病毒的描述正确的是（　　）。

A. 蠕虫的传播无须用户操作

B. 蠕虫会消耗内存或网络带宽，导致 DOS

C. 蠕虫的传播需要通过"宿主"程序或文件

D. 蠕虫程序一般由"传播模块""隐藏模块""目的功能模块"构成

答案：ABD

896. MySQL 复制在处理数据时，有以下哪几种模式？（　　）

A. 基于语句复制的 SBR　　　　　　B. 基于记录复制的 RBR

C. 基于混合复制的 MBR　　　　　　D. 基于数据库级别的复制

答案：ABC

897. MySQL 常用的数据备份方式有（　　）。

A. mysqldump　　　　　　　　　　B. xtrabackup

C. rman　　　　　　　　　　　　　D. expdp

答案：AB

898. 对信息系统的备份数据进行管理应做到（　　）。

A. 备份系统存储介质应存放在安全的环境中

B. 对已经备份数据的存储介质要进行定期检查

C. 对备份系统的操作要记入运行日志

D. 操作影响到数据备份的，要通知所有相关的业务主管部门，并履行审批手续

答案：ABCD

899. 数字签名技术可以实现数据的（　　）。

A. 机密性　　　　　　　　　　　　B. 完整性

C. 不可抵赖性　　　　　　　　　　D. 可用性

答案：BC

900. 以下哪些措施有利于数据库的安全？（　　）

A. DBA 是用 sys 用户进行日常的操作

B. 确保参数 O7_DICTIONARY_ACCESSIBILITY=FALSE

C. 数据库创建后，应立即修改缺省账号的密码并将缺省账号锁定

D. 重建 user_db_links 视图，屏蔽 password 字段

答案：BCD

901. MSTP 支持复用段保护，以下（　　）信号可使其发生保护倒换。

A. LOS B. LOF
C. AIS D. 信号劣化

答案：ABCD

902. SDH 备板插拔应注意的事项是（　　）。

A. 戴防静电腕带 B. 双手持板件
C. 防止倒针 D. 插盘到位，接触良好

答案：ABCD

903. SDH 的"管理单元指针丢失"告警产生的原因可能是（　　）。

A. 发送端时序有故障 B. 发送端没有配置交叉板业务
C. 接收误码过量 D. PCM 支路故障

答案：ABC

904. SDH 光纤传输系统中，故障定位的原则是（　　）。

A. 先线路、后支路 B. 先高级、后低级
C. 先外因、后内因 D. 先硬件、后软件

答案：ABC

905. SDH 同步网的时钟类型有（　　）。

A. 铯原子钟 B. 铷原子钟
C. 石英晶体振荡器 D. 电子表

答案：ABC

906. SDH 网络中，AU-LOP 告警产生的原因可能是（　　）。

A. 对端站发送端时序有故障或数据线故障 B. 对端站发送端没有配置交叉板业务
C. 接收误码过大 D. 光缆中断

答案：ABC

907. 复用段保护启动条件是由（　　）告警信号触发。

A. LOF B. LOS
C. MS-AIS D. MS-EXC（复用段误码过量）

答案：ABCD

908. 光路误码产生的原因有（　　）。

A. 尾纤头污染 B. 传输线路损耗增大
C. DCC 通道故障 D. 上游临站光发送盘故障

答案：ABD

909. 光中继器的作用是（　　）。

A. 提高信道利用率 B. 延长中继距离

二、多项选择题

C. 矫正波形失真　　　　　　　D. 降低误码率

答案：BC

910. 现行的 SDH 网定义有（　　）三类基本网元。

A. 终端复用设备 TM　　　　　B. 微波信道机

C. 分插复用设备 ADM　　　　D. 再生中继设备 REG

答案：ACD

911. 以下类型设备必须配置交叉板的是（　　）。

A. TM　　　　　　　　　　　B. ADM

C. REG　　　　　　　　　　　D. DXC

答案：ABCD

912. 以下哪些是 PDH 的缺点？（　　）

A. 缺乏统一的光接口标准　　　B. 维护和管理不方便

C. 自愈能力强　　　　　　　　D. 北美、欧洲和日本三种标准，不利于互通

答案：ABD

913. 引发 AU-AIS 的告警有（　　）。

A. LOS、LOF　　　　　　　　B. MS-AIS

C. HP-REI、HP-RDI　　　　　D. OOF

答案：AB

914. 在（　　）情况下再生段终端基本功能块（RST）往下游发送 AIS 信号。

A. 帧失步（OOF）　　　　　　B. 发信失效

C. 帧丢失　　　　　　　　　　D. SPI 发出 LOS 信号

答案：ACD

915. 在（　　）情况下，网管无法采集远端故障节点的告警信息。

A. 光缆线路故障　　　　　　　B. 节点故障

C. DCC 通道故障　　　　　　　D. 支路盘故障

答案：ABC

916. 在 SDH 系统中定义 S1 字节的目的是（　　）。

A. 避免定时成环

B. 当定时信号丢失后向网管告警

C. 能使两个不同厂家的 SDH 网络组成一个时钟同步网

D. 使 SDH 网元能提取最高级别的时钟信号

答案：ACD

917. 支路输入信号丢失告警产生的原因有（　　）。

A. 外围设备信号输入丢失 B. 传输线路损耗增大

C. DDF 架与 SDH 设备之间的电缆障碍 D. TPU 盘接收故障

答案：ACD

918. 电力线载波终端设备、架空绝缘地线载波终端设备、相分裂导线载波终端设备（　　）的运行维护检测，由通信部门负责。

A. 电力线载波增音机 B. 高频电缆

C. 结合滤波器 D. 地线结合滤波器

答案：ABCD

919. 微波在空间只能像光波一样传播，绕射能力很弱，在传播过程中遇到不均匀介质时，将产生（　　）。

A. 辐射 B. 折射

C. 反射 D. 直射

答案：BC

920. 为提高微波通信系统的可靠性，必须采用（　　）。

A. 大直径天线 B. 备份

C. 无损伤切换 D. SDH

答案：BC

921. 在微波传输中，增加衰落余量的方法有（　　）。

A. 增加天线增益 B. 缩短路径长度

C. 时域自适应均衡 D. 空间分集

答案：ABCD

922. 数字用户电路故障分类，有（　　）。

A. 用户线故障 B. 数字终端故障

C. 数字用户电路故障 D. 数字用户电路数据设置不当

答案：ABCD

923. （　　）信令为共路信令。

A. DPNSS B. 七号信令

C. DSS1 信令 D. R2

答案：ABC

924. 程控交换机按控制方式可分为（　　）控制方式。

A. 集中 B. 分级

C. 全分级 D. 分组

答案：ABC

二、多项选择题

925. 程控交换机必须具备的基本功能有（ ）。

A. 呼叫检查功能　　　　　　　　　B. 连接话路的控制系统

C. 监视功能　　　　　　　　　　　D. 信号处理功能

答案：ABCD

926. 程控交换机的数据主要有（ ）。

A. 话路系统　　　　　　　　　　　B. 控制系统

C. 信令终端设备　　　　　　　　　D. 转换设备

答案：ABC

927. 程控交换机有（ ）用户电路板。

A. 数字用户板　　　　　　　　　　B. 模拟用户

C. 数字中继板　　　　　　　　　　D. 模拟中继板

答案：ABCD

928. 下列信令属于局间信令的是（ ）。

A. 交换机与交换机之间传送的信令　B. 交换机与网管中心之间传送的信令

C. 双音多频信令　　　　　　　　　D. 直流脉冲信令

答案：AB

929. 音频信号故障排查的思路正确的是（ ）。

A. 要熟悉音频信号流的传输原理和路径，了解关键音频设备的作用、接线方式和设置参数

B. 排查音频信号故障时应该从声音信号源头入手，分段逐级进行

C. 排查过程中可以多使用替代法，比如同一根线缆换不同端口测试，或者同一个端口换不同线缆测试等

D. 排查过程中可多使用插拔法，由于线缆接头处松动、氧化造成传输不畅的概率也较高

答案：ABCD

930. 在自动电话交换机中，用户通话完毕，挂机复原采用的复原控制方式有（ ）。

A. 主叫控制　　　　　　　　　　　B. 被叫控制

C. 主被叫互不控制　　　　　　　　D. 主被叫互控

答案：ABCD

931. 造成调度程控四线E&M中继线不通的原因可能有（ ）。

A. PCM设备本身无E线输出电压

B. 在中间站两个PCM的音频四线E/M转接处测得E和M两根线只有一根线有电压

C. 四线接口电平太低

D. 四线E/M接口板故障

答案：BCD

932. ADSS 光缆是（　　）。

A. 非金属光缆　　　　　　　　　B. 自承式光缆

C. 地线复合光缆　　　　　　　　D. 普通光缆

答案：AB

933. ADSS 线路设计勘测时主要应查找（　　）记录数据。

A. 杆型　　　　　　　　　　　　B. 交叉跨越

C. 最大档距　　　　　　　　　　D. 电压等级

答案：ABCD

934. ODF 光纤配线架可实现（　　）等功能。

A. 光缆固定与保护　　　　　　　B. 光纤终接

C. 调线　　　　　　　　　　　　D. 光缆纤芯和尾纤的保护

答案：ABCD

935. OPGW 光缆选型时，需考虑哪些参数要求？（　　）

A. OPGW 光缆的标称抗拉强度（RTS）（kN）　　B. OPGW 光缆的光纤芯数

C. 短路电流（kA）　　　　　　　D. 短路时间（s）

答案：ABCD

936. OPGW 可提供的功能包括（　　）。

A. 避雷　　　　　　　　　　　　B. 充当地线

C. 充当输电相线　　　　　　　　D. 通信

答案：ABD

937. OTDR 测试中，影响动态范围和盲区的因素主要有（　　）。

A. 脉冲宽度　　　　　　　　　　B. 平均时间

C. 反射　　　　　　　　　　　　D. 折射率

答案：ABC

938. OTDR 最长测量距离一般由仪表的（　　）决定。

A. 动态范围　　　　　　　　　　B. 被测光纤的衰减

C. 距离刻度　　　　　　　　　　D. 噪声电平

答案：AB

939. 常用光纤连接器有（　　）。

A. FC　　　　　　　　　　　　　B. SC

C. ST　　　　　　　　　　　　　D. NC

答案：ABC

940. 电力部门常用的光纤通信波长为（　　）nm。

A. 850 B. 1310
C. 1550 D. 1720

答案：ABC

941. 关于数据传输速率和带宽的关系说法正确的是（　　）。

A. 数据信号传输速率越低，其有效的带宽越宽

B. 数据信号传输速率越高，其有效的带宽越宽

C. 传输系统的带宽越宽，该系统的数据传输速率越高

D. 传输系统的带宽越宽，该系统的数据传输速率越低，数据信号传输速率越高，其有效的带宽越宽

答案：BC

942. 光纤熔接前的准备主要是端面的制作，包括（　　）这几个环节。

A. 剥覆 B. 清洁
C. 切割 D. 以上都不是

答案：ABC

943. 光纤通信的 3 个实用窗口波长为（　　）。

A. 850nm B. 1310nm
C. 1550nm D. 2048nm

答案：ABC

944. 光纤通信之所以引人注目是因为光纤能解决电缆在传输中许多难以解决的问题，因而光纤通信具有普通电缆所不具备的独特优点，包括（　　）。

A. 传输频带宽、传输容量大 B. 传输损耗低
C. 直径小、重量轻 D. 抗干扰和化学腐蚀

答案：ABCD

945. 进行光功率测试时，注意事项有（　　）。

A. 保证尾纤连接头清洁

B. 测试前应测试尾纤的衰耗

C. 测试前验电

D. 保证光板面板上法兰盘和光功率计法兰盘的连接装置耦合良好

答案：ABD

946. 目前光通信中常用的激光波长有（　　）nm。

A. 1310 B. 1510
C. 1550 D. 1530

答案：ACE

947. 选择 ADSS 光缆的基本要求有哪些？（ ）
A. 光缆的机械特性
B. 光缆的衰耗特性
C. 耐电腐蚀性能
D. 光缆的品牌
答案：AC

948. 一般的光分路器可以分出的光路有（ ）。
A. 0.0527777777751908
B. 0.0444444444437977
C. 0.0458333333372138
D. 0.04722222223063
答案：ABD

949. 有关合波器和分波器的说法正确的是（ ）。
A. 分波器的端口与波长一一对应
B. 通过分波器上面的 MON 口可以监测主信道光谱
C. 合波器的端口与波长不是一一对应的
D. 分波器接收无光时上报 LOS 告警
答案：ABD

950. DWDM 系统对光源的基本要求有（ ）。
A. 输出波长比较稳定
B. 应采用直接调制的方法
C. 色散容纳度比较高
D. 使用 LED
答案：AC

951. DWDM 组网需要考虑的因素有（ ）。
A. 色散受限距离
B. 功率预算
C. OSNR
D. 非线性效应
答案：ABCD

952. G.872 协议中，OTN 的光信道层（OCH）又分为 3 个电域子层（ ）。
A. 光信道净荷单元（OPU）
B. 光信道数据单元（ODU）
C. 光信道传送单元（OTU）
D. 光信道监控单元（OSU）
答案：ABC

953. G.872 协议中，定义 OTN 的光层可以分为（ ）。
A. 光信道层（OCH）
B. 光复用段层（OMS）
C. 光再生段层（ORS）
D. 光传送段层（OTS）
答案：ABD

954. ITU-TG.872 定义的 OTN 分层结构，将整个光层细分为（ ）。
A. 光接口层
B. 光传输段层
C. 光复用段层
D. 光通道层

二、多项选择题

答案：BCD

955. OTN 功能单元包括（　　）几种。

A. OPUk B. ODUk
C. OTUk D. OMUk

答案：ABC

956. OTN 光传送网分层体系结构中有哪些子层？（　　）

A. OAC B. OCH
C. OMS D. OTS

答案：BCD

957. 下面哪些描述是正确的？（　　）

A. 波分系统的传输质量不受跨距段长短的限制
B. 开放式波分系统可以满足任何厂家、任意波长的接入
C. 波分系统只能满足相同速率的信号的复用
D. 波分系统能够满足各种数据格式的接入

答案：BD

958. 在 OTN 设备调测中需要用到的仪表有哪些？（　　）

A. 万用表 B. 光功率计
C. SDH 分析仪 D. 光谱分析仪

答案：ABCD

959. IMS 系统中用于与其他网络互通的网元有（　　）。

A. MGCF B. GCF
C. SCF D. IMMGW

答案：ABD

960. IMS 的功能实体中会话控制类包括（　　）。

A. S-CSCF B. I-CSCF
C. P-CSCF D. BGCF

答案：ABC

961. IMS 的接入设备包括（　　）。

A. AG B. IAD
C. IP-PBX D. SIP-GW

答案：ABC

962. IMS 核心网设备中属于用户数据处理类的有（　　）。

A. HSS B. GCF

C. SLF   D. SCF

答案：AC

963. IMS 三大特征是（　　）。

A. 接入无关   B. 承载与控制分离

C. 会话控制和业务控制分离   D. 接入有关

答案：ABC

964. IMS 网络架构中支撑系统主要包括（　　）。

A. 网管功能   B. 同步功能

C. 计费功能   D. 用户数据存储功能

答案：ABC

965. IMS 系统采用的安全机制有（　　）。

A. AKA   B. HTTP 摘要

C. IPSec   D. TLS

答案：ABCD

966. IMS 系统容灾机制包括（　　）。

A. 主备热备   B. 主备冷备

C. 互备   D. 主冷设备

答案：ABC

967. IMS 系统中，涉及的主要协议包括（　　）。

A. SIP   B. Diameter 协议

C. H.248   D. H.323

答案：ABC

968. 以下关于 IMS 网络迁移演进策略描述正确的是（　　）。

A. 行政交换网的迁移演进是长期渐进的过程，一方面要保证网络间的平滑过渡，另一方面要综合考虑保护现有网络投资

B. 在 IMS 网络部署完成后，现网的行政交换设备可先退网，再将其用户及中继割接至 IMS 网络

C. 作为一项全新的技术，IMS 网络建设及现网迁移演进需要经过大量的前期测试，需要经过一个较长的周期

D. 网络迁移演进中，一直伴随着设备退网，首先是电路交换设备，其次是软交换设备

答案：ACD

969. 在 IMS 系统建设初期，地市公司能够部署的网元有（　　）。

A. IM-MGW   B. SBC

二、多项选择题

C. AG D. IAD

答案：CD

970. H.323 协议中，关守（GK）的作用包括（　　）。

A. 地址翻译 B. 带宽控制

C. 许可控制 D. 区域管理

答案：ABCD

971. MPEG-4 不仅着眼于定义不同码流下具体的压缩编码标准，而且更强调多媒体通信的（　　）。

A. 清晰度 B. 交互性

C. 灵活性 D. 实用性

答案：BC

972. 电视会议的优越性主要体现在（　　）。

A. 节省会议费用 B. 节省会议时间

C. 提高会议效率 D. 便于相互交流

答案：ABC

973. 会议电视终端设备的传输接口常用的有（　　）。

A. E1 B. 以太网

C. 双/单 V.35 D. RS-449 专线

答案：ABCD

974. 某会场终端声音有噪音或者杂音可能是因为（　　）。

A. 该终端音频采样率与其他会场不统一

B. 本会场电源系统不统一

C. 本会场话筒灵敏度太高，离音箱太近

D. 本会场音频线缆接头或音频设备接口接触不良

答案：BD

975. 评价电视会议图像质量的主要内容有（　　）。

A. 清晰度 B. 唇音同步

C. 帧率 D. 运动补偿

答案：ABCD

976. 视频会议室的集成设计主要包括以下哪些内容？（　　）

A. 会议室装修设计 B. 会议室灯光设计

C. 会议室音响设计 D. 会议室智能控制设计

答案：ABCD

977. 下列视频分辨率哪些是真正的 16∶9 宽高比？（ ）

A. 1920*1080　　　　　　　　B. 1024*768

C. 1280*720　　　　　　　　　D. 720*480

答案：AC

978. 以下哪几种接口可以传输高清视频信号？（ ）

A. HDMI　　　　　　　　　　B. DVI

C. 色差接口　　　　　　　　　D. S 端子

答案：ABC

979. 终端图像有横纹或斜纹滚动干扰可能是因为（ ）。

A. 图像色饱和度设置不对　　　B. 视频处理模块故障

C. 显示设备与终端电源、地线不一致　　D. 视频线缆阻抗不对

答案：CD

980. 以下说法正确的是（ ）。

A. 在通信系统中，一般采取两组蓄电池并联使用，并将一个极同时接地

B. 独立太阳能电源系统由太阳能电池阵、系统控制器和直流配电屏三部分构成

C. 保护接地的作用是防止人身和设备遭受危险电压的伤害和破坏

D. 在对电源系统进行防雷设计时，常把压敏电阻串联在整流器的交流输入侧使用

答案：AC

981. 48V 通信电源系统包括（ ）。

A. 高频开关电源　　　　　　　B. 直流配电屏

C. UPS 电源　　　　　　　　　D. 蓄电池

答案：ABD

982. UPS 电源的保护功能有（ ）。

A. 输入欠压保护　　　　　　　B. 输出短路保护

C. 输出过载保护　　　　　　　D. 过温保护

答案：BCD

983. 每套通信电源系统配置的蓄电池的供电时间应满足的要求有（ ）。

A. 设立在调通中心、发电厂的通信站不少于 12h

B. 设立在变电站、开关站的通信站不少于 48h

C. 设立在发电厂、变电站外的通信站不少于 24h

D. 交流电源不可靠的通信站除应增加蓄电池容量外，还应配备其他备用电源

答案：AD

984. 通信（ ）和无人值班机房内主要设备的告警信号应接到有人值班的地方或接入综合

监测系统。

A. 动力 B. 环境

C. 库房 D. 调度值班室

答案：AB

985. 通信机房应具有（ ）等安全措施。

A. 防火 B. 防尘

C. 防潮 D. 防小动物

答案：ABCD

986. 下列关于通信电源系统描述正确的是（ ）。

A. 市电电压变动范围经常超出标称值的 $-15\% \sim +20\%$ 时，应采用交流稳压器

B. 分散供电方式主要指交流供电的分散

C. 半密封式电池均为富液式

D. 温度补偿的电压值通常为温度每升高/降低1℃，每只电池电压降低/升高3mV，即在一定温度区间内电压—温度关系是按一定比例关系补偿的

答案：CD

987. 蓄电池使用维护注意事项有（ ）。

A. 进行电池使用和维护时，应使用绝缘工具，电池上不得放置任何金属工具

B. 可使用有机溶剂清洗电池

C. 切不可拆卸密封电池的安全阀

D. 严禁在电池室内吸烟或动用明火

答案：ACD

988. 以下关于高频开关电源的概念说法错误的是（ ）。

A. 高频开关电源的功率因数较高，一般在 0.6~0.7

B. 整流器的作用是把交流电转换成直流电

C. 当温度升高时，温度补偿是采用升高浮充电压的办法来平衡蓄电池漏电流的增加

D. 电磁兼容用来衡量整流器模块抗外界电磁干扰和其他设备产生电磁干扰的程度

答案：AC

989. 在某通信站的巡检中，发现整流器的交流输入电压正常，单个或部分电源模块电流显示"00"，可能的故障原因是（ ）。

A. 整流模块输出电压偏低 B. 整流模块故障

C. 监控模块的均流功能故障 D. 交流输入插座不牢固或风扇工作异常

答案：ABCD

990. 通信楼内一般都有爬梯可利用。若原来没有爬梯，则应安装（ ）或直接在墙上预埋

直立光缆（　　），以便光缆固定，不应让光缆在大跨度内自由悬挂。

A. 终端盒　　　　　　　　　B. 接头盒

C. 支架　　　　　　　　　　D. 简易走道

答案：CD

991. 光缆线路测试内容应包括（　　）。

A. 线路衰耗　　　　　　　　B. 熔接点

C. 损耗　　　　　　　　　　D. 光纤长度

答案：ABCD

992. 光缆由局前入孔按照设计要求的管孔穿越至（　　）内；光缆进线管孔应堵严密，避免渗漏。

A. 进线室　　　　　　　　　B. 室内走线架

C. 配线架　　　　　　　　　D. 走线槽

答案：ABD

993. 通信站内主要设备安装工艺中通电测试分（　　）步骤。

A. 汇报上级通信机构　　　　B. 通电测试前检查

C. 硬件检查测试　　　　　　D. 系统检查测试

答案：BCD

994. 通信系统中的配线架有（　　）。

A. ODF　　　　　　　　　　B. DDF

C. VDF　　　　　　　　　　D. CDF

答案：ABC

995. 通信线缆在进出（　　）应加挂标识。

A. 管孔　　　　　　　　　　B. 沟道

C. 房间　　　　　　　　　　D. 拐弯处

答案：ABCD

996. 下列关于光缆敷设工艺要求说法正确的有（　　）。

A. OPGW 光缆敷设最小弯曲半径应大于 40 倍光缆直径

B. ADSS、PT 光缆敷设最小弯曲半径应不小于 25 倍光缆直径

C. 架空光缆应每 1000m 预留 50m 左右的预缆

D. 光缆在电缆沟内应穿延燃子管保护并分段固定，保护子管直径不应小于 35mm

答案：ABCD

997. 对于需要接地的设备，安装、拆除时应注意（　　）。

A. 安装时应先接地　　　　　B. 拆除设备时，先拆地线

二、多项选择题

C. 拆除设备时，最后再拆地线　　　D. 禁止破坏接地导体

答案：ACD

998. 防雷措施一般有（　）。

A. 接地与均压　　　　　　　　　　B. 屏蔽

C. 限幅　　　　　　　　　　　　　D. 隔离

答案：ABCD

999. 接地系统的种类有（　）。

A. 交流接地　　　　　　　　　　　B. 直流接地

C. 保护接地和防雷接地　　　　　　D. 联合接地

答案：ABCD

1000. 每年雷雨季节前应对接地系统进行检查和维护，需做好以下工作（　）。

A. 检查连接处是否紧固、接触是否良好

B. 检查接地引下线有无锈蚀

C. 接地体附近地面有无异常同步投运

D. 必要时应开挖地面抽查地下隐蔽部分锈蚀情况

答案：ABCD

1001. 光端机产生支路 LOS 告警的原因有（　）。

A. 2M 业务未接入　　　　　　　　B. DDF 架侧 2M 接口输出端口脱落或松动

C. 本站 2M 接口输入端口脱落或松动　D. 电缆故障

答案：ABCD

1002. 设备监测到 FANFAIL 告警，此时设备上可能（　）。

A. 风扇子架电源未打开　　　　　　B. 接口处风扇电缆脱落

C. 子架某个风扇模块故障　　　　　D. 设备温度过高

答案：ABCD

1003. 下列哪些因素会引起传输设备温度过高？（　）

A. 风扇损坏　　　　　　　　　　　B. 机柜或设备子架门没有关好

C. 布线不规范，堵塞出风口　　　　D. 空调故障

答案：ACD

1004. 下列情况会引发 R-LOS 告警的有（　）。

A. 对端发光板有问题　　　　　　　B. 对端发送无系统时钟

C. 本端收光模块有问题　　　　　　D. 线路问题

答案：ABCD

1005. 以下关于 AU-AIS 说法正确的是（　）。

A. 对端站发送部分故障

B. 本站接收部分故障

C. 相应 VC4 通道的业务有收发错开的现象，导致收端在相应通道上出现 AU-AIS 告警

D. 可能由 MS-AIS、R-LOS、R-LOF 告警引发

答案：ABCD

1006. 事故调查规程的"四不放过"有（　　）。

A. 事故原因不清楚不放过　　B. 事故责任者和应受教育者没有受到教育不放过

C. 没有采取防范措施不放过　　D. 事故责任者没有受到处罚不放过

答案：ABCD

1007. 下列关于环回的基本概念说法正确的是（　　）。

A. 软件环回：通过网管设置环回

B. 硬件环回：人工用尾纤、自环电缆对光口、电口进行环回操作

C. 内环回：执行环回后的信号是流向本 SDH 网元内部

D. 外环回：执行环回后的信号是流向本 SDH 网元外部

答案：ABCD

1008. 在网络管理中，常用的事件报告的情形有（　　）。

A. 故障报警上报　　B. 性能阈值溢出上报

C. 配置变化上报　　D. 病毒事件上报

答案：ABC

1009. 通信检修实行（　　）的原则，实施闭环管理。

A. 统一管理　　B. 分级调度

C. 逐级审批　　D. 规范操作

答案：ABCD

1010. （　　）允许但只能延期一次。

A. 第一种工作票　　B. 第二种工作票

C. 带电作业工作票　　D. 事故应急抢修单

答案：AB

1011. 《国家电网公司数据通信网运行维护管理细则》规定，各地市、县供电企业通信运维单位主要职责包括（　　）。

A. 负责所辖范围内数据通信网设备的日常运行、监测、巡检及环境检查，对设备的运行情况进行统计分析

B. 配合上级单位完成数据通信网相关检修、故障处理等工作

C. 负责所辖数据通信网业务与网络接入申请的受理及通道组织开通工作

二、多项选择题

D. 负责网络中断的申告，并配合通信运维单位开展相关中断、故障处置及检修工作

答案：ABC

1012. 电力系统通信具有（　　）的特点。

A. 全程全网　　　　　　　　B. 联合作业

C. 统一管理　　　　　　　　D. 协同配合

答案：ABD

1013. 工作票签发人应满足（　　）的基本条件。

A. 熟悉人员技术水平　　　　B. 熟悉设备情况

C. 具有相关工作经验　　　　D. 熟悉"安规"

答案：ABCD

1014. 工作票许可手续完成后，工作负责人应完成下列（　　）事项才可以开始工作。

A. 交代带电部位和现场安全措施　　B. 告知危险点

C. 履行确认手续　　　　　　　　　D. 向工作班成员交代工作内容、人员分工

答案：ABCD

1015. 光缆线路验收可分为（　　）。

A. 工厂验收　　　　　　　　B. 随工验收

C. 阶段性（预）验收　　　　D. 竣工验收

答案：ABCD

1016. 检修施工单位应按照批复确定的（　　）实施检修。

A. 检修对象　　　　　　　　B. 范围

C. 人员　　　　　　　　　　D. 开竣工时间

答案：ABD

1017. 年度运行方式应包含（　　）。

A. 上一年度新（改、扩）建及退役通信系统情况

B. 本年度通信年度运行方式编制的依据和需求预测

C. 通信系统网络图

D. 各类通信通道电路配置表

答案：ABCD

1018. 通信防护按照（　　）的防护原则。

A. 双网双机　　　　　　　　B. 分区分域

C. 等级防护　　　　　　　　D. 多层防御

答案：ABCD

1019. 通信作业指导书是指为保证作业过程的安全、质量制定的程序，按照全过程控制的

要求，对作业计划、准备、实施、总结等各个环节，明确具体的操作（　）和人员责任，用以规范现场作业的执行文件。

A. 方法　　　　　　　　　　B. 步骤

C. 措施　　　　　　　　　　D. 标准

答案：ABCD

1020. 一张工作票中，（　）二者不得互相兼任。

A. 工作票签发人　　　　　　B. 工作负责人

C. 专责监护人　　　　　　　D. 工作许可人

答案：BD

1021. 依据《国家电网公司安全事故调查规程》，对电网、设备事故的调查应查明（　）。

A. 事故发生的时间、地点、气象情况，以及事故发生前系统和设备的运行情况

B. 事故发生经过、扩大及处理情况

C. 事故造成的损失，包括波及范围、减供负荷、损失电量、停电用户性质，以及事故造成的设备损坏程度、经济损失等

D. 设备资料情况以及规划、设计、选型、制造、加工、采购、施工安装、调试、运行、检修等质量方面存在的问题

答案：ABCD

1022. 依据《国家电网公司十八项电网重大反事故措施》，同一条220kV及以上线路的两套继电保护和同一系统的有主备关系的两套安全自动装置通道应满足（　）的要求。

A. 双通道　　　　　　　　　B. 双设备

C. 双电源　　　　　　　　　D. 双路由

答案：BCD

1023. 以下哪些项目不是光端机巡视维护的必要项目？（　）

A. 有主备用板卡运行的情况下，对主备用板卡的工作状态进行查看并进行切换试验

B. 清洗风扇滤网，拔除风扇后清扫，待干燥后，插回设备观察至运转正常

C. 处于环网的设备依次断开单方向的光路，测试光接口的接收光功率

D. 使用毛刷清扫尾纤接口的灰尘，未用光接口应严密封堵，防止灰尘污损

答案：AC

1024. 用于传输继电保护和安控装置业务的通信通道投运前应进行测试验收，其（　）等技术指标应满足《继电保护及安全自动装置通信通道管理规程》的要求。

A. 接口电平　　　　　　　　B. 路径

C. 传输时间　　　　　　　　D. 可靠性

答案：CD

二、多项选择题

1025. 在通信检修作业、通道投入/退出作业中，符合以下哪些条件的作业过程必须填写通信操作票？（ ）

A. 对网络管理系统现有运行网络数据、网元数据、电路数据进行修改或删除的操作（不包括巡视作业时的网管操作）

B. 通信设备硬件插拔、连接有严格操作顺序要求，操作不当会引起硬件故障或者设备宕机、重启动的操作

C. 涉及通信电源设备的试验、切换、充放电，需要按顺序操作多个开关、刀闸的

D. 以上三者都不符合

答案：ABC

1026. 准许进行通信现场工作的书面命令，是执行保证安全技术措施的依据，一般在独立（ ）、通信管道、通信杆路等通信专用设施进行通信作业时使用。

A. 中继站　　　　　　　　　　B. 通信站
C. 终端站　　　　　　　　　　D. 中心站

答案：BD

1027. 在网管系统中，可以新建和拆除电路的用户级别有（ ）。

A. 系统管理用户　　　　　　　B. 系统维护用户
C. 系统操作用户　　　　　　　D. 系统监视用户

答案：ABC

1028. 根据设备网管系统管理能力和管理范围的不同，通常可分为（ ）。

A. 网元管理系统　　　　　　　B. 通信管理系统
C. 子网管理系统　　　　　　　D. 网络管理系统

答案：ACD

1029. 如果 SDH 网管上的一个网元或部分网元无法登录，那么其原因可能是（ ）。

A. 光路衰耗大，误码过量，导致 ECC 通路不通　　B. 主控板故障
C. SCC 板 ID 拔码不正确　　　　　　　　　　　　D. 网元掉电、断纤

答案：ABCD

1030. 网管系统中提供了哪些用户等级？（ ）

A. 系统管理员　　　　　　　　B. 系统维护员
C. 系统操作员　　　　　　　　D. 系统监视员

答案：ABCD

1031. 恶意代码反跟踪技术描述不正确的是（ ）。

A. 反跟踪技术可以减少被发现的可能性　　B. 反跟踪技术可以避免所有杀毒软件的查杀
C. 反跟踪技术可以避免恶意代码被清除　　D. 以上都不正确

答案：ABC

1032. 当时钟基准出现倒换时，同步设备定时源 SETG 还应能对基准定时源的变化所引起的频率跃变进行平滑滤波。频率跃变现象一般在以下哪些情况下出现？（　　）

A. 从一个基准时钟源倒换到另一个
B. 从基准时钟源倒换至内部振荡器
C. 从内部振荡器倒换至基准时钟源
D. 以上都不是

答案：ABC

1033. 定时基准的局间分配可以对相互连接的各同步网节点提供同步。在一个同步区内，定时基准局间分配采用分缀树状结构，传送定时基准的方式是（　　）。

A. 利用 PDH2048kbit/s 专线
B. 利用 SDHSTM-N 线路信号
C. 利用 PDH2048kbit/s 业务电路
D. 利用 SDH2048kbit/s 业务电路

答案：ABC

1034. 符合基准时钟源指标的基准时钟源可以是（　　）。

A. 铯原子钟
B. 卫星全球定位系统（GPS）
C. 铷原子钟
D. PDH2M 支路信号

答案：AB

1035. 关于时钟保护配置的原则说法正确的是（　　）。

A. 无时钟保护协议时，时钟网只能配置成单向，且不能成环

B. 启动标准 SSM 协议时，时钟可以配置成双向，但不能配置成环

C. 启动扩展 SSM 协议时，时钟可以配置成双向，且可以成环，但一般情况下不能配置成相切或相交环

D. 在进行时钟保护设置时，所有网元可采用不同的协议，只要做好时钟控制即可

答案：ABC

1036. 设备同步采取（　　）方式来提取定时信号。

A. 直接接收同步网定时
B. 从业务码流中提取
C. 从 DCC 通道中提取
D. 以上都可以

答案：AB

1037. 时钟模块在正常工作时的工作模式有（　　）。

A. 跟踪
B. 保持
C. 自由振荡
D. 锁定

答案：ABC

1038. 我国的网同步方式包括（　　）。

A. 主从同步方式
B. 互同步方式
C. 准同步方式
D. 异步方式

二、多项选择题

答案：ABC

1039. 以下关于时钟源说法正确的是（　　）。

A. PRC、LPR 都是一级基准时钟

B. PRC 包括 Cs 原子钟

C. BITS 只能配置 Rb 钟

D. SDH 的外部定时输出信号可作为 BITS 的参考信号源

答案：ABD

1040. 时钟抖动产生的原因有（　　）。

A. 设备内部噪声引起的信号过零点随机变化　　B. 由于昼夜温差产生

C. 时钟自身产生　　D. 传输系统产生

答案：ACD

1041. IEEE 802.1Q 适应的介质有（　　）。

A. 快速以太网　　B. 千兆以太网

C. FD　　D. ID 令牌环

答案：ABCD

1042. MPLS 的流量管理机制主要包括（　　）。

A. 路径选择　　B. 负载均衡

C. 路径备份　　D. 故障恢复

答案：ABCD

1043. OSPF 将所引入的自治系统外部路由分成两类：自治系统外一类路由（Type1）和自治系统外二类路由（Type2），下列哪些是 Type1 路由？（　　）

A. 引入的静态路由　　B. 引入的 RIP 路由

C. 引入的其他自治系统的 OSPF 路由　　D. 引入的 BGP 路由

答案：AB

1044. 动态路由协议相比静态路由协议（　　）。

A. 带宽占用少　　B. 简单

C. 路由器能自动发现网络变化　　D. 路由器能自动计算新的路由

答案：CD

1045. 对于自治系统边界路由器 ASBR，下列描述正确的是（　　）。

A. ASBR 是将其他路由协议（包括静态路由和直接路由）发现的路由引入 OSPF 中的路由器

B. ASBR 不一定要位于 AS 的边界，而是可以在自治系统中的任何位置（Stub 区除外）

C. ASBR 为每一条引入的路由生成一条 Type3 类型的 LSA

D. 若某个区域内有 ASBR，则这个区域的 ABR 在向其他区域生成路由信息时必须单独为

这个 ASBR 生成一条 Type4 类型的 LSA

答案：ABD

1046. 关于 OSPF 协议中 DR（Designated Router）的产生，下列说法中正确的是（　　）。

A. DR 是系统管理员通过配置命令人工指定的

B. DR 是同一网段内的路由器通过一种算法选举出来的

C. 成为 DR 的路由器一定是网段内优先级（Priority）最高且 RouterID 最大的

D. 可以通过配置命令使一台路由器不可能成为 DR

答案：BD

1047. 可以用来对以太网进行分段的设备有（　　）。

A. 网桥　　　　　　　　　　B. 交换机

C. 路由器　　　　　　　　　D. 集线器

答案：ABC

1048. 两台路由器无法建立 OSPF 邻居，以下可能的原因有（　　）。

A. 双方所配置的验证密码不一致

B. 双方的 Hello 时间间隔不一致

C. 双方接口网络类型为 P2P，且 DR 选举优先级都被修改为 0

D. 通过配置 silent-intertace 而使双反的相邻接口不发送协议报文

答案：ABCD

1049. 路由器的作用有（　　）。

A. 异种网络互联

B. 子网间的速率适配

C. 隔离网络，防止网络风暴，指定访问规则（防火墙）

D. 子网协议转换

答案：ABCD

1050. 逻辑上所有的交换机都由（　　）两部分组成。

A. 数据转发逻辑　　　　　　B. 交换模块

C. MAC 地址表　　　　　　　D. 输入 / 输出接口

答案：AD

1051. 设计该路由协议 Cost 的时候要考虑如下哪些因素？（　　）

A. 链路带宽　　　　　　　　B. 链路 MTU

C. 链路可信度　　　　　　　D. 链路延迟

答案：ABCD

1052. 为了保证控制系统的可靠性，交换机的重要部分都应采用冗余技术。一般话路部分

二、多项选择题

的数字交换网络有两套备份，对处理机也采用冗余配置措施，使在一部处理机出现故障时，不至于造成系统中断。常用的方法有（　　）。

A. 主/备用方式　　　　　　　　B. 成对互助方式

C. 双重备用方式　　　　　　　　D. N+1 备用方式

答案：ABCD

1053. 在数据库安全性控制中，授权的数据对象（　　），授权子系统就越灵活。

A. 粒度越小　　　　　　　　　　B. 约束越细致

C. 范围越大　　　　　　　　　　D. 约束范围大

答案：AB

1054. 作为一名网络维护人员，对于 OSPF 区域体系结构的原则必须有清楚的了解，下面的论述表达正确的是（　　）。

A. 所有的 OSPF 区域必须通过域边界路由器与区域 0 相连，或采用 OSPF 虚链路

B. 所有区域间通信必须通过骨干区域 0，因此所有区域路由器必须包含到区域 0 的路由

C. 单个区域不能包含没有物理链路的两个区域边界路由器

D. 虚链路可以穿越 Stub 区域

答案：AB

1055. 测试光缆衰减应使用的仪表有（　　）。

A. 光功率计　　　　　　　　　　B. 光源

C. 光纤熔接机　　　　　　　　　D. 时域反射仪

答案：ABD

1056. 电力通信现场作业的器具和仪器仪表应满足（　　）。

A. 仪器仪表及工器具必须满足作业要求　　B. 仪器仪表应定期检验合格

C. 安全工器具应定期检验合格　　D. 以上都不是

答案：ABC

1057. 公司应急预案体系由哪些部分构成？（　　）

A. 总体应急预案　　　　　　　　B. 专项应急预案

C. 应急队伍组成方案　　　　　　D. 现场处置方案

答案：ABD

1058. 利用通信卫星可以传输的信息有（　　）。

A. 电话　　　　　　　　　　　　B. 电报

C. 图像　　　　　　　　　　　　D. 数据

答案：ABCD

1059. 使用 OTDR 可以查找（　　）故障信息。

A. 光缆断点	B. 光缆接头位置
C. 缆长	D. 光缆类型

答案：ABC

1060. 卫星通信系统主要由（　　）组成。

A. 通信卫星	B. 转发器
C. 地球站	D. 微波天线

答案：AC

1061. 在进行 2Mbit/s 传输电路环回法误码测试过程中，当测试仪表显示 LOS 告警时，可能的原因有（　　）。

A. 仪表 2M 连接线收发接反	B. 仪表 2M 收信连接线损坏
C. 中间电路 2M 转接不好	D. 2M 端口数据设置不正确

答案：AB

1062. （　　）等都是光无源器件。

A. 光耦合器	B. 合波分波器
C. 光纤连接器	D. 高回损光衰耗器

答案：ABCD

1063. EPON 的系统组网方式可以采用（　　）。

A. 环型	B. 星型
C. 树型	D. 以上都可以

答案：ABCD

1064. EPON 技术特性有（　　）。

A. 物理结构和数据流上均实现了点到多点	B. 采用 WDMD（波分复用）技术
C. 光传输上使用无源分光器	D. 上行采用 TDMA（时分多址复用）技术

答案：ABCD

1065. EPON 技术与（　　）有机融合，提供满足各种应用场景的终端设备。

A. xDSL	B. WLAN
C. 以太网	D. VoIP 技术

答案：ABCD

1066. EPON 系统中常见的分光器有熔锥型和平面波导型，以下描述正确的是（　　）。

A. 平面波导型分光均匀，熔锥型分光均匀性较差

B. 平面波导型对传输波长不敏感，熔锥型较敏感

C. 分路数少时，平面波导型比熔锥型成本高

D. 平面波导型比熔锥型插损低

二、多项选择题

答案：ABCD

1067. GPON 系统由哪几部分组成？（ ）

A. OLT B. ODN

C. ODF D. ONU

答案：ABD

1068. GPON 与 EPON 相比各自的特点是（ ）。

A. GPON 下行速率高于 EPON

B. EPON 可提供的分光比大于 GPON

C. GPON 支持 QoS 处理的业务种类更丰富

D. GPON 有专用的通道进行终端的管理

答案：ACD

1069. ODN 的损耗主要分为三个部分，分别为（ ）。

A. 插入损耗 B. 衰减

C. 设备损耗 D. 回波损耗

答案：ABD

1070. OLT 主要完成的系统功能有（ ）。

A. 向 ONU 以广播方式发送以太网数据

B. 发起控制测距过程，并记录测距信息

C. 发起并控制 ONU 功率控制

D. 为 ONU 分配带宽，即控制 ONU 发送数据的起始时间和发送窗口大小

答案：ABCD

1071. ONU 主要完成的系统功能有（ ）。

A. 选择接收 OLT 发送的广播数据

B. 响应 OLT 发出的测距及功率控制命令，并做相应的调整

C. 对用户的以太网数据进行缓存，并在 OLT 分配的发送窗口中向上行方向发送

D. 其他相关的以太网功能

答案：ABCD

1072. 目前基于 PON 的实用技术主要有（ ）。

A. APON B. DPON

C. EPON/GEPON D. GPON

答案：ACD

1073. 无源光网络由（ ）组成。

A. 局侧的 OLT（光线路终端）

— 795 —

B. 用户侧的 ONU（光网络单元）

C. ODN（光分配网络）

D. POS（Passive Optical Splitter，无源光分路器/耦合器）

答案：ABC

1074. 分部、省公司、地（市）公司通信机构承担的职责包括（ ）。

A. 审核、上报涉及上级电网通信业务的通信检修计划和申请

B. 受理、审批管辖范围内不涉及上级电网通信业务的通信检修申请

C. 对涉及电网通信业务的电网检修计划和申请进行通信专业会签

D. 协助、配合线路运维单位开展涉及通信设施的检修工作

答案：ABCD

1075. 通信检修竣工必备条件包括（ ）。

A. 现场确认检修工作完成，通信设备运行状态正常

B. 相关通信调度确认检修所涉及电网通信业务恢复正常

C. 相关通信调度确认受影响的继电保护及安全自动装置业务恢复正常

D. 相关通信调度已逐级许可开工

答案：ABC

1076. 电力通信现场作业的安全要求包括（ ）。

A. 作业人员必须执行工作票制度、工作许可制度、工作监护制度、工作间断、转移和终结制度

B. 进行危险点分析及预控，工作负责（监护）人应对作业人员详细交代在工作区内的安全注意事项

C. 作业现场安全措施应符合要求，作业人员应熟悉现场安全措施

D. 现场作业应按作业分类和规模大小，按规定编制"三措一案"、作业指导书（卡）、通信设备巡视卡、通信线路巡视卡等标准化作业文本，并履行审批手续

答案：ABCD

1077. 工作班成员职责除服从工作负责（监护）人的指挥、指导和监督外，还包括（ ）。

A. 负责工器具和材料的准备，检查所准备的工器具和材料是否齐全、合格

B. 熟悉作业指导书（卡）和"三措一案"，掌握作业内容

C. 执行现场安全、技术措施

D. 负责作业过程的操作，严格按照作业流程和工艺要求完成作业

答案：ABCD

1078. 工作许可人的职责包括（ ）。

A. 审核通信作业的必要性和安全性

二、多项选择题

B. 对工作负责人指明作业范围、作业对象，必要时布置完善现场安全措施并会同实施作业的工作负责人进行作业现场安全措施检查

C. 对工作票所列内容即使发生很小疑问，也应向工作票签发人询问清楚，必要时应要求做详细补充

D. 监控作业过程中所检修通信设备状况

答案：BCD

1079. 以下人员可以担任工作许可人（　　）。

A. 具有工作许可人资格　　　　　　B. 需检修设备所在的通信站机房负责人

C. 需检修设备所在的通信站机房值班人员　　D. 需检修设备所在通信调度

答案：ABCD

1080. 多日连续工作的一项检修作业可以使用一张通信工作票，直至检修作业结束，每天的开工、完工应汇报许可人，每天开工前，工作负责人应完成以下事项并确认后，方可向工作许可人申请开工（　　）。

A. 确认作业现场不存在影响继续开工的危险因素

B. 通过网管检查，确认所检修通信系统不存在影响继续开工的告警信息

C. 确认其他相关检修不影响继续开工

D. 确认临时突发性的工作不影响继续开工

答案：ABCD

1081. 通信光缆应急抢修预案的落实情况包括（　　）。

A. 应急预案的完整性和可操作性

B. 分工是否明确

C. 应急预案所必需的专用工具和专用器材是否落实

D. 抢修物资储备是否充足

答案：ABCD

1082. 通信运行方式的编制，应综合考虑（　　）等情况，合理调配各种通信资源，确保各类业务电路的安全。

A. 业务需求特性　　　　　　　　B. 网络建设发展

C. 通信设备健康状况　　　　　　D. 各级通信资源共享

答案：ABCD

1083. 方式单应包含（　　）。

A. 方式单类型、方式单编号、申请单编号　　B. 业务电路的名称及用途

C. 业务电路带宽、端口、路由　　　　D. 要求完成时间

答案：ABCD

1084. 依据《国家电网公司安全事故调查规程》，安全事故调查的"四不放过"原则包含（　　）。

A. 事故原因不查清不放过
B. 责任人员未处理不放过
C. 整改措施未落实不放过
D. 有关人员未受到教育不放过

答案：ABCD

1085. 依据《国家电网公司安全事故调查规程》，通信系统出现下列情况之一者为六级设备事件（　　）。

A. 国家电网调控分中心、省电力调度控制中心与直接调度范围内超过30%的厂站通信业务全部中断

B. 省电力公司级以上单位本部通信站通信业务全部中断

C. 电厂、变电站场内通信光缆因故障中断，造成该通信站调度电话及调度数据网业务全部中断

D. 地市供电公司级单位本部通信站通信业务全部中断

答案：ACD

1086. 哪些级别的事故报告（表）应逐级统计上报至国家电网公司？（　　）

A. 八级以上人身事故

B. 七级以上电网事故

C. 七级以上设备事故

D. 110kV（含66kV）以上设备引起的八级电网和设备事件

答案：ABCD

1087.《国家电网公司安全事故调查规程》是根据（　　）等法规制定的。

A.（电监会令第4号）《电力生产事故调查暂行规定》

B.《电力安全工作规程》

C.（国务院令第493号）《生产安全事故报告和调查处理条例》

D.（国务院令第599号）《电力安全事故应急处置和调查处理条例》

答案：CD

1088.《国家电网公司安全生产工作规定》中企业安全生产遵循的原则是（　　）。

A. 一把手负责
B. 谁主管、谁负责
C. 管生产必须管安全
D. 安全工作与生产工作"五同时"

答案：BCD

1089. 违章按照性质分为（　　）。

A. 思想违章
B. 管理违章
C. 行为违章
D. 装置违章

答案：BCD

二、多项选择题

1090. 测试光纤色散的方法有（　　）。

A. 剪断法 B. 相移法

C. 脉冲时延法 D. 干涉法

答案：BCD

1091. 光接收机主要由（　　）组成。

A. PCM B. 接收电路

C. 反馈电路 D. 判决电路

答案：BD

1092. 光时域反射计（OTDR）通过分析返回的尖脉冲信号除可以了解光纤沿长度的损耗分布外，还可以进行哪几种测量？（　　）

A. 测定光纤断裂点位置 B. 测定光纤损耗

C. 测定光纤模式 D. 测定接头损耗

答案：ABD

1093. 光纤本身的损耗包括（　　）。

A. 弯曲损耗 B. 吸收损耗

C. 散射损耗 D. 接头损耗

答案：ABC

1094. 光信号在光纤中的传输距离受到（　　）的双重影响。

A. 色散 B. 衰耗

C. 热噪声 D. 干涉

答案：AB

1095. 检测光纤设备仪表有（　　）。

A. 光源 B. 光功率计

C. 光时域反射仪 D. 频率计

答案：ABC

1096. 在单模光纤通信系统中，目前普遍采用的光波长是（　　）。

A. 0.85μm B. 1.31μm

C. 1.55μm D. 1.273μm

答案：BC

1097. 在下列光器件中，（　　）是无源器件。

A. 光衰耗器 B. 光接收器

C. 光放大器 D. 光活动连接器

答案：AD

1098. 下列 OTDR 可以测量的是（　）。

A. 光纤距离　　　　　　　　B. 光纤损耗

C. 光缆重量　　　　　　　　D. 光纤断点位置

答案：ABD

1099. SDH 为矩形块状帧结构，包括（　）等区域。

A. 再生段开销　　　　　　　B. 复用段开销

C. 管理单元指针　　　　　　D. 信息净负荷

答案：ABCD

1100. SDH 帧结构中，下列位于净负荷区的是（　）。

A. 再生段开销　　　　　　　B. 复用段开销

C. 高阶通道开销　　　　　　D. 低阶通道开销

答案：CD

1101. SDH 设备的光放大单元有几种？（　）

A. 功率放大器　　　　　　　B. 预置放大器

C. 线路放大器　　　　　　　D. 交叉放大器

答案：ABC

1102. SDH 网管安全管理的主要功能包括（　）。

A. 操作者级别和权限的管理　B. 访问控制

C. 数据安全性　　　　　　　D. 操作日志管理

答案：ABCD

1103. SDH 网管故障管理的主要功能包括（　）。

A. 告警的监视与显示　　　　B. 告警原因分析

C. 告警历史的管理　　　　　D. 告警的相关过滤、测试管理

答案：ABCD

1104. SDH 网管性能管理的主要功能包括（　）。

A. 性能数据的采集和存储　　B. 性能门限的管理

C. 性能显示和分析　　　　　D. 性能数据报告

答案：ABCD

1105. SDH 网内各时钟之间的同步方式中，下列属于正常工作方式的是（　）。

A. 同步方式　　　　　　　　B. 伪同步方式

C. 准同步方式　　　　　　　D. 异步方式

答案：AB

1106. SDH 与 PDH 相比而言，有以下哪些特点？（　）

二、多项选择题

A. 光接口标准化 B. 网管能力强

C. 信道利用率高 D. 简化复用/解复用技术

答案：ABD

1107. STM-N 的帧结构由（ ）组成。

A. 开销 B. 负载

C. 指针 D. 净负荷

答案：ACD

1108. 传送网由（ ）基本网元组成。

A. 终端复用器（TM） B. 分插复用器（ADM）

C. 再生器（REG） D. 交叉连接设备（SDXC）

答案：ABCD

1109. 四个站点构成的 STM-N 复用段保护环，当发生保护倒换时，会发生（ ）。

A. 支路板上出现 PS 告警

B. 交叉板出现 PS 告警

C. 说明线路上有断纤或某些设备单元出故障

D. 某些 VC12 通道信号劣化

答案：BC

1110. 通常 SDH 网管可以实现的功能有（ ）。

A. SDH 告警显示 B. SDH 电口业务配置

C. SDH 电口业务环回测试 D. SDH 光口性能监测

答案：ABCD

1111. 通道保护环在环路正常的情况下，拔纤后未发生倒换，这种情况有可能是因为（ ）。

A. 支路通道设置为无保护 B. 拔的是备环光纤

C. 协议未启动 D. 备环通道不可用

答案：ABD

1112. 下列描述正确的是（ ）。

A. STM-1 可以容纳 63 个 VC12 B. STM-4 可以容纳 4 个 VC4

C. STM-16 可以容纳 16 个 STM-1 支路 D. STM-64 可以容纳 64 个 VC4

答案：ABCD

1113. OTN 相对于传统波分的优势有（ ）。

A. 丰富的维护信号 B. 灵活的业务调度能力

C. 强大的带外前向纠错 D. 减少了网络层次

答案：ABCD

1114. 光通道层 OCH 的功能包括（　　）。

A. 为来自电复用段层的客户信息选择路由和分配波长

B. 为灵活的网络选路安排光通道连接

C. 处理光通道开销，提供光通道层的检测、管理功能

D. 在故障发生时实现保护倒换和网络恢复

答案：ABCD

1115. 波长稳定技术包括（　　）。

A. 温度反馈　　　　　　　　　B. 波长反馈

C. 波长集中监控　　　　　　　D. 放大反馈

答案：ABC

1116. 光传输层 OTS 的功能有（　　）。

A. 为光信号在不同类型的光传输媒介（如 G.652、G.653、G.655 光纤等）上提供传输功能

B. 对光放大器或中继器的检测和控制功能

C. EDFA 增益控制，保持功率均衡

D. 色散的累计和补偿

答案：ABCD

1117. 下面哪些描述是正确的？（　　）

A. 波分系统的传输质量不受跨距段长短的限制

B. 开放式波分系统可以满足任何厂家、任意波长的接入

C. 波分系统只能满足相同速率的信号的复用

D. 波分系统能够满足各种数据格式的接入

答案：BD

1118. 关于数字微波通信频率配置说法正确的是（　　）。

A. 中继站对两个方向的发信频率可以相同

B. 一个波道的频率配置可以有两种方案，即二频制和四频制

C. 进行二频制和四频制时都存在越站干扰

D. 多个波道频率配置时必须是收发频率相间排列

答案：ABC

1119. 数字微波传输线路主要由（　　）组成。

A. 终端站　　　　　　　　　　B. 分路站

C. 中继站　　　　　　　　　　D. 枢纽站

答案：ABCD

1120. 微波收信机的主要指标有（　　）。

二、多项选择题

A. 工作频段 B. 噪声系数
C. 通频带宽度 D. 最大增益

答案：ABCD

1121. 结合滤波器的作用是什么？（ ）

A. 隔工频 B. 通工频交流
C. 通音频信号 D. 通载波

答案：AD

1122. 对地球站发射系统的主要要求是（ ）。

A. 发射功率大 B. 频带宽度500MHz以上
C. 增益稳定 D. 功率放大器的线性度高

答案：ABCD

1123. 强降雨对卫星通信的影响有（ ）。

A. 使交叉极化鉴别度上升

B. 引起带内失真

C. 使交叉极化鉴别度下降

D. 产生附加的强度损耗，甚至可能引起短时的通信中断

答案：CD

1124. 卫星地球站的主要组成有（ ）。

A. 天线系统 B. 发射/接收系统
C. 终端接口系统 D. 通信控制与电源系统

答案：ABCD

1125. 在卫星通信调试中，常用的跟踪方式有（ ）。

A. 人工跟踪 B. 程序跟踪
C. 自动跟踪 D. 流程跟踪

答案：ABC

1126. 计算呼损率的因素有哪些？（ ）

A. 总呼叫次数 B. 久叫不应用户数
C. 因设备全忙遭受损失的呼叫次数 D. 完成通话的呼叫次数

答案：ACD

1127. 7号信令网的基本组成部分有（ ）。

A. 信令点SP B. 信令转接点STP
C. 传输网 D. 信令链路SL

答案：ABD

1128. 7号信令中，消息传递部分由低到高依次包括（　　）功能级。

A. 信令数据链路功能　　　　　　B. 信令跟踪功能

C. 信令链路功能　　　　　　　　D. 信令网功能

答案：ACD

1129. 7号信令网由（　　）组成。

A. 信令点　　　　　　　　　　　B. 信令转接点

C. 信令链路　　　　　　　　　　D. 信令通道

答案：ABC

1130. 用户线信令包括以下哪些信令？（　　）

A. 用户状态信令　　　　　　　　B. 选择信令

C. 铃流　　　　　　　　　　　　D. 信号音

答案：ABD

1131. 软交换的协议主要包括（　　）。

A. 媒体控制协议　　　　　　　　B. 业务控制协议

C. 互通协议　　　　　　　　　　D. 应用支持协议

答案：ABCD

1132. 软交换提供的原始计费信息主要包括（　　）。

A. 主、被叫用户识别码　　　　　B. 呼叫起始时间

C. 接续时间　　　　　　　　　　D. 途径路由

答案：ABCD

1133. 对于信息本身的安全，软交换本身可采取哪些措施？（　　）

A. VPN　　　　　　　　　　　　 B. 加密算法

C. 数据备份　　　　　　　　　　D. 分布处理

答案：BCD

1134. 软交换中呼叫控制协议包含（　　）。

A. SIGTRAN　　　　　　　　　　 B. SIP

C. AAA　　　　　　　　　　　　 D. H.323

答案：BD

1135. 下列哪些设备可以直接带普通电话用户？（　　）

A. AG　　　　　　　　　　　　　B. IAD

C. TG　　　　　　　　　　　　　D. SG

答案：AB

1136. 下面哪些协议可用于软交换之间的互通？（　　）

二、多项选择题

A. Parlay B. H.323
C. H.248 D. BICC/SIP

答案：BD

1137. 新技术与现有技术存在着密切联系，软交换技术思想的主要来源是（　）。

A. IN B. ISDN
C. PSTN D. Internet

答案：AD

1138. 与传统 VoIP 网络相比，软交换体系的不同之处主要在于（　）。

A. 开放的业务接口

B. 网关分离的思想

C. 在 IP 网络上提供传统 PSTN 业务以及补充业务

D. 设备的可靠性

答案：ABD

1139. 在软交换体系中，可直接接入数据终端，下面哪些设备属于数据终端？（　）

A. IP-Phone B. PC
C. IAD D. IP PBX

答案：ABD

1140. IEEE 802.1Q 适应的介质有（　）。

A. 快速以太网 B. 千兆以太网
C. FDDI D. 令牌环

答案：ABCD

1141. VLAN 的优点包括（　）。

A. 限制网络上的广播 B. 增强局域网的安全性
C. 增加了网络连接的灵活性 D. 提高了网络带宽

答案：ABC

1142. 关于 HUB，以下说法正确的是（　）。

A. HUB 可以用来构建局域网

B. 一般 HUB 都具有路由功能

C. HUB 通常也叫集线器，一般可以作为地址翻译设备

D. 一台共享式以太网 HUB 下的所有 PC 属于同一个冲突域

答案：AD

1143. 关于 NAT，以下说法正确的有（　）。

A. NAT 是"网络地址转换"的英文缩写

B. 地址转换又称地址翻译，用来实现私有地址和公用网络地址之间的转换

C. 当内部网络的主机访问外部网络的时候，一定不需要 NAT

D. 地址转换的提出为解决 IP 地址紧张的问题提供了一个有效途径

答案：ABD

1144. 进行子网划分的优点有（ ）。

A. 减少网络流量，提高网络效率　　B. 把大的网段划小，增加更多可用的 IP 地址

C. 提高网络规划和部署的灵活性　　D. 简化网络管理

答案：ACD

1145. 三层隧道协议目前主要有（ ）。

A. GRE　　B. L2F

C. L2TP　　D. IPSec

答案：AD

1146. 下面协议中属于网络层协议的是（ ）。

A. Gopher　　B. ARP

C. RARP　　D. IP

答案：BCD

1147. 以下关于 FTP 和 TFTP 的说法中，错误的是（ ）。

A. FTP 是基于 UDP 的，而 TFTP 是基于 TCP 的

B. FTP 使用的是客户服务器模式

C. TFTP 的中文含义应该是简单文件传送协议

D. TFTP 不支持 ASCII 码，但支持二进制传送和 HDB3 码

答案：AD

1148. H.261 编解码器支持的信源格式有（ ）。

A. CIF　　B. QCIF

C. 4CIF　　D. 以上都不是

答案：AB

1149. 对灯具布置的建议，哪些问题是正确的？（ ）

A. 避免从顶部或窗外的顶光、测光直接照射，会直接导致阴影

B. 建议采用深色色调桌布，以反射散光让参会者脸部光线充足

C. 摄像机镜头不应对准门口，若把门口作为背景，人员进出将使摄像头对摄像目标背后光源曝光

D. 建议灯具采用漫反射方式

答案：ACD

二、多项选择题

1150. 高清视频会议格式有以下几种？（　　）

A. 720p B. 1080i

C. 1080p D. 480p

答案：ABC

1151. 视频会议系统的服务质量（QoS），在业务执行过程中，需要对（　　）进行控制和管理。

A. 计算机 B. 网络

C. MCU 及终端 D. 技术人员

答案：ABC

1152. TMN 的三个体系结构是（　　）。

A. 功能体系结构 B. 逻辑体系结构

C. 物理体系结构 D. 信息体系结构

答案：ACD

1153. 通信管理系统建设目标是（　　）。

A. 建成企业级智能化通信管理平台 B. 提高通信信息化整体水平

C. 完善信息共享和应用协同 D. 降低系统的建设成本和运维成本

答案：ABCD

1154. 根据 TMN 构架，通常将管理业务分为（　　）。

A. 通信网日常业务和网络运行管理业务

B. 通信网的监测、测试和故障处理等网络维护管理业务

C. 网络控制和异常业务处理等网络控制业务

D. 通信网的故障诊断、故障预警等网络高级管理业务

答案：ABC

1155. 网络管理系统主要由哪些要素组成？（　　）

A. 网络管理器 B. 公共网络管理协议

C. 管理信息库 D. 硬件系统

答案：ABC

1156. 下列哪些恶意代码具备"不感染、依附性"的特点？（　　）

A. 后门 B. 陷门

C. 木马 D. 蠕虫

答案：ABC

1157. 数字通信中按复接时各低次群时钟情况，可分为（　　）复接方式。

A. 同步 B. 异步

C. 准同步 D. 准异步

答案：ABC

1158. 下列关于计算机病毒感染能力的说法正确的是（ ）。

A. 能将自身代码注入引导区

B. 能将自身代码注入扇区中的文件镜像

C. 能将自身代码注入文本文件中并执行

D. 能将自身代码注入文档或模板的宏中代码

答案：ABD

1159. 操作不间断电源（UPS）应注意（ ）。

A. 按说明书的规定进行操作　　　　　B. 不要频繁开关机

C. 不要频繁进行逆变 / 旁路的切换　　D. 不要带载开关机

答案：ABCD

1160. 高频开关电源主要由（ ）等部分组成。

A. 主电路　　　　　　　　　　　　　B. 控制电路

C. 检测电路　　　　　　　　　　　　D. 滤波电路

答案：ABC

1161. 高频开关整流器的特点有（ ）。

A. 重量轻、体积小　　　　　　　　　B. 节能高效

C. 稳压精度高　　　　　　　　　　　D. 维护简单、扩容方便

答案：ABCD

1162. 实行通信电源集中监控的主要作用是（ ）。

A. 提高设备维护和管理质量　　　　　B. 降低系统维护成本

C. 提高整体防雷效果　　　　　　　　D. 提高整体工作效率

答案：ABD

1163. 通信设备供电可采用的方式有（ ）。

A. 独立的通信专用直流电源系统　　　B. 柴油发电机

C. 厂站直流系统逆变　　　　　　　　D. 蓄电池

答案：ABD

1164. 蓄电池安装后的检查项目有（ ）。

A. 螺栓是否拧紧　　　　　　　　　　B. 正负极连接是否符合图纸要求

C. 电池总电压是否正常　　　　　　　D. 负载工作是否正常

答案：ABC

1165. 蓄电池的日常维护工作中应做的记录，至少要包括（ ）方面的内容。

A. 每个单体电池的浮充电压　　　　　B. 电池组浮充总电压

C. 环境温度及电池外表的温度　　　D. 测量日期及记录人

答案：ABCD

1166. 下列哪些工具可以用来扫描邮件系统账户弱口令？（　）

A. Hscan　　　　　　　　　　　B. X-Scan

C. Nmap　　　　　　　　　　　D. Burpsuite

答案：AB

1167. PON 系统中多点 MAC 控制层功能有（　）。

A. 协调数据的有效发送和接收　　B. ONU 自动注册

C. DBA　　　　　　　　　　　D. 测距和定时

答案：ABCD

1168. 以太网交换机端口的工作模式可以被设置为（　）。

A. 全双工　　　　　　　　　　B. TRUNK 模式

C. 半双工　　　　　　　　　　D. 自动协商方式

答案：ACD

1169. 符合 3G 技术特点的有（　）。

A. 采用分组交换技术　　　　　B. 适用于多媒体业务

C. 需要视距传输　　　　　　　D. 混合采用电路交换和分组交换技术

答案：AB

1170. 应急预案的内容应突出（　）的原则，既要避免出现与现有生产管理规定、规程重复或矛盾的现象，又要避免以应急预案替代规定、规程的现象。

A. 实际　　　　　　　　　　　B. 实用

C. 实效　　　　　　　　　　　D. 先进

答案：ABC

1171.《电力通信现场标准化作业规范》规定，按照通信作业类别，通信作业分为（　）。

A. 安装作业　　　　　　　　　B. 巡视作业

C. 检修作业　　　　　　　　　D. 业务通道投入／退出作业

答案：BCD

1172. DDF 数字配线架可实现（　）等功能。

A. 配线　　　　　　　　　　　B. 调线

C. 转接　　　　　　　　　　　D. 自环测试

答案：ABCD

1173. 光纤的衰减是指在一根光纤的两个横截面间的光功率的减少，与波长有关。造成衰减的主要原因是（　）。

A. 散射 B. 吸收

C. 连接器、接头造成的光损耗 D. 光端机光口老化

答案：ABC

1174. AU 指针的作用是（　）。

A. 对高阶 VC 速率适配，容纳其对应于 AU 的频差相差

B. 对低阶 VC 速率适配

C. 指示高阶 VC 首字节在 AU 净负荷中的位置

D. 指示低阶 VC 首字节在 TU 净负荷中的位置

答案：AC

1175. SDH 基本复用映射包括以下几个步骤？（　）

A. 映射 B. 分解

C. 定位 D. 复用

答案：ACD

1176. SDH 每个 STM 帧包含有（　）。

A. 通道开销（SOH） B. 管理单元指针（AU-PTR）

C. STM 净负荷 D. ATM 净负荷

答案：ABC

1177. 在 STM-N 帧结构中为帧定位的字节是（　）。

A. A1 B. A2

C. B1 D. B2

答案：AB

1178. OTN 的光交叉（ROADM）实现方式主要包括（　）。

A. WB B. WSS

C. PLC D. GFP

答案：ABC

1179. 通信卫星按照运行轨道的高低可以分为哪些类型？（　）

A. GEO B. MEO

C. LEO D. PON

答案：ABC

1180. IP QoS 的主要技术包括（　）。

A. IntServ B. DiffServ

C. MPLS D. RSVP

答案：ABC

二、多项选择题

1181. 下面有关 NAT 叙述正确的是（　　）。

A. 内部网络的主机攻击外部网络时，在外部网络分析调试变得更加困难，因为内部网络的主机 IP 地址被屏蔽了

B. 地址转换又称地址翻译，用来实现私有地址与公用网络地址之间的转换

C. 通过配置将地址列表与地址池或端口 IP 地址关联，把符合地址列表中的数据报文的源地址进行转换

D. 地址转换的提出为解决 IP 地址紧张的问题提供了一个有效途径

答案：ABCD

1182. 交流不间断电源（UPS）的分类有（　　）。

A. 在线式　　　　　　　　B. 后备式

C. 线互动式　　　　　　　D. Δ 变换式

答案：ABCD

1183. 通信设备的直流供电主要由（　　）等部分组成。

A. 浪涌吸收器　　　　　　B. 蓄电池

C. 整流器　　　　　　　　D. 直流配电屏

答案：BCD

1184. PON 网络安全的基本要求有哪些？（　　）

A. 数据的机密性　　　　　B. 用户隔离

C. 用户接入控制　　　　　D. 设备接入控制

答案：ABCD

1185. 常见的内部网关协议有（　　）。

A. 动态路由协议　　　　　B. RIP

C. OSPF　　　　　　　　　D. IS-IS

答案：BCD

1186. ASON 网络模型包括（　　）。

A. 控制平面　　　　　　　B. 协议平面

C. 业务平面　　　　　　　D. 管理平面

答案：ACD

1187. 以下属于视频会议关键技术的是（　　）。

A. 中间件处理技术　　　　B. 多媒体信息处理技术

C. 宽带网络技术　　　　　D. ISDN 技术

答案：BC

1188. ASON 支持的三种连接类型是（　　）。

A. 永久连接 B. 交换连接

C. 软永久连接 D. 活动连接

答案：ABC

1189. ASON 技术的最大特点是引入了控制平面，控制平面的主要功能是通过信令来支持（ ）功能。

A. 建立、拆除和维护端到端连接 B. 选择最合适的路径

C. 光传输 D. 提供适当的名称和地址机制

答案：ABD

1190. 衡量电能质量的因素有哪些？（ ）

A. 频率 B. 线路损耗

C. 电压 D. 谐波

答案：ACD

1191. 属于母线接线方式的有（ ）。

A. 单母线 B. 双母线

C. 3/2 接线 D. 2/3 接线

答案：ABC

1192. 电网主要安全自动装置有（ ）。

A. 低频、低压解列装置 B. 振荡（失步）解列装置

C. 切负荷装置 D. 切机装置

答案：ABCD

1193. 继电保护装置应满足（ ）。

A. 可靠性 B. 选择性

C. 灵敏性 D. 速动性

答案：ABCD

1194. 继电保护的"三误"是指（ ）。

A. 误整定 B. 误碰

C. 误接线 D. 误动

答案：ABC

1195. 如何进行数据治理？（ ）

A. 完善字段完整性 B. 完善五类图

C. 完善业务与通道关联 D. 完善设备与机架关联

答案：ABCD

1196. 通信值班中值班工作台包括哪些信息？（ ）

二、多项选择题

A. 运行记录   B. 工作日志

C. 工作计划   D. 工作记录

答案：AD

1197. 按照作业类别，通信作业分为哪几类？（　　）

A. 巡视作业   B. 检修作业

C. 业务通道投入/退出作业   D. 通信调度作业

答案：ABC

1198. 电力通信设备运行统计分析评价包括（　　）两类。

A. 年度统计分析评价   B. 月度统计分析评价

C. 专项统计分析评价   D. 故障统计分析评价

答案：AC

1199. 下列属于信息运维综合监管系统（IMS）深化采集功能的是（　　）。

A. 网络采集

B. 主机采集

C. 数据库采集

D. 拓扑发现

答案：ABCD

1200. 信息通信系统检修分为（　　）。

A. 计划检修   B. 临时检修

C. 紧急检修   D. 定期检修

答案：ABC

1201. 3G 是指支持高速数据传输的蜂窝移动通信技术，能够同时传送声音及数据信息，速率一般在几百 Kbit/s 以上。以下哪些是 3G 的技术标准？（　　）

A. CDMA2000   B. WCDMA

C. Wi-Fi   D. WSN

答案：AB

1202. 通信系统的检修作业分为（　　）检修。

A. 通信光缆   B. 通信设备

C. 通信电源   D. 辅助设施

答案：ABC

1203. 通信操作票实行（　　）程序，应由操作人根据操作内容填写操作票，工作负责人或操作监护人核对所填写的操作步骤，审核签名。

A. 拟票   B. 审核

C. 操作
D. 监护

答案：ABCD

1204. 大型通信检修作业的作业文本包括（　　）和变电站（线路）工作票或通信工作票和通信操作票。

A. 三措一案
B. 作业指导书
C. 作业指导卡
D. 巡视卡

答案：AB

1205. 电力通信现场标准化作业规范中三措一案包括（　　）。

A. 施工组织措施
B. 现场施工安全措施
C. 施工技术措施
D. 以上均不是

答案：ABC

1206. 波分系统中的关键技术有哪些？（　　）

A. 光电检测技术
B. 光放大技术
C. 合分波技术
D. 监控信道技术

答案：ABCD

1207. 各级通信机构应按照（　　）的原则，编制本级通信调度管辖范围内的通信网年度运行方式和日常运行方式。

A. 统一协调
B. 分级负责
C. 资源互补
D. 安全运行

答案：ABCD

1208. 年度运行方式编制应遵循的原则包括（　　）。

A. 通信网年度运行方式应与通信网规划以及电网年度运行方式相结合
B. 通信网年度运行方式应与通信网年度检修计划和技改/大修相结合
C. 下级单位的通信网年度运行方式原则上应服从上级单位的通信网年度运行方式
D. 下级单位的通信网年度运行方式可以不服从上级单位的通信网年度运行方式

答案：ABC

1209. 运行方式申请单除包含通信主管部门意见外，还应包含（　　）。

A. 申请类型、编号、时间、单位/部门、原因
B. 业务要求（包括业务用途、起始和终止站点、带宽、数量、接口、使用期限等）
C. 申请开通时间、申请人及联系电话
D. 受理单位/受理人意见

答案：ABCD

1210. 在电气设备上工作，保证安全的组织措施有（　　）。

二、多项选择题

A. 工作票制度 　　　　　　　　　B. 工作监护制度

C. 工作许可制度 　　　　　　　　D. 工作间断、转移和终结制度

答案：ABCD

1211. 测试光纤损耗的方法有（　　）。

A. 剪断法 　　　　　　　　　　　B. 相移法

C. 插入损耗法 　　　　　　　　　D. 背向散射法

答案：ACD

1212. 要选择 OPGW 光缆型号，应具备的技术条件有哪些？（　　）

A. OPGW 光缆的标称抗拉强度（RTS）（kN）

B. OPGW 光缆的光纤芯数

C. 短路电流（kA）

D. 短路时间（s）

答案：ABCD

1213. 一般常用的光纤连接器有（　　）。

A. FC 　　　　　　　　　　　　　B. SC

C. ST 　　　　　　　　　　　　　D. NEC

答案：ABC

1214. 在光配中进行光纤跳接时，需要注意（　　）。

A. 对尾纤头进行清洗 　　　　　　B. 尾纤卡槽对准

C. 尾纤弯曲直径不得小于38mm 　　D. 尾纤要扎牢

答案：ABC

1215. SDH 采用的网络结构中，具有自愈能力的有（　　）。

A. 枢纽型 　　　　　　　　　　　B. 线型

C. 环型 　　　　　　　　　　　　D. 网状网

答案：BCD

1216. SDH 自愈环保护中，保护通道带宽可再利用的是（　　）。

A. 二纤单向通道保护环 　　　　　B. 二纤单向复用段保护环

C. 四纤双向复用段保护环 　　　　D. 二纤双向复用段保护环

答案：BCD

1217. STM-N 光信号经过线路编码后（　　）。

A. 线路码速会提高一些 　　　　　B. 线路码中加入冗余码

C. 线路码速还是 STM-N 标准码速 　D. 线路码为加扰的 NRZ 码

答案：CD

1218. 低阶通道开销的主要功能是（　　）。

A. VC 通道性能监视　　　　　　　　B. 复用结构指示

C. 维护信号指示　　　　　　　　　　D. 告警状态指示

答案：ACD

1219. 可配置成 TM 网元的 SDH 设备，其特点是（　　）。

A. 所有光方向到 TM 的业务必须落地

B. 只能有一个光方向

C. 不同光方向的业务不能通过光板直接穿通

D. 光板的最高速率必须低于 622M

答案：AC

1220. 四纤双向复用段保护环与二纤双向复用段共享保护环相比，其特点是（　　）。

A. 业务量加倍　　　　　　　　　　　B. 复用段内网元数量可以大于 16 个

C. 抗多点失效　　　　　　　　　　　D. 保护倒换时间快

答案：AC

1221. 下列关于 AU-4-Xc 级联说法正确的是（　　）。

A. 级联方式有相邻级联和虚级联两种

B. 级联后的所有 AU-4 指针值都应相同

C. 虚级联只能在同一个 STM-N 信号中应用

D. 若 Xc 等于 16，则相邻级联方式中高阶通道误码检测字节 B3 只有 1 个

答案：AD

1222. 下面关于虚容器（VC）的描述正确的是（　　）。

A. 虚容器由容器加上相应的通道开销和指针构成

B. 虚容器是 SDH 中最重要的一种信息结构，主要支持段层连接

C. 虚容器包括低阶虚容器和高阶虚容器类型

D. 除了在 PDH/SDH 边界处，VC 在 SDH 网中传输时总是保持完整不变

答案：ABC

1223. 在数字传输干线系统中，中继段由（　　）相邻两站构成。

A. 端站—再生站　　　　　　　　　　B. 再生站—端站

C. 端站—端站　　　　　　　　　　　D. 再生站—再生站

答案：ABD

1224. OTN 可以基于哪些颗粒进行交叉？（　　）（加 ODUk 的速率）

A. ODU0　　　　　　　　　　　　　B. ODU1

C. ODU2　　　　　　　　　　　　　D. ODU3

二、多项选择题

答案：ABCD

1225. ROADM 是光纤通信网络的节点设备，它的基本功能是在波分系统中通过远程配置实时完成选定波长的上下路，而不影响其他波长通道的传输，并保持光层的透明性。其功能有（ ）。

A. 波长资源可重构，支持两个或两个以上方向的波长重构

B. 可以在本地或远端进行波长上下路和直通的动态控制

C. 支持穿通波长的功率调节

D. 波长重构对所承载的业务协议、速率透明

答案：ABCD

1226. 影响光传输的光纤参数有（ ）。

A. 光信噪比　　　　　　　　B. 光色散容限

C. 非线性　　　　　　　　　D. 线性

答案：ABC

1227. PTN 网元时钟源配置中，其时钟源类型包括（ ）。

A. 外时钟　　　　　　　　　B. GPS 时钟

C. 1688 时钟　　　　　　　 D. 内时钟

答案：ABD

1228. PTN 支持的业务类型包括（ ）。

A. TDM E1、STM-N　　　　　B. ATM IMA E1、ATM STM-N

C. FE/GE/10GE　　　　　　　D. POS 业务

答案：ABCD

1229. T-MPLS 体系结构包括三个层面，包括（ ）。

A. 数据平面　　　　　　　　B. 管理平面

C. 传送平面　　　　　　　　D. 控制平面

答案：BCD

1230. PTN 技术相对传统以太网技术的优势在于（ ）。

A. 提供了快速可靠的网络保护

B. 提供了 OAM 故障检测机制

C. 更方便地提供 E1 等传统 TDM 业务的承载

D. 面向连接的业务路径提供更好的 QoS 保证

答案：ABCD

1231. 目前 PTN 所定义的保护倒换技术包括（ ）。

A. 线性 1+1　　　　　　　　B. 线性 1:1

C. 环网 Steering　　　　　　D. 环网 Wrapping

答案：ABCD

1232. 数字微波收信设备方框图分为（　　）。

A. 射频系统　　　　　　　　B. 中频系统

C. 均衡系统　　　　　　　　D. 解调系统

答案：ABD

1233. 为了提高电力线载波远方保护通道抵御噪声和干扰的能力，可以采取哪些措施？（　　）

A. 在发送命令信号的时间上设法避开线路故障燃弧开始段的干扰

B. 尽量采用相地耦合方式

C. 采用双通道传输保护命令信号

D. 选用较高工作频率，降低高频通道的衰耗

答案：AC

1234. PCM 基群设备中，CRC-4 的作用是（　　）。

A. 误码监测　　　　　　　　B. 流量监测

C. 伪同步监测　　　　　　　D. 奇偶校验

答案：AC

1235. 数字通信方式与模拟信号方式相比的主要优点是（　　）。

A. 抗干扰能力强，无噪声累积　　B. 设备便于集成化、小型化

C. 数字信号易于加密　　　　　　D. 灵活性强，能适应各种业务要求

答案：ABCD

1236. 对于 ISDN 的 BRI（基本速度接口）业务描述正确的是（　　）。

A. 窄带基本速率为 2B+D　　　　B. 宽带基本速率为 30B+D

C. 使用同轴电缆作为物理传输介质　　D. 使用普通电话线作为物理传输介质

答案：AD

1237. 下一代网络的特点是（　　）。

A. 采用开放的网络架构体系

B. 分组传送

C. 业务与呼叫控制分离，呼叫与承载分离

D. 是基于统一协议的分组网络

答案：ABCD

1238. IEEE 802.2 标准中 LLC 协议的基本功能有以下哪几项？（　　）

A. 帧的地址编码　　　　　　　B. 以帧为单位的信息传输

C. 帧的顺序编码　　　　　　　D. 通过重发对有差错的帧实现差错控制

二、多项选择题

答案：ABCD

1239. Traceroute 功能是（ ）。

A. 用于检查网管工作是否正常   B. 用于检查网络连接是否可通

C. 用于分析网络在哪里出现了问题   D. 用于检查防火墙策略是否有效

答案：BC

1240. VLAN 的划分方法有（ ）。

A. 基于设备端口   B. 基于网络协议

C. 基于 MAC 地址   D. 基于 IP 广播组

答案：ABCD

1241. 关于 IP 报文头的 TTL 字段，以下说法正确的有（ ）。

A. TTL 的最大可能值是 65535

B. 在正常情况下，路由器不应该从接口收到 TTL=0 的报文

C. TTL 主要是为了防止 IP 报文在网络中的循环转发，浪费网络带宽

D. IP 报文每经过一个网络设备，包括 Hub、LANSWITCH 和路由器，TTL 值就会被减去一定的数值

答案：BC

1242. 集线器和路由器分别运行于 OSI 模型的（ ）。

A. 物理层   B. 网络层

C. 数据链路层   D. 传输层

答案：AB

1243. 计算机网络的拓扑结构主要有（ ）。

A. 星型   B. 树型

C. 环型   D. 链型

答案：ABC

1244. 基于距离矢量算法的动态路由协议有（ ）。

A. RIP   B. IGRP

C. OSPF   D. BGP

答案：ABD

1245. 网络管理系统的功能是（ ）。

A. 提高网络性能   B. 排除网络故障

C. 保障网络安全   D. 实现业务开通

答案：ABC

1246. 电源系统的二级防雷接地保护中，在（ ）应加装避雷器。

— 819 —

A. 整流器输入端 B. 整流器输出端
C. 不间断电源设备输入端 D. 不间断电源设备输出端

答案：AC

1247. 点到多点的光接入方式有（　　）。

A. EPON B. GPON
C. APON D. FPON

答案：AB

1248. EPON 系统的动态带宽分配技术（DBA）实现的功能是（　　）。

A. OLT 或 ONU 检测带宽需求和拥塞情况

B. 报告带宽需求 / 拥塞情况给 OLT

C. OLT 根据带宽请求和合约情况更新带宽分配

D. OLT 根据更新后的带宽发布授权

答案：ABCD

1249. PPP 协议具有两个子协议，其中 LCP 子协议的功能为（　　）。

A. 建立数据链路与链路质量监测 B. 协商网络层协议
C. 协商认证协议 D. 能力认证协议

答案：AC

1250. 以下属于终端安全管理内容的有（　　）。

A. 设置注册表保护功能，对特定注册表条目防止被修改、删除等

B. 对桌面终端违规连接互联网行为进行控制

C. 对桌面终端进程、服务进行管理

D. 对外部存储设备的安全管理，包括对移动介质、蓝牙、打印机等接入、读写进行控制管理

答案：ABCD

1251. 以下属于终端安全事件采集内容的有（　　）。

A. 对桌面终端的用户权限变化进行检测

B. 根据管理员所设定阈值对桌面终端的网络流量进行监测

C. 对桌面终端系统密码的安全性和强度进行检测

D. 对桌面终端违规连接互联网行为进行检测

答案：ABCD

1252. 某业务系统 WebLogic 中间件后台存在弱口令，黑客可以利用后台进行哪些操作？（　　）。

A. 上传打包的 WAR 文件，并获取 WEBSHELL

B. 关闭某业务系统的运行

二、多项选择题

C. 删除某业务系统的程序

D. 修改某业务系统运行端口

答案：ABCD

1253. 正确的补丁检测工作方式包括（ ）。

A. 自动对桌面终端进行补丁检测，并对补丁状况做出统计

B. 通过设置，桌面终端只有在指定的时间点才能执行补丁管理的策略

C. 桌面终端根据自身的操作系统版本、语言环境选择适当的补丁进行安装

D. 桌面终端应将服务器所有补丁下载到本地，再根据策略选择性安装

答案：ABC

1254. 下列不属于管理信息大区的智能电网系统包括（ ）。

A. 配电自动化系统　　　　　　　B. 95598 智能互动网站

C. 输变电设备状态在线监测系统　D. 用户用电信息采集系统

答案：BCD

1255. 下列哪些属于智能电网系统典型特征？（ ）

A. 信息化　　　　　　　　　　　B. 自动化

C. 网络化　　　　　　　　　　　D. 互动化

答案：ABD

1256. 下列接口卡中属于多媒体接口卡的有（ ）。

A. 声卡　　　　　　　　　　　　B. 网卡

C. 电视接收卡　　　　　　　　　D. 硬盘保护卡

答案：AC

1257. 桌面系统补丁自动分发策略中，自动检测客户端补丁信息的方式有（ ）。

A. 系统启动时检测　　　　　　　B. 间隔检测

C. 定时检测　　　　　　　　　　D. 不定时检测

答案：ABC

1258. 桌面系统的用户类型分为（ ）。

A. 超级用户　　　　　　　　　　B. 普通用户

C. 审计用户　　　　　　　　　　D. 来宾用户

答案：ABC

1259. 桌面系统客户端驻留程序功能包括哪些？（ ）

A. 进行本机硬件属性信息变化监控

B. 本机系统补丁、软件安装、运行进程状况监测

C. 接收管理平台的管理命令，阻断本机违规外联行为

— 821 —

D. 执行管理平台下发的各种策略操作

答案：ABCD

1260. 桌面系统中"强制策略"与"样板策略"的区别描述正确的是（　　）。

A. 强制策略：级联策略下发以后，下级区域无法对策略进行任何操作
B. 强制策略：级联策略下发以后，下级区域可以对策略进行任何操作
C. 样板策略：样板策略下发以后，下级区域可以对策略的对象分配和启用与否进行分配
D. 样板策略：样板策略下发以后，下级区域不可以对策略的对象分配和启用与否进行分配

答案：AC

1261. 桌面系统中注册设备不包括（　　）。

A. 被划为无效的设备　　　　　　B. 未获得 MAC 的设备
C. 被保护的设备　　　　　　　　D. 累计在线时间没有超过 24 小时的设备

答案：ABCD

1262. 桌面终端运维包括哪些内容？（　　）

A. 安装调试　　　　　　　　　　B. 软件升级
C. 配置变更　　　　　　　　　　D. 备份

答案：ABCD

1263. 在《国家电网公司信息设备命名规范》中，为保证信息设备命名的高兼容性，采用字母加数字，在顺序类命名中放弃（　　）字母。

A. I　　　　　　　　　　　　　　B. O
C. L　　　　　　　　　　　　　　D. Z

答案：AB

1264. 健康检查管理包含但不限于（　　）。

A. 系统运行日志检查　　　　　　B. 系统存储使用情况检查
C. 系统内存使用情况检查　　　　D. 系统 CPU 使用情况检查

答案：ABCD

1265. 对于信息内网办公计算机的使用，描述错误的是（　　）。

A. 不能配置、使用无线上网卡等无线设备
B. 禁止使用电话拨号方式与信息外网互联
C. 可以直接通过接入外网网线方式与互联网互联
D. 以上都正确

答案：CD

1266. 以下属于智能化高压设备技术特征的是（　　）。

A. 测量数字化　　　　　　　　　B. 控制网络化

二、多项选择题

C. 共享标准化   D. 信息互动化

答案：ABD

1267. 以下属于智能变电站自动化系统通常采用的网络结构是（　）。

A. 总线型   B. 环型

C. 放射型   D. 星型

答案：ABD

1268. 下列情况违反"五禁止"的有（　）。

A. 在信息内网计算机上存储国家秘密信息

B. 在信息外网计算机上存储企业秘密信息

C. 在信息内网和信息外网计算机上交叉使用普通优盘

D. 在信息内网和信息外网计算机上交叉使用普通扫描仪

答案：ABCD

1269. 对于信息内外网办公计算机终端安全要求，描述不正确的是（　）。

A. 内网桌面办公计算机终端用于信息内网的业务操作及信息处理

B. 外网桌面办公计算机终端用于外网信息访问

C. 外网桌面办公计算机终端不考虑其安全防护

D. 内外网桌面办公计算机可以随意接入使用

答案：CD

1270. 下面哪些属于对桌面终端安全采取的安全防护措施？（　）

A. 安全准入管理、访问控制   B. 入侵检测、病毒防护

C. 事件审计   D. 补丁管理

答案：ABCD

1271. 智能电网一体化信息平台的主要建设内容包括（　）。

A. 信息展现   B. 集成服务

C. 数据（容灾）中心   D. 信息网络

答案：ABCD

1272. 智能电网移动终端威胁有（　）。

A. 设备篡改、遗失、冒充   B. 恶意软件

C. 数据泄漏、破坏   D. 用户冒充

答案：ABCD

1273. 针对移动终端安全采取的主要技术手段有（　）。

A. 硬件增强安全   B. 可信计算

C. 虚拟隔离   D. 访问控制

答案：ABCD

1274. 智能电网安全防护的总体思路是（　　）。

A. 业务导向　　　　　　　　　　　B. 继承发展

C. 主动防御　　　　　　　　　　　D. 超前部署

答案：ABCD

1275. 配置移动存储策略的有哪些？（　　）

A. 要求普通 U 盘、活动盘允许只读方式使用，安全 U 盘设备不允许使用

B. 启用标签认证，当本单位标签认证失败后，限制交换区"只读使用"，保密"禁止使用"，并提示"认证失败！"

C. 外单位标签认证失败后限制"只读使用"，并提示"外来 U 盘"

D. 审计写入存储设备的 doc\Mxt\exe 文件

答案：ABCD

1276. 智能变电站系统结构从逻辑上可分为（　　）。

A. 保护层　　　　　　　　　　　　B. 站控层

C. 间隔层　　　　　　　　　　　　D. 过程层

答案：BCD

1277. 关于微型计算机的知识，正确的说法是（　　）。

A. 外存储器中的信息不能直接进入 CPU 进行处理

B. 系统总线是 CPU 与各部件之间传送各自信息的公共通道

C. 微型计算机是以微处理器为核心的计算机

D. 光盘驱动器属于主机，光盘属于外部设备

答案：ABC

1278. 下列对于共享目录查询描述正确的是（　　）。

A. 可通过共享名、共享模式查询

B. 查询到共享文件后，能够以只读模式查看

C. 可查询共享路径

D. 查询内容结果包括部门名称、使用人、IP 地址

答案：ACD

1279. 在以下操作系统中，不属于多用户、分时系统的有哪些？（　　）

A. DOS 系统　　　　　　　　　　　B. UNIX 系统

C. Windows NT 系统　　　　　　　D. OS/2 系统

答案：ACD

1280. 下面是关于中文 Windows 文件名的叙述，正确的是（　　）。

二、多项选择题

A. 文件名中允许使用汉字　　　　　　B. 文件名中允许使用空格

C. 文件名允许使用多个圆点分隔符　　D. 文件名允许使用竖线（|）

答案：ABC

1281. 以下关于 Windows 文件夹的组织结构描述不正确的有（　　）。

A. 表格结构　　　　　　　　　　　　B. 树形结构

C. 网状结构　　　　　　　　　　　　D. 线形结构

答案：ACD

1282. 下列软件中属于 WWW 浏览器的包括（　　）。

A. IE7.0　　　　　　　　　　　　　 B. NerScapeNavigator

C. Maxthon　　　　　　　　　　　　D. C++Builder

答案：ABC

1283. 在 Word 中，下列哪些属于"段落"中的选项？（　　）

A. 行距　　　　　　　　　　　　　　B. 字间距

C. 缩进　　　　　　　　　　　　　　D. 版式

答案：AC

1284. 在 Excel 中，在引用单元格地址时有（　　）引用方法。

A. 相对地址　　　　　　　　　　　　B. 绝对地址

C. 混合地址　　　　　　　　　　　　D. 以上三种方法都可以

答案：ABCD

1285. 计算机系统在使用一段时间后，会产生很多没有的文件，下列不能清除系统中这些文件的方法是（　　）。

A. 磁盘清理　　　　　　　　　　　　B. 磁盘碎片整理

C. 磁盘查错　　　　　　　　　　　　D. 找出这些没用的文件并删除

答案：BCD

1286. 下面哪项内容能在 Windows "安全中心"中查明？（　　）

A. 防火墙是否启用　　　　　　　　　B. 自动更新设置

C. 默认共享的设置　　　　　　　　　D. 防病毒软件运行状态

答案：ABD

1287. 在 Windows 中，可以放置快捷方式的位置有（　　）。

A. 桌面上　　　　　　　　　　　　　B. 文本文件中

C. 文件夹中　　　　　　　　　　　　D. 控制面板窗口中

答案：AC

1288. 利用桌面系统能够查询到的信息包括（　　）。

A. 计算机所属区域、部门、使用人、位置等信息

B. 设备 IP、MAC、注册、卸载等信息

C. 信任、保护、阻断、休眠、关机等信息

D. 杀毒软件、杀毒厂商、系统等信息

答案：ABCD

1289. 下列选项哪些包含在"计算机管理"当中？（　　）

A. 事件查看器　　　　　　　　B. 磁盘管理

C. 本地用户和组　　　　　　　D. 设备管理器

答案：ABCD

1290. 以下属于 NTFS 标准权限的有（　　）。

A. 修改　　　　　　　　　　　B. 完全控制

C. 删除　　　　　　　　　　　D. 读取

答案：ABD

1291. 国家电网公司桌面安全客户端注册方法包括（　　）。

A. 网页静态注册　　　　　　　B. 网页动态注册

C. 手动注册　　　　　　　　　D. 以上说法都不正确

答案：ABC

1292. 桌面终端管理系统审计拥挤可以审计所有用户的（　　）。

A. 用户登录日志　　　　　　　B. 用户操作日志

C. 策略操作日志　　　　　　　D. USB 标签制作查询

答案：ABCD

1293. 终端涉密检查工具能够粉碎的文件数据包含（　　）。

A. 粉碎全盘数据　　　　　　　B. 粉碎磁盘剩余空间数据

C. 粉碎目录　　　　　　　　　D. 粉碎文件

答案：ABCD

1294. 属于终端安全运行的主要指标的有（　　）。

A. 终端注册率　　　　　　　　B. 补丁安装率

C. 防病毒运行率　　　　　　　D. 违规外联终端数量

答案：ABCD

1295. 用户主要名称表示为 user@domain.com，下面描述正确的是（　　）。

A. user 是指用户登录名

B. domain.com 是用户所在域的域名

C. @ 是 Active Directory 自动添加的分隔符

二、多项选择题

D. 用户登录时必须输入完整的用户主要名称

答案：ABC

1296. 事件的类型包括（　）。

A. 错误　　　　　　　　　　B. 警告

C. 信息　　　　　　　　　　D. 失败

答案：ABC

1297. 有关"脱机文件"的描述，以下说法正确的是（　）。

A. 脱机文件的主要作用是在没有连接到网络时也可以继续处理网络文件和程序

B. 脱机使用的文件，必须是网络中的共享文件或文件夹

C. 脱机文件实现同步的方式有两种：快速同步和完全同步

D. 文件脱机以后，对文件的访问将是只读的

答案：ABC

1298. 有关组策略的描述，下面说法正确的有（　）。

A. 组策略本质上为管理员提供管理用户桌面环境的各种组件

B. 使用组策略，能限制用户使用的程序及其桌面配置

C. 使用组策略能为单独用户指定单独的桌面配置

D. 组策略只能影响用户的"用户配置"，而不能影响计算机的"计算机配置"

答案：ABC

1299. 以下有关 DNS 服务器的说法中，正确的是（　）。

A. DNS 服务器与 DNS 客户机可以是物理上的同一台计算机

B. DNS 服务器与 DNS 客户机不可以是物理上的同一台计算机

C. DNS 服务器可以由 DHCP 服务器动态分配 IP 地址

D. DNS 服务器不可由 DHCP 服务器动态分配 IP 地址

答案：AC

1300. 下列哪些属于智能电网终端防护的目标？（　）

A. 配电网子站终端　　　　　　B. 信息内、外网办公计算机终端

C. 移动作业终端　　　　　　　D. 信息采集类终端

答案：ABCD

1301. Windows Server 2003 安装组件或服务器的方法有（　）。

A. 管理您的服务器　　　　　　B. Windows 组件向导

C. 设备管理器　　　　　　　　D. 命令行

答案：ABD

1302. 常见的网络存储结构有（　）。

A. DAS
B. NAS
C. SAN
D. NTFS

答案：ABC

1303. 刀片服务器适合的工作环境为（　　）。

A. I/O 密集型
B. 计算密集型
C. 分布式应用
D. 处理密集型

答案：ABD

1304. 对 /proc 文件系统描述正确的是（　　）。

A. 通常情况下，不提供中断、I/O 端口、CPU 等信息

B. /proc 文件系统可以提供系统核心的许多参数

C. /proc 是一个虚拟的文件系统

D. 可以得到系统中运行进程的信息

答案：BCD

1305. 服务器每个部件均有自己的性能指标，（　　）主要用来描述硬盘指标。

A. 主轴转速
B. 平均寻道时间
C. 数据传输速率
D. MTBF（最大无故障运行时间）

答案：ABCD

1306. 关于 LUN 的说法哪些是正确的？（　　）

A. 也可以称作卷组
B. 对于主机来说就是一块硬盘
C. 对于主机来说是一个文件夹
D. 一个 RAID 组可以分成多个 LUN

答案：BD

1307. 为了能够使用 ls 程序列出目录的内容，并能够使用 cd 进入该目录，操作者需要有（　　）该目录的权限。

A. 读
B. 写
C. 执行
D. 递归

答案：AC

1308. 下列属于管理信息大区智能电网系统安全防护策略的是（　　）。

A. 双网双机
B. 分区分域
C. 安全接入
D. 动态感知

答案：ABCD

1309. 文件和目录存取权限的类型有（　　）。

A. read
B. format
C. write
D. execute

二、多项选择题

答案：ACD

1310. 小型机跟普通的 PC 服务器有很大差别，下列哪些是小型机的特性？（ ）

A. 高可靠性　　　　　　　　　　B. 高可用性

C. 高稳定性　　　　　　　　　　D. 高服务性

答案：ABCD

1311. 在 AIX 系统中，执行（ ）命令可以使用户退出系统返回到 login 状态。

A. kill-9 0　　　　　　　　　　B. kill-kill 0

C. kill-9-1　　　　　　　　　　D. kill-9 1

答案：AB

1312. 进程的状态有（ ）。

A. 运行态　　　　　　　　　　　B. 就绪态

C. 自由态　　　　　　　　　　　D. 等待态

答案：ABD

1313. Vi 编辑器由命令模式转到编辑模式的字令有（ ）。

A. a　　　　　　　　　　　　　B. x

C. dd　　　　　　　　　　　　D. i

答案：AD

1314. 以下关于虚拟化的描述中，正确的是（ ）。

A. 减少服务器数量，提高服务器利用率　　B. 快速调配服务器

C. 简单高效的管理　　　　　　　D. 性价比高

答案：ABCD

1315. 有关归档和压缩命令，下面描述错误的是（ ）。

A. 可以用 uncompress 命令解压后缀为 .zip 的压缩文件

B. unzip 命令和 gzip 命令可以解压缩相同类型的文件

C. tar 命令归档后的文件也是一种压缩文件

D. tar 归档且压缩的文件可以由 gzip 命令解压缩

答案：ABC

1316. （ ）操作系统支持 NTFS 文件系统。

A. Windows 9X　　　　　　　　　B. Windows Me

C. Windows 2003　　　　　　　　D. Windows 2000

答案：CD

1317. 下列哪些进程必须在 NFS 进程之前运行？（ ）

A. TCP/IP 进程　　　　　　　　　B. SRCMSTR 进程

C. Cron 进程　　　　　　　　D. init 进程

答案：ABD

1318. 下面哪些逻辑卷是在安装系统时创建的？（　　）

A. hd9　　　　　　　　　　　B. hd9var

C. hd1　　　　　　　　　　　D. hd4

答案：BCD

1319. 下列属于 Shell 功能的是（　　）。

A. 中断　　　　　　　　　　　B. 文件名的通配符

C. 管道功能　　　　　　　　　D. 输入输出重定向

答案：BCD

1320. 下面有关 NTFS 文件系统的描述中正确的是（　　）。

A. NTFS 可自动地修复磁盘错误　　　B. NTFS 可防止未授权用户访问文件

C. NTFS 没有磁盘空间限制　　　　　D. NTFS 支持文件压缩功能

答案：ABD

1321. 操作系统的两个基本特征是（　　）。

A. 多道程序设计　　　　　　　B. 资源共享

C. 程序的并发执行　　　　　　D. 实现分时与实时处理

答案：BC

1322. HACMP 仅处理哪种类型的错误？（　　）

A. 节点失败　　　　　　　　　B. 网络失败

C. 网卡失败　　　　　　　　　D. TCP/IP 失败

答案：ABC

1323. 下面哪些是 smit 工具的 log 文件？（　　）

A. smit. log　　　　　　　　　B. .sh_history

C. smit. script　　　　　　　　D. .profile

答案：AC

1324. 对于采用远程无线传输方式接入公司内部网络的智能电网应用应当采用下列哪些安全控制措施？（　　）。

A. 边界安全接入　　　　　　　B. 专用加密传输通道

C. 终端安全　　　　　　　　　D. 物理隔离

答案：ABC

1325. 下列哪些属于智能电网系统信息安全防护设计内容？（　　）

A. 物理环境安全　　　　　　　B. 网络及边界安全

二、多项选择题

C. 主机系统及业务终端安全   D. 应用和数据安全

答案：ABCD

1326. DNS 服务器不响应客户端的原因可能是（ ）。

A. DNS 服务器已被配置为限制对其已配置的 IP 地址的特定列表提供服务

B. DNS 服务器的网络连接有问题

C. DNS 服务器与客户端不在同一网段

D. 将 DNS 服务器配置为使用非默认的服务端口

答案：ABD

1327. Password 文件中包含的字段有（ ）。

A. UID   B. TERM

C. HOME   D. SHELL

答案：ACD

1328. 在 HP-UX 中，pvcreate 命令在磁盘上创建的保留区有哪些？（ ）

A. LVRA   B. PVRA

C. BBRA   D. VGRA

答案：BCD

1329. 在 HP-UX 系统中，vmstat 命令能够对（ ）进行监控。

A. 缓存   B. CPU

C. 内存   D. 磁盘 I/O

答案：BCD

1330. 生产控制大区智能电网系统遵循下列哪些安全防护原则？（ ）

A. 安全分区   B. 网络专用

C. 纵向认证   D. 横向隔离

答案：ABCD

1331. 在 /etc/passwd 文件中保存的其他特殊账户，缺省情况下包括（ ）。

A. syslog   B. ftp

C. mail   D. lp

答案：BCD

1332. 用 PS 显示的进程的可能状态有（ ）。

A. 进程位于就绪状态   B. 由于子进程的跟踪而停止

C. 进程需要更多的内存   D. 进程在睡眠状态

答案：ABCD

1333. 关于账户删除的描述正确的是（ ）。

A. Administrator 账户不可以被删除

B. 普通用户可以删除

C. 删除后的用户，可以建立同名的账户，并具有原来账户的权限

D. 删除的用户只能通过系统备份来恢复

答案：ABD

1334. Windows Server 2003 启动所必需的初始引导文件包括（　　）。

A. Ntldr
B. Boot.ini
C. Ntdetect.com
D. Bootsect.dos

答案：ABCD

1335. Linux 系统中的设备类型有（　　）。

A. 块设备
B. 字符设备
C. 流设备
D. 缓冲设备

答案：ABC

1336. 入侵检测系统根据体系结构进行分类可分为（　　）。

A. 主机 IDS
B. 集中式 IDS
C. 网络 IDS
D. 分布式 IDS

答案：BD

1337. 电子商务交易必须具备抗抵赖性，说法不正确的是（　　）。

A. 目的在于防止一个实体假装另一个实体

B. 目的在于防止参与此交易的一方否认曾经发生过此次交易

C. 目的在于防止他人对数据进行非授权的修改、破坏

D. 目的在于防止信息从被监视的通信过程中泄露出去

答案：ACD

1338. 目录服务系统用户身份信息内容包括（　　）。

A. 身份信息管理
B. 级联身份管理
C. 接口变更管理
D. 安全管理

答案：ABCD

1339. 下列哪些是 Oracle 10g 默认安装的表空间？（　　）

A. SYSTEM
B. AUX
C. SYS
D. USERS

答案：AD

1340. 网络隔离的常用方法包括（　　）。

A. 防火墙隔离
B. 加密设备隔离

二、多项选择题

C. 交换机 VLAN 隔离　　　　　　D. 物理隔离

答案：ACD

1341. 以下哪些是 Oracle 数据库的后台进程？（　　）

A. PMON　　　　　　　　　　　B. SMON

C. DBWR　　　　　　　　　　　D. DBMS

答案：ABC

1342. 信号的传输是需要时间的，关于数据传输速率描述错误的是（　　）。

A. 每秒钟传送的二进制位数　　　　B. 每秒钟传送的字节数

C. 每秒钟传送的字符数　　　　　　D. 每秒钟传送的字数

答案：BCD

1343. 下列哪些是 Oracle 的伪列？（　　）

A. ROWID　　　　　　　　　　　B. ROW_NUMBER

C. LEVEL　　　　　　　　　　　D. ROWNUM

答案：ACD

1344. 关于 Oracle 中的函数，下列说法不正确的是（　　）。

A. 在 PLSQL 自定义函数中如果包含 UPDATE、DELETE、INSERT 语句，不必在函数体内给出 COMMIT

B. 自定义函数可以在 SQL 语句中调用，也可以在 PLSQL 块中调用

C. 自定义函数可以返回表类型

D. 自定义函数中的参数可以是 OUT 类型

答案：ABCD

1345. Oracle 内存结构可以分为（　　）。

A. 备份区　　　　　　　　　　　B. 程序全局区

C. 系统全局区　　　　　　　　　D. 还原区

答案：BC

1346. 下列说法正确的有（　　）。

A. 在 Oracle 中运行"select rtrim（'abcdef'，'bc'）from dual"的结果是：abcdef

B. 在 Oracle 中运行"select replace（'a&a&b'，'&'，'-'）from dual"的结果是：a-a-b

C. 在 Oracle 中运行"select instr（'abcdef'，'e'）from dual"的结果是：4

D. 在 Oracle 中运行"select nvl2（null，2，3）from dual"的结果是：3

答案：AD

1347. 可以被暴力破解的协议是（　　）。

A. POP3　　　　　　　　　　　B. SNMP

C. FTP
D. TFTP

答案：ABC

1348. Oracle 中下列哪些文件是必需的？（　　）

A. 参数文件
B. 口令文件
C. SYSAUX 表空间数据文件
D. UNDO 表空间数据文件

答案：ABD

1349. Oracle 数据库的物理组件必须包含（　　）。

A. 数据文件
B. 控制文件
C. 表空间文件
D. 日志文件

答案：ABD

1350. 字典生成器可以生成的密码种类有（　　）。

A. 生日
B. 手机号码
C. 身份证号
D. 中文姓名拼音

答案：ABCD

1351. 段是表空间中一种逻辑存储结构，Oracle 数据库使用的段类型是（　　）。

A. 索引段
B. 临时段
C. 代码段
D. 回滚段

答案：ABD

1352. 下列关于数据备份说法正确的是（　　）。

A. 全备份所需时间长，但恢复时间短，操作方便，当系统中数据量不大时，采用全备份比较可靠

B. 增量备份是指只备份上次备份以后有变化的数据

C. 差分备份是指根据临时需要有选择地进行数据备份

D. 等级保护三级数据备份不仅要求本地备份，还提出防止关键节点单点故障的要求

答案：ABD

1353. Oracle 删除或锁定无效的账号，减少系统安全隐患锁定和删除无效用户的 SQL 语句为（　　）。

A. alter user username account lock
B. drop user username cascade
C. del user username cascade
D. drop user username

答案：AB

1354. Oracle 中的几种系统文件分别是（　　）。

A. 数据文件 DBF
B. 控制文件 UTC
C. 日志文件 LOG
D. 归档文件 ARC

二、多项选择题

答案：AC

1355. 国家电网公司数据交换系统（DXP）业务组上报的大文件包括哪些内容？（ ）

A. 文档 B. 图片

C. 电子表格 D. 演示文稿

答案：ABCD

1356. 数据库调优在哪两个阶段效果最为显著？（ ）

A. 设计 B. 开发

C. 上线 D. 需求调研

答案：AB

1357. 数据库调优读写分离原则常用的方法有（ ）。

A. 分库 B. 分区

C. 分表 D. 分列

答案：ABCD

1358. 国家电网公司数据交换系统（DXP）可靠性保障包含（ ）。

A. 运行可靠性 B. 数据可靠性

C. 传输可靠性 D. 调用可靠性

答案：ACD

1359. 查杀木马，应该从哪些方面下手？（ ）

A. 寻找并结束木马进程 B. 打漏洞补

C. 寻找木马病毒文件 D. 寻找木马写入的注册表项

答案：ABCD

1360. 下列可以通过 Oracle GoldenGate 的参数文件配置的是（ ）。

A. 文件所有者 B. 文件大小

C. 文件命名 D. 文件存放路径

答案：BCD

1361. 关于数据备份策略下列说法正确的有（ ）。

A. 应根据各种数据的重要性及其容量，确定备份方式、备份周期和保留周期

B. 制定确保数据安全、有效的备份策略以及恢复预案

C. 在云系统备份需求发生变化时，要及时更新数据备份策略和恢复预案

D. 对于关键业务系统，每年应至少进行一次备份数据的恢复演练

答案：ABCD

1362. 数据库管理系统 DBMS 主要由哪两大部分组成？（ ）

A. 存储管理器 B. 查询处理器

C. 事物处理器　　　　　　　　D. 文件管理器

答案：AB

1363. SQL Server 服务一般不用 Administrator、System 账号来启动，通常以一般用户账号作为 SQL Server 服务的启动账号，下面的哪些权限是没必要分配给此启动账号的？（　）

A. 作为服务登录　　　　　　　B. 在本地登录

C. 关闭系统　　　　　　　　　D. 从网络访问计算机

答案：BC

1364. 在 Oracle 数据库中，按照回退段使用方法的不同，可以将回退段分为以下哪几种类型？（　）

A. 临时段　　　　　　　　　　B. 非系统回退段

C. DEFERED 回退段　　　　　　D. 系统回退段

答案：BCD

1365. 防火墙发展主要经历哪几代？（　）

A. 包过滤防火墙　　　　　　　B. 应用代理防火墙

C. 攻击检测防火墙　　　　　　D. 状态检测防火墙

答案：ABD

1366. 数据库漏洞的防范在企业中越来越受重视，通过哪些方法可以实施防范？（　）

A. 更换数据库名

B. 更换数据库里面常用字段成复杂字段

C. 给数据库关键字段加密，对于管理员账户设置复杂密码

D. 在数据库文件中建一个表，并在表中取一字段填入不能执行的 ASP 语句

答案：ABCD

1367. 通常所说的数据中心，包括（　）。

A. 国家电网公司总部数据中心　　B. 国家电网公司各分部数据中心

C. 省公司数据中心　　　　　　　D. 地市县公司数据中心

答案：ABC

1368. 状态检测防火墙与包过滤防火墙相比其优点是（　）。

A. 配置简单　　　　　　　　　B. 更安全

C. 对应用层检测较细致　　　　D. 检测效率大大提高

答案：AD

1369. 下列属于 Oracle 数据库中 SGA 组成部分的是（　）。

A. Shared Pool　　　　　　　　B. Database Buffer Cache

C. Cache Buffer　　　　　　　　D. Redo Log Buffer

二、多项选择题

答案：ABD

1370. 以下哪些技术可以增加木马的存活性？（　　）

A. 三线程技术　　　　　　　　B. 进程注入技术

C. 端口复用技术　　　　　　　D. 拒绝服务攻击技术

答案：ABCD

1371. 下列关于 Oracle 数据库中冷备份和热备份说法正确的是（　　）。

A. 热备份针对归档模式的数据库，在数据库仍旧处于工作状态时进行备份

B. 冷备份指在数据库关闭后进行备份，适用于所有模式的数据库

C. 热备份的优点在于当备份时，数据库仍旧可以被使用并且可以将数据库恢复到任意一个时间点

D. 冷备份的优点在于它的备份和恢复操作相当简单，并且由于冷备份的数据库可以工作在非归档模式下，数据库性能会比归档模式稍好

答案：ABCD

1372. 下列属于数据库设计中模式概念的是（　　）。

A. 内模式　　　　　　　　　　B. 外模式

C. 模式　　　　　　　　　　　D. 数据模式

答案：ABC

1373. 下列不属于 Oracle 数据库状态的是（　　）。

A. nomount　　　　　　　　　B. unmount

C. open　　　　　　　　　　　D. running

答案：BD

1374. 关于 Oracle 中的逻辑组件 table / segment / extent / block 之间的关系，说法正确的有（　　）。

A. 1 个 table 就是一个 segment　　B. segment 不可以跨表空间但可以跨数据文件

C. extent 可以跨数据文件　　　　　D. block 是 I/O 的最小存储单位

答案：BD

1375. 下列关于数据库中模型、模式和具体值三者之间的联系和区别，说法正确的有（　　）。

A. 模式的主体就是数据库的数据模型　　B. 数据模型描述的是数据的逻辑结构

C. 数据模型与模式都属于型的范畴　　　D. 值是数据库表中存储的记录

答案：ABCD

1376. Oracle 数据库系统已经安装在 HP-UNIX 操作系统上但并没有创建数据库。关于数据库创建和配置，说法正确的是（　　）。

A. 手工创建数据库运行 dbca 命令进行创建

B. 数据库创建完成后启动数据库使用命令 dbstart

C. 配置 Oracle 数据库的 DB Console，运行控制台配置命令 emctl start dbconsole

D. 启动 iSQLPlus，使用命令 isqlplus start

答案：ABCD

1377. 下列关于存储过程和触发器说法正确的有（　）。

A. 触发器是特殊类型的存储过程　　B. 触发器主要通过事件进行触发而被执行

C. 触发器不能直接调用执行　　　　D. 存储过程与表有关，触发器与表无关

答案：ABC

1378. 在加密过程中，必须用到的三个主要元素是（　）。

A. 所传输的信息（明文）　　　　B. 传输信道

C. 加密函数　　　　　　　　　　D. 加密钥匙（EncryptionKey）

答案：ACD

1379. 下列关于 Oracle 数据库启动过程的说法正确的有（　）。

A. startup nomount 读取初始化参数文件

B. startup nomount 实例启动（分配 SGA，启动后台进程）

C. startup mount 将实例和数据库关联起来，并打开控制文件

D. alter database open 利用控制文件打开数据文件和联机日志文件

答案：ABCD

1380. Oracle 中，下列哪些备份一般不能使用 RMAN 完成，可以使用操作系统命令完成？（　）

A. 冷备份　　　　　　　　　　B. 完整备份

C. 热备份　　　　　　　　　　D. 增量备份

答案：ABD

1381. 关于 Oracle 数据库控制文件，下列说法不正确的是（　）。

A. 建议至少有两个位于不同磁盘上的控制文件

B. 建议至少有两个位于同一磁盘上的控制文件

C. 建议保存一个控制文件

D. 只有一个控制文件，数据库不能运行

答案：BCD

1382. 下列哪些是 Oracle DataGuard 中的运行模式？（　）

A. MAXIMIZE PROTECTION　　　　B. MAXIMIZE PERFORMANCE

C. MAXIMIZE STARTUP　　　　　　D. MAXIMIZE STANDBY

答案：AB

1383. 下列哪些文件是 Oracle 启动时必需的？（　）

A. 日志文件　　　　　　　　　　B. 控制文件

二、多项选择题

C. 数据文件   D. 归档文件

答案：ABC

1384. Oracle 中，下列哪些内存区域用于存放数据字典信息？（ ）

A. Library Buffer Cache   B. Redo Log Buffer

C. Shared Pool   D. SMON

答案：AC

1385. 下列关于 $ORACLE_HOME 和 $ORACLE_BASE 的区别说法正确的是（ ）。

A. Oracle_home 是根目录   B. Oracle_base 是根目录

C. Oracle_base 是产品目录   D. Oracle_home 是产品目录

答案：BD

1386. 下列属于 Oracle 关闭数据库的方法的是（ ）。

A. shutdown normal   B. shutdown immediate

C. shutdown now   D. shutdown abort

答案：ABD

1387. Oracle 中创建一个数据库用户 orauser，设置密码，赋予基本的连接、读写自己数据的权限。下列 SQL 语句正确的是（ ）。

A. Create user orauser identified to password

B. Create user orauser identified by password

C. Grant connect to orauser

D. Grant resource to orauser

答案：BCD

1388. 关于 Oracle 中的存储过程参数，下列说法错误的是（ ）。

A. 存储过程的输出参数可以是标量类型，也可以是表类型

B. 存储过程输入参数可以不输入信息而调用过程

C. 可以指定字符参数的字符长度

D. 以上说法都正确

答案：ACD

1389. 下列关于 Oracle 密码的复杂度限制约定，说法正确的是（ ）。

A. 最少为 4 个字符   B. 最少为 6 个字符

C. 最多为 16 个字符   D. 最多为 30 个字符

答案：AD

1390. Oracle 中，下列哪些情况下用户可以被删除？（ ）

A. 不拥有任何模式对象的用户   B. 当前正处于连接状态的用户

C. 拥有只读表的用户　　　　　　D. 所有的用户都可以随时删除

答案：AC

1391. IPSec 包含的协议有（　　）。

A. ESP 协议　　　　　　　　　　B. SSL 协议

C. GRE 协议　　　　　　　　　　D. AH 协议

答案：AD

1392. VPN 使用的技术有（　　）。

A. 隧道技术　　　　　　　　　　B. 加解密技术

C. 身份认证技术　　　　　　　　D. 代码检测技术

答案：ABC

1393. VPN 技术采用的主要协议有（　　）。

A. IPSec　　　　　　　　　　　B. PPTP

C. WEP　　　　　　　　　　　　D. L2TP

答案：ABD

1394. 等级保护测评工作在确定测评对象时，需遵循（　　）等原则。

A. 恰当性　　　　　　　　　　　B. 经济性

C. 安全性　　　　　　　　　　　D. 代表性

答案：ACD

1395. 防火墙的工作模式有（　　）。

A. 路由模式　　　　　　　　　　B. 超级模式

C. 透明模式　　　　　　　　　　D. 混合模式

答案：ACD

1396. 防火墙的主要功能有（　　）。

A. 过滤不安全的数据　　　　　　B. 控制不安全的服务和访问

C. 记录网络连接的日志和使用统计　D. 防止内部信息外泄

答案：ABCD

1397. 风险评估的内容包括（　　）。

A. 识别网络和信息系统等信息资产的价值

B. 发现信息资产在技术、管理等方面存在的脆弱性和威胁

C. 评估威胁发生概率、安全事件影响，计算安全风险

D. 有针对性地提出改进措施、技术方案和管理要求

答案：ABCD

1398. 计算机信息系统的运行安全包括（　　）。

二、多项选择题

A. 系统风险管理 B. 审计跟踪
C. 备份和恢复 D. 电磁信息泄露

答案：ABC

1399. 建立堡垒主机的一般原则是（ ）。

A. 最简化原则 B. 复杂化原则
C. 预防原则 D. 网络隔断原则

答案：AC

1400. 数字证书含有的信息有（ ）。

A. 用户的名称 B. 用户的公钥
C. 用户的私钥 D. 证书有效期

答案：ABD

1401. 病毒的反静态反汇编技术有。

A. 数据压缩 B. 数据加密
C. 感染代码 D. 进程注入

答案：ABC

1402. 下列关于 PDCA 模型各子块描述正确的是（ ）。

A. Action，实施统一的风险治理活动

B. Do，对存在的问题进行改进

C. Check，评审、检查各项工作是否满足要求

D. Plan，定义信息安全管理体系的范围、方针等

答案：CD

1403. 下列关于安全防护模型描述正确的是（ ）。

A. 访问控制模型主要有 4 种：自主访问控制、强制访问控制、基于角色的访问控制和信息流模型

B. 自主访问控制模型允许主体显式地指定其他主体对该主体所拥有的信息资源是否可以访问

C. 信息流模型由对象、状态转换和信息流策略组成

D. 强制访问控制可以增加安全级别，因为它基于策略，任何没有被显式授权的操作都不能执行

答案：BCD

1404. 下列关于防火墙主要功能的说法正确的有（ ）。

A. 能够对进出网络的数据包进行检测与筛选

B. 过滤掉不安全的服务和非法用户

C. 能够完全防止用户传送已感染病毒的软件或文件

D. 能够防范数据驱动型的攻击

答案：AB

1405. 下列关于入侵检测说法正确的有（　　）。

A. 能够精确检测所有入侵事件

B. 可判断应用层的入侵事件

C. 可以识别来自本网段、其他网段以及外部网络的攻击

D. 通常部署于防火墙之后

答案：BCD

1406. 下列说法属于等级保护三级备份和恢复要求的是（　　）。

A. 能够对重要数据进行备份和恢复

B. 能够提供设备和通信线路的硬件冗余

C. 提出数据的异地备份和防止关键节点单点故障的要求

D. 要求能够实现异地的数据实时备份和业务应用的实时无缝切换

答案：ABC

1407. 下列属于病毒检测方法的有（　　）。

A. 特征代码法　　　　　　B. 校验和法

C. 行为检测法　　　　　　D. 软件模拟法

答案：ABCD

1408. 下面关于哈希算法的描述正确的是（　　）。

A. 哈希算法的输入长度是不固定的　　B. 哈希算法的输入长度是固定的

C. 哈希算法的输出长度是不固定的　　D. 哈希算法的输出长度是固定的

答案：AD

1409. 以下属于恶意代码的有（　　）。

A. 病毒　　　　　　　　　B. 蠕虫

C. 宏　　　　　　　　　　D. 特洛伊木马

答案：ABD

1410. 以下属于应用层防火墙技术的优点的是（　　）。

A. 能够对高层协议实现有效过滤

B. 具有较快的数据包处理速度

C. 为用户提供透明的服务，不需要改变客户端的程序和自己的行为

D. 能够提供内部地址的屏蔽和转换功能

答案：AD

二、多项选择题

1411. 应对操作系统安全漏洞的基本方法是（　　）。

A. 对默认安装进行必要的调整

B. 遵从最小安装原则，仅开启所需的端口和服务

C. 更换另一种操作系统

D. 及时安装最新的安全补丁

答案：ABD

1412. 关于网络设备与网络传输介质的叙述正确的是（　　）。

A. 网卡是计算机与通信介质之间进行数据收发的中间处理部件

B. 传输介质是网络中发送方和接收方之间传输信息的物理通道

C. 中继器的功能是对网络传输信号进行整形、放大

D.MODEM 又称为调制解调器

答案：ABCD

1413. 在下列对主机网络安全技术的描述选项中，哪些是错误的？（　　）

A. 主机网络安全技术考虑的元素有 IP 地址、端口号、协议、MAC 地址等网络特性和用户、资源权限以及访问时间等操作系统特性

B. 主机网络安全技术是被动防御的安全技术

C. 主机网络安全所采用的技术手段通常在被保护的主机内实现，一般为硬件形式

D. 主机网络安全技术结合了主机安全技术和网络安全技术

答案：BC

1414. 防止设备电磁辐射可以采用的措施有（　　）。

A. 屏蔽机　　　　　　　　　　B. 滤波

C. 尽量采用低辐射材料和设备　　D. 内置电磁辐射干扰器

答案：ABCD

1415. IPSec 的工作模式是（　　）。

A. 传输模式　　　　　　　　　B. 隧道模式

C. 穿越模式　　　　　　　　　D. 嵌套模式

答案：AB

1416. 关于局域网的叙述正确的是（　　）。

A. 覆盖的范围有限、距离短

B. 数据传输速度高、误码率低

C. 光纤是局域网最适合使用的传输介质

D. 局域网使用最多的传输介质是双绞线

答案：ABD

1417. 容灾等级越高，则（　）。

A. 业务恢复时间越短　　　　　　B. 所需要成本越高

C. 所需人员越多　　　　　　　　D. 保护的数据越重要

答案：ABD

1418. 为了减小雷电损失，可以采取的措施有（　）。

A. 机房内应设等电位连接网络

B. 部署 UPS

C. 设置安全防护地与屏蔽地

D. 根据雷击在不同区域的电磁脉冲强度划分不同的区域界面，进行等电位连接

答案：ACD

1419. 在加密过程中，必须用到的三个主要元素是（　）。

A. 明文　　　　　　　　　　　　B. 密钥

C. 函数　　　　　　　　　　　　D. 传输通道

答案：ABC

1420. 黑客攻击某个系统之前，首先要进行信息收集，哪些信息收集方法属于社会工程学范畴？（　）

A. 通过破解 SAM 库获取密码　　　B. 通过获取管理员信任获取密码

C. 使用暴力密码破解工具破解密码　D. 通过办公室电话、姓名、生日来猜测密码

答案：BD

1421. 加密的强度主要取决于（　）。

A. 算法的强度　　　　　　　　　B. 密钥的保密性

C. 明文的长度　　　　　　　　　D. 密钥的强度

答案：ABD

1422. 建立完整的信息安全管理体系通常要经过以下哪几个步骤？（　）

A. 计划　　　　　　　　　　　　B. 实施

C. 检查　　　　　　　　　　　　D. 改进

答案：ABCD

1423. 下列会导致电磁泄露的有（　）。

A. 显示器　　　　　　　　　　　B. 开关电路及接地系统

C. 计算机系统的电源线　　　　　D. 机房内的电话线

答案：ABCD

1424. 信息安全风险评估包括资产评估、威胁评估、风险计算和分析、风险决策和安全建议以及（　）等内容。

二、多项选择题

A. 安全评估 B. 脆弱性评估

C. 现有安全措施评估 D. 攻击评估

答案：BC

1425. 下列哪些是 Windows 系统开放的默认共享？（　　）

A. IPC$ B. ADMIN$

C. C$ D. CD$

答案：ABC

1426. 在本系统中，采集系统弱点的方法有哪些？（　　）

A. 扫描器扫描漏洞 B. 系统自动发现漏洞

C. 人工评估漏洞 D. 日志分析

答案：ACD

1427. 某网站存在 SQL 注入漏洞，使用 Access 数据库，以下哪几项不是通过 SQL 注入直接实现？（　　）

A. 删除网站数据库表 B. 猜解出管理员账号和口令

C. 猜解出网站后台路径 D. 在网站页面插入挂马代码

答案：ACD

1428. 目前，国际上通行的 IT 治理标准有（　　）。

A. ITIL B. COBIT

C. PRINCE2 D. ISO/IEC1779

答案：ABCD

1429. 正常情况下，在 fg.asp 文件夹内，以下哪种文件可以被 IIS6.0 当成 ASP 程序解析执行？（　　）

A. 1.jpg B. 2.asa

C. 3.cer D. 4.htm

答案：ABCD

1430. 以下属于应用系统漏洞扫描工具的是（　　）。

A. Acunetix Web Vulnerability Scanner B. AppScan

C. SuperScan D. Metasploit

答案：AB

1431. 某业务系统 WebLogic 中间件后台存在弱口令，黑客可以利用后台进行操作的是（　　）。

A. 上传打包的 WAR 文件，并获取 WebShell

B. 关闭某业务系统的运行

C. 删除某业务系统的程序

D. 修改某业务系统的运行端口

答案：ABCD

1432. 下面哪几种工具可以进行 SQL 注入攻击？（　　）

A. Pangolin　　　　　　　　　　B. SQLMap

C. Nmap　　　　　　　　　　　D. PwDump

答案：AB

1433. 下列属于计算机病毒症状的是（　　）。

A. 找不到文件　　　　　　　　　B. 系统有效存储空间变小

C. 系统启动时的引导过程变慢　　D. 文件打不开

答案：BC

1434. 关于 TCP/IP 筛选可以针对（　　）。

A. TCP 端口　　　　　　　　　　B. UDP 端口

C. IPX 协议　　　　　　　　　　D. IP 协议

答案：ABD

1435. 采用数字签名可以解决下列哪些问题？（　　）

A. 数据保密性　　　　　　　　　B. 数据完整性

C. 验证发送者身份　　　　　　　D. 不可抵赖性

答案：BCD

1436. Nessus 可以扫描的目标地址是（　　）。

A. 单一的主机地址　　　　　　　B. IP 范围

C. 网段　　　　　　　　　　　　D. 导入的主机列表的文件

答案：ABCD

1437. 物理层面安全要求包括物理位置、物理访问控制、防盗窃和防破坏等，以下是物理安全范围的是（　　）。

A. 防静电　　　　　　　　　　　B. 防火

C. 防水和防潮　　　　　　　　　D. 防攻击

答案：ABC

1438. 系统上线试运行期间，未发生（　　）等，可认为该系统上线试运行期间运行稳定。

A. 影响用户使用的故障　　　　　B. 因软件缺陷而导致系统停运的重大故障

C. 较大变更　　　　　　　　　　D. 一般变更

答案：ABC

1439. 信息系统的（　　）以及系统下线构成其全部生命周期。

A. 开发阶段　　　　　　　　　　B. 测试阶段

C. 上线试运行阶段　　　　　　　　D. 上线正式运行阶段

答案：ACD

1440. 试验环境测试主要通过性能测试工具对系统进行压力测试和安全评估，重点考察系统的（　　）、负荷响应能力和安全性等指标并开展系统应急预案演练，形成相关记录和报告，试验环境应该与正式环境类似。

A. 集成性　　　　　　　　　　　　B. 健壮性
C. 可靠性　　　　　　　　　　　　D. 稳定性

答案：ABD

1441. 正式环境测试主要考察系统在上线正式运行环境中各功能模块的（　　）以及对整个信息系统的影响等指标，形成相关记录和报告。

A. 连通性　　　　　　　　　　　　B. 稳定性
C. 响应能力　　　　　　　　　　　D. 安全性

答案：ACD

1442. 观察期内由系统建设开发单位和运行维护单位共同安排人员进行运行（　　），并提交观察期的系统运行报告。

A. 监视　　　　　　　　　　　　　B. 调试
C. 备份　　　　　　　　　　　　　D. 记录

答案：ABCD

1443. 建立信息化部门与业务部门密切配合的检修计划平衡会制度，统筹安排检修计划，规范系统升级工作，提高检修工作的（　　）。

A. 连续性　　　　　　　　　　　　B. 计划性
C. 刚性　　　　　　　　　　　　　D. 合理性

答案：BC

1444. 杜绝违规违章操作。严格执行检修操作"两票"审批流程，严禁擅自扩大工作内容和范围，规范操作流程和步骤，加强（　　）。

A. 操作监护　　　　　　　　　　　B. 操作审查
C. 运维监护　　　　　　　　　　　D. 运维审计

答案：AD

1445. 规范账号权限管理。该回收的管理权限必须回收，定期对临时用户、长期不使用的用户账号进行清理，建立用户账号（　　）制度。

A. 休眠　　　　　　　　　　　　　B. 删除
C. 激活　　　　　　　　　　　　　D. 注销

答案：ACD

1446. 提升系统运维技能。结合系统运维实际需求,建立运维标准化文档和知识库,有针对性地组织专业技术培训和运维技能培训,开展运维人员( )活动,切实提升信息运维人员专业技术水平。

A. 技术资格考试　　　　　　　B. 运维技能竞赛
C. 岗位大练兵　　　　　　　　D. 运维技术调考

答案:ABC

1447. 推行运行方式管理。遵循"( )"原则,以"可控、能控、在控"为目标,加强规划、建设和运行的紧密联动和有序衔接,全面开展网络与信息系统运行方式管理工作并滚动调整。

A. 统一调度　　　　　　　　　B. 统一管理
C. 分级管理　　　　　　　　　D. 分级负责

答案:AC

1448. 加强信息安全技术督查。充分发挥公司两级信息安全技术督查队伍作用,有针对性地开展( )工作,切实发挥对信息系统安全运行工作的督导作用。

A. 日常督查　　　　　　　　　B. 特殊督查
C. 专项督查　　　　　　　　　D. 高级督查

答案:ACD

1449. 信息系统运行工作坚持"( )"的原则,实行统一领导、分级负责。

A. 安全第一　　　　　　　　　B. 预防为主
C. 综合治理　　　　　　　　　D. 分工负责

答案:ABC

1450. 运行值班人员应实时监测信息系统及运行环境的运行状态,内容包括但不限于:机房基础设施、( )、中间件、业务应用、安全设备等,同时做好记录。

A. 网络　　　　　　　　　　　B. 主机
C. 服务器　　　　　　　　　　D. 数据库

答案:ABD

1451. 国网信通公司受托作为公司总部信息系统运维单位,主要职责包括:负责运维范围内网络与信息系统的( )。

A. 运行管理工作　　　　　　　B. 安全保障工作
C. 应急处置工作　　　　　　　D. 运行情况的分析与总结

答案:ABCD

1452. 信息系统运行工作内容主要包括:运行监测、巡视巡检、两票管理、运行监护、接入管理、运行方式管理、账号权限管理、( )、运行分析和安全保障等。

A. 设备管理　　　　　　　　　B. 缺陷管理

二、多项选择题

C. 事件管理 　　　　　　　　　 D. 问题管理

答案：ABC

1453. 巡检主要为及时掌握信息系统及运行环境的运行状况，分为（ ）。

A. 定期巡检 　　　　　　　　　 B. 特殊巡检

C. 临时巡检 　　　　　　　　　 D. 监察巡检

答案：ABD

1454. 运行方式应包括网络与信息系统现状描述、需求分析和运行方式三部分内容，可分为（ ）。

A. 年度运行方式 　　　　　　　 B. 半年度运行方式

C. 季度运行方式 　　　　　　　 D. 月度运行方式

答案：AD

1455. 信息系统运行机构应充分利用信息运维综合监管系统开展设备管理工作，确保管理范围内所有（ ）等信息纳入系统管理，并建立设备与业务应用缺陷记录、检修记录的关联。

A. 系统台账 　　　　　　　　　 B. 设备台账

C. 系统架构图 　　　　　　　　 D. 网络设备拓扑图

答案：BCD

1456. 信息系统缺陷按照严重程度分为（ ）三个级别。

A. 紧急 　　　　　　　　　　　 B. 重要

C. 一般 　　　　　　　　　　　 D. 普通

答案：ABC

1457. 三线技术支持管理机构应建立协同工作机制，以便在处理疑难和紧急问题时，快速组织包括（ ）在内的应急专家组，集中为用户解决问题。

A. 硬件 　　　　　　　　　　　 B. 网络

C. 系统平台软件 　　　　　　　 D. 业务应用系统

答案：ACD

1458. 信息系统检修工作，是指公司信息系统调运检体系中的检修部分，主要通过（ ）等工作，提高信息系统检修质量和健康水平，确保信息系统安全稳定运行。

A. 检修计划管理 　　　　　　　 B. 检修执行管理

C. 信息系统检测 　　　　　　　 D. 检修分析

答案：ABCD

1459. 公司信息系统检修工作坚持"（ ）"的原则，实行统一领导、分级负责。

A. 应修上报 　　　　　　　　　 B. 应修必修

C. 不修上报 　　　　　　　　　 D. 修必修好

— 849 —

答案：BD

1460. 信息系统检修工作是指对处于试运行和正式运行状态的信息系统开展的检测、维护和升级等，分为（　）三种。

A. 计划检修　　　　　　　　B. 临时检修
C. 特别检修　　　　　　　　D. 紧急抢修

答案：ABD

1461. 检修计划填报应遵循简明、规范原则，简单描述检修工作的（　）、类型（包括但不限于性能调优、功能升级、日常维护、缺陷修复等）、影响范围等，检修工作名称应反映出检修对象（包括但不限于业务系统、硬件平台、数据库、网络等）。

A. 日期　　　　　　　　　　B. 名称
C. 工作内容　　　　　　　　D. 人员

答案：ABCD

1462. 检修工作应提前落实（　），提前做好对关键用户、重要系统的影响范围和影响程度的评估，开展事故预想和风险分析，制定相应的应急预案及回退、恢复机制。

A. 组织措施　　　　　　　　B. 技术措施
C. 安全措施　　　　　　　　D. 实施方案

答案：ABCD

1463. 检修工作实施前，各单位信息系统检修机构应做好充分准备，落实人员、（　）。

A. 车辆　　　　　　　　　　B. 工具
C. 器材　　　　　　　　　　D. 备品备件

答案：BCD

1464. 检修工作完成后，检修单位应立即组织自验收，并将检修完成时间、（　）等情况报告运行监护人员，由运行监护人员复核后办理检修工作完结手续。

A. 内容　　　　　　　　　　B. 效果
C. 存在问题　　　　　　　　D. 整改意见

答案：ABCD

1465. 公司应急预案体系由（　）构成。

A. 总体应急预案　　　　　　B. 总体组织预案
C. 专项应急预案　　　　　　D. 现场处置方案

答案：ACD

1466. 专项应急预案是针对具体的（　）和应急保障制定的计划或方案。

A. 突发事件　　　　　　　　B. 主要流程
C. 危险源　　　　　　　　　D. 处置措施

二、多项选择题

答案：AC

1467. 信息系统与权限平台的集成模式划分为哪两种？（　　）

A. 代理　　　　　　　　　　　　B. 适配器

C. 应用程序　　　　　　　　　　D. 服务接口

答案：BD

1468. 应急预案演练分为（　　），可以采取桌面推演、现场实战演练或其他演练方式。

A. 综合演练　　　　　　　　　　B. 特别演练

C. 专项演练　　　　　　　　　　D. 紧急演练

答案：AC

1469. 应急预案每三年至少修订一次，有下列情形之一的，应及时进行修订（　　）。

A. 本单位生产规模发生较大变化或进行重大技术改造的

B. 本单位隶属关系或管理模式发生变化的

C. 周围环境发生变化、形成一般危险源的

D. 应急组织指挥体系或者职责已经调整的

答案：ABD

1470. 公司信息运维标准化体系由八大部分组成，包括运维体系、（　　）、运维规程、装备标准、管理制度、考核标准。

A. 实施体系　　　　　　　　　　B. 费用标准

C. 工作规范　　　　　　　　　　D. 流程标准

答案：BCD

1471. 运维信息第二级客户服务包括（　　）。

A. 一个部门业务受到影响的运维工作

B. 跨多个部门业务受到影响的运维工作

C. 服务响应时间在 1 小时以内的服务请求

D. 服务响应时间在 2 小时以内的服务请求

答案：ABC

1472. 信息客服工作主要内容包括（　　）、投诉受理、客户回访、业务需求收集和统计分析等。

A. 服务请求受理　　　　　　　　B. 故障处理

C. 故障受理　　　　　　　　　　D. 信息发布

答案：ACD

1473. 第一级桌面运维包括（　　）。

A. 桌面计算机与外设的日常运行

B. 桌面计算机操作系统及办公软件除优化外的日常运行及其他工作

— 851 —

C. 安全类软件的安装及升级

D. 配合安全检查等其他工作

答案：ABCD

1474. 第二级桌面运维包括（　　）。

A. 技术支持　　　　　　　　B. 应急处理

C. 补丁升级　　　　　　　　D. 补丁测试

答案：ABD

1475. 第三级桌面运维包括（　　）。

A. 安全加固　　　　　　　　B. 严重故障处理

C. 硬盘数据恢复等工作　　　D. 病毒处理

答案：BC

1476. 第一级基础设施包括（　　）。

A. 安防（门禁系统、图像监控系统等）设施　　B. 其他符合一般运行维护级的基础设施

C. 综合布线系统　　　　　　D. 空调、电源

答案：AB

1477. 第三级硬件平台有（　　）。

A. 广域网、局域网

B. 承载第三级应用的业务小型机、PC 服务器、负载均衡器

C. 服务器补丁测试、升级

D. SAN 网络存储

答案：ABC

1478. 三线技术支持主要包括（　　），解决二线队伍不能解决的问题，并组织相关培训工作。

A. 信息系统软件开发商　　　B. 系统顾问

C. 设备厂商　　　　　　　　D. 公司专家队伍

答案：ACD

1479. 公司软件包括（　　）。

A. 购买软件　　　　　　　　B. 自主开发软件

C. 合作开发软件　　　　　　D. 委托开发软件

答案：BCD

1480. 按国家有关法律法规规定，软件著作权人享有下列（　　）权利。

A. 发表权　　　　　　　　　B. 署名权

C. 复制权　　　　　　　　　D. 发行权

答案：ABCD

二、多项选择题

1481. 公司法律部门是公司软件著作权保护的管理部门，主要职责包括（　　）。

A. 组织编制公司软件开发合同标准范本，指导编写、审核与软件著作权有关的合同条款及保密协议等文件

B. 提供与软件著作权相关的法律服务和支持

C. 组织处理公司软件著作权的争议和纠纷

D. 协助建立、健全公司软件著作权保护制度

答案：ABCD

1482. 公司办公计算机信息安全和保密工作按照"（　　）"原则。

A. 谁主管谁负责　　　　　　　　B. 谁运行谁负责

C. 谁维护谁负责　　　　　　　　D. 谁使用谁负责

答案：ABD

1483. 第四级——特殊保障级基本要求包括（　　）。

A. 对于重大活动时期按照特别要求进行运维保障，涉及的运行维护内容采取特殊运维保障措施

B. 该级别所涉及的运行维护内容可靠性需求最高，发生故障时产生的影响在范围和严重性方面最大

C. 该级别涉及的运维内容及相关运维人员要求，根据重大活动性质或按公司特定文件要求确定

D. 原则上该级别运维要求应高于第三级信息运维要求

答案：ACD

1484. 检修操作开始前，运行人员须对照检修计划，对工作票和操作票进行（　　）。

A. 查验是否按照规定履行审批手续

B. 检查是否填写完整，检查两票是否与检修计划一致

C. 检查工作内容是否符合工作票规定

D. 检查是否符合信息安全管理规定

答案：ABCD

1485. 下列软件中，哪些适合在其上直接构建和部署企业门户应用？（　　）

A. SAP Enterprise Portal　　　　B. WebLogic Portal

C. WebSphere Portal　　　　　　D. JDK

答案：ABC

1486. 以下哪些是三级系统物理安全新增的控制点？（　　）

A. 机房场地应避免设在建筑物的高层或地下室，以及用水设备的下层或隔壁，如果不可避免，应采取有效防水等措施

B. 重要区域应配置电子门禁系统，控制、鉴别和记录进出的人员

C. 应利用光、电等技术设置机房防盗报警系统

D. 机房应采用防静电地板

答案：ABCD

1487. 下列哪些是常见目录系统软件？（　　）

A. Active Directory　　　　　　B. eDirectory

C. WebLogic Platform　　　　　D. Directory Server

答案：ABD

1488. JDBC-ODBC 桥在一个 Java 应用中连接到一个 Excel，下面（　　）属于这个应用的软件层。

A. JDBC-Excel Driver　　　　　B. JDBC-ODBC

C. ODBC-JDBC　　　　　　　　D. ODBC

答案：BD

1489. J2EE 容器包括的服务器容器有（　　）。

A. Applet 容器　　　　　　　　B. Web 容器

C. EJB 容器　　　　　　　　　D. Servlet 容器

答案：BC

1490. ODBC 总体结构中包括的组件是（　　）。

A. 应用程序　　　　　　　　　B. 驱动程序管理器

C. 驱动程序　　　　　　　　　D. 数据库

答案：ABCD

1491. EJB 组件有哪几种？（　　）

A. Entity Bean　　　　　　　　B. Session Bean

C. Java Bean　　　　　　　　　D. Message-Driven Bean

答案：ABD

1492. 下列说法正确的是（　　）。

A. 消息服务 JMS 基于 Java 的电子邮件 API

B. Java Server Papes（JSP）可以使不懂 Java 的人也能用 Java 编写动态网页

C. RMI-IIOP 用于实现 Java 和 CORBA 应用之间互操作

D. Java 接口定义语言 IDL 通过建立远程接口支持 Java 和 CORBA 应用的通信

答案：BCD

1493. 消息中间件 TLQ 默认使用哪几个端口？（　　）

A. 10240　　　　　　　　　　　B. 10241

二、多项选择题

C. 10242 D. 80

答案：ABC

1494. 消息中间件 TLQ 正常启动后可以看到哪些进程？（　　）

A. tlqd. exe B. tlq. exe

C. tlqservice. exe D. tlqmoni. exe

答案：ACD

1495. J2EE 中关于 MVC 解释正确的是（　　）。

A. M——Machine B. M——Model

C. V——View D. C——Class

答案：BC

1496. WebLogic NodeManager 可以实现哪些功能？（　　）

A. 远程启停 Server

B. 部署应用程序到 Server 上

C. 杀掉状态为失败的 Server，并将其重新启动

D. Server 出现 Crash 情况时自动将 Server 重新启动

答案：ACD

1497. WebLogic Server 使用（　　）方式配置被管理服务器。

A. Console B. 命令行

C. 文本文件 D. 客户端

答案：ABC

1498. WebLogic 可以运行在（　　）操作系统上。

A. Windows B. Linux

C. AIX D. FreeBSD

答案：ABCD

1499. AIX 操作系统下的更新 WebLogic 的 License 文件（文件名为 LIC-PFRM81-128. txt）命令为（　　）。

A. sh UpdateLicense. sh LIC-PFRM81-128. txt

B. /UpdateLicense. sh LIC-PFRM81-128. txt

C. \UpdateLicense. sh LIC-PFRM81-128. txt

D. . /UpdateLicense. sh LIC-PFRM81-128. txt

答案：AD

1500. 出于安全性考虑，WebSphere 需要启用安全。这时发现 WebSphere 启用不了本地 OS 安全认证，原因可能是（　　）。

A. 输入的用户口令错误 B. 未安装认证相关的引擎

C. 未安装 WAS 补丁 D. 未加入 AD 域管理

答案：ABC

1501. 发生（ ）事故，需严格按照国家法规、行业规定及有关程序，向相关机构报告、接受并配合其调查、落实其对责任单位和人员的处理意见，同时应按照国网公司安全事故调查规程进行报告和调查。

A. 特别重大 B. 重大较大

C. 较大 D. 一般

答案：ABCD

1502. 发生《国家电网公司安全事故调查规程》（ ）级事件，需要省级单位负责人签字。

A. 五 B. 六

C. 七 D. 八

答案：AB

1503. 各单位需认真审核本单位提交的正式报告，根据（ ）完成报告审核人签字及盖章，按要求及时报送。

A. 应用类型 B. 故障类型

C. 事件等级 D. 报告时限

答案：BC

1504. 根据《国家电网公司信息通信安全运行事件即时报告工作要求》，保障时期分为（ ）。

A. 紧急保障时期 B. 特级保障时期

C. 重要保障时期 D. 一般时期

答案：BCD

1505. 根据《国家电网公司信息通信运行安全事件报告工作要求》，故障分为（ ）。

A. A 类故障 B. B 类故障

C. C 类故障 D. D 类故障

答案：ABCD

1506. 根据《国家电网公司安全事故调查规程》，哪些事件由省电力公司（国家电网公司直属公司）或其授权的单位组织调查？（ ）

A. 五级人身事故

B. 六级电网事件

C. 一般（四级）设备事故和五级设备事件

D. 六级信息系统事件

答案：ABCD

二、多项选择题

1507.《国家电网公司安全事故调查规程》规定,发生以下哪些情况之一者为人身事故？（ ）

A. 被单位派出到用户工程工作过程中发生的人身伤亡

B. 乘坐单位组织的交通工具发生的人身伤亡

C. 员工因公外出发生的人身伤亡

D. 确系本人原因或疾病造成的伤亡

答案：ABC

1508. 故障处置完毕后七个工作日内由（ ）提交正式报告至国网信通部。

A. 通信部   B. 国网信通调度

C. 故障发生单位   D. 故障发生单位信息通信职能管理部门

答案：BD

1509.《国家电网公司信息通信运行安全事件报告工作要求》将信息通信系统划分为（ ）。

A. 业务应用类   B. 监测类应用

C. 通信网络类   D. 机房类

答案：ABCD

1510. SAP 系统中,权限管理功能主要分为（ ）。

A. 用户管理   B. 模块管理

C. 设备管理   D. 角色管理

答案：ABD

1511. 在 SAP 系统里有哪些打印连接方式？（ ）

A. Remote printing   B. Front-End printing

C. Instance Printing   D. Local Printing

答案：ABD

1512. SAP 系统中,可以使用下列哪些事务代码查看和管理用户更新请求？（ ）

A. SM12   B. SM13

C. SM04   D. SU24

答案：AB

1513. SAP 系统中,通过采购订单显示 ME23N 可以得到哪些信息？（ ）

A. 采购订单是否收货   B. 采购订单的数量

C. 采购订单物料是否发货 D. 采购订单是否预制发票

答案：ABD

1514. SAP 系统中,以下哪些是物资管理模块的功能范畴？（ ）

A. 物资主数据管理   B. 采购管理

C. 库存管理   D. 账务管理

— 857 —

答案：ABC

1515. SAP 系统中，配置采购订单审批策略时，可以考虑的因素有（　）。

A. 工厂
B. 采购组织
C. 采购组
D. 采购订单凭证类型

答案：ABCD

1516. SAP 系统中，一般可把（　）设为工作中心。

A. 班组
B. 工厂
C. 科室
D. 利润中心

答案：AC

1517. 在协同办公中，文件归档之后，从哪里可以确定已经归档成功？（　）

A. 档案系统
B. 补充归档
C. 已办已阅
D. 办结文档

答案：AB

1518. 在协同办公中，以下哪些为办公自动化统一版本的模块？（　）

A. 电子公告
B. 出差管理
C. 我的收藏夹
D. 综合信息

答案：ABCD

1519. 在协同办公系统里，以下哪些模块有对应海量库？（　）

A. 督查督办
B. 信访管理
C. 发文管理
D. 综合信息

答案：ABC

1520. 在协同办公中，文件正文启用格式中包括（　）。

A. Word 格式
B. WPS 格式
C. 选择格式
D. 根据初始化配置参数

答案：ABCD

1521. 在协同办公中，附件管理能上传的文件有（　）。

A. 空记事本文件
B. Word 文件
C. PPT 文件
D. 图片文件

答案：BCD

1522. 在协同办公中，属于信息采编的功能有（　）。

A. 起草正文
B. 查看正文
C. 转 CEB 文件
D. 发布

答案：ABCD

二、多项选择题

1523. 在协同办公系统里安装整合控件前需安装的软件有（　　）。

A. 安装 WPS
B. 计算机安装 Apabi Maker 软件
C. 安装 Office 2003 以下正式版
D. 安装查毒软件

答案：ABC

1524. 在协同办公系统里默认情况下，下列哪些文件格式附件能上传成功？（　　）

A. EXE
B. DOC
C. ET
D. GIF

答案：BCD

1525. 协同办公系统里哪些是首页能配置显示的数据？（　　）

A. 待办文件
B. 知会文件
C. 最新公告
D. 内部分发

答案：ABCD

1526. 在协同办公系统里信息采编的功能包含（　　）。

A. 采用
B. 采用登记
C. 退改稿
D. 联网分发

答案：ABCD

1527. PMS 中，技改大修管理模块中大修计划包括（　　）。

A. 大修规划库上报
B. 项目新建
C. 大修储备库上报
D. 大修计划上报

答案：BCD

1528. PMS 中，下列实用化评价指标中统计方式是人工抽查的有（　　）。

A. 技改项目数据填报规范性
B. 大修项目数据填报规范性
C. 报表报送及时率
D. 报表数据规范性、准确性

答案：ABD

1529. PMS 中，设备台账中数据录入基本要求正确的是（　　）。

A. 电压单位用"kV"，注意区分大小写，不能用"KV，kv，Kv"
B. 对于有计量单位的参数，需要严格按照指定的单位填写
C. 录入方式有：自动生成、手工选择、手工录入、手工选择或手工录入
D. 名称编号中的非汉字字符一律使用全角字符，且不能有空格及 /\'"%＆*＄等字符

答案：ABC

1530. PMS 中，可对当前任务菜单下的工作流程进行的操作是（　　）。

A. 撤销任务
B. 查看流程日志
C. 处理工作流
D. 查看流程图

答案：BCD

1531. PMS 中，当前任务及公告中包括（　　）标签页。

A. 当前任务　　　　　　　　　　B. 其他任务

C. 历史任务　　　　　　　　　　D. 任务统计

答案：ACD

1532. PMS 中，大修储备库维护提供的功能有（　　）。

A. 新建项目导入储备库　　　　　B. 编制人确认

C. 上报　　　　　　　　　　　　D. 退回项目新建

答案：AC

1533. PMS 中，储备库项目的来源主要包括（　　）。

A. 专项技改储备项目可从规划库中导入（已上报总部）

B. 专项技改储备项目可从新建技改项目库中导入

C. 大修项目从新建项目库导入

D. 大修项目从规划库导入

答案：ABC

1534. 根据公司《生产管理信息系统实用化评价指标》（生技改〔2012〕29 号），以下生产业务数据，在评价期内属于实用化评价考核的数据有（　　）。

A. 设备缺陷　　　　　　　　　　B. 工作票

C. 检修记录　　　　　　　　　　D. 状态检修辅助决策数据

答案：ABCD

1535. 对生产管理信息系统实用化评价考核指标采用哪些方法进行统计？（　　）

A. 系统自动统计　　　　　　　　B. 人工抽查

C. 指标填报　　　　　　　　　　D. 综合评价

答案：AB

1536. PMS 中数据填报方式的种类有（　　）。

A. 自动生成　　　　　　　　　　B. 手工选择

C. 手工录入　　　　　　　　　　D. 手工选择或手工录入

答案：ABCD

1537. PI3000 中，安全域由以下（　　）组成。

A. 对象安全域　　　　　　　　　B. 属性安全域

C. 类型操作安全域　　　　　　　D. 连接安全域

答案：ABCD

1538. PI3000 中，对可以修改的属性，支持的编辑器是（　　）。

二、多项选择题

A. 下拉选择 B. CheckBox
C. 按钮选择 D. 图片编辑

答案：ABCD

1539. PI3000 中，属于图层控制范围的是（ ）。

A. 图签图层 B. 电力设备图层
C. 遥测图层 D. 热键连接层

答案：ABC

1540. PI3000 中关联的表现形式有（ ）。

A. 分组 B. 直连
C. 聚合 D. 直连＋聚合

答案：ABCD

1541. PI3000 中，数据准备阶段的主要任务是定义报表在运行时需要检索的数据，包括（ ）。

A. 数据源定义 B. 数据集定义
C. 参数定义 D. 集合定义

答案：ABC

1542. PI3000 中，工作流定义的关键点包括（ ）。

A. 设置信封对象 B. 设置等价应用
C. 画流程图 D. 设置整个流程的权限

答案：ABCD

1543. 在 PI3000 中，站内接线图编辑器中的图层包含哪几种属性？（ ）

A. 可见 B. 编辑
C. 选取 D. 截取

答案：ABC

1544. PI3000 中，变电站图形节点下可分为哪几种类型？（ ）

A. 导航图 B. 一次图
C. 二次图 D. 三次图

答案：ABC

1545. PI3000 通过提供报表服务、任务服务（ ）来体现 SOA 架构。

A. 文件服务 B. 消息服务
C. 工作流服务 D. 模型服务

答案：ABCD

1546. PI3000 建模系统将业务模型分为（ ）。

A. 基础模型 B. 安全模型

— 861 —

C. 对象模型　　　　　　　　D. 应用模型

答案：ABCD

1547. PI3000 目前建模系统有哪几种安全域？（　）

A. 象安全域　　　　　　　　B. 属性安全域

C. 类型操作安全域　　　　　D. 连接安全域

答案：ABCD

1548. PI3000 报表实例的可输出的格式包括（　）。

A. HTML　　　　　　　　　B. Excel

C. PDF　　　　　　　　　　D. WPS

答案：ABC

1549. PI3000 中，执行组件任务模型树上包含（　）类型的节点。

A. 执行组件模型　　　　　　B. 执行组件公共参数

C. 执行组件公共参数可选值　D. 执行组件分组

答案：ABCD

1550. 下列属于 PI3000 建模的步骤的是（　）。

A. 建类型　　　　　　　　　B. 建类型属性

C. 建应用　　　　　　　　　D. 配菜单

答案：ABCD

1551. PI3000 中，下列哪几项是定义流程的步骤？（　）

A. 新建流程　　　　　　　　B. 设置流程权限

C. 画流程图　　　　　　　　D. 配置流程菜单

答案：ABC

1552. PI3000 中，企业建模不在下列哪些模块下？（　）

A. 模型设计器　　　　　　　B. 任务调度定义器

C. 菜单建模　　　　　　　　D. 用户建模

答案：BCD

1553. PI3000 中，流程图配置不在下列哪个模型下？（　）

A. 安全模型　　　　　　　　B. 对象模型

C. 应用模型　　　　　　　　D. 工作流模型

答案：ABC

1554. PI3000 中，在下列哪些菜单不能查找系统内所涉及的表？（　）

A. 模型设计器　　　　　　　B. 系统参数配置

C. 任务调度定义器　　　　　D. 菜单建模

二、多项选择题

答案：BCD

1555. PI3000 中，角色的新建不能在下列哪些模块实现？（　　）

A. 对象模型　　　　　　　　　B. 应用模型

C. 安全模型　　　　　　　　　D. 工作流模型

答案：ABD

1556. PMS 中，关于交流线路新建时维护起点位置和终点位置说法正确的是（　　）。

A. 线路的起点类型选择间隔，则终点类型只可选择为间隔

B. 线路的起点类型选择杆塔，终点类型只可选择间隔

C. 线路的起点类型为电缆 T 接头，终点类型只可选择间隔

D. 以上说法都不正确

答案：BC

1557. PMS 中，间隔起点、终点选择间隔描述准确的是（　　）。

A. 从本单位选　　　　　　　　B. 从其他单位选

C. 从外省及用户变电站选　　　D. 以上都不可以选择

答案：ABC

1558. PMS 中，下列记录中可以进行缺陷登记的有（　　）。

A. 合格的检测记录　　　　　　B. 巡视记录

C. 检修记录　　　　　　　　　D. 故障记录

答案：BCD

1559. PMS 中，输电检修大流程中登记检修记录时，可以同步更新对应缺陷的哪些字段？（　　）

A. 是否消缺　　　　　　　　　B. 消缺日期

C. 消缺班组　　　　　　　　　D. 处理详情

答案：ABCD

1560. 在 PMS 输电工作任务单分配模块，以下哪些选项可以生成输电工作任务单？（　　）

A. 工作计划　　　　　　　　　B. 临时任务

C. 月计划　　　　　　　　　　D. 工作票

答案：AB

1561. PMS 中，下列选项可以作为状态检修数据来源的是（　　）。

A. 缺陷记录　　　　　　　　　B. 不良工况

C. 试验报告　　　　　　　　　D. 故障记录

答案：ABC

1562. PMS 中，输电任务池管理中有以下哪几种入池方式？（　　）

A. 周期性巡视任务入池 B. 状态评价提示入池
C. 未完成任务入池 D. 未消缺缺陷入池

答案：BCD

1563. PMS 中，输电任务池中的任务来源有下列哪几种？（　）
A. 输电周期性工作 B. 输电架空线路缺陷
C. 临时性工作 D. 未完成的计划任务

答案：ABCD

1564. PMS 中，输电任务池查询统计中的任务状态有下列哪几种？（　）
A. 待开展 B. 已执行
C. 已取消 D. 已安排未执行

答案：ABCD

1565. PMS 中，配电故障性质有哪几种？（　）
A. 事故 B. 隐患
C. 障碍 D. 异常

答案：ACD

1566. PMS 中，配电缺陷查询统计中，可以查询以下哪几种流程状态的配电缺陷？（　）
A. 未启动 B. 流程中
C. 已完成 D. 已终止

答案：ABCD

1567. PMS 中，配电巡视管理模块使用前，哪些项目需进行初始化？（　）
A. 巡视周期 B. 巡视时间
C. 巡视类型 D. 巡视内容

答案：AD

1568. PMS 中，配电运行管理主要包括（　）。
A. 配电巡视管理 B. 配电故障管理
C. 配电缺陷管理 D. 配电检测记录管理

答案：ABCD

1569. PMS 中，配电任务池管理模块提供新增单条工作任务信息的功能，提供选择（　）方式来加入工作任务信息的功能。
A. 下月到期任务 B. 明年到期任务
C. 超周期任务 D. 未消除缺陷

答案：ABCD

1570. PMS 中，创建配电停电申请单的方式有（　）。

二、多项选择题

A. 在计划任务中心的停电申请单模块中直接创建

B. 直接在工作任务单上创建

C. 通过巡视记录登记创建

D. 通过检修记录登记创建

答案：AB

1571. PMS 中，配电工作任务单在创建时可选择（　　）作为来源。

A. 工作计划　　　　　　　　B. 临时任务

C. 月度检修计划　　　　　　D. 缺陷记录

答案：AB

1572. 按照公司运维检修部的管理要求，以下选项中哪些属于配电运行类月报？（　　）

A. 配电带电作业汇总月报　　　B. 配电设备状态表

C. 配电工程及设备质量监督情况月报　　D. 电缆设备非计划停运月报

答案：AD

1573. PMS 中，关于配电月度停电检修计划，以下描述正确的是（　　）。

A. 计划月份默认为下一个月

B. 计划月份可以选择为本月

C. 填入的计划开工时间的月份必须与计划月份相同

D. 填入的计划开工时间的月份可以与计划月份不同

答案：ABC

1574. PMS 中，配网备品备件退运池中，可选择的退运去向有（　　）。

A. 现场留用　　　　　　　　B. 库存备用

C. 待报废　　　　　　　　　D. 折价回收

答案：ABC

1575. PMS 中，以下哪几项属于变电设备基础维护菜单下的模块？（　　）

A. 变电站／换流站维护　　　B. 变电站屏柜维护

C. 变电站单元维护　　　　　D. 变电站台账维护

答案：ABC

1576. PMS 中，变电站的屏柜类型包括（　　）。

A. 控制屏　　　　　　　　　B. 直流屏

C. 交流屏　　　　　　　　　D. 测控屏

答案：ABD

1577. PMS 中，变电例行工作维护中，"频次类型"的选项内容包括（　　）。

A. 月　　　　　　　　　　　B. 周

C. 次   D. 固定日期

答案：CD

1578. PMS 中，变电站单元类型不包括（　　）。

A. 出线单元   B. 电压互感器单元

C. 电流互感器单元   D. 电抗器单元

答案：BC

1579. PMS 中，变电运行日志主页上的变电站接线图，右击已关联设备图元能够进行的操作有（　　）。

A. 删除   B. 重新关联

C. 登记设备缺陷   D. 查看设备缺陷

答案：CD

1580. PMS 中，变电缺陷可在以下哪些模块进行登记？（　　）

A. 变电缺陷管理   B. 运行日志

C. 修试记录登记   D. 工作计划管理

答案：ABC

1581. PMS 中，变电运行记事中，调度令记录管理对于未受令状态的预令可以进行下列哪些操作？（　　）

A. 回令   B. 修改

C. 作废   D. 受令

答案：BCD

1582. PMS 中，以下哪些是操作票的状态？（　　）

A. 新建   B. 回填

C. 归档   D. 生成票

答案：ABC

1583. PMS 中，两票权限设置分为以下哪几种？（　　）

A. 按角色权限设置   B. 按业务权限设置

C. 按部门权限设置   D. 按人物权限设置

答案：AB

1584. PMS 中，变电任务单的处理流程包括（　　）。

A. 任务单分配   B. 任务单班组受理

C. 任务单班组处理   D. 任务单接收

答案：ABC

1585. 营销分析与辅助决策系统的三大业务模块是（　　）。

二、多项选择题

A. 报表 B. 监管
C. 分析 D. 预测

答案：ABC

1586. 营销分析与辅助决策系统用到的第三方工具是（ ）。

A. MT B. Information
C. Cognos D. DXP

答案：BC

1587. 在营销分析与辅助决策系统中，计量标准设备周期受检计划表从营销系统哪几张表获取数据？（ ）

A. D_G_PLAN B. D_G_PLAN_DET
C. D_STDEQUIP D. D_STD_DETECT_RSLT

答案：ABCD

1588. 在营销分析与辅助决策系统中，计量标准装置考核（复查）计划表从营销系统哪几张表获取数据？（ ）

A. D_G_PLAN B. D_STDDEV
C. D_G_PLAN_DET D. D_MEASTD_ASSESS_APP

答案：ABC

1589. 在营销分析与辅助决策系统中，电能计量故障、差错分为（ ）。

A. 设备故障 B. 人为差错
C. 抄表错误 D. 售电量指标错误

答案：ABC

1590. 在营销分析与辅助决策系统中，用电计量装置包括（ ）。

A. 计费电能表 B. 电压、电流互感器
C. 二次回路 D. 计量箱（柜）

答案：ABCD

1591. 在营销分析与辅助决策系统中，申请信息明细表从营销系统中哪几张表中抽取数据？（ ）

A. S_APP B. ARC_S_APP
C. P_PROC_INSTANCE D. P_PROC_TERMINATE

答案：ABC

1592. 在营销分析与辅助决策系统中，蓝线表高压客户业扩报装平均接电时间情况对应点黄线表是（ ）。

A. 业扩报装用电户申请信息明细表 B. 业扩报装用电户结果信息表

— 867 —

C. 申请完成信息明细表　　　　　　D. 流程实例表

答案：BCD

1593. 在营销分析与辅助决策系统中，营业表十一统计的是哪些业务的数据？（　　）

A. 新装　　　　　　　　　　　　B. 增容

C. 永久性减容　　　　　　　　　D. 销户

答案：CD

1594. 在营销分析与辅助决策系统中，以下哪些属于代征费？（　　）

A. 农网还贷　　　　　　　　　　B. 水利基金

C. 基本电费　　　　　　　　　　D. 电度电费

答案：AB

1595. 在营销分析与辅助决策系统中，呼入总电话数与IVR处理个数的关系，下面描述错误的是（　　）。

A. 呼入总电话数大于IVR处理个数

B. 呼入总电话数大于等于IVR处理个数

C. 呼入总电话数小于IVR处理个数

D. 呼入总电话数小于等于IVR处理个数

答案：BCD

1596. 在营销分析与辅助决策系统中，以下哪几张报表是半年报？（　　）

A. 营业表二十一"公司110kV及以上电力用户用电情况统计表"

B. 服务表三"供电服务窗口建设表"

C. 计量表十九"关口电能信息采集情况统计表"

D. 用电安全表二"窃电案件信息统计表"

答案：AC

1597. 在营销分析与辅助决策系统中，内部考核计量点（台区供电考核、线路供电考核、指标分析）只存在哪几类计量点？（　　）

A. 一类　　　　　　　　　　　　B. 二类

C. 三类　　　　　　　　　　　　D. 四类

答案：CD

1598. 在营销分析与辅助决策系统中，业扩类月度报表包含哪些？（　　）

A. 营业表十"业扩报装申请情况统计表"

B. 营业表十一"业扩报装完成情况统计表"

C. 营业表十二"高压客户业扩报装平均接电时间表"

D. 营业表十四"高耗能行业业扩情况统计表"

二、多项选择题

答案：ABCD

1599. 在营销分析与辅助决策系统中，报表功能分为哪两个界面？（　　）

A. 报表查询　　　　　　　　　　B. 报表统计

C. 报表汇总　　　　　　　　　　D. 报表编辑

答案：AD

1600. 在营销分析与辅助决策系统中，报表审批用户可进行哪些操作？（　　）

A. 回退　　　　　　　　　　　　B. 上报

C. 校验　　　　　　　　　　　　D. 上报情况

答案：ABD

1601. 在营销分析与辅助决策系统中，报表的版本有（　　）。

A. 初始版本　　　　　　　　　　B. 基础版本

C. 修改版本　　　　　　　　　　D. 扩展版本

答案：AC

1602. 在营销分析与辅助决策系统中，营业表七"公司全行业销售电量情况统计表"中全行业售电量包括（　　）。

A. 行业售电量合计　　　　　　　B. 城乡居民生活电量合计

C. 趸售电量合计　　　　　　　　D. 其他电量合计

答案：ABC

1603. 在营销分析与辅助决策系统中，市场表三"市场占有率统计表"中计算直供市场占有率需要用到以下哪个值？（　　）

A. 直供售电量　　　　　　　　　B. 公司线损

C. 趸售电量　　　　　　　　　　D. 厂用电量

答案：ABD

1604. 在营销分析与辅助决策系统中，售电到户均价计算公式，涉及以下哪些因素？（　　）

A. 售电量　　　　　　　　　　　B. 户数

C. 容量　　　　　　　　　　　　D. 应收电费

答案：AD

1605. 在营销分析与辅助决策系统中，应收电费包括（　　）。

A. 电度电费　　　　　　　　　　B. 基本费

C. 代征费　　　　　　　　　　　D. 功率因数调整电费

答案：ABCD

1606. 在营销分析与辅助决策系统中，增加新的部门时必须填写（　　）。

A. 部门编码　　　　　　　　　　B. 部门名称

C. 部门属性　　　　　　　　D. 部门类型

答案：ABCD

1607. 在营销系统中，抄表计划制订的方式有哪些？（　　）

A. 按供电单位制订　　　　　B. 按抄表段制订

C. 按用户制订　　　　　　　D. 按抄表员制订

答案：ABC

1608. 在营销系统中，计量点计量方式有哪几种？（　　）

A. 单相　　　　　　　　　　B. 三相三线

C. 三相四线　　　　　　　　D. 双相

答案：ABC

1609. 在营销系统中，电价管理模块包含哪几块内容？（　　）

A. 上网侧及网间交易　　　　B. 销售侧管理

C. 电价测算　　　　　　　　D. 电价分析

答案：ABCD

1610. 以下属于业务应用运维工作的是（　　）。

A. 巡检　　　　　　　　　　B. 故障处理

C. 技术支持　　　　　　　　D. 运维分析

答案：ABCD

1611. Dialog 程序里面常用的事件有哪些？（　　）

A. PBO——Process Before Output　　B. PAI——Process After Input

C. POH——Process on Help　　　　　D. POV——Process on Value Request

答案：ABCD

1612. 初始化内表的方式有（　　）。

A. CLEAR　　　　　　　　　B. DELETE

C. FREE　　　　　　　　　　D. REFRESH

答案：ACD

1613. OPEN SQL 里面包含以下哪些表连接语法？（　　）

A. INNER JOIN　　　　　　　B. LEFT OUTER JOIN

C. RIGHT OUTER JOIN　　　　D. FOR ALL ENTRIES IN

答案：ABCD

1614. 以下开发常用快捷键正确的是（　　）。

A. 切换代码显示更改状态的快捷键是 CTRL+F1

B. 语法检查的快捷键是 CTRL+F2

二、多项选择题

C. 激活程序的快捷键是 CTRL+F3

D. 规范化代码格式的快捷键是 CTRL+F4

答案：ABC

1615. 在层级报表的开发里，下面哪些条件是必需的？（ ）

A. 对内表先按层级字段排序

B. 对内表和结构定义时层级字段必须排在前面

C. 层级字段不能出现在 at 和 end at 语句之外

D. 层级字段必须存在

答案：ACD

1616. 通过 BADI 增强一个 SAP 应用程序需要哪些步骤？（ ）

A. 创建适配器类的实例　　　　　B. 为 BADI 创建一个接口

C. 创建适配器类（Adapter Class）　D. 定义 BADI

答案：ABCD

1617. 多个 SAP 实例分布在多个操作系统中，哪些文件系统需要共享？（ ）

A. /usr/sap/trans　　　　　　　B. /oracle

C. /sapmnt/<SID>　　　　　　　D. /usr/sap/<SID>/DVEBMGS

答案：AC

1618. 以下哪些用户类型不能直接登录到 SAP 系统？（ ）

A. Service　　　　　　　　　　B. Dialog

C. System　　　　　　　　　　D. Communication

答案：CD

1619. 如果 Oracle 离线日志文件所在文件系统已满，会发生（ ）。

A. 无法登录到 SAP 系统　　　　B. SAP 系统关闭

C. 数据库系统关闭　　　　　　D. 所有操作无法进行

答案：AD

1620. SAP R/3 系统有哪几类配置文件？（ ）

A. 实例配置文件　　　　　　　B. 应用服务器配置文件

C. DEFAULT. PFL　　　　　　　D. 启动配置文件

答案：ACD

1621. 下列与状态监测系统进行横向集成的有（ ）。

A. 统一视频平台　　　　　　　B. 电网 GIS 平台

C. 气象系统　　　　　　　　　D. 雷电定位系统

答案：ABCD

1622. CAC 对应于一个变电站的全部状态监测,主要功能包括( )。

A. 转发主站系统对输电线路状态监测装置的配置和控制命令

B. 具有一定的就地数据分析处理能力

C. 实现本站信息安全防护

D. CAC 要求接入的是加工后的标准化数据

答案:ABCD

1623. 公司各级运行维护部门的主要职责是( )。

A. 参与项目可行性研究报告评审

B. 负责非功能性需求的评审和验证

C. 参与转运计划的制订与审核

D. 负责相关信息系统建转运工作的业务许可、系统用户权限分配

答案:ABC

1624. 三线技术支持服务厂商的主要职责是( )。

A. 接受三线技术支持管理机构的协调管理,为公司各级单位提供三线技术支持服务

B. 负责通过三线技术支持管理机构统一服务入口提交三线服务申请

C. 接受三线技术支持管理机构的资源调度,在应急情况下参加疑难问题的会诊

D. 负责派工程师代表进驻三线技术支持管理机构提供三线技术支持服务

答案:ACD

1625. 三线技术支持服务包括( )。

A. 设备管理　　　　　　　　B. 设备巡检

C. 事件处理　　　　　　　　D. 故障处理

答案:BCD

1626. 运行管理中的接入管理包括( )。

A. 新建信息系统的上线

B. 新设备的投运

C. 在运系统的扩建、改建后重新投入运行

D. 在运设备的升级改造后重新投运

答案:ABCD

1627. 公司应急预案体系由哪些部分组成?( )

A. 总体应急预案　　　　　　B. 专项应急预案

C. 突发应急预案　　　　　　D. 现场处置方案

答案:ABD

1628. 软件著作权人享有下列哪些权利?( )

二、多项选择题

A. 发表权 B. 署名权
C. 发行权 D. 翻译权
答案：ABCD

1629. 信息系统检修有（　　）。
A. 计划检修 B. 临时检修
C. 紧急抢修 D. 按时检修
答案：ABC

1630. 公司信息化工作部负责公司信息系统调度运行工作的（　　）。
A. 监督 B. 检查
C. 考核 D. 评价
答案：ABCD

三、判断题

（2860题）

1. 终端操作系统应裁剪掉除基础应用外的第三方应用。

答案：正确

2. 终端操作系统不可非法获取 root 权限。

答案：正确

3. 针对中间人攻击类，建议在客户端添加防代理校验机制，当发现有代理存在时，客户端或服务器拒绝服务。

答案：正确

4. 客户端和服务器之间的敏感数据在网络中传输时，未采用安全防护措施，可以通过网络嗅探工具获取交互数据，并对数据进行分析，从而获取敏感信息。

答案：正确

5. 客户端不具有防界面劫持功能，使黑客可以通过伪造相应的客户端界面对原有界面进行覆盖，骗取用户账户和密码，这类问题属于通信数据的完整性问题。

答案：错误

6. 移动 App 软件存在二次打包风险，编译打包时自动签名可规避该风险。

答案：错误

7. 移动应用软件在模拟器环境下运行更安全。

答案：错误

8. 开发 Android 移动 App 时，需将组件的 exported 属性全部设置为 true，以方便接口调用。

答案：错误

9. 移动互联网的恶意程序按行为属性分类，占比最多的是流氓行为类。

答案：错误

10. 移动 App 安全检测中防止 Allow Backup 漏洞的做法是将 Android Manifest.xml 文件中的 Allow Backup 属性值设置为 true。

答案：正确

11. 根据《国家电网公司网络安全顶层设计》，在互联网移动应用方面，基于移动互联技术面向社会大众开展客户服务业务。重点加强移动应用 App 自身安全，通过开展移动应用安全检测及加固，提升移动应用自身防逆向、防篡改、反调试保护能力。

答案：正确

12. 移动 App 客户端与服务器通信过程中使用 HTTPS 能够完全解决数据加密和完整性的问题，从而降低了数据窃取和篡改的风险。

答案：错误

13. 软件防篡改检测项既适用于 Android，也适用于 IOS。

答案：错误

14. Android Killer 是一款可以对 APK 进行反编译的工具，它能够对反编译后的 Smali 文件进行修改，并将修改后的文件进行打包。

答案：正确

15. Android Manifest.xml 文件是应用程序配置文件，它描述了应用的名字、版本、权限、引用的库文件等信息。

答案：正确

16. Classes.dex 是 Java 源码编译经过编译后生成的 Dalvik 字节码文件，主要在 Dalvik 虚拟机上运行的主要代码部分。

答案：正确

17. Dex 是 Android 工程中的代码资源文件，通过 Dex 可以反编译出 Java 代码。

答案：正确

18. WebView 存在远程代码执行漏洞，当 Android 用户访问恶意网页时，会被迫执行系统命令，如安装木马、盗取敏感数据等，容易造成用户数据泄露等危险。

答案：正确

19. APK 常见加固方式有代码混淆和 Dex 文件加密。

答案：正确

20. 移动应用卸载后可保留基本残留数据。

答案：错误

21. 移动应用应对 48 小时内连续登录失败次数达到设定值（应在 1~10 次之内）的用户账号进行锁定，至少锁定 20 分钟或由授权的管理员解锁，且不可绕过。

答案：错误

22. 移动应用至少应达到以"用户名＋静态口令"的认证强度对登录用户进行身份鉴别。

答案：正确

23. 移动应用登录失败时不可采用任何提示，防止用户名或口令泄露。

三、判断题

答案：错误

24. 手机应用商店、论坛、下载站点是传播移动互联网恶意程序的主要来源。

答案：正确

25. 利用互联网传播已经成为计算机病毒传播的一个发展趋势。

答案：正确

26. 部分客户端未对通信数据进行完整性校验，可通过中间人攻击等方式，对通信数据进行篡改，从而修改用户交易，或者服务器下发的行情数据。

答案：正确

27. 如果采用正确的用户名和口令成功登录 App，则证明这个 App 不是仿冒的。

答案：错误

28. 数据交换只需要进行内网侧安全加固，外网侧可以不用加固。

答案：错误

29. 所有安卓手机均可以使用 VPN 客户端接入安全接入平台。

答案：错误

30. 目前移动类终端证书（即 RSA 证书）由省公司证书管理员签发，采集类终端证书（即 SM2 证书）由国网信通公司签发。

答案：正确

31. 采集网关接入支持 UDP 和 TCP 两种协议，且支持 UDP 转 TCP 的方式。

答案：正确

32. 移动作业 PDA 设备既可以使用安全 TF 卡，也可以使用安全芯片。

答案：错误

33. 终端在认证的时候报错"verify the server certificate failed"一般都是由于证书或者算法选择错误造成的。

答案：正确

34. androapkinfo.py 的功能是用来查看 APK 文件信息的。

答案：正确

35. androaxml.py 的功能是用来解密 APK 包中的 Android Manifest.xml 的。

答案：正确

36. androdd.py 用来生成 APK 文件汇总每个类的方法的调用流程图。

答案：正确

37. androidiff.py 对比两个 APK 之间的差异。

答案：正确

38. androgexf.py 用来生成 APK 的 GEXF 格式的图形文件，可以使用 Gephi 查看。

答案：正确

39. androrisk.py 用于评估 APK 文件中潜在的风险。

答案：正确

40. androsign.py 用于检测 APK 的信息是否存在于特定的数据库中。

答案：正确

41. androsim.py 用于计算两个 APK 文件的相似度。

答案：正确

42. androxgnnk.py 用来生成 apk/jar/class/dex 文件的控制流程及功能调用图。

答案：正确

43. 查看数据备份是否关闭的判断依据是 android：allowBackup 属性是否为 false。

答案：正确

44. 安卓客户端对敏感资源文件应该进行加密保护。

答案：正确

45. App 核心功能的数据包应进行加密传输。

答案：正确

46. 安卓客户端的安全检测项包含但不限于二进制代码保护、客户端数据存储安全、数据传输保护等。

答案：正确

47. 移动终端安装防火墙是对付黑客和黑客程序的有效方法。

答案：正确

48. 智能手机之间使用蓝牙传输照片，在使用之前需要先进行配对。

答案：正确

49. 使用 Dex2jar 将 Dex 文件转化成 Java 的 jar 文件后，因为 Dalvik 虚拟机和 Java 虚拟机的差异，转换无法做到一一对应，会有信息丢失和代码的错误。

答案：正确

50. 通过对 Dalvik 层代码的篡改，可以修改安卓移动应用的逻辑流程，插入恶意代码，绕过关键的安全流程（注册、验证、付款），打印敏感数据，等等。

答案：正确

51. 国家秘密的密级分为绝密、机密、秘密三个级别。

答案：正确

52. 大数据时代，个人隐私受到了前所未有的威胁。

答案：正确

53. 数据脱敏是指对某些敏感信息通过脱敏规则进行数据的变形，实现敏感隐私数据的可

三、判断题

靠保护。

答案：正确

54. 数据库安全风险包括拖库、刷库、撞库。

答案：正确

55. 数据库安全技术主要包括数据库漏洞漏扫、数据库加密、数据库防火墙、数据脱敏、数据库安全审计系统等。

答案：正确

56. 数字水印技术是一种基于内容的、非密码机制的计算机信息隐藏技术。

答案：正确

57. 数字水印系统必须满足一些特定的条件才能使其在数字产品版权保护和完整性鉴定方面成为值得信赖的应用体系。

答案：正确

58. 水印可以是任何形式的数据，比如数值、文本、图像等。

答案：正确

59. 数据泄露主要有使用泄露、存储泄露、传输泄露。

答案：正确

60. 涉及公司企业秘密的安全移动存储介质管理按照公司办公计算机安全移动存储介质管理规定执行。

答案：正确

61. 应提供关键网络设备、通信线路和数据处理系统的硬件冗余，保证系统的可用性。

答案：正确

62. 计算机存储的信息越来越多，而且越来越重要，为防止计算机中的数据意外丢失，一般都采用许多重要的安全防护技术来确保数据的安全，常用和流行的数据安全防护技术有磁盘阵列、数据备份、双机容错、NAS、数据迁移、异地容灾等。

答案：正确

63. 数据完整性是指应采用加密或其他保护措施实现鉴别信息的存储保密性。

答案：错误

64. 收集年满14周岁的未成年人的个人信息前，应征得未成年人或其监护人的明示同意；不满14周岁的，应征得其监护人的明示同意。

答案：正确

65. 收集个人敏感信息时，应取得个人信息主体的明示同意，应确保个人信息主体的明示同意是其在完全知情的基础上自愿给出的、具体的、清晰明确的愿望表示。

答案：正确

66. 个人信息是指以电子或者其他方式记录的能够单独或者与其他信息结合识别特定自然人身份或者反映特定自然人活动情况的各种信息。

答案：正确

67. 个人敏感信息是指一旦泄露、非法提供或滥用可能危害人身和财产安全，极易导致个人名誉、身心健康受到损害或歧视性待遇等的个人信息。

答案：正确

68. 国家禁止开发网络数据安全保护和利用技术，促进公共数据资源开放，推动技术创新和经济社会发展。

答案：错误

69. 采取数据分类、重要数据备份和加密等措施保障网络免受干扰、破坏或者未经授权的访问，防止网络数据泄露或者被窃取、篡改。

答案：正确

70. 关键信息基础设施的运营者应当自行或者委托网络安全服务机构对其网络的安全性和可能存在的风险每两年至少进行一次检测评估，并将检测评估情况和改进措施报送相关负责关键信息基础设施安全保护工作的部门。

答案：错误

71. 应保证鉴别信息所在的存储空间被释放或重新分配前得到完全清除，应保证存有个人信息的存储空间被释放或重新分配前得到完全清除。

答案：正确

72. Oracle 默认情况下，口令的传输方式是加密的。

答案：错误

73. 加密的强度主要取决于算法的强度、密钥的保密性、密钥的强度。

答案：正确

74. 大数据的安全存储采用虚拟化海量存储技术来存储数据资源。

答案：正确

75. 一个好的密码学安全性依赖于密钥的安全性。

答案：正确

76. "一次一密"的随机密钥序列密码体制在理论上是不可以破译的。

答案：正确

77. 对关键业务系统的数据，每年应至少进行一次备份数据的恢复演练。

答案：正确

78. CA 是数字证书的签发机构。

答案：正确

三、判断题

79. CRC 循环算法可以用于抗抵赖业务。

答案：错误

80. DDoS 攻击破坏性大，难以防范，也难以查找攻击源，被认为是当前最难防御的攻击手法之一。

答案：正确

81. DES 算法的安全性依赖于求解离散对数问题的难度。

答案：正确

82. DES 算法密钥长度为 64 位，其中密钥有效位为 56 位。

答案：正确

83. Disk Genius 是一款分区表修复软件，是中国人李大海编写的。

答案：正确

84. Easy Recovery 工具的作用是磁盘镜像。

答案：错误

85. FAT32 文件系统中的 DBR 备份扇区号，是 DBR 扇区号加上 6。

答案：正确

86. IPS 和 IDS 都是主动防御系统。

答案：错误

87. Kerberos 协议是建立在非对称加密算法 RSA 上的。

答案：错误

88. Kerberos 协议是用来作为数据加密的方法。

答案：错误

89. Linux 系统中，可以通过执行 cat/var/log/wtmp 命令来只看登录日志。

答案：错误

90. MD5 是一个典型的 Hash 算法，其输出的摘要值的长度可以是 128 位，也可以是 160 位。

答案：错误

91. MD5 和 Hash 是两种不同的安全加密算法，主要是用来对敏感数据进行安全加密。

答案：错误

92. MD 消息摘要算法是由 Richad 提出，是当前最为普遍的 Hash 算法，MD5 是第 5 个版本。

答案：错误

93. MsSQL 配置时需要将扩展存储过程删除。

答案：正确

94. NAT 是一种网络地址翻译的技术，它能使得多台没有合法地址的计算机共享一个合法的 IP 地址访问 Internet。

答案：正确

95. NetScreen 的 root 管理员具有最高权限，为了避免 root 管理员密码被窃取后造成威胁，应该限制 root 只能通过 Console 接口访问设备，而不能远程登录。

答案：正确

96. NetScreen 防火墙的外网口应禁止 Ping 测试，内网口可以不限制。

答案：错误

97. NTFS 文件系统中复制资源的时候，新生成的资源会保留其原有的权限设置，不会受到目标位置父级资源权限的影响。

答案：错误

98. NTFS 文件系统的 DBR 中读出的分区大小就是该分区的实际大小。

答案：错误

99. Oracle 的逻辑结构是面向用户的，当用户使用 Oracle 设计数据库时，使用的就是逻辑结构。

答案：正确

100. Oracle 数据库的 Force 模式重启数据库，有一定的强制性。

答案：正确

101. Oracle 数据库关闭时，应尽量避免使用 Abort 方式关闭数据库。

答案：正确

102. Oracle 数据库以 Immediate 方式关闭时，数据库将尽可能短时间地关闭数据库。

答案：正确

103. Oracle 数据库有模式对象设计的审计类型。

答案：正确

104. Oracle 数据库中，Scott 用户默认处于激活状态。

答案：错误

105. Oracle 数据库中的数据存储在 Oracle 数据块中，也就是操作系统块中。

答案：错误

106. PDRR 安全模型包括保护、检测、响应、恢复四个环节。

答案：正确

107. PKI（Public Key Infrastructure）体系定义了完整的身份认证、数字签名、权限管理标准。

答案：错误

108. PKI 支持的服务包括目录服务、访问控制服务与密钥产生与分发等。

答案：错误

109. RAID1 的安全性和性能都优于 RAID0 方式。

三、判断题

答案：错误

110. RSA 算法的安全是基于分解两个大素数乘积的困难。

答案：正确

111. RSA 系统中，若 A 想给 B 发送邮件，则 A 选择的加密密钥是 A 的私钥。

答案：错误

112. RSA 与 DSA 相比的优点是它可以提供数字签名和加密功能。

答案：正确

113. Sniffer 是基于 BPF 模型的嗅探工具。

答案：正确

114. SQL Server 2000 数据库本身不具有网络访问控制机制，需要借助系统提供的 IPSec 策略或者防火墙进行连接限制。

答案：正确

115. SQL Server 数据库本身可以设置账号口令策略。

答案：错误

116. SQL Server 数据库安装完毕后，应先进行安全配置，再安装最新的补丁程序。

答案：错误

117. SQL Server 数据库中，权限最高的用户为 root。

答案：错误

118. SQL 注入攻击的原理是从客户端提交特殊的代码，Web 应用程序如果没做严格的检查就将其形成 SQL 命令发送给数据库，从数据库的返回信息中，攻击者可以获得程序及服务器的信息，从而进一步获得其他资料。

答案：正确

119. TCP/IP 模型从下至上分为四层：物理层、数据链路层、网络层和应用层。

答案：错误

120. 安全加密技术分为两大类：对称加密技术和非对称加密技术。两者的主要区别是对称加密算法在加密、解密过程中使用同一个密钥；而非对称加密算法在加密、解密过程中使用两个不同的密钥。

答案：正确

121. 安全性最好的 RAID 级别为 RAID0。

答案：错误

122. 保证过程不是信息系统安全工程能力成熟度模型（SSE-CMM）的主要过程。

答案：错误

123. 不可逆加密算法的特征是加密过程中不需要使用密钥，输入明文后由系统直接经过加密算法处理成密文，这种加密后的数据是无法被解密的，只有重新输入明文，并再次经过同样不可逆的加密算法处理，得到相同的加密密文并被系统重新识别后才能真正解密。

答案：正确

124. 差异备份方式备份所需要的时间最少。

答案：错误

125. 常见的 MD5 算法、Sha 算法和 Hash 算法都可以用来保护数据完整性。

答案：正确

126. 常见的操作系统包括 DOS、UNIX、Linux、Windows、Netware、Oracle 等。

答案：错误

127. 出于机密性要求，应禁止在程序代码中直接写用户名和口令等用户访问控制信息。

答案：正确

128. 当硬盘上的分区有数据时，如果该硬盘的分区表损坏，数据就不可能再恢复了。

答案：错误

129. 电源供给系统故障，一个瞬间过载电功率会损坏在硬盘或存储设备上的数据。

答案：正确

130. 对关键业务系统的数据，每半年应至少进行一次备份数据的恢复演练。

答案：错误

131. 对于数据恢复而言，只要能恢复部分数据即可达到数据安全的要求。

答案：错误

132. 非对称加密算法应用在 IPSec VPN 隧道加密中。

答案：错误

133. 非对称密钥算法中，发送方使用自己的公钥加密。

答案：错误

134. 分布式数据库系统是用通信网络连接起来的节点集合，每个节点都是一个独立的查询节点。

答案：错误

135. 机密性的主要防范措施是认证技术。

答案：错误

136. 基于公开密钥体制（PKI）的数字证书是电子商务安全体系的核心。

答案：正确

137. 基于账户名／口令认证方式是最常用的认证方式。

答案：正确

138. 加密和解密都是在计算机控制下进行的。

答案：错误

三、判断题

139. 加密、认证实施中首要解决的问题是信息的分级与用户的授权。

答案：错误

140. 建立控制文件时，要求用户必须具有 SYSDBA 权限或角色。

答案：正确

141. 逻辑恢复指的是病毒感染、误格式化、误分区、误克隆、误操作、网络删除、操作时断电等数据丢失的恢复。

答案：正确

142. 密码保管不善，属于操作失误的安全隐患。

答案：错误

143. 密码分析的目的是确定所使用的换位。

答案：错误

144. 密钥管理系统不属于 MySQL 数据库系统。

答案：正确

145. 企业与单位应重视数据备份，并根据自身情况制定数据备份策略。

答案：正确

146. 如果 Oracle 数据库出现宕机首先应该查看 REDOLOG。

答案：错误

147. "电源线和通信线缆隔离铺设，避免互相干扰，并对关键设备和磁介质实施电磁屏蔽。"其主要目的是保证系统的完整性。

答案：错误

148. A、B 级信息机房所在大楼应具备两条及以上完全独立且不同路由的电缆沟。

答案：正确

149. A 类机房对计算机机房的安全有基本的要求，有基本的计算机机房安全措施。

答案：错误

150. 不同设备应该根据标准放置设备资产分类识别标签。

答案：正确

151. 不要频繁地开关计算机电源，主要是为了减少感生电压对器件的冲击。

答案：正确

152. 在计算机网络中，协议就是为实现网络中的数据交换而建立的规则标准或约定。协议的三要素为语法、交换方式和交换规则。

答案：错误

153. 电源系统的稳定可靠是计算机系统物理安全的一个重要组成部分，是计算机系统正常运行的先决条件。

答案：正确

154. 电子计算机机房的安全出口，不应少于两个，并宜设于机房的两端。门应向疏散方向开启，走廊、楼梯间应畅通并有明显的疏散指示标志。

答案：正确

155. 电子计算机机房内电源切断开关应靠近工作人员的操作位置或主要入口。

答案：正确

156. 电子信息系统机房内的空调、水泵、冷冻机等动力设备及照明用电，应与电子信息设备使用的 UPS 不同回路配电，以减少对电子信息设备的干扰。

答案：正确

157. 公司办公区域内信息外网办公计算机应通过本单位统一互联网出口接入互联网，严禁将公司办公区域内信息外网办公计算机作为无线共享网络节点，为其他网络设备提供接入互联网服务，如通过随身 Wi-Fi 等为手机等移动设备提供接入互联网服务。

答案：正确

158. 关于电子计算机机房的消防设施规定中，主机房宜采用烟感探测器。

答案：正确

159. 机房场地应避免设在建筑物的高层或地下室，以及用水设备的下层或隔壁。

答案：正确

160. 机房的安全出口，一般不应少于两个，若长度超过 15 米或面积大于 90 平方米的机房必须设置两个及以上出口，并宜设于机房的两端。门应向疏散方向开启，走廊、楼梯间应畅通并有明显的出口指示标志。

答案：正确

161. 机房集中监控系统监测包括电源设备、空调设备、机房环境、照明设备等。

答案：错误

162. 机房的接地系统是指计算机系统本身和场地的各种地线系统的设计与具体实施。

答案：正确

163. 机房内，可以使用干粉灭火器、泡沫灭火器对电子信息设备进行灭火。

答案：错误

164. 机房要求具备独立的接地系统。机房所在建筑必须通过当地气象部门的防雷检测。

答案：正确

165. 机房应当配有接地系统，交流和直流接地可以使用同一个接地节点。

答案：错误

166. 计算机机房的温度在夏季应满足 $26\pm2℃$ 的要求。

答案：错误

三、判断题

167. 加密传输是一种非常有效并经常使用的方法,也能解决输入和输出端的电磁信息泄露问题。

答案:错误

168. 接地线在穿越墙壁、楼板和地坪时应套钢管或其他非金属的保护套管,钢管应与接地线做电气连通。

答案:正确

169. 设置冗余或并行的电力电缆线路为计算机系统供电,输入电源应采取双路自动切换供电方式。

答案:正确

170. 世界上首例通过网络攻击物理核设施并使之陷入瘫痪的事件是巴基斯坦核电站震荡波事件。

答案:错误

171. 物理安全的目的是保护路由器、工作站、网络服务器等硬件实体和通信链路免受自然灾害、人为破坏和搭线窃听攻击。

答案:正确

172. 物理安全的实体安全包括环境安全、设备安全和媒体安全三个方面。

答案:正确

173. 物理安全是计算机网络安全的基础和前提,主要包含机房环境安全、通信线路安全、设备安全、电源安全等方面。

答案:正确

174. 物理安全是为了保证计算机系统安全可靠运行,确保系统在对信息进行采集、传输、存储、处理、显示、分发和利用的过程中,不会受到人为或自然因素的危害而使信息丢失、泄露和破坏,对设备、网络、媒体和人员所采取的安全技术措施。

答案:正确

175. 物理层面安全要求包括物理位置、物理访问控制、防盗窃和防破坏等,防静电、防火、防水和防潮都属于物理安全范围。

答案:正确

176. 信息系统安全保护法律规范的基本原则是:突出重点的原则、预防为主的原则、安全审计的原则和风险管理的原则。

答案:错误

177. 重要的信息机房应实行 7×24 小时有人值班,具备远程监控条件的,正常工作时间以外可以实行无人值守。

答案:正确

178. 主机房内应分别设置维修和测试用电源插座,两者应有明显的区别标志。测试用电源插座应由计算机主机电源系统供电。其他房间内应适当设置维修用电源插座。

答案：正确

179. 物理安全内容包括环境安全、设备安全、通信线路安全。

答案：正确

180. 外部单位因工作需要进入机房进行操作时，进入前流程为：打电话向机房管理员确认，填写机房进出纸质单，填写机房进出电子单，以及派人进行机房操作监督。

答案：正确

181. 单台 UPS 设备的负荷不得超过其额定输出功率的 70%。

答案：正确

182. 允许用户在不切断电源的情况下，更换存在故障的硬盘、电源或板卡等部件的功能是热插拔。

答案：正确

183. 更换主机设备或存储设备的热插拔部件时，应做好防静电措施。

答案：正确

184. 需停电更换主机设备或存储设备的内部板卡等配件的工作，断开外部电源连接线后，可不做防静电措施。

答案：错误

185. 巡视时可以清除信息系统和机房动力环境告警信息。

答案：错误

186. 信息机房内设备及线缆应具备标签标识，标签内容清晰、完整，符合国家电网公司相关规定。

答案：正确

187. 信息机房消防系统应满足国家及所在地消防规范，并设置气体灭火系统及火灾自动报警系统，统一接入办公生产场所消防系统。

答案：正确

188. 室内机房物理环境安全应满足网络安全等级保护物理安全要求及信息系统运行要求，室外设备物理安全须满足国家对于防盗、电气、环境、噪声、电磁、机械结构、铭牌、防腐蚀、防火、防雷、接地、电源和防水等要求。

答案：正确

189. 如果机柜已接地，更换机柜内的主机设备或存储设备的热插拔部件、内部板卡等配件时，可不做防静电处理。

答案：错误

190. 二氧化碳灭火剂是扑救精密仪器火灾的最佳选择。

三、判断题

答案：正确

191. 信息机房的监控系统视频数据保存时间应不少于六个月的时间。

答案：错误

192. 信息机房内各种设施设备复杂多样，各类电缆部署其中，所以机房通常通过气体灭火系统作为主要消防设施。

答案：正确

193. 计算机机房使用 UPS 的作用是当计算机运行突遇断电，能紧急提供电源，保护计算机中的数据免遭丢失。

答案：正确

194. 蓄电池内阻很小，在使用过程中要防止电池短路。

答案：正确

195. 关键业务系统的数据，每年应至少进行一次备份数据的恢复演练。

答案：正确

196. MD5 是一个典型的 Hash 算法，其输出的摘要值的长度可以是 128 位，也可以是 160 位。

答案：错误

197. 软件级备份可分为对整个系统进行备份、对定制文件和文件夹备份以及只对系统状态数据备份。

答案：正确

198. 数据安全需要保证数据完整性、保密性和可用性。

答案：正确

199. 数据备份设备只能是物理磁带库或虚拟磁带库，不可以进行磁盘备份。

答案：错误

200. 数字签名是一种网络安全技术，利用这种技术，接收者可以确定发送者的身份是否真实，同时发送者不能隐藏发送的消息，接收者也不能篡改接收的消息。

答案：正确

201. 为了确保电子邮件内容的安全，电子邮件发送时要加密，并注意不要错发。

答案：正确

202. 由于客户端是不可信任的，可以将敏感数据存放在客户端。

答案：错误

203. 公钥密码体制的密钥管理方便，密钥分发没有安全信道的限制，可以实现数字签名和认证。

答案：正确

204. 对称密码体制的特征是加密密钥和解密密钥完全相同。

答案：正确

205. RSA 系统是当前最著名、应用最广泛的公钥系统，大多数使用公钥密码进行加密和数字签名的产品及标准使用的都是 RSA 算法。

答案：正确

206. 公钥密码体制算法用一个密钥进行加密，而用另一个不同但是有关的密钥进行解密。

答案：正确

207. 最小特权、纵深防御是网络安全原则之一。

答案：正确

208. 为方便记忆，最好使用与自己相关的资料作为个人密码，如自己或家人的生日、电话号码、身份证号码、门牌号、姓名简写。

答案：错误

209."进不来""拿不走""看不懂""改不了""走不脱"是网络信息安全建设的目的。其中，"进不来"是指身份认证。

答案：正确

210. RSA 为对称加密算法，AES、3DES 为非对称加密算法。

答案：错误

211. SHA 和 SM3 算法可用于数字签名。

答案：正确

212. 自主访问控制是指主体和客体都有一个固定的安全属性，系统用该安全属性来决定一个主体是否可以访问某个客体。

答案：错误

213. 国家密码局认定的国产密码算法，主要有 SM1、SM2、SM3、SM4。其中 SM2 为对称加密算法。

答案：错误

214."数据重要级别划分表"机密性或完整性级别定义为"重要"的数据，在存储或传输过程中应有相应的保密性或完整性措施。

答案：正确

215. 密码模块是硬件、软件、固件或其组合，它们实现了经过验证的安全功能，包括密码算法和密钥生成等过程，并且在一定的密码系统边界之内实现。

答案：正确

216. 加密模型中，通过一个包含各通信方的公钥的公开目录，任何一方都可以使用这些密钥向另一方发送机密信息。

答案：正确

217. 密码算法是用于加密和解密的数学函数，是密码协议安全的基础。

三、判断题

答案：正确

218. 现有的加密体制分成对称密码体制和非对称密码体制。

答案：正确

219. 非对称加密类型的加密，使不同的文档和信息进行运算以后得到唯一的 128 位编码。

答案：错误

220. 利用带密钥的 Hash 函数实现数据完整性保护的方法称为 MD5 算法。

答案：错误

221. 基于 Hash 函数的 HMAC 方法可以用于数据完整性校验。

答案：正确

222. AIX 操作系统中的任何东西都是区分大小写的。

答案：正确

223. AIX 系统中，查看修改引导列表的命令是 bosboot。

答案：错误

224. Bot 程序会不断尝试自我复制。

答案：错误

225. DNS 欺骗利用的是 DNS 协议不对转换和信息性的更新进行身份认证这一弱点。

答案：正确

226. HP-UX 系统加固中在设置 root 环境变量时不能有相对路径设置。

答案：正确

227. Linux Redhat9 在默认配置下可以在本地绕开登录密码直接获取 root 权限，而 Windows XP 则没有类似的安全问题。

答案：错误

228. Linux 系统中可以使用长文件或目录名，但必须遵循下列规则：(1) 除了 / 之外，所有的字符都合法。(2) 有些字符最好不用，如空格符、制表符、退格符和字符 @ # $ & － 等。(3) 避免使用加减号或作为普通文件名的第一个字符。(4) 大小写敏感。

答案：正确

229. Linux 系统里允许存在多个 UID=0 的用户，且权限均为 root。

答案：正确

230. Linux 系统中，只要把一个账户添加到 root 组，该账户即成超级用户，权限与 root 账户相同。

答案：错误

231. NTScan 是一款暴力破解 NT 主机账号密码的工具，它可以破解 Windows NT/2000/XP/2003 的主机密码，但是在破解的时候需要目标主机开放 3389 端口。

答案：错误

232. RAID5 仅能实现单个磁盘的冗余纠错功能。

答案：正确

233. Rootkit 的工作机制是定位和修改系统的特定数据，改变系统的正常操作流程。

答案：正确

234. Rootkit 具有很高的隐蔽性。

答案：正确

235. Rootkit 离线检测效果要远远好于在线检测的效果。

答案：正确

236. 账户策略一律应用于域内的所有用户账号。

答案：正确

237. 可以强制锁定指定次数登录不成功的用户。

答案：正确

238. 在交互式登录过程中，若持有域账户，用户可以通过存储在 Active Directory 中的单方签名凭据使用密码或智能卡登录到网络。

答案：正确

239. 通过使用本地计算机账号登录，被授权的用户可以访问该域和任何信任域中的资源。

答案：错误

240. 如果服务器加入一个域，则域级的策略会作用于使用的所有域级账号上。

答案：正确

241. Windows 2000 对每台计算机的审核事件的记录是分开独立的。

答案：正确

242. EFS 使用对每个文件都是唯一的对称加密密钥为文件加密。

答案：正确

243. 解决共享文件夹的安全隐患应该卸载 Microsoft 网络的文件和打印机共享。

答案：正确

244. 在 HP-UX 中，只能使用 fbackup 和 frecover 命令对文件进行有选择的备份和恢复。只有 fbackup 和 frecover 可以保留 ACL。

答案：正确

245. 在 Windows Server 2003 中，为了增强 Web 服务器安全性，Internet 信息服务 6.0 被设定为最大安全性，其缺省安装是"锁定"状态。

答案：错误

246. 企业内部只需在网关和各服务器上安装防病毒软件，客户端不需要安装。

三、判断题

答案：正确

247. 域账号的名称在域中必须是唯一的，而且也不能和本地账号名称相同，否则会引起混乱。

答案：错误

248. Windows 防火墙能帮助阻止计算机病毒和蠕虫进入用户的计算机，但该防火墙不能检测或清除已经感染计算机的病毒和蠕虫。

答案：正确

249. 计算机病毒可能在用户打开 txt 文件时被启动。

答案：正确

250. Windows 安全模型的主要功能是用户身份验证和访问控制。

答案：正确

251. 本地用户组中的 Guests（来宾用户）组成员可以登录和运行应用程序，也可以关闭操作系统，但是其功能比 Users 有更多的限制。

答案：正确

252. Windows XP 账号使用密码对访问者进行身份验证，密码是区分大小写的字符串，最多可包含 16 个字符。密码的有效字符是字母、数字、中文和符号。

答案：正确

253. Windows 文件系统中，只有 Administrator 组和 Server Operation 组可以设置和去除共享目录，并且可以设置共享目录的访问权限。

答案：错误

254. 远程访问共享目录中的目录和文件，必须能够同时满足共享的权限设置和文件目录自身的权限设置。用户对共享所获得的最终访问权限将取决于共享的权限设置和目录的本地权限设置中宽松一些的条件。

答案：错误

255. 对于注册表的访问许可是将访问权限赋予计算机系统的用户组，如 Administrator、Users、Creator/Owner 组等。

答案：正确

256. UNIX 的开发工作是自由、独立的，完全开放源码，由很多个人和组织协同开发。UNIX 只定义了一个操作系统内核，所有的 UNIX 发行版本共享相同的内核源，但是和内核一起的辅助材料则随版本不同有很大不同。

答案：错误

257. 与 Windows 系统不一样的是 UNIX/Linux 操作系统中不存在预置账号。

答案：错误

258. 基于主机的漏洞扫描不需要有主机的管理员权限。

— 893 —

答案：错误

259. 所有的漏洞都是可以通过打补丁来弥补的。

答案：错误

260. 在安全模式下木马程序不能启动。

答案：错误

261. 计算机病毒的传播离不开人的参与，遵循一定的准则就可以避免感染病毒。

答案：错误

262. KEY_LOCAL_MACHINE 包含了所有与本机有关的操作系统配置数据。

答案：正确

263. HKEY_CURRENT_USER 包含了当前用户的交互式的数据。

答案：正确

264. Linux 系统的运行日志存储的目录是 /var/log。

答案：正确

265. 计算机只要安装了防毒、杀毒软件，上网浏览就不会感染病毒。

答案：错误

266. 保障 UNIX/Linux 系统账号安全最为关键的措施是对文件 /etc/passwd 和 /etc/group 必须有写保护。

答案：正确

267. 主动响应和被动响应是相互对立的，不能同时采用。

答案：错误

268. 操作系统上具有"只读"属性的文件不会感染病毒。

答案：错误

269. Windows 2000 的审计功能依赖于 NTFS 文件系统。

答案：正确

270. 在 FAT 文件系统中，文件删除时会将数据内容全部从磁盘上抹去。

答案：正确

271. 磁盘数据格式化后，原来保存在磁盘中的数据将再也无法恢复。

答案：正确

272. Windows 2000 系统给 NTFS 格式下的文件加密，当系统被删除，重新安装后，原加密的文件就不能打开了。

答案：正确

273. Linux 用户需要检查从网上下载到的文件是否被改动，可以用的安全工具是 RSA。

答案：错误

三、判断题

274. EFS 只能在 NTFS 文件系统下进行加密。

答案：正确

275. 国家积极开展标准制定、网络空间治理、打击网络违法犯罪、网络技术研发等方面的国际交流与合作，推动构建和平、安全、开放、合作的网络空间，建立多边、民主、透明的网络治理体系。

答案：正确

276. 存储、处理涉及国家秘密信息的网络的运行安全保护，除应当遵守《中华人民共和国网络安全法》外，还应当遵守保密法律、行政法规的规定。

答案：正确

277. 对于采用无线专网接入国家电网公司内部网络的业务应用，应在网络边界部署国家电网公司统一安全接入防护措施，并建立专用明文传输通道。

答案：错误

278. 对允许访问国家电网公司网络及信息系统的外部人员不需要专人陪同，只需备案即可。

答案：错误

279. 非本企业网站或与国家电网公司业务无关的经营性网站，原则上需要关闭。

答案：正确

280. 根据《中华人民共和国网络安全法》的规定，市级以上地方人民政府有关部门的网络安全保护和监督管理职责，按照国家有关规定确定。

答案：错误

281. 国家对公共通信和信息服务、能源、交通、水利、金融、公共服务、电子政务等重要行业和领域，以及其他一旦遭到破坏、丧失功能或者数据泄露，可能严重危害公共利益、国家安全和国计民生的关键信息基础设施，在网络安全等级保护制度的基础上实行重点保护。

答案：正确

282. 关键信息基础设施的运营者采购网络产品和服务，可能影响国家安全的，应当通过国家网信部门会同国务院有关部门组织的国家安全审查。

答案：正确

283. 国家规定关键信息基础设施以外的网络运营者必须参与关键信息基础设施保护体系。

答案：错误

284. 关键信息基础设施的运营者可自行采购网络产品和服务，不需通过安全审查。

答案：错误

285. 国家网信部门应当统筹协调有关部门加强网络安全信息收集、分析和通报工作，按照规定统一发布网络安全监测预警信息。

答案：正确

— 895 —

286. 国家机关政务网络的运营者不履行《中华人民共和国网络安全法》规定的网络安全保护义务的,由其同级机关或者有关机关责令改正,对直接负责的主管人员和其他直接责任人员依法给予处分。

答案:错误

287. 国家鼓励开发网络数据安全保护和利用技术,促进公共数据资源开放,推动技术创新、社会科学发展。

答案:错误

288. 国家网信部门应当统筹协调有关部门加强网络安全信息收集、处理、分析工作。

答案:错误

289. 加强代码安全管理,严格按照安全编程规范进行代码编写,全面开展代码规范性检测。

答案:错误

290. 内外网移动作业终端仅允许安装移动作业所必需的应用程序,不得擅自更改安全措施。

答案:正确

291. 任何个人和组织使用网络应当遵守宪法法律,遵守公共秩序,尊重社会公德,不得危害网络安全,不得利用网络从事危害国家安全、荣誉和利益的活动。

答案:正确

292. 涉及内外网交互的业务系统,编程过程应使用隔离装置规则库中默认禁止的结构化查询语言。

答案:错误

293. 涉及内外网交互的业务系统,在编程过程中应面向 SG-JDBC 驱动编程。

答案:正确

294. 外网作业终端禁止存储国家电网公司商业秘密。

答案:正确

295. 网络运营者应当对其收集的用户信息严格保密,并建立健全用户信息保护制度。

答案:正确

296. 网信部门和有关部门在履行网络安全保护职责中获取的信息,用于维护网络安全的需要,也可以用于其他用途。

答案:错误

297. 信息系统的所有软硬件设备采购,均应开展产品预先选型和安全检测。

答案:错误

298. 信息系统在设计阶段,应明确系统的安全防护需求。

答案:错误

299. 严禁内网笔记本电脑打开无线功能。

三、判断题

答案：正确

300. 严禁移动作业终端用于国家电网公司生产经营无关的业务。

答案：正确

301. 移动应用应加强统一防护，落实统一安全方案审核，基于国家电网公司移动互联应用支撑平台建设并通过安全接入平台统一接入，开展第三方安全测评并落实版本管理，应用发布后应开展安全监测。

答案：错误

302. 应对信息系统运行、应用及安全防护情况进行监控，对安全风险进行预警。安监部门和运维部门（单位）应对电网网络安全风险进行预警分析，组织制定网络安全突发事件专项处置预案，定期进行应急演练。

答案：错误

303. 在运信息系统应定期进行漏洞扫描。

答案：正确

304. 重要的操作系统、数据库、中间件等平台类软件的漏洞需要完成漏洞及隐患闭环整改。

答案：正确

305. 重要的操作系统、数据库、中间件等平台类软件漏洞要及时进行补丁升级。

答案：正确

306. 随着泛在电力物联网建设，新业态、新业务带来的新风险，网络边界更加模糊，风险防控难度加大。

答案：正确

307. 泛在电力物联网全场景网络安全防护体系建设中安全技防体系要求各专业按照分级分类要求统一界定本专业数据。

答案：错误

308. ISS 系统是在原有信息内外网边界安全监测系统的基础上增加互联网出口内容审计、网络行为分析与流量监测、病毒木马监测、网站攻击监测与防护、桌面终端管理功能，构建新版信息外网安全监测系统作为原有信息内、外网边界安全监测系统的升级版本。

答案：正确

309. ICMP VPN 是一个安全协议。

答案：错误

310. 入侵检测和防火墙一样，也是一种被动式防御工具。

答案：错误

311. 设置在被保护的内部网络和外部网络之间的软件和硬件设备的组合为防火墙。

答案：正确

312. 随着 Internet 发展的势头和防火墙的更新，防火墙对访问行为实施静态、固定的控制功能将被取代。

答案：正确

313. 天融信 FW4000 防火墙存在越权访问漏洞。

答案：错误

314. 通常，简单的防火墙就是位于内部网或 Web 站点与因特网之间的一个路由器或一台计算机，又称为堡垒主机。

答案：正确

315. 透明代理服务器在应用层工作，它完全阻断了网络报文的传输通道，因此具有很高的安全性。可以根据协议、地址等属性进行访问控制，隐藏了内部网络结构，因为最终请求是由防火墙发出的。外面的主机不知道防火墙内部的网络结构。解决 IP 地址紧缺的问题，使用代理服务器只需要给防火墙设置一个公网的 IP 地址。

答案：正确

316. 由于特征库庞大，入侵检测系统误报率大大高于防火墙。

答案：错误

317. 状态检测防火墙检测每一个通过的网络包，或者丢弃，或者放行，取决于所建立的一套规则。

答案：错误

318. 最适合使用在外部网 VPN 上，用于从客户机到服务器的连接模式的是 PPTP。

答案：错误

319. 所有国网统推的在运信息系统必须在 SG-I6000 系统安全备案模块中进行备案，而在运的自建信息系统不必备案。

答案：错误

320. TCP SYN 攻击利用 TCP 三次握手机制，通过不断打开 TCP 半连接（不发 ACK 包）而耗尽被攻击主机的侦听队列资源，所以它是一种 DOS（拒绝服务）攻击。

答案：正确

321. TCP/IP 协议中，UDP 比 TCP 协议开销少。

答案：正确

322. 一个 OSPF 进程可以属于多个 VPN-Instance。

答案：错误

323. UDP 协议的重要特征是数据传输的延迟最短。

答案：错误

324. BGP 协议是一种基于链路状态的路由协议，因此它能够避免路由环路。

三、判断题

答案：错误

325. GRE 协议实际上是一种承载协议，它提供了将一种协议的报文封装在另一种协议报文中的机制，使报文能够在异种网络中传输。

答案：正确

326. SSH 为建立在应用层上的安全协议，利用 SSH 协议可以有效防止远程管理过程中的信息泄露问题。

答案：错误

327. 高层的协议将数据传递到网络层后，形成数据帧，而后传送到数据链路层。

答案：错误

328. 各种网络在物理层互联时要求数据传输率和链路协议都相同。

答案：正确

329. 根据 STP 协议原理，根交换机的所有端口都是根端口。

答案：错误

330. 有一种运行于以太网交换机的协议，能提供交换机之间的冗余链路，同时也能避免环路的产生，网络正常时阻断备份链路，主用链路 DOWN 掉时激活备份链路，此协议是 STP。

答案：正确

331. 运行 GVRP 协议时，如果处于同一组环境中的交换机的定时器配置不同，将会引起学习不稳定的问题。

答案：正确

332. 在 Windows 系统中,可以使用 ipconfig/release 命令来释放 DHCP 协议自动获取的 IP 地址。

答案：正确

333. ISO 划分网络层次的基本原则是：不同节点具有不同的层次，不同节点的相同层次有相同的功能。

答案：正确

334. 计算机网络按作用范围（距离）可分为局域网、城域网和广域网。

答案：正确

335. TCP/IP 协议中，TCP 提供可靠的面向连接服务，UDP 提供简单的无连接服务，应用层服务建立在该服务之上。

答案：正确

336. VPN 用户登录到防火墙，通过防火墙访问内部网络时，不受访问控制策略的约束。

答案：错误

337. 防火墙必须记录通过的流量日志，但是对于被拒绝的流量可以没有记录。

答案：错误

338. 防火墙能够完全防止传送已被病毒感染的软件和文件。

答案：错误

339. 并发连接数指穿越防火墙的主机之间或主机与防火墙之间能同时建立的最大连接数。

答案：正确

340. 对于防火墙而言，除非特殊定义，否则全部 ICMP 消息包将被禁止通过防火墙（即不能使用 Ping 命令来检验网络连接是否建立）。

答案：正确

341. 对防火墙策略进行验证的另一种方式是通过使用软件对防火墙配置进行实际测试。

答案：正确

342. 所有防火墙管理功能应该发生在使用了强认证和加密的安全链路上。

答案：正确

343. Web 界面可以通过 SSL 加密用户名和密码，非 Web 的图形界面如果既没有内部加密，也没有 SSL，可以使用隧道解决方案，如 SSH。

答案：正确

344. 渗墙分析可以取代传统的审计程序。

答案：错误

345. 代码检测技术是 VPN 使用的技术之一。

答案：错误

346. 防火墙能够有效防止内部网络用户的攻击、传送已感染病毒的软件和文件、外部网络用户的 IP 地址欺骗等攻击。

答案：错误

347. 防火墙技术涉及计算机网络技术、密码技术、软件技术、安全操作系统。

答案：正确

348. 防火墙主要可以分为包过滤防火墙、应用代理防火墙、复合型防火墙三种类型。

答案：正确

349. IP 地址欺骗攻击是一种实现攻击状态检测的防火墙的方法。

答案：错误

350. 在 VPN 中，PPTP 和 L2TP 一起配合使用时可提供较强的访问控制能力。

答案：正确

351. 状态检测防火墙与包过滤防火墙相比，具有配置简单、检测效率大大提高等优点。

答案：正确

352. TCP/IP 层次结构由网络接口层、网络层、传输层、应用层组成。

答案：正确

三、判断题

353. SG-I6000项目建设过程中，严格遵循四统一、成果延续性、先进成熟性、可扩展性、安全性、经济性的原则。

答案：正确

354. 逻辑强隔离装置部署在应用服务器与数据库服务器之间，实现访问控制、网络强隔离、地址绑定、防SQL注入攻击。

答案：正确

355. L2F、PPTP、L2TP、IPSec都属于VPN中第二层隧道协议。

答案：错误

356. MPLS协议位于OSI七层协议的链路层与网络层协议之间。

答案：正确

357. 防火墙的部署方式主要有透明模式、路由模式、混合模式、交换模式。

答案：错误

358. 防火墙能够实现包过滤、包的透明转发、阻挡外部攻击、记录攻击等。

答案：正确

359. 入侵检测系统根据体系结构进行分类，可分为集中式IDS、分布式IDS。

答案：正确

360. 基于距离矢量算法的路由协议包括RIP、IGRP、OSPF。

答案：错误

361. 设置管理账户的强密码能提高防火墙物理安全性。

答案：错误

362. 数据库审计系统的日志或者告警信息需要接入I6000系统。

答案：正确

363. 按照安全指标考核要求，漏扫设备级联接入贯通率计算方式是：（当月已录入统一漏洞补丁管理系统的漏扫设备数/I6000系统记录的漏扫设备总数）×100%。

答案：正确

364. 按照安全指标考核要求，防火墙基线系统接入率计算方式是：（内网防火墙基线系统接入数量/I6000系统内网防火墙总数量）×100%。

答案：错误

365. 云平台二级安全域与三级安全域之间的横向边界不需要部署虚拟防火墙、虚拟入侵防御设备。

答案：错误

366. 防火墙不能对用户进行强身份认证。

答案：正确

367. 防火墙不能阻止病毒感染过的程序和文件进出网络。

答案：正确

368. 防火墙体系结构有双重宿主主机、主机过滤、子网过滤、包过滤。

答案：错误

369. UDP 协议和 TCP 协议头部的共有字段有源端口、目的端口、校验和。

答案：正确

370. 利用 VPN 支持软件企业可以基于公用互联网建立自己的广域网，VPN 是在 Internet 中建立的永久的、安全的连接。

答案：错误

371. L2TP 协议的 LNS 端必须配置虚拟接口模板（Virtual-Template）的 IP 地址，该虚拟接口模板需要加入域。

答案：正确

372. L2TP VPN 配置时，L2TP 拨号上来的用户分配的地址不能和内网用户的地址在同一个网段。

答案：正确

373. L2TP VPN 配置时，需要注意防火墙缺省时要进行隧道的认证，如果不配置认证，需要执行 undo tunnel authentication 命令。

答案：正确

374. Apache 安全配置－限制 HTTP 请求的消息主体的大小，应设置 httpd.conf 中 Limit Request Body 标准值（字节）。

答案：正确

375. IIS6.0 中，为保证网站的安全性，发布目录中 HTML 文件的权限应该设置为可读，可执行程序的权限应该设置为读取、执行和写入。

答案：错误

376. IIS 日志记录采用 W3C 扩展日志文件格式。

答案：正确

377. Tomcat 服务器运行的服务中，报内存溢出错误，需要设置 tomcat/bin/catalina.sh 文件中 JAVA_OPTS 的"-Xms128M"变大。

答案：正确

378. WebLogic 日志的存放路径按照系统默认即可，不必考虑其存放位置是否安全。

答案：错误

379. 匿名登录 FTP 服务器使用的账户名是 anonymous。

答案：正确

三、判断题

380. 配置 Tomcat 时，发现页面出现乱码，需要修改 tomcat/conf/server.xml 配置文件中 Connector 标签 URIEncoding 的属性为"GBK"或者"UTF-8"。

答案：正确

381. 修改 tomcat/conf/tomcat-users.xml 配置文件，可以修改或添加账号。

答案：正确

382. Tomcat 应删除或锁定与设备运行、维护等工作无关的账号。

答案：正确

383. Tomcat 密码复杂度要求口令长度至少为 8 位，并包括数字、大小写字母和特殊字符中的至少 2 类。

答案：正确

384. 应根据 Tomcat 用户的业务需要，配置其所需的最小权限。

答案：正确

385. WebLogic 应以普通用户身份运行，如果 WebLogic 以特权用户身份运行，应用服务器如果溢出，攻击者将直接获得 root 权限，存在较大安全隐患。

答案：正确

386. WebLogic 的 boot.properties 文件里写入的是管理域的用户名和密码。

答案：正确

387. WebLogic 域的主要配置文件是 config.xml，可在里边直接修改域端口号和一些配置参数。

答案：正确

388. IIS Server 在 Web 服务扩展中开启了 WebDAV，配置了可以写入的权限，易造成任意文件上传。

答案：正确

389. 在 IIS6.0 处理 PROPFIND 指令的时候，由于对 url 的长度没有进行有效的长度控制和检查，导致执行 memcpy 对虚拟路径进行构造的时候，引发栈溢出，从而导致远程代码执行。

答案：正确

390. IIS 6.0 在处理含有特殊符号的文件路径时会出现逻辑错误，从而造成文件解析漏洞。

答案：正确

391. Apache 文件解析漏洞与用户的配置有密切关系，严格来说属于用户配置问题。

答案：正确

392. Apache 文件解析漏洞可以通过将 AddHandler application/x-httpd-php.php 的配置文件删除进行修复。

答案：正确

393. 通过修改 Apache 配置文件 httpd.conf 可以修复 Apache 目录遍历漏洞。

答案：正确

394. Nginx 是一款轻量级的 Web 服务器、反向代理服务器及电子邮件（IMAP/POP3）代理服务器，并在一个 BSD-like 协议下发行。

答案：正确

395. Nginx 目录遍历漏洞的修复方式为将 /etc/nginx/sites-avaliable/default 里的 autoindex off 改为 autoindex on。

答案：错误

396. Tomcat 支持在后台部署 war 文件，可以直接将 Webshell 部署到 Web 目录下。

答案：正确

397. Jboss 支持在后台部署 war 文件，可以直接将 Webshell 部署到 Web 目录下。

答案：正确

398. Java 序列化，简而言之就是把 Java 对象转化为字节序列的过程；反序列化则是再把字节序列恢复为 Java 对象的过程。然而就在这一转一变的过程中，程序员的过滤不严格，就可能导致恶意构造的代码的实现。

答案：正确

399. WebLogic 存在 ssrf 漏洞的 URI 为 uddiexplorer/SearchPublicRegistries.jsp。

答案：正确

400. WebLogic 支持在后台部署 war 文件，可以直接将 Webshell 部署到 Web 目录下。

答案：正确

401. Apache ActiveMQ 是 Apache 软件基金会所研发的开放源代码消息中间件。

答案：正确

402. ActiveMQ 默认使用 8161 端口，且默认密码为 admin：admin。

答案：正确

403. Apache ActiveMQ 5.13.0 的之前的版本存在反序列化漏洞。

答案：正确

404. 修复 ActiveMQ 未授权访问，可修改 conf/jetty.xml 文件，Bean ID 为 Security Constraint 下的 authenticate 修改值为 true，重启服务。

答案：正确

405. 修复 ActiveMQ 弱口令，可修改 conf/jetty.xml 文件，Bean ID 为 Security Login Service 下的 conf 值获取用户 properties，修改用户名密码，重启服务。

答案：正确

406. 修复 ActiveMQ 反序列化漏洞，建议升级到最新版本，或 WAF 添加相关规则进行拦截。

答案：正确

三、判断题

407. WebLogic 可以浏览、配置、修改服务器配置及停止、启动服务器，部署和取消应用程序的用户组为 operators。

答案：错误

408. 可以部署和取消应用程序（包括创建连接池数据源），可以浏览但不能修改服务器配置（主要是指 Myserver 中各选项参数等）的 WebLogic 用户组为 Deployers。

答案：正确

409. 只能浏览服务器配置，监视服务器性能，不能修改任何东西的 WebLogic 用户组为 monitors。

答案：正确

410. 可以启动和关闭服务器，并可以浏览服务器配置，不能部署取消应用程序（包括创建连接池河数据源）的 WebLogic 用户组为 operators。

答案：正确

411. WebLogic 是美国 Oracle 公司出品的一个 Application Server，确切地说是一个基于 Javaee 架构的中间件，WebLogic 是用于开发、集成、部署和管理大型分布式 Web 应用、网络应用和数据库应用的 Java 应用服务器。

答案：正确

412. WebLogic 的端口配置只可以通过修改配置文件实现。

答案：错误

413. WebLogic 的端口配置文件为 /user_projects/domains/base_domain/config/config.xml。

答案：正确

414. Websphere 用于监视正在运行的应用程序服务器的运行状况的日志为 SystemErr.log。

答案：错误

415. Websphere 用于执行问题分析的异常堆栈跟踪信息的日志为 SystemOut.log。

答案：错误

416. Websphere 支持在后台部署 war 文件，可以直接将 Webshell 部署到 Web 目录下。

答案：正确

417. Java 中的 Object Output Stream 类的 write Object 方法可以实现序列化，Object Input Stream 类的 Read Object 方法用于反序列化。

答案：正确

418. WebLogic 曾多次被爆出反序列化漏洞，比如 CVE-2016-0638、CVE-2016-3510 和 CVE-2017-3248 等。之所以频繁出现跟它的修复策略有关，Weblogic 采用黑名单的方式过滤危险的反序列化类，只要发现可用并且未在黑名单之内的反序列化类，那么之前的防护就会被打破，系统就会遭受攻击。

答案：正确

419. WebSphere 的反序列化漏洞编号为 CVE-2015-7450，漏洞文件为 commons-collections.jar，对应端口为 8880。

答案：正确

420. WebLogic 的 SSRF 漏洞出现在 UDDI 功能。

答案：正确

421. WebLogic 的多个反序列化漏洞均与 T3 协议有一定关系。

答案：正确

422. 1.jpg；asp 在 IIS6.0 中将被解析成 asp 文件。

答案：错误

423. WebLogic 日志的存放路径按照系统默认即可，不必考虑其存放位置是否安全。

答案：错误

424. 应用软件系统应仅允许未授权用户具有最低级别的权限，如修改自身信息的权限和有限的查询权限。

答案：正确

425. 利用 IIS 写权限可以直接写入脚本文件到网站目录下。

答案：正确

426. 通过修改中间件默认端口一定程度上可以保护中间件安全。

答案：正确

427. 严格控制 Apache 主目录的访问权限，非超级用户不能修改该目录中的内容。

答案：正确

428. Jboss 可以上传 war 包的后台访问目录为 Jmx-console。

答案：正确

429. IIS 只有 6.0 及其以下版本存在解析漏洞。

答案：错误

430. 解析漏洞的存在，有助于黑客成功实现恶意文件上传攻击。

答案：正确

431. 内存中字单元的地址必须是偶数地址。

答案：错误

432. 攻击者可以通过 SQL 注入手段获取其他用户的密码。

答案：正确

433. XSS 可以偷取用户 Cookie 但是不能挂马。

答案：错误

三、判断题

434. Cookie 是存储在服务端的，具有很高的安全性。

答案：错误

435. Cookie 信息就是保存在客户端的用户标识信息文本，可以用文本编辑器打开，但客户端重启动后会丢失该信息。

答案：正确

436. JSP 语言中，容易产生文件包含漏洞的包含类型为 JSP 动态包含。

答案：正确

437. JVM 运行时，会把所有用到的类一次性加载到内存中。

答案：错误

438. MySQL 数据库的 SQL 注入方式，可以读取到网站源代码。

答案：正确

439. SQL 注入产生的原因有:转义字符处理不当,后台查询语句处理不当,SQL 语句被拼接。

答案：正确

440. SQL 注入攻击，指的是恶意攻击者往 Web 页面里插入恶意 html 代码，当用户浏览该页时，嵌入其中 Web 里面的 html 代码会被执行，从而达到恶意用户的特殊目的。

答案：错误

441. SQL 注入攻击不会威胁到操作系统的安全。

答案：错误

442. SQL 注入漏洞产生的原因是程序对用户的输入过滤不严格导致的。

答案：正确

443. SQL 注入漏洞可以读取、删除、增加、修改数据库表信息，及时升级数据库系统，并安装最新补丁，可防止 SQL 注入漏洞。

答案：错误

444. SQL 注入漏洞能直接篡改数据库表数据。

答案：正确

445. SQL 注入一般可通过网页表单直接输入。

答案：正确

446. string sql ="select * from item where account-'"+account+"' and sku='"+sku"'"；ResultSet rs=stmt. execute（query）。上述代码存在 SQL 注入漏洞。

答案：错误

447. Web 错误信息可能泄露服务器型号版本、数据库型号、路径、代码。

答案：正确

448. Web 攻击面不仅仅是浏览器中可见的内容。

答案：正确

449. Web 漏洞发掘方式主要分为黑盒模式和白盒模式。

答案：正确

450. XSS 可以偷取用户 Cookie 但是不能挂马。

答案：错误

451. XSS 攻击又名跨站请求伪造。

答案：错误

452. XSS 跨站脚本漏洞主要影响的是客户端浏览用户。

答案：正确

453. 存储型跨站是指包含在动态内容中的数据在没有经过安全检测就存储到数据库中提供给用户使用。

答案：正确

454. 打开浏览器后，IIS 会自动创建 Session. SessionID 属性，其属性值随着浏览器刷新而改变。

答案：错误

455. 当服务器设置 Cookie 时，secure 标签用于向浏览器发出以下指示：只应通过 HTTPS 连接，绝不能通过未加密的 HTTP 连接，重新提交 Cookie。

答案：正确

456. 当通过浏览器以在线方式申请数字证书时，申请证书和下载证书的计算机必须是同一台计算机。

答案：正确

457. 对 MySQL 注入攻击时，经常用到注释符号 # 来屏蔽剩下的内置 SQL 语句。

答案：正确

458. 对敏感操作增加 Token 验证并采用 POST 请求方式可以有效防御 CSRF。

答案：正确

459. 对上传任意文件漏洞，只需要在客户端对上传文件大小、上传文件类型进行限制。

答案：错误

460. 对网页请求参数进行验证，可以防止 SQL 注入攻击。

答案：正确

461. 防止 XSS 各种方法都有优劣之处，防范 XSS 的真正挑战不在于全面，而在于细致。

答案：错误

462. 防止未经授权的 URL 访问，应该默认情况下拒绝所有的访问，同时针对每个功能页面明确授予特定的用户和角色允许访问。

三、判断题

答案：正确

463. 访问 Web 网站某个页面资源不存在时，将会出现 HTTP 状态码 401。

答案：错误

464. 隔离装置部署在应用服务器与数据库服务器之间，除具备网络强隔离、地址绑定、访问控制等功能外，还能够对 SQL 语句进行必要的解析与过滤，抵御 SQL 注入攻击。

答案：正确

465. 攻击者可以通过 SQL 注入手段获取其他用户的密码。

答案：正确

466. 关于"心脏流血"漏洞，主要是利用 HTTP 协议对网站进行攻击。

答案：错误

467. 很多网站后台会使用 Cookie 信息进行认证，对于口令加密的情况下，黑客可以利用 Cookie 欺骗方式，绕过口令破解，进入网站后台。

答案：正确

468. 假设在仅返回给自己的数据中发现了保存型 XSS 漏洞，这种行为并不存在安全缺陷。

答案：错误

469. 检查用户访问权限能有效防止不安全的直接对象引用。

答案：正确

470. 将 Cookie 设置为 HttpOnly 能完全防止跨站脚本。

答案：错误

471. 禁止使用活动脚本可以防范 IE 执行本地任意程序。

答案：正确

472. 静态网站页面比动态页面相对来说更加安全。

答案：正确

473. 跨站点脚本、SQL 注入、后门密码不可以在源代码中找到明确签名的常见漏洞。

答案：错误

474. 跨站脚本攻击(XSS)指将恶意代码嵌入用户浏览的 Web 网页中,从而达到恶意的目的。

答案：正确

475. 跨站脚本欺骗漏洞能造成用户非法转账的危害。

答案：正确

476. 利用电子邮件引诱用户到伪装网站，以套取用户的个人资料（如信用卡号码），这种欺诈行为是网络钓鱼。

答案：正确

477. 某黑客利用 IE 浏览器最新的 0day 漏洞，将恶意代码嵌入正常的 Web 页面当中，用户访问后会自动下载并运行木马程序,这种攻击方式属于钓鱼攻击。

答案:错误

478. 木马可以藏入电影、照片或者网页中,当对方在服务器上允许被植入木马的文件后,服务器的控制权将被木马获取。

答案:正确

479. 认证逃避是指某些 URL 没有出现在主页导航页面,系统只对导航界面进行了认证和授权管理,这些没有出现在导航中的 URL 可能被恶意用户给分析出来,直接进行访问。

答案:正确

480. 如果 userName 字段仅允许字母数字字符,且不区分大小写,则能使用正则表达式 ^[a-z0-9]* $ 对 userName 字段数据进行验证。

答案:错误

481. 如果 Web 应用对 URL 访问控制不当,可能造成用户直接在浏览器中输入 URL,访问不该访问的页面。

答案:正确

482. 如果 Web 应用没有对攻击者的输入进行适当的编码和过滤,就用于构造数据库查询或操作系统命令时,可能导致注入漏洞。

答案:正确

483. 跨站脚本欺骗漏洞不可能造成用户非法转账的危害。

答案:错误

484. 上传检查文件扩展名和检查文件类型是同一种安全检查机制。

答案:错误

485. 上传任意文件漏洞能够使攻击者通过上传木马文件,最终获得目标服务器的控制权限。

答案:正确

486. 使用 IE 浏览器浏览网页时,出于安全方面的考虑,需要禁止执行 Java Script,可以在 IE 中禁用 Cookie。

答案:错误

487. 使用验证码技术,可以有效防范表单破解攻击。

答案:正确

488. 使用最新版本的网页浏览器软件可以防御黑客攻击。

答案:错误

489. 通过 Cookie 方法能在不同用户之间共享数据。

答案:错误

490. 通过查看网站 Web 访问日志,可以获取 GET 方式的 SQL 注入攻击信息。

三、判断题

答案：正确

491. 网站后台的万能密码的原理是 SQL 注入漏洞。

答案：正确

492. 网站入侵、网页篡改、网站挂马都是当前比较典型的 Web 威胁。

答案：正确

493. 网站使用了 HTTPS 协议后就不会出现安全问题了。

答案：错误

494. 网站受到攻击的类型有 DDoS、SQL 注入攻击、网络钓鱼、Cross Site Scripting 等。

答案：正确

495. 未验证的重定向和转发能造成用户受到钓鱼攻击。

答案：正确

496. 系统中每次提交表单时，都在表单中加入一个固定值的令牌来防止跨站请求伪造。

答案：错误

497. 依据 XSS 攻击的危害包括：窃取用户信息，劫持浏览器会话来执行恶意操作，传播跨站脚本蠕虫。

答案：正确

498. 用户登录某个网银系统后，成功注销登录后，还一定能受到跨站请求伪造攻击。

答案：错误

499. 有的 Web 应用登录界面允许攻击者暴力猜解口令，在自动工具与字典表的帮助下，可以迅速找到弱密码用户。

答案：正确

500. 在 Web 的攻击中，对客户端进行溢出攻击的常用手段就是网页挂马。

答案：正确

501. 在登录功能中发现了一个 SQL 注入漏洞，并尝试使用输入 ' or 1=1-- 来避开登录，但攻击没有成功，生成的错误消息表明 -- 字符串被应用程序的输入过滤删除。可使用输入 'or 'a'='a 来解决这个问题。

答案：正确

502. 在对特殊字符进行转义时，可以将 > 转义成任意字符来防止漏洞发生。

答案：错误

503. 旨在阻止跨站点脚本攻击的输入确认机制按以下顺序处理一个输入：(1) 删除任何出现的 <script> 表达式；(2) 将输入截短为 50 个字符；(3) 删除输入中的引号；(4) 如果任何输入项被删除，返回步骤(1)。能够避开上述确认机制，让以下数据通过确认"><script>alert("foo")</script>。

答案：错误

504. "会话侦听和劫持技术"是属于协议漏洞渗透。

答案：正确

505. 信息加密技术是计算机网络安全技术的基础，为实现信息的保密性、完整性、可用性以及抗抵赖性提供了丰富的技术手段。

答案：正确

506. 一次字典攻击能否成功取决于网络速度。

答案：错误

507. 一台计算机对网络的响应速度变得很慢以至没有响应。使用网络嗅探器发现该电脑每秒接收到数千个ICMP数据包。由此判断该电脑遭受了拒绝服务攻击（DOS）。

答案：正确

508. 在浏览一个应用程序的过程中遇到几个应防止未授权访问的敏感资源，它们的文件扩展名为".xls"，这种情况不需要引起注意。

答案：错误

509. 在密码学的意义上，只要存在一个方向，比暴力搜索密钥还要更有效率，就能视为一种"破解"。

答案：正确

510. 在实施审计的过程中审核员将尝试采取一些黑客行为，如试图侦查、渗透和控制网络系统。

答案：正确

511. 在网络设备测评中网络设备应具有登录失败处理功能，可采取结束会话、限制非法登录次数和当网络登录连接超时自动退出等措施。

答案：正确

512. 主动攻击指对数据的篡改或虚假数据流的产生。这些攻击可分为假冒、重放、篡改消息和拒绝服务4类。

答案：正确

513. 上传检查文件扩展名和检查文件类型是同一种安全检查机制。

答案：错误

514. 社会工程学常被黑客用于踩点。

答案：正确

515. 通过Cookie方法能在不同用户之间共享数据。

答案：错误

516. 通过Session方法能在不同用户之间共享数据。

三、判断题

答案：错误

517. 网络黑客攻击的一般步骤是：(1) 寻找目标主机并分析目标主机；(2) 登录主机；(3) 得到超级用户权限、控制主机；(4) 设置后门。

答案：错误

518. 在路由器中路由表的路由可以分为动态路由和静态路由。

答案：正确

519. IP v4 版本的因特网总共有 126 个 A 类地址网络。

答案：正确

520. 多模光缆主要用于高速度、长距离的传输，单模光缆主要用于低速度、短距离的传输。

答案：错误

521. 一般情况下，采用端口扫描可以比较快速地了解某台主机上提供了哪些网络服务。

答案：正确

522. 一个 IP 地址可同时对应多个域名地址。

答案：正确

523. 对于双绞线来说，随着线缆长度的增加，信号衰减也增加。

答案：正确

524. 通过查看网站 Web 访问日志，可以获取 POST 方式的 SQL 注入攻击信息。

答案：错误

525. STP 通过阻断网络中存在的冗余链路来消除网络可能存在的路径回环。

答案：正确

526. 上传任意文件漏洞能够使攻击者通过上传木马文件，最终获得目标服务器的控制权限。

答案：正确

527. 若发现了 SQL 注入攻击，应当立即关闭数据库应用。

答案：错误

528. 人为的恶意攻击行为中，身份假冒属于主动攻击。

答案：正确

529. 路由器只应用于广域网，不应用于局域网。

答案：错误

530. BGP 是在自治系统之间传播路由的协议。

答案：正确

531. OSPF 协议采用 IP 协议封装自己的协议数据包，协议号是 89。

答案：正确

532. 密码暴力破解攻击反复尝试向系统提交用户名和密码以发现正确的用户密码。

答案：正确

533. VLAN 的标准是 802.1Q。

答案：正确

534. 某文件的权限为：-rws--x--x，则该文件有 SUID 权限。

答案：正确

535. 某些可能的输入会导致服务器堆栈溢出，直接致使 Web 服务不可用，但不会造成服务器崩溃。

答案：错误

536. 缺省路由一定是静态路由。

答案：错误

537. RAID 1 的安全性和性能都优于 RAID 0 方式。

答案：错误

538. 跨站脚本欺骗漏洞能造成用户非法转账的危害。

答案：正确

539. 如果 WebLogic 有任意文件下载漏洞，可以最终获取 WebLogic 用户名的明文口令。

答案：正确

540. 利用 Wireshark 能够从流量包中还原黑客盗取的文件内容。

答案：错误

541. 将用户从 AIX 系统中删除后，该用户的所有文件及目录也不会被删除。

答案：正确

542. 漏洞扫描除发现系统漏洞外，还可以确定系统开启的端口、服务类型、系统版本、用户弱口令。

答案：正确

543. 漏洞是能够被威胁所利用，从而获得对信息的非授权访问或者破坏关键数据的缺陷。

答案：正确

544. 关闭 445 端口可以完全阻断新型"蠕虫"式勒索软件。

答案：错误

545. 银行与公司互联采用专线方式，因此不需要部署逻辑隔离措施。

答案：错误

546. 应用软件系统应对同一用户采用静态口令、动态口令、数字证书、生物特征等两种或两种以上组合技术实现用户身份鉴别。

答案：正确

547. 在具有交易或其他敏感操作的情况下，应用软件系统应支持服务器与客户端间的双向

三、判断题

鉴别。

答案：正确

548. Web 服务器一般省缺不允许攻击者访问 Web 根目录以外的内容，内容资源不可以任意访问。

答案：正确

549. SAN 的优点之一是能够大幅降低总体的存储与运作成本。

答案：正确

550. 源代码审计属于黑盒性质的漏洞挖掘。

答案：错误

551. 当使用 mount 进行设备或者文件系统挂载的时候，需要用到的设备名称位于 /etc 目录。

答案：错误

552. 业务系统既可接入企业门户，又可保留原有登录入口。

答案：错误

553. mv 命令可以移动文件和目录，还可以为文件和目录重命名。

答案：正确

554. SQL 注入攻击除了可以让攻击者绕过认证之外，不会再有其他危害。

答案：错误

555. SQL 注入攻击是目前 Web 攻击中威胁最大的攻击类型之一，它所攻击的目标对象是针对 Microsoft 的 Access 和 SQL Server 数据库，因此从安全起见，建议采用其他数据库防止 SQL 注入攻击。

答案：错误

556. 当 HP-UX 操作系统没有任何响应的时候，管理员可以通过串口终端连接到主机上进行查看。

答案：正确

557. mksysb 命令可以备份 AIX 系统中所有已 mount 的文件系统。

答案：错误

558. 在 HP-UNIX 系统中，可以使用 sam 安装系统补丁。

答案：正确

559. SQL 注入一般可通过 URL 直接输入。

答案：正确

560. 只要控制上传文件的类型就可以完全避免文件上传漏洞的发生。

答案：错误

561. 只要不允许上传可执行文件，文件上传漏洞就不会对系统有影响。

答案：错误

562. 宽字符注入不会对 SQL Server 数据库造成影响。

答案：正确

563. 由于 Hash 是不可逆的，因此将密码保存为 Hash 值将不会造成密码泄露。

答案：错误

564. <%execute（request（"value"））%> 是 PHP 的一句话木马。

答案：错误

565. PHP 可以使用 addslashes 函数来避免 SQL 注入。

答案：正确

566. PHP 可以使用 mysql_real_escape_string 函数来避免 SQL 注入。

答案：正确

567. 为防止文件上传漏洞攻击，最好的办法是关闭文件上传功能。

答案：错误

568. 采用 HTTPS 协议可以防止中间人攻击。

答案：正确

569. IDS（入侵检测系统）无法检测到 HTTPS 协议的攻击。

答案：正确

570. IP 与 MAC 绑定可以防范 IP 地址欺骗攻击。

答案：正确

571. 采用"白名单"的方式将允许包含的文件列出来，只允许包含白名单中的文件，这样就可以避免任意文件包含的风险。

答案：正确

572. 通过设定 php.ini 中 open_basedir 的值将允许包含的文件限定在某一特定目录内，这样可以有效地避免利用文件包含漏洞进行的攻击。

答案：正确

573. 将 GET 方式改为 POST 方法能杜绝 CSRF 攻击。

答案：错误

574. Burp Suite 默认监听本地的 8000 端口。

答案：错误

575. 在 Cookie 中设置 HttpOnly 能防范 XSS 攻击。

答案：正确

576. Firefox 浏览器插件 HackBar 可以代理修改 Web 页面的内容。

答案：错误

三、判断题

577. Firefox 浏览器插件 HackBar 既可以重放 GET 请求，也可以发送 POST 请求数据。

答案：正确

578. Metasploit 加载一个 Payload 的命令是 set。

答案：正确

579. Metasploit 中的 POST 模块是后渗透功能模块。

答案：正确

580. Metasploit 中的 LHOST 参数是设置执行 Explpoit 或 Payload 的远程服务器地址。

答案：错误

581. Mimikatz 是一款提取 Windows 口令的工具，它能从 Explorer 进程中提取口令。

答案：错误

582. 默认情况下，Mimikatz 可以获取 Windows10 中的登录用户的 Hash 和明文密码。

答案：错误

583. Zmap 一次可以扫描多个端口。

答案：错误

584. Zmap 一次可以扫描多个网段。

答案：正确

585. 如果一次性扫描一个网段，Masscan 的扫描速度将会比 Nmap 慢。

答案：错误

586. Nmap 和 Masscan 的扫描原理不同，Masscan 是基于无状态扫描，所以比 Nmap 快。

答案：正确

587. Radmin 是一款远程控制类软件，它的默认端口是 4899。

答案：正确

588. VNC 是一种远程桌面管理软件，默认端口是 5900。

答案：正确

589. Redis 被爆出存在未授权访问漏洞，攻击者在未授权访问 Redis 的情况下，可以成功地将自己的公钥写入目标服务器的 /root/ssh 文件夹的 authotrized_keys 文件中，进而可以直接登录目标服务器。

答案：错误

590. XSS 攻击，最常用的攻击方式就是通过脚本盗取用户端 Cookie，从而进一步进行攻击。

答案：正确

591. XSS 攻击只涉及攻击者与网站，与用户没有直接关系。

答案：错误

592. SQLmap 是一个自动 SQL 注入工具，支持对 NoSQL 数据库的注入。

答案：错误

593. MS08-067 属于 SMB 协议的远程溢出漏洞。

答案：正确

594. MS17-010 只要关闭了 3389 端口就消除漏洞的影响。

答案：错误

595. CVE-2019-0708 是 SMB 远程溢出漏洞。

答案：错误

596. Tomcat 后台认证 Authorization：Basic MTExMTE6MjIyMjI= 的编码方式是 base64。

答案：正确

597. Tomcat 后台认证失败，返回的代码是 302--，表示重定向。

答案：错误

598. Burp Suite 使用 Repeater 重放攻击 Payload，状态码显示 200，表示 Payload 执行一定成功。

答案：错误

599. Burp Suite 使用 Repeater 重放攻击 Payload，状态码显示 500，表示服务器内部错误。

答案：正确

600. nc -e cmd.exe -l -p 8080 表示在 8080 端口监听，并返回一个命令执行的 Shell。

答案：正确

601. nmap -v 参数是打印出 namp 的版本信息。

答案：正确

602. nmap -v 参数是将扫描过程中的详细信息进行输出。

答案：正确

603. nmap 不能执行 UDP 扫描。

答案：错误

604. nmap 执行 UDP 扫描的选项是 -su。

答案：正确

605. nmap 如果不指定 -p 参数，默认是扫描 top100 的端口。

答案：错误

606. nmap 可以使用 --min-rate 参数，设备最小的发包速度，从而提高扫描速度。

答案：正确

607. 在内网渗透中，LCX 常用于 socks 代理。

答案：错误

608. 在内网渗透中，LCX 常用于端口转发。

答案：正确

三、判断题

609. 使用 Cobalt Strike 时，服务端上线最常用的方式是 Beacon。

答案：正确

610. Cobalt Strike 只支持 Windows 系统的后渗透，不支持 Linux。

答案：正确

611. 内网渗透的团队协作，是 Cobalt Strike 相比其他工具最大的优势。

答案：正确

612. Powersploit 是一系统用于 Windows 后渗透的 Powershell 脚本。

答案：正确

613. Poweshell 脚本只支持 Windows 系统，无法在 Linux 上使用。

答案：错误

614. 在 Google 搜索中，可以使用 site:target.com url:login 语法尝试搜索目标网站的登录地址。

答案：错误

615. SQLmap 枚举参数中，枚举当前数据库的参数是 --dbs。

答案：错误

616. 对于 TCP SYN 扫描，如果发送一个 SYN 包后，对方返回 ACK，表明端口处于关闭状态。

答案：错误

617. 对于 TCP SYN 扫描，如果发送一个 SYN 包后，对方返回 RST，表明端口很可能关闭或者有防火墙做了访问控制。

答案：正确

618. 一次字典攻击能否成功，主要取决于攻击者准备的字典。

答案：正确

619. 在对网站进行 Web 渗透扫描敏感信息时，只需要关注 HTTP 返回代码为 200 的文件或目录就可以了。

答案：错误

620. 在对网站进行敏感信息扫描时，使用 HEAD 比 GET 方式更快、更隐蔽。

答案：正确

621. XXE（XML External Entity Injection）全称为 XML 外部实体注入，不会对网站有什么影响。

答案：错误

622. 如果一个网站存在 XXE 漏洞，可以通过漏洞导致敏感信息泄露。

答案：正确

623. 在 Kali 中，Airodump-ng 可用来捕获无线数据包。

答案：正确

624. 在 Kali 中，Aircrack-ng 只能破解 WEP 加密的无线，不能对 WPA2 进行破解。

答案：错误

625. 如果用 Airodump-ng 捕获了 WPA 的握手包，可以采用字典攻击的方式，对 WPA 密码进行破解。

答案：正确

626. Hashcat 是在线破解口令的工具。

答案：错误

627. Hydra 可在线破解 Ssh 登录密码。

答案：正确

628. 当对无线网络使用 Deauth 攻击时，会强制断开合法无线客户端，导致无线网络的用户会频繁出现掉线的现象。

答案：正确

629. 无线网络的 WEP 协议与 WPA 协议比较，前者更安全，破解需要的时间更长。

答案：错误

630. Aircrack-ng 是目前最流行的 Wi-Fi 密码破解工具。

答案：正确

631. 公司总部及各单位业务部门配合国网信通部推进各业务应用与一体化信息集成平台的集成工作，配合开展一体化信息集成平台的深化应用。

答案：正确

632.《国家电网公司信息安全风险评估管理暂行办法》中规定，风险评估工作的周期是 2-3 年。

答案：正确

633. 国家电网公司办公计算机信息安全管理遵循"涉密不上网、上网不涉密"的原则。

答案：正确

634. 信息系统安全的总体防护策略：分区、分级、分片。

答案：错误

635. 一次事故造成 30 人以上死亡，或者 100 人以上重伤者，为特别重大事故（一级人身伤亡事件）。

答案：正确

636. 总体应急预案的培训和演练每年至少组织一次，各专项应急预案的培训和演练每半年至少组织一次。

答案：错误

637. 各分部、公司各单位应于年底前完成次年的年度一级检修计划的编制，经本单位信息化职能管理部门审核后，由本单位信息系统调度机构上报国网信通部，经批复后方可执行。

三、判断题

答案：正确

638. 在国网"两级三线"运维体系中，三线是指"一线后台服务台、二线前台运行维护和三线外围技术支持"的三线运维架构。

答案：错误

639.《国家电网公司安全事故调查规程》中一级至四级事件对应国家相关法规定义的特别重大事故、重大事故、较大事故和一般事故。

答案：正确

640. 信息网骨干网网络节点接入与变更、信息业务接入与变更、通道切换、计划停运、故障处理等操作均实行审批制度。

答案：错误

641. 信息外网办公计算机的互联网访问记录要保存一年以上。

答案：错误

642. 国家电网公司信息系统数据备份与管理规定，对于关键业务系统，每年应至少进行一次备份数据的恢复演练。

答案：正确

643. 上线测试通过后，各相关部门签字认可，系统即具备进入试运行条件，由信息化职能管理部门、运行维护部门、系统建设开发部门、业务主管部门共同安排3个月的试运行。

答案：正确

644.《国家电网公司信息系统口令管理暂行规定》用户登录事件要有记录和审计，同时限制同一用户连续失败登录次数，一般不超过5次。

答案：错误

645. 运行维护部门应根据业务主管部门的要求对数据进行备份及迁移工作备份，数据保存时间由业务主管部门确定。

答案：正确

646. 数据主体运维包括数据接口、数据流转等运维内容。

答案：错误

647.《国家电网公司安全事故调查规程》规定：C类机房中的自动化、信息或通信设备被迫停运，且持续时间在48小时以上属于七级设备事件。

答案：错误

648. 根据《国家电网公司安全事故调查规程》规定，安全事故体系由人身、电网和设备三类事故组成。

答案：错误

649. 在履行完有关报废审批程序后，应按照公司废旧物资处置管理的有关规定，由信息运行维护单位（部门）将报废设备交物资部门统一处置。

答案：正确

650.《国家电网公司信息通信运行安全事件报告工作要求》规定，发生调规六级事件，正式报告需要省级单位负责人签字，省级单位行政章。

答案：正确

651. 数据（网页）遭篡改、假冒、泄露或窃取，对公司安全生产、经营活动或社会形象产生特别重大影响，可判定为六级信息系统事件。

答案：错误

652. 信息通信调度管理在紧急情况下，上级调度机构有权调度下级调度机构资源；在事故情况下，调度员可越级指挥。

答案：正确

653. 安全移动存储介质的申请、注册及策略变更应由人员所在部门负责人进行审核后交由本单位运行维护部门办理相关手续。

答案：正确

654. 信息系统检修工作是指对处于试运行和正式运行状态的信息系统开展的检测、维护和升级等，分为计划检修、临时检修和紧急抢修三种。

答案：正确

655. 系统上线是指业务系统在生产环境中完成部署，导入实际数据，并投入生产的过程。

答案：正确

656. 系统承建单位上线试运行期不少于 90 天，方可申请试运行验收。

答案：正确

657.《国家电网公司安全事故调查规程》规定，发生信息系统损坏或信息系统泄密的事件统计为信息系统安全事件。

答案：正确

658. 信息系统账号的申请、冻结经过账号使用人员所在单位（部门）人力资源管理部门核实身份后方可进行操作。

答案：正确

659. 系统运维单位负责创建系统检修操作和运维技术支持工作所需要的操作系统、中间件、数据库和业务应用等临时账号，严格控制权限并开展运维全过程审计，维护过程要全程记录，维护操作要全程监督，维护结束后立即冻结临时账号。

答案：正确

660. 国网互联网部（原信通部）负责公司信息通信系统调度运行工作的统一归口管理。

答案：正确

三、判断题

661. 开发软件的版本升级、系统调优、BUG 修复等检修工作由国家电网公司下属各单位分别进行。

答案：错误

662. 信息通信系统及运行环境的日常巡视检测及隐患排查是信息通信运行工作主要内容之一。

答案：正确

663. 地市县级单位信息系统运维单位（部门）主要职责之一是负责本单位信息系统检修的策略制定、计划编制和按期执行。

答案：正确

664. 信息系统出现停运故障时，应向国网信通部及相关业务部门报告故障情况后开展紧急抢修。

答案：错误

665. 自上线操作开始，系统承建单位（部门）负责统一运维管理，承担安全运行管理责任，项目承建单位提供技术支持。

答案：错误

666. 按照《国家电网公司信息系统建转运实施细则》的要求，系统承建单位组织开展确认测试，测试工作应确保在上线试运行申请提交日期 5 个工作日前完成，并将测试报告提交运维单位（部门）。

答案：正确

667. 公司信息化建设相关的共性关键技术研究、咨询、开发、标准类工作由各分部及各单位业务部门组织研究与实施。

答案：错误

668. 对未能加强信息化建设管理，或对发现的相关问题不及时进行整改的单位，将进行通报批评。

答案：正确

669. 信息化项目要按照公司基本建设项目要求，按时完成项目结算和决算工作。

答案：正确

670. 项目竣工决算报告应在项目竣工验收通过后一个月内完成。

答案：错误

671. 各分部、公司各单位临时检修应经本单位信息化职能管理部门审核，一级检修应由本单位信息系统调度机构提前 1 天上报国网信通部，经批准后方可执行。

答案：正确

672. 检修工作实施期间，各分部、公司各单位信息系统检修机构应指派专人全程监护检修操作，保证检修工作按期执行。

答案：错误

673. 信息系统运行机构负责组织编制管理范围内的运行方式，执行经批准的运行方式，并报信息系统调度机构备案。

答案：正确

674. 系统管理账号权限由信息系统业务主管部门负责管理和具体分配、调整工作。

答案：错误

675. 信息系统年度运行方式须经国网信通部批准后执行。

答案：正确

676. 系统运维单位负责创建系统检修操作和运维技术支持工作所需要临时账号，使用结束后应及时冻结。

答案：正确

677. 调度员值班期间任何与业务有关的电话均应进行录音。

答案：正确

678. 《国家电网公司信息系统安全管理办法》关于加强网络安全技术工作中要求，对重要网段要采取网络层地址与数据链路层地址绑定技术措施。

答案：正确

679. 《国家电网公司电力安全工作规程（信息部分）》适用于国家电网公司系统各单位运行中的信息系统及相关场所，其他相关系统可参照执行。

答案：正确

680. 《国家电网公司电力安全工作规程（信息部分）》下发后，在变（配）电站、发电厂、电力线路等场所的信息工作，无须遵守《国家电网公司电力安全工作规程》的变电、配电、线路等相应部分。

答案：错误

681. 信息系统应满足相应的信息安全等级保护要求。

答案：正确

682. 各单位信息网络的核心层网络设备、上联网络设备和安全设备的投运、检修工作应填用信息工作任务单。

答案：错误

683. 工作票可以由工作负责人填写，不能由工作票签发人填写。

答案：错误

684. 信息系统故障紧急抢修时，工作票可不经工作票签发人书面签发，但应经工作票签发人同意，并在工作票备注栏中注明。

三、判断题

答案：正确

685. 检查工作票所列安全措施是否正确完备，是否符合现场实际条件，必要时予以补充完善是工作负责人的职责。

答案：正确

686. 工作许可制度中，可以采用当面许可方式，工作许可人和工作负责人应在信息工作票上记录终结时间，并分别签名。

答案：正确

687. 填用信息工作票的工作，工作负责人应得到工作许可人的许可，并确认工作票所列的安全措施全部完成后，方可开始工作。

答案：正确

688. 工作终结报告可以采用邮件报告，工作许可人收到工作负责人发出的邮件报告后，须立即反馈以表示已收讫。

答案：错误

689. 信息系统检修工作开始后，应先备份可能受到影响的配置文件、业务数据、运行参数和日志文件等。

答案：错误

690. 检修前，应检查检修对象及受影响对象的运行状态，并核对运行方式与检修方案是否一致。

答案：正确

691. 升级操作系统、数据库或中间件版本前，应首先确认其新特性对业务系统功能的提升影响。

答案：错误

692. 系统维护工作不得通过互联网等公共网络实施。

答案：正确

693. 信息系统远程检修可使用办公终端。

答案：错误

694. 影响其他设备正常运行的故障设备应立即关机。

答案：错误

695. 巡视时发现异常问题，应及时报告信息运维单位（部门）。

答案：正确

696. 对于巡视发现的信息系统紧急异常，可先酌情自行处理。

答案：错误

697. 信息系统巡视时，可以清除误报的告警信息。

答案：错误

698. 业务系统下线后，所有业务数据应妥善保存或销毁。

答案：正确

699. 电气设备发生火灾时，严禁使用能导电的灭火剂进行带电灭火。

答案：正确

700. 在信息机房中，专用空调不能全年处于制冷状态运行。

答案：错误

701. 接地是消除静电的有效方法。在生产过程中应将各设备金属部件电气连接，使其成为等电位体接地。

答案：正确

702. 使用索引查询一定能提高查询性能。

答案：错误

703. SG-I6000 系统中，MongoDB 数据库宕机（双机均不能访问），将影响省公司指标数据与国网总部的级联。

答案：错误

704. SG-I6000 系统中，KPIIN 服务双机部署，当单节点发生故障时，不影响数据入库。

答案：正确

705. 正常情况下 SG-I6000 系统从 MongoDB 主节点写入数据，从 MongoDB 备用节点读取数据。

答案：正确

706. SG-I6000 系统中创建设备台账，必填字段如果不填仍然可以成功创建台账。

答案：错误

707. 在 SG-I6000 系统中，支持业务系统以 JMS 接口、WebService 接口的方式纳入系统监控。

答案：错误

708. 当 SG-I6000 系统中的一个流程结束时，告诉所在班组的班长就行了，不用归档。

答案：错误

709. SG-I6000 系统中缺陷消缺申请是指对信息设备及信息系统存在的缺陷进行消除缺陷的管理活动，对出现的缺陷应及时登记并进行消缺闭环管理。缺陷级别包括一般缺陷、重要缺陷、紧急缺陷三类。

答案：正确

710. 紧急抢修指因信息系统异常需紧急停运处理以及信息系统故障停运后的检修工作，抢修前可先向有关通信调度口头申请，填写抢修单，抢修工作结束后再补办相关手续，包括补办紧急抢修报告及工作票、操作票。

三、判断题

答案：正确

711. 在 SG-I6000 系统中机房视图不需要关联设备信息。

答案：错误

712. 在信息通信一体化调度支撑平台（SG-I6000）中的网络监测数据来源全部都是自主采集的。

答案：错误

713. SG-I6000 系统中，省公司本地展示的指标数据以及与国网总部级联的指标数据均从 Oracle 数据库中读取。

答案：错误

714. SG-I6000 系统的综合采集模块是在 IMS 原有采集功能基础上，增加对 Tomcat 中间件、磁阵存储等对象的监测；通过有代理方式增加对主机风扇、电源、硬盘转速、CPU 温度等指标监测。

答案：正确

715. 主机设备包括 PC 服务器、刀片机、小型机、工控机、专用服务器、磁盘阵列。

答案：错误

716. SG-I6000 系统中软件系统台账划分为应用系统、基础软件、软件实例、软件子资源四类。

答案：正确

717. SG-I6000 系统中一级检修申请菜单为国网一级部署菜单。

答案：正确

718. 正常情况下，如果 ERP 系统中的某台信息设备的信息发生了变化，比如 ERP 资产编号，系统会立即回写到 SG-I6000 系统，而不需要手动更改 SG-I6000 系统中的数据。

答案：错误

719. SG-I6000 系统中所有设备都必须填写设备所在的机柜号、机架号。

答案：错误

720. 合规性检查针对最新的录入规则，帮助用户找出历史数据中不符合最新录入规则的资源数据，同时在导出时，提示用户哪些数据存在问题。

答案：正确

721. 公司各级单位不得无故取消或变更已批准的检修计划。

答案：正确

722. SG-I6000 系统中业务系统健康运行时长的采集频率为 5 分钟一次。

答案：正确

723. 在 SG-I6000 系统中，必须严格按照排班要求进行值班，因有事请假不能来值班的，可与其他同事协商代替他进行值班，但是系统上不能进行调班操作。

答案：错误

724. SG-I6000系统中，总部调控中心发现某省公司在运信息系统全部告警，但是省公司检查本地 SG-I6000 系未发现告警且页面访问正常，此情况本省与总部之间网络通断情况对其不会造成任何影响。

答案：错误

725. SG-I6000 系统中对信息资源进行了分类，机房空间、机柜空间等都属于硬件资源中的机房设备。

答案：错误

726. SG-I6000 系统中笔记本电脑属于主机设备。

答案：错误

727. 在 SG-I6000 系统中，调度管理中值班日志不能创建与不能交接班时可采用的解决方法为：对值班人员进行调班，若值班人员在当前的排班中，关闭浏览器重启登录。

答案：正确

728. SG-I6000 系统中，建筑场地分为设备机房、办公场地、物资库房三类。

答案：正确

729. SG-I6000 系统中设备台账数据更新后，会立即将数据同步到 ERP 系统。

答案：错误

730. SG-I6000 系统中调控监控综合视图中，白色气泡图代表正常，灰色气泡图代表故障。

答案：错误

731. SG-I6000 系统自主采集监控的部署，支持无代理和有代理两种方式。

答案：正确

732. 信息通信一体化调度运行支撑平台（SG-I6000）是基于 PI3000 平台开发的。

答案：错误

733. SG-I6000 系统为用户提供了三种显示模式：标准模式、精简模式和全屏模式。

答案：正确

734. 在 SG-I6000 系统运行管理模块，必须先在系统中设置设备分组、业务类型、巡视项目以后才能编制巡视计划，然后对巡视计划进行巡视执行操作。

答案：正确

735. 在 SG-I6000 系统中，一个用户可以有不同组织单位下的组织角色。

答案：正确

736. SG-I6000 系统年度运行方式实现年度运行方式文档的查阅和管理，包括上传、更新、下载、删除等主要功能。

三、判断题

答案：正确

737. 在 SG-I6000 系统多维度查询中不可以根据设备的 IP 地址筛选台账。

答案：错误

738. SG-I6000 系统软件变更流程中，已经完成软件变更申请流程的软件台账可以再进行变更流程。

答案：错误

739. SG-I6000 系统中，调度管理中调度联系单进行审核时，审核人和审核结束时间需手动填写。

答案：错误

740. SG-I6000 系统中的告警通知包括提示音通知、电话通知、邮件通知。

答案：错误

741. 在 SG-I6000 系统机房建筑场地维护中，运行部门不是必填项。

答案：正确

742. 合规性检查功能并不能够帮助用户找出历史数据中不符合最新录入规则的资源数据。

答案：错误

743. 告警是指对信息系统和信息网络运行异常、指标状态变化越限、软硬件系统设备故障、系统未来运行状态预测等状态以语音、警铃、短信、推送画面、弹出告警窗等方式的提醒。

答案：正确

744. 在"设备入库导入列表"区域可以选择要新增入库的设备，也可以单击"文件上传"按钮，把填了设备属性的 Excel 表格上传到导入列表区域。

答案：正确

745. 设备资源管理全过程包含库存备用、未投运、在运、退运、现场留用、待报废及报废。

答案：正确

746. 安全 U 盘的交换区与保密区登录密码须分别设置。

答案：正确

747. 可以用开始——运行——gpedit.msc 打开组策略窗口。

答案：正确

748. 终端使用人员可根据工作需要自行安装软件，包括 Office、Google Chrome 等办公软件。

答案：错误

749. 重要数据应使用专用介质拷贝，涉及企业秘密的数据应存储在交换区。

答案：错误

750. 桌面终端的使用用户是终端的第一安全责任人，按照公司办公计算机信息安全与保密规定，执行桌面终端安全操作，运行桌面终端系统进行安全管理与防护，确保本用户终端的信息安全。

答案：正确

751. 计算机病毒是在计算机内部或系统之间进行自我繁殖和扩散的程序。

答案：正确

752. Windows 注册表是 Windows 的核心，通过修改注册表，可以对系统进行限制和优化。

答案：正确

753. 桌面终端标准化管理系统的配置、策略、审计等数据信息保存在数据库中，数据库文件是 vrveis.ldf、vrveis.mdf。

答案：正确

754. 终端安装桌面系统注册程序后，在与桌面系统服务器无法连接的情况下无法卸载客户端。

答案：错误

755. 为方便用户使用，专用移动存储介质交换区与保密区登录密码不区分大小写。

答案：错误

756. 专用移动存储介质保密区输入登录密码后可以在外网终端上拷贝、读取数据。

答案：错误

757. 专用移动存储介质交换区可使用空口令登录，保密区需输入登录密码。

答案：错误

758. 若通过桌面系统对终端施行 IP、MAC 地址绑定，该网络 IP 地址分配方式应为静态。

答案：正确

759. 专用移动存储介质应由使用人在部门统一销毁，并做好记录。

答案：错误

760. 终端在注册时，必须填写所在单位、部门、使用人姓名、计算机所在地、联系电话、终端类型等详细信息，否则无法完成注册操作。

答案：错误

761. 上级服务器下发的强制策略，下级管理员无权进行修改和删除。

答案：正确

762. 802.1w 协议是基于 Client/Server 的访问控制和认证协议。

答案：错误

763. 对于移动存储介质，在虚拟磁盘技术基础上，采用 AES-128 加密算法，对磁盘扇区进行加密。

答案：正确

764. 专用移动存储介质的交换区、保密区密码最大错误次数是防止其他用户暴力破解 U

三、判断题

盘密码,对输入密码次数进行限制,一旦错误次数超过设定值,U盘将被锁定,无法输入密码。

答案:正确

765. 终端使用涉密工具进行深度检查,选择扇区级别的检测时,可检测出已删除文件含敏感关键字的情况。

答案:正确

766. 国家电网公司桌面安全客户端注册方法包括网页静态注册、网页动态注册、手动注册等。

答案:正确

767. 桌面终端标准化管理系统支持对微软操作系统发布补丁的统一分发,并且用户可使用此系统进行级联方式的补丁自动分发、安装和监控。统一补丁分发通过补丁下载服务器(互联网)从互联网下载所有补丁。

答案:正确

768. 桌面终端管理系统审计用户可以审计所有用户的用户登录日志、用户操作日志、策略操作日志以及USB标签制作查询。

答案:正确

769. IP地址的主机部分如果全为0则表示广播地址。

答案:错误

770. 在一个IP网络中负责主机IP地址与主机名称之间的转换协议称为地址解析协议。

答案:错误

771. 桌面终端管理系统的审计默认账号为admin。

答案:错误

772. 桌面终端管理系统中区域管理器配置的高级配置中,防火墙阻断选项的阻断端口为"0"表示全部端口。

答案:正确

773. 在内网电脑上,安装多个杀毒软件会使系统更加安全。

答案:错误

774. 在断开内网的条件下使用无线设备接入外网,桌面终端管理软件将不会记录为违规外联现象。

答案:错误

775. 单台桌面系统扫描器配置可以添加多个扫描器,并且多个扫描器可以同时扫描。

答案:错误

776. 只要终端获得授权,就可以对加密U盘进行密码初始化。

答案:错误

777. 制作保密 U 盘时，! SAFE6 表示加密类型为分区加扰。

答案：错误

778. 桌面管控客户端的删除只能通过输入命令 uninstalledp 来进行执行。

答案：错误

779. 操作系统、电子邮件、上网账号等口令密码复杂度，要求：长度不少于 6 位字符，且使用大小字母和数字的字符组合。

答案：错误

780. 桌面管理终端系统终端进程管理可以获取该客户端当前运行进程，并可以远程结束所有进程。

答案：错误

781. 补丁下载服务器默认配置为从微软公司网站下载微软所有补丁，下载后移植到桌面终端标准化管理系统的系统 /vrv/Distribute/Patch/ 目录下保存。

答案：错误

782. 桌管系统中加入白名单的文件，如果存放路径及内容未发生变化，将不再被检测是否含敏感字样。

答案：正确

783. SMTP 服务的默认端口号是 23，POP3 服务的默认端口号是 110。

答案：错误

784. 你为一台运行 Windows 7 的计算机显卡升级了驱动程序后，计算机变得没有响应。若需要在最短时间内恢复计算机，可在安全模式下启动计算机，将计算机恢复到前一个还原点。

答案：错误

785. 在一台运行 Windows 7 的计算机中，要避免用户复制未加密的文件到可移动驱动器，可在本地组策略中，修改 BitLocker 驱动器加密设置。

答案：正确

786. 桌管系统中，Private 策略可以被所有管理员修改。

答案：错误

787. 存储和读取网络上的任何数据不必密码登录。

答案：错误

788. 不安装操作系统，用户也可以使用某种软件或程序。

答案：错误

789. 软件开发平台有两种平台模式：一种是传统的 C/S 架构模式，一种是现在流行的 B/S 架构模式。

答案：正确

三、判断题

790. 在操作系统中，进程存在的唯一标志是它是否处于运行状态。

答案：错误

791. 外网桌面终端管理应做好补丁统计与查询工作，督促终端使用人安装系统漏洞补丁，外网桌面系统不包含补丁分发功能。

答案：正确

792. 使用保密检测工具粉碎的文件将不可恢复，删除的文件通过特定程序可以恢复。

答案：正确

793. 终端安装桌面管理系统注册程序后，在与桌面管理系统服务器无法连接的情况下无法卸载客户端。

答案：错误

794. 桌面终端管理系统审计用户可以审计所有用户的用户登录日志、用户操作日志、策略操作日志以及 USB 标签制作查询。

答案：正确

795. 国家电网公司专用存储设备（U 盘 / 移动硬盘）是集数据加密、访问授权控制功能于一体的移动存储设备，仅限于国家电网公司系统内部使用。

答案：正确

796. CPU 的虚拟化技术可以单 CPU 模拟多 CPU 并行，但一个平台只允许运行一个操作系统。

答案：错误

797. SAN 的最大优点之一是能够大幅度降低总体的存储与运作成本。

答案：正确

798. 在常见的虚拟化平台上，只能从命令行管理快照。

答案：错误

799. 在虚拟化平台上，ThinApp 允许在最小的磁盘空间中部署虚拟桌面。

答案：正确

800. vSAN 需要分布式的 vSwitch。

答案：错误

801. 利用 DRS（Distributed Resource Scheduler），用户可在计算资源需求较低时，将工作负载整合到较少的服务器上。

答案：错误

802. 虚拟化不能屏蔽硬件层自身的差异和复杂度。

答案：错误

803. 虚拟化技术与多任务以及超线程技术是完全相同的。

答案：错误

804. 虚拟化可以实现 IT 资源的动态分配、灵活调度、跨域共享。

答案：正确

805. 虚拟化是一种资源管理技术，是将计算机的各种实体资源，如服务器、网络、内存及存储等，予以抽象、转换后呈现出来，打破实体设备结构间的不可切割的障碍，使用户可以用比原本的组态更好的方式来应用这些资源。

答案：正确

806. 虚拟化是云计算的基础，没有虚拟化就没有云计算。

答案：正确

807. 一台内存 4GB 电脑的 VMWare 中只能安装 4 台虚拟内存为 1GB 的虚拟系统。

答案：错误

808. 用户可以通过 Run 命令、网上邻居、映射网络驱动器向导和添加网上邻居向导连接到共享文件夹。

答案：正确

809. 虚拟化，是指通过虚拟化技术将一台计算机虚拟为多台逻辑计算机。在一台计算机上同时运行多个逻辑计算机，每个逻辑计算机可运行不同的操作系统，并且应用程序都可以在相互独立的空间内运行而互不影响，从而显著提高计算机的工作效率。

答案：正确

810. 虚拟机可以降低应用许可成本，消除备份需求，减少物理服务器的数量，提供比物理服务器更长的运行时间。

答案：错误

811. 虚拟机不需要病毒防护，因为它们没有物理硬件。

答案：错误

812. 虚拟存储器不是物理上扩大内存空间，而是逻辑上扩充了内存容量。

答案：正确

813. 第 1 类虚拟化管理程序可以作为应用程序在 Windows 或 Linux 中运行。

答案：正确

814. EXT4 文件系统支持在数据存储上的部署方式。

答案：错误

815. NSX Edge 服务网关支持 BPDU 协议。

答案：错误

816. 快照作为单个文件记录，存储在虚拟机的配置目录中。

答案：错误

三、判断题

817. 在常见的虚拟化平台上,虚拟机一次只能拍摄一张快照。

答案:错误

818. 在拍摄快照过程中可以选择是否捕获虚拟机的内存状态。

答案:正确

819. 可以在同一台服务器上运行多台虚拟机。

答案:正确

820. 设置 ESXi 系统的存储器时,必须在创建 VMFS 数据存储之前决定要置备的 LUN 的大小和数目。可以使用预测性方案决定 LUN 的大小和数目。

答案:正确

821. vSphere vCenter 根据需要动态为虚拟机提供物理硬件资源,以支持虚拟机的运行,通过 vSphere vCenter 管理工具,虚拟机可以在一定程度上独立于基础物理硬件运行。

答案:正确

822. 在 vSphere 5.1 版本中,迁移运行中的虚拟机,可以同时更改主机和数据存储。

答案:错误

823. vSphere 实施中的变更数据块跟踪(CBT)的用途是由 VDP 用来降低备份操作所需的时间和带宽要求。

答案:正确

824. vSphere 6.0 在一个集群中最多可支持 8000 个虚拟机。

答案:正确

825. 虚拟地址即程序执行时所要访问的内存地址。

答案:错误

826. 在 OpenStack 中,一般使用 OpenvSwitch 作为虚拟交换机,而 VMWare 系统中的虚拟交换机的功能由 ESXi 的内核提供,只支持最基本的二层桥接,没有物理交换机的那些高级功能。

答案:错误

827. SaaS 是一种基于互联网提供软件服务的应用模式。

答案:正确

828. "云"计算服务的可信性依赖于计算平台的安全性。

答案:错误

829. 以太网交换机的传输方式是存储转发方式。

答案:正确

830. 网络交换机可以有效地隔离广播风暴,减少错帧的出现,避免共享冲突。

答案:错误

831. ARP 表的作用是以提供常用目标地址的快捷方式来减少网络流量。

答案：错误

832. ARP 协议的主要功能是将物理地址解析为 IP 地址。

答案：错误

833. DNS 是 Internet 上主机名称的管理系统，可以将 IP 地址映射为主机名。

答案：错误

834. HTTP（超文本传输协议）默认的端口号是 21。

答案：错误

835. IP 被认为是不可靠的协议，因为它不保证数据包正确发送到目的地。

答案：正确

836. IP 地址的主机部分如果全为 1，则表示广播地址。

答案：正确

837. SNMP 是面向连接的协议。

答案：错误

838. UDP 是主机与主机之间的无连接的数据报协议。

答案：正确

839. 传统以太网的最大传输包长（MTU）是 1518 字节。

答案：正确

840. 多模光缆主要用于高速度、长距离的传输；单模光缆主要用于低速度、短距离的传输。

答案：错误

841. 面向连接服务不能防止报文的丢失、重复或失序。

答案：错误

842. 如果从网络一端某台 PC 设备无法 Ping 通远端的另一台 PC，则说明二者之间建立 TCP 连接的相应路由信息仍然没有建立。

答案：错误

843. 双绞线电缆中的 4 对线用不同的颜色来标识，EIA/TIA568A 规定的线序为白橙、橙、白绿、蓝、白蓝、绿、白棕、棕。

答案：错误

844. 以太网技术是一项应用广泛的技术，按照不同传输速率来分，有 10M、100M、1000M 三类，其中 10M 与 100M 以太网的常用传输介质为双绞线，但 1000M 以太网由于速度过高，传输介质必须用光纤。

答案：错误

845. 以太网数据帧的最小长度必须大于 48 字节。

答案：错误

三、判断题

846. 在接口上封装了 PPP 之后，两端都必须配置 IP 地址。

答案：错误

847. OSPF 邻居的主从关系是通过 DD 报文进行协商的。

答案：正确

848. 在非广播网络上，OSPF 有两种运行方式，非广播多路访问和点到多点，且其中非广播多路访问需要选举 DR/BDR。

答案：正确

849. 一台路由器上不能配置多个 BGP 进程。

答案：正确

850. 默认情况下，OSPF 端口开销与端口的带宽有关，计算公式为：bandwidth-reference/bandwidth。端口开销只能 OSPF 自己计算，不能手动更改。

答案：错误

851. OSPF 支持多进程，在同一台路由器上可以运行多个不同的 OSPF 进程，它们之间互不影响、彼此独立，不同 OSPF 进程之间的路由交互相当于不同路由协议之间的路由交互。

答案：正确

852. OSPF Stub 区域的 ABR 不向 Stub 区域内泛洪第五类 LSA、第四类 LSA 和第三类 LSA，因此 Stub 区域没有 AS 外部路由能力，Stub 区域的 ABR 向区域内通告一条默认路由，指导数据包如何到达 AS 外部的目的地。

答案：错误

853. OSPF 直接运行于 TCP 协议之上，使用 TCP 端口号是 179。

答案：错误

854. 在 OSPF 路由域中，含有至少两个路由器的广播型网络和 NBMA 网络中，必须指定一台路由器为 DR，另外一台为 BDR。

答案：错误

855. 每个运行 OSPF 的路由器都有一个 routerID，该 routerID 必须在 OSPF 进程视图下发布。

答案：错误

856. 同轴电缆一般用来承载有线电视的视频信号，无法承载数据信号。

答案：错误

857. 端口隔离可以实现隔离同一交换机同一 VLAN 内不同端口之间的通信。

答案：正确

858. 时延是指数据包第一个比特进入路由器到最后一比特从路由器输出的时间间隔。

答案：正确

859. IP 地址包括网络地址段、子网地址段和主机地址段。

答案：正确

860. IEEE 802.3U 是快速以太网交换机的标准。

答案：正确

861. 因为在生成路由表的过程中，OSPF 协议需要进行复杂的 SPF 算法来计算网络拓扑结构，所以相对于距离矢量路由选择协议来说，它需要更大的开销、更多的延迟、更高的 CPU 占用率。

答案：错误

862. VLAN 的端口类型包括 TRUNK 和 ACCESS 两种。

答案：错误

863. 三层交换机既可以工作在网络层，又可以工作在数据链路层。

答案：正确

864. 防火墙是由硬件和软件组成的专用的计算机系统，用于在网络之间建立起一个安全屏障，它可以阻止来自外部的威胁和攻击，无法阻止内部的威胁和攻击。

答案：正确

865. 两台运行 OSPF 协议的路由器 Hello 定时器的时间间隔不一致，经过自动协商后选择较小的值作为 Hello 定时器，建立邻接关系。

答案：错误

866. 网络核心交换机、路由器等网络设备要冗余配置，合理分配网络带宽，建立业务终端与业务服务器之间的访问控制；根据需要划分不同子网；对重要网段采取网络层地址与数据链路层地址绑定措施。

答案：正确

867. IP 地址 167.12.34.56 属于 A 类网络。

答案：错误

868. Ipconfig 命令可以查看本地计算机网卡（网络适配器）的 IP 地址、MAC 地址等配置信息。

答案：正确

869. 在同一台交换机上，可以同时创建多个端口镜像，以实现对不同 VLAN 中的端口进行监听。监听口与被监听口必须处于同一个 VLAN 中。

答案：正确

870. OSPF 网络类型中路由器必须选择 DR 和 BDR，否则无法工作。

答案：错误

871. 在 H3C 路由器中配置地址前缀列表项为 Permit0.0.0.00less-equal32，代表仅匹配缺省路由。

答案：错误

三、判断题

872. NAT 可以解决的问题是增强数据传输的安全性。

答案：错误

873. 访问控制列表 ACL 既可以控制路由信息也可以过滤数据包。

答案：正确

874. ARP 是一个使用广播的地址解析协议，并且使用了 ARP 高速缓存，原因是使用广播会耗费大量带宽。

答案：正确

875. 当网络出现故障时，使用 Tracert 命令可以确定数据包在路径上不能继续向下转发的位置，找出在经过哪个路由器时出现了问题，从而缩小排除范围。

答案：正确

876. 在 CSMA/CD 控制方法中站点在发送完帧之后再对冲突进行检测。

答案：错误

877. 在 TCP/IP 协议中，TCP 提供可靠的面向连接服务，UDP 提供简单的无连接服务，而电子邮件、文件传送协议等应用层服务是分别建立在 TCP 协议、UDP 协议、TCP 或 UDP 协议之上的。

答案：正确

878. 在使用无分类域间路由选择 CIDR 时，路由表由"网络前缀"和"下一跳地址"组成，查找路由表时可能会得到不止一个匹配结果，这时应选择具有最长网络前缀的路由。

答案：正确

879. 在一个 OSPF 网络中，如果该网络中两台相邻路由器接口上的 Hello Interval 和 Router Dead Interval 值不相同，则这两台路由器之间不能形成邻居关系。

答案：正确

880. 在一个端口从不转发状态进入转发状态之前，需要等待足够长的时间，这是为了解决在 STP 的端口状态变化过程中可能出现的临时环路问题。

答案：正确

881. 路由信息更新是指当网络拓扑发生变化时，路由器接收到更新的路由信息，将更新的信息与原有的路由表中的信息相比较，并修改本地路由表的一种行为。

答案：正确

882. IP 地址中每个 8 位组的最大值是 255。

答案：正确

883. RIP 规定的最大跳数为 16。

答案：错误

884. NTFS 文件系统有一个设计简单然而功能强大的结构。从本质上来讲，卷中的一切都是文件，文件中的一切都是属性，从数据属性到安全属性，再到文件名属性。

答案：正确

885. Shell 中可使用 alias 命令定义别名。

答案：正确

886. 若当前目录为 /home，命令 ls –l 将显示 home 目录下的所有文件。

答案：错误

887. 在 Windows 操作系统中可以直接对文件实施共享。

答案：错误

888. 在冗余磁盘阵列中，RAID0 不具有容错技术。

答案：正确

889. "kill –1 PID" 命令会强制终止 Linux 系统中 PID 号对应的服务进程。

答案：错误

890. Apache 服务器进程配置文件是 httpd.conf。

答案：正确

891. 在 Linux 系统中，bin 目录用来存放系统管理员使用的管理程序。

答案：错误

892. BIOS 是基本输入输出系统，用于上电自检、开机引导、基本外设和系统的 CMOS 设置。

答案：正确

893. DHCP 可以实现动态 IP 地址分配。

答案：正确

894. DHCP 中继代理服务应该安装在与 DHCP 客户机所在的局域网直接连接的路由器上。

答案：正确

895. FAT32 文件系统，无法存储单个大小超过 4G 的文件。

答案：正确

896. FTP 服务不依赖于具体的操作系统。

答案：正确

897. Guest 组包含 Guest 账户，一般被用于在域中或计算机中没有固定账号的用户临时访问域或计算机时。

答案：正确

898. 在服务器中，HBA 卡的接口为 FC。

答案：正确

899. 在服务器中，HBA 卡的接口为 RJ–45。

答案：错误

三、判断题

900. IDE 和 SATA 是硬盘接口的两个标准。

答案：正确

901. IIS 服务器使用 FTP 协议为客户提供 Web 浏览服务。

答案：错误

902. IKE 是 UDP 之上的一个应用层协议，是 IPSec 的信令协议。

答案：正确

903. init 进程对应的配置文件名为 /etc/inittab，该进程是 Linux 系统的第一个进程，其进程号 PID 始终为 1。

答案：正确

904. IPSec 为网络提供认证性、机密性和完整性三种标准的安全措施。

答案：正确

905. Linux 操作系统的特性有开放性、多用户、多任务以及良好的用户界面等。

答案：正确

906. Linux 的文件系统是采用阶层式的树状目录结构，在该结构中的最上层是根目录"/"。

答案：正确

907. Linux 交换分区的格式为 EXT2。

答案：错误

908. Linux 里 find / −ctime −4 意思是查找 4 天前的 24 小时内创建的文件及目录。

答案：错误

909. Linux 里 find / −mtime +3 意思是查找近三天所有修改过的文件及目录。

答案：错误

910. Linux 里 MySQL 初次启动需要到 /var/log/mysqld.log 里寻找临时密码。

答案：正确

911. Linux 里某目录权限为 drwxr--r---，该目录拥有者所在组用户可进入此目录。

答案：错误

912. Linux 内核引导时，从文件 /etc/bin 中读取要加载的文件系统。

答案：错误

913. Linux 所有服务的启动脚本都存放在 /etc/rc.d/init.d 目录中。

答案：正确

914. Linux 提供的防火墙 IPtables 必须在高配置的机器上运行。

答案：错误

915. Linux 系统不能像 Windows 那样使用桌面系统。

答案：错误

916. Linux 系统的任何用户都可以设置计算机的名字。

答案：错误

917. Linux 系统平台下，一般用 dd 命令来复制整个硬盘。

答案：正确

918. Linux 系统使用命令 uname –a 可以显示内核的版本号。

答案：正确

919. Linux 系统下，在 vi 编辑器里，命令 200 能将光标移到第 200 行。

答案：正确

920. Linux 系统中 touch –a 命令用于修改文件的访问时间。

答案：正确

921. Linux 系统中 wc –l 命令可用于统计文件内容的行数。

答案：正确

922. Linux 系统中命令 chown 用于修改文件或目录的属主。

答案：正确

923. Linux 系统中命令 init 1 可使系统进入字符界面多用户模式。

答案：错误

924. Linux 系统中使用命令 du –sh 可以较直观地显示文件系统的大小。

答案：错误

925. Linux 系统中用户解除锁定的命令是 usermod –l。

答案：错误

926. Linux 系统中，命令 find/usr/bin–type f–atime+100 用来搜索在过去 100 天内使用过的执行文件。

答案：错误

927. Linux 系统中，命令 vi 可以同时编辑多个配置文件。

答案：错误

928. Linux 系统中文件系统要挂装后才能使用。

答案：正确

929. Linux 系统中用 fsck 进行文件系统检查时，文件系统可以处于挂载状态。

答案：错误

930. Linux 系统中字符设备文件类型的标志是 p。

答案：错误

931. NTFS 权限中，文件夹有 6 种标准权限，文件有 5 种标准权限。

答案：正确

三、判断题

932. NTFS 提供文件夹权限，FAT32 不提供文件夹权限。

答案：正确

933. Ping 命令可以测试网络中本机系统是否能到达一台远程主机，所以常常用于测试网络的连通性。

答案：正确

934. Ping 命令用于测试网络的连通性，Ping 命令通过 ICMP 协议来实现。

答案：正确

935. RAID10 的读写速度高于 RAID1。

答案：正确

936. rc. local 就是在一切初始化工作后，Linux 留给用户进行个性化的地方。

答案：正确

937. RedHat Linux 安装时自动创建了根用户。

答案：正确

938. RedHat Linux 使用 ls –all 命令将列出当前目录中的文件和子目录名。

答案：错误

939. RedHat Linux 中第一个逻辑分区号是 4。

答案：错误

940. RedHat 默认的 Linux 文件系统是 EXT3。

答案：正确

941. root 用户可以使用 wall 命令向所有用户发送消息。

答案：正确

942. SAN 网络存储系统中数据是以文件级方式进行传输和存储的。

答案：错误

943. 在操作系统中，SPOOLing 技术可以解决进程使用设备死锁问题。

答案：错误

944. TPC–C 测试主要是衡量服务器以下 Web 的性能。

答案：错误

945. vsftpd 的配置文件名是 vsftpd. conf。

答案：正确

946. Windows 2008 高级安全 Windows 防火墙，不能配置出站规则。

答案：错误

947. Windows Server 2003 文件系统可以实现从 FAT32 格式到 NTFS 格式的无损转换。

答案：正确

— 943

948. Windows Server 2003 域之间的信任关系是不能传递的。

答案：错误

949. WINS 代理应该安装在 DNS 服务器上。

答案：错误

950. 安装 Linux 系统对硬盘分区时，必须有两种分区类型，即 EXT3 和 Swap。

答案：正确

951. 把一个用户加入一个附属组，可以使用命令 gpasswd。

答案：正确

952. 采用优先权调度算法时，处于运行状态的进程一定是优先级最高的进程。

答案：正确

953. 操作系统的所有程序必须常驻内存。

答案：错误

954. 操作系统对不同的中断进行分级，磁盘、键盘、时钟三种中断，响应级别由高到低的是磁盘、时钟、键盘。

答案：错误

955. 操作系统是对计算机资源进行管理的软件。

答案：正确

956. 除 root 用户外，其他用户只能用 kill 命令终止自己的创建进程。

答案：正确

957. 对进程的同步，要保证进程必须相互配合，共同推进，并严格按照一定的先后顺序。

答案：正确

958. 操作系统中，对临界资源应采取互斥访问方式来实现共享。

答案：正确

959. 对于内核而言，所有打开的文件都通过文件描述符引用，默认为 4096。

答案：错误

960. 多级目录的作用之一是解决了用户的文件名重名问题。

答案：正确

961. 分页存储管理中，由于地址是由页号 p 和页内地址 d 两部分组成，所以作业的逻辑地址空间是二维的。

答案：错误

962. 分页管理中系统以帧为单位给作业分配页，页之间可以是不连续的。

答案：错误

963. 辅助 DNS 服务器中的数据和主 DNS 中的数据一样，既可以进行域名解析，也可以对

三、判断题

其进行添加和删除操作。

答案：错误

964. 隔离装置部署在应用服务器与数据库服务器之间，除具备网络强隔离、地址绑定、访问控制等功能外，还能够对 SQL 语句进行必要的解析与过滤，抵御 SQL 注入攻击。

答案：错误

965. 共享文件夹权限只对用户通过网络访问这个文件夹时起到约束作用，如果用户在这个文件夹所在的计算机上以交互式方式访问它时，则不会受到共享文件夹权限的限制。

答案：正确

966. 管道就是将前一个命令的标准输出作为后一个命令的标准输入。

答案：正确

967. 活动目录以域为基础，具有伸缩性，可以包含一个或多个域控制器，所以说域是活动目录的基本单位和核心单元。

答案：正确

968. 将前一个命令的标准输出作为后一个命令的标准输入，称为管道。

答案：正确

969. 进程的 nice 值越高，它占用的 CPU 周期越多。

答案：错误

970. 进程由进程控制块、数据集以及对该数据集进行操作的程序组成。

答案：正确

971. 进程有 3 个基本状态，即运行状态、就绪状态和阻塞状态。

答案：正确

972. 进程在运行中，可以自行修改自己的进程控制块。

答案：错误

973. 可以把 Windows XP 直接升级为 Windows Server 2012 系统。

答案：错误

974. 可以往 RAM 中写入临时数据，但这些数据在系统断电后会全部丢失。

答案：正确

975. 默认情况下，Windows Server 2012 安装 DHCP 服务器程序后，会自动生成 DHCP 的配置文件。

答案：错误

976. 某文件的权限为 drw-r--r--，用数值形式表示该权限为 544，该文件属性是目录。

答案：错误

977. 前台起动的进程使用 Ctrl+C 终止，Kill 是后台结束进程的命令。

答案：正确

978. 请求分页存储管理中，若把页面尺寸增加一倍，在程序顺序执行时，则一般缺页中断次数会增加。

答案：错误

979. Linux 系统中，确定当前工作目录使用的命令为 pwd。

答案：正确

980. 如果一个用户暂时不工作，那么为了安全起见，管理员应该将他的用户账户删除。

答案：错误

981. 若要使用进程名来结束进程，应使用 pstree 命令。

答案：错误

982. 设备独立性（或无关性）是指能独立实现设备共享的一种特性。

答案：错误

983. 使用 vim-cmd vmsvc/power.off VMID 关闭虚拟机可能对虚拟机造成损坏。

答案：正确

984. Linux 系统中，使用命令 at 可以创建周期性计划任务。

答案：错误

985. 输入和输出设备是用来存储程序及数据的装置。

答案：错误

986. 通过重新编译 Linux 内核，可以增加或删除对某些硬件的支持。

答案：错误

987. 微型计算机中，I/O 设备的含义是控制设备。

答案：错误

988. 为了达到组织灾难恢复的要求，备份时间间隔不能超过恢复点目标（RPO）。

答案：正确

989. 为了有效利用办公资源，可以将一台打印机在内外网之间来回使用，但不得同时接入内、外网。

答案：错误

990. 文件的属性中有"ASHR"，表示该文件的属性是存档、系统、隐藏、只读四个属性。

答案：正确

991. 文件系统中的源程序是有结构的记录式文件。

答案：错误

992. 我们一般使用 mknod 工具来建立分区上的文件系统。

答案：错误

三、判断题

993. 系统调用的目的是申请系统资源。

答案：错误

994. 小王的计算机的操作系统是 Windows 7 32bit，由于业务众多，4G 物理内存已不能满足需求，小王决定加装物理内存至 8G，可以提升机器性能。

答案：错误

995. 虚拟存储器是利用操作系统产生的一个假想的特大存储器，在逻辑上扩充了内存容量，而物理内存的容量并未增加。

答案：正确

996. 虚存容量的扩大是以牺牲 CPU 工作时间以及内、外存交换时间为代价的。

答案：正确

997. 要想进入 Windows Server 2008 系统的安全模式需要在计算机启动时完成自检后按 F8 键。

答案：正确

998. 一般来讲，多线程软件开发应尽量避免线程之间共享变量的出现，以尽可能降低代码的耦合性。

答案：正确

999. 一般总是把文件系统联结到某个空目录。如果加载到非空目录，卸载后原目录中内容仍可访问。

答案：正确

1000. 一旦出现死锁，所有进程都不能运行。

答案：错误

1001. 一个卷组 VG 中可包含多个物理卷 PV。

答案：正确

1002. 一个逻辑卷可以跨多个物理卷。

答案：正确

1003. 一个正在运行的进程可以阻塞其他进程，但一个被阻塞的进程不能唤醒自己，它只能等待别的进程唤醒它。

答案：错误

1004. 一个最简单的 Windows 域包含一台域控制器和一台成员服务器。

答案：错误

1005. 以 2009/10/10 格式显示时间的命令是 date +%y/%m/%d。

答案：错误

1006. 用 Linux 启动盘启动时可以输入 linux single 进入单用户模式。

答案：正确

1007. 用户编写的程序中所使用的地址是逻辑地址。

答案：正确

1008. 由于资源数少于进程对资源的需求数，因而产生资源的竞争，这种资源的竞争必然会引起死锁。

答案：错误

1009. 与工作组相比，域具有更高的安全级别。

答案：正确

1010. 原语是一种不可分割的操作。

答案：正确

1011. 在 Linux 系统中，以文件夹方式访问设备。

答案：错误

1012. 在 Linux 防火墙套件中，Netfilter 工作在内核内部，而 IPtables 则是让用户定义规则集的表结构。

答案：正确

1013. 在 Linux 系统中命令不区分大小写。

答案：错误

1014. 在 Linux 运行的 7 个级别中，X—Window 图形系统的运行级别为 5。

答案：正确

1015. 在 Linux 中，要查看文件内容，可使用 more 命令。

答案：正确

1016. 在 Linux 中切换用户的命令是 set。

答案：错误

1017. 在 Windows Server 2003 中，既可由每服务器许可模式更改为每客户许可模式，也可由每客户许可模式更改为每服务器许可模式。

答案：正确

1018. 在 Windows Server 2008 中，要实现数据备份，必须要添加 Windows Server Backup。

答案：正确

1019. 在 Windows Server 2012 的 IIS 服务器中，只能为一台服务器建立一个站点，因为启动一个站点同时要停止另一个。

答案：错误

1020. 在 Windows 操作系统下，能够使用 ipconfig/release 命令释放 DHCP 协议自动获取的 IP 地址。

答案：正确

三、判断题

1021. 在 Windows 计算机上只能对文件实施共享，而不能对文件夹实施共享。

答案：错误

1022. 在 Windows 系统中，剪贴板是程序和文件间用来传递信息的临时存储区，此存储区是内存的一部分。

答案：正确

1023. 在安装 RedHat Linux 时要以图形化模式安装，直接按 Enter。

答案：正确

1024. 在多级目录中，访问文件是通过路径名来访问的。所谓路径名是指从根目录开始到该文件的通路上所有目录文件名和该文件的符号名组成的一条路径。

答案：正确

1025. 在多用户系统中，操作系统管理那些用作重要目的的资源。

答案：正确

1026. 在具备固态硬盘的计算机上，应将操作系统存放在固态硬盘上。

答案：正确

1027. 在普通用户账户下可以使用命令 shutdown –h now 进行关机。

答案：错误

1028. 在一个含有多域的域树中，全局组的用户不能在其他域分配资源权限。

答案：错误

1029. 在字符界面环境下注销 Linux，可用 exit 或 Ctrl+D。

答案：正确

1030. 中断层是系统模块暂停处理器正常处理过程所采用的一种机制。

答案：正确

1031. 终端注册桌面系统客户端程序时显示 IP 段没有分配，找不到所属区域，原因是没有将该客户端所在的 IP 范围添加到允许注册的 IP 范围内。

答案：正确

1032. 做 RAID5 至少需要 2 块硬盘。

答案：错误

1033. WebLogic 不支持 ODBC 组件。

答案：正确

1034. 32 位 JDK 可以使用的 heap 内存大小为 4G。

答案：错误

1035. B/S 结构是浏览器和服务器结构。

答案：正确

1036. BEA WebLogic Server 凭借出色的群集技术，对电子商务解决方案的灵活性和安全性起到至关重要的提升作用。

答案：正确

1037. WebLogic 中 boot.properties 文件放在 server 的根目录下。

答案：错误

1038. DCOM 是中间件技术。

答案：正确

1039. Informatica 产品提供一套无缝集成的工具，该工具建立在基于面向服务的体系结构（SOA）的统一数据集成平台上。该平台包括通用的数据访问、元数据服务、数据服务、基础架构服务和数据集成服务。

答案：正确

1040. J2EE 则通过 Java 虚拟机来消除平台差别。

答案：正确

1041. JVM 的 heapsize 不能超过物理内存。

答案：正确

1042. proxy plug-in 的作用是使 WebLogic 提供动态内容服务。

答案：错误

1043. WebLogic 9 使用了线程自调优技术，线程数随着业务要求自动增加或者减少。

答案：正确

1044. WebLogic Cluster 的默认负载均衡算法为 round-robin。

答案：正确

1045. WebLogic Domain 的 config.xml 文件保存在 $DOMAIN_HOME/config 目录下。

答案：正确

1046. WebLogic Domain 中的 boot.properties 文件内容需要手动进行加密。

答案：错误

1047. WebLogic Portal 不提供门户访问控制管理功能。

答案：错误

1048. WebLogic Server 是一个承载应用和资源的、可配置的、健壮的、多线程的 Java 应用程序。

答案：正确

1049. WebLogic Server 域中的托管服务器仍在运行时，不能重启管理服务器。

答案：错误

1050. WebLogic Server 只有两种类型，分别是 Admin Server 和 Managed Server。

三、判断题

答案：正确

1051. WebLogic 服务器动态（即在运行时）改变域资源的配置属性，必须重启 WebLogic 服务器才能使修改生效。

答案：错误

1052. WebLogic 管理服务器和托管服务器可以安装在一台物理主机上。

答案：正确

1053. WebLogic 正式服务属于开发模式。

答案：错误

1054. WebLogic 不支持 EJB 标准。

答案：错误

1055. WebLogic 管理服务器和托管服务器可以安装在一台物理机器上。

答案：正确

1056. WebLogic 和 Websphere 调优过程中不涉及文件系统大小。

答案：正确

1057. WebLogic 集群的消息传送模式包括多点传送、单点传送和反向传送。

答案：错误

1058. WebLogic 集群中的 Managed Server 必须是相同的版本。

答案：正确

1059. WebLogic 集群中的 Server 可以使用动态 IP 地址。

答案：错误

1060. WebLogic 可以支持 ODBC。

答案：错误

1061. WebLogic 是用于开发、集成、部署和管理大型分布式 Web 应用、网络应用和数据库应用的 Java 应用服务器。

答案：正确

1062. WebLogic 是遵循 DCOM、J2EE 标准的中间件。

答案：错误

1063. WebLogic 中 bin 目录下存放可执行文件。

答案：正确

1064. WebLogic 中数据源在调用时使用的名称为 JNDI 名称。

答案：正确

1065. WebLogic 中造成连接池泄露的原因一般为在使用连接后没有正确地释放连接或者是在释放的过程中出了错误。

答案：正确

1066. 安装完 WebLogic Server 后不能由开发模式改为生产模式。

答案：错误

1067. 当 WebLogic Server 域中的托管服务器仍在运行时，不能重启管理服务器。

答案：错误

1068. 绿盟极光漏洞扫描器，主要针对主机漏洞进行扫描，也可以扫描出中间件 Apache Tomcat 弱口令问题。

答案：正确

1069. 集群中的所有 WebLogic 服务器必须位于同一个局域网，并且必须是 IP 广播可到达的。

答案：正确

1070. 如要修改 Tomcat 访问端口，可在 server.xml 文件中修改。

答案：正确

1071. 事务具有原子性、一致性、隔离性和持久性四个特征。

答案：正确

1072. 通过运行 SQL 语句，返回查询结果的 JDBC 接口类是 Statement 接口。

答案：正确

1073. 一个 Domain 里可以有多个集群。

答案：正确

1074. 一个 WebLogic 域（Domain）中只能有一个集群（Cluster）。

答案：错误

1075. 在 WebLogic Server 的生产模式中，应使用自动部署方式增加应用程序部署的灵活性。

答案：错误

1076. 在 Linux 环境下安装 Tomcat 前，不需要先安装 JDK。

答案：错误

1077. 在 Tomcat 服务器出现连接超时错误时，需要修改 tomcat/conf/server.xml 配置文件中 Connector 标签，connecttion Timeout 属性变大。

答案：正确

1078. 在 WebLogic 环境中，WebLogic 里面的一个 class 修改了，一定要重新启动 WebLogic。

答案：错误

1079. 在 WebLogic 管理中，修改 http maximum post size 值可以减小 http post size。

答案：正确

1080. 在 WebLogic 中，域是一个完备的管理单元。向域里分发应用的时候，该应用的各组成部分只能分发到域之内的服务器上。如果域中包含集群，那么集群中的应用服务器可以属于

三、判断题

不同的域。

答案：错误

1081. 在 WebLogic 中开发消息 Bean 时，persistent 方式的 MDB 可以保证消息传递的可靠性，也就是如果 EJB 容器出现问题而 JMS 服务器依然会将消息在此 MDB 可用的时候发送过来，而 non － persistent 方式的消息将被丢弃。

答案：正确

1082. 中间件是介于应用系统和系统软件之间的一类软件，是位于操作系统和应用软件之间的一个软件层，向各种应用软件提供服务，使不同的应用进程能在屏蔽平台差异的情况下，通过网络互通信息。

答案：正确

1083. 中间件是介于应用系统和系统软件之间的一类软件，是位于操作系统和应用软件之间的一个软件层，向各种应用软件提供服务的。

答案：正确

1084. 执行域根目录下的 stopWebLogic.sh 命令是停止域最有效的方法。

答案：错误

1085. 在同一台服务器上，Node Manager 不可以管理多个 Domain。

答案：错误

1086. 在创建域的时候不能进行服务端口（Listen Port）的修改。

答案：错误

1087. 在 WebLogic 中，域是一个完备的管理单元。向域里分发应用的时候，该应用的各组成部分只能分发到域之内的服务器上。如果域中包含集群，那么集群中的应用服务器可以属于不同的域。

答案：错误

1088. 在 AIX 系统中，当增加逻辑卷（LV）的容量时，其上对应的文件系统的容量也会相应增加。

答案：错误

1089. 在 WebLogic Server 中，连接池是在 WebLogic 服务器启动的时候创建的，连接池的大小不能动态调整。

答案：错误

1090. 在 WebLogic 环境中，使用 JNDI 方式进行数据连接，如果数据库连接断开，会自动重连。

答案：正确

1091. 在 SAP Netweaver AS Java 中可以使用 Config Tools 工具来维护 Java JVM 参数，不需

— 953 —

要重启就可以生效。

答案：错误

1092. 在 Admin Server 没有启动的情况下，是无法启动一个 Managed Server 实例的。

答案：错误

1093. 如果一个 Admin Server 和 4 个 Managed Server 在同一个 Hardware 上，并且客户需要经常更新应用，展开目录格式，则应该采用 stage。

答案：错误

1094. 对于 access.log，通过 Admin Server Console 可以配置 rotation。

答案：正确

1095. 在 Server 因为 config.xml 被破坏启动失败的时候，你可以利用 config.xml.booted 启动。

答案：正确

1096. 一个 WLS 实例配置了 Multi-Pool，分别为 A、B、C，如果选择的是 load-balance，则一个请求获得 connection 从 A 到 B 再到 C。

答案：错误

1097. J2EE 中间件平台集成了数据库管理功能。

答案：错误

1098. WebLogic 和 Websphere 调优过程中涉及 JVM 内存、线程数量、操作系统共享内存大小、文件系统大小。

答案：错误

1099. WebLogic 中配置 channel 必需的参数是 name，protocol，listen address，listen port。

答案：正确

1100. 在 Linux 系统中，/etc/services 文件定义了网络服务的端口。

答案：正确

1101. 某文件的权限为 drw-r--r--，该文件为一个目录。

答案：正确

1102. WebLogic 控制台默认端口为 7070。

答案：错误

1103. 设置 boot.properties 文件避免在启动 WebLogic 服务的时候输入用户名和密码。

答案：正确

1104. 多个 WebLogic 实例必须分布在不同服务器上，以免发生数据冲突。

答案：错误

1105. 一个 WebLogic Domain 中可以有多个 Admin Server。

答案：错误

三、判断题

1106. Docker 是一个开源的引擎,可以轻松地为任何应用创建一个轻量级的、可移植的容器,但是其不可以自给自足。

答案:错误

1107. Docker Image 是一个精简版的 Linux 程序运行环境,在打包的时候仅装入必需的组件。

答案:正确

1108. 要查看所有运行的容器状态,可以使用 docker ps-a 命令。

答案:正确

1109. K8S 的前身,是 dotCloud 运行了十多年的 Borg 系统。

答案:错误

1110. Kubernetes 这个单词来自希腊语,含义是"舵手"或"领航员",是一个基于容器的集群管理平台。

答案:正确

1111. Oracle 11g 中,主键被强制定义成 NOT NULL 和 UNIQUE。

答案:正确

1112. Oracle 11g 中,只要把 DBA 角色赋予人或用户,他便可以管理数据库。

答案:错误

1113. 在以下的 Oracle 内存结构中,共享池(share pool)存储了最近执行过的 SQL 语句,以及最近访问过的数据定义。

答案:正确

1114. 在一个关系中不可能出现两个完全相同的元组是通过实体完整性规则实现的。

答案:正确

1115. Oracle 11g 中在一个表上可以有多个唯一约束。

答案:正确

1116. 在同一个数据库表中可以有多个主索引。

答案:错误

1117. 在普通视图中并不保存任何数据,通过视图操作的数据仍然保存在表中。

答案:正确

1118. 在连接操作中,如果左表和右表中不满足连接条件的数据都出现在结果中,那么这种连接是全外连接。

答案:正确

1119. 在表的某个列上创建标准 B 树索引,查询符合某条件的记录,结果有大量的记录返回,则这个索引得到最大限度的应用,会明显地提高速度。

答案:错误

1120. 在 Oracle 中只有 sys 用户能访问 x$ 视图，所以为了获得 x$ 视图的信息，必须以 sys 身份登录数据库。

答案：错误

1121. 在 Oracle 中，索引技术使用了 ROWID 来进行数据的快速定位。

答案：正确

1122. 在 Oracle 数据库中，RMAN 工具必须在数据库关闭或者 nomount 或者 mount 的情况下才能对数据库进行完全备份。

答案：错误

1123. 在 Oracle RAC 集群模式下，一个事物性查询可以分配在多个节点上执行。

答案：错误

1124. 在 Oracle 11g 中，搭建 Real Application Cluster 时，ocr 和 voting disk 盘只能为 ASM 文件系统。

答案：错误

1125. 已使用 DROP TABLE 删除表,若要删除表上的视图,必须通过 DROP VIEW 手动删除。

答案：正确

1126. 数据库中，一个表中的主键可以是一个或多个字段。

答案：正确

1127. 一个表空间可以含有多个数据文件，一个数据文件也可以跨多个表空间，一个表不可以跨表空间。

答案：错误

1128. 业界常见的灾备建设模式有同城两中心、异地两中心、两地三中心，且三者的投资成本逐渐增加。

答案：正确

1129. 系统全局区 SGA 是针对某一服务器进程而保留的内存区域，它是不可以共享的。

答案：错误

1130. 物化视图占有数据库存储空间。

答案：正确

1131. 为数据表创建索引的目的是提高查询的检索性能。

答案：正确

1132. 为了恢复数据库，需要用到参数文件（该文件存储了数据库中所做的所有修改）。

答案：错误

1133. 数据字典中的内容都被保存在 SYSTEM 表空间中。

答案：正确

三、判断题

1134. 数据文件和口令文件是属于 Oracle 数据库的操作系统文件。

答案：错误

1135. 使用 restrinct 状态打开数据库后，业务用户可正常连接数据库。

答案：错误

1136. 数据库丢失当前日志文件时可以通过设置隐含参数"_allow_resetlogs_corryption"强制启动数据库。

答案：正确

1137. 数据库备份与恢复可以分为物理和逻辑备份与恢复。

答案：正确

1138. 数据库中，视图能够对机密数据库提供一定的安全保护。

答案：正确

1139. 使用视图可以加快查询语句的执行速度。

答案：错误

1140. 使用静态注册方式，可以将 Oracle 服务名以静态方式注册到默认监听的 1521 端口。

答案：正确

1141. 使用 netca 命令不可以配置 Oracle 数据库的 TNS 别名。

答案：错误

1142. Oracle 中使用 EXPDP 命令可以按条件导出指定表中的指定数据。

答案：正确

1143. 使用 create database 手动创建数据库的前提是要启动一个数据库实例到 nomount 状态。

答案：正确

1144. 使用 ASM 作为存储管理机制的 Oracle 数据库系统启动之前，必须确保 ASM 实例已成功启动。

答案：正确

1145. 实例启动和关闭信息记录到后台进程跟踪文件中。

答案：错误

1146. 闪回技术可以很快将数据库或表回到过去的某个状态，具有不依赖数据备份文件的特点。

答案：正确

1147. 删除一个在线重做日志文件时控制文件不会更新。

答案：错误

1148. 如果在紧急情况下，需要尽可能快地关闭数据库，可以使用 shutdown abort 命令。

答案：正确

1149. 如果在 Oracle 11g 数据库中误删除一个表中的若干数据，我们可以采用 Flashback 技术恢复。

答案：正确

1150. 如果一个服务器进程（server process）试图将一个缓冲区移到脏队列中，而这个队列已经满了，将会发生 Oracle 通知 DBWn 写盘。

答案：正确

1151. 每个服务器进程和后台进程都有自己独立的 PGA。

答案：正确

1152. 每个 Oracle 数据库至少有一个控制文件，用于维护数据库的元数据。

答案：正确

1153. 控制文件的修改只能由 Oracle 完成。

答案：正确

1154. 可以通过 emca 命令重新配置 EM 管理工具。

答案：正确

1155. 在 AIX 系统中，smit.script 的内容包含了 Smit 所执行的命令及 shell 脚本命令。

答案：正确

1156. 在数据库理论中，关系代数中五种基本运算是并、差、选择、投影、连接。

答案：错误

1157. 对 Oracle 数据库安装 PSU 补丁时需要首先升级 OPatch 版本。

答案：正确

1158. 当用户进程出错，后台进程 SMON 负责清理。

答案：错误

1159. 当 Oracle 数据库处于 NOARCHIVELOG 模式时，在 OPEN 状态下可以备份控制文件。

答案：正确

1160. 大文件表空间是为超大数据库而设计的，只能由一个数据文件组成，可以减少更新数据文件头部信息的操作。

答案：正确

1161. 创建 Oracle 11g 数据库后，数据库块大小不能再改变。

答案：正确

1162. 表、索引、约束、序列、同义词、触发器、函数及存储过程都是 Oralce 数据库对象。

答案：正确

1163. 安装完成 Oracle 11g RAC 数据库环境后，可以随便更改 /etc/hosts 文件内容。

答案：错误

三、判断题

1164. 安装 Oralce 数据库软件，对临时目录没有空间要求。

答案：错误

1165. 在 Oracle 中，truncate 是 DDL 操作，不能回滚。

答案：正确

1166. Oracle 中 tablespace 和 db_files 都是物理概念。

答案：错误

1167. 在 Oracle 中，SYSTEM/SYSAUX/TEMP/UNDO 四个表空间都是数据库必需的。

答案：正确

1168. SQL 语言中，删除一个表的命令是 DELETE。

答案：错误

1169. SQL 模糊查询中，% 表示零个或多个字符。

答案：正确

1170. Oracle 中的 SMON 进程可以进行实例恢复。

答案：正确

1171. shutdown abort 命令可以快速关闭 Oracle 数据库，通常可以在生产环境下执行该命令。

答案：错误

1172. SELECT dname, ename FROM dept d, emp e WHERE d. deptno=e. deptno ORDER BY dname, ename; 是等值连接。

答案：正确

1173. 在 Oracle 中，RMAN 备份集不包含空的数据块。

答案：正确

1174. Oracle 中的 PMON 是进程监控进程。

答案：正确

1175. Order by 子句仅对检索数据的显示有影响，并不改变表中行的内部顺序。

答案：正确

1176. Oralce 数据库在进行物理备份时有联机备份和脱机备份两种方式可供选择。

答案：正确

1177. Oracle 中执行 shutdown immediate 时，允许当前事务执行完再关闭数据库。

答案：错误

1178. Oracle 中要想进行完全备份，使用 RMAN 工具时必须对数据库打开归档模式。

答案：正确

1179. Oracle 中使用索引是为了快速访问表中的 Data Block。

答案：正确

1180. Oracle 中使用 DROP TABLESPACE 命令可以删除数据文件。

答案：正确

1181. Oracle 中 3 个控制文件丢失一个，将造成数据库无法启动。

答案：错误

1182. Oracle 中如果联机重做日志损坏，必须通过不完全恢复将数据库恢复到联机重做日志终止 SCN 之后的状态。

答案：错误

1183. Oracle 中的语句触发器只会针对指定语句激活一次。

答案：正确

1184. Oracle 中 SYSTEM 表空间是执行 CREATE TABLESPACE 命令建立的。

答案：错误

1185. Oracle 中 INST_ID 列可以用来区别 V$ 视图和 GV$ 视图。

答案：正确

1186. Oracle 中，在使用 UNDO 表空间管理 UNDO 数据时，初始化参数 UNDO_MANAGEMENT 应该被设置为 auto。

答案：正确

1187. Oracle 中，一个用户可以和多个 Schema 相关联。

答案：错误

1188. Oracle 中，索引可以分为 B 树索引和位图索引，默认使用的是位图索引。

答案：错误

1189. Oracle 支持 5 种类型的约束：NOT NULL, UNIQUE, CHECK, PRIMARY KEY, FOREIGN KEY。

答案：正确

1190. Oracle 在 nomount 模式下也可以改变数据库的归档模式。

答案：错误

1191. Oracle 运行过程中，仅当检查点时，DBWn 进程才将"脏"数据写入数据文件。

答案：错误

1192. Oracle 数据字典和动态性能视图的所有者是 System 用户。

答案：错误

1193. Oracle 数据库中字符串和日期必须使用双引号标识。

答案：错误

1194. Oracle 数据库中有许多已经被锁定的系统默认账号，这些账号因为已经被锁定，所以可以不修改默认口令。

三、判断题

答案：错误

1195. Oracle 数据库中实例和数据库是一一对应的（非 Oracle 并行服务，非集群）。

答案：正确

1196. Oracle 数据库中查看参数的命令为 show parameter。

答案：正确

1197. Oracle 数据库中，SGA 区域不包含 redo log buffer。

答案：错误

1198. Oracle 数据库在安装过程中，如果图形界面无法使用，可通过静默命令方式安装。

答案：正确

1199. Oracle 数据库在 OPEN 状态下可以修改重做日志文件位置。

答案：错误

1200. Oracle 数据库通过 SMON 进程将实例动态注册到监听器。

答案：错误

1201. Oracle 数据库启动时首先加载的是参数文件。

答案：正确

1202. Oracle 数据库启动时，首先启动实例，系统将自动分配 SGA，并启动 Oracle 的多个后台进程，内存区域和后台进程合称一个 Oracle 实例。

答案：正确

1203. Oracle 数据库 RAC 在部署时，所有节点均需要安装数据库软件。

答案：正确

1204. Oracle 数据高速缓冲区使用"最近最多使用"和"最近最少使用"两个列表进行管理。

答案：错误

1205. Oracle 后台进程 CKPT 可以将数据库缓冲区的数据写到硬盘上。

答案：错误

1206. Oracle 的重做日志文件包含对数据库所做的更改，以便数据库受损时恢复。

答案：正确

1207. Oracle 的 Agent 服务无法启动，把 ORACLE_HOME/network/agent/ 目录下的 *.q 文件删除，然后启动服务即可。

答案：正确

1208. Oracle 系统中 SGA 所有用户进程和服务器进程共享。

答案：错误

1209. Oracle 11g 数据库可以通过跨平台的表空间传输方式迁移数据。

答案：正确

— 961 —

1210. Oracle RAC 可以通过在多个节点之间平衡负载，减轻单个实例的计算压力，故我们可以通过增加 RAC 节点的方式持续提升系统性能。

答案：错误

1211. Oracle RAC 环境中的每个实例都有自己的联机重做日志文件集合。

答案：正确

1212. Oracle 11g RAC 在安装完成以后不可以修改主机名和 public 网段等网络信息，否则会出现客户端访问异常。

答案：正确

1213. OGG 支持同时复制数据到多个目标数据库。

答案：正确

1214. OGG 多个抽取进程可以写入同一个 trail 文件。

答案：错误

1215. MySQL 数据库中使用 show create table 语句，可以查看表的创建语句。

答案：正确

1216. MySQL 数据库中使用 mysqlimport 工具，可以将文本数据导入数据库中。

答案：正确

1217. MySQL 数据库中，mysqldump 工具是物理备份工具。

答案：错误

1218. MySQL 数据库管理系统只能在 Windows 操作系统下运行。

答案：错误

1219. Oracle 11g 中的 LGWR 是日志写进程。

答案：正确

1220. EXP 命令可以在交互环境下导出数据库中的数据，也可以在非交互环境下执行命令。

答案：正确

1221. Oracle 11g 中的 DBWR 是数据库写进程。

答案：正确

1222. Data Guard 可以用来解决 Oracle 数据库的异地容灾。

答案：正确

1223. Alter system kill session "SID，SERIAL#" 是杀死 Oracle 数据库中会话的命令格式。

答案：正确

1224. 在 Oracle 中，!= 和 <> 都代表不等于。

答案：正确

1225. Oracle 数据库的一个表空间只能包含一个数据文件。

三、判断题

答案：错误

1226. Oracle 数据库的区间（extent）可以跨数据文件扩展。

答案：错误

1227. Oracle 数据备份可以全库备份，也可以对单个表进行备份。

答案：正确

1228. Oracle 在安装补丁时无须关闭数据库。

答案：错误

1229. 在关系 R 与关系 S 进行自然连接时，只把 R 中原该舍弃的元组保存到新关系中，这种操作称为右外连接。

答案：错误

1230. GoldenGate 对抽取的 DDL 和 DML 语句，是通过 SCN 排序，并写入队列文件中的。

答案：正确

1231. 在 Oracle 数据库中，Long 列上可以建立索引。

答案：错误

1232. OGG 在 Oracle Database 上部署复制时，源端数据库不用加 SUPPLEMENTAL LOG DATA 就可以实现复制。

答案：错误

1233. Oracle RAC 中 OCSSD 进程提供 CSS 服务，其服务有两种心跳机制：私网 Network 心跳、Voting disk 心跳。

答案：正确

1234. 在 Oracle 12C R2 中，所有的 PDB 必须共用相同的 UNDO 表空间。

答案：错误

1235. 在 Oralce 12C 中，可以使用 create user y1 identified by passwd 创建全局用户。

答案：错误

1236. InnoDB 存储引擎不支持事务。

答案：错误

1237. MySQL 是一种多用户的数据库管理系统。

答案：正确

1238. MySQL 数据库默认端口是 5432。

答案：错误

1239. MySQL 后台进程中，mysqld_safe 进程是 MYSQLD 的父进程，mysqld_safe 会在启动 MySQL 服务器后继续监控其运行情况，并在其死机时重新启动 MYSQLD。

答案：正确

1240. 为了让 MySQL 较好地支持中文，在安装 MySQL 时，应该将数据库服务器的缺省字符集设定为 gb2312。

答案：错误

1241. 在 MySQL 数据库中，默认定义的字符长度等于字节长度。

答案：错误

1242. 在 Oracle 数据库中，因 processes 参数为动态参数，可以在线修改。

答案：错误

1243. 在 MySQL 数据库中，数据库名称不区分大小写。

答案：错误

1244. 在 MySQL 5.7 版本中，默认的存储引擎是 InnoDB。

答案：正确

1245. 事务处理可以用来维护数据库的完整性，保证成批的 SQL 语句要么全部执行，要么全部不执行。

答案：正确

1246. 在 Oracle 中，为一个实例设置多个监听器的目的是提供容错与监听的负载均衡。

答案：正确

1247. Oracle 中的导出和导入实用程序用于实施数据库的逻辑备份和恢复。

答案：正确

1248. 安装 Oracle 12C RAC 数据库环境，可以配置每个节点的归档路径在本地存储。

答案：正确

1249. 在 Oracle 11g 中，TRUNCATE 命令会删除整个表数据，但会保留表结构。

答案：正确

1250. Oracle 11g RAC 可以在安装完成以后修改主机名和 public 网段。

答案：正确

1251. SG-RDB 数据库能够实现读写分离及高可用性。

答案：正确

1252. MySQL 数据库删除用户后，用户所属对象也一并删除。

答案：错误

1253. 在 Oralce 12C 中，修改 CDB 全局参数后，PDB 相应参数会自动修改。

答案：错误

1254. MySQL 数据库部署安装后，数据库 root 用户名不可修改。

答案：错误

1255. 在 Oracle 12C 容器数据库中，每个 PDB 的 CON_ID 都是唯一的。

三、判断题

答案：正确

1256. 在 Oracle 12C 容器数据库中，创建公共用户，必须使用 C## 或者 c## 作为该用户用户名的开头。

答案：正确

1257. 在 MySQL 数据库的日志中，general log 记录用户所有的操作。

答案：正确

1258. "0"码时的光功率和"1"码时的光功率之比叫消光比，消光比越小越好。

答案：正确

1259. PDH 采用的数字复接方法一般为异步复接。

答案：正确

1260. SDH 采用世界统一的标准速率，利于不同速率的系统互联。

答案：正确

1261. SDH 传输一帧的时间为 125 微秒，每秒传 8000 帧。

答案：正确

1262. SDH 将通过 S1 字节携带时钟的质量值的技术称为 SSM 技术，即同步状态信息技术，可防止时钟形成环路。

答案：正确

1263. SDH 可适用于微波通信。

答案：正确

1264. SDH 体制数字复接过程是按照字节间插同步复用完成的。

答案：正确

1265. SDH 信号的基本模块是 STM-1，其速率是 155.520Mbit/s。

答案：正确

1266. SDH 中的 1+1 保护指发端永久连接，收端择优接收（"并发优收"）。

答案：正确

1267. STM-64 帧信号的速率大约是 10Gbit/S，它包含了 4032 个 2M 信号。

答案：正确

1268. 拔光板时，规范要求是先拔纤后拔板。

答案：正确

1269. 当设备单板告警时，指示灯闪烁方式与该板上检测到的最高级别告警相一致。

答案：正确

1270. 防尘网清洗后一定要等到完全干燥方可安装。

答案：正确

1271. 改进传输质量的主要办法是改善通道的信噪比。

答案：正确

1272. 光接口动态范围是光接口过载功率与灵敏度之差。

答案：正确

1273. 环回测试前先做好业务备份工作，以便业务恢复使用。

答案：正确

1274. 灵敏度和动态范围是光接收机的两个重要特性指标。

答案：正确

1275. 在 SDH 网管中，告警分为紧急告警、主要告警、次要告警、提示告警。

答案：正确

1276. 自愈环保护中最简单的倒换方式是二纤单向通道保护环。

答案：正确

1277. 电力载波机频带选择在 40KHz~500KHz 的目的之一是防止电力线路的工频谐波干扰。

答案：正确

1278. 在卫星通信网络中，一般是星形网络结构。

答案：正确

1279. 在卫星通信中时延主要是由电磁波在自由空间传播产生的。

答案：正确

1280. NO.7 信令网由信令点（SP）、信令转接点（STP）和信令链路（LINK）三个基本部分组成。

答案：正确

1281. 被叫用户振铃的铃流由被叫用户所在交换机送出。

答案：正确

1282. 程控交换机的处理机，若是按照话务量的大小分担一部分工作，就是通常所说的"话务分担"。

答案：正确

1283. 电力交换网根据其服务对象不同可分为调度交换网和行政交换网。

答案：正确

1284. 分组交换是采用统计时分复用交换技术。

答案：正确

1285. 国网行政专线平台采用 EI 和 IP 方式混合组网。

答案：正确

1286. 过压保护电路的功能是防止交换机外的高压（如雷电）进入程控交换机的内部，烧

三、判断题

毁交换机内部的电路板。

答案：正确

1287. 调度录音系统的主要作用是对电网调度命令的记录、对电网故障处理过程的记录，为电网事故分析提供语音的依据。

答案：正确

1288. 调度台是为用户快速实现对方用户及方便识别来电用户名称的特殊终端设备。

答案：正确

1289. 在 7 号信令的传输过程中，可以选用除 TS0 外的任何时隙传送信令。

答案：正确

1290. 在数字交换机中，话路部分交换的是经过脉冲编码调制的数字信号。

答案：正确

1291. 振铃信号的频率为 25Hz 正弦波，输出电压有效值为 90V，采用 5s 断续（1s 送 4s 断）的方式发送。

答案：正确

1292. ADSS 光缆不含金属，完全避免了雷击的可能。

答案：正确

1293. EDFA 在工作过程中会自发产生噪声，每经过一级放大器，噪声便会累积，从而使信噪比降低。

答案：正确

1294. G.652 光纤使用的不同波长，在 1.55μm 处损耗最小，在 1.31μm 处色散最小。

答案：正确

1295. G.652 光纤是零色散波长在 1310nm 的单模光纤。

答案：正确

1296. OPA、OBA、OLA 均属于光放大盘，但不同的场合使用的放大盘各不相同，一般来说，OPA 放置在接收端，OBA 放置在发送端。

答案：正确

1297. OPGW 光缆的耐张金具、悬垂金具都是由内、外两层预绞丝组成；耐张预绞丝一般由铝包钢线制成，悬垂预绞丝一般由铝合金线制成。

答案：正确

1298. OPGW 是架空地线复合光缆，它是与电力线架空地线复合在一起的特殊光缆。它既保持电力架空地线的功能，又符合光通信的要求。

答案：正确

1299. OPGW 是一次线路的组成部分，操作时应由相应电力调度机构调度管辖或调度许可。

答案：正确

1300. 光缆布放时应尽量做到整盘布放，以减少接头。

答案：正确

1301. 光纤测试中，当几段光缆折射率不同时可采用分段设置的方法，减小因折射率设置误差造成的测试误差。

答案：正确

1302. 光纤的损耗主要由吸收损耗和散射损耗引起的。

答案：正确

1303. 光纤活动连接器的插入损耗一般要求小于 0.5dB。

答案：正确

1304. 光纤接续应有良好的工作环境，以防止灰尘影响。

答案：正确

1305. 光纤熔接可以熔接和加热同时进行。

答案：正确

1306. 光纤通信系统，主要由发送设备、接收设备、传输光缆三部分组成。

答案：正确

1307. 架空光缆杆路部分可参照架空电缆线路维护质量标准进行。巡视检查并进行如下主要工作：添补或更换缺损的挂钩；检查杆路是否破损或异常，及时给予更换或处理；架空光缆有无明显下垂，光缆外护层、光缆接续箱有无异常。当光缆垂度或外护层发生异常时，应及时查明原因并予以处理；剪除影响光缆的树枝，清除光缆及吊线上的杂物。

答案：正确

1308. 屏蔽层在缆芯包层或内护套的外围，将缆芯与外界用金属隔绝起来，起到防潮和防止电磁干扰的作用。

答案：正确

1309. 全反射只能在光线由折射率大的介质射入折射率小的介质的界面上发生，反之则不会发生全反射。

答案：正确

1310. 损耗和色散是光纤的两个主要传输特性。

答案：正确

1311. 在电力系统通信中，当前主要是 OPGW 光纤通信，卫星通信作为边缘的、超远距离的调度对象的补充通信方式仍然存在。

答案：正确

1312. 只有单模光纤才能同时实现最低损耗与最小色散。

三、判断题

答案：正确

1313. OTN 的体系继承了 SDH/SONET 的复用和映射架构，同时具备对大颗粒业务的灵活调度的电交叉能力。

答案：正确

1314. OTN 具有超大传送容量、对承载信号语义透明以及在电层和光层面上实现保护和路由功能的特点。它解决了传统 SDH 的大带宽业务适配效率低、带宽粒度小以及 WDM 组网能力弱和保护能力差等问题，是光互联网的基础结构。

答案：正确

1315. OTUk 复帧最大可由 256 个连续的 OTUk 组成。

答案：正确

1316. 从网络分层结构来说，WDM 属于 ITU-T 新定义的光层，而 SDH 属于传统的电层。

答案：正确

1317. 光监控信道的中心波长为（1510±10）nm 或（1625±10）nm。

答案：正确

1318. 目前提高传输容量的最主要的手段是采用 TDM+WDM 方式。

答案：正确

1319. 双向 WDM 系统可以减少光纤和线路放大器的使用。

答案：正确

1320. 在放大器中将输出的电流或电压用某种方法送回输入端，这种现象叫反馈。

答案：正确

1321. 在密集波分复用系统中，光功率密度越大，信道间隔越小，光纤的非线性效应越严重。

答案：正确

1322. IMS 系统中信令流和媒体流所经过的路径不同。

答案：正确

1323. IPPBX 即 IP 用户交换机，一般可同时提供 E1 中继接口，完成与通信运营商的互联互通。

答案：正确

1324. H.239 是会议电视双流传输标准。

答案：正确

1325. H.263 协议支持 5 种分辨率的图像格式，即 QCIF、CIF、SQCIF、4CIF、16CIF。

答案：正确

1326. H.264 是 ITU 提出的新一代视频压缩标准。在相同图像清晰度的情况下，采用 H.264 算法压缩产生的码流占用的带宽是 H.263 压缩算法的 1/2。

答案：正确

1327. 高清视频会议系统的清晰度至少是 720p 或 1080i。

答案：正确

1328. 国网 MCU 资源池平台中，SMC 2.0 服务器和 GK 服务器均采用双机热备方式部署。

答案：正确

1329. 会议电视业务是使处于两地或多个不同地点的与会者既可听到对方声音，又可看到对方会议场景及会议中展示的实物、图片、表格、文件等可视业务。

答案：正确

1330. 目前会议电视基本框架标准为 H.320、H.323 和 SIP。

答案：正确

1331. 双视传送是指会场可以把两路活动图像合成一路，类似画中画，在不需要额外线路带宽的情况下传输到远端会场，远端会场看到的是两路活动的图像。

答案：正确

1332. 音频 G.728 标准的优点是低时延，是 ISDN 视频会议系统的推荐语音编码标准。

答案：正确

1333. C10 含义是蓄电池用 10 小时放电率放出的容量，单位为安时（Ah）。

答案：正确

1334. 当组合电源系统不是满配置时，应尽量将整流模块均匀挂接在交流三相上，以保证三相平衡，否则会引起零线电流过大，系统发生故障。

答案：正确

1335. 应当避免的对免维电池致命的两种操作是：过电流充电和过电压充电。

答案：正确

1336. 对于一般的蓄电池放电实验，放电率不宜太大，一般选择 10 小时放电率，检查性试验放电容量为 30%~40% 的额定容量，深度放电的放电容量为 80% 以上的额定容量。

答案：正确

1337. 对于给定的铅酸蓄电池，在不同放电率下放电，将有不同的容量。

答案：正确

1338. 环境温度对电池的容量影响很大。在一定的环境温度范围内，电池使用容量随温度的升高而增加，随温度的降低而减小。

答案：正确

1339. 熔断器额定电流值的选择：总输出熔断器的额定电流值应不大于最大负载电流的 2 倍，各分路熔断器的额定电流值应不大于最大负载电流的 1.5 倍。

答案：正确

1340. 太阳能电池是把太阳光能通过光电效应转换成电能的光——电转换器。

三、判断题

答案：正确

1341. 蓄电池工作温度升高,蓄电池的容量会增加,内阻减小,充电效率增加。同一浮充电压,充电电流增加,电池寿命会减少。

答案：正确

1342. 蓄电池组的放电电流越大,放电时间越短,实际放出的容量越小；放电电流越小,放电时间越长,实际放出的容量就越大（放电深度越深）。

答案：正确

1343. 直流通信电源 –48V 系统中,正极直流接地。

答案：正确

1344.《电力通信系统安全检查工作规范》规定,继电保护、安控装置等重要业务应在配线资料和电路分配使用资料等运行资料中特别标记。

答案：正确

1345.《电力通信系统安全检查工作规范》中,机房设施检查时要求通信站监视和报警系统应 24 小时正常工作并有人监视。

答案：正确

1346.《电力通信系统安全检查工作规范》中,检查光缆线路资料包括检查接头盒位置及型号,光缆型号、结构、长度、路径、芯数及使用情况等资料是否齐全；检查光缆线路巡检工作执行情况,是否有巡检计划、巡检记录,有无光缆巡视内容,记录是否清晰。

答案：正确

1347.《电力通信系统安全检查工作规范》中,通信设备安检工作包括微波、光传输、载波、交换、电视电话会议、数据网、同步、电源设备通用部分检查以及根据各设备特点制定的检查项目。

答案：正确

1348.《电力通信系统安全检查工作规范》中,通信站检查应分为制度检查、资料检查、机房设施检查、防雷接地检查。

答案：正确

1349.《电力通信系统安全检查工作规范》中对通信设备检查时,要求设备可靠固定,接地须符合要求,并须配置配备防静电手环。

答案：正确

1350.《国家电网公司十八项电网重大反事故措施》中规定,调度交换机运行数据应每月进行备份,调度交换机数据发生改动前后,应及时做好数据备份工作。

答案：正确

1351. 保护地线应选用黄绿双色相间的塑料绝缘铜芯导线。

答案：正确

1352. 保护接地可以防止人身和设备遭受危险电压的伤害和破坏，以保护人身和设备的安全。

答案：正确

1353. 拆装板卡时，要带防静电手环，以免人体静电击穿板卡芯片，导致板卡损坏。

答案：正确

1354. 承载 220kV 及以上电压等级同一线路的两套继电保护、同一系统两套安控装置业务的通道应具备两条不同的路由，相应通信传输设备应满足"双路由、双设备、双电源"的配置要求。

答案：正确

1355. 当通信检修需要异地通信机构配合时，上级通信调度应向该通信机构发出通信检修通知单，明确工作内容和要求，由其开展相关工作。

答案：正确

1356. 电缆引入室内时，引入的回线一般要装避雷器。

答案：正确

1357. 电力通信支撑网包括数字同步网、信令网和电信管理网三部分。

答案：正确

1358. 电力系统通信站安装工艺中，关于室内走线安装工艺，要求强、弱电电缆应分开布放，弱电电缆宜分类布放。

答案：正确

1359. 电网检修、基建和技改等工作涉及通信设施时，应在电网检修申请单中注明对通信设施的影响。

答案：正确

1360. 电网一次系统影响光缆和载波等通信设施正常运行的检修、基建和技改等工作应履行通信检修申请程序。

答案：正确

1361. 短期内无法彻底消除或需要通过技改大修项目消除的缺陷应纳入隐患管理。

答案：正确

1362. 对于引起业务通道瞬断的通信检修，须填写保护、安控、自动化、调度数据网、综合数据网业务通道受影响情况。

答案：正确

1363. 方式单可以在方式开通反馈一步启动检修单开通方式。

答案：正确

1364. 告警服务板，当供给电源故障、风扇保险丝故障、电池电压故障及铃流故障时，产

三、判断题

生告警信息。告警指示灯对应严重告警、主要告警和次要告警。

答案：正确

1365. 各级通信职能管理部门每年应组织通信运维单位结合本级通信网应急预案开展通信网反事故演习和应急通信演练。

答案：正确

1366. 根据《电力通信运行方式管理规定》，通信设备（设施）及业务电路的接入、变更、退出应编制方式单。

答案：正确

1367. 光、电缆在进入通信站时，应采用沟（管）道方式，经 2 条及以上不同路由引入。架空线路进通信站的终端杆宜立在距通信楼外墙 10 米以外，并避开厂站大门正面。

答案：正确

1368. 基于 TMN 的网络管理系统体系结构分为物理结构和功能结构，TMN 物理结构的基本元素包括 OS 操作系统、DCN 数据通信网、NE 网络单元、QA 适配器、WS 工作站、MD 协调设备。

答案：正确

1369. 将电缆芯线进行扭绞，其作用是：(1) 减小线对之间的互相串音；(2) 当电缆弯曲时，芯线能有足够的伸缩性。

答案：正确

1370. 竣工延期应在批复竣工时间前 1 小时向所属通信调度提出申请，通信调度根据规定批准。不影响各级电网通信业务的竣工延期时间不得超过 8 小时，影响各级电网通信业务的竣工延期时间不得超过 6 小时，影响各级电网调度通信业务的竣工延期时间不得超过 4 小时。

答案：正确

1371. 临时检修和紧急检修无须填报检修计划。

答案：正确

1372. 设备网管系统是由通信设备生产厂家提供的，用于管理传输设备和网络的网管系统，一般限定只能管理同一设备厂家设备组成的网络，提供对所管理网络的网管功能和数据采集、上传功能，通常不具备跨系统、跨厂家的设备和网络管理能力。

答案：正确

1373. 涉及通信设施的电网基建、技改、检修等工作应经通信机构会签，并启动通信检修流程。通信机构与调度机构应对检修工作开展协调会商，并制定相应的安全协调机制和管理规定。

答案：正确

1374. 网管是指网络管理员通过网络管理程序对网络上的资源进行集中化管理的操作，包括配置管理、计账管理、性能管理、差错管理和安全管理。

— 973 —

答案：正确

1375. 为保证通信质量，电话机与交换机距离较远时，应采用较粗芯线的电缆。

答案：正确

1376. 依据《国家电网公司十八项电网重大反事故措施》，线路运行维护部门应结合线路巡检每半年对 OPGW 光缆进行专项检查，并将检查结果报通信运行部门。

答案：正确

1377. 依据《国家电网公司应急预案管理办法》，各单位应制订年度应急演练和培训计划，总体应急预案的培训和演练每两年至少组织一次，专项应急预案的培训和演练每年至少组织一次。

答案：正确

1378. 运检部门负责通信生产技改、大修计划管理；负责配电自动化配套通信项目归口管理。

答案：正确

1379. 在 SDH 网管性能管理中，当出现 10 个 SES 后，监视的 ES、SES 等性能计数器停止计数。

答案：正确

1380. 直埋电缆与房屋建筑线平行时的最小接近距离为 1.0m。

答案：正确

1381. BITS 设备输出口至网络节点设备的同步输入口的传输衰减，对 2Mbit/s 来说，在 1024kHz 频率点处不应大于 6dB；对 2MHz 来说，在 2048kHz 频率点处不应大于 6dB。

答案：正确

1382. BITS 是指大楼综合定时供给系统，其内部配置的振荡器为二级时钟，即 Rb 或晶体钟。

答案：正确

1383. LPR（区域基准时钟源）由卫星定位系统 +Rb 原子钟组成。

答案：正确

1384. PRC（基准时钟源）由 Cs 原子钟组成。

答案：正确

1385. 各网络节点同步输入接口应接收来自局内 BITS 设备不同输出模块的两路定时信号，采用一主一备外定时信号方式。

答案：正确

1386. 基准主时钟 PRC，由 G.811 建议规范，精度达到 $1 \times 10E-11$。

答案：正确

1387. 时钟同步，就是所谓频率同步，是指信号之间在频率或相位上保持某种严格的对应关系，最普通的表现形式就是频率相同、相差恒定，以维持通信网中相关设备的稳定运行。

三、判断题

答案：正确

1388. 同步网由同步网节点设备（各种级别高精度的时钟）和定时链路组成。

答案：正确

1389. 因 SDH 电路会使定时信号的漂移不断积累，故利用 SDH 网络传送定时信号会有距离限制。

答案：正确

1390. ARP 是一个使用广播的地址解析协议，并且使用了 ARP 高速缓存，原因是使用广播会耗费大量带宽。

答案：正确

1391. MPLS 标签转发表中的 IN 和 OUT，是相对于标签转发而言，不是相对于标签分配的 IN 和 OUT：入标签是我分给别人的，出标签是别人分给我的。

答案：正确

1392. NAT 工作在网络层，而 Proxy 工作在应用层。

答案：正确

1393. NAT 是指网络地址转换。

答案：正确

1394. OSI 参考模型和 TCP/IP 参考模型都采用了层次结构的概念，都能够提供面向连接和无连接两种通信服务机制。

答案：正确

1395. OSPF 建立邻接关系需要满足的条件是属于同网段、同一个区、同一子网。

答案：正确

1396. OSPF 协议中，在同一区域（区域 A）内，每台路由器的区域 A 的 LSDB（链路状态数据库）都是相同的。

答案：正确

1397. PE 与 CE 之间可以运行多种路由协议,只有运行 BGP 时 PE 上才需要配置 1Pv4 地址族。

答案：正确

1398. 关于 RSTP 和 STP 的 BPDU 处理方式的对比，RSTP 中处于阻塞状态的端口在收到地优先的 BPDU 时，可以立即做出回应。

答案：正确

1399. 关于 RSTP 和 STP 的计算收敛的对比，相对于 STP，RSTP 定义了指定端口快速切换机制，这样可以使得指定端口快速进入转发状态而不需要等待两倍的 Forward Delay 时间。

答案：正确

1400. 路由器的环回接口（Loopback，简写为 Lo）又叫本地环回接口，是一种逻辑接口。

答案：正确

1401. 路由器可以通过静态路由、动态路由和缺省路由三种方式获得到达目的地的路由。

答案：正确

1402. 系统管理员手动设置的路由称为静态（static）路由，一般是在系统安装时就根据网络的配置情况预先设定的，它不会随未来网络拓扑结构的改变自动改变。

答案：正确

1403. 一个 TCP 连接由一个四元组唯一确定：本地 IP 地址、本地端口号、远端 IP 地址和远端端口号。

答案：正确

1404. 在同一台交换机上，可以同时创建多个端口镜像，以实现对不同 VLAN 中的端口进行监听。监听口与被监听口必须处于同一个 VLAN 中。

答案：正确

1405. 在网络的运行过程中，有时会出现 IP 地址冲突的问题，这可能是由于用户随意设定 IP 地址造成的。

答案：正确

1406. 熔接机在进行加热补强时，此机构会对接续部位施加约 0.49N（50gf）的拉力，以使光纤在加热过程中始终处于平直状态。

答案：正确

1407. 熔接机可以在自动检查完光纤状态后再进行熔接，并显示出推定损耗，以实现高质量接续。

答案：正确

1408. 如果卫星的运行方向与地球的自转方向相同，且卫星环绕地球一周的时间约为 24 小时，则称这种卫星为同步卫星。

答案：正确

1409. 通信专用仪器仪表每年须进行一次加电试验，并按照规定定期到资质合格的计量单位进行校验。

答案：正确

1410. 卫星天线由于口径较大，一般采用分瓣式结构，主要用于卡塞格伦天线。

答案：正确

1411. 应急通信系统建设项目由分部、国网信通公司、省公司级单位负责提出，并以正式文件上报公司总部，经国网信通部审核批准后纳入公司预算管理，方可建设。

答案：正确

1412. 用 OTDR 进行光纤衰减测试时，每根光纤需进行双向测量，测试值应取双向测量的

三、判断题

平均值。

答案：正确

1413. 用测试仪表，要注意仪表的安全，加电前做好接地保护措施。

答案：正确

1414. 在卫星通信中，通信卫星起转发作用。

答案：正确

1415. DBA 是 OLT 和 ONU 之间的动态分配协议，它可以起到提高系统上行带宽利用率以及保证业务公平性和 QoS 的作用。

答案：正确

1416. EPON 技术中下行数据采用广播技术，上行数据采用 TDMA 技术。

答案：正确

1417. EPON 系统采用 WDM 技术，实现单纤双向传输。

答案：正确

1418. ODN 在 OLT 和 ONU 间提供光通道。

答案：正确

1419. OLT 对 EPON 系统中的 ONU 进行注册，主要用于系统中增加 ONU 时或者 ONU 重新启动时。

答案：正确

1420. OLT 和 ONU 之间信号传输基于 IEEE 802.3 以太网帧。

答案：正确

1421. OLT 接收到 ONU 发出的注册请求帧后，响应注册请求，OLT 根据 ONU 注册请求中包含的 ONU MAC 地址进行认证，如果认证通过就分配 LLID。

答案：正确

1422. PON、OLT、ONU 分别是无源光网络、光线路终端、光网络单元的简称。

答案：正确

1423. 在 PON 的国际标准中，GPON 既支持 GEM 模式，也支持 ATM 模式，而 EPON 只是基于以太网模式。

答案：正确

1424. 在利用 PON 光功率计进行测试时，需要将光功率计串接在 ODN 光链路中，才能读取下行 1490nm 和上行 1310nm 的光功率值。

答案：正确

1425. "三措一案"的内容包括：组织措施、技术措施、安全措施、施工方案。

答案：正确

1426. 安全管理的实质就是风险管理。

答案：正确

1427. 安全生产管理工作中的"三铁"是指铁的制度、铁的面孔、铁的处理。

答案：正确

1428. 安全事故报告应及时、准确、完整，任何单位和个人对事故不得迟报、漏报、谎报或者瞒报。必要时，可以越级上报事故情况。

答案：正确

1429. 安全事故调查应做到事故原因未查清不放过、责任人员未处理不放过、整改措施未落实不放过、有关人员未受到教育不放过（简称"四不放过"）。

答案：正确

1430. 安全天数达到 100 天为一个安全周期。

答案：正确

1431.《国家电网公司安全事故调查规程》规定，除电力生产之外，人身事故统计涵盖煤矿、非生产性办公经营场所、交通、因公外出发生的人身事故。

答案：正确

1432. 电网通信业务是指为电网调度、生产运行和经营管理提供数据、语音、图像等服务的通信业务。

答案：正确

1433. 各级通信机构可根据所辖通信网络运行情况调整优化运行方式，提高通信网安全运行水平和资源分配的合理性。

答案：正确

1434. 检修审批应按照通信调度管辖范围及下级服从上级的原则进行，以最高级通信调度批复为准。

答案：正确

1435.《电力通信系统安全检查工作规范》中，通信安检工作分为定期检查和专项检查。定期检查包括春季检查和秋季检查，原则上春季检查在每年 4 月底前完成，秋季检查在每年 11 月底前完成，检查内容应按本标准要求执行。专项检查应根据电网运行、重大活动及通信运行工作的需要进行。检查可采取自查、抽查、互查等多种形式。

答案：正确

1436. 通信工作票是准许进行通信现场工作的书面命令，是执行保证安全技术措施的依据，一般在独立通信站、中心站、通信管道、通信杆路等通信专用设施进行通信作业时使用。

答案：正确

1437. 通信检修应按电网检修工作标准进行管理。

三、判断题

答案：正确

1438. 通信系统的检修作业分为通信光缆检修、通信设备检修、通信电源检修。

答案：正确

1439. 通信巡视作业一般不对设备进行软件配置修改、硬件操作，主要依靠目测进行，可借助仪器仪表检查。

答案：正确

1440. 通信运行方式人员根据工程设计资料和通信网络资源现状编制方式单，经通信主管部门审批后下发至相关通信机构。

答案：正确

1441. 通信运行方式是指通信机构对通信资源进行安排，确定通信设备（设施）的工作状态和业务传输模式的技术方案，包括年度运行方式和日常运行方式。

答案：正确

1442. 习惯性违章是指那些违反安全工作规程或有章不循、坚持和固守不良作业方式和工作习惯的行为。

答案：正确

1443. 业务"N-1"原则是在正常运行方式下，通信系统内任何站点的单一设备故障或线路上的单点设施故障，不会造成系统内任一站点的某种电力生产业务全部中断。

答案：正确

1444. 因暴风、雷击、地震、洪水、泥石流等自然灾害超过设计标准承受能力和人力不可抗拒而发生的电网、设备和信息系统事故应不中断事故发生单位的安全记录。

答案：正确

1445. 应急演练的原则是：结合实际、合理定位；着眼实战、讲求实效；精心组织、确保安全；统筹规划、厉行节约。

答案：正确

1446. 遇重大保电工作，通信部门应同步制定通信保障预案并报调度机构。

答案：正确

1447. 作业过程中，需要在原工作票未涉及的设备上进行工作时，在确定不影响网络运行方式和业务中断的情况下，由工作负责人征得工作票签发人和工作许可人同意，可在工作票上增填工作项目。

答案：正确

1448. 光纤通信的主要优点是频带宽、通信容量大、传输衰耗小、不易受干扰等。

答案：正确

1449. 光信号在光纤中传播利用的是光的全反射原理。

答案：正确

1450. 俗称圆头尾纤的是 FC 系列的光纤连接器。

答案：正确

1451. 塑料可以制造光纤。

答案：正确

1452. AU-PTR 的值由 H1、H2 字节的后 10 个比特指示。

答案：正确

1453. G.783 建议对于 SDH 保护倒换时间应在检测到 SF 或 SD 条件或发出人为命令后的 50ms 内完成。

答案：正确

1454. ITU-T 建议规定，复用段倒换时间不能大于 50ms。

答案：正确

1455. SDH 传输的 2M 支路信号不宜作为定时同步信号使用。

答案：正确

1456. SDH 传输系统的维护对象包括再生段、复用段和通道。通道又细分为高阶通道和低阶通道。

答案：正确

1457. SDH 网同步的异步方式是网络中出现很大的频率偏差（异步的含义），当时钟精度达不到 ITU-T G.813 所规定的数值时，SDH 网不再维持业务而将发送 AIS 告警信号。

答案：正确

1458. SDH 系统高阶通道层信号既支持低阶通道层信号，又支持电路层信号。

答案：正确

1459. SDH 有管理单元指针和支路单元指针两类。

答案：正确

1460. SDH 帧结构中包括两大类开销，即段开销和通道开销。

答案：正确

1461. SDH 核心的三大特点是：同步复用，强大的网络管理能力，统一的光接口及复用标准。

答案：正确

1462. STM-1 电接口的接口码型为 CMI 码。

答案：正确

1463. 采用指针调整技术是 SDH 复用方法的一个重要特点。

答案：正确

1464. 单向通道保护环使用"首端桥接，末端倒换"的结构。

三、判断题

答案：正确

1465. SDH 中的复用技术是以字节交错间插方式把 TU 组织进高阶 VC 或把 AU 组织进 STM-N 的过程。

答案：正确

1466. 拉曼光纤放大器比掺铒光纤放大器具有更低的噪声指数。

答案：正确

1467. 外同步定时，可通过 2Mbit/s 或 2MHz 外同步接口接入。

答案：正确

1468. 网上实现业务保护的条件是有冗余的业务通道。

答案：正确

1469. 系统的复接、分接过程，指针定位等是引起抖动的主要原因。

答案：正确

1470. 在 SDH 系统中，R-LOS 告警与开销字节无关，只是与输入的信号质量有关。

答案：正确

1471. DWDM 技术本质上是光域上的频分复用 FDM 技术。

答案：正确

1472. WDM 是波分复用，DWDM 就是密集波分复用。

答案：正确

1473. DWDM 和 CWDM 的区别在于复用波长的频率间隔不同。

答案：正确

1474. WDM 系统采用 EDFA 会产生噪声积累。

答案：正确

1475. 地波传播有三种波：直射波、反射波和地表波。

答案：正确

1476. 多径衰落是由不同路径到达接收天线的射线之间的干涉而引起的。

答案：正确

1477. 分集接收，可分为空间分集、频率分集和极化分集。

答案：正确

1478. 微波频率范围是 300M Hz~300G Hz。

答案：正确

1479. 微波通信方式又称为视距数字微波中继通信。

答案：正确

1480. 为了消除越站干扰，要求相邻四个微波站不能在一条直线上。

答案：正确

1481. 无线电波有三种不同的极化方式：线极化、圆极化和椭圆极化。

答案：正确

1482. 载波机的中频载供和高频载供都是正弦波。

答案：正确

1483. 电力线载波机，在限幅电路之前插入高通滤波器，以防止低频干扰。

答案：正确

1484. 高频阻波器应串联在变电站引出线的始端或分支线的分支点上。

答案：正确

1485. 电力线载波常用的耦合方式有相地耦合和相相耦合。

答案：正确

1486. 电力线载波通道由线路阻波器、耦合电容器、结合滤波器、高压输电线以及高频同轴电缆组成。

答案：正确

1487. 相相耦合要使用双倍结合设备，但其具有线路衰减小、可靠性高的优点，即使某一相结合设备或相线故障，另一相仍可按相地耦合方式运行。

答案：正确

1488. VSAT 卫星通信系统工作在 Ku 频段或 C 频段上。

答案：正确

1489. 2B+D 为基本速率接口，B 为语音通道，D 为信令通道，传输速率为 144 kbit/s。

答案：正确

1490. 7 号信令中的信令数据链路可占用任一时隙。

答案：正确

1491. E/M 中继接口电路有 2 线 E/M 和 4 线 E/M 两种方式。

答案：正确

1492. Q 信令的 2048kbit/s 接口有 B 信道和 D 信道两种信道。

答案：正确

1493. Q 信令的物理接口为基群速率接口（PRA）。

答案：正确

1494. Q 信令中继电路硬件故障处理常采用自环、逐段排除和替代的方法进行故障定位。

答案：正确

1495. 按照传送信令之间的通路和话路之间的关系，信令可分为随路信令和公共信道信令。

答案：正确

三、判断题

1496. 程控交换机实质上是采用计算机进行"存储程序控制"的交换机。

答案：正确

1497. 程控交换机用户电路的作用是实现用户终端设备与交换机之间的连接。

答案：正确

1498. 程控交换机之间用 2M 数字中继连接，其 2M 中每个话路的传输速率是 64KB。

答案：正确

1499. 电力客服的公网电信电话号码是 95598。

答案：正确

1500. 呼损率是指损失的呼叫与总呼叫数的比值。

答案：正确

1501. 程控交换机根据运行环境的不同其输入电源可采用交流 220V 或直流 −48V 两种供电方式。

答案：错误

1502. 模拟用户电路是为了适应模拟用户环境而配置的接口电路。

答案：正确

1503. 双音多频（DTMF）是数字电话机的拨号方式。

答案：正确

1504. 系统数据对所有交换机安装环境而言是不变的，而局数据和用户数据对不同交换机安装环境而言是不同的。

答案：正确

1505. 软交换和应用服务器间使用 SIP 协议进行通信。

答案：正确

1506. 设计软交换时应考虑硬件、操作系统、中间件、协议和商业应用这几个设计元素。

答案：正确

1507. ARP 协议的作用是将 IP 地址映射到第二层地址。

答案：正确

1508. FTP 的全称是"文件传送协议"。

答案：正确

1509. IP 地址中每个 8 位组的最大值是 255。

答案：正确

1510. IP 电话泛指在以 IP（Internet Protocol）为网络层协议的计算机网络中进行语音通信的系统。

答案：正确

1511. PPP 既支持同步传输，也支持异步传输。

答案：正确

1512. 第二层交换机只能工作在数据链路层。

答案：正确

1513. 静态路由设置简单，适用于小型网络，常用在网络的边界上，也经常用于设置缺省路由。

答案：正确

1514. 路由器通常情况下根据 IP 数据包的目的网段地址查找路由表决定转发路径，路由表记载着路由器所知的所有网段的路由信息。

答案：正确

1515. 通过 VLAN 的划分，可以将交换机的端口划分到不同的广播域中。

答案：正确

1516. G.711 占用的带宽大于 G.728。

答案：正确

1517. 电视会议技术的发展史就是数字视音频压缩编码的发展史。

答案：正确

1518. 2 级节点时钟应优于 $\pm 1.6 \times 10-8$。

答案：正确

1519. 3 级节点时钟应优于 $\pm 4.6 \times 10-6$。

答案：正确

1520. 同步是指信号之间频率相同，相位上保持某种严格的特定关系。

答案：正确

1521. 主时钟必须是能产生各种定时脉冲的高精度、高稳定度的时钟源。

答案：正确

1522. 准同步是指各支路虽然不是来自同一个时钟源，但标称速率相同，时钟都在一定的容差范围内。

答案：正确

1523. SDH 网元通过设备的 SPI 功能块提取上游 STM-N 中的时钟信号，并进行跟踪锁定实现同步。

答案：正确

1524. 数字通信系统中收发两端的同步，包括时钟同步、帧同步和复帧同步。

答案：正确

1525. SDH 网元时钟的定时可从接收信号中提取。

答案：正确

三、判断题

1526. 时分多路复用系统为了保证各路信号占用不同的时隙传输，要求收端与发端同频同向，即在时间上要求严格同步。

答案：正确

1527. 异步是指各支路的时钟不是来自同一个时钟源，又没有统一的标称频率或相应的数量关系。

答案：正确

1528. 220~500kV 系统主保护的双重化是指两套主保护的交流电流、电压和直流电源彼此独立；有独立的选相功能和断路器，有两个跳闸线圈；有两套独立的保护专（复）用通道。

答案：正确

1529. UPS 电源系统具有直流/交流（DC/AC）逆变功能。

答案：正确

1530. UPS 是不间断电源。UPS 电源既可以保证对负载供电的连续性，又可以保证给负载供电的质量。

答案：正确

1531. 独立太阳能电源系统由太阳能电池阵、蓄电池和系统控制器三部分构成。

答案：正确

1532. 对直流配电屏应采取在直流屏输出端加装浪涌吸收装置，作为电源系统的第三级防护防雷措施。

答案：正确

1533. 阀控式密封铅酸蓄电池具有无酸雾溢出、免加水、能与其他电器设备同室安装、无维护等特点。

答案：错误

1534. 防雷接地有单点接地、多点接地和混合接地三种方式。

答案：正确

1535. 高频开关电源系统是指由交流配电模块、直流配电模块、高频开关整流模块和监控模块等组成的直流供电电源系统。

答案：正确

1536. 搁置不用时间超过 3 个月和浮充运行达 6 个月阀控式密封铅蓄电池需进行均衡充电。

答案：正确

1537. 各种型号的阀控式密封铅蓄电池可采用统一的浮充电压。

答案：错误

1538. 交直流配电设备的机壳应单独从接地汇集线上引入保护接地。

答案：正确

— 985 —

1539. 接地端子必须经过防腐、防锈处理，其连接应牢固可靠。

答案：正确

1540. 接地网的接地电阻宜每年进行一次测量。

答案：正确

1541. 雷电破坏有直击雷、感应雷和雷电波三种方式。

答案：正确

1542. OLT 接收到 ONU 发出的注册请求帧后，响应注册请求，OLT 根据 ONU 注册请求中包含的 MAC 地址进行认证，如果认证通过就分配 LLID。

答案：错误

1543. IEEE 802.1x 是基于端口的接入协议，端口可以是物理端口，也可以是逻辑端口。

答案：正确

1544. 网络交换机通常由控制系统、交换矩阵和网络接口电路三大部分组成。

答案：正确

1545. WLAN 不需要借助基础网络，就可以快速组建网络。

答案：正确

1546. GPRS 采用分组交换，数据速率相对较高，适合突发业务。

答案：正确

1547. 码分多址（CDMA）通信系统中，不同用户传输信息所用的信号不是靠频率不同或时隙不同来区分，而是用各自不同的编码序列来区分。

答案：正确

1548. 在 CDMA 蜂窝通信系统中，用户之间的信息传输是由基站进行转发和控制的。

答案：正确

1549. ZigBee 技术是一种近距离、低复杂度、低功耗、低速率、低成本的双向无线通信技术。

答案：正确

1550. 公司应急预案体系由总体应急预案、专项应急预案和现场处置方案构成。

答案：正确

1551. 按《电力系统通信站安装工艺规范》屏内走线安装工艺要求，排列成排的线缆的固定扎线应有均匀间隔：垂直方向间隔 200~300mm，屏内线缆水平方向间隔 100mm，终端线把间隔 50mm。

答案：正确

1552. "三措一案"应由作业任务的布置、组织部门编写，或者由承担本作业全部任务的单位或部门编写，并按照规定办理审核批准手续。

答案：正确

三、判断题

1553. 当检修申请单位与涉及检修的通信机构不同级时,应先进行相关的业务沟通,再填写并提交通信检修申请票。

答案:正确

1554. 单模光纤对应的波长为 1.3μm 和 1.5μm。

答案:正确

1555. 光纤的色散特性使光信号波形失真,造成码间干扰,使误码率增加。

答案:正确

1556. 光纤数值孔径越大越容易耦合。

答案:正确

1557. 单模光纤波长色散系数的单位是 ps/(nm*km)。

答案:正确

1558. 一定误码率条件下(一般为 BER ≤ 10-12)光接收机的最小平均接收光功率叫接收灵敏度。

答案:正确

1559. SDH 传输网的同步方式中的伪同步是指各数字局的时钟都具有极高的精度和稳定度,网内各局的时钟虽然并不完全相同,但误差很小,接近同步。

答案:正确

1560. SDH 信号的线路编码仅对信号进行扰码,而不插入冗余码,因而其线路信号速率和相应的电口信号速率一致。

答案:正确

1561. SDH 帧结构有纵向 9 行和横向 270×N 列字节组成。

答案:正确

1562. 采用扰码技术是为了避免线路码流中出现长"0"或长"1"情况,以利于线路同步时钟的提取。

答案:正确

1563. 对于四纤复用段保护链来说,有 1+1、1:1、1:N 三种组网形式。其中 N 的最大值是 4。

答案:正确

1564. 复用段保护倒换的条件是检测到 LOS、LOF、MS-AIS、MS-EXC 告警信号。

答案:正确

1565. 一个 STM-N 的二纤环,有 M 个站点,若为单向通道倒换环,则环上能提供保护的业务容量最大为 STM-N。

答案:正确

1566. 对付平坦衰落主要靠 AGC 电路和备用波道切换的方法。

答案：正确

1567. 对微波天线总的要求是天线增益高，与馈线匹配良好，波道间寄生耦合小。

答案：正确

1568. 分集技术就是指两条或两条以上的路径（如空间、时间途径）传输同一信息，以减轻衰落影响的一种技术措施。

答案：正确

1569. 微波遇到尺寸与波长相同数量级的物体时会产生散射。

答案：正确

1570. 卫星通信工作频段的选择主要考虑电离层的反射、吸收，对流层的吸收、散射损耗等因数与频率的关系。

答案：正确

1571. 数字程控交换机的模拟用户电路主要功能可以归纳为 BORSCHT 七个功能。

答案：正确

1572. 软交换技术位于 NGN 分层结构的控制层。

答案：正确

1573. 由于数据传输速率非常高，因此细微的由 ONU 的距离不同而产生的时延应该在发送上行数据的时候予以考虑即需要测距。

答案：正确

1574. 光放大器是一种不需要经过光—电—光的变换而直接对光信号进行放大的有源器件。

答案：正确

1575. 电压无功优化的主要目的是控制电压、降低网损。

答案：正确

1576. 我国第一条交流特高压试验示范线路是连接华北、华中两大电网的晋东南—南阳—荆门交流特高压输电线路。

答案：正确

1577. 电力调度自动化系统由主站系统、子站设备和数据传输通道构成。

答案：正确

1578. 电力二次系统安全防护的总体原则是"安全分区、网络共用、横向隔离、纵向认证"。

答案：错误

1579. 调度自动化系统主站端接收不到远动终端设备的信息，一定是通信设备有问题，而非远动终端设备问题。

答案：错误

1580. 传送音频信号应采用屏蔽双绞线，其屏蔽层应在两端接地。

三、判断题

答案：正确

1581. "通信异常造成未经批准的调度电话、调度数据网、线路保护和安全自动装置通道中断"属于八级设备事件。

答案：正确

1582. 《国家电网公司通信系统突发事件处置应急预案》为国家电网公司突发事件应急预案体系中的专项预案。

答案：正确

1583. 《国家电网通信管理系统技术设计 第3部分：动力环境监控系统》规定，监控系统在告警显示窗口和拓扑图中应以不同颜色显示不同级别的告警，其中建议黄色表示一般告警。

答案：正确

1584. ADSS光缆建设时，根据现场实际情况可不停电施工架设光缆，不影响输电线路的正常运行。

答案：正确

1585. OPGW光缆管理由输电线路和通信部门负责。

答案：正确

1586. 安全带的挂钩或绳子应挂在结实牢固的构件或专为挂安全带用的钢丝绳上，并应采用高挂低用的方式。

答案：正确

1587. 安全性评价分为事前评价、过程评价、事后评价、跟踪评价四种类型。

答案：正确

1588. 按照《国家电网公司安全事故调查规程》，事故分四种：人身事故、电网事故、设备事故和信息系统事故。

答案：正确

1589. 按照作业类别，通信作业分为巡视作业、检修作业、业务通道投入/退出作业三类。

答案：正确

1590. 八级人身和设备事件由事件发生单位的安监部门或指定专业部门组织调查。

答案：正确

1591. 保证安全的组织措施有：工作票制度、工作许可制度、工作监护制度、工作间断制度、工作终结和恢复送电制度。

答案：正确

1592. 地址解析协议ARP能将IP地址转换成MAC地址。

答案：正确

1593. 点对点GRE头部长度为4字节，其IP层的协议值为74。

— 989 —

答案：错误

1594. 电力调度数据网是电力二次安全防护体系的重要网络基础。

答案：正确

1595. 电力通信业务是指为电网调度、生产运行和经营管理提供数据、语音、图像等服务的通信业务。

答案：正确

1596. 电力线载波是电力系统特有的一种通信方式，目前已不是电力系统的主要通信手段之一，很少利用。

答案：错误

1597. 电能量计量系统（TMR）与厂站终端通信可采用数据网络、电话拨号、专线通道等通信方式。

答案：正确

1598. 电能量远方终端与电能量计量系统（TMR）的通信方式常用的有电话拨号、网络、模拟专线、数字专线、GPRS/CDMA 无线等方式。

答案：正确

1599. 电视电话会议系统故障，到达故障现场后，如判断为板卡故障，进行板卡更换；如为网络中断，使用 Ping 命令验证网络连通情况。

答案：正确

1600. 电视电话会议系统故障时，应首先查询告警信息，查找故障的具体部位或原因，根据业务受影响情况告知通信调度和相关领导。

答案：正确

1601. 电网运行通信业务主要包括继电保护、安全自动装置、调度电话和调度自动化等业务。

答案：正确

1602. 端到端 2048kbit/s 中继电路传输通道 24 小时误码率不大于 1×10^{-6}。

答案：正确

1603. 对单板进行软复位和硬复位均会影响业务。

答案：错误

1604. 对于虚拟局域网由一个站点发送的广播信息帧只能发送到具有相同虚拟网号的其他站点，而其他虚拟局域网的站点则接收不到该广播信息帧。

答案：正确

1605. 多协议标记交换是一种介于第 2 层和第 3 层之间的协议，是一种可在多种第 2 层媒质上进行标记的网络技术。

答案：正确

三、判断题

1606. 二纤双向复用段保护环在发生断纤保护倒换时，经过断纤的业务会经过环上的所有网元。

答案：正确

1607. 阀控式密封铅蓄电池在初次使用前不需进行充放电，但应该进行补充充电，并做一次容量试验。

答案：正确

1608. 阀控式免维护铅酸蓄电池是指在日常使用中不需要维护的蓄电池。

答案：错误

1609. 阀控式蓄电池组可与通信设备、配电屏及各种换流设备同机房安装，采用电池柜时可以与设备同列。

答案：正确

1610. 反向拉曼光纤放大器比掺铒光纤放大器具有更高的噪声指数。

答案：错误

1611. 防火墙不能防止受到病毒感染的软件和文件的传输。

答案：正确

1612. 浮充电运行的蓄电池组，除制造厂有特殊规定外，应采用均流方式进行充电。

答案：错误

1613. 复用段保护倒换时，断纤两端的网元为倒换状态，其余网元为穿通状态。

答案：正确

1614. 复用段开销处理器如果在下行信号中检测到 K2 后 3 个比特为 111 表示 MS-AIS 告警，为 011 表示 MS-RDI 告警。

答案：错误

1615. 根据国家电网公司信息内外网隔离要求，不允许同一台终端同时连接到信息内网和互联网，在连接信息内网时须切断与互联网的连接，在连接互联网时须切断与信息内网的连接。

答案：错误

1616. 光传输过程中，由于光的色散将产生脉冲展宽，进而导致码间干扰，限制了传输的速率和传输距离。

答案：正确

1617. 光传输设备故障时，到达故障现场后，结合网管告警，如判断为板卡故障，进行板卡更换。如为光缆中断，需使用 OTDR、光功光源测试纤芯，判断光缆中断位置，并将测试结果通知通信调度，由通信调度联系相关光缆运维部门，告知其中断情况，并监督光缆修复工作。

答案：正确

1618. 光传输网络管理系统的重要数据应定期备份，备份数据应由专人负责保管，备份数据可以更改。

答案：错误

1619. 光电二极管（PIN）具有雪崩效应。

答案：错误

1620. 光缆按照其结构可以分为松套层绞光缆、中心束管光缆、骨架式带状光缆等。其接续工作先后顺序为：光缆开剥及固定；盘纤及接续盒封装；光纤熔接；接续盒安装及余缆整理。

答案：错误

1621. 光缆的国标色谱顺序依次为：蓝、橙、绿、棕、灰、白、红、黑、黄、紫、粉红、青绿。

答案：正确

1622. 光缆接续时双向平均熔接损耗应小于 0.05dB，最大不超过 0.1dB。

答案：正确

1623. 光缆进入 ODF 架后，应可靠固定。熔纤盘内的接续光纤单端盘留量不少于 500mm，弯曲半径不小于 20mm。

答案：正确

1624. 光缆尾纤的最大弯曲度是光纤线径的 10 倍。

答案：正确

1625. 光缆线路备品备件应包括光缆、金具、光缆接续盒等。

答案：正确

1626. 光缆线路测试内容应包括线路衰减、光纤长度。

答案：错误

1627. 光时域反射计（Optical Time-Domain Reflectometer, OTDR）是一种利用被测光纤的背向散射光对光纤进行测量的仪表。

答案：正确

1628. 光纤的传输损耗不受温度的影响。

答案：错误

1629. 光纤的数值孔径为入射临界角的正弦值，NA 越大，进光量越大，带宽越宽。

答案：正确

1630. 光纤非线性效应难以补偿和控制，只有尽量规避，而规避的手段主要为降低入纤光功率和避开零值色散波段。

答案：正确

1631. 光纤分配架（ODF）、数字配线架（DDF）端子板的位置、安装排列及各种标识应符合设计要求。ODF 架上法兰盘的安装位置应正确、牢固，方向一致。

答案：正确

三、判断题

1632. 光纤活动连接器的插入损耗一般要求小于 0.3dB。

答案：错误

1633. 光纤使用的不同波长，在 1.55μm 处色散最小，在 1.31μm 处损耗最小。

答案：错误

1634. 光纤衰减测量仪器应使用光时域反射计（OTDR）或光源、光功率计，测试时每根纤芯应进行双向测量，测试值应取双向测量的平均值。

答案：正确

1635. 光纤通信中，损耗限制光纤的传输容量，色散限制光纤的传输距离。

答案：错误

1636. 光纤线路单元 1+1 切换可以实现信号无损切换。

答案：错误

1637. 光纤中的色散会限制光传输的长度，是由于光纤中的色散引起光信号的衰耗增大，使 OSNR 下降而引起误码。

答案：错误

1638. 光纤中只能传导基模的最短波长是截止波长，截止波长必须短于传导光的波长。

答案：正确

1639. 光信噪比 OSNR 是衡量 DWDM 系统性能的最重要指标。

答案：正确

1640. 国际标准化组织（ISO）提出的"开放系统互联模型"（OSI）是计算机网络通信的基本协议，该协议分成七层，从高到低分别是应用层、表示层、会话层、传输层、网络层、数据链路层、物理层。

答案：正确

1641. 环路中继电路可以设置成出中继电路、入中继电路和双向中继电路。在行政交换网中，一般配置成单向的出中继电路和单向的入中继电路；在调度交换网中，一般配置为双向中继电路。

答案：正确

1642. 计算机串行通信端口与调制解调器之间的数据传输采用非归零编码的基带传输。

答案：正确

1643. 计算机网卡实现的主要功能是物理层与网络层功能。

答案：错误

1644. 计算机网络的拓扑结构按通信子网中数据传输类型可分为点对点传输与广播式传输。

答案：正确

1645. 简单网络管理协议 SNMP 是 TCP/IP 协议集中的一部分，用以监视和检修网络运行情况。

答案：正确

1646. 建立在交换技术的基础上能够将网络上的节点按需要划分成若干个"逻辑工作组"的网络称为广域网。

答案：错误

1647. 交换机端口配置和交换机初始配置都需进入全局配置模式。

答案：正确

1648. 交换机工作在 OSI 七层的网络层。

答案：错误

1649. 接收侧，将 2M PDH 端口交叉连接到 SDH 网络的 TU12 通道上以终接 2M 的信号，当出现发送侧装载 2M PDH 信号的 VC12 未交叉连接到 TU12 通道的情况下，接收侧 2M PDH 端口内的 VC12 功能块上出现"Unequiped"告警。

答案：正确

1650. 结构化布线系统的结构与当前所连接的设备的位置无关。

答案：正确

1651. 进行音频电缆接续时，芯线编号从中心层开始，按规定的绝缘色谱排序，顺时针方向进行编号的为 A 端，逆时针方向进行编号的为 B 端。

答案：正确

1652. 禁止在运行复用保护的电路上进行任何工作。如需进行，应事先停用相关保护，确定保护退出后，方可进行工作。

答案：正确

1653. 拒绝服务攻击，简称 DOS 攻击，其目的是使被攻击对象不能对合法用户提供正常的服务。

答案：正确

1654. 两个虚拟局域网之间的通信必须在第三层网络层路由才能实现。

答案：错误

1655. 路由器工作在 OSI 模型的网络层。

答案：正确

1656. 每年雷雨季节前应对通信站接地系统进行检查和维护，主要检查连接处是否紧固、接触是否良好，接地引下线是否锈蚀，接地体附近地面有无异常，必要时应挖开地面抽查地下隐蔽部分的锈蚀情况，如果发现问题应及时处理。

答案：正确

1657. 模拟通信系统的有效性指标用所传信号的有效传输带宽来表征，可靠性指标用整个通信系统的输出信噪比来衡量。

三、判断题

答案：正确

1658. 模拟信号经过抽样、量化、编码后成为数字信号。

答案：正确

1659. 某 SDH 设备光单元盘光接口的类型为"L-4.2"，则表示该盘用于 G.652 光纤，局间长距离 STM-4 通信，工作波长为 1550nm。

答案：正确

1660. 目前用于传输网建设的光纤主要有三种，即 G.652 常规单模光纤、G.653 色散位移单模光纤和 G.655 非零色散位移光纤，其中 G.653 色散位移单模光纤适合采用 DWDM。

答案：错误

1661. 普通架空光缆平行于街道时，最低缆线到地面的最小垂直距离为 4.5 米。

答案：正确

1662. 全国电力调度通信网统一编号的号码长度为 9 位，第一位号码为 8。

答案：正确

1663. 扰码的目的是降低误码率。

答案：错误

1664. 日常维护中，若发现 622M 复用段环中某些网元状态不正确，可全网停止协议，再重新启动。

答案：错误

1665. 如果本站检测到 AU 指针调整，则这些指针调整一定是在本站产生的。

答案：错误

1666. 如果检测到 PM 开销中，其 STAT 位的值为 110，则上报 ODUk_LCK 告警。

答案：错误

1667. 如果在 MAC 地址表中没有相匹配的条目，交换机则将数据帧发送到除接收端口以外的所有端口。

答案：正确

1668. 软交换是多种逻辑功能实体的集合，提供综合业务的呼叫控制、连接以及部分业务功能，是下一代电信网中语音/数据/视频业务呼叫、控制、业务提供的核心设备，也是目前电路交换网向分组网演进的主要设备之一。

答案：正确

1669. 软交换在下一代网络中的位置为控制层。

答案：正确

1670. 时分复用是将多路信号轮流分配在不同的时间间隔内进行公共信道传输。

答案：正确

— 995 —

1671. 使用 OTDR 对运行光缆纤芯进行测试时，不需将对端光纤通信设备光接口与被测纤芯断开。

答案：错误

1672. 受激拉曼散射可将部分入射光功率转移到波长较低的斯托克斯波上。

答案：错误

1673. 数据传输是计算机网络的基本功能。

答案：正确

1674. 数据交换方式的存储转发可分为报文交换和分组交换。

答案：正确

1675. 数据链路不等同于链路，它在链路上加了控制数据传输的规程。

答案：正确

1676. 数据通信骨干网由于 PE 设备众多，无法采取全互联方式，在数据通信骨干网内设置全局路由反射器，完成全网路由的发布。

答案：正确

1677. 数字程控交换机的运行软件可分为系统软件和应用软件两大类。

答案：正确

1678. 数字通信中再生中继器，不具有误码积累的功能。

答案：错误

1679. 数字证书是电子凭证，它用来验证在线的个人、组织或计算机的合法身份。

答案：正确

1680. 双纤双向复用段保护环的最大业务容量与四纤双向复用段环的最大业务容量相同。

答案：错误

1681. 四个网元采用 155M 光板组成二纤单向通道保护环，最多可开通 62 条 2M 业务。

答案：错误

1682. 通常情况下，直流的工作接地和保护接地是合二为一的，但随着通信设备向高频、高速处理的方向发展，对设备的屏蔽、防静电要求越来越高。

答案：正确

1683. 通道环业务保护倒换速度慢于复用段保护倒换速度。

答案：错误

1684. 通过光接口的收发光功率测试，可以检测光板、光缆的故障情况。

答案：正确

1685. 通过找出到各目的网络的最短距离来更新路由表的算法称为距离向量算法。

答案：正确

三、判断题

1686. 通信电缆的主色谱是白、红、黑、黄、紫，辅色是蓝、橙、绿、棕、灰。

答案：正确

1687. 通信电源系统的浮充电压为 56.4V，均充电压为 53.5V。

答案：错误

1688. 通信机房内，应围绕机房敷设环形接地母线（简称环母线）。环形接地母线一般应采用截面不小于 80mm² 的铜排或截面不小于 100mm² 的镀锌扁钢。

答案：错误

1689. 通信网管系统可只在系统有较大改动和升级前进行数据备份。

答案：错误

1690. 通信系统分为基带传输和频带（调制）传输。基带传输是将未经调制的信号直接传送。

答案：正确

1691. 通信系统根据传输介质的不同，可以分为有线通信系统和无线通信系统两大类。

答案：正确

1692. 通信信号按传送的方向与时间关系，可分为单工通信和双工通信两种方式。

答案：错误

1693. 通信信号采用频分复用、时分复用和空分复用三种复用方式。

答案：错误

1694. 同一报文中的所有分组可以通过预先在通信子网中建立的传输路径来传输的方法称为虚电路。

答案：正确

1695. 同一种媒体内传输信号的时延值在信道长度固定了以后是不可变的，不可能通过减低时延来增加容量。

答案：正确

1696. 网络层负责建立相邻节点之间的数据链路，提供节点与节点之间可靠的数据传输。

答案：错误

1697. 网络数据传输时在网络层及以上使用 IP 地址，在数据链路层及以下使用物理地址。

答案：正确

1698. 网桥是属于 OSI 模型中网络层的互联设备。

答案：错误

1699. 网桥是一个局域网与另一个局域网之间建立连接的桥梁，通常分为透明网桥和源路由网桥两种。前者通常用于互联网以太网分段，后者通常用于令牌环分段。

答案：正确

1700. 为保证密封蓄电池正常运行，需要经常检查单体和电池组的浮充电压。

— 997 —

答案：正确

1701. 为防止环网时钟对抽导致的指针调整，同步时钟源配置时必须选择 S1 字节。

答案：正确

1702. 为网络数据交换而制定的规则、约定与标准称为网络体系结构。

答案：错误

1703. 问答式规约适用于网络拓扑为点对点、多点对多点、多点共线、多点环型或多点星型的远动通信系统。

答案：正确

1704. 无线局域网是使用无线传输介质，按照所采用的传输技术可以分为 3 类：红外线局域网、窄带微波局域网和扩频无线局域网。

答案：正确

1705. 无线通信属于广播式传输结构。

答案：正确

1706. 物理信道按传输数据信号类型不同分为有线信道和无线信道。

答案：错误

1707. 误码是指经接收、判决、再生后，数字码流中的某些比特发生了差错，使传输的信息质量产生损伤。

答案：正确

1708. 系统控制盘被拔出不会对通信造成影响。

答案：正确

1709. 下一代网络的核心控制技术是软交换技术，位于 NGN 结构的控制层，软交换以 PSTN 网作为承载网络。

答案：错误

1710. 协议分层中，各层次之间逐层过渡，下一层向上一层提出服务要求，上一层完成下一层提出的要求。

答案：错误

1711. 协议是"水平的"，即协议是控制对等实体之间的通信的规则。

答案：正确

1712. 虚拟网络是建立在局域网交换机或 ATM 交换机之上的，它以软件方式来实现。

答案：正确

1713. 蓄电池充电时，整流设备输出电压应低于蓄电池组电压。

答案：错误

1714. 蓄电池内阻很小，在使用和维护中要防止电池短路。

三、判断题

答案：正确

1715. 蓄电池室的温度升高，将使蓄电池寿命缩短。

答案：正确

1716. 蓄电池新旧不同、厂家不同，不允许混合使用。

答案：正确

1717. 蓄电池组 −48V 或 −24V 系列采用正极接地。

答案：正确

1718. 要使一个频带受限于 BHz 的信号 S（t）从取样后的信号无失真地恢复出来，取样频率 fs 必须满足 fs ≥ 2B。

答案：正确

1719. 业务分散的网元组成环形网，采用通道保护方式比较合适。

答案：正确

1720. 业务网设备包括光传输设备、数据网设备、交换机设备（行政、调度）、电视电话会议设备和机动应急通信系统设备。

答案：错误

1721. 一般来说，有高阶误码就会有低阶误码，反之，有低阶误码不一定有高阶误码。

答案：正确

1722. 一般光设备为保证安全均具有 APR 功能，APR 降低后的安全功率必须小于 10dBm。

答案：正确

1723. 一般所说的高频开关电源系统是指由交流配电模块、直流配电模块、高频开关整流模块和监控模块等组成的交流供电电源系统。

答案：错误

1724. 移动通信属于短波通信。

答案：错误

1725. 以能够相互共享资源的方式互连起来的自治计算机系统的集合称为局域网。

答案：错误

1726. 以太网交换机过滤功能所要实现的目的是通过去掉某些特定的数据帧，提高网络的性能、增强网络的安全性。

答案：正确

1727. 以太网中检查网络传输介质是否已被占用的是冲突监测。

答案：错误

1728. 影响电网调度通信业务的检修延期和改期，不需经过电力调控中心同意。

答案：错误

1729. 用户设备发过来的以太网信息中含有的 VLAN/MPLS 标签的作用是在用户设备之间进行数据的标识隔离。

答案：正确

1730. 用网线测试仪测试网线水晶头是否压接正确时，绿灯表示成功，黄灯表示接触不良，红灯表示断路。

答案：正确

1731. 由于阀控式铅酸蓄电池在使用寿命期间无须进行添加水及调整酸比重等维护工作，因此可以免维护。

答案：错误

1732. 由于网状结构具有较高的可靠性，而且资源共享方便，所以局域网大多数采用这种结构。

答案：错误

1733. 域名（DN）即为连接到互联网上的计算机所指定的名字。

答案：正确

1734. 远动系统中调制解调器是在发送端将模拟信号调制成数字信号的。

答案：错误

1735. 允许式保护的传输时间不大于 30ms，直跳式保护的传输时间不大于 15ms。

答案：错误

1736. 在 2Mbit/s 传输测试仪表中，一般情况下，2Mbit/s 信号连接器的接口类型是三针 CF 型，75 欧姆不平衡式。

答案：错误

1737. 在 2Mbit/s 传输电路测试中，当测试仪表显示 LOS 告警时，可能的原因是远端未环回。

答案：错误

1738. 在 BGP 协议中，对环路避免的方法是在路由的 AS-Path 属性中记录着所有途径的 AS。

答案：正确

1739. 在 DWDM 系统中要求激光器有比较大的色散容纳值的原因是为了增大无电再生中继距离。

答案：正确

1740. 在 G.652 光纤的 1550nm 窗口处，光纤的色散系数 D 为正值，光载波的群速度与载波频率成正比。

答案：正确

1741. 在 LDAP 中信息以树状形式组织，在树状信息中基本的信息单元是属性。

答案：错误

三、判断题

1742. 在 PCM 基群中，告警信号的传输速率为 16kbit/s。

答案：错误

1743. 在 SDH 技术中有异步、比特同步和字节同步 3 种映射方法与浮动 VC 和锁定 TU 两种模式。

答案：正确

1744. 在 SDH 同步数字序列中，STM-4 信号速率为 622.08Mbit/s。

答案：正确

1745. 在 SDH 网络帧结构中，S1 字节是一个十分重要的字节，有效地使用它可以保证整个 SDH 网络系统处于良好的同步状态，并能防止定时环路的产生。

答案：正确

1746. 在 SDH 网络中，树型拓扑结构可以看成是线型拓扑结构和星型拓扑结构的结合。这种拓扑结构可用于广播式业务。

答案：正确

1747. 在 SDH 中采用了净负荷指针技术，将低速支路信号复用成高速信号。

答案：正确

1748. 在 WDM 系统中，我国采用 1510nm 的光信号作为光监控通道，对 EDFA 的运行状态进行监控，该监控通道速率为 2.048Mbit/s，码型为 CMI。

答案：正确

1749. 在 Windows 操作系统下，能够使用 ipconfig/release 命令来释放 DHCP 协议自动获取 IP 地址。

答案：正确

1750. 在发送端把传输多路信号的频率分割开，使不同频率的信号分别被调制到不同的中心频率，这种技术属于时分多路复用技术。

答案：错误

1751. 在国网应急卫星通信系统中，使用的卫星频段为 C 波段。

答案：错误

1752. 在互联的网络路由器中转发 IP 分组的物理传输过程与数据报转发机制称为分组交付。

答案：正确

1753. 在开通 ONU 时，ONU 处的接收光功率要保证在 −24dBm 以上。

答案：正确

1754. 在设计 10G OTN 系统时，可不考虑色度色散。

答案：错误

1755. 在使用 Tracert 命令检测网络的过程中很可能会遇到 "Request time out" 的提示信息，

如果连续 4 次出现该提示信息，则说明遇到的是拒绝 Tracert 命令访问的路由器。

答案：正确

1756. 在通信速率低于 20kbit/s 时，RS-232C 所直接连接的最大物理距离为 10m。

答案：错误

1757. 在网络中使用虚电路比使用数据报传输数据的效率要高。

答案：错误

1758. 在信息内网管理网络或主机设备可采取 SSL、Telnet 等方式。

答案：错误

1759. 在互联网上专门用于传输文件的协议是 FTP。

答案：正确

1760. 在正常情况下保护接口设备传输语音信号。

答案：错误

1761. 在制定本地 BITS 设备输出端口分配方案时，应避免出现定时环路，包括主、备用定时基准链路倒换时不应构成定时环。

答案：正确

1762. 帧中继的设计主要是以广域网互连为目标。

答案：错误

1763. 支持多种协议不仅在拨号电话线，而且在路由器与路由器之间的专用线上得到广泛应用的 Internet 数据链路层协议称为 PPP 协议。

答案：正确

1764. 支路板检测到的 TU 指针调整都是 AU 指针调整转化过来的。

答案：正确

1765. 中继段光纤损耗统计的敷设长度是指光缆连接后实际单盘长度。

答案：正确

1766. 总线型局域网的 CSMACD 与 Token Bus 都属于随机访问型介质控制方法，而环型局域网 Token Ring 属于确定型介质访问控制方法。

答案：错误

1767. 最高域名 gov 指商用机构。

答案：错误

1768. OTN（Optical Transport Network，光传送网），是以波分复用技术为基础、在光层组织网络的传送网，是下一代的骨干传送网。

答案：正确

1769. OTN 技术传输能力很强，主要承载 GE 颗粒以上电路，故 OTN 设备较适合应用在

三、判断题

城域传送网的骨干传输层。

答案：正确

1770. OTN 纵向可分为光通路层（OCh）、光复用层（OMS）、光传输层（OTS）。

答案：正确

1771. OTN 的组网方案一般包括 4 个部分，即传送平面、控制平面、管理平面以及网络规划系统。

答案：正确

1772. OTN 的保护包括光通路层保护（OCP）、光复用层保护（OMSP）、光传输层保护（OLP）。

答案：正确

1773. OTN 光通路层保护（OCP）中的 OCh SPRing 保护能用于环网结构和线性结构。

答案：错误

1774. OTN 光通路层保护（OCP）中的 OCh1∶N 保护是指 1 个或多个工作通道共享 1 个保护通道资源。当超过 1 个工作通道处于故障状态时，OCh1∶N 保护只能对其中优先级最高的工作通道进行保护。

答案：正确

1775. OTN 有两种方式来支持以太网业务：一种是通过 GFP 适配数据业务，另一种是采用 OTN 帧将以太网封装到 OTN 中。

答案：正确

1776. OTN 采用基于 ITU-TG.798 的 OTN 帧结构，可以支持多种客户信号的映射和透明传输，如 SDH、ATM、以太网等。

答案：错误

1777. PTN（Packet Transport Network，分组传送网）是在 IP 业务和底层光传输媒质之间设置一个层面，针对分组业务流量的突发性和统计复用传输要求来配置光传输层资源的技术。

答案：正确

1778. PTN 采用非面向连接的分组交换（CO-PS）技术，该连接能严格地长期存在，所以能支持多业务承载。

答案：错误

1779. PTN 可分为 TMC 通道层、TMS 段层、物理层三层模型。

答案：错误

1780. PTN 的突出特点是面向不同业务的分组传输能力，即对不同业务提供不同的管道资源、服务质量保障，所以其适合业务汇聚段网络使用。

答案：正确

1781. 不同配置的 PTN 设备只能适用于汇聚网，不能用于核心网和接入网。

答案：错误

1782. PTN 针对不同业务的连接可由网管自动动态调整。

答案：错误

1783. PTN 只能提供以太网电接口。

答案：错误

1784. 根据组网方式，PTN 的保护可分为：(1) 线性保护倒换：G.8131 定义的路径保护（1+1 和 1:1）；(2) 环网保护倒换：G.8132 定义的环网保护［Wrapping（环回）和 Steering（转向）］两大类。

答案：正确

1785. PTN 没有相应的 QoS 机制。

答案：错误

1786. PTN 网络采用同步以太网时钟，通过物理层串行比特流提取时钟，实现网络时钟（频率）同步。

答案：正确

1787. 工业以太网是为满足工业用户特殊的使用环境和工业传输性能要求而设计的专业化以太网技术。

答案：正确

1788. 工业以太网与普通以太网相比，主要特点体现在恶劣环境适应性和高传输可靠性、实时性方面。

答案：正确

1789. 工业以太网交换机链路故障恢复时间应＜300ms。

答案：正确

1790. 工业以太网可以适应工业现场环境。

工业以太网用于工业控制网络，通过引入信息管理和传输监视层，工业以太网具有比普通以太网更好的实时性。

工业以太网具备快速生成树冗余（RSTP）、环网冗余（RapidRingTM）到主干冗余（TrunkingTM）等冗余方式，具有更好的可靠性。

答案：正确

1791. 工业以太网可以构成线型、星型、环型网络。

答案：正确

1792. 移动通信系统大体可分为三个部分：UE（移动终端）、无线网子系统（基站）、核心网子系统（核心网）。

答案：正确

三、判断题

1793. GPRS（General Packet Radio Service，通用分组无线服务技术）是 GSM 的延续，以封包(Packet)方式在 GSM 网络中传输数据业务，理论传输速率可提升至 56kbit/s 甚至 114kbit/s，目前大量应用于用电信息采集远程通道中。

答案：正确

1794. OFDM 是 LTE 物理层的最基础的技术。

答案：正确

1795. MIMO 技术和 OFDM 技术并称为 LTE 的两大最重要的物理层技术。

答案：正确

1796. Wi-Fi 是 Wireless Fidelity 的缩写，它遵循 IEEE 制定的 802.11x 系列标准。

答案：正确

1797. 《电力通信系统安全检查工作规范》适用于国家电网公司系统各单位春、秋季安全检查及重大保电等活动中通信系统的安全检查工作。

答案：正确

1798. 《电力通信系统安全检查工作规范》规定，各级通信机构应严格按照国家电网公司电力安全工作规程（变电部分）、（线路部分）的要求，做好安检工作安全防护措施。

答案：正确

1799. 《电力通信系统安全检查工作规范》规定，通信安检工作时可以中断通信业务，但进入检查现场或对通信设备进行操作时，应按照相关规定办理审批手续。

答案：错误

1800. 《电力通信系统安全检查工作规范》中，通信安检工作分为定期检查和专项检查。定期检查包括春季检查和秋季检查，原则上春季检查在每年 5 月底前完成，秋季检查在每年 12 月底前完成，检查内容应按本标准要求执行。专项检查应根据电网运行、重大活动及通信运行工作的需要进行。

答案：错误

1801. 通信安检工作中的专项检查可采取抽查、互查等多种形式，但不可以采用自查形式进行。

答案：错误

1802. 《电力通信系统安全检查工作规范》中，要求通信安检工作应及时总结检查结果，总结分析报告应报上级通信管理机构备案。通信安检工作中发现的重大安全问题应作为编制大修技改计划的重要依据。

答案：正确

1803. 《电力通信系统安全检查工作规范》中，检查通信站制度建设是否健全，要求通信站应具备以下制度：设备专责制度、机房管理制度、有人值班通信站值班及交接班制度、值班岗位绩效考核制度、仪器仪表管理制度等。

答案：错误

1804.《电力通信系统安全检查工作规范》中，资料检查应检查通信站资料是否齐全、准确，更新是否及时，各类资料应有专人保管，全部资料均可使用计算机网络管理，异地存放，现场调用。

答案：错误

1805.《电力通信系统安全检查工作规范》中，机房设施检查要求机房温度满足设备安全运行要求且具备监测手段，对湿度暂时无要求。

答案：错误

1806.《电力通信系统安全检查工作规范》中，检查通信光缆应急抢修预案的落实情况包括应急预案的完整性和可操作性、分工是否明确，应急预案所必需的专用工具和专用器材是否落实，抢修物资储备是否充足。

答案：正确

1807.《电力通信系统安全检查工作规范》中，OPGW光缆进站后要求在门型架与变电站地网之间采用普通接地线进行连接，电缆沟内光缆需装有套管保护且套管两端要进行封堵。

答案：错误

1808.《电力通信系统安全检查工作规范》中，设备具备两路电源输入时，不需要分别接入不同的直流电源或不同的分路开关。

答案：错误

1809.《电力通信系统安全检查工作规范》中，通信电源设备安全检查主要包括电源系统检查、整流设备检查、蓄电池组检查、交直流分配屏检查、空调运行情况检查和太阳能电源检查。

答案：错误

1810.《电力通信系统安全检查工作规范》中，做整流设备检查时，要求整流设备配置容量在模块n–1情况下大于负载容量与30%的蓄电池容量之和。

答案：错误

1811.《电力通信系统安全检查工作规范》中，通信网管系统包括通信网传输网管系统、光缆监测系统、动力及环境监控系统、资源管理系统、管理信息系统、综合网管系统等，通信网管系统检查包括静态安全、动态安全和实用化情况三个方面的检查。

答案：正确

1812.《电力通信系统安全检查工作规范》中，要求承载110kV及以上电压等级同一线路的两套继电保护、同一系统两套安控装置业务的通道要求具备两条不同的路由，相应通信传输设备需满足"双路由、双设备、双电源"的配置要求。

答案：错误

1813.《电力通信系统安全检查工作规范》中，通信系统安全检查工作应对检查结果进行统

三、判断题

计、分析、总结和评估，检查结果应在本单位范围内进行及时通报。

答案：正确

1814.《国家电网公司十八项电网重大反事故措施》规定，对于开关柜类设备的检修、预试或验收，针对其带电点与作业范围绝缘距离短的特点，不管有无物理隔离措施，均应加强风险分析与预控。

答案：正确

1815.《国家电网公司十八项电网重大反事故措施》规定，对于实习人员、临时和新参加工作的人员，在进行安全技术培训后即可单独工作。

答案：错误

1816.《国家电网公司十八项电网重大反事故措施》规定，严格执行"一票两制"，落实好各级人员安全职责，并按要求规范填写两票内容，确保安全措施全面到位。

答案：错误

1817.《国家电网公司十八项电网重大反事故措施》要求加强继电保护运行维护，正常运行时，严禁110kV及以上电压等级线路、变压器等设备无快速保护运行。

答案：错误

1818. 通信巡视作业指对运行中通信线路、通信设备等进行的巡查，一般不改变设备、网络运行状态且不引发设备告警。

答案：正确

1819. 通信检修作业是指对运行中通信线路、通信设备等进行修理、测试、试验等，需要进行设备软件、硬件操作和业务数据配置操作，通常会改变设备、网络运行状态。

答案：正确

1820. 业务通道投入/退出作业是指新增加通信业务通道或停役通信业务通道，需要对设备硬件进行操作或数据配置，但不影响通信网络的结构、不影响相关业务正常运行的作业。

答案：正确

1821. 电力通信现场标准化作业应确保安全和质量，现场标准化作业必须全面纳入电力生产系统标准化建设的整体框架。

答案：正确

1822. 在独立通信站（含中心通信站）、通信管道、通信专用杆路等专用设施进行检修作业时，应办理第一种、第二种工作票。

答案：错误

1823. 通信工作票许可可采用当面通知或电话许可方式。

答案：正确

1824. 通信工作票电话许可时，工作许可人及工作负责人应记录清楚明确。

答案：正确

1825. 通信工作票当面通知许可时，工作许可人和工作负责人应在工作票上记录许可时间。
答案：错误

1826. 外来人员进入独立通信站进行工作时，通信站运行管理部门应指定通信运维人员担任工作负责人，办理通信工作票。
答案：错误

1827. 多日工作的一项通信检修作业可以使用一张通信工作票，直至通信检修作业结束。
答案：错误

1828. 每张操作票只能填写一个操作任务，可以由若干个连续的、在多个设备上进行操作的步骤组成，不允许多个毫无关联的操作任务共用一张操作票。
答案：正确

1829. 通信操作人根据通信操作票内容逐项操作，操作人在操作前将操作步骤告知监护人，监护人确认正确后，由操作人执行。
答案：正确

1830. 通信日常巡视、周期巡视和特殊巡视应至少两人进行。
答案：错误

1831. 通信光缆线路一般采用周期巡视方式，特殊时间区段、光缆故障点查找等情况下可以安排特殊巡视。
答案：正确

1832. 通信巡视作业规范明确进入通信专用电缆井中对光缆进行巡视时，打开人井盖通风后，方可进入电缆井中进行作业。
答案：错误

1833. 通信巡视作业规范明确打开电缆人井盖，周围应设立围栏，悬挂警示标志。
答案：正确

1834. 光纤接续应遵循的原则为芯数相等时，相同束管内的对应色光纤对接，芯数不同时，按顺序先接芯数大的，再接芯数小的。
答案：正确

1835. 光接口板上未用的光口应用防尘帽盖住，避免灰尘进入光口，影响输出光功率或者接收灵敏度。
答案：正确

1836. 电力通信现场标准化作业规范规定插拔单板应佩戴防静电手套或防静电手腕带，拔下的单板装入防静电屏蔽袋。
答案：正确

三、判断题

1837. PON（Passive Optical Network，无源光网络）是指 ODN（Optical Distribution Network，光配线网）中不含有任何电子器件及电子电源，ODN 全部由光分路器（Splitter）等无源器件组成，不需要贵重的有源电子设备。一个无源光网络包括一个安装于中心控制站的光线路终端(OLT)，以及一批配套的安装于用户场所的光网络单元（ONU）。

答案：正确

1838. 在 OLT 与 ONU 之间的光配线网（ODN）包含了光纤以及有源分光器或者耦合器。

答案：错误

1839. GPON 支持高达 2.5G 下行带宽，1.25G 上行带宽，1∶128 分光；而 EPON 只提供 1.25Gbit/s 对称速率，分路比最多为 1∶16。

答案：错误

1840. SDH 开销字节 K1、K2 的 b6-b8 值若为 111 会上报 MS_RDI，如果 K1、K2 的值 b6-b8 为 110，则上报 MS_AIS。

答案：错误

1841. 如果在下行信号流中检测到有 B2 误码，则利用 M1 字节送出 MS_REI 告警回告给远端。

答案：正确

1842. SDH 的一大特点就是 OAM 功能的自动化程度很高，OAM 的数据是放在数据通信通路（DCC）字节中进行传送的，那么再生段数据通路（DCCR）字节的速率是 $3 \times 64kbit/s = 192kbit/s$。

答案：正确

1843. SDH 同步状态字节 S1 的后三位，值越大，表示相应的时钟质量级别越高。

答案：错误

1844. 线性复用段 1+1 保护的原是双发选收，需要协议支持。

答案：错误

1845. 光纤中的色散对通信系统来讲是毫无用处的。

答案：错误

1846. M1 是复生段误码检测字节，是个对告信息字节，用来传送接收端所检出的误块数。

答案：正确

1847. 严重误码秒是指在 1 秒时间周期的比特差错率 $\geq 10-3$。

答案：正确

1848. MSP 环倒换的条件是 LOS、LOF、MS_AIS、HP_TIM。

答案：错误

1849. STM-N 的信号帧结构是 9 行 ×270×N 列，OTU3 的帧结构是 4 行 ×4080 列，而

OTU1 或 OTU2 则不是。

答案：错误

1850. 在 SNC/N 组网结构中，PM 开销应该设置使能。

答案：正确

1851. 如果检测到 PM 开销中，其 STAT 位的值为 101，则上报 ODUk_OCI 告警。

答案：错误

1852. 波分复用中的光监控信道所使用的波长是 1550nm。

答案：错误

1853. OTN 功能模块中，从发送站点的合波模块输入光口到接收站点的分波模块输出光口之间的光路属于复用段光路，即 OMSn 段管理的范围。

答案：正确

1854. OTN 标准体系包括一系列协议，其中 G.709 规定了网元设备内光传送网络功能的功能性要求。

答案：错误

1855. 在 SDH 网管性能管理中，当连续出现 10 个 SES 后，从第 11 秒开始计为不可用时间。

答案：错误

1856. 在网管的操作级别中，系统操作用户不能访问和备份管理信息库的数据。

答案：正确

1857. 在 SDH 网管性能管理中，性能采集计数周期分 1 小时和 24 小时两种。

答案：错误

1858. 光路、通道、光缆、业务属于同一范畴的通信资源。

答案：正确

1859. 在电气设备上工作,保证安全的组织措施有：(1) 工作票制度；(2) 工作许可制度；(3) 工作监护制度；(4) 工作间断、转移、终结制度。

答案：正确

1860. VLAN 中同一逻辑工作组的成员间进行通信，即便它们处于不同的物理网段。

答案：错误

1861. 接收端收到的帧定位信号与发送端发送的编码不符，设备就会给出帧失步告警（OOF）。

答案：正确

1862. 设置 NTFS 权限时，如果将文件夹或文件移动到另一个文件夹中，被移动的数据一定会保留原来的权限。

答案：错误

三、判断题

1863. 数字通信中再生中继器，具有误码积累的功能。

答案：正确

1864.《国家电网公司安全事故调查规程》的制定是为了规范国家电网公司系统安全事故报告和调查处理，落实安全事故责任追究制度，通过对事故的调查分析和统计，总结经验教训，研究事故规律，采取预防措施，防止和减少安全事故。

答案：正确

1865. 安全生产管理工作中的"三违"是违章指挥、违章作业、违反劳动纪律。

答案：正确

1866. 方式专业制定的运行方式控制原则要及时下发调度运行及现场，并应随着电网运行方式的变化及时更新或废除，若需要长期执行则应变更为正式文件下发执行。

答案：正确

1867. 各级通信机构在通信运行方式编制时应使用统一规范的命名规则，涉及电网一次、二次设备时，应与一次线路、厂（站）的命名和二次系统命名保持一致。

答案：正确

1868. 年度运行方式是在通信网的日常运行中，通信机构根据网络建设发展以及用户业务需求，对新建和现有的通信资源进行安排的技术方案。

答案：错误

1869. 事故调查组在收集原始资料时应对事故现场搜集到的所有物件（如破损部件、碎片、残留物等）保持原样，并贴上标签，注明地点、时间、物件管理人。

答案：正确

1870. 通信检修分为计划检修、临时检修、紧急检修。

答案：正确

1871. 无论高压设备是否带电，工作人员不得单独移开或越过遮栏进行工作；若有必要移开遮栏时，必须有监护人在场，并符合规定的安全距离。

答案：正确

1872. 依据《电力通信现场标准化作业规范》，在独立通信站（含中心通信站）、通信管道、通信专用杆路等专用设施进行检修作业时，应办理通信工作票。

答案：正确

1873. 正常运行中，严禁在无方式单的情况下，调整通信业务的运行方式。紧急情况下，经所属通信机构的通信调度许可后可对运行方式进行临时调整，应急处理结束后，应及时恢复原方式运行；若不能恢复原方式运行，通信运行方式人员应补充下达方式单。

答案：正确

1874. OTDR 在光缆通光或不通光时都可以使用。

答案：错误

1875. 当入纤光功率超过一定数值后，光纤的折射率将与光功率非线性相关，并产生拉曼散射和布里渊散射，使入射光的频率发生变化。

答案：正确

1876. 光纤弯曲时部分光纤内的光会因散射而损失掉，造成损耗。

答案：正确

1877. AIS 信号的全称是远端缺陷指示，该信号的内容是全 1 码。

答案：错误

1878. CCITT 并未对随机未定帧信号帧失步（OFF）的最大检测时间和最大定帧时间做出定义。

答案：错误

1879. SDH 传输网的计算机管理，只会带来好处，不会有任何坏处。

答案：错误

1880. SDH 是同步网络的简称。

答案：错误

1881. SDH 网可以与现有的 PDH 兼容，并容纳各种新的业务信号，形成了全球统一的数字传输体制标准。

答案：正确

1882. SDH 帧传输时按由左到右、由上而下的顺序排成串行码流依次传输。

答案：正确

1883. STM-1 包含 64 个 VC12 通道。

答案：错误

1884. STM-1 的一帧有 19440 个比特。

答案：正确

1885. 当利用光纤自环来隔离判断故障所在时，为避免光功率过载，可采取的措施为增加衰减器。

答案：正确

1886. 在 AIX 系统中，root 用户的权限非常大，可以查看任何用户的文件，也可以知道任何用户的密码。

答案：错误

1887. 通道保护环业务的倒换可以由 AIS 信号启动。

答案：正确

1888. G.709 规定的最小粒度光通道数据单元为容量 1.25G（1.244160 Gbit/s）。

三、判断题

答案：正确

1889. PTN 的出现是为了满足业务网的 ALL IP 化的需求，它一经设计就具有面向连接的特性，且具备电信级的 OAM、QoS、PROTECT 功能。

答案：正确

1890. PTN 的各种业务都是通过伪线承载的，而伪线是要和隧道绑定的，所以创建各种 PTN 业务都需要先创建隧道，然后创建伪线绑定隧道，最后再创建各种 PTN 业务绑定伪线。

答案：正确

1891. T-MPLS 的线性保护 1+1 单向保护倒换时间可以不小于 50ms。

答案：错误

1892. 在 PCM30/32 制式帧结构中，16 个基本帧构成一个复帧，15 个基本帧用于传送 30 个话路的信令，另一个基本帧用于传送复帧同步信号。

答案：正确

1893. 环路中继的启动方式有地启动和环路启动两种。

答案：正确

1894. 软交换是多种逻辑功能实体的集合，提供综合业务的呼叫控制、连接以及部分业务功能。

答案：正确

1895. 10.131.10.0/24 属于 C 类地址。

答案：错误

1896. ATM 采用异步时分复用的方式。

答案：正确

1897. ATM 传输模式包括物理层和数据链路层。

答案：错误

1898. ATM 模式只适合在速率高的场合中使用。

答案：错误

1899. ATM 网络具数据链路层功能。

答案：错误

1900. ATM 信元的格式与业务类型有关。

答案：错误

1901. ATM 信元由信头和信息段组成。

答案：正确

1902. ATM 用一个网络就能提供所有的业务。

答案：正确

1903. ATM 中资源的占用是根据实际需要进行分配的。

答案：正确

1904. IS-IS 和 OSPF 都是动态路由协议，它们之间有很多相似之处，比如它们都要求运行该协议的路由器有一个网络中唯一的标识，具体来说，OSPF 中这个标识叫作网络实体名称（NET），IS-IS 中这个标识叫作路由器 ID 号（RID）。

答案：错误

1905. SGDnet 使用私有 IP 地址，与 Internet 以及其他外部网络没有直接的网络连接。

答案：正确

1906. 常用的路由算法主要是链路状态算法和距离向量算法。

答案：正确

1907. 环境监控开关量设备一般包括门禁、火灾报警、烟雾报警、温度等。

答案：错误

1908. 桌面终端的使用用户是终端的第一安全责任人。

答案：正确

1909. 桌面终端标准化管理系统扫描器需配合区域管理器进行工作，扫描器的扫描范围可以超过它的区域管理器管理的 IP 范围。

答案：错误

1910. 桌面系统区域管理器配置中，区域管理器配置名称是非必需配置的选项。

答案：错误

1911. 桌面系统查询到共享文件后，只能以只读模式查看。

答案：错误

1912. 专用移动存储介质制作过程中，制作工具中的"初始密码强制修改"是指不能使用"0000aaaa"作为专用介质登录密码，必须修改后才能使用。

答案：正确

1913. 专用介质登录密码遗忘后，只可重新制作标签，无法还原密码。

答案：错误

1914. 重要数据应使用专用介质拷贝，涉及企业秘密的数据应存储在启动区。

答案：错误

1915. 终端注册率、补丁安装率、防病毒运行率、违规外联终端数量等均属于终端安全运行的主要指标。

答案：正确

1916. 终端远程运维是一项技术措施,按照事件预约、事件派发、即时短消息、建立远程连接、服务评分的顺序，优化与规范运维操作过程。

三、判断题

答案：正确

1917. 终端操作系统漏洞补丁按照重要性共划分为 5 级。

答案：正确

1918. 终端安装桌面终端标准化管理系统注册程序后，在与桌面管理系统服务器无法连接的情况下将无法卸载客户端。

答案：错误

1919. 在注册表编辑器窗口，通过修改注册表的键值，可以形成个性化系统，如隐藏某个驱动器、隐藏"网上邻居"等。

答案：正确

1920. 在一个新的硬盘上安装 Windows 操作系统前必须对硬盘进行分区和格式化。

答案：正确

1921. 在网络上只有通过用户名和口令才能访问网络资源，而且访问权限的级别因用户而有所不同。这种网络安全级别是共享级安全。

答案：正确

1922. 在 Windows 中通过安全选项能够配置用户密码强度。

答案：错误

1923. 在 Windows 2000 安装过程中，可以将 FAT32 的文件系统转换为 NTFS。

答案：正确

1924. 在 Windows 操作系统下，能够使用 ipconfig /release 命令来释放 DHCP 协议自动获取的 IP 地址。

答案：正确

1925. 远程桌面功能需要目标主机开通 3389 端口。

答案：正确

1926. 域名采取层次结构，其格式可表示为：网络名 . 计算机名 . 机构名 . 最高域名。

答案：错误

1927. 用键盘上的 Windows 键加 D 键可以直接切换到 Windows 桌面。

答案：正确

1928. 硬盘生产厂商出厂的硬盘必须经过低级格式化、分区和高级格式化三个处理步骤后，才能被计算机使用。

答案：正确

1929. 一块网卡上可以配置多个 IP 地址，用于和不同的子网通信。

答案：正确

1930. 一个网卡可以配置多个 DNS，但是 IP 地址只能设置一个。

答案：错误

1931. 一般在安装完成操作系统后，显示器能正常显示，所以无须安装显卡驱动程序。

答案：错误

1932. 显卡的作用是把 CPU 要处理的图形信息存储在显存中，并且将它转换成模拟信号输出给显示器。

答案：正确

1933. 系统默认的输入法切换除了 Ctrl+Shift 之外，还可以用 Ctrl+Space 切换。

答案：正确

1934. 为了提高系统的安全性，安装 Windows 时应使用 NTFS 文件系统。

答案：正确

1935. 为方便用户使用，专用移动存储介质交换区与保密区登录密码不区分大小写。

答案：错误

1936. 网络客户根据情况需要卸载客户端探头程序时，可按照"开始→运行→输入 CMD →输入 UnInstallEdp"的菜单执行程序操作。

答案：正确

1937. 网络操作系统用一种新的网络资源管理机制——分布式目录服务支持了分布式服务功能。

答案：正确

1938. 通过终端事件查看功能，可以获取远程客户端的系统信息、安全日志及应用程序日志。

答案：正确

1939. 通过终端进程管理，可以获取该客户端运行进程，并可以远程结束非系统进程。

答案：正确

1940. 通过消息通知策略，对选定客户端计算机实时发送消息，但无法设定客户端是否做消息回馈操作。

答案：错误

1941. 通过北信源桌面终端管理软件，系统管理员可以直接向其计算机终端发送通知。

答案：正确

1942. 所有即插即用的设备均能在不关机的情况下插拔使用。

答案：错误

1943. 使用涉密工具对桌面终端进行深度检查，选择扇区级别的检测时，可检测出已删除文件中包含敏感关键字的情况。

答案：正确

1944. 设置隐藏共享的方式在共享资源的共享名后加上符号 $。

三、判断题

答案：正确

1945. 强制策略是指级联策略下发以后，下级区域可以对策略进行任何操作。

答案：错误

1946. 屏幕保护的密码是区分大小写的。

答案：错误

1947. 密码还原设备是用来还原授权移动存储介质登录密码的专用计算机。

答案：正确

1948. 利用客户端探头进行本网段扫描，本网段中必须有一台已注册的计算机。

答案：正确

1949. 客户端注册方法包括网页静态注册、网页动态注册、手动注册等。

答案：正确

1950. 可以通过配置账户锁定策略防止用户通过多次登录尝试猜测其他人的密码。

答案：正确

1951. 可以通过 Windows 系统的事件查看器查看磁盘管理日志。

答案：错误

1952. 将一块硬盘分成几个分区后，如果一个分区安装了操作系统，则其他的分区不能再安装操作系统。

答案：错误

1953. 计算机主机与外围设备之间按位依次传递数据属于串行接口。

答案：正确

1954. 共享文件夹权限是应用到文件夹而不是单个的文件。

答案：正确

1955. 对注册表进行备份时，注册表导出文件的扩展名为 .reg。

答案：正确

1956. 对于文件完整性检查，要保证校验程序自身及其所用库文件的完整性，最好用动态链接的校验程序，将其备份保存。

答案：错误

1957. 对计算机进行热启动时，要同时按住 Ctrl+ Shift+ Del 键。

答案：错误

1958. 单台桌面系统扫描器配置可以添加多个扫描器，并且多个扫描器可以同时扫描。

答案：错误

1959. 采用 DHCP 可以防止终端私自重新设置或改动 IP 地址。

答案：错误

1960. 北信源桌面终端管理软件的卸载密码是固定不变的，由系统管理员统一设置。

答案：错误

1961. 北信源桌面管理软件不能检测到系统硬件发生变化。

答案：错误

1962. 安全策略违规查询，可以查询的事件内容包括注册表键值检测、系统弱口令、用户权限变化。

答案：正确

1963. Windows 中 Guest 账号可以删除。

答案：错误

1964. Windows 账户设置"密码永不过期"是指用户不能再更改密码。

答案：错误

1965. Windows XP 环境下，添加一台打印机实际上是添加该打印机的应用程序。

答案：错误

1966. Windows XP 环境下，ntsd 命令可以打开系统服务列表。

答案：错误

1967. Windows XP 导出的注册表文件的扩展名是 .bat。

答案：错误

1968. IP 地址使用 DHCP 方式分配的网络环境，可以通过桌面系统对终端实行 IP 与 MAC 绑定。

答案：错误

1969. 硬件资产信息管理方式描述是否正确：实时检测桌面终端硬件变化状态，对变更信息进行记录，并设置相应告警策略。

答案：正确

1970. 任何部门和个人如果有需要，可以改动办公终端 IP 地址。

答案：错误

1971. 终端涉密检查工具能够粉碎的文件数据包含：粉碎全盘数据、粉碎磁盘剩余空间数据、粉碎删除文件记录、粉碎目录、粉碎文件、粉碎 NTFS 日志文件记录。

答案：正确

1972. 使用终端涉密检查工具，被粉碎、删除的文件通过特定程序可以恢复。

答案：错误

1973. 专用移动存储介质的交换区、保密区密码最大错误次数是防止其他用户暴力破解 U 盘密码，对输入密码次数进行限制，一旦错误次数超过设定值，U 盘将被锁定，无法输入密码。

答案：正确

三、判断题

1974. 补丁更新率计算公式：每一台终端（已注册并上报补丁安装结果的终端）补丁安装率＝已安装补丁/（已安装补丁＋未安装补丁）。

答案：正确

1975. 及时更新操作系统厂商发布的核心安全补丁，更新补丁之前应当在正式系统中进行测试，并制定详细的回退方案。

答案：错误

1976. 操作系统是对计算机资源进行管理的软件。

答案：正确

1977. 进程存在的唯一标志是它是否处于运行状态。

答案：错误

1978. 信息内网办公计算机可以配置、使用无线上网卡等无线设备，通过电话拨号、无线等各种方式连接到互联网。

答案：错误

1979. 一个有效的信息设备命名必须包含主段和至少一个辅段。

答案：正确

1980. 被粉碎的文件将不可恢复，删除的文件通过特定程序可以恢复。

答案：正确

1981. 桌面终端的管理工作范围包括信息网的台式机、外设，不包括笔记本电脑。

答案：错误

1982. 终端保密检查工具中的文件动态监控是指：用户编辑 Office 文件时，在文件的打开和关闭的瞬间对文件进行检索，如果发现包含管理员设定的关键字，会通知用户。

答案：正确

1983. 出于安全角度考虑，单位内部具备恢复全局移动存储介质密码的还原机最多可以设置 5 台。

答案：正确

1984. 配置邮件客户端软件时，一般需要配置 SMTP 验证。

答案：正确

1985. 桌面终端管理系统数据查询是根据桌面终端标准化管理系统工作的结果，向管理员提供对网络设备信息、网络划分信息、网络中相关的设备安全状态信息的综合查询。

答案：正确

1986. 国家电网公司桌面终端标准化管理系统中，被管理员手动设置为保护状态的设备组称为受保护组。

答案：正确

1987. 结合国家电网公司运维现状，信息内外网桌面终端标准化均采取三级部署、多级管理的模式，实现"总部—网省公司—地市公司"级联。

答案：错误

1988. 桌面终端标准化管理系统中，区域扫描器和客户端通信使用，包括策略下发、文件、补丁分发，客户端上报信息等，需要开通的端口是 22106。

答案：错误

1989. 补丁下载服务器默认配置为从微软公司网站下载微软所有补丁，下载后移植到桌面终端标准化管理系统的系统 \vrv\Region Manage\Distribute\Patch\ 目录下保存。

答案：正确

1990. "创建"属于 NTFS 标准权限。

答案：错误

1991. 区域管理器不支持多级级联，下级区域管理器不能将其所有计算机报警信息包传到上级数据库。

答案：错误

1992. 补丁的来源可使用补丁下载服务器从软件厂商网站获取补丁索引级补丁，直接或通过移动存储设备，导入内网区域管理器的补丁分发目录进行客户端补丁自动分发，客户端将获取的补丁存放在本地 %windir%\system32\disteibute 目录下，下载后可自动安装，安装后会自动删除安装文件。

答案：正确

1993. 桌面终端标准化管理系统的扩展性主要包含管理容量的横向扩展能力，组织行政架构上的扩展能力，以及功能范围的扩展能力。

答案：正确

1994. 超文本传输协议 HTTP 是 WWW 客户机与 WWW 服务器之间的网络层传输协议。

答案：错误

1995. 设置策略，可以实现 Windows 2003 关机时不需要输入关机理由。

答案：正确

1996. Windows NT/2000 的系统夹为 winnt，Windows XP/2003 的系统夹是 windows。

答案：正确

1997. DHCP 默认的租约是 7 天。

答案：错误

1998. 如果 RAID-5 卷集有 5 个 10GB 盘，则需要 10G 空间存放奇偶性信息。

答案：正确

1999. XP/2003 默认不允许以空白密码的账户访问自己的共享。

三、判断题

答案：正确

2000. 在普通的冗余磁盘阵列中，存储空间利用效率最高的是 RAID0，数据冗余度最高的是 RAID1，通过使用 RAID 0+1 等高级技术，既可以保证存储空间利用效率最高，又可提供最大的数据冗余度。

答案：错误

2001. 在磁盘中，0 磁道是离圆心最远的磁道。

答案：正确

2002. 在 Vi 编辑器里，命令"dd"用来删除当前行。

答案：正确

2003. 一台主机不可以配置多个 IP 地址。

答案：错误

2004. 一个物理卷可以属于几个卷组。

答案：错误

2005. 一个 Bash Shell 脚本的第一行是 #!/bin/bash。

答案：正确

2006. 无论系统中有多少卷组，所有 VGDA 的内容是完全相同的。

答案：错误

2007. 死锁是指在多进程并发执行时,当某进程提出资源申请后,若干进程在无外力作用下,不能再继续前进的情况。

答案：正确

2008. 某文件的权限为：-rws--x--x，则该文件有 SUID 权限。

答案：正确

2009. 扩展含有文件系统的逻辑卷，其上的文件系统也自动扩展。

答案：错误

2010. 从 Vi 中的输入模式返回到命令模式按"："键。

答案：错误

2011. 操作系统的安全性在计算机信息系统的整体安全性中具有至关重要的作用。

答案：正确

2012. 并发性是指若干事件在同一时刻发生。

答案：错误

2013. Windows 系统给 NTFS 格式下的文件加密，当操作系统被重新安装后，原加密的文件就不能打开了。

答案：正确

2014. Windows Server 2003 域的默认信任关系具有双向性和可传递性。

答案：正确

2015. RMAN 有三种不同的用户接口：COMMAND LINE 方式、GUI 方式、API 方式。

答案：正确

2016. PC 服务器中最常见的对称多处理系统通常采用 2 路、4 路、8 路处理器。

答案：正确

2017. Linux 操作系统中查看文件列表命令是 more。

答案：错误

2018. cp 命令默认的目录是 home 目录。

答案：错误

2019. chown oracle:oinstall /u01 会对 /u01 整个文件夹中所有的文件进行用户变更。

答案：错误

2020. 在 Linux 系统中，chmod 可以改变文件所有者。

答案：错误

2021. $Oracle_base 是 Oracle 产品的目录，$Oracle_home 是 Oracle 的根目录。

答案：错误

2022. Oracle 11g 数据库中，审计功能默认没有被打开。

答案：错误

2023. Oracle 中 ALTER SYSTEM SUSPEND 命令将数据库实例切换到挂起状态。

答案：正确

2024. Oracle 中 Database Buffer Cache 常用来缓存数据字典信息。

答案：错误

2025. List log 命令在 Oracle RMAN 状态下查看数据库的报错。

答案：错误

2026. Long 列上可以建立索引。

答案：错误

2027. OGG 在 Oracle Database 上部署复制时，源端数据库可以不用加 SUPPLEMENTAL LOG DATA，就可以实现复制。

答案：错误

2028. Oracle RAC 在进行打开和关闭归档操作时允许有节点处于打开（OPEN）状态下进行操作。

答案：错误

2029. AIX 的系统信息和硬件信息储存在注册表中。

三、判断题

答案：错误

2030. Oracle 10g 的进程主要分为用户进程、服务进程和后台进程三类。

答案：正确

2031. Oracle 10g 数据库缺省的优化器类型为 Cost-Based Optimizer。

答案：正确

2032. OracleHOME_NAMEAgent 服务监听并接收来自客户端应用程序的连接请求。

答案：错误

2033. Oracle 表空间可容纳的数据文件的数量没有限制。

答案：错误

2034. Oracle 对逻辑存储结构和物理存储结构的管理是同时进行的，两者之间相互影响。

答案：错误

2035. 如果把数据库文件设置为自动增长，则可以有效地避免硬盘碎片的产生，从而提高数据库系统的文件读写性能。

答案：错误

2036. 如果 Oracle 生产数据库不允许丢失任何数据，应当采用 NOARCHIVELOG 日志操作模式。

答案：错误

2037. Oracle 中如果使用 Shutdown Immediate 选项关闭实例，那么下一次启动数据库会在不进行恢复的情况下打开。

答案：正确

2038. 如果在 Oracle 11g 数据库中误删除一个表的若干数据，我们可以采用 Flashback 技术恢复。

答案：正确

2039. 事务日志记录了数据库系统的各种操作和出错情况，通过查看日志，可以分析系统的缺陷，找出错误的来源。

答案：正确

2040. 视图可以用于限制对表中指定列的访问，但不能用于限制对表中子集的访问。

答案：错误

2041. 数据仓库是面向主题的、集成的、随时间变化的、非易失的、用于进行战术型决策的数据集合。

答案：错误

2042. 数据库能对其自身发生的错误进行审计。

答案：错误

2043. 数据库系统的核心是数据模型。

答案：错误

2044. 数据库系统的核心是数据管理系统（DBMS）。

答案：正确

2045. 数据库系统是一种封闭的系统，其中的数据无法由多个用户共享。

答案：错误

2046. 数据块是 Oracle 数据库磁盘访问的一个单元。当用户使用数据库时，Oracle 用数据块存储和检索磁盘上的数据。

答案：正确

2047. 数据字典在创建数据库时被创建。

答案：正确

2048. 索引范围查询（Index Range Scan）适用于下面的两种情况：(1) 基于一个范围的检索；(2) 基于非唯一性索引的检索。

答案：正确

2049. 索引是与表关联的可选结构，通过创建索引可提高数据更新和检索的性能。Oracle 数据库中创建的索引，默认的类型是 B 树索引。

答案：正确

2050. 锁定用户 Jack 后，任何人均无法修改 Jack 所有的表对象。

答案：错误

2051. 在 Oracle 中，一个表空间可以含有多个数据文件，一个数据文件也可以跨多个表空间，一个表不可以跨表空间。

答案：错误

2052. 一个关系表中的外键必定是另一表中的主键。

答案：正确

2053. 一个事务中的某条 SQL 命令提交时，其他 SQL 命令可以不提交。

答案：错误

2054. 在 Oracle RAC 集群模式下，一个事务性查询可以分配在多个节点上执行。

答案：错误

2055. 在 Oracle 的逻辑存储结构中，数据块是最大的 I/O 单元。

答案：错误

2056. 在 Oracle 11g 的 ASM 中，引入了 ASM_PREFERRED_READ_FAILURE_GROUPS 参数（优先镜像读取特性）。

答案：正确

三、判断题

2057. 在 Oracle 11g 中，搭建 Real Application Cluster 时，OCR 和 Voting disk 盘都只能为 ASM 文件系统。

答案：错误

2058. 在 Oracle 数据库系统中，控制文件突然坏了，数据库是打开状态，无法恢复控制文件。

答案：错误

2059. 在 Oracle 数据库中，RMAN 工具可以在数据库关闭的时候对数据库进行备份。

答案：错误

2060. 在 Oracle 中创建序列时可指定其可生成值的范围。

答案：正确

2061. 在关系模型中，实现"关系中不允许出现相同的元组"的约束是通过主键。

答案：正确

2062. Oracle 中，在使用 UNDO 表空间管理 UNDO 数据时，初始化参数 UNDO_MANAGEMENT 应该被设置为 AUTO。

答案：正确

2063. 在数据库中，没有提交（commit）的数据变化可以被其他具有 DBA 权限的用户看到。

答案：错误

2064. 在一个表上可以有多个唯一的约束。

答案：正确

2065. 在一个关系表中，主键可唯一标识一行记录。

答案：正确

2066. 在执行一条多记录更新语句时会违反某个约束，违反约束的更新会被回滚，这条语句的剩余部分则保持不变。

答案：错误

2067. 在 Oracle 中只有 sys 用户能访问 x$ 视图。所以，为了获得 x$ 视图的信息，必须以 sys 身份登录数据库。

答案：错误

2068. 数据库中存储的基本对象是数据。

答案：正确

2069. 关系操作的特点是集合操作。

答案：正确

2070. 关系代数中五种基本运算是并、差、选择、投影、连接。

答案：正确

2071. Oracle 进程就是服务器进程。

答案：错误

2072. 数据库概念模型主要用于数据库概念结构设计。

答案：错误

2073. Oracle 数据备份可以全库备份，也可以对单个表进行备份。

答案：正确

2074. 普通视图占有数据库存储空间。

答案：错误

2075. Oracle 中的行级触发器，无论受影响的行数是多少，都只执行一次。

答案：错误

2076. 在 HP-UNIX 操作系统中，使用 #bdf 命令查看文件系统的使用情况。

答案：正确

2077. 表的外键是另一个表的主键，可以有重复，可以是空值。

答案：正确

2078. 隐式游标与显式游标的不同在于显式游标仅仅访问一行，隐式游标可以访问多行。

答案：错误

2079. SSL 产生会话密钥的方式是每一台客户机分配一个密钥。

答案：错误

2080. "本地提权"漏洞可使黑客实施网络攻击时获得系统最高权限，从而取得对网站服务器的控制权。

答案：正确

2081. "公开密钥密码体制"的含义是将公开密钥公开，私有密钥保密。

答案：正确

2082. TFTP 通信协议不是加密传输的。

答案：正确

2083. Windows 2000 系统给 NTFS 格式下的文件加密，当系统被删除，重新安装后，原加密的文件就不能打开了。

答案：正确

2084. WinPcap 程序：嗅探驱动软件，监听共享网络上传送的数据。

答案：正确

2085. XSS 跨站脚本攻击，指的是恶意攻击者往 Web 页面里插入恶意 HTML 代码，当用户浏览该页之时，嵌入其中 Web 里面的 HTML 代码会被执行，从而达到恶意用户的特殊目的。

答案：正确

2086. 安全 U 盘可以防止病毒、木马，因此不需要使用杀毒软件进行查杀。

三、判断题

答案：错误

2087. 安全的口令，长度不得小于8位字符串，要求是大小写字母和数字或特殊字符的混合，用户名和口令禁止相同。

答案：正确

2088. 当局域网内某台主机运行ARP欺骗的木马程序时，会欺骗局域网内所有主机，让所有上网的流量必须经过病毒主机，但不会欺骗路由器。

答案：错误

2089. 等级保护二级应用系统，不需要对单个账户的多重并发会话进行限制。

答案：错误

2090. 等级保护二级应用系统，需要应用系统的通信双方中的一方在一段时间内未做任何响应，另一方应能够自动结束会话。

答案：正确

2091. 等级保护三级应用系统，审计记录的内容至少应包括事件日期、时间、发起者信息、类型、描述和结果等。

答案：正确

2092. 等级保护三级应用系统，应对同一用户采用两种或两种以上组合的鉴别技术实现用户身份鉴别。

答案：正确

2093. 等级保护三级应用系统，应提供本地数据备份与恢复功能，完全数据备份至少每周一次，备份介质场外存放。

答案：错误

2094. 低版本的Serv-u存在溢出漏洞，在不升级软件的情况下，可以通过降低Serv-u权限来防止黑客直接获取服务器系统权限。

答案：正确

2095. 电脑上安装越多套防病毒软件，系统越安全。

答案：错误

2096. 对信息外网办公计算机的互联网访问情况进行记录，记录要可追溯，并保存六个月以上。

答案：正确

2097. 对于一个计算机网络来说，依靠防火墙即可以达到对网络内部和外部的安全防护。

答案：错误

2098. 发起大规模的DDoS攻击通常要控制大量的中间网络或系统。

答案：正确

2099. 防火墙安全策略一旦设定，就不能再做任何改变。

答案：错误

2100. 防火墙必须要提供 VPN、NAT 等功能。

答案：错误

2101. 防火墙规则集应该尽可能地简单，规则集越简单，错误配置的可能性就越小，系统就越安全。

答案：正确

2102. 防火墙技术是网络与信息安全中主要的应用技术。

答案：正确

2103. 非涉密计算机和信息外网机可以存储、处理国家秘密。

答案：错误

2104. 分布式拒绝服务攻击的简称是 DROS。

答案：错误

2105. 现在流行的任何操作系统都有可能有缺陷。

答案：正确

2106. 限制网络用户访问和调用 CMD 的权限可以防范 Unicode 漏洞。

答案：正确

2107. 向有限的空间输入超长的字符串是拒绝服务攻击。

答案：错误

2108. 信息安全等级是国家信息安全监督管理部门对计算机信息系统安全防护能力的确认。

答案：错误

2109. 信息安全管理体系中的 BCP（Business Continuity Plan）指业务连续性计划。

答案：正确

2110. 信息内网禁止使用无线网络组网。

答案：正确

2111. 信息网络的物理安全要从环境安全和设备安全两个角度来考虑。

答案：正确

2112. 在 PKI 中，用户丢失了用于解密数据的密钥，则密文数据将无法被解密，造成数据丢失。因此用户必须妥善保管密钥文件。

答案：错误

2113. 在 RHEL5 系统中设置 IPtables 规则时，ACCEPT 动作用于直接丢弃数据包。

答案：错误

2114. 在堡垒主机上建立内部 DNS 服务器以供外界访问，可以增强 DNS 服务器的安全性。

三、判断题

答案：错误

2115. 在非对称加密算法中，由于解密密钥和加密密钥不同，所以它比对称加密算法安全。

答案：错误

2116. 在局域网中，通过全局绑定接入端口、接入主机 IP、接入主机 MAC 地址可以防止 ARP 攻击。

答案：正确

2117. 在信息系统安全中，风险是由威胁和攻击因素共同构成的。

答案：错误

2118. 在需要保护的信息资产中硬件是最重要的。

答案：错误

2119. 在 HP-UX 系统中，使用 install 命令安装软件。

答案：错误

2120. 根据《国家电网公司信息系统事故调查及统计规定》要求，各单位信息管理部门对各类突发事件的影响进行初步判断，有可能是一级事件的，须在 1 小时内向公司信通部进行紧急报告。

答案：错误

2121. 根据《国家电网公司安全事故调查规程》规定，公司各单位本地网络完全瘫痪，且影响时间超过 4 小时为六级事件。

答案：正确

2122. 任何单位和个人不得阻挠和干涉对事故的报告和调查处理。任何单位和个人对违反《国家电网公司安全事故调查规程》、隐瞒事故或阻碍事故调查的行为有权向公司系统各级单位反映。

答案：正确

2123. 一次事故既构成电网事故条件，也构成设备事故条件时，公司系统内各相关单位均应遵循"不同等级，等级优先；相同等级，电网优先"的原则统计报告。

答案：正确

2124.《国家电网公司信息系统事故调查及统计规定》中规定，因信息系统原因引发或导致的电力生产事故，按照电力生产事故调查规程进行处理。

答案：正确

2125.《国家电网公司保密工作管理办法（试行）》规定密级文件保密期满后，如无文件明确其解密的，则保密期自动延长。

答案：错误

2126.《国家电网公司网络与信息系统安全运行情况通报制度》规定：国家电网公司各单位

在执行网络和信息系统安全运行快报上报时，需在 12 小时内完成上报工作。

答案：错误

2127.《国家电网公司信息安全反事故措施》规定：信息内外网邮件系统收发日志原则上应保留 3 个月以上。

答案：错误

2128.《国家电网公司信息系统客户服务"十项承诺"》规定信息网络可用率不低于 99.0%，业务系统可用率不低于 99.5%。

答案：错误

2129.《国家电网公司信息系统口令管理暂行规定》中，口令管理的原则是：谁运行，谁使用，谁负责。

答案：正确

2130.《国家电网公司信息系统口令管理暂行规定》中，口令管理的原则是谁维护，谁监督，谁负责。

答案：错误

2131.《国家电网公司信息系统运行管理规定（试行）》中规定，公司信息系统运行工作坚持"安全第一、预防为主、统筹兼顾"的原则，实行统一领导、分级负责。

答案：错误

2132.《国家电网公司应用软件通用安全要求》中规定，应用软件部署后，应该对操作系统、数据库等基础系统进行针对性的加固，在保证应用软件正常运行的情况下，关闭存在风险的无关服务和端口。

答案：正确

2133. 安全等级是国家信息安全监督管理部门对计算机信息系统安全保护能力的确认。

答案：错误

2134. 采取措施对信息外网办公计算机的互联网访问情况进行记录，记录要可追溯，并保存六个月以上。

答案：正确

2135. 国家电网公司《进一步加强信息内外网网站管理的意见》规定，门户登录前原则上不链接业务系统，业务系统不得单独设置系统入口，必须通过企业门户单点登录访问。

答案：正确

2136. 国家电网公司各单位在执行网络和信息系统安全运行快报上报时，需在 48 小时内完成上报工作。

答案：错误

2137. 国家电网公司各单位主要负责人是本单位信息系统安全第一责任人，负责本单位信

三、判断题

息系统安全重大事项决策和协调工作。

答案：错误

2138. 国家电网公司管理信息大区中的信息内外网间使用的是正向隔离装置。

答案：错误

2139. 国家电网公司网络与信息系统安全运行情况通报的工作原则是"谁运行谁负责，谁使用谁负责"。

答案：错误

2140. 国家电网公司信息发展规划制定后，必须严格执行落实，不得改动。

答案：错误

2141. 国家电网公司信息系统运维坚持运行与安全并重、建设与应用并重的原则。

答案：正确

2142. 国家电网公司信息项目建设要坚持标准化建设原则，按照"统一功能规范、统一界面风格、统一开发平台、统一产品选型"的要求。

答案：错误

2143. 国家电网公司信息项目实行监理制，由公司信息化领导小组按照公司有关规定落实信息项目监理单位。

答案：错误

2144. 国家电网公司一体化平台重大和重要项目实施方案需经总部信息职能管理部门组织审查通过后方可实施。

答案：正确

2145. 国家电网公司员工主要利用公司的物质技术条件所完成的软件成果，是公司职务技术成果。但员工为完成工作而自行设计开发的软件成果为个人成果，公司不享有其知识产权。

答案：错误

2146. 互联网出口必须向公司信息化主管部门进行备案审批后方可使用。

答案：正确

2147. 计算机职业道德包括不应该复制或利用没有购买的软件，不应该在未经他人许可的情况下使用他人的计算机资源。

答案：正确

2148. 局域网、广域网巡视频率按照第一级每季度1次，第二级每日1次，第三级每日4次执行。

答案：正确

2149. 区域电网公司、省（自治区、直辖市）电力公司、国家电网公司直属单位财务（资金）管理业务应用完全瘫痪，影响时间超过2个工作日，应为3级信息系统事故。

答案：错误

2150. 省公司要对直属和下属单位的互联网出口进行统一管理。

答案：正确

2151. 事故调查报告书由事故调查的组织单位以文件形式在事故发生后的 30 日内报送。

答案：正确

2152. 调度组掌握信息系统上线管理流程，即系统上线申请、系统上线试运行测试、系统上线试运行、系统上线试运行验收、系统上线正式运行，及时对信息系统上线各流程进行备案。

答案：正确

2153. 系统安全的责任在于 IT 技术人员，最终用户不需要了解安全问题。

答案：错误

2154. 系统管理员口令修改间隔不得超过 3 个月。

答案：正确

2155. 按照《国家电网公司信息系统上下线管理暂行规定》，系统安装调试完成后，即可对外提供服务。

答案：错误

2156. 系统上线试运行指在系统上线正式运行前，以考察系统的实际使用及运行状况为目的，按照上线正式运行要求，提供给用户正常使用。

答案：正确

2157. 系统上线运行一个月内，组织等保备案，由国家或行业认可机构开展等保测评。

答案：正确

2158. 系统试用指在系统上线试运行前，以征集用户意见为目的，以各种方式提供给用户试用，此期间的用户数据要录入正式数据。

答案：错误

2159. 信息系统下线由运行维护单位向信息化职能管理部门提交下线申请。

答案：错误

2160. 系统下线管理中，备份数据保存时间由业务主管部门确定。

答案：正确

2161. 系统下线运行维护部门应根据业务主管部门的要求对数据进行备份及迁移工作。备份数据保存时间由业务主管部门确定。

答案：正确

2162. 信息安全保障阶段中，安全策略是核心，对事先保护、事发检测和响应、事后恢复起到了统一指导的作用。

答案：错误

三、判断题

2163. 信息安全管理体系中的 BCP 指的是业务连续性计划。

答案：正确

2164. 信息安全技术督查范围覆盖信息系统规划、设计、建设、上线、运行、废弃等信息系统全生命周期各环节。督查对象包括信息内外网络、内外网信息系统及其设备。

答案：正确

2165. 信息安全员可兼任其他岗位。

答案：错误

2166. 信息内网办公计算机及其外设可涉及公司企业秘密，但严禁存储、处理涉及国家秘密的信息，严禁接入与互联网连接的信息网络。

答案：正确

2167. 信息内网办公计算机可以配置、使用无线上网卡等无线设备，通过电话拨号、无线等各种方式连接到互联网。

答案：错误

2168. 信息内网个人计算机间允许使用文件夹共享方式拷贝文件。

答案：错误

2169. 信息外网与互联网交互记录一般保留在 6 个月以上。

答案：正确

2170. 信息系统安全的总体防护策略：分区、分级、分域。

答案：正确

2171. 夜间机房巡检时发现主机房空调低湿报警，应用水擦拭空调，使空调提高湿度。

答案：错误

2172. 在《国家电网公司信息系统账号权限管理规范（试行）》中规定，信息系统账号按照使用周期不同可划分为长期使用账号和临时账号。

答案：正确

2173. 在《国家电网公司信息系统账号权限管理规范（试行）》中规定，在系统上线前，由系统建设应进行应用系统账号权限排查，提交账号权限清理方案，开发单位无须参与。

答案：错误

2174. 在规划和建设信息系统时，信息系统安全防护措施应按照"三同步"原则，与信息系统建设同步规划、同步建设、同步投入运行。

答案：正确

2175. 在规划和建设信息系统时，信息系统安全防护措施应按照"三同步"原则，与信息系统建设同步规划、同步设计、同步投入运行。

答案：错误

2176. 在国网"两级三线"运维体系中，三线是指"一线后台服务台、二线前台运行维护和三线外围技术支持"的三线运维架构。

答案：错误

2177. 在实际工作中，需按"谁运行、谁使用、谁负责"的原则进行口令管理。对所有管理和应用人员进行口令管理教育和口令安全检查。

答案：正确

2178. 在实际工作中，需严格遵守"涉密不上网、上网不涉密"纪律，严禁将涉密计算机与互联网和其他公共信息网络连接，严禁在非涉密计算机和互联网上存储、处理国家秘密。

答案：正确

2179. 在信息安全加固工作中应遵循的原则有规范性原则。

答案：正确

2180. 在运信息系统应向总部备案，使用公司统一域名（sgcc.com.cn）。

答案：正确

2181. 信息机房一般性巡视：每日检测4次机房的综合布线、温湿度、漏水、电源出线符合情况和电源开关状态等机房参数有无异常及报警。

答案：错误

2182. 应用软件通用安全管理要求包括规划阶段、开发阶段、上线运行阶段、系统验收、外包开发、运维和废弃阶段安全管理要求。

答案：正确

2183. 信息安全等级保护遵循"自主保护，全面覆盖，统一规范，同步建设"原则。

答案：正确

2184. 在同一单位序列（Unit-of-Order）上的消息，当其中一个消息被进程处理，其他消息将会被阻塞。

答案：正确

2185. 在启动 WebLogic 的脚本中（位于所在 Domain 对应服务器目录下的 startServerName），增加 set MEM_ARGS=-Xms32m -Xmx200m，可以调整最小内存为32M，最大200M。

答案：正确

2186. 在程序部署中，当状态"State"由"Prepared"变为"Active"时，才算完成部署。

答案：正确

2187. 在 WebLogic 管理中，修改 http maximum post size 值可以减小 http post size。

答案：正确

2188. 运行在 WebLogic 跨网段的集群上的 Web 应用可用 F5 Big-IP 分发器进行分发。

答案：正确

三、判断题

2189. 运行在 WebLogic 跨网段的集群上的 Web 应用不能用负载均衡器进行分发。

答案：错误

2190. 应用系统要实现单点登录，需要把访问地址指向 Novell 网关，由网关代理用户请求的访问，用户不直接访问应用系统的应用服务器。

答案：正确

2191. 一个域的 WebLogic 服务器与集群的永久配置保存在一个 XML 配置文件中。

答案：正确

2192. 一个 WebLogic 域中可以有多个集群。

答案：正确

2193. 一个 WebLogic 域中的一个集群或者一个服务器只能部署一套 J2EE 应用。

答案：错误

2194. WebLogic 9.X 的 License 文件缺省存放在域目录的 Config 目录下。

答案：错误

2195. WebLogic 9.2 中可以通过管理控制台对 JVM 进行调优。

答案：错误

2196. WebLogic 10.* 中 quato setting 可以跨 Domain 共享。

答案：正确

2197. Web Service 定义了应用程序如何在网络上实现互操作性，它由一系列标准组成。用于描述 Web Service 及其函数、参数和返回值的语言是 SOAP。

答案：错误

2198. startWebLogic.cmd 中的 JAVA_HOME 环境变量用于指定所使用的 Java 虚拟机。

答案：正确

2199. SOAP 是 WebLogic Server 的 RMI 实现支持的通信格式。

答案：错误

2200. Servlet 的生命周期中，最早的阶段是初始化。

答案：错误

2201. SAP Web AS Java 只能在本地进行监控，而不是在一个中央监控系统。

答案：错误

2202. Node Manager 跟 Domain 一一对应。只能启动在本机运行的一个 Domain 上的 Managed Server。

答案：错误

2203. MVC 设计模式中的 M 是指 Machine。

答案：错误

2204. Managed Server 在首次启动时会自动从 Admin Server 中下载相关配置文件。

答案：正确

2205. Machine 通过 Node Manager 来让管理员远程控制这个 Machine 上的 Servers。

答案：正确

2206. JMS 交互模块和 JMS 系统资源模块的区别在于 JMS 交互模块的配置文件存在于 interop-jms.xml 中。

答案：正确

2207. Domain 中每个 Managed Server 都有自己的管理控制台。

答案：错误

2208. Domain 是 WebLogic Server 实例的基本管理单元。

答案：正确

2209. Cognos 展现的报表基于统一的元数据模型。

答案：正确

2210. Cluster 需要注意的几个问题：不能够跨 Domain、Cluster 中的服务器必须在同一个域中、Domain 中可以有多个 Cluster。

答案：正确

2211. BEA WebLogic Server 凭借出色的群集技术，对电子商务解决方案的灵活性和安全性起到至关重要的提升作用。

答案：正确

2212. Apache 的配置文件名是 httpd.conf。

答案：正确

2213. Apache 服务器默认的监听连接端口号是 80。

答案：正确

2214. Admin Server 保存着整个 Domain 配置的主拷贝，包括 Domain 中所有 Managed Server 的配置。

答案：正确

2215. Admin Server 通过读取 managed-servers.xml 和 config.xml 配置，来重新连接 Managed Server。

答案：正确

2216. 32 位系统内 WebLogic 最大内存分配不能超过 4G。

答案：正确

2217. WebLogic Server 只能使用 Console 方式配置被管理服务器。

答案：错误

三、判断题

2218. 如果 WebLogic Server 启动时，JDBC 数据源不能正常启动，则错误消息的错误级别是 Critical。

答案：错误

2219. Iisreset 命令可以重新启动 IIS 服务。

答案：正确

2220. 如果 WLS 启动时，JDBC 不能正常启动，则错误级别是 Error。

答案：正确

2221. Error-0001 是标准的 BEA 错误号。

答案：错误

2222. boot.properties 文件写入的是管理域的用户名和密码信息。

答案：正确

2223. WebLogic 应用服务器启动的时候是以某个域来启动的，它有一个帮助文件叫 config.xml。

答案：错误

2224. Cognos 的缺点是不能导出 Excel 格式。

答案：错误

2225. WebLogic Server 的域中可以有多个管理服务器。

答案：错误

2226. 在 WebLogic Server 中，Web 应用程序可以通过 Web.xml 和 WebLogic.xml 两种部署描述符进行配置。其中，虚拟目录映射是在 Web.xml 文件中进行配置的。

答案：错误

2227. WebLogic 服务器动态（即在运行时）改变域资源的配置属性，必须重启 WebLogic 服务器才能使修改生效。

答案：错误

2228. Informatica 产品提供一套无缝集成的工具，该工具建立在基于面向服务的体系结构（SOA）的统一数据集成平台上。该平台包括通用的数据访问和元数据服务、数据服务、基础架构服务和数据集成服务。

答案：正确

2229. WebLogic 群集由代理来实现负载均衡，通过将请求转发到不同的服务器上来实现。代理可以是硬件设备也可以是软件 Web 服务器。

答案：正确

2230. 公司总部信息化职能管理部门主要职责是协助信息化职能管理部门做好信息系统账号权限管理工作的监督、检查、考核和评价工作。

答案：错误

2231. 公司总部、各个分部和各单位应按照"横向到边、纵向到底、上下对应、内外衔接"的要求建立应急预案体系。

答案：正确

2232. 总体应急预案的评审由本单位应急管理归口部门组织；专项应急预案和现场处置方案的评审由应急管理归口部门负责组织。

答案：错误

2233. 公司办公计算机信息安全和保密工作按照"谁主管谁负责、谁运行谁负责、谁使用谁负责"原则，公司总部各部门、各分部和各级单位负责人为单位和部门的办公计算机信息安全和保密工作的责任人。

答案：正确

2234. 涉及国家秘密安全移动存储介质的安全保密管理按照公司有关保密规定执行。涉及公司企业秘密敏感信息的安全移动存储介质管理按照《国家电网公司安全移动存储介质管理细则》执行。

答案：正确

2235. 信息系统检修工作内容主要包括：检修计划管理、检修执行管理、临时检修管理、紧急抢修管理、系统检测管理和检修分析等。

答案：正确

2236. 紧急事件处理：及时排除故障，恢复电源系统正常运行，协调厂商维保服务，保证 7×24 小时不间断供电。

答案：正确

2237. 系统运维单位负责定期对临时、长期不使用的用户账号进行清理，建立用户账号休眠、激活和注销制度。

答案：正确

2238. SAP 系统中，在验收过程中对需要进行化验、检验、金相分析的物资要及时取样，送交专业技术部门进行相关检测，其检验报告要妥善保存，对成批进、分批出的物资，要制备其检验报告的复印件，加盖专用章后随料发放，原件依据档案化管理办法存档备查。

答案：正确

2239. SAP 系统中，在设计报表程序时，选择的程序类型应该是可执行程序。

答案：正确

2240. SAP 系统中，在创建服务外包采购订单时，采购类型应选择标准的采购订单。

答案：错误

2241. SAP 系统中，在报国网招标计划采购申请时，必须使用国网 MDM 系统编码物料。

答案：正确

三、判断题

2242. SAP 系统中，在报表程序的屏幕筛选条件里，SELECT-OPTIONS 定义出来的元素是指针型字段。

答案：错误

2243. SAP 系统中，外包服务确认只能一次完成。

答案：错误

2244. SAP 系统中，通过物料主数据中的评估类设置，可以将不同的物资类别记账到相应的财务科目，如原料及主要材料、工程材料等科目。

答案：正确

2245. SAP 系统中，在使用 LSMW 导入数据时，用户需要从 Specify Files 这一步开始操作。

答案：正确

2246. SAP 系统中，依据一个采购申请只能在系统中创建一个采购订单。

答案：错误

2247. SAP 系统中，一个采购组织只能为同一公司的不同工厂采购。

答案：错误

2248. SAP 系统中，一个采购组织可以为多个工厂采购物料或服务。

答案：正确

2249. SAP 系统中，修改 SAP 系统参数文件后，只要激活就能使参数生效。

答案：错误

2250. SAP 系统中，物资领用出库前，必须先提报领料计划，并在 ERP 系统中创建领料单。

答案：正确

2251. SAP 系统中，物资从非限制到冻结状态的事务代码是 MB1B，移动类型是 102。

答案：错误

2252. SAP 系统中，物料的基本计量单位不可以修改。

答案：错误

2253. SAP 系统中，网省公司物资采购计划可以通过省公司 ERP 直接上传至总部电子商务平台进行招标。

答案：错误

2254. SAP 系统中，同一工厂库存地之间转储物料会产生物料凭证和会计凭证。

答案：错误

2255. SAP 系统中，内表、程序、语句是 ABAP 中三种基本的数据对象。

答案：错误

2256. SAP 系统中，解锁用户账号锁定的事务代码是 SU53。

答案：错误

2257. SAP 系统中，国网将物料按照是否国网采购标准物料分为：0 非国网采购标准物料、1 国网采购标准物料、2 未采购标准化物料三类。该分类由国网决定，省网不能更改。

答案：正确

2258. SAP 系统中，各分部、网省公司及直属单位可以通过 ERP 系统自行创建物料主数据。

答案：错误

2259. SAP 系统中，非物资类招标的计划执行情况，需要网省公司自行填报，目前在系统中无法自动提取。

答案：正确

2260. SAP 系统中，对采购订单收货的移动类型是：101。

答案：正确

2261. SAP 系统中，创建物资采购申请时，供应商是必填字段。

答案：错误

2262. SAP 系统中，创建好的采购订单未审批前，采购员发现供应商选择错误，此时他只需要用 ME22N 修改采购订单，重新选择供应商。

答案：错误

2263. SAP 系统中，仓库保管员必须坚持原则，带头执行规章制度。对所管理的物资材料负责，做到账、卡、物相符。

答案：正确

2264. SAP 系统中，采购申请没有审批可以创建有效的采购订单。

答案：错误

2265. SAP 系统中，采购申请集中审批的 T-CODE 是 ME54N。

答案：错误

2266. SAP 系统中，采购申请的审批方法包括单独审批 ME54N 和集中审批 ME55。

答案：正确

2267. SAP 系统中，采购申请的评估价格可以输入估算单价，也可以输入估算总价。

答案：正确

2268. SAP 系统中，根据采购合同创建的采购订单是具有法律效力的，它代表与供应商之间的一个正式且经批准的采购业务。

答案：正确

2269. SAP 系统中，采购订单没有审批策略可能是因为此订单是暂存的状态。

答案：正确

2270. SAP 系统中，不同公司代码中能共用一个供应商编码。

答案：正确

三、判断题

2271. SAP 系统中，最多支持 6 个用户同时登录同一账号。

答案：错误

2272. SAP 系统中，可以通过定期盘点、持续盘点、循环盘点、抽样盘点等方法进行库存的盘点。

答案：正确

2273. SAP 推荐 ERP 系统配置一个登录组，这样才能将所有的用户请求分发至所有的应用服务器。

答案：错误

2274. SAP 系统月结过程中，物料账期关闭之后仍然可以进行发票校验。

答案：错误

2275. SAP 系统月结过程中，物料账期关闭之后仍然可以做采购申请与采购订单业务。

答案：正确

2276. SAP 系统数据恢复必须由技术人员单独完成。

答案：错误

2277. SAP 系统中，创建外委服务采购申请时，可以将一个服务申请，转成多个服务采购订单。

答案：正确

2278. SAP 系统中，物资合同签订准确率指标指的是通过合同台账上传，供应商、物料编码、采购数量、含税单价信息与中标结果完全一致的采购订单行项目总数与中标结果条目数的比值。

答案：正确

2279. SAP 系统中，系统中用户和角色是一一对应的关系，即一个用户只能分配一个角色。

答案：错误

2280. SAP 系统中，正常状态——表示各状态量均处于稳定且良好的范围内，设备可以正常运行。

答案：正确

2281. SAP 系统中，针对大修业务进行工单结算时，系统将不产生财务凭证，只是将大修成本从维修工单结转到成本中心。

答案：正确

2282. SAP 系统中，在维修工单创建时必须维护工单结算规则。

答案：错误

2283. SAP 系统中，所有设备主数据都是通过在 PMS 中创建设备台账之后，通过接口传递到 SAP 系统中的。

答案：错误

2284. SAP 系统中，设备模块工单进行技术性完成后，不能再进行发料。

答案：正确

2285. SAP 系统中，一个工单中可以有多个维修对象（设备）。

答案：正确

2286. 按 SG186 典设方案，设备大修工单无预算控制要求。

答案：错误

2287. SAP 系统中，每一个功能位置在系统中可以对应多个功能位置编码。

答案：错误

2288. SAP 系统中，可以批量查看工单的事务代码是 IE03。

答案：错误

2289. 按 SG186 典设方案，即使工单未下达，通过工单上的预留号也可以创建领料单。

答案：错误

2290. SAP 系统中，工作中心是指在维护工厂下的一个或一组人或机器。

答案：正确

2291. SAP 系统中，工单外委服务计划中输入的价格为最终付给供应商的价格。

答案：错误

2292. SAP 系统中，工单结算的成本中心与设备的成本中心不一定一致。

答案：正确

2293. SAP 系统中，工单的完成包括技术完成、业务完成。

答案：正确

2294. 按 SG186 典设方案，大修工单下达时，需将工单的用户状态直接修改为"下达"状态。

答案：错误

2295. 按国网公司系统集成规范，ERP PM 模块和资产全寿命周期系统做了横向接口。

答案：正确

2296. ERP 设备台账可以同时挂接到多个功能位置下。

答案：错误

2297. 按财务集约化规范，非专业系统管理的资产直接在 ERP 系统创建设备台账，并通过工作流联动生成资产卡片。

答案：正确

2298. SAP 系统中，工序中的控制码 PM03 表示外部工序。

答案：正确

2299. 按 SG186 典设方案，大修工单必须挂接 WBS 元素。

答案：正确

三、判断题

2300. SAP系统中,工单工序维护时,若两道内部工序中都有物料,则产生2个预留号。

答案：错误

2301. SAP系统中,工单中的基本开始日期可以修改,修改该日期后物料的需求日期不会发生相应调整。

答案：错误

2302. SAP系统中,在功能位置创建时,会自动挂接到上一级功能位置。

答案：正确

2303. SAP系统中,只有工资控制记录为退出状态时才可以正式进行非周期支付款核算。

答案：正确

2304. SAP系统中,在正式核算工资前需将"工资发放控制记录"变更为"为纠正批准的"。

答案：错误

2305. SAP系统中,在运行某单位的工资核算时,需选择工资核算范围进行核算。

答案：正确

2306. SAP系统中,经常性支付/扣除中的工资项,不管是否有变动,必须每月维护后,才可以核算工资。

答案：错误

2307. SAP系统人资模块,需要维护员工过账时的成本中心,通常情况下,该数据应该维护在员工所在单位的根节点组织机构相关信息中。

答案：错误

2308. SAP系统中,运行工资时需对工资数据进行修改,应更正工资核算再进行数据更正。

答案：正确

2309. SAP系统中,员工必须存在教育信息,有且只有一条最高学历和就业学历。

答案：正确

2310. SAP系统中,已录入员工请假信息后还需要在额外支付款内维护其缺勤扣减金额。

答案：错误

2311. SAP系统中,一旦职务被创建,用户定义相关职位时,职位继承职务的任务,但也可以有与特定职位相关的额外任务。

答案：正确

2312. SAP系统中,如果一个部门被撤销了,在系统中需要对该部门进行定界操作时,需确认部门下已没有岗位。

答案：正确

2313. SAP系统中,某单位有位薪资专员需要在ERP中添加角色,可以在ERP运维支持平台、电子表单、表单提报、业务蓝图变更申请单,提报相应的需求。

答案：错误

2314. SAP 系统中，劳资员核算工资后，单击退出工资核算会触发工作流，财务对口人员系统邮箱内收到工资明细表、社保、公积金、税务报表进行审批。

答案：错误

2315. SAP 系统中，劳动合同的续签，在系统内维护新的合同记录同时需要修改上一条合同记录的状态。

答案：错误

2316. SAP 系统中，国网系统内调动（已上线单位调至未上线单位），发起调动流程、调出审批、总部备案、调入确认操作均在 ERP-HR 系统内执行。

答案：错误

2317. SAP 系统中，公积金的基数是在信息类型额外支付款中进行维护。

答案：错误

2318. SAP 系统中，次月 5 日后还可以上报薪酬。

答案：错误

2319. SAP 系统中，创建单位、部门、岗位的事务代码是 PPOSE。

答案：错误

2320. SAP 系统向人资管控系统中传输数据一般只传输增量数据。

答案：正确

2321. SAP 系统中，HR 模块要与财务模块集成必须用公司代码联系。

答案：正确

2322. SAP 系统中，工资进行过账时，不需要进行工资核算范围的退出操作。

答案：错误

2323. SAP 系统中，PA30 进行教育信息维护时，员工有且只能有一条就业学历和最高学历。

答案：正确

2324. SAP 系统中，只有当年各月的折旧都运行完，才有可能做固定资产的年结。

答案：正确

2325. SAP 系统中，暂存凭证会占用凭证编号，而预制凭证不会占用。

答案：错误

2326. SAP 系统中，在项目状态改为"下达"前，系统能够在项目上发生实际的项目成本。

答案：错误

2327. SAP 系统中，凭证可以对统驭科目直接过账。

答案：错误

2328. SAP 系统中，库存盘点凭证过账时，一定会产生物料凭证，有时会产生会计凭证。

三、判断题

答案：错误

2329. SAP 系统中，公司代码层创建的会计科目必须已经存在于会计科目表层。

答案：正确

2330. SAP 系统中，创建资产卡片时，必须输入资产的价值。

答案：错误

2331. SAP 系统中，对于项目核算，没有采购订单就不能进行项目预付款操作。

答案：正确

2332. SAP 系统中，会计凭证的编码范围是由凭证类型决定的。

答案：正确

2333. SAP 系统中，为某工程项目采购的工程物资在发货前不占用其可用预算。

答案：错误

2334. SAP 系统中，进行服务确认时，提示"不允许采购订单货物接收"，可能的原因是采购订单所在网络没有下达。

答案：正确

2335. SAP 系统中，在科目表层创建科目时，先检查当前的科目表中是否存在该科目，以避免进行重复操作。

答案：正确

2336. SAP 系统中，次级成本要素在 CO 内部起作用并且影响 FI 过账。

答案：错误

2337. SAP 系统中，初级成本要素创建时可以没有对应的会计科目。

答案：错误

2338. SAP 系统中，由其他模块产生的集成凭证可以在财务模块进行冲销。

答案：错误

2339. SAP 系统中，一个预留不能包含多个行项目。

答案：错误

2340. SAP 系统中，一个公司代码下可以有多个利润中心。

答案：正确

2341. SAP 系统中，业务凭证输入提供了分录复制功能，分录复制时可以复制摘要、科目、金额。

答案：正确

2342. SAP 系统中，项目物资采购时将物资与 WBS 关联，目的是采购费用归结到相应的 WBS 上，提高项目费用管控的精确度。

答案：正确

2343. SAP 系统中，项目服务订单确认的金额可以大于订单金额。

答案：错误

2344. SAP 系统中，项目部门在建完项目架构后，如果项目不下达，财务则无法对这个项目进行记账。

答案：正确

2345. 根据主数据管理要求，项目 WBS 可以随意增加和删除。

答案：错误

2346. 无形资产增加当月就要进行摊销，在建工程是不需要进行折旧的资产。

答案：正确

2347. SAP 系统中，通过 PM 模块与 SAP 资产会计模块集成，实现资产与设备的对应，做到账、卡、物相符。

答案：正确

2348. 税务日常业务处理为税费核算、税务分析、纳税评估、税务筹划提供数据支撑。

答案：正确

2349. SAP 系统中，期末关账后，新的业务记入下一个会计期间，但本会计期间的数据可以更改。

答案：错误

2350. SAP 系统中，凭证可以单一冲销，也可以进行批量冲销，但如果凭证的编号不连续，不能进行批量冲销。

答案：错误

2351. SAP 系统中，对于不同类型的凭证，冲销处理采用不同的处理方法，如果属于清账凭证，可以直接使用事务代码 FB08 进行冲销。

答案：错误

2352. 纳税主体的最小单元必须是会计主体。

答案：正确

2353. SAP 系统中，利润中心与成本中心是多对多的关系。

答案：错误

2354. SAP 系统中，里程碑计划只能按照输变电项目的口径编写。

答案：错误

2355. SAP 系统中，进行预算的下达时，下达（释放）的预算应不大于编制的预算。

答案：正确

2356. 借款展期是指借款人在合同约定的借款期限不能偿还借款，在征得贷款人同意的情况下，延长原借款的期限，使借款人能够继续使用借款。

三、判断题

答案：正确

2357. 集团一本账可实现国网整个集团的一本账和网省公司一本账。

答案：正确

2358. SAP 系统中，会计凭证的记账期间是由输入日期决定的。

答案：错误

2359. SAP 系统中，会计科目编码长度最多 10 位。

答案：正确

2360. 国家电网公司规定在 SAP 系统中项目定义由 12 位编码组成。

答案：正确

2361. SAP 系统中，固定资产主记录分别在一般主数据、折旧范围层和资产价值层进行维护。

答案：错误

2362. 固定资产盘盈、盘亏直接在系统中做账处理，固定资产减值准备需到主数据管理（MDM）平台申请。

答案：错误

2363. 固定资产拆分合并时，涉及拆分合并的两个资产折旧年限不同或折旧码不同，需通过主数据管理（MDM）平台申请。

答案：正确

2364. SAP 系统中，供应商特别总账的借方用记账码：29；特别总账的贷方用记账码：39。

答案：正确

2365. SAP 系统中，公司代码在 SAP 中代表一个独立的会计实体，拥有完整的会计账套，是对外报送法定资产负债表和损益表的最小单位。

答案：正确

2366. 工资项中洗理费、书报费、独子费都属于福利性项目，不计税。

答案：错误

2367. 根据总部财务集约化规范要求，低值易耗品都需要通过创建卡片进行核算处理。

答案：错误

2368. 根据国网的相关要求，SAP 系统中，物资需求计划和服务采购计划需挂在 WBS 的最底层。

答案：正确

2369. SAP 系统中，服务确认 ML81N 不受 PS 模块标准预算控制方式的控制。

答案：错误

2370. 当月增加的固定资产，当月计提折旧，当月减少的固定资产，当月不计提折旧。

答案：错误

2371. SAP 系统中，处理项目月结时，需要把项目成本结转为零。

答案：正确

2372. SAP 系统中，承诺项目与会计科目是多对一的关系。

答案：错误

2373. SAP 系统中，成本控制范围和公司代码必须是一对一的关系。

答案：错误

2374. SAP 系统中，保存单据时报错"科目××××要求一个成本会计分配"是因为未填写成本中心。

答案：正确

2375. SAP 系统中，WBS 元素的三个标识是科目设置元素、成本元素、开票元素。

答案：正确

2376. SAP 系统中，固定资产可以按照利润中心分别计提折旧。

答案：错误

2377. SAP 系统中，应付账款模块主要是用于管理客户的核算数据，它也是采购系统的组成部分。

答案：错误

2378. SAP 系统中，事务代码 CN22 的功能是创建项目结构。

答案：错误

2379. SAP 系统中，会计账期、物料账期都可以同时开 2 个以上的期间。

答案：错误

2380. SAP 系统中，可以通过后台配置制定不同的审批策略适用于不同类型的采购订单。

答案：正确

2381. SAP 系统中，标准科目余额查询功能包含预制凭证的数据。

答案：错误

2382. SAP 系统中，一个工程项目 WBS 结构中可以包含多个利润中心。

答案：正确

2383. SAP 系统中，如果激活项目预算有效性控制，则实际成本过账时必须通过预算的可用性检查。

答案：正确

2384. SAP 系统中，CJ31 中两个已分配金额分别表示分配到下层 WBS 元素金额与已经占用概预算的金额。

答案：正确

三、判断题

2385. SAP 系统中，关闭后的会计期间不能被再次打开。

答案：错误

2386. SAP 系统中，特别总账和备选统驭科目不是统驭科目。

答案：错误

2387. SAP 系统中，项目文档可以集中进行管理，方便各部门进行查询。

答案：正确

2388. SAP 系统中，网络的下达和项目是否下达没有关系。

答案：错误

2389. 在 HP-UNIX 系统中，查看 VG 信息使用 lvdisplay 命令。

答案：错误

2390. SAP 系统中，通过标准功能可以实现，采购申请没有审批也可以创建有效的采购订单。

答案：正确

2391. 原始凭证是具有法律效力的证明文件，是进行会计核算的依据。

答案：正确

2392. SAP 系统中，资产与设备的对应关系可以为一对一、一对多、多对一的关系。

答案：错误

2393. SAP 系统中，预制凭证的编号不占用正式凭证的号码段。

答案：错误

2394. SAP 系统中，服务确认金额必须和采购订单金额一致。

答案：错误

2395. SAP 系统中，采购订单价格只能和采购申请价格一致。

答案：错误

2396. 在 HP-UNIX 系统中，使用 ls -l 命令能查看文件的权限和属组。

答案：正确

2397. SAP 系统中，对于固定资产减值准备业务，当单笔金额超过 5000 万，需在 MDM 申请。

答案：正确

2398. 现金流量表中的经营活动，是指企业投资活动和筹资活动以外的交易和事项。销售商品或提供劳务、处置固定资产、分配利润等产生的现金流量均包括在经营活动产生的现金流量之中。

答案：错误

2399. 经过技改后的固定资产需要重新核定使用年限。

答案：正确

2400. SAP 系统中，如需调减项目预算，首先使用事务代码 CJ32 调减下达预算，然后使用事务代码 CJ38 输入减少预算值。

答案：正确

2401. 对于固定资产借款发生的利息支出，在竣工决算前发生的，应予资本化，将其计入固定资产的建造成本；在竣工决算后发生的，则应作为当期费用处理。

答案：错误

2402. SAP 系统中，WBS 元素是预算控制的最小单元。

答案：正确

2403. SAP 系统中，供应商和客户可以实现同时清账。

答案：正确

2404. 在协同办公系统里整理档案过程中，单击"编目"按钮后，档号不可以自动生成。

答案：错误

2405. 在协同办公运维过程中，遇到用户提出的大的流程修改要求，直接为用户修改。

答案：错误

2406. 在协同办公系统中删除用户操作是直接在 names 库中删除此用户即可。

答案：错误

2407. 在协同办公系统中删除一个发文的正确操作方法是直接在发文库中删除对应文档。

答案：错误

2408. 在协同办公系统中可以根据权限起草不同的形式文件，比如特定的文件形式只能由特定的人员来起草。

答案：正确

2409. 在协同办公系统中，新建任务时，如若选择"无父任务"，则该任务项的制定者和执行者为用户本人，那么，此任务即为底级任务。

答案：错误

2410. 在协同办公系统中，公司领导填写批示意见后单击"核签后返回"按钮，在基本信息中即可生成相应的签发人及签发日期。

答案：错误

2411. 在档案中，用户可以定制本单位的分类表。

答案：正确

2412. 在协同办公中，不支持同时添加多个附件。

答案：错误

2413. 用户可直接在协同办公系统中进行密码修改，修改后可以通过门户正常单点登录。

答案：错误

2414. 一般不得越级报送公文。因特殊情况必须越级行文时，应抄送越过的单位。

三、判断题

答案：正确

2415. 新公文标准中，下行文文件必须增加印发范围。

答案：正确

2416. 在协同办公中，流程引擎一个正确的流程必须包含开始和结束环节。

答案：正确

2417. 在协同办公中，值班一体化模块，需要使用跨单位流程审批功能才可以上传下达。

答案：正确

2418. 协同办公系统中，只能由管理员来定制界面定制方案，用户不得自行定制。

答案：正确

2419. 协同办公系统中，通过权限配置可以配置任何用户为该模块的业务管理员。

答案：正确

2420. 协同办公系统中，发现发文编号不连续，但单击漏号查询发现并不存在漏号，可能是由于文件作废放入垃圾箱中，没有被彻底清除或者清号造成的。

答案：正确

2421. 在协同办公系统中，接收联网公文时，需要插入电子印章 UKey。

答案：正确

2422. 在协同办公系统里当您进行发文处理时，附件操作是［附件管理］时，可以修改、删除附件或上载新的附件。

答案：正确

2423. 根据《国家电网公司协同办公系统实用化评价实施细则》的要求，协同办公文件流程实例平均待办办理时长应小于 32 小时。

答案：正确

2424. 协同办公电子公告发布可以设置有效期。

答案：正确

2425. 协同办公里公文传输一个 USB Key 中可放多个印章。

答案：正确

2426. 协同办公里当附件已经上传到 OA 系统，还可以调整附件顺序。

答案：正确

2427. 在协同办公系统里电子公章管理系统中公章制作必须到服务器端进行制作。

答案：正确

2428. 在协同办公系统里发文管理中正文（副本）是否显示，可以配置。

答案：正确

2429. 在协同办公中，跨单位应用的联网撤销功能会有知会消息产生。

答案：正确

2430. 在协同办公中，联网分发时对方如果还没接收可以联网收回。

答案：正确

2431. 在协同办公中，当文件被设置为关注文件后不能发送。

答案：正确

2432. 在协同办公中，首页待办可以设置为分类方式显示。

答案：正确

2433. 在协同办公中，出差模块不可以配置跨单位应用。

答案：错误

2434. 在协同办公中，可以在前台查看 Domino 服务器定时代理日常安排功能。

答案：正确

2435. 在协同办公中，可以在前台生成系统健康报告。

答案：正确

2436. 在协同办公系统里规划部署 Domino 服务器时，合理评估高峰期在线用户数，注册用户不能超过 1000 个。

答案：错误

2437. 在协同办公首页可以配置内部分发的待阅数据。

答案：正确

2438. 在协同办公中，采用元数据方式访问，Domino 设置 acl 方式已经不生效了。

答案：错误

2439. 在协同办公中，统一用户里添加同个部门的用户时相同的显示顺序是不可以被添加的。

答案：正确

2440. 各档案类型可以定义不同的整理规则以适应不同全宗单位的不同整理模式。

答案：正确

2441. 全宗档案管理员可以在全宗配置中选择部分或者全部档案类型供本全宗使用，可修改本全宗档案类型的数据结构。

答案：错误

2442. 档案系统中定义的系统代码表、标准代码表、用户代码表统一由高级管理员维护，所有单位使用的代码是统一相同的。

答案：错误

2443. 档案代码表与分类表一样存在沿革问题，可通过版本启用日期来确定相应的版本。

答案：错误

2444. 在协同办公系统里为某用户配置所属部门时，可以配置主部门和从属部门。

三、判断题

答案：正确

2445. 档案业务系统的年度项目管理中，整编配置按部门整理时又分发集中和分散，这主要是为了控制兼职档案员的权限。

答案：正确

2446. 定义各档案类型访问权限时，每种档案类型最多可遵循三种权限规则。

答案：错误

2447. 上级单位档案管理员可以浏览下级单位整编的数据，并可以进行修改操作。

答案：错误

2448. 档案类型整理规则在文件的整理过程中可以变更。

答案：错误

2449. 在协同办公中，年度归档数是指去年归档的所有档案类型条目。

答案：错误

2450. 档案离线导出时需要选择参建单位。

答案：正确

2451. Smit 不支持网络调整 no 命令。

答案：正确

2452. 在档案模块中，用户可以定制本单位的分类表。

答案：正确

2453. 档案实用化数据不计算收集整编中的档案数据。

答案：正确

2454. 档案系统提供档案数据进行门类转换的功能，使得不同的档案类型中的数据文件、案卷可以相互转换。

答案：错误

2455. 不同全宗的档案管理员可以根据实际情况配置各种档案类型文件级、案卷级、年度/项目级在窗口显示的字段。

答案：正确

2456. 档案管理数据库表空间是可以自动扩展的。

答案：正确

2457. 全宗档案管理员的职责为制定管理规范，完成对所有单位通用业务规范的设置工作。

答案：错误

2458. 全宗档案管理员可以对本单位档案数据列表状态下的显示字段及字段先后排列顺序进行设置。

答案：正确

2459. 在协同办公系统里省公司已经将文件联网分发基层单位，现将文件从省公司中删除，该文件同时也从基层单位中删除。

答案：错误

2460. 协同办公系统中，Domino 的 NSF 数据库可以无限扩大。

答案：错误

2461. 协同办公系统中，AIX 操作系统上 Domino 的 NSF 数据库达 1G 就写不了，可能与 AIX 操作系统的文件大小限制有关系。

答案：正确

2462. 在协同办公系统中，国网电子公文传输系统使用了加密机。

答案：正确

2463. 协同办公系统中，一页式办公只有领导才能使用。

答案：错误

2464. 协同办公业务应用中，BP 流程配置库中能实现权限控制功能。

答案：错误

2465. 在协同办公中，发文方可以查看收文方是否接收了公文。

答案：正确

2466. 协同办公系统的待办文件只有收发文有门户集成，其他模块未集成。

答案：错误

2467. 协同办公的用户是从目录同步，一般指目录系统直接把注册消息发至协同办公的 Domino 服务器进行处理。

答案：错误

2468. 协同办公系统的手机短信提醒功能，一般用在流程发送、会议通知、派车通知等业务提醒。

答案：正确

2469. 根据《国家电网公司协同办公系统实用化评价实施细则》的要求，协同办公系统考核不包含公文传输。

答案：错误

2470. 根据《国家电网公司协同办公系统实用化评价实施细则》的要求，协同办公系统考核不包含档案系统。

答案：错误

2471. 协同办公系统中，各基础组件是用域名登入，并通过域名 SSO 实现单点登入和验证。

答案：正确

2472. PMS 中，"运行班组—变电站—电压等级—间隔单元—物理设备"，此变电一次设

三、判断题

备导航描述正确。

答案：错误

2473. PMS 中，变电设备经审核置为发布状态后，若设备参数需完善必须启动修改流程，不允许直接修改。

答案：正确

2474. PMS 中，对现场留用及库存备用状态的一次设备投运，必须使用"变电设备变更（异动）管理"模块中的"投运"功能，将此类设备投运，设备状态变为"在运"。

答案：正确

2475. PMS 中，操作票签名过程中，操作人与监护人不能为同一人。

答案：正确

2476. PMS 中，工作计划可以取年度计划，也可以取任务池中的临时任务。

答案：错误

2477. PMS 中，在工作任务单中开工作票后，必须先将此任务单关联的工作票终结归档后，才可继续工作任务单流程。

答案：正确

2478. PMS 中，变电工作任务单分配的功能主要是维护变电工作任务分配，可以从任务池或者工作计划中取任务。

答案：正确

2479. PMS 中，变电站名称字段录入中，变电站名称中间允许使用空格，名称使用"××变电站"；如果是开关站，则使用"×× 开关站"。

答案：错误

2480. PMS 中，新建单元时调度单位下拉选项框中的单位为变电站指定维护班组中的调度班组。

答案：正确

2481. PMS 中，继电保护设备新建后必须启动设备审核流程。

答案：错误

2482. PMS 中，变电设备状态分为未投运、在运、退运、退置、库存备用、待报废、报废七种状态。

答案：错误

2483. PMS 中，"变电设备变更（异动）管理"模块中，"备品备件地点"填写时要选择需要投运的备品备件的存放地点，可以选择仓库或变电站。

答案：正确

2484. PMS 中，可以在变电设备异动模块将设备直接报废。

答案：错误

2485. PMS 中，变电一次设备退役后，可在一次设备台账中直接删除。

答案：错误

2486. PMS 中，新增变电运行日志时必须由当前班次的值班人员进行登记。

答案：正确

2487. PMS 中，对于新增的调度令，有两个状态，一个是"发令"状态，一个是"受令"状态。

答案：错误

2488. PMS 中，在运行日志中要删除调度令，系统会自动新建一条调度令。

答案：正确

2489. PMS 中，蓄电池测量记录中当测试类型为抽测时，可修改蓄电池测量结果中蓄电池编号。

答案：正确

2490. PMS 中，"变电巡视内容配置"用来配置变电站巡视内容和巡视周期。

答案：错误

2491. PMS 中，各种运行记录的录入要及时，值班人员可以录入其他班次的各种记录。

答案：错误

2492. PMS 中，变电运行工作任务单受理，用于变电运行班组人员接收工区派发的任务或直接新建临时任务。

答案：正确

2493. PMS 中，变电运行人员发现运行设备的缺陷后，在运行工作中心——缺陷管理中登记缺陷，可以生成相应的缺陷运行记事。

答案：错误

2494. PMS 中，危急缺陷可以在登记后直接选择"是否消缺"，打钩后直接填写消缺信息，可以不登记消缺记录。

答案：错误

2495. PMS 中，当缺陷处理完毕，班组填写检修记录时，在"处理详情"栏填写"已完成"，并保存上报验收即可。

答案：错误

2496. PMS 中，变电缺陷记录中，"发现归属"包括：运行、检修、其他。

答案：正确

2497. PMS 中，任务池的"任务等级"包括：紧急任务、重要任务和一般任务。

答案：正确

2498. PMS 中，任务池的"任务状态"分为：待开展、已安排、未执行、已执行。

三、判断题

答案：错误

2499. PMS 中，计划变更后系统自动生成一条发布状态的计划。

答案：正确

2500. PMS 中，运行工作中心→变电设备工作周期设置中，单击"添加到任务池"按钮，将达到检修或试验周期的工作，手动送入任务池。

答案：正确

2501. PMS 中，工作计划合并时，可以合并不同变电站的计划。

答案：错误

2502. PMS 中，能够编制工作任务单的检修计划是工作计划。

答案：正确

2503. PMS 中，工作任务单只有处于填写状态时才能删除。

答案：正确

2504. PMS 中，已经指定工作负责人的工作任务单，需要通知班组进行取消受理操作后，才能进行工作任务单的追回。

答案：正确

2505. PMS 中，变电工作任务单分配时，可以直接选择月计划进行新建。

答案：错误

2506. PMS 中，工作任务单派发后，能够被追回的条件是：当前登录人编制的，工作班组未受理该工作任务单。

答案：正确

2507. PMS 中，已生成编号的操作票不得修改，若发现错误，只能作废后重新开票。

答案：正确

2508. PMS 中，变电站第一种工作票在许可后仍能进行回退操作。

答案：错误

2509. PMS 中，变电站第一种工作票终结时工作负责人签名，可以不用输入工作负责人的口令即可录入。

答案：正确

2510. PMS 中，工作票和操作票可以在工作任务单中进行关联。

答案：错误

2511. PMS 中，设备履历类型需要在配电运行履历配置模块中针对每一类设备进行配置。

答案：正确

2512. PMS 中，电缆台账"设备履历"的"基本信息"可以看到运行属性和物理属性。

答案：正确

2513. PMS 中,在新建配电设备变更(异动)申请时,基本表单中的"申请单位""填报部门""填报人"和"填报时间"由系统带入,无须手动填写。

答案:正确

2514. PMS 中,新建后保存的配电设备变更(异动)申请在尚未启动流程时,可以进行修改和删除操作。

答案:正确

2515. PMS 中,在配电变更(异动)查询中,过滤出要找的流程后,可以查看该流程信息。

答案:正确

2516. PMS 中,设备台账录入时,生产厂家需要按照铭牌参数填写,生产厂家改名后应按照改名后的生产厂家名称填写。

答案:错误

2517. PMS 中,在配电设备查询页面,找到"架空线路",单击"导线"按钮,则可以按"主线名称""导线类型"等查询导线信息。

答案:正确

2518. PMS 中,在配电设备查询页面查询到线路避雷器信息后,可以将其导出。单击"导出"按钮,然后单击"是"按钮,导出所有符合当前条件的数据,在弹出对话框中可以选择需要导出的列。

答案:正确

2519. PMS 中,配电站房及站内设备台账维护模块提供配电站房以及站内各类设备的台账信息查看及修改信息功能。

答案:正确

2520. PMS 中,配电设备查询模块,设备类型是按照架空、电缆、站房、站内一次设备、公共设施五大类进行划分。

答案:正确

2521. PMS 中,在配电设备查询中查询完柱上负荷开关相关信息后还可以再进行追加查询。其中"相减"是指可以查出与之前数据相减(减去前面的查询数据)后的数据。

答案:错误

2522. PMS 中,配电设备变更(异动)流程的变更审核环节主要是对图形台账修改环节所做的台账及图形修改进行审核,并填写相关审核意见。

答案:错误

2523. 在 PMS 配电线路台账维护中,杆塔附属设备包括:拉线、横担、卡盘、底盘、接地挂环、接地装置、杆塔基础。

答案:正确

三、判断题

2524. PMS 中，配电设备查询页面查询出某班组维护的电缆信息后，按照"主线名称"进行统计，能够统计出该班组维护的每条主线对应的电缆总条数和电缆总长度。

答案：正确

2525. PMS 中，同杆塔维护是将配电物理杆塔与其他配电或者输电物理杆塔设置为同一运行杆塔的操作。

答案：错误

2526. PMS 中，配电故障记录应与调度记录相一致。

答案：正确

2527. PMS 中，如果线路设置完巡视周期，登记线路周期性巡视记录后，系统自动更新上次巡视时间和到期时间。

答案：正确

2528. PMS 中，特殊性巡视指由部门领导和线路专责技术人员组织进行，以便了解线路及设备状况，检查、督导专职巡视人员的工作。

答案：错误

2529. PMS 中，在登记配电巡视记录时，可同时登记多条线路的巡视记录。

答案：正确

2530. PMS 中，设置巡视周期时可以设置上次巡视时间、巡视周期和到期时间。

答案：正确

2531. PMS 中，消缺人员登记修试记录后，运行人员可通过"运行工作中心"下的"缺陷记录验收"来进行消缺验收。

答案：错误

2532. PMS 中，配电巡视结果登记模块提供配网架空线路、电缆线路、站房以及公共设施设备巡视记录的登记、删除、归档功能。

答案：正确

2533. PMS 中，如果巡视记录已被归档或者已登记缺陷，则不能删除。

答案：正确

2534. PMS 中，巡视记录归档后，用户将只能查看巡视相关缺陷/故障界面，不能新建、删除、启动流程操作。

答案：正确

2535. PMS 中，在巡视管理主界面中，未归档的巡视记录可以随意进行删除和修改操作。

答案：错误

2536. PMS 中，在配电巡视周期设置菜单中巡视内容配置时混合线路在架空和电缆选项中都可以选择到进行设置。

答案：正确

2537. PMS 中，所有配电设备只要在巡视周期设置主界面新增一条巡视设备，下次将不会出现在巡视设备添加界面。

答案：错误

2538. PMS 中，修试记录登记时，可分两种情况，一种是不启用运检分离的情况，也就是运检合一的情况，还有一种是启用运检分离的情况。

答案：正确

2539. PMS 中，对于已经发布的月度检修计划，因天气情况需要变动时，只能删除后重新处理，不能取消或顺延。

答案：错误

2540. PMS 中，只能从配电工作任务单上关联工作票，不能从工作票上关联工作任务单。

答案：错误

2541. PMS 中，一张工作任务单只能有一个工作班组，但可以有多个配合班组。

答案：正确

2542. PMS 中，配电检修计划顺延需在计划实施前完成。

答案：正确

2543. PMS 中，对于需要停电的工作，在编制配电工作任务单的同时编制停电申请单，申请单中不需要填写调度部门批复的停电时间、内容、停电范围。

答案：错误

2544. PMS 中，配电停电申请单不可以关联配电工作计划。

答案：错误

2545. PMS 中，工作票在现场执行完后应在系统内回填相关信息，并完成工作任务单的回填和归档。

答案：正确

2546. PMS 中，在 PMS 缺陷流程中，"消缺安排"和"设备管理单位审核"环节都可以将消缺工作放入任务池或开启工作任务单。

答案：正确

2547. PMS 中，工作负责人必须准确填写修试记录中的工作时间、工作负责人、结论、遗留问题等内容。

答案：正确

2548. PMS 中，配电任务池中的任务来源包含配电缺陷、配电周期性工作、临时任务。

答案：正确

2549. PMS 中，在输电线路履历中，可以对线路的缺陷记录、检修记录、故障跳闸记录进

三、判断题

行查看。

答案：正确

2550. PMS 中，输电工作任务单派发到班组后无法再对工作内容进行修改。

答案：正确

2551. PMS 中，输电工作任务单在班组受理并指派工作负责人后，任务单任务状态由"任务已受理"变为"任务已安排"。

答案：错误

2552. PMS 中，在输电缺陷消缺安排环节开具的工作任务单会在任务池中生成一条待开展的工作任务。

答案：错误

2553. PMS 中，在执行的工作任务单中登记的输电修试记录可以直接删除。

答案：正确

2554. PMS 中，登记缺陷时无法选择已退役杆塔。

答案：错误

2555. PMS 中，对进入流程的一般缺陷，如暂时无法安排工作，可在消缺登记环节加入任务池。

答案：正确

2556. PMS 中，输电杆塔的重命名可以对杆塔台账进行倒序处理。

答案：正确

2557. PMS 中，线路台账维护只能授权给线路的运行班组人员，其他人员不可以授权，否则会引起线路权限控制混乱、不能导航的情况发生。

答案：正确

2558. PMS 中，对于本单位管辖以外的起点和终点，本单位可做简单维护，供建立线路台账使用。

答案：错误

2559. PMS 中，发生故障的输电线路必须全部巡视到位，并将巡视记录及时录入系统。

答案：正确

2560. PMS 中，在输电缺陷检修专责消缺工作安排环节可以修改缺陷的缺陷部位。

答案：错误

2561. PMS 中，某输电架空线路巡视周期已超期则不需要录入巡视记录。

答案：错误

2562. PMS 中，在输电线路新投或者改造时，可以引用退役杆塔。

答案：正确

2563. PMS 中，系统中的物理杆塔和运行杆塔可以是一对多的关系。

答案：正确

2564. PMS 中，已经和其他线路同杆的杆塔，不能被第三条线路作为同杆对象。

答案：错误

2565. PMS 中，线路批量修改名称只能修改线路前缀名或后缀名。

答案：错误

2566. PMS 中，杆塔基本信息中可以对杆塔性质、杆塔型号、杆塔材质进行维护。

答案：错误

2567. PMS 中，杆塔附件信息在杆塔附件维护和线路台账维护页面都可以进行维护。

答案：正确

2568. PMS 中，架空线路引用退役杆塔应在架空设备变更异动管理中进行维护。

答案：错误

2569. PMS 中，输电线路架设方式分为架空、电缆和混合三种类型。

答案：正确

2570. PMS 中，批量新增杆塔中"杆塔号是否顺延"勾选后，只影响新增的杆塔名称。

答案：错误

2571. PMS 中，可以对任何运行状态的线路进行异动操作。

答案：错误

2572. PMS 中，架空线路的线路履历基本信息页中的"线路长度"，是与该线路基本信息页面的"线路全长"一致的。

答案：错误

2573. PMS 中，登记检测记录时，交叉跨越测量记录的相关信息可以回填到对应台账模块内的设备履历。

答案：正确

2574. PMS 中，某设备当月无非停事件时，则在上报非停报表时，可不必上报记录。

答案：错误

2575. PMS 中，输电架空线路缺陷登记只能通过登记巡视记录时登记缺陷、登记输电检修记录时登记缺陷、缺陷管理中的输电架空线路缺陷登记 3 种登记方式。

答案：错误

2576. PMS 中，输电缺陷流程中，通过点"添加到任务池"按钮添加到任务池的缺陷只能被编入工作计划才能开任务单以进行消缺。

答案：错误

2577. PMS 中，在输电任务池管理中，如果删除的待开展任务类型为"消缺"，那么任务

三、判断题

相关联的缺陷也相应删除。

答案：错误

2578. PMS 中，在采用获取年计划的方式编制月计划时，自动获取年计划的起止日期和具体时间。

答案：错误

2579. PMS 中，一个工作任务单可以关联多张工作票和多张停电申请单。

答案：错误

2580. PMS 中，含有带电作业的工作任务单，只能通过工作任务单填写修试记录时进行带电作业记录的登记关联。

答案：错误

2581. PMS 中，工作类型为消缺的工作任务单，在任务处理时若没有登记修试记录，该缺陷流程无法流转至验收环节。

答案：正确

2582. PMS 中，输电架空线路运行工作任务单分配模块用于工区专工等安排工作任务并派发到班组。提供输电架空线路工作任务单的编制、删除、派发、追回等功能。

答案：正确

2583. PMS 中，新建电力线路第二种工作票时，其注意事项（安全措施）可以不用填写直接发送给签发人。

答案：错误

2584. PMS 中，输电架空线路检修记录只能在工作任务单中登记。

答案：错误

2585. PMS 中，批量添加输电架空线路检修记录，是指对两条及两条以上的线路登记检修记录。

答案：错误

2586. PMS 中，输电故障记录登记模块只能通过新建、由断路器记录导入的方式进行登记故障记录。

答案：错误

2587. PMS 中，工作任务单任务处理中填写检修记录是在任务单对应的每项工作任务的基础上进行的，如果工作类型为一个消缺任务，可以登记多条检修记录。

答案：错误

2588. PMS 中，线路台账履历中的线路的长度计算是根据耐张段长度来计算的。

答案：错误

2589. PMS 中,杆塔档距要求在小号侧杆塔录入,即6#杆塔的档距是5#~6#杆塔之间的档距。

答案：错误

2590. PMS 功能应用范围涵盖了公司总部、分部/省公司、地市公司三个层面。

答案：正确

2591. PMS 纵向接入是指总部 PMS 与省公司 PMS 之间以及分部 PMS 与省公司 PMS 之间的纵向功能接入和纵向数据交换。

答案：正确

2592. 在 PMS 当前任务及公告中，菜单选项由当前任务、历史任务、保留任务和任务统计四部分组成。

答案：正确

2593. PMS 五大中心包括：标准中心、设备中心、运行工作中心、计划任务中心、评价中心。

答案：正确

2594. 在 PMS 的运行工作中心，设计一个由任务、计划和工单组成的被称为"TaSF"的三角结构，该结构对有序组织、合理串接并最终规范基层日常主要生产过程，以及辅助制订科学的生产计划可起到积极的作用。

答案：错误

2595. PMS 中设备编码是设备的唯一标识。

答案：正确

2596. PMS 中，数据填报的方式种类有：自动生成、手动选择、手动录入、手动选择或手动录入。

答案：正确

2597. PMS 中，角色分级管理模块可以实现角色批量授权功能。

答案：正确

2598. PMS 中，任务池管理中的工作任务，是所有计划编制的来源。

答案：正确

2599. PMS 中，实用化检查工具无法实现同时对多个指标的统计工作。

答案：错误

2600. 根据公司《生产管理信息系统实用化评价指标》（生技改〔2012〕29 号），设备台账完整性采用系统自动统计和人工抽查统计方法进行统计。

答案：正确

2601. 根据公司《生产管理信息系统实用化评价指标》（生技改〔2012〕29 号），输变配设备台账准确性考核均采用人工抽查的评价方法。

答案：正确

2602. PMS 中，所有涉及准确性、规范性的实用化指标都是采用的人工抽查的评价方法。

三、判断题

答案：正确

2603. PMS 中，在考核指标中，工作票与任务单关联率要求每个工作任务单至少关联一张工作票。

答案：错误

2604. PMS 中，大修储备项目同一个项目允许多次上报总部。

答案：正确

2605. PMS 中，技改规划在编制调整期间，可以多次上报给总部，总部以网省最后上报的规划为准。

答案：正确

2606. PMS 中，新建年度技改计划时，可以直接新建或从"新建项目库"导入项目。

答案：错误

2607. PMS 中，技改规划审核时，解捆功能是针对当前环节打捆的项目进行解捆，如果该打捆项目非当前环节打捆的项目则不能进行解捆操作。

答案：正确

2608. PMS 中，对于已超出期限或其他原因不能完成的储备项目，可由用户手工选择后，转出储备库，退回新建项目库，移出储备库的项目可在本部门的大修项目新建中查询得到。

答案：正确

2609. PMS 中，结构对象在平台系统表 MWT_OM_OBJ 和本身的数据表中均有记录。

答案：错误

2610. PI3000 中的属性含义：实现类型属性的不同输入方式。

答案：正确

2611. PI3000 中的基础代码：为属性含义提供数据源。

答案：正确

2612. PI3000 中的应用：访问类型、关联，为菜单、属性含义提供应用。

答案：正确

2613. 类型是 PI3000 的一种基础模型，是对实际事务的一种抽象，它对应于数据库中的一个物理表。

答案：正确

2614. PI3000 中，过滤方案的作用是在导航树上实现按某个字段进行分组，本质就是 groupby 数据库表中的某个字段。

答案：正确

2615. PI3000 中，报表的定制主要包含三个部分，首先是数据的准备，其次是设计报表模板，最后是报表的发布。

答案：正确

2616. PI3000 中，建模时如果涉及多个类型，建应用前要建立类型之间的关联。

答案：正确

2617. PI3000 中，二型视图主要用来维护单类型数据，一型视图主要用来维护存在关联的多个类型数据。

答案：错误

2618. PI3000 中，标准对象不能在导航树上出现。结构对象可在导航树上出现。

答案：错误

2619. PI3000 中，关联的表现形式决定了关联在界面上的表现形式。

答案：正确

2620. PI3000 平台的表现层采用 B/S 和 C/S 的混合模式。

答案：正确

2621. PI3000 中，面向服务架构 SOA 是一种架构模型和一套设计方法学，其目的是最大限度地重用应用程序中立型的服务以提高 IT 适应性和效率。

答案：正确

2622. PI3000 通过提供基础模型服务、文件服务、工作流服务、报表服务、消息服务、任务服务来体现 SOA 架构。

答案：正确

2623. PI3000 中，模型元素的关键组织者是基础模型中的"类"。

答案：错误

2624. PI3000 中，建模系统提供一种可视化浏览业务模型的功能，它使用图形（UML 图）的方式表述出业务模型。

答案：正确

2625. PI3000 中，平台提供不同层面、不同粒度的安全控制手段，以满足业务系统多样化的权限控制要求。

答案：正确

2626. PI3000 中，平台支持与第三方 PMS 系统进行集成，实现数据加密、数据签名、时间戳等高级安全控制功能。

答案：错误

2627. PI3000 工作流是基于模型驱动的，在服务进程中解析对应的模型，生成实例并管理实例状态的转换。

答案：正确

2628. PI3000 中，对象导航树对一个类型的操作，必须通过关联进行连接，且也可通过"过

三、判断题

滤方案"用字段进行分组展示。

答案：错误

2629. PI3000 中，界面方案的作用是主要用来设置某个类型在界面上的表现形式。

答案：正确

2630. PI3000 中，一型视图的表现形式为一个多数据表格或左边是一个对象过滤树，右边的对应多数据表格。

答案：正确

2631. PI3000 中，设置某个字段宽度、设置类型属性的显示顺序均可在界面方案中配置。

答案：正确

2632. PMS 中，网省、地市公司都可以对标准库维护。

答案：错误

2633. "客户导向型"营销系统是指营销组织机构、业务流程按照细分客户群体设计，实行差异化服务。

答案：正确

2634. 在营销系统中，100kVA 及以上高压供电的用户，在电网高峰负荷时的功率因数应达到 0.90 以上。

答案：正确

2635. 在营销系统中，Ⅲ 类电能表至少每两年现场检验一次。

答案：错误

2636. 在营销系统中，Ⅳ 类电能计量装置，即负荷容量为 315kVA 以下的计费客户、发供电企业内部经济技术指标分析、考核用的电能计量装置。

答案：正确

2637. 在营销系统中，95598 咨询受理时，如果无法立即办结的将进入咨询处理环节。

答案：正确

2638. 在营销系统中，Ⅰ 类电能计量装置，即月平均用电量 500 万 kWh 及以上或变压器容量为 10000kVA 及以上的高压计费用户、200MW 及以上发电机、发电企业上网电量、电网经营企业之间的电量交换点、省级电网经营企业与其供电企业的供电关口计量点的电能计量装置。

答案：正确

2639. 在营销系统中，"客户编号"是由表示客户的唯一序列号，由十一位数字组成，以一个客户作为合同管理户。

答案：错误

2640. 在营销系统中，对客户多收的电费进行退费时需要进行审批。

答案：正确

2641. 在营销系统中，国网投诉、举报、意见、建议、表扬业务工单的处理时限是按照天来计算。

答案：错误

2642. 在营销系统中，一张已经做了缴款的支票，由于客户的银行存款不足而发生支票退回，应该通过冲正进行处理。

答案：错误

2643. 在营销系统中，电费抄核收业务流程调整后，实行电费解款确认、到账确认分离，强化资金安全监控，压缩在途时间。

答案：正确

2644. 在营销系统中，电费管理包括抄表、核算、收费管理。

答案：正确

2645. 在营销系统中，电费回收率是应收电费和实收电费的比值。

答案：错误

2646. 电力公司95598互动网站可以缴纳电费。

答案：正确

2647. 电力举报查明属实以后，举报用户可以申请一定奖励。

答案：正确

2648. 在营销系统中，电量计算是对抄见电量、变压器损耗电量、线路损耗电量、扣减电量（主分表、转供、定比定量）、退补电量各种类型电量进行计算，得出结算电量；再通过结算电量和相应的电价，计算出各种电费。

答案：正确

2649. 在营销系统中，电能计量点按用途可分为关口计量点和客户计量点两大类。

答案：正确

2650. 在营销系统中，电能计量器具检定工作的监控频度是月。

答案：正确

2651. 在营销系统中，电能计量器具仅指用于电量结算和收费的各种类型的电能表，计量用电压互感器和电流互感器。

答案：正确

2652. 在营销系统中，电能计量器具应区分不同状态（待验收、待检、待装、淘汰等）分区放置。

答案：正确

2653. 在营销系统中，电能计量装置运行档案只能由一个单位归口管理，共用计量装置不能在一个部门进行建档。

三、判断题

答案：错误

2654. 在营销系统中，调价前后电量电费的计算，调价日前后的分档电量不足一个月的按一个月计算，超过一个月不足两个月的按两个月计算。调价日前后的电费分别按调价日前后的用电量和对应的电价标准计算。

答案：正确

2655. 在营销系统中，定量可以作为计费主表的分表抄见电量，但是绝对不可以作为无表用户约定抄见电量的结算。

答案：错误

2656. 在营销系统中，对电力用户私自迁移、更改和擅自操作供电企业的用电计量装置，居民用户应承担每次 500 元的违约使用电费；其他用户承担每次 5000 元的违约使用电费。

答案：正确

2657. 在营销系统中，对申请增加用电量的两路及以上多回路供电客户，需要收取高可靠性费用。

答案：正确

2658. 在营销系统中，对于卡表新装客户的首次购电时扣除预置电量。写卡电量＝（购买电量）－（预置电量）。

答案：正确

2659. 在营销系统中，对于临时用电不能办理任何用电变更事宜，因此，不能减容。

答案：正确

2660. 在营销系统中，对于专用线路供电的高压客户应以产权分界点作为计量点，如果供电线路属于客户，则应在供电企业变电所出口安装电能计量装置。

答案：正确

2661. 在营销系统中，凡逾期未交付电费的用户，供电企业就可以采取停电措施。

答案：错误

2662. 在营销系统中，负调尾是电力局欠用户的钱。

答案：错误

2663. 在营销系统中，改变供电企业的计量装置接线，伪造或启动表计封印以及采用其他方法致使电能表计量不准者，属违章用电行为。

答案：错误

2664. 在营销系统中，高供高计用户计算变损时，应该按照实际用电天数计算。

答案：错误

2665. 在营销系统中，高压电能表的抽检验收应按 20% 比例验收。

答案：错误

2666. 在营销系统中，高压供电方案的有效期为 2 年，低压供电方案的有效期为 6 个月，逾期注销。

答案：错误

2667. 在营销系统中，高压新装送电后两个月，必须对用户的计量装置进行首次检验。

答案：错误

2668. 在营销系统中，更名与过户的主要区别是过户涉及产权变更。

答案：正确

2669. 在营销系统中，供电企业对不按期交付电费除居民客户外的其他客户，当年欠费部分，每日按欠费总额的千分之一计算电费违约金；跨年度欠费部分，每日按欠费总额的千分之三计算电费违约金。

答案：错误

2670. 在营销系统中，供电企业应当在其营业场所公告用电的程序、制度和收费标准，并提供用户须知的资料。

答案：正确

2671. 在营销系统中，供用电合同的性质为民事合同，供用电双方法律地位平等。

答案：正确

2672. 在营销系统中，供用电合同书面形式可分为标准格式和非标准格式。

答案：正确

2673. 在营销系统中，基本电费是按设备容量或最大需量来计算，即变压器容量（含高压电动机）或最大需量乘以基本电价。

答案：正确

2674. 在营销系统中，及时到账确认笔数指："到账确认时间－解款时间"大于到账期限的电费（业务费）笔数。

答案：错误

2675. 在营销系统中，计划检修停电应在 7 天前通知用电人或进行公告。

答案：正确

2676. 在营销系统中，计量点选择的电价为大工业电价的，计量装置分类不应为Ⅴ类。

答案：正确

2677. 在营销系统中，计量点用途为关口计量点的，其计量点等级分类不应为Ⅴ类。

答案：正确

2678. 在营销分析与辅助决策系统中，计量类报表的上报频率都是半年或年。

答案：错误

2679. 在营销系统中，检定合格的互感器在库房存放 6 个月之后需要进行库存复检。

三、判断题

答案：错误

2680. 在营销系统中，检定流程中应先对设备进行出库之后再决定由谁来检定，即分配检定任务。

答案：错误

2681. 在营销系统中，接到客户投诉或举报时，应向客户致谢，详细记录具体情况后，立即转递相关部门或领导处理。投诉在 3 天内、举报在 5 天内答复。

答案：错误

2682. 在营销系统中，解款以后发现的错收业务费可以通过冲正进行处理，但须记录冲正原因。

答案：错误

2683. 在营销系统中，居民阶梯电价是指将现行单一形式的居民电价，改为按照用户消费的电量分段定价，用电价格随用电量增加呈阶梯状逐级递增的一种电价定价机制。

答案：正确

2684. 在营销系统中，可以将抄表例日相同的抄表机抄表客户、低压集抄客户、台区关口表客户编入同一个抄表段中抄表。

答案：错误

2685. 在营销系统中，客户欠电费需依法采取停电措施的，提前 7 天送达停电通知书。

答案：正确

2686. 在营销系统中，客户申明为永久性减容的或从加封之日起满二年又不办理恢复用电手续的，其减容后的容量已达不到实施两部制电价规定容量标准时，应改为单一制电价计费。

答案：正确

2687. 在营销系统中，客户在更换电卡以后，需要进行重新开户等技术处理后才可继续购电。

答案：错误

2688. 在营销系统中，客户在取得购电卡和居民客户用电证后可以在电力公司自售电和银行代售机构的柜台、ATM 等任意一种渠道实现开户购电。

答案：错误

2689. 在营销系统中，库存复检是指对检定合格且库存超过 6 个月需装出的电能表所进行的重新检定工作。

答案：正确

2690. 在营销系统中，临时检验是用电客户、电网经营企业、发电企业对电能计量装置的计量准确性产生异议，并提出现场检验申请后，所开展的现场检验工作。

答案：正确

2691. 在营销系统中，零电费异常是指无电量无电费用户异常情况。

答案：错误

2692. 在营销系统中，某非工业用户装 10kVA、100kVA 专用变压器用电，其计量装置在二次侧的，应免收变损电量电费。

答案：错误

2693. 在营销系统中，某营业厅原来装有一具照明表、一具动力表，由于电价相同，用户要求将两个表的容量合在一起，该用户应办理并户手续。

答案：正确

2694. 在营销系统中，某用户申请将现有电压 220V 改为 380V，操作员应在 SG186 营销业务系统中选择"改压"流程来实现业务。

答案：正确

2695. 在营销系统中，配送的前提是设备状态必须是合格在库。

答案：错误

2696. 在营销系统中，窃电时间无法查明时，窃电日数至少以 180 天计算，每日窃电时间：电力客户、照明客户按 12 小时计算。

答案：错误

2697. 在营销系统中，如该用户需要计算变、线损，计算功率因数的电量应不包含变、线损电量。

答案：错误

2698. 在营销系统中，若收费员在收费过程中，发生收费错误，可以依据情况启动"冲正"或"退费"进行更正。

答案：正确

2699. 三集五大建设中"大营销"建设是要建立"二部三中心"的模式。

答案：错误

2700. 在营销分析与辅助决策系统中，审核报表时发现某下级报表存在问题，需要对该下级报表进行解锁操作。

答案：正确

2701. 在营销系统中，手工抄表数据录入时，允许抄表员修改上次示数。

答案：错误

2702. 在营销系统中，私自迁移、更改和擅自操作供电企业的电能计量装置按窃电行为处理。

答案：错误

2703. 所有辅助决策报表数据每月均来源于专责手动填写上报。

答案：错误

三、判断题

2704. 在营销系统中，台区供电量＝台区考核表的抄见电量＋考核表计量故障追加电量。

答案：正确

2705. 在营销系统中，淘汰产品目录建立的先决条件是淘汰产品已确定。

答案：错误

2706. 在营销系统中，投诉工单处理及时率＝投诉处理及时数／投诉处理工单总数×100％。

答案：正确

2707. 在营销系统中，为保证抄表工作进度，可提前进行抄表，但不得延后。

答案：错误

2708. 在营销系统中，无表临时用电不需要安装负控终端。

答案：正确

2709. 在营销系统中，县级以上地方人民政府有关部门确定的重要电力用户，应当按照国务院电力监管机构的规定配置自备应急电源，并加强安全使用管理。

答案：正确

2710. 在营销系统中，现行电价类别按容量可分为单一制电价和两部制电价两类。

答案：正确

2711. 在营销系统中，新装流程用户申请容量可以输入小数 2 位。

答案：错误

2712. 在营销系统中，业扩报装业务由营销部门负责归口管理。

答案：正确

2713. 在营销系统中，已销户的用户，可以采用退补电量参与本期电量电费计算的退补方式退补电费。

答案：错误

2714. 营销分析与辅助决策报表上报的流程是：查询→编辑→生成→报审批→上报。

答案：错误

2715. 营销分析与辅助决策模块的主要作用是对营销管理业务应用中的数据进行分析与决策。

答案：正确

2716. 营销分析与辅助决策系统报表划分为九大主题：营销管理、电能采集与监控类、客户缴费、客户服务、市场管理、需求侧管理、客户关系管理、营销信息化建设情况和计量管理。

答案：正确

2717. 营销分析与辅助决策系统报表应收电费包括电度电费、业务费、基本电费。

答案：错误

2718. 营销分析与辅助决策系统中，上级单位应在下级单位全部上报后，再进行报表的生成操作。

答案：正确

2719. 营销分析与辅助决策系统中，已上报状态的报表，还可进行编辑操作。

答案：错误

2720. 在营销系统中，营业部门收费解款后，还可以进行解款撤回的操作。

答案：错误

2721. 在营销系统中，用电客户存在在途业扩流程时，仍然可以正常发起停、复电流程。

答案：错误

2722. 在营销系统中，用电客户的运行容量应大于等于合同容量，同时运行容量还应该等于该户下所有的计量点容量的总和。

答案：错误

2723. 在营销系统中，用电客户与供电企业的有效供用电合同可以有多份。

答案：错误

2724. 在营销系统中，用电客户在未终止与某一银行的代扣协议之前，用户不可在其他银行采用代收方式缴费。

答案：错误

2725. 在营销系统中，用电用户在周期检验流程在途时，仍可申请改类流程。

答案：正确

2726. 在营销系统中，用户供电电压为10kV且其计量点的计量方式高供低计，计量点接线方式不应为三相三线。

答案：正确

2727. 在营销系统中，用户过错引起事故，但由于供电企业责任事故扩大造成其他用户损害的，该用户承担扩大部分的赔偿责任。

答案：错误

2728. 在营销系统中，用户连续6个月不用电又不办理变更用电手续，供电部门即可做自动销户处理。

答案：正确

2729. 在营销系统中，用户内部核算的表计，也可作为供电企业计费依据。

答案：错误

2730. 在营销系统中，用户受电工程组织竣工检验时间，自受理之日起，低压电力客户不超过7个工作日，高压电力客户不超过15个工作日。

答案：错误

三、判断题

2731. 在营销系统中,用户正常合同到期后,系统存储的合同状态为超期。

答案:正确

2732. 在营销系统中,在途天数＝到账确认时间(未到账确认取当前时间)－收费时间。

答案:正确

2733. 在营销分析与辅助决策系统中,监管主题中可以根据异常级别分级进行报警。

答案:正确

2734. 在营销系统中,代收业务在日终对账时,应以电力方交易明细为准。

答案:错误

2735. 在营销业务应用典型设计中,总共有 142 个业务功能域。

答案:正确

2736. 在营销系统中,在暂缓记录的有效期内,会向用户收取违约金,且收取金额小于等于定收金额。

答案:正确

2737. 在营销系统中,执行功率因数调整电费的客户抄表周期可以大于一个月。

答案:错误

2738. 在营销系统中,执行年阶梯的用户在销户时,清算电费的月份仍以一个自然年进行结算。

答案:错误

2739. 在营销系统中,转供户转供出去的电量不参与其自身的电费结算,应从转供户中扣除。

答案:正确

2740. 在营销系统中,自受理之日起,低压居民用户答复供电方案不超过 5 个工作日。

答案:正确

2741. 营销系统数据库后台操作需录入问题平台并通过审批流程后才能执行。

答案:正确

2742. 营销系统生产环境部署抽包程序前不需要做相关备份。

答案:错误

2743. 营销系统升级工作单版本分为全量、增量、抽包。

答案:正确

2744. 营销系统操作系统、数据库和系统前台密码,在特殊紧急情况下可以告知需要使用的人员。

答案:错误

2745. 稽查系统和营销系统是共用一套数据库。

答案：错误

2746. 对营销系统 IMS 接口程序的相关操作，需要实现报检修计划并通过后方能执行。

答案：正确

2747. SG186 营销业务应用系统用户密码可以通过系统中"系统管理"进行修改。

答案：错误

2748. 在营销分析与辅助决策系统中，执行 ETL2 黄转蓝的作用是抽取 Mid 库数据到 DW 库，然后校验数据完整性和准确性。

答案：错误

2749. 在进行自动化抄表时，营销管理业务应用系统的抄表管理需要通过接口从用电信息采集系统获取客户电能表示数。

答案：正确

2750. 在营销系统中，对没有抄表客户的抄表段，提出注销要求，待审批后注销抄表段，注销抄表段的历史数据直接删除。

答案：错误

2751. 在营销系统中，制订抄表计划时，可以选择已存在抄表计划的抄表段制订抄表计划。

答案：错误

2752. 在营销系统中，如果台区下有客户、计量点时，则不允许拆除台区。

答案：正确

2753. 在营销系统中，定比计量点必须有上级计量点，它可以作为计费主表的分表（下称定比分表）来结算电量，结算的电量供执行定比电价的营业户计算电费。

答案：正确

2754. 在营销系统中，暂停到期不办理暂停恢复的用户，营销系统应该自动更改暂停变压器状态为运行、恢复日期为计划恢复日期，然后根据这些计算基本电费。

答案：错误

2755. 在营销系统中，高压新装工作票归档后，用户基本信息中的合同容量字段等于业务申请信息中的合计合同容量。

答案：错误

2756. 在营销系统中，当期有发生额时或有期初余额的科目，不能删除。

答案：正确

2757. 在营销系统中，因特殊原因，本次收费时暂不收取某用户的违约金，可以通过"违约金暂缓"功能来实现。

答案：正确

2758. 在营销业务应用系统中，坐收界面只允许足额收费电费。

三、判断题

答案：错误

2759. 在营销系统中，走收业务允许走收收费人员自己打印各自的应收费清单和用于走收的电费发票。

答案：错误

2760. 验收时发现影响系统上线正式运行的重大问题，应责成相关单位立即整改，并延长上线试运行时间，系统完成整改并连续稳定运行二个月后，方可再次申请验收。

答案：错误

2761. 信息系统账号按照使用状态不同可划分为激活账号、锁定账号及已注销账号。

答案：错误

2762. 信息系统运行的主要工作内容之一是优化信息系统运行技术架构，强化运行监督。

答案：错误

2763. 信息系统运维流程标准中，问题管理通过采用一致的方式处理事件，尽快恢复服务，将对业务的不利影响减到最小。

答案：错误

2764. 信息系统审计员账号，能够监控其他各类用户的操作轨迹，并用于系统巡检，同时管理、监控系统日志、查询业务数据等运行维护操作。

答案：错误

2765. 信息系统实用化评价以提升信息化支撑公司生产经营管理的效率、效能、效益，创造最大价值为最终目的，遵循业务导向、重点突出、客观公正和动态优化原则，在评价中深化信息系统应用。

答案：正确

2766. 信息系统实行 7×24 小时在岗值班，保障信息系统的正常运行。

答案：正确

2767. 信息系统普通用户账号密码遗忘，可通过热线电话方式，直接联系运维单位进行密码重置。

答案：错误

2768. 信息化职能管理部门牵头组织上线试运行验收，成立验收工作组（或验收委员会）。

答案：正确

2769. 信息机房实行 7×24 小时值班，及时排除故障（如漏水、火灾等），确保机房环境符合国家电网公司信息机房管理规范。

答案：正确

2770. 发生一级、二级、三级、四级信息系统事件，需要向国家电力监管机构报告、接受并配合其调查、落实其对责任单位和人员的处理意见。

— 1077 —

答案：正确

2771. 在试运行的初始阶段安排一定时间的观察期。观察期内由运行维护部门安排人员进行运行监视、调试、备份和记录，并提交观察期的系统运行报告。

答案：错误

2772. 运行维护范围中桌面运维包括桌面计算机、外设、桌面计算机操作系统、办公软件、桌面安全、业务应用系统客户端软件的故障处理、技术支持及日常运行等工作。

答案：正确

2773. 运行维护范围内超过50%的部门（单位）业务受到影响的运维工作属于第二级客户服务。

答案：错误

2774. 信息应用系统代码级维护由二线运维人员负责。

答案：错误

2775. 信息系统运行维护工作内容包括应用测试。

答案：错误

2776. 公司业务域发生变更时，应严格遵循业务域变更流程。业务域变更前，需信息化职能部门牵头评估变更对业务应用带来的影响，再进行变更。

答案：正确

2777. 信息系统检修根据影响程度和范围分为三级检修。

答案：错误

2778. 检修工作严格按照工作票和操作票流程执行，检修工作完成并经运行机构验收合格后方可交付运行。

答案：正确

2779. 系统运行维护中客户服务要求每半月组织1次用户满意度调查等。

答案：错误

2780. 系统运行维护等级划分为四级，一级为关键保障级别。

答案：错误

2781. 系统下线管理中，运行维护单位应根据业务主管部门的要求对应用程序和数据进行备份及迁移工作。备份数据保存时间由业务主管部门确定。

答案：正确

2782. 系统下线前，由业务主管部门向信息化职能管理部门提出下线申请，信息化职能管理部门组织对系统下线进行风险评估后，由运行维护单位具体实施。

答案：错误

2783. 系统上线指信息系统在生产环境部署并提供给用户实际使用，包括试运行和正式运

三、判断题

行两个阶段。

答案：正确

2784. 国家电网公司信息系统技术支持服务中心（三线中心）接受公司系统各单位信息系统三线运维服务请求，负责外围技术支持协调。其服务热线电话为：400-681-2186。

答案：正确

2785. 系统管理员账号和业务配置员账号都能查看用户及操作业务数据信息。

答案：错误

2786. 系统安装调试完成后，运行维护单位即可组织系统建设开发单位开展系统上线试运行测试，测试应在一个月内完成。在上线试运行测试完成前，不对外提供服务。

答案：正确

2787. 通过上线试运行审核后，系统完成建转运工作，该信息系统即为正式在运信息系统。

答案：错误

2788. 特别重大事故和重大事故的调查期限为 60 日，特殊情况下，经负责事故调查的人民政府批准，可以适当延长，但延长的期限最长不超过 60 日。

答案：正确

2789. 灾备系统日常运行维护管理工作遵循《国家电网公司信息系统运行维护工作规范（试行）》文件相关要求。

答案：正确

2790. 三线运维体系是指"一线前台客户服务、二线后台运行维护和三线外围技术支持"的三线运维架构。

答案：正确

2791. 公司信息系统运维体系以"两级三线"为基础，以信息运维主业化、集中化、专业化的"三化"为原则。

答案：正确

2792. 公司内部人员临时账号及权限的新增、撤销与变更申请由相关业务部门提出申请。

答案：错误

2793. 根据业务应用运维等级划分规定，符合关键保障级的业务应用都属于第三级运维工作内容。

答案：正确

2794. 根据国家电网信息通信系统运行相关要求，每张工作票都必须对应操作票。

答案：正确

2795. 办公计算机要妥善保管，视情况可将办公计算机带到与工作无关的场所。

答案：错误

2796. 信息机房一般性巡视：每日检测 1 次机房的综合布线、温湿度、漏水、电源出线符合情况和电源开关状态等机房参数有无异常及报警。

答案：正确

2797. 重要基础级别所涉及的运行维护内容工作较为容易，维护人员经一般培训即可进行日常维护。

答案：错误

2798. 两级是指公司总部和各省级公司分别建设信息系统运行维护中心，形成两级信息运维体系。

答案：正确

2799. 应用效果分析包括对数据的准确性、一致性、及时性、有效性等情况进行的分析统计。

答案：错误

2800. 办公计算机日常运行维护由公司信息运行维护队伍承担，禁止外包给公司系统外的其他单位。

答案：正确

2801.《国家电网公司信息系统上下线管理办法》中的信息系统是指公司统一开发推广或各单位按照统一要求和规范自建、引进的所有信息化业务应用系统、一体化信息集成平台相关系统以及信息化保障相关系统。

答案：正确

2802. 通过信息系统的上线试运行验收是信息系统完成上线试运行转入上线正式运行维护的标志。

答案：正确

2803. 局域网（内网、外网）、广域网（内网、外网）的监控要求：每日记录 1 次各网络监测点的前 10 位时延，前 10 位的当前流入和当前流出流量。

答案：错误

2804. 接入信息内外网的办公计算机 IP 地址由资产管理部门统一分配，并与办公计算机的 MAC 地址进行绑定。

答案：错误

2805. 按照信息安全管理、运行、督查相互监督相互分离的原则，建立公司级、省、市公司三级信息安全技术督查工作体系，由信息化职能部门归口管理。

答案：错误

2806. 信息运维标准化体系总流程涵盖事件管理、问题管理、检修管理、变更管理和发布管理五个核心管理流程。

答案：错误

三、判断题

2807. 选择屏幕的菜单是不可更改的。

答案：错误

2808. 透明表只需将属性维护为"允许通过标准表格维护工具维护"后不需要再做任何维护就都可以在 SM30 下进行增改删操作。

答案：错误

2809. 语句"AT NEW a b c."表示当 c 刚出现时执行该语句块，a 或者 b 出现时则不执行。

答案：错误

2810. 将屏幕字段设置为不可输入的语句如下。

PBO MODULE 中：

loop at screen.

screen-input = 0.

MODIFY SCREEN.

endloop.

答案：正确

2811. 在 ABAP/4 的开发工作中，SE91 是直接进入就可以创建程序、函数组以及程序员内各种元素。

答案：错误

2812. 在设计报表程序时，选择的程序类型应该是可执行程序。

答案：正确

2813. 在报表程序的屏幕筛选条件里，SELECT-OPTIONS 定义出来的元素是结构。

答案：错误

2814. ABAP 不支持面向对象开发。

答案：错误

2815. 直接修改标准程序，需要申请访问关键字。

答案：正确

2816. ABAP 数据更新只能同步更新模式。

答案：错误

2817. 对一个标准表 append 一个 structure 后，需要对标准表进行转换。

答案：错误

2818. 可以通过修改 append structure 对 SAP 表字段进行增加，而不需要修改 SAP 表本身。

答案：正确

2819. BADI 可以做菜单增强。

答案：正确

2820. 内表可以用作逻辑表达式进行比较。

答案：正确

2821. FOR ALL ENTRIES 可以和所有聚合函数一同使用。

答案：错误

2822. DO 循环里面获取当前循环次数的系统变量是 SY-TABIX。

答案：错误

2823. 用二分法查询内表数据时必须以查询字段对内表进行降序排序。

答案：错误

2824. 以下 SQL 语句是否正确？ SELECT * FROM BSEG AS A INNER JOIN BKPF AS B ON A~BUKRS EQ B~BUKRS AND A~BELNR EQ B~BELNR AND A~GJAHR EQ B~GJAHR INTO TABLE IT_TAB where A~BUKRS EQ '1900' AND A~GJAHR EQ '2011'. 。

答案：错误

2825. ABAP 里面锁对象有 E/S/X 三种模式。

答案：正确

2826. 编写 ALV GRID CONTROL 遵循的顺序是在屏幕上建区域，创建区域对象，创建 ALVGRID 对象，调用 ALVGRID 对象的 set_table_for_first_display 方法。

答案：正确

2827. 出于对 ERP 系统数据的安全性与完整性考虑，在对系统表的操作中，禁止使用 insert（插入）、update（更新）、delete（删除）等数据库更新语句。

答案：正确

2828. 系统变量 SY-TABIX 表示当前处理的是内表的第几条目。

答案：正确

2829. 对 ABAP 的 OPEN SQL 语句的两个返回系统变量，SY-DBCNT 表示执行影响到的数据条数，SY-SUBRC 表示执行结果是否正确。

答案：正确

2830. 某些 SAP 应用程序中存在功能模块出口，它使用户能够向 SAP 程序中添加一些功能。通过搜索"CALL CUSTOMER"可以发现是否存在功能模块出口。

答案：正确

2831. Enhancements，常由开发 Team 执行，包含的活动有：字典增强、Function Module Exits、菜单和屏幕出口及 Business Add-Ins（BADI）。

答案：正确

2832. 使用视图查询时会提高查询效率。

答案：错误

三、判断题

2833. 如果数据字典中的数据表已经存在数据，则不能对其新增或删除字段（主键除外）。

答案：错误

2834. 调用类的静态方法时不需要实例化 Class，用 => 调用。调用类的实例方法时需要实例化 Class，用 –> 调用。

答案：正确

2835. 在同一时间，你只能打开一个 SAP 的对话窗口。

答案：错误

2836. 在绑定字段方法中 I_FIELDCAT-FIX_COLUMN = 'X' 是设置固定列。

答案：正确

2837. 升级 SPAM/SAINT 的时候，必须从低到高逐步升级，不能跳过其中一个过程版本。

答案：错误

2838. AIX HA 中的 A 机切换到 B 机时，A 机上所有的文件系统都需要被 B 机接管。

答案：错误

2839. SAP 可以对 TCODE 进行加解锁管理。

答案：正确

2840. SM02 定义系统消息的时候，消息文本不能自动换行。

答案：正确

2841. 在状态监测系统中，横向对比是同一时间段内不同监测点的不同状态量的对比。

答案：错误

2842. 状态监测数据的二次加工采用可配置任务调度的自动化技术实现，二次加工后的数据不可被再次加工。

答案：错误

2843. 依据 CMA 现场布点原则，CMA 不可安装在省公司机房内。

答案：错误

2844. 状态监测系统数据存储的基本规则是先按照监测类型分表，再按照时间范围分区。

答案：正确

2845. 系统试运行四个月内，未发生影响用户使用的故障、未发生因软件缺陷而导致系统停运的重大故障、未进行较大变更等，可认为该系统试运行期间稳定运行。

答案：错误

2846. 国网信通部是公司信息客服工作归口管理部门。

答案：正确

2847. 信息客服人员只包含客服坐席。

答案：错误

2848. 三线技术支持服务厂商主要包括公司内外部信息系统承建厂商、软硬件设备供应商和集成服务商。

答案：正确

2849. 系统运行方式应包括网络与信息系统现状描述、需求分析和运行方式安排三部分内容。

答案：正确

2850. 电网主变压器最大负荷时高压侧功率因数不应低于0.9，最小负荷时不应高于0.9。

答案：错误

2851. 系统上线试运行测试仅安排正式环境测试。

答案：错误

2852. 公司外部人员用户账号及权限的新增、撤销或变更应该由账号使用者提出申请。

答案：错误

2853.《国网安全事故调查规程》的调查结果可以作为处理和判定行政责任、民事责任的依据。

答案：错误

2854. 员工早上驾车去上班路上，发生人身伤亡，属于人身事故。

答案：错误

2855. 应急预案的内容应突出"实际、实时、实用、实效"的原则。

答案：错误

2856. 应急预案评审包括形式评审和要素评审。

答案：正确

2857. 公司办公计算机信息安全和保密工作按照"谁主管谁负责、谁运行谁负责、谁使用谁负责"原则。

答案：正确

2858. 由公司组织主持，代表公司意志创作，并由公司承担责任的软件，其著作权由公司享有。

答案：正确

2859. 各级单位信息客服要使用信息运维综合管理系统（IMS）中"一单两票"模块，实现工单流转。

答案：正确

2860. 应急情况下，各级单位可直接联系三线技术支持服务厂商进行紧急抢修，无须进行报备。

答案：错误

四、简答题
（860题）

1. 简要说明 SIP 协议的功能。

答案：SIP 协议的主要功能是用户定位确定用于通信的终端系统的位置，用户能力确定通信媒体和媒体的使用参数，用户可达性确定被叫加入通信的意愿，呼叫建立包括主叫和被叫的呼叫参数，呼叫处理包括呼叫转移和呼叫终止。

2. IMS 用户的信令和媒体流是否经过 SBC，主要分为几种情况？

答案：(1) 可信任终端信令和媒体流不需要经过 SBC（自有机房设备，如 AG 设备）。(2) 非可信任终端信令和媒体流必须经过 SBC（非自有机房设备，如 IAD、PBX）。

3. 简述 PTN 技术相对传统以太网技术的优势。

答案：(1) 提供了快速可靠的网络保护。(2) 提供了 OAM 故障检测机制。(3) 更方便地提供 E1 等传统 TDM 业务的承载。(4) 面向连接的业务路径提供更好的 QoS 保证。

4. PTN 网络保护分为哪几种？

答案：设备级保护、接入侧保护、网络侧保护。

5. 波长稳定技术包括哪些？

答案：温度反馈、波长反馈、波长集中监控。

6. 简述 T-MPLS 网络分层结构？

答案：(1)通道(Channel)层－TMC：等效于伪线层（或虚电路层）。(2)通路(Path)层－TMP：等效于隧道层。(3) 段层（Section）（可选）－TMS：表示物理连接，比如 SDH、OTH、以太网或者波长通道。(4) 物理媒介层：表示传输的媒介，比如光纤、铜缆或无线等。

7. PTN 可以分为哪几个层次？

答案：伪线层、隧道层、段层。

8. PTNQoS 的量化指标是什么？

答案：一定带宽下的丢包率、时延、抖动。

9. G.783 建议对于 SDH 保护倒换时间有何规定？

答案：对于自动倒换，保护倒换应在检测到 SF 或 SD 条件后的 50ms 内完成；对于强制倒换或人工倒换，保护倒换应在发出人为命令后的 50ms 内完成。

10. 1+1 线路复用段保护与 1:1 的线路复用段保护有什么区别？

答案：1+1 线路保护倒换结构中，STM-N 信号同时在工作复用段和保护复用段之间传输，也就是发端被永久地连接在工作段和保护段上；在接收端复用段保护功能（MSP）监视收到的 STM-N 信号状态，并有选择地连接到信号质量好的复用段上，这种保护方式称为"发端并发，收端切换"，这种保护倒换不需要 APS 协议。1:1 线路保护倒换是 1:N 线路保护倒换的特例，正常情况下保护通道传送附加业务，工作业务桥接在保护通道上，复用段保护功能监视和判断接收到的信号状态；一旦工作通路劣化或失效，将丢弃保护通道上的附加业务，改传工作通道业务，这种保护倒换需要 APS 协议。

11. PCM 设备业务配置一般包括哪几种业务配置？

答案：（1）二线话路业务；（2）2/4 线模拟业务；（3）数字业务。

12. SDH 为矩形块状帧结构，包括哪些区域？

答案：（1）再生段开销；（2）复用段开销；（3）管理单元指针；（4）信息净负荷。

13. SDH 比 PDH 有哪些优势？

答案：（1）接口方面，PDH 没有统一的规范；SDH 的标准是统一的。（2）PDH 采用异步复用方式，低速信号在高速信号中的位置无规律性；SDH 采用字节间插、同步复用和灵活的映射。（3）PDH 信号帧中开销 OAM 字节过少，不能进行有效的控制管理，无统一的网管接口；SDH 用于 OAM 的开销多，OAM 功能强。（4）SDH 有前后向兼容能力。

14. SDH 传输网由哪几种基本网元组成？

答案：SDH 传输网由终端复用器（TM）、分插复用器（ADM）、再生器（REG）和同步数字交叉连接设备（SDXC）四种基本网元组成。

15. SDH 复用设备内部的时钟工作方式有哪几种？

答案：（1）直接锁定外定时方式；（2）从 STM-N 导出的外定时方式；（3）线路定时；（4）环路定时；（5）通过定时；（6）内部定时。

16. SDH 环形保护一般有几种方式？

答案：（1）二纤单向通道保护环；（2）二纤双向通道保护环；（3）二纤双向复用段保护环；（4）二纤单向复用段保护环；（5）四纤双向复用段保护环。

17. SDH 设备通电时，应按照什么顺序对设备加电？

答案：按照机柜、子架、机盘的先后顺序对设备逐级加电。通电后，检查设备的指示灯、告警灯、风扇装置等是否工作正常。

18. SDH 网中帧失步（OOF）是怎么定义的？

答案：（1）当输入比特流中的帧定位字节的位置不能不确知时就认定 ST 信号处于帧失步；（2）未定帧信号的最大 OOF 检测时间为 625（5 帧），最大定帧时间为 250（2 帧）。

四、简答题

19. SDH 系统故障处理的原则是什么？

答案：（1）先外部、后传输：先排除外部的可能因素，如光纤断裂、交换故障或电源问题。（2）先单站、后单板：准确定位出是哪个站的问题。（3）先线路、后支路：因为线路板的故障常常会引起支路板的异常告警。（4）先高级、后低级：应按照从高到低的级别开始分析告警。

20. SDH 中指针的作用可归结为哪三条？

答案：（1）当网络处于同步工作状态时，指针用来进行同步信号间的相位校准；（2）当网络失去同步时，指针用作频率和相位校准，当网络处于异步工作时，指针用作频率跟踪校准；（3）指针还可以用来容纳网络中的频率抖动和漂移。

21. SNCP 保护与通道保护的区别是什么？

答案：（1）出发点不同。通道保护主要保护环内业务，SNCP 可以保护环带链的业务。（2）倒换点不同。均是双发选收，通道保护选收由支路板完成，SNCP 选收由交叉板完成。

22. 公司通信运维人员在某 SDH 传输网管上发现某条光路出现"帧丢失（R-LOF）"告警，请简述该告警可能的产生原因，以及运维人员该如何处理。

答案：R-LOF 产生的原因如下：（1）光纤衰耗过大；（2）对端站发送信号无帧结构；（3）本端接收方向有故障。

处理步骤如下：（1）检查告警单板接收光功率，如果光功率正常则检查告警单板是否存在问题；（2）如光功率超出正常范围，则检查对端站至本站光纤及其接口是否损坏；（3）如光纤及告警单板都正常，则检查对端站光发送板是否存在问题。

23. 光纤通信电路的运行维护应做好哪些记录？

答案：（1）光纤设备的安装、调试、检测、改进、维修记录；（2）设备缺陷及处理分析记录；（3）备品、备件、工具材料消耗记录；（4）运行日志；（5）定期测试记录。

24. 基于 SDH 的同步网规划及组网原则应着重考虑哪些情况？

答案：（1）避免定时环的出现；（2）防止低级时钟同步高级时钟情况的出现；（3）减少时钟重组对定时的影响并缩小其影响的范围。为了避免上述 3 种情况的发生，需要对定时基准传输链路进行认真、细致的规划和设计。

25. 简述 1+1 和 1:1 保护的不同点。

答案：1+1 保护：业务信号同时跨接在工作通路和保护通路，在正常工作时从工作通路接收业务信号，当发生故障时，切换到保护通路接收业务信号。其倒换速度快，信道利用率低。

1:1 保护：业务信号并不总是同时跨接在工作通路和保护通路上的，而只是跨接在工作通路上。所以还可以在保护通路上开通额外业务信号。当工作通路发生故障时，保护通路将甩掉额外业务，完成业务信号的保护。倒换速度较慢，信道利用率高。

26. 简述传输设备光板维护的注意事项。

答案：（1）光接口板未用的光口一定要用防尘帽盖住；（2）日常维护工作中使用的尾纤不

用时，尾纤接头要戴上防尘帽；（3）不要直视光板上的光口，防止激光灼伤眼睛；（4）清洗光纤头时，应使用无尘纸蘸无水酒精小心清洗，不能使用普通的工业酒精、医用酒精或水；（5）更换光板时，戴防静电腕带，注意应先拔掉光板上的光纤，再拔光板，不要带纤插拔板，拔插时，对准导轨，均匀用力，换下的单板放入防静电袋。

27. 论述动静态数据关联的一般步骤。

答案：（1）确保静态资源数据录入的正确性及字段的完整性；（2）确保动态数据采集入库的完整性及新鲜度，由于采集入库的设备网元的某些必填字段属性值为空，因此需要先完成动态数据必填字段的填补；（3）优先完成设备网元关联，完成后在机房平面图中查看机柜图标能否成功展现告警；（4）完成业务通道的关联，完成后在传输拓扑图中检查能否查看告警影响业务的情况；（5）完成光路制作，完成后在传输拓扑图的传输段上检查能否看到光路路由图信息。

28. TMS 中，光缆段的划分通常包括哪些情况？

答案：（1）光缆经过该节点后，前后光缆段的纤芯数发生了变化；（2）光缆经过该节点后，前后光缆段的类型（OPGW、ADSS、OPPC 或普通光缆等）发生了变化；（3）光缆经过该节点后，出现了多个传送方向；（4）光缆的所有纤芯在该节点成端终结。

29. 登录 TMS 系统后，如果发现在告警操作台中无法显示当前告警，一般需要通过哪些配置操作才能将告警显示出来？

答案：（1）在工况监视里设置监视的网管系统；（2）确认当前登录用户配置通信调度员角色；（3）在资源权限配置的逻辑资源里找到该网管进行单位配置。

30. 依次写出 TMS 系统内对数据维护的关键节点。

答案：（1）空间资源数据的维护（站点、机房、机柜、机房辅助设备，上传机房平面图）；（2）光缆数据的维护（光缆、光缆段、光缆段纤芯、光接头盒）；（3）设备台账的维护；（4）业务台账的维护；（5）传输设备上架；（6）传输段光路的制作；（7）业务与通道关联。

31. 2017 年度国网通信管理系统考核指标中，对于根告警及时处理率的要求是什么？

答案：2017 年度国网通信管理系统考核指标规定：各单位加强根告警的实时监控，1 小时内完成根告警的确认，3 小时内完成根告警的定性，特别注意根告警的误告定性率要小于 30%。

32. TMS 系统中，纵向互联和横向互联的定义是什么？

答案：纵向互联是指国网总部、分部、省公司 SGTMS 系统之间的互联，实现上下级间数据上报和工单流转等功能，实现一体化管控。横向互联是指为解决通信专业与其他专业之间的工作协调问题，开发互联接口实现与其他专业管理系统间的数据流转或共享。

33. 简述 TMS 系统中光路路由的组成。

答案：传输设备光端口→ODF 端子→光缆段纤芯→ODF 端子→传输设备光端口。

34. DWDM 系统中单波光功率不能大于 5dBm，主要原因是什么？

四、简答题

答案：主要考虑非线性效应对系统的影响，光功率太大可能会产生色散效应和克尔效应等非线性效应。

35. 哪些原因可能会导致波分业务出现误码？

答案：(1) 色散补偿不合理，欠补或过补；(2) 入线路纤的光功率过高或过低；(3) 发端 OTU 单板的发送激光器性能劣化；(4) 开局或维护中拔出光纤接头测试后未用擦纤盒清洁就插回去。

36. 请解释热备份和冷备份的不同点以及各自的优点。

答案：热备份针对归档模式的数据库，在数据库仍旧处于工作状态时进行备份。冷备份指在数据库关闭后进行备份，适用于所有模式的数据库。热备份的优点在于，在备份时数据库仍旧可以被使用并且可以将数据库恢复到任意一个时间点。冷备份的优点在于，它的备份和恢复操作非常简单，并且由于冷备份的数据库可以在非归档模式下工作，数据库性能会比归档模式稍好。

37. 简述 OSC 通道的作用。

答案：光监控通道（OSC）的作用就是在一个新波长上传送有关 DWDM 系统的网元管理和监控信息，包括对各相关部件的故障告警、故障定位、运行中的质量参数监控、线路中断时备用线路的控制、EDFA 的监控等，从而使网络运营者能够有效地对 DWDM 系统进行管理。

38. 简述 OTU 的作用。

答案：光波长转换技术（OTU）的主要功能就是进行波长转换，提供标准、稳定的光源，提供较大色散容纳值的光源，作为再生器使用。

39. 在 OTN 网络中产生误码的主要原因有哪些？

答案：(1) 色散补偿不合理，如欠补或过补；(2) 入线路纤的光功率过高或过低；(3) 发端 OTU 单板的发送激光器性能劣化；(4) 尾纤连接头存在严重污染。

40. 对于发送端波长转换器的输出光源需要进行的测试项目有哪些？

答案：(1) 发送光功率；(2) 中心波长；(3) SMSR；(4) −20dB 谱宽。

41. 在 OTN 系统中如果某一个波道的 OTU 板收到线路侧的光功率比其他通道偏低，请分析此种情况产生的原因。

答案：(1) 检查接收端的 OTU 板中该通道是否插损过大；(2) 检查上游发送 OTU 板至 OMU 的连接光纤是否插损过大；(3) 检查发送端 OTU 板的发送光功率是否偏低。

42. 简述 OTN 光通道各单元的功能。

答案：(1) OPU 光通道净荷单元，提供客户信号映射。(2) ODU 光通道数据单元，提供客户信号的数字包封；OTN 的保护倒换，提供踪迹监测、通用通信处理等功能。(3) OTU 光通道传输单元，提供 OTN 成帧，FEC 处理、通信处理等功能。

43. 请简述 DWDM 系统是由哪几部分组成的。

答案：DWDM 系统组成部分：(1) 发射器和接收器有源部分；(2) 合波和分波无源部分；

(3) 光传输和光放大部分；(4) 光监控信道部分。

44. 请简述 OTN 帧映射过程。

答案：客户信号或光通道数据支路单元组 ODTUGk 被映射到 OPUk 中，接着 OPUk 被映射到 ODUk 中，再后 ODUk 被映射到 OTUk 或 OTUkV 中，OTUk 或 OTUkV 又被映射到 OCh 或 OChr 中，最后 OCh 或 OChr 被调制到 OCC 或 OCCr 上。

45. 光监控通道（OSC）在 WDM 系统中的作用是什么？

答案：OSC 是一个相对独立的辅助子系统，用于传送光通路层、光复用层和光传送层的管理及监控信息，提供公务联络通路及使用者通路。

46. 与传统 SDH 和 SONET 设备相比，OTN 的优势是什么？

答案：(1) 大颗粒的带宽复用、交叉和配置；(2) 多种客户信号封装和透明传输；(3) 异步映射消除了全网同步的限制，更强的 FEC 纠错能力，简化系统设计，降低组网成本。

47. 写出 OTN 的电层开销和光层开销。

答案：电层开销有：OPUk 开销、ODUk 开销、OTUk 开销。

光层开销有：OCH 开销、OMSN 开销、OTSN 开销。

48. 简单描述 OTN 功能单元。

答案：OPU（Optical Channel Payload Unit）：光通道净荷单元，提供客户信号的映射功能。

ODU（Optical Channel Data Unit）：光通道数据单元，提供客户信号的数字包封、OTN 的保护倒换、提供跟踪监测、通用通信处理等功能。

OTU（Optical Channel Transport Unit）：光通道传输单元，提供 OTN 成帧、FEC 处理、通信处理等功能。波分设备中的发送 OUT 单板完成了信号从 Client 到 OCC 的变化；波分设备中的接收 OUT 单板完成了信号从 OCC 到 Client 的变化。

49. EPON 系统由几部分组成？分别是什么？

答案：EPON 系统设备由三部分组成，分别是线路侧设备（OLT）、中间分光设备（POS）或光分配网络（ODN）、用户侧设备（ONU）。

50. EPON 的 OAM 有什么特点？

答案：(1) OAM 的实现和使能是可选的；(2) 提供一种实现 OAM 能力发现的机制；(3) 提供一种机构扩展机制使高层管理功能的应用成为可能。

51. EPON 的系统组网方式有哪几种？

答案：环型、星型、树型。

52. EPON 故障处理的方法主要包括哪几种？

答案：告警分析、性能分析、分段处理、仪表测试、对比分析、互换分析、配置数据分析、协议分析。

53. EPON 技术中数据的上下行分别采用什么技术？

四、简答题

答案：下行数据采用广播技术，上行数据采用 TDMA 技术。

54. EPON 解决安全性的措施是什么？

答案：EPON 网络的特点是：网络中 ONU 不可能监测到其他 ONU 的上行数据。在 EPON 上解决安全性的措施是，ONU 通过上行信道传送一些保密信息（如数据加密密钥），OLT 使用该密钥对下行信息加密，因为其他 ONU 无法获知该密钥，接收到下行广播数据后，仍然无法解密获得原始数据。

55. EPON 系统的动态带宽分配技术（DBA）能实现哪些功能？

答案：DBA 是一种能在微秒或毫秒级的时间间隔内完成对上行带宽的动态分配的机制，可以提高 PON 端口的上行线路带宽利用率，可以在 PON 口上增加更多的用户，用户可以享受到更高带宽的服务，特别是那些对带宽突变比较大的业务。

56. EPON 语音不通有哪几个方面的原因？

答案：(1) 查 ONU 上的 H248 或 MGCP 注册状态；(2) 查看语音端口的服务状态；(3) 查看软交换和 EPON 设备两端的 TID 配置是否一致，在软交换上面跟踪信令分析。

57. EPON 中的 ONU 采用了技术成熟而又经济的以太网协议，在 ONU 中可以实现成本低廉的以太网第二层、第三层交换功能。它主要完成的功能有哪些？

答案：(1) 选择接收 OLT 发送的广播数据；(2) 响应 OLT 发出的测距及功率控制命令，并做相应的调整；(3) 对用户的以太网数据进行缓存，并在 OLT 分配的发送窗口中向上行方向发送；(4) 其他相关的以太网功能。

58. EPON 中的带宽分为哪三类？

答案：(1) 固定带宽（Fixed Bandwidth）；(2) 保证带宽（Assured Bandwidth）；(3) 尽力而为带宽（Best Effort Bandwidth）。

59. ODN 的损耗主要分为哪三个部分？

答案：插入损耗、衰减、回波损耗。

60. OLT 接收到 ONU 发出的注册请求帧后，如何响应注册请求？

答案：OLT 根据 ONU 注册请求中包含的 ONU MAC 地址进行认证，如果认证通过就分配 LLID。

61. OLT 主要完成的系统功能有哪些？

答案：(1) 向 ONU 以广播方式发送以太网数据；(2) 发起并控制测距过程，记录测距信息；(3) 发起并控制 ONU 功率；(4) 为 ONU 分配带宽，即控制 ONU 发送数据的起始时间和发送窗口大小。

62. ONU 功能包括哪些方面？

答案：(1) 选择接收 OLT 发送的广播数据；(2) 响应 OLT 发出的测距及功率控制命令，并做相应的调整；(3) 对用户的以太网数据进行缓存，并在 OLT 分配的发送窗口中向上行方向发送；(4) 其他相关的以太网功能。

63. PON 的国际标准中，GPON 和 EPON 分别支持什么模式？

答案：GPON 既支持 GEM 模式，也支持 ATM 模式；而 EPON 只是基于以太网模式。

64. PON 光功率损耗可能由哪几种原因引起？

答案：(1) 分路器损耗；(2) WDM 耦合器损耗；(3) 每千米光纤损耗；(4) 连接器及接头损耗。

65. PON 口发光功率测试的注意事项包括哪些方面？

答案：(1) PON 口接头类型为 SC/PC，而光功率计的接头类型通常为 FC/PC（圆头），需要准备合适的跳纤类型；(2) 所有 PON 网络的跳纤都必须是单模的，禁止在 PON 网络中使用多模跳纤（单模跳纤是黄色的，多模跳纤是橘黄色的，颜色较单模跳纤颜色深）；(3) 测试完成请使用无水酒精或专业清洁工具清洁尾纤接头。

66. PON 网络安全的基本要求有哪些？

答案：(1) 数据的机密性；(2) 用户隔离；(3) 用户接入控制；(4) 设备接入控制。

67. PON 网络中的保护方式有哪几种？

答案：PON 网络中的保护方式有三种：光纤保护、OLT 保护和全保护。

68. PON 为什么需要采用测距协议？测距协议的基本思想是什么？

答案：因为 PON 是点到多点的结构，其上行采用 TDMA，必须保证每个时隙的数据彼此独立，互不干扰。而 PON 结构中，各 ONU 到 OLT 的物理距离不等，则各 ONU 到 OLT 的传输时延不同，如不进行时延补偿，会出现时隙的重叠，造成数据干扰。所以需要采用测距协议。测距协议的基本思想：精确测量 OLT 到 ONU 的端到端时延，ONU 再根据测距时间调整其均衡时延值，使 ONU 发出的信元准确落在所分配的上行信元时隙之内，使各 ONU 到 OLT 的逻辑距离相等，从而确保多个 ONU 到 OLT 之间的正确传输。

69. PON 系统常见的组网方式有哪些？

答案：常见的组网方式有树型、总线型、环型，带冗余树干型。

70. PON 系统如何弥补 ONU 之间的差距？

答案：PON 系统为了弥补各个 ONU 距离的差距，避免各个 ONU 之间的碰撞冲突，引入了时隙补偿来解决。

71. PON 原理中，DBA 的主要功能是什么？

答案：DBA 是 OLT 和 ONU 之间的动态分配协议，它可以起到提高系统上行带宽利用率，以及保证业务公平性和 QoS 的作用。

72. 光纤连接器的主要指标有哪些？

答案：光纤连接器的主要指标有 4 个，包括插入损耗、回波损耗、重复性和互换性。

73. 简单介绍一下 OLT。

答案：OLT 是光接入网的核心部件，相当于传统的通信网中的交换机或路由器，同时也是

四、简答题

一个多业务提供平台一般放置在局端,提供面向用户的无缘光纤网络的光纤接口。

74. 简述 EPON 的上行接入技术中频分复用和码分复用的缺点。

答案:频分复用的缺点有:OLT 中需要多个转发器、初期成本高、信道容量固定、增加/减少用户时比较麻烦;码分复用的缺点是:信道间的干扰由 ONU 的数量决定,需要高速器件。

75. 简述 EPON 和 GPON 在线路时钟传送能力的差别。

答案:GPON 是同步系统,采用定长帧结构,具备天然的线路时钟传送能力,能够提供和 SDH 一样精确的线路时钟,可以作为微基站的接入手段。EPON 本质是以太网,是异步系统,承载线路时钟能力有限。

76. 简述 EPON 技术的优势。

答案:(1)多业务;(2)高带宽;(3)长距离接入;(4)成本相对较低;(5)扩展性好;(6)良好的 QoS 保证;(7)无源光网络是纯介质网络,彻底避免了电磁干扰和雷电影响,极适合在自然条件恶劣的地区使用。

77. 简述 EPON 上下行工作原理。

答案:(1)下行:OLT 将送达各个 ONU 的下行业务组装成帧,以广播的方式发给多个 ONU,也就是通过光分路器分为 N 路独立的信号,每路信号都含有发给所有特定 ONU 的帧,各个 ONU 只提取发给自己的帧,将其他 ONU 的帧丢弃。(2)上行:从各个 ONU 到 OLT 的上行数据通过时分多址(TDMA)方式共享信道进行传输,OLT 为每个 ONU 都分配一个传输时隙。这些时隙是同步的,因此当数据包耦合到一根光纤中时,不同 ONU 的数据包之间不会产生碰撞。

78. 简述 EPON 系统中,从局端 OLT 设备到用户端 ONU 设备之间,数据传送所使用的技术。

答案:(1)OLT 用广播方式发送下行数据,ONU 筛选出自己的数据;(2)上行采用时分复用技术,OLT 规定每个 ONU 可以使用的时间段,在规定时间段 ONU 发送上行数据。

79. 简述 GPONFTTx 可承载的业务。

答案:宽带高速上网业务、VoIP 语音业务、可运营的 IPTV 业务、专线互联业务应用、专线批发业务、IP PBX 业务、移动基站业务回传。

80. 简述 ODN 的概念及构成。

答案:ODN 是基于 PON 设备的 FTTH 光缆网络。其作用是为 OLT 和 ONU 之间提供光传输通道。从功能上分,ODN 从局端到用户端可分为馈线光缆子系统、配线光缆子系统、入户光缆子系统和光纤终端子系统四个部分。

81. 某 PON 口下的 ONT 终端无法自动发现,请列举出可能的原因。

答案:(1)PON 口光模块故障;(2)光路问题导致的光衰过大;(3)PON 口没有打开自动发现功能;(4)PON 口的距离参数设置错误,ONU 不在最大和最小距离范围之内;(5)ONT

硬件故障;(6) PON 口下存在流氓 ONT。

82. 请简述 PON 网络相对于传统网络的三大优势。

答案:(1) 更远的传输距离:采用光纤传输,接入层的覆盖半径 20kM。(2) 更高的带宽:下行 2.5G/上行 1.25G（GPON）;上下行对称 1.25G（EPON）。(3) 分光特性:局端单根光纤经分光后引出多路到户光纤,节省光纤资源。

83. 请简单描述一下 ONU 出现掉线情况时的故障判断和处理流程。

答案:(1) 检查市电;(2) 检查光路;(3) 检查数据配置是否正常;(4) 查看设备现场指示灯是否正常,是否为设备硬件问题。

84. 请简述什么是 DBA 及 DBA 的作用。

答案:DBA,即 Dynamically Bandwidth Assignment（动态带宽分配）,是一种能在微秒或毫秒级的时间间隔内完成对上行带宽的动态分配的机制。

DBA 的作用:(1) 可以提高 PON 端口的上行线路带宽利用率;(2) 可以在 PON 口上增加更多的用户;(3) 用户可以享受到更高带宽的服务,特别是那些对带宽突变比较大的业务。

85. 请结合自己的认知,简要解释 PON 网络的含义。

答案:PON（Passive Optical Network,无源光网络）是指 ODN（Optical Distribution Network,光配线网）中不含有任何电子器件及电子电源,ODN 全部由光分路器（Splitter）等无源器件组成,不需要贵重的有源电子设备。PON 是一种点到多点（P2MP）结构的无源光网络。

86. 造成 ODN 链路损耗的因素有哪些?

答案:(1) 分光器损耗;(2) 熔接和冷接损耗;(3) 连接器、适配器（法兰盘）损耗;(4) 光纤传输损耗;(5) 线路额外损耗,一般取 3dB 左右。

87. 什么是监听威胁?

答案:因为 PON 的多点广播特性,所有的下行数据都会被广播到 PON 系统中所有的 ONU 上。如果有一个匿名用户将他的 ONU 接收限制功能去掉,那么这个用户就可以监听到所有用户的下行数据,这在 PON 系统中称为"监听威胁"。

88. 网管上配置 ONU 的远程管理地址时的注意事项有哪些?

答案:(1) IP 地址必须和网关在同一个网段;(2) 建议一个单板下的 ONU 使用相同的网段网关;(3) 无论终端是否和服务器在一个网段,网段地址、网段掩码和网关都必须填写合法的地址,不能为 0;(4) 重启 ONU 后,远程管理 IP 会丢失,需要用到时,重新设定即可。

89. 无源光网络的双向传输技术中,采用什么方式实现上行信号和下行信号被调制为不同波长的光信号在同一根光纤上传输?

答案:无源光网络的双向传输技术中,通过波分复用方式,将不同的信号调制为不同波长的光信号在同一根光纤上传输。

90. 无源光网络主要由哪几部分组成?

四、简答题

答案：无源光网络主要有局侧的 OLT（光线路终端）、用户侧的 ONU（光网络单元）和 ODN（光分配网络）组成。

91. 在 EPON 中，OLT 的功能有哪些？

答案：(1) 向 ONU 以广播方式发送以太网数据；(2) 发起并控制测距过程，记录测距信息；(3) 发起并控制 ONU 的功率控制；(4) 控制 ONU 注册；(5) 为 ONU 分配带宽，即控制 ONU 发送数据的起始时间和发送窗口大小；(6) 其他以太网相关功能。

92. 在 PON 中，为什么需要采用测距技术？

答案：原因：(1) 采用 TDMA，必须保证每个时隙的数据彼此独立，互不干扰。(2) PON 结构中，各 ONU 到 OLT 的物理距离不等，则各 ONU 到 OLT 的传输时延不同，如不进行时延补偿，会出现时隙的重叠，造成数据干扰。(3) 为确保多个 ONU 到 OLT 间的正确传输，必须引入测距机制，使各 ONU 到 OLT 的逻辑距离相等。

93. 写出在信令网中规定的三种信令传送方式。

答案：直连方式、非直连方式、准直连方式。

94. 调度交换网的信令包括哪两个部分？

答案：用户线信令和局间信令。

95. 对于信息本身的安全，软交换本身可采取什么措施？

答案：加密算法、数据备份、分布处理。

96. 软交换的结构由哪几层组成？

答案：业务层、传输层、接入层、控制层。

97. 简述下一代网络的特点。

答案：(1) 采用开放的网络架构体系。(2) 分组传送。(3) 业务与呼叫控制分离，呼叫与承载分离。(4) 是基于统一协议的分组网络。

98. 解释什么是延时热线？

答案：延时热线是指用户摘机后，在规定的时限内不拨号，电话自动接到某一固定号码。

99. 什么是电路交换？电路交换具有怎样的优点和缺点？

答案：电路交换是在发端和收端之间建立电路连接，并保持到通信结束的一种交换方式。建立连接的时间长；一旦建立连接就独占线路，线路利用率低；无纠错机制；建立连接后，传输延迟小。

100. 本局呼叫处理包含哪些基本过程？

答案：用户呼出阶段，数字接收及分析阶段，通话建立阶段，通话阶段，呼叫释放阶段。

101. ISDN 二线全双工传输主要采用哪两种方法？

答案：回波抵消法和时间压缩复用法。

102. 程控交换机软件的特点是什么？

答案：实时性强、具有并发性、适应性强、可靠性和可维护性要求高。

103. 简述随路信令和共路信令的特点。

答案：随路信令（CAS）：呼叫接续中所传送的信令是通过该接续所占用的中继电路来传送。随路信令中的记发器信令与话音占用的是同一条话音通道（通话前或通话后传递）；随路信令中的线路信令通过话音信道占用的信令信道传送。

共路信令（CCS）：又称公共信道信令，利用一条集中的信令链路为多条话路传送信令。信令通路与用户话路是分开的，信令是在专门的信令通路上传送。

104. 二线接口的常用指标有哪些？

答案：（1）传输电平；（2）电平特性；（3）频率特性；（4）量化失真；（5）空闲噪声。

105. 数字用户电路有哪些常见故障？

答案：（1）用户线故障；（2）数字终端故障；（3）数字用户电路故障；（4）数字用户电路数据设置不当。

106. 程控交换机的主要性能指标有哪些？

答案：（1）话务负荷能力；（2）呼叫处理能力；（3）交换机最大用户线；（4）中继线数量。

107. 全塑市话电缆备用线对最多为几对？它的色谱是什么？

答案：最多为6对。色谱为白红、白黑、白黄、白紫、红黑、红黄。

108. 话务控制的概念是什么？

答案：话务控制就是指在特殊的话务环境下，通过改变话务的流量与流向来达到网络管理的目的，以防止网络发生过负荷和拥塞，保障网络的疏通能力和所提供服务的质量。

109. 简述程控交换机话路系统的组成。

答案：可以分为用户级和选组级两部分，主要包括用户电力、用户集线器、中继器、数字交换网络、扫描电力、网络控制电力以及控制信号分配电路等部件。

110. 程控交换机用户电路的作用是什么？

答案：程控交换机用户电路的作用是实现用户终端设备与交换机网络之间的连接。

111. 软交换系统主要由哪些设备组成？

答案：软交换系统由多种设备组成，主要包括软交换设备、中继网关、信令网关、接入网关、媒体服务器、应用服务器等网络侧设备以及 IAD、SIP 终端等终端侧设备。

112. 我国 NO.7 信令网的等级结构是什么？

答案：我国 NO.7 信令网的等级结构采用三级信令网结构，第一级为高级信令转接点（HSTP），第二级为低级信令转接点（LSTP），第三级为信令点（SP）。

113. CSCF 设备是 IMS 网络的关键网元，主要完成的功能有哪些？

答案：（1）用户注册；（2）接入认证；（3）呼叫控制；（4）计费。

114. 写出程控交换机的硬件组成部分。

四、简答题

答案:程控交换机硬件由话路系统和控制系统组成,话路系统由用户电路、中继电路、交换网络、信令设备组成,控制系统由中央控制器CPU、扫描与控制电路、存储器、输入输出设备等组成。

115. 7号信令包括哪几种信号单元?

答案:(1)消息信号单元(MSU);(2)链路状态信号单元(LSSU);(3)填充信号单元(FISU)。

116. 安全自动装置的定义是什么?电网安全自动装置主要有哪些?

答案:安全自动装置是防止电力系统失去稳定性、防止事故扩大、防止电网崩溃、恢复电力系统正常运行的各种自动装置总称。电网安全自动装置主要有稳定控制装置、稳定控制系统、失步解列装置、低频减负荷装置、低压减负荷装置、过频切机装置、备用电源自投装置、自动重合闸、水电厂低频自启动装置等。

117. 变电所在电网中的作用是什么?

答案:变电所在电网中的作用是通过变压器和线路将各级电压的电力网联系起来,以用于变换电压、接收和分配电能、控制电力的流向和调整电压,并作为联系发电厂和用户的中间环节而起作用。

118. 电力系统的调压措施有哪些?

答案:(1)调节发电机励磁电流调压;(2)适当选择变压器的变比;(3)改变无功功率的分布使电压损耗减小;(4)改变网络参数减小电压损耗。

119. 继电保护的"三误"是指什么?

答案:(1)误整定;(2)误碰;(3)误接线。

120. 继电保护装置的基本任务和基本要求是什么?

答案:基本任务:(1)当电力系统出现故障时,能自动、快速、有选择性地将故障设备从系统中切除;(2)当发生不正常工作状态时,发出信号或跳闸。

基本要求是满足选择性、速动性、灵敏性、可靠性。

121. 简述电力二次系统安全防护原则。

答案:电力二次系统安全防护工作坚持安全分区、网络专用、横向隔离、纵向认证的原则。

122. 什么叫逐项操作指令?

答案:逐项操作指令是指值班调度员按操作任务顺序逐项下达,受令单位按指令的顺序逐项执行的操作指令,一般用于涉及两个及两个以上单位的操作。

123. 简述光纤分相电流差动保护工作原理。

答案:光纤分相电流差动保护装置是采用光纤通道,实时地向对侧传送每相电流的采样数据,同时接收对侧的电流采样数据,两侧保护对本地和对侧电流数据进行同步处理后进行差电流计算。

当线路在正常运行或发生区外故障时,线路两侧电流相位是反方向的,此时线路两侧的差电流为零。当线路故障在区内时,线路两侧的差电流不再为零,当满足分相电流差动保护的动作特性方程时,保护装置发生跳闸命令快速将故障切除。

124. 纵联保护的通道可分为几种类型?

答案:纵联保护的通道分为:一是电力线载波通道,二是微波通道,三是光纤通道,四是导引线电缆。

125. 简述继电保护装置的概念。

答案:继电保护装置是指反映电力系统中电气元件发生故障或不正常运行状态,并动作于断路器跳闸或发出信号的一种自动装置。

126. 什么是继电保护装置的选择性?

答案:继电保护装置的选择性是将故障元件从电力系统中切除,使停电范围尽量缩小,以保证系统中的无故障部分仍能继续安全运行。

127. 接地系统按功能分为哪几种?

答案:接地系统按功能来分有三种:一是工作接地,二是保护接地,三是防雷接地。

128. 什么是避雷器的残压?

答案:雷电流通过避雷器会形成电压降,这就是残余的过电压,称为残压。

129. 根据《电力系统通信站过电压防护规程》规定,对接地电阻值有什么要求?

答案:一是一般情况下调度通信楼、独立通信站、独立避雷针接地电阻分别小于1欧姆、5欧姆、10欧姆;二是高土壤电阻率情况下,调度通信楼、独立通信站、独立避雷针接地电阻分别小于5欧姆、10欧姆、30欧姆。

130. 简述工业以太网的定义及网络构成。

答案:工业以太网是基于IEEE 802.3的强大的区域和单元网络。一个典型的工业以太网网络环境,由三类网络器件组成,包括网络部件、连接部件和通信介质。

131. 工业以太网交换机端口的传输控制功能的作用是什么?

答案:(1)利用交换机端口的传输控制功能,可以有效杜绝广播风暴对整个网络的冲击,保证网络的正常运行;(2)同时能拒绝未被授权的计算机接入网络,或者限制某个端口接入的计算机的数量,保证网络的接入安全,避免网络被滥用。

132. 请简述二层交换机与三层交换机的区别。

答案:二层交换机属于数据链路层设备,可以识别数据包中的MAC地址信息,根据MAC地址进行转发,并将这些MAC地址与对应的端口记录在自己内部的一个地址表中;三层交换机就是具有部分路由器功能的交换机,它的最重要的目的是加快大型局域网内部的数据交换,所具有的路由功能也是为这个目的服务的,能够做到一次路由,多次转发。对于数据包转发等规律性的过程由硬件高速实现,而像路由信息更新、路由表维护、路由计算、路由确定等功能,由软件实现。

四、简答题

133. 以太网交换机端口的工作模式可以被设置为哪些?

答案:(1)全双工;(2)半双工;(3)自动协商方式。

134. 光放大器的原理是什么?

答案:基于激光的受激辐射,通过将泵浦光的能量转变为信号光的能量实现放大作用。

135. 光放大器可以显著提升系统传输距离,一台放大器的功率增益可以增加传输距离50千米以上,那么是否可以通过不断串接光放大器达到无限延长传输距离的目的,为什么?

答案:不能,因为色散的累积可以通过色散补偿来进行消除,但是EDFA在放大信号光功率的时候也会产生自发辐射噪声,噪声无法滤除,会持续累积。

136. 光缆松套管中光纤的色谱顺序如何?

答案:蓝、橙、绿、棕、灰、白、红、黑、黄、紫、粉红、青绿。

137. 在电气设备上工作,保证安全的技术措施是什么?

答案:停电、验电、接地、悬挂标示牌以及装设遮拦(围栏)。

138.《国家电网公司十八项电网重大反事故措施》的防止电力通信网事故中要求通信专业应该充分考虑保护装置对于通信传输通道有什么要求?

答案:通信专业应该充分考虑保护装置对于通信传输通道的时延、收发时延差、误码率等因素的要求。

139.《国家电网公司十八项电网重大反事故措施》对于调度大楼、重要厂站的光缆有什么要求?

答案:网、省调度大楼应具备两条及以上完全独立的光缆通道。电网调度机构、集控中心(站)、重要变电站、直调发电厂、重要风电场和通信枢纽站的通信光缆或电缆应采用不同路由的电缆沟(竖井)进入通信机房和主控室;避免与一次动力电缆同沟(架)布放,并完善防火阻燃和阻火分隔等各项安全措施,绑扎醒目的识别标志;如不具备条件,应采取电缆沟(竖井)内部分隔离等措施进行有效隔离。新建通信站应在设计时与全站电缆沟、架统一规划,满足以上要求。

140. 安规对工作票签发人规定的安全责任有哪些?

答案:确认工作的必要性和安全性;确认工作票上所填安全措施是否正确完备;确认所派工作负责人和工作班人员是否适当和充足。

141. 简述变电站第二种工作票终结的规定。

答案:工作结束时间应与计划结束时间相同,或在计划结束时间之前,在工作结束后和未填写工作结束时间前,由工作负责人会同工作许可人一起到现场进行验收,经验收合格,递交必需的检查试验报告,填写有关记录,清理现场后工作许可人方可在一式两联工作票上填写工作结束时间,工作负责人与工作许可人在一式两联工作票上分别签名并填写签名时间,工作票方告终结。

142. 大型检修作业的作业文本包括哪些?

答案：(1) 三措一案（组织措施、技术措施、安全措施及施工方案）；(2) 作业指导书；(3) 变电站（线路）工作票或通信工作票；(4) 通信操作票。

143. 根据《电力系统通信光缆安装工艺规范》要求，变电站 OPGW 引下光缆三点接地的位置分别是什么？

答案：(1) 构架顶端；(2) OPGW 引下光缆进盘留架前；(3) OPGW 引下光缆进接头盒前。

144. 工作班成员的安全责任有哪些？

答案：(1) 熟悉工作内容、工作流程，掌握安全措施，明确工作中的危险点，并在工作票上履行交底签名确定手续；(2) 服从工作负责人（监护人）、专责监护人的指挥，严格遵守本规程和劳动纪律，在确定的作业范围内工作，对自己在工作中的行为负责，互相关心工作安全；(3) 正确使用施工器具、安全工器具和安全防护用品。

145. "四不放过"的原则是什么？

答案：(1) 事故原因不清楚不放过；(2) 事故责任者和应受教育者没有受到教育不放过；(3) 没有采取防范措施不放过；(4) 事故责任者没有受到处罚不放过。

146. 在电气设备上工作，保证安全的组织措施是什么？

答案：(1) 工作票制度；(2) 工作许可制度；(3) 工作监护制度；(4) 工作间断、转移和终结制度。

147. 电力通信网中，电视电话会议系统的技术保障措施有哪些？

答案：(1) 电视会议系统采用"一主两备"运行方式；(2) IP 视频会议作为整个系统的备用应急方式；(3) 系统采用 UPS 供电；(4) 摄像头、麦克风、音响系统和大屏显示系统采用冗余配置；(5) 传输通道采用双路由配置。

148. 什么是数据库的并发控制？

答案：数据库技术的一个特点是数据共享，但多个用户同时对同一个数据的并发操作可能会破坏数据库中的数据，数据库的并发控制能防止错误发生，应正确处理多用户、多任务环境下的并发操作。

149. 会议电视系统啸叫原因有哪些？

答案：会议电视系统啸叫原因：(1) 话筒距音箱太近，话筒正向指向音箱将两设备间距离拉远或降低传声器的输入值，降低音箱音量；(2) 同系统的传声器距离过近，将传声器距离调整到合适位置；(3) 调音台上混响调得过大，降低相应参数；(4) 话筒音量调节过大；(5) 降低相应参数，厅内声学设计缺陷；(6) 换个位置摆放传声器。

150. 简述如下场景的 MCU 设置流程：主会场要求观看各分会场的分屏图像，分会场观看主会场全屏。

答案：在与会者全部进入终端后，将会议调整至全部单屏模式广播主会场画面，实现分会场观看主会场；全屏进入主会场终端界面，选择主会场观看分屏图像。

四、简答题

151. 简述调音台的作用。

答:(1)电平放大;(2)整合信号;(3)信号处理;(4)信号混合;(5)信号分配。

152. 简述本地会场和远端会场调音台配合调试方法。

答:调试原则:主会场设置远端音量与本地音量匹配,一旦确定后不能更改,否则将影响所有会场的音量调节;分会场根据主会场音量要求进行远端音量调整,调整分会场本地音量与远端音量匹配;主会场接收所有分会场远端音量的大小应基本保持平衡,避免比例失调。

153. 某会场终端声音有噪声或者杂音,可能的原因是什么?

答:本会场电源系统不统一;本会场音频线缆接头或音频设备接口接触不良。

154. 简述显示屏图像抖动的原因及解决方法。

答:(1)设备与线缆接头连接不稳定,重新接插设备线缆;(2)设备供给电源不稳定,加电源稳压器或 UPS 系统;(3)交流电零火线互换干扰,将电源插座零火线互换;(4)信号线接头处芯线与屏蔽层间存在轻微断路,将线缆接头调整正常。

155. 远端 Ping 本地终端持续丢包,且已经排除远端网络故障,请问本地端需要排查哪些故障?

答:(1)检查网线是否使用了标准网线,可以先更换网线;(2)尝试使用低速率连接,丢包带宽不足是丢包的重要原因之一;(3)检查终端、交换机、路由器的接口的速率与单双工模式设置,是否与终端设置不匹配,尝试更改;(4)检查网络是否本身存在丢包情况。

156. 在终端进入 MCU 会议室后,终端不能听到远端声音,请找出原因。

答:(1)检查本端音频连接线是否连接正确;(2)检查本端视频设备是否关闭了声音输出;(3)检查本端扩声设备是否关闭了声音输出。

157. 终端呼叫 MCU 失败,请举出两个原因。

答:(1)网络不通、网络带宽不足(Ping 命令确定);(2)MCU 会议室锁上会议。

158. 简述音频编码的三种编码方式。

答:波形编码、参数编码、混合编码。

159. 视频会议系统的主要组成是什么?

答:(1)视频显示子系统:视频输出。(2)视频摄像子系统:视频输入。(3)发言子系统:音频输入。(4)扩声子系统:音频输出。(5)会议录播子系统:录像播放。(6)中控子系统:MCU 控制。

160. 召开视频会议时,会场音频设备存在电流声的原因可能有哪些?

答:(1)麦克风故障;(2)音频线缆或者音频接头破损;(3)强弱电走线未分开,导致存在强电干扰;(4)视频会议终端与调音台使用的电源不共地。

161. 简述一、二、三、四类会议应用电视电话会议原则。

答:一类会议提倡采用电视电话会议方式;二、三类会议原则上选择电视电话会议方式,一般不召开现场集中式会议；对于跨地区、多单位召开的四类会议，一般采用电视电话会议或网络视频会议等方式。

162. 简述视频系统的H.239双流能够实现的基本功能。

答案：一次通话过程中，能够传送两路视频码流，各路码流能够传送一路图像。

163. 会议电视终端注册GK失败的原因有哪些？

答案：（1）终端向GK注册的参数设置不正确；（2）网络中已有相同的会场号码且已经注册到GK；（3）网络防火墙限制GK监听连接端口。

164. 简述以太网交换机的工作原理及过程。

答案：交换机在端口上接收计算机发送过来的数据帧，根据帧头中的目的MAC地址查找MAC地址表，然后将该数据帧从对应的端口上转发出去，从而实现数据的交换。

交换机的工作过程可以概括为"学习、记忆、接收、查表、转发"等几个方面。

165. MPLS的流量管理机制主要包括哪些内容？

答案：（1）路径选择；（2）负载均衡；（3）路径备份；（4）故障恢复。

166. 简述STP协议的工作过程。

答案：（1）在网络的交换机当中选择出根交换机；（2）在所有的非根交换机上选择出根端口；（3）在所有的链路上选择出指定端口。

167. 构成一个业务网的主要技术要素有哪些？

答案：构成一个业务网的主要技术要素有：网络拓扑结构、交换节点技术、编号计划、信令技术、路由选择、业务类型、计费方式、服务性能保证机制等，其中交换节点设备是构成业务网的核心要素。

168. 简述RIP协议的缺点。

答案：（1）无法避免产生弹跳现象；（2）无法避免产生计数到无穷大现象；（3）无法避免产生全网同步现象；（4）很难支持多重度量制式和多路径选择。

169. 交换节点要具有哪些基本功能？

答案：（1）能正确接收和分析从用户线或中继线发来的呼叫信号；（2）能正确接收和分析从用户线或中继线发来的地址信号；（3）能按目的地址正确地进行选路以及在中继线上转发信号；（4）能控制连接地建立；（5）能按照所收到的释放信号拆除连接。

170. 进行子网划分的优点有哪些？

答案：（1）减少网络流量，提高网络效率；（2）提高网络规划和部署的灵活性；（3）简化网络管理。

171. 简述通信设备检修时的通电顺序。

答案：设备的通电顺序为，先是机柜通电，再是风扇通电，最后是子架通电，观察各单板指示灯是否正常。

四、简答题

172. 什么是计算机病毒?

答案:计算机病毒是一种具有自我繁殖能力的指令代码,它具有六大特性,即程序性、破坏性、传染性、寄生性、隐蔽性、潜伏性。

173. 省调某一用户方式电路做主叫时通话正常,做被叫时不振铃,请问如何处理?

答案:(1)断开本端配线架传输线路侧,接电话单机,启机向调度台振铃,同时听回铃音,双方通话正常说明本端交换机侧没有问题。(2)对端配线架断开交换机用户侧,在传输侧接电话机,启机听回铃音,同时相应的本端调度台振铃,双方通话正常说明本端调度台到对方传输设备均正常,若不正常可请传输配合处理。(3)若判断传输通道没问题,说明故障可能发生在对端调度机中继电路接口上,更换调度机中继板或电路端口,通过调度台重新进行测试,直至通道正常为止。

174. 用拨号网络连接到 Internet 所需要的操作有哪些?

答案:(1)安装调制解调器;(2)安装 TCP/IP 协议;(3)拨打 ISP 服务电话。

175. 路由器的作用有哪些?

答案:(1)异种网络互联、隔离网络;(2)防止网络风暴;(3)路由选择;(4)指定访问规则。

176. 简述防火墙的基本作用。

答案:防火墙就是在开放与封闭的界面上构造一个保护层,属于内部范围的业务,依照协议在授权许可下进行;内部对外部的联系,在协议的约束下进行;外部对集团内部的访问受到防火墙的限制,从而保护集团内部不受来自外部的入侵。防火墙能控制和监视所有流通的数据,是一种只允许特定类型数据流通过的网关或计算机。

177. 什么是 NAT?在什么情况下需要采用 NAT?采用 NAT 有什么好处?

答案:NAT(Network Address Translation,网络地址转换)是将 IP 数据包头中的 IP 地址转换为另一个 IP 地址的过程。在实际应用中,NAT 主要用于实现私有网络访问公共网络的功能。这种通过使用少量的公有 IP 地址代表较多的私有 IP 地址的方式,将有助于减缓可用 IP 地址空间的枯竭。

178. 请描述 A、B、C 类网段私网地址范围。

答案:10.0.0.0~10.255.255.255;172.16.0.0~172.31.255.255;192.168.0.0~192.168.255.255。

179. 举例说明什么是面向连接的服务和无连接的服务。

答案:面向连接的服务:就是通信双方在通信时,要事先建立一条通信线路,其过程有建立连接、使用连接和释放连接三个过程。TCP 协议就是一种面向连接服务的协议,电话系统是一个面向连接的模式。

无连接的服务:就是通信双方不需要事先建立一条通信线路,而是把每个带有目的地址的包(报文分组)送到线路上,由系统选定路线进行传输。IP、UDP 协议就是一种无连接协议,邮政系统是一个无连接的模式。

180. 简述生成树协议的功能。

答案：生成树协议提供一种控制环路的方法。采用这种方法，在连接发生问题的时候，以太网能够绕过出现故障的连接。

181. OSPF 都有哪些报文类型及作用？

答案：OSPF 的报文类型有：Hello 报文、DD 报文、LSR 报文、LSU 报文、LSAck 报文。其作用如下。

Hello 报文：发现及维持邻居关系，选举 DR、BDR。

DD 报文：本地 LSDB 的摘要。

LSR 报文：向对端请求本端没有或对端更新的 LSA。

LSU 报文：向对方发送其需要的 LSA。

LSAck 报文：收到 LSU 之后，进行确认。

182. BGP 协议的路由聚合分为哪几种？各有什么特点？

答案：分为自动聚合和手动聚合两种。

配置自动聚合后，BGP 发言者将不再发布子网路由，而是发布自然网段的路由。自动聚合只能对引入的 IGP 子网路由进行聚合，不能对从 BGP 邻居学习来的路由和通过 Network 命令发布的路由进行聚合。

手动聚合允许管理者采取灵活的路由聚合和发布策略。手动聚合可以对已经存在于 BGP 路由表中的从 BGP 邻居学习来的具体路由、引入的 IGP 具体路由、通过 Network 命令生成的具体路由进行聚合。

183. OSPF 协议中的路由类型可分为哪几种？

答案：区域内路由（Intra Area）、区域间路由（Inter Area）、第一类外部路由（Type1 External）、第二类外部路由（Type2 External）。

184. 写出对路由器进行配置的几种方法。

答案：（1）通过 Console 口进行本地配置。（2）通过 AUX 进行远程配置。（3）通过 Telnet 方式进行配置。（4）通过 FTP 方式进行配置。

185. 在 OSPF 协议中，对于 DR 的选举有哪些规则？

答案：（1）本广播网络中所有的路由器都将共同与 DR 选举。（2）若两台路由器的优先级值相等，则选择 Router ID 大的路由器作为 DR。（3）DR 和 BDR 之间也要建立邻接关系。

186. OSPF 是怎么设计避免环路的？

答案：区域内采用 Dijkstra 算法避免环路。区域间采用特定的区域结构（其他区域连接 area 0），要求 ABR 不接收非骨干区域 Summary LSA 来防止环路。

187. MPLS BGP VPN 两层标签由谁分配及作用？

答案：MPLS VPN 场景下，数据转发封装 2 层标签，外层标签（靠近 2 层头）由 LDP 分

四、简答题

配,用于穿透 VPN 骨干,到达另一台 PE 设备。内层标签由 MP-BGP 分配,内层标签用作识别 VPN 实例。

188. 请阐述语音业务产生单通现象的故障原因及解决办法。

答案:故障原因:(1)上层语音承载网络问题;(2)媒体服务器或放音服务器或中继网关出现了问题;(3)ARP 代理设置问题。

解决办法:(1)检查上层网络通达性;(2)查看当前 ONU 公网 IP 地址所在媒体服务器和放音服务器的状态,验证业务配置并确定语音流是否已下发到 ONU;(3)检查 ARP 代理设置。

189. OSI 七层模型是什么?

答案:物理层、数据链路层、网络层、传输层、会话层、表示层、应用层。

190. 简述模拟用户接口电路的功能。

答案:在数字交换机中,模拟用户接口电路的功能有馈电、过压保护、振铃、监视、编译码和滤波、混合电路、测试。

191. 简述 7 号信令的主要功能。

答案:第一级信令数据链路功能:为信号提供一条双向数据链路。第二级信令链路功能:规定了在一条链路上传送信号消息的功能及相应程序。第三级信令网功能:将消息传至适当的信号链路线用户。第四级用户功能:控制各种基本呼叫的建立和释放。

192. 在 H.323 协议体系中,GK 的基本功能有哪些?

答案:地址解析、带宽管理和区域管理。

193. 二层和三层环路有什么特点?

答案:环路的特点:二层环路是由于物理拓扑出现环路,如 3 台交换机三角形连接;三层环路一般物理拓扑有环路,并且设备之间路由表形成互指(物理拓扑不成环,2 台设备使用静态路由互指也可能成环,这种特殊情况除外)。

194. BGP 的 6 种状态机是什么?

答案:Idle(空闲)、Connect(连接)、Active(活跃)、OpenSent(打开消息已发送)、OpenConfirm(打开消息确认)、Established(连接已建立)。

195. Oralce 数据库中会话(session)指什么?

答案:会话是用户和 Oracle 服务器之间的一种特定连接。用户由 Oracle 服务器验证通过时会话开始,用户退出或者异常终止时会话结束。使用共享服务器模式,可能出现多个用户进程共享一个服务器进程的情况。

196. ISO/OSI 中定义的 5 种标准的安全服务是什么?

答案:(1)鉴别;(2)访问控制;(3)数据机密性;(4)数据完整性;(5)抗否认。

197. 简要说出 OSI 参考模型的层次结构。

答案:物理层、数据链路层、网络层、传输层、会话层、表示层、应用层。

198. 简述子网划分的作用。

答案：减少网络流量，提高网络性能，提高安全性，简化管理。

199. TCP 协议和 UDP 协议的区别有哪些？

答案：(1) TCP 属于面向连接的协议，UDP 属于面向无连接的协议；(2) TCP 可以保证数据可靠、有序传输，可以进行流量控制，UDP 无法实现；(3) TCP 协议有效载荷小于 UDP 协议（基于 MSS 计算），UDP 性能高于 TCP；(4) TCP 一般用于可靠的、对延时要求不高的应用，UDP 一般应用于小数据量或对延时敏感的应用。

200. 简述 OSI 七层模型中传输层、网络层、数据链路层的功能和它们进行数据封装时的头部信息。

答案：(1) 传输层：服务点编址、分段与重组、连接控制、流量控制、差错控制，封装源端口、目的端口。(2) 网络层：为网络设备提供逻辑地址，进行路由选择、分组转发，封装源 IP、目的 IP、协议号。(3) 数据链路层：组帧、物理编址、流量控制、差错控制、接入控制，封装源 MAC、目的 MAC、帧类型。

201. OSPF 和 IS-IS 在区域划分上有什么区别？

答案：OSPF 的区域划分是基于接口的，每个接口属于一个特定的区域；而 IS-IS 是以路由器为单位进行区域划分的，一台路由器属于一个区域。

202. 简述 BGP 路由反射器发布路由规则。

答案：(1) 从非客户机 IBGP 对等体学到的路由，发布给此 RR 的所有客户机；(2) 从客户机学到的路由，发布给此 RR 的所有非客户机和客户机（除了这个路由器更新的始发者）；(3) 从 EBGP 对等体学到的路由，发布给所有的非客户机和客户机。

203. UPS 负载设备的启动应遵循的顺序是什么？蓄电池连接螺栓未拧紧会造成什么危害？

答案：(1) 启动应遵循由大到小的顺序。(2) 蓄电池松散连接造成连接处内阻增大，充放电过程中极易打火，严重时导致发热、起火、发生事故。

204. 什么叫蓄电池组恒流充电？

答案：蓄电池组的恒流充电是指在充电电压范围内，充电电流维持在恒定范围内的充电。

205. 通信组合电源系统一般由哪五部分组成？

答案：由交流配电单元、直流配电单元、整流模块、监控单元和蓄电池组五部分组成。

206. 蓄电池长期处于过充电状态会发生什么现象？

答案：蓄电池长期处于过充电状态，会引起蓄电池水损耗增大，板栅腐蚀加速，缩短电池寿命，甚至引起热失控，造成电池报废。

207. 简述 UPS 的定义。

答案：所谓不间断电源系统是指交流电网输入发生异常时可继续向负载供电，并能保证供电质量，使负载供电不受影响的供电装置。

四、简答题

208. 简述 UPS 的分类。

答：(1) 后备式 UPS；(2) 双变换在线式；(3) 在线互动式；(4) Delta 变换式。

209. 简述 BITS 的含义和基本功能。

答：BITS 称为通信楼综合定时供给系统。基本功能：(1) 跟踪上一级定时参考信号；(2) 过虑输入抖动和漂移；(3) 为通信楼内设备提供定时信号；(4) 向下一级同步设备传递定时信号。

210. 时钟抖动产生的原因有哪些？

答：(1) 设备内部噪声引起的信号过零点随机变化；(2) 时钟自身产生；(3) 传输系统产生。

211. 同步网的同步方式有哪几种？

答：(1) 准同步方式；(2) 主从同步方式；(3) 互同步方式；(4) 混合同步方式。

212. 为什么利用 SDH 网络传送定时信号会有距离限制？

答：时钟本身、传输媒质等都会产生漂移，同步时钟设备和 SDH 设备时钟对于抖动具有良好的过滤功能，但是难以滤除漂移。SDH 定时链路上的 SDH 网元时钟将会增加漂移总量，随着定时信号的传递，漂移将不断积累，因此定时链路会有距离限制。

213. 什么是抖动？

答：抖动定义为数字信号的特定时刻（如最佳抽样时刻）相对其理想参考时间位置的短时间偏离。

214. 什么是时钟的频率稳定度？

答：频率稳定度是指在给定的时间间隔内，由于时钟的内在因素或环境影响而导致的频率变化。

215. 什么是时钟的保持模式？

答：时钟通道被断开时，时钟通道以刚刚断开之前的频率偏差开始自由振荡，与振荡器的频率偏移率相对应，频率偏差增加的状态，时钟提供设备所请求的就是保持模式。

216. 数字通信系统为什么要求网络同步？

答：网络同步是数字网所特有的问题，它的目标是使网中所有交换节点的时钟和相位都控制在容差范围内，以使网内各交换节点的全部数字流实现正确有效的交换。否则会在数字交换机的缓存器内产生信息比特的溢出和取空，导致数字流的滑动损伤，造成数据出错。

217. 雨衰的定义是什么？

答：由于降雨引起的电波传播损耗的增加称为雨衰，它与雨量的大小及电波穿过雨区的有效距离有关。

218. 卫星通信系统由哪几部分组成？

答：卫星通信系统由空间分系统、通信地球站、跟踪遥测及指令分系统和监控管理分系统四大部分组成。

219. 卫星地球站的主要组成有哪些？

答案：(1)天线系统；(2)发射/接收系统；(3)终端接口系统；(4)通信控制与电源系统。

220. 数字微波传输线路主要由哪些部分组成？

答案：(1)终端站；(2)分路站；(3)中继站；(4)枢纽站

221. 时分复用与频分复用的主要区别是什么？

答案：时分复用就是对欲传输的多路信号分配以固定的传输时隙，以统一的时间间隔依次循环进行断续传输。

频分复用是用频率区分同一信道上同时传输的各路信号，各路信号在频谱上相互分开，但在时间上重叠在一起。

222. 什么是星蚀现象？

答案：卫星、地球、太阳共处在一条直线上，地球挡住了阳光，卫星进入地球的阴影区，造成卫星的日蚀，我们称为星蚀。发生星蚀时，卫星的太阳能电池不能工作，需靠蓄电池供电。

223. 卫星地球站由哪4个主要部分组成？

答案：(1)天线系统；(2)发射/接收系统；(3)终端接口系统；(4)通信控制与电源系统。

224. 简述微波通信系统的主要组成部分。

答案：微波通信系统由发信机、收信机、天馈线系统、多路复用设备及用户终端设备等组成。

225. 作为信息运维人员，如何做好日常的病毒防护工作？

答：(1)应定期检查防病毒软件病毒特种库的升级情况，设定每日扫描策略，对主机、桌面终端等设备进行扫描。(2)提高所有用户的防病毒意识，告知其应及时升级防病毒软件。(3)在读取移动存储设备上的数据及从网络上接收文件或邮件之前，应先进行病毒检查。(4)外来计算机或存储设备接入网络系统之前也应进行病毒检查。

226. LTE 可达峰值速率是多少？

答案：下行链路达到 100Mbp/s，上行链路达到 50Mbp/s。

227. 常用的分集技术和合并技术有哪些？

答案：分集技术包括空间分集、频率分集、时间分集和极化分集；合并技术包括选择式合并、最大比值合并和等增益合并。

228. 简述影响 LTE 网络覆盖和容量的主要因素。

答案：影响覆盖和容量因素包括系统带宽、天线技术、资源分配方式、干扰处理技术、设备功率、分组调度策略、系统 RB 的配置、系统 CP 的配置、系统 GP 的配置、小区用户数等。

229. 简要介绍 DBA 的定义。

答案：DBA 是一种能在微秒或毫秒级的时间间隔内完成对上行带宽的动态分配的机制。

230. 无线接入技术与有线相互比较的优缺点有哪些？

答案：优点：无线接入具有不受线缆约束的自由性。

四、简答题

缺点：保密性差、传输质量不高、易受到干扰、价格相对昂贵、速率较低等。

231. 无线天线通常有哪两种类型？

答案：无线天线有多种类型，不过常见的有两种：一种是室内天线。优点是方便灵活；缺点是增益小，传输距离短。另一种是室外天线。室外天线的类型比较多，一种是锅状的定向天线，一种是棒状的全向天线。室外天线的优点是传输距离远，比较适合远距离传输。

232. 在LTE中，功率控制包括什么？

答案：功率控制包括上行功率控制和下行功率分配。

233. 电力系统常见的短路故障有哪些？哪一种是最常见的故障？

答案：主要有三相短路、两相短路、单相接地、两相接地短路和断线；单相接地故障最常见。

234. 请解释有功功率、无功功率概念。

答案：有功功率是把电能变为其他能量所消耗的功率，用"P"表示。

无功功率是在电感和电容上获得的功率，因为元件本身不消耗功率，故称为无功功率，用"Q"表示。

235. 什么是电力系统和电力网？

答案：发电厂把别种形式的能量转换成电能，电能经过变压器和不同电压等级的输电线路输送并分配给用户，再通过各种用电设备连接在一起而组成的整体称为电力系统。

火电厂的汽轮机、锅炉、供热管道和热用户，水电厂的水轮机和水库等属于与电能生产相关的动力部分。电力系统中输送和分配电能的部分称为电力网。

236. 简述电力系统的组成。

答案：将发电、输电、变电、配电、用电以及相应的继电保护、安全自动装置、电力通信、厂站自动化、调度自动化等二次系统和设备构成的整体统称为电力系统。

237. 事故调查中的"四不放过"是指什么？

答案：发生事故应立即进行调查分析。调查分析事故必须实事求是，尊重科学，严肃认真，要做到事故原因不清楚不放过，事故责任者和应受教育者没有受到教育不放过，没有采取防范措施不放过，事故责任者没有受到处罚不放过。

238. 简述电流互感器和电压互感器的作用和运行特点。

答案：作用：电流互感器主要用于测量电流；电压互感器主要用于测量电压。

运行特点：电流互感器运行时二次侧可以短路，不能开路；

电压互感器运行时二次侧可以开路，不能短路。

239. 全数字电力线载波机的AGC（自动增益）调节范围通常为多少？

答案：全数字电力线载波机的AGC（自动增益）调节范围为0~45dB。

240. 模拟电力线载波通信原理是什么？

答案：模拟电力线载波通信原理是利用载波机将低频话音信号调制成 40kHz 以上的高频信号，通过专门的结合设备耦合到电力线上，信号会沿电力线传输，到达对方终端后，再采用滤波器将高频信号和工频信号分开。

241. 当前电力线载波通信有什么优点？使用全数字载波机有什么优势？

答案：当前电力线载波通信的优点：（1）架空电力线，不受地形、地貌的影响，投资少，施工期短，设备简单；（2）高压输电线结构紧固，其安全设计系数比较高；（3）具有等时性，即高压输电线一架通，载波通道就建立了。全数字载波机的优势：全数字载波机具有容量大、强网管控制、全数字、全自动均衡、接口丰富、大功率等优点。

242. 简述 SG-ERP 的特点。

答案：覆盖面更广、集成度更深、智能化更高、安全性更强、互动性更好、可视化更优。

243. 请至少说出 5 个构成大营销体系的主要应用系统。

答案：营销业务应用系统、营销辅助决策系统、用电信息采集系统、95598 客户服务系统、多渠道客户交费系统、营销稽查监控系统等。

244. "七大五小"县供电企业延伸覆盖中的七大是指哪些系统？五小是指哪些系统？

答案：七大：人资管控、ERP、财务管控、生产管理、营销管理、协同办公、企业门户。

五小：政工管理、班组管理、安监管理、农电统计、纪检监察。

245. 目前，国网正在大力推进"三个资源池"建设，"三个资源池建设"是什么？

答案：软硬件资源池、共享应用资源池、公共数据资源池。

246. 国家电网公司信息系统版本管理细则中规定版本变更分哪两种？每一种是如何定义的？

答案：信息系统软件变更可根据变更的内容、性质和数量分为版本变更和补丁变更两种。版本变更是指信息系统由于架构、功能等发生变化而生成了新的软件；补丁变更是指对某一版本的信息系统故障或缺陷进行修复而生成了新的软件。

247. "1+5+2"建设实施巡检与评价工作体系中的 1、5、2 分别指什么？

答案：1 指《公司信息系统建设实施评价通报》；5 指平台类、业务应用类、数据治理类、直属单位类巡检评价和项目管理规范性巡检评价；2 指项目评优、厂商评价。

248. 业务架构设计的内容包括哪几部分？

答案：（1）分析公司业务、信息化发展目标；（2）基于业务、信息化发展目标，充分参照最佳实践，以结构化的分解方式，分析和梳理业务架构设计需求及相关提升点；（3）基于业务架构设计的需求和提升点，编制业务架构蓝图。

249. 系统集成视图中的集成类型和接口类型都有哪些？

答案：（1）集成类型：界面集成、流程集成、应用集成、数据集成。（2）接口类型：同步－调用、同步－被调用、异步－发送、异步－接收。

250. 简述 SG-EA 框架的元模型和架构视图的具体含义，并说明两者之间的联系。

四、简答题

答案：SG-EA 框架的内容包括架构元模型和架构视图，以架构元模型为内在结构，架构视图为外在表现形式。

元模型：对于架构中的各种概念，形成规范的、清晰的定义（如业务流程、功能、数据实体、系统等），使参与架构设计的人员使用相同的概念和词典。

定义存在于不同架构元素之间的关联关系（关系定义，分类，属性等），使不同架构领域和层级之间能够相互引用和验证。

架构元模型使架构信息能够以结构化的形式保存。

视图：以图形形式展示架构元模型中的架构元素及其相互关系，使架构设计成果直观可视。

每种架构视图包含一个至多个架构元素及其相互关系，不同元素和关系以规范化的格式进行展现。

由于架构视图是架构元模型的结构化展现形式，并得到规范的格式定义，因此架构视图可通过工具自动生成。

251. 请简述系统架构设计的目标及意义。

答案：目标：遵从总体架构蓝图，开展系统架构设计，指导系统建设；加强对国网系统建设过程和结果的管理，提高国网总部的集中管控能力；吸收业界先进成熟的系统分析、设计理念和方法，并融合国网现状，保证国网系统建设的先进性和适用性。

意义：确保总体架构设计成果的落地，实现总体架构和系统架构的纵向衔接；验证总体架构设计的完备性和合理性，对总体架构的修订和演进提供素材；为后续系统建设与实现、系统测试提供依据，实现国网范围内系统建设的标准化、规范化。

252. 简述信息化总体架构的构成。

答案：信息化总体架构由企业级业务架构、应用架构、数据架构和技术架构四部分构成。

253. 业务流程分级设计共包括 5 级，请简述各级的定义。

答案：第 0 级业务流程（价值链）：描述公司业务领域及所属业务能力。

第 1 级业务流程（流程链）：描述业务能力所属业务功能。

第 2 级业务流程（流程图）：描述业务功能所属的流程与子流程。流程与子流程为单一业务目标驱动的、一个业务组织完成的业务活动组合。

第 3 级业务流程（活动图）：描述子流程的业务活动视图，业务活动为单一业务目标驱动的、一个人或系统完成的业务步骤组合。

第 4 级业务流程（步骤图）：描述业务活动的业务步骤视图，业务步骤为一个人或系统完成的一次性行为。

254. 简述《系统架构设计》中的"系统数据视图"设计内容及步骤。

答案：根据业务需求，确定支持系统实现的数据实体。设计内容包括数据模型、数据分类、数据流转和数据存储与分布。设计步骤如下。

— 1111 —

（1）设计数据逻辑模型，梳理出数据实体的具体属性，以及描述属性的各参数。

（2）确定每个数据实体的分类。

（3）确定数据交换实体的数据流转，包括：系统之间的流转、系统和数据中心之间的流转。

（4）确定数据实体的存储与分布。明确数据在不同应用系统的存在状态，是所有者或复制者。

255. 应用架构设计包括哪些？

答案：应用架构设计包括功能识别、应用系统边界、应用风格、应用分布等内容。

（1）功能识别。依据业务流程和业务需求，抽取关键用例，分析并识别相关功能，将功能按业务和数据相关性进行聚合。

（2）应用系统边界。基于业务相关性，对功能进行逻辑组合，形成应用，明确应用间交互。

（3）应用风格。基于应用功能特性，按照应用架构设计规范中的应用风格定义明确各应用组件的技术特性要求。

（4）应用分布。明确各应用在组织单位之间、相关支撑技术之间的分布。

256. 总体架构遵从和系统架构遵从的定义内容是什么？

答案：总体架构遵从是指各级单位按照公司架构设计蓝图，制定本单位架构演进路线并实施的行为。系统架构遵从是指研发单位为实现架构设计蓝图，开展具体信息系统架构设计和改造的行为。

257. 简述架构资产的定义与分类。

答案：架构资产包括架构设计资产和架构管控资产。架构设计资产包括业务、应用、数据和技术四类，每类架构设计资产包括架构现状、架构设计蓝图、架构演进路线和架构支撑性资产。架构管控资产包括架构原则、架构管理办法和架构规范。

258. 项目生命周期可以划分为哪几个阶段？

答案：（1）启动项目；（2）组织与准备；（3）执行项目工作；（4）结束项目。

259. 项目质量控制主要包括哪些内容？

答案：项目质量控制是指对于项目管理实施情况的监督和管理，这项工作的主要内容包括项目质量实际情况的度量，项目质量实际与项目质量标准的比较，项目质量误差与问题的确认，项目质量问题的原因分析以及采取纠偏措施以消除项目质量差距与问题等一系列活动。

260. 按照项目管理知识体系（PMBOK）定义，项目管理被划分为哪些知识领域？

答案：包括项目整体管理、范围管理、时间管理、费用管理、质量管理、人力资源管理、沟通管理、采购管理等九大知识领域。

261. 如何在项目建设过程中进行项目团队的培训？

答案：培训是指提高项目团队成员能力的全部活动。培训可以是正式或非正式的。培训方式包括课堂培训、在线培训、计算机辅助培训、在岗培训（由其他项目团队成员提供）、辅导

四、简答题

及指导培训。如果项目团队成员缺乏必要的管理或技术技能，可把对这种技能的培养作为项目工作的一部分。应该按人力资源计划中的安排来实施预定的培训；应该根据项目团队管理过程中的观察、会谈和项目绩效评估结果，来开展必要的计划外培训。

262. 如何实现经法流程与 ERP 采购流程的集成？

答：物资采购订单和服务采购订单生成后，都可以通过接口将订单号传入经法系统，在经法系统中起草合同并进行审批流转，合同审批完成后，给 ERP 系统回传一个审批标志，只有订单有了审批标志后，才能进行后续的工作。

263. 项目的采购管理一般包括哪些内容？

答：(1) 规划采购，记录项目采购决策、明确采购方法、识别潜在卖方的过程。

(2) 实施采购，获取卖方应答、选择卖方并授予合同的过程。

(3) 控制采购，管理采购关系、监督合同执行情况，并根据需要采取必要的变更和纠正措施的过程。

(4) 结束采购，完成单次项目采购的过程。

264. 项目干系人包括哪些人？

答：项目干系人是指一个项目的所有相关利益者，包括一个项目的业主或用户、项目的承包商或实施者、项目的供应商、项目的设计者或研制者、项目所在的社区、项目的政府管辖部门等。

265. 简述五种常用的冲突解决办法。

答：(1) 撤退/回避。从实际或潜在冲突中退出，将问题推迟到准备充分的时候，或者将问题推给其他人员解决。(2) 缓和/包容。强调一致而非差异；为维持和谐与关系而退让一步，考虑其他方的需要。(3) 妥协/调解。为了暂时或部分解决冲突，寻找能让各方都在一定程度上满意的方案。(4) 强迫/命令。以牺牲其他方为代价，推行某一方的观点，只提供赢—输方案。通常是利用权力来强行解决紧急问题。(5) 合作/解决问题。综合考虑不同的观点和意见，采用合作的态度和开放式对话引导各方达成共识和承诺。

266. 简述沟通方法的分类。

答：(1) 交互式沟通。在两方或多方之间进行多向信息交换。这是确保全体参与者对特定话题达成共识的最有效的方法，包括会议、电话、即时通信、视频会议等。

(2) 推式沟通。把信息发送给需要接收这些信息的特定接收方。这种方法可以确保信息的发送，但不能确保信息送达受众或被目标受众理解。推式沟通包括信件、备忘录、报告、电子邮件、传真、语音邮件、日志、新闻稿等。

(3) 拉式沟通。用于信息量很大或受众很多的情况。要求接收者自主自行地访问信息内容。这种方法包括企业内网、电子在线课程、经验教训数据库、知识库等。

267. 项目计划管理包含哪些内容？

答案：进度管理计划、成本管理计划、质量管理计划、采购管理计划、人力资源管理计划，范围基准、进度基准、成本基准。

268. 简述分包的基本规定。

答案：分包项目应在总包合同中明确相关条款；信息系统工程主体结构的实施必须由承建单位自行完成；总包的单位承担连带责任；分包单位不可再将自己承包的部分项目分包给具有资质条件的分承建单位。

269. 简述配置管理中完整的变更处理流程。

答案：配置管理中完整的变更管理流程包括以下几个方面。

（1）变更申请。应记录变更的提出人、变更日期、申请变更的内容等事项。

（2）变更评估。对变更的影响范围、严重程度、经济和技术可行性方面进行评估。

（3）变更决策。由具有相应权限的人员或机构决定是否实施变更。

（4）变更实施。由管理者指定的人员在受控状态下实施变更。

（5）变更验证。由配置管理人员或者受到变更影响的人对变更结果进行评价，确定变更结果和预期相符，对相关内容进行了更新，符合版本管理的要求。

（6）沟通存档。将变更后的内容通知可能会受到影响的人员，并将变更记录汇总归档。如提出的变更在决策时被否决，其初始记录也应予以保存。

270. 除了项目例会外，项目管理还可以采取的有效沟通措施有哪些？

答案：除了项目例会之外，项目管理还可以通过电话、电子邮件、项目管理软件、OA 软件进行沟通。

271. 简述跟踪项目的进度方法。

答案：跟踪项目的进度方法有以下几个方面：（1）基于 WBS 和公式估算制定活动网络图，制订项目工作计划；（2）建立对项目的监督和测量机制；（3）确定项目的里程碑，并建立有效的评审机制；（4）对项目中发现的问题，及时采取纠正和预防措施，并进行有效的变更管理；（5）使用有效的项目管理工具，提升项目管理的工作效率。

272. 如何处理多个项目之间的资源冲突？

答案：按以下方式处理多个项目之间的资源冲突：（1）建议单位统一管理所有的项目和资源，制定资源在项目之间的分配；（2）根据项目进展情况和企业整体绩效重新安排项目的优先顺序，从资源上支持重要的和进展良好的项目；（3）外包；（4）必要时，增加资源；（5）建立项目管理体系，设立项目管理办公室，统一管理单位所有的项目。

273. 项目经理应该采用哪些措施进行团队建设？

答案：项目经理可以采用以下措施进行团队建设：（1）一般管理技能（如沟通、交流）；（2）培训；（3）团队建设活动（如周例会、共同解决问题、拓展训练）；（4）共同的行为准则（或基本原则、规章制度）；（5）尽量集中办公（或同地办公、封闭开发）；（6）认可奖励（或恰当

四、简答题

的奖励与表彰措施)。

274. 什么是项目工作分解结构（WBS）？

答案：工作分解结构（WBS）是面向可交付成果的对项目元素的分解，它组织并定义了整个项目范围。工作分解结构常用于建立或确认项目范围。

对于项目进行 WBS，有如下作用和用途：明确和准确说明项目的工作范围；为各单元分派人员，规定这些人员的相应职责；针对各独立单元，进行时间、成本和资源需求的估算，提高成本、时间和资源估算的准确性；为计划、预算、进度安排和成本控制奠定共同基础。确定项目进度测量和控制的基准。

275. 简述项目的定义、项目的基本属性及特点。

答案：项目的定义：为创造独特的产品、服务或结果而进行的临时性工作。项目的属性包括临时性、独特性与渐进明晰性。其特点如下。临时性：一个确定的开始和结束时间。独特性：独特的产品、服务或结果，没有相同的项目产品，从来没有人采用完全相同的方法去做。渐进明晰性，随着项目工作的进行信息质量越来越精确。

276. 简述矩阵型组织的优点和缺点。

答案：优点：单点责任（PM），项目目标非常清晰，改善了对资源的控制，各专业有了"家"，最大限度地利用公司紧缺资源，协调效果更佳，快速反馈用户需求，信息流场（水平、垂直），宽范围基础上解决问题，建立项目管理技术和技能。

缺点：复杂，一个人有两个上级，双重责任和权利（混乱、忠实程度低、责任不明确），由于额外管理引起的成本增加，奖励制度不能鼓励员工，决策周期加长，项目继承更加复杂。

277. 项目的活动持续时间估算中，使用平均估算值法进行估算，请写出计算公式。

答案：平均估算值 =（最可能持续时间 ×4 + 乐观时间 + 悲观时间）/6。

278. 一个完整的项目管理计划通常包括哪些内容？

答案：项目范围管理计划、进度管理计划、成本管理计划、质量管理计划、过程改进计划、员工招募管理计划、沟通管理计划、风险管理计划、采购管理计划、合同管理计划、里程碑清单、资源日历、进度基线、质量基线、风险登记册等。

279. 举例说明信息化需求实现的"渐进明晰""范围蔓延"和"项目镀金"的区别。

答案：渐进明晰：某考勤项目，用户最开始要求打开计算机并登入系统后记录开机人的上班时间并通知开机人到岗情况，后来又描述为打开计算机并登入系统后记录开机人的上班时间，当前时间如超过 9 点则弹出窗口提示开机人迟到。

范围蔓延：一个考勤项目，用户开始要求打开计算机并登入系统后记录开机人的上班时间并通知开机人到岗情况，后来又描述为打开计算机后记录开机人的上班时间并通知开机人到岗情况。

项目镀金：一个考勤项目，用户开始要求打开计算机并登入系统后记录开机人的上班时间并当前时间如超过 9 点则弹出窗口提示开机人迟到，系统实现为打开计算机并登入系统后记录开机人的上班时间并当前时间如超过9点则弹出窗口和发声提示开机人迟到。

280. 在项目工期非常紧张的情况下，如何进行有效的进度压缩？

答案：所谓进度压缩，就是在不改变项目范围、进度约束条件和强定日期的情况下缩短项目进度。一般的方法有两个：赶工和快速跟进。赶工是以最少成本获得最大限度的历时压缩，会导致成本增加。快速跟进是用成本换时间，增加了完成缩短的项目进度的风险。一般进行进度压缩，首先在关键路径上进行。需要注意，一旦进度压缩，可能出现新的关键路径。在进行进度压缩的时候，需要将稀缺资源分配到关键路径上。

281. 简述实施BPR的指导原则。

答案：正确领导、目标驱动、流程驱动、以价值为中心、对顾客需求的响应、并行性、范例变换、非冗余、模块化、虚拟资源、管理信息和知识财富。

（海默为此提出七条原则用以指导BPR项目：组织机构设计要围绕企业的产出，而不是一项一项的任务；要那些使用流程输出的人来执行流程操作；将信息处理工作结合到该信息产生的实际流程中去；对地理上分散的资源看作集中的来处理；平行活动的连接要更紧密，而不是单单集成各自的活动结果；将决策点下放到基层活动中，并建立对流程的控制；尽量在信息产生的源头，一次获取信息，同时保持信息的一致性。）

282. 在项目的沟通管理中，如何进行干系人分析？

答案：第一步，识别全部潜在项目干系人及其相关信息，如他们的角色、部门、利益、知识水平、期望和影响力。关键干系人通常很容易识别，包括所有受项目结果影响的决策者和管理者，如项目发起人、项目经理和主要客户。通常可对已识别的干系人进行访谈，来识别其他干系人，扩充干系人名单，直至列出全部潜在干系人。

第二步，识别每个干系人可能产生的影响或提供的支持，并把他们分类，以便制定管理策略。在干系人很多的情况下，就必须对关键干系人进行排序，以便有效分配精力，来了解和管理关键干系人的期望。

第三步，评估关键干系人对不同情况可能做出的反应或应对，以便策划如何对他们施加影响，提高他们的支持和减轻他们的潜在负面影响。

283. 多个厂商参与的项目，如何制订沟通管理计划？

答案：(1) 做好干系人分析，调研各集成商的沟通需求；(2) 发挥总承包商的牵头作用和监理方的协调作用；(3) 对共用资源的可用性分析，引入资源日历；(4) 解决冲突，包括项目干系人对项目期望之间的冲突、资源冲突等；(5) 建立健全项目管理制度，并监管其执行；(6) 采用项目管理信息系统。

284. 简述项目管理过程的应用原则。

答案：(1) 不同项目选择不同管理过程。(2) 不同项目的管理过程有不同的内容和不同的工作顺序。(3) 有些项目管理过程中的活动需要有既定前提条件。(4) 大型的项目的管理过程需要更加集成和深入,小型项目或子项目的管理过程相对简单。(5)项目发生变动,则项目管理过程也会发生变动。

285. "SG186"工程实施方法论总体策略是什么?

答案:(1)构筑一个系统:深化应用统一咨询成果,全面完成一体化平台和八大业务应用典型设计,构筑一体化企业级信息系统,实现信息纵向贯通、横向集成,支撑集团化运作;(2)建立二级中心:建设总部、网省公司两级数据中心,为业务应用建设奠定基础,共享数据资源,促进集约化发展;(3)部署三层应用:部署总部、网省公司、地市县公司三层应用,紧耦合应用采用成熟套装软件实施,松耦合应用采用自主开发或移植完善,优化业务流程,实现精益化管理;(4)坚持四项统一:始终坚持信息化"四统一"原则,健全完善六个信息化保障体系,强化统一管理,步调一致,确保标准化建设。

286. 信息化项目后评估主要包括哪些内容?

答案:(1)评估项目的技术可行性、合理性与先进性,评估项目的技术经济指标是否达到了预期目标或达到目标的程度。(2)评估项目建设组织和实施过程的各项管理是否规范有效。(3)评估项目所建系统运行的稳定性、实用性、安全性是否满足有关要求。(4)评估项目的投资收益、管理效率和社会综合效益情况。

287. 系统承建单位在试运行具备哪些条件后方可申请试运行验收?

答案:(1)上线试运行期不少于90天;(2)试运行期间发现的重大缺陷和问题全部消除,一般缺陷已制订消缺计划并通过运维单位(部门)和业务主管部门审核;(3)截至试运行验收申请之日,系统已持续稳定运行超过30天,且无非计划停运、主要功能失效等事件发生;(4)系统承建单位应提供用户使用报告和试运行总结报告,用户使用报告应由业务主管部门签字盖章,试运行总结报告应由运维单位(部门)签字盖章;(5)系统已通过验收测试。

288. 信息项目验收方案内容包括哪些?

答案:(1)确定验收方式,对于统一组织建设项目,根据项目实际情况,可统一组织验收或安排各单位独立组织验收。(2)建立验收组织机构,根据需要成立验收委员会或验收工作组,下设资料审查组、系统测试组等。(3)明确验收具体内容,根据项目规模和性质,确定系统测试具体形式,提出项目验收所要准备的资料。(4)制订验收计划,明确资料审查、系统测评、验收会议等时间安排。

289. 信息项目验收意见具体要求有哪些?

答案:(1)验收意见应明确给出验收结论。验收结论分为"通过""进一步完善后重新审议验收""不通过"三种。(2)对于验收发现的问题,要明确整改内容、责任单位及时间要求,项目承建单位应采取措施按要求认真处理。(3)项目通过验收后,统一建设信息化项目的验收意见印发至项目建成系统的应用单位;各单位独立建设项目验收信息报总部备案。(4)需重新审议的项目,要在三个月内再次提出验收申请。第二次验收仍未通过验收的,则验收结论为"不通过"。没有通过验收的项目，由信息化职能管理部门依据实际情况，提出处理意见。(5) 由于不可抗拒等因素造成责任书或合同无法全部执行的，项目承建单位应需提交相关报告和经费决算表，同时提出项目终止申请，由信息化职能管理部门审查后，同意项目终止。

290. 项目可行性研究报告主要包括哪些内容？

答案：(1) 总论；(2) 项目必要性；(3) 项目需求分析；(4) 项目方案；(5) 主要设备材料清册；(6) 投资估算书；(7) 专题研究报告。

291. 简述项目建设全过程管理中的两强化四转变原则。

答案：两强化即强化项目管控，注重工作计划性、规范性，加强方法论的研究、总结、应用和提升。强化团队建设，注重建设管理团队人员专业能力、执行能力、协同能力的提升，促进信息化建设领域生产效率的大幅提高。四转变即专项管理向集约管控转变，问题驱动向风险预控转变，需求满足向需求管理转变，业务支撑向引领变革转变。

292. 简述实施及研发实施类项目生产准备阶段的主要工作内容。

答案：对于实施、研发实施类项目，项目承建单位提交上线试运行申请，信息管理部门、相关业务部门、信息运维单位对上线试运行申请单进行审批。承建单位完成系统部署和配置，以及集成联调。信息运维单位组织项目承建单位编制系统运维方案、制定系统备份、系统监控方案、应急预案等运行技术文档，对系统建设文档、功能实现等内容进行审核。系统试运行三个月后，若无重大缺陷，信息运维单位组织系统上线试运行验收，系统转入正式运行。

293. 在信息化项目建设实施评优中，公司各单位申报的参评项目需要满足哪些条件？

答案：公司各单位申报的评优项目应同时具备以下条件：(1) 申报项目应属于公司统一规划建设或各单位自建、引进的信息化系统。(2) 申报项目上线试运行已满三个月且不超过十五个月（以申报截止日为准）。(3) 申报项目可研、立项及招标采购过程符合公司相关规范要求。(4) 申报项目试运行及正式运行期间运行稳定，建设实施过程中及上线试运行后未发生有责任的八级及以上信息系统事件。

294. 项目实施阶段各单位要做到"四强化"，请列举是哪四项强化，并简述为什么要强化数据质量工作，以及如何开展。

答案：强化数据质量、强化实施人员管控、强化培训工作、强化转变管理。

为什么开展：(1) 数据作为信息化系统的"血液"，关系到系统建设质量、建设成效、应用效果等诸多方面。(2) 强化数据质量是实现数据流、信息流、业务流，三流合一的必要保障。

如何开展：(1) 在数据收集阶段，各单位要确保上报数据的准确性。(2) 数据收集结果需经业务部门签字确认后进行数据初始化。

295. 请简述上线试运行阶段要积极开展哪些工作，并对每项工作展开简要说明。

答案：上线试运行阶段要做到"三积极"，即积极响应软硬件资源池建设、积极加强应用评价、积极开展建转运工作。(1) 各单位应遵循公司软硬件资源池建设的总体思路和要求，统筹项目

四、简答题

建设所需软硬件资源,做到早规划、早启动,保障信息化项目建设按期完成。(2)各单位要积极开展系统试运行期的应用考核评价,以督促业务部门加强新系统的应用水平。(3)运维队伍应提前进场开展项目运维筹备工作,各建设厂商要做好项目知识转移工作。

296. 逐项调度指令票操作时要坚持哪些原则?

答:应坚持逐项发令、逐项执行、逐项汇报的原则。

297. 主要查看网络设备中的哪些性能参数?

答:各模块的温度、电源、风扇状态、日志告警等。

298. 信息通信设备的命名由哪几部分组成?

答:第一部分为总部、各单位的规范缩写;第二部分为设备分类或厂站的名称(用于通信类设备或基础设施,厂站名称由厂站归属地遵循电力生产要求命名);第三部分为由0~9组成的两位流水号;第四部分为设备分类中具体的设备或系统名称。

299. 调度值班员发布调度指令时,应正确使用调度术语,应注意哪几点?

答:与受令人互报单位、姓名、核对时间,下令全过程必须严肃,认真执行监护、复诵、录音和记录制度。

300. 2014年3月29日19:10,某网省公司信息通信调度值班员通过IMS系统监控到生产管理、人资管控、财务管理、安全监督、营销应用5个系统IMS接口指标同时中断,且持续中断。请指出上述故障处理过程中的问题,并结合上述案例简述调度值班员的规范化故障处理流程。

答:(1)向总部调控中心上报紧急抢修;(2)紧急抢修得到批准后,向运维负责人下令开展抢修工作并于抢修结束后提交抢修报告;(3)可推断多系统故障非单一系统引起,根据运行方式,指挥运维人员应逐一排查主机、电源、网络、IMS总线等环节。避免因逐一排查业务系统而耽误抢修时长;(4)故障定位后,审核并指挥实施抢修方案;同时,加强系统运行状态监控;(5)故障解决后督导完成抢修报告,并进行审核。审核要点包括:故障起止时间、影响对象、影响范围、表明是否停运、原因分析、处理过程及整改计划;(6)抢修结束24小时内及时向总部上报紧急抢修报告。

301. 灾备复制关系平均非计划中断时长这项指标的评价目的是什么?

答:督促各单位加强灾备复制监控,积极发现缺陷,消除隐患,降低故障发生概率,减少灾备复制非计划中断时长。

302. 内网终端防病毒软件实时监控率的公式解释是什么?

答:内网终端防病毒软件实时监控率是指当月IMS每日监测到的内网当前开启防病毒软件实时监控的终端数除以内网当前在线防病毒终端数。

303. 调度指令票应经过哪四个环节?

答:(1)调度指令票由当值调度值班员拟写;(2)调度指令票由主值调度值班员或当值信息系统调度负责人审核,但与拟写人不得是同一人;(3)调度指令票应提前预发给受令人;

(4) 受令人根据调度值班员下达的调度指令票，按有关规定办理工作票和操作票手续。受令人执行调度指令完毕后，应立即向调度值班员报告，由调度值班员确认调度指令执行完毕。

304. 请简要描述一下信息调度联络有几种形式？

答案：(1) 调度电话；(2) 调度联系单；(3) 调度邮箱；(4) 调度指令票。

305. 信息系统检修按照检修级别和检修类型可分为哪几类？

答案：按照检修级别分为：一级检修和二级检修。按照检修类型分为：月度检修、周检修、临时检修。

306. 某网省公司计划于 2013 年 3 月 13 日 18：30-20：30 执行"ERP 系统 3.1.234 版本升级"检修。检修当日 18：25 当值调度员在接到检修负责人的电话执行申请后，批准其准时开始执行，并向国网总调进行电话汇报。20：15，在接到检修负责人的电话汇报后，向国网总调电话汇报检修结束，并进行日志记录。请指出上述检修执行过程中的问题，并结合上述案例简述信息系统一级计划检修的调度管控过程。

答案：(1) 当值调度员未对检修的执行过程进行全过程管控；(2) 检修工作实施前，信息通信调度应与信息系统检修机构确认检修工作准备是否完整；(3) 检修工作开始前，信息通信调度需确认两票流程是否已完成，并明确检修执行内容；(4) 检修工作实施期间，信息通信调度应做好检修影响范围的监控工作，检查各系统启停过程及时间与检修计划是否一致；(5) 检修工作实施期间，在检修计划制订的回退时间之前，当值调度员需与检修执行人员确认检修执行是否正常，是否需要回退；(6) 检修完成后，当值调度员需通过监控及各种检查手段确认。

307. 简述信息通信调度信息业务的主要工作内容。

答案：(1) 建立和完善信息系统调度的管理制度、标准和规程，规范信息系统调度业务流程；(2) 编制调管范围明细表，统一调度调管范围内的信息系统及相关资源；(3) 实时监控信息系统运行状况，指挥调管范围内信息系统运行操作及事故分析处理；(4) 编制信息系统运行方式，对运行方式执行进行总体协调，并根据实施效果进行滚动校核；(5) 组织调管范围内信息系统应急预案编写及演练；(6) 受理并批复调管范围内信息系统的检修申请；(7) 受理纳入调管范围的新单位、新建信息系统的接入工作；(8) 优化信息系统运行。

308. 简述网络层的主要功能目的。

答案：网络层的目的是实现两个端系统之间的数据透明传输，具体功能包括寻址和路由选择、连接的建立、保持和终止等。

309. UPS 蓄电池包括哪些部件？

答案：极板、隔板、电解液、电池外壳、线柱、联条。

310. Internet 网络层 IP 协议目前应用最为广泛，在 Internet 中没有两台或两台以上的主机或路由器可以同时使用同一个 IP 地址，该论点正确吗？为什么？

答案：正确。因为 Internet 网络层通过 IP 协议规定了连入网络的主机或路由器网络层（IP

地址）编址方法与路由器选择算法。IP 协议要求每台连入 Internet 的主机或路由器至少有一个 IP 地址，并且这个 IP 地址在全网中是唯一的。

311. 简述通信电源系统的组成及功能。

答案：交流供电系统，稳定提供 220V 交流电；直流供电系统，提供 −48V 直流电；接地系统；集中监控系统。

312. 试述 OTN 技术与 SDH 技术的区别。

答案：OTN 是面向传送层的技术，特点是结构简单，内嵌标准 FEC，丰富的维护管理开销，只有很少的时隙，只使用于大颗粒业务的接入。SDH 主要面向接入和汇聚层，结构较为复杂，有丰富的时隙，对于大小颗粒业务都使用，无 FEC，维护管理开销较为丰富。OTN 设计的初衷就是希望将 SDH 作为净荷完全封装到 OTN 中，以弥补 SDH 在面向传送层时的功能缺乏和维护管理开销的不足。

313. 在 SDH 网中，与网管系统 OS 相连的是什么网元？通信接口是什么接口？各网元之间的通信是通过什么协议栈？

答案：与网管系统 OS 相连的是网关网元。通信接口是 Q3 或 Qx。网元之间的通信是通过 ECC 协议栈。

314. 在 SDH 传输系统中，如果在网管上看到两个相邻站点的状态由正常突然间同时变化为光路紧急告警。传输网络可能出现了什么问题？排除这种故障需要哪些工具？这些工具有什么用途？

答案：(1) 光缆断裂，导致两侧站点同时收不到光，因而同时出现紧急告警。(2) 所用设备仪器及用途如下：① OTDR，作用为测量光纤距离；②光功率计，作用为测量收光功率；③光纤熔接机，作用为熔接断纤。

315. 简述传输拓扑段与光路的关系。

答案：传输拓扑段（传输段）指传输设备间的连接关系（一般通过光口连接），表示设备间存在光通信链路，传输拓扑段为传输系统中各设备间的逻辑网络连接结构。传输拓扑段（传输段）承载于光路之上，直观意义上可理解为存在传输拓扑，即存在光路。

316. 简述缺陷管理的功能。

答案：缺陷管理是实现缺陷处理全过程监控管理和流转，实现缺陷处理的闭环管理流程。包括缺陷单管理、缺陷库、缺陷查询、缺陷影响、缺陷统计等功能。涉及的角色有通信调度员、故障专责、通信领导等。涉及的流程有本局、下级上报、上级下发。

317. 简述月度检修计划流程。

答案：第一步，由国网信通启动全网月度检修计划申报流程，之后全网各系统可启动月度检修计划填报流程；第二步，各省下属地市首先填报地市月检修计划内容，省公司填写省月检修计划内容；第三步，省公司与下属地市完成全部月检修内容填写后上报分部，由分部进行审核，通过则进行下一步，不通过退回重新填写；第四步，分部审核通过后上报国网信通，由国网信通进行审核，通过则进行下一步，不通过退回重新填写；第五步，国网信通审核通过后直接归档，最后由分部和省公司进行归档。

318. 请简述对哪些运行中的通信设施及电网通信业务开展检修工作，应履行通信检修申请程序。

答案：对运行中的通信设施及电网通信业务开展以下检修工作，应履行通信检修申请程序。（1）影响电网通信业务正常运行、改变电力通信设施运行状态、引起通信设备故障告警的检修工作。（2）电网一次系统影响光缆、载波、通信电源等电力通信设施正常运行的检修、基建和技改等工作。

319. 网管日常例行维护的项目有哪些？

答案：(1)每日查看各网元是否有告警事件，并对告警事件进行分析；(2)每日查看各网元的性能时间，主要是误码和指针调整时间；(3)定期备份网管数据库，对网管软件版本进行升级。

320. UPS 电源系统每日应至少巡视几次？重点查看哪些内容？

答案：至少两次；应重点查看运行负载、声光告警、蓄电池外观。

321. 为避免 UPS 电源分相负载率过高，《国家电网公司信息机房设计及建设规范》对单台 UPS 的负载率做了怎样的规定？

答案：单台 UPS 电源负载率应不超过 70%。两台 UPS 并机运行，每台 UPS 负载率应不超过 50%。

322. 程控交换系统由几部分组成？各部分的功能是什么？

答案：(1)用户电路：每个电话用户对应一个用户电路用于模数转换、馈电等。(2)交换网络：所有信息的交换。(3) 中继：连接交换机（分为出中继和入中继）。(4) 控制部分：不处理语音信号，通过网管控制整个交换机。

323. 请说明在 TMS 系统添加一个用户账户的简单步骤。

答案：(1) 在组织机构维护菜单中，本部门下单击右键新建企业员工，填写必要的信息保存；(2) 选中新建立的用户，右键选择"雇员账号及角色管理"进行用户与角色的关联。

324. 登录 TMS 系统后，如果发现在实时监视界面中无法显示当前告警，需要通过怎样的配置操作才能将告警显示出来？

答案：在实时监视界面，告警操作台中选择设置按钮，打开告警操作台配置，选择需要被监视的通信网络，单击确定即可。

325. TMS 系统的排班管理功能中如何创建一个月的班次？

答案：使用值班管理员账号登录，在通信值班功能菜单中，选择排班管理，单击"新建"按钮，可以创建整月的班次，并指定每日的值班班组和值班成员。

326. 通信管理系统中缺陷故障管理主要包括哪些功能？

四、简答题

答案：缺陷单流程、缺陷库、缺陷查询、缺陷故障影响查询、缺陷故障统计。

327. 通信管理系统数据清查文档分别有哪些种类？

答案：机房平面图、空间资源表、网络系统表、设备与机框、通信电源、辅助设备、光缆资源、业务台账、配线模块、配线连接、地市四级网光缆拓扑图、网管传输段导出表、网管2M与155M端口配置表等。

328. 电力通信现场作业人员应具备哪些基本条件？

答案：（1）作业人员应身体健康、无妨碍工作的疾病，精神状态良好；（2）作业人员应具备必要的通信知识，掌握通信专业工作技能；（3）作业人员应熟悉国家电网安监〔2009〕664号文件相关内容，并经考试合格；（4）所有进入现场的作业人员必须按照规定着装并正确使用劳动防护用品；（5）特殊工种作业人员必须持证上岗；（6）临时作业人员进入现场前，应接受必要的安全技能培训；（7）工作现场必须有专人带领和监护，从事指定的作业，不应从事不熟悉的作业。

329. 电力通信现场作业有哪些安全要求？

答案：（1）作业人员必须执行工作票制度、工作许可制度、工作监护制度，以及工作间断、转移和终结制度；（2）进行危险点分析及预控，工作负责（监护）人应对作业人员详细交代在工作区内的安全注意事项；（3）作业现场安全措施应符合要求，作业人员应熟悉现场安全措施；（4）现场作业应按作业分类和规模大小，按规定编制"三措一案"、作业指导书（卡）、通信设备巡视卡、通信线路巡视卡等标准化作业文本，并履行审批手续。

330. 在通信网日常运维管理中分部、省公司、地（市）公司通信机构主要承担哪些职责？

答案：（1）制订、审批管辖范围内通信检修计划；（2）审核、上报涉及上级电网通信业务的通信检修计划和申请；（3）受理、审批管辖范围内不涉及上级电网通信业务的通信检修；（4）指挥、监督、协调、指导或实施管辖范围内通信检修工作；（5）协助上级开展管辖范围内通信检修统计、分析、评价及考核；（6）对涉及电网通信业务的电网检修计划和申请进行通信专业会签；（7）协助、配合线路运维单位开展涉及通信设施的检修工作。

331. 通信运行中开展的哪些工作应履行通信检修申请程序？

答案：（1）影响电网通信业务正常运行、改变通信设施的运行状态或引起通信设备故障告警的检修工作；（2）电网一次系统影响光缆和载波等通信设施正常运行的检修、基建和技改等工作。

332. 简述电力系统通信设备运行率的计算公式。

答案：$\{[1-\sum 中断路数（路）× 本端设备故障时间（min）]/[配置路数（路）× 全月日历时间（min）]\} × 100\%$。

333. 简述通信检修竣工必备条件。

答案：（1）现场确认检修工作完成，通信设备运行状态正常；（2）相关通信调度确认检修所涉及电网通信业务恢复正常；（3）相关通信调度确认受影响的继电保护及安全自动装置业务恢复正常；(4) 相关通信调度已逐级许可竣工；(5) 所属通信调度下达竣工令；(6) 现场工作票结票，办理现场竣工许可手续完毕（在变电站检修必备）。

334. 简述通信系统综合布线中，电源线布线规则。

答案：电源线与其他缆线应分道单独布放。若条件不允许时，其间距应大于62毫米；如有交叉，信号线缆应布放在上方；电源线必须采用整段线料，中间无接头。

335. 简述出入通信站的通信电缆的接地规定。

答案：通信电缆宜采取地下出、入站的方式，其屏蔽层应做保护接地，缆内芯线（含空线对）应在引入设备前分别对地加装保安装置。

336. 简述通信机房发生电气事故在技术上的主要特征。

答案：绝缘损坏，安全距离不够，接地不合理，电气保护措施不力，安全标志不明显。

337. 简述光缆线路巡视的主要内容。

答案：光缆外形是否有明显碰撞或变形，光缆外护层或钢绞线是否有断股或变形，垂度是否超过正常范围，线路金具是否完整，光缆接续箱及预留光缆盘所放位置是否有变化。

338. 简述电力通信网年度运行方式编制主要内容。

答案：年度运行方式编制时应包括上年度系统规模、运行分析、危险点、存在问题、各类系统图及业务配置表等，本年度方式预安排、处置预案、各类系统图及业务配置表等相关资料。

339. 简述新建、扩建和改建工程的通信设备及光缆投运条件。

答案：新建、扩建和改建工程的通信设备及光缆投运前应满足下列条件。

设备验收合格，质量符合安全运行要求，各项指标满足入网要求，资料档案齐全。运行准备就绪，包括人员培训、设备命名、相关规程和制度等已完备。

340. 简述同一条220kV及以上线路的两套继电保护和同一系统的有主/备关系的两套安全自动装置通道应满足的条件。

答案：同一条220kV及以上线路的两套继电保护和同一系统的有主/备关系的两套安全自动装置通道应由两套独立的通信传输设备分别提供，并分别由两套独立的通信电源供电，重要线路保护及安全自动装置通道应具备两条独立的路由，满足"双设备、双路由、双电源"的要求。

341. 简述调度交换网组网时对路由的限制条件。

答案：(1) 设置自动路由迂回和路由预测重选路由时，不应由原呼出电路群返回本交换节点，也不应经多次迂回返回本交换节点或中间汇接交换点；(2) 对无直接调度关系的横向呼叫，应加以限制；(3) 调度交换机与电力行政交换机连接时，调度交换机用户可以呼叫电力行政交换网用户，电力行政交换网用户不允许呼叫电力调度交换网的调度用户；(4) 对于变电站调度、行政合一的交换机，其分机用户分为电力调度用户和生产管理用户，交换机与电力行政交换机连接时，交换机内生产管理用户应与电力调度用户分离，生产管理用户仅与电力行政交换网用

四、简答题

户可双向呼叫。

342. 简述信息通信系统的概念。

答：信息通信系统是指国网公司一体化企业级信息系统及电力系统专用通信网络。主要包括电力通信传输网、业务网、支撑网以及承载于其上的一体化企业级信息集成平台、业务应用系统和安全防护系统、信息管控等信息化支撑保障系统。

343. 简述信息通信调度机构的建设原则。

答：各级信息通信调度机构建设应优先保障在电力调度生产业务、通信网安全责任和安全要求的前提下，坚持通信网属地维护原则，落实维护责任，稳步推进信息和通信专业从组织架构、管理模式、队伍建设、工作流程和技术手段等方面的深层次融合。

344. 简述信息通信调度紧急缺陷处理原则。

答：各级调度机构在日常监控、巡检、各单位上报和分析预测中发现的信息通信缺陷，应根据缺陷的分类负责记录、初步分析并填报。应根据缺陷现象进行初步分类定级。判断为紧急缺陷的，应立即启动紧急缺陷处理流程，同时通知检修部门、相关领导和上级调度机构，协调相关单位直接进行抢修。

345. 简述信息通信调度值班基本原则。

答：（1）各级信息通信调度员应接受相应的安全生产教育和岗位技能培训，经考试合格后持证上岗；（2）各级信息通信调度机构值班实行 7×24 小时值班制度；（3）信息通信调度工作应严格执行调度值班制度、交接班制度。

346. 简述国网公司应急预案体系的构成。

答：公司应急预案体系由总体应急预案、专项应急预案和现场处置方案构成。

347. 应急预案每三年至少修订一次，在什么情况下应及时进行修订？

答：有下列情形之一的，应及时进行修订：（1）本单位生产规模发生较大变化或进行重大技术改造的；（2）本单位隶属关系或管理模式发生变化的；（3）周围环境发生变化、形成重大危险源的；（4）应急组织指挥体系或者职责已经调整的；（5）依据的法律、法规和标准发生变化的；（6）应急处置和演练评估报告提出整改要求的；（7）政府有关部门提出要求的。

348. 简述当发生通信电路故障且业务中断时，处理故障的思路和原则。

答：当发生通信电路故障且业务中断时，应采取临时应急措施，首先恢复业务电路，再进行事故检修和分析。通信电路故障检修时，应按先干线后支线、先重要业务电路后次要业务电路的顺序依次进行。在通信电路事故抢修时采取的临时措施，故障消除后应及时恢复。

349. 简述通信光缆巡视的要求。

答：（1）通信运行维护机构应落实光缆线路巡视的责任人；（2）电力特种光缆应与一次线路同步巡视，特殊情况下，可增加光缆线路巡视次数；（3）巡视内容应包括光缆线路运行情况、线路接头盒情况等。

350. 简述通信运行统计范围。

答案：(1) 各级单位接入电力通信网的通信电路、设备；(2) 自建、合建、租用的通信线路的相关通信设施；(3) 接入电力通信网的发电企业通信资源。

351. 简述通信网年度运行方式编制应遵循的原则。

答案：(1) 通信网年度运行方式应与通信网规划以及电网年度运行方式相结合；(2) 通信网年度运行方式应与通信网年度检修计划和技改／大修相结合；(3) 下级单位的通信网年度运行方式原则上应服从上级单位的通信网年度运行方式。

352. 简述通信检修开工的必备条件。

答案：(1) 现场确认相关组织、技术和安全措施到位；(2) 依据通信检修申请票，填写现场工作票，现场开工许可办理（在变电站检修必备）；(3) 相关通信调度确认电网通信业务保障措施已落实；(4) 相关通信调度确认受影响的继电保护及安全自动装置业务已退出；(5) 相关通信调度确认有关用户同意中断受影响的电网通信业务；(6) 相关通信调度确认通信网运行中无其他影响本次检修的情况；(7) 相关通信调度已逐级许可开工；(8) 所属通信调度下达开工令。

353. 在通信检修作业、通道投入／退出作业中哪些作业必须填写通信操作票？

答案：(1) 对网络管理系统现有运行网络数据、网元数据、电路数据进行修改或删除的操作（不包括巡视作业时的网管操作）；(2) 通信设备硬件插拔、连接有严格操作顺序要求，操作不当会引起硬件故障或者设备宕机、重启动的操作；(3) 涉及通信电源设备的试验、切换、充放电，需要顺序操作多个开关、刀闸的。

354. 哪些情况下通信调度应立即向上级通信机构逐级汇报？

答案：(1) 电网调度中心、重要厂站的继电保护、安全自动装置、调度电话、自动化实时信息和电力营销信息等重要业务阻断；(2) 重要厂站、电网调度中心等供电电源故障，造成重大影响；(3) 人为误操作或其他重大事故造成通信主干电路、重要电路中断；(4) 遇有严重影响通信主干电路正常运行的火灾、地震、雷电、台风、灾害性冰雪天气等重大自然灾害。

355. 简述通信运行管理的基本原则。

答案：统一调度、分级管理、下级服从上级、局部服从整体、支线服从干线、属地化运行维护。

356. 简述通信调度值班日志和交接班要求。

答案：(1) 值班日志应按规定记录当值期间通信网主要运行事件，包括设备巡视记录、故障（缺陷）受理及处理记录、通信检修工作执行情况、通信网运行情况等相关信息；(2) 事件记录内容应规范化，内容应包括接报时间、对方单位和姓名、发生时间、故障现象、协调处理过程简述、遗留问题等；(3) 交接班时，交班者应将当值期间通信网运行情况及未处理完毕的事宜交代接班者，如有重大故障未处理完毕，应暂缓进行交接工作，接班人员应密切配合协同处理，待故障恢复或处理告一段落再进行交接班。

四、简答题

357. 简述通信运行方式编写总体要求。

答：(1) 通信机构应按照"统一协调、分级负责、优化资源、安全运行"的要求，编制本级通信调度管辖范围内的通信网年度运行方式和日常运行方式；(2) 通信网年度运行方式应与电力通信规划以及电网年度运行方式相结合；(3) 通信机构应根据所辖通信网络运行情况优化运行方式，提高通信网安全运行水平和资源分配的合理性；(4) 通信网运行方式的编制，应综合考虑电网和通信网建设、现有通信网结构变化、通信设备健康状况、各级通信资源共享等情况。

358. 简述通信光缆维护界面分工。

答：(1) 光纤复合架空地线（OPGW）和全介质自承式光缆（ADSS）等（包括线路、预绞丝、耐张线夹、悬垂线夹、防震锤等线路金具，线路中的光缆接续箱）的巡视、维护、检修等工作由相应送电线路运行维护部门负责，通信机构负责纤芯接续、检测等工作。(2) 连接到发电厂、变电站内的OPGW、ADSS光缆，在发电厂、变电站内分界点为门型构架（水电厂的分界点一般为第一级杆塔），特殊情况另行商定。光缆线路终端接续箱，分界点向线路方向侧由输电线路维护机构负责，向通信机房方向侧由通信机构负责；进入中继站时，分界点为中继站光缆终端接续箱，分界点向线路方向侧由输电线路维护机构负责。运行维护分界点的终端接续箱由输电线路维护机构负责，引入机房光缆等由通信机构负责。终端接续箱的巡视，终端接续箱的拆、挂牵涉高压的接地等电气性能和可能的带电作业等由输电线路维护机构负责，终端接续箱的光通信性能测试和光纤熔接由通信机构负责。

359. 简述通信电路和设备故障原因的分类。

答：(1) 设备、元器件本身缺陷；(2) 维护不良、设备失修、调整不当；(3) 误操作或者违反操作规程；(4) 大风、雨雪、洪水、冰雹和地震等自然灾害影响；(5) 设计不合理、施工不良或者配套不全等；(6) 其他方面因素的影响。

360. 简述光纤通信工程验收的主要内容。

答：(1) 主要设备、器材安调工程，包括通信主设备系统的安装调试和光缆线路的架设、敷设、接续等。(2) 辅助设备、器材安调工程，包括各种配线架（柜）、配套电源系统和通信站监控装置的安装调试等。(3) 配套基础设施工程，包括杆塔、沟道、管孔的新建或改造工程和通信站机房土建工程等。

361. 简述进一步加强电力通信网基础数据和资料的管理工作主要包括的内容。

答：规范资源命名、设备台账管理、备品备件管理等基础工作。完善通信运行评价统计指标体系，加强通信运行统计、分析、考核工作。

362. 简述通信调度与电网调度如何开展工作，共同保障电网安全生产。

答：涉及电网安全运行的通信调度工作必须服从电网统一调度管理，要建立有效的联系制度，杜绝因沟通不充分、不及时而影响电网或通信网安全事件发生。

363. 光纤通信电路的运行维护应做好哪些记录？

答案：(1) 光纤设备的安装、调试、检测、改进、维修记录；(2) 设备缺陷及处理分析记录；(3) 备品、备件、工具材料消耗记录；(4) 运行日志；(5) 定期测试记录。

364. 简述安全管理"三个工作体系"。

答案：风险管理体系、应急管理体系、事故调查体系。

365. 简述作业前"四清楚"。

答案：作业任务清楚、危险点清楚、作业程序清楚、安全措施清楚。

366. 简述跨区电网运行管理必须建立健全的主要规程、规定类别。

答案：(1) 国家电网公司颁布的有关技术规程、安全生产规定、安全技术措施和反事故措施；(2) 各级电网经营企业颁布执行的主要技术规程和安全生产规定；(3) 现场运行规程、现场检修规程、现场试验规程、带电作业规程等现场规程。

367. 调度机构在安全生产中的首要任务是什么？

答案：调度机构的首要任务是，防止发生电网稳定破坏和大面积停电事故、调度机构人员责任事故。

368. 电力生产事故调查"四不放过"有哪些？

答案：事故原因未查清不放过，责任人员未处理不放过，整改措施未落实不放过，有关人员未受到教育不放过。

369. 简述设备检修申请内容。

答案：包括检修设备名称、主要检修项目、检修起止时间、对运行方式和继电保护的要求以及其他注意事项等。

370. 确保安全"三个百分之百"要求内容是什么？

答案：确保安全，必须做到人员的百分之百，全员保安全；时间的百分之百，每一时、每一刻保安全；力量的百分之百，集中精神、集中力量保安全。

371. 简述如何加强通信应急管理。

答案：按照《国家电网电力通信系统处置突发事件应急管理工作规范》要求，制定通信系统应急预案，加强通信系统应急工作的组织，健全应急组织机构，实现应急工作管理的制度化、规范化、常态化。组织开展应急预案演练工作，检验应急预案的有效性、实用性，进一步完善通信网应急预案，提高通信人员处置突发事件的能力，做到迅速响应、快速组织、正确处理。

372. 简述通信运维工作内容。

答案：(1) 通信设备日常消缺、业务调整和故障处理；(2) 光缆线路、通信站及通信设备的大修改造；(3) 通信设备春秋检；(4) 通信设备的日常巡视检查；(5) 通信线路及设备的紧急抢修。

四、简答题

373. 通信设备检修作业终结的要求是什么？

答：(1) 检验故障或缺陷等恢复情况，确认恢复良好；(2) 清理施工现场，清点工器具、回收材料；(3) 做好现场检修、测试等记录；(4) 办理工作票终结手续；(5) 整理检修资料，修改运行资料，保证资料与实际运行状况一致。

374. 通信设备的维护检修规定中，设备有哪些？

答：微波设备（含终端设备）、光纤设备（含终端设备）、电力线载波设备、调度程控设备、通信电源设备（整流器和蓄电池）以及通信机房的附属设备（如空调）。

375. 简述电力通信系统中通信事故概念。

答：因通信原因，直接造成《国家电网公司电力生产事故调查规程》中定义的一般及以上等级的电网或设备事故（"通信原因"占30%，"《国家电网公司电力生产事故调查规程》"占20%，"一般及以上等级的电网或设备故障"占50%。）

376. 网省公司通信系统突发事件处置指挥部主要职责有哪些？

答：具体指挥、组织实施本单位经营区域内通信系统抢险救灾、应急救援、抢修恢复及应急通信保障工作（"指挥、组织实施"占20%，"抢险救灾、应急救援、抢修恢复及应急通信"各占20%）。

377. 违章按生产活动的组织及事故直接原因的性质分为哪几种？

答：指挥性违章、装置性违章、作业性违章。

378. 利用网管对通信网络和设备进行周期性巡视终结的要求是什么？

答：(1) 检查巡视作业项目，防止遗漏项目；(2) 确认本次巡视未对网元进行数据配置、修改；(3) 检查网管告警信息，确认本次巡视未产生有关告警；(4) 完整填写通信设备巡视卡并归档；(5) 对巡检中发现的故障或异常，应进行分析，及时上报通信主管部门，并提出整改方案。

379. 请简述《国家电网公司安全事故调查规程》规定的七级设备事件。

答：(1) 地市电力调度控制中心与直接调度范围内超过30%的厂站通信业务全部中断；(2) 省电力公司级以上单位电视电话会议，发生超过10%的参会单位音、视频中断；(3) 省电力公司级以上单位行政电话网故障，中断用户数量超过30%，且时间超过4小时。

380. 简述通信检修的原则。

答：通信检修实行统一管理、分级调度、逐级审批、规范操作的原则，实施闭环管理。

381. 简述通信调度的原则。

答：电力通信网具有全程全网、联合作业、协同配合的特点，各级通信调度是所辖范围电力通信网运行、管理的指挥中心，在电力通信业务活动中是上下级关系。应严格执行下级服从上级、局部服从整体、支线服从干线、无备用优先的通信调度原则。

382. 简述信息通信调度员行为准则。

答：(1) 遵纪守法，严行规章，强化自律意识。(2) 牢记使命，坚守岗位，认真履行职责。

(3)安全第一，严密监控，掌握运行态势。(4)维护大局，令行禁止，确保正确执行。(5)科学调度，从容应对，提升指挥能力。(6)实时监控，及时响应，保障优质运行。(7)公平公正，尽心尽责，努力创先争优。(8)爱岗敬业，礼貌待人，树立良好形象。(9)爱护设施，环境整洁，保持身心健康。(10)勤奋学习，开拓创新，建设坚强调度。

383. 发生什么情况时，应及时向通信调度汇报？

答案：(1)电力调度、防汛指挥专用电路中断；(2)局部通信中断，造成一级、二级和三级通信网通信电路中断；(3)一级、二级和三级通信网设备出现告警；(4)人为误操作及重大事故造成通信电路中断；(5)遇有火灾、地震、雷击、台风等严重影响电路正常通信的重大灾害。

384. 紧急抢修的原则是什么？

答案：紧急抢修应遵循先抢通，后修复；先电网调度通信业务，后其他业务；先上级业务，后下级业务的原则。

385. 如何加强通信应急管理？

答案：按照《国家电网电力通信系统处置突发事件应急管理工作规范》要求，制定通信系统应急预案，加强通信系统应急工作的组织，健全应急组织机构，实现应急工作管理的制度化、规范化、常态化。

组织开展应急预案演练工作，检验应急预案的有效性、实用性，进一步完善通信网应急预案，提高通信人员处置突发事件的能力，做到迅速响应、快速组织、正确处理。

386. 线路巡视主要内容是什么？

答案：(1)复合光缆、缠绕光缆外形是否有明显碰撞或变形；(2)复合光缆外护层或缠绕光缆的钢绞地线是否有断股或松股，加绑光缆的捆绑金属丝是否开断；(3)垂度是否超过正常范围；(4)线路金具是否完整；(5)光缆接续箱及预留光缆盘所放位置是否有变化。

387. 国网公司系统关于通信运行维护责任是如何划分的？

答案：通信设施的运行维护责任按电网管理范围的属地化原则确定，由各级通信运行管理部门归口负责，并确定所辖区域内各级通信设施的运行维护单位，明确运行维护责任，完善规章制度，建立通信运行报表报送制度，加强监督、指导和考核工作。

388. 对设备来说不可用性反映为故障率，用什么指标表达？

答案：不可用性对设备来说反映为故障率，常用平均故障时间间隔（MTBF）和平均修复时间间隔（MTTR）加以表达：q（平均故障率）＝ [MTTR/（MTBF+MTTR）] ×100%。

389. 在《电力光纤通信工程验收规范》中，网管功能检查包括哪些内容？

答案：(1)告警管理功能检查：核对、确认、锁定、清除各种告警信号的能力；告警过滤和遮蔽功能；查询、统计、分析各类告警信号并生成各类报表的能力；对外围设备接入告警信号进行管理的能力。(2)故障管理功能检查：识别故障并能进行故障定位；能够设置故障严重等级。(3)安全管理功能检查：未经授权者不能接入管理系统；对不同等级授权人的授权范围进行

四、简答题

管理;操作系统软件、系统应用软件、系统数据库应有备份。(4)配置管理功能检查:网络拓扑图编辑、导航、定位管理;系统结构配置可用图形或列表方式建立和修改;各类接口(SDH、PDH、ATM、以太网)技术参数配置;各类通道配置(通道的建立、取消、交叉连接等);系统保护倒换方式配置(系统保护倒换参数设置、存储、检索、更改);同步定时源配置(优先级、倒换模式、输入/输出类型、自动/手动等);公务系统配置(号码、选呼、群呼等);SDH 开销配置;各种冗余配置(电源、交叉连接、时钟、主控器等)管理;开启、关闭激光器。(5)性能管理功能检查:能够监视、测量、采集各类接口的各种技术数据;能够查询、统计、分析各种技术性能数据,并能以表格或图形方式显示结果;能够按照设备性能设置各种数据的门限。

390. 在《国家电网电力通信系统处置突发事件应急管理工作规范》中,什么情况下进入电力通信系统预警状态?

答案:因电网事故、通信网络故障、通信设施破坏、严重自然灾害等发生突发事件,并出现下列情况之一时,各级通信运行部门应根据所辖事故和故障范围进入电力通信系统预警状态:(1)进入国家或各级公司电网预警及以上状态;(2)调度指挥中心的通信电源或调度交换系统全停,影响电力调度生产业务和正常指挥;(3)电力通信电路中断,造成超过二条 220kV 线路继电保护、安全稳定控制通道中断,或者造成一条 330kV 线路及以上继电保护通道、安全稳定控制通道中断;(4)因严重自然灾害(地震、雷击、火灾、水灾等)、外力破坏等原因有可能引发或造成通信设施遭到破坏或不能正常运行,影响电力调度生产正常指挥或公司正常生产经营;(5)因电网调度系统不能正常使用而启用备用调度系统。

391. 通信资源整合包含哪两个方面?

答案:一是通过设备资源整合,实现各级通信资源共享,降低无效资产。二是通过技术资源整合,达到统一技术体制,优化网络结构,充分发挥电力通信网的整体效益。

392. 基于 SDH 的同步网规划及组网原则着重应考虑哪些情况?

答案:(1)避免定时环的出现;(2)防止低级时钟同步高级时钟情况的出现;(3)减少时钟重组对定时的影响并缩小其影响的范围。

为了避免上述 3 种情况的发生,需要对定时基准传输链路进行认真、细致的规划和设计。

393. 电通中心有关安全检查的具体要求中关于光缆线路运行维护的具体要求的四个明确是什么?

答案:(1)明确专业分工责任界面;(2)明确通信维护责任单位和线路维护责任单位;(3)明确网省内的受托运行维护管理归口单位;(4)明确维护单位与归口单位之间的工作关系和工作制度。

394. 信息系统调度运行管理的主要信息资源包括哪几类?

答案:(1)信息系统软硬件设备;(2)业务应用系统;(3)人员队伍。

395. PPDR 安全模型的构成要素有哪些?

— 1131 —

答案：安全策略、防护、检测、响应。

396. 年度运行方式应包含哪些内容？

答案：（1）上一年度新（改、扩）建及退役通信系统情况；（2）上一年度通信网现状；（3）上一年度通信运行情况及分析；（4）上一年度通信系统运行存在问题、提出改进措施和建议；（5）本年度通信网年度运行方式编制的依据和需求预测；（6）本年度新（改、扩）建通信项目；（7）本年度通信系统运行要求；(8）本年度通信检修工作计划；(9）本年度通信系统运行方式安排；(10）通信系统网络图；(11）各类通信通道电路配置表。

397. 申请单应包含哪些内容？

答案：（1）申请类型（接入/更改/退出）；（2）申请单编号；（3）申请时间；（4）申请单位/部门；（5）申请原因；（6）业务要求（包括业务用途、起始和终止站点、带宽、数量、接口、使用期限等）；（7）申请开通时间；（8）申请人及联系电话；（9）受理单位/受理人意见；(10）通信主管部门意见。

398. 方式单应包含哪些内容？

答案：（1）方式单类型（接入/更改/退出）；（2）方式单编号；（3）申请单编号；（4）业务电路的名称及用途；(5）业务电路带宽、端口、路由；(6）要求完成时间；(7）编制人、审核人、签发人；(8）编制日期。

399. 数字签名必需达到哪些要求？

答案：签名接收者能容易地验证签字者对消息所做的数字签名，发生争议时，可由第三方解决争议，任何人包括签名接收者，都不能伪造签名。

400. 信息安全的C、I、A分别指的是什么？

答案：C: Confidenciality，即隐私性，也可称为机密性，指只有授权用户可以获取信息；I: Integrity，即完整性，指信息在输入和传输的过程中，不被非法授权修改和破坏，保证数据的一致性；A: Availability，即可用性，指信息的可靠度。

401. 列举五种计算机网络拓扑结构。

答案：（1）星型网络；（2）总线型网络；（3）树型网络；（4）环型网络；（5）网状型网络。

402. 服务器虚拟化的主要特点有哪些？

答案：减少服务器数量，提高服务器利用率，快速调配服务器，性价比高，简单高效的管理。

403. 通信运行管理部门在通信工程建设中应该参与哪些工作？

答案：各级通信运行管理部门应积极参与电网工程的前期工作，加强对基建、技改等工程的通信运行验收管理，做好竣工资料和有关设备的管理工作，确保新建、改建通信工程符合设计和技术标准的要求。

404. 在通信运行检修管理中应该注意哪些方面的工作？

答案：通信设施检修工作必须服从电网调度运行的统一管理，有关检修工作应纳入调度运

四、简答题

行检修管理流程。涉及通信设施运行的电网改造、检修等工作也应纳入通信检修管理范畴,制定检修管理制度和流程,加强建设、施工等单位与通信运行管理部门的协调,防止因电网改造、检修等工作对通信网造成影响。

405. 在通信检修工作中,通信调度负责哪些内容?

答案:通信调度负责受理通信检修申请,审核检修内容、检修时间、影响范围、安全要求等各项内容。

406. 计算机病毒主动攻击主要是通过哪些方式对信息内容造成信息破坏,从而使系统无法正常运行?

答案:中断、伪造、篡改、重排。

407. 承担通信设施运行维护工作的单位工作中应注意哪些问题?

答案:承担通信设施运行维护工作的单位,不论行政隶属关系,相关通信设施的运行维护工作必须接受通信运行管理部门的业务指导,认真履行维护职责,服从通信调度指挥。对安装在发电企业的系统通信厂站端设备及相关设施也要协调和明确运行维护责任。

408. 设备遭受雷击后应对损坏情况进行调查分析,调查分析内容主要包括哪些?

答案:(1)各种电气绝缘部分有无击穿闪络的痕迹、有无烧焦气味,设备元件损坏部位,设备的电气参数变化情况;(2)各种防雷元件损坏情况,参数变化情况;(3)安装了雷电测量装置的,应记录测量数据,计算出雷电流幅值;(4)了解雷害事故地点附近的情况,分析附近地质、地形和周围环境特点及当时的气象情况;(5)保留雷击损坏部件,必要时对现场进行拍照或录像,做好各种记录。

409. 电力通信运行管理规程中对通信网管理的总体要求是什么?

答案:(1)通信网的管理应以保障电力通信网安全、稳定运行为首要任务;(2)电力通信网应实行统一、规范化管理,通信机构应做好所辖通信网的基础数据和资料的管理工作;(3)应加强通信网资源管理,建设完善信息化管理手段,实现资源电子化管理;(4)应定期对电力通信网系统进行性能测试,内容至少应包括传输网误码测试、保护倒换功能测试、数据网设备的路由测试、调度/行政交换网的中继测试等;(5)通信机构应建设和完善通信网运行监测手段;(6)应加强设备及网管系统版本管理,保持运行设备、新投运设备、备品备件、网管系统兼容。

410. 电力系统光纤通信运行管理规程中规定的设备巡视可分为哪几类?

答案:设备巡视可分为现场巡视和网管巡视:(1)现场巡视主要检查设备的告警灯状态、散热情况、运行环境等,并定期对光纤通信设备滤网进行清洗,检查设备风扇运行是否正常。(2)具备条件时,可利用网管系统对设备进行巡视和状态检查,内容包括在线光功率、误码性能、告警状态、保护倒换等。

411. 通信调度值班日志应包括哪些内容?

答案：值班日志应按规定记录当值期间通信网主要运行事件，包括设备巡视记录、故障（缺陷）受理及处理记录、通信检修工作执行情况、通信网运行情况等相关信息。

412. 通信调度交接班时应注意哪些事项？

答案：交接班时，交班者应将当值期间通信网运行情况及未处理完毕的事宜交代接班者，如有重大故障未处理完毕，应暂缓进行交接工作，接班人员应密切配合协同处理，待故障恢复或处理告一段落再进行交接班。

413. 通信设备运行统计分析中，通道故障时间和业务中断时间分别如何计算？

答案：(1) 通道故障时间：除计划检修以外，业务通道不可用的时间，即从通道故障起始时间到故障通道恢复时间。其中，通道故障起始时间，以网管或相关监控系统记录时间为准；通道故障终止时间，以业务通道确认修复时间为准。(2) 业务中断时间：除计划检修以外，端到端或用户到用户之间的业务中断时间，即从业务中断起始时间到业务中断终止时间。其中，业务中断起始时间，以网管或相关监控系统记录时间为准；业务中断终止时间，以通信业务确认恢复正常运行时间为准。

414. 请简述缺陷故障流程。

答案：缺陷派工——缺陷处理反馈——消缺确认——编制缺陷报告——调度员归档。

415. 如何确定通信检修单上报到国网或分部？

答案：在填报检修单时影响等级和影响业务等级填写国网和分部，检修单会自动流转到国网或分部。

416. 通信系统的检修作业包括什么？

答案：通信光缆检修、通信设备检修和通信电源检修。

417. 简述省公司通信检修流程步骤。

答案：填写检修单——检修专责初审——领导审批——填写开工信息——填写完工信息——确认归档。

418. 业务申请流程包括哪些？

答案：业务申请——专责审核——领导审批——业务拆分——方式编制开通——业务开通确认。

419. 如何通过网络流量分析发现内网被控主机的扫描行为？

答案：在对网络流数据监听过程中，我们可以观察到网络流量的曲线波动和TCP同步包与TCP同步确认包的关系。在正常情况下网络流量曲线趋于平稳，TCP同步包与TCP同步确认包数量基本相等。当网络流量曲线发生突变，TCP同步包远远大于TCP同步确认包的时候通常存在扫描行为。

420. 通信机构应建立健全哪些管理制度？

答案：(1) 岗位责任制；(2) 设备责任制；(3) 值班制度；(4) 交接班制度；(5) 技术培训制度；

四、简答题

(6) 工具、仪表、备品、备件及技术资料管理制度；(7) 根据需要制定的其他制度。

421. 什么是数字签名？

答案：数字签名是使以数字形式存储的明文信息经过特定密码变换生成密文，作为相应明文的签名，使明文信息的接收者能够验证信息确实来自合法用户以及确认信息发送者身份。

422. 电力调度自动化系统运行管理规程提到的自动化系统数据传输通道主要是指什么？

答案：主要是指自动化系统专用的电力调度数据网络、专线、电话拨号等通道。

423. "调度数据网络"包括哪些？

答案：调度数据网络包括各级电力调度专用广域数据网络、用于远程维护及电能量计费等的调度专用拨号网络、各计算机监控系统内部的本地局域网络等。

424. 远动四遥是指什么？专线通道质量的好坏，对于远动功能的实现，有很大的影响作用。判断专线通道质量的好坏，通常有几种常用手段？

答案：远动四遥为遥测、遥信、遥控、遥调。判断专线通道质量的好坏，常用手段有：(1) 观察远动信号的波形，看波形失真情况；(2) 环路测量信道信号衰减幅度；(3) 测量信道的信噪比；(4) 测量通道的误码率。

425. 蓄电池组正常浮充使用半年后发现哪些异常情况时，应找出原因并更换有故障的蓄电池？

答案：(1) 电压异常（单体电压大于2.35或小于2.15）；(2) 物理性损伤（如壳盖有裂纹、变形，端子失效）；(3) 电解液泄漏；(4) 温度异常（电池表面温度大于30℃）；(5) 电池气胀。

426. 光纤通信系统的运行统计包括哪些项目？

答案：光纤通信系统的运行统计包括电路运行率、设备运行率、线路运行率和可用率等项目。

427. 通信调度员值班台主要工作内容有哪些？

答案：值班工作台可显示当前值班信息、运行记录、通信保障、工作记录、故障单、检修工作票、方式单、业务申请单列表；链接当前值班班次的值班记录主界面，如果当前值班班次没有启动，界面不显示任何数据。

428. 简述通信方式单关键控制点。

答案：方式方案执行后必须反馈和存档。其他单位资源是否满足方式需求调查工作，不在流程中反映，为线下工作。

429. 简述通信检修单关键控制点。

答案：检修单必须经过调度值班员审批通过；如果检修单影响电力调度业务，必须经电力调度审批通过；如果检修单影响上级业务，必须经上级单位审批通过；检修单申请执行后必须填报完成情况并存档。

430. 通信现场标准化作业中检修作业按照规模大小，可以分为哪几类？

答案：检修作业按照规模大小，可以分为大型作业和小型作业两类。

431. 简述通信操作票概念。

答案：为防止误操作，在通信网络中对设备硬件和网络管理系统进行操作时，由操作人按照操作内容和顺序填写，并按此操作的书面依据。

432. 简述通信调度应如何设置。

答案：地（市）级及以上通信机构应设置通信调度，设置通信调度岗位，并实行24小时有人值班，负责其所属通信网运行监视、电路调度、故障处理。

433. 当通信调度发现需要立即进行检修的通信故障或接到此类故障报告后应如何处置？

答案：当通信调度发现需要立即进行检修的通信故障或接到此类故障报告后，应初步判断故障现象、影响范围，通知相关单位，立即组织紧急检修。

434. 简述通信调度管辖范围。

答案：通信调度管辖范围包括承载本级电网通信业务的通信网资源，以及受上级通信机构委托调度的通信资源。

435. 通信现场使用应急抢修单的条件是什么？

答案：通信系统发生故障，需要在短时间内恢复、排除故障的工作，可使用应急抢修单。

436. 利用网管对通信网络和设备进行周期性巡视的一般要求是什么？

答案：（1）中心站应定期通过网管系统对通信设备及网络进行的巡视，根据网元数量、巡视内容进行合理安排巡视周期和巡视内容。（2）作业人员应熟悉所巡视网络管理系统的相关知识并能熟练操作网管。（3）通过网管系统对通信设备及网络进行的周期巡视宜两人进行，其中一人监护。（4）作业人员应熟悉作业内容、进度要求、作业标准以及安全注意事项。

437. 通信设备统计分析是指什么？

答案：通信设备统计分析是指通过对各级通信机构所辖范围内通信设备基础数据的统计，分析各级通信网在装备总量、技术应用、发展趋势等方面的情况和特点，反映通信网装备的实际情况。

438. 公司每月统计信息通信系统运行和安全评价数据的统计周期是什么？

答案：每月的评价数据统计周期为上月21日24点至本月20日24点。

439. 通信检修现场全体工作人员应执行检修工作相关技术和安全措施，注重现场安全，具备哪些条件？

答案：（1）熟知检修作业内容、时间；（2）掌握检修作业安全措施要点、标准作业流程，以及作业过程中的危险点及控制措施；（3）准备必要的仪器、仪表、备品和备件，作业需使用的图纸、手册、记录表格等资料；（4）作业现场安全措施应正确完备，符合现场实际。

440. 列举月度计划检修完成率和月度临时检修率的计算指标，哪些情况不计入统计？

答案：月度计划检修完成率 = 当月计划检修已执行项目数 / 当月计划检修的项目数 ×100%，

四、简答题

非通信原因造成未执行的检修不计入统计;月度临时检修率=当月临时检修项目数/当月总检修项目数×100%,因电网临时检修、通信设备严重缺陷或上级通信机构临时安排检修工作引起的临时检修不计入统计。

441. 什么是电力通信设施?具体包括哪些?

答案:承载电网通信业务的通信设备和通信线路,简称为通信设施。主要包括但不限于:传输设备、交换设备、接入设备、数据网络设备、电视电话会议设备、机动应急通信设备、时钟同步设备、通信电源设备、通信网管设备、通信光缆电缆和配线架等。

442. 通信检修划分为哪几类?

答案:计划检修、临时检修、紧急检修。

443. 保证安全的组织措施是什么?

答案:在电气设备上工作,保证安全的组织措施为:(1)工作票制度;(2)工作许可制度;(3)工作监护制度;(4)工作间断、转移和终结制度。

444. 通信站需要具备哪些运行维护资料?

答案:通信站应具备基本的运行维护资料,包括上级颁发的有关规程、规定、岗位责任制、值班制度、设备运行记录、设备操作手册、设备接线图等。

445. 简述通信调度机构的职能。

答案:通信调度机构是组织、指挥、协调、管理通信网运行、维护和故障处理的职能部门。

446. 简述通信调度指令的形式。

答案:通信调度指令分电话口令、通信运行方式通知单、通信检修工作票等三种。

447. 简述通信网发生事故时,值班通信调度人员或通信检修人员应遵循的原则。

答案:(1)迅速限制事故的发展,消除事故根源,解除对人身和设备安全的威胁;(2)保持通信网其他方向设备和电路的正常运行和调度生产业务通道的畅通;(3)有业务中断时,尽可能采取临时应急措施,先恢复业务电路,再进行事故检修和分析;(4)应按先干线后支线、先重要业务电路后次要业务电路的顺序依次进行;(5)在通信电路事故抢修时采取的临时措施,故障消除后应及时恢复。

448. 运行维护单位应建立巡视记录制度,记录宜用表格形式并完整规范。巡视及记录内容应包括哪些?

答案:(1)机房防火、防盗、防小动物、防尘、防漏水以及机房温度环境等方面有无异常;(2)电源(包括蓄电池)的电压和电流值是否正常,空调的工作状态有无异常,缆线有无异常;(3)设备(包括调度台和调度录音设备)的工作状态、面板告警状态、历史告警情况记录有无异常;(4)巡视中发现异常或故障,应及时向本级主管单位(部门)汇报,按检修规定进行处理,并记录现象、处理结果及遗留问题等。

449. 服务中断是指什么?

— 1137 —

答案：服务中断是指因网络通信中断、人为破坏、软件故障、服务器宕机、硬件设备损坏、误操作等造成该系统业务非计划不可用。

450. 通信网年度运行方式和日常运行方式编制应遵照的要求有哪些？

答案：应按照"统一协调、分级负责、优化资源、安全运行"的要求，编制本级通信调度管辖范围内的通信网年度运行方式和日常运行方式。

451. 国家电网公司网络与信息系统安全防护的目标是什么？

答案：网络与信息系统安全防护的目标是保障电力生产监控系统及电力调度数据网络的安全，保障管理信息系统及通信、网络的安全，落实信息系统生命周期全过程安全管理，实现信息安全可控、能控、在控。防范对电力二次系统、管理信息系统的恶意攻击及侵害，抵御内外部有组织的攻击，防止由于电力二次系统、管理信息系统的崩溃或瘫痪造成的电力系统事故。

452. 节假日和特殊时期，各级信息通信调度机构执行什么报告制度？

答案：节假日和特殊时期，各级信息通信调度机构执行零报告制度，每日17：00前完成运行情况、有关事件等分析报告的编制工作，经审核后及时报送信息通信职能管理部门和上级调度机构。

453. 电力通信运行统计宜采用的指标有哪些？

答案：通信电力运行率、通信设备运行率、光缆线路运行率、通信业务保障率、平均故障处理时间。

454. 继电保护、安全自动装置复用通信设备的分工界面是如何规定的？

答案：继电保护、安全自动装置连接的保护专用电缆不经通信机房配线架，以音频接口端子为界；经通信机房音频配线架（必须加专用端子排）、数字配线架（DDF）、光配线架（ODF），以音频配线架、数字配线架（DDF）和光配线架（ODF）为界；端子排内侧（含端子）、音频配线架里侧（含端子）、数字配线架（DDF）和光配线架（ODF）内侧，由通信专业负责。端子排外侧、音频配线架外侧、数字配线架（DDF）和光配线架（ODF）外侧，由继电保护专业负责。此项规定应严格列入现场运行规程。

455. 通信系统防雷的运行维护每年应开展哪些工作？

答案：（1）每年雷雨季节前应对接地系统进行检查和维护。主要检查连接处是否紧固、接触是否良好、接地引下线有无锈蚀、接地体附近地面有无异常，必要时应挖开地面抽查地下隐蔽部分锈蚀情况，如果发现问题应及时处理。（2）接地网的接地电阻宜每年进行一次测量。（3）每年雷雨季节前应对运行中的防雷元器件进行一次检测，雷雨季节中要加强外观巡视，发现异常应及时处理。

456. 电力系统信息安全防护的基本原则是什么？

答案：电力系统中，安全等级较高的系统不受安全等级较低系统的影响；电力监控系统的安全等级高于电力管理信息系统及办公自动化系统，各电力监控系统必须具备可靠性高的自身

四、简答题

安全防护设施，不得与安全等级低的系统直接相连。

457. 简述信息安全事件监测工作的目的。

答案：信息安全事件监控的目的是指通过实时监控网络或主机活动，监视分析用户和系统的行为，审计系统配置和漏洞，评估敏感系统和数据的完整性，识别攻击行为，对异常行为进行统计和跟踪，识别违反安全法规的行为，使管理员有效地监视、控制和评估网络或主机系统，保护并及时处理由此引发的各类信息安全事件，降低或者避免突发安全事件造成的经济损失与社会影响，保障企业网络与业务系统正常运行。

458. 电力通信业务网包括哪些？

答案：调度交换网、行政交换网、调度数据网、综合数据网、会议电视网。

459. 信息通信调度应急处置能力是什么，具体工作有哪些？

答案：信息通信系统发生突发性事件时，及时、有序、高效处理事件的能力。调度应急预案：遵循"预防为主、统一指挥、保证重点"的原则，编制信息通信调度应急预案，经信息通信职能管理部门审批后执行。应急演练：定期开展应急演练，并对应急演练效果进行评估；及时、滚动修编应急预案。灾备演练：定期开展与各级灾备中心的联合应急演练，并对演练效果进行评估。预警机制：建立分级预警机制；常态化开展预警、预警监督与评估工作。

460. 电力行业信息安全等级保护基本要求中的基本技术要求和基本管理要求分别有哪几个方面？

答案：基本技术要求主要包括物理安全、网络安全、主机安全、应用安全、数据安全与备份恢复五个方面。基本管理要求主要包括安全管理制度、安全管理机构、人员安全管理、系统建设管理、系统运维管理五个方面。

461. 电力通信设备运行统计分析包括哪几个方面？

答案：统计分析评价包括电力通信设备数量统计分析、通信业务及业务通道数量统计分析、通信设备故障统计分析、业务通道故障及通信业务中断统计分析，以及电力通信网运行质量及保障能力的综合评价等。

462. 在《电力光纤通信工程验收规范》中，光缆线路随工验收主要包括哪几部分？

答案：光缆线路随工验收主要包括以下几个部分：（1）光缆及金具现场开箱检验。（2）光缆架设前的单盘测试。（3）光缆、金具、接续盒及余缆架安装质量检查。（4）分流线安装质量检查。（5）导引光缆敷设安装质量检查。（6）机房内光纤配线设备安装质量检查。（7）区段（指相邻 ODF 之间的光缆线路）光纤全程指标测试。

463. 在《国家电网公司十八项电网重大反事故措施》中指出进入电力调度机构、通信枢纽站、变电所、大（中）型发电厂的通信缆线应满足什么要求？

答案：电力调度机构、通信枢纽、变电站和大（中）型发电厂的通信光缆或电缆应全线穿管敷设，并尽可能采用不同路由的电缆沟进入通信机房和主控室。通信电缆沟应与一次动力电缆沟相分离，如不具备条件，应采取电缆沟内部分隔等措施进行有效隔离。

464. 复用保护通信设备该如何接地？

答案：复用保护通信设备必须可靠接地。(1) 复用保护通信设备与继电保护及安全自动装置设备之间应采用屏蔽电缆进行连接，通信与继电保护在同一地网的电缆屏蔽层应两端接地；(2) 不在同一地网的电缆应加装隔离变压器或采取其他抗干扰措施。严禁用电缆芯线两端接地的方法作为抗干扰措施。

465. 简述通信调度的故障处理原则。

答案：(1) 在电路故障时，对于重要用户（如复用保护电路、电力生产调度电话），应立即组织处理。如不能短时间恢复，应采取迂回转接电路进行恢复。电力调度电话可采取电力通信以外的通信方式联系。(2) 电路、设备恢复正常后，现场维护人员应将中断原因、部位、处理结果及恢复时间通知调度值班员。经调度值班员确认正常后，记为中断的终止时间。如电路、设备恢复正常后，维护人员未能及时通知调度员时，则以通信调度值班员发现电路、设备正常时间为中断的终止时间。(3) 通信调度值班员发现电路中断或接到用户报告，应及时通知有关维护单位处理。受理单位应立即组织处理，如遇疑难故障一时难以恢复时，应报通信调度批准后，采取迂回、转接电路，保证用户的正常使用。(4) 对于中断时间较长，责任不明或认为有必要进行调查时，通信调度值班员有权提出"通信电路故障情况调查"，报通信主管部门批准后，派有关专业技术人员进行事故调查。调查结束后应写出书面调查报告，交批准部门和申请部门备案。

466. 简述通信调度的日常工作。

答案：(1) 负责了解所辖通信电路的日常运行情况，指挥处理通信运行中发生的问题。(2) 负责组织所辖区域内通信运行的汇报工作。(3) 在通信故障时，对重要通信话路进行临时变更和转接。故障消除后应及时予以恢复。(4) 组织执行上级布置的重要通信任务。(5) 通信调度值班员在当值期间，必须认真填写各种运行记录、报表（包括上级指示、重要待办事项、设备故障时间、现象及原因、处理结果等）。(6) 为保证通信安全及时纠正违反通信规程的现象。(7) 各通信站在遇有重大通信中断或紧急情况时，必须立即向所属通信调度汇报，通信调度必须立即组织处理，并向主管部门和上一级通信调度汇报。

467. 高频开关电源的年检项目有哪些？

答案：(1) 控制、监视、告警单元是否工作正常；(2) 电源模块的各点电压设置；(3) 电源电压的自动均分功能；(4) 备用模块检查；(5) 防雷器件有无损坏。

468. 公司网络与信息系统安全工作坚持的"三纳入一融合"原则具体内容是什么？

答案：公司网络与信息系统安全工作坚持"三纳入一融合"原则，将等级保护纳入网络与信息系统安全工作中，将网络与信息系统安全纳入信息化日常工作中，将网络与信息系统安全纳入公司安全生产管理体系中，将网络与信息系统安全融入公司安全生产中。

469. 通信机房的供电条件有哪些？

四、简答题

答案：(1) 交流电供电设施齐全，除了市电引入线外，应提供备用电源；(2) 直流配电设备满足要求，供电电压满足设备直流电源电压指标；(3) 有足够容量的蓄电池，保证在供电事故发生时，通信设备能继续运行。

470. 更换机盘（单板）时应该注意什么？

答案：(1) 必须佩戴防静电手环，防止身体静电损坏机盘；(2) 由于 SDH 设备机盘种类较多，各种机盘的版本也有较大的区别，故在做换盘试验的时候一定要仔细鉴别机盘的规格、型号、版本，是否与原设备机盘具有互换性。

471. 通信业务统计如何分类？各包括哪些重要业务？

答案：通信业务统计按电网运行通信业务和电网管理通信业务分类进行统计。电网运行通信业务主要包括继电保护、安全自动装置、调度电话和调度自动化等业务。电网管理通信业务主要包括行政电话、电视电话会议、综合数据网等业务。

472. 电力公开、公平、公正调度应当遵循的原则有哪些？

答案：(1) 遵守国家有关法律法规，贯彻国家能源政策、环保政策和产业政策，认真执行国家和行业的有关标准、规范；(2) 保障电力系统的安全、优质、经济运行，充分发挥系统能力，最大限度地满足社会的电力需求；(3) 维护电力生产企业、电网经营企业和电力用户的合法权益；(4) 发挥市场调节作用，促进电力资源的优化配置。

473. 电力生产事故调查的任务是什么？

答案：电力生产事故调查的任务是贯彻安全第一、预防为主的方针，总结经验教训，研究电力生产事故规律，采取预防措施，防止和减少电力生产事故的发生。

474. 国家电网公司员工服务"十个不准"是什么？

答案：(1) 不准违反规定停电、无故拖延送电；(2) 不准自立收费项目、擅自更改收费标准；(3) 不准为客户指定设计、施工、供货单位；(4) 不准对客户投诉、咨询推诿塞责；(5) 不准为亲友用电谋取私利；(6) 不准对外泄露客户的商业秘密；(7) 不准收受客户礼品、礼金、有价证券；(8) 不准接受客户组织的宴请、旅游和娱乐活动；(9) 不准工作时间饮酒；(10) 不准利用工作之便牟取其他不正当利益。

475. 纵联保护的通道可分为几种类型？

答案：可分为以下几种类型：电力线载波通道、微波通道、光纤通道、导引线电缆。

476. SDH 传输网由哪几种基本网元组成？

答案：SDH 传输网由终端复用器（TM）、分插复用器（ADM）、再生器（REG）以及同步数字交叉连接设备（SDXC）四种基本网元组成。

477. 光缆根据结构分为哪几类？

答案：光缆按结构可分为扁平结构的入户光缆、高密度带状光缆、层绞式光缆和铠装光缆。

478. 某光纤通信系统工程采用 G.652 光纤，工作波长为 1310nm，平均发送光功率 PT

=−3dBm（S点），PE为10−10时光接收灵敏度为PR=−36dBm（R点），ME=3dB，LS=0.1dB/km，MC=0.1dB/km，光纤平均损耗系数为0.4dB/km，试计算其中继距离。

答案：L=（PT−PR−ME）/（LS+MC+0.4）=（−3+36−3）/（0.1+0.1+0.4）=30/0.6=50（km）

479. 描述交流中断后开关电源系统对蓄电池的均充策略。

答案：当交流输入中断后，由蓄电池组向负载供电，监控单元同时开始累计蓄电池放电容量，以决定交流复电后是否向蓄电池实行较高电压的均充（快速补充电池能量）。如果累计蓄电池放电容量大于设定值，则在交流复电后转入均充，均充结束条件是：均充充电电流小于事先设定值；均充时间达到事先设定值；蓄电池组表面温度过高。只要满足条件之一，结束均充返回浮充状态。

480. 模拟信号与数字信号的主要区别是什么？

答案：模拟信号在时间上可连续可离散，在幅度上必须连续；数字信号在时间、幅度上都必须离散。

481. 什么叫抽样、量化和编码？

答案：抽样：将时间上连续的信号处理成时间上离散的信号。量化：对时间上离散的信号处理，使其在幅度上也离散。编码：将量化后的信号样值幅度变换成对应的二进制数字信号码组过程。

482. 我们在第一次铃声结束前看不到来电号码显示，为什么？

答案：来电显示信号是在交换机向用户第一次振铃和第二次振铃之间的空隙时间发送的，所以我们在第一次铃声结束前看不到号码显示。

483. 调度电话热线方式与小号有何区别？有何优点？

答案：(1) 调度电话热线方式：起机后直接向用户振铃实现点对点调度直通电话。其优点：无须动手拨号，接续速度快。(2) 小号方式：调度员做主叫时需进行拨号。其优点在于可以实现一点对多点的任意选择被叫用户；缺点是需要动手拨号，接续速度相对而言较慢，且无法保障专线专用。

484. SDH中段开销和通道开销由什么组成？

答案：段开销由再生段开销RSOH和复用段开销MSOH组成。通道开销由高阶通道开销（HP-POH）和低阶通道开销（LP-POH）组成。

485. 请列出3个以上Web应用系统或服务器漏洞扫描工具。

答案：Acunetix Web Vulnerability Scanner（WVS）、IBM AppScan、绿盟极光漏洞扫描器、启明星辰天镜网络漏洞扫描系统。

486. 光纤的色散对光纤通信系统的性能产生什么影响？

答案：光纤的色散将使光脉冲在光纤中传输过程中发生展宽。影响误码率的大小、传输距离的长短，以及系统速率的大小。

四、简答题

487. 光纤衰减产生的原因有哪些?

答案：光纤的衰减来源于材料吸收、瑞利散射和波导缺陷。

488. 什么是 MAC 地址攻击?

答案：MAC 地址攻击是指利用特定工具产生欺骗的 MAC 地址，快速填满交换机的 MAC 表，交换机会以广播方式处理数据包，流量以泛洪方式发送到所有接口，造成交换机负载过大，网络缓慢和丢包，甚至瘫痪。

489. 什么是 1+1 保护?

答案：1＋1 是指发端在主备两个信道上发同样的信息（并发），收端在正常情况下选收主用信道上的业务，因为主备信道上的业务一模一样（均为主用业务），所以在主用信道损坏时，通过切换选收备用信道而使主用业务得以恢复。此种倒换方式又叫作单端倒换（仅收端切换），倒换速度快，但信道利用率低。

490. 防火墙的非军事化区的主要功能是什么?

答案：非军事化区对于外部用户通常是可以访问的，这种方式让外部用户可以访问企业的公开信息，但却不允许他们访问企业内部网络。

491. 包过滤防火墙的缺点是什么?

答案：只根据数据包的来源、目标和端口信息进行判断，无法识别基于应用层的恶意侵入；鉴权、授权能力较弱，对用户的会话也没有审计能力。

492. 交换系统的系统检查测试有哪些?

答案：系统的建立功能、系统的交换功能、系统的维护管理功能、系统的信号方式及网络支撑。

493. 通信用高频开关电源系统主要由哪几部分组成?

答案：交流配电部分、整流器、直流配电部分、监控器。

494. SDH 设备可使用的时钟源一般有哪些种类?

答案：外部时钟、线路时钟、支路时钟、设备自震荡时钟。

495. SDH 的四种以太网业务类型是什么?

答案：EPL 业务、EVPL 业务、EPLAN 业务、EVPLAN 业务。

496. SDH 设备中的同步定时单元模块有何作用?

答案：作用是从外接时钟提取时钟信息，自身晶体时钟提供时钟同步信息，提供给其他设备时钟同步信息，以及这些时钟同步信息的处理。

497. 简述软交换系统中 MGCP 协议的作用。

答案：MGCP 是在媒体网关与软交换设备之间交互的协议，其中媒体网关负责媒体转换、PSTN 与 IP 通路的连接；软交换设备则根据信令控制媒体网关的连接建立和释放。

498. 配电自动化主要采用哪几种通信方式?

答案：(1) 光纤专网通信方式，宜选择以太网无源光网络、工业以太网等光纤以太网技术。(2) 配电线载波通信方式，可选择电缆屏蔽层载波等技术。(3) 无线专网通信方式，宜选择符合国际标准、多厂家支持的宽带技术。(4) 无线公网通信方式，宜选择 GPRS/CDMA/3G 通信技术。

在具体建设技术选型时应根据各地具体情况，合理选择适用的通信方式，其技术指标应符合国际、国家及相关行业技术标准。

499. 写出 STM-1、STM-4、STM-16、STM-64 的速率。

答案：155.520Mbit/s 简 155M；622.080Mbit/s 简 622M；2488.320Mbit/s 简 2.5G；9953.280Mbit/s 简 10G。

500. 简述进行网络流量实时监视和统计需要进行的操作步骤。

答案：在被测试的网络设备上配置 SNMP 服务，将网络流量实时监视和统计工具软件安装到监测主机上，对监视主机进行必要的配置，在监测主机上启用流量采集程序，查看实时流量及统计结果。

501. OSPF 协议对路由更新信息进行认证的方式有哪两种？

答案：简单口令认证，类似于 RIPv2 的明文认证方式；(2) MD5 认证，与 RIPv2 相同。

502. 网络防御技术主要包括哪些内容？

答案：(1) 安全操作系统和操作系统的安全配置：操作系统是网络安全的关键 (2) 加密技术：为了防止被监听和数据被盗取，将所有的逐句进行加密。(3) 防火墙技术：利用防火墙，对传输的数据进行限制，从而防止被入侵。(4) 入侵检测：如果网络防线最终被攻破，需要及时发出被入侵的警报。(5) 网络安全协议：保证传输的数据不被截获和监听。

503. 面向连接和非连接的服务的特点是什么？

答案：(1) 面向连接的服务，通信之前双方建立通道。通信过程被实时监控和管理。(2) 非连接的服务，通信之前不需预先建立通道，需要通信的时候发送方往网络上送出信息，让信息自主地在网络上传送。传输过程中不进行监控。

504. 在路由器上存在着两个 RJ45 的端口，分别为 Console 与 AUX，请问这两个端口的用途是什么？

答案：Console 端口是虚拟操作台端口，安装维护人员通过直接连接该端口实施设备配置。AUX 端口是用于远程调试的端口，一般连接在 Modem 上，设备安装维护人员通过远程拨号进行设备连接，实施设备的配置。

505. 简述模拟信号和数字信号。

答案：消息被载荷在电信号的某一参量上，如果电信号的该参量携带着离散消息，则该参量是离散取值的，这样的信号就称为数字信号。如果电信号的该参量是连续取值的，这样的信号就称为模拟信号。

四、简答题

506. 简述通信系统组成。

答：通信系统由发送端、接收端和信道组成。发送端的作用是把各种消息转换成原始电信号。为了使原始信号适合在信道上传输，需要对原始信号进行某种变换，然后再送入信道。信道是信号传输的通道。接收端的作用是从接收到的信号中恢复出相应的原始信号，再转换成相应的消息。

507. 简述通信系统信号复用方式。

答：通信系统信号的复用有三种方式：频分复用、时分复用和码分复用。频分复用方式是将信道的可用频带划分为若干互不交叠的频段，每路信号的频谱占用其中的一个频段，以实现多路传输。时分复用方式是把一条物理通道按照不同的时刻分成若干条通信信道，各信道按照一定的周期和次序轮流使用物理通道，从宏观上看，一条物理通路可以同时传送多条信道的信息。码分复用方式是用一组包含互相正交的码字的码组携带多路信号。

508. 在通信系统信息传送中，已知码元速率为 600B（波特），请计算二进制、八进制和十六进制时的信息传输速率。

答：已知 =log2N（bit/s）（－码元速率，－消息传输速率，N 进制数）。在二进制中，信息传输速率 =600log22=600（bit/s）；在八进制中，信息传输速率 =600log28=1800（bit/s）；在十六进制中，信息传输速率 =600log216=2400（bit/s）。

509. 数字复接分为几种？复接方式有几种？

答：数字复接分为三种：同步复接、异源（准同步）复接、异步复接。复接方式有三种：按位复接、按字复接、按帧复接。

510. 链型自愈网 1+1 保护方式与 1:1 保护方式有哪些不同？

答：(1) 保护方式不同。1+1 保护时，业务同时在两个信道上传输，接收端根据两个信道的信号质量进行优选，即并发选收。(2) 最大业务容量不同。采用 1+1 保护方式时，最大容量为 STM-N；采用 1:1 保护时，最大容量为 STM-N×2。(3) 要求 APS 协议方式不同。采用 1+1 保护方式时可不要求，而采用 1:1 保护时一定要求。

511. 简要说明 SIP 协议的功能。

答：SIP 协议的主要功能是：(1) 用户定位，确定用于通信的终端系统的位置；(2) 用户能力，确定通信媒体和媒体的使用参数；(3) 用户可达性，确定被叫加入通信的意愿；(4) 呼叫建立，建立主叫和被叫的呼叫参数；(5) 呼叫处理，包括呼叫转移和呼叫终止。

512. 简述 OPGW 导引光缆安装要求。

答：(1) 由接续盒引下的导引光缆至电缆沟地埋部分穿热镀锌钢管保护，钢管两端用防火泥做防水封堵。钢管与站内接地网可靠连接。钢管直径不应小于 50mm。钢管弯曲半径不应小于 15 倍钢管直径，且使用弯管机制作；(2) 光缆在电缆沟内穿延燃子管保护并分段固定在支架上，保护管直径不应小于 35mm。继电保护用子管宜采用不同颜色加以区别；(3) 光缆在两端和沟道转弯处设置醒目标识；（4）光缆敷设弯曲半径不应小于 25 倍光缆直径。

513. 简述 MS-AIS、AU-AIS、TU-AIS 的含义。

答案：MS-AIS：整个 STM-N 帧内除 STM-N RSOH 外全部为"1"。AU-AIS：STM-N 帧内除 STM-N RSOH 和 MSOH 外全部为"1"。TU-AIS：VC-12 和 TU-12 的指针全部为"1"。

514. 什么是光纤的色散特性？对光通信有何影响？

答案：光纤的色散是导致传输信号的波形畸变的一种物理现象。光脉冲在光纤中传播时，由于光脉冲信号存在不同频率成分或不同的模式，在光纤中传播的途径不同，达到终点的时间也就不同，产生了时延差，互相叠加起来，使信号波形畸变，表现为脉冲展宽。光纤色散限制了带宽，而带宽又直接影响了通信容量和传输速率。

515. 本地信息网络是指什么？

答案：本地信息网络指公司总部、分部、省电力公司和国家电网公司直属公司本部，以及地市供电公司级单位的局域网。

516. 同一台交换机内所有电话摘机都没有拨号音的原因是什么？

答案：（1）控制机架不正常；（2）双音频电路板故障；（3）交换机掉电。

517. 什么是同步？

答案：两个或多个信号之间在频率和相位上具有相同的长期频率准确度，最简单的关系是频率相等。

518. 简述信息安全等级保护工作流程。

答案：信息安全等级保护工作流程是定级备案→安全防护方案设计→建设整改→等级测评→监督检查。

519. 什么是主保护、后备保护和远后备保护？

答案：主保护是满足系统稳定和设备安全要求，能以最快速度有选择地切除被保护设备和线路故障的保护。后备保护是主保护或断路器拒动时，用来切除故障的保护。后备保护可分为远后备保护和近后备保护两种。近后备保护是当主保护拒动时，由本电力设备或线路的另一套保护来实现后备的保护；当断路器拒动时，由断路器失灵保护来实现后备保护。远后备保护是指当主保护或断路器拒绝动作时，由相邻电力设备或线路的保护来实现的后备保护。

520. 7 号信令单元有哪几种形式？如何区分？

答案：有三种形式的信号单元，即消息信号单元（MSU）、链路状态信号单元（LSSU）和填充信号单元（FISU）。它们由包含在所有信号单元中的长度表示语 LI 区分，LI 等于 0 的是 FISU，LI 等于 1 或 2 的是 LSSU，LI 大于 2 的是 MSU。

521. 某通信站的通信设备总工作电流为 30A，采用两组 300AH 的免维护蓄电池，试计算直流整流器容量（备用容量按 25% 考虑、蓄电池充电按 10 小时率计算）。

答案：300AH 蓄电池的所需的充电电流 = 300/10 × 2 组 = 60A；整流器总电流 = 30 + 60 =

四、简答题

90A；备用容量电流＝90×25%＝22.5A；整流器的总容量＝90＋22.5＝112.5A；故直流整流器容量应选用大于112.5A的整流模块。

522. 简述利用误码仪测试一个64kbit/s电路的主要步骤。

答案：选择仪表接口：平衡（120Ω）；进行仪表发送（Transmit）和接收（Receive）数据设置：选64Kbit/s同向接口、伪随机码型211-1，时钟设为接收时钟或环路时钟；查看仪表面板告警灯；若LOS（信号丢失）灯亮，则与设备未接通，可能是测试线收发接反或测试线不好；若仍有其他告警，先进行设备本地环回检查，然后检查被测电路；查看仪表结果（Result），如需进行误码分析，选择G.821。

523. 某SDH环网拓扑采用双纤单向通道保护方式，顺时针为保护方向，逆时针为工作方向，B、C、D、E站点均与A站点开设5个2M业务，其他无业务，当站点C收D站点光口尾纤故障时，分析各站告警现象。

答案：A站点：对E和D站点相应2M业务保护方向时隙AIS告警。B站点：对A站点相应2M业务保护方向时隙AIS告警。C站点对D站点方向光口收无光告警，对A站点相应2M业务保护方向时隙AIS告警。D和E站点无告警。

524. 光纤的连接方法有哪几种？我们常用的是哪一种？

答案：光纤的连接方法有熔接法、粘接法、机械连接法、活动连接器四种。常用的是熔接法。

525. 程控交换机种操作系统的主要功能有哪些？

答案：程控交换机的主要功能是任务调度、通信控制、存储器管理、时间管理、系统安全和恢复。

526. 折射率扰动主要引起哪几种非线性效应？

答案：自相位调制（SPM）、交叉相位调制（XPM）、四波混频（FWM）、光孤子形成。

527. 接地系统按功能分为哪几种？有何关系？

答案：接地系统按功能来分有三种，即工作接地、保护接地、防雷接地。目前这三种接地方式倾向于采用一组接地体，该接地体方式成为联合接地。

528. 软交换系统的主要功能有哪些？

答案：(1) 呼叫控制和处理功能；(2) 协议功能；(3) 业务提供功能；(4) 资源管理、计费、认证功能。

529. 防火墙安全控制基本准则是什么？

答案：(1) 一切未被允许都是禁止的；(2) 一切未被禁止都是允许的。

530. 如果密封蓄电池的极柱或外壳温度过高，可能的原因有哪些？怎么办？

答案：蓄电池的电池极柱或外壳温度过高，可能是由于连接处螺丝松动或浮充电压过高引起的，应该及时检查螺丝或检查开关电源和充电方法。

— 1147 —

531. 局域网的安全技术包括哪些？

答案：(1) 实行实体访问控制；(2) 保护网络介质；(3) 数据访问控制；(4) 计算机病毒防护。

532. SDH 网元告警根据其严重程度的高低可分为哪几种？

答案：紧急（严重）告警、主要告警、次要告警、提示告警和告警清除。

533. SDH 的告警中 LOF 与 LOP 告警有什么不同？

答案：当接收端收到的帧定位信号 A1、A2 与发送端发送的编码不符，设备就会给出帧定位丢失告警（LOF）；当设备连续 8 帧没有接收到有效的指针值，或设备在连续接收的 8 帧指针信号均为 NDF（新数据标识）= "1001"，而没有接到一个级联指示信号（四个 VC-4 捆绑使用的指示），设备将产生 LOP 告警。

534. 通信网所说的同步与保护、自动化专业一样吗？

答案：通信网中所说的同步是指频率的相等，保护、自动化专业所指同步应用一般是故障定位和定时。虽然都是利用 GPS 卫星定位系统，但卫星接收机有所不同。

535. 请简单描述 OTU 无光告警、弱光告警、信号失锁的含义。

答案：无光告警说明上游站点相应波长没有将光信号发送过来。弱光告警表示上游站点过来的相应波长光功率低于告警设置门限值。信号失锁告警表示上游站点过来的是白光，不含调制信号和帧结构。

536. 通信系统有哪些基本组成部分？

答案：通信系统的基本组成包括信息源、发送设备、信道、接收设备、收信者及噪声源。

537. SDH 帧结构中开销是怎样组成的？各有什么作用？

答案：SDH 帧结构中安排了段开销 SOH 和通道开销 POH，分别用于段层和通道层的维护。SOH 分为再生段开销 RSOH 和复用段开销 MSOH，其中包含有定帧信息，用于维护和性能监视的信息以及其他操作功能。POH 分为低阶 VC POH 和高阶 VC POH。低阶 VC POH 的主要功能有 VC 通道功能监视、维护信号及告警状态指示等；高阶 VC POH 的主要功能有 VC 通道性能监视、告警状态指示、维护信号以及复用结构指示等。

538. 支撑电力通信网运行的系统主要包括哪些？

答案：电源系统、通信监控系统、时钟同步系统、网管系统。

539. 某光通信工程中需要开通 A 和 B 两个 220kV 变电站的 SDH 光通信电路，已知条件为 A 和 B 两个 220kV 变电站之间 OPGW 光缆长度 50 公里，其中有一个光纤转接点和 10 个熔接盒。SDH 光设备采用 1550nm 波长的光模块，平均发光功率为 0dBm，接收灵敏度为 −27dBm。OPGW 光缆参数：光纤衰减系数 0.36dB/km（1310nm）、0.22dB/km（1550nm），光纤平均接头衰耗 0.03dB/km，光连接器衰耗 0.3dB / 只。试计算：该光通信电路能否正常开通？

答案：(1) A 和 B 两点光端设备之间总衰耗计算:总衰耗 =（光缆长度 × 光纤衰减系数）+（光纤熔接头数 × 光纤平均接头衰耗）+（光连接器 × 光连接器衰耗）=（50×0.22）+（10×0.03）

+（4×0.3）=12.5dB。（2）计算光端设备收信光功率：光端设备收信电平 = 发信功率 − 总衰耗 =0−12.5=−12.5dBm。（3）验证是否满足电路运行条件：光端设备收信电平 =−12.5dBm>−27dBm。该光通信电路能开通。

540. 什么是话务量？其计算公式是什么？量纲是什么？

答案：话务量一般是指程控交换机话路部分的话务通过能力，其计算公式为 A=c×t，其中 A 表示话务量，c 表示单位时间内平均发生的呼叫次数，t 表示每次呼叫平均占用时长。话务量单位是爱尔兰（Erl），或叫小时呼。另外还有分钟呼（cm）和百秒呼（ccs）。1Erl=60cm=36ccs。

541. 不同厂家的 SDH 设备对接时，为保障业务畅通应注意哪些问题？

答案：首先，要保证光卡收信光功率不过载；其次，注意屏蔽通道跟踪字节 J1、J2；最后，注意时隙的对准。

542. 系统服务受到破坏时所侵害客体包括哪三类？

答案：一是国家安全，二是社会秩序和公众利益，三是公民、法人和其他组织的合法权益。

543. 密封蓄电池的使用环境温度宜在什么范围？温度对蓄电池会产生什么影响？

答案：密封蓄电池的使用环境温度适宜在 20℃~25℃，蓄电池温度过高，会降低蓄电池的性能和寿命，还有可能导致蓄电池的损坏或变形。

544. 请简述信息安全技术督查的范围。

答案：信息安全技术督查覆盖各单位自建信息系统，覆盖系统规划、可研、需求、设计、开发、测试、上线、运行、使用、下线等全生命周期各环节。督查内容涵盖物理、边界、网络、应用、主机、设备、终端、数据等技术要素。

545. 某电力业务系统采用 JSP+Oracle+WebLogic 架构设计开发，可能出现的漏洞有哪几种？

答案：SQL 注入漏洞、XSS（跨站脚本攻击漏洞）、上传漏洞、中间件后台弱口令、数据库弱口令、列目录漏洞、越权访问漏洞等。

546. 光时域反射计（OTDR）的测试原理是什么？有何功能？主要指标参数包括哪些？

答案：OTDR 基于光的背向散射与菲涅耳反射原理制作，利用光在光纤中传播时产生的后向散射光来获取衰减的信息，可用于测量光纤衰减、接头损耗、光纤故障点定位以及了解光纤沿长度的损耗分布情况等，是光缆施工、维护及监测中必不可少的工具。其主要指标参数包括动态范围、灵敏度、分辨率、测量时间和盲区等。

547. 在 SDH 传输系统中，如果在网管上看到两个相邻的站点，其状态由正常突然同时变化为光路紧急告警。（1）试判断传输网络出现了什么问题？（2）说明排除这种故障需要使用哪些工具，这些工具的用途是什么？（3）简述排除这种故障的主要步骤。

答案：（1）光缆断裂，导致两侧站点同时收不到光，因而同时出现紧急告警。（2）所用设备仪器包括：OTDR，测量光纤距离；光功率计，测量收光功率；光纤熔接机，熔接断纤。（3）

维护步骤：①网管发现告警站点，并确认倒换保护已经启动，业务没有中断。②携带 OTDR 至发生告警的站点，测量光缆中断的位置。当用 OTDR 判测断点时，要确保和设备之间有断点；如不能确认，需在对端 ODF 上断开测试光纤，不可直接连接对端光设备光板进行测试，否则可能损坏对端光设备的光接口板。③使用光纤熔接机进行断点熔接。④至发生告警的站点用光功率计测量收光功率，以确认收光正常，并确认光路修通后光板告警已经消失。⑤网管确认相关的告警全部消除。

548. 简述 WDM 系统的组成。

答案：WDM 系统的组成主要有：光波长转换单元（OTU）、波分复用器、分波/合波器（ODU/OMU）、光放大器（BA/LA/PA）、光/电监控信道（OSC/ESC）。

549. 简述二纤通道环和复用段环的原理。

答案：二纤通道环是由两根光纤来实现，一根光纤用于传业务信号，另一根光纤传相同的信号用于保护，使用"首端桥接，末端倒换"。复用段环利用时隙交换技术，一条光纤同时载送工作通路和保护通路，另一条光纤上同时载送工作通路和保护通路，每一条光纤上通路规定载送工作通路，另一半通路载送保护通路，在一条光纤上的工作通路由沿环的相反方向的另一条光纤上的保护通路来保护。

550. 语音信号的抽样频率一般是多少？一路语音信号抽样、量化、PCM 编码后的速率是多少？

答案：语音信号的抽样频率为 8kHz；一路语音信号抽样、量化、PCM 编码后的速率是 64kbit/s。

551. 请简述 1080p 和 1080i 的相同点与不同点。

答案：相同点：分辨率都为 1920×1080。不同点：(1) 1080i 隔行扫描，先扫描静止画面的奇数行，然后扫描同一幅图像信息的偶数行。(2) 1080p 逐行扫描，将图像信息行合并为一个帧，然后自动修正画面质量。

552. 电视会议终端已加入会议，但本地不能听到其他会场声音，请分析有何原因？

答案：管理员对本会场使用了闭音；主会场声音故障，本端没有收到音频码流；本地终端视频输出故障。

553. 什么是近端环回、远端环回、硬件环回、软件环回？

答案：近端环回指向用户侧的环回。远端环回指向网络侧的环回。硬件环回即采用硬件实体（跳线）作的收发通道的环回。软件环回指采用软件手段（网管）使数据通道收发短接作的环回。

554. 多点控制设备（MCU）的作用是什么？

答案：相当于一个交换机，对图像、语音、数据信号进行数字交换。

555. 光纤连接器的主要指标有哪些？

四、简答题

答案：光纤连接器的主要指标包括插入损耗、回波损耗、重复性和互换性。

556. 利用光时域反射仪（OTDR）可以测量的项目有哪些？

答案：OTDR 可测试的主要参数有：(1) 测纤长和事件点的位置；(2) 测光纤的衰减和衰减分布情况；(3) 测光纤的接头损耗；(4) 光纤全回损的测量。

557. 什么是波分复用？

答案：波分复用是利用一根光纤可以同时传输多个不同波长的光载波的特点，把光纤可以应用的波长范围划分成若干个波段，每个波段作为一个独立的通道传输一种预定波长的光信号。波分复用的实质是在光纤上进行光频分复用。

558. 什么是帧中继？

答案：以链路层的帧为基础，仅完成 OSI 物理层和链路层核心层的功能，将流量控制和纠错留给智能终端去完成，省略了网络层。

559. 从 ISO/OSI 的分层体系结构观点看，X.25 是 OSI 哪三层同等层协议的组合？

答案：物理层、数据链路层、网络层。

560. 简述面向连接通信方式与无连接通信方式的区别。

答案：面向连接：通信双方在传送信息前需先建立一个连接，直至通信结束。无连接：一个用户不需要事先占用一个连接，在任何时候都可以向网上的其他用户发送信息。

561. 是否可以用摘挂机识别原理图的方法进行脉冲识别？这会产生什么问题？

答案：不能用摘挂机识别原理图的方法进行脉冲识别。如果这样，会有两个问题：首先，摘挂机识别的扫描周期较大，若该周期进行脉冲扫描，势必会产生误判断；其次，摘挂机识别的结果不能作为判断脉冲变化的依据，脉冲识别需要有"变化识别"这个结果，以便于位间隔识别。

562. 模拟电力线载波通信原理是什么？

答案：利用载波机将低频话音信号调制成 40kHz 以上的高频信号，通过专门的结合设备耦合到电力线上，信号会沿电力线传输，到达对方终端后，再采用滤波器将高频信号和工频信号分开。

563. ITU-T 规范了哪几种单模光纤？目前应用最广泛的光纤是哪一种？有何特点？

答案：有六种，分别是 G.652 光纤、G.653 光纤、G.654 光纤、G.655 光纤、G.656 光纤和 G.657 光纤。目前应用最广泛的光纤是 G.652 光纤，即色散未移位单模光纤，又称 1310nm 性能最佳光纤。

564. 请简述复用段环的保护机理。

答案：(1) 时隙划分；(2) 保护倒换协议；(3) 业务流向。

565. 数字微波传输与模拟微波传输相比有何优点？

答案：与模拟微波相比数字微波具有以下优点：(1) 抗干扰能力强，无噪声积累。(2) 便于信号储存、处理和交换。(3) 设备体积小，功耗低，成本低。(4) 保密性强。

566. 电力通信网承载业务包括哪几类？

答案：按照电网生产、运行及企业管理、经营的特点，电力通信网承载的业务类型可划分为电网生产调度业务、管理信息化业务两大类业务。

567. 简述终端通信接入网组成。

答案：终端通信接入网由 10 千伏通信接入网和 0.4 千伏通信接入网两部分组成，分别涵盖 10 千伏（含 6 千伏、20 千伏）和 0.4 千伏电网。

568. 简述 OPGW 和 ADSS 的中文名称及其特点。

答案：OPGW 是 Optical Fiber Composite Overhead GroundWire 的缩写，即光纤复合架空地线。OPGW 是将光纤复合在输电线路的架空地线中，兼具地线与通信双重功能，与输电线路架空地线同时设计安装，一次完成架设。ADSS 是 All Dielectric Self－Supporting 的缩写，即全介质自承式光缆。全介质即光缆所用的是全介质材料，自承式是指光缆自身加强构件能承受自重及外界负荷。ADSS 光缆采用配套的挂件固定在电力杆塔上。

569. 某 SDH 设备光单元盘上标有"L-4.1"，表示什么？

答案：表示光接口的类型。不同种类的光接口用不同代码表示：(1) 第 1 个字母含义：I-局内通信、S-局间短距离通信、L-局间长距离通信、V-局间很长距离通信、U-局间超长距离通信、VSR-距离不超过 600 米的通信。(2) 第 1 个数字含义：1-STM-1、4-STM-4、16-STM-16、64-STM-64。(3) 第 2 个数字含义：1-工作波长 1310nm，用 G.652 光纤；2-工作波长 1550nm，用 G.652 光纤；3-工作波长 1550nm，用 G.653 光纤；5-工作波长 1550nm，用 G.655 光纤。

570. 影响蓄电池使用寿命的主要因素有哪些？

答案：第一是产品质量，第二是维护水平，第三是温度、放电深度、充电电压高低、充放电电流大小。

571. 浮充充电的定义是什么？解决的两个问题是什么？

答案：浮充充电就是以恒压小电流对蓄电池进行充电。解决的问题：一是防止蓄电池的自放电，二是增加充电深度。

572. 某通信站需要购买一套站用电源，站内的配置及用电情况如下：通信设备所需的负载电流 20A，蓄电池配置为 400AH×2 组。蓄电池最大充电电流按 0.12C（C 为蓄电池额定容量）考虑，如果采用单体输出为 30A 的电源模块，最少应需要几个？如果按 $N+1$ 考虑，需要几个模块？

答案：蓄电池最大充电电流为 0.12C，即 0.12×800=96A，加上 20A 负载电流，则电源总输出电流需 96A+20A=116A，116/30=3.87，向上取整数，需要 4 个 30A 模块；为了增加可靠性，电源模块按 $N+1$ 考虑，则该站电源需要配置 5 个 30A 模块。

573. 通信电源设备防雷保护措施有哪些方面？

答案：除电源设备自身采取的过电压保护措施外，通信电源设备防雷保护在施工安装时

四、简答题

应注意：(1) 对于 380V 交流中性线应在电源室与接地母线相连接；(2) 各种电源设施的各类接地线应分别与电缆沟内接地装置连接，接地装置应与机房环形接地母线连（焊）接；楼内各层屏蔽分层与该层接地装置连接；(3) 直流电源的＋极在电源侧和通信设备侧均应直接接地；(4) 应在通信设备的输入端进行防护，而不是在电源设备的输出端进行防护；(5) 楼内电源线最好穿金属管保护，金属管与各层地线相连；(6) 各接地引线应以最短距离与接地母线相连；(7) 防雷保护元件应定期检查和更换。

574. APT 攻击有什么特点？为何 APT 攻击危害巨大？

答案：APT 攻击具备以下三个特点：(1) 高级。攻击者为黑客入侵技术方面的专家，能够自主地开发攻击工具，或者挖掘漏洞，并通过结合多种攻击方法和工具，以达到预定攻击目标。(2) 持续性渗透。攻击者会针对确定的攻击目标，进行长期的渗透。在不被发现的情况下，持续攻击以获得最大的效果。(3) 威胁。这是一个由组织者进行协调和指挥的人为攻击。入侵团队会有一个具体的目标，这个团队训练有素、有组织性、有充足的资金，同时有充分的政治或经济动机。

此类 APT 攻击往往可以绕过防火墙、IPS、AV 以及网闸等传统的安全机制，悄无声息地从企业或政府机构获取高级机密资料。APT 攻击目的通常包括窃取机密信息和破坏受攻击者关键基础设施，因此危害特别大。

575. 为什么利用 SDH 网络传送定时信号会有距离限制？

答案：时钟本身、传输媒质等都会产生漂移。同步时钟设备和 SDH 设备时钟对于抖动具有良好的过滤功能，但是难以滤除漂移。SDH 定时链路上的 SDH 网元时钟将会增加漂移总量，随着定时信号的传递，漂移将不断积累，因此定时链路会有距离限制。

576. 路由器的主要作用是什么？

答案：路由器利用互联网协议将网络分成几个逻辑子网，能将通信数据包从一种格式转换成另一种格式，可以连接不同类型的网络。

577. 会议电视终端设备的组成有哪几部分？

答案：视频输入/输出设备、音频输入/输出设备、信息通信设备、视频编解码器、音频编解码器、多路复用/信号分接设备。

578. 常规 OTDR 测试由哪几部分组成？

答案：OTDR 由光源、脉冲发生器、定向耦合器、光检测器、放大器、数据分析及显示组成。

579. 简述 PRC、LPR、BITS 的基本概念及其组成。

答案：PRC 和 LPR 都是一级基准时钟。PRC（基准时钟源）由 Cs（铯）原子钟组成。LPR（区域基准时钟源）由卫星定位系统 +Rb（铷）原子钟组成的。BITS 是指大楼综合定时供给系统，其内部配置的振荡器为二级时钟，即 Rb（铷）或晶体钟。

580. SDH 设备收到 MS-AIS 信号说明什么问题？分别向上游和下游传送什么信号？

答案：说明上游站的发信机有问题或本站的收信机有问题。分别往上游送 MS-RDI 信号，往下游送全"1"信号。

581. 通信设备的同步方式一般有哪两种？

答案：(1) 设备通过外时钟接口直接接收同步网定时；(2) 设备通过业务口从业务码流中提取定时。

582. 通信网络中同步网的功能是什么？

答案：使交换设备时钟频率相同，以消除或减少滑码引起的误码或失步。

583. 什么是通信网关？

答案：通信网关是指用于两个具有不同通信协议或相同通信协议系统之间互联的接口设备。

584. 请说明 SDH 的"管理单元指针丢失（AU-LOP）"告警的产生原因、处理流程、处理步骤。

答案：AU-LOP 产生的原因：(1) 对端站发送端时序有故障，或数据线故障；(2) 对端站发送端没有配置交叉板业务；(3) 接收误码过大。

处理流程：开始——检查对端站及本站业务配置——检查业务是否插入——更换对端站对应交叉板——更换对端站对应线路板——更换本站交叉板——更换本站线路板——结束。

处理步骤：(1) 检查对端站及本站业务配置是否正确，如果不正确，重新配置业务；(2) 如业务为 140M 业务，检查业务是否正确接入；(3) 依次更换对端站对应的交叉板和线路板，定位故障点；(4) 更换本站的线路板和交叉板。

585. 请说明 SDH 的"帧丢失（R-LOF）"告警的产生原因及处理步骤。

答案：R-LOF 产生的原因：(1) 光衰耗过大；(2) 对端站发送信号无帧结构；(3) 本端接收方向有故障。

处理步骤：(1) 检查告警单板接收光功率，光功率正常则检查告警单板是否存在问题；(2) 如光功率超出正常范围，则检查对端站至本站光纤及其接口是否损坏；(3) 如光纤及告警单板都正常，则检查对端站光发送板是否存在问题。

586. 实现非均匀量化的方法有哪些？

答案：实现非均匀量化的方法有模拟压缩扩张法和直接非均匀编解码法两种。

587. 光纤通信系统为什么要进行线路编码？

答案：(1) 避免长连"0"或长连"1"的出现，便于接收端时钟提取，避免时钟抖动性能变差。(2) 均衡信码流频谱，降低直流成分，以便判决再生。(3) 普通的二进制信号难以进行不中断码业务的误码监测，通过线路编码可实现在线误码监测。

588. 现代通信组合电源系统一般由哪五部分组成？

答案：由交流配电单元、直流配电单元、整流模块、监控单元和蓄电池组五部分组成。

589. 请简述三种以上为防止内网违规外联可采取的措施。

答案：禁止内外网混用计算机，严禁内网终端违规使用 3G 上网卡、智能手机、平板电脑、

四、简答题

外网网线等上网手段连接互联网的行为,严禁内网笔记本打开无线功能,通过桌面终端管理软件对违规外联进行监控、阻断、告警等管理。(答出任意三种即可)

590. 不同接地网之间的通信线采取隔离措施的目的是什么?具体采用什么方式?

答案:采取隔离是为了防止高、低电位反击,具体可采用光电隔离、变压器隔离等。

591. ISO 的 OSI 协议是哪七层?

答案:国际标准化组织(ISO)提出的"开放系统互联模型(OSI)"是计算机网络通信的基本协议,该协议分成七层,从高到低分别是应用层、表示层、会话层、传输层、网络层、数据链路层、物理层。

592. 简述避雷器的作用及工作原理。

答案:避雷器是用来防护雷电产生过电压波沿线路侵入变电所或其他建筑物内,以免危及被保护设备的绝缘。避雷器应与被保护设备并联,在被保护设备的电源侧。当线路上出现危及设备绝缘的过电压时,避雷器的火花间隙就被击穿,或由高阻变为低阻,使过电压对地放电,从而保护了设备的绝缘。

593. 简述呼叫的处理过程。

答案:(1) 主叫用户摘机呼叫;(2) 送拨号音,准备收号;(3) 收号;(4) 号码分析;(5) 接至被叫用户;(6) 向被叫用户振铃;(7) 被叫用户通话;(8) 话终,主叫先挂机,被叫后挂机。

594. 管理信息系统安全防护坚持的总体安全策略是什么?

答:管理信息系统安全防护坚持"双网双机、分区分域、安全接入、动态感知、全面防护、准入备案"的总体安全策略。

595. 简述数字电力线载波通信原理。

答案:采用数字通信技术,在电力线上以数字信号传送信息的电力线载波机。

596. 电力特种光缆主要有哪些类型?

答案:光纤复合架空地线(OPGW)、光纤复合相线(OPPC)、光纤复合低压电缆(OPLC)、全捆绑光缆(AD-LASH)、全介质自承式光缆(ADSS)、缠绕光缆(GWWOP),其中 OPGW 和 ADSS 是电力部门使用最为广泛的两种光缆。

597. 光接口出现 R-LOS 告警,请分析告警可能产生的原因并给出处理步骤。

答案:告警产生原因:(1) 断纤;(2) 线路衰耗大,导致收光功率超出灵敏度值;(3) 对端站发送方向无系统时钟;(4) 对端站激光器失效,线路发送失败;(5) 对端站交叉板无时钟输出;(6) 对端站时钟板工作不正常。

处理步骤:(1) 测试告警单板的接收光功率,如果光功率正常则检查板上接头有无松动,如果接头良好则更换光板;(2) 对端站测量 ODF 上发光功率是否发出,如发光正常,对端站在 ODF 上收信低,纤芯故障可能性大,两端调换纤芯;(3) 对端站光发送板发光功率很小,更换对端站光板。

— 1155 —

598. 简述业务通道产生误码的原因及处理方法。

答案：故障原因：光路上存在误码；时钟性能不好；周围环境干扰；系统电源电压变化范围大；系统硬件故障。

处理方法：(1) 设置性能监视，检查性能监视结果，是否存在高阶误码存在，如果有，检查光接口板发光功率、收光功率、接收灵敏度等；(2) 检查是否有大量指针调整事件，如果有，检查时钟是否缩短，是否配置中出现时钟环路等；(3) 检查周围环境及系统供电情况；(4) 利用性能监视结果定位硬件故障，更换故障单板。

599. 对光源进行强度调制的方法有哪几类？

答案：直接调制（内调制），即直接对光源进行调制，通过控制半导体激光器的注入电流的大小来改变激光器输出光波的强弱。常用的 PDH 和 2.5G 速率以下的 SDH 系统采用的都是这种调制方式。间接调制（外调制），即不直接调制光源，而是在光源的输出通路上外加调制器对光波进行调制。应用于 2.5G 以上速率、传输距离超过 300 千米以上的系统。

600. 阀控密封式铅酸蓄电池通常为浮充使用，浮充电压的选择对电池的寿命有无影响？影响如何？

答案：浮充电压的选择对电池的寿命有很大影响，应根据各厂家说明书的规定正确选择浮充电压。浮充电压大，会使电池过充，造成失水，加大电池板栅的腐蚀，严重者，甚至电池整组鼓胀，使寿命缩短；浮充电压低，会使电池欠充，内部极板硫酸盐化，造成电池容量降低，寿命缩短。

601. 网关网元失联故障处理方法有哪些？

答案：排除网管计算机与网关网元的硬件连接故障；排除网管计算机与网元的软件连接故障；排除主控板故障；排除网管系统故障。

602. 简述穿通业务配置的基本步骤。

答案：在穿通业务所在网元上，选择源网元通过线路送来的业务级别、时隙序号；在穿通业务所在网元上，选择宿网元通过线路送来的业务级别、时隙序号；在穿通业务所在网元上完成交叉连接；业务验证。

603. 网管上配置 ONU 的远程管理地址时的注意事项有哪些？

答案：(1) IP 地址和网关必须在同一个网段；(2) 建议一个单板下的 ONU 使用相同的网段网关；(3) 无论终端是否和服务器在一个网段，网段地址、网段掩码和网关都必须填写合法的地址，不能为 0；(4) 重启 ONU 后，远程管理 IP 会丢失，需要用到时，重新设定即可。

604. 简述什么是 Q3 和 Qx 接口。

答案：Q3 接口：对应 Q 参考点，是 TMN 中 OS 和 NE 之间的接口。通过 Q3，NE 向 OS 传送相关的信息，而 OS 对 NE 进行管理和控制。该接口连接较复杂的设备，支持 OSI 分层的全部七层功能，主要适用于诸如交换机、DXC（数字交叉设备）等较复杂的通信设备与由计算机系统组成的上层网管设备之间的接口。Q3 是 TMN 中最重要的接口。

Qx 接口：对应 q 参考点，该接口是不完善的 Q3 接口。实施中，很多产品采用 Qx 接口作为向 Q3 接口的过渡。

605. 简述网络管理系统的主要功能。

答：故障管理、配置管理、安全管理、性能管理、计费管理。

606. 简述频率准确度、频率稳定度、牵引范围的含义。

答：频率准确度是指在规定的时间周期内，时钟频率偏离的最大幅度。频率稳定度是指在给定的时间间隔内，由于时钟的内在因素或环境影响而导致的频率变化。牵引范围包括牵引入范围和牵引出范围，前者是指从钟参考频率和规定的标称频率间的最大频率偏差范围，在此范围内，从钟将达到锁定状态。后者是指从钟参考频率和规定的标称频率间的频率偏差范围，在此范围内，从钟工作在锁定状态，在此范围外，从钟不能工作在锁定状态，而无论参考频率如何变化。

607. 什么叫定时环？如何产生的？

答：定时环是指时钟直接或经过网络间接跟踪自身输出信号的现象。当从钟输出直接或经过网络间接环回到输入时，发生定时环，定时环会使业务中断。定时环的产生有两个原因：(1) 不合理的网络规划造成定时环。由于网络规模越来越复杂，对同步网的要求越来越高，同步网的设计越来越复杂，这样，规划设计不慎会造成定时环；(2) 当同步网发生故障和定时恢复时造成定时环。或者在日常维护中的误操作造成定时环。网络设计时要注意避免定时环。

608. 信息安全技术督查工作应建立"四不两直"的督查机制，具体内容是什么？

答：信息安全技术督查工作应建立"四不两直"的督查机制，即不发通知、不打招呼、不听汇报、不用陪同接待，直奔基层，直插现场。

609. 抖动和漂移的区别是什么？

答：抖动和漂移与系统的定时特性有关。定时抖动是指数字信号的特定时刻（如最佳抽样时刻）相对其理想时间位置的短时间偏离。即指变化频率高于 10Hz 的相位变化。而漂移指数字信号的特定时刻相对其理想时间位置的长时间的偏离，即变化频率低于 10Hz 的相位变化。

610. 请简述波分复用的原理。

答：波分复用是利用了一根光纤可以同时传输多个不同波长的光载波的特点，把光纤可能应用的波长范围划分成若干个波段，每个波段作为一个独立的通道传输一种预定波长的光信号。

611. 波分系统由哪几个功能单元组成？

答：光波长转换单元、合分波单元、光放大单元、光监控信道单元。

612. 请简述波分系统的受限因素和解决方法。

答：受限因素有衰耗、色散（色度色散和偏振模色散）、信噪比、非线性。解决方法：(1) 衰耗受限，采用光放大器来解决；(2) 色散可采用高色散容限的激光器或是使用 DCM 进行相应补偿来解决；(3) 信噪比受限可采用"低噪声前置光放大器 + 高增益功率光放大器"或采用拉曼放大器，使之与 EDFA 配合使用，降低 NF；(4) 非线性可适当降低输出光功率来解决。

613. 信息内、外网划分网段、分配地址段的参考因素和原则是什么？

答案：应根据各部门的工作职能、重要性和所涉及信息的重要程度等因素，划分不同的子网或网段，并按照方便管理和控制的原则为各子网、网段分配地址段。

614. 简单比较模拟载波机和全数字载波机之间的区别。

答案：模拟载波机。信源采用频分复用技术，所以在 4Khz 内只能传输 1 路窄带话音和 1 路低速数据。信道采用单边带模拟调幅，所以抗干扰能力差。

全数字载波机。信源采用语音压缩、图像压缩和时分复用技术，实现在 4kz 频带内同时传输多路话音、图像、数据。信道采用改进型交错四相相移键控（OQPSK）或其他数字调制技术，所以抗干扰能力强。

615. 全数字电力线载波机出厂数据接口默认设置格式通常是怎样的？实际工程应用中应注意哪些事项？

答案：通常数据（远动）接口默认设置为模拟 600bps，频偏 2880±200Hz，无校验，数据位 8，停止位 1，无流量控制。

实际工程应用中应注意：在安装调试全数字载波机之前，向用户了解远动信息格式和接口方式；当格式与出厂默认设置不一致时，通过网管软件修改格式；当接口方式与出厂默认设置不一致时，通过全数字载波机背板上数据通道的数字、模拟开关选择。

616. 全数字电力线载波机音频通常有哪几种接口供选用？应用这些接口时，载波机的设置主要注意哪几点？

答案：全数字载波机通常的接口品种有以下两种：(1) 话音接口：二/四线 E&M 接口、FXO、FXS、热线接口。(2) 数据接口：异步 RS232 数字接口、异步模拟四线数据接口。

设置时通常应注意下面几点：(1) 使用二线话音接口时（包含 FXO、FXS、热线接口）要将电话盘相对应的话音通路，通过短接器，拨码选择，按要求设置与其对接的音频接口相吻合。(2) 其中，选用 FXS 接口时，要根据对接接口类型来确定本身接口的振铃方式。(3) 传输同步数据时，要注意加配同/异步转换器，并根据所配的转换器设置载波机的数据格式：如数据位、校验位、停止位、传输速率。(4) 使用模拟通道传输非标格式数据时，数据盘按 300、600、1200 的标准模式设置；如局方要求 600bps、3000±150Hz，则数据盘不能在 600bps、3000±150Hz 工作，应按 300bps、3000±150Hz 设置；复接单元则按 600bps 设置工作。

617. 在安装调试全数字载波机过程中，当接通高频电缆和电源，调/解盘上的发送/接收灯由红转绿，且反复变化，收滤盘的投入衰减达 45dB，复接器不链接时，该如何调试？

答案：此现象是由于调/解盘的收信信号过大，造成信号溢出，导致调/解盘时连时不连，解决方法是，调整调/解盘的衰耗短接器，使收滤盘衰耗指示灯处于 27dB~39dB 的最佳状态。

四、简答题

618. 在安装调试全数字载波机过程中,当载波机不同步时应检查哪些方面?

答案:全数字载波机不同步分为以下两种情况:导频和复接器。

导频不同步时应检查结合滤波器的接地刀闸是否断开。当地刀闸闭合,高频信号对地,收不到对方信号,本端载波机收滤盘的投入衰耗指示灯全部熄灭,造成导频不同步;本端收滤盘的投入衰耗指示灯全部亮,本端载波机调解盘的信号溢出,造成导频不同步,此时调整调解盘的收信部分放大数倍。复接器不同步时应检查导频是否同步。当导频同步时,通过网管软件调整复接器的发送电平。

619. 网络攻击技术主要包括哪些内容?

答案:(1)网络监听:自己不主动去攻击别人,而是在计算机上设置一个程序去监听目标计算机与其他计算机通信的数据。(2)网络扫描:利用程序去扫描目标计算机开放的端口等,目的是发现漏洞,为入侵该计算机做准备。(3)网络入侵:当探测发现对方存在漏洞后,入侵到对方计算机获取信息。(4)网络后门:成功入侵目标计算机后,为了实现对"战利品"的长期控制,在目标计算机中种植木马等后门。(5)网络隐身:入侵完毕退出目标计算机后,将自己入侵的痕迹清除,从而防止被对方管理员发现。

620. 请说明数字载波机工作原理。

答案:主要包含六大模块:数字复接单元、调制解调单元、功放单元、收发滤单元、语音数据接口单元、电源单元。

分别实现语音数据的压缩处理,信号的调制和反调制,信号的放大,信号的收发滤波,信号的接入输出,设备供电电源的提供。

621. 简述通信现场大型检修作业"三措一案"的内容。

答案:组织措施、技术措施、安全措施与施工方案。

622. TMS 系统中,通信检修单在本部门流转一般需要经过哪些步骤?

答案:填写检修单——检修专责初审——通信专业会签(可选)——其他专业会签(可选)——领导审批——填写开工信息——填写完工信息——审核归档。

623. TMS 系统中,为了将网元与机柜相关联,要进行设备上架操作,请简述操作的方法。

答案:在机房平面图中,找到所属站点下的机房,点开机柜视图,右键选择"设备机框上架"菜单,找到所属网元确定即可。

624. TMS 系统中,当前的告警如何进行定位?

答案:在告警操作台中,选择一条当前告警,单击右键,选择"定位资源"菜单,即可定位到告警发生的板卡及端口。

625. 在 TMS 系统中,如何新建一个站点?

答案:在空间设备资源信息管理菜单中,找到站点目录,单击右键新建站点,填写信息,然后保存即可。

626. 在 TMS 系统中，如何发起一个通信方式单？

答案：使用方式专责角色登录，在运用管理模块下，方式管理菜单中，左侧区域中单击"新建方式单"，填写方式单信息，发起方式流程审批。

627. 通过 TMS 系统监视功能看到有业务中断情况，如何查看具体中断的业务情况？

答案：在实时监视主页面，业务分类监视区域中，双击打开出现中断告警的业务拓扑图，可以查看到当前该类业务中断告警的信息。

628. 在 TMS 系统中，如何添加一条新的光路信息？

答案：在系统资源信息管理菜单中，打开光路资源信息管理菜单，使用添加按钮即可创建一条新的光路，并填写完成光路信息，完成相应的配线连接。

629. TMS 系统运行管理中，经办工作与待办工作有何不同？

答案：经办工作中的信息显示该用户经手处理过的工单、任务等，但这些工单信息并没有走完整个流程；待办工作中的信息表示该用户当前需要处理的工单、任务等。

630. 通信管理系统主界面中有几个大的模块，分别是什么？

答案：通信管理系统主界面中有三大功能模块，分别是资源管理、实时监视、运行管理。

631. 在 TMS 系统中，如何添加一条光缆？

答案：在系统资源管理模块下，打开光缆资源信息管理菜单，打开光缆目录右键选择"新建"，填写完成相关信息保存。

632. 在 TMS 系统中，如何查看一条通道的时隙？

答案：在系统资源管理模块下，打开资源通道信息管理菜单，选中一条通道记录，右键选择"查看通道时隙"。

633. 在系统中，如何清理系统中的无效通道等垃圾数据？

答案：在资源维护工具菜单下，选择资源配置菜单，选择清理数据按钮，开始扫描，清理完成。

634. 在 TMS 系统中，如何查看某个用户已经关联的角色？

答案：在运行管理模块下，组织机构维护菜单，选择某个用户右键单击"雇员用户及角色管理"从中查看已经关联的角色。

635. 在 TMS 系统的值班操作中，如何进行交接班操作？

答案：使用当前的值班员账号登录，在运行管理模块下，通信值班管理菜单的值班工作台中，单击右上方红色的"交班"按钮，在弹出的界面中填写天气、温度、交办事宜内容，单击"确定"按钮完成交班；当调度值班员开始新的值班工作时，需从上一接班员处进行接班操作，值班员登录系统后，进入值班管理界面，会直接弹出接班界面，单击确定即可完成接班操作。

636. 当 SDH 专业网管上新增网元后，需要在 TMS 系统中进行哪些操作来同步新增网元的信息？

答案：第一步，当 SDH 专业网管上新增网元后，系统后台的采集程序会将新增网元的基

四、简答题

本信息同步到系统中。在系统的资源管理模块下,资源信息管理菜单下的骨干网菜单中,选择 SDH 传输信息管理页面,找到新增网元,补充完整所需信息。第二步,同时要对该网元对应的传输拓扑位置在拓扑图中信息调整。第三步,最后要将该网元下的设备进行"设备上架"操作。

637. 如何在 TMS 系统中查看某一条光路资源的路由图?

答案:在系统资源信息管理菜单下,选择光路资源信息管理菜单,选中需要查看的光路,右键选择"查看路由图"进行查看。

638. 在 TMS 系统中,如何去清查一些过期的、填写有误的通信保障、工作记录等信息?

答案:在运行管理模块下,值班工作台中可以删除清理一些过期的、填写有误的通信保障、工作记录等信息。

639. 请列出通信管理系统 8 个以上常用功能。

答案:通信资源管理(资源信息管理、资源维护工具、资源图形管理),运行管理(值班管理、缺陷故障管理、方式管理、系统维护、日常办公),资源图形管理(机房平面图、光缆拓扑图、配线连接图、设备面板图、骨干网传输拓扑图),资源信息管理(光路资源信息管理、业务资源信息管理),资源维护工具(资源权限配置)。

640. 简述国家电网通信管理系统基础平台的组成和应用架构。

答案:通信管理系统的基础平台由基础框架、数据权限服务、工作流服务等运行时服务以及网站系统等组件组成。应用架构:由总部(分部)、省两级系统和互联网络组成。上层由总部(分部)系统组成,下层由省级系统组成。

641. 请描述 TMS 系统中用户、角色和权限的关系。

答案:系统中用户的权限是通过角色配置权限来决定,一个用户可以拥有多种角色,一个角色可以配置多种权限。

642. 请描述 TMS 系统权限的种类,并说明其区别。

答案:通信管理系统的权限分为菜单权限、数据权限、操作权限。菜单权限是指菜单的可见性;数据权限是指菜单中数据可见性,比如资源的传输拓扑图图形展现;操作权限是指对数据的增、删、改是否可以实现。

643. 通信管理系统应用部分部署在信息管理大区,请简要描述其边界和安全防护措施。

答案:通信管理系统应用部分的边界主要有以下几点:(1)纵向互联边界,通过部署硬件防火墙等安全防护措施。(2)横向互联边界,采用硬件防火墙进行逻辑隔离。(3)大区边界,生产控制大区与管理信息大区之间边界,采用经有关部门认定核准的专用单向隔离装置。

644. 什么是 TMS 系统的 KPI 指标?

答案:KPI 指标是指关键绩效指标,通过一些重要的绩效指标,考核 SGTMS 系统应用和运行维护的情况。

645. 简单描述 TMS 系统中告警集中监视的含义和功能。

— 1161 —

答案：告警集中监视是将通信各专业的网络和设备告警信息进行集中汇总，为通信调度值班人员提供集中监视界面。

告警集中监视功能包括告警过滤、告警显示、告警操作、告警提示（短信、语音）、告警根原因分析、告警查询等功能。

646. 请列出 10 个通信管理系统可视化展示的指标。

答案：告警情况：当前告警确认率、当前告警数量、今日新增告警数量。

资源情况：上月通信站数量、上月光缆总长度、上月通信设备总数量。

运行情况：昨日电视电话会议次数、昨日新增方式单数、昨日开通电路数、昨日新增检修数量、当前正执行检修数量、今日新增检修数量、今日通信计划检修次数、今日通信计划检修时长、昨日通信计划检修次数、昨日通信计划检修时长。

647. 请简述 TMS 系统中告警影响业务分析中受损业务和中断业务的区别。

答案：受损业务，指传输通道质量、性能受损，但没有导致业务中断。例如，某业务有主备两条业务通道，当其中一条业务通道中断，另一条业务通道正常时，可称为业务受损。

中断业务，指业务无法建立通信。

648. 描述空间物理资源的层次关系。

答案：按所属关系依次分为区域、站点、机房、机柜（机架）。

649. 简单描述 TMS 系统资源信息管理的功能。

答案：资源信息管理功能实现对空间资源、设备资源、配线资源、光缆资源、业务电路等各类通信资源的属性信息，以及各层资源关联关系的维护和管理。

650. 请简要描述 TMS 系统中传输设备上架的意义，如果设备没有上架会有什么影响？

答案：传输设备上架把逻辑网元设备关联到实际的物理机架上。

如果不上架将造成以下影响：设备告警后，该设备的所属机架并没有告警状态；光路开通、业务通道关联时，无法根据站点找到相应设备。

651. 河南省公司站 7 楼光纤机房中第 2 个机柜（调度交换机柜）的全局名称应如何命名？

答案：全局名称：豫 / 河南省公司 /H01-7 楼光纤机房 /R02- 调度交换机柜。

652. 列出通信管理系统运行管理值班模块常用的功能，并简单解释用途。

答案：排班管理，即对某个时间段内人员值班情况进行排班。

值班工作台：可以查看故障处理记录，并且可以根据检修单方式进行处理。

653. 请列出通信管理系统中运行管理的主要功能项。

答案：值班管理、通信方式管理、通信检修管理、通信缺陷故障管理。

654. 请列出 10 类需要资源清查的数据。

答案：区域、站点、机房、机架、设备机框、通信电源、光缆、光缆段、接头盒、配线模块及配线连接、辅助设备、网络系统。

四、简答题

655. 简要描述 TMS 系统数据质量分析与治理模块的功能。

答案：数据质量分析与治理功能对系统中各类资源的属性数据、逻辑关系进行完整性和关联率校验分析，并针对数据存在的问题给出具体的治理方法。

656. TMS 系统的数据分析与治理模块一共分为几个子模块？分别是什么？

答案：分为 6 个子模块。分别为人工校验、校验报表、历史记录、规则管理、策略管理、治理方案。

657. 如何查看一条执行过的数据治理方案？

答案：单击"资源管理"→"资源维护工具"→"数据质量分析与治理"→"历史记录"，查找想要查看的历史记录，勾选并单击"查看详情"按钮，在弹出的校验报表页面，单击"查看治理方案"按钮，弹出当时治理方案页面。

658. 请说明什么是告警相关性分析。

答案：告警相关性分析包括规则制定和规则应用。告警相关性规则制定是通过资源对象之间的关联性、告警之间的相关性以及告警与资源对象之间的所属关系，动态判断根告警与衍生告警之间的推导关系。告警相关性规则应用指根据匹配的相关性规则从众多告警中追溯根告警并显示给用户。

659. 目前通信管理系统可以对哪些资源进行资源权限配置？

答案：空间资源、逻辑资源、光缆资源和配线资源。

660. 通信管理系统创建一个账户并关联系统登录账户后，有哪几种方式可以进行账户和系统角色的关联？

答案：在 PI3000 工作台用户建模菜单下，右击用户账户选择"关联角色"；在 PI3000 工作台模型设计器菜单下，右击角色选择"关联用户"；登录通信管理系统运行管理模块，在组织机构维护（企业）菜单下，右击企业员工选择"雇员账号及角色管理"。

661. 通信管理系统对光缆资源进行资源权限配置时，选中某个区域，右击完成单位配置后，该区域下的哪些资源的单位会被更改？

答案：光缆、光缆段、光交箱和接头盒。

662. 通信管理系统对用户进行菜单权限配置有哪几种方式？

答案：在 PI3000 工作台菜单建模菜单下，展开浏览器菜单，右击具体的菜单项选择授权，添加相应的角色并保存；在 PI3000 工作台模型设计器菜单下，右击角色选择"关联菜单"，添加相应的菜单并保存。

663. 通信管理系统通信网络监视的设备类型有哪些？

答案：传输网、业务网、支撑网、动力环境、终端通信接入网等。

664. 通信管理系统中对当前告警信息可以进行哪些操作？

答案：定位资源、辅助分析、告警确认、添加备注、转运行记录。

665. 在通信管理系统中如何将告警信息定位到设备？

答案：选择某一条告警后单击右键，在弹出的菜单中选择定位资源。

666. 通信管理系统中空间资源信息主要包括哪些？

答案：区域、站点、机房、机柜。

667. 通信管理系统通过设备网管的北向接口能采集到的数据主要有哪几类？

答案：配置数据、告警数据、性能数据。

668. 通信管理系统中资源图形管理中的各类图形一共具备哪几种查看模式？

答案：默认模式、编辑模式、放大镜模式。

669. 通信管理系统的值班配置管理中，分别需要完成哪几步工作才能进行排班工作？

答案：新建值班单位、新建值班单位班次、新建值班班组。

670. 通信管理系统的值班操作台中可查看或处理哪些信息？

答案：值班人员基本信息、运行记录、通信保障、工作记录、缺陷单、方式单、检修工作票、业务申请单等。

671. 目前通信管理系统运行管理模块中三大工单主要指哪些？

答案：通信检修单、通信缺陷单、通信方式单。

672. 在通信管理系统中打开运行管理首页后，用户可以直观地看到哪些功能界面？

答案：待办工作、经办工作、通信缺陷情况、当前检修情况统计、我的消息等。

673. 通信管理系统中同一个机房内的机柜如何编号？

答案：从 R001 开始编号。

674. 通信管理系统中光缆、光缆段的起始终始资源类型有哪几类？

答案：站点、机房、光接头盒。

675. 通信管理系统中空间资源表局站类型包含哪几种？

答案：中心站、独立通信站、变电站、电厂。

676. 通信管理系统业务数据治理清查表中，哪几种是按照业务接入点进行统计的？

答案：调度自动化（调度数据网）、综合数据网。

677. 列举两个系统目前支持的业务通道串接类型。

答案：2M 电路、专用纤芯。

678. 系统中一条完整的光路路由图由哪几部分组成？

答案：由网元端口、配线端子、光缆段纤芯连接而成。

679. 目前 TMS 系统资源查询统计分哪几类统计方式？

答案：光缆查询统计、通道查询统计、业务查询统计、站点查询统计、设备查询统计。

680. 简述通信管理系统整个网络结构。

答案：通信管理系统网络结构横跨三区和二区，在三区主要部署数据库服务器、应用服务

四、简答题

器及基本的工作站。二区部署采集服务器,通过防火墙进行各个专业网管的采集,三区与二区通过正反向隔离装置进行数据交互。

681. 简述内网工作站访问系统的几点必要条件。

答案:网络必须畅通、推荐使用 IE8 浏览器、安装必要的 Flash 插件。

682. 哪些角色会参与检修单的操作?

答案:通信调度值班人员、检修专责、通信领导、其他专业专责(牵涉其他专业会签)。

683. 列举某个用户能够正常值班的前提条件。

答案:系统中必须有该用户的基本信息,必须具有调度值班人员角色,并且已经添加入值班配置的班组成员中。另外,在排班管理中具体安排了值班计划。

684. 列举 5 条在起草检修单时必须填写的信息。

答案:标题、检修类型、检修类别、申请开工时间、申请完工时间、检修工作内容、影响单位最高等级。

685. 简述交接班过程。

答案:当前值班人员在值班工作台右上侧单击"交班"按钮,出现交班页面,此时接班人员在交班页面的下一班次中输入人员名称及密码确认后自动退出系统,接班人员登录系统进入值班管理模块,系统会自动弹出接班页面,填写相关信息后完成接班操作。进入值班工作台开始下一班次的值班工作。

686. 简述如何在告警操作台选择特定某个区域的某个系统查看当前告警信息。

答案:进入告警操作台,选择告警操作台配置窗口,根据需要选择特定的系统确认后退出。

687. 简述给某个已存在用户移除检修专责角色的操作。

答案:使用超级管理员账户登录系统,在运行管理的系统维护菜单下,点击组织机构维护页面,选择需要修改的用户右键选择"雇员账号及角色管理",选择相应的检修专责角色单击移除,后确认退出。

688. 如何从实时监视页面快速查询定位到具体设备?

答案:在实施监视页面的告警工作台中选择需要查看的某条告警信息,右键选择并单击定位资源,出现具体板卡视图页面。

689. 分别描述三级网和四级网包含的站点电压等级。

答案:目前,我国常用的电压等级有 220V、380V、6kV、10kV、35kV、110kV、220kV、330kV、500kV、750kV、1000kV。

三级(省公司管辖):一般指 220kV。

四级(市公司及县公司管辖):一般指 35kV、110kV。

二级及以上(国网和省公司/超高压公司):330kV、380V、500kV、750kV、1000KV。

500kV 以上是超高压。

690. 光缆段的定义。

答案：光缆段是指在光缆线路中使光缆的传送能力或光缆类型发生变化的两个节点之间的光缆部分。划分光缆段的节点一般为 ODF、接头盒或终端盒，具体包括以下 4 种情况：(1) 光缆经过该节点后，前后光缆段的纤芯数发生了变化；(2) 光缆经过该节点后，前后光缆段的类型（OPGW、ADSS、OPPC 或普通光缆等）发生了变化；(3) 光缆经过该节点后，出现了多个传送方向；(4) 光缆的所有纤芯在该节点成端终结。

691. 描述传输拓扑段与光路的关系。

答案：传输拓扑段（传输段）指传输设备间的连接关系（一般通过光口连接），表示设备间存在光通信链路，传输拓扑段主要是为了能够反映传输系统中各设备间的网络连接结构。直观意义上可理解为存在传输拓扑即存在光路。

692. 简述光路定义。

答案：光路是指设备之间的光通路，根据所承载的媒质不同，分为光纤光路和波道光路。对全程承载在光纤上的光路称为光纤光路，对承载在波分复用系统上的光路称为波道光路。

693. 简述 TMS 系统中光路制作过程及业务关联通道操作过程。

答案：(1) 在"资源管理"→"资源信息管理"→"光路资源信息管理"页面下单击"添加"按钮即可弹出光路添加界面。(2) 在"资源管理"→"资源信息管理"→"业务资源信息管理"页面下，单击选中要关联的业务，单击查看通道，选中要关联的通道进行关联。

694. 简述如何区别省公司设备的告警信息和地市设备的告警信息。

答案：在"实时监控"→"告警操作平台"中选择右侧的 TMS 菜单选项，选择查看的告警单位，选择省公司则显示的告警信息为省公司的告警信息。选择地市公司，则显示的告警信息为地市公司的告警信息。

695. 当前值班人和接班人如何进行交接班？

答案：(1) 交班流程。当前值班人员需要交班时，进入"运行管理"功能模块中，选择主菜单中"值班管理"的"通信值班"项，进入通信值班页面。

在通信值班页面的左侧资源树中，选择"值班工作台"，查看当前值班工作记录。

单击右侧上方当前值班人员信息处红色"交班"标识，进入交接班页面，在"交班事宜"中填写需接班人注意的事项。

在下一值班人员需要在界面下方输入系统登录名与密码，单击"确认"按钮，系统将自动退出进入登录页面。

(2) 接班流程。登录当前值班人员需要接班时，选择"通信值班"菜单。

确认交接班信息,在天气与温度处理处填写对应信息,单击"确认"按钮,即可交接班成功。

696. 采集服务器是通过什么采集到传输网管上的信息？

答案：通过传输网管开放的北向接口。

四、简答题

697. 通信管理系统网络设备有哪些?

答案:应用服务器、采集服务器、数据库服务器、正向隔离装置、反向隔离装置、交换机、防火墙。

698. 通信管理系统登录地址是什么?

答案:http:// 应用服务器地址 :7001/MWWebSite.

699. 请描述故障专责、检修专责、业务申请人、方式专责和计划填报专责在系统中的权限。

答案:故障专责:启动缺陷单。检修专责:启动检修单。业务申请人:启动业务申请单。方式专责:启动方式单。计划填报专责:进行填写月度检修计划和年度检修计划。

700. 告警操作台中对传输告警操作的功能有哪几种?请分别描述。

答案:(1)定位资源:对传输产生的告警进行具体的资源定位。(2)辅助分析:对产生的告警进行频闪轨迹分析和历史告警轨迹分析。(3)添加备注:对产生的告警添加备注说明。(4)转运行记录:对产生的告警转到值班管理下的运行记录里,可以对该告警的处理情况进行跟踪。(5)确认:对采集上来的告警进行确认,是否有该告警产生。

701. 请简述通信管理系统中有哪些统计分析的功能。

答案:(1)值班统计:分为人员值班统计、交接班统计和运行记录统计。(2)缺陷故障统计:分为故障次数统计、故障时间统计、月度故障类型统计、故障单执行效率统计等。(3)业务统计:分为按业务类型统计的业务申请单数量、各单位业务申请单数量和业务申请单执行效率统计。(4)方式统计:分为按方式类型统计的方式单数量、方式完成情况统计和运行方式单执行效率统计。(5)检修统计:分为各单位检修次数统计、各类设备检修次数统计、检修执行情况统计、检修执行效率统计、检修单统计、按检修类型统计的检修次数表和按照检修类别统计的检修次数表。

702. 请简述调度值班员启动缺陷单的流程步骤。

答案:(1)由调度值班员按照运行记录进行启动缺陷单,填写完信息后进行缺陷派工。(2)然后由各运维分部故障专责进行故障处理,处理完成后进行故障处理反馈。(3)由各运维分部故障专责反馈故障处理结果后,由调度值班员进行故障消缺确认,如果故障消除,可进行下一步流程;如果没有消除,调度值班员可退回缺陷单,让运维分部故障专责继续处理故障。(4)调度员确认故障消除,可进行下一步。如果缺陷等级为一般,调度员可进行直接归档;如果缺陷等级为严重和重要,调度员可以让运维分部故障专责编制缺陷报告,缺陷报告编制完成并审核通过,调度员可以对缺陷单进行归档。

703. 通信值班由哪几个部分组成?

答案:由值班工作台、值班记录、排班管理、运行记录查询、通讯录、值班资料六部分组成。

704. 简述支撑网由哪些系统组成。

答案：电源系统、电视电话会议系统、通信监控系统、时钟同步系统、网管系统、应急通信系统。

705. 目前 SGTMS 系统中可查看的资源图形有哪些？

答案：站点平面图、机房平面图、光缆拓扑图、业务拓扑图、传输拓扑图、配线连接图、设备面板图、机柜视图、通道路由图、光纤接续图、板卡视图、光路路由图。

706. 进一步加强电力通信网基础数据和资料的管理工作主要包括哪些内容？

答案：规范资源命名、设备台账管理、备品备件管理等基础工作。完善通信运行评价统计指标体系，加强通信运行统计、分析、考核工作。

707. 进行实际操作告警操作台中告警显示和告警操作功能的设置。

答案：(1) 单击告警操作台右上方的设置按钮，进入告警操作台配置界面。(2) 在告警操作台配置界面选择被监视的通信网络。(3) 单击告警操作台配置界面下方的配置告警操作台显示效果操作菜单。(4) 进入告警效果显示配置界面。分为四个界面：第一个为基本配置，可以配置页面刷新的时间和表格显示设置；第二个为属性配置，可配置告警操作台显示告警的相关信息字段和告警表格的列宽；第三个为搜索配置，可配置在告警操作台进行告警搜索相关字段的配置；第四个为邮件菜单配置，可配置对告警操作的相关功能。配置完成后单击下方"执行"按钮就可以了。

708. SGTMS 系统中有几种告警分析功能？

答案：频闪轨迹分析、历史告警轨迹分析、衍生关系分析。

709. SGTMS 系统中告警对象类型有哪几种？

答案：机架、板卡、端口、网元。

710. 简述实际操作值班排班和交接班全过程。

答案：第一步，由值班管理员登录系统进入运行管理模块，选择"值班管理—值班配置"菜单，在值班单位上单击右键选择"新建—值班单位"，在界面中央填写值班单位信息，单击上方"保存"，在界面左侧的值班单位下就会出现新建单位的单位名称。

第二步，单击单位名称前面的"+"号，新建单位下会出现值班单位班次、值班班组、自动排班模板管理。先选择值班班次，右键"新建—值班班次"，在界面中央进行班次信息填写，完成后单击上方"保存"；后选择值班班组右键"新建—值班班组"，在界面中央进行值班班组信息填写，完成后单击上方"保存"。

第三步，关闭值班配置界面，进入"值班管理—通信值班"界面，单击通信值班下的"排班管理"，界面中央会弹出排班界面，然后在上方单击"新建"，弹出月份排班批量录入界面，然后选择排班月份，单击"确定"。之后会在界面中央出现所选月份日期和值班单位等信息，补充完排班管理信息后单击上方"保存"。之后值班管理员退出系统。

第四步，由当前值班员登录系统，选择"运行管理—值班管理—通信值班"，会弹出交接

四、简答题

班界面，调度值班员填写接班相关信息，单击"确定"之后接班成功。

第五步，当时间到了进行交接班的时候，当前值班员可以单击"值班管理—通信值班—值班工作台"右上角的"交班"，就会弹出交班界面，填写完交班信息后单击下方"确定"就可交班。

第六步，之后的值班员接班时可按照第四步说明进行操作，交班时可按照第五步说明进行操作，一直进行循环交接班。月末的时候可按照第三步说明进行值班排班。

711. 简述本局检修单流程。

答案：第一步，由运维分部检修专责和省公司检修专责启动检修单，并填写相关信息（注：若检修类型为计划检修则必须关联检修计划项目），填写完成后可以提交检修单，之后检修单会流转到省公司检修专责处，有省公司检修专责进行初审，如果审核通过可进行下一步，如果审核不通过则退回到填写人处进行修改补充。

第二步，检修专责初审通过后，如果检修影响调度业务，检修专责可以选择提交到调度，如果不影响，检修专责可以直接提交到领导处，由领导进行审核，领导审核通过可进行下一步。不通过检修单回退到填写人处继续修改补充。

第三步，领导审核通过可提交到科信部（注：此节点暂未添加），科信部审核通过可进行下一步，不通过返回填写人处继续修改补充。

第四步，科信部领导审核通过，科信部按照检修影响最高等级进行提交，如果影响上级单位，先提交到上级单位。如果不影响上级单位可直接进行申请开工。

第五步，上级单位审批通过可进行申请开工，不通过则返回填写人处继续修改补充；上级单位和科信部审核通过之后，由检修单填写人（各运维分部检修专责和省公司检修专责）进行申请开工，之后由调度员批复开工，如果影响调度和上级单位，则必须经过调度和上级单位确认，通过则进行下一步，不通过，填写人继续申请；如果不影响调度和上级单位，则进行下一步填写开工信息。

第六步，开工信息是填写人反馈到调度员处由调度员进行填写，之后填写人可进行检修工作，检修工作完成后由填写人进行完工申请，之后由值班员进行批复完工。如果影响调度和上级单位，则必须经过调度和上级单位确认，通过则进行下一步，不通过，填写人继续申请；如果不影响调度和上级单位，则进行下一步填写完工信息。

第七步，完工信息由填写人反馈给值班员后由值班员进行填写，填写完成后由值班员进行归档。

712. 业务申请流程和方式流程用到的附件和业务申请单到哪一步可触发方式单？

答案：接入方案、接入三措、方式附件、方式编制开通。

713. 请简述月度检修计划流程。

答案：第一步，由国网信通下发月度检修计划，之后检修计划会分发到各运维分部计划填报专责处，由检修专责进行汇总审核，通过则进行下一步，不通过退回重新填写。

第二步，检修专责审核通过后送到领导处审核，通过则进行下一步，不通过退回重新填写。

第三步，领导审核通过后上报分部，由分部进行审核，通过则进行下一步，不通过退回重新填写。

第四步，分部审核通过后上报国网信通，由国网信通进行审核，通过则进行下一步，不通过退回重新填写。

第五步，国网信通审核通过后直接归档，最后由分部和省公司进行归档。

714. SGTMS 系统中资源可分为哪几类？

答案：空间资源、设备资源、电源资源、光缆资源、业务资源、配线资源。

715. 如何控制机房环境温度、湿度？机房设备运行所允许的温度、湿度范围是多少？

答案：机房应设置温度、湿度自动调节措施，使机房温度、湿度的变化在设备运行所允许的范围之内。机房温度夏天超出 23℃ ±2℃ 或冬天超出 20℃ ±2℃，湿度超出 45%~65%，可能导致设备故障。

716. TMS 系统中资源错误数据修改方法有哪几种？

答案：直接在系统中修改；或用导入导出工具导出后把数据修改好后再导进去。

717. 简述 TMS 系统从硬件方面如何保证二区和三区严格隔离及整个网络的安全性。

答案：通过在二区与三区之间有安装正、反向隔离装置来进行物理隔离。

718. 请简述如何在 TMS 系统中添加新用户。

答案：系统管理员角色登录系统→选择运行管理→系统维护→组织机构维护（企业）→在单位下创建用户、授权用户即可。

719. 请简述 TMS 系统数据库如何备份。

答案：每日进行计划备份、周备份、月备份、异地备份。

720. 如果一个通道中断了，业务一定中断吗？简述一下业务和通道的区别。

答案：不一定。业务和通道的区别是一条业务可能有一个或多个通道来保护，比如说一条业务由双通道构成，其中一个通道中断，那么我们只能说这个业务受影响，不能直接说业务中断。

721. 简述一下缺陷流程的流转和处理过程。

答案：缺陷故障管理实现缺陷故障处理全过程监控管理和流转，实现缺陷故障处理的闭环管理流程，包括缺陷故障记录、缺陷派工、缺陷处理反馈、确认是否消缺、编制缺陷报告（若已消缺可不提交缺陷报告）、归档。

722. 如何将告警启动成缺陷工单？

答案：（1）在告警操作台单击右键，选择转运行；（2）进入值班管理工作台，在运行记录中打开从告警操作台转过来的记录，再单击启动缺陷单按钮，完成该工作。

723. 如何把业务与通道进行关联？

四、简答题

答案：(1) 根据资料找到业务的起始端口；(2) 进入板卡视图（多种进入途径，进入即可）；(3) 单击右键，选中串接电路（或者双击端口也可）；(4) 串接电路成功后会自动进入通道路由图页面，单击右键，选中关联业务；(5) 选中刚才添加的业务，单击关联。

724. 如何查看网元的资源影响业务分析？

答案：进入资源管理子系统→资源图形管理→传输拓扑图→选中左侧的传输系统→右侧为该传输系统展开的拓扑图→右键选择需要查询的网元→选择影响业务分析。

725. 值班工作台包括哪些功能模块？

答案：(1) 运行记录；(2) 通信保障；(3) 工作记录；(4) 缺陷单；(5) 检修单；(6) 方式单；(7) 业务申请单。

726. 如何在系统中添加一个站点？

答案：打开资源管理→资源信息管理→空间资源信息管理。

在区域下面右键单击"新建站点"按钮，输入相关信息，单击"保存"。

727. 请简述如何导入站点平面背景图。

答案：利用画图工具绘制好机房平面图，然后通过导入图片功能按钮把机房平面背景图导入系统中。

728. 如何在系统中修改必填字段，保证系统数据完整性？

答案：(1) 打开资源管理→资源信息管理；(2) 选择相应的修改数据→查看是否标 * 字段没有填写，补充完整信息，单击保存。

729. 请简述数据治理及保鲜的意义。

答案：数据治理通过有效的数据维护手段保证系统内已存在数据的规范性和完整性，为系统应用提供准确的数据支撑。数据保鲜的意义在于实现了对系统增量数据的管理和维护，从而保证了系统数据更新的及时性，为系统的可持续化使用奠定了基础。

730. 通信管理系统包括哪几类服务器？各服务器部署需要安装哪些软件（软件包）？简要列出安装这些软件的顺序。

答案：通信管理系统包括以下三类服务器：采集服务器、应用服务器、数据库服务器。

各服务器部署需要安装的软件包按安装顺序有：(1) 采集服务器：JDK、采集框架、采集程序。(2) 应用服务器：JDK、SGTMS 程序包。(3) 数据库服务器：Oracle 10g、建立数据库。

731. 通信管理系统包括哪些网络设备？这些网络设备各自的作用是什么？

答案：通信管理系统包括的网络设备及其作用有以下几个方面。

(1) 交换机，通信管理系统组网用。

(2) 防火墙，信息内网防火墙用来隔离信息内网通信管理系统子网内的服务器；通信管理系统独立私有网络内的防火墙用来隔离通信管理系统采集服务器与华为、中兴网管服务器。

(3) 正向隔离装置，用来隔离通信管理系统信息内网子网与通信管理系统独立私有网络，进行两个网络间的单向数据传递。

732. 通信管理系统角色分类有哪些？如何为不同的角色配置菜单？

答案：通信调度员、通信运维人员、故障专责、通信领导、通信检修专责、其他专业检修专责、通信专责、通信方式专责、方式主管、资源管理专责、业务申请人、通信管理系统（TMS）维护人员。

进行用户权限分配操作时根据角色需要进行：打开模型设计器→企业模型→安全模型，在角色上单击右键菜单→关联菜单，单击"加号"为该角色关联菜单。

733. (1) 通信管理系统本省三级骨干传输网网管有哪几套？(2) TMS 系统与这些网管做接口，事先需要做哪些准备工作？(3) TMS 系统采集网管哪些信息？(4) 各地市四级骨干传输网网管以什么方式接入省局系统？(5) 地市需要什么设备？(6) 接入省局什么服务器？(7) 简要说明从各地市四级骨干传输网网管采集的数据进入该服务器的过程。

答案：(1) 华为、中兴。(2) 升级网管版本到目标版本，开放北向接口并升级北向接口到目标版本。(3) 配置、告警、性能数据。(4) 通过三级骨干传输网不小于 8Mbit/s 速率的以太网通道接入。(5) 需要采集服务器与三层交换机。(6) 接入省局应用服务器。(7) 配置数据，地市采集服务器采集后通过正向隔离装置进入省局应用服务器，经过数据解析后入库；告警数据，地市采集服务器采集后通过正向隔离装置进入省局应用服务器内存库，在客户端界面对告警数据确认后告警数据入库。

734. 通信管理系统中实时监视模块中断业务与受损业务的区别是什么？如何设置实时监视的业务？

答案：受损业务，指传输通道质量、性能受损，但没有导致业务中断。例如，某业务有主备两条业务通道，当其中一条业务通道中断，另一条业务通道正常时，可称为业务受损。

中断业务，指传输通道中断导致业务不可用。

通过业务状态监视显示效果配置工具设置实时监视哪些业务。

735. 什么是告警标准化？通信管理系统告警操作台显示的告警等级有哪些？告警总计 X/N 表示的是什么？

答案：告警标准化指对告警信息进行标准化处理，包括告警原因翻译、告警级别重定义、告警格式转换、告警对象匹配，采集对象包括骨干通信网和终端通信接入网的各类告警（光缆、传输、数据、接入、业务），采取格式转换、对象匹配、告警翻译等技术手段，屏蔽差异，实现告警的标准化处理。

紧急、重要、普通、提示。

X/N 表示已确认告警数／当前告警总数。

736. 通信管理系统实时监视模块中如何设置告警页面刷新频率？该页面刷新与告警操作台中同步功能的区别是什么？

四、简答题

答案：实时监视模块主页告警操作台的设置界面，配置告警操作台效果显示中设置页面刷新时钟设置。

页面刷新与告警操作台同步功能一致，均能同步内存库告警数据，区别为页面刷新为自动刷新，同步功能为手工刷新。

737. 简述实时监视的作用及主要功能。

答案：实时监视应用是在设备厂家网管基础上，通过进一步扩展通信网络的监视范围，整合通信设备的各种实时信息和管理信息，为通信运行和管理人员提供更全面、完整的通信实时监视视图，实现在统一的界面下对多厂商设备运行状态的集中监视，实现面向业务的告警分析和故障处理，为通信调度提供技术手段。其主要功能如下。

（1）告警集中监视。

告警集中监视是指将通信各专业的网络和设备告警信息进行集中汇总，按照光缆、传输、数据、交换、接入、业务、支撑、动力环境进行分类显示，为通信调度值班提供集中监视界面。

告警集中监视应包括告警采集预处理、告警分类、告警过滤、告警显示、告警操作、告警提示（短信、语音）、告警状态计算、告警根原因分析、告警查询等功能。

（2）网络运行状态监视。

根据各类通信设备和通信网络的告警信息、性能信息和配置信息，实时计算网络运行状态，通过通信网络拓扑图、光缆网络拓扑、传输网络拓扑、PCM 网拓扑、终端通信接入网拓扑、业务网络拓扑、动力环境视图、设备面板图进行直观展现。

（3）重要业务电路监视。

将基于设备的告警提升为基于业务的告警，实现对继电保护、安稳控制、调度自动化、配电自动化等电网重要通信业务电路的监视与管理。具体包括业务网络展现、业务告警管理、业务保障分析、电路故障管理、业务中断管理等。

（4）故障智能分析与处理。

利用网络和设备实时与历史性能数据，根据预警模型来预测设备、光缆和业务可能发生的故障。故障预警包括故障预警模型制定、故障预警模型应用。故障预警模型由光缆纤芯劣化分析、通信设备某类告警发生频率、某类业务是否有主备保护、主备路由是否相同、网络流量、信号质量等因素构建预警模型。故障预警模型应用指根据匹配的故障预警模型主动预测通信设备、光缆和各类业务可能发生的故障。

故障智能处理为通信运行维护提供智能化的分析处理手段，包括故障预警、故障定位、缺陷故障智能处理、故障专家库管理等功能。

（5）性能管理。

对被管网络的性能数据进行采集并提供性能采集任务管理、性能信息处理、性能信息查询统计等功能。

(6) 网络趋势分析。

趋势分析是根据已知的历史资料来拟合一条曲线，使得这条曲线能反映目标本身的增长趋势，然后按照这个增长趋势曲线，对要求的未来某一点估计出该时刻的预测值。通过建立趋势分析模型，实现误码率变动趋势分析、光功率变动趋势分析、传输通道带宽变动趋势分析等功能。

(7) 网络健壮性分析。

健壮性（Robustness 或称鲁棒性）主要指通信系统能够在一定程度上克服网络环境的各种变化如故障、拥塞、网络节点或终端设备临时失效等对于通信网络造成的影响。这种克服能力越强，则健壮性越强。通过网络健壮性分析建模，实现对通信网络可靠性、通信网保障能力以及业务保障能力的实时分析。

738. 通信管理系统中业务与通道关联方式有几种？请简单描述其中一种关联方式的步骤。一个通道可以与几个业务进行关联？

答：两种关联方式：业务关联通道、通道关联业务。

业务关联通道为：选择某条业务，右键选择查看通道，可关联 SDH 通道或者光纤通道，可通过起始、终止网元查询通道，查询成功后，勾选指定通道并单击确定修改。

一个通道只能与一条业务进行关联；一个业务可关联多个通道。

739. 简述通信缺陷流程关键控制点。

答：缺陷影响上级单位业务的，需上报缺陷信息及处理过程。

如为重大缺陷则必须编制缺陷处理报告。

在缺陷处理过程中影响新业务范围时，必须转入中止缺陷处理，在业务抢通后将缺陷单转入缺陷库，启动通信检修申请单流程。

在业务抢通后，但设备缺陷不能及时消缺时，必须转入缺陷库处理，此时缺陷单可存档。

所有缺陷处理情况必须记录、定级并存档。

740. 通信管理系统与国网、分部之间是否有接口，总体叫什么接口？该接口有哪些用途？通信管理系统与省内哪些系统有接口？和这些系统做接口主要完成什么工作？哪些是实时接口？为什么要做这些接口？

答：TMS 与国网、分部有接口，总体叫纵向互联接口。

通过纵向互联接口，可完成三大类工作：属地化资源同步、告警数据同步、级联数据同步。

OMS：主要完成 TMS 与 OMS 系统之间检修票流转。IMS：主要完成 IMS 监控数据传送。运营监控系统：主要完成运营监控指标传送。

以上均为实时接口；做这些接口的目的是，减少人工操作环节，提高信息化水平。

741. 简述数据采集与控制过程。

答：数据采集主要完成告警信息、性能信息和配置信息的采集、预处理以及上传等操作。

四、简答题

数据采集方式主要包括文件、数据库主动查询访问,通过 CORBA、SNMP、TCP/IP 等协议查询和推送方式。

(1) 告警采集预处理。

告警采集预处理包括告警采集、告警标准化和告警存储操作。告警采集指通过采集系统从设备厂家网管北向接口、设备接口及智能采集器接口中采集出原始告警信息。告警标准化指对告警信息进行标准化,包括告警原因翻译、告警级别重定义、告警格式转换、告警对象匹配等。告警存储指将处理后的告警信息存储到数据库中。

(2) 性能采集。

性能采集完成传输网、数据网、交换网、接入网等设备中光功率、误码率、时延、丢包率等性能信息的实时采集、上送及存储。

(3) 配置采集。

配置采集实现传输网系统、接入网系统(PCM、xPON)、数据网系统、交换网系统、机房动力环境等几大类通信系统配置信息的实时采集、预处理及存储。配置数据采集包括网络配置信息(系统、拓扑、通道等)和物理资源(机框、插槽、板卡、端口等)信息的采集。预处理是将配置采集的数据与图形模板匹配、动静态资源关联、配置数据变更处理等。

742. 通信管理系统运行管理模块有几大流程?各自可完成什么工作?简述一种流程执行过程中需要经过哪几个模块?这些模块是如何划分的?

答案:缺陷、方式、业务、检修流程。

缺陷流程,完成缺陷故障单流转;方式流程,完成方式单流转;业务流程,完成业务单流转;检修流程,完成检修单流转。

执行流程需要经过新建工单、代办工单、已办工单及全部未完成工单、归档工单、撤销工单、工单查询统计等模块。

新建工单,新建单据并启动流程;代办工单,需要本人处理的单据;已办工单,已流转过本人的工单;归档工单为已完成的工单;工单统计为单据信息查询。

743. 通信管理系统数据清查文档分别有哪些种类?

机房平面图、空间资源表、网络系统表、设备与机框、通信电源、辅助设备、光缆资源、业务台账、配线模块、配线连接、地市四级网光缆拓扑图、网管传输段导出表、网管 2M 与 155M 端口配置表等。

744. 通信管理系统中四级骨干传输网数据清查中权限管辖单位、维护单位、资产单位、统计单位各自有什么含义?区分这 4 种单位的意义何在?

答案:统计单位是原产权单位更改过来,参与大屏展示指标统计;维护单位指实际运维的单位,该单位下的用户具有该资源的属性维护权,但不具有该资源的权限分配权,具有该资源产生告警的查看和操作权限;权限管辖单位的用途:该单位下的用户具有该资源的权限分配权,同时具备该资源的属性维护权，具备对该资源产生告警的查看和操作权限。资产单位为实际资产归属单位。

便于在系统内区分资产统计与资产维护权限划分。

745. 如何实现通信管理系统的数据更新？

答案：数据的更新包括资源数据、工单数据的更新。目前工单数据都是通过线上流程进行更新，后续要对资源数据进行更新工作，也要形成业务流程，通过线上流转，完成对数据内容的更新。例如，设备的新建、更新、检修、停役都需要有对应的流程。通过这样的方式，实现资源维护变更的及时性、准确性、可追溯性、可审查性。

746. 通信管理系统省级硬件部署中配置的服务器需要实现哪些功能？请描述一下它们之间的数据流向。

答案：数据库服务器：安装数据库软件，存储系统数据。应用服务器：安装中间件和各种系统应用软件，提供系统的各种业务服务。采集服务器：安装各类协议采集程序，获取被采网管原始数据。

数据流向：采集服务器在厂家网管上采集原始数据，在采集服务器进行第一步数据处理，然后发送到应用服务器，应用服务器通过系统程序进行数据处理，然后进行入库操作，最终将数据写入数据库服务器上面的数据库里面。

747. 传输网管的数据是如何采集到通信管理系统的？

答案：传输网管开通北向接口；采集服务器通过北向接口采集动态数据，将数据送到数据库服务器。

748. 通信管理系统从硬件方面是如何保证二区和三区严格隔离及整个网络的安全性的？

答案：在二区与三区之间有正、反向隔离装置进行物理隔离；在通信管理系统和外部系统之间均部署了边界防火墙来保证网络安全。

749. 如何在通信管理系统中对告警进行确认？请描述步骤。

答案：(1) 按照如下步骤进入告警操作台：实时监视→网络告警管理→告警操作台，或者在实时监视页面右下角单击"全屏"。(2) 选中告警，单击右键，选择"确认"。

750. 请描述通信管理系统中资源查询统计功能的路径。

答案：资源管理（或者实时监视模块）→资源维护工具→资源查询统计。

751. 若一条告警，在 TMS 告警操作台上显示缺少站点信息，请描述可能的原因。

答案：(1) 这条告警是网管级的告警，不属于任何站点；(2) 这条告警所在网元没有进行上架。

752. 请描述传输拓扑图网元位置摆放的步骤。

答案：(1) 在资源管理模块打开资源图形管理→骨干网→传输拓扑图，找到需要摆放位置的拓扑图；(2) 单击"编辑模式"，拖动网元位置，单击"保存"按钮。

四、简答题

753. A 站、B 站、C 站之间有一个接头盒 D，请问一共可分为几条光缆？

答：由于光缆纤芯发生变化，所以共分为 3 条光缆：AD 光缆、DB 光缆、DE 光缆。

754. 请描述在通信管理系统中修改一个网元的全局名称的步骤。

答：在资源模块中，找到要改的网元，修改之后单击"保存"；也可以在传输拓扑图中单击网元图标，右键单击"属性"，修改完之后单击"保存"。

755. 如何在通信管理系统中添加一个电源设备？

答：(1) 在资源模块中打开"资源信息管理→支撑网→电源资源信息管理"，找到对应的电源系统。(2) 右键单击"添加"设备，输入相关信息，单击"保存"。

756. 若有一个检修工单流转到你这里，请描述查看方式。

答：(1) 在运行管理首页，有一个待办工作可以查看；(2) 打开"检修管理→通信检修单"在待办工单可以查看。

757. 简述信息安全技术督查工作的主要目的。

答：信息安全技术督查工作的主要目的是监督检查、督促信息安全管理技术要求和措施落实，采取有效手段督促隐患整改，持续提升信息安全防护能力，实现信息安全的可控、能控、在控。

758. 请描述通信管理系统中发起检修单的步骤。

答：有相应权限的人员，登录到运行管理模块中，检修管理→通信检修单，选中检修单填写→新建工单即可。

759. 请描述业务申请流程和方式单流程之间的关系。

答：业务申请工单在方式编制这一步会流转到方式单流程中，然后方式单流程走完之后，业务申请单才可以归档。

760. 请描述新增一个网元如何开展数据保鲜工作。

答：(1) 首先要通过北向接口采集到该网元信息；(2) 然后将该网元进行设备上架操作；(3) 在系统中将该网元的属性信息完善；(4) 将该网元的相关动静态数据工作完成。

761. 通信管理系统实时监视首页有哪几个功能模块？请描述这些模块实现的功能。

答：(1) 分类监视，监视系统中业务是否有中断、受损情况。(2) 通信网络监视，监视系统中各类通信网络的告警及告警确认情况。(3) 工况监视，监视北向接口状态。(4) 区域根告警处理监视，监视各个区域根告警及根告警确认情况。(5) 监视信息统计，告警确认率、根告警确认率、过滤告警占比、集中监视网元率四个指标的展示。

762. 请描述在通信管理系统中添加一个局站的步骤。

答：(1) 在资源管理模块中打开"资源信息管理→空间资源信息管理"；(2) 单击"添加"按钮，输入相关信息，单击"保存"。

763. 请描述在通信管理系统中新加一个机房的保鲜工作。

答：(1) 将该机房信息录入系统中；(2) 为该机房添加机房背景图。

764. 请描述在通信管理系统中录入业务步骤。

答案：打开资源管理→资源信息管理→业务资源信息管理；单击"添加"；输入相关信息，检查全局名称需符合命名规范；单击"添加"，业务创建成功。

765. 简述通信管理系统机房背景图支持的文件格式。

答案：*.jpg *.jpeg *.png.

766. 简述光路的定义。

答案：光路是指设备之间的光通路，根据所承载的媒质不同，分为光纤光路和波道光路。对全程承载在光纤上的光路称为光纤光路，对承载在波分复用系统上的光路称为波道光路。

767. 简述业务的定义。

答案：业务是承载在通信网之上、提供各种不同业务服务功能的资源，业务通道可承载在电路上，也可以直接承载在光路之上。

768. 描述光缆段、光路、通道电路和业务的承载关系。

答案：光路是使用光缆段的部分纤芯形成光通路；通道电路使用光路的部分时隙交叉；业务是在光路或通道电路末端连接特定的业务终端设备，提供特定的业务服务功能。

769. 描述站点、传输网元、传输设备的关系。

答案：从所属关系上讲传输设备隶属站点管理（常看见的网元名称可能和站点名称相同，两者只存在管理关系），传输网元是传输设备的逻辑化，一个传输网元可以包含多个传输设备（一个网元可以关联多个机框）。

770. 简述桌面终端安全域应采取的防护措施（请列举六项以上）。

答案：桌面终端安全域要采取 IP/MAC 绑定、安全准入管理、访问控制、入侵检测、病毒防护、恶意代码过滤、补丁管理、事件审计、桌面资产管理等措施进行安全防护。

771. 简述常见的通道电路的路由组成，TMS 系统内如何生成通道？有几种方法？

答案：通道电路是通信网络所提供的、能够在两个站点之间进行信息传送的电／光通路。

TMS 系统内是按以下路径生成通道的：DDF 端子→传输设备线路端口→光路→传输设备线路端口→DDF 端子。

SGTMS 系统内通道目前有自动计算、手动串接和手动创建。自动计算是指所有通道全部计算，手动串接是指定端口计算本端口的通道电路，手动创建是指传输网管中并不存在的情况下需要开通业务方式单时使用（目前该功能未发布）。

772. 为何要在 TMS 系统中将传输设备上架？如果不上架或者上错架会有什么影响？

答案：传输设备上架是实现静动态资源关联，即把动态采集到的设备机框信息关联到实际的机架上。

如果不上架或者上错机柜，将造成以下影响：设备告警后，该设备的所属机架并没有告警状态；根据站点等查找该设备时，找不到该设备（光路开通、业务关联等）。

四、简答题

773. 何为通信管理系统的纵向互联和横向互联？

答案：纵向互联是指国网总部、分部、省公司 SGTMS 系统之间的互联，实现上下级间数据上报和工单流转等功能，实现一体化管控。

横向互联是指为解决通信专业与其他专业之间的工作协调问题，开发互联接口实现与其他专业管理系统间的数据流转或共享（如 SG-OSS、IRS、IDS、IMS、GIS、ERP、PMS、DVS 等）。

774. 如何在通信管理系统中进行排班？

答案：具备权限用户登录系统后，单击"运行管理"—值班配置—新建值班单位班次和值班班组后，单击"通信值班→排班管理→新建排班→选择值班人员"后保存。

775. 如何在通信管理系统中启动月计划检修流程？

答案：单击"检修管理"→检修计划流程→月度检修计划→启动月计划→新建工单。

776. 请列出通信管理系统实时监视的至少两项监视功能，并简述其功能定义。

答案：(1) 告警集中监视，实现对通信网运行实时状态的集中监视和管理；(2) 网络运行状态监视，通信内网络和设备告警信息在网络拓扑上展现；(3) 业务通道运行监视，实现对重要业务通道运行状态的专项监视。

777. 请列出通信管理系统运行管理的至少 3 项内容。

答案：运行值班、运行方式、通信检修、缺陷故障、备品备件、运行分析、仿真培训、运行档案资料。

778. 说明通信管理系统中告警等级名称及数字表示类型、告警定位、告警转运行、常用的告警规则配置包括项、告警影响业务的类型与区别。

答案：161 紧急告警、162 严重告警、163 重要告警、164 提示告警。

告警定位：通过系统中当前告警列表对当前告警的设备，进行空间定位，方便用户快速排查告警原因。

告警转运行：如果当前的告警用户需要下工单，则可以把当前告警转缺陷单，可以让当前值班人员处理此告警。

常用的告警规则配置包括项：告警规则导入及重定义、系统级规则配置、过滤规则配置、通知规则配置、手动通知配置、通知服务配置、根告警规则配置。

告警影响业务的类型有：业务中断、业务受损。业务中断表明在此通道上所有的业务通道中断；业务受损表示此通道上部分业务通道中断，而不是全部。

779. 简述国家电网通信管理系统（SG-TMS）的 10 个常用的功能点。

答案：常用的功能点有告警集中监视、网络运行状态监视、业务通道运行状态监视、故障预警、故障定位、资源信息管理、配置管理、资源调度管理、资源查询结果统计、设备预警。

780. 在 TMS 系统中修改密码，应符合什么规则？

答案：(1) 密码不低于 6 位；(2) 密码中需包含数字、字母及特殊标示符或标点符。

781. 怎样在通信管理系统中进行资源权限配置？

答案：(1) 使用系统管理员登录系统，资源管理模块中资源维护工具。(2) 资源权限配置，选中节点，即可配置需要的资源单位。

782. PI3000 平台里的用户、角色、菜单三者之间的关系是什么？

答案：用户关联角色；角色关联菜单。

783. 如何在 TMS 系统里查看最近一个月的告警？

答案：进入"实时监视"，单击"网络告警管理"，选择"历史告警"，选择"最近一个月"查询即可。

784. 在通信管理系统中选中一条告警右击菜单，显示哪些功能？

答案：辅助分析、短信通知、定位设备、转运行记录、确认。

785. 受损业务和中断业务的区别是什么？

答案：(1) 受损业务指传输通道质量、性能受损，但没有导致业务中断。(2) 中断业务指业务无法建立通信。

786. 业务类型分为哪几种？

答案：继电保护、调度自动化、调度电话、行政电话、综合数据网、电视电话会议、其他业务、安全自动、调度数据网。

787. 通信管理系统中系统级规则配置中的闪屏规则怎么理解？

答案：某设备在设置时间内产生告警数同规则内容一样。

788. 通信管理系统中工单分为哪几类？

答案：业务申请单、检修单、缺陷单、方式单。

789. 通信管理系统中值班管理有哪些操作？（5 种即可）

答案：值班排班、日常工作内容的记录、方式和检修运行计划跟踪记录、故障和缺陷处理记录、交接班操作、值班统计分析。

790. 如何查看通信管理系统中月检修计划详细内容？

答案：运行管理→检修管理→检修计划流程→月检修计划，找到需要查看的"月检修计划"双击进入，单击"查看工作项"即可看到检修计划详细内容。

791. 简述通信管理系统中通信方式单的流程。

答案：填写方式单→方式编制→主管审批→方式开通反馈→方式开通比对确认→资源数据更新→结束。

792. 通信管理系统中执行方式单流程至领导审批，弹出工单处理页面时，"同意""不同意""撤销"分别代表什么意思？

答案：同意，流程进入下一节点；不同意，流程回退至业务申请步骤；撤销，工单列入撤销工单列表。

四、简答题

793. TMS 系统中支撑网的下级菜单有哪些？（列举 4 个）

答案：电源资源信息管理、电视电话会议系统、通信监控系统、时钟同步系统、网管系统、应急通信系统。

794. 简述什么是通信管理系统数据治理。

答案：数据治理是指从使用零散数据变为使用统一主数据，使数据从很少或没有组织的混乱状态到井井有条的一个过程。

795. 通信管理系统中传输设备上架率的计算方法。

答案：传输设备上架的数量/传输设备总量。

796. 在 PI3000 平台中，如何创建一个新用户以及分配角色？

答案：打开 PI3000 平台，单击"用户建模"，右击"企业用户"，选择"新建用户"，即创建了一个新的用户，默认用户密码为 1；找到该用户，右击选择"关联角色"，以列表方式打开可方便地为用户关联角色。

797. 通信管理系统中怎样让两个网省能够看到对方的光缆资源？

答案：(1) 单击"资源信息管理""属地化资源同步"菜单。(2) 选择"属地化数据"选项，在数据同步源中选择数据源，在"数据同步资源类型"中选择要同步的资源类型，单击"立即同步"按钮同步资源。

798. 开通一条光路后，怎样在通信管理系统中体现这条光路？

答案：(1)进入"资源图像管理""配线连接图"，做相应站点网元之间的配线连接。(2)进入"资源信息管理""光路资源信息管理"，添加一条光路，选择对应的速率、起止站点、起止设备、起止端口和状态。(3) 选择刚添加的光路查看是否生成光路路由图。

799. 通信管理系统中账号权限在哪个菜单下操作？

答案：系统维护、系统配置下的组织机构维护（企业）菜单下。

800. 通信管理系统中通信调度人员需要分配哪些角色？

答案：通信调度员和任何人。

801. 通信管理系统中账号关联都可以做哪些类型的操作？

答案：编辑、清除、解除、分配、移除。

802. 通信管理系统中网络实时监视可以监视哪些主要内容？

答案：告警监视、工况监视、业务分类监视、通信网络监视。

803. 通信管理系统中如何去确认告警？

答案：告警操作台中选中单条告警右键确认。

804. 通信管理系统中告警管理菜单下可以查看哪些内容？

答案：告警操作台和历史告警。

805. 通信管理系统中网络监视中主要监视的通信网络有哪些？

— 1181 —

答案：SDH、PCM。

806. 通信管理系统账号登录后无法查看告警的原因是什么？

答案：账号无查看告警权限，系统没有采集网管告警。

807. 通信管理系统登录后显示白页的原因是什么？

答案：没有安装最新的 Flash Player 插件。

808. 通信管理系统中实时监视页面主要有哪几个模块？

答案：业务分类监视、通信网络监视、工况监视、区域根告警处理监视、监视信息统计。

809. 通信管理系统中业务分类监视主要监视哪些内容？（至少列出 5 项）

答案：调度电话业务、行政电话业务、综合数据网业务、调度数据业务、电视电话会议业务、调度自动化业务、安全自动装置。

810. 简述通信管理系统中交接班流程的主要步骤。

答案：首先值班管理配置交接班时间和分配值班人员，在排班管理中给值班人员排班，值班管理员登录账号接班，到下班时间交班给下一个值班员。

811. 通信管理系统中值班员需要在值班工作台检查哪些内容？

答案：运行记录、通信保障、工作记录、缺陷单、检修单、方式单、业务申请单。

812. 通信管理系统中检修单主要填写什么内容？

答案：检修单标题、申请人、检修类型、检修内容、影响单位最高等级。

813. 通信管理系统三大功能模块是什么？

答案：资源管理、实时监视、运行管理。

814. 通信管理系统中图形化可以查看的有哪些内容？

答案：站点平面图、机房平面图、光缆拓扑图、配线连接图、设备面板图、业务拓扑图。

815. 通信管理系统运行管理模块中有哪些流程？各自完成什么工作？

答案：缺陷、方式、检修、业务申请。缺陷流程完成缺陷单流转，方式流程完成缺陷单流转，检修流程完成检修单流转，业务申请流程完成业务申请单流转。

816. 通信管理系统业务数据及应用程序进行定期备份，备份的内容具体包括哪些？

答案：数据库、第三方软件程序、应用服务器程序组件。

817. 通信管理系统的应用架构是怎样的？

答案：系统采用"二级部署、三级应用"模式。整个应用架构由总部（分部）、省两级系统和互联网络组成。

818. 简述通信管理系统建设的目的。

答案：建设具备实时监视、资源管理、运行管理、专业管理四大业务应用，覆盖各级电力通信骨干网和终端通信接入网，形成具有集约化、标准化、智能化特征的国家电网公司企业级通信管理平台，为提升通信网络运行维护能力和管理水平提供技术支撑。

四、简答题

通过系统互联，完成通信管理系统上下级之间、与其他系统横向之间的信息共享和应用协同，全面提升通信全程全网故障定位处理能力、跨专业和跨网络的资源管理和优化配置能力、通信业务的全流程闭环管理能力、信息通信一体化全景展示能力等。

819. 通信管理系统中查看告警可以得知哪些告警内容？

答案：选中一个告警单击，展现告警类型、告警对象、告警时间等。

820. 通信管理系统中告警集中监视应包括哪些功能？

答案：告警采集预处理、告警分类、告警过滤、告警显示、告警操作、告警根原因分析、告警查询等功能。

821. 通信管理系统中如何查看各单位检修工作次数统计？

答案：运行管理→检修管理→检修管理统计→各单位检修次数统计，即可生成各单位检修工作次数柱状图。

822. 通信管理系统中如何查看省公司临时检修工作统计？

答案：运行管理→检修管理→检修管理统计→按检修类型统计。

823. 通信管理系统可以采集到的传输设备配置数据包括哪些？

答案：传输网元、槽位、板卡、端口、时隙交叉等。

824. 通信管理系统中资源信息管理模块包括哪些网的数据接入？

答案：骨干网、数据网、接入网、交换网、支撑网。

825. 通信管理系统中资源信息管理模块包括哪些资源信息的管理？

答案：空间设备、电缆、光缆、光路、通道、配线、业务系统、业务资源信息管理。

826. 通信管理系统从专业网管采集了一条新电路，简述此电路关联业务的步骤。

答案：资源信息管理→业务资源信息管理，手工录入业务信息；资源图形管理，设备面板图和配线连接图，将此电路与设备、配线连接。

827. 通信管理系统数据如何与设备或专业网管数据保持一致性？

答案：用户可通过配置管理功能动态管理网络设备，并对数据进行更新，保持系统与网络的数据一致性。

828. 通信管理系统中告警基础规则与资源规则的配置如何进行数据管理？

答案：告警基础规则为了能更好地定位告警提示的问题，在客户端维护告警原因、等级重定义，告警过滤、封锁和频闪等显示规则，以便快速、直观地辨识告警问题；资源规则就是关联告警基础规则，把告警规则应用到某一具体的资源上。

829. 通信管理系统数据管理包括哪些方面？

答案：功能包括配置采集管理、通道计算、系统数据清理。（1）配置采集管理实现对 SDH 传输网配置的同步更新，包括系统、网元、拓扑、设备配置、时隙交叉、通道；（2）通道计算完成配置同步后实现全网 SDH 系统计算、单系统计算；（3）系统数据清理对系统性能进行优化，定期清理无效数据。

830. TMS 与运营监测中心互联有哪些线上数据？

答案：光缆长度、通信站数量、光传输设备数量、通信交换设备数量、通信电源设备数量等。

831. 如何在 TMS 中查看Ⅱ区采集是否正常？

答案：可以通过 TMS 中"实时监视"模块下的工况监视功能，查看网管指示灯是否为"绿色"，"绿色"为正常，"红色"为Ⅱ区采集与Ⅲ区后台连接存在问题。

832. 如何在通信管理系统中进行网管告警重定义？

答案：操作步骤：登录系统→实时监视→网络监视规则→告警规则配置→告警规则导入及原因重定义，进入后选择对应系统，使用导入模板填写告警规则，完成后进行导入，最后在"实时监视"主页"告警操作台"确认重定义是否生效。

833. 登录 TMS 系统进入"实时监视→告警操作台"查看某系统告警，结果没有找到该系统下的任何告警，请问是什么原因？

答案：实时监视→告警操作台→设置，勾选要查看系统，查看是否有该系统告警，如仍然没有告警，请继续查看"工况监视"中"采集通道"和"北向接口"状态是否正常，如果正常请查看告警过滤规则是否配置成过滤所有告警，如不正常请查看Ⅱ区采集程序，如尝试了多种操作后还未解决请联系系统运维人员。

834. 如何在通信管理系统中实现由告警生成运行记录，并进行状态跟踪？

答案：登录系统→实时监视→告警操作台，选择目标告警右键"转运行记录"即可转到值班管理台的运行记录并进行状态跟踪。

835. 通信管理系统中运行管理主要包括哪些功能模块？

答案：运行值班管理、通信运行方式管理、通信检修管理、缺陷故障管理、备品备件管理、仿真培训管理。

836. 通信管理系统中运行管理下有哪些菜单？

答案：值班管理、缺陷故障管理、方式管理、检修管理、日常办公、系统维护、帮助。

837. 通信管理系统中值班工作台中可进行哪些工单的操作？

答案：检修单、缺陷单、方式单、业务申请单。

838. 叙述通信管理系统中账号授权方法。

答案：(1) Admin 登录 PI3000，用户建模里选中用户右键关联角色；(2) 菜单建模，浏览器菜单，选中菜单授权，增加或删除角色。

839. 通信管理系统中流程用户可以通过何种途径查看当前工单下一步具有操作权限的流程用户？

答案：(1) 双击打开当前工单，在左侧的流程图中单击蓝色字体的角色名，即可弹出下一步具体操作人；(2) 在待办工单或已办工单中，找到要查看工单，单击"待办专责/专业"中

四、简答题

的查看,也可查看到当前工单具有操作权限的流程用户。

840. 怎样在通信管理系统中查看某一天的历史运行记录?

答:找到运行管理→值班管理→通信值班中的运行记录查询,找相应日期的那条历史记录,双击即可查看所要找的历史运行记录。

841. 在通信管理系统中,怎么更改用户密码?

答:登录系统后,找到运行管理→系统维护→密码维护,首先填写当前的登录密码,然后输入两次新密码,单击"确定"修改后即可。

842. 请分别解释通信管理系统中的字段一般包括哪四个单位属性?

答:权限管辖单位、产权单位、维护单位、统计单位。

843. 通过通信管理系统中的导入导出工具导入光缆段数据时,校验结果为所属光缆关联关系未找到,请问如何解决?

答:首先确认之前导入光缆的全局名称和导入的所属光缆名称是否一致,不一致修改为已经导入的光缆全局名称,如果没有光缆数据,则补充光缆数据,再进行光缆段导入。

844. 如何对已经导入通信管理系统中的数据进行统一修改更新,达到数据保鲜?

答:通过导入导出工具把需要更新的数据导出,修改相关数据字段保存,再通过导入导出工具的更新导入进行更新。

845. 请列出通信管理系统中资源清查表格里面的10项数据。

答:区域、站点、机房、机柜、设备机框、光缆、光缆段、接头盒、保护业务、自动化业务。

846. 通信管理系统中创建一般业务的步骤有哪些?

答:(1)两个网元直接创建通道。①网元设备机框上架;②创建通道、配置交叉(可选择相邻的网元);③串接电口。

(2)业务关联通道。①创建业务;②业务关联通道。

847. 如何在通信管理系统中串接通道?

答:(1)根据实际需要找到相应端口,打开"资源图形管理"→"传输拓扑图",右键网元选择"设备面板图";(2)选择板卡,右键选择"板卡视图";(3)选择端口,右键"串接电路";(4)在空白处单击右键,选择"关联业务"。

848. 简要概述账户权限的设置的重要性。

答:有效限制系统资源访问与安全,明确规范员工的岗位职责。

849. 如何确保纵向互联中系统的安全使用?

答:关闭非系统工作端口,更新系统安全补丁,规划账户权限设置,强制用户口令复杂化。

850. 如何确保通信管理系统应用服务与数据服务不间断服务?

答:服务器需有双机冗余配制,且服务与数据库必须有异地备份。

851. 如何确保通信管理系统二区与三区之间的信息安全通信?

答案：正确使用正向隔离器使二区与三区之间进行物理隔离又保证其间数据通信安全。

852. 简述如何在通信管理系统中对一个网元进行提示告警的过滤规则配制。

答案：进入告警规则配置后选择过滤规则配置，在列表中找到 SDH 选项，展开后找到并选中需要配制规则的网元，填入相应内容将对象类型选为网元，过滤等级选为提示告警，最后单击启用。

853. 简述通信管理系统中告警发生后如何处理。

答案：在告警列表中查看告警原因定位该告警发生源，然后借助影响业务分析查看是否有影响业务，再进行检修或转运行等，最终确认告警。

854. 如何在通信管理系统中配制自己所需的告警操作台？

答案：单击告警操作台下方的设置按钮，弹出操作台配制后单击下方操作菜单中的"配制操作告警操作台的效果展示"一项，从中勾选工作中需要展示的项目，从而简洁有效地显示自己所需的告警内容。

855. 简要叙述通信管理系统中方式附件的查询步骤。

答案：通过运行管理中方式管理下的子菜单方式查询中方式附件查询，查询时可以使用条件过滤精确查询条件范围。

856. 如何在通信管理系统中精准查询运行记录中的记录？

答案：通过值班管理中通信管理功能下的运行记录查询功能，使用过滤器匹配查询条件精确查询。

857. 简要叙述通信管理系统中纵向互联检修单流程过程。

答案：(1) 由下级单位发起检修到达上级单位值班调度员初审；(2) 通信专业会签；(3) 其他专业会签；(4) 领导审批执行；(5) 下属单位申请开工；(6) 上级单位批复开工；(7) 下属单位检修执行；(8) 下属申请完工；(9) 上级单位批复完工；(10) 下属单位反馈执行结果；(11) 上级单位审核后归档。

858. 简要叙述通信管理系统中检修统计的几种类型。

答案：(1) 按检修类型统计的检修次数表；(2) 按检修类别统计的检修次数表；(3) 各单位检修次数统计；(4) 各类设备检修次数统计；(5) 检修执行情况统计；(6) 检修执行效率统计；(7) 检修单统计。

859. 简要叙述通信管理系统中业务与通道关联的步骤。

答案：在资源管理中资源信息管理下的业务资源信息管理中，右击需要关联通道的业务，单击"查看"通道，选择相应的通道，勾选后单击"确认"修改即可。

860. 请写出通信管理系统中资源主页的 8 个仪表盘指标名称。

答案：(1) 通信站数量；(2) 光缆长度；(3) 通信业务数量；(4) 业务通道数量；(5) 光路数量；(6) 保护业务通道关联率；(7) 安稳业务通道关联率；(8) 自动化业务通道关联率。

信息系统研发与运维安全

（上）

国网安徽省电力有限公司互联网部　编
国　网　黄　山　供　电　公　司

图书在版编目（CIP）数据

信息系统研发与运维安全题库. 上 / 国网安徽省电力有限公司互联网部，国网黄山供电公司编. ——北京：企业管理出版社，2021.12
 ISBN 978-7-5164-2514-5

Ⅰ.①信… Ⅱ.①国…②国… Ⅲ.①电力系统—信息系统—习题集 Ⅳ.①TM7-44

中国版本图书馆CIP数据核字（2021）第224871号

书　　名：	信息系统研发与运维安全题库（上）
书　　号：	ISBN 978-7-5164-2514-5
作　　者：	国网安徽省电力有限公司互联网部　国网黄山供电公司
选题策划：	周灵均　上官艳秋
责任编辑：	张　羿　周灵均
出版发行：	企业管理出版社
经　　销：	新华书店
地　　址：	北京市海淀区紫竹院南路17号　　邮　　编：100048
网　　址：	http://www.emph.cn　　电子信箱：26814134@qq.com
电　　话：	编辑部（010）68701661　　发行部（010）68701816
印　　刷：	北京虎彩文化传播有限公司
版　　次：	2021年12月第1版
印　　次：	2021年12月第1次印刷
开　　本：	710mm×1000mm　1/16
印　　张：	40.5
字　　数：	880千字
定　　价：	298.00元（全二册）

版权所有　翻印必究·印装有误　负责调换

编委会

主　任　韩学民　毛　峰
副主任　郑高峰　卓文合　陈清萍　胡海琴　凌晓斌
委　员　秦丹丹　王　峰　刘朋熙　王海超　肖家锴　陶　军
　　　　　唐　波
主　编　蔡　翔
副主编　杨先杰　张　勇　方　圆　俞骏豪　李　周　马俊杰
　　　　　陈　洋
编　委　关　鹏　叶水勇　李龙跃　刘　丽　付　颖　陈　明
　　　　　刘　琦　管建超　吴家奇　李　超　褚　岳　张科健
　　　　　刘茂彬　夏　欢　朱笔挥　韩　辉　郑宏阔　姜晓涛
　　　　　郑　瑾　叶望芬　王智广　邵　杰　施　俊　程敏珠
　　　　　程永奇　姚嘉智

前 言
PREFACE

近年来，人工智能、区块链、5G、量子通信等具有颠覆性的战略性新技术突飞猛进，大数据、云计算、物联网等基础应用持续深化，数据泄露、高危漏洞、网络攻击以及相关的智能犯罪等网络安全问题随着新技术的发展呈现出新变化，严重危害国家关键基础设施安全、民众隐私安全，甚至危及社会稳定。电力信息网络作为关键信息基础设施，是国家重要的资产，一旦遭到破坏，将导致功能丧失或者数据泄露，轻者造成财产损失，严重的会影响经济社会的平稳运行。从国家角度来看，当前全球网络攻击事件频发，网络对抗态势进一步升级，随着金融、能源、电力、通信等领域基础设施对信息网络的依赖性越来越强，针对关键信息基础设施的网络攻击不断升级，有国家背景的高水平攻击带来的网络安全风险加大。从公司内部来看，近年来公司系统内被总部通报多起网络安全违规行为，涉及多家单位与合作厂商，包括重要业务数据泄露风险、冒用公司品牌等问题。此类违规行为一旦导致安全事件发生，将给公司造成严重的经济损失，且严重影响公司声誉与形象。

随着能源互联网的建设，"大云物移智链"信息技术应用不断深化，公司需要不断开发新的信息系统以满足不断扩张的业务需求，而目前公司系统的研发与运维过程缺乏规范的指导，导致系统出现很多安全隐患。近年来，公司的大小网络安全事件频发，其中大多是由业务部门网络安全意识不足、信息系统的研发与运维流程不规范导致的。各单位及业务部门凭经验与厂商签订研发和运维协议，造成研发与运维不规范问题，最终导致信息系统的各类安全隐患，给公司安全防护带来严峻挑战。

为解决以上痛点，迅速有效地提高公司业务部门系统研发与运维过程中的规范意识与安全意识，使公司各部门在信息系统研发与运维过程中工作有法、有规章、有案例可依，规避开发与运维过程中的安全问题，国网黄山供电公司组织编写了这套《信息系统研发与运维安全题库》。

本书涵盖信息系统研发与运维相关基本知识、法律法规、公司规章制度、常用系统运维、操作系统运维、网络配置、网络安全防护、信息系统检修安全措施等内容，包含单项选择题、多项选择题、判断题与简答题四种题型，共计10000道题，可供信息运维人员、网络安全人员及管理人员学习参考。

  国网黄山供电公司承担本书的编写工作，国网安徽省电力有限公司互联网部、兄弟公司等多家单位具有深厚理论技术和丰富实践经验的专家参与了本书的编写审核。书中有疏漏和不足之处，恳请读者批评指正。

编者

2021 年 10 月

目　录
CONTENTS

上　册
一、单项选择题（4650题）··· 1

下　册
二、多项选择题（1630题）··· **641**
三、判断题（2860题）··· **875**
四、简答题（860题）··· **1085**

一、单项选择题
（4650题）

1. AndroidManifest.xml 文件中，设置程序可调试的正确配置是（　）。

A. android: debug
B. android: debuggable
C. application: debug
D. application: debuggable

答案：B

2. Android 四大组件中，有一个属性叫作 android: exported，它可以（　）。

A. 控制组件是否可以访问外部程序
B. 控制组件是否允许导出
C. 控制组件能否被外部应用程序访问
D. 判断组件是否已经导出

答案：C

3. Android 四大组件不包括（　）。

A. Activity
B. Service
C. Content Provider
D. Intent

答案：D

4. 敏感数据通信传输的机密性和通信数据的完整性的问题属于（　）的常见问题。

A. 通信数据脆弱性
B. 认证机制脆弱性
C. 客户端脆弱性
D. 业务流程安全性

答案：A

5. 下列属于重放类安全问题的是（　）。

A. 篡改机制
B. 暴力破解
C. 交易通信数据重放
D. 界面劫持

答案：C

6. 下列移动互联网安全中，不属于接入安全的是（　）。

A. WLAN 安全
B. 4G
C. 5G
D. 各种 PAD

答案：D

7. 移动用户有些属性信息需要受到保护，这些信息一旦泄露，会对公众用户的生命财产造成威胁。以下各项中，不需要被保护的属性是（ ）。

A. 终端设备信息　　　　　　　B. 用户通话信息

C. 用户位置信息　　　　　　　D. 公众运营商信息

答案：D

8. 安卓的系统架构从上层到下层包括：应用程序层、应用程序框架层、系统库和安卓运行时、Linux 内核。其中，文件访问控制的安全服务位于（ ）。

A. 应用程序层　　　　　　　　B. 应用程序框架层

C. 系统库和安卓运行时　　　　D. Linux 内核

答案：D

9. 用户最关心的移动互联网安全问题是（ ）和隐私能否保证。

A. 使用是否便利　　　　　　　B. 资金是否安全

C. 网速是否快　　　　　　　　D. 浏览是否畅通

答案：B

10. 以下不属于安全接入平台解决的问题的是（ ）。

A. 身份认证与访问控制　　　　B. 终端自身安全

C. 统一监控与审计　　　　　　D. 非法入侵

答案：D

11. 采集接入网关不承载以下（ ）业务。

A. 电能质量管理业务　　　　　B. 用电信息采集业务

C. 供电电压采集业务　　　　　D. 输变电状态监测业务

答案：B

12. 安全接入网关核心进程是（ ）。

A. Proxy_zhuzhan　　　　　　B. Proxy_udp

C. Vpn_server　　　　　　　　D. Gserv

答案：C

13. 移动作业终端接入后，VPN 客户端程序提示认证通过、SSL 握手成功，但提示"未注册"相关错误信息，通常原因是（ ）。

A. 终端数字证书无效　　　　　B. 终端 VPN 客户端程序未授权

C. 终端未在集中监管中注册绑定　D. 终端时间错误

答案：C

14. 终端不能远程升级，可能是防火墙没有开放（ ）端口。

A. 5000　　　　　　　　　　　B. 6666

一、单项选择题

C. 60701 D. 9090

答案：C

15. 某单位反映一批移动作业终端原来工作正常，全部接入认证成功，但提示"未注册，请联系管理员"的错误信息，这个故障原因可能是（　）。

A. 集中监管服务器宕机导致终端获取不到授权信息 B. 数据交换服务器故障

C. 接入网关故障 D. 终端网络故障

答案：A

16. 在 SSLVPN 网关上用 console show link 命令，显示出来的部分链路的末尾是没有证书 DN 信息的原因是（　）。

A. 终端未联网 B. 终端证书无效

C. 终端采用明文传输 D. 终端不合法

答案：C

17. 在进行终端认证时，需要将注册信息与本次扫描的信息对比，对比项不包括（　）。

A. TF 卡号 B. 终端 IP

C. 证书 DN D. IMSI

答案：B

18. 以 PDA 安全接入为例，在从终端发起业务访问到最后到达业务系统服务端，数据共经过（　）次代理。

A. 1 B. 2

C. 3 D. 4

答案：C

19. 安全接入平台处于（　）之间。

A. 信息公网和信息外网 B. 信息外网和信息内网

C. 互联网和信息内网 D. 移动网络和信息内网

答案：D

20. （　）是指通过在真实或模拟环境中执行程序进行分析的方法，多用于性能测试、功能测试、内存泄露测试等方面。

A. 静态分析 B. 动态分析

C. 关联分析 D. 独立分析

答案：B

21. 移动互联网的恶意程序按行为属性分类，占比最多的是（　）。

A. 流氓行为类 B. 恶意扣费类

C. 资源消耗类 D. 窃取信息类

答案：B

22. IO 类和程序自身防护类的问题属于（　）的常见问题。

A. 业务流程安全性　　　　　　　B. 认证机制脆弱性

C. 客户端脆弱性　　　　　　　　D. 通信数据脆弱性

答案：C

23. 移动 App 安全检测中防止 allowBackup 漏洞的做法是将 AndroidManifest.xml 文件中 allowBackup 属性值设置为（　）。

A. false　　　　　　　　　　　　B. true

C. no　　　　　　　　　　　　　D. yes

答案：A

24. 移动 App 客户端与服务器通信过程中使用 HTTPS 的作用是（　）。

A. 完全解决了通信数据加密问题

B. 完全解决了通信过程中的数据被篡改的风险

C. 完全解决了通信数据的加密问题和通信过程数据防篡改的问题

D. 不能完全解决数据加密和完整性的问题，仅仅降低了数据窃取和篡改的风险

答案：D

25. 以下哪部分移动 App 检测项仅适用于 Android，不适用于 iOS？（　）

A. 应用安全　　　　　　　　　　B. 隐私数据安全

C. 软件防篡改　　　　　　　　　D. 接口安全

答案：C

26. iOS 平台上常见的 Hook 框架有（　）。

A. Xposed　　　　　　　　　　　B. Intent Fuzz

C. Drozer　　　　　　　　　　　D. Substrate

答案：D

27. 安卓系统中所有 App 进程是下面的哪个进程 fork 产生的？（　）

A. init　　　　　　　　　　　　　B. system_server

C. zygote　　　　　　　　　　　 D. kthreadd

答案：C

28. 下列关于 Android 数字签名描述错误的是（　）。

A. 所有的应用程序都必须有数字证书，Android 系统不会安装一个没有数字证书的应用程序

B. Android 程序包使用的数字证书可以是自签名的，不需要一个权威的数字证书机构签名认证

C. 数字证书都是有有效期的，Android 只是在应用程序安装的时候才会检查证书的有效期，

一、单项选择题

如果程序已经安装在系统中，即使证书过期也不会影响程序的正常功能

D. 如果要正式发布一个 Android 程序，可以使用集成开发工具生成的调试证书来发布

答案：D

29. 移动应用对关键操作应采用（　　）机制，验证码令长度至少为（　　），有效期最长（　　），且不包含敏感信息。

   A. 短信验证码，5 位，6 分钟　　　　B. 短信验证码，6 位，6 分钟

   C. 短信验证码，8 位，5 分钟　　　　D. 短信验证码，8 位，6 分钟

   答案：B

30. 移动应用应限制用户口令长度（　　）字符，应为大写字母、小写字母、数字、特殊字符中（　　）的组合。

   A. 不小于 8 位，三种或三种以上　　　B. 不小于 8 位，字母为首三种或三种以上

   C. 不小于 6 位，三种或三种以上　　　D. 不小于 6 位，字母为首三种或三种以上

   答案：A

31. 下列关于移动应用安全加固测试方法描述正确的是（　　）。

   A. 采用"人工查看""操作验证"的方法，检测基于 Android 开发的移动应用是否采用了防逆向、防篡改的安全措施，措施是否生效

   B. 采用"人工查看""操作验证"的方法，检测移动应用安装包的源代码是否可读

   C. 采用"人工查看""操作验证"的方法，尝试对移动应用进行重新签名

   D. 采用"人工查看""操作验证"的方法，检测移动应用被反编译后，so 文件结构信息是否可获取

   答案：A

32. 需对基于 Android 开发的移动应用的源代码进行混淆处理的操作，属于（　　）。

   A. 软件容错　　　　　　　　　　　B. 安全加固

   C. 组件安全　　　　　　　　　　　D. 反编译

   答案：D

33. 移动安全的目标是（　　）。

   A. 保护用户数据　　　　　　　　　B. 应用之间的隔离

   C. 保护敏感信息的通信　　　　　　D. 以上全是

   答案：D

34. 重要数据要及时进行（　　），以防出现意外情况导致数据丢失。

   A. 格式化　　　　　　　　　　　　B. 加密

   C. 杀毒　　　　　　　　　　　　　D. 备份

   答案：D

35. SQL 注入攻击中，使用"--"的目的是（　　）。

A. 表示一段带空格的字符串　　B. 使数据库服务程序崩溃

C. 提前闭合原本的查询语句　　D. 表示后续内容是一段注释说明

答案：D

36. 数据在进行传输前，需要由协议栈自上而下对数据进行封装，TCP/IP 协议中，数据封装的顺序是（　　）。

A. 传输层、网络接口层、互联网络层　　B. 传输层、互联网络层、网络接口层

C. 互联网络层、传输层、网络接口层　　D. 互联网络层、网络接口层、传输层

答案：B

37. 保护数据库，防止未经授权或不合法的使用造成的数据泄露、非法更改或破坏。这是指数据的（　　）。

A. 安全性　　B. 完整性

C. 并发控制　　D. 恢复

答案：A

38. 对某些敏感信息通过脱敏规则进行数据的变形，实现敏感隐私数据的可靠保护的技术为（　　）。

A. 数据加密　　B. 数据解密

C. 数据备份　　D. 数据脱敏

答案：D

39. 不是常见敏感数据的是（　　）。

A. 姓名　　B. 身份证号码

C. 地址　　D. 95598 电话

答案：D

40. 脱敏 SDM 全称为（　　）。

A. 静态脱敏　　B. 动态脱敏

C. 系统脱敏　　D. 信息脱敏

答案：A

41. 三级系统要求应用软件系统应采用国家密码主管部门要求的国产密码学保证鉴别信息和重要业务数据等敏感信息在传输过程中的完整性，其中属于国密算法的是（　　）。

A. SM4　　B. AE4

C. AES　　D. 3DES

答案：A

42. （　　）系统要求应用软件系统应采用校验码技术或密码技术保证鉴别信息和重要业务数

一、单项选择题

据等敏感信息在传输过程中的完整性。

A. 统建 B. 非统建
C. 二级 D. 三级

答案：C

43. 网络数据，是指通过网络收集、（　）、传输、处理和产生的各种电子数据。

A. 存储 B. 应用
C. 收集 D. 分析

答案：A

44.（　）是指经过分发、传输、使用过程后，数字水印能够准确地判断数据是否遭受篡改。

A. 安全性 B. 隐蔽性
C. 鲁棒性 D. 敏感性

答案：D

45. 在数字签名要求中发生争议时，可由（　）进行验证。

A. 签名方 B. 接收方
C. 第三方 D. 官方

答案：C

46. 研究制定（　），落实数据安全应急演练和事件响应机制。

A. 数据安全应急预案 B. 数据安全应急排查预案
C. 数据安全应急演练预案 D. 数据安全应急响应预案

答案：D

47. 公司在我国境内收集和产生的（　）和重要数据，要在境内存储，并定期（每年一次）开展检测评估。

A. 个人信息 B. 公共信息
C. 隐私信息 D. 机要信息

答案：A

48. 应通过签订合同、保密协议、保密承诺书等方式，严格内外部合作单位和供应商的（　）。

A. 数据安全管控 B. 数据安全管理
C. 数据安全督察 D. 数据安全把控

答案：A

49. 数据（　）环节，落实公司业务授权及账号权限管理要求，合理分配数据访问权限，强化数据访问控制；排查整改业务逻辑缺陷和漏洞，防止失泄密事件。

A. 存储 B. 使用
C. 采集 D. 传输

答案：B

50.（　　）依据《国网办公厅关于规范电子数据恢复、擦除与销毁工作的通知》（办信通〔2014〕54号）要求开展数据恢复、擦除与销毁等工作。

A. 数据采集与传输环节　　　　B. 数据存储环节

C. 数据使用环节　　　　　　　D. 数据销毁环节

答案：D

51. 因支撑人员造成数据泄露或泄密事件的，由（　　）承担全部责任，并按照公司保密工作奖惩办法、员工奖惩规定，追究相关人员责任。

A. 支撑单位　　　　　　　　　B. 管理单位

C. 责任单位　　　　　　　　　D. 所属单位

答案：A

52. SQL 中的视图提高了数据库系统的（　　）。

A. 完整性　　　　　　　　　　B. 并发控制

C. 隔离性　　　　　　　　　　D. 安全性

答案：D

53. 在数据库的安全性控制中，授权的数据对象（　　），授权子系统就越灵活。

A. 范围越小　　　　　　　　　B. 约束越细致

C. 范围越大　　　　　　　　　D. 约束范围越大

答案：A

54. 数据库的（　　）是指数据的正确性和相容性。

A. 安全性　　　　　　　　　　B. 完整性

C. 并发控制　　　　　　　　　D. 恢复

答案：B

55. 数据库管理系统通常提供授权功能来控制不同用户访问数据的权限，这主要是为了实现数据库的（　　）。

A. 可靠性　　　　　　　　　　B. 一致性

C. 完整性　　　　　　　　　　D. 安全性

答案：D

56. 加密不能实现（　　）。

A. 数据信息的完整性　　　　　B. 基于密码技术的身份认证

C. 机密文件加密　　　　　　　D. 基于 IP 头信息的包过滤

答案：D

57. 下列哪种说法是错的？（　　）

一、单项选择题

A. 禁止明文传输用户登录信息及身份凭证

B. 应采用 SSL 加密隧道确保用户密码的传输安全

C. 禁止在数据库或文件系统中明文存储用户密码

D. 可将用户名和密码保存在 Cookie 中

答案：D

58. 在等级保护三级要求中，应提供本地数据备份与恢复功能，完全数据备份至少（ ）一次，备份介质场外存放。

A. 每半天　　　　　　　　　　B. 每天

C. 每半月　　　　　　　　　　D. 每月

答案：B

59. 等级保护基本要求中，数据完整性要求是指（ ）。

A. 应能够检测到系统管理数据、鉴别信息和重要业务数据在传输过程中完整性受到破坏，并在检测到完整性错误时采取必要的恢复措施

B. 应提供本地数据备份与恢复功能，完全数据备份至少每天一次，备份介质场外存放

C. 应采用冗余技术设计网络拓扑结构，避免关键节点存在单点故障

D. 应采用加密或其他有效措施实现系统管理数据、鉴别信息和重要业务数据传输保密性

答案：A

60. 等级保护基本要求中，数据保密性要求是指（ ）。

A. 应采用冗余技术设计网络拓扑结构，避免关键节点存在单点故障

B. 应能够对一个时间段内可能的并发会话连接数进行限制

C. 应采用加密或其他保护措施实现系统管理数据、鉴别信息和重要业务数据存储保密性

D. 应提供主要网络设备、通信线路和数据处理系统的硬件冗余，保证系统的高可用性

答案：C

61. 可以被数据完整性机制防止的攻击方式是（ ）。

A. 假冒源地址或用户的地址欺骗攻击　　B. 抵赖做过信息的递交行为

C. 数据在中途被攻击者窃听获取　　　　D. 数据在中途被攻击者篡改或破坏

答案：D

62. 在 ISO 的 OSI 安全体系结构中，以下哪一个安全机制可以提供抗抵赖安全服务？（ ）

A. 加密　　　　　　　　　　B. 数字签名

C. 访问控制　　　　　　　　D. 路由控制

答案：B

63. 在 OSI 参考模型中有 7 个层次，提供了相应的安全服务来加强信息系统的安全性。以下哪一层没有提供机密性服务？（ ）

A. 表示层 B. 传输层

C. 网络层 D. 会话层

答案：D

64. 一个公司解雇了一个数据库管理员，并且解雇时立刻取消了数据库管理员对公司所有系统的访问权，但是数据管理员威胁说数据库在两个月内将被删除，除非公司付他一大笔钱。数据管理员最有可能采用下面哪种手段删除数据库？（　　）

A. 放置病毒 B. 蠕虫感染

C. DOS 攻击 D. 逻辑炸弹攻击

答案：D

65. 在 DSCMM 成熟度模型中，新的数据产生或现有数据内容发生显著改变或更新的阶段。对于组织而言，（　　）既包含组织内系统中生成的数据也包括组织外采集的数据。

A. 数据采集 B. 数据传输

C. 数据处理 D. 数据共享

答案：A

66. 在 DSCMM 成熟度模型中，（　　）指非动态数据以任何数据格式进行物理存储的阶段。

A. 数据采集 B. 数据传输

C. 数据处理 D. 数据存储

答案：D

67. 在 DSCMM 成熟度模型中，（　　）指组织在内部针对动态数据进行的一系列活动的组合。

A. 数据传输 B. 数据处理

C. 数据销毁 D. 数据共享

答案：B

68. 在 DSCMM 成熟度模型中，（　　）指数据经由组织内部或外部及个人交互过程中提供数据的阶段。

A. 数据采集 B. 数据传输

C. 数据处理 D. 数据交换

答案：D

69. 以下关于 DMM（数据管理成熟度）关键过程域（KPA）表述错误的是（　　）。

A. 数据战略是组织机构科学管理其数据资源的重要前提

B. 数据处理是确保数据战略顺利执行的必要手段

C. 数据操作是组织机构数据管理的具体表现形式

D. 辅助性过程是数据管理的直接内容

答案：D

一、单项选择题

70. 数据脱敏的原则不包括（　　）。

    A. 单向性 B. 安全性

    C. 无残留 D. 易于实现

    答案：B

71. 数据标注可以分为（　　）、自动化标注和半自动化标注。从标注的实现层次看，数据标注可以分为（　　）、语义标注。

    A. 手工标注、语法标注 B. 机器标注、语法标注

    C. 手工标注、语义标注 D. 机器标注、语义标注

    答案：A

72. 下列哪一项是欧盟的法律法规？（　　）

    A. GDPR B. CCPA

    C. 网络安全法 D. 个人信息保护法

    答案：A

73. 当用户将需要数据恢复的设备送来时，需要向用户了解的信息有（　　）。

    A. 数据丢失发生的原因，当时进行了什么操作，之后有无任何其他操作

    B. 存储设备的使用年限；容量大小，操作系统版本和分区的类型、大小

    C. 要恢复的数据在什么分区上，什么目录里；什么文件类型；大概数量

    D. 以上都是

    答案：D

74. 假设使用一种密码学，它的加密方法很简单：将每一个字母加 8，即 a 加密成 f。这种算法的密钥就是 8，那么它属于（　　）。

    A. 单向函数密码技术 B. 分组密码技术

    C. 公钥加密技术 D. 对称加密技术

    答案：D

75. （　　）不是逻辑隔离装置的主要功能。

    A. 网络隔离 B. SQL 过滤

    C. 地址绑定 D. 数据完整性检测

    答案：D

76. （　　）不属于计算机病毒感染的特征。

    A. 基本内存不变 B. 文件长度增加

    C. 软件运行速度减慢 D. 端口异常

    答案：A

77. （　　）加强了 WLAN 的安全性。它采用了 802.1x 的认证协议、改进的密钥分布架构以

及 AES 加密。

A. 802.11i
B. 802.11j
C. 802.11n
D. 802.11e

答案：A

78. （　） 保证数据的机密性。

A. 数字签名
B. 消息认证
C. 单项函数
D. 加密算法

答案：D

79. （　） 方式无法实现不同安全域之间对所交换的数据流进行访问控制。

A. 硬件防火墙技术
B. 虚拟防火墙技术
C. VLAN 间访问控制技术
D. VPN 技术

答案：D

80. （　） 即非法用户利用合法用户的身份，访问系统资源。

A. 身份假冒
B. 信息窃取
C. 数据篡改
D. 越权访问

答案：A

81. （　） 数据库备份只记录自上次数据库备份后发生更改的数据。

A. 完整备份
B. 差异备份
C. 增量备份
D. 副本备份

答案：B

82. （　） 通信协议不是加密传输的。

A. SFTP
B. TFTP
C. SSH
D. HTTPS

答案：B

83. （　） 操作易损坏硬盘，故不应经常使用。

A. 高级格式化
B. 低级格式化
C. 硬盘分区
D. 向硬盘拷贝

答案：B

84. （　） 即攻击者利用网络窃听工具经由网络传输的数据包，通过分析获得重要的信息。

A. 信息窃取
B. 数据篡改
C. 身份假冒
D. 越权访问

答案：A

85. （　） 算法抵抗频率分析攻击能力最强，而对已知明文攻击最弱。

A. 仿射密码 B. 维吉尼亚密码

C. 转轮密码 D. 希尔密码

答案：D

86.（　）虽然存在奇偶校验盘，但是存在检验盘单点问题。

A. RAID2 B. RAID3

C. RAID1 D. RAID0

答案：B

87.（　）主要是用来对敏感数据进行安全加密。

A. MD5 B. 3DES

C. BASE64 D. SHA1

答案：B

88. "进不来""拿不走""看不懂""改不了""走不脱"是网络信息安全建设的目的。其中，"看不懂"是指下面哪种安全服务？（　）

A. 数据加密 B. 身份认证

C. 数据完整性 D. 访问控制

答案：A

89. "可信计算基"（TCB）不包括（　）。

A. 执行安全策略的所有硬件 B. 执行安全策略的软件

C. 执行安全策略的程序组件 D. 执行安全策略的人

答案：D

90. 8 个 300G 的硬盘做 RAID 5 后的容量空间为（　）。

A. 1200G B. 1.8T

C. 2.1T D. 2400G

答案：C

91. Bell-LaPadula 模型的出发点是维护系统的（　），而 Biba 模型与 Bell-LaPadula 模型完全对立，它修正了 Bell-LaPadula 模型所忽略的信息的（　）问题。它们存在共同的缺点：直接绑定主体与客体，授权工作困难。

A. 机密性、可用性 B. 可用性、机密性

C. 机密性、完整性 D. 完整性、机密性

答案：C

92. DES 是一种 block（块）密文的密码学，是把数据加密成（　）的块。

A. 32 位 B. 64 位

C. 128 位 D. 256 位

答案：B

93. MD5 算法可以提供（　）数据安全性检查。

A. 可用性　　　　　　　　　　B. 机密性

C. 完整性　　　　　　　　　　D. 以上三者均有

答案：C

94. 在现有的计算能力条件下，对于非对称密码算法 Elgamal，被认为是安全的最小密钥长度是（　）位。

A. 128　　　　　　　　　　　B. 160

C. 512　　　　　　　　　　　D. 1024

答案：D

95. NTFS 把磁盘分成两大部分，其中大约 12% 分配给（　），以满足不断增长的文件数量。该文件对这 12% 的空间享有独占权，余下的 88% 的空间被分配用来存储文件。

A. MFT　　　　　　　　　　　B. DBR

C. MBR　　　　　　　　　　　D. FAT

答案：A

96. OSI 安全体系结构中定义了五大类安全服务，其中，数据机密性服务主要针对的安全威胁是（　）。

A. 拒绝服务　　　　　　　　　B. 窃听攻击

C. 服务否认　　　　　　　　　D. 硬件故障

答案：B

97. PKI 能够执行的功能是（　）。

A. 确认计算机的物理位置　　　B. 鉴别计算机消息的始发者

C. 确认用户具有的安全性特权　D. 访问控制

答案：B

98. PKI 解决了信息系统中的（　）问题。

A. 身份认证　　　　　　　　　B. 加密

C. 权限管理　　　　　　　　　D. 安全审计

答案：A

99. PKI 体系所遵循的国际标准是（　）。

A. ISO 17799　　　　　　　　B. ISO X.509

C. ISO 15408　　　　　　　　D. ISO 17789

答案：B

100. PKI 在验证一个数字证书时需要查看（　）来确认该证书是否已经作废。

一、单项选择题

A. ARL B. CSS
C. KMS D. CRL

答案：D

101. PKI 支持的服务不包括（ ）。

A. 非对称密钥技术及证书管理 B. 目录服务
C. 对称密钥的产生和分发 D. 访问控制服务

答案：D

102. PKZIP 算法广泛应用于（ ）程序。

A. 文档数据加密 B. 数据传输加密
C. 数字签名 D. 文档数据压缩

答案：D

103. SSL 产生会话密钥的方式是（ ）。

A. 从密钥管理数据库中请求获得 B. 一个客户机分配一个密钥
C. 由服务器产生并分配给客户机 D. 随机由客户机产生并加密后通知服务器

答案：D

104. SSL 加密检测技术主要解决 IDS 的（ ）问题。

A. 误报率与漏报率高 B. 告诉网络环境中处理性能不足
C. 无法检测加密通信数据中的攻击信息 D. 很难快速检测蠕虫攻击

答案：C

105. TCSEC 标准中的第三级信息系统属于哪个保护级？（ ）

A. 用户自主保护级 B. 系统审计保护级
C. 安全标记保护级 D. 结构化保护级

答案：C

106. U 盘病毒的传播是借助 Windows 系统的什么功能实现的？（ ）

A. 自动播放 B. 自动补丁更新
C. 服务自启动 D. 系统开发漏洞

答案：A

107. VPN 的加密手段为（ ）。

A. 具有加密功能的防火墙 B. 具有加密功能的路由器
C. VPN 内的各台主机对各自的信息进行相应的加密 D. 单独的加密设备

答案：C

108. 安全移动存储介质管理系统从（ ）对文件的读写进行访问限制和事后追踪审计。

A. 机密性和完整性 B. 主机层次和服务器层次

C. 主机层次和传递介质层次 D. 应用层次和传递介质层次

答案：C

109. 安全移动存储介质管理系统还未实现的技术是（　）。

A. 对介质内的数据进行完整性检测 B. 划分了介质使用的可信区域

C. 实现基于端口的 802.1x 认证 D. 对移动存储介质使用标签认证技术

答案：A

110. 按明文形态划分，对两个离散电平构成 0.1 二进制关系的电报信息加密的密码是（　）。

A. 离散型密码 B. 模拟型密码

C. 数字型密码 D. 非对称型密码

答案：C

111. 不具备扩展性的存储架构有（　）。

A. DAS B. NAS

C. SAN D. IP SAN

答案：A

112. 常见的密码系统包含的元素是（　）。

A. 明文空间、密文空间、信道、密码学、解密算法

B. 明文空间、摘要、信道、密码学、解密算法

C. 明文空间、密文空间、密钥空间、密码学、解密算法

D. 消息、密文空间、信道、密码学、解密算法

答案：C

113. 常用的混合加密（Hybrid Encryption）方案指的是（　）。

A. 使用对称加密进行通信数据加密，使用公钥加密进行会话密钥协商

B. 使用公钥加密进行通信数据加密，使用对称加密进行会话密钥协商

C. 少量数据使用公钥加密，大量数据则使用对称加密

D. 大量数据使用公钥加密，少量数据则使用对称加密

答案：A

114. 除了（　）以外，下列都属于公钥的分配方法。

A. 公用目录表 B. 公钥管理机构

C. 公钥证书 D. 秘密传输

答案：D

115. 从安全属性对各种网络攻击进行分类，截获攻击是针对（　）的攻击，阻断攻击是针对（　）的攻击。

A. 机密性、完整性 B. 机密性、可用性

一、单项选择题

C. 完整性、可用性   D. 真实性、完整性

答案：B

116. 对不涉及国家秘密内容的信息进行加密保护或安全认证所使用的密码技术称为（ ）。

A. 商用密码   B. 通用密码

C. 公开密码   D. 私有密码

答案：A

117. 对称密钥密码体制的主要缺点是（ ）。

A. 加、解密速度慢   B. 密钥的分配和管理问题

C. 应用局限性   D. 加密密钥与解密密钥不同

答案：B

118. 对应用系统使用、产生的介质或数据按其重要性进行分类，对存放有重要数据的介质，应备份必要份数，并分别存放在（ ）的安全地方。

A. 不同   B. 相同

C. 重要   D. 保密

答案：A

119. 根据国际上对数据备份能力的定义，下面不属于容灾备份类型的是（ ）。

A. 存储介质容灾备份   B. 业务级容灾备份

C. 系统级容灾备份   D. 数据级容灾备份

答案：C

120. 关系型数据库的逻辑模型通过（ ）组成的图形来表示。

A. 逻辑和关系   B. 逻辑和实体

C. 实体和关系   D. 实体和表格

答案：C

121. 关于 NTFS 的元文件，以下论述正确的是（ ）。

A. $MFTMirr 是 $MFT 的完整映像，所以，为了安全可靠，每个 NTFS 分区，都有两份完全一样的 $MFT，就像 FAT 分区的 FAT 表

B. $MFTMirr 是 $MFT 的完整部分像

C. $Boot 文件就是其 DBR

D. $Root 是该分区中的根目录，是最高一级目录

答案：D

122. 关于暴力破解密码，以下表述正确的是（ ）。

A. 就是使用计算机不断尝试密码的所有排列组合，直到找出正确的密码

B. 指通过木马等侵入用户系统，然后盗取用户密码

C. 指入侵者通过电子邮件哄骗等方法，使得被攻击者提供密码

D. 通过暴力威胁，让用户主动透露密码

答案：A

123. 关于密码学的讨论中，下列（　　）观点是不正确的。

A. 密码学是研究与信息安全相关的方面如机密性、完整性、实体鉴别、抗否认等的综合技术

B. 密码学的两大分支是密码编码学和密码分析学

C. 密码并不是提供安全的单一的手段，而是一组技术

D. 密码学中存在一次一密的密码体制，它是绝对安全的

答案：D

124. 关于数据库恢复技术，下列说法不正确的是（　　）。

A. 数据库恢复技术的实施主要依靠各种数据的冗余和恢复机制技术来解决，当数据库中数据被破坏时，可以利用冗余数据来进行恢复

B. 数据库管理员定期地将整个数据库或部分数据库文件备份到磁带或另一个磁盘上保存起来，是数据库恢复中采用的基本技术

C. 日志文件在数据库恢复中起着非常重要的作用，可以用来进行事务故障恢复和系统故障恢复，并协助后备副本进行介质故障恢复

D. 计算机系统发生故障导致数据未存储到固定存储器上，利用日志文件中故障发生前数据的值，将数据库恢复到故障发生前的完整状态，这一对事务的操作称为提交

答案：D

125. 基于密码技术的（　　）是防止数据传输泄密的主要防护手段。

A. 连接控制　　　　　　　　B. 访问控制

C. 传输控制　　　　　　　　D. 保护控制

答案：C

126. 计算机病毒的危害性表现在（　　）。

A. 能造成计算机器件永久性失效

B. 影响程序的执行，破坏用户数据与程序

C. 不影响计算机的运行速度

D. 不影响计算机的运算结果，不必采取措施

答案：B

127. 加密、认证实施中首要解决的问题是（　　）。

A. 信息的包装与用户的授权　　B. 信息的分布与用户的分级

C. 信息的分级与用户的分类　　D. 信息的包装与用户的分级

答案：C

128. 加密文件系统（Encrypting File System，EFS）是 Windows 操作系统的一个组件，以下说法错误的是（ ）。

A. EFS 采用加密算法实现透明的文件加密和解密，任何不拥有合适密钥的个人或者程序都不能解密数据

B. EFS 以公钥加密为基础，并利用了 Windows 系统中的 CryptoAPI 体系结构

C. EFS 加密系统适用于 NTFS 文件系统和 FAT32 文件系统（Windows 环境下）

D. EFS 加密过程对用户透明，EFS 加密的用户验证过程是在登录 Windows 时进行的

答案：C

129. 建立 PPP 连接以后，发送方就发出一个提问消息（Challenge Message），接收方根据提问消息计算一个散列值（ ）协议采用这种方式进行用户认证。

A. ARP   B. CHAP
C. PAP   D. PPTP

答案：B

130. 鉴别的基本途径有三种：所知、所有和个人特征。以下哪一项不是基于你所知道的？（ ）

A. 口令   B. 令牌
C. 知识   D. 密码

答案：B

131. 将备份等同于拷贝，这种说法不完全准确，实际上备份等同于（ ）。

A. 数据挖掘   B. 文件整理
C. 性能优化   D. 数据管理

答案：D

132. 捷波的"恢复精灵"（Recovery Genius）的作用是（ ）。

A. 硬盘保护卡   B. 主板 BIOS 内置的系统保护
C. 虚拟还原工具   D. 杀毒软件提供的系统备份

答案：C

133. 进行数据恢复工作的首要原则是（ ）。

A. 绝不能对送修数据产生新的伤害   B. 必须签订数据恢复服务流程工作单(服务合同书)
C. 遇到问题及时与客户协商   D. 可以忽略对送修数据产生新的伤害

答案：A

134. 以下哪一项不是入侵检测系统利用的信息？（ ）。

A. 系统和网络日志文件   B. 目录和文件中不期望的改变

C. 数据包头信息　　　　　　　　D. 程序执行中的不期望行为

答案：C

135. 进入正式数据恢复操作流程以后，如果与初检结果判断偏差较大，操作风险和费用等急剧升高时，要（　　）。

A. 停止继续工作，先行与用户沟通，取得书面认可（补充协议）后，再继续进行

B. 先进行恢复，然后再与用户沟通

C. 取消服务

D. 以恢复数组为主

答案：A

136. 密码学的目的是（　　）。

A. 研究数据保密　　　　　　　　B. 研究数据解密

C. 研究数据加密　　　　　　　　D. 研究信息安全

答案：A

137. 密码学中的杂凑函数（Hash 函数）按照是否使用密钥分为两大类：带密钥的杂凑函数和不带密钥的杂凑函数，下面（　　）是带密钥的杂凑函数。

A. MD4　　　　　　　　　　　　B. SHA-1

C. Whirlpool　　　　　　　　　D. MD5

答案：C

138. 某单位一批个人办公电脑报废，对硬盘上文件处理的方式最好采用（　　）。

A. 移至回收站　　　　　　　　　B. 专有设备将硬盘信息擦除

C. 格式化　　　　　　　　　　　D. 不做处理

答案：B

139. 哪种备份技术将全面地释放网络和服务器资源？（　　）

A. 网络备份　　　　　　　　　　B. LanFree 备份

C. 主机备份　　　　　　　　　　D. ServerFree 备份

答案：D

140. 能最有效防止源 IP 地址欺骗攻击的技术是（　　）。

A. 策略路由（PBR）　　　　　　B. 单播反向路径转发（uRPF）

C. 访问控制列表　　　　　　　　D. IP 源路由

答案：B

141. 若事务 T1 已经给数据 A 加了共享锁，则事务 T2（　　）。

A. 只能再对 A 加共享锁　　　　　B. 只能再对 A 加排他锁

C. 可以对 A 加共享锁，也可以对 A 加排他锁　　　D. 不能再给 A 加任何锁

答案：A

142. 设哈希函数 H 有 128 个可能的输出（即输出长度为 128 位），如果 H 的 k 个随机输入中至少有两个产生相同输出的概率大于 0.5，则 k 约等于（ ）。

　　A. 232　　　　　　　　　　　　B. 264
　　C. 296　　　　　　　　　　　　D. 528

答案：B

143. 使用 PGP 安全邮件系统，不能保证发送信息的（ ）。

　　A. 私密性　　　　　　　　　　　B. 完整性
　　C. 真实性　　　　　　　　　　　D. 免抵赖性

答案：C

144. 使用安全 U 盘时，涉及公司企业秘密的信息必须存放在（ ）。

　　A. 交换区　　　　　　　　　　　B. 保密区
　　C. 启动区　　　　　　　　　　　D. 公共区

答案：B

145. 适合文件加密，而且有少量错误时不会造成同步失败，是软件加密的最好选择，这种分组密码的操作模式是指（ ）。

　　A. 电子密码本模式　　　　　　　B. 密码分组链接模式
　　C. 密码反馈模式　　　　　　　　D. 输出反馈模式

答案：D

146. 输入控制的目的是确保（ ）。

　　A. 对数据文件访问的授权　　　　B. 对程序文件访问的授权
　　C. 完全性、准确性以及更新的有效性　　D. 完全性、准确性以及输入的有效性

答案：D

147. 属于第二层的 VPN 隧道协议有（ ）。

　　A. IPSec　　　　　　　　　　　　B. PPTP
　　C. GRE　　　　　　　　　　　　D. 以上都不是

答案：B

148. 数据安全存在着多个层次，（ ）能从根本上保证数据安全。

　　A. 制度安全　　　　　　　　　　B. 运算安全
　　C. 技术安全　　　　　　　　　　D. 传输安全

答案：C

149. 数据被非法篡改破坏了信息安全的（ ）属性。

　　A. 机密性　　　　　　　　　　　B. 完整性

C. 不可否认性　　　　　　　　D. 可用性

答案：B

150. 数据恢复的第一步一般是做什么的恢复？（　）

A. 主引导扇区记录　　　　　　B. 分区恢复

C. 文件分配表的恢复　　　　　D. 数据文件的恢复

答案：B

151. 数据恢复时，我们应该选择什么样的备份方式？（　）

A. 扇区到扇区的备份　　　　　B. 文件到文件的备份

C. 磁盘到磁盘的备份　　　　　D. 文件到磁盘的备份

答案：A

152. 数据机密性安全服务的基础是（　）。

A. 数据完整性机制　　　　　　B. 数字签名机制

C. 访问控制机制　　　　　　　D. 加密机制

答案：D

153. 数据保密性指的是（　）。

A. 保护网络中各系统之间交换的数据，防止因数据被截获而造成泄密

B. 提供连接实体身份的鉴别

C. 防止非法实体对用户的主动攻击，保证数据接受方收到的信息与发送方发送的信息完全一致

D. 确保数据是由合法实体发出的

答案：A

154. 数据库的（　）是为了保证由授权用户对数据库所做的修改不会影响数据一致性的损失。

A. 安全性　　　　　　　　　　B. 完整性

C. 并发控制　　　　　　　　　D. 恢复

答案：B

155. 数据库管理系统能实现对数据库中数据的查询、插入、修改和删除，这类功能称为（　）。

A. 数据定义功能　　　　　　　B. 数据管理功能

C. 数据操纵功能　　　　　　　D. 数据控制功能

答案：C

156. 在密码学的 Kerchhoff 假设中，密码系统的安全性仅依赖于（　）。

A. 明文　　　　　　　　　　　B. 密文

C. 密钥　　　　　　　　　　　D. 信道

答案：C

一、单项选择题

157. 区域安全，首先应考虑（ ），用来识别来访问的用户的身份，并对其合法性进行验证，主要通过特殊标示符、口令、指纹等来实现。

A. 来访者所持物　　　　　　　　B. 物理访问控制
C. 来访者所具有的特征　　　　　D. 来访者所知信息

答案：B

158. （ ）是指电子系统或设备在自己正常工作产生的电磁环境下，电子系统或设备之间相互不影响的电磁特性。

A. 电磁兼容性　　　　　　　　　B. 传导干扰
C. 电磁干扰　　　　　　　　　　D. 辐射干扰

答案：A

159. （ ）是指一切与有用信号无关的、不希望有的或对电器及电子设备产生不良影响的电磁发射。

A. 电磁兼容性　　　　　　　　　B. 传导干扰
C. 电磁干扰　　　　　　　　　　D. 辐射干扰

答案：C

160. 《国家电网公司信息机房设计及建设规范》规定 UPS 供电的最短时长为（ ）。

A. 30 分钟　　　　　　　　　　　B. 1 小时
C. 2 小时　　　　　　　　　　　D. 4 小时

答案：C

161. 《国家电网公司信息机房设计及建设规范》中规定，运行中的 B 类机房环境温度应达到（ ）摄氏度，湿度达到（ ）%。

A. 18~25，40~70　　　　　　　　B. 20~30，45~65
C. 20~30，40~70　　　　　　　　D. 18~25，45~65

答案：D

162. UPS 提供的后备电源时间：A 类机房不得少于（ ）小时,B 类、C 类机房不得少于 1 小时。

A. 2　　　　　　　　　　　　　　B. 4
C. 5　　　　　　　　　　　　　　D. 6

答案：A

163. 测试用电源插座可由（ ）供电,维修用电源插座应由非专用机房电源供电。

A. 机房电源系统　　　　　　　　B. 非专用机房电源
C. 普通电源系统　　　　　　　　D. 超级电源

答案：A

164. 等级保护物理安全中从（ ）开始增加电磁防护的要求项。

A. 第一级 B. 第二级

C. 第三级 D. 第四级

答案：B

165. 当火灾发生时，以下哪项手段需要最先被关注？（　）

A. 关闭精密空调并打开紧急出口 B. 探测并判断火警类型

C. 组织人员第一时间撤离 D. 开启灭火系统

答案：C

166. 电子计算机机房内存放废弃物应采用有（　）的金属容器。

A. 防火盖 B. 接地

C. 绝缘体 D. 把手

答案：A

167. 电子计算机机房围护结构的构造和材料应满足保温、（　）、防火等要求。

A. 防潮 B. 隔热

C. 防水 D. 防漏

答案：B

168. 防水检测设备应该安装在（　）。

A. 空调出水口附近 B. 窗户附近

C. 屋顶上方 D. 以上均可

答案：D

169. 关于物理安全，下列选项中不属于设备安全保护的是（　）。

A. 防电磁信息泄露 B. 防线路截获

C. 抗电磁干扰及电源保护 D. 机房环境监控

答案：D

170. 机房采取屏蔽措施,防止外部电磁场对计算机及设备的干扰,同时也抑制（　）的泄漏。

A. 电磁信息 B. 电场信息

C. 磁场信息 D. 其他有用信息

答案：A

171. 机房电源进线应采用地下电缆进线，A、B 类机房电源进线应采用（　）。

A. 普通防雷措施 B. 多级防雷措施

C. 单级防雷措施 D. 多维防雷措施

答案：B

172. 机房动力环境监控系统分为动力系统和环境系统，以下不属于环境系统的是（　）。

A. 视频监控 B. 配电监控

C. 漏水监控　　　　　　　　　D. 门禁监控

答案：B

173. 机房防雷分为外部防雷和内部防雷，下列关于机房内部防雷措施错误的是（　）。

A. 安装屏蔽设施　　　　　　　B. 等电位连接

C. 安装防闪器　　　　　　　　D. 安装避雷针

答案：D

174. 机房要有独立的供电线路，若没有，则要考虑（　）的条件。线路尽可能不要穿过变形缝或防火墙、防火门。

A. 机柜位置　　　　　　　　　B. 电缆敷设

C. 线路负载　　　　　　　　　D. 高空架设

答案：B

175. 计算机机房是安装计算机信息系统主体的关键场所，是（　）工作的重点，所以对计算机机房要加强安全管理。

A. 实体安全保护　　　　　　　B. 人员管理

C. 媒体安全保护　　　　　　　D. 设备安全保护

答案：A

176. 计算机信息系统的安全保护，应当保障（　），运行环境的安全，保障信息的安全，保障计算机功能的正常发挥，以维护计算机信息系统的安全运行。

A. 计算机及其相关的和配套的设备、设施（含网络）的安全

B. 计算机的安全

C. 计算机硬件的系统安全

D. 计算机操作人员的安全

答案：A

177. 计算机信息系统防护，简单概括起来就是：均压、分流、屏蔽和良好接地。所以防雷保安器必须有合理的（　）。

A. 屏蔽配置　　　　　　　　　B. 接地配置

C. 分流配置　　　　　　　　　D. 均压配置

答案：B

178. 以下各项措施中，不能够有效防止计算机设备发生电磁泄漏的是（　）。

A. 配备电磁干扰设备，且在被保护的计算机设备工作时不能关机

B. 设置电磁屏蔽室，将需要重点保护的计算机设备进行隔离

C. 禁止在屏蔽墙上打钉钻孔，除非连接的是带金属加强芯的光缆

D. 在信号传输线、公共地线以及电源线上加装滤波器

答案：C

179. 以下哪种说法不正确？（ ）

A. 机房和办公场地应选择在具有防震、防风和防雨等能力的建筑内

B. 设备或主要部件需进行固定，并设置明显的不易除去的标记

C. 采取措施防止雨水通过机房窗户、屋顶和墙壁渗透

D. 电源线和通信线缆无须隔离铺设，不会产生互相干扰

答案：D

180. 以下气体可用于灭火的是（ ）。

A. 氯气   B. 七氟丙烷

C. 甲烷   D. 氟气

答案：B

181. 以下项目不属于环境安全受灾防护的是（ ）。

A. 温度与湿度   B. 清洁度和采光照明

C. 防静电、电磁干扰及噪声   D. 防盗、防破坏

答案：D

182. 在《国家电网公司信息机房管理规范》中规定，（ ）情况应及时请示报告。

A. 工作中发现的政治问题和泄密问题   B. 发生重大差错事故

C. 危及设备、人身安全问题   D. 以上均需要及时请示报告

答案：D

183. 在机房接地系统中安全接地不包括（ ）。

A. 保护接地和保护接零   B. 重复接地和共同接地

C. 静电接地和屏蔽接地   D. 强电系统中性点接地和弱电系统接地

答案：D

184. 在计算机机房或其他数据处理环境中，较高的潮湿环境会带来如下哪些弊端？（ ）

A. 计算机部件腐蚀   B. 有污染物

C. 产生静电   D. 以上都是

答案：A

185. 在每天下班使用计算机结束时断开终端的连接属于（ ）。

A. 外部终端的物理安全   B. 通信线的物理安全

C. 窃听数据   D. 网络安全

答案：A

186. 值班人员听到环境监控报警器漏水报警后第一时间应当（ ）。

A. 查看现场情况   B. 关闭总水阀

C. 通知相关维护人员　　　　　　D. 消除报警声

答案：A

187. 主机房出口应设置（　　）。

A. 向疏散方向开启且能自动关闭的门　　B. 向顶层开放的门

C. 向地下室开放的门　　　　　　D. 机械门

答案：A

188. 主机房和基本工作间的内门、观察窗、管线穿墙等的接缝处，（　　）。

A. 均应采取防火措施　　　　　　B. 均应采取密封措施

C. 均应采取防水措施　　　　　　D. 均应采取通风措施

答案：B

189. 主机房内活动地板下部的（　　）宜采用铜芯屏蔽导线或铜芯屏蔽电缆。

A. 低压配电线路　　　　　　　　B. 高压配电线路

C. 入线线路　　　　　　　　　　D. 出线线路

答案：A

190. 主机房内活动地板下部的低压配电线路宜采用（　　）。

A. 铜芯屏蔽导线或铜芯屏蔽电缆　　B. 仅铜芯屏蔽导线

C. 仅铜芯屏蔽电缆　　　　　　　D. 镀金线

答案：A

191. 主机房应尽量避开（　　），与主机房无关的给排水管道不得穿过主机房。

A. 水源　　　　　　　　　　　　B. 楼梯

C. 照明设备　　　　　　　　　　D. 楼道

答案：A

192. 主机房运行设备与设备监控操作室宜连在一起，并用（　　）隔离。

A. 厚层防火玻璃　　　　　　　　B. 纸板

C. 木板　　　　　　　　　　　　D. 铁板

答案：A

193. （　　）级信息机房的主机房可根据具体情况，采用单台或多台 UPS 供电。

A. A　　　　　　　　　　　　　B. B

C. C　　　　　　　　　　　　　D. D

答案：C

194. （　　）级信息机房电源系统的外部供电应至少来自两个变电站，并能进行主备自动切换。

A. B　　　　　　　　　　　　　B. C

C. A　　　　　　　　　　　　　D. D

答案：A

195. （　）时不得更改、清除信息系统和机房动力环境告警信息。

A. 抢修　　　　　　　　　　B. 检修

C. 巡视　　　　　　　　　　D. 消缺

答案：C

196. A、B 级信息机房应采用不少于（　）路 UPS 供电，且每路 UPS 容量要考虑其中某一路故障或维修退出时，余下的 UPS 能够支撑机房内设备持续运行。

A. 一　　　　　　　　　　　B. 两

C. 三　　　　　　　　　　　D. 四

答案：B

197. 不间断电源设备（　），应先确认负荷已经转移或关闭。

A. 接入蓄电池组前　　　　　B. 接入蓄电池组工作结束前

C. 断电检修前　　　　　　　D. 断电检修工作结束前

答案：C

198. 采用双 UPS 供电时，单台 UPS 设备的负荷不应超过额定输出功率的（　）%。

A. 25　　　　　　　　　　　B. 35

C. 45　　　　　　　　　　　D. 55

答案：B

199. 拆除蓄电池连接铜排或线缆应使用（　）的工器具。

A. 外观检查完好　　　　　　B. 试验合格

C. 经绝缘处理　　　　　　　D. 经检测机构检测

答案：C

200. 各分部、各省公司信息机房应按（　）级机房标准进行设计。

A. A 或 B　　　　　　　　　B. B 或 C

C. A　　　　　　　　　　　 D. B

答案：A

201. 更换网络设备或安全设备的热插拔部件、内部板卡等配件时，应做好（　）措施。

A. 防静电　　　　　　　　　B. 监护

C. 应急　　　　　　　　　　D. 安全

答案：A

202. 机房及（　）的接地电阻、过电压保护性能，应符合有关标准、规范的要求。

A. 生产设备　　　　　　　　B. 安全设施

C. 办公场所　　　　　　　　D. 相关设施

答案：D

203. 在蓄电池上工作时，拆除蓄电池连接铜排或线缆应使用经（　）处理的工器具。

A. 放电　　　　　　　　　　B. 防静电

C. 绝缘　　　　　　　　　　D. 特殊

答案：C

204. 在蓄电池上工作，（　）或熔断器未断开前，不得断开蓄电池之间的链接。

A. 直流开关　　　　　　　　B. 交流开关

C. 负载开关　　　　　　　　D. 监控线

答案：A

205. 机房室外设备（　）需满足国家对于防盗、电气、环境、噪声、电磁、机械结构、铭牌、防腐蚀、防火、防雷、接地、电源和防水等要求。

A. 物理安全　　　　　　　　B. 软件安全

C. 设备安全　　　　　　　　D. 人身安全

答案：A

206. 机房室内空调系统无备用设备时，单台空调制冷设备的制冷能力应留有（　）的余量。

A. 10%~15%　　　　　　　B. 15%~20%

C. 20%~25%　　　　　　　D. 25%~30%

答案：B

207. 裸露电缆线头应做（　）处理。

A. 防水　　　　　　　　　　B. 防火

C. 绝缘　　　　　　　　　　D. 防潮

答案：C

208. 配置旁路检修开关的不间断电源设备检修时，应严格执行（　）顺序。

A. 停机、断电　　　　　　　B. 断电、测试

C. 测试、断电　　　　　　　D. 停机、测试

答案：A

209. 信息机房线缆部署应实现（　）分离，并完善防火阻燃、阻火分隔、防潮、防水及防小动物等各项安全措施。

A. 动静　　　　　　　　　　B. 干湿

C. 强弱电　　　　　　　　　D. 高低

答案：C

210. 使用金属外壳的电气工具时应戴（　）。

A. 帆布手套　　　　　　　　B. 线手套

C. 绝缘手套　　　　　　　　　D. 专用手套

答案：C

211. UPS 电池要定期检查，按规定进行（　）。

A. 充电　　　　　　　　　　　B. 放电

C. 停电　　　　　　　　　　　D. 充放电

答案：D

212. 四级系统中，物理安全要求共有（　）项。

A. 8　　　　　　　　　　　　　B. 9

C. 10　　　　　　　　　　　　 D. 11

答案：C

213. UPS 巡检中应检查三相负荷不平衡度是否小于（　）。

A. 0.1　　　　　　　　　　　　B. 0.2

C. 0.3　　　　　　　　　　　　D. 0.4

答案：B

214. 下列能够保证数据机密性的是（　）。

A. 数字签名　　　　　　　　　B. 消息认证

C. 单项函数　　　　　　　　　D. 加密算法

答案：D

215. PKI 的主要组成不包括（　）。

A. 证书授权　　　　　　　　　B. SSL

C. 注册授权 RA　　　　　　　 D. 证书存储库 CR

答案：B

216. 系统数据备份不包括的对象有（　）。

A. 配置文件　　　　　　　　　B. 日志文件

C. 用户文档　　　　　　　　　D. 系统设备文件

答案：C

217. 下列（　）备份恢复所需要的时间最少。

A. 增量备份　　　　　　　　　B. 差异备份

C. 完全备份　　　　　　　　　D. 启动备份

答案：C

218. 下列不属于数据传输安全技术的是（　）。

A. 防抵赖技术　　　　　　　　B. 数据传输加密技术

C. 数据完整性技术　　　　　　D. 旁路控制

一、单项选择题

答案：D

219. 下列哪种加密方式可以防止用户在同一台计算机上安装并启动不同的操作系统，来绕过登录认证和 NTFS 的权限设置，从而读取或破坏硬盘上的数据？（ ）

A. 文件加密　　　　　　　　B. 全盘加密

C. 硬件加密　　　　　　　　D. EFS

答案：D

220. 下面哪项能够提供更好的安全认证功能？（ ）

A. 这个人拥有什么　　　　　B. 这个人是什么并且知道什么

C. 这个人是什么　　　　　　D. 这个人知道什么

答案：B

221. 以下关于报文摘要的叙述中，正确的是（ ）。

A. 报文摘要对报文采用 RSA 进行加密　　B. 报文摘要是长度可变的信息串

C. 报文到报文摘要是多对一的映射关系　　D. 报文摘要可以被还原得到原来的信息

答案：C

222. 以下列出了 MAC 和散列函数的相似性，哪一项说法是错误的？（ ）

A. MAC 和散列函数都是用于提供消息认证

B. MAC 的输出值不是固定长度的，而散列函数的输出值是固定长度的

C. MAC 和散列函数都不需要密钥

D. MAC 和散列函数都不属于非对称加密算法

答案：C

223. 以下哪项不是数据安全的特点？（ ）

A. 机密性　　　　　　　　　B. 完整性

C. 可用性　　　　　　　　　D. 抗抵赖性

答案：D

224. 以下哪种公钥密码算法既可以用于数据加密又可以用于密钥交换？（ ）

A. DSS　　　　　　　　　　B. Diffie-Hellman

C. RSA　　　　　　　　　　D. AES

答案：C

225. 在混合加密方式下，真正用来加解密通信过程中所传输数据（明文）的密钥是（ ）。

A. 非对称算法的私钥　　　　B. 对称算法的密钥

C. 非对称算法的公钥　　　　D. CA 中心的公钥

答案：B

226. 在信息系统安全防护体系设计中，保证"信息系统中数据不被非法修改、破坏、丢失

或延时"是为了达到防护体系的（ ）目标。

A. 可用　　　　　　　　　　B. 保密

C. 可控　　　　　　　　　　D. 完整

答案：D

227. 以下不属于国产加密算法的是（ ）。

A. SM1　　　　　　　　　　B. SM2

C. RSA　　　　　　　　　　D. SM4

答案：C

228. 下面哪一个情景属于身份鉴别（Authentication）过程？（ ）

A. 用户依照系统提示输入用户名和口令

B. 用户在网络上共享了自己编写的一份 Office 文档，并设定哪些用户可以阅读，哪些用户可以修改

C. 用户使用加密软件对自己编写的 Office 文档进行加密，以阻止其他人得到这份拷贝后看到文档中的内容

D. 某个人尝试登录到你的计算机中，但是口令输入的不对，系统提示口令错误，并将这次失败的登录过程记录在系统日志中

答案：A

229. 数据（ ）工作中所使用的设备应具有国家权威认证机构的认证。

A. 恢复、拷贝与销毁　　　　B. 恢复、擦除与销毁

C. 恢复、擦除与传输　　　　D. 计算、传输与销毁

答案：B

230. 信息发送者使用（ ）进行数字签名。

A. 己方的私钥　　　　　　　B. 己方的公钥

C. 对方的私钥　　　　　　　D. 对方的公钥

答案：A

231. 以网络为本的知识文明，人们所关心的主要安全是（ ）。

A. 人身安全　　　　　　　　B. 社会安全

C. 信息安全　　　　　　　　D. 财产安全

答案：C

232. 在密码学中，需要被交换的原消息被称为（ ）。

A. 密文　　　　　　　　　　B. 算法

C. 密码　　　　　　　　　　D. 明文

答案：D

一、单项选择题

233. MD5 是按 512 位为一组来处理输入的信息,经过一系列变换后,生成一个（ ）位散列值。

A. 64　　　　　　　　　　　　B. 128

C. 256　　　　　　　　　　　 D. 512

答案：B

234. MD5 能否作为保密性加密算法？（ ）

A. 可以,因为 MD5 加密算法是不可逆的,是无法被破解的

B. 不可以,因为 MD5 加密强度太小

C. 可以,因为 MD5 可以作为数字签名,像指纹,是独一无二的

D. 不可以,因为 MD5 只是哈希算法,并不是加密算法,且由于 MD5 计算过程是公开的,所以可以通过逆向查找进行破解

答案：D

235. 密码协议安全的基础是（ ）。

A. 密码安全　　　　　　　　　B. 密码算法

C. 密码管理　　　　　　　　　D. 数字签名

答案：B

236. 大多数使用公钥密码进行加密和数字签名的产品及标准使用的都是（ ）。

A. RSA 算法　　　　　　　　　B. ASE 算法

C. DES 算法　　　　　　　　　D. IDEA 算法

答案：A

237. MD5 产生的散列值是（ ）位。

A. 56　　　　　　　　　　　　B. 64

C. 128　　　　　　　　　　　 D. 160

答案：C

238. 密码分析的目的是（ ）。

A. 确定加密算法的强度　　　　B. 增加加密算法的代替功能

C. 减少加密算法的换位功能　　D. 确定所使用的换位

答案：A

239. 下列（ ）不属于密钥提供的安全服务。

A. 接入控制　　　　　　　　　B. 输出控制

C. 数据加密　　　　　　　　　D. 有序刷新

答案：B

240. 按密钥的使用个数,密码系统可以分为（ ）。

A. 置换密码系统和易位密码系统　　B. 分组密码系统和序列密码系统

C. 对称密码系统和非对称密码系统　　D. 密码系统和密码分析系统

答案：C

241. 查看当前终端哪个是用户登录的命令？（　）

A. who am i　　B. who −2

C. hostname　　D. lanscan

答案：A

242. 完整的数字签名过程（包括从发送方发送消息到接收方安全地接收到消息）包括（　）和验证过程。

A. 加密　　B. 解密

C. 签名　　D. 保密传输

答案：C

243. 在给定的密钥体制中，密钥与密码算法可以看成是（　）。

A. 前者是可变的，后者是固定的　　B. 前者是固定的，后者是可变的

C. 两者都是可变的　　D. 两者都是固定的

答案：A

244. 数字签名要预先使用单向 Hash 函数进行处理的原因是（　）。

A. 多一道加密工序使密文更难破译

B. 提高密文的计算速度

C. 缩小签名密文的长度，加快数字签名和验证签名的运算速度

D. 保证密文能正确还原成明文

答案：C

245. 按照密钥类型，加密算法可以分为（　）。

A. 序列算法和分组算法　　B. 序列算法和公钥密码算法

C. 公钥密码算法和分组算法　　D. 公钥密码算法和对称密码算法

答案：D

246. 风险评估的三个要素（　）。

A. 政策、结构和技术　　B. 组织、技术和信息

C. 硬件、软件和人　　D. 资产、威胁和脆弱性

答案：D

247. 数字签名和随机数挑战不能防范以下哪种攻击或恶意行为？（　）

A. 伪装欺骗　　B. 重放攻击

C. 抵赖　　D. DOS 攻击

答案：D

248. MD5 算法将输入信息 M 按顺序每组（　　）长度分组，即：M1，M2，…，Mn−1，Mn。

A. 64 位　　　　　　　　　　　　B. 128 位

C. 256 位　　　　　　　　　　　　D. 512 位

答案：D

249. 发送消息和用发送方私钥加密哈希加密信息将确保消息的（　　）。

A. 真实性和完整性　　　　　　　　B. 真实性和隐私性

C. 隐私性和不可否认性　　　　　　D. 真实性和不可否认性

答案：A

250. MD5 是以 512 位分组来处理输入的信息，每一分组又被划分为（　　）32 位子分组。

A. 16 个　　　　　　　　　　　　B. 32 个

C. 64 个　　　　　　　　　　　　D. 128 个

答案：A

251. 请从下列各项中选出不是 Hash 函数算法的一项（　　）。

A. MD5　　　　　　　　　　　　B. SHA

C. HMAC　　　　　　　　　　　 D. MMAC

答案：D

252. 用于加密和解密的数学函数是（　　）。

A. 密码算法　　　　　　　　　　　B. 密码协议

C. 密码管理　　　　　　　　　　　D. 密码更新

答案：A

253. 加密技术不能提供以下哪种安全服务？（　　）

A. 鉴别　　　　　　　　　　　　　B. 机密性

C. 完整性　　　　　　　　　　　　D. 可用性

答案：D

254. （　　）技术不能保护终端的安全。

A. 防止非法外联　　　　　　　　　B. 防病毒

C. 补丁管理　　　　　　　　　　　D. 漏洞扫描

答案：A

255. AIX 登录欢迎信息文件（　　）。

A. /etc/security/login.cfg　　　　　B. /etc/evironment

C. /etc/profile　　　　　　　　　　D. /etc/motd

答案：A

256. AIX 系统管理员要为用户设置一条登录前的欢迎信息，要修改（　　）。

A. /etc/motd
B. /etc/profile
C. /etc/environment
D. /etc/security/login.cfg

答案：D

257. AIX 系统异常重新启动之后，系统管理员打算要检查系统的错误日志，下面哪个命令是正确的？（　　）

A. errlog －a
B. errlog －k
C. errpt －a
D. errpt －k

答案：C

258. AIX 中设置 6 次登录失败后账户锁定阈值的命令为（　　）。

A. #chuser loginretries=6 username
B. #lsuser loginretries=6 username
C. #lsuser login=6 username
D. #lsuser login=7 username

答案：A

259. EFS 可以用在什么文件系统下？（　　）

A. FAT16
B. FAT32
C. NTFS
D. 以上都可以

答案：C

260. 假设一个公司的薪资水平中位数是 $35000，排名第 25% 和 75% 的薪资分别是 $21000 和 $53000。如果某人的薪水是 $1，那么它可以被看成是异常值（Outlier）吗？（　　）

A. 可以
B. 不可以
C. 需要更多的信息才能判断
D. 以上说法都不对

答案：C

261. Linux 系统一般使用 grub 作为启动的 mbr 程序，grub 如何配置才能防止用户加入单用户模式重置 root 密码？（　　）

A. 删除敏感的配置文件
B. 注释 grub.conf 文件中的启动项
C. 在对应的启动 title 上配置进入单用户的密码
D. 将 grub 程序使用非对称密钥加密

答案：C

262. Linux 的日志文件路径（　　）。

A. /var/log
B. /etc/issue
C. /etc/syslogd
D. /var/syslog

答案：A

263. Linux 记录系统安全事件可以通过修改哪个配置文件实现？（　　）

A. /etc/syslog.conf
B. /etc/sys.conf

C. /etc/secreti. conf D. /etc/login

答案：A

264. Linux 文件权限一共 10 位长度，分成四段，第三段表示的内容是（ ）。

A. 文件类型 B. 文件所有者的权限

C. 其他用户的权限 D. 文件所有者所在组的权限

答案：D

265. 假设你在卷积神经网络的第一层中有 5 个卷积核，每个卷积核尺寸为 7×7，具有零填充且步幅为 1。该层的输入图片的维度是 224×224×3。那么该层输出的维度是多少？（ ）

A. 217×217×3 B. 217×217×8

C. 218×218×5 D. 220×220×7

答案：C

266. Linux 系统默认使用的 Shell 是（ ）。

A. sh B. bash

C. csh D. ksh

答案：B

267. Linux 系统锁定系统用户的命令是（ ）。

A. usermod −l <username> B. userlock <username>

C. userlock −u <username> D. usermod −L <username>

答案：D

268. Linux 系统下，为了使得 Control+Alt+Del 关机键无效，需要注释掉下列的行：ca::ctrlaltdel: /sbin/shutdown−t3−rnow。该行是包含于下面哪个配置文件的？（ ）

A. /etc/rc.d/rc.local B. /etc/lilo.conf

C. /etc/init.tab D. /etc/inet.conf

答案：C

269. 下列说法错误的是（ ）。

A. 当目标函数是凸函数时，梯度下降算法的解一般就是全局最优解

B. 进行 PCA 降维时，需要计算协方差矩阵

C. 沿负梯度的方向一定是最优的方向

D. 利用拉格朗日函数能解带约束的优化问题

答案：C

270. Linux 系统中,通过配置哪个文件哪个参数,来设置全局用户超时自动注销功能？（ ）

A. /etc/ssh/sshd_config 文件，LoginGraceTime 参数，单位分钟

B. /root/.bash_profile 文件，TMOUT 参数，单位秒

C. /home/<User>/.bash_profile 文件，TMOUT 参数，单位秒

D. /etc/profile 文件，TMOUT 参数，单位秒

答案：D

271. Linux 系统中使用更安全的 xinetd 服务代替 inetd 服务，例如可以在 /etc/xinetconf 文件的 "default {}" 块中加入（　）行以限制只有 C 类网段 192.168.1.0 可以访问本机的 xinetd 服务。

A. allow=192.168.1.0/24　　　　B. only_from=192.168.1.0/24

C. permit=192.168.1.0/24　　　D. hosts=192.168.1.0/24

答案：B

272. Linux 修改缺省密码长度限制的配置文件是（　）。

A. /etc/password　　　　B. /etc/login.defs

C. /etc/shadows　　　　D. /etc/login

答案：B

273. Linux 中，什么命令可以控制口令的存活时间？（　）

A. passwd　　　　B. chage

C. chmod　　　　D. umask

答案：B

274. Linux 中，向系统中某个特定用户发送信息，用什么命令？（　）

A. wall　　　　B. mesg

C. write　　　　D. netsend

答案：C

275. Linux 中登录程序的配置文件是（　）。

A. /etc/pam.d/system-auth　　　　B. /etc/login.defs

C. /etc/shadow　　　　D. /etc/passwd

答案：D

276. Linux 主机中关于以下说法不正确的是（　）。

A. PASS_MAX_DAYS 90 是指登录密码有效期为 90 天

B. PASS_WARN_AGE 7 是指登录密码过期 7 天前提示修改

C. FALL_DELAY 10 是指错误登录限制为 10 次

D. SYSLOG_SG_ENAB yes 当限定超级用户组管理日志时使用

答案：C

277. Log 文件在注册表的位置是（　）。

A. HKEY_LOCAL_MACHINE/System/CurrentControlSet/Services/Eventlog

B. HKEY_LOCAL_USER/System/CurrentControlSet/Services/Eventlog

C. HKEY_LOCAL_MACHINE/System32/CurrentControlSet/Services/Eventlog

D. HKEY_LOCAL_MACHINE/System/CurrentControlSet/Services/run

答案：A

278. msconfig 命令可以用来配置（　　）。

A. 系统配置　　　　　　　　　　B. 服务配置

C. 应用配置　　　　　　　　　　D. 协议配置

答案：A

279. umask 位表示用户建立文件的默认读写权限，（　　）表示用户所创建的文件不能由其他用户读、写、执行。

A. "022"　　　　　　　　　　　B. "700"

C. "077"　　　　　　　　　　　D. "755"

答案：C

280. UNIX 系统关于文件权限的描述正确的是（　　）。

A. r－可读，w－可写，x－可执行

B. r－不可读，w－不可写，x－不可执行

C. r－可读，w－可写，x－可删除

D. r－可修改，w－可执行，x－不可修改

答案：A

281. K-Means 算法无法聚类以下哪种形状的样本？（　　）

A. 圆形分布　　　　　　　　　　B. 螺旋分布

C. 带状分布　　　　　　　　　　D. 凸多边形分布

答案：B

282. UNIX 系统中哪个命令可以显示系统中打开的端口、端口对应的程序名和 PID 值？（　　）

A. netstat　　　　　　　　　　　B. netstat –anp

C. ifconfig　　　　　　　　　　 D. ps –ef

答案：B

283. Windows 系统下，哪项不是有效进行共享安全的防护措施？（　　）

A. 使用 netshare//127.0.0.1/c$/delete 命令，删除系统中的 c$ 等管理共享，并重启系统

B. 确保所有的共享都有高强度的密码防护

C. 禁止通过"空会话"连接以匿名的方式列举用户、群组、系统配置和注册表键值

D. 安装软件防火墙阻止外面对共享目录的连接

答案：A

284. Windows 操作系统对文件和对象的审核，错误的一项是（　　）。

A. 文件和对象访问的成功和失败 B. 用户及组管理的成功和失败

C. 安全规则更改的成功和失败 D. 文件名更改的成功和失败

答案：D

285. Windows 系统的系统日志存放在（　　）。

A. C:/windows/system32/config B. C:/windows/config

C. C:/windows/logs D. C:/windows/system32/logs

答案：A

286. Windows 系统应该启用屏幕保护程序，防止管理员忘记锁定机器被非法攻击，根据要求，用户应当设置带密码的屏幕保护，并将时间设定为（　　）分钟或更短。

A. 60 B. 45

C. 30 D. 10

答案：D

287. Windows 系统中对所有事件进行审核是不现实的，下面不建议审核的事件是（　　）。

A. 用户登录及注销 B. 用户及用户组管理

C. 系统重新启动和关机 D. 用户打开关闭应用程序

答案：D

288. 包过滤防火墙工作的好坏关键在于（　　）。

A. 防火墙的质量 B. 防火墙的功能

C. 防火墙的过滤规则设计 D. 防火墙的日志

答案：C

289. Windows 有三种类型的事件日志，分别是（　　）。

A. 系统日志、应用程序日志、安全日志

B. 系统日志、应用程序日志、DNS 日志

C. 安全日志、应用程序日志、事件日志

D. 系统日志、应用程序日志、事件日志

答案：A

290. Window 系统中，显示本机各网络端口详细情况的命令是（　　）。

A. netshow B. netstat

C. ipconfig D. netview

答案：B

291. 本地域名劫持（DNS 欺骗）修改的是哪个系统文件？（　　）

A. C:/windows/system32/drivers/etc/lmhosts B. C:/windows/system32/etc/lmhosts

C. C:/windows/system32/etc/hosts D. C:/windows/system32/drivers/etc/hosts

答案：D

292. 比特币挖掘病毒与WannaCry类似，同样是利用MS17-010漏洞，除了文件加密勒索外，还会控制感染主机进行比特币挖掘。该病毒是一个DLL文件，在感染前会检测运行环境，如果是俄罗斯、白俄罗斯、哈萨克斯坦将不进行感染，感染后会留下一个名为"_DECODE_FILES.txt"的文本，里面是勒索信息，同时将文件加密为（　　）格式。

A. UIWIX　　　　　　　　　　B. DLL

C. EXE　　　　　　　　　　　D. DCODE

答案：A

293. 不能防止计算机感染病毒的措施是（　　）。

A. 定期备份重要文件　　　　　B. 经常更新操作系统

C. 不轻易打开来历不明的邮件附件　　D. 重要部门计算机尽量专机专用与外界隔绝

答案：A

294. 关于L1、L2正则化，下列说法正确的是（　　）。

A. L2正则化能防止过拟合，提升模型的泛化能力，但L1做不到这点

B. L2正则化技术又称为Lasso Regularization

C. L1正则化得到的解更加稀疏

D. L2正则化得到的解更加稀疏

答案：C

295. 某公司为员工统一配置了仅装配Windows XP操作系统的笔记本电脑，某员工在开机的时候却发现电脑提供了Windows 7、Windows Vista等多个操作系统版本可供选择。这种情况可能是电脑的哪一个模块被篡改？（　　）

A. BIOS　　　　　　　　　　B. GRUB

C. boot.ini　　　　　　　　　D. bootrec.exe

答案：C

296. 内核级Rootkit工作在（　　）。

A. Ring0　　　　　　　　　　B. Ring1

C. Ring2　　　　　　　　　　D. Ring3

答案：A

297. 假定你在神经网络中的隐藏层中使用激活函数X。在特定神经元给定任意输入，你会得到输出 −0.01。X可能是以下哪一个激活函数？（　　）

A. ReLU　　　　　　　　　　B. Tanh

C. Sigmoid　　　　　　　　　D. 以上都有可能

答案：B

298. 如果 /etc/passwd 文件中存在多个 UID 为 0 的用户，可能是（ ）。

A. 系统被 DDoS 攻击　　　　　　　B. 管理员配置错误

C. 系统被入侵并添加了管理员用户　D. 计算机被感染病毒

答案：C

299. 受损的 HP-UX 系统，可以用（ ）命令将系统引导至单用户模式。

A. 在 ISL 提示符下输入 hpux-is　　　B. 在 ISL 提示符下输入 hpux-isingle

C. 在 ISL 提示符下输入 bootpriisingle　D. 开机时按住 TOC 键

答案：A

300. 通常我们需要通过修改（ ）文件，来启用 Apache 的连接超时中断功能，并设置恰当的超时时间。

A. httpd. conf　　　　　　　　　B. htaccess

C. magic　　　　　　　　　　　D. autoindex. conf

答案：A

301. 通过（ ）命令可以为文件添加"系统""隐藏"等属性。

A. cmd　　　　　　　　　　　　B. assoc

C. attrib　　　　　　　　　　　D. format

答案：C

302. 为了保证 Windows 操作系统的安全，消除安全隐患，经常采用的方法是（ ）。

A. 经常检查更新并安装补丁　　　B. 重命名和禁用默认账户

C. 关闭"默认共享"，合理设置安全选项　D. 以上全是

答案：D

303. 为了防止 Linux 系统的 banner 泄露系统版本、OS 位数等敏感信息，通常我们需要修改（ ）文件进行屏蔽。

A. issu. net、motd　　　　　　　B. issu、motd

C. issu、issu. net　　　　　　　D. issu、issu. net、motd

答案：C

304. 为了防止 Windows 管理员忘记锁定机器而被非法利用，应当设置 Microsoft 网络服务器挂起时间，通常建议设置为（ ）分钟。

A. 60　　　　　　　　　　　　　B. 45

C. 30　　　　　　　　　　　　　D. 15

答案：D

305. 为提高 Linux 操作系统的安全，系统管理员通过修改系统配置，使登录系统的任何用户终端在 5 分钟没有操作的情况下，自动断开该终端的连接。正确的方法是（ ）。

A. 加入下列行到 /etc/profile 配置文件中：TMOUT=300；Export TMOUT

B. 加入下列行到 /etc/profile 配置文件中：TMOUT=5；Export TMOUT

C. 加入下列行到 /etc/environment 配置文件中：TMOUT=300

D. 加入下列行到 /etc/environment 配置文件中：TMOUT=5

答案：A

306. 下列关于 EFS 说法错误的是（ ）。

A. EFS 加密后的文件可删除
B. EFS 加密后的文件不可删除
C. EFS 对文件有效，文件夹无效
D. EFS 加密文件系统只在 NTFS 分区下有效

答案：B

307. 下列关于用户口令说法错误的是（ ）。

A. 口令不能设置为空
B. 口令长度越长，安全性越高
C. 复杂口令安全性足够高，不需要定期修改
D. 口令认证是最常见的认证机制

答案：C

308. 修改 Linux 密码策略需要修改哪个文件？（ ）

A. /etc/shadow
B. /etc/passwd
C. /etc/login.defs
D. /etc/logs

答案：C

309. 要更改 WSUS 服务器的更新包存放的目录，可以使用（ ）程序。

A. wuauclt.exe
B. wsusutil.exe
C. wupdmgr.exe
D. 以上说法均不正确

答案：B

310. k-NN 最近邻方法在什么情况下效果较好？（ ）

A. 样本较多但典型性不好
B. 样本较少但典型性好
C. 样本呈团状分布
D. 样本呈链状分布

答案：B

311. 以下关闭本地连接防火墙命令正确的是（ ）。

A. net stop sharedaccess
B. net stop server
C. net stop share
D. net stop firewall

答案：A

312. 以下关于 Linux 超级权限的说明，不正确的是（ ）。

A. 一般情况下，为了系统安全，对于一般常规级别的应用，不需要 root 用户来操作完成

B. 普通用户可以通过 su 和 sudo 来获得系统的超级权限

C. 对系统日志的管理，添加和删除用户等管理工作，必须以 root 用户登录才能进行

D. root 是系统的超级用户，无论是否为文件和程序的所有者都具有访问权限

答案：C

313. 以下哪些不属于 UNIX 日志？（　　）

　　A. utmp　　　　　　　　　　　　B. wtmp

　　C. lastlog　　　　　　　　　　　D. SecEvent. Evt

答案：D

314. 以下哪些进程是不正常的？（　　）

　　A. csrss. exe　　　　　　　　　　B. explorer. exe

　　C. explore. exe　　　　　　　　　D. iexplore. exe

答案：C

315. 以下哪些说法是正确的？（　　）

　　A. solaris 的 syslog 信息存放在 /var/log/messages 中

　　B. Linux 的 syslog 信息存放在 /var/adm/messages 中

　　C. cron 日志文件默认记录在 /var/cron/log 中

　　D. /var/log/secure 中记录有 ssh 的登录信息

答案：D

316. 以下说法正确的是（　　）。

　　A. /var/log/btmp 记录未成功登录（登录失败）的用户信息，可以用 cat 命令查看

　　B. /var/log/btmp 永久记录每个用户登录、注销及系统的启动、停机的事件，可以用 last 命令查看

　　C. /var/log/btmp 永久记录每个用户登录、注销及系统的启动、停机的事件，可以用 lastb 命令查看

　　D. /var/log/btmp 记录未成功登录（登录失败）的用户信息，可以用 lastb 命令查看

答案：D

317. 以下哪些方法不可以直接来对文本分类？（　　）

　　A. K-Means　　　　　　　　　　B. 决策树

　　C. 支持向量机　　　　　　　　　D. k-NN

答案：A

318. 通过修改 /etc/passwd 文件中 UID 值为（　　），可以成为特权用户。

　　A. -1　　　　　　　　　　　　　B. 0

　　C. 1　　　　　　　　　　　　　　D. 2

答案：B

319. 在 AIX 系统中，如何控制某些用户的 FTP 访问？（　　）

一、单项选择题

A. 在 /etc/ 目录下建立名为 ftpusers 的文件，在此文件中添加拒绝访问的用户，每用户一行

B. 在 /etc/ 目录下建立名为 ftpusers 的文件，在此文件中添加允许访问的用户，每用户一行

C. 修改 /etc/ftpaccess.ctl 文件，在此文件中添加拒绝访问的用户，每用户一行

D. 修改 /etc/ftpaccess.ctl 文件，在此文件中添加允许访问的用户，每用户一行

答案：A

320. 在 Linux 目录 /etc/rd/rc3.d 下，有很多以 K 和 S 开头的链接文件，这里的以 S 开头的文件表示（　　）的意思。

A. stop
B. start
C. sys
D. sysadmin

答案：B

321. 在 Windows 系统中，临时阻止其他计算机对你的访问，可利用（　　）手动加入一条错误的地址缓存来实现。

A. arp −d
B. arp −s
C. ipconfig add
D. arp add

答案：B

322. 在对 Linux 系统中 dir 目录及其子目录进行权限统一调整时所使用的命令是什么？（　　）

A. rm −fR −755 /dir
B. ls −755 /dir
C. chmod 755 /dir/*
D. chmod −R 755 /dir

答案：D

323. 在建立堡垒主机时（　　）。

A. 在堡垒主机上应设置尽可能少的网络服务

B. 在堡垒主机上应设置尽可能多的网络服务

C. 对必须设置的服务给予尽可能高的权限

D. 不论发生任何入侵情况，内部网始终信任堡垒主机

答案：A

324. 在信息安全加固工作中应遵循的原则不包括（　　）。

A. 可用性原则
B. 规范性原则
C. 可控性原则
D. 最小影响和保密原则

答案：A

325. 下列哪个文件包含用户的密码信息？（　　）

A. /etc/group
B. /dev/group
C. /etc/shadow
D. /dev/shadow

答案：C

326. 重新启动 Linux 系统使用（　）命令实现。

A. reboot　　　　　　　　　　B. shutdown -r now

C. init 6　　　　　　　　　　D. 以上都正确

答案：A

327. RHEL 中，提供 SSH 服务的软件包是（　）。

A. ssh　　　　　　　　　　　B. openssh-server

C. openssh　　　　　　　　　D. sshd

答案：B

328. Linux 命令中修改文件权限的是（　）。

A. nuser　　　　　　　　　　B. usermod

C. chmod　　　　　　　　　　D. userdel

答案：C

329. Linux 中 /proc 文件系统可以被用于收集信息。下面哪个是 CPU 信息的文件？（　）

A. /proc/cpuinfo　　　　　　　B. /proc/meminfo

C. /proc/version　　　　　　　D. /proc/filesystems

答案：A

330. 以下哪个不是操作系统安全的主要目标？（　）

A. 标志用户身份及身份鉴别

B. 按访问控制策略对系统用户的操作进行控制

C. 防止用户和外来入侵者非法存取计算机资源

D. 检测攻击者通过网络进行的入侵行为

答案：D

331. Windows 日志有三种类型：系统日志、安全日志、应用程序日志。这些日志文件通常存放在操作系统的安装区域的哪个目录下？（　）

A. system32/config　　　　　B. system32/data

C. system32/drivers　　　　　D. system32/setup

答案：A

332. 什么是标识用户、组和计算机账户的唯一数字？（　）

A. SID　　　　　　　　　　　B. LSA

C. SAM　　　　　　　　　　　D. SRM

答案：A

333. 在访问控制中，文件系统权限被默认地赋予了什么组？（　）

A. User　　　　　　　　　　　B. Guests

一、单项选择题

C. Administrators D. Replicator

答案：A

334. 在访问控制中，对网络资源的访问是基于什么的？（ ）

A. 用户 B. 权限

C. 访问对象 D. 工作组

答案：B

335. 在本地安全策略控制台，可以看到本地策略设置包括哪些策略？（ ）

A. 账户策略 B. 系统服务

C. 文件系统 D. 注册表

答案：A

336. Windows 系统的用户账号有两种基本类型，分别是全局账号和（ ）。

A. 本地账号 B. 域账号

C. 来宾账号 D. 局部账号

答案：A

337. Windows 系统的用户配置中，有多项安全设置，其中密码和账户锁定安全选项设置属于（ ）。

A. 本地策略 B. 公钥策略

C. 软件限制策略 D. 账户策略

答案：D

338. 使网络服务器中充斥着大量要求回复的信息，消耗带宽，导致网络或系统停止正常服务，这属于（ ）漏洞。

A. 拒绝服务 B. 文件共享

C. BIND 漏洞 D. 远程过程调用

答案：A

339. 下列（ ）版本的 Windows 自带了防火墙，该防火墙能够监控和限制用户计算机的网络通信。

A. Windows 98 B. Windows 2000

C. Windows Me D. Windows XP

答案：D

340. NTFS 文件系统中，使用的冗余技术称为（ ）。

A. MBR B. RAID

C. FDT D. FAT

答案：B

341. 在 Windows 2000 系统中，下面关于账号密码策略的说法错误的是（　）。

A. 设定密码长度最小值，可以防止密码长度过短

B. 对密码复杂度的检查，可以防止出现弱口令

C. 设定密码最长存留时间，用来强制用户在这个最长时间内必须修改一次密码

D. 设定密码历史，防止频繁修改口令

答案：D

342. 在 Linux 系统中，显示内核模块的命令是（　）。

A. lsmod　　　　　　　　　　B. LKM

C. ls　　　　　　　　　　　　D. mod

答案：A

343. 下列说法中正确的是（　）。

A. 服务器的端口号是在一定范围内任选的，客户进程的端口号是预先配置的

B. 服务器的端口号和客户进程的端口号都是在一定范围内任选的

C. 服务器的端口号是预先配置的，客户进程的端口号是在一定范围内任选的

D. 服务器的端口号和客户进程的端口号都是预先配置的

答案：C

344. 在 UNIX 系统中，攻击者在受害主机上安装（　）工具可以防止系统管理员用 Ps 或 Netstat 发现。

A. Rootkit　　　　　　　　　B. Fpipe

C. Adore　　　　　　　　　　D. NetBus

答案：A

345. Windows NT 和 Windows 2000 系统能设置为在几次无效登录后锁定账号，这可以防止（　）。

A. 木马　　　　　　　　　　B. 暴力攻击

C. IP 欺骗　　　　　　　　　D. 缓存溢出攻击

答案：B

346. 操作系统主要用于加密机制的协议是（　）。

A. HTTP　　　　　　　　　　B. FTP

C. TELNET　　　　　　　　　D. SSL

答案：D

347. 在 Windows 2000 NTFS 分区中，将 C:/123 文件移动到 D 盘下，其权限变化为（　）。

A. 保留原权限　　　　　　　B. 继承目标权限

C. 丢失所有权限　　　　　　D. Everyone 完全控制

答案：B

348. 某系统的 /.rhosts 文件中，存在一行的内容为"＋＋"，而且开放了 Rlogin 服务，则有可能意味着（ ）。

A. 任意主机上，只有 root 用户可以不提供口令就能登录该系统

B. 任意主机上，任意用户都可以不提供口令就能登录该系统

C. 只有本网段的任意用户可以不提供口令就能登录该系统

D. 任意主机上，任意用户都可以登录，但是需要提供用户名和口令

答案：B

349. Windows 下，可利用（ ）手动加入一条 IP 到 MAC 的地址绑定信息。

A. Arp −d   B. Arp −s

C. ipconfig /flushdns   D. nbtstat −R

答案：B

350. 在 Windows 2000 和 Linux 网络中，如果用户已经登录后，管理员删除了该用户账户，那么该用户账户将（ ）。

A. 一如既往地使用，直到注销   B. 立即失效

C. 会在 12 分钟后失效   D. 会在服务器重新启动后失效

答案：A

351. 当 NTFS 权限和共享权限同时被应用时，哪种权限将会起作用？（ ）

A. 总是 NTFS   B. 总是共享

C. 最多限制性   D. 最少限制性

答案：A

352. 在 UNIX 中如何禁止 root 远程登录？（ ）

A. /etc/default/login 中设置 CONSOLE=/dev/null

B. /etc/default/login 中设置 CONSOLE=/dev/root

C. /etc/default/login 中设置 CONSOLE=/dev/boot

D. /etc/default/login 中设置 CONSOLE=/etc/null

答案：A

353. AIX 系统用户修改了 /etc/inetd.conf 配置文件，如何可以使修改后的 inetd.conf 生效？（ ）

A. startsrc −g inetd   B. startsrc −s inetd

C. refresh −s inetd   D. inetd −f /etc/inetd.conf

答案：C

354. AIX 中要给账号 zhang1 设置默认权限掩码 umask，下面操作正确的是（ ）。

A. chuser umask=077 zhang1　　　　B. Change Name zhang1 umask=077

C. Chgport umask=077 zhang1　　　D. Chgusr zhang1

答案：A

355. 通常情况下 UNIX 系统如果不需要图形界面的话，就可以禁止 /usr/dt/bin/dtconfig 的自动运行，在 AIX 中关于禁止 dtconfig 的自动运行，下面说法正确的是（　　）。

A. 使用命令 /usr/dt/bin/dtsession−d　　B. 使用命令 /usr/dt/bin/dtconfig−d

C. 使用命令 /usr/dt/bin/dtaction−d　　D. 上面三个都不能禁止 dtconfig 的自动运行

答案：C

356. 下面针对 Windows 2000 补丁的说法正确的是（　　）。

A. 在打 SP4 补丁的时候，因为是经过微软严格测试验证的，所以不用担心出现系统问题

B. 只要保证系统能够安装上最新的补丁，则这台机器就是安全的

C. Hotfix 补丁有可能导致与应用软件出现兼容性问题

D. 所有的补丁，只要安装成功就会生效，不需要重新启动系统

答案：C

357. UNIX 系统的目录结构是一种（　　）结构。

A. 树状　　　　　　　　　　　　　　B. 环状

C. 星状　　　　　　　　　　　　　　D. 线状

答案：A

358. 检查指定文件的存取能力是否符合指定的存取类型，参数 3 是指（　　）。

A. 检查文件是否存在　　　　　　　　B. 检查是否可写和执行

C. 检查是否可读　　　　　　　　　　D. 检查是否可读和执行

答案：A

359. UNIX 中，可以使用（　　）代替 Telnet，因为它能完成同样的事情并且更安全。

A. S−TELNET　　　　　　　　　　　B. SSH

C. FTP　　　　　　　　　　　　　　D. Rlogon

答案：B

360. 给 FTP 守护进程设置权限掩码 umask 的目的是，要守护进程产生的文件继承此权限掩码；AIX 中给 FTP 守护进程设置权限掩码的操作正确的是（　　）。

A. chsubserverftp −v −c　　　　　　B. refreshinetd −s

C. chsubserverftp −v −d　　　　　　D. chsubserverftp −v −a

答案：B

361. 在进行系统安全加固的时候对于不使用的服务要进行关闭，如果主机不向 Windows 系统提供文件共享、打印共享服务，那么需要关闭 Samba 服务，下面操作错误的是（　　）。

A. mv/etc/rc3.d/NOS90samba /etc/rc3.d/S90samba

B. mv/etc/rc3.d/S90samba /etc/rc3.d/S90samba

C. mv90samba /etc/rc3.d/NOS /etc/rc3.d/S90samba

D. delete/etc/rc3.d/S90samba –f

答案：D

362. 下面关于 HP-UNIX 补丁管理方面的说法，错误的是（　　）。

A. 只要安装最新的补丁，就能保证系统的安全性

B. swlist 命令可以查询补丁安装情况

C. swinstall 命令可以用来安装补丁

D. 可以在 /var/adm/sw/swagentd.log 文件中，查看补丁安装失败的信息

答案：A

363. 在对 HP-UNIX 进行安全配置及内核调整时，下面说法正确的是（　　）。

A. 开启堆栈保护，系统就能避免所有溢出程序带来的威胁

B. 当主机作为网关或者防火墙来使用时，要关闭 IP 转发功能

C. ndd 命令可以用来调整内核参数

D. IP 源路由转发功能对 TCP/IP 很重要，关闭此功能可能影响通信

答案：C

364. 在 HP-UNIX 上使用命令 passwd –l nobody；passwd –l OneUser 将两账号锁定，下面的分析正确的是（　　）。

A. 当 nobody 被锁定后，以前用 nobody 账号身份运行的一些程序将不能继续以 nobody 运行

B. 所属 OneUser 的文件及目录，将同时被锁定，任何用户不能读写

C. OneUser 将不能正常登录

D. 以上说法都不正确

答案：C

365. 对于 HP-UNIX 系统的日志审核功能，下面说法错误的是（　　）。

A. 通过配置 Inetd 的 NETD_ARGS=-l，可以开启对 inetd 的日志审核

B. 如果不是 syslog 服务器，syslog 服务应禁止接受网络其他主机发来日志

C. 内核审计会占用大量的磁盘空间，有可能影响系统性能

D. 为了能够记录所有用户的操作活动，每个用户都要有对日志文件的读写权限

答案：D

366. 在 HP-UNIX 上，对 /var/adm/sw 目录描述错误的是（　　）。

A. 此目录下有用于存放补丁更新时被替换的旧程序文件

B. 此目录下，可能会有 suid/sgid 文件

C. 入侵者有可能会利用此目录下文件获取权限

D. 删除此目录，补丁仍能卸载

答案：D

367. 下面关于 HP-UNIX 账号及密码的说法，正确的是（　　）。

A. 在系统中不可能存在两个账号的 UID 等于 0

B. 密码过期策略，也可以针对 root 账号

C. 如果在 passwd 文件发现 "+"，则此账号密码为空

D. 以上都不正确

答案：B

368. 下面关于 Linux 的安全配置，下列说法或做法恰当的是（　　）。

A. 选用 SSH2，是因为 2 比 SSH1 功能强，其实安全性是一样的

B. 从安全性考虑，新装的 Linux 系统应马上连到互联网，通过 UP2DATE 升级

C. 通过 rpm-qa 可以查看系统内安装的所有应用软件

D. 在对文件系统做安全配置时，如果修改 fstab 文件不当，可能会造成系统无法启动

答案：D

369. 以下哪种方法不能限制对 Linux 系统服务的访问？（　　）

A. 配置 xinted.conf 文件，通过设定 IP 范围，来控制访问源

B. 通过 TCP Wrapper 提供的访问控制方法

C. 通过配置 IPtable，来限制或者允许访问源和目的地址

D. 配置 .rhost 文件，增加 + 号，可以限制所有访问

答案：D

370. 下面对于 Linux 系统服务的说法，正确的是（　　）。

A. NFS 服务，是针对本机文件系统管理的，关闭此服务将影响正常的文件管理功能

B. Kudzu 服务，在系统启动时探测系统硬件，关闭此服务，系统将无法启动

C. Sendmail 服务停止后，主机上的用户仍然能够以客户端方式通过其他邮件服务器正常发邮件

D. chkconfig smb off 只能暂时关闭服务，机器重启后 SMB 服务又将自动启动

答案：C

371. 下列哪个不是 Windows 系统开放的默认共享？（　　）

A. IPC$　　　　　　　　　　　B. ADMIN$

C. C$　　　　　　　　　　　　D. CD$

答案：D

372. Windows 系统，下列哪个命令可以列举出本地所有运行中的服务？（　　）

A. net view　　　　　　　　　B. net use

一、单项选择题

C. net start   D. net statistics

答案：C

373. 下面哪个不属于 Windows 操作系统的日志？（ ）

A. AppEvent. Evt   B. SecEvent. Evt

C. SysEvent. Evt   D. W3C 扩展日志

答案：D

374. 系统所有日志信息要求与账号信息相关联，能够审计回溯到人，系统日志分为（ ）。

A. 操作日志、系统日志   B. 操作日志、系统日志和异常日志

C. 系统日志和异常日志   D. 以上都不是

答案：B

375. 下列哪种说法是错误的？（ ）

A. Windows 2000 Server 系统的系统日志是默认打开的

B. Windows 2000 Server 系统的应用程序日志是默认打开的

C. Windows 2000 Server 系统的安全日志是默认打开的

D. Windows 2000 Server 系统的审核机制是默认关闭的

答案：D

376. 通过以下哪个命令可以查看本机端口和外部连接状况？（ ）

A. netstat –an   B. netconn –an

C. netport –a   D. netstat –all

答案：A

377. 一台 Windows 2000 操作系统服务器，安装了 IIS 服务、MS SQL Server 和 Serv–U FTP Server，管理员通过 Microsoft Windows Update 在线安装 Windows 2000 的所有安全补丁，那么，管理员还需要安装的补丁是（ ）。

A. IIS 和 Serv–U FTP Server   B. MS SQL Server 和 Serv–U FTP Server

C. IIS、MS SQL Server 和 Serv–U FTP Server   D. 都不需要安装了

答案：B

378. 在 UNIX 中，ACL 里的一组成员与某个文件的关系是"rwxr--------"，那么可以对这个文件做哪种访问？（ ）

A. 可读但不可写   B. 可读可写

C. 可写但不可读   D. 不可访问

答案：A

379. 下列哪些操作无法看到自启动项目？（ ）

A. 注册表   B. 开始菜单

— 53 —

C. 任务管理器　　　　　　　　D. msconfig

答案：C

380. 下列哪些现象不可能发现系统异常？（　　）

A. CPU、内存资源占用率过高　　B. 超常的网络流量

C. 大量的日志错误　　　　　　　D. 病毒库自动升级

答案：D

381. UNIX 系统中，攻击者在系统中增加账户会改变哪些文件？（　　）

A. shadow　　　　　　　　　　B. inetd. conf

C. hosts　　　　　　　　　　　D. network

答案：A

382. 当关键信息基础设施发生可能影响其性质认定的较大变化，运营单位应当及时将相关情况报告保护工作部门，保护工作部门在收到报告后（　　）内进行重新认定，并将认定结果通知运营单位，报国家网信部门、国务院公安部门。

A. 1 个月　　　　　　　　　　B. 15 天

C. 3 个月　　　　　　　　　　D. 6 个月

答案：C

383. 国家机关政务网络的运营者不履行本法规定的网络安全保护义务的，由其上级机关或者有关机关责令改正；对直接负责的主管人员和其他直接责任人员依法给予（　　）。

A. 处分　　　　　　　　　　　B. 批评

C. 罚款　　　　　　　　　　　D. 记录备案

答案：A

384. 根据《中华人民共和国网络安全法》的规定，（　　）应当为公安机关、国家安全机关依法维护国家安全和侦查犯罪的活动提供技术支持和协助。

A. 电信企业　　　　　　　　　B. 电信科研机构

C. 网络运营者　　　　　　　　D. 网络合作商

答案：C

385. 国家建立和完善网络安全标准体系（　　）和国务院其他有关部门根据各自的职责，组织制定并适时修订有关网络安全管理以及网络产品、服务和运行安全的国家标准、行业标准。

A. 电信研究机构　　　　　　　B. 国务院标准化行政主管部门

C. 网信部门　　　　　　　　　D. 电信企业

答案：B

386. 国家支持网络运营者之间在网络安全信息（　　）等方面进行合作，提高网络运营者的安全保障能力。

A. 发布、收集、分析、事故处理 B. 收集、分析、管理、应急处置

C. 收集、分析、通报、应急处置 D. 审计、转发、处置、事故处理

答案：C

387. 网络产品、服务的提供者不得设置（　），发现其网络产品、服务存在安全缺陷、漏洞等风险时，应当立即采取补救措施，按照规定及时告知用户并向有关主管部门报告。

A. 风险程序 B. 恶意程序

C. 病毒程序 D. 攻击程序

答案：B

388. 国家网信部门协调有关部门建立健全网络安全（　）和应急工作机制。

A. 风险分析 B. 风险预测

C. 风险计算 D. 风险评估

答案：D

389. 违反《中华人民共和国网络安全法》规定，给他人造成损害的，依法（　）。

A. 给予治安管理处罚 B. 承担民事责任

C. 追究刑事责任 D. 不追究法律责任

答案：B

390. CC 标准主要包括哪几个部分？（　）

A. 简介和一般模型、安全功能要求、安全保证要求、PP 和 ST 产生指南

B. 简介和一般模型、安全功能要求、安全保证要求

C. 通用评估方法、安全功能要求、安全保证要求

D. 简介和一般模型、安全要求、PP 和 ST 产生指南

答案：B

391. 安全防护体系要求健全完善的两个机制是（　）。

A. 风险管理机制、应急管理机制 B. 风险管理机制、报修管理机制

C. 应急管理机制、报修管理机制 D. 审批管理机制、报修管理机制

答案：A

392. 国家鼓励开发网络数据安全保护和利用技术，促进（　）开放，推动技术创新和经济社会发展。

A. 公共图书馆资源 B. 国家数据资源

C. 公共数据资源 D. 公共学校资源

答案：C

393. 按照《国家电网公司信息通信隐患排查治理管理规范（试行）》的要求，（　）有协助国网信通部做好区域内隐患排查治理工作督办的职责。

A. 各分部   B. 各省公司

C. 各省信通公司   D. 国网信通公司

答案：A

394. 网络产品、服务具有（ ）的，其提供者应当向用户明示并取得同意，涉及用户个人信息的，还应当遵守《中华人民共和国网络安全法》和有关法律、行政法规关于个人信息保护的规定。

A. 公开用户资料功能   B. 用户填写信息功能

C. 收集用户信息功能   D. 提供用户家庭信息功能

答案：C

395.《中华人民共和国网络安全法》规定：国家保护（ ）依法使用网络的权利，促进网络接入普及，提升网络服务水平，为社会提供安全、便利的网络服务，保障网络信息依法有序自由流动。

A. 公司、单位、个人   B. 公民、法人和其他组织

C. 国有企业、私营单位   D. 中国公民、华侨和居住在中国的外国人

答案：B

396. 等级保护定级阶段主要包括哪两个步骤？（ ）

A. 系统识别与描述、等级确定   B. 系统描述、等级确定

C. 系统识别、系统描述   D. 系统识别与描述、等级分级

答案：A

397. 对信息系统运行、应用及安全防护情况进行监控，对（ ）进行预警。

A. 安全风险   B. 安全事件

C. 安全故障   D. 安全事故

答案：A

398. 发生有人员责任的（ ）事故或障碍，信息系统建设与运行指标考核总分为 0 分。

A. 一级及以上事故   B. 二级及以上事故

C. 三级及以上事故   D. 一类及以上障碍

答案：B

399. 各专项应急预案在制定、修订后，各单位要组织相应的演练，演练的要求包括（ ）。

A. 在安全保电前应开展相关的演练   B. 在重大节假日前应开展相关演练

C. 各单位每年至少组织一次联系事故演习   D. 以上均是

答案：D

400. 根据《国家电网公司信息安全风险评估实施细则（试行）》，在风险评估中，资产评估包含信息资产（ ）、资产赋值等内容。

一、单项选择题

A. 识别 　　　　　　　　　　B. 安全要求识别
C. 安全 　　　　　　　　　　D. 实体

答案：A

401.《中华人民共和国网络安全法》规定，各级人民政府及其有关部门应当组织开展经常性的网络安全宣传教育，并（　）有关单位做好网络安全宣传教育工作。

A. 鼓励、引导 　　　　　　　B. 支持、指导
C. 支持、引导 　　　　　　　D. 指导、督促

答案：D

402. 根据国家电网公司信息系统上下线管理办法，系统试运行初期安排一定时间的观察期，观察期原则上不短于上线试运行期的1/3，一般为（　）。

A. 一个月 　　　　　　　　　B. 两个月
C. 三个月 　　　　　　　　　D. 四个月

答案：A

403. 关键信息基础设施发生重大网络安全事件或者发现重大网络安全威胁时，运营单位应当按照要求及时向保护工作部门、公安机关报告。下列哪些事件或威胁发生时，保护工作部门无须向网信部门报告？（　）

A. 关键信息基础设施主要功能中断30分钟

B. 100万人以上个人信息泄露

C. 导致法律法规禁止的信息较大面积传播

D. 造成人员重伤、死亡或者1亿元以上直接经济损失

答案：A

404. 公司各单位所有在运信息系统应向（　）备案，未备案的信息系统严禁接入公司信息内外网运行。

A. 本单位 　　　　　　　　　B. 总部
C. 网省公司 　　　　　　　　D. 直属单位

答案：B

405. 公司信息运维工作坚持标准化运作，运维标准化体系由八大部分组成，但不包括（　）。

A. 运维体系 　　　　　　　　B. 费用标准
C. 实施方案 　　　　　　　　D. 装备标准

答案：C

406. 公司总部运行方式编制工作实行（　）方式。

A. 两级编制 　　　　　　　　B. 三级编制
C. 统一编制 　　　　　　　　D. 各自编制

答案：A

407. 关于信息安全管理体系，国际上有标准 Information technology Security techniques Information security management systems Requirements（ISO/IEC 27001：2013），而我国发布了《信息技术 安全技术 信息安全管理体系 要求》（GB/T 22080—2008），这两个标准的关系是（ ）。

A. IDT（等同采用），此国家标准等同于该国际标准，仅有或没有编辑性修改

B. EQV（等效采用），此国家标准等效于该国际标准，技术上只有很小差异

C. NEQ（非等效采用），此国家标准不等效于该国际标准

D. 没有采用与否的关系，两者之间版本不同，不应直接比较

答案：A

408. 国家电网公司对一体化企业级信息系统运行工作实行统一领导、分级负责，在（ ）建立信息系统运行管理职能机构，落实相应的运行单位。

A. 总部　　　　　　　　　　　　B. 总部、网省二级

C. 总部、网省、地市三级　　　　D. 总部、网省、地市、县四级

答案：C

409. 负责关键信息基础设施安全保护工作的部门应当制定本行业、本领域的网络安全事件（ ），并定期组织演练。

A. 管理办法　　　　　　　　　　B. 应急预案

C. 操作手册　　　　　　　　　　D. 处置方案

答案：B

410. 国家电网公司网络与信息系统安全运行情况通报的工作原则是（ ）。

A. 谁主管谁负责，谁运行谁负责　　B. 谁运行谁负责，谁使用谁负责

C. 统一领导，分级管理，逐级上报　　D. 及时发现、及时处理、及时上报

答案：A

411. 国家电网公司网络与信息系统安全运行情况通报工作实行"统一领导、（ ）、逐级上报"的工作方针。

A. 分级管理　　　　　　　　　　B. 分级负责

C. 分级主管　　　　　　　　　　D. 分级运营

答案：A

412. 国家电网公司信息系统安全保护等级定级原则是（ ）原则、等级最大化原则、按类归并原则。

A. 突出重点　　　　　　　　　　B. 安全最大化

C. 系统重要　　　　　　　　　　D. 系统威胁

答案：A

一、单项选择题

413. 国家电网公司信息系统风险评估的主要内容包括（　　）。

A. 资产评估、威胁评估、脆弱性评估和现有安全设备配置评估

B. 资产评估、应用评估、脆弱性评估和现有安全措施评估

C. 资产评估、威胁评估、脆弱性评估和现有安全措施评估

D. 资产评估、性能评估、威胁评估、脆弱性评估

答案：C

414. 关键信息基础设施的运营者采购网络产品和服务，可能影响国家安全的，应当通过国家网信部门会同国务院有关部门组织的（　　）。

A. 国家安全审查　　　　　　　B. 国家网络审查

C. 国家网信安全审查　　　　　D. 国家采购审查

答案：A

415. 关键信息基础设施的运营者采购网络产品和服务，可能影响国家安全的，应当通过（　　）会同国务院有关部门组织的国家安全审查。

A. 国家网信部门　　　　　　　B. 国家安全部门

C. 国家信息部门　　　　　　　D. 国家安全部门

答案：A

416. （　　）负责统筹协调网络安全工作和相关监督管理工作。

A. 国家网信部门　　　　　　　B. 国务院电信主管部门

C. 公安部门　　　　　　　　　D. 以上均是

答案：A

417. 互联网出口必须向公司信息化主管部门进行（　　）后方可使用。

A. 备案审批　　　　　　　　　B. 申请

C. 说明　　　　　　　　　　　D. 报备

答案：A

418. 加强信息安全备案准入工作。对于未备案的业务系统、网络专线，一经发现，（　　）。

A. 立即关停　　　　　　　　　B. 进行警告

C. 可以继续运行　　　　　　　D. 逐步整改

答案：A

419. 口令要及时更新，要建立定期修改制度，其中系统管理员口令修改间隔不得超过（　　），并且不得重复使用前（　　）以内的口令。

A. 3个月、6次　　　　　　　　B. 6个月、3次

C. 3个月、3次　　　　　　　　D. 以上答案均不正确

答案：C

420. 国家网信部门协调有关部门建立健全网络安全风险评估和（　　），制定网络安全事件应急预案，并定期组织演练。

A. 监测机制　　　　　　　　　　B. 应急工作机制
C. 预警机制　　　　　　　　　　D. 监管机制

答案：B

421. 根据《中华人民共和国网络安全法》的规定，国家实行网络安全（　　）保护制度。

A. 结构　　　　　　　　　　　　B. 分层
C. 等级　　　　　　　　　　　　D. 行政级别

答案：C

422.《中华人民共和国网络安全法》第三十八条规定，关键信息基础设施的运营者应当自行或者委托网络安全服务机构对其网络的安全性和可能存在的风险（　　）至少进行一次检测评估，并将检测评估情况和改进措施报送相关负责关键信息基础设施安全保护工作的部门。

A. 每半年　　　　　　　　　　　B. 每两年
C. 每年　　　　　　　　　　　　D. 每三年

答案：C

423. 网络关键设备和网络安全专用产品应当按照相关国家标准的强制性要求，由具备资格的机构（　　）或者安全检测符合要求后，方可销售或者提供。

A. 认证产品合格　　　　　　　　B. 安全认证合格
C. 认证设备合格　　　　　　　　D. 认证网速合格

答案：B

424. 国家实施网络（　　）战略，支持研究开发安全、方便的电子身份认证技术，推动不同电子身份认证之间的互认。

A. 认证身份　　　　　　　　　　B. 可信身份
C. 信誉身份　　　　　　　　　　D. 安全身份

答案：B

425. 采取监测、记录网络运行状态、网络安全事件的技术措施，并按照规定留存相关的网络日志不少于（　　）。

A. 三年　　　　　　　　　　　　B. 一年
C. 六个月　　　　　　　　　　　D. 三个月

答案：C

426. 任何组织或者个人，不得利用计算机信息系统从事危害国家利益、集体利益和公民合法利益的活动，不得危害计算机（　　）的安全。

A. 信息系统　　　　　　　　　　B. 操作系统

C. 网络系统　　　　　　　　　D. 保密系统

答案：A

427. 信息安全风险评估包括资产评估、（　　）、脆弱性评估、现有安全措施评估、风险计算和分析、风险决策和安全建议等评估内容。

A. 安全评估　　　　　　　　　B. 威胁评估

C. 漏洞评估　　　　　　　　　D. 攻击评估

答案：B

428. 网络服务提供者不履行法律、行政法规规定的信息网络安全管理义务，经监管部门责令采取改正措施而拒不改正，有下列情形之一的，处（　　）以下有期徒刑、拘役或者管制，并处或者单处罚金：(1)致使违法信息大量传播的；(2)致使用户信息泄露，造成严重后果的；(3)致使刑事案件证据灭失，情节严重的；(4)有其他严重情节的。

A. 三年　　　　　　　　　　　B. 四年

C. 五年　　　　　　　　　　　D. 十年

答案：A

429. 国家推进网络安全（　　）建设，鼓励有关企业、机构开展网络安全认证、检测和风险评估等安全服务。

A. 社会化服务体系　　　　　　B. 社会化认证体系

C. 社会化识别体系　　　　　　D. 社会化评估体系

答案：A

430. 信息系统全生命周期安全管控规范不包括（　　）。

A. 安全管控框架　　　　　　　B. 安全需求分析

C. 安全测试规范　　　　　　　D. 安全编程规范

答案：C

431. 信息系统业务授权许可使用管理坚持（　　）的原则，在加强授权管理的同时，保障公司运营监测(控)、"三集五大"等跨专业访问共享正常使用。

A. "按需使用、按规开放、责权匹配、审核监督"

B. "按需使用、按时开放、责权匹配、依法管理"

C. "按需使用、按规开放、责权匹配、确保安全"

D. "科学使用、按时开放、责权匹配、审核监督"

答案：A

432. 严禁授权许可永久使用期限的账号；临时账号使用需遵循（　　），单次授权原则上最长不超过一周。使用部门发现用户违规申请账号的，不得批准，并视情节对用户进行批评教育。

A. 一人一授权　　　　　　　　B. 一号一授权

C. 一事一授权　　　　　　　　D. 一日一授权

答案：C

433. 严禁在信息内网计算机存储、处理（　　），严禁在连接互联网的计算机上处理、存储涉及国家秘密和企业秘密信息。

A. 公司敏感信息　　　　　　　B. 国家秘密信息

C. 国家政策文件　　　　　　　D. 公司商业信息

答案：B

434. 要确保信息系统合作单位开发测试环境与互联网（　　），严禁信息系统合作单位在对互联网提供服务的网络和信息系统中存储和运行公司相关业务系统数据。

A. 物理隔离　　　　　　　　　B. 逻辑隔离

C. 分割开　　　　　　　　　　D. 连通

答案：B

435. 隐患排查治理按照"排查（发现）——（　　）（报告）——治理（控制）——验收销号"的流程实施闭环管理。

A. 测试　　　　　　　　　　　B. 整改

C. 评估　　　　　　　　　　　D. 校验

答案：C

436. 应定期（　　）对信息系统用户权限进行审核、清理，删除废旧账号、无用账号，及时调整可能导致安全问题的权限分配数据。

A. 每月　　　　　　　　　　　B. 季度

C. 半年　　　　　　　　　　　D. 一年

答案：C

437. 在试运行的初始阶段安排一定时间的观察期。观察期内由（　　）部门安排人员进行运行监视、调试、备份和记录，并提交观察期的系统运行报告。

A. 业务主管部门　　　　　　　B. 系统建设开发

C. 运行维护部门　　　　　　　D. 信息职能部门

答案：B

438. 在信息安全加固工作中应遵循的原则不包括（　　）。

A. 可用性原则　　　　　　　　B. 规范性原则

C. 可控性原则　　　　　　　　D. 最小影响和保密原则

答案：A

439. 发生网络安全事件,应当立即启动网络安全事件应急预案,对网络安全事件进行（　　）。

A. 调查和评估　　　　　　　　B. 整理和评价

C. 收集和考核　　　　　　　　D. 调查和取证

答案：A

440. 国家保护公民、法人和其他组织依法使用网络的权利，促进网络接入普及，提升（　）水平，为社会提供安全、便利的网络服务，保障网络信息依法有序自由流动。

A. 网络服务　　　　　　　　　B. 网络主权

C. 网络安全　　　　　　　　　D. 诚实守信

答案：A

441. （　）应当为公安机关、国家安全机关依法维护国家安全和侦查犯罪的活动提供技术支持和协助。

A. 网络建设者　　　　　　　　B. 网络使用者

C. 网络运营者　　　　　　　　D. 网络管理者

答案：C

442. 国家倡导诚实守信、健康文明的网络行为，推动传播社会主义核心价值观，采取措施提高全社会的（　）和水平，形成全社会共同参与促进网络安全的良好环境。

A. 网络健康意识　　　　　　　B. 网络安全意识

C. 网络诚信意识　　　　　　　D. 网络社会道德意识

答案：B

443. 《中华人民共和国网络安全法》是为了保障网络安全，维护（　）和国家安全、社会公共利益，保护公民、法人和其他组织的合法权益，促进经济社会信息化健康发展而制定的法律。

A. 网络空间主权　　　　　　　B. 网络领土主权

C. 网络安全主权　　　　　　　D. 网络社会安全

答案：A

444. 国家支持研究开发有利于未成年人健康成长的网络产品和服务，依法惩治利用网络从事（　）的活动，为未成年人提供安全、健康的网络环境。

A. 危害未成年人身心健康　　　B. 针对未成年人黄赌毒

C. 侵害未成年人受教育权　　　D. 灌输未成年人错误网络思想

答案：A

445. 按照《关键信息基础设施安全保护条例》要求，网络运营单位违反第二十七条规定，在境外存储网络数据，或者向境外提供网络数据的，由有关主管部门依据职责责令改正，给予警告，没收违法所得，处（　）罚款，并可以责令暂停相关业务、停业整顿、关闭网站、吊销相关业务许可证；对直接负责的主管人员和其他直接责任人员处一万元以上十万元以下罚款。

A. 五万元以上二十万元以下　　B. 一万元以上十万元以下

C. 五万元以上五十万元以下　　D. 二十万元以下

答案：C

446. 电力通信网的数据网划分为电力调度数据网、综合数据通信网，分别承载不同类型的业务系统，电力调度数据网与综合数据通信网之间应在（　）面上实现安全隔离。

A. 物理层　　　　　　　　　　B. 网络层
C. 传输层　　　　　　　　　　D. 应用层

答案：A

447.《中华人民共和国网络安全法》规定：因维护国家安全和社会公共秩序，处置重大突发社会安全事件的，需要经（　）决定或者批准，可以在特定区域对网络通信采取限制等临时措施。

A. 县级以上政府　　　　　　　B. 市级以上政府
C. 省级以上政府　　　　　　　D. 国务院

答案：D

448. 报废终端设备、员工离岗离职时留下的终端设备应交由（　）处理。

A. 运检　　　　　　　　　　　B. 运维
C. 相关部门　　　　　　　　　D. 检修

答案：C

449. 采用（　）等安全防护措施以保证对外发布的网站不被恶意篡改或植入木马。

A. 数据加密　　　　　　　　　B. 信息过滤
C. 网页防篡改　　　　　　　　D. 设置权限

答案：C

450. 对于需要利用互联网企业渠道发布客户的业务信息，应采用符合公司（　）要求的数据交互方式。

A. 安全运维　　　　　　　　　B. 安全检测
C. 安全防护　　　　　　　　　D. 安全评估

答案：C

451. 对于需要利用互联网企业渠道发布客户的业务信息，应经必要的公司（　）测评。

A. 安全审查机构　　　　　　　B. 安全管理机构
C. 安全检测机构　　　　　　　D. 网络安全部门

答案：C

452. 非集中办公区域应采用（　）接入国家电网公司内部网络。

A. 第三方专线　　　　　　　　B. 电力通信网络通道
C. 加密传输通道　　　　　　　D. 互联网

答案：B

一、单项选择题

453. 服务器及终端类设备应全面安装（　　），定期进行病毒木马查杀并及时更新病毒库。

A. 桌面管控　　　　　　　　　B. 安全监测软件

C. 防病毒软件　　　　　　　　D. 检测工具

答案：C

454. 工作前，作业人员应进行身份鉴别和（　　）。

A. 验证　　　　　　　　　　　B. 备份

C. 调试　　　　　　　　　　　D. 授权

答案：D

455. 管理信息大区各类终端接入点应采取（　　），确保访问信息内网行为可追溯，接入点位置可追溯，人员可追溯。

A. 准入措施　　　　　　　　　B. 审计措施

C. 监控措施　　　　　　　　　D. 隔离措施

答案：B

456. 管理信息大区业务系统使用无线网络传输业务信息时，应具备接入（　　）等安全机制。

A. 认证、加密　　　　　　　　B. 认证、授权

C. 授权、加密　　　　　　　　D. 授权、编码

答案：A

457. 国家电网公司在中华人民共和国境内收集和产生的数据应在（　　）存储。

A. 总部　　　　　　　　　　　B. 公司系统内

C. 境内　　　　　　　　　　　D. 内网计算机

答案：C

458. 互联网移动服务终端应采用（　　）进行统一接入防护。

A. 信息外网安全交互平台　　　B. 信息外网安全接入平台

C. 信息外网终端管理平台　　　D. 信息外网安全管理平台

答案：A

459. 网络运营者应当加强对其用户发布的信息的管理，发现法律、行政法规禁止发布或者传输的信息的，应当立即停止传输该信息，采取（　　）等处置措施，防止信息扩散，保存有关记录，并向有关主管部门报告。

A. 消除　　　　　　　　　　　B. 撤回

C. 删除　　　　　　　　　　　D. 更改

答案：A

460. 国家建立网络安全监测预警和（　　）制度。国家网信部门应当统筹协调有关部门加强网络安全信息收集、分析和通报工作，按照规定统一发布网络安全监测预警信息。

A. 信息输送 B. 信息通报
C. 信息共享 D. 信息传达

答案：B

461. 负责关键信息基础设施安全保护工作的部门，应当建立健全本行业、本领域的网络安全监测预警和（　　）制度，并按照规定报送网络安全监测预警信息。

A. 信息通报 B. 预警通报
C. 网络安全 D. 应急演练

答案：A

462. 网络安全事件发生的风险增大时，省级以上人民政府有关部门应当按照规定的权限和程序，并根据网络安全风险的特点和可能造成的危害，采取的措施不包括（　　）。

A. 要求有关部门、机构和人员及时收集、报告有关信息

B. 加强对网络安全风险的监测

C. 组织有关部门、机构和专业人员，对网络安全风险信息进行分析评估

D. 向社会发布网络安全风险预警，发布避免、减轻危害的措施

答案：B

463. 按照《关键信息基础设施安全保护条例》要求，网络运营单位违反规定使用未经安全审查或者安全审查未通过的网络产品或者服务的，由有关主管部门依据职责令停止使用，处采购金额（　　）罚款；对直接负责的主管人员和其他直接责任人员处一万元以上十万元以下罚款。

A. 一倍以上五倍以下 B. 一倍以上十倍以下
C. 一倍以上三倍以下 D. 十倍以上

答案：B

464. 《关键信息基础设施安全保护条例（征求意见稿）》第二十八条规定，运营者对关键信息基础设施的安全性和可能存在的风险隐患每年至少进行（　　）检测评估。

A. 一次 B. 两次
C. 三次 D. 四次

答案：A

465. 禁止（　　）用户信息。

A. 复制、泄露、非法销售 B. 泄露、篡改、恶意损毁
C. 复制、篡改、恶意损毁 D. 泄露、篡改、非法销售

答案：B

466. 国家（　　）关键信息基础设施以外的网络运营者自愿参与关键信息基础设施保护体系。

A. 支持 B. 鼓励
C. 引导 D. 投资

一、单项选择题

答案：B

467.《中华人民共和国网络安全法》中明确要求国家实行网络安全等级保护制度标准。下列说法错误的是（　　）。

　　A. 制定内部安全制度标准和操作规程，确定网络安全负责人，落实网络安全保护责任

　　B. 采取防范计算机病毒和网络攻击、网络侵入等危害网络安全行为的技术措施

　　C. 采取监测、记录网络运行状态、网络安全事件的技术措施，并按照规定留存相关的网络日志不少于三个月

　　D. 采取数据分类、重要数据备份和加密等措施

　　答案：C

468. 根据《中华人民共和国网络安全法》的规定，（　　）负责统筹协调网络安全工作和相关监督管理工作。

　　A. 中国联通　　　　　　　　　　B. 信息部

　　C. 国家网信部门　　　　　　　　D. 中国电信

　　答案：C

469.（　　）是指通过采取必要措施，防范对网络的攻击、侵入、干扰、破坏和非法使用以及意外事故，使网络处于稳定可靠运行的状态，以及保障网络数据的完整性、保密性、可用性的能力。

　　A. 中间件安全　　　　　　　　　B. 信息安全

　　C. 主机安全　　　　　　　　　　D. 网络安全

　　答案：D

470. 跨专业共享数据中涉及公司商密及重要数据的，其处理行为须经（　　）或总部业务主管部门审批。

　　A. 生产管理部门　　　　　　　　B. 数据使用部门

　　C. 数据源头部门　　　　　　　　D. 运维部门

　　答案：C

471.《中华人民共和国网络安全法》重点对保障国家能源、交通、水利、金融等（　　）的运行安全进行了规定，明确了国家有关部门对关键信息基础设施规划、监督、保护及支持等工作的内容和职责，并规定了关键信息基础设施运营者的（　　）。

　　A. 主要信息基础设施，安全保护义务　　B. 安全保护义务，关键信息基础设施

　　C. 关键信息基础设施，安全保护义务　　D. 安全保护义务，主要信息基础设施

　　答案：C

472. 内网移动作业终端需要通过（　　）进行统一接入防护与管理。

　　A. 内网安全交互平台　　　　　　B. 内网终端管理平台

C. 内网终端监控平台　　　　　　D. 内网安全接入平台

答案：D

473. 涉及内外网交互的业务系统，应通过优化系统架构、业务流程（　），优化资源占用。

A. 降低内外网交换的频率　　　　B. 提高内外网交换的频率

C. 降低内外网交换的速度　　　　D. 提高内外网交换的速度

答案：A

474. 网络和安防设备配置协议及策略应遵循（　）。

A. 最小化原则　　　　　　　　　B. 最大化原则

C. 网络安全原则　　　　　　　　D. 公用

答案：A

475. 无线网络应启用（　）、身份认证和行为审计。

A. 网络接入控制　　　　　　　　B. 网络访问控制

C. 用户信息　　　　　　　　　　D. 设备认证

答案：A

476. 现场采集终端设备的通信卡启用（　）功能应经相关运维单位（部门）批准。

A. 无线通信　　　　　　　　　　B. 互联网通信

C. 无加密通信　　　　　　　　　D. 加密通信

答案：B

477. 相关业务部门对于新增或变更（型号）的自助缴费终端、视频监控等各类设备时，由使用部门委托（　）进行安全测评。

A. 专业管理机构　　　　　　　　B. 信息运维机构

C. 信息化管理机构　　　　　　　D. 第三方

答案：A

478. 相关业务部门和运维部门（单位）应对电网网络安全风险进行预警分析，组织制订网络安全（　）专项处置预案。

A. 多发事件　　　　　　　　　　B. 重大事件

C. 突发事件　　　　　　　　　　D. 相关事件

答案：C

479. 信息系统的（　）软/硬件设备采购，应开展产品预先选型和安全检测。

A. 关键　　　　　　　　　　　　B. 基础

C. 所有　　　　　　　　　　　　D. 重要

答案：A

480. 信息系统的过期账号及其权限应及时注销或（　）。

一、单项选择题

A. 变更 B. 更新

C. 删除 D. 调整

答案：D

481. 信息系统的开发应在（ ）环境中进行。

A. 实际运行 B. 测试

C. 专用 D. 试运行

答案：C

482. 信息系统建设阶段，相关（ ）应会同信息化管理部门，对项目开发人员进行信息安全培训，并签订网络安全承诺书。

A. 设计单位 B. 建设单位

C. 业务部门 D. 运维单位

答案：C

483. 信息系统接入管理信息大区的系统由本单位（省级及以上）（ ）负责预审。

A. 调控中心 B. 业务部门

C. 信息化管理部门 D. 系统运维部门

答案：C

484. 信息系统上线前，应（ ）临时账号、临时数据，并修改系统账号默认口令。

A. 更改 B. 删除

C. 留存 D. 备份

答案：B

485. 信息系统上线运行（ ）内，由相关部门组织开展等级保护符合性测评。

A. 一周 B. 一个月

C. 两个月 D. 三个月

答案：B

486. 信息系统设计阶段的安全防护方案，预审结果提交本单位（ ）审查通过后方可实施。

A. 业务部门 B. 信息化管理部门

C. 专家委员会 D. 调控中心

答案：C

487. 信息系统应进行预定级，编制定级报告，并由本单位（ ）同意后，报相关部门进行定级审批。

A. 专家组 B. 调控中心

C. 信息化管理部门 D. 业务部门

答案：C

488. 信息系统在（ ）阶段，应编写系统安全防护方案。

A. 需求　　　　　　　　　　B. 设计

C. 建设　　　　　　　　　　D. 运行

答案：B

489. 信息系统在（ ）阶段，业务部门在明确业务需求的同时，应明确系统的安全防护需求。

A. 设计　　　　　　　　　　B. 建设

C. 需求　　　　　　　　　　D. 运行

答案：C

490. 移动应用，应用发布后应开展（ ）。

A. 安全监测　　　　　　　　B. 安全测试

C. 安全评估　　　　　　　　D. 安全验评

答案：A

491. 移动应用应加强统一（ ）。

A. 监控　　　　　　　　　　B. 管控

C. 防护　　　　　　　　　　D. 管理

答案：C

492. 应对信息系统的（ ）进行预警。

A. 运行风险　　　　　　　　B. 安全等级

C. 安全风险　　　　　　　　D. 风险评估

答案：C

493. 在信息系统的建设阶段，信息系统开发应（ ），严格落实信息安全防护设计方案。

A. 规范功能要求　　　　　　B. 明确信息安全控制点

C. 全面需求分析　　　　　　D. 明确风险状况

答案：B

494. 在信息系统上工作，保证安全的技术措施包括（ ）。

A. 授权，调试，验证　　　　B. 授权，备份，验证

C. 调试，备份，验证　　　　D. 授权，备份，测试

答案：B

495. 以下哪一项不属于侵害国家安全的事项？（ ）

A. 影响国家政权稳固和国防实力　　　B. 影响国家统一、民族团结和社会安定

C. 影响国家对外活动中的政治、经济利益　　D. 影响各种类型的经济活动秩序

答案：D

496. 以下哪一项不属于侵害社会秩序的事项？（ ）

一、单项选择题

A. 影响国家经济竞争力和科技实力　　B. 影响各种类型的经济活动秩序

C. 影响各行业的科研、生产秩序　　D. 影响公众在法律约束和道德规范下的正常生活秩序

答案：A

497. 以下哪一项不属于影响公共利益的事项？（　　）

A. 影响社会成员使用公共设施　　B. 影响社会成员获取公开信息资源

C. 影响社会成员接受公共服务等方面　　D. 影响国家重要的安全保卫工作

答案：D

498. 入侵防范、访问控制、安全审计是（　　）层面的要求。

A. 安全通信网络　　B. 安全区域边界

C. 安全计算环境　　D. 安全物理环境

答案：C

499. 第三级安全要求里云计算扩展要求中安全区域边界不包括（　　）。

A. 访问控制　　B. 入侵防范

C. 安全审计　　D. 可信验证

答案：D

500.《网络安全等级保护制度》2.0版本中（　　）是进行等级确定和等级保护管理的最终对象。

A. 业务系统　　B. 等级保护对象

C. 信息系统　　D. 网络系统

答案：B

501.《网络安全等级保护制度》2.0版本"基本要求"分为技术要求和管理要求，其中技术要求包括安全物理环境、安全通信网络、安全区域边界、安全计算环境和（　　）。

A. 安全应用中心　　B. 安全管理中心

C. 安全运维中心　　D. 安全技术中心

答案：B

502.《网络安全等级保护制度》2.0版本"基本要求"是针对一至（　　）级的信息系统给出基本的安全保护要求。

A. 二　　B. 三

C. 四　　D. 五

答案：C

503. 安全管理制度包括安全策略、管理制度、制定和发布及（　　）。

A. 审核　　B. 评审和修订

C. 修订　　D. 评审

答案：B

504. 对客体造成侵害的客观外在表现，包括侵害方式和侵害结果等，称为（ ）。

A. 客体　　　　　　　　　　　B. 客观方面

C. 等级保护对象　　　　　　　D. 系统服务

答案：B

505. 2019 年，我国发布了网络安全等级保护基本要求的国家标准 GB/T 22239—2019，提出将信息系统的安全等级划分为（ ）个等级，并提出每个级别的安全功能要求。

A. 3　　　　　　　　　　　　B. 4

C. 5　　　　　　　　　　　　D. 6

答案：C

506. 信息安全等级保护的 5 个级别中，（ ）是最高级别，属于关系到国计民生的最关键信息系统的保护。

A. 第二级　　　　　　　　　　B. 第三级

C. 第四级　　　　　　　　　　D. 第五级

答案：D

507. 第三级安全要求中安全计算环境涉及的控制点包括：身份鉴别、访问控制、安全审计、入侵防范、恶意代码防范、可信验证、（ ）、数据保密性、数据备份恢复、剩余信息保护和个人信息保护。

A. 数据完整性　　　　　　　　B. 数据删除性

C. 数据不可否认性　　　　　　D. 数据可用性

答案：A

508. 运营者应当组织从业人员网络安全教育培训，每人每年教育培训时长不得少于（ ）工作日，关键岗位专业技术人员每人每年教育培训时长不得少于 3 个工作日。

A. 1 个　　　　　　　　　　　B. 2 个

C. 3 个　　　　　　　　　　　D. 4 个

答案：A

509. 面向关键信息基础设施开展安全检测评估，发布系统漏洞、计算机病毒、网络攻击等安全威胁信息，提供（ ）、信息技术外包等服务的机构，应当符合有关要求。

A. 大数据　　　　　　　　　　B. 云计算

C. 物联网　　　　　　　　　　D. 人工智能

答案：B

510. HTTP、FTP、SMTP 建立在 OSI 模型的（ ）。

A. 数据链路层　　　　　　　　B. 网络层

C. 传输层　　　　　　　　　　D. 应用层

一、单项选择题

答案：D

511. 防火墙的核心是（　　）。

A. 访问控制　　　　　　　　B. 规则策略

C. 网络协议　　　　　　　　D. 网关控制

答案：A

512. 防火墙技术是一种（　　）安全模型。

A. 被动式　　　　　　　　　B. 主动式

C. 混合式　　　　　　　　　D. 以上都不是

答案：A

513. 防火墙截断内网主机与外网通信，由防火墙本身完成与外网主机通信，然后把结果传回给内网主机，这种技术称为（　　）。

A. 内容过滤　　　　　　　　B. 地址转换

C. 透明代理　　　　　　　　D. 内容中转

答案：C

514. 防火墙默认有 4 个安全区域，安全域优先级从高到低的排序是（　　）。

A. Trust、Untrust、DMZ、Local　　　B. Local、DMZ、Trust、Untrust

C. Local、Trust、DMZ、Untrust　　　D. Trust、Local、DMZ、Untrust

答案：C

515. 防火墙能防止以下哪些攻击行为？（　　）

A. 内部网络用户的攻击　　　　　　　B. 外部网络用户的 IP 地址欺骗

C. 传送已感染病毒的软件和文件　　　D. 数据驱动型的攻击

答案：B

516. 防火墙是网络信息系统建设中常常采用的一类产品，它在内外网隔离方面的作用是（　　）。

A. 既能物理隔离，又能逻辑隔离　　　B. 能物理隔离，但不能逻辑隔离

C. 不能物理隔离，但是能逻辑隔离　　D. 不能物理隔离，也不能逻辑隔离

答案：C

517. 防火墙只能提供网络的安全性，不能保证网络的绝对安全，它也难以防范网络（　　）的攻击和（　　）的侵犯。

A. 内部、病毒　　　　　　　B. 外部、病毒

C. 内部、黑客　　　　　　　D. 外部、黑客

答案：A

518. 防火墙中地址翻译的主要作用是（　　）。

A. 提供代理服务 B. 隐藏内部网络地址

C. 进行入侵检测 D. 防止病毒入侵

答案：B

519. 仅设立防火墙系统，而没有（ ），防火墙就形同虚设。

A. 管理员 B. 安全操作系统

C. 安全策略 D. 防毒系统

答案：C

520. 默认情况下，防火墙对抵达防火墙接口的流量如何控制？（ ）

A. deny 抵达的流量 B. 对抵达流量不做控制

C. 监控抵达流量 D. 交由 Admin 墙处理

答案：B

521. 某公司已有漏洞扫描和入侵检测系统（Intrusien Detection System，IDS）产品，需要购买防火墙，以下做法应当优先考虑的是（ ）。

A. 选购当前技术最先进的防火墙即可 B. 选购任意一款品牌防火墙

C. 任意选购一款价格合适的防火墙产品 D. 选购一款同已有安全产品联动的防火墙

答案：D

522. 目前在防火墙上提供了几种认证方法，其中防火墙设定可以访问内部网络资源的用户访问权限是（ ）。

A. 客户认证 B. 会话认证

C. 用户认证 D. 都不是

答案：C

523. 内网用户通过防火墙访问公众网中的地址需要对源地址进行转换，可以使用下面的哪个技术来实现？（ ）

A. Allow B. DNAT

C. SAT D. NAT

答案：D

524. 如果企业内部开放 HTTP 服务，允许外部主动访问，那么防火墙如何允许外部主动发起的访问流量？（ ）

A. 使用状态监控放行 B. 使用 sysopt 放行

C. 使用 HTTP 命令放行 D. 使用 ACL 明确放行

答案：D

525. 若需要配置 IPtables 防火墙使内网用户通过 NAT 方式共享上网，可以在（ ）中添加 MASQUERADE 规则。

A. filter 表内的 OUTPUT 链 B. filter 表内的 FORWARD 链

C. nat 表中的 PREROUTING 链 D. nat 表中的 POSTOUTING 链

答案：D

526. 通过防火墙或交换机防止病毒攻击端口，下面不应该关闭的端口是（ ）。

A. 22 B. 445

C. 1434 D. 135

答案：A

527. 网络防火墙的主要功能是（ ）。

A. VPN 功能 B. 网络区域间的访问控制

C. 应用程序监控 D. 应用层代理

答案：B

528. 网络入侵者使用 Sniffer 对网络进行侦听，在防火墙实现认证的方法中，下列身份认证可能会造成不安全后果的是（ ）。

A. 基于口令的身份认证 B. 基于地址的身份认证

C. 密码认证 D. 都不是

答案：A

529. 为了保护 DNS 的区域传送（Zone Transfer），你应该配置防火墙以阻止：① UDP；② TCP；③ 53 端口；④ 52 端口。以上 4 个防火墙中应选（ ）。

A. ①和③ B. ②和③

C. ①和④ D. ②和④

答案：B

530. 下列说法中，属于防火墙代理技术缺点的是（ ）。

A. 代理不易于配置 B. 处理速度较慢

C. 代理不能生成各项记录 D. 代理不能过滤数据内容

答案：B

531. 下面关于防火墙的说法中，正确的是（ ）。

A. 防火墙可以解决来自内部网络的攻击 B. 防火墙可以防止受病毒感染的文件的传输

C. 防火墙会削弱计算机网络系统的性能 D. 防火墙可以防止错误配置引起的安全威胁

答案：C

532. 要让 WSUS 服务器从 Microsoft Update 获取更新，在防火墙上必须开放如下端口（ ）。

A. 443 B. 80

C. 137 D. 443、80

答案：D

533. 一般而言，Internet 环境中的防火墙建立在一个网络的（ ）。

A. 内部子网之间传送信息的中枢 B. 每个子网的内部

C. 内部网络与外部网络的交叉点 D. 部分内部网络与外部网络的交叉点

答案：C

534. 以下关于防火墙的设计原则说法正确的是（ ）。

A. 保持设计的简单性

B. 不单单要提供防火墙的功能，还要尽量使用较大的组件

C. 保留尽可能多的服务和守护进程，从而能提供更多的网络服务

D. 一套防火墙就可以保护全部的网络

答案：A

535. 以下哪个选项不是传统防火墙提供的安全功能？（ ）

A. IP 地址欺骗防护 B. NAT

C. 访问控制 D. SQL 注入攻击防护

答案：D

536. 以下哪一项不是应用层防火墙的特点？（ ）

A. 更有效地阻止应用层攻击 B. 工作在 OSI 模型的第七层

C. 速度快且对用户透明 D. 比较容易进行审计

答案：C

537. 应用网关防火墙在物理形式上表现是（ ）。

A. 网关 B. 堡垒主机

C. 路由 D. 交换机

答案：B

538. 在防火墙技术中，应用层网关通常由（ ）来实现。

A. Web 服务器 B. 代理服务器

C. FTP 服务器 D. 三层交换机

答案：B

539. 在防火墙上不能截获（ ）密码/口令。

A. html 网页表单 B. ssh

C. telnet D. ftp

答案：B

540. 在什么情况下，企业 Internet 出口防火墙会不起作用？（ ）

A. 内部网用户通过防火墙访问 Internet B. 内部网用户通过 Modem 拨号访问 Internet

C. 外部用户向内部用户发 E-mail D. 外部用户通过防火墙访问 Web 服务器

答案：B

541. 在选购防火墙软件时，不应考虑的是（　）。

A. 一个好的防火墙应该是一个整体网络的保护者
B. 一个好的防火墙应该为使用者提供唯一的平台
C. 一个好的防火墙必须弥补其他操作系统的不足
D. 一个好的防火墙应能向使用者提供完善的售后服务

答案：B

542. 重新配置下列哪种防火墙类型将防止向内的通过文件传输协议（FTP）文件下载？（　）

A. 电路网关　　　　　　　　B. 应用网关
C. 包过滤　　　　　　　　　D. 镜像路由器

答案：B

543. 不属于 VPN 核心技术的是（　）。

A. 隧道技术　　　　　　　　B. 身份认证
C. 日志记录　　　　　　　　D. 访问控制

答案：C

544. IPSec VPN 中当加密点等于通信点时建议使用什么模式？（　）

A. 传输模式　　　　　　　　B. 隧道模式
C. 主模式　　　　　　　　　D. 主动模式

答案：A

545. VPN 系统主要用于（　）。

A. 进行用户身份的鉴别　　　B. 进行用户行为的审计
C. 建立安全的网络通信　　　D. 对网络边界进行访问控制

答案：C

546. 实现 VPN 的关键技术主要有隧道技术、加解密技术、（　）和身份认证技术。

A. 入侵检测技术　　　　　　B. 病毒防治技术
C. 安全审计技术　　　　　　D. 密钥管理技术

答案：D

547. 下列属于第二层的 VPN 隧道协议的是（　）。

A. IPSec　　　　　　　　　　B. PPTP
C. GRE　　　　　　　　　　 D. 以上都不是

答案：B

548. 为了安全，通常把 VPN 放在（　）后面。

A. 交换机　　　　　　　　　B. 路由器

C. 网关　　　　　　　　　　　D. 防火墙

答案：D

549. 虚拟专用网络（VPN）通常是指在公共网络中利用隧道技术，建立一个临时的、安全的网络，这里的字母P的正确解释是（　　）。

A. Special-Purpose，特定、专用用途的　　B. Proprietary，专有的、专卖的

C. Private，私有的、专有的　　　　　　D. Specific，特种的、具体的

答案：C

550. 以下关于VPN的说法中的哪一项是正确的？（　　）

A. VPN是虚拟专用网的简称，它只能由ISP维护和实施

B. VPN是只能在第二层数据链路层上实现加密

C. IPSEC也是VPN的一种

D. VPN使用通道技术加密，但没有身份验证功能

答案：C

551. 用户通过本地的信息提供商（ISP）登录到Internet上，并在现在的办公室和公司内部网之间建立一条加密通道。这种访问方式属于哪一种VPN？（　　）

A. 内部网VPN　　　　　　　　B. 外联网VPN

C. 远程访问VPN　　　　　　　D. 以上都是

答案：C

552. SG-I6000系统中安全备案不包括以下哪类？（　　）

A. 信息部门安全备案　　　　　B. 通信部门安全备案

C. 调度部门安全备案　　　　　D. 运检部门安全备案

答案：B

553. SG-I6000系统中安全管理模块，安全监测的指标不包括（　　）。

A. 保密检测系统安装率　　　　B. 日待办接收总数

C. 敏感信息检查执行率　　　　D. 感染病毒客户端数

答案：B

554. ARP协议是将（　　）地址转换成（　　）地址的协议。

A. IP、端口　　　　　　　　　B. IP、MAC

C. MAC、IP　　　　　　　　　D. MAC、端口

答案：B

555. （　　）协议主要由AH、ESP和IKE协议组成。

A. PPTP　　　　　　　　　　　B. L2TP

C. L2F　　　　　　　　　　　D. IPSec

答案：D

556. （　）属于 Web 中使用的安全协议。

A. PEM、SSL
B. S-HTTP、S/MIME
C. SSL、S-HTTP
D. S/MIME、SSL

答案：C

557. （　）协议兼容了 PPTP 协议和 L2F 协议。

A. PPP 协议
B. L2TP 协议
C. PAP 协议
D. CHAP 协议

答案：B

558. （　）协议主要用于加密机制。

A. SSL
B. FTP
C. TELNET
D. HTTP

答案：A

559. CPU 是计算机的核心部件，一般分为运算器和（　）两个部分。

A. 模拟器
B. 操作器
C. 控制器
D. 指令器

答案：C

560. HTTP 协议中，可用于检测盗链的字段是（　）。

A. HOST
B. COOKIE
C. REFERER
D. ACCPET

答案：C

561. Radius 协议包是采用（　）作为其传输模式的。

A. TCP
B. UDP
C. 以上两者均可
D. 其他

答案：B

562. SSL 是（　）层加密协议。

A. 网络层
B. 通信层
C. 传输层
D. 物理层

答案：C

563. SSL 提供哪些协议上的数据安全？（　）

A. HTTP、FTP 和 TCP/IP
B. SKIP、SNMP 和 IP
C. UDP、VPN 和 SONET
D. PPTP、DMI 和 RC4

答案：A

564. SYNFLOOD 攻击是通过以下哪个协议完成的？（　）

A. TCP　　　　　　　　　　　B. UDP

C. IPX/SPX　　　　　　　　　D. AppleTalk

答案：A

565. Telnet 协议在网络上明文传输用户的口令，这属于哪个阶段的安全问题？（　）

A. 协议的设计阶段　　　　　　B. 软件的实现阶段

C. 用户的使用阶段　　　　　　D. 管理员的维护阶段

答案：A

566. Telnet 协议主要应用于哪一层？（　）。

A. 应用层　　　　　　　　　　B. 传输层

C. Internet 层　　　　　　　　D. 网络层

答案：A

567. UDP 是传输层重要协议之一，哪一个描述是正确的？（　）

A. 基于 UDP 的服务包括 FTP、HTTP、TELNET 等

B. 基于 UDP 的服务包括 NIS、NFS、NTP 及 DNS 等

C. UDP 的服务具有较高的安全性

D. UDP 的服务是面向连接的，保障数据可靠

答案：B

568. WPA2 包含下列哪个协议标准的所有安全特性？（　）

A. IEEE 802.11b　　　　　　　B. IEEE 802.11c

C. IEEE 802.11g　　　　　　　D. IEEE 802.11i

答案：D

569. 安全的 Web 服务器与客户机之间通过（　）协议进行通信。

A. HTTP+SSL　　　　　　　　B. Telnet+SSL

C. Telnet+HTTP　　　　　　　D. HTTP+FTP

答案：A

570. 传输控制协议（TCP）是传输层协议，以下关于 TCP 协议的说法，哪个是正确的？（　）

A. 相比传输层的另外一个协议 UDP，TCP 既提供传输可靠性，还同时具有更高的效率，因此具有广泛的用途

B. TCP 协议包头中包含了源 IP 地址和目的 IP 地址，因此 TCP 协议负责将数据传送到正确的主机

C. TCP 协议具有流量控制、数据校验、超时重发、接收确认等机制，因此 TCP 协议能完全替代 IP 协议

一、单项选择题

D. TCP 协议虽然高可靠，但是相比 UDP 协议，机制过于复杂，传输效率要比 UDP 低

答案：D

571. 电子邮件客户端通常需要使用（　　）协议来发送邮件。

A. 仅 SMTP
B. 仅 POP
C. SMTP 和 POP
D. 以上都不正确

答案：A

572. 关于 HTTP 协议说法错误的是（　　）。

A. HTTP 协议是明文传输的

B. HTTP 协议是可靠的有状态的协议

C. HTTP 协议主要有请求和响应两种类型

D. HTTP 协议，在 Web 应用中，可以有 GET、POST、DELETE 等多种请求方法，但是最常用的是 GET 和 POST

答案：B

573. 关于 SET 协议和 SSL 协议，以下哪种说法是正确的？（　　）

A. SET 和 SSL 都需要 CA 系统的支持
B. SET 需要 CA 系统的支持，但 SSL 不需要
C. SSL 需要 CA 系统的支持，但 SET 不需要
D. SET 和 SSL 都不需要 CA 系统的支持

答案：A

574. 关于 Wi-Fi 联盟提出的安全协议 WPA 和 WPA2 的区别，下面描述正确的是（　　）。

A. WPA 是有线局域安全协议，而 WPA2 是无线局域网协议

B. WPA 是适用于中国的无线局域安全协议，而 WPA2 是适用于全世界的无线局域网协议

C. WPA 没有使用密码算法对接入进行认证，而 WPA2 使用了密码算法对接入进行认证

D. WPA 是依照 802.11i 标准草案制定的，而 WPA2 是依照 802.11i 正式标准制定的

答案：D

575. 某公司的两个分公司处于不同地区，其间要搭建广域网连接。根据规划，广域网采用 PPP 协议，考虑到网络安全，要求密码类的报文信息不允许在网络上明文传送，那么采取如下哪种 PPP 验证协议？（　　）

A. PAP
B. CHAP
C. MD5
D. 3DES

答案：B

576. 配置 SQL Server 网络协议时，一般只启用哪个协议？（　　）

A. TCP/IP
B. IPX/SPX
C. HTTP
D. NetBIOS

答案：A

577. 网站的安全协议是 HTTPS 时，该网站浏览时会进行（ ）处理。

A. 增加访问标记 　　　　　　B. 加密

C. 身份验证 　　　　　　　　D. 口令验证

答案：B

578. 无论是哪一种 Web 服务器，都会受到 HTTP 协议本身安全问题的困扰，这样的信息系统安全漏洞属于（ ）。

A. 设计型漏洞 　　　　　　　B. 开发型漏洞

C. 运行型漏洞 　　　　　　　D. 以上都不是

答案：A

579. 下列网络协议中，通信双方的数据没有加密，明文传输是（ ）。

A. SFTP 　　　　　　　　　　B. SMTP

C. SSH 　　　　　　　　　　D. HTTPS

答案：B

580. 虚拟专用网常用的安全协议为（ ）。

A. X.25 　　　　　　　　　　B. ATM

C. IPSec 　　　　　　　　　 D. NNTP

答案：C

581. 要添加 FTP 传输协议，可以在"控制面板""添加删除程序""添加删除 Windows 组件"里面添加（ ）。

A. IIS 服务器 　　　　　　　 B. Internet 服务

C. FTP 服务器 　　　　　　　D. WINS 服务器

答案：A

582. 以下对 Kerberos 协议过程说法正确的是（ ）。

A. 协议可以分为两个步骤：一是用户身份鉴别，二是获取请求服务

B. 协议可以分为两个步骤：一是获得票据许可票据，二是获取请求服务

C. 协议可以分为三个步骤：一是用户身份鉴别，二是获得票据许可票据，三是获得服务许可票据

D. 协议可以分为三个步骤：一是获得票据许可票据，二是获得服务许可票据，三是获得服务

答案：D

583. 以下关于互联网协议安全（Internet Protocol Security，IPSec），说法错误的是（ ）。

A. 在传送模式中，保护的是 IP 负载

B. 验证头协议（Authentication Head，AH）和 IP 封装安全载荷协议（Encapsulating Security Payload，ESP）都能以传输模式和隧道模式工作

C. 在隧道模式中，保护的是整个互联网协议（Internet Protocol，IP）包，包括 IP 头

D. IPsec 仅能保证传输数据的可认证性和机密性

答案：D

584. 在某信息系统的设计中，用户登录过程如下：(1) 用户通过 HTTP 协议访问信息系统；(2) 用户在登录页面输入用户名和口令；(3) 信息系统在服务器端检查用户名和密码的正确性，如果正确，则鉴别完成。可以看出这个鉴别过程属于（ ）。

A. 单向鉴别 B. 双向鉴别
C. 协议鉴别 D. 第三方鉴别

答案：A

585. 在网络中，若有人非法使用 Sniffer 软件查看分析网络数据，（ ）协议应用的数据不会受到攻击。

A. TELNET B. FTP
C. SSH D. HTTP

答案：C

586. 防火墙的基本构件包过滤路由器工作在 OSI 的（ ）。

A. 物理层 B. 传输层
C. 网络层 D. 应用层

答案：C

587. 防火墙地址翻译的主要作用是（ ）。

A. 提供应用代理服务 B. 隐藏内部网络地址
C. 进行入侵检测 D. 防止病毒入侵

答案：B

588. 仅设立防火墙系统，而没有（ ），防火墙就形同虚设。

A. 管理员 B. 安全操作系统
C. 安全策略 D. 防毒系统

答案：C

589. 网络安全是一个庞大而复杂的体系，防火墙提供了基本的（ ），但是一个不断完善的系统却需要借助审计系统，这样才能找到一种动态的平衡。

A. 安全防护 B. 安全规划
C. 安全保护 D. 安全策略

答案：A

590. 管理信息大区中的内外网间使用的是（ ）隔离装置。

A. 正向隔离装置 B. 反向隔离装置

C. 逻辑强隔离装置　　　　　　D. 防火墙

答案：C

591. POP3 和 SMTP 工作在 OSI 参考模型的（　　）。

A. 会话层　　　　　　　　　　B. 网络层

C. 传输层　　　　　　　　　　D. 应用层

答案：D

592. TCP 属于 OSI 参考模型的（　　）协议。

A. 网络层　　　　　　　　　　B. 传输层

C. 会话层　　　　　　　　　　D. 表示层

答案：B

593. TCP/IP 协议中，基于 TCP 协议的应用程序包括（　　）。

A. ICMP　　　　　　　　　　　B. SMTP

C. RIP　　　　　　　　　　　　D. SNMP

答案：B

594. 当今世界上最流行的 TCP/IP 协议的层次并不是按 OSI 参考模型来划分的，相对应于 OSI 的七层网络模型，它没有定义（　　）。

A. 物理层与链路层　　　　　　B. 链路层与网络层

C. 网络层与传输层　　　　　　D. 会话层与表示层

答案：D

595. 集线器（HUB）工作在 OSI 参考模型的（　　）。

A. 物理层　　　　　　　　　　B. 数据链路层

C. 网络层　　　　　　　　　　D. 传输层

答案：A

596. 在 TCP/IP 网络中，传输层协议将数据传递到网络层后，封装成（　　），然后交给数据链路层处理。

A. MAC 数据帧　　　　　　　　B. 信元（Cell）

C. IP 数据报　　　　　　　　　D. TCP 报文段

答案：C

597. VPN 与专线相比最大的优势是（　　）。

A. 可管理性　　　　　　　　　B. 安全性

C. 经济性　　　　　　　　　　D. 稳定性

答案：C

598. 防火墙采用透明模式，其配置的 IP 主要用于（　　）。

一、单项选择题

A. 保证连通性   B. NAT 转换

C. 管理   D. 双机热备

答案：C

599. 局域网需要 MPLS VPN 的主要原因是（ ）。

A. 为提高交换速度   B. 实现基于网络层的访问控制隔离

C. 实现 VPN 加密   D. 降低网络管理复杂度

答案：B

600. OSI 模型中哪一层最难进行安全防护？（ ）

A. 网络层   B. 传输层

C. 应用层   D. 表示层

答案：C

601. OSI 模型的（ ）功能为建立、维护和管理应用程序之间的会话。

A. 传输层   B. 会话层

C. 表示层   D. 应用层

答案：B

602. OSI 参考模型分为（ ）层。

A. 8   B. 7

C. 6   D. 5

答案：B

603. 在 Windows 基于服务器的网络上，组成基本管理边界的计算机、用户和资源组叫（ ）。

A. 根   B. 树

C. 域   D. 林

答案：C

604. 为了进行进程协调，进程之间应当具有一定的联系，这种联系通常采用进程间交换数据的方式进行，这种方式称为（ ）。

A. 进程互斥   B. 进程同步

C. 进程制约   D. 进程通信

答案：D

605. HTTPS 是一种安全的 HTTP 协议，它使用（ ）来保证信息安全。

A. IPSec   B. SSL

C. SET   D. SSH

答案：B

606. 一下选项哪一个协议用于远程管理设备更安全？（ ）

A. TELNET B. SSH
C. FTP D. HTTP

答案：B

606. （　　）不属于 ifconfig 命令作用范围。

A. 配置本地回环地址 B. 配置网卡的 IP 地址
C. 激活网络适配器 D. 加载网卡到内核中

答案：D

608. ARP 协议的主要功能是（　　）。

A. 将 IP 地址解析为物理地址 B. 将物理地址解析为 IP 地址
C. 将主机域名解析为 IP 地址 D. 将 IP 地址解析为主机域名

答案：A

609. DNS 可以采用的传输层协议是（　　）。

A. TCP B. UDP
C. TCP 或 UDP D. NCP

答案：C

610. HDLC 是一种（　　）协议。

A. 面向比特的同步链路控制 B. 面向字节计数的异步链路控制
C. 面向字符的同步链路控制 D. 面向比特的异步链路控制

答案：A

611. OSPF 协议是基于什么算法的？（　　）

A. DV B. SPF
C. HASH D. 3DES

答案：B

612. OSPF 协议中，一般不作为链路状态度量值（Metric）的是（　　）。

A. 距离 B. 延时
C. 路径 D. 带宽

答案：C

613. OSPF 协议中的一个普通区域通过 ASBR 注入 192.168.0.0/24~192.168.3.0/24 共 4 条路由，在 ABR 中配置聚合为一条聚合路由 192.168.0.0/22，此时 ABR 会向其他区域发布哪几条路由？（　　）

A. 一条聚合路由 B. 四条明细路由
C. 一条聚合路由和四条明细路由 D. 一条都不发布

答案：B

一、单项选择题

614. Ping 实际上是基于（　　）协议开发的应用程序。

A. IP
B. TCP
C. ICMP
D. UDP

答案：C

615. PPP 协议是一种（　　）协议。

A. 应用层
B. 传输层
C. 网络层
D. 数据链路层

答案：D

616. TCP/IP 协议分为四层，分别为应用层、传输层、网际层和网络接口层。不属于应用层协议的是（　　）。

A. SNMP
B. UDP
C. TELNET
D. FTP

答案：B

617. 当主机发送 ARP 请求时，启动了 VRRP 协议的（　　）来进行回应。

A. Master 网关用自己的物理 MAC
B. Master 网关用虚拟 MAC
C. Slave 网关用自己的物理 MAC
D. Slave 网关用虚拟 MAC

答案：B

618. 根据 STP 协议原理，根交换机的所有端口都是（　　）。

A. 根端口
B. 指定端口
C. 备份端口
D. 阻塞端口

答案：B

619. 关于 OSPF 协议中的 DR、BDR 选举原则，以下说法错误的是（　　）。

A. 优先级值最高的路由一定会被选举为 DR
B. 接口 IP 地址最大的路由器一定会被选举为 DR
C. Router ID 最大的路由器一定会被选举为 DR
D. 优先级为 0 的路由器一定不参加选举

答案：D

620. 路由协议存在路由自环问题的为（　　）。

A. RIP
B. BGP
C. OSPF
D. IS-IS

答案：A

621. 下列（　　）协议能提供一个方法在交换机共享 VLAN 配置信息。

A. VTP
B. STP

C. ISL   D. 802.1Q

答案：A

622. 下列不属于以太网交换机生成树协议的是（　　）。

A. STP   B. VTP

C. MSTP   D. RSTP

答案：B

623. 下列是外部网关路由协议的是（　　）。

A. RIP   B. OSPF

C. IGRP   D. BGP

答案：D

624. 下面（　　）是 OSPF 协议的特点。

A. 支持非区域划分   B. 支持身份验证

C. 无路由自环   D. 路由自动聚合

答案：C

625. 下面列出的路由协议中，支持 IPV6 的是（　　）。

A. RIP（v2）   B. RIP

C. OSPF（v2）   D. OSPF（v3）

答案：D

626. 以太网的帧标记技术是基于以下哪种协议？（　　）

A. IEEE 802.1p   B. LAN Emulation

C. IEEE 802.1q   D. SNAP

答案：C

627. 以下不属于动态路由协议的是（　　）。

A. RIP   B. ICMP

C. IGRP   D. OSPF

答案：B

628. 以下不属于内部网关协议的是（　　）。

A. ISIS   B. RIP

C. OSPF   D. BGP

答案：D

629. 远程登录协议 Telnet、电子邮件协议 SMTP、文件传送协议 FTP 依赖（　　）协议。

A. TCP   B. UDP

C. ICMPI   D. GMP

一、单项选择题

答案：A

630. 在 OSPF 协议计算出的路由中，（ ）的优先级最低。

A. 区域内路由　　　　　　　　B. 区域间路由

C. 第一类外部路由　　　　　　D. 第二类外部路由

答案：D

631. （ ）的 FTP 服务器不要求用户在访问它们时提供用户账户和密码。

A. 匿名　　　　　　　　　　　B. 独立

C. 共享　　　　　　　　　　　D. 专用

答案：A

632. （ ）是逻辑上相关的一组 WebLogic Server 资源。

A. 域　　　　　　　　　　　　B. 服务器

C. 集群　　　　　　　　　　　D. 区

答案：A

633. Apache ActiveMQ Fileserver 被爆出存在远程代码执行漏洞（CVE-2016-3088），利用该漏洞可直接上传木马文件，甚至覆盖目标系统 SSH 密钥，获取目标服务器的完全控制权限，判断服务器是否存在此漏洞的第一步为确认是否开启该服务，一般可以利用 Nmap 等工具进行默认端口扫描，Apache ActiveMQ 默认监听端口为（ ）。

A. 8161　　　　　　　　　　　B. 8171

C. 8181　　　　　　　　　　　D. 8191

答案：A

634. Apache HTTP Server（简称 Apache）是一个开放源码的 Web 服务运行平台，在使用过程中，该软件默认会将自己的软件名和版本号发送给客户端。从安全角度出发，为隐藏这些信息，应当采取以下哪种措施？（ ）

A. 不选择 Windows 平台，应选择在 Linux 平台下安装使用

B. 安装后，修改配置文件 http.conf 中的有关参数

C. 安装后，删除 Apache HTTP Server 源码

D. 从正确的官方网站下载 Apache HTTP Server，并安装使用

答案：B

635. Apache Struts 2 被发现存在远程代码执行漏洞（官方编号 S2-045，CVE 编号 CVE-2017-5638），攻击者利用该漏洞可以远程执行操作系统命令，甚至入侵应用系统。目前互联网上已有大量网站受此漏洞影响被黑客入侵。判断该漏洞是否存在的一种方法为检查应用系统是否启用了（ ）插件的文件上传功能。

A. Jenkins　　　　　　　　　　B. Jakarta

C. Jackson   D. JBoss Fuse

答案：B

636. Apache Web 服务器配置文件，位于哪个目录下？（　　）

A. /usr/local/apache/conf   B. /root

C. /opt/apa/   D. /etc/aaa

答案：A

637. Apache 安装配置完成后，有些不用的文件应该及时删除掉。下面不可以采用的做法是（　　）。

A. 将源代码文件转移到其他的机器上，以免被入侵者来重新编译 Apache

B. 删除系统自带的缺省网页，一般在 htdocs 目录下

C. 删除 cgi 例子脚本

D. 删除源代码文件，将使 Apache 不能运行，应禁止一般用户对这些文件的读权限

答案：D

638. Apache 服务器对目录的默认访问控制是（　　）。

A. Deny from All   B. Order Deny，ALL

C. Order Deny，Allow   D. Allow from All

答案：D

639. Apache 默认的监听端口是 80，出于安全原因经常需要更改默认监听端口，若想更改，应该怎么做？（　　）

A. 修改配置项 Listen   B. 修改配置项 Port

C. 修改配置项 ListenPort   D. 修改与置项 ListenAddress

答案：A

640. Apache 目录遍历漏洞防御措施有效的是（　　）。

A. 配置文件   B. 禁止写权限

C. 禁止读权限   D. 禁止执行权限

答案：A

641. FTP 目录列表给出格式为（　　）。

A. Windows NT/2000   B. UNIX

C. MS-DOS   D. Apple

答案：B

642. FTP 服务 Serv-U 默认管理端口是（　　）。

A. 43958   B. 21

C. 2121   D. 22

一、单项选择题

答案：A

643. IIS6.0X 存在解析漏洞，以下被 IIS6.0 解析成 asp 文件的是（ ）。

A. 1.asp；jpg B. 1.asp；2.jpg

C. 1.jpg；2.asp D. 1.jpg；asp

答案：B

644. 如果我们说"线性回归"模型完美地拟合了训练样本（训练样本误差为零），则下面哪个说法是正确的？（ ）

A. 测试样本误差始终为零 B. 测试样本误差不可能为零

C. 以上答案都不对 D. A 与 B 都对

答案：C

645. Tomcat（ ）参数是最大线程数。

A. maxProcessors B. maxSpareThreads

C. maxThreads D. acceptCount

答案：C

646. WebLogic 根据（ ）分组的域，可以实现一个程序提供用户功能，另一个提供后台数据库功能。

A. 大小分组 B. 应用程序逻辑分组

C. 功能分组 D. 策略分组

答案：B

647. WebLogic 限制的服务器 Socket 数量一般是（ ）。

A. 不大于 128 B. 不大于 254

C. 不大于 512 D. 不大于 1024

答案：B

648. Web Service 中，修改默认监听端口应修改哪个参数？（ ）

A. security.xml B. wehtml

C. secrurity.html D. wexml

答案：D

649. 不属于 Apache 解析漏洞的是（ ）。

A. 从右向左解析漏洞 B. Mime 类型解析漏洞

C. %00 截断 URL16 进制编码绕过 D. cer 尾缀绕过

答案：D

650. 搭建邮件服务器的方法有（ ）、Exchange Server、Winmail 等。

A. IIS B. URL

C. SMTP   D. DNS

答案：C

651. 抵御电子邮箱入侵措施中，不正确的是（ ）。

A. 不用生日做密码   B. 不要使用少于 8 位的密码

C. 不要使用纯数字   D. 自己做服务器

答案：D

652. 电子邮件的发件人利用某些特殊的电子邮件软件，在短时间内不断重复地将电子邮件寄给同一个收件人，这种破坏方式叫作（ ）。

A. 邮件病毒   B. 邮件炸弹

C. 特洛伊木马   D. 逻辑炸弹

答案：B

653. 如果一个 WebLogic Server 运行在公网并且服务端口是 80 端口，请问如何才能使得外界不能访问 Console？（ ）

A. disable console   B. 用 SSL

C. 用 SSH   D. 用 Admin Port

答案：A

654. 通过"Internet 信息服务（IIS）管理器"管理单元可以配置 FTP 服务器，若将控制端口设置为 2222，则数据端口自动设置为（ ）。

A. 20   B. 80

C. 543   D. 2221

答案：D

655. 为防止 IIS Banner 信息泄露，应修改哪个文件？（ ）

A. inetsrv.dll   B. Metabase.bin

C. w3svc.dll   D. d3per.bin

答案：C

656. 下列关于 IIS 的安全配置，哪一项是不正确的？（ ）

A. 禁用所有 Web 服务扩展   B. 重命名 IUSR 账户

C. 将网站内容移动到非系统驱动器   D. 创建应用程序池

答案：A

657. 下面关于 IIS 报错信息含义的描述正确的是（ ）。

A. 401- 找不到文件   B. 403- 禁止访问

C. 404- 权限问题   D. 500- 系统错误

答案：B

一、单项选择题

658. 一般情况下，默认安装的 Apache Tomcat 会报出详细的 banner 信息，修改 Apache Tomcat 哪一个配置文件可以隐藏 banner 信息？（　　）

A. context.xml
B. server.xml
C. tomcat-users.xml
D. web.xml

答案：D

659. 以下关于 IIS 写权限叙述错误的是（　　）。

A. 利用 IIS 写权限可以删除网站目录下某个文件
B. 利用 IIS 写权限可以直接写入脚本文件到网站目录下
C. 利用 IIS 写权限可以获取 WEBSHELL，从而控制网站
D. 利用 IIS 写权限可以把一个 TXT 文件变成脚本文件

答案：B

660. 以下哪一项是 IIS 服务器支持的访问控制过渡类型？（　　）

A. 网络地址访问控制
B. Web 服务器许可
C. 异常行为过滤
D. NTFS 许可

答案：C

661. 在 Apache 的配置文件 httpd.conf 有如下的配置，说明（　　）。<Directory"/home/aaa"> order allow,deny allow from all deny aaa.com </Directory>。

A. 所有主机都将被允许
B. 所有主机都将被禁止
C. 所有主机都将被允许，除了那些来自 aaa.com 域的主机
D. 所有主机都将被禁止，除了那些来自 aaa.com 域的主机

答案：C

662. 在 Windows 平台下的 WebLogic 9.X 服务器中，WebLogic 的日志缺省存放在（　　）。

A. < 域目录 >/LOGS
B. < 域目录 >/< 节点服务器名 >/SERVERS/LOGS
C. < 域目录 >/SERVERS/< 节点服务器名 >/LOGS
D. < 域目录 >/SERVERS/LOGS

答案：C

663. 中间件 WebLogic 和 Apache Tomcat 默认端口是（　　）。

A. 7001.80
B. 7001.8080
C. 7002.80
D. 7002.8080

答案：B

664. 重启 Nginx 的命令为（　　）。

A. kill −9 nginx B. nginx −s reload

C. nginx −s stop D. kill −hup

答案：B

665. 以下可以被 Apache 解析成 PHP 文件的是（　　）。

A. 1.php.333 B. 1.php.html

C. 1.jpg%00.php D. 1.php；2.html

答案：A

666. Apache 服务器中的访问日志文件的文件名称是（　　）。

A. error_log B. access_log

C. error.log D. access.log

答案：B

667. 下面哪种上传文件的格式是利用 Nginx 解析漏洞？（　　）

A. /test.asp；1.jpg B. /test.jpg/1.php

C. /test.asp/test.jpg D. /test.php.xxx

答案：B

668. 对于 IIS 日志记录，推荐采用什么格式？（　　）

A. Microsoft IIS 日志文件格式 B. NCSA 公用日志文件格式

C. ODBC 日志记录格式 D. W3C 扩展日志文件格式

答案：D

669. 如果以 Apache 为 WWW 服务器，（　　）是重要的配置文件。

A. access.conf B. srm.cong

C. httpd.conf D. mime.types

答案：C

670. 下列哪一项不是广泛使用 HTTP 服务器？（　　）

A. W3C B. Apache

C. IIS D. IE

答案：D

671. 对于采用静态口令认证技术的 Tomcat，应支持按天配置口令生存周期的功能，账号口令的生存期不长于（　　）。

A. 60 B. 90

C. 30 D. 120

答案：B

672. 中间件可以分为数据库访问中间件、远程过程调用中间件、面向消息中间件、实务中

一、单项选择题

间件、分布式对象中间件等多种类型,Windows 平台的 ODBC 和 Java 平台的 JDBC 属于（ ）。

A. 数据库访问中间件 B. 远程过程调用中间件

C. 面向消息中间件 D. 实务中间件

答案：A

673. 访问 WebLogic 的控制台,一般要在 IP 和端口后边加上（ ）目录。

A. manager B. admin

C. console D. jmx-console

答案：C

674. 访问 JBoss 的控制台,一般要在 IP 和端口后边加上（ ）目录。

A. manager B. admin

C. console D. jmx-console

答案：D

675. ActiveMQ 消息队列端口默认为（ ）。

A. 8161 B. 8080

C. 7001 D. 61616

答案：D

676. WebLogic 可以浏览、配置、修改服务器配置及停止、启动服务器,部署和取消应用程序的用户组为（ ）。

A. Administrators B. Deployers

C. Monitors D. Operators

答案：A

677. JBoss 中 JMX-Console 的密码配置文件为（ ）。

A. jmx-console-users.properties B. jmx-console-users.xml

C. jmx-console-users.conf D. jmx-console-users.dat

答案：A

678. WebLogic 中可以对用 HTTP,HTTPS 协议访问的服务器上的文件都做记录,该 Log 文件默认的名字为（ ）。

A. http.log B. access.log

C. info.log D. server.log

答案：B

679. 在一个线性回归问题中,我们使用 R 平方（R-Squared）来判断拟合度。此时,如果增加一个特征,模型不变,则下面说法正确的是（ ）。

A. 如果 R-Squared 增加,则这个特征有意义

B. 如果 R-Squared 减小，则这个特征没有意义

C. 仅看 R-Squared 单一变量，无法确定这个特征是否有意义

D. 以上说法都不对

答案：C

680. Tomcat 后台数据包中认证的字段是（　　）。

A. Authorization：Basic XXX　　　　B. auth-oa

C. author：Basic XXX　　　　　　　D. user-Agent

答案：A

681. Tomcat 后台认证 Authorization：Basic MTExMTE6MjIyMjI=，这是什么加密？（　　）

A. Base64　　　　　　　　　　　　B. Base32

C. MD5　　　　　　　　　　　　　D. Base16

答案：A

682. 在典型的 Web 应用站点的层次结构中，"中间件"是在哪里运行的？（　　）

A. 应用服务器　　　　　　　　　　B. Web 服务器

C. 浏览器客户端　　　　　　　　　D. 数据库服务器

答案：A

683. 下面哪个 HTTP 服务器无文件解析漏洞？（　　）

A. IIS　　　　　　　　　　　　　　B. Apache

C. Tomcat　　　　　　　　　　　　D. Nginx

答案：C

684. Nginx 中限制 HTTP 请求方法需要修改哪个配置文件？（　　）

A. nginx.conf　　　　　　　　　　B. nginx.xml

C. web.xml　　　　　　　　　　　D. http.conf

答案：A

685. 文件名为 webshell.php.phpp1.php02 的文件可能会被哪个服务器当作 PHP 文件进行解析？（　　）

A. Apache　　　　　　　　　　　　B. IIS

C. Nginx　　　　　　　　　　　　D. SUID

答案：A

686. Apache 默认在哪个端口监听 HTTPS？（　　）

A. 80　　　　　　　　　　　　　　B. 443

C. 8080　　　　　　　　　　　　　D. 8161

答案：B

一、单项选择题

687. 请求片段：MOVE /fileserver/shell.jsp，是以下哪个服务漏洞的典型利用特征？（　　）

A. Apache B. IIS

C. Nginx D. ActiveMQ

答案：D

688. WebLogic SSRF 漏洞与它的哪个功能有关系？（　　）

A. UDDI B. Async

C. wls-wsat D. Console

答案：A

689. WebSphere 的反序列化漏洞编号为 CVE-2015-7450，漏洞文件为（　　）。

A. commons-system.jar B. commons-collections.jar

C. commons-remark.jar D. commons-admin.jar

答案：B

690. ActiveMQ 的默认密码是（　　）。

A. admin：admin B. tomcat：tomcat

C. system：system D. weblogic：weblogic

答案：A

691. 通过修改 Apache 配置文件（　　）可以修复 Apache 目录遍历漏洞。

A. httpd.xml B. httpd.conf

C. httpd.properties D. httpd.dat

答案：B

692. 汇编程序的循环控制指令中，隐含使用（　　）寄存器作为循环次数计数器。

A. AX B. BX

C. CX D. DX

答案：C

693. （　　）是常用的逆向分析软件。

A. AppScan B. IDA

C. Weka D. Burp Suite

答案：B

694. （　　）是逆向分析的首要工作。

A. 破解程序 B. 定位关键逻辑代码

C. 寻找注入点 D. 定位漏洞位置

答案：B

695. Apk 文件可以使用什么工具进行逆向分析？（　　）

A. AndroidKiller B. Burpsuite
C. AppScan D. Nmap

答案：A

696. "nmap –sV 192.168.0.110" 这条命令的作用是（ ）。

A. 识别操作系统 B. 识别目标系统开放服务 banner
C. 更友好地输出格式 D. 登录主机

答案：B

697. "TCPSYNFlooding" 建立大量处于半连接状态的 TCP 连接,其攻击目标是网络的（ ）。

A. 机密性 B. 完整性
C. 真实性 D. 可用性

答案：D

698. "熊猫烧香"是一种（ ）病毒。

A. 文件型（Win32）病毒 B. 蠕虫（Worm）
C. 后门（Backdoor） D. 木马（Trojan）

答案：B

699. INT3 指令的机器码为（ ）。

A. CA B. CB
C. CC D. CD

答案：C

700. IsDebugger 函数是用来检测（ ）。

A. 程序是否正在被调试 B. 程序是否运行
C. 程序是否损坏 D. 程序是否有 Bug

答案：A

701. MemCache 是一个高性能的分布式的内存对象缓存系统，MemCache 服务器端都是直接通过客户端连接后直接操作，没有任何的验证过程，这样如果服务器是直接暴露在互联网上的话是比较危险的，轻则数据泄露被其他无关人员查看，重则服务器被入侵，因为 MemCache 是以管理员权限运行的，况且里面可能存在一些未知的 Bug 或者是缓冲区溢出的情况。测试 MemCache 漏洞一般可以利用 Nmap 等工具进行默认端口扫描，MemCache 默认监听端口为（ ）。

A. 11521 B. 11711
C. 11211 D. 17001

答案：C

702. MOV SP, 3210HPUSH AX 执行上述指令序列后，SP 寄存器的值是（ ）。

一、单项选择题

A. 3211H B. 320EH
C. 320FH D. 3212H

答案：B

703. OD 动态分析调试中常用的快捷键有 F2、F4、F7、F8 和 F9，其中（ ）代表设置断点，（ ）代表单步步入。

A. F4 和 F8 B. F2 和 F7
C. F7 和 F2 D. F2 和 F8

答案：B

704. OD 中"Ctrl+F9"快捷键的作用是（ ）。

A. 执行到用户代码 B. 执行到返回
C. 运行到选定位置 D. 单步步入

答案：A

705. OllyDbg 的 F2 快捷键用于（ ）。

A. 设置断点 B. 执行当前光标所在指令
C. 继续执行 D. 单步步入

答案：A

706. OllyDbg 的 F8 快捷键用于（ ）。

A. 设置断点 B. 执行当前光标所在指令
C. 继续执行 D. 单步步过

答案：D

707. OllyDbg 用户模式调试器是指用来调试用户模式的应用程序，它们工作在（ ）。

A. Ring 0 级 B. Ring 1 级
C. Ring 2 级 D. Ring 3 级

答案：D

708. PEID 扫描模式不包括（ ）。

A. 正常扫描模式 B. 深度扫描模式
C. 广度扫描模式 D. 核心扫描模式

答案：C

709. Process Explorer 的最大特点是（ ）。

A. 不需要安装的免费软件 B. 查看进程
C. 中止任何的进程 D. 界面美观

答案：C

710. PSW 寄存器中共有（ ）位条件状态位，有（ ）位控制状态位。

A. 6、3 B. 3、6
C. 8、4 D. 4、8

答案：A

711. RELRO 的保护机制为（　）。

A. 数据执行保护 B. 栈保护
C. 内存地址随机化 D. 启动时绑定所有动态符号

答案：D

712. Request.Form 读取的数据是（　）。

A. 以 POST 方式发送的数据 B. 以 GET 方式发送的数据
C. 超级链接后面的数据 D. 以上都不对

答案：B

713. Rootkit 常常使用 Hook 技术来达到隐藏的目的，其中有一种 Hook 技术的原理是采用一种 jmp 的跳转来实现的，下面哪个是采用的该技术？（　）

A. IAT Hook B. SSDT Hook
C. Inline Hook D. SSDT Shadow Hook

答案：C

714. Shellcode 是什么？（　）

A. 是用 C 语言编写的一段完成特殊功能代码
B. 是用汇编语言编写的一段完成特殊功能代码
C. 是用机器码组成的一段完成特殊功能代码
D. 命令行下的代码编写

答案：A

715. SoftICE 中的 P 命令对应的快捷键是什么？（　）

A. F8 B. F9
C. F10 D. F11

答案：C

716. 把汇编语言源程序翻译成目标代码的程序是（　）。

A. 编译程序 B. 解释程序
C. 汇编程序 D. 连接程序

答案：C

717. 被调试时，进程的运行速度（　）。

A. 不变 B. 大大提高
C. 大大降低 D. 没明显变化

一、单项选择题

答案：C

718. 比较有符号数 3260H 与 0B425H 的大小关系为（　）。

A. 相等 B. 小于
C. 大于 D. 不能比较

答案：C

719. 比较指令 CMP（　）。

A. 专用于有符号数比较 B. 专用于无符号数比较
C. 专用于串比较 D. 不区分比较的对象是有符号数还是无符号数

答案：B

720. 编写分支程序，在进行条件判断前，可用指令构成条件，其中不能形成条件的指令有（　）。

A. CMP B. SUB
C. AND D. MOV

答案：D

721. 不会在堆栈中保存的数据是（　）。

A. 字符串常量 B. 函数的参数
C. 函数的返回地址 D. 函数的局部变量

答案：B

722. 不属于病毒的反静态反汇编技术有（　）。

A. 数据压缩 B. 数据加密
C. 感染代码 D. 进程注入

答案：D

723. 不属于逆向常用的软件工具的是（　）。

A. OllyDbg B. PEID
C. IDA D. WinHex

答案：D

724. 串操作指令中，源串操作数的段地址一定在（　）寄存器中。

A. CS B. SS
C. DS D. ES

答案：C

725. 串指令中的目的操作数地址是由（　）提供。

A. SS:[BP] B. DS:[SI]
C. ES:[DI] D. CS:[IP]

答案：C

726. 当程序顺序执行时，每取一条指令语句，IP 指针增加的值是（ ）。

A. 1　　　　　　　　　　　　B. 2

C. 4　　　　　　　　　　　　D. 由指令长度决定的

答案：D

727. 当前流行的 Windows 系统在什么模式下运行？（ ）

A. 实模式　　　　　　　　　　B. 保护模式

C. 虚拟 86 模式　　　　　　　D. 其他模式

答案：B

728. 对于有符号的数来说，下列哪个值最大？（ ）

A. 0F8H　　　　　　　　　　B. 11010011B

C. 82　　　　　　　　　　　D. 123Q

答案：D

729. 恶意代码采取反跟踪技术可以提高自身的伪装能力和防破译能力，增减检测与清除恶意代码的难度，常用反动态跟踪的方式不包括（ ）。

A. 禁止跟踪中断　　　　　　　B. 伪指令法

C. 封锁键盘输入　　　　　　　D. 屏幕保护

答案：B

730. 恶意代码采用加密技术的目的是（ ）。

A. 加密技术是恶意代码自身保护的重要机制　　B. 加密技术可以保证恶意代码不被发现

C. 加密技术可以保证恶意代码不被破坏　　　　D. 以上都不正确

答案：A

731. 恶意代码反跟踪技术描述正确的是（ ）。

A. 反跟踪技术可以减少被发现的可能性　　B. 反跟踪技术可以避免所有杀毒软件的查杀

C. 反跟踪技术可以避免恶意代码被清除　　D. 以上都不正确

答案：A

732. 反向连接后门和普通后门的区别是（ ）。

A. 主动连接控制端、防火墙配置不严格时可以穿透防火墙

B. 只能由控制端主动连接，所以防止外部连入即可

C. 这种后门无法清除

D. 没有区别

答案：A

733. 汇编语言中，循环指令 LOOP 产生循环的条件是（ ）。

A. CX-1=1　　　　　　　　　B. CX-1=0

C. CF=1　　　　　　　　　　D. ZF=1

答案：B

734. 汇编语言中代码段寄存器是（　　）。

A. IP　　　　　　　　　　　B. BP

C. CS　　　　　　　　　　　D. DS

答案：C

735. 计算机病毒防治产品根据（　　）标准进行检验。

A. 计算机病毒防治产品评级准则　　B. 计算机病毒防治管理办法

C. 基于DOS系统的安全评级准则　　D. 计算机病毒防治产品检验标准

答案：A

736. 将DX的内容除以2，正确的指令是（　　）。

A. DIV 2　　　　　　　　　　B. DIV DX，2

C. SAR DX，1　　　　　　　　D. SHL DX，1

答案：C

737. 将高级语言的程序翻译成机器码程序的实用程序是（　　）。

A. 编译程序　　　　　　　　　B. 汇编程序

C. 解释程序　　　　　　　　　D. 目标程序

答案：A

738. 结合实际工作，目前可能使用最多的逆向分析技术为（　　）。

A. 反汇编　　　　　　　　　　B. 反编译

C. 静态分析　　　　　　　　　D. 动态分析

答案：A

739. 壳的加载过程不包括以下哪项？（　　）

A. 获取壳所需要使用的API地址　　B. 重定位

C. Hook-API　　　　　　　　　D. 加密数据

答案：D

740. 壳的加载过程有以下几个步骤组成：①获取壳所需要使用的API地址；②解密原程序的各个区块（Section）的数据；③重定位；④Hook-API；⑤跳转到程序原入口点（OEP），正确的加载步骤应该是（　　）。

A. ①②③④⑤　　　　　　　　B. ②③⑤①④

C. ⑤④①③②　　　　　　　　D. ④①②③⑤

答案：A

741. 逆向分析 Android 程序时首先检查的类是（　　）。

A. Application 类　　　　　　　　B. 主 Activity

C. 主 Service　　　　　　　　　　D. 主 Receiver 类

答案：A

742. 逆向分析时常用的动态调试工具有（　　）。

A. OllyDbg　　　　　　　　　　　B. ImmunityDbg

C. WinDbg　　　　　　　　　　　D. 以上全是

答案：D

743. 逆向分析是指通过（　　）和调试等技术手段，分析计算机程序的二进制可执行代码，从而获得程序的算法细节和实现原理的技术。

A. 反汇编　　　　　　　　　　　　B. 编译

C. 数据分析　　　　　　　　　　　D. 执行

答案：A

744. 逆向工程起源于（　　）。

A. 精密测量的质量检验　　　　　　B. 精密测量的化学检验

C. 精密测量的软件检验　　　　　　D. 精密测量的药物检验

答案：A

745. 逆向工程也称（　　）。

A. 反向工程　　　　　　　　　　　B. 生物工程

C. 软件工程　　　　　　　　　　　D. 化学工程

答案：A

746. 逆向通过工具软件对程序进行反编译，将二进制程序反编译成（　　）。

A. Java 代码　　　　　　　　　　　B. C 代码

C. 汇编代码　　　　　　　　　　　D. Python 代码

答案：C

747. 嵌入式系统的逆向工程底层调试器最受欢迎的是（　　）。

A. SoftICE　　　　　　　　　　　　B. JTAG

C. SSS　　　　　　　　　　　　　　D. PAG

答案：A

748. 软断点是指（　　）。

A. 内存断点　　　　　　　　　　　B. 消息断点

C. INT3 断点　　　　　　　　　　　D. 条件断点

答案：C

一、单项选择题

749. 软件工程逆向分析解决了（　　）问题。

A. 设计 B. 研究方向

C. 功能 D. 理解

答案：D

750. 软件将菜单变灰或变为不可用，一般采用（　　）。

A. EnableWindow B. KillMenu56

C. EnableMenuItem D. GetTickCount

答案：A

751. 软件逆向分析不包括（　　）。

A. 常数判别分析法 B. 数据结构特征分析法

C. 软件网络行为特征分析法 D. 黑白盒测试

答案：D

752. 若 AX=3500H，CX=56B8H，当 AND AX, CX 指令执行后，AX=（　　）。

A. 1400H B. 77F8H

C. 0000H D. 0FFFFH

答案：A

753. 设 SP 初值为 2000H，执行指令"PUSH AX"后，SP 的值是（　　）。

A. 1FFFH B. 1998H

C. 2002H D. 1FFEH

答案：D

754. 设备驱动程序的逆向工程的调试工具有（　　）。

A. JTAG B. STEAM

C. SSS D. PAG

答案：A

755. 设字长 N=16，有符号数 7AE9H 的补码表示为（　　）。

A. 9EA7H B. 76C4H

C. 8417H D. 7AE9H

答案：D

756. 实现单入口单出口程序的三种基本控制结构是（　　）。

A. 顺序、选择、循环 B. 过程、子程序、分程序

C. 调用、返回、转移 D. 递归、堆栈、队列

答案：A

757. （　　）使当某个特定窗口函数接收到某个特定消息时程序中断。

A. 消息断点 B. 代码断点
C. 条件断点 D. 数据断点

答案：A

758. 使计算机执行某种操作的命令是（　　）。

A. 伪指令 B. 指令
C. 标号 D. 助记符

答案：B

759. 手动脱壳一般是（　　）方法。

A. 使用 UPX 脱壳 B. 使用 FI 扫描后，用 UnAsPack 脱壳
C. 使用 WinHex 工具脱壳 D. 确定加壳类型后，OllyDbg 调试

答案：D

760. 数据传送指令对标志位的影响为（　　）。

A. 都不影响 B. 都影响
C. 除了 SAHF，POPF，其他均不影响 D. 除了控制标志位，其他均不影响

答案：D

761. 俗称为万能断点的函数指的是以下哪个？（　　）

A. Hmemcpy B. GetWindowText
C. GetDlgItemText D. MessageBox

答案：A

762. 条件转移指令 JB 产生程序转移的条件是（　　）。

A. CF=1 B. CF=0
C. CF=1 和 ZF=1 D. CF=1 和 ZF=0

答案：D

763. 条件转移指令 JNE 的测试条件为（　　）。

A. ZF=0 B. CF = 0
C. ZF=1 D. CF=1

答案：A

764. 未开启内存地址随机化的程序运行时，以下哪个地址是随机的？（　　）

A. Text B. Bss
C. stack D. Data

答案：C

765. 下列关于加壳与脱壳说法正确的是（　　）。

A. 对于执行加了壳的应用程序，首先运行的实际上是壳程序，然后才是用户所执行的应

一、单项选择题

用程序本身

B. 由于加壳的原因，加壳后程序运行时所占的存储空间将会比原程序大上好几倍

C. 加过壳的程序无法直接运行，必须要先进行脱壳才能运行

D. 对于加过壳的程序，可以对其进行反编译，得到其源代码进行分析，并进行脱壳

答案：B

766. 下列命令中不能用于 Android 应用程序反调试的是（　　）。

A. ps　　　　　　　　　　　B. cat/proc/self/status

C. cat/proc/self/cmdline　　　D. cat/proc/self/stat

答案：C

767. 下列哪个不是文件分析工具？（　　）

A. TYP　　　　　　　　　　B. Process Explorer

C. Gtw　　　　　　　　　　D. FileInfo

答案：B

768. 下列哪种技术不是恶意代码的生存技术？（　　）

A. 反跟踪技术　　　　　　　B. 加密技术

C. 模糊变换技术　　　　　　D. 自动解压缩技术

答案：D

769. 下列说法有误的是（　　）。

A. WinDbg 调试器用到的符号文件为"*.pdb"

B. OllyDbg 调试器可以导入"*.map"符号文件

C. 手动脱壳时，使用"ImportREC"工具的目的是为了去找 OEP

D. PEID 检测到的关于壳的信息有些是不可信的

答案：C

770. 下列叙述正确的是（　　）。

A. 对两个无符号数进行比较采用 CMP 指令，对两个有符号数比较用 CMPS 指令

B. 对两个无符号数进行比较采用 CMPS 指令，对两个有符号数比较用 CMP 指令

C. 对无符号数条件转移采用 JAE/JNB 指令，对有符号数条件转移用 JGE/JNL 指令

D. 对无符号数条件转移采用 JGE/JNL 指令，对有符号数条件转移用 JAE/JNB 指令

答案：C

771. 下列指令中，不影响 PSW 的指令是（　　）。

A. MOV　　　　　　　　　　B. TEST

C. SAL　　　　　　　　　　 D. CLD

答案：A

772. 下面关于汇编语言源程序的说法中正确的是（　　）。

A. 必须要有堆栈段　　　　　　　　B. 一个程序可以有多个代码段

C. 必须要有数据段　　　　　　　　D. 只能有一个数据段

答案：B

773. 下面哪个是加壳程序？（　　）

A. Resfixer　　　　　　　　　　　B. ASPack

C. eXeScope　　　　　　　　　　 D. 7z

答案：B

774. 下面哪类设备常用于识别系统中存在的脆弱性？（　　）

A. 防火墙　　　　　　　　　　　　B. IDS

C. 漏洞扫描器　　　　　　　　　　D. UTM

答案：C

775. 下面哪一种关于安全的说法是不对的？（　　）

A. 加密技术的安全性不应大于使用该技术的人的安全性

B. 任何电子邮件程序的安全性不应大于实施加密的计算机的安全性

C. 加密算法的安全性与密钥的安全性一致

D. 每个电子邮件消息的安全性是通过用标准的非随机的密钥加密来实现

答案：D

776. 下面哪种不是壳对程序代码的保护方法？（　　）

A. 加密　　　　　　　　　　　　　B. 指令加花

C. 反跟踪代码　　　　　　　　　　D. 限制启动次数

答案：B

777. 下面哪一种方法不属于对恶意程序的动态分析？（　　）

A. 文件校验，杀软查杀　　　　　　B. 网络监听和捕获

C. 基于注册表，进程线程，替罪羊文件的监控　　D. 代码仿真和调试

答案：A

778. 下面有语法错误的指令是（　　）。

A. ADD AL, AH　　　　　　　　　B. ADD [BX+3], AL

C. ADD AH, [DI]　　　　　　　　　D. ADD [BP+2], DA1；(DA1 是变量名)

答案：D

779. 下面指令序列执行后完成的运算，正确的算术表达式应是 MOV AL, BYTE PTR X SHL AL, 1 DEC AL MOV BYTE PTR Y, AL （　　）。

A. $y=x^2+1$　　　　　　　　　　B. $x=y^2+1$

C. $x=y^2-1$ D. $y=x^2-1$

答案：D

780. 向有限的空间输入超长的字符串是（ ）攻击手段。

A. 缓冲区溢出   B. 网络监听

C. 端口扫描   D. IP 欺骗

答案：A

781. 一个程序运行后反复弹出一个消息对话框，应从（ ）处下断点对其进行逆向分析。

A. GetDlgItem   B. GetWindowText

C. MessageBoxA   D. ShowMessage

答案：C

782. 已知 BX=2000H，SI=1234H，则指令 MOV AX，[BX+SI+2] 的源操作在（ ）中。

A. 数据段中偏移量为 3236H 的字节   B. 附加段中偏移量为 3234H 的字节

C. 数据段中偏移量为 3234H 的字节   D. 附加段中偏移量为 3236H 的字节

答案：A

783. 以下（ ）不是 Qira 的特点。

A. 不能查看上一步执行状态   B. 实质是虚拟机运行

C. 可以保存程序运行状态   D. 主要用于 PWN

答案：A

784. 以下（ ）是动态调试时常用的弹窗 API 断点函数。

A. MessageBoxA   B. GetDlgItem

C. GetWindowsTextA   D. WriteFile

答案：A

785. 以下不是压缩引擎的是（ ）。

A. UPX   B. aPLib

C. JCALG1   D. LZMA

答案：A

786. 以下哪个数值可能是 x86 的 CANARY COOKIE？（ ）

A. 0x001f9766   B. 0xa30089b5

C. 0x21e00dfb   D. 0xb43ccf00

答案：D

787. 以下属于 8 位寄存器的为（ ）。

A. AX   B. BX

C. DI   D. AH

答案：D

788. 以下属于逆向工程的是（   ）。

A. 软件逆向 B. 拆掉家具
C. 打开瓶盖 D. 关掉灯

答案：A

789. 以下属于虚拟机保护壳的是（   ）。

A. VMProtect B. Yoda
C. SVKP D. UPX

答案：A

790. 以下说法错误的是（   ）。

A. PE 文件是 Portable Executable File Format（可移植的执行体）的简写

B. 文件经过编译链接后，程序生成，Windows 程序以 EXE 文件形式存储

C. C 语言程序的生成过程，主要经过编译、链接两大过程

D. 断点是一种异常，通过异常处理的机制，让调试器获得控制权，可以对关键代码进行分析

答案：B

791. 以下为常用逆向工具的是（   ）。

A. OD B. SQLMap
C. WinPcap D. Wireshark

答案：A

792. 用 C# 编写的程序，可以用（   ）进行反编译。

A. OD B. IDA
C. ILSpy D. VB Decompiler

答案：C

793. 用 OllyDbg 打开 TraceMe 后，按（   ）键让 TraceMe 运行起来。

A. F2 或 Shfit+F2 B. F4 或 Shfit+F4
C. F8 或 Shfit+F8 D. F9 或 Shfit+F9

答案：D

794. 用高级语言编写的程序（   ）。

A. 只能在某种计算机上运行 B. 无须经过编译或解释，即可被计算机直接执行
C. 具有通用性和可移植性 D. 几乎不占用内存空间

答案：C

795. 用来存放下一条将要执行的指令地址的寄存器是（   ）。

一、单项选择题

A. SP B. IP
C. BP D. CS

答案：B

796. 用指令的助记符、符号地址、标号和伪指令、宏指令以及规定的格式书写程序的语言称为（ ）。

A. 汇编语言 B. 高级语言
C. 机器语言 D. 低级语言

答案：A

797. 有指令 MOV AX，1234H，指令中的立即数 1234H 是存储在（ ）。

A. 数据段 B. 代码段
C. 附加段 D. 堆栈段

答案：B

798. 运行一个 EXE 文件，发现用于提交数据的按钮变成了灰色，无法点击，应尝试用（ ）对其进行检查和修改。

A. ResHacker B. IDA
C. OD D. PEID

答案：A

799. 在 OllyDbg 中，执行单步步入的快捷键是（ ）。

A. F8 B. F7
C. F5 D. F4

答案：B

800. 在 SoftICE 中哪个命令不能执行程序？（ ）

A. P B. T
C. A D. G

答案：C

801. 在保护模式下，所有的应用程序都有权限级别，特权级别最高的是（ ）。

A. 0 B. 1
C. 2 D. 3

答案：A

802. 在程序运行前，用 FindWindow，GetWindowText 函数查找具有相同窗口类名和标题的窗口，用这种方法可以实现（ ）。

A. 使用时间限制 B. 使用时间端限制
C. 限制菜单使用 D. 让程序只运行一个事例

答案：D

803. 在程序执行过程中，IP 寄存器中始终保存的是（ ）。

A. 上一条指令的首地址 B. 下一条指令的首地址

C. 正在执行指令的首地址 D. 需计算有效地址后才能确定的地址

答案：B

804. 在关于逆向工程（Reverse Engineering）的描述中，正确的是（ ）。

A. 从已经安装的软件中提取设计规范，用以进行软件开发

B. 按照"输出→处理→输入"的顺序设计软件

C. 用硬件来实现软件的功能

D. 根据软件处理的对象来选择开发语言和开发工具

答案：A

805. 在进行二重循环程序设计时，下列描述正确的是（ ）。

A. 外循环初值应置外循环之外；内循环初值应置内循环之外，外循环之内

B. 外循环初值应置外循环之内；内循环初值应置内循环之内

C. 内、外循环初值都应置外循环之外

D. 内、外循环初值都应置内循环之外，外循环之内

答案：A

806. 在口令文件相关 Hash 运算中添加 SALT（随机数）的目的是（ ）。

A. 避免暴露出某些用户的口令是相同的

B. 避免在 MD5 等算法遭受攻击后导致口令系统崩溃

C. 提高 Hash 运算的速度

D. 实现双重认证

答案：A

807. 在逆向分析过程中，标志寄存器 ZF=1 表示（ ）。

A. 结果不为 0 B. 结果为 0

C. 结果溢出 D. 结果进位

答案：B

808. 在逆向分析时，汇编语言可用指令形成条件，以下不能形成条件的指令有（ ）。

A. CMP B. SUB

C. ADD D. MOV

答案：D

809. 下列关于线性回归分析中的残差（Residuals）说法，正确的是（ ）。

A. 残差均值总是为零 B. 残差均值总是小于零

一、单项选择题

C. 残差均值总是大于零　　　　　D. 以上说法都不对

答案：A

810. 在下列指令的表示中，不正确的是（　　）。

A. MOV AL，[BX+SI]　　　　　B. JMP SHORT DONI

C. DEC [BX]　　　　　　　　　D. MUL CL

答案：C

811. 在下面的调试工具中，用于静态分析的是（　　）。

A. WinDbg　　　　　　　　　　B. SoftICE

C. IDA　　　　　　　　　　　　D. OllyDbg

答案：C

812. 在一段汇编程序中多次调用另一段程序，用宏指令比用子程序实现起来（　　）。

A. 占内存空间小，但速度慢　　　B. 占内存空间大，但速度快

C. 占内存空间相同，速度快　　　D. 占内存空间相同，速度慢

答案：B

813. 在指令 MOV AX，[1000H] 中，源操作数的寻址方式为（　　）。

A. 立即寻址　　　　　　　　　　B. 直接寻址

C. 段内间接寻址　　　　　　　　D. 寄存器寻址

答案：B

814. 执行指令序列 MOV AL，82H CBW 后，结果是（　　）。

A. AX=0FF82H　　　　　　　　B. AX=8082H

C. AX=0082H　　　　　　　　　D. AX=0F82H

答案：A

815. 指令 JMP FAR PTR DONE 属于（　　）。

A. 段内转移直接寻址　　　　　　B. 段内转移间接寻址

C. 段间转移直接寻址　　　　　　D. 段间转移间接寻址

答案：C

816. 中断处理系统一般是由（　　）组成。

A. 软件　　　　　　　　　　　　B. 硬件

C. 固件　　　　　　　　　　　　D. 硬件与软件

答案：D

817. 以下可以被 Apache 解析成 PHP 文件的是（　　）。

A. 1.php.333　　　　　　　　　B. 1.php.html

C. 1.jpg%00.php　　　　　　　　D. 1.php；2.html

答案：A

818. %00 截断描述正确的是（ ）。

A. php5.3.4 版本存在漏洞　　　　B. 与 PHP 部署的操作系统无关

C. magic_quote_gpc 为 On　　　　D. 利用 PHP 的文件路径结束标志 0x00

答案：D

819. Burp Suite 是用于攻击 Web 应用程序的集成平台。它包含了许多工具，并为这些工具设计了许多接口，以促进加快攻击应用程序的过程，以下说法错误的是（ ）。

A. Burp Suite 默认监听本地的 8080 端口

B. Burp Suite 默认监听本地的 8000 端口

C. Burp Suite 可以扫描访问过的网站是否存在漏洞

D. Burp Suite 可以抓取数据包破解短信验证码

答案：B

820. 下列关于异方差（Heteroskedasticity）说法正确的是（ ）。

A. 线性回归具有不同的误差项　　　B. 线性回归具有相同的误差项

C. 线性回归误差项为零　　　　　　D. 以上说法都不对

答案：A

821. Google Hacking 技术可以实现（ ）。

A. 信息泄露　　　　　　　　　　　B. 利用错误配置获得主机、网络设备一定级别的权限

C. 识别操作系统及应用　　　　　　D. 以上均可

答案：D

822. HTML 中是通过 form 标签的（ ）属性决定处理表单的脚本的。

A. action　　　　　　　　　　　　B. name

C. target　　　　　　　　　　　　D. method

答案：A

823. HTTPS 是一种安全的 HTTP 协议，它使用（ ）来保证信息安全，使用（ ）来发送和接收报文。

A. SSH、UDP 的 443 端口　　　　　B. SSL、TCP 的 443 端口

C. SSL、UDP 的 443 端口　　　　　D. SSH、TCP 的 443 端口

答案：B

824. JSP 的内置对象中（ ）对象可对客户的请求做出动态响应，向客户端发送数据。

A. response　　　　　　　　　　　B. request

C. application　　　　　　　　　D. out

答案：A

一、单项选择题

825. phpMyAdmin 是一种（　）。

A. PHP 语言开发工具　　　　　　B. MySQL 数据库管理工具

C. 网站后台编辑工具　　　　　　D. 服务器远程管理工具

答案：B

826. 下列哪一项能反映出 X 和 Y 之间的强相关性？（　）

A. 相关系数为 0.9　　　　　　　B. 对于无效假设 β=0 的 p 值为 0.0001

C. 对于无效假设 β=0 的 t 值为 30　D. 以上说法都不对

答案：A

827. 为了观察测试 X 与 Y 之间的线性关系，X 是连续变量，使用下列哪种图形比较适合？（　）

A. 散点图　　　　　　　　　　　B. 柱形图

C. 直方图　　　　　　　　　　　D. 以上都不对

答案：A

828. SQL 注入时，根据数据库报错信息"Microsoft JET Database..."，通常可以判断出数据库的类型是（　）。

A. Microsoft SQL Server　　　　B. MySQL

C. Oracle　　　　　　　　　　　D. Access

答案：D

829. SQLMap 是一个自动 SQL 注入工具，以下说法错误的是（　）。

A. SQLMap 支持 OpenBASE 数据库注入猜解　　B. SQLMap 支持 MySQL 数据库注入猜解

C. SQLMap 支持 DB2 数据库注入猜解　　　　　D. SQLMap 支持 SQLite 数据库注入猜解

答案：A

830. SQL 注入攻击可通过哪种方式进行防护？（　）

A. 购买硬件防火墙，并只开放特定端口　B. 安装最新的系统补丁

C. 将密码设置为 12 位的特别复杂密码　　D. 使用 Web 应用防火墙进行防护

答案：D

831. SQL 注入时下列哪种数据库不可以从系统表中获取数据库结构？（　）

A. Microsoft SQL Server　　　　B. MySQL

C. Oracle　　　　　　　　　　　D. Access

答案：D

832. Struts2 的任意代码执行，在国内引起了很多问题，下面对于代码执行漏洞说法错误的是（　）。

A. 代码执行时通过 Web 语句执行一些 OS 命令

— 115 —

B. 代码执行的防护中，可以利用"白名单"和"黑名单"的方式来清除 URL 和表单中的无效字符

C. 代码执行的防护需要特别注意几个函数，例如 system 等

D. 攻击者可以利用代码执行任意命令，而与 Web 应用本身权限无关

答案：D

833. 一般来说，下列哪种方法常用来预测连续独立变量？（　　）

A. 线性回归　　　　　　　　B. 逻辑回归

C. 线性回归和逻辑回归都行　　D. 以上说法都不对

答案：A

834. Web 站点的管理员决定让站点使用 SSL，那他得将 Web 服务器监听的端口改为（　　）。

A. 80　　　　　　　　　　　B. 119

C. 443　　　　　　　　　　 D. 433

答案：C

835. 澳大利亚的一个税务局的网站曾被黑客通过简单地修改 URL 中的 ID 就获得了 17000 家公司的信息，可以得出澳大利亚的税务局的网站存在（　　）安全漏洞。

A. 不安全的加密存储　　　　B. 安全配置错误

C. 不安全的直接对象引用　　D. 传输层保护不足

答案：C

836. 不是 MySQL 注入方法的是（　　）。

A. 注释符绕过　　　　　　　B. 时间盲注

C. 报错注入　　　　　　　　D. UDF 注入

答案：D

837. 不属于网页防篡改技术的是（　　）。

A. 外挂轮询技术　　　　　　B. 核心内嵌技术

C. 安装防病毒软件　　　　　D. 事件触发技术

答案：C

838. 当 Web 服务器访问人数超过了设计访问人数上限，将可能出现的 HTTP 状态码是（　　）。

A. 200OK 请求已成功，请求所希望的响应头或数据体将随此响应返回

B. 503Service Unavailable 由于临时的服务器维护或者过载，服务器当前无法处理请求

C. 403Forbidden 服务器已经理解请求，但是拒绝执行它

D. 302Move temporarily 请求的资源现在临时从不同的 URI 响应请求

答案：B

839. 当访问 Web 网站的某个页面资源不存在时，将会出现的 HTTP 状态码是（　　）。

一、单项选择题

A. 200 B. 302
C. 401 D. 404

答案：D

840. 当一个 HTTPS 站点的证书存在问题时，浏览器就会出现警告信息已提醒浏览者注意，下列描述中哪一条不是导致出现提示的必然原因？（ ）

A. 证书过期 B. 浏览器找不到对应的证书颁发机构
C. 证书的 CN 与实际站点不符 D. 证书没有被浏览器信任

答案：A

841. 对（ ）数据库进行 SQL 注入攻击时，表名和字段名只能字典猜解，无法直接获取。

A. Oracle B. Access
C. Sql Server D. MySQL

答案：B

842. 对通过 HTML 的表单(<form></form>)提交的请求类型,以下哪个描述是正确的？（ ）

A. 仅 GET B. 仅 POST
C. 仅 HEAD D. GET 与 POST

答案：D

843. 对于"select password from users where uname='$u';"，当 $u=（ ）时，可以绕过逻辑问题，以 admin 身份通过验证。

A. admin' or ''=' B. admin' and 'a'='b
C. admin' or 1=1 D. admin and 'a'='a

答案：A

844. 对于单次 SQL 注入最可能会用到下列哪组字符？（ ）

A. 双引号 B. 单引号
C. # D. --

答案：B

845. 对于上传的页面，在单击上传时，会弹出一个对话框，在弹出的对话框中输入多个文件名，然后单击上传，若单击上传这个对话框没有访问控制，就可以通过在浏览器中直接输入URL访问，可能会导致某些用户在不经过认证的情况下直接上传文件。从以上描述中，可以得出该系统存在（ ）安全漏洞。

A. 不安全的加密存储 B. 安全配置错误
C. 没有限制的 URL 访问 D. 传输层保护不足

答案：C

846. 对于一个站点是否存在 SQL 注入的判断，不正确的是（ ）。

A. 可以使用单引号查询来判断

B. 可以使用"or 1=1"方法来判断

C. 可以使用在参数后面加入一些特殊字符来判断

D. 可以直接修改参数的具体数据，修改参数值为一个不存在的数值来判断

答案：D

847. 个人健康和年龄的相关系数是 −1.09。根据这个你可以告诉医生哪个结论？（ ）

A. 年龄是健康程度很好的预测器　　B. 年龄是健康程度很糟的预测器

C. 以上说法都不对　　　　　　　　D. A 与 B 说法都对

答案：C

848. 关于 SQL 注入说法正确的是（ ）。

A. SQL 注入攻击是攻击者直接对 Web 数据库的攻击

B. SQL 注入攻击除了可以让攻击者绕过认证之外，不会再有其他危害

C. SQL 注入漏洞，可以通过加固服务器来实现

D. SQL 注入攻击，可以造成整个数据库全部泄露

答案：D

849. 关于 Web 应用软件系统安全，说法正确的是（ ）。

A. Web 应用软件的安全性仅仅与 Web 应用软件本身的开发有关

B. 系统的安全漏洞属于系统的缺陷，但安全漏洞的检测不属于测试的范畴

C. 黑客的攻击主要是利用黑客本身发现的新漏洞

D. 以任何违反安全规定的方式使用系统都属于入侵

答案：D

850. 关于 XSS 的说法，以下哪项是正确的？（ ）

A. XSS 全称为 Cascading Style Sheet

B. 通过 XSS 无法修改显示的页面内容

C. 通过 XSS 有可能取得被攻击客户端的 Cookie

D. XSS 是一种利用客户端漏洞实施的攻击

答案：C

851. 关于黑客注入攻击说法错误的是（ ）。

A. 它的主要原因是程序对用户的输入缺乏过滤

B. 一般情况下防火墙对它无法防范

C. 对它进行防范时要关注操作系统的版本和安全补丁

D. 注入成功后可以获取部分权限

答案：C

一、单项选择题

852. 关于跨站请求伪造 CSRF 的错误说法是（ ）。

A. 攻击者必须伪造一个已经预测好请求参数的操作数据包

B. 对于 GET 方法请求，URL 即包含了请求的参数，因此伪造 GET 请求，直接用 URL 即可

C. 对于 POST 方法的请求，因为请求的参数是在数据体中，目前可以用 AJAX 技术支持伪造 POST 请求

D. 因为 POST 请求伪造难度大，因此，采用 POST 方法，可以一定程度预防 CSRF

答案：D

853. 关于注入攻击，下列说法不正确的是（ ）。

A. 注入攻击发生在当不可信的数据作为命令或者查询语句的一部分，被发送给解释器的时候，攻击者发送的恶意数据可以欺骗解释器，以执行计划外的命令或者访问未被授权的数据

B. 常见的注入攻击有 SQL 注入，OS 命令注入、LDAP 注入以及 XPath 等

C. SQL 注入，就是通过把 SQL 命令插入到 Web 表单递交或输入域名或页面请求的查询字符串，最终达到欺骗服务器执行恶意的 SQL 命令，从而得到黑客所需的信息

D. SQL 注入主要针对数据库类型为 MsSQL Server 和 MySQL，采用 Oracle 数据库，可以有效减少 SQL 注入威胁

答案：D

854. 过滤不严的网站会使用户绕过管理员登录验证，可能的万能密码是（ ）。

A. Password   B. admin'or 1=1--

C. Administrator   D. Or '1==1'

答案：B

855. 黑客利用网站操作系统的漏洞和 Web 服务程序的 SQL 注入漏洞等得到（ ）的控制权限。

A. 主机设备   B. Web 服务器

C. 网络设备   D. 数据库

答案：B

856. 仅根据扩展名判断，以下哪个文件不是动态页面？（ ）

A. index.aspx   B. test.jsp

C. news.do   D. web.xml

答案：D

857. 跨站脚本攻击是一种常见的 Web 攻击方式，下列不属于跨站脚本攻击危害的是（ ）。

A. 窃取用户 Cookie   B. 强制弹出广告页面

C. 进行基于大量的客户端攻击，如 DDoS 攻击   D. 上传脚本文件

答案：D

858. 利用电子邮件引诱用户到伪装网站，以套取用户的个人资料（如信用卡号码），这种欺诈行为是（　　）。

　　A. 垃圾邮件攻击　　　　　　　　B. 网络钓鱼

　　C. 特洛伊木马　　　　　　　　　D. 未授权访问

　　答案：B

859. 利用下列哪种漏洞可以窃取其他用户的 Cookie 信息？（　　）

　　A. XSS　　　　　　　　　　　　B. SQL 注入

　　C. 文件包含　　　　　　　　　　D. 目录遍历

　　答案：A

860. 利用以下哪个语句可以快速判断注入的列数？（　　）

　　A. select 1，2，3，4，5 from information_schema　　　　B. order by 数字

　　C. 通过 union select null，增加 null 的数量逐个去试　　　D. order by 列名

　　答案：C

861. 下列哪一个选项不属于 XSS 跨站脚本漏洞危害？（　　）

　　A. 网站挂马　　　　　　　　　　B. SQL 数据泄露

　　C. 钓鱼欺骗　　　　　　　　　　D. 身份盗用

　　答案：B

862. 浏览某些网站时，网站为了辨别用户身份进行 Session 跟踪，而储存在本地终端上的数据是（　　）。

　　A. 收藏夹　　　　　　　　　　　B. 书签

　　C. Cookie　　　　　　　　　　　D. HTTPS

　　答案：C

863. 某单位开发了一个面向互联网提供服务的应用网站，该单位委托软件测评机构对软件进行了源代码分析、模糊测试等软件安全性测试，在应用上线前，项目经理提出了还需要对应用网站进行一次渗透性测试，作为安全主管，你需要提出渗透性测试相比源代码测试、模糊测试的优势给领导做决策，以下哪条是渗透性测试的优势？（　　）

　　A. 渗透测试以攻击者的思维模拟真实攻击，能发现如配置错误等运行维护期产生的漏洞

　　B. 渗透测试是用软件代替人工的一种测试方法，因此测试效率更高

　　C. 渗透测试使用人工进行测试，不依赖软件，因此测试更准确

　　D. 渗透测试中必须要查看软件源代码，因此测试中发现的漏洞更多

　　答案：A

864. 某单位门户网站主页遭到篡改，可以有效防止这一情况的措施为（　　）。

　　A. 关闭网站服务器自动更新功能　　　B. 采用网页防篡改措施

C. 对网站服务器进行安全加固　　　D. 对网站服务器进行安全测评

答案：B

865. 某公司在互联网区域新建了一个 Web 网站，为了保护该网站主页安全性，尤其是不能让攻击者修改主页内容，该公司应当购买并部署下面哪个设备？（　）

A. 负载均衡设备　　　　　　　　B. 网页防篡改系统

C. 网络防病毒系统　　　　　　　D. 网络审计系统

答案：B

866. 某黑客组织通过拷贝中国银行官方网站的登录页面，然后发送欺骗性电子邮件，诱使用户访问此页面以窃取用户的账户信息，这种攻击方式属于（　）。

A. SQL 注入　　　　　　　　　　B. 钓鱼攻击

C. 网页挂马　　　　　　　　　　D. 域名劫持

答案：B

867. 某业务系统存在跨站脚本攻击漏洞，以下哪项不是跨站脚本攻击带来的直接危害？（　）

A. 修改网站页面　　　　　　　　B. 删除网站页面

C. 获取用户 Cookie 信息　　　　D. 在网站页面挂马

答案：B

868. 某业务系统具有上传功能，页面上传的文件只能上传到 UPLOAD 目录，由于上传页面没有过滤特殊文件后缀，存在上传漏洞，而短时间厂家无法修改上传页面源码，现采取如下措施，哪种措施可以暂时防止上传漏洞危害又不影响业务系统正常功能？（　）

A. 删除上传页面　　　　　　　　B. 禁止 UPLOAD 目录执行脚本文件

C. 禁止 UPLOAD 目录访问权限　　D. 以上措施都不正确

答案：B

869. 请选出不属于常见 Web 漏洞的一项是（　）。

A. XSS 跨站攻击　　　　　　　　B. SQL 注入

C. 缓冲区溢出　　　　　　　　　D. Web 系统配置错误

答案：C

870. 如果同时过滤 Alert 和 Eval，且不替换为空，哪种方式可实现跨站攻击绕过？（　）

A. alert（1）

B. eevalval [String. fromCharCode（97, 108, 101, 114, 116, 40, 49, 4（1）]

C. alalertert（1）

D. 无法绕过

答案：A

871. 如果希望在用户访问网站时若没有指定具体的网页文档名称时，也能为其提供一个网页，那么需要为这个网站设置一个默认网页，这个网页往往被称为（ ）。

A. 链接 B. 首页
C. 映射 D. 文档

答案：B

872. 如果一个网站存在 CSRF 漏洞，可以通过 CSRF 漏洞做下面哪件事情？（ ）

A. 获取网站用户注册的个人资料信息 B. 修改网站用户注册的个人资料信息
C. 冒用网站用户的身份发布信息 D. 以上都可以

答案：D

873. 上传漏洞产生的原因不包括以下哪种？（ ）

A. 没有对上传的扩展名进行检查 B. 没有对文件内容进行检查
C. 服务器存在文件名解析漏洞 D. 文件名生成规律不可预测

答案：D

874. 什么是网页挂马？（ ）

A. 攻击者通过在正常的页面中（通常是网站的主页）插入一段代码。浏览者在打开该页面的时候，这段代码被执行，然后下载并运行某木马的服务器端程序，进而控制浏览者的主机

B. 黑客们利用人们的猎奇、贪心等心理伪装构造一个链接或者一个网页，利用社会工程学欺骗方法，引诱用户点击，当用户打开一个看似正常的页面时，网页代码随之运行，隐蔽性极高

C. 把木马服务端和某个游戏/软件捆绑成一个文件通过 QQ/MSN 或邮件发给别人，或者通过制作 BT 木马种子进行快速扩散

D. 与从互联网上下载的免费游戏软件进行捆绑。被激活后，它就会将自己复制到 Windows 的系统文件夹中，并向注册表添加键值，保证它在启动时被执行

答案：A

875. 假如我们利用 Y 是 X 的 3 阶多项式产生一些数据（3 阶多项式能很好地拟合数据）。那么，下列说法正确的是（ ）。

A. 简单的线性回归容易造成高偏差（Bias）、高方差（Variance）
B. 简单的线性回归容易造成低偏差（Bias）、高方差（Variance）
C. 3 阶多项式拟合会造成低偏差（Bias）、高方差（Variance）
D. 3 阶多项式拟合具备低偏差（Bias）、低方差（Variance）

答案：D

876. 使用 IE 浏览器浏览网页时，出于安全方面的考虑，需要禁止执行 JavaScript，可以在 IE 中（ ）。

A. 禁用 ActiveX 控件　　　　　　　　B. 禁用 Cookie

C. 禁用没有标记为安全的 ActiveX 控件　　D. 禁用脚本

答案：D

877. 通过网页上的钓鱼攻击来获取密码的方式，实质上是一种（　　）。

A. 社会工程学攻击　　　　　　　　B. 密码分析学

C. 旁路攻击　　　　　　　　　　　D. 暴力破解攻击

答案：A

878. 通过网站 SQL 注入点，不可以直接实现的是（　　）。

A. 读取网站源代码文件　　　　　　B. 列举数据库服务器目录文件

C. 执行操作系统命令　　　　　　　D. 获取网站 WebShell

答案：D

879. 通过修改 HTTP 请求头中（　　）来伪造用户地区。

A. Referer　　　　　　　　　　　　B. X-Forwarded-For

C. Accept-Language　　　　　　　D. HOST

答案：C

880. 通过以下哪种方法可有效地避免在中括号参数处产生 SQL 注入？（　　）

A. 过滤输入中的单引号　　　　　　B. 过滤输入中的分号、-- 及 #

C. 过滤输入中的空格、Tab（/t）　　D. 如输入参数非正整数则认为非法，不再进行 SQL 查询

答案：D

881. 网页病毒主要通过以下哪种途径传播？（　　）

A. 邮件　　　　　　　　　　　　　B. 文件交换

C. 网络浏览　　　　　　　　　　　D. 光盘

答案：C

882. 网页恶意代码通常利用（　　）来实现植入并进行攻击。

A. 口令攻击　　　　　　　　　　　B. U 盘工具

C. IE 浏览器的漏洞　　　　　　　　D. 拒绝服务攻击

答案：C

883. 为检测某单位是否存在私建 Web 系统，可用以下哪种工具对该公司网段的 80 端口进行扫描？（　　）

A. WVS　　　　　　　　　　　　　B. Burp Suite

C. Nmap　　　　　　　　　　　　　D. SQLMap

答案：C

884. 为尽量防止通过浏览网页感染恶意代码,下列做法中错误的是( )。

A. 不使用 IE 浏览器,而使用 Opera 之类的第三方浏览器

B. 关闭 IE 浏览器的自动下载功能

C. 禁用 IE 浏览器的活动脚本功能

D. 先把网页保存到本地再浏览

答案: D

885. 为了防御 XSS 跨站脚本攻击,我们可以采用多种安全措施,但( )是不可取的。

A. 编写安全的代码:对用户数据进行严格检查过滤

B. 可能情况下避免提交 HTML 代码

C. 即使必须允许提交特定 HTML 标签时,也必须对该标签的各属性进行仔细检查,避免引入 JavaScript

D. 阻止用户向 Web 页面提交数据

答案: D

886. 为了防止一些漏洞(如跨站脚本),需要对一些特殊字符进行 HTML 编码,例如:对特殊字符 & 进行 HTML 转码后为( )。

A. &amp B. &lt

C. &gt   D. &quot

答案: A

887. 为了有效防范 SQL 注入和 XSS 跨站等 Web 攻击,我们应该对用户输入进行严格的过滤,下面应当过滤的字符或表达式不包含( )。

A. 单引号   B. Select

C. Admin   D. 1=1

答案: C

888. 下列( )不是由于 SQL 注入漏洞而造成的危害。

A. 查看、修改或删除数据库条目和表   B. 访问数据库系统表

C. 获得数据库访问权限,甚至获得 DBA 权限   D. 控制受害者机器向其他网站发起攻击

答案: D

889. 下列哪项能最好地描述存储型跨站脚本漏洞?( )

A. 不可信任数据通过不可靠的源直接进入 Web 服务器,然后在客户端浏览器显示给用户

B. 不可信任数据直接在客户端的 JavaScript 中处理,然后直接在客户端显示

C. 不可信任数据包含在动态内容中的数据,在没有经过安全检测的情况下就存储到数据中提供给其他用户使用

D. 不可信任数据没有任何处理,直接在客户端显示

一、单项选择题

答案：C

890. 下列 PHP 函数中，哪个函数经常被用来执行一句话木马？（ ）

A. usleep B. pack

C. die D. eval

答案：D

891. 下列 URL 中，可能存在文件包含漏洞的是（ ）。

A. http://sample.com/test.php?file=hello B. http://sample.com/test.jsp?file=hello

C. http://sample.com/test.php?id=1 D. http://sample.com/test/hello.php

答案：A

892. 下列 Web 安全问题中哪个不会对服务器产生直接影响？（ ）

A. 拒绝服务攻击 B. SQL 注入

C. 目录遍历 D. 跨站脚本

答案：D

893. 下列 Web 服务器上的目录权限级别中，最安全的权限级别是（ ）。

A. 读取 B. 执行

C. 脚本 D. 写入

答案：A

894. 下列不是 XSS 跨站攻击的类型有（ ）。

A. 存储式跨站 B. 反射跨站

C. 跨站请求伪造 D. DOM 跨站

答案：C

895. 下列不是文件包含漏洞的敏感函数的是（ ）。

A. require_once B. readfile

C. include file D. sum

答案：D

896. 下列不属于 XSS 跨站脚本的危害是（ ）。

A. 盗取用户 Cookie 信息，并进行 Cookie 欺骗

B. 上传 WebShell，控制服务器

C. 传播 XSS 蠕虫，影响用户正常功能

D. 利用 XSS 突破部分 CSRF 跨站伪造请求防护

答案：B

897. 下列措施中，（ ）不是用来防范未验证的重定向和转发的安全漏洞。

A. 对系统输出进行处理

B. 检查重定向的目标 URL 是否为本系统 URL

C. 不直接从输入中获取 URL，而以映射的代码表示 URL

D. 对用户的输入进行验证

答案：A

898. 下列措施中，（　）能有效地防止没有限制的 URL 访问安全漏洞。

A. 针对每个功能页面明确授予特定的用户和角色允许访问　　B. 使用参数化查询

C. 使用一次 Token 令牌　　　　　　　　　　　　　　　　D. 使用高强度的加密算法

答案：A

899. 下列不是 Web 中进行上传功能常用安全检测机制的是（　）。

A. 客户端检查机制 JavaScript 验证　　B. 服务端 MIME 检查验证

C. 服务端文件扩展名检查验证机制　　D. URL 中是否包含一些特殊标签 <、>、script、alert

答案：D

900. 下列对跨站脚本攻击（XSS）的解释最准确的一项是（　）。

A. 引诱用户点击虚假网络链接的一种攻击方法

B. 构造精妙的关系数据库的结构化查询语言对数据库进行非法的访问

C. 一种很强大的木马攻击手段

D. 将恶意代码嵌入到用户浏览的 Web 网页中，从而达到恶意的目的

答案：D

901. 下列对于路径遍历漏洞说法错误的是（　）。

A. 路径遍历漏洞的威胁在于 Web 根目录所在的分区，无法跨越分区读取文件

B. 通过任意更改文件名，而服务器支持"~/"，"/.."等特殊符号的目录回溯，从而使攻击者越权访问或者覆盖敏感数据，就是路径遍历漏洞

C. 路径遍历漏洞主要是存在于 Web 应用程序的文件读取交互的功能块

D. URL，http://127.0.0.1/getfile=image.jpg，当服务器处理传送过来的 image.jpg 文件名后，Web 应用程序即会自动添加完整路径，形如 "D://site/images/image.jpg"，将读取的内容返回给访问者

答案：A

902. 下列方法（　）不能有效地防止 SQL 注入。

A. 使用参数化方式进行查询　　　　B. 检查用户输入有效性

C. 对用户输入进行过滤　　　　　　D. 对用户输出进行处理

答案：D

903. 下列方法（　）最能有效地防止不安全的直接对象引用漏洞。

A. 检测用户访问权限　　　　　　　B. 使用参数化查询

一、单项选择题

C. 过滤特殊字符　　　　　　　　D. 使用 Token 令牌

答案：A

904. 下列关于 CSRF 描述正确的是（　　）。

A. 仅在站点存在 XSS 漏洞的前提下 CSRF 漏洞才能利用

B. POST 请求类型的 CSRF 漏洞无法被利用

C. CSRF 的全称为 Cross Site Response Forgery

D. CSRF 攻击可在客户无干预的情况下完成

答案：D

905. 下列关于 HTTPCookie 说法错误的是（　　）。

A. Cookie 总是保存在客户端中

B. SessionCookie 只是在用户使用站点期间存在，一个 Web 浏览器会在退出时删除 SessionCookie

C. SecureCookie 是指 Cookie 有 secure 属性，只能通过 HTTP 使用

D. 在支持 HTTPOnly 属性的浏览其中，HTTPOnlyCookie 只有在传输 HTTP/HTTPS 请求时才能被使用，这样可限制被其他的非 HTTPAPI 访问（如 JavaScript）

答案：C

906. 下列关于 HTTP 状态码，说法错误的是（　　）。

A. HTTP 状态码由三位数字组成的标识 HTTP 请求消息的处理的状态的编码，总共分为四类，分别以 1.2.3.4 开头，标识不同的意义

B. 200 状态码，标识请求已经成功

C. 3XX 类状态码指示需要用户代理采取进一步的操作来完成请求

D. 4XX 的状态码表示客户端出错的情况，除了响应的 HEAD 请求，服务器应包括解释错误的信息

答案：A

907. 下列关于 Web 应用说法不正确的是（　　）。

A. HTTP 请求中，Cookie 可以用来保持 HTTP 会话状态

B. Web 的认证信息可以考虑通过 Cookie 来携带

C. 通过 SSL 安全套阶层协议，可以实现 HTTP 的安全传输

D. Web 的认证，通过 Cookie 和 Session 都可以实现，但是 Cookie 安全性更好

答案：D

908. 下列关于网页恶意代码叙述错误的是（　　）。

A. 网页恶意代码通常使用 80 端口进行通信，所以一般来讲防火墙无法阻止其攻击

B. 网页恶意代码一般由 JavaScript、VBScript 等脚本所编写，所以可以通过在浏览器中禁

— 127 —

止执行脚本来对其进行防范

C. 网页恶意代码仅能对通过网络传输的用户信息进行窃取，而无法操作主机上的各类用户资源

D. 网页恶意代码与普通可执行程序的重要区别在于，其实解释执行的而不需要进行编写

答案：A

909. 下列关于网页挂马攻击说法错误的是（　　）。

A. 网页挂马攻击的受害者是访问被挂马网站的普通浏览用户

B. 网页挂马攻击，攻击者必须提前预置一个木马服务器，客户的请求会转向木马服务器，下载木马被控端

C. 只要客户端没有攻击者利用的溢出漏洞，即使访问了被挂马网站，也不会感染木马

D. 网页挂马会造成被挂网站拒绝服务

答案：D

910. 下列技术不能使网页被篡改后能够自动恢复的是（　　）。

A. 限制管理员的权限　　　　　　B. 轮询检测

C. 事件触发技术　　　　　　　　D. 核心内嵌技术

答案：A

911. 下列哪个选项不是上传功能常用安全检测机制？（　　）

A. 安全检查　　　　　　　　　　B. 服务端 MINE

C. 文件扩展名检查　　　　　　　D. URL 中是否包含一些特殊标签 <、>、script、alert

答案：D

912. 下列哪类工具是日常用来扫描 Web 漏洞的工具？（　　）

A. IBM AppScan　　　　　　　　B. Nessus

C. NmaP Network Mapper　　　　D. X-Scan

答案：A

913. 下列哪个选项不是 SQL 注入的方法？（　　）

A. 基于报错的注入　　　　　　　B. 基于时间的盲注

C. 进程注入　　　　　　　　　　D. 联合查询注入

答案：C

914. 下列哪种方法不可以在一定程度上防止 CSRF 攻击？（　　）

A. 判断 Referer 来源　　　　　　B. 在每个请求中加入 Token

C. 在请求中加入验证码机制　　　D. 将代码中的 GET 请求改为 POST 请求

答案：D

915. 下列哪个选项不属于 XSS 跨站脚本漏洞危害？（　　）

一、单项选择题

A. 钓鱼欺骗　　　　　　　　　B. 身份盗用

C. SQL 数据泄露　　　　　　　D. 网站挂马

答案：C

916. IPSec 协议中的 AH 协议不能提供下列哪一项服务？（　　）

A. 数据源认证　　　　　　　　B. 数据包重放

C. 访问控制　　　　　　　　　D. 机密性

答案：D

917. 下列哪种方法不能有效地防范 SQL 注入攻击？（　　）

A. 对来自客户端的输入进行完备的输入检查

B. 使用 SiteKey 技术

C. 把 SQL 语句替换为存储过程、预编译语句或者使用 ADO 命令对象

D. 关掉数据库服务器或者不使用数据库

答案：B

918. 下列选项中，（　　）不能有效地防止跨站脚本漏洞。

A. 对特殊字符进行过滤　　　　B. 对系统输出进行处理

C. 使用参数化查询　　　　　　D. 使用白名单的方法

答案：C

919. 下列选项中，（　　）能有效地防止跨站请求伪造漏洞。

A. 对用户输出进行验证　　　　B. 对用户输出进行处理

C. 使用参数化查询　　　　　　D. 使用一次性令牌

答案：D

920. 下列语言编写的代码中，在浏览器端执行的是（　　）。

A. Web 页面中的 Java 代码　　B. Web 页面中的 C# 代码

C. Web 页面中的 PHP 代码　　D. Web 页面中的 JavaScript 代码

答案：D

921. 下面对于 Cookie 的说法错误的是（　　）。

A. Cookie 是一小段存储在浏览器端文本信息，Web 应用程序可以读取 Cookie 包含的信息

B. Cookie 可以存储一些敏感的用户信息，从而造成一定的安全风险

C. 通过 Cookie 提交精妙构造的移动代码，绕过身份验证的攻击叫作 Cookie 欺骗

D. 防范 Cookie 欺骗的一个有效方法是不使用 Cookie 验证方法，而使用 Session 验证方法

答案：D

922. 下面关于 IIS 报错信息含义的描述正确的是（　　）。

A. 401－找不到文件　　　　　B. 500－系统错误

C. 404- 权限问题　　　　　　　D. 403- 禁止访问

答案：D

923. 下面哪一种 Web 服务攻击是将一个 Web 站点的代码越过安全边界线注射到另一个不同的、有漏洞的 Web 站点中？（　　）

A. SQL 注入　　　　　　　　　B. 跨站脚本攻击

C. 分布式拒绝服务攻击　　　　 D. 口令暴力破解

答案：B

924. 下面四款安全测试软件中，主要用于 Web 安全扫描的是（　　）。

A. Cisco Auditing Tools　　　　 B. Acunetix Web Vulnerability Scanner

C. Nmap　　　　　　　　　　　D. ISS Database Scanner

答案：B

925. 小明使用浏览器登录网上银行进行一系列操作后，在没有关闭浏览器的情况下，登录邮箱收到一份中奖邮件，其中包含链接 transferMoney. jsp？ to=Bob&cash=3000>，当小明点击中奖链接后，发现自己的网银账户中少了 3000 元钱。小明受到了（　　）漏洞的攻击。

A. SQL 注入　　　　　　　　　B. 不安全的直接对象引用

C. 跨站脚本攻击　　　　　　　D. 跨站请求伪造

答案：D

926. 小明在登录网站 www. buybook. com 时，不是直接在浏览器中输入网址，而通过外部链接进入网站，小明自己观察浏览器中的网址，发现网址是 http://www.buybook.com/login.jsp?sessionid=1234567，此时小明受到的攻击是（　　）。

A. SQL 注入　　　　　　　　　B. 跨站脚本攻击

C. 失效的身份认证和会话管理　 D. 跨站请求伪造

答案：C

927. 关于特征选择，下列对 Ridge 回归和 Lasso 回归说法正确的是（　　）。

A. Ridge 回归适用于特征选择　　B. Lasso 回归适用于特征选择

C. 两个都适用于特征选　　　　 D. 以上说法都不对

答案：B

928. 以下（　　）不是常用的 Web 应用安全检测工具。

A. AppScan　　　　　　　　　　B. AWVS

C. Nessus　　　　　　　　　　 D. Netsparker

答案：C

929. 以下可能存在 SQL 注入攻击的部分是（　　）。

A. GET 请求参数　　　　　　　 B. POST 请求参数

C. Cookie 值   D. 以上均有可能

答案：D

930. 以下哪种攻击可以提供拦截和修改 HTTP 数据包功能？（ ）

A. Metasploit   B. HackBar

C. SQLMap   D. Burp Suite

答案：D

931. 以下哪一项是常见 Web 站点脆弱性扫描工具？（ ）

A. AppScan   B. Nmap

C. Sniffer   D. Lc

答案：A

932. 影响 Web 系统安全的因素，不包括（ ）。

A. 复杂应用系统代码量大、开发人员多、难免出现疏忽

B. 系统屡次升级、人员频繁变更，导致代码不一致

C. 开发人员未经过安全编码培训

D. 历史遗留系统、试运行系统等多个 Web 系统运行于不同的服务器上

答案：D

933. 用户登录模块中，当用户名或者密码输入错误时，系统应该给出（ ）提示。

A. 用户名错误   B. 密码错误

C. 用户名和密码错误   D. 用户名或者密码错误

答案：D

934. 用户收到了一封可疑的电子邮件，要求用户提供银行账户及密码，这是属于何种攻击手段？（ ）

A. 缓存溢出攻击   B. 钓鱼攻击

C. 暗门攻击   D. DDoS 攻击

答案：B

935. 用户在访问 Web 资源时需要使用统一的格式进行访问，这种格式被称为（ ）。

A. 物理地址   B. IP 地址

C. 邮箱地址   D. 统一资源定位

答案：D

936. 有一种网站，只要打开它，电脑就有可能感染木马病毒。这种网站的专业名称是什么？（ ）

A. 钓鱼网站   B. 挂马网站

C. 游戏网站   D. 门户网站

答案：B

937. 在 PHP + MySQL + Apache 架构的 Web 服务中输入 GET 参数 index.php?a=1&a=2&a=3 服务器端脚本 index.php 中 $GET[a] 的值是（　　）。

A. 1　　　　　　　　　　　　　　B. 2

C. 3　　　　　　　　　　　　　　D. 1，2，3

答案：C

938. 在 SQL 中，删除视图用（　　）。

A. DROP SCHEMA 命令　　　　　B. CREATE TABLE 命令

C. DROP VIEW 命令　　　　　　D. DROP INDEX 命令

答案：C

939. 在 Web 页面中增加验证码功能后，下面说法正确的是（　　）。

A. 可以防止缓冲溢出　　　　　　　　　　B. 可以防止文件包含漏洞

C. 可以增加账号破解等自动化软件的攻击难度　　D. 可以防止目录浏览

答案：C

940. 在使用 SQLMap 进行 SQL 注入时，下面哪个参数用来指定表名？（　　）

A. −T　　　　　　　　　　　　　B. −u

C. −C　　　　　　　　　　　　　D. −D

答案：A

941. 在网页上点击一个链接是使用哪种方式提交的请求？（　　）

A. GET　　　　　　　　　　　　B. POST

C. HEAD　　　　　　　　　　　D. TRACE

答案：A

942. 在一个 URL 形如 http://www.x.com/x.asp？id=284 处使用手工探测注入点，出现"请不要在参数中包含非法字符尝试注入！"提示，请问最有可能绕过注入限制的是下面哪种方法？（　　）

A. GET 注入　　　　　　　　　　B. POST 注入

C. Cookie 注入　　　　　　　　　D. 盲注

答案：C

943. 针对 MySQL 的 SQL 注入，可以使用什么函数来访问系统文件？（　　）

A. load file infile　　　　　　　　B. load file

C. load_file　　　　　　　　　　　D. load file_infile

答案：C

944. 注册或者浏览社交类网站时，不恰当的做法是（　　）。

一、单项选择题

A. 尽量不要填写过于详细的个人资料　　B. 不要轻易加社交网站好友

C. 充分利用社交网站的安全机制　　D. 信任他人转载的信息

答案：D

945. SQL 注入注出 password 字段的值为"c2dpdGc=（　）"。

A. md5　　B. base64

C. AES　　D. DES

答案：B

946. SQLMap 中，执行系统命令的参数是（　）。

A. --os-cmd=OSCMD　　B. --os-shell

C. --os-pwn　　D. --os-bof

答案：A

947. SQLMap 枚举参数中，枚举数据库管理系统的参数是（　）。

A. --current-db　　B. --dbs

C. --D DB　　D. 都不对

答案：B

948. SQLMap 中有着许多的绕过脚本，其中 lowercase 是一个很常见的 tamper，它的作用是（　）。

A. 将字母转化为小写　　B. 使用小于号判断

C. 在注入语句中加入 lowercase 字母　　D. 在每个字符中添加 %

答案：A

949. SQLMap 已探知数据表，注出字段的参数是（　）。

A. -T　　B. -C

C. --dbs　　D. -D

答案：B

950. SQLMap 发现注入漏洞，是个小型数据库，数据下载的参数是（　）。

A. -T　　B. -C

C. --dbs　　D. --dump

答案：D

951. （　）扫描方式属于秘密扫描。

A. SYN 扫描　　B. FIN 扫描

C. ICMP 扫描　　D. ARP 扫描

答案：B

952. （　）是指攻击者试图突破网络的安全防线。

A. 被动攻击 B. 主动攻击

C. 远程攻击 D. 本地攻击

答案：B

953.（ ）不包含在 AAA（AAA 的描述）中。

A. Authentication（认证） B. Access（接入）

C. Authorization（授权） D. Accounting（计费）

答案：B

954.（ ）设备可以更好地记录下来企业内部对外的访问以及抵御外部对内部网的攻击。

A. IDS B. 防火墙

C. 杀毒软件 D. 路由器

答案：A

955.（ ）是服务器用来保存用户登录状态的机制。

A. Cookie B. Session

C. TCP D. SYN

答案：B

956.（ ）是用于反弹 Shell 的工具。

A. Nmap B. SQLMap

C. NC D. Lcx

答案：C

957.（ ）是专门用于无线网络攻击的工具。

A. Aircrack-ng B. CAIN

C. Wireshark D. Burpsuite

答案：A

958."冲击波"蠕虫利用 Windows 系统漏洞是（ ）。

A. SQL 中 SA 空口令漏洞 B. IDA 漏洞

C. WebDav 漏洞 D. RPC 漏洞

答案：D

959."会话侦听和劫持技术"是属于（ ）的技术。

A. 密码分析还原 B. 协议漏洞渗透

C. 应用漏洞分析与渗透 D. DOS 攻击

答案：B

960. Radmin 是一款远程控制类软件，以下说话错误的是（ ）。

A. Radmin 默认是 4899 端口 B. Radmin 默认是 4889 端口

一、单项选择题

C. Radmin 可以查看对方的屏幕　　　D. Radmin 可以设置连接口令

答案：B

961. Windows 系统下，可通过运行（　）命令打开 Windows 管理控制台。

A. regedit　　　　　　　　　　　　B. cmd

C. mmc　　　　　　　　　　　　　D. mfc

答案：C

962. Windows 中强制终止进程的命令是（　）。

A. Tasklist　　　　　　　　　　　　B. Netstat

C. Taskkill　　　　　　　　　　　　D. Netshare

答案：C

963. WMICracker 是一款暴力破解 NT 主机账号密码的工具，他可以破解 Windows NT/2000/XP/2003 的主机密码，但是在破解的时候需要目标主机开放（　）端口。

A. 3389　　　　　　　　　　　　　B. 1433

C. 135　　　　　　　　　　　　　　D. 8080

答案：C

964. 安全的运行环境是软件安全的基础，操作系统安全配置是确保运行环境安全必不可少的工作，某管理员对即将上线的 Windows 操作系统进行了以下四项安全部署工作，其中哪项设置不利于提高运行环境安全？（　）

A. 操作系统安装完成后安装最新的安全补丁，确保操作系统不存在可被利用的安全漏洞

B. 为了方便进行数据备份，安装 Windows 操作系统时只使用一个分区 C，所有数据和操作系统都存放在 C 盘

C. 操作系统上部署防病毒软件，以对抗病毒的威胁

D. 将默认的管理员账号 Administrator 改名，降低口令暴力破解攻击的发生可能

答案：B

965. 安全工具（　）主要用于检测网络中主机的漏洞和弱点，并能给出针对性的安全性建议。

A. Nmap　　　　　　　　　　　　　B. Nessus

C. EtterCAP　　　　　　　　　　　D. Wireshark

答案：B

966. 安全评估和等级保护使用的最关键的安全技术是（　）。

A. 入侵检测　　　　　　　　　　　　B. 防火墙

C. 漏洞扫描　　　　　　　　　　　　D. 加密

答案：C

967. 被称为"瑞士军刀"的安全工具是（　）。

A. SuperScan B. NetCat
C. Nmap D. Tomcat

答案：B

968. 不属于常见的危险密码是（　　）。

A. 跟用户名相同的密码 B. 使用生日作为密码
C. 只有 4 位数的密码 D. 10 位的综合型密码

答案：D

969. 不属于第三方软件提权的是（　　）。

A. Radmin 提权 B. Serv-u 提权
C. XP_cmdshell 提权 D. VNC 提权

答案：D

970. 常见的安全威胁和攻击不包括（　　）。

A. 信息窃取 B. 信息欺骗
C. 恶意攻击 D. 恶意抵赖

答案：D

971. 常见的网络信息系统不安全因素有（　　）。

A. 网络因素 B. 应用因素
C. 管理因素 D. 以上皆是

答案：D

972. 从安全属性对各种网络攻击进行分类，截获攻击是针对（　　）的攻击。

A. 可用性 B. 完整性
C. 真实性 D. 机密性

答案：D

973. 从风险的观点来看，一个具有任务紧急性、核心功能性的计算机应用程序系统的开发和维护项目应该（　　）。

A. 内部实现 B. 外部采购实现
C. 合作实现 D. 多来源合作实现

答案：A

974. 从风险分析的观点来看，计算机系统的最主要弱点是（　　）。

A. 内部计算机处理 B. 系统输入输出
C. 通信和网络 D. 外部计算机处理

答案：B

975. 从风险管理的角度，以下哪种方法不可取？（　　）

一、单项选择题

A. 接受风险   B. 分散风险

C. 转移风险   D. 拖延风险

答案：D

976. 从根本上看，作为一个安全专业人员要做好安全方面的工作，最重要的是什么？（　　）

A. 分析网络安全问题   B. 及时更新反病毒软件

C. 在网络上安装防火墙   D. 实施一个好的安全策略

答案：D

977. 从攻击方式区分攻击类型，可分为被动攻击和主动攻击。被动攻击难以（　　），然而（　　）这些攻击是可行的；主动攻击难以（　　），然而（　　）这些攻击是可行的。

A. 阻止，检测，阻止，检测   B. 检测，阻止，检测，阻止

C. 检测，阻止，阻止，检测   D. 上面3项都不是

答案：C

978. 从目前的情况看，对所有的计算机系统来说，以下哪种威胁是最为严重的，可能造成巨大的损害？（　　）

A. 没有充分训练或粗心的用户   B. 分包商和承包商

C. Hackers 和 Crackers   D. 心怀不满的雇员

答案：D

979. 当入侵检测分析引擎判断到有入侵后，紧接着应该采取的行为是（　　）。

A. 记录证据   B. 跟踪入侵者

C. 数据过滤   D. 拦截

答案：A

980. 档案权限755，对档案拥有者而言，是什么含义？（　　）

A. 可读，可执行，可写入   B. 可读

C. 可读，可执行   D. 可写入

答案：A

981. 定期查看服务器中的（　　），分析一切可疑事件。

A. 用户   B. 日志文件

C. 进程   D. 文件

答案：B

982. 端口扫描的原理是向目标主机的（　　）端口发送探测数据包，并记录目标主机的响应。

A. FTP   B. UDP

C. TCP/IP   D. WWW

答案：C

983. 对于基于主机的 IPS，下列说法错误的是（　　）。

A. 可以以软件形式嵌入到应用程序对操作系统的调用当中，拦截针对操作系统的可疑调用

B. 可以以更改操作系统内核程序的方式，提供比操作系统更加严谨的安全控制机制

C. 能够利用特征和行为规则检测，阻止诸如缓冲区溢出之类的已知攻击

D. 不能够防范针对 Web 页面、应用和资源的未授权的未知攻击

答案：D

984. 对于一个组织，保障其信息安全并不能为其带来直接的经济效益，相反还会付出较大的成本，那么组织为什么需要信息安全？（　　）

A. 上级或领导的要求　　　　　　B. 全社会都在重视信息安全，我们也应该关注

C. 组织自身业务需要和法律法规要求　　D. 有多余的经费

答案：C

985. 发生网络安全事件，应当立即（　　）对网络安全事件进行调查和评估。

A. 报警　　　　　　　　　　　　B. 启动网络安全事件应急预案

C. 向上级汇报　　　　　　　　　D. 予以回击

答案：B

986. 反病毒软件采用（　　）技术比较好地解决了恶意代码加壳的查杀。

A. 特征码技术　　　　　　　　　B. 校验和技术

C. 行为检测技术　　　　　　　　D. 虚拟机技术

答案：D

987. 防止缓冲区溢出攻击，无效的措施是（　　）。

A. 软件进行数字签名　　　　　　B. 软件自动升级

C. 漏洞扫描　　　　　　　　　　D. 开发源代码审查

答案：A

988. 防止系统对 Ping 请求做出回应，正确的命令是（　　）。

A. echo 0>/proc/sys/net/ipv4/icmp_echo_ignore_all

B. echo 1>/proc/sys/net/ipv4/icmp_echo_ignore_all

C. echo 0>/proc/sys/net/ipv4/tcp_syncookies

D. echo 1>/proc/sys/net/ipv4/tcp_syncookies

答案：B

989. 防止用户被冒名所欺骗的方法是（　　）。

A. 对信息源发方进行身份验证　　B. 进行数据加密

C. 对访问网络的流量进行过滤和保护　　D. 采用防火墙

答案：A

一、单项选择题

990. 访问控制的目的在于通过限制用户对特定资源的访问保护系统资源。在 Windows 系统中，重要目录不能对（　）账户开放。

A. Everyone　　　　　　　　B. Users

C. Administrators　　　　　　D. Guest

答案：A

991. 改变"/etc/rd/init. d"目录下的脚本文件的访问许可，只允许 root 访问，正确的命令是（　）。

A. chmod –r 700 /etc/rd/init. d/*　　　B. chmod –r 070 /etc/rd/init. d/*

C. chmod –r 007 /etc/rd/init. d/*　　　D. chmod –r 600 /etc/rd/init. d/*

答案：A

992. 攻击者截获并记录了从 A 到 B 的数据，然后又从早些时候所截获的数据中提取出信息，重新发往 B，称为（　）。

A. 中间人攻击　　　　　　　B. 口令猜测器和字典攻击

C. 强力攻击　　　　　　　　D. 回放攻击

答案：D

993. 关闭系统多余的服务有什么安全方面的好处？（　）

A. 使黑客选择攻击的余地更小　　B. 关闭多余的服务以节省系统资源

C. 使系统进程信息简单，易于管理　　D. 没有任何好处

答案：A

994. 关于"放大镜"后门，以下说法错误的是（　）。

A. 通过键盘的"Win+U"组合键激活

B. 通过键盘的"Win+O"组合键激活

C. 替换 C:/windows/system32/magnify.exe 文件

D. 替换 C:/windows/system32/dllcache/magnify.exe 文件

答案：B

995. 关于"屏幕键盘"后门，以下说法正确的是（　）。

A. 通过键盘的"Win+P"组合键激活

B. 通过键盘的"Win+Q"组合键激活

C. 替换 C：/windows/system32/osks. exe 文件

D. 替换 C：/windows/system32/dllcache/osk. exe 文件

答案：D

996. 关于"心脏出血"漏洞，以下说法正确的是（　）。

A. 主要是对 FTP 协议进行攻击　　B. 主要是对 SSL 协议进行攻击

C. 主要是对HTTP访问的网站进行攻击　　D. 主要是对RPC协议进行攻击

答案：B

997. 关于"熊猫烧香"病毒，以下说法不正确的是（　　）。

A. 感染操作系统EXE程序　　　　　　B. 感染HTML网页面文件

C. 利用了MS06-014漏洞传播　　　　D. 利用了MS06-041漏洞传播

答案：D

998. 关于CA和数字证书的关系，以下说法不正确的是（　　）。

A. 数字证书是保证双方之间的通信安全的电子信任关系，它由CA签发

B. 数字证书一般依靠CA中心的对称密钥机制来实现

C. 在电子交易中，数字证书可以用于表明参与方的身份

D. 数字证书能以一种不能被假冒的方式证明证书持有人身份

答案：B

999. 关于Linux下的用户和组，以下描述不正确的是（　　）。

A. 在Linux中，每一个文件和程序都归属于一个特定的"用户"

B. 系统中的每一个用户都必须至少属于一个用户组

C. 用户和组的关系可以是多对一，一个组可以有多个用户，一个用户不能属于多个组

D. root是系统的超级用户，无论是否是文件和程序的所有者都具有访问权限

答案：C

1000. 关于堡垒主机的说法，错误的是（　　）。

A. 设计和构筑堡垒主机时应使堡垒主机尽可能简单

B. 堡垒主机的速度应尽可能快

C. 堡垒主机上应保留尽可能少的用户账户，甚至禁用一切用户账户

D. 堡垒主机的操作系统可以选用UNIX系统

答案：B

1001. 关于防病毒软件的实时扫描的描述中，哪种说法是错误的？（　　）

A. 扫描只局限于检查已知的恶意代码签名，无法检测到未知的恶意代码

B. 可以查找文件是否被病毒行为修改的扫描技术

C. 扫描动作在背景中发生，不需要用户的参与

D. 在访问某个文件时，执行实时扫描的防毒产品会检查这个被打开的文件

答案：B

1002. 关于如何防止ARP欺骗，下列措施哪种是正确的？（　　）

A. 不一定要保持网内的机器IP/MAC是一一对应的关系

B. 基于Linux/BSD系统建立静态IP/MAC捆绑的方法是：建立/etc/ethers文件，然后再

一、单项选择题

/etc/rd/rlocal 最后添加：arp -s

C. 网关设备关闭 ARP 动态刷新，使用静态路由

D. 不能在网关上使用 TCPDUMP 程序截取每个 ARP 程序包

答案：C

1003. 管理员在查看服务器账号时，发现服务器 guest 账号被启用，查看任务管理器和服务管理时，并未发现可疑进程和服务，使用下列哪一个工具可以查看隐藏的进程和服务？（ ）

A. Burp Suite   B. Nmap
C. XueTr   D. X-Scan

答案：C

1004. 管理员在检测服务器的时候发现自己的系统可能被远程木马控制，在没有第三方工具的情况下，可以用下面哪个命令配合查找？（ ）

A. systeminfo/ipconfig   B. netstat -ano/tasklist /svc
C. netstat -ano/ipconfig /all   D. tasklist /svc/ipconfig /all

答案：B

1005. 好友的 QQ 突然发来一个网站链接要求投票，最合理的做法是（ ）。

A. 因为是其好友信息，直接打开链接投票

B. 可能是好友 QQ 被盗，发来的是恶意链接，先通过手机跟朋友确认链接无异常后，再酌情考虑是否投票

C. 不参与任何投票

D. 把好友加入黑名单

答案：B

1006. 黑客攻击服务器以后，习惯建立隐藏用户，下列哪一个用户在 DOS 命令 net user 下是不会显示的？（ ）

A. fg_   B. fg$
C. fg#   D. fg%

答案：B

1007. 黑客拟获取远程主机的操作系统类型，可以选择的工具是（ ）。

A. Nmap   B. Whisker
C. NET   D. Nbtstat

答案：A

1008. 黑客扫描某台服务器，发现服务器开放了 4489.80.22 等端口，Telnet 连接 22 端口，返回 Servu 信息，猜测此台服务器安装了哪种类型操作系统？（ ）

A. Windows 操作系统   B. Linux 操作系统

C. UNIX 操作系统   D. Mac OS X 操作系统

答案：A

1009. 黑客在受害主机上安装（ ）工具，可以防止系统管理员用 ps 或 netstat 发现。

A. Rootkit   B. Adore

C. Fpipe   D. NetBus

答案：A

1010. 黑客造成的主要安全隐患包括（ ）。

A. 破坏系统、窃取信息及伪造信息   B. 通过内部系统进行攻击

C. 进入系统、损毁信息及谣传信息   D. 以上都不是

答案：A

1011. 互联网世界中有一个著名的说法："你永远不知道网络的对面是一个人还是一条狗！"这段话表明，网络安全中（ ）。

A. 身份认证的重要性和迫切性   B. 网络上所有的活动都是不可见的

C. 网络应用中存在不严肃性   D. 计算机网络中不存在真实信息

答案：A

1012. 缓存区溢出攻击利用编写不够严谨的程序，通过向程序的缓存区写出超过预定长度的数据，造成缓存区溢出，从而破坏程序的（ ），导致程序执行流程的改变。

A. 缓存区   B. 空间

C. 堆栈   D. 源代码

答案：C

1013. 活动目录的数据库文件不包括以下哪种类型？（ ）

A. Ntds. dit   B. Edb.log

C. Temp. edb   D. SYSTEM. dll

答案：D

1014. 基于网络的入侵监测系统的信息源是（ ）。

A. 系统的审计日志   B. 系统的行为数据

C. 应用程序的事务日志文件   D. 网络中的数据包

答案：D

1015. 基于用户名和密码的身份鉴别的正确说法是（ ）。

A. 将容易记忆的字符串作密码，使得这个方法经不起攻击的考验

B. 口令以明码的方式在网络上传播也会带来很大的风险

C. 更为安全的身份鉴别需要建立在安全的密码系统之上

D. 一种最常用和最方便的方法，但存在诸多不足

一、单项选择题

答案：B

1016. 假如向一台远程主机发送特定的数据包，却不想远程主机响应发送的数据包。这时可以使用哪一种类型的进攻手段？（　　）

A. 缓冲区溢出　　　　　　　　B. 地址欺骗

C. 拒绝服务　　　　　　　　　D. 暴力攻击

答案：B

1017. 拒绝服务攻击不包括以下哪一项？（　　）

A. DDoS　　　　　　　　　　B. ARP 攻击

C. Land 攻击　　　　　　　　D. 畸形报文攻击

答案：B

1018. 可进行巴西烤肉提权的条件是目标服务器未安装什么补丁？（　　）

A. 未安装 KB970482 补丁　　　B. 未安装 KB970483 补丁

C. 未安装 KB970484 补丁　　　D. 未安装 970485 补丁

答案：B

1019. 口令是验证用户身份的最常用手段，以下哪种口令的潜在风险影响范围最大？（　　）

A. 长期没有修改的口令　　　　B. 过短的口令

C. 两个人公用的口令　　　　　D. 设备供应商提供的默认口令

答案：D

1020. 利用 Google 查询 Baidu 网站内容含"电话"信息网页命令的是（　　）。

A. site:www.baidu.com intext: 电话　　　B. site:www.baidu.com intitle: 电话

C. site:www.baidu.com filetype: 电话　　　D. site:www.baidu.com info: 电话

答案：A

1021. 漏洞扫描（Scanner）和信息安全风险评估之间是怎样的关系？（　　）

A. 漏洞扫描就是信息安全风险评估

B. 漏洞扫描是信息安全风险评估中的一部分，是技术脆弱性评估

C. 信息安全风险评估就是漏洞扫描

D. 信息安全风险评估是漏洞扫描的一个部分

答案：B

1022. 漏洞形成的原因是（　　）。

A. 因为程序的逻辑设计不合理或者错误而造成

B. 程序员在编写程序时由于技术上的疏忽而造成

C. TCP/IP 的最初设计者在设计通信协议时只考虑到了协议的实用性，而没有考虑到协议的安全性

D. 以上都是

答案：D

1023. 某服务器被黑客入侵，黑客在服务器上安装了 Shift 后门，正常情况下，启动 Shift 后门的方法是（　）。

A. 远程桌面连接到服务器，按 5 下键盘 Shift 键

B. 远程桌面连接到服务器，按 3 下键盘 Shift 键

C. Telnet 连接到服务器，运行 net start shift

D. Telnet 连接到服务器，运行 net use shift

答案：A

1024. 某系统被攻击者入侵，初步怀疑为管理员存在弱口令，攻击者从远程终端以管理员身份登录进行系统进行了相应的破坏，验证此事应查看（　）。

A. 系统日志　　　　　　　　　　B. 应用程序日志

C. 安全日志　　　　　　　　　　D. IIS 日志

答案：C

1025. 窃听是一种（　）攻击，攻击者（　）将自己的系统插入到发送站和接收站之间。截获是一种（　）攻击，攻击者（　）将自己的系统插入到发送站和接受站之间。

A. 被动，无须，主动，必须　　　B. 主动，必须，被动，无须

C. 主动，无须，被动，必须　　　D. 被动，必须，主动，无须

答案：A

1026. 请把以下扫描步骤按照正常过程排序：①根据已知漏洞信息，分析系统脆弱点；②识别目标主机端口的状态（监听/关闭）；③生成扫描结果报告；④识别目标主机系统及服务程序的类型和版本；⑤扫描目标主机识别其工作状态（开/关机）（　）。

A. ①③④⑤②　　　　　　　　　　B. ⑤②④①③

C. ⑤①②④③　　　　　　　　　　D. ②⑤①④③

答案：B

1027. 权限及口令管理中,密码设置应具有一定强度、长度和复杂度并定期更换,要求（　）。

A. 长度不得小于 8 位字符串，但不要求是字母和数字或特殊字符的混合

B. 长度不得小于 8 位字符串，且要求是字母和数字或特殊字符的混合

C. 长度不得大于 8 位字符串，且要求是字母和数字或特殊字符的混合

D. 长度不得小于 6 位字符串，且要求是字母和数字或特殊字符的混合

答案：B

1028. 如果将风险管理分为风险评估和风险减缓，那么以下哪个不属于风险减缓的内容？（　）

一、单项选择题

A. 计算风险 B. 选择合适的安全措施

C. 实现安全措施 D. 接受残余风险

答案：A

1029. 如果一名攻击者截获了一个公钥，然后他将这个公钥替换为自己的公钥并发送给接收者，这种情况属于哪一种攻击？（ ）

A. 重放攻击 B. Smurf 攻击

C. 字典攻击 D. 中间人攻击

答案：D

1030. 如何配置，使得用户从服务器 A 访问服务器 B 而无须输入密码？（ ）

A. 利用 NIS 同步用户的用户名和密码

B. 在两台服务器上创建并配置 /.rhosts 文件

C. 在两台服务器上创建并配置 $HOME/.netrc 文件

D. 在两台服务器上创建并配置 /et/hosts.equiv 文件

答案：D

1031. 软件限制策略是通过组策略得以应用的。如果应用了多个策略设置，它们将遵循以下的优先级顺序（从低到高）（ ）。

A. 站点策略，域策略，组织单位策略，本地计算机策略

B. 组织单位策略，站点策略，域策略，本地计算机策略

C. 域策略，组织单位策略，站点策略，本地计算机策略

D. 本地计算机策略，站点策略，域策略，组织单位策略

答案：D

1032. 社会工程学工具集在 BackTrack 中被命名为（ ）。

A. SET B. SEAT

C. OllyDbg D. ProxyChains

答案：A

1033. 审计管理是指（ ）。

A. 保证数据接收方收到的信息与发送方发送的信息完全一致

B. 防止因数据被截获而造成的泄密

C. 对用户和程序使用资源的情况进行记录和审查

D. 保证信息使用者都可以得到相应授权的全部服务

答案：C

1034. 使用 Nmap 扫描时，只想知道网络上都有哪些主机正在运行的时候使用（ ）参数。

A. −sU B. −sP

C. –sS D. –sA

答案：B

1035. 首次因黑客攻击行为引发的大规模停电事件是（ ）事件。

A. 2016 年以色列国家电网遭受黑客攻击

B. 2015 年乌克兰电力系统遭受黑客攻击

C. 2010 年伊朗核电站遭受 Stuxnet 震网病毒攻击

D. 2012 年印度大停电事件

答案：B

1036. 特洛伊木马攻击的威胁类型属于（ ）。

A. 授权侵犯威胁 B. 植入威胁

C. 渗入威胁 D. 旁路控制威胁

答案：B

1037. 通过电脑病毒甚至可以对核电站、水电站进行攻击导致其无法正常运转，对这一说法你认为以下哪个选项是准确的？（ ）

A. 理论上可行，但没有实际发生过 B. 病毒只能对电脑攻击，无法对物理环境造成影响

C. 不认为能做到，危言耸听 D. 绝对可行，已有在现实中实际发生的案例

答案：D

1038. 通过反复尝试向系统提交用户名和密码以发现正确的用户密码的攻击方式称为（ ）。

A. 账户信息收集 B. 密码分析

C. 密码嗅探 D. 密码暴力破解

答案：D

1039. 通过社会工程学能够（ ）。

A. 获取用户名密码 B. 实施 DOS 攻击

C. 传播病毒 D. 实施 DNS 欺骗

答案：A

1040. 网络安全的三原则是（ ）。

A. 问责制、机密性和完整性 B. 机密性、完整性和可用性

C. 完整性、可用性和问责制 D. 可用性、问责制和机密性

答案：B

1041. 网络安全的最后一道防线是（ ）。

A. 数据加密 B. 访问控制

C. 接入控制 D. 身份识别

答案：A

一、单项选择题

1042. 网络病毒是由因特网衍生出的新一代病毒,即 Java 及 ActiveX 病毒。由于（ ），因此不被人们察觉。

A. 它不需要停留在硬盘中且可以与传统病毒混杂在一起

B. 它停留在硬盘中且可以与传统病毒混杂在一起

C. 它不需要停留在硬盘中且不与传统病毒混杂在一起

D. 它停留在硬盘中且不与传统病毒混杂在一起

答案：A

1043. 网络层攻击中属于 IP 欺骗攻击的包括（ ）。

A. TFN B. Smurf

C. SYN-Flood D. DOS

答案：B

1044. 网络后门的功能是（ ）。

A. 保持对目标主机长久控制 B. 防止管理员密码丢失

C. 为定期维护主机 D. 为防止主机被非法入侵

答案：A

1045. 为达到预期的攻击目的,恶意代码通常会采用各种方法将自己隐藏起来,关于隐藏方法,下面理解错误的是（ ）。

A. 隐藏恶意代码进程,即将恶意代码进程隐藏起来,或者改名和使用系统进程名,以更好的躲避检测,迷惑用户和安全检测人员

B. 隐藏恶意代码的网络行为,复用通用的网络端口或者不使用网络端口,以躲避网络行为检测和网络监控

C. 隐藏恶意代码的源代码,删除或加密源代码,仅留下加密后的二进制代码,以躲避用户和安全检测人员

D. 隐藏恶意代码的文件,通过隐藏文件、采用流文件技术或 Hook 技术,以躲避系统文件检查和清除

答案：C

1046. 为了防御网络监听,常用的方法是（ ）。

A. 采用物理传输（非网络） B. 信息加密

C. 无线网 D. 使用专线传输

答案：B

1047. 为了检测 Windows 系统是否有木马入侵,可以先通过（ ）命令来查看当前的活动连接端口。

A. ipconfig B. netstat -an

C. tracert –d D. netstat –rn

答案：B

1048. 为了确定自从上次合法的程序更新后程序是否被非法改变过，信息系统安全审核员可以采用的审计技术是（ ）。

A. 代码比照 B. 代码检查

C. 测试运行日期 D. 分析检查

答案：A

1049. 我们在日常生活和工作中，为什么需要定期修改电脑、邮箱、网站的各类密码？（ ）

A. 遵循国家的安全法律 B. 降低电脑受损的概率

C. 确保不会忘记密码 D. 确保个人数据和隐私安全

答案：D

1050. 无线网络中常见攻击方式不包括（ ）。

A. 中间人攻击 B. 漏洞扫描攻击

C. 会话劫持攻击 D. 拒绝服务攻击

答案：B

1051. 下列不属于后门程序的是（ ）。

A. WebShell B. Rootkit

C. 灰鸽子 D. 永恒之蓝

答案：D

1052. 下列对审计系统基础基本组成描述正确的是（ ）。

A. 审计系统一般包括三个部分：日志记录、日志分析和日志处理

B. 审计系统一般包括两个部分：日志记录和日志处理

C. 审计系统一般包括两个部分：日志记录和日志分析

D. 审计系统一般包括三个部分：日志记录、日志分析和日志报告

答案：D

1053. 下列对系统日志信息的操作中哪一项是最不应当发生的？（ ）

A. 对日志内容进行编辑 B. 只抽取部分条目进行保存和查看

C. 用新的日志覆盖旧的日志 D. 使用专用工具对日志进行分析

答案：A

1054. 下列对于 Rootkit 技术的解释不准确的是（ ）。

A. Rootkit 是一种危害大、传播范围广的蠕虫

B. Rootkit 是攻击者用来隐藏自己和保留对系统的访问权限的一组工具

C. Rootkit 和系统底层技术结合十分紧密

一、单项选择题

D. Rootkit 的工作机制是定位和修改系统的特定数据，改变系统的正常操作流程

答案：A

1055. 下列关于计算机病毒感染能力的说法不正确的是（ ）。

A. 能将自身代码注入引导区　　　　B. 能将自身代码注入扇区中的文件镜像

C. 能将自身代码注入文本文件中并执行　D. 能将自身代码注入文档或模板的宏中代码

答案：C

1056. 下列关于计算机木马的说法错误的是（ ）。

A. Word 文档也会感染木马

B. 尽量访问知名网站能减少感染木马的概率

C. 杀毒软件对防止木马病毒泛滥具有重要作用

D. 只要不访问互联网，就能避免受到木马侵害

答案：D

1057. 下列关于漏洞扫描技术和工具的描述中，错误的是（ ）。

A. X-Scanner 可以对路由器、交换机、防火墙等设备进行安全漏洞扫描

B. 是否支持可定制的攻击方法是漏洞扫描器的主要性能指标之一

C. 主动扫描可能会影响网络系统的正常运行

D. 选择漏洞扫描产品时，用户可以使用 CVE 作为评判工具的标准

答案：A

1058. 下列关于密码安全的描述，不正确的是（ ）。

A. 容易被记住的密码不一定不安全　　B. 超过 12 位的密码很安全

C. 密码定期更换　　　　　　　　　　D. 密码中使用的字符种类越多越不易被猜中

答案：B

1059. 下列关于木马说法不正确的是（ ）。

A. 木马是典型的后门程序

B. 木马分为客户端和服务器端，感染用户的是木马客户端

C. 木马在主机运行，一般不会占用主机的资源，因此难于发现

D. 大多数木马采用反向连接技术，可以绕过防火墙

答案：B

1060. 下列哪个攻击不在网络层？（ ）

A. Smurf　　　　　　　　　　　　　B. Teardrop

C. IP 欺诈　　　　　　　　　　　　　D. SQL 注入

答案：D

1061. 下列哪个是病毒的特性？（ ）

A. 不感染、依附性 B. 不感染、独立性

C. 可感染、依附性 D. 可感染、独立性

答案：C

1062. 下列哪个是蠕虫的特性？（ ）

A. 不感染、依附性 B. 不感染、独立性

C. 可感染、依附性 D. 可感染、独立性

答案：D

1063. 下列哪项不是网络设备 AAA 的含义？（ ）

A. Audition（审计） B. Authentication（认证）

C. Authorization（授权） D. Accounting（计费）

答案：A

1064. 下列哪种工具可以作为离线破解密码使用？（ ）

A. Hydra B. Medusa

C. HScan D. oclHashcat

答案：D

1065. 下列哪一种方法属于基于实体"所有"鉴别方法？（ ）

A. 用户通过自己设置的口令登录系统，完成身份鉴别

B. 用户使用个人指纹，通过指纹识别系统的身份鉴别

C. 用户利用和系统协商的秘密函数，对系统发送的挑战进行正确应答，通过身份鉴别

D. 用户使用集成电路卡（如智能卡）完成身份鉴别

答案：D

1066. 下列选项中不是 APT 攻击的特点的是（ ）。

A. 目标明确 B. 持续性强

C. 手段多样 D. 攻击少见

答案：D

1067. 下面关于我们使用的网络是否安全的正确表述是（ ）。

A. 安装了防火墙，网络是安全的

B. 设置了复杂的密码，网络是安全的

C. 安装了防火墙和杀毒软件，网络是安全的

D. 没有绝对安全的网络，使用者要时刻提高警惕，谨慎操作

答案：D

1068. 下面哪一个情景属于身份验证（Authentication）过程？（ ）

A. 用户在网络上共享了自己编写的一份 Office 文档，并设定哪些用户可以阅读，哪些用

一、单项选择题

户可以修改

B. 用户按照系统提示输入用户名和口令

C. 某个人尝试登录到你的计算机中，但是口令输入的不对，系统提示口令错误，并将这次失败的登录过程记录在系统日志中

D. 用户使用加密软件对自己编写的 Office 文档进行加密，后看到文档中的内容

答案：B

1069. 下面哪一项不是黑客攻击在信息收集阶段使用的工具或命令？（ ）

A. Nmap   B. Nslookup

C. LC   D. X-Scan

答案：C

1070. 下面哪一项是防止缓冲区溢出的有效方法？（ ）

A. 拔掉网线   B. 检查缓冲区是否足够大

C. 关闭操作系统特殊程序   D. 在往缓冲区填充数据时必须进行边界检查

答案：D

1071. 下面哪一项最好地描述了风险分析的目的？（ ）

A. 识别用于保护资产的责任义务和规章制度

B. 识别资产、脆弱性并计算潜在的风险

C. 识别资产以及保护资产所使用的技术控制措施

D. 识别同责任义务有直接关系的威胁

答案：B

1072. 下面哪一种攻击是被动攻击？（ ）

A. 假冒   B. 搭线窃听

C. 篡改信息   D. 重放信息

答案：B

1073. 下面哪一种是社会工程？（ ）

A. 缓冲器溢出   B. SQL 注入攻击

C. 电话联系组织机构的接线员询问用户名和口令 D. 利用 PKI/CA 构建可信网络

答案：C

1074. 下面哪种写法表示如果 CMD1 执行不成功，则执行 CMD2 命令？（ ）

A. CMD1||CMD2   B. CMD1|CMD2

C. CMD1&CMD2   D. CMD1&&CMD2

答案：A

1075. 信息安全风险缺口是指（ ）。

A. IT 的发展与安全投入，安全意识和安全手段的不平衡

B. 信息化中，信息不足产生的漏洞

C. 计算机网络运行，维护的漏洞

D. 计算中心的火灾隐患

答案：A

1076. 嗅探器是把网卡设置为哪种模式来捕获网络数据包的？（　）

A. 混杂模式　　　　　　　　　B. 广播模式

C. 正常模式　　　　　　　　　D. 单点模式

答案：A

1077. 许多黑客攻击都是利用软件实现中的缓冲区溢出的漏洞，对此最可靠的解决方案是什么？（　）

A. 安装防火墙　　　　　　　　B. 安装入侵检测系统

C. 给系统安装最新的补丁　　　D. 安装防病毒软件

答案：C

1078. 要能够进行远程注册表攻击必须（　）。

A. 开启目标机的 Service 的服务　　B. 开启目标机的 Remote Registry Service 服务

C. 开启目标机的 Server 服务　　　D. 开启目标机的 Remote Routing 服务

答案：B

1079. 要求关机后不重新启动，shutdown 后面参数应该跟（　）。

A. –k　　　　　　　　　　　　B. –r

C. –h　　　　　　　　　　　　D. –c

答案：C

1080. 一般来说，个人计算机的防病毒软件对（　）是无效的。

A. Word 病毒　　　　　　　　B. DDoS

C. 电子邮件病毒　　　　　　　D. 木马

答案：B

1081. 一般情况下，操作系统输入法漏洞，通过（　）端口实现。

A. 135　　　　　　　　　　　B. 139

C. 445　　　　　　　　　　　D. 3389

答案：D

1082. 以下不属于抓包软件的是（　）。

A. Sniffer　　　　　　　　　　B. Netscan

C. Wireshark　　　　　　　　D. Ethereal

一、单项选择题

答案：B

1083. 以下脆弱性评估软件，哪一个是开源软件，被集成在 BackTrack 中？（ ）

A. Nikto
B. IBM AppScan
C. Acunetix Web Vulnerability Scanner
D. WebInspect

答案：A

1084. 以下对 Windows 系统日志的描述错误的是（ ）。

A. Windows 系统默认的由三个日志，系统日志，应用程序日志，安全日志

B. 系统日志跟踪各种各样的系统事件，例如跟踪系统启动过程中的事件或者硬件和控制器的故障。

C. 应用日志跟踪应用程序关联的事件，例如应用程序产生的装载 DLL（动态链接库）失败的信息

D. 安全日志跟踪各类网络入侵事件，例如拒绝服务攻击、口令暴力破解等

答案：C

1085. 以下对于非集中访问控制中"域"说法正确的是（ ）。

A. 每个域的访问控制与其他域的访问控制相互关联

B. 跨域访问不一定需要建立信任关系

C. 域中的信任必须是双向的

D. 域是一个共享同一安全策略的主体和客体的集合

答案：D

1086. 以下方法中，不适用于检测计算机病毒的是（ ）。

A. 特征代码法
B. 校验和法
C. 加密
D. 软件模拟法

答案：C

1087. 以下关于 Smurf 攻击的描述，哪句话是错误的？（ ）

A. 它依靠大量有安全漏洞的网络作为放大器

B. 攻击者最终的目标是在目标计算机上获得一个账号

C. 它是一种拒绝服务形式的攻击

D. 它使用 ICMP 的包进行攻击

答案：B

1088. 以下可以用于本地破解 Windows 密码的工具是（ ）。

A. John the Ripper
B. PwDump
C. Tscrack
D. Hydra

答案：A

1089. 以下描述黑客攻击思路的流程描述中，哪个是正确的？（ ）

A. 一般黑客攻击思路分为预攻击阶段、实施破坏阶段、获利阶段

B. 一般黑客攻击思路分为信息收集阶段、攻击阶段、破坏阶段

C. 一般黑客攻击思路分为预攻击阶段、攻击阶段、后攻击阶段

D. 一般黑客攻击思路分为信息收集阶段、漏洞扫描阶段、实施破坏阶段

答案：C

1090. 以下描述中，最能说明安全扫描的作用的是（ ）。

A. 弥补由于认证机制薄弱带来的问题

B. 弥补由于协议本身而产生的问题

C. 弥补防火墙对信息内网安全威胁检测不足的问题

D. 扫描检测所有的数据包攻击，分析所有的数据流

答案：C

1091. 以下哪个不是 UDP Flood 攻击的方式？（ ）

A. 发送大量的 UDP 小包冲击应用服务器

B. 利用 Echo 等服务形成 UDP 数据流导致网络拥塞

C. 利用 UDP 服务形成 UDP 数据流导致网络拥塞

D. 发送错误的 UDP 数据报文导致系统崩溃

答案：D

1092. 以下哪个是 ARP 欺骗攻击可能导致的后果？（ ）

A. ARP 欺骗可直接获得目标主机的控制权

B. ARP 欺骗可导致目标主机的系统崩溃，蓝屏重启

C. ARP 欺骗可导致目标主机无法访问网络

D. ARP 欺骗可导致目标主机死机

答案：C

1093. 以下哪个是恶意代码采用的隐藏技术？（ ）

A. 文件隐藏 B. 进程隐藏

C. 网络链接隐藏 D. 以上都是

答案：D

1094. 以下哪项技术不属于预防病毒技术的范畴？（ ）

A. 加密可执行程序 B. 引导区保护

C. 系统监控与读写控制 D. 校验文件

答案：A

1095. 以下哪项是 SYN 变种攻击经常用到的工具？（ ）

一、单项选择题

A. SessionIE　　　　　　　　　B. TFN

C. Synkill　　　　　　　　　　D. WebScan

答案：C

1096. 以下哪项是对抗 ARP 欺骗有效的手段？（　　）

A. 使用静态的 ARP 缓存　　　　B. 在网络上阻止 ARP 报文的发送

C. 安装杀毒软件并更新到最新的病毒库　D. 使用 Linux 系统提高安全性

答案：A

1097. 以下哪种工具可用于破解 Windows 密码？（　　）

A. 灰鸽子　　　　　　　　　　B. LP Check

C. 冰刃　　　　　　　　　　　D. Ophcrack

答案：D

1098. 以下哪种行为属于威胁计算机网络安全的因素？（　　）

A. 操作员安全配置不当而造成的安全漏洞

B. 在不影响网络正常工作的情况下，进行截获、窃取、破译以获得重要机密信息

C. 安装非正版软件

D. 以上均是

答案：D

1099. 永恒之蓝病毒针对主机哪个端口？（　　）

A. 139 及 445　　　　　　　　B. 138 及 445

C. 139 及 435　　　　　　　　D. 138 及 435

答案：A

1100. 用一个特别打造的 SYN 数据包，它的源地址和目标地址都被设置成某一个服务器地址。这样将导致接收服务器向它自己的地址发送 SYN-ACK 信息，结果这个地址又发回 ACK 信息并创建一个空连接，被攻击的服务器每接收到一个这样的连接就将其保存，直到超时，这种拒绝服务攻击是下列中的（　　）。

A. SYN Flooding 攻击　　　　　B. Teardrop 攻击

C. UDP Storm 攻击　　　　　　D. Land 攻击

答案：D

1101. 用于检查 Windows 系统中弱口令的安全软件工具是（　　）。

A. LophtCrack　　　　　　　　B. COPS

C. SuperScan　　　　　　　　D. Ethereal

答案：A

1102. 用于实现身份鉴别的安全机制是（　　）。

A. 加密机制和数字签名机制 B. 加密机制和访问控制机制
C. 数字签名机制和路由控制机制 D. 访问控制机制和路由控制机制

答案：A

1103. 越权漏洞的成因主要是因为（ ）。

A. 开发人员在对数据进行增、删、改、查询时对客户端请求的数据过分相信而遗漏了权限的判定

B. 没有对上传的扩展名进行检查

C. 服务器存在文件名解析漏洞

D. 没有对文件内容进行检查

答案：A

1104. 在 Linux 系统中拥有最高级别权限的用户是（ ）。

A. root B. Administrator
C. mail D. nobody

答案：A

1105. 在 NT 中，怎样使用注册表编辑器来严格限制对注册表的访问？（ ）

A. HKEY_CURRENT_CONFIG，连接网络注册、登录密码、插入用户 ID

B. HKEY_CURRENT_MACHINE，浏览用户的轮廓目录，选择 NTUser.dat

C. HKEY_USERS，浏览用户的轮廓目录，选择 NTUser.dat

D. HKEY_USERS，连接网络注册，登录密码，插入用户 ID

答案：C

1106. 在 Windows 系统中，用于显示本机各网络端口详细情况的命令是（ ）。

A. netshow B. netstat
C. ipconfig D. netview

答案：B

1107. 在 Windows 系统中，管理权限最高的组是（ ）。

A. Everyone B. Administrators
C. Powerusers D. Users

答案：B

1108. 在 Windows 操作系统中，欲限制用户无效登录的次数，应当怎么做？（ ）

A. 在"本地安全设置"中对"密码策略"进行设置

B. 在"本地安全设置"中对"账户锁定策略"进行设置

C. 在"本地安全设置"中对"审核策略"进行设置

D. 在"本地安全设置"中对"用户权利指派"进行设置

一、单项选择题

答案：D

1109. 在被屏蔽的主机体系中，堡垒主机位于（　　）中，所有的外部连接都经过滤路由器到它上面去。

A. 内部网络　　　　　　　　　　B. 周边网络

C. 外部网络　　　　　　　　　　D. 自由连接

答案：A

1110. 在计算机安全扫描应用中，获取目标主机的操作系统类型、内核版本等相关信息的扫描技术称为（　　）。

A. Ping 检测　　　　　　　　　　B. 端口扫描

C. 弱口令探测　　　　　　　　　D. OS 探测

答案：D

1111. 在使用 KALI 进行 Wi-Fi 信号扫描过程中，使用的命令为（　　）。

A. airmon-ng　　　　　　　　　　B. airodump-ng

C. aireplay-ng　　　　　　　　　 D. aircrack-ng

答案：B

1112. 构建一个最简单的线性回归模型需要几个系数（只有一个特征）？（　　）

A. 1 个　　　　　　　　　　　　B. 2 个

C. 3 个　　　　　　　　　　　　D. 4 个

答案：B

1113. 在网络安全中，中断指攻击者破坏网络系统的资源，使之变成无效的或无用的。这是对（　　）的攻击。

A. 可用性　　　　　　　　　　　B. 机密性

C. 完整性　　　　　　　　　　　D. 真实性

答案：A

1114. 增加主机抵抗 DOS 攻击能力的方法之一是（　　）。

A. 缩短 SYN Timeout 时间　　　　B. 调整 TCP 窗口大小

C. 增加 SYN Timeout 时间　　　　D. IP-MAC 绑定

答案：A

1115. 张三将微信个人头像换成微信群中某好友头像，并将昵称改为该好友的昵称，然后向该好友的其他好友发送一些欺骗信息。该攻击行为属于以下哪类攻击？（　　）

A. 口令攻击　　　　　　　　　　B. 暴力破解

C. 拒绝服务攻击　　　　　　　　D. 社会工程学攻击

答案：D

— 157 —

1116. 字典攻击是黑客利用自动执行的程序猜测用户名和密码，审计这类攻击通常需要借助（　）。

A. 全面的日志记录和强壮的加密　　B. 强化的验证方法和入侵监测系统

C. 强化的验证方法和强壮的加密　　D. 全面的日志记录和入侵监测系统

答案：D

1117. 最新的研究和统计表明，安全攻击主要来自（　）。

A. 接入网　　B. 企业内部网

C. 公用 IP 网　　D. 公用 IP 网

答案：B

1118. 安全工具（　）主要用于检测网络中主机的漏洞和弱点，并能给出针对性的安全性建议。

A. Nmap　　B. Nessus

C. EtterCAP　　D. Wireshark

答案：B

1119. 不属于 DOS 攻击的是（　）。

A. Smurf 攻击　　B. Ping of Death

C. Land 攻击　　D. TFN 攻击

答案：D

1120. 不属于 TCP 端口扫描方式的是（　）。

A. Xmas 扫描　　B. ICMP 扫描

C. ACK 扫描　　D. NULL 扫描

答案：B

1121. 对收集到的账号数据库进行暴力或字典破解的工具是（　）。

A. John the Ripper　　B. Nmap

C. Wireshark　　D. Hydra

答案：A

1122. SQLMap 中，执行系统命令的参数是（　）。

A. "--os-cmd"　　B. "--os-shell"

C. "--os-pwn"　　D. "--os-bof"

答案：A

1123. SQLMap 枚举参数中，枚举数据库的参数是（　）。

A. "--current-db"　　B. "--dbs"

C. "--D DB"　　D. 都不对

一、单项选择题

答案：B

1124. 分布式拒绝服务(Distributed Denial of Service, DDoS)攻击指借助于客户/服务器技术，将多个计算机联合起来作为攻击平台，对一个或多个目标发动 DDoS 攻击，从而成倍地提高拒绝服务攻击的威力。一般来说，DDoS 攻击的主要目的是破坏目标系统的（ ）。

A. 机密性　　　　　　　　　　　B. 完整性

C. 可用性　　　　　　　　　　　D. 真实性

答案：C

1125. 攻击者配置入侵的无线路由器断开当前的 WAN 连接，而通过其附近攻击者自己的一台无线路由器访问互联网，这种网络常被很形象地称为（ ）。

A. WAPJack　　　　　　　　　　B. 跳板攻击

C. 中间人攻击　　　　　　　　　D. WAPFunnel

答案：D

1126. 关于 Redis 未授权访问攻击说法，错误的是（ ）。

A. 可以写入 Web 木马　　　　　　B. 只能获取服务器当前配置

C. 可以通过写入 SSH 的公钥来获取 SSH 登录　　D. 可以通过写入 Crontab 来获得反弹 Shell

答案：B

1127. 过滤不严的网站会使用户绕过管理员登录验证，可能的万能密码是（ ）。

A. P@ssw0rd　　　　　　　　　B. admin 'or 1=1——

C. 123456　　　　　　　　　　D. Or '1==1'

答案：B

1128. 黑客通过以下哪种攻击方式，可能大批量获取网站注册用户的身份信息？（ ）

A. 越权　　　　　　　　　　　　B. CSRF

C. SQL 注入　　　　　　　　　　D. 以上都可以

答案：D

1129. Metasploit 中，搜索 cve2019-0708 的指令是（ ）。

A. find cve2019-0708　　　　　　B. search cve2019-0708

C. show cve 2019-0708　　　　　D. search cve:2019-0708

答案：D

1130. Metasploit 中，搜索与 RDP 相关的 exploit 模块的指令是（ ）。

A. find exploit rdp　　　　　　　B. find type:exploit rdp

C. search exploit:rdp　　　　　　D. search type:exploit rdp

答案：D

1131. Metasploit 中，执行某个 exploit 模块的指令正确的是（ ）。

A. run	B. exp
C. use	D. set

答案：A

1132. Metasploit 中，用于后渗透的模块是（　　）。

A. auxiliary	B. post
C. exploit	D. payload

答案：B

1133. 为检测某单位是否存在私建 Web 系统，可用下列哪个工具对该公司网段的 80 端口进行扫描？（　　）

A. WVS	B. Burp Suite
C. Nmap	D. SQLMap

答案：C

1134. 下列 PHP 函数中，哪个函数常被用来执行一句话木马？（　　）

A. echo	B. pack
C. die	D. assert

答案：D

1135. 下列不属于文件包含漏洞的敏感函数的是（　　）。

A. require_once	B. readfile
C. include	D. sum

答案：D

1136. 下列哪种工具是常用来扫描 Web 漏洞的工具？（　　）

A. AWVS	B. Nmap
C. Masscan	D. iisput-scan

答案：A

1137. 下列哪项不是黑客在入侵踩点（信息搜集）阶段使用到的技术？（　　）

A. 公开信息的合理利用及分析	B. IP 及域名信息收集
C. 主机及系统信息收集	D. 使用 SQLMap 验证 SQL 注入漏洞是否存在

答案：D

1138. 对于 Nmap 理解正确的是（　　）。

A. Nmap 仅仅是端口探测工具	B. Nmap 除了端口探测也可以进行漏洞检测
C. Nmap 的扩展脚本是用 Ruby 编写的	D. Nmap 探测端口使用 -P（大写）

答案：B

1139. 以 target.test.com 所在网络上的所有个 IP 地址为目标，通过秘密 SYN 扫描方式，探测所有活动主机的命令为（　　）。

A. nmap −ss −o target.test.com/24
B. nmap −sU −O target.test.com/24
C. nmap −sS −O target.test.com/24
D. nmap −iR −O target.test.com/24

答案：C

1140. 以下哪项不属于针对数据库的攻击？（　　）

A. 特权提升
B. 利用 XSS 漏洞攻击
C. SQL 注入
D. 强力破解弱口令或默认的用户名及口令

答案：B

1141. Nmap 中 −sV 参数的含义是（　　）。

A. 扫描服务版本
B. 操作系统检测
C. 激烈模式
D. 简单扫描模式

答案：A

1142. Nmap 中 −A 参数的含义是（　　）。

A. 扫描服务版本
B. 操作系统检测
C. 执行所有的扫描
D. 简单扫描模式

答案：C

1143. Nmap 中要显示操作过程的详细信息使用的参数是（　　）。

A. "−A"
B. "−V"
C. "−v"
D. "−O"

答案：C

1144. Nmap 使用的时间模板参数中，下列扫描间隔最短的是（　　）。

A. T1
B. T2
C. T3
D. T4

答案：D

1145. 在使用 SQLMap 进行 SQL 注入时，下面哪个参数用来指定表名？（　　）

A. "−T"
B. "−D"
C. "−C"
D. "−U"

答案：A

1146. SQLMap 已探知数据库，注出表的参数是（　　）。

A. "−−table"
B. "−−columns"
C. "−−dbs"
D. "−−schema"

答案：A

1147. SQLMap 发现注入漏洞，是个小型数据库，数据下载的参数是（　　）。

A. "--dbs"　　　　　　　　　B. "--dump"

C. "-T"　　　　　　　　　　D. "-D"

答案：B

1148. Burpsuite 中，用于爆破的模块是（　　）。

A. target　　　　　　　　　B. intruder

C. sequencer　　　　　　　D. repeater

答案：B

1149. SQLMap 中，空格替换随机空白字符，等号替换为 like 的 tamper 是（　　）。

A. modsecurityversioned　　B. multiplespaces

C. bluecoat　　　　　　　　D. space2morecomment

答案：C

1150. Burp Suite Intruder 中只针对一个 position，使用一个 payload set 的攻击方法是（　　）。

A. sniper　　　　　　　　　B. battering ram

C. pitchfork　　　　　　　D. cluster bomb

答案：A

1151. 使用 Burpsuite 的 repeater 重放攻击 payload，状态码显示 40x，意义是（　　）。

A. payload 被重定向　　　　B. payload 攻击导致服务器内部错误

C. payload 被服务器拒绝　　D. payload 攻击包接受后服务器返回正常响应不一定成功

答案：C

1152. Tomcat 后台数据包中认证的字段是（　　）。

A. Authorization:Basic XXX　　B. auth-oa

C. author:Basic XXX　　　　　D. user-Agent

答案：A

1153. Tomcat 后台认证失败返回的 HTTP 代码是（　　）。

A. 200　　　　　　　　　　B. 301

C. 401　　　　　　　　　　D. 500

答案：C

1154. 对于自动化扫描工具，一般需要登录后进行检测，以获得更多的结果，下列认证方式错误的是（　　）。

A. 在工具中直接输入用户名密码　　B. 使用录入功能录入用户名密码

C. 复制存活页面的 Cookies 并配置代理　　D. 复制存活页面的 URL 并进行配置代理

答案：D

1155. 下列相应信息属于信息泄露的是（　　）。

一、单项选择题

A. HTTP 响应状态 　　　　　　　B. Date 字段

C. X-powered-by 字段 　　　　　D. Content-type 字段

答案：C

1156. 下列字段信息属于信息泄露的是（　　）。

A. HTTP 响应状态 　　　　　　　B. Date 字段

C. Server 字段 　　　　　　　　D. Content-type 字段

答案：C

1157. 对于文件上传漏洞攻击防范，以下选项错误的是（　　）。

A. 检查服务器是否判断了上传文件类型及后缀

B. 定义上传文件类型白名单，即只允许白名单里面类型的文件上传

C. 文件上传目录禁止执行脚本解析，避免攻击者进行二次攻击

D. 关闭上传功能

答案：D

1158. 下列关于命令注入说法错误的是（　　）。

A. 命令注入属于高危风险，一旦发现就能对服务器进行任何操作

B. 命令注入是由于不当的使用 system、eval 等命令导致的

C. 对字符进行合理的转义可以一定程度防范命令注入

D. 命令注入后攻击者可能获得整个服务器的权限

答案：A

1159. 在黑客攻击技术中，（　　）是黑客发现获得主机信息的一种最佳途径。

A. 网络监听 　　　　　　　　　　B. 端口扫描

C. 木马后门 　　　　　　　　　　D. 口令破解

答案：B

1160. SQLMap 是一种什么工具？（　　）

A. 信息收集 　　　　　　　　　　B. WebShell

C. 注入 　　　　　　　　　　　　D. 跨站攻击

答案：C

1161. 从文件名判断，最有可能属于 WebShell 文件的是（　　）。

A. b374k.php 　　　　　　　　　B. htaccess

C. web.config 　　　　　　　　　D. robots.txt

答案：A

1162. Google Hacking 指的是（　　）。

A. Google 也在做黑客 　　　　　　　　　　　　B. Google 正在被黑

— 163 —

C. 通过 Google 搜索引擎发现一些可被攻击的信息的一种方法　D. Google 的一种黑客工具

答案：C

1163. 在信息搜集阶段，在 Windows 下用来查询域名和 IP 对应关系的工具是（　　）。

A. Dig　　　　　　　　　　　　B. Nslookup

C. Tracert　　　　　　　　　　D. IPConfig

答案：B

1164. 在信息搜集阶段，在 kali 里用来查询域名和 IP 对应关系的工具是（　　）。

A. Ping　　　　　　　　　　　 B. Dig

C. Tracert　　　　　　　　　　D. IPConfig

答案：B

1165. 在 Google 中搜索可能存在上传点的页面，使用的语法是（　　）。

A. site:target.com inurl:file/load/editor/Files　　B. site:target.com inurl:aspx/jsp/php/asp

C. site:target.com filetype:asp/aspx/php/jsp　　D. site:target.com intext:load/editor/Files

答案：A

1166. 下面哪个不是端口扫描工具？（　　）

A. Nmap　　　　　　　　　　　B. ZMap

C. SQLMap　　　　　　　　　　D. Masscan

答案：C

1167. 下列扫描器中，（　　）扫描原理和方法与其他三个不一样。

A. Nmap　　　　　　　　　　　B. ZMap

C. iisput-scan　　　　　　　　D. X-Scan

答案：B

1168. 以下哪种方法可以收集子域名？（　　）

A. 域名服务商记录　　　　　　B. DNS 解析记录

C. 暴力猜解　　　　　　　　　D. 以上都可以

答案：D

1169. 默认情况下，Mimikatz 不能抓取 Windows 登录用户名的操作系统是（　　）。

A. Windows XP　　　　　　　　B. Windows 7

C. Windows 2008　　　　　　　D. Windows 2012

答案：D

1170. 使用 Mimikatz 抓取 Windows 登录用户密码的命令是（　　）。

A. sekurlsa:wdigest　　　　　　B. sekurlsa:tspkg

C. sekurlsa:logonPasswords　　D. sekurlsa:passwords

一、单项选择题

答案：C

1171. 告警生成规则中配置一条越界告警，越界阈值配置为最大值小于 80，最小值大于 50。请问当值为下列哪个值的时候会发生告警？（　　）

A. 60　　　　　　　　　　　　B. 40

C. 85　　　　　　　　　　　　D. 80

答案：A

1172. 国网公司信息通信调控中心在监控过程中，发现某单位信息系统告警，通常使用以下 SG-I6000 系统中哪一项流程与该单位联络？（　　）

A. 紧急抢修　　　　　　　　　B. 调度联系单

C. 调度指令票　　　　　　　　D. 调度指挥单

答案：B

1173. SG-I6000 系统【到保提醒管理】列表默认加载"最近一个月"内的即将到保的设备，对于到保时间小于（　　）的添加背景色告警。

A. 一个月　　　　　　　　　　B. 15 天

C. 1 天　　　　　　　　　　　D. 10 天

答案：D

1174. SG-I6000 系统【售后服务到期提醒管理】列表默认加载"近一月"内的即将到保的设备，对到保时间小于（　　）的添加背景色告警。

A. 一周　　　　　　　　　　　B. 15 天

C. 10 天　　　　　　　　　　 D. 30 天

答案：C

1175. 在 SG-I6000 系统服务中，ActiveMQ 服务是指（　　）。

A. 告警服务　　　　　　　　　B. 采集服务

C. 数据总线服务　　　　　　　D. 数据级联服务

答案：C

1176. SG-I6000 系统资源管理多维度查询可以根据（　　）硬件资源分类条件进行筛选查询。

A. 按设备类型显示　　　　　　B. 按单位显示

C. 按设备状态显示　　　　　　D. 以上所有

答案：D

1177. SG-I6000 系统提前半年（时间用户可以自定义）提醒用户设备即将到保，从而进行相关的处理：续保，然后更改设备台账的时间，用户需要进入（　　）走报废流程。

A. 设备变更　　　　　　　　　B. 设备退役

C. 设备转资　　　　　　　　　D. 设备申请

— 165 —

答案：A

1178. 在 SG-I6000 系统中，月度检修计划申请需在（　　）时候上报。

A. 当月 15 号之前报当月检修计划　　B. 当月 20 号之前报当月检修计划

C. 当月 15 号之前报下月检修计划　　D. 当月 20 号之前报下月检修计划

答案：D

1179. 在 SG-I6000 系统中，业务系统接口取数 BSWebServiceTemplate 服务配置文件 <id> 标签中填写的内容是什么？（　　）

A. 业务系统 ID　　　　　　　　　　B. 日志 ID

C. 实例名称　　　　　　　　　　　　D. 接口编号

答案：A

1180. 信息通信一体化调度运行支撑平台（SG-I6000）是国家电网公司为适应"三集五大"体系调整和信息通信融合发展的新形势，遵循公司信息通信运维体系发展要求，重点满足（　　）的实际需求而打造的新一代信息通信运维支撑平台，是服务公司信息通信运维管理和生产运行的唯一技术支撑平台。

A. 信息通信管理人员　　　　　　　　B. 公司业务部门人员

C. 信息通信运维人员　　　　　　　　D. 一线运维人员

答案：D

1181. 总部 SG-I6000 系统收到（　　）上报的检修计划，然后进行统一审批。

A. 县公司　　　　　　　　　　　　　B. 市公司

C. 省公司　　　　　　　　　　　　　D. 以上均正确

答案：C

1182. 在 SG-I6000 系统中，哪项流程不需要和总部进行贯通？（　　）

A. 一级紧急抢修　　　　　　　　　　B. 调度联系单

C. 巡视管理　　　　　　　　　　　　D. 运行方式

答案：C

1183. 在 SG-I6000 流程页面中，工单发错处理人后，以下哪种情况下可以及时追回该工单并重新发送？（　　）

A. 处理人处理该工单后　　　　　　　B. 处理人没有打开该工单之前

C. 任何情况下均可追回　　　　　　　D. 任何情况下均不能追回

答案：B

1184. 在 SG-I6000 系统中，软件资源包括应用系统、基础软件和（　　）。

A. IP　　　　　　　　　　　　　　　B. 软件实例

C. 电源负载　　　　　　　　　　　　D. 网卡

一、单项选择题

答案：B

1185. 在SG-I6000系统中，默认视图配置可对下列（　）视图进行编辑配置。

A. 应用视图、网络视图　　　　　B. 机房视图、主页探测试图

C. 综合监控视图　　　　　　　　D. 以上选项均可

答案：D

1186. 在SG-I6000系统中，实现设备的全过程管理，设备管理模块下关于设备变更流程的描述正确的是（　）。

A. 提供变更信息的编辑

B. 提供变更信息的申请和审核

C. 支持用户批量导入变更失败是可明确提示用户导入失败

D. 以上选项描述都正确

答案：D

1187. 在SG-I6000系统中，统计分析功能为管理人员提供对维度的设备综合查询功能及统计分析功能，硬件资源统计菜单的路径为（　）。

A. 基础管理→资源管理→统计分析→硬件资源统计

B. 基础管理→资源管理→统计分析→腾退资源库

C. 基础管理→资源管理→统计分析→软件资源统计

D. 基础管理→资源管理→智能查询→多维度查询

答案：A

1188. SG-I6000系统资源管理中硬件资源的统计分析功能可以提供多维度的硬件综合查询，我们可以通过多个查询条件对设备进行统计汇总工作，筛选条件有（　）。

A. 设备分类、设备类型　　　　　B. 制造商、品牌、系列、型号

C. 所属网络、设备状态　　　　　D. 以上条件均满足

答案：D

1189. SG-I6000信通消息功能模块，提供信通消息等集中主动式推送管理，对系统公告类信息，提供一个便捷、准确和及时的告知通道。后期可以对告警、（　）等进行主动式推送。

A. 计划　　　　　　　　　　　　B. 个人待办

C. 用户信息　　　　　　　　　　D. 服务消息

答案：B

1190. 在SG-I6000系统设备管理中，能批量导入的操作是（　）。

A. 设备入库　　　　　　　　　　B. 设备回收

C. 设备转资　　　　　　　　　　D. 设备报废

答案：A

1191. 在 SG-I6000 系统中，在两票管理中，可以追回流程的页面是（ ）。

A. 拟办　　　　　　　　　B. 历史任务

C. 待办　　　　　　　　　D. 新增

答案：B

1192. SG-I6000 集"调度、运行、（ ）、客服、三线"业务功能于一体的信息通信一体化调度运行支撑平台。

A. 技改　　　　　　　　　B. 大修

C. 建设　　　　　　　　　D. 检修

答案：D

1193. SG-I6000 通过统一技术支撑平台，实现上层各业务应用的灵活可插拔，数据共享，业务融合，提供（ ）公共服务支撑。

A. 下层　　　　　　　　　B. 上层

C. 底层　　　　　　　　　D. 高层

答案：C

1194. 下列哪一项不属于 SG-I6000 系统中缺陷管理工单中缺陷等级的分类？（ ）

A. 紧急　　　　　　　　　B. 严重

C. 一般　　　　　　　　　D. 轻微

答案：D

1195. 在 SG-I6000 系统检修模块中，下列哪项不属于工作票要填写的内容？（ ）

A. 工作内容　　　　　　　B. 工作组成员

C. 操作步骤　　　　　　　D. 安全措施

答案：C

1196. SG-I6000 系统设备管理实现全过程（库存备用、未投运、在运、退运、现场留用、待报废、报废）的设备资源管理，同时提供设备入库、设备变更、设备转资、设备报废等流程的实现，对设备入库描述错误的是（ ）。

A. 设备入库流程包括：入库申请提交，入库申请审核，入库申请回退，入库申请归档

B. 设备入库分为录入新增和导入新增两种方式

C. 单击页面上的"添加"按钮，在每个标签页里录入需要添加设备的属性，录入完之后保存即可，也可以选择"保存进草稿箱"或者"保存完成后录入下一条"

D. 设备入库流程包括：变更申请提交，变更申请审核，变更申请回退，变更申请归档

答案：D

1197. 在 SG-I6000 系统中，信息通信运行值班结束时，值班人员填写当班交接班记录，描述当班总体情况、问题处理记录、遗留事项，同时由（ ）对交接班记录进行共同确认。

一、单项选择题

A. 运行人员　　　　　　　　B. 接班人员
C. 调度主管　　　　　　　　D. 调度值长

答案：B

1198. 在SG-I6000系统中，设备全过程管理中每个子功能均须发起流程才能实现闭环管理，以下对流程描述错误的是（　　）。

A. 设备申请、设备投运等均须发起流程，并完成审核、归档
B. 设备全过程管理中的设备申请、设备投运、设备转资，不同的子功能需要完善的字段有所差异
C. 设备台账录入归档后发现有问题的可以产出重录
D. 一旦完成录入归档，则设备台账不可以删除

答案：C

1199. SG-I6000中系统管理提供对软件台账的实例化，通过新增系统安装、申请、审核完成软件实例化的规范化操作，系统管理支持系统安装、系统卸载、（　　）子功能。

A. 设备变更　　　　　　　　B. 系统变更
C. 设备转资　　　　　　　　D. 软件变更

答案：B

1200. 在SG-I6000系统中，下列哪项不属于一级检修计划申请需要填写的内容？（　　）

A. 计划负责人　　　　　　　B. 检修资源对象
C. 检修影响范围　　　　　　D. 操作步骤

答案：D

1201. 在SG-I6000系统流程页面中，检修计划的变更功能在哪一个标签页下可以看到？（　　）

A. 拟办　　　　　　　　　　B. 待办
C. 历史任务　　　　　　　　D. 任务统计

答案：C

1202. 在SG-I6000系统中，硬件资源统计分析可以提供对维度的资源综合查询，可供管理人员实现对设备的多个维度的统计汇总工作，有多种查看方式包括（　　）等。

A. 列表方式　　　　　　　　B. 图表方式
C. 可导出EXCEL查看　　　　D. 以上均可

答案：D

1203. 在SG-I6000系统中，业务系统接口取数BSWebServiceTemplate服务接口地址配置文件是以下哪个？（　　）

A. log4j. properties　　　　B. BSWebservice. xml

C. config. properties　　　　　　D. service.xml

答案：B

1204. SG-I6000 系统根设备资源管理硬件资源状态不包括（　）。

A. 待投运　　　　　　　　　　　B. 在运

C. 退役　　　　　　　　　　　　D. 现场留用

答案：A

1205. 在 SG-I6000 系统中，视图编辑中图元交互动操作不支持进行（　）。

A. 提示信息　　　　　　　　　　B. 单击动作

C. 双击动作　　　　　　　　　　D. 左键菜单

答案：D

1206. 登录 SG-I6000 系统，图形管理方式分为（　）。

A. 网络视图　　　　　　　　　　B. 图元编辑和视图编辑

C. 应用视图　　　　　　　　　　D. 预置视图

答案：B

1207. SG-I6000 系统检修管理流程，检修计划类别包括（　）。

A. 一级检修计划　　　　　　　　B. 二级检修计划

C. 临时检修计划　　　　　　　　D. 以上都是

答案：D

1208. SG-I6000 系统软件实例中数据库集群不能关联的对象有（　）。

A. 数据库基础软件　　　　　　　B. 表空间

C. 数据库用户　　　　　　　　　D. 所属主机

答案：D

1209. 在 SG-I6000 系统中，以下哪种类型的台账是在基础管理模块中进行维护？（　）

A. 数据库　　　　　　　　　　　B. 中间件

C. 操作系统　　　　　　　　　　D. 以上都是

答案：D

1210. 在信息系统日常检修操作工作中，需要在 SG-I6000 系统内执行两票，在两票管理流程涉及的岗位不包括（　）。

A. 工作负责人　　　　　　　　　B. 工作组成员

C. 签发人　　　　　　　　　　　D. 许可人

答案：B

1211. SG-I6000 平台建设总体目标是（　）。

A. 继承发展信息系统调度运行体系　　　　B. 融合现有信息通信运维支撑系统

C. 构建支撑信息通信一体化调度运行业务的统一平台　　D. 以上均正确

答案：D

1212. SG-I6000系统信息资源,是指所有支撑公司信息化建设与运行的各类资源,包括（　　）两大类。

A. 物理资源、逻辑资源　　　　　　　　B. 硬件资源、软件资源

C. 虚拟资源、基础支撑资源　　　　　　D. 基础资源、应用资源

答案：A

1213. 在SG-I6000系统中,硬件基础状态不包括（　　）。

A. 退役　　　　　　　　　　　　　　　B. 试运行

C. 库存备用　　　　　　　　　　　　　D. 现场留用

答案：B

1214. 在SG-I6000系统中,对于业务系统日指标取数时间应配置在（　　）。

A. 当日23：00到次日凌晨5：00　　　　B. 当日20：00到21：00

C. 次日08：00到12：00　　　　　　　　D. 当日21：00到23：00

答案：A

1215. 以下哪种服务实现网省公司SG-I6000系统指标数据与国网总部的级联功能？（　　）

A. KPIIN服务　　　　　　　　　　　　B. KPIU服务

C. EDI服务　　　　　　　　　　　　　D. ETL服务

答案：B

1216. SG-I6000系统与ERP设备资产信息集成,主要是通过哪种技术方式实现？（　　）

A. WebService　　　　　　　　　　　　B. ODS

C. 企业服务总线　　　　　　　　　　　D. JMS

答案：B

1217. 设备入库分为录入新增和（　　）两种方式。

A. 导入新增　　　　　　　　　　　　　B. 采集新增

C. 识别新增　　　　　　　　　　　　　D. ERP回传新增

答案：A

1218. SG-I6000综合监控气泡图中,表示处于检修状态的是哪种颜色？（　　）

A. 红色　　　　　　　　　　　　　　　B. 紫色

C. 橙色　　　　　　　　　　　　　　　D. 黄色

答案：B

1219. SG-I6000的检修管理不包括（　　）。

A. 检修可视化　　　　　　　　　　　　B. 检修计划申请

C. 检修完成总结　　　　　　D. 两票管理

答案：C

1220. 硬件设备按照用途不同划分为主机设备、存储设备、网络设备、安全设备、（　　）、辅助设备、外部设备、设备子资源 8 类。

A. 操作系统　　　　　　　　B. 软件系统

C. 硬件系统　　　　　　　　D. 终端设备

答案：D

1221. 主机设备包括（　　）、刀片机、小型机、工控机、专用服务器。

A. 交换机　　　　　　　　　B. PC 服务器

C. UPS　　　　　　　　　　D. 笔记本电脑

答案：B

1222. SG-I6000 系统支持通过 IE8 及以上版本浏览器，考虑到浏览器更好地兼容性等问题建议通常情况下采用（　　）、火狐浏览器登录，以便于提供更好的用户体验。

A. 谷歌　　　　　　　　　　B. 百度

C. 360　　　　　　　　　　D. QQ

答案：A

1223. 下列哪一项不属于 SG-I6000 检修管理流程？（　　）

A. 缺陷消缺申请流程　　　　B. 检修计划申请流程

C. 工作票流程　　　　　　　D. 操作票流程

答案：A

1224. 在设备入库，填写设备录入信息时不是必填字段的是（　　）。

A. 制造商　　　　　　　　　B. 备注

C. 设备名称　　　　　　　　D. 设备分类

答案：B

1225. 以下哪一种是二级二类检修？（　　）

A. 影响各单位内部或者省公司与地市公司之间纵向贯通以及应用的检修工作

B. 影响地市公司内部或地市公司与县公司之间系统纵向贯通以及应用的检修工作

C. 只影响县公司内部的检修工作

D. 影响公司总部与灾备中心、各单位之间信息系统纵向贯通以及应用的检修工作

答案：B

1226. 巡视计划中巡视类型共有以下哪几种？（　　）

A. 机房巡视、信息系统巡视、特殊巡视、安全巡视

B. 机房巡视、信息系统巡视、业务人员巡视、特殊巡视

一、单项选择题

C. 信息系统巡视、特殊巡视、安全巡视、业务人员巡视

D. 机房巡视、信息系统巡视、特殊巡视

答案：A

1227. 信息系统检修根据影响程度和范围分为（　　）级检修。

A. 一 B. 二

C. 三 D. 四

答案：B

1228. 以下（　　）不属于外部设备。

A. 传真机 B. 移动存储

C. 机柜 D. 投影仪

答案：C

1229. （　　）是指短时间内不会劣化成危急或严重的缺陷，应列入月检修计划进行处理。例如：双机容错主机中的一台宕机，未影响对外服务；电源、接地、空调等机房环境等系统异常，但未影响网络信息系统设备运行。

A. 一般缺陷 B. 重要缺陷

C. 紧急缺陷 D. 特殊缺陷

答案：A

1230. （　　）是指设备发生了直接威胁安全运行的问题，如不立即处理，随时可能造成故障的隐患。例如：双机容错的主机系统、网络设备等中的一台宕机，未影响对外服务；网络流量发生异常，使网络传输效率显著下降，但连通性未影响。

A. 一般缺陷 B. 重要缺陷

C. 紧急缺陷 D. 特殊缺陷

答案：C

1231. 终端设备包括台式机、手持终端、笔记本电脑、工作站、平板电脑、专用终端、（　　）、其他终端。

A. 云架构 B. 云终端

C. 云分享 D. 云运维

答案：B

1232. 在SG-I6000系统紧急抢修功能模块中，抢修级别包括（　　）级抢修。

A. 二 B. 三

C. 四 D. 五

答案：A

1233. 设备状态处于异常状态时，建议进行（　　）检修。

A. 整体设备更换等检修工作

B. 端口更换、电源更换、诊断试验等检修工作

C. 常规性能测试、清扫、检查、维修等检修工作

D. 带电测试、保养、专业检查巡视等检修工作

答案：B

1234. 在信息通信一体化调度运行支撑平台（SG-I6000）中，硬件设备台账中，下列哪项属性不属于必填属性？（　　）

A. 制造商　　　　　　　　B. 品牌

C. 二级单位　　　　　　　D. 用途

答案：D

1235. 在信息通信一体化调度运行支撑平台（SG-I6000）中，设备入库流程不包括（　　）。

A. 入库申请提交　　　　　B. 入库申请审核

C. 入库申请同意　　　　　D. 入库申请归档

答案：C

1236. 在信息通信一体化调度运行支撑平台（SG-I6000）中，设备转资流程不包括（　　）。

A. 转资申请提交　　　　　B. 转资申请审核

C. 转资申请回退　　　　　D. 转资申请同意

答案：D

1237. Linux 下，（　　）命令显示 Linux 系统运行所有进程。

A. display −a　　　　　　B. show −a

C. ls −a　　　　　　　　　D. ps −a

答案：D

1238. 若 URL 地址为 http://www.nankai.edu/index.html，请问哪个代表主机名？（　　）

A. nankai.edu.cn　　　　　B. index.html

C. www.nankai.edu/index.html　　D. www.nankai.edu

答案：D

1239. 现代操作系统的两个基本特征是（　　）和资源共享。

A. 多道程序设计　　　　　B. 中断处理

C. 程序的并发执行　　　　D. 实现分时与实时处理

答案：C

1240. （　　）决定计算机的运算精度。

A. 主频　　　　　　　　　B. 字长

C. 内存容量　　　　　　　D. 硬盘容量

一、单项选择题

答案：B

1241.（　）操作系统允许在一台主机上同时连接多台终端，多个用户可以通过各自的终端同时交互的使用计算机。

A. 网络　　　　　　　　　　　B. 分布式
C. 分时　　　　　　　　　　　D. 实时

答案：A

1242.（　）功能不是操作系统直接完成的功能。

A. 管理计算机硬盘　　　　　　B. 对程序进行编译
C. 实现虚拟存储器　　　　　　D. 删除文件

答案：B

1243.（　）是多道操作系统不可缺少的硬件支持。

A. 打印机　　　　　　　　　　B. 中断机构
C. 软盘　　　　　　　　　　　D. 鼠标

答案：B

1244.（　）不是分时系统的基本特征。

A. 同时性　　　　　　　　　　B. 独立性
C. 实时性　　　　　　　　　　D. 交互性

答案：C

1245.（　）对多用户分时系统最重要。

A. 实时性　　　　　　　　　　B. 交互性
C. 共享性　　　　　　　　　　D. 运行效率

答案：B

1246.（　）对实时系统最重要。

A. 及时性　　　　　　　　　　B. 交互性
C. 共享性　　　　　　　　　　D. 运行效率

答案：A

1247.（　）命令用来显示数据包到达目标主机所经过的路径，并显示到达每个节点的时间。

A. ipconfig　　　　　　　　　B. ping
C. tracert　　　　　　　　　　D. telnet

答案：C

1248.（　）命令专门把 gzip 压缩的 .gz 文件解压缩。

A. fdisk　　　　　　　　　　　B. gunzip
C. df　　　　　　　　　　　　D. man

— 175 —

答案：B

1249.（　）是测试网络连接状况以及信息包发送和接受情况非常有用的工具，是网络测试的最常用命令。

A. IPConfig   B. Ping
C. Tracert   D. Telnet

答案：B

1250.（　）是调试计算机网络的常用命令，通常大家使用它显示计算机中网络适配器的 IP 地址、子网掩码及默认网关。

A. ipconfig   B. ping
C. tracert   D. telnet

答案：A

1251.（　）是用来删除 Windows NT/2000/XP 系统中 WWW 和 FTP 安全日志文件的工具。

A. WinEggDrop   B. ClearLog
C. Fsniffer   D. WMIcracker

答案：B

1252.（　）属于 Web 中使用的安全协议。

A. PEM、SSL   B. S-HTTP、S/MIME
C. SSL、S-HTTP   D. S/MIME、SSL

答案：C

1253.（　）用来编辑当前用户的定时任务。

A. crontab -e   B. crontab -l
C. crontab -r   D. crontab -m

答案：A

1254.（　）用来检查 hosts.allow 和 hosts.deny 中的语法错误。

A. tcpdchk   B. verify -tcp
C. tcpdump   D. tcpdmatch

答案：A

1255.（　）用于在 MBR 中安装 GRUB。

A. boot-install   B. install-boot
C. grub-install   D. 上述三个都错误

答案：C

1256. /dev/ethX 代表（　）。

A. 系统回送接口   B. 以太网接口设备

一、单项选择题

C. 令牌环网设备　　　　　　　　D. PPP 设备

答案：B

1257. /etc 文件系统的标准应用是用于（　　）。

A. 安装附加的应用程序　　　　　　B. 存放可执行程序、系统管理工具和库

C. 设置用户的主目录　　　　　　　D. 存放用于系统管理的配置文件

答案：D

1258. Linux 系统中，/root 目录很重要是因为（　　）。

A. 它是 Linux 文件系统的根目录　　B. 它是超级用户的主目录

C. 它可被缩写为~　　　　　　　　D. 任何用户都不能阅读它的内容

答案：B

1259. Apache 的守护进程是（　　）。

A. www　　　　　　　　　　　　B. httpd

C. web　　　　　　　　　　　　　D. apache

答案：B

1260. Apache 服务器对目录访问控制（　　）。

A. Deny from All　　　　　　　　B. Order Deny，All

C. Order Deny，Allow　　　　　　D. Allow from All

答案：D

1261. BIND DNS 服务器的主配置文件为（　　）。

A. /etc/name.conf　　　　　　　B. /var/named/named.conf

C. /etc/named.conf　　　　　　　D. /var/named.ca

答案：C

1262. Cron 后台常驻程序（Daemon）用于（　　）。

A. 负责文件在网络中的共享　　　　B. 管理打印子系统

C. 跟踪管理系统信息和错误　　　　D. 管理系统日常任务的调度

答案：D

1263. GRUB 的配置文件是（　　）。

A. /etc/grub　　　　　　　　　　B. /boot.ini

C. /etc/grub.conf　　　　　　　　D. /etc/inittab

答案：C

1264. HttpServletResponse 提供了（　　）方法用于向客户发送 Cookie。

A. addCookie　　　　　　　　　　B. setCookie

C. sendCookie　　　　　　　　　　D. writeCookie

答案：A

1265. IIS 服务器使用哪个协议为客户提供 Web 浏览服务？（ ）

A. FTP
B. SMTP
C. HTTP
D. SNMP

答案：C

1266. Init 是 Linux 系统的第一个进程，该进程是根据（ ）文件来创建子进程的。

A. /etc
B. /etc/inittab
C. /etc/modules.conf
D. /etc/lilo.conf

答案：B

1267. Internet 信息服务在哪个组件下？（ ）

A. Windows 网络服务
B. 索引服务
C. 应用程序服务器
D. 网络服务

答案：C

1268. Kerberos 提供的安全服务是（ ）。

A. 鉴别
B. 机密性
C. 完整性
D. 可用性

答案：A

1269. Linux 9.0 中第一个 IDE 接口从盘可以表示为（ ）。

A. /dev/had
B. /dev/hdb
C. /dev/sdb
D. /dev/sdc

答案：B

1270. Linux 操作系统用户需要检查从网上下载的文件是否被改动，可以用的安全工具是（ ）。

A. RSA
B. AES
C. DES
D. MD5Sum

答案：D

1271. Linux 文件权限共 10 位长度，分 4 段，第 3 段表示的内容是（ ）。

A. 文件类型
B. 文件所有者权限
C. 文件所有者所在组的权限
D. 其他用户的权限

答案：C

1272. Linux 系统默认使用的 Shell 是（ ）。

A. sh
B. bash
C. csh
D. ksh

一、单项选择题

答案：B

1273. Linux 环境下，SSH 服务的配置文件是（ ）。

A. /etc/sshconf　　　　　　　　B. /etc/sshd_config

C. /etc/ssh/sshconf　　　　　　D. /etc/ssh/sshd_config

答案：D

1274. Linux 里添加 sgid 命令是（ ）。

A. Chmod 1XXX file　　　　　　B. Chmod 2XXX file

C. Chmod 4XXX file　　　　　　D. Chmod 6XXX file

答案：B

1275. Linux 里添加 suid 命令是（ ）。

A. Chmod 1XXX file　　　　　　B. Chmod 2XXX file

C. Chmod 4XXX file　　　　　　D. Chmod 6XXX file

答案：C

1276. Linux 启动后，（ ）可以显示启动时发生的错误。

A. booterror　　　　　　　　　B. errormsg

C. dmesg　　　　　　　　　　　D. logrotate

答案：C

1277. Linux 通过 VFS 支持多种不同的文件系统 Linux 缺省的文件系统是（ ）。

A. EXT2　　　　　　　　　　　B. XFS

C. EXT4　　　　　　　　　　　D. GFS2

答案：B

1278. Linux 文件系统的文件都按其作用分门别类地放在相关的目录中，对于外部设备文件，一般应将其放在（ ）目录中。

A. /bin　　　　　　　　　　　　B. /etc

C. /dev　　　　　　　　　　　　D. /lib

答案：C

1279. Linux 文件系统加载完毕后，内核将启动名为（ ）的程序，这也是引导过程完成后，内核运行的第一个程序。

A. login　　　　　　　　　　　B. rc.d

C. init　　　　　　　　　　　　D. startup

答案：C

1280. Linux 系统的 1 号进程是（ ）。

A. boot　　　　　　　　　　　　B. systemd

C. syslogd D. bash

答案：B

1281. Linux 系统的联机帮助命令是（ ）。

A. tar B. Cd

C. Mkdir D. Man

答案：D

1282. Linux 系统下，Vi 命令中退出不保存的命令是（ ）。

A. :q B. :w

C. :q! D. :wq

答案：C

1283. Linux 系统下，在 ckvg 上创建 lv，空间大小为 1000M，lv 取名为 cklv，实现以上要求的命令是（ ）。

A. lvadd –L 1000M –n cklv ckvg B. mklv –L 1000M –n cklv ckvg

C. createlv –L 1000M –n cklv ckvg D. lvcreate –L 1000M –n cklv ckvg

答案：D

1284. Linux 系统用下列哪个文件描述符作为标准错误？（ ）

A. 0 B. 1

C. 2 D. 3

答案：C

1285. Linux 系统中，Cron 进程常驻后台程序（Daemon）用于（ ）。

A. 负责文件在网络中的共享 B. 管理打印子系统

C. 跟踪管理系统信息和错误 D. 管理系统日常任务的调度

答案：D

1286. Linux 系统中，哪个目录存放用户密码信息？（ ）

A. /home B. /etc

C. /dev D. /bin

答案：B

1287. Linux 系统中不存在（ ）基本文件类型。

A. 普通文件 B. 系统文件

C. 目录文件 D. 链接文件

答案：A

1288. Linux 系统中存放用户账号的文件是（ ）。

A. shadow B. group

一、单项选择题

C. passwd D. gshadow

答案：C

1289. Linux 系统中的日志子系统对于系统安全来说非常重要，日志的主要功能是（ ）。

A. 记录 B. 查错

C. 审计和监测 D. 追踪

答案：C

1290. Linux 系统中改变文件所有者的命令为（ ）。

A. chmod B. chattr

C. chown D. cat

答案：C

1291. Linux 系统中命令 swapoff 用于（ ）。

A. 停用交换区 B. 查看交换区

C. 扩大交换区 D. 缩小交换区

答案：A

1292. Linux 系统中用户解除锁定的命令是（ ）。

A. usermod –l B. usermod –L

C. usermod –U D. usermod –d

答案：C

1293. Linux 系统中在下列（ ）文件中指定了网络路由信息。

A. /etc/network B. /etc/reso1v. conf

C. /etc/host. Conf D. /etc/hosts

答案：A

1294. Linux 系统中终止一个前台进程可能用到的命令和操作是（ ）。

A. kill B. Ctrl+C

C. shutdown D. halt

答案：B

1295. Linux 下 DHCP 服务器中将 MAC 地址与 IP 地址绑定的配置是（ ）。

A. Static–address B. Ip–address

C. Fixed–address D. hardware–address

答案：C

1296. Linux 下的 DNS 功能是通过（ ）实现的。

A. host B. hosts

C. bind D. vsftp

— 181 —

答案：C

1297. Linux 中，（　）命令可以控制口令的存活时间。

A. chmod B. change

C. shage D. passwd

答案：C

1298. Linux 中充当虚拟内存的是哪个分区？（　）

A. swap B. /

C. /boot D. /home

答案：A

1299. Linux 中可自动加载文件系统的是（　）。

A. /etc/inittab B. /etc/profile

C. /etc/fstab D. /etc/nameconf

答案：C

1300. Linux 中修改文件权限的命令是（　）。

A. chown B. chmod

C. change D. chgrp

答案：B

1301. Linux 中作为 DHCP 客户端需要运行的程序是（　）。

A. dhclient B. dhcpd

C. dhcpclient D. Tcpclinet

答案：A

1302. Linux 系统中改变文件所有者的命令是（　）。

A. chown B. chmod

C. touch D. cat

答案：A

1303. Linux 系统中将光盘 CD-ROM（HDC）安装到文件系统的 /mnt/cdrom 目录下的命令是（　）。

A. mount/mnt/cdrom B. mount/dev/hdc/mnt/cdrom

C. mount/mnt/cdrom/dev/hdc D. D:mount/dev/hdc

答案：B

1304. RPM 数据库位于（　）。

A. /tmp/.rpmdb B. /usr/share/rpm

C. http://rpmdb.redhat.com D. /var/lib/rpm

一、单项选择题

答案：D

1305. Shell 预定义变量中表示当前进程的进程号是（　）。

A. $#　　　　　　　　　　B. $*

C. $$　　　　　　　　　　D. $!

答案：C

1306. Vi 中哪条命令是不保存强制退出？（　）

A. :wq!　　　　　　　　　B. :wq

C. :q!　　　　　　　　　　D. :quit

答案：C

1307. Vi 编辑器中，删除整行的命令是（　）。

A. d　　　　　　　　　　 B. y

C. dd　　　　　　　　　　D. qq

答案：C

1308. Vi 是在 UNIX 操作系统中常用的文件编译器，在命令模式下，向前翻页的快捷键是（　）。

A. Ctrl+F　　　　　　　　B. Ctrl+U

C. Ctrl+D　　　　　　　　D. Ctrl+B

答案：A

1309. 以下（　）风险被定义为合理的风险。

A. 最小的风险　　　　　　B. 可接受风险

C. 残余风险　　　　　　　D. 总风险

答案：B

1310. Windows 2012 的 NTFS 文件系统具有对文件和文件夹加密的特性，域用户 User1 加密了自己的一个文本文件 myfile.txt，它没有给域用户 User2 授权访问该文件，下列叙述正确的是（　）。

A. 如果 User1 将文件 myfile.txt 拷贝到 FAT32 分区上，加密特性不会丢失

B. User2 如果对文件 myfile.txt 具有 NTFS 完全控制权限，就可以读取该文件

C. 对文件加密后可以防止非授权用户访问，所以 User2 不能读取该文件

D. User1 需要解密文件 myfile.txt 才能读取

答案：C

1311. Windows 2012 计算机的管理员有禁用账户的权限。当一个用户有一段时间不用账户（可能是休假等原因），管理员可以禁用该账户。下列关于禁用账户叙述正确的是（　）。

A. Administrator 账户不可以被禁用

B. Administrator 账户可以禁用自己，所以在禁用自己之前应该先创建至少一个管理员组的账户

C. 禁用的账户过一段时间会自动启用

D. 以上都不对

答案：B

1312. Windows Server 2003 操作系统注册表共有 6 个根键，其中（　　）根键用于存储与系统有关的信息。

A. HKEY_USERS
B. HKEY_CLASSES_ROOT
C. HKEY_LOCAL_MACHINE
D. HKEY_PERFORMANCE_DATA

答案：C

1313. Windows Server 2012 不支持以下哪种文件系统？（　　）

A. EXT2
B. FAT16
C. NTFS
D. FAT32

答案：A

1314. Windows Server 2012 的活动目录中包括的身份验证方式是（　　）。

A. 网络身份验证
B. 匿名身份验证
C. 交互式登录
D. 本地身份验证

答案：A

1315. Windows Server 2012 系统的 4 个主要版本中，不能作为域控制器来部署的是（　　）。

A. Datacenter Edition
B. Enterprise Edition
C. Standard Edition
D. Web Edition

答案：D

1316. Windows 集群配置了一个域用户来启动集群服务，如果此域用户的密码修改了，需要进行的操作是（　　）。

A. 不需要进行任何操作
B. 重启集群服务
C. 修改控制面板→服务中登录身份、密码
D. 修改集群管理器中配置登录身份、密码

答案：C

1317. Windows 操作系统对文件和对象的审核，错误的一项是（　　）。

A. 文件和对象访问成功和失败
B. 用户及组管理的成功和失败
C. 安全规则更改的成功和失败
D. 文件名更改的成功和失败

答案：D

1318. Windows 操作系统中规定文件名中不能含有的符号是（　　）。

A. / : * ( ) # < > $
B. / * ( ) 空格 < > $

一、单项选择题

C. / * ( ) "< > | @ D. \ / * ( ) "< > |

答案：D

1319. Windows 的系统核心 dll 不包括（　　）。

A. kernel32. dll B. user32. dll

C. gdi32. dll D. password32. dll

答案：D

1320. Windows 钩子（Hook）指的是（　　）。

A. 钩子是指 Windows 窗口函数

B. 钩子是一种应用程序

C. 钩子的本质是一个用以处理消息的函数，用来检查和修改传给某程序的信息

D. 钩子是一种网络通信程序

答案：C

1321. Windows 系统进程权限的控制属于（　　）。

A. 自主访问控制 B. 强制访问控制

C. 基于角色的访问控制 D. 流访问控制

答案：A

1322. Windows 系统中可以通过配置（　　）防止用户通过多次登录尝试来猜测其他人的密码。

A. 密码策略 B. 账户锁定策略

C. kerberos 策略 D. 审计策略

答案：B

1323. Windows 下 Whoami 命令中哪个参数可以显示当前用户的 SID？（　　）

A. /LOGONID B. /USER

C. /UPN D. /GROUPS

答案：B

1324. Windows 有一个自带的管理 Telnet 工具，该工具是（　　）。

A. tlntadmn B. telnet

C. instsrv D. system32

答案：A

1325. X86 和 Windows 是 PC 平台的主流组合 X86 支持（　　）个保护级。

A. 1 B. 2

C. 3 D. 4

答案：D

1326. xt2fs 文件系统中，缺省的为 root 用户保留多大的空间？（　　）

A. 3% B. 5%
C. 10% D. 15%

答案：C

1327. 安装 Windows Active Directory，所必需的网络服务是（　）。

A. DHCP B. DNS
C. WINS D. 不必需

答案：B

1328. 安装 Windows Server 2008 操作系统后，第一次登录使用的账户是（　）。

A. 只能使用 Administrator 登录 B. 任何一个用户账户
C. 在安装过程中创建用户账号 D. Guest

答案：A

1329. 按逻辑结构划分，文件主要有（　）和流式文件两类。

A. 记录式文件 B. 网状文件
C. 索引文件 D. 流式文件

答案：A

1330. 把一个流中所有字符转换成大写字符，可以使用下面哪个命令？（　）

A. tr a–z A–Z B. tac a–z A–Z
C. sed /a–z/A–Z D. sed –toupper

答案：A

1331. 包含由系统管理员分配给用户的唯一的标识符的是（　）。

A. UID B. ID
C. GID D. GUI

答案：A

1332. 并发性是指若干事件在（　）发生。

A. 同一时刻 B. 同一时间间隔内
C. 不同时刻 D. 不同时间间隔内

答案：B

1333. 并非在"打开"文件时进行的操作是（　）。

A. 把存储介质上的文件目录读入主存储器 B. 核对存取方式
C. 找出文件在存储介质上的起始位置 D. 决定文件在主存储器中的起始位置

答案：D

1334. 不能防止死锁的资源分配策略是（　）。

A. 剥夺式分配方式 B. 按序分配方式

一、单项选择题

C. 静态分配方式   D. 互斥使用分配方式

答案：D

1335. 不能用来关机的命令是（ ）。

A. shutdown   B. halt

C. init   D. logout

答案：D

1336. 不是 Shell 具有的功能和特点的是（ ）。

A. 管道   B. 输入输出重定向

C. 监视系统   D. 解释程序命令

答案：C

1337. 采用（ ）算法，在增加存储块的情况下，可能导致缺页中断率增加。

A. LRU   B. LFU

C. OPT   D. FIFO

答案：D

1338. 操作系统程序结构的主要特点是（ ）。

A. 一个程序模块   B. 分层结构

C. 层次模块化   D. 子程序结构

答案：C

1339. 操作系统的（ ）部分直接和硬件打交道，（ ）部分和用户打交道。

A. Kernel，shell   B. Shell，kernel

C. BIOS，DOS   D. DOSS，BIOS

答案：A

1340. 操作系统的不确定性是（ ）。

A. 运行结果不确定   B. 程序运行次序不确定

C. 多次运行的时间不确定   D. B 和 C

答案：D

1341. 操作系统的两个基本特征是（ ）和资源共享。

A. 多道程序设计   B. 中断处理

C. 程序的并发执行   D. 实现分时与实时处理

答案：C

1342. 操作系统的主要功能是（ ）。

A. 对用户的数据文件进行管理，为用户管理文件提供方便

B. 对计算机的所有资源进行统一控制和管理，为用户使用计算机提供方便

C. 对源程序进行编译和运行

D. 对汇编语言程序进行翻译

答案：B

1343. 操作系统对不同的中断进行分级，磁盘、键盘、时钟三种中断，响应级别由高到低的是（　　）。

A. 键盘、时钟、磁盘　　　　　　　B. 磁盘、键盘、时钟

C. 磁盘、时钟、键盘　　　　　　　D. 时钟、磁盘、键盘

答案：D

1344. 操作系统中采用缓冲技术的目的是为了增强系统（　　）的能力。

A. 串行操作　　　　　　　　　　　B. 控制操作

C. 重执操作　　　　　　　　　　　D. 并行操作

答案：D

1345. 操作系统能够采用磁盘作为虚拟内存，一般来说，虚拟内存的大小受到（　　）的限制。

A. 磁盘空间　　　　　　　　　　　B. 磁盘空间及CPU寻址范围

C. 程序的地址空间　　　　　　　　D. 物理内存容量

答案：B

1346. 操作系统中，被调度和分派资源的基本单位，并可独立执行的实体是（　　）。

A. 线程　　　　　　　　　　　　　B. 程序

C. 进程　　　　　　　　　　　　　D. 指令

答案：C

1347. 产生死锁的主要原因是进程运行推进的顺序不合适，而导致（　　）。

A. 系统资源不足和系统中的进程太多　　B. 资源的独占性和系统中的进程太多

C. 进程调度不当和资源的独占性　　　　D. 资源分配不当和系统资源不足

答案：D

1348. 处于运行状态的操作系统程序应放在（　　）。

A. 寄存器中　　　　　　　　　　　B. 高速缓冲存储器中

C. 主存储器中　　　　　　　　　　D. 辅助存储器中

答案：C

1349. 创建多级目录命令是（　　）。

A. mkdir –p　　　　　　　　　　　B. mkdir –c

C. mkdir –d　　　　　　　　　　　D. mkdir –u

答案：A

1350. 磁盘的读写单位是（　　）。

一、单项选择题

A. 块 B. 扇区
C. 簇 D. 字节

答案：B

1351. 磁盘与主机之间的数据传送方式是（ ）。

A. 无条件 B. 程序查询
C. 中断方式 D. DMA 方式

答案：D

1352. 从 A 服务器通过 FTP 命令登录到 B 服务器后，（ ）命令可以把 A 上的文件传到 B 服务器，（ ）命令可以把 B 上的文件传到 A 服务器。

A. mput、mput B. mput、mget
C. mget、mput D. mget、mget

答案：B

1353. 从 Vi 编辑器中，保存修改过的文件并退出，所使用的命令是（ ）。

A. :w! B. :wq!
C. :q D. :q!

答案：B

1354. 从后台启动进程，应在命令的结尾加上哪个符号？（ ）

A. & B. @
C. # D. $

答案：A

1355. 当进程因时间片用完而让出处理机时，该进程应转变为（ ）状态。

A. 等待 B. 就绪
C. 运行 D. 完成

答案：B

1356. 登录系统后，重新加载 fstab 中的记录，命令是（ ）。

A. mount −c B. mount −d
C. mount −a D. mount −b

答案：C

1357. 第二块 SCSI 硬盘第二个分区（ ）。

A. /dev/sda2 B. /dev/hd2
C. /dev/sdb2 D. /dev/hda2

答案：B

1358. 对存储技术描述错误的是（ ）。

A. DAS 存储技术占用少量的应用服务器资源

B. SAN 存储技术是网络类型的村技术

C. SAN 存储技术存储和访问是分散处理的

D. NAS 存储技术是以 TCP/IP 协议进行数据访问

答案：C

1359. 对名称为 fido 的文件用 chmod 551 fido 进行了修改，则它的许可权是（　　）。

A. −rwxr−xr−x； B. −rwxr−−r−−；

C. −r−−r−−r−−； D. −r−xr−x−−x

答案：D

1360. 对于记录式文件，操作系统为用户存取文件信息的最小单位是（　　）。

A. 字符 B. 数据项

C. 记录 D. 文件

答案：D

1361. 多道程序设计是指（　　）。

A. 在实时系统中并发运行多个程序 B. 在分布系统中同一时刻运行多个程序

C. 在一台处理机上同一时刻运行多个程序 D. 在一台处理机上并发运行多个程序

答案：D

1362. 放在输入井中的作业处于（　　）状态。

A. 后备 B. 提交

C. 执行 D. 完成

答案：A

1363. 分布式系统和网络系统的主要区别是（　　）。

A. 并行性 B. 透明性

C. 共享性 D. 复杂性

答案：C

1364. 共享变量是指（　　）访问的变量。

A. 只能被系统进程 B. 只能被多个进程互诉

C. 只能被用户进程 D. 可被多个进程

答案：D

1365. 关闭 Linux 系统（不重新启动）可使用命令（　　）。

A. Ctrl+Alt+Del B. halt

C. shutdown −r now D. reboot

答案：B

一、单项选择题

1366. 关于策略处理规则，描述不正确的是（　　）。

A. 组策略的配置是有累加性的

B. 系统是先处理计算机配置，再处理用户配置

C. 如果子容器内的某个策略被配置，则此配置值会覆盖由其父容器所传递下来的配置值

D. 当组策略的用户配置和计算机配置冲突的时候，优先处理用户配置

答案：C

1367. 关于活动目录中名词描述正确的是（　　）。

A. 组织单元内不可以包含容器　　　　B. 用户、资源、计算机都可以称为对象

C. 容器内可以包含子容器　　　　　　D. 可以对一个用户下达策略

答案：D

1368. 关于文件系统的安装和卸载，下面描述正确的是（　　）。

A. 如果光盘未经卸载，光驱是打不开的

B. 安装文件系统的安装点只能是 /mnt 下

C. 不管光驱中是否有光盘，系统都可以安装 CD-ROM 设备

D. mount/dev/fd0/floppy 此命令中目录 /floppy 是自动生成的

答案：A

1369. 管理员加入一条 crontab 条目的命令是（　　）。

A. crontab -a　　　　　　　　　　　B. crontab -r

C. crontab -e　　　　　　　　　　　D. crontab -l

答案：C

1370. 管理员在 Windows Server 2012 上安装完 DHCP 服务之后，打开 DHCP 控制台，发现服务器前面有红色向下的箭头，为了让红色向下的箭头变成绿色向上的箭头，应该进行（　　）操作。

A. 激活新作用域　　　　　　　　　　B. 创建活作用域

C. 授权 DHCP 服务器　　　　　　　　D. 配置服务器选项

答案：A

1371. 光盘所使用的文件系统类型为（　　）。

A. EXT2　　　　　　　　　　　　　　B. EXT3

C. SWAP　　　　　　　　　　　　　　D. ISO 9660

答案：D

1372. 计算机显示或打印汉字时，系统使用的是汉字的（　　）。

A. 机内码　　　　　　　　　　　　　B. 字形码

C. 输入码　　　　　　　　　　　　　D. 国标码

答案：B

1373. 计算机指令系统中寻址方式取得操作数最慢的是（　　）。

A. 寄存器间寻址
B. 基址寻址

C. 存储器间寻址
D. 相对寻址

答案：C

1374. 假如当前系统是在 Level 3 运行，怎样不重启系统就可转换到 Level 5 运行？（　　）

A. set level = 5
B. telinit 5

C. run 5
D. ALT-F7-5

答案：B

1375. 假如您需要找出 /etc/my.conf 文件属于哪个包（package），您可以执行？（　　）

A. rpm -q/etc/my.conf
B. rpm -requires/etc/my.conf

C. rpm -qf/etc/my.conf
D. rpm -q/grep /etc/my.conf

答案：C

1376. 假设 Shell 的当前工作是 ""/home/elvis"，以下哪项是对文件 /home/elvis/Mail/sent 的引用？（　　）

A. Mail/sent
B. /Mail/sent

C. sent
D. /sent

答案：A

1377. 进程间的基本关系为（　　）。

A. 相互独立与相互制约
B. 同步与互斥

C. 并行执行与资源共享
D. 信息传递与信息缓冲

答案：B

1378. 绝大多数 RPM 查询命令行如何开始（　　）。

A. rpmquery...
B. rpm -q...

C. qpackage...
D. lsrpm...

答案：B

1379. 可删除用户账号及其相关文件的命令是（　　）。

A. passwd
B. userdel

C. adduser
D. groupadd

答案：B

1380. 列出当前目录下所有文件及其权限大小等文件属性，包括隐藏文件，并分页显示，应使用命令（　　）。

A. ls -al/more
B. ls -l/more

C. ls –a/more   D. ls –type/more

答案：A

1381. 浏览 Man Page 时，使用哪个键使 Man 帮助程序退出？（ ）

A. Z   B. Tab

C. q   D. Enter

答案：C

1382. 逻辑分区是建立在下列哪个分区上的？（ ）

A. 从分区   B. 主分区

C. 扩展分区   D. 第二分区

答案：C

1383. 某个文件的权限显示为：–r––r––r––，则文件拥有者具有（ ）权限。

A. 读   B. 写

C. 执行   D. 所有

答案：A

1384. 某进程在运行过程中需要等待从磁盘上读入数据，此时该进程的状态将（ ）。

A. 从就绪变为运行   B. 从运行变为就绪

C. 从运行变为阻塞   D. 从阻塞变为就绪

答案：C

1385. 某企业的网络工程师安装了一台基于 Windows 2012 的 DNS 服务器，用来提供域名解析，网络中的其他计算机都作为这台 DNS 服务器的客户机。他在服务器创建了一个标准主要区域，在一台客户机上使用 Nslookup 工具查询一个主机名称，DNS 服务器能够正确地将其 IP 地址解析出来，可是当使用 Nslookup 工具查询该 IP 地址时，DNS 服务器却无法将其主机名称解析出来，请问应如何解决这个问题？（ ）

A. 在 DNS 服务器区域属性上设置允许动态更新

B. 重新启动 DNS 服务器

C. 在 DNS 服务器反向解析区域中为这条主机记录创建相应的 PTR 指针记录

D. 在要查询的这台客户机上运行命令 IPConfig

答案：C

1386. 某软件公司的开发部由于开发项目的不同，共划分了四个项目小组，每个员工只能对所属小组设计到的项目文件进行查看和修改。对其他小组的开发文件、文件源代码等内容无任何访问权限，网络管理员为了便于管理，为每个开发小组各建立了一个组账户，包括项目组中每个成员的用户账户，分配该组对本组的开发资源有允许修改的 NTFS 权限，而对其他小组的开发进度无任何访问权限，所以他希望对四个项目小组的开发资源有读取的权限，现在管理员将他的用户账户同时加入四个项目小组的组账户中，结果部门经理对所有开发资源的访问权限（　　）。

A. 拒绝完全控制　　　　　　　　B. 允许读取

C. 允许修改　　　　　　　　　　D. 允许完全控制

答案：C

1387. 某文件的组外成员的权限为只读；所有者有全部权限；组内的权限为读与写，则该文件的权限为（　　）。

A. 467　　　　　　　　　　　　B. 674

C. 476　　　　　　　　　　　　D. 764

答案：D

1388. 目前杀毒软件主要以（　　）技术为主，（　　）技术为辅。

A. 特征码识别、启发式扫描　　　B. 启发式扫描、沙盘

C. 主动防御、特征代码法　　　　D. 以上都不对

答案：A

1389. 哪个变量用来指定一个远程 X 应用程序将输出放到哪个 X Server 上？（　　）

A. DISPLAY　　　　　　　　　　B. TERM

C. ECHO　　　　　　　　　　　 D. OUTPUT

答案：A

1390. 哪个命令可以确定当前系统挂载的文件系统？（　　）

A. chown　　　　　　　　　　　B. df

C. ls　　　　　　　　　　　　　D. mkdir

答案：B

1391. 哪个命令用来显示系统各个分区中 Inode 的使用情况？（　　）

A. df －i　　　　　　　　　　　B. df －H

C. free －b　　　　　　　　　　D. du －a －c /

答案：A

1392. 哪个文件含有用户信息数据库？（　　）

A. /etc/users.dat　　　　　　　B. /etc/passwd.dat

C. /etc/users　　　　　　　　　D. /etc/passwd

答案：D

1393. 哪条命令用来装载所有在 /etc/fstab 中定义的文件系统？（　　）

A. amount　　　　　　　　　　 B. mount －a

C. fmount　　　　　　　　　　 D. mount －f

一、单项选择题

答案：B

1394. 哪一组组合键可以从第一个虚拟控制台切换到第二个虚拟控制台？（　　）

A. Ctrl+Alt+2　　　　　　　　　　B. Ctrl+Alt+F2

C. Ctrl+2（使用数字键盘）　　　　D. 以上都不可以

答案：B

1395. 哪种 RAID 的读写速度最快？（　　）

A. RAID1　　　　　　　　　　　　B. RAID5

C. RAID6　　　　　　　　　　　　D. RAID10

答案：D

1396. 哪种不是 Windows 2012 操作系统使用的日志记录事件？（　　）

A. 系统日志　　　　　　　　　　　B. 安全日志

C. 应用程序日志　　　　　　　　　D. 审核日志

答案：D

1397. 你使用 Vi 编辑器进行 C 语言程序的编写，为了更清楚地阅读程序代码，需要在 Vi 中显示文件中每一行的行号，为此需要执行（　　）命令进行设置。

A. :set autoindent　　　　　　　B. :set ignorecase

C. :set number　　　　　　　　　D. :set ruler

答案：C

1398. 你是 Linux 系统管理员，运行命令 mount –t iso9660 /dev/cdrom /mnt/cdrom。随后又运行几个命令，其中包含 umount /mnt/cdrom，但不包含 mount 命令。你还运行命令 history，其中部分显示如下：103 mkdir /mnt/cdrom104 mount –t iso9660 /dev/cdrom /mnt/cdrom。你想再次访问光驱，应该运行命令（　　）。

A. 单击一次上箭头　　　　　　　　B. !mount

C. !104　　　　　　　　　　　　　D. Mount/mnt/cdrom

答案：C

1399. 你是公司的网络管理员，工作职责之一就是负责维护文件服务器，你想审核 Windows Server2012 服务器上的共享 Word 文件被删除情况，需要启动审核策略的（　　）。

A. 审核过程跟踪　　　　　　　　　B. 审核对象访问

C. 审核策略更改　　　　　　　　　D. 审核登录事件

答案：B

1400. 你是一台系统为 Windows Server2012 计算机的系统管理员，你在一个 NTFS 分区上为一个文件夹设置了 NTFS 权限，当你把这个文件夹复制到本分区的另一个文件夹下，该文件夹的 NTFS 权限是（　　）。

A. 继承目标文件夹的 NTFS 权限　　B. 原有 NTFS 权限和目标文件的 NTFS 权限的集合

C. 保留原有 NTFS 权限　　　　　　D. 没有 NTFS 权限设置，需要管理员重新分配

答案：A

1401. 你是一台系统为 Windows Server 2012 的计算机的系统管理员，出于安全性的考虑，你希望使用这台计算机的用户账号在设置密码时不能重复前 5 次的密码，应该采取的措施是（　　）。

A. 设置计算机本地安全策略中的密码策略，设置"强制密码历史"的值为 5

B. 设置计算机本地安全策略中的安全选项，设置"账户锁定时间"的值为 5

C. 设置计算机本地安全策略中的密码策略，设置"密码最长存留期"的值为 5

D. 制定一个行政规定，要求用户不得使用前 5 次的密码

答案：A

1402. 你在局域网中设置某台机器的 IP，该局域网的所有机器都属于同一个网段，你想让该机器和其他机器通信，你至少应该设置哪些 TCP/IP 参数？（　　）

A. IP 地址　　　　　　　　　　　B. 子网掩码

C. 默认网关　　　　　　　　　　D. 首选 DNS

答案：D

1403. 请选择一个正确的命令来检测 samba-B. 0. 5aJP2-8. i386. rpm 是否已经安装（　　）。

A. rpm -v samba-B. 0. 5aJP2-8　　　　B. rpm -V samba-B. 0. 5aJP2-8

C. rpm -qv samba-B. 0. 5aJP2-8　　　D. rpm -V samba-B. 0. 5aJP2-8. i386. rpm

答案：C

1404. 如果 RAID5 卷集有五个 10GB 盘，需要多大空间存放奇偶性信息（　　）。

A. 10GB　　　　　　　　　　　　B. 8GB

C. 10MB　　　　　　　　　　　　D. 20GB

答案：A

1405. 如果你的 umask 设置为 022，缺省的，你创建的文件的权限为（　　）。

A. ----w--w-　　　　　　　　　　B. -w--w----

C. r-xr-x---　　　　　　　　　　D. rw-r--r--

答案：D

1406. 如果你想在明天上午 10 点自动运行 /home/cd/start 脚本文件，可以利用下面哪一个命令执行？（　　）

A. at 10am tomorrow -f /home/cd/start

B. at +10：00 -f /home/cd/start

C. runjob -at"10am tomorrow" "-f /home/cd/start

D. runjob -time"+1 10：00 "-f /home/cd/start

一、单项选择题

答案：A

1407. 如果希望 Windows Server 2012 计算机提供资源共享，必须安装（　）。

A. 服务器　　　　　　　　　B. 网络服务

C. 服务组件　　　　　　　　D. 协议组件

答案：B

1408. 如果要列出一个目录下的所有文件，需要使用命令行（　）。

A. ls –l　　　　　　　　　　B. ls

C. ls –a　　　　　　　　　　D. ls –d

答案：C

1409. 如果用户希望对 Windows Server 系统分区进行容错，他应将硬盘规划为（　）。

A. RAID－5 卷　　　　　　　B. 带区卷

C. 跨区卷　　　　　　　　　D. 镜像卷

答案：D

1410. 如果用户希望对数据进行容错，并保证较高的磁盘利用率，他应将硬盘规划为（　）。

A. 带区卷　　　　　　　　　B. 镜像卷

C. 跨区卷　　　　　　　　　D. RAID－5 卷

答案：D

1411. 如何快速切换到用户 John 的主目录下？（　）

A. cd @John　　　　　　　　B. cd #John

C. cd &John　　　　　　　　D. cd ~John

答案：D

1412. 如何显示 Linux 系统中注册的用户数（包含系统用户）？（　）

A. account –l　　　　　　　　B. nl /etc/passwd |head

C. wc ––users /etc/passwd　　　D. wc ––lines /etc/passwd

答案：D

1413. 如何一次删除 pkg1、pkg2、pkg3 软件包？（　）

A. yum uninstall pkg1 pkg2 pkg3　　B. yum remove pkg1 pkg2 pkg3

C. yum del pkg1 pkg2 pkg3　　　　D. yum delete pkg1 pkg2 pkg3

答案：B

1414. 如何在文件中查找显示所有以"*"打头的行？（　）

A. find * file　　　　　　　　B. wc –l * < file

C. grep –n * file　　　　　　　D. grep '^*' file

答案：D

1415. 若系统中有五个并发进程涉及某个相同的变量 A，则变量 A 的相关临界区是由（　）临界区构成。

A. 2 个 B. 3 个

C. 4 个 D. 5 个

答案：D

1416. 若在文字界面下，需要键入（　）指令才能进入图形界面（X Window）。

A. reboot B. startx

C. . startwindow D. . getinto

答案：B

1417. 设某类资源有 5 个，由 3 个进程共享，每个进程最多可申请（　）个资源而使系统不会死锁。

A. 1 B. 2

C. 3 D. 4

答案：B

1418. 使用 ln 命令将生成了一个指向文件 old 的符号链接 new，如果你将文件 old 删除，是否还能够访问文件中的数据？（　）

A. 不可能再访问 B. 仍然可以访问

C. 能否访问取决于文件的所有者 D. 能否访问取决于文件的权限

答案：A

1419. 使用安全 Shell 公钥验证系统时，远程机器上必须有哪个文件？（　）

A. ~/.ssh/id_dsa.pub B. ~/.ssh/known_hosts

C. ~/.ssh/authorized_keys D. A 和 C

答案：C

1420. 使用命令 vmstat 监控系统状态，下面哪种情况说明是 CPU 瓶颈？（　）

A. wa 的值大于 80 B. id 的值大于 60

C. us 和 sy 的和始终是 99 和 100 D. id 和 wa 的和始终是 99 和 100

答案：C

1421. 使用什么命令可以查看 Linux 的启动信息？（　）

A. mesg –d B. dmesg

C. cat /etc/mesg D. cat /var/mesg

答案：B

1422. 属于（　）组的用户，都具备系统管理员的权限，拥有对这台计算机最大的控制权。

A. Administrators B. User

一、单项选择题

C. Power User D. Guest

答案：A

1423. 所有用户登录的缺省配置文件是（ ）。

A. /etc/profile B. /etc/login.defs

C. /etc/login D. /etc/logout

答案：B

1424. 提供加密通信的红帽企业版 Linux 远程 Shell 客户程序的名称是（ ）。

A. ssh B. sshd

C. rsh D. rlogin

答案：A

1425. 提升活动目录的时候，下列属于系统内建用户的是（ ）。

A. Guest B. Anonymous

C. Power User D. EveryOne

答案：C

1426. 同一用户连续失败登录次数，一般不超过（ ）次。

A. 3 B. 4

C. 5 D. 6

答案：A

1427. 微型计算机系统中的中央处理器（CPU）是由（ ）组成。

A. 控制器和运算器 B. 控制器和存储器

C. 存储器和控制器 D. 运算器和存储器

答案：A

1428. 为了安全，Windows 系统中哪个用户可以被禁用？（ ）

A. 超级管理员 B. 普通用户

C. 来宾用户 D. 以上用户都不能禁用

答案：C

1429. 为了对紧急进程或重要进程进行调度，调度算法应采用（ ）。

A. 先进先出调度算法 B. 优先数法

C. 最短作业优先调度 D. 定时轮转法

答案：B

1430. 为了能够把新建立的文件系统 mount 到系统目录中，我们还需要指定该文件系统在整个目录结构中的位置，或称为（ ）。

A. 子目录 B. 加载点

C. 新分区　　　　　　　　　　D. 目录树

答案：B

1431. 为了提高设备分配的灵活性，用户申请设备时应指定（　　）号。

A. 设备类相对　　　　　　　　B. 设备类绝对

C. 相对　　　　　　　　　　　D. 绝对

答案：A

1432. 为了修改文件 test 的许可模式，使其文件属主具有读、写和运行的权限，组和其他用户可以读和运行，可以采用（　　）方法。

A. chmod 755 test　　　　　　B. chmod 700 test

C. chmod ux+rwx test　　　　　D. chmod g-w test

答案：A

1433. 为了允许不同用户的文件具有相同的文件名，通常在文件系统中采用（　　）。

A. 重名翻译　　　　　　　　　B. 多级目录

C. 约定　　　　　　　　　　　D. 文件名

答案：B

1434. 文件的保密是指防止文件被（　　）。

A. 篡改　　　　　　　　　　　B. 破坏

C. 窃取　　　　　　　　　　　D. 删除

答案：C

1435. 文件系统的主要组成部分是（　　）。

A. 文件控制块及文件　　　　　B. I/O 文件及块设备文件

C. 系统文件及用户文件　　　　D. 文件及管理文件的软件

答案：C

1436. 文件系统中用（　　）管理文件。

A. 堆栈结构　　　　　　　　　B. 指针

C. 页表　　　　　　　　　　　D. 目录

答案：D

1437. 我们登录后希望重新加载 fstab 文件中的所有条目，我们可以以 root 身份执行（　　）命令。

A. mount -d　　　　　　　　　B. mount -c

C. mount -a　　　　　　　　　D. mount -b

答案：C

1438. 操作系统的主要功能有（　　）。

一、单项选择题

A. 进程管理、存储器管理、设备管理、处理机管理

B. 虚拟存储管理、处理机管理、进程调度、文件系统

C. 处理机管理、存储器管理、设备管理、文件系统

D. 进程管理、中断管理、设备管理、文件系统

答案：C

1439. 操作系统默认运行级定义在（　　）。

A. /etc/kernel　　　　　　　　B. /etc/inittab

C. /etc/runlevels　　　　　　　D. /etc/run.conf

答案：B

1440. 系统调用是由操作系统提供的内部调用，它（　　）。

A. 直接通过键盘交互方式使用　　B. 只能通过用户程序间接使用

C. 是命令接口中的命令使用　　　D. 与系统的命令一样

答案：B

1441. 下列（　　）存储管理方式能使存储碎片尽可能少，而且使内存利用率较高。

A. 固定分区　　　　　　　　　B. 可变分区

C. 分页管理　　　　　　　　　D. 段页式管理

答案：D

1442. 下列（　　）是磁介质上信息擦除的最彻底形式。

A. 格式化　　　　　　　　　　B. 消磁

C. 删除　　　　　　　　　　　D. 文件粉碎

答案：B

1443. 下列各计算机部件中不是输入设备的是（　　）。

A. 键盘　　　　　　　　　　　B. 鼠标

C. 显示器　　　　　　　　　　D. 扫描仪

答案：C

1444. 下列关于 Windows 注册表的描述不正确的是（　　）。

A. 注册表是一个以层级结构保存和检索的复杂数据库

B. 注册表直接控制 Windows 的启动、硬件驱动程序的装载以及一些 Windows 应用程序的运行

C. 注册表采用键和键值来描述登录项和数据

D. 注册表中的主键可以删除，而子键不可以

答案：D

1445. 下列关于进程的叙述中，正确的是（　　）。

A. 进程通过进程调度程序而获得 CPU

B. 优先级是进行进程调度的重要依据，一旦确定不能改变

C. 在单 CPU 系统中，任一时刻都有 1 个进程处于运行状态

D. 进程申请 CPU 得不到满足时，其状态变为等待状态

答案：D

1446. 下列描述中哪个不属于 Windows FTP 站点的安全设置？（   ）

A. 写入　　　　　　　　　　B. 记录访问

C. 脚本访问　　　　　　　　D. 读取

答案：C

1447. 下列哪个 IIS 服务提供邮件传输服务？（   ）

A. SNMP　　　　　　　　　B. SMTP

C. MAIL　　　　　　　　　D. HTTP

答案：B

1448. 下列哪个命令行会显示机器上所有进程的列表？（   ）

A. ps –e l　　　　　　　　　B. ps ax f

C. ps aux　　　　　　　　　D. ps –Aj

答案：C

1449. 下列哪个命令可以查询 rsync 软件包的信息？（   ）

A. yum info rsync　　　　　　B. yum list rsync

C. yum pkginfo rsync　　　　　D. yum metadata rsync

答案：A

1450. 下列哪个命令可用来列出 Bash 的命令历史记录？（   ）

A. history　　　　　　　　　B. hist

C. h　　　　　　　　　　　　D. command

答案：A

1451. 下列哪种加密方式可以将系统文件和配置文件全部加密？（   ）

A. 硬件加密　　　　　　　　B. 启动后加密

C. 启动前加密　　　　　　　D. 全盘加密

答案：C

1452. 下列文件中，包含了主机名到 IP 地址的映射关系的文件是（   ）。

A. /etc/HOSTNAME　　　　　B. /etc/hosts

C. /etc/resolv.conf　　　　　　D. /etc/networks

答案：B

一、单项选择题

1453. 下列选项不是 Windows Server 2012 中的域的新特点的是（　　）。

A. 域间可以通过可传递的信任关系建立树状连接

B. 域中具有了单一网络登录能力

C. 增强了信任关系，扩展了域目录树灵活性

D. 域被划分为组织单元，并可再划分下级组织单元

答案：B

1454. 下列选项中传输速率最高的是（　　）。

A. 硬盘的高缓到内存　　　　　　B. CPU 到 Cache

C. 内存到 Cache　　　　　　　　D. 硬盘的磁头到硬盘的高缓

答案：B

1455. 下面不属于分时系统特征的是（　　）。

A. 为多用户设计　　　　　　　　B. 需要中断机构及时钟系统的支持

C. 网络管理系统　　　　　　　　D. 数据库管理系统

答案：D

1456. 下面对操作系统描述错误的是（　　）。

A. 操作系统是系统资源管理程序　　B. 操作系统是其他软件支撑程序

C. 操作系统是系统程序的集合　　　D. 操作系统是为用户提供服务的程序

答案：C

1457. 下面对描述 Windows Server 2012 中的 FTP 服务器，描述正确的是（　　）。

A. FTP 可以用 IP 及域名限制和证书来保证网站安全

B. FTP 不可以与 Web 服务共用同一个 IP 地址

C. FTP 服务也要有一个主目录和一个默认文档

D. FTP 可以与 Web 服务共用同一个 IP 地址

答案：D

1458. 下面关于文件"/etc/sysconfig/network-scripts/ifcfg-eth0"的描述哪个是正确的？（　　）

A. 它是一个系统脚本文件　　　　B. 它是可执行文件

C. 它存放本机的名字　　　　　　D. 它指定本机 eth0 的 IP 地址

答案：D

1459. 下面命令的作用是：set PS1="[/u/w/t]//$"; export PS1（　　）。

A. 改变错误信息提示　　　　　　B. 改变命令提示符

C. 改变一些终端参数　　　　　　D. 改变辅助命令提示符

答案：B

1460. 下面哪个不属于 NTFS 权限？（　　）

A. 写入 B. 修改

C. 读取 D. 创建

答案：B

1461. 下面哪个参数可以删除一个用户并同时删除用户的主目录？（ ）

A. rmuser –r B. deluser –r

C. userdel –r D. usermgr –r

答案：C

1462. 下面哪个功能属于操作系统中的安全功能？（ ）

A. 控制用户的作业排序和运行

B. 实现主机和外设的并行处理以及异常情况的处理

C. 保护系统程序和作业，禁止不合要求的对程序和数据的访问

D. 对计算机用户访问系统和资源的情况进行记录

答案：C

1463. 下面哪个命令可以查看 datavg 卷组中包含的文件系统？（ ）

A. lspv datavg B. lslv –a datavg

C. lsfs –v datavg D. lsvg –l datavg

答案：D

1464. 下面哪条命令可被用来显示已安装文件系统的占用磁盘空间？（ ）

A. df B. du

C. ls D. mount

答案：A

1465. 下面哪一个不是 Windows Server 2012 可以管理的服务之一？（ ）

A. Web 服务器 B. POP3 服务器

C. SMTP 服务器 D. FTP 服务器

答案：B

1466. Linux 系统中，显示二进制文件的命令是（ ）。

A. od B. vil

C. view D. binview

答案：A

1467. Linux 系统中，显示系统主机名的命令是（ ）。

A. uname –r B. who am i

C. hostname D. whoami

答案：C

一、单项选择题

1468. Linux 系统中，显示用户的 ID，以及所属组群的 ID 要用到的命令是（ ）。

　　A. su　　　　　　　　　　　　B. who

　　C. id　　　　　　　　　　　　D. man

　　答案：C

1469. 现在需要在根目录下找所有的名字为 temp 的文件，然后删除，删除时不需要提示（ ）。

　　A. find / −name temp　　　　　B. 编一个脚本实现

　　C. find / −name temp −exec rm {} \　　D. find / −name temp −exec rm

　　答案：C

1470. 小明在使用 SuperScan 对目标网络进行扫描时发现，某一个主机开放了 53 和 5631 端口，此主机最有可能是（ ）。

　　A. 文件服务器　　　　　　　　B. 邮件服务器

　　C. Web 服务器　　　　　　　　D. DNS 服务器

　　答案：D

1471. Linux 系统中，卸载所有文件系统的命令为（ ）。

　　A. umount −a　　　　　　　　B. unmount −a

　　C. eject　　　　　　　　　　　D. exit

　　答案：A

1472. 信息技术包括计算机技术、传感技术和（ ）。

　　A. 编码技术　　　　　　　　　B. 电子技术

　　C. 通信技术　　　　　　　　　D. 显示技术

　　答案：C

1473. 信息系统要开启操作审计功能，确保每一步操作内容可（ ）。

　　A. 重做　　　　　　　　　　　B. 追溯

　　C. 备份　　　　　　　　　　　D. 恢复

　　答案：B

1474. 虚拟存储器最基本的特征是（ ）。

　　A. 从逻辑上扩充内存容量　　　B. 提高内存利用率

　　C. 驻留性　　　　　　　　　　D. 固定性

　　答案：A

1475. 一个进程是（ ）。

　　A. 由协处理器执行的一个程序　　B. 一个独立的程序 + 数据集

　　C. PCB 结构与程序和数据的组合　　D. 一个独立的程序

答案：C

1476. 一位系统管理员在安装 Windows Server 2012 的过程中，在安装向导的网络设置页面中选择了"典型设置"，那么当服务器安装完成后将其连接到公司的网络，它的 IP 地址会（ ）。

A. 从公司的 DHCP 服务器自动获得   B. 是 192.168.0.1

C. 是 0.0.0.0   D. 是 192.168.0.0/16 网段的随机 IP 地址

答案：A

1477. 一种既有利于短小作业又兼顾到长作业的作业调度算法是（ ）。

A. 先来先服务   B. 轮转

C. 最高响应比优先   D. 均衡调度

答案：C

1478. 已知"装"字的拼音输入码是"zhuang"，而"大"字的拼音输入码是"da"，则存储它们内码分别需要的字节个数是（ ）。

A. 6，2   B. 3，1

C. 2，2   D. 3，2

答案：C

1479. 以下动作执行了什么内容：chdev –l hdisk1 –a pv=yes？（ ）

A. 使 disk1 可用   B. 修改了存在的 PVID

C. 清除硬盘锁   D. 设置 hdisk1 的 PVID

答案：D

1480. 以下命令中，不是用来备份的命令是（ ）。

A. tar   B. cpio

C. ctsnap   D. backup

答案：C

1481. 以下哪个 pvcreate 命令用法正确？（ ）

A. pvcreate /dev/rdsk/c1t2dp   B. pvcreate –f /dev/vg01/lvol1

C. pvcreate –F vxfs /dev/dsk/c1t2d0   D. pvcreate /dev/vg01

答案：A

1482. 以下哪个不在 LVM 物理卷的保留区中？（ ）

A. PVRA   B. VGRA

C. BDRA   D. BBRA

答案：C

1483. 以下哪个命令行能生成一对安全 Shell 公钥和私钥对？（ ）

A. mkssh   B. ssh–keygen

C. sshinit −t rsa   D. rsa. mkkey

答案：B

1484. 以下哪个命令会使用文件 sample. txt 有权限 rw−−−−−−−−？（ ）

A. chmod a−rw sample. txt   B. chmod og−rw sample. txt

C. chmod u+rw sample. txt   D. chmod o−rw sample. txt

答案：B

1485. 以下哪个命令可以修改 Samba 用户的口令？（ ）

A. smbpasswd   B. passwd

C. mksmbpasswd   D. password

答案：A

1486. 以下哪个文件包含 NFS 客户机的配置信息？（ ）

A. /etc/bin conf   B. /etc/r config. d/dns. conf

C. /etc/resolv. conf   D. /etc/r config. d/namesvrs

答案：D

1487. 以下哪句不正确？（ ）

A. 在 JFS 文件系统中每个文件都有一个 JFS 超级块（superblock）

B. JFS 的 Inode 按需创建

C. JFS Extend 大小可以不同

D. JFS 文件系统中每个文件都有一个 Inode

答案：A

1488. 以下哪条命令在创建一个 XP 用户的时候将用户加入 root 组中？（ ）

A. useradd −g xp root   B. useradd −r root xp

C. useradd −g root xp   D. useradd root xp

答案：C

1489. 以下哪一项命令产生在 Man Page 搜索词 sleep 的关键字搜索？（ ）

A. mankey sleep   B. man −−key sleep

C. man −key sleep   D. keyword sleep

答案：C

1490. 以下哪一项命令会列出目录 "/usr/lib" 中的文件？（ ）

A. cat /usr/lib   B. lsdir /usr/lib

C. /usr/lib/list   D. ls /usr/lib

答案：D

1491. 以下哪种方式不能获得 ls 命令的帮助？（ ）

A. help ls　　　　　　　　　　B. ls ——help

C. man ls　　　　　　　　　　D. pinfo ls

答案：A

1492. 以下哪个服务是 Windows 应用程序接口（API）为 Windows 和 Windows 应用程序提供的密码服务？（　）

A. GSS-API　　　　　　　　　B. CDSA

C. CryptoAPI　　　　　　　　D. RSA PKCS#11

答案：C

1493. 以下文件中，只有 root 用户才有权存取的是（　）。

A. passwd　　　　　　　　　　B. shadow

C. group　　　　　　　　　　 D. password

答案：B

1494. 用 "rm -i"，系统会提示什么来让你确认？（　）

A. 命令行的每个选项　　　　　B. 是否真的删除

C. 是否有写的权限　　　　　　D. 文件的位置

答案：B

1495. 用什么命令可以显示活动的共享内存段？（　）

A. ipcs　　　　　　　　　　　 B. vmstat

C. mstat　　　　　　　　　　　D. shmemstat

答案：A

1496. 由 6 块 500G 组成的 RAID5，最大容量大概为（　）。

A. 3T　　　　　　　　　　　　B. 2.5T

C. 2T　　　　　　　　　　　　D. 1.5T

答案：B

1497. 与设备分配策略有关的因素有：设备固有属性、设备分配算法、（　）和设备的独立性。

A. 设备的使用频度　　　　　　B. 设备分配中的安全性

C. 设备的配套性　　　　　　　D. 设备使用的周期性

答案：B

1498. 域名与 IP 地址通过（　）服务器进行转换。

A. DNS　　　　　　　　　　　 B. FTP

C. POP3　　　　　　　　　　　D. IIS

答案：A

1499. 运行级定义在（　）。

一、单项选择题

A. in the kernel B. in /etc/inittab
C. in /etc/runlevels D. using the rl command

答案：B

1500. 在 Bash 中，在一条命令后加入"1>&2"意味着（　　）。

A. 标准错误输出重定向到标准输入 B. 标准输入重定向到标准错误输出
C. 标准输出重定向到标准错误输出 D. 标准输出重定向到标准输入

答案：C

1501. 在 Linux 系统中，/etc/fstab 文件中（　　）参数一般用于加载 CD-ROM 等移动设备。

A. defaults B. sw
C. rw 和 ro D. noauto

答案：D

1502. 在 Windows 操作系统中，用于备份 EFS 证书的工具是（　　）。

A. mmc B. gpedit
C. secedit D. cipher

答案：D

1503. 在 Bash Shell 中，若再次执行前一个命令的符号是以下哪一个？（　　）

A. * B. ！！
C. ！# D. $！

答案：B

1504. 在 Bash 中，export 命令的作用是（　　）。

A. 在子 Shell 中运行命令 B. 使在子 Shell 中可以使用命令历史记录
C. 为其他应用程序设置环境变量 D. 提供 NFS 分区给网络中的其他系统使用

答案：C

1505. 在 DNS 服务器中，把地址到名字解析中，使用（　　）域。

A. 反向 B. 正向
C. 国家 D. 逆向

答案：A

1506. 在 Linux 系统中，有一个备份程序 Databackup，需要在每周一至周五下午 1 点和晚上 8 点运行一次，下面哪个 Crontab 项可以完成这项工作？（　　）

A. 0 13, 20 * * 1, 5 databackup
B. 0 13, 20 * * 1, 2, 3, 4, 5 databackup
C. * 13, 20 * * 1, 2, 3, 4, 5 databackup
D. 0 13, 20 1, 5 * * databackup

答案：B

1507. 在 Linux 系统中，分区 HDB2 代表的含义是（　　）。

A. 第二个 IDE 的 Slave 接口第 2 个主分区　　B. 第二个 IDE 的 Master 接口第 2 个主分区

C. 第一个 IDE 的 Slave 接口第 2 个主分区　　D. 第一个 IDE 的 Master 接口第 2 个主分区

答案：C

1508. 关于信息内网网络边界安全防护说法不准确的一项是（　　）。

A. 要按照公司总体防护方案要求进行

B. 应加强信息内网网络横向边界的安全防护

C. 纵向边界的网络访问可以不进行控制

D. 要加强上、下级单位和同级单位信息内网网络边界的安全防护

答案：C

1509. 在 Linux 系统中，下列哪个命令可以用来激活服务的不同运行级别？（　　）

A. active　　　　　　　　　　B. chkconfig

C. turn　　　　　　　　　　　D. make level

答案：B

1510. 在 Linux 下，（　　）命令删除光纤卡 FSC0。

A. rmdev −Rdl fcs0　　　　　　B. rmdev −cdl fcs0

C. rmdev −cdl fscsi0　　　　　D. rmdev −Rdl fscsi0

答案：A

1511. 在 RHEL7 系统中，日志文件（　　）用于记录 Linux 系统在引导系统过程中的各种事件信息。

A. /var/log/message　　　　　B. /var/log/maillog

C. /var/log/dmesg　　　　　　D. /var/log/secure

答案：C

1512. 在 UNIX 操作系统中，命令"chmod − 777 /home/abc"的作用是（　　）。

A. 把所有的文件拷贝到公共目录 abc 中　　B. 修改 abc 目录的访问权限为可读、可写、可执行

C. 设置用户的初始目录为 /home/abc　　　D. 修改 abc 目录的访问权限为对所有用户只读

答案：B

1513. 在 Vi 中如何找出格式 "pat"（　　）。

A. *pat　　　　　　　　　　　B. %pat

C. /pat　　　　　　　　　　　D. at pat

答案：C

1514. 在 Vi 中想在光标后插入文本应使用下面哪个命令？（　　）

一、单项选择题

A. a B. A
C. i D. I

答案：A

1515. 在 Vi 中想在一行的开始插入文本应使用下面哪个命令？（ ）

A. a B. A
C. i D. I

答案：D

1516. 在 Windows Server 2008 系统中，以下（ ）是镜像卷的特点。

A. 磁盘空间利用率为 100% B. 具有容错功能
C. 由两块磁盘以上的空间组成 D. 镜像卷所在的磁盘提供的空间不必相同

答案：B

1517. 在 Windows Server 2008 中，要查看用户登录和对象访问信息，使用（ ）工具最适合。

A. 事件查看器 B. 性能监视器
C. 任务管理器 D. 网络监视器

答案：C

1518. 在 Windows Server 2008 系统中，默认的密码最长使用时间是（ ）。

A. 30 天 B. 35 天
C. 42 天 D. 48 天

答案：C

1519. 在 Windows 的命令行下，Nbtstat –c 命令描述正确的是（ ）。

A. 列出 Windows 网络名称解析的名称解析统计

B. 列出本地 NetBIOS 名称

C. 使用远程计算机的名称列出其名称表

D. 给定每个名称的 IP 地址并列出 NetBIOS 名称缓存的内容

答案：C

1520. 在 Windows 2012 中，当一个应用程序窗口被最小化后，该应用程序的状态是（ ）。

A. 被终止运行 B. 保持最小化前的状态
C. 被转入后台运行 D. 继续在前台运行

答案：C

1521. 在 Windows 命令窗口输入（ ）命令来查看 DNS 服务器的 IP。

A. DNSserver B. Nslookup
C. DNSconfig D. DNSip

答案：B

1522. 在 Windows 软件限制策略中，对某个软件的设置限制时，规则优先级最高的是（　　）。

A. 哈希规则　　　　　　　　　B. 路径规则

C. Internet 区域规则　　　　　D. 证书规则

答案：A

1523. 在 Windows 系统中，可以设置文件的权限，如果一个用户对一个文件夹有了完全控制权限后，下面哪项描述是正确的？（　　）

A. 用户可以删除该文件夹　　　　　　B. 用户可以删除该文件夹内的文件夹和文件

C. 用户不可以删除此文件夹内的子文件　D. 用户不可以在该文件夹内创建文件

答案：B

1524. 在 Windows 系统中，临时阻止其他计算机对你的访问，可利用（　　）手动加入一条错误的地址缓存来实现。

A. arp −d　　　　　　　　　B. arp −s

C. ipconfig /flushdns　　　　　D. nbtstat −R

答案：B

1525. 在 Windows 系统中，下列哪个命令不能用于查看操作系统的版本号？（　　）

A. cmd. exe　　　　　　　　　B. systeminfo

C. winver　　　　　　　　　　D. version

答案：D

1526. 在 Windows 中使用（　　）命令可以检查磁盘碎片。

A. Defrag 驱动器　　　　　　　B. Defrag 驱动器 −a

C. Defrag 驱动器 −v　　　　　　D. Defrag 驱动器 −v

答案：B

1527. 在操作系统中，用户在使用 I/O 设备时，通常采用（　　）。

A. 物理设备名　　　　　　　　B. 逻辑设备名

C. 虚拟设备名　　　　　　　　D. 设备牌号

答案：B

1528. 在操作系统中，有一组进程，进程之间具有相互制约性，这组并发进程之间（　　）。

A. 必定无关　　　　　　　　　B. 必定相关

C. 可能相关　　　　　　　　　D. 相关程度相同

答案：B

1529. 在大多数 Linux 发行版本中，以下哪个属于块设备（Block Devices）？（　　）

A. 串行口　　　　　　　　　　B. 硬盘

C. 虚拟终端　　　　　　　　　D. 打印机

一、单项选择题

答案：B

1530. 在单 CPU 的系统中，若干程序的并发执行是由（   ）实现的。

A. 用户　　　　　　　　　　　　B. 程序自身

C. 进程　　　　　　　　　　　　D. 编译程序

答案：C

1531. 在默认情况下，安全 Shell 将用户的私有 RSA 密钥保存在哪个文件里？（   ）

A. ~/.key.private　　　　　　　B. ~/.ssh/rsa

C. ~/.ssh/id_rsa　　　　　　　 D. ~/.sshrc

答案：C

1532. 在任务管理器的（   ）选项卡中可以查看 CPU 和内存使用情况。

A."联网"选项卡　　　　　　　　B."应用程序"选项卡

C."性能"选项卡　　　　　　　　D."进程"选项卡

答案：C

1533. 在使用 mkdir 命令创建新的目录时，在其父目录不存在时先创建父目录的选项是（   ）。

A. mkdir –d　　　　　　　　　　B. mkdir –m

C. mkdir –R　　　　　　　　　　D. mkdir –p

答案：D

1534. 在文件系统中，用户以（   ）方式直接使用外存。

A. 逻辑地址　　　　　　　　　　B. 物理地址

C. 名字空间　　　　　　　　　　D. 虚拟地址

答案：C

1535. 在下列 RAID 级别中，不能够提供数据保护的是（   ）。

A. RAID0　　　　　　　　　　　B. RAID1

C. RAID5　　　　　　　　　　　D. RAID 0+1

答案：A

1536. 在下列选项中，属于预防死锁的方法是（   ）。

A. 剥夺资源法　　　　　　　　　B. 资源分配图简化法

C. 资源随意分配　　　　　　　　D. 银行家算法

答案：B

1537. 在下面关于并发性的叙述中正确的是（   ）。

A. 并发性是指若干事件在同一时刻发生　　B. 并发性是指若干事件在不同时刻发生

C. 并发性是指若干事件在同一时间间隔发生　D. 并发性是指若干事件在不同时间间隔发生

答案：C

1538. 在现代操作系统中采用缓冲技术的主要目的是（　　）。

A. 改善用户编程环境　　　　　　B. 提高 CPU 的处理速度

C. 提高 CPU 和设备之间的并行程度　　D. 实现与设备无关性

答案：C

1539. 在虚拟存储系统中，若进程在内存中占三块（开始时为空），采用先进先出页面淘汰算法，当执行访问页号序列为 1、2、3、4、1、2、5、1、2、3、4、5、6 时，将产生（　　）次缺页中断。

A. 7　　　　　　　　　　　B. 8

C. 9　　　　　　　　　　　D. 10

答案：D

1540. 在 Linux 命令中，在一行结束位置加上（　　）符号，表示未结束，下一行继续。

A. /　　　　　　　　　　　B. \

C. ;　　　　　　　　　　　D. |

答案：B

1541. 在一台 Windows Server 2003 系统的 DHCP 客户机上，运行（　　）命令可以更新其 IP 地址租约。

A. ipconfig /all　　　　　　　B. ipconfig /renew

C. ipconfig /release　　　　　D. dhcp /renew

答案：B

1542. 在一条命令中如何查找一个二进制命令 Xconfigurator 的路径（　　）。

A. apropos Xconfigurator　　　B. find Xconfigurator

C. where Xconfigurator　　　　D. which Xconfigurator

答案：D

1543. 在以下的存储管理方案中，能扩充主存容量的是（　　）。

A. 固定式分区分配　　　　　　B. 可变式分区分配

C. 分页虚拟存储管理　　　　　D. 基本页式存储管理

答案：C

1544. 在应用程序起动时，如何设置进程的优先级（　　）。

A. priority　　　　　　　　　B. nice

C. renice　　　　　　　　　　D. setpri

答案：B

1545. 作为一个管理员，你希望在每一个新用户的目录下放一个文件 .bashrc，那么你应该在哪个目录下放这个文件，以便于新用户创建主目录时自动将这个文件复制到自己的目录下？（　　）

A. /etc/skel/　　　　　　　　B. /etc/default/

一、单项选择题

C. /etc/defaults/ D. /etc/profile.d/

答案：A

1546. 在操作系统中，作业生存期共经历四个状态，它们是提交、后备、（ ）和完成。

A. 等待 B. 就绪
C. 开始 D. 执行

答案：D

1547. 在全业务建设过程中，根据国网公司统一数据模型和主数据设计成果，对全量接入分析域的数据进行（ ）与转换，实现数据规范存储。

A. 接入 B. 清洗
C. 汇总 D. 分析

答案：B

1548. 全业务统一数据中心分析域是实现全业务、全类型、全时间维度数据的统一汇聚，为各部门、各单位、各业务层次提供（ ）的数据资源和灵活智能的分析服务。

A. 干净透明 B. 所有
C. 丰富 D. 统一汇集

答案：C

1549. 通过SG-IPM3.0信息化项目建设管控体系建设，全面支持新业务，适应新技术，对公司一平台、一系统，多场景、（ ）的建设提供有力支撑。

A. 全业务 B. 微应用
C. 大应用 D. 多业务

答案：B

1550. 在数据接入方面：通过（ ）等技术实现业务系统结构化数据接入至分析域贴源区，通过采集量测数据接入工具实现采集量测数据接入大数据平台。

A. ETL B. 数据治理
C. 数据分析 D. 数据挖掘

答案：A

1551. 在全业务建设过程中，一级部署的系统数据（ ）接入。

A. 不 B. 增量
C. 全量 D. 按需

答案：D

1552. 在全业务建设过程中，二级部署的系统数据（ ）接入。

A. 不 B. 增量
C. 全量 D. 按需

答案：C

1553. 全业务统一数据中心是公司现有数据中心的进一步发展和完善，主要包括（ ），数据分析域和数据管理域三部分。

A. 数据统计	B. 数据处理域
C. 迁移改造	D. 分析服务

答案：B

1554. 全业务（ ）主要用于存储采集量测数据以及非结构化数据，并提供计算分析能力。

A. MPP 数据库	B. 轻度汇总层
C. 存储组件	D. 大数据平台组件

答案：D

1555. 分析域统一存储服务提供结构化数据、非结构化数据、采集量测类数据和（ ）的统一存储和管理。

A. 文档数据	B. 外部数据
C. 采集监测类数据	D. 音视频数据

答案：B

1556. 在全业务建设过程中，分析域实现全业务数据统一汇聚，提供灵活智能的分析服务，实现"搬数据"向"（ ）"的转变。

A. 搬应用	B. 搬存储
C. 搬分析	D. 搬计算

答案：D

1557. 在全业务建设过程中，分析域统一存储服务，满足业务处理应用与分析类应用的使用需求，解决（ ），冗余存储问题。

A. 数据反复加载	B. 数据反复计算
C. 数据多份复制	D. 数据不断计算

答案：C

1558. 在全业务建设过程中，分析域统一分析服务，提供跨域分布式计算能力，支撑分析类应用的统一构建，解决（ ）建设的问题。

A. 分散	B. 重复
C. 多次	D. 分散重复

答案：D

1559. 在全业务建设过程中,分析域（ ）服务,满足业务处理应用与分析类应用的使用需求,解决数据多份复制,冗余存储问题。

A. 统一计算	B. 统一分析

C. 统一应用　　　　　　　　　　D. 统一存储

答案：D

1560. 在全业务建设过程中，分析域（　）服务，提供跨域分布式计算能力，支撑分析类应用的统一构建，解决分散重复建设的问题。

A. 统一计算　　　　　　　　　　B. 统一分析
C. 统一应用　　　　　　　　　　D. 统一存储

答案：B

1561. 在全业务建设过程中，分析域通过构建全业务结构化数据的企业数据仓库，解决全业务（　）与汇聚问题。

A. 数据分析　　　　　　　　　　B. 数据处理
C. 数据接入　　　　　　　　　　D. 数据转换

答案：C

1562. 在全业务建设过程中，分析域统一分析服务面向（　）分析应用提供统一的数据访问，挖掘、探索服务。

A. 各类　　　　　　　　　　　　B. 结构化数据
C. 非结构化数据　　　　　　　　D. 采集量测类数据

答案：A

1563. 在全业务建设过程中，存储组件中 HBase 用于存储（　）数据。

A. 实时采集量测　　　　　　　　B. 结构化
C. 非结构化　　　　　　　　　　D. 音频

答案：A

1564. 在全业务建设过程中，存储组件中 HDFS 用于存储（　）数据。

A. 实时采集量测　　　　　　　　B. 结构化
C. 文档　　　　　　　　　　　　D. 非结构化

答案：D

1565. 数据中台在数据存储方面：贴源历史层采用（　）数据库（SG-RDB-MS）实现各业务系统贴源数据的存储。

A. 分布式关系型　　　　　　　　B. NoSQL
C. 传统关系型　　　　　　　　　D. 分布式非关系型

答案：A

1566. 数据中台数据仓库层采用（　），基于统一数据模型（SG-CIM）实现部分数据标准化存储。

A. MPP 数据库　　　　　　　　　B. Oracle 数据库

C. MySQL 数据库　　　　　　　D. PG 库

答案：A

1567. 数据中台采集量测数据采用（　）进行存储。

A. 大数据平台分布式列式数据库（HBase）　　B. MySQL

C. Hive　　　　　　　　　　　D. Oracle

答案：A

1568. 数据中台在数据计算方面：针对小规模数据计算分析需求，通过（　）并行计算技术实现。

A. MPP 数据库（GBase8a）　　　B. Hive

C. MySQL　　　　　　　　　　D. Spark

答案：A

1569. 数据中台针对大批量的离线计算需求通过大数据平台批量计算组件（　）实现。

A. Hive　　　　　　　　　　　B. Spark

C. Pig　　　　　　　　　　　D. MapReduce

答案：D

1570. 数据中台针对实时数据计算需求，通过大数据平台实时消息队列（kafka）、内存计算（　）、流计算（Storm）等组件实现。

A. Spark　　　　　　　　　　B. Pig

C. MapReduce　　　　　　　　D. Hive

答案：A

1571. Oracle 的逻辑结构可以分解为：表空间、数据库块、物理块、段、区。它们之间的大小关系正确的是（　）。

A. 表空间≥区≥段≥数据库块≥物理块　　B. 表空间≥区≥段≥物理块≥数据库块

C. 表空间≥数据库块≥物理块≥段≥区　　D. 表空间≥段≥区≥数据库块≥物理块

答案：D

1572. Oracle 中数据库的默认启动选项是（　）。

A. MOUNT　　　　　　　　　　B. NOMOUNT

C. READONLY　　　　　　　　　D. OPEN

答案：D

1573. Oracle 数据库系统中用于恢复数据的最重要文件是（　）。

A. 备份文件　　　　　　　　　B. 恢复文件

C. 日志文件　　　　　　　　　D. 备注文件

答案：C

一、单项选择题

1574. 下列关于数据库系统的正确叙述是（　　）。

A. 数据库系统减少了数据冗余

B. 数据库系统避免了一切冗余

C. 数据库系统中数据的一致性是指数据类型一致

D. 数据库系统比文件系统能管理更多的数据

答案：A

1575. 在 Oracle 中，（　　）用于在用户之间控制对数据的并发访问。

A. 锁 B. 索引

C. 分区 D. 主键

答案：A

1576. 下列不属于 Oracle 表空间的是（　　）。

A. 大文件表空间 B. 系统表空间

C. 撤销表空间 D. 网格表空间

答案：D

1577. 设定允许的 IP 和禁止的 IP，在 Oracle 9i 及以后版本中真正起作用的是（　　）网络配置文件。

A. listener.ora B. lsnrctl.ora

C. sqlnet.ora D. tnsnames.ora

答案：C

1578. 在 Oracle 中，获取前 10 条记录的关键字是（　　）。

A. Top B. First

C. Limit D. rownum

答案：D

1579. 在 SQL 的查询语句中，用于分组查询的语句是（　　）。

A. ORDER BY B. WHERE

C. GROUP BY D. HAVING

答案：C

1580. 下列不属于 Oracle 数据库状态的是（　　）。

A. OPEN B. MOUNT

C. CLOSE D. READY

答案：D

1581. 利用游标来修改数据时，所用的 FOR UPDATE 充分利用了事务的哪个特性？（　　）

A. 原子性 B. 一致性

C. 永久性 D. 隔离性

答案：D

1582. 公司中有多个部门和多名职员，每个职员只能属于一个部门，一个部门可以有多名职员，从职员到部门的联系类型是（ ）。

A. 多对多 B. 一对一
C. 多对一 D. 一对多

答案：C

1583. Oracle 中，（ ）表空间是运行一个数据库必需的表空间。

A. ROOLBACK B. TOOLS
C. TEMP D. SYSTEM

答案：D

1584. Oracle 中逻辑结构按照从大到小的顺序依次为（ ）。

A. 表空间、区、段 B. 段、表空间、区
C. 表空间、段、区 D. 区、表空间、段

答案：C

1585. Oracle 中的（ ）参数用来设置数据块的大小。

A. DB_BLOCK_BUFFERS B. DB_BLOCK_SIZE
C. DB_BYTE_SIZE D. DB_FILES

答案：B

1586. Oracle 数据库中，物理磁盘资源不包括（ ）。

A. 控制文件 B. 重作日志文件
C. 数据文件 D. 系统文件

答案：D

1587. 组合多条 SQL 查询语句形成组合查询的操作符是（ ）。

A. SELECT B. ALL
C. LINK D. UNION

答案：D

1588. 自动数据库诊断监控（ADDM）在你的数据库中每 60 分钟运行一次。你的数据库可能面临一些问题，现在要确保将来，ADDM 能够每 2 小时运行一次。你该怎么做？（ ）

A. 创建 2 个自定义的 ADDM 任务 B. 修改 AWR 的快照间隔时间为 2 小时
C. 创建一个新的定时任务窗口为 2 小时 D. 修改 AWR 的快照保留时间为 2 小时

答案：B

1589. 自动工作负载资料库（AWR）的快照，默认保留时间为（ ）。

一、单项选择题

A. 7 天 B. 8 天
C. 14 天 D. 30 天

答案：A

1590. 执行下面的命令备份 USERS 表空间 SQL> ALTER TABLESPACE users BEGIN BACKUP; ALTER TABLESPACE users BEGIN BACKUP*ERROR at line 1: ORA-01123: cannot start online backup; media recovery not enabled. 什么原因导致整个错误？（ ）

A. MTTR Advisor 禁用 B. 数据库处于 NOARCHIVELOG 模式
C. 表空间已经处于备份模式 D. Flash Recovery Area 没有配置

答案：B

1591. 执行了如下 RMAN 命令：backup datafile 1 plus archivelog; 如果备份期间进行了一次日志切换，那么会发生什么情况？（ ）

A. 这个备份操作完整之前，已填满的日志文件组不会被归档

B. 已填满的日志组会被归档，但是不会包含在这个备份中

C. 已填满的日志组会被归档，并且会被包含在这个备份中

D. 这命令是错误的：归档日志必须被包含在自己的备份中

答案：B

1592. 执行 SQL 语句时，数据字典信息从 SGA 的（ ）部分获得。

A. 共享池 B. 数据高速缓存
C. 重做日志缓冲区 D. 大池

答案：A

1593. 正则表达式的转义符是（ ）。

A. \\ B. \
C. ; D. $$

答案：A

1594. 怎样才能开启口令（密码）检验函数？（ ）

A. 使用 ORAPWD 应用程序

B. 在 SYS 模式中执行 catproc.sql 脚本

C. 在 SYS 模式中执行 utlpwdmg.sql 脚本

D. 将 PASSWORD_VERIFY 初始化参数设置为 TRUE

答案：C

1595. 在专用服务器（连接）环境下，使用 SQL*Plus 命令"connect babydog/wang38"与 DOGS 数据库进行连接，请问以下哪个进程将被启动并直接与 Oracle 服务器进行交互？（ ）

A. 用户进程（User Prosess） B. 服务器进程（Server Prosess）

C. 分配进程（Dispatcher Prosess）　　　D. 共享服务器进程（Shared Server Prosess）

答案：B

1596. 在周五上午 11：30，你决定执行一个闪回数据库操作，因为在 8：30 发送了一个用户错误。下列哪个选项可以用来检查闪回操作可以将数据库恢复到指定时间？（　　）

A. 检查 V$FLASHBACK_DATABASE_LOG 视图

B. 检查 V$RECOVERY_FILE_DEST_SIZE 视图

C. 检查 V$FLASHBACK_DATABASE_STAT 视图

D. 检查 UNDO_RETENTION 分配的值

答案：A

1597. 在一个主动性的数据库性能监视过程中，你在 AWR 报告中发现了 log file sync 等待事件出现在 TOP 5 等待事件列表中，这个事件暗示着什么？（　　）

A. 频繁的日志切换正在发生

B. 日志（REDO）的产生比 LGWR 写出的数据更快

C. 在应用程序中频繁的 COMMIT 和 ROLLBACK 正在发生

D. 在数据库中频繁的增量检查点正在发生

答案：C

1598. 在什么情况下 UNDO_RETENTION 参数即使设置了，也不起作用？（　　）

A. 当 UNDO 表空间的数据文件是自动扩展的时候

B. 当数据库有不止一个 UNDO 表空间可用的时候

C. 当 UNDO 表空间是固定尺寸且 RETENTION GUARANTEE 没有启用的时候

D. 当 UNDO 表空间是自动扩展且 RETENTION GUARANTEE 没有启用的时候

答案：C

1599. 在建表时如果希望某列的值，在一定的范围内，应建什么样的约束？（　　）

A. PRIMARY KEY　　　　　　B. UNIQUE

C. CHECK　　　　　　　　　D. NOT NULL

答案：C

1600. 在对恢复目录进行 CROSSCHECK 检验时，如果 RMAN 不能找到物理存储的备份文件，则备份文件的信息将被标记为（　　）。

A. EXPIRED　　　　　　　　B. DELETE

C. ACAILABLE　　　　　　　D. UNAVAILABLE

答案：A

1601. 在创建表空间时，可以指定表空间中存储对象的默认存储参数，其中（　　）参数用于设置分配给每一个对象的初始区大小。

一、单项选择题

A. INITIAL
B. NEXT
C. PCTINCREASE
D. MINEXTENTS

答案：A

1602. 在查询语句的 Where 子句中，如果出现了"age Between 30 and 40"，这个表达式等同于（　　）。

A. age>=30 and age<=40
B. age>=30 or age<=40
C. age>30 and age<40
D. age>30 or age<40

答案：A

1603. 在 Windows 操作系统中，Oracle 的（　　）服务监听并接受来自客户端应用程序的连接请求。

A. OracleHOME_NAMETNSListener
B. OracleServiceSID
C. OracleHOME_NAMEAgent
D. OracleHOME_NAMEHTTPServer

答案：A

1604. 在 SQL 语言中，删除视图用（　　）。

A. DROP SCHEMA 命令
B. CREATE TABLE 命令
C. DROP VIEW 命令
D. DROP INDEX 命令

答案：C

1605. 在 SQL 语言中，子查询是（　　）。

A. 选取单表中字段子集的查询语句
B. 选取多表中字段子集的查询语句
C. 返回单表中字段子集的查询语言
D. 嵌入到另一个查询语句之中的查询语句

答案：D

1606. 在 SQLPLUS 中，执行外部脚本所用的命令是（　　）。

A. /
B. @ 脚本
C. EXE 脚本
D. 不能在 SQLPLUS 中直接运行脚本

答案：B

1607. 在 Oracle 中获取前 10 条的关键字是（　　）。

A. Top
B. First
C. Limit
D. Rownum

答案：D

1608. 在 Oracle 中，有一个名为 seq 的序列对象，以下语句能返回序列值但不会引起序列值增加的是（　　）。

A. select seq. ROWNUM from dual
B. select seq. ROWID from dual
C. select seq. CURRVAL from dual
D. select seq. NEXTVAL from dual

答案：C

1609. 在 Oracle 中，有一个教师表 teacher 的结构如下：ID NUMBER（5），NAME VARCHAR2（25），EMAIL VARCHAR2（50）。下面哪个语句显示没有 E-mail 地址的教师姓名？（ ）

A. select name from teacher where email=null

B. select name from teacher where email<>null

C. select name from teacher where email is null

D. select name from teacher where email is not null

答案：C

1610. 在 Oracle 中，游标都具有以下属性，除了（ ）。

A. %NOTFOUND   B. %FOUND

C. %ROWTYPE   D. %ISCLOSE

答案：D

1611. 在 Oracle 中，下面用于限制分组函数的返回值的字句是（ ）。

A. WHRER   B. HAVING

C. ORDER BY   D. 无法限定分组函数的返回值

答案：B

1612. 在 Oracle 中，下面哪条语句当 COMM 字段为空时显示 0，不为空时显示 COMM 的值？（ ）

A. select ename, nvl（comm, 0）from emp

B. select ename, null（comm, 0）from emp

C. SELECT ename, NULLIF（comm, 0）FROM emp

D. SELECT ename, DECODE（comm, NULL, 0）FROM emp

答案：D

1613. 加入使用逻辑回归对样本进行分类，得到训练样本的准确率和测试样本的准确率。现在，在数据中增加一个新的特征，其他特征保持不变。然后重新训练测试。则下列说法正确的是？（ ）

A. 训练样本准确率一定会降低   B. 训练样本准确率一定增加或保持不变

C. 测试样本准确率一定会降低   D. 测试样本准确率一定增加或保持不变

答案：B

1614. 在 Oracle 中，可用于提取日期时间类型特定部分（如年、月、日、时、分、秒）的函数有（ ）。

A. DATEPART   B. EXTRACT

C. TO_CHAR（Date, 'yyyy-mm-dd'） D. TRUNC

一、单项选择题

答案：D

1615. 在 Oracle 中，关于表分区下列描述不正确的是（　　）。

A. 分区允许对选定的分区执行维护操作，而其他分区对于用户仍然可用

B. 不可以对包含 LONG 或 LONG RAW 列的表进行分区

C. 不可以对包含任何 LOB 列的表进行分区

D. 如果分区键包含 DATE 数据类型的列，则必须使用 TO_DATE 函数完整的指定年份

答案：C

1616. 在 Oracle 中，当控制一个显式游标时，下列哪个命令包含 INTO 子句？（　　）

A. OPEN   B. CLOSE

C. FETCH   D. CURSOR

答案：C

1617. 关于"回归"（Regression）和"相关"（Correlation），下列说法正确的是（　　）。（注意：x 是自变量，y 是因变量）

A. 回归和相关在 x 和 y 之间都是互为对称的

B. 回归和相关在 x 和 y 之间都是非对称的

C. 回归在 x 和 y 之间是非对称的，相关在 x 和 y 之间是互为对称的

D. 回归在 x 和 y 之间是对称的，相关在 x 和 y 之间是非对称的

答案：D

1618. 在 Oracle 中，获得当前系统时间的查询语句是（　　）。

A. sysdate   B. select sysdate

C. select sysdate from dual   D. select sysdate from common

答案：C

1619. 在 Oracle 数据库中，（　　）是用户模式存储数据字典表和视图对象。

A. SYSTEM   B. SYS

C. SCOTT   D. SYSDBA

答案：B

1620. 在 Oracle 数据库系统中，控制文件突然坏了，数据库是打开状态，如何恢复控制文件（　　）。

A. create pfile from spfile   B. alter database backup controlfile to trace

C. alter system set control file=/orctl   D. 没有办法恢复控制文件

答案：B

1621. 在 Oracle 数据库的逻辑结构中有以下组件：A. 表空间；B. 数据块；C. 区；D. 段。这些组件从大到小依次是（　　）。

A. D → A → C → B B. A → C → B → D
C. A → D → C → B D. A → B → C → D

答案：C

1622. 在 Oracle 服务器端启动监听器时，需要使用到下列哪一个网络配置文件？（ ）

A. listener.ora B. lsnrctl.ora
C. sqlnet.ora D. tnsnames.ora

答案：A

1623. 在 Oracle 11g 中创建用户时，若未提及 DEFAULT TABLESPACE 关键字，则 Oracle 就将（ ）表空间分配给用户作为默认表空间。

A. USERS B. SYSTEM
C. SYS D. DEFAULT

答案：A

1624. 下列关于 Bootstrap 说法正确的是（ ）

A. 从总的 M 个特征中，有放回地抽取 m 个特征（$m<M$）
B. 从总的 M 个特征中，无放回地抽取 m 个特征（$m<M$）
C. 从总的 N 个样本中，有放回地抽取 n 个样本（$n<N$）
D. 从总的 N 个样本中，无放回地抽取 n 个样本（$n<N$）

答案：C

1625. 在 CREAT TABLESPACE 语句中使用（ ）关键字可以创建临时表空间。

A. TEMP B. BIGFILE
C. TEMPORARY D. EXTENTMANAGEMENTLOCAL

答案：C

1626. 在 Oracle 中，当用户要执行 SELECT 语句时，下列哪个进程从磁盘获得用户需要的数据？（ ）

A. 用户进程 B. 服务器进程
C. 日志写入进程（LGWR） D. 检查点进程（CKPT）

答案：B

1627. 有语句如下：TYPE curtype IS REF CURSOR RETURN book.price%TYPE；表 book 的列的数据类型是 NUMBER（5）则（ ）。

A. curtype 可以返回 INTEGER 类型数据
B. curtype 可以返回 NUMBER（5, 2）类型数据
C. curtype 可以返回 VARCHAR2（10）类型数据
D. 以上选项都不是

一、单项选择题

答案：A

1628. 用于将事务处理写到数据库的命令是（ ）。

A. insert　　　　　　　　　　B. rollback

C. commit　　　　　　　　　　D. savepoint

答案：C

1629. 用来设置共享 SQL 区域的参数是（ ）。

A. SHARED_SQL_AREA　　　　B. SHARED_POOL_SIZE

C. SHARED_CACHE_SIZE　　　D. DB_BLOCK_SIZEdb_block_size

答案：B

1630. 用户 A 执行下面的命令删除数据库中的大表：SQL> DROP TABLE trans；当删除表操作正在进行时；用户 B 执行下面的命令在相同的表；SQL> DELETE FROM trans WHERE tr_type='SL'。哪些语句是正确的关于 DELETE 命令？（ ）

A. 删除记录失败因为记录被锁处于 SHARE 模式

B. 删除行成功因为表被锁处于 SHARE 模式

C. 删除记录失败因为表被锁处于 EXCLUSIVE 模式

D. 删除行成功因为表被锁处于 SHARE ROW EXCLUSIVE 模式

答案：C

1631. 用 RMAN 对数据库进行冷备份，数据库必须在（ ）状态才能进行。

A. SHUTDOWN　　　　　　　　B. NOMOUNT

C. MOUNT　　　　　　　　　　D. OPEN

答案：C

1632. 因为一个硬件错误你不得不用 ABORT 选项来关闭数据库，下面（ ）陈述对数据随后的启动是正确的。

A. 数据库正常启动

B. 数据库无法打开会停在 MOUNT 模式

C. 数据库将会在做完自动实例恢复后打开

D. 数据库无法打开你必须做数据库恢复后才能打开

答案：C

1633. 以下运算结果不为空值的是（ ）。

A. 12+NULL　　　　　　　　　B. 60*NULL

C. NULL ‖ 'NULL'　　　　　D. 12/（60+NULL）

答案：C

1634. 以下有关 Oracle 中 PMON 的叙述正确的是（ ）。

A. 将数据从数据文件写入联机日志文件

B. 监控 oralce 各个后台进程运行是否正常，并清理失败的进程

C. 垃圾收集器，清理任务失败的时候遗留下的资源，恢复实例

D. 将数据从联机日志文件写入数据文件

答案：B

1635. 以下有关数据库视图说法中正确的是（　　）。

A. 视图可以基于多个表的连接　　　　B. 只能创建只读视图

C. 视图数据存储在表空间　　　　　　D. 视图 SELECT 中不可以有 GROUP BY

答案：A

1636. 以下哪个 Golden Gate 进程用于获取生产端数据库的变化？（　　）

A. Manager　　　　　　　　　　　　B. Replicate

C. Extract　　　　　　　　　　　　　D. Server Collector

答案：C

1637. 以下哪种索引占用空间最少？（　　）

A. BitMap　　　　　　　　　　　　　B. BTree

C. Hash　　　　　　　　　　　　　　D. 以上都不是

答案：A

1638. 以下哪种程序单元必须返回数据？（　　）

A. 触发器　　　　　　　　　　　　　B. 函数

C. 过程　　　　　　　　　　　　　　D. 包

答案：B

1639. 以下哪一个用户需要在 jinlian_data 表空间上的磁盘配额？（　　）

A. 一个将在 jinlian_data 表空间创建表的用户

B. 每个将访问 jinlian_data 表空间上数据的数据库用户

C. 一个将查询 jinlian_data 表空间上其他用户表的用户

D. 一个将向 jinlian_data 表空间上其他用户表中插入数据的用户

答案：A

1640. 以下哪一个文件中存储了数据库创建时的时间戳？（　　）

A. 数据文件　　　　　　　　　　　　B. 控制文件

C. 重做日志文件　　　　　　　　　　D. 参数文件

答案：B

1641. 以下哪一个文件记录了在数据库恢复期间使用的检查点信息？（　　）

A. 报警文件（Alert Log）　　　　　　B. 追踪文件

一、单项选择题

C. 控制文件　　　　　　　　　　D. 参数文件

答案：C

1642. 以下哪项用于左连接？（　　）

A. JOIN　　　　　　　　　　　　B. RIGHT JOIN

C. LEFT JOIN　　　　　　　　　D. INNER JOIN

答案：C

1643. 以下哪项是 Linux 环境下 MySQL 默认的配置文件？（　　）

A. my.cnf　　　　　　　　　　　B. my-small.cnf

C. my-medium.cnf　　　　　　　D. my-large.cnf

答案：A

1644. 以下哪个集合操作符不会执行排序操作？（　　）

A. UNION　　　　　　　　　　　B. MINUS

C. UNION ALL　　　　　　　　　D. INTERSECT

答案：C

1645. 以下聚合函数求数据总和的是（　　）。

A. MAX　　　　　　　　　　　　B. SUM

C. COUNT　　　　　　　　　　　D. AVG

答案：B

1646. 以下关于死锁的描述，哪个是不正确的？（　　）

A. 死锁出现了，必须杀掉某个会话才能解开

B. 死锁能够被 Oracle 侦测到，并且自动解开

C. 应用软件设计应充分考虑避免死锁

D. 出现死锁后会报 ORA-60

答案：A

1647. 以下关于 Oracle 数据库物理文件的描述，描述正确的是（　　）。

A. 数据库只能有 1 个控制文件

B. 每组在线日志只能有 1 个成员

C. 可以删除状态为 CURRENT 的在线 Redo 日志

D. 控制文件和在线日志文件都可以进行多路复用，以提高可靠性

答案：D

1648. 以下 Oracle 数据库相关环境变量，描述错误的是（　　）。

A. ORACLE_BASE 安装基目录　　　B. ORACLE_HOME 是软件安装的目录

C. ORACLE_SID 是数据库的实例名称　D. LANG 变量不影响安装界面语言

答案：D

1649. 以下（ ）命令在删除用户 SCOTT 的同时删除用户所有的对象。

A. drop user scott
B. drop user scott include constents
C. drop user scott cascade
D. drop user scott include datafiles

答案：C

1650. 以下（ ）SQL 语句用来查看 SGA 信息。

A. SHOW SGA
B. SHOW PARAMETER SGA
C. LIST SGA
D. SHOW CACHE

答案：A

1651. 以下（ ）内存区不属于 SGA。

A. PGA
B. 日志缓冲区
C. 数据缓冲区
D. 共享池

答案：A

1652. 一个事务的执行，要么全部完成，要么全部不做，一个事务中对数据库的所有操作都是一个不可分割的操作序列的属性是（ ）。

A. 原子性
B. 一致性
C. 独立性
D. 持久性

答案：A

1653. 一个实例启动后，在以下的哪个状态时 Oracle 服务器开始阅读控制文件？（ ）

A. NOMOUNT
B. MOUNT
C. OPEN
D.

答案：B

1654. 要在 RMAN 中启用控制文件自动备份功能，下面命令正确的是（ ）。

A. CONFIGURE CONTROLFILE AUTOBACKUP

B. CONFIGURE CONTROLFILE AUTOBACKUP ON

C. CONFIGURE CONTROLFILE AUTOBACKUP START

D. CONFIGURE CONTROLFILE AUTOBACKUP STARTUP

答案：B

1655. 要显示概要文件 DOG_PROJECT 的资源限制信息，请问应该查询如下哪一个数据字典？（ ）

A. DBA_USERS
B. DBA_TABLES
C. DBA_OBJECTS
D. DBA_PROFILES

答案：D

一、单项选择题

1656. 要截断（TRUNCATE）其他用户拥有的一个表，需要哪一个权限？（ ）

A. ALTER TABLE　　　　　　B. DROP ANY TABLE

C. DELETE ANY TABLE　　　D. TRUNCATE ANY TABLE

答案：B

1657. 要获取一个用户当前激活的所有角色的列表，应查询以下哪个数据字典视图？（ ）

A. DBA_ROLES　　　　　　B. SESSION_ROLES

C. DBA_ROLE_PRIVS　　　 D. DBA TAB PRIVS

答案：B

1658. 要创建数据库，有多个操作是必需的。请正确排序（ ）。

①创建数据字典视图；②创建参数文件；③创建口令文件；④发出 CREATE DATABASE 命令；⑤发出 STARTUP 命令。

A. ②③⑤④①　　　　　　B. ③⑤②④①

C. ⑤③④②①　　　　　　D. ②③①⑤④

答案：A

1659. 显示 emp 表的所有行，所有列，下列 SQL 语句正确的是（ ）。

A. select * from emp;　　　　　B. select all. * from emp;

C. select all from emp;　　　　D. select /* from emp;

答案：A

1660. 下面有关索引的描述正确的是（ ）。

A. 不可以在多个列上创建复合索引　　B. 可以在多个列上创建复合索引

C. 索引列中的数据不能重复出现　　　D. 索引列中的数据必须是数值型

答案：B

1661. 下面使用 AUTOTRACE 的命令哪个是不正确的？（ ）

A. SET AUTOTRACE TRACEONLY　　B. SET AUTOTRACE ON

C. SET AUTOTRACE TRUE　　　　　D. SET AUTOTRACE EXPLAIN

答案：C

1662. 下面哪一个语句可以使用子查询？（ ）

A. SELECT 语句　　　　　　B. UPDATE 语句

C. DELETE 语句　　　　　　D. 以上都是

答案：D

1663. 下面哪一个名称不是有效表名？（ ）

A. Dept30　　　　　　　　B. Dept_EE

C. EE#　　　　　　　　　 D. #DeptEE

答案：D

1664. 下面哪一个 SQL 语句将 USER 表的名称更改为 USERINFO？（ ）

A. ALTER TABLE USER RENAME AS USERINFO

B. RENAME TO USERINFO FROM USER

C. RENAME USER TO USERINFO

D. RENAME USER AS USERINFO

答案：C

1665. 下面哪个闩锁不是共享池相关的闩锁？（ ）

A. LIBRARY CACHE   B. ROW CACHE OBJECTS

C. REDO ALLOCATION   D. SHARED POOL

答案：C

1666. 下面哪个工具是 Oracle 常用的性能分析工具？（ ）

A. dbv   B. dbca

C. tkprof   D. netca

答案：C

1667. 下面哪个操作会导致用户连接到 Oracle 数据库，但不能创建表？（ ）

A. 授予了 CONNECT 的角色，但没有授予 RESOURCE 的角色

B. 没有授予用户系统管理员的角色

C. 数据库实例没有启动

D. 数据库监听没有启动

答案：A

1668. 下面列出的数据库操作中哪些是可以在 RMAN 中执行的？（ ）

A. 建立表空间   B. 启动数据库

C. 创建用户   D. 为用户授权

答案：B

1669. 下面关于约束与索引的说法不正确的是（ ）。

A. 在字段上定义 PRIMARY KEY 约束时会自动创建 B 树唯一索引

B. 在字段上定义 UNIQUE 约束时会自动创建一个 B 树唯一索引

C. 默认情况下，禁用约束会删除对应的索引，而激活约束会自动重建相应的索引

D. 定义 FOREIGN KEY 约束时会创建一个 B 树唯一索引

答案：D

1670. 下面关于 Statspack 的描述错误的是（ ）。

A. Statspack 是 Oracle 的性能分析工具

一、单项选择题

B. Statspack 不仅仅能分析数据库级性能问题，还能分析 SQL 性能

C. Statspack 报告可以通过任意两个采样点生成

D. Statspack 可以自动采集采样点

答案：B

1671. 下面关于 SQL 优化的描述，不正确的是（　　）。

A. 尽可能不要编写过多表连接的 SQL

B. 对于多表连接，选择适当的连接顺序和连接方式对性能关系很大

C. HASH JOIN 的性能一般来说好于 NESTED LOOP

D. 通过 ROWID 定位某条记录的性能最好

答案：C

1672. 下面的两张表做连接，用什么方式最好？（　　）

表 A：20 万条记录；表 B：30 万条记录。表 A 和表 B 的连接字段上没有合适的索引可用，表 A 和表 B 经常会变更。

A. NESTED LOOP   B. HASH JOIN
C. BITMAP INDEX JOIN   D. 以上都不是

答案：B

1673. Oracle 系统进程中主要负责在一个 Oracle 进程失败时清理资源的是（　　）。

A. smon   B. reco
C. pmon   D. dbwr

答案：C

1674. 下列关于数据库的叙述中正确的是（　　）。

A. 数据库是一个独立的系统，不需要操作系统的支持

B. 数据库设计是指设计数据库管理系统

C. 数据库技术的根本目标是要解决数据共享的问题

D. 数据库系统中，数据的物理结构必须与逻辑结构一致

答案：C

1675. 下列四项中说法不正确的是（　　）。

A. 数据库减少了数据冗余   B. 数据库中的数据可以共享
C. 数据库避免了一切数据的重复   D. 数据库具有较高的数据独立性

答案：C

1676. 下列四项中，不属于数据库系统的特点的是（　　）。

A. 数据结构化   B. 数据由 DBMS 统一管理和控制
C. 数据冗余度大   D. 数据独立性高

答案：C

1677. 下列哪种不是 DML 语句？（ ）

A. insert B. alter

C. update D. delete

答案：C

1678. 下列哪种不是 DDL 语句？（ ）

A. alter B. create

C. drop D. commit

答案：D

1679. 下列哪一个命令可以用来执行不完全恢复？（ ）

A. RESTORE DATABASE UNTIL B. RECOVER DATABASE UNTIL

C. RECOVER DATA UNTIL D. RESTORE DATA UNTIL

答案：B

1680. 下列哪一个命令可以将一个文件的备份还原到数据库原目录中？（ ）

A. RECOVER B. BACKUP TO

C. COPY TO D. RESTORE

答案：D

1681. 下列哪一个操作可以用来为一个备份操作手动分配通道？（ ）

A. ALLOCATE CHANNEL B. CREATE CHANNEL

C. CHANNEL ALLOCATE D. CREATE LINK

答案：A

1682. 下列哪个命令可以用来确认恢复目录中记录的备份数据文件是否存在？（ ）

A. CROSS CHECK BACKUP OF DATABASE

B. CROSS CHECK COPY OF DATABASE

C. CROSSCHECK COPY

D. CROSSCHECK BACKUP OF ARCHIVELOG ALL

答案：D

1683. 下列哪个不是有效的数据泵导出模式？（ ）

A. ALL B. SCHEMA

C. TABLE D. TABLESPACE

答案：A

1684. 下列哪个不是 Oracle DataGuard 中的运行模式？（ ）

A. MAXIMIZE PROTECTION B. MAXIMIZE PERFORMANCE

一、单项选择题

C. MAXIMIZE AVAILABILITY　　D. MAXIMIZE STANDBY

答案：D

1685. 下列聚合函数中不忽略空值（NULL）的是（　）。

A. SUM（列名）　　B. MAX（列名）

C. COUNT（*）　　D. AVG（列名）

答案：C

1686. 下列关于共享服务器模式的叙述不正确的是（　）。

A. 在共享服务器操作模式下，每一个用户进程必须对应一个服务器进程

B. 一个数据库实例可以启动多个调度进程

C. 在共享服务器操作模式下，Oracle 实例将启动进程 Dnnn 为用户进程分配服务进程

D. 共享服务器操作模式可以实现少量服务器进程为大量用户进程提供服务

答案：A

1687. 下列的 SQL 语句中，（　）不是数据定义语句。

A. CREATE TABLE　　B. DROP VIEW

C. CREATE VIEW　　D. GRANT

答案：D

1688. 下列数据集适用于隐马尔可夫模型的是（　）。

A. 基因数据　　B. 影评数据

C. 股票市场价格　　D. 以上所有

答案：D

1689. 下列不属于 Oracle 数据库中的约束条件的是（　）。

A. NOT NULL　　B. UNIQUE

C. INDEX　　D. PRIMARY KEY

答案：C

1690. 下列表空间中，（　）表空间是运行一个数据库必需的一个表空间。

A. Rollback　　B. Tools

C. Temp　　D. System

答案：D

1691. 下列 SQL 语句的查询结果是（　）Select round (45.925,0), trunc (45.925) from dual;。

A. 45 45　　B. 46 45

C. 45 46　　D. 46 46

答案：B

1692. 下列 SQL 语句的查询结果是（　）SELECT CEIL (35.823), FLOOR (35.823) FROM DUAL。

A. 35 35
B. 35 36
C. 36 35
D. 36 36

答案：C

1693. 下列 SQL 语句查询到的字符串是（　）SELECT SUBSTR（'JavaPhpOracleC++Html',5, 9) FROM DUAL。

A. hpOracleC
B. PhpOracle
C. hpOr
D. PhpO

答案：B

1694. 下列 Oracle 函数中能够返回两个字符串连接后的结果的是（　）。

A. initcap
B. instr
C. trim
D. concat

答案：D

1695. 下列不属于连接种类的是（　）。

A. 左外连接
B. 内连接
C. 中间连接
D. 交叉连接

答案：C

1696. 为什么要使用大对象（LOB）段？（　）

A. 存储一个 ID 值
B. 存储一段视频
C. 存储多个电话号码
D. 加快基于一个 ID 值的查询

答案：B

1697. 为了执行一次完整的数据库介质恢复操作，数据库必须处于哪种状态？（　）

A. 处于 Mount 状态，并且使用 RESETLOG 方式打开数据库
B. 处于 Mount 状态，但不打开数据库
C. 处于 Mount 状态，并且使用 ARCHIVELOG 方式打开数据库
D. 不能执行完整的数据库介质恢复操作

答案：B

1698. 为了减少表中记录链接和记录迁移的现象，应当增大表的哪个存储参数？（　）

A. pctfree
B. pctused
C. maxextents
D. pctincrease

答案：A

1699. 为了监视索引的空间使用效率，可以首先分析该索引的结构，使用（　）语句，然后查询 INDEX_STATE 视图。

A. SELECT INDEX... VALIDATE STRUCTURE

一、单项选择题

B. ANALYZE INDEX... VALIDATE STRUCTURE

C. UPDATE INDEX... VALIDATE STRUCTURE

D. REBUILD INDEX... VALIDATE STRUCTURE

答案：B

1700. 为了获取控制文件中保存的数据文件所使用的记录总数，应查询以下的哪个动态性能视图？（　　）

A. V$DATAFILE   B. V$ PARAMETER

C. V$ CONTROLFILE   D. V$ CONTROLFILE_RECORED_SECTION

答案：D

1701. 为了恢复数据库，需要用到以下哪一类文件（该文件存储了数据库中所做的所有修改）？（　　）

A. 数据文件   B. 控制文件

C. 重做日志文件   D. 参数文件

答案：C

1702. 条件"IN（20，30，40)"表示（　　）。

A. 年龄在20到40   B. 年龄在20到30

C. 年龄是20到30或40   D. 年龄在30到40

答案：C

1703. 锁用于提供（　　）。

A. 改进的性能   B. 数据的完整性和一致性

C. 可用性和易于维护   D. 用户安全

答案：B

1704. 索引字段值不唯一，应该选择的索引类型为（　　）。

A. 主索引   B. 普通索引

C. 候选索引   D. 唯一索引

答案：B

1705. 数据字典信息被保存在（　　）中。

A. 数据文件   B. 日志文件

C. 控制文件   D. 参数文件

答案：A

1706. 数据库中只存放视图的（　　）。

A. 操作   B. 对应的数据

C. 定义   D. 限制

答案：C

1707. 如果使用线性回归模型，下列说法正确的是（　）。

A. 检查异常值是很重要的，因为线性回归对离群效应很敏感

B. 线性回归分析要求所有变量特征都必须具有正态分布

C. 线性回归假设数据中基本没有多重共线性

D. 以上说法都不对

答案：A

1708. 数据库运行的状态不包括（　）。

A. Running B. Nomount

C. Mount D. Open

答案：A

1709. 数据库系统的日志文件用于记录下述哪类内容？（　）

A. 程序运行过程 B. 数据查询操作

C. 程序执行结果 D. 数据更新操作

答案：D

1710. 数据库同步复制，是一种基于数据库（　）实现的结构化数据库同步复制功能。

A. 表 B. 字段

C. 视图 D. 日志

答案：D

1711. 数据库管理系统的数据操纵语言（DML）所实现的操作一般包括（　）。

A. 建立、授权、修改 B. 建立、授权、删除

C. 建立、插入、修改、排序 D. 查询、插入、修改、删除

答案：D

1712. 数据库的结构设计不包括（　）。

A. 逻辑结构设计 B. 物理结构设计

C. 概念结构设计 D. 用户界面设计

答案：D

1713. 数据库 DB、数据库系统 DBS、数据库管理系统 DBMS 三者之间的关系是（　）。

A. DBS 包括 DB 和 DBMS B. DBMS 包括 DB 和 DBS

C. DB 包括 DBS 和 DBMS D. DBS 就是 DB，也就是 DBMS

答案：A

1714. 数据定义语言的缩写词为（　）。

A. DBL B. DDL

一、单项选择题

C. DML D. DCL

答案：B

1715. 手动创建数据库的第一步是（ ）。

A. 启动实例 B. 启动 SQLPLUS 以 SYSDBA 身份连接 Oracle

C. 查看系统的实例名 D. 创建参数文件

答案：D

1716. 视图的优点之一是（ ）。

A. 提高数据的逻辑独立性 B. 提高查询效率

C. 操作灵活 D. 节省存储空间

答案：A

1717. 试图在 Oracle 生成表时遇到下列错误：ORA-00955-name is already used by existing object，下列哪个选项无法纠正这个错误？（ ）

A. 以不同的用户身份生成对象 B. 删除现有同名对象

C. 改变生成对象中的列名 D. 更名现有同名对象

答案：C

1718. 事务提交使用的命令是（ ）。

A. rollback B. commit

C. help D. update

答案：B

1719. 事务的持续性是指（ ）。

A. 事务中包括的所有操作要么都做，要么都不做

B. 事务一旦提交，对数据库的改变是永久的

C. 一个事务内部的操作对并发的其他事务是隔离的

D. 事务必须使数据库从一个一致性状态变到另一个一致性状态

答案：B

1720. 如果在线性回归模型中额外增加一个变量特征之后，下列说法正确的是（ ）。

A. R-Squared 和 Adjusted R-Squared 都会增大

B. R-Squared 保持不变 Adjusted R-Squared 增加

C. R-Squared 和 Adjusted R-Squared 都会减小

D. 以上说法都不对

答案：D

1721. 若允许一个用户在 DOG_DATA 表空间使用 38M 的磁盘空间，需在 CREATE USER 语句中使用哪一个子句？（ ）

A. QUOTA   B. PROFILE

C. DEFAULT TABLESPACE   D. TEMPORARY TABLESPACE

答案：A

1722. 如要显示全部具有 ATLTER ANY ROLE 系统权限的用户，请问，在如下的数据字典视图中，应该查询哪一个？（   ）

A. DBA_COL_PRIVS   B. DBA_SYS_PRIVS

C. DBA_USER_PRIVS   D. USER_TAB_PRIVS_RECD

答案：B

1723. 如要关闭资源限制，应该修改如下的哪一个初始化参数？（   ）

A. PROSESSES   B. SESSION_LIMIT

C. RESOURCE_LIMIT   D. TIMED_STATISTICS

答案：C

1724. 如果在 SQLPLUS 中发出这样的 SQL 语句"SELECT * FROM hr. employees"，请问服务器进程将使用以下的哪一个内存结构来验证权限？（   ）

A. 库高速缓存（Library Cache）

B. 数据字典高速缓存（Data Dictionary Cache）

C. 数据库字典高速缓存（Database Buffer Cache）

D. 重做日志缓冲区（Redo Log Buffer）

答案：B

1725. 如果有两个事务，同时对数据库中同一数据进行操作，不会引起冲突的操作是（   ）。

A. 一个是 DELETE，一个是 SELECT   B. 一个是 SELECT，一个是 DELETE

C. 两个都是 UPDATE   D. 两个都是 SELECT

答案：D

1726. 如果一个表空间脱机在哪里查看？（   ）

A. dba_tablespaces   B. v$tablespaces

C. v$database   D. dba_datafile_status

答案：B

1727. 如果服务器进程非正常终止，Oracle 系统将使用下列哪一个进程以释放它所占用的资源？（   ）

A. DBWR   B. LGWR

C. SMON   D. PMON

答案：D

1728. 如果发生了介质损坏并且已经丢失了 SGCC 数据库的所有控制文件，在以下有关

一、单项选择题

SGCC 数据库的陈述中，哪一个是正确的？（ ）

  A. 数据库可以加载，但不能开启

  B. 在开启这个数据库之前必须对该数据库进行恢复

  C. 必须开始这个数据库并使用 CREATE CONTROLFILE 语句创建一个新的控制文件

  D. 无法恢复这个数据库

  答案：B

1729. 启动数据库时，如果一个或多个 CONTROL_FILES 参数指定的文件不存在或不可用，会出现什么样的结果？（ ）

  A. Oracle 返回警告信息，但不加载数据库 B. Oracle 返回警告信息，并加载数据库

  C. Oracle 忽略不可用的控制文件 D. Oracle 返回警告信息，并进行数据库恢复

  答案：A

1730. 你正在用共享服务器管理一个数据库。Large_pool_size 是 50M。你执行命令 alter system set Large_pool_size=100M scope=spfile 后关闭并重启数据库。现在 Large_pool_size 是（ ）。

  A. 50M B. 默认 Large_pool_size 大小

  C. 100M D. 和使用中的 oracle SPfile 设置的一样

  答案：A

1731. 你正在你组织的紧急事件处置演习中，几乎没有时间通报用户，你就需要尽快地停止数据库进程。下列命令哪个是你需要执行的？（ ）

  A. shutdown abort B. shutdown transactional

  C. shutdown D. shutdown immediate

  答案：D

1732. 你使用 IMMEDIATE 选项关闭数据库实例。考虑打开数据库需要执行的步骤：①分配 SGA；②读取控制文件；③读取日志文件；④开始实例恢复；⑤启动后台进程；⑥检查数据文件一致性；⑦读取 spfile 或者 pfile。关于这些步骤哪个选项是正确的？（ ）

  A. ⑦①⑤②③⑥④ B. ①⑤⑦②③⑥，step ④ is not required

  C. ⑦①⑤②③⑥，step ④ is not required D. ①②③⑤⑥④，step ⑦ is not required

  答案：C

1733. 你将控制文件备份至 trace 文件。下面哪项描述对 trace 的建立是正确的？（ ）

  A. trace 文件是二进制文件 B. trace 包含控制文件的 SQL 脚本

  C. 当包含控制文件时，trace 是一个备份集 D. trace 包含手动创建控制文件的指南

  答案：B

1734. 你的数据库实例配置 UNDO 自动管理并且 UNDO_RETENTION 参数设置为 900 秒。

执行下面的命令启用 retentionguarantee：SQL> ALTER TABLESPACE undotbs1 RETENTION GUARANTEE。这个命令在数据库中会有什么影响？（　　）

A. UNDO 表空间中的 EXTENT 会保留数据直到下次数据库完整备份

B. UNDO 表空间中包含已提交的 UNDO EXTENT 在 15 分钟内不会被覆盖

C. UNDO 表空间中的包含已提交的 DATA EXTENT 不会被覆盖直到数据库实例关闭

D. UNDO 表空间中包含已提交的 UNDO EXTENT 在被覆盖前会被传输到 Flash Recovery Area

答案：B

1735. 统计表中记录行数的函数是（　　）。

A. COUNT　　　　　　　　B. TO_NUMBER

C. AVG　　　　　　　　　D. SUBSTR

答案：A

1736. 统计表中计算平均值的函数是（　　）。

A. COUNT　　　　　　　　B. TO_NUMBER

C. AVG　　　　　　　　　D. SUBSTR

答案：C

1737. 哪一个是子查询执行的顺序？（　　）

A. 最里面的查询到最外面的查询　　　B. 最外面的查询到最里面的查询

C. 简单查询到复杂查询　　　　　　　D. 复杂查询到简单查询

答案：A

1738. 关于数据库 Buffer Cache 中的 Pinned Buffer，下面哪项描述是正确的？（　　）

A. Buffe 目前正在被访问

B. Buffer 是空的，没有被使用

C. Buffer 的内容被修改且必须通过 DBWn 进程刷新到磁盘

D. Buffer 作为即将老化的候选并且内容和磁盘上的内容相同

答案：A

1739. 哪个参数控制后台进程跟踪文件的位置？（　　）

A. BACKGROUND_DUMP_DEST　　　B. BACKGROUND_TRACE_DEST

C. DB_CREATE_FILE_DEST　　　　D. 不存在这样的参数，位置因平台而异，无法更改

答案：A

1740. 某系统 Oracle 数据库中的 AWR 报告中产生大量的 db scatter read waits 等待事件，那么最有可能产生该等待事件的操作是（　　）。

A. 大量的 insert 操作　　　　　　　B. 大量索引扫描

C. 大量全表扫描　　　　　　　　　D. 大量的 update 操作

一、单项选择题

答案：C

1741. 某网站存在 SQL 注入漏洞，使用 Access 数据库，以下哪些可以通过 SQL 注入直接实现？（　　）

A. 删除网站数据库表　　　　　　B. 猜解出管理员账号和口令

C. 猜解出网站后台路径　　　　　D. 在网站页面插入挂马代码

答案：B

1742. 可以用（　　）来声明游标。

A. CREATE CURSOR　　　　　　B. ALTER CURSOR

C. SET CURSOR　　　　　　　　D. DECLARE CURSOR

答案：D

1743. 看 SQL 语句 "SELECT name, status FROM v$controlfile"，这一语句将显示以下哪个结果？（　　）

A. 显示 MAXDATAFILE 的值　　　B. 确定最后一个检查点所发生的时间

C. 显示所有数据文件的名字和状态　D. 显示所有控制文件的个数、名字、状态和位置

答案：D

1744. 进行数据库闪回时，必须确保数据库是处于（　　）模式。

A. 正常启动模式　　　　　　　　B. 装载模式

C. 归档模式　　　　　　　　　　D. 调试维护模式

答案：C

1745. 尽可能早地执行（　　）操作可以优化查询效率。

A. 选择　　　　　　　　　　　　B. 笛卡尔积

C. 并　　　　　　　　　　　　　D. 差

答案：A

1746. 下面有关分类算法的准确率、召回率和 F1 值的描述，错误的是（　　）。

A. 准确率是检索出相关文档数与检索出的文档总数的比率，衡量的是检索系统的查准率

B. 召回率是指检索出的相关文档数和文档库中所有的相关文档数的比率，衡量的是检索系统的查全率

C. 准确率、召回率和 F 值取值都在 0 和 1 之间，数值越接近 0，查准率或查全率就越高

D. 为了解决准确率和召回率冲突问题，引入了 F1 分数

答案：C

1747. 下面哪句话是正确的？（　　）

A. 机器学习模型的精准度越高，则模型的性能越好

B. 增加模型的复杂度，总能减小测试样本误差

C. 增加模型的复杂度，总能减小训练样本误差

D. 以上说法都不对

答案：C

1748. 假如有两个表的连接是这样的：table_1 INNER JOIN table_2，其中 table_1 和 table_2 是两个具有公共属性的表，这种连接会生成哪种结果集？（ ）

A. 包括 table_1 中的所有行，不包括 table_2 的不匹配行

B. 包括 table_2 中的所有行，不包括 table_1 的不匹配行

C. 包括两个表的所有行

D. 只包括 table_1 和 table_2 满足条件的行

答案：D

1749. 后台进程跟踪文件的位置是（ ）。

A. LOGFILE_DEST B. ORACLE_HOME

C. BACKGROUND_DUMP_DEST D. CORE_DUMP_DEST

答案：C

1750. 关于数据库口令配置，描述正确的是（ ）。

A. 长度 7 位的口令属于强口令

B. 可以配置 SYS 账号和 System 账号密码相同

C. 包含特殊字符的密码不必用双引号包含起来

D. 安装数据库软件后，将不能再修改密码

答案：B

1751. 关于控制文件，下列说法正确的是（ ）。

A. 建议至少有两个位于不同磁盘上的控制文件

B. 建议至少有两个位于同一磁盘上的控制文件

C. 建议保存一个控制文件

D. 一个控制文件，数据库不能运行

答案：A

1752. 关于函数 nvl（d1，d2）的用法，说法正确的是（ ）。

A. 表示如果 d1 为 null 则 d2 必须为 null   B. 表示如果 d1 为 null 则忽略 d2

C. 表示如果 d1 不为 null 则用 d2 替代   D. 表示如果 d1 为 null 则用 d2 替代

答案：D

1753. 关于表空间（Tablespace）的描述，以下不正确的是（ ）。

A. 每张表必须属于一个表空间，而且每张表只能使用一个表空间

B. 表空间是一种逻辑结构，表空间包含 0 个或者多个数据文件，表空间的容量是所属的

一、单项选择题

所有数据文件的总容量

C. 创建表的时候必须为这张表指定表空间，如果没有指定表空间，那么系统会用这个用户的缺省表空间来存储这张表

D. 通过 dba_free_space 可以查看某个表空间的剩余空间

答案：B

1754. 关于 Oracle 的表空间描述错误的是（ ）。

A. 可以将不同用户的表存放在同一个表空间中

B. 可以将表和索引存放在同一个表空间中

C. 不能将不同用户的表存放在同一个表空间中

D. 可以将用户表存放在 SYSTEM 表空间下，但是不符合管理规范

答案：C

1755. 关于 DML 对索引的影响，哪个观点是错误的？（ ）

A. INSERT 操作会产生一个索引插入的操作，可能引起叶节点分裂

B. DELETE 操作会产生一个逻辑删除操作

C. 对索引关键字的 UPDATE 操作对索引的影响最大

D. 增加一个索引不会影响对这张表的 DML 操作的性能

答案：D

1756. 关闭数据库，下面哪种命令是等待所有用户退出才关闭的？（ ）

A. shutdown immediate   B. shutdown abort

C. shutdown transactional   D. shutdown normal

答案：D

1757. 返回字符串长度的函数是（ ）。

A. len   B. length

C. left   D. long

答案：B

1758. 在数据库相关概念中，反映现实世界中实体及实体间联系的信息模型是（ ）。

A. 关系模型   B. 网状模型

C. 层次模型   D. E-R 模型

答案：D

1759. 当执行一个 COMMIT 语句时，哪一个操作发生在最后？（ ）

A. LGWR 进程把重做日志缓冲区（中的数据）重写到重做日志文件中

B. 通知用户（进程）提交已经完成

C. 服务器进程将一条提交的记录放在重做日志文件缓冲区

D. 服务器进程记录数据上的资源锁可以被释放

答案：D

1760. 当数据库运行在归档模式下时，如果发生日志切换，为了保证不覆盖旧的日志信息，系统将启动哪个进程？（　　）

A. DBWR 　　　　　　　　B. LGWR

C. SMON　　　　　　　　　D. ARCH

答案：D

1761. 当使用"SHUTDOWN ABORT"命令关闭数据库实例后，当数据库实例再次启动的步骤如下：①分配 SGA 内存空间；②读取控制文件；③读取日志文件（redo log）日志信息；④开始恢复实例；⑤启动数据库后台进程；⑥进行数据文件一致性检查；⑦读取参数文件。下列哪个选项是正确的启动步骤？（　　）

A. ⑦①⑤②③⑥④　　　　　　B. ①②③⑦⑤⑥④

C. ⑦①④⑤②③⑥　　　　　　D. ①⑦⑤④②③⑥

答案：A

1762. 当删除一个用户的操作时，在什么情况下，应该在 DROP USER 语句中使用 CASCADE 选项？（　　）

A. 这个模式包含了对象　　　　B. 这个模式没有包含对象

C. 这个用户目前与数据库连接着　　D. 这个用户必须保留但是用户的对象需要删除

答案：A

1763. 当创建一个新数据库时，以下哪种方法可以正确地多重映像控制文件？（　　）

A. 使用 ALTER SESSION 语句修改 CONTROL_FILES 初始化参数

B. 创建数据库并使用 ALTER DATABASE 语句修改 CONTROL_FILES 参数

C. 在发 CREATE DATABASE 语句之前使用参数文件中的 CONTROL_FILES 初始化参数来说明至少两个控制文件的名字和位置

D. 当数据库创建之后，关闭数据库、使用操作系统的命令复制现有的控制文件，修改参数文件并启动实例

答案：D

1764. 当创建了过程，可以在 SQLPLUS 中使用（　　）执行。

A. exec 存储过程　　　　　　B. SET

C. COMMIT　　　　　　　　D. TAKE

答案：A

1765. 当程序中执行了 SELECT...FOR UPDATE，以下描述正确的是（　　）。

A. 即使没有数据被改动执行，也需要 COMMIT 或 ROLLBACK 结束事务

一、单项选择题

B. 如果有数据改动，COMMIT 或 ROLLBACK 结束事务

C. 事务没有开始，不需要执行 COMMIT 或 ROLLBACK

D. 只有改动数据后才执行 COMMIT 或 ROLLBACK 结束事务

答案：A

1766. 当（　　），Oracle 才提交事务。

A. DBRW 进程将数据写回磁盘后　　B. LGWR 进程将日志写入在线重做日志文件后

C. PMON 进程提交进程变化后　　D. SMON 进程写入数据后

答案：B

1767. 从物理结构上讲，Oracle 数据库包含数据文件、控制文件、（　　）、口令文件和参数文件。

A. alert log　　B. redo log

C. mesg log　　D. archived log

答案：B

1768. 数据科学家经常使用多个算法进行预测，并将多个机器学习算法的输出（称为"集成学习"）结合起来，以获得比所有个体模型都更好的更健壮的输出。则下列说法正确的是（　　）。

A. 基本模型之间相关性高　　B. 基本模型之间相关性低

C. 集成方法中，使用加权平均代替投票方法　　D. 基本模型都来自同一算法

答案：B

1769. 可以通过查询动态视图（　　）来查询数据库的状态是否打开。

A. V$DATAFILE　　B. V$INSTANCE

C. V$DATAFILE_HEADER　　D. V$SESSION

答案：B

1770. 查看下图并检查 UNDO 表空间的属性。在 OLTP 系统，用户 SCOTT 在事务顶峰时期在一个大表启动一个查询执行批量插入。查询运行超过 15 分钟并且 SCOTT 收到下面错误：ORA-01555: snapshot too old，这个错误的原因是什么？（　　）

A. 查询不能得到一致性读副本　　B. Flash Recovery Area 没有足够的空间

C. 闪回归档没有足够的空间　　D. 查询不能放数据块在 UNDO 表空间

答案：A

1771. 参数 maxtrans 指定每个（　　）上允许的最大并发的事务数。

A. table　　B. segment

C. extent　　D. block

答案：D

1772. 采用 RMAN 备份恢复方法，无法进行（　　）操作。

A. 脱机备份　　　　　　　　　　　B. 联机备份

C. 增量备份　　　　　　　　　　　D. 备份密码和网络文件

答案：D

1773. 部分匹配查询中有关通配符"_"的正确的叙述是（　　）。

A. "_"代表多个字符　　　　　　　B. "_"可以代表零个或多个字符

C. "_"不能与"%"一同使用　　　　D. "_"代表一个字符

答案：A

1774. 不能激活触发器执行的操作是（　　）。

A. DELETE　　　　　　　　　　　B. UPDATE

C. INSERT　　　　　　　　　　　D. SELECT

答案：D

1775. 并发操作有可能引起哪些问题？（　　）I. 丢失更新；II. 不可重复读；III. 读脏数据。

A. 仅 I 和 II　　　　　　　　　　B. 仅 I 和 III

C. 仅 II 和 III　　　　　　　　　D. 都是

答案：D

1776. UNIQUE 唯一索引的作用是（　　）。

A. 保证各行在该索引上的值都不得重复

B. 保证各行在该索引上的值不得为 NULL

C. 保证参加唯一索引的各列，不得再参加其他的索引

D. 保证唯一索引不能被删除

答案：A

1777. TRUNCATE TABLE 是用于（　　）。

A. 删除表结构　　　　　　　　　　B. 仅删除记录

C. 删除结构和记录　　　　　　　　D. 删除用户

答案：B

1778. SQL 语言中，下列不是逻辑运算符号的是（　　）。

A. XOR　　　　　　　　　　　　　B. NOT

C. AND　　　　　　　　　　　　　D. OR

答案：A

1779. SQL 数据库中表示单个字符的是（　　）。

A. %　　　　　　　　　　　　　　B. _

C. ?　　　　　　　　　　　　　　D. []

答案：B

一、单项选择题

1780. SQL 的聚集函数 COUNT、SUM、AVG、MAX、MIN 不允许出现在查询语句的（　　）子句之中。

A. SELECT   B. WHERE

C. HAVING   D. GROUP BY... HAVING

答案：B

1781. SGA 有多个内存结构，如果按作用不同划分，不包括以下哪一项？（　　）

A. 共享池   B. 数据缓冲区

C. 日志缓冲区   D. 日志文件

答案：D

1782. SELECT 语句中 FOR UPDATE 子句的作用是（　　）。

A. 确定要更新哪个表

B. 对查询出来的结果集中的记录进行加锁，阻止其他事务或会话的修改

C. 通过查询对数据进行更新

D. 在查询的表整体进行加锁

答案：B

1783. SELECT 语句的完整语法较复杂，但至少包括的部分是（　　）。

A. 仅 SELECT   B. SELECT，FROM

C. SELECT，GROUP   D. SELECT，INTO

答案：B

1784. select event，count（*）from v$session_wait group by event 这个语句是用来做什么分析的？（　　）

A. 分析会话的状态   B. 分析会话的等待事件情况

C. 分析系统消耗的系统资源情况   D. 分析系统主要等待事件分布情况

答案：D

1785. select * from emp where depto = &deptid，这里的 &deptid 称为（　　）。

A. 绑定变量   B. 替换变量

C. 形式变量   D. 实际变量

答案：B

1786. Oracle 中要以自身的模式创建私有同义词，用户必须拥有（　　）系统权限。

A. CREATE PRIVATE SYNONYM   B. CREATE PUBLIC SYNONYM

C. CREATE SYNONYM   D. CREATE ANY SYNONYM

答案：C

1787. Oracle 中使用（　　）命令可以在已分区表的第一个分区之前添加新分区。

A. 添加分区   B. 截断分区

C. 拆分分区   D. 不能在第一个分区前添加分区

答案：C

1788. Oracle 中的事务提交即表示（　　）。

A. 数据由 DBWR 进程写入磁盘文件   B. PMON 进程提交

C. SMON 进程写数据   D. LGWR 进程成功写入日志

答案：D

1789. Oracle 中的（　　）脚本文件创建数据字典视图。

A. catalog.sql   B. catproc.sql

C. sql.sql   D. dictionary.sql

答案：A

1790. Oracle 中的（　　）操作需要数据库启动到 mount 阶段。

A. 重命名控制文件   B. 删除用户

C. 切换数据库归档模式   D. 删除表空间

答案：C

1791. Oracle 中的（　　）DBA 视图中含有所有表空间的描述。

A. DBA_VIEWS   B. DBA_TABLES

C. DBA_TABLESPACES   D. DBA_DATA_FILES

答案：C

1792. Oracle 中创建密码文件的命令是（　　）。

A. ORAPWD   B. MAKEPWD

C. CREATEPWD   D. MAKEPWDFILE

答案：A

1793. Oracle 中，执行语句：SELECT address1||, ||address2||, ||address3 Address FROM employ; 将会返回（　　）列。

A. 0   B. 1

C. 2   D. 3

答案：B

1794. Oracle 中，有一个名为 seq 的序列对象，以下语句能返回序列值但不会引起序列值增加的是（　　）。

A. select seq.ROWNUM from dual   B. select seq.ROWID from dual

C. select seq.CURRVAL from dual   D. select seq.NEXTVAL from dual

答案：C

一、单项选择题

1795. Oracle 中，下列哪些情况索引有效？（　　）

A. 使用 < > 比较时，索引无效，建议使用 < or >　　B. 使用后置模糊匹配 % 时无效

C. 使用函数　　D. 使用不匹配的数据类型

答案：B

1796. Oracle 中，下列哪个数据字典视图包含存储过程的代码文本？（　　）

A. USER_OBJECTS　　B. USER_TEXT

C. USER_SOURCE　　D. USER_DESC

答案：C

1797. Oracle 中，下列哪个命令用来手工切换日志？（　　）

A. alter system switch logfile　　B. alter database switch logfile

C. alter system checkpoint　　D. alter database checkpoint

答案：A

1798. Oracle 中，下列哪个不是一个角色？（　　）

A. CONNECT　　B. DBA

C. RESOURCE　　D. CREATE SESSION

答案：D

1799. Oracle 中，当执行 ALTER TABLE customers MODIFY (cust_name VARCHAR2 (20)) 命令时，数据库提示错误信息如下：ORA-00054：resource busy and acquire with NOWAIT specified。错误原因是（　　）。

A. 数据库实例不可用　　B. 表或行被其他用户会话锁定

C. 数据库实例正忙于处理其他用户会话请求　　D. 服务器进程正忙于执行其他的命令

答案：B

1800. Oracle 中，当表的重复行数据很多时，应该创建的索引类型为（　　）。

A. B 树　　B. 反转

C. 位图　　D. 函数索引

答案：C

1801. Oracle 中，PL/SQL 块中不能直接使用的 SQL 命令是（　　）。

A. SELECT　　B. INSERT

C. UPDATE　　D. DROP

答案：D

1802. Oracle 中，PL/SQL 代码中的注释符号是（　　）。

A. //　　B. \\

C. --　　D. '

答案：C

1803. Oracle 中，DBA 可以使用下列（ ）命令查看当前数据库归档状态。

A. ARCHIVE LOG LIST
B. FROMARCHIVE LOGS
C. SELECT * FROM V$THREAD
D. SELECT * FROM ARCHIVE_LOG_LIST

答案：A

1804. Oracle 中（ ）用于在用户之间控制对数据的并发访问。

A. 锁
B. 索引
C. 分区
D. 主键

答案：A

1805. Oracle 中（ ）用于存放 SQL 语句最近使用的数据块。

A. Shared Pool
B. Buffer Cache
C. PGA
D. UGA

答案：B

1806. Oracle 中（ ）内存区域用来存储最近执行的语句的解析结果。

A. DATA BUFFER CACHE
B. LIBRARY CACHE
C. DICTIONARY CACHE
D. LOG BUFFER CACHE

答案：B

1807. Oracle 中（ ）进程负责记录由事务提交的变化信息。

A. DBWR
B. SMON
C. CKPT
D. LGWR

答案：D

1808. Oracle 中（ ）进程负责管理用户会话连接。

A. PMON
B. SMON
C. SERV
D. NET8

答案：A

1809. Oracle 中（ ）进程负责把修改后的数据块写入数据文件。

A. LGWR
B. DBWR
C. PMON
D. SMON

答案：B

1810. Oracle 支持多种类型的不完全恢复，但不包括（ ）。

A. 基于时间的恢复
B. 基于更改的恢复
C. 基于取消的恢复
D. 基于用户的恢复

答案：D

一、单项选择题

1811. Oracle 提供的（ ），能够在不同硬件平台上的 Oracle 数据库之间传递数据。

A. 归档日志运行模式　　　　　　B. RECOVER 命令

C. 恢复管理器（RMAN）　　　　　D. Export 和 Import 工具

答案：D

1812. Oracle 数据库中重建 controlfile 文件只能在（ ）阶段进行。

A. nomount　　　　　　　　　　B. mount

C. open　　　　　　　　　　　　D. close

答案：A

1813. Oracle 数据库中，通过（ ）可以以最快的方式访问表中的一行。

A. 主键　　　　　　　　　　　　B. 唯一索引

C. rowid　　　　　　　　　　　 D. 全表扫描

答案：C

1814. Oracle 数据库中，当实例处于 NOMOUNT 状态，可以访问以下（ ）数据字典和动态性能视图。

A. DBA_TABLES　　　　　　　　　B. V$DATAFILE

C. V$INSTANCE　　　　　　　　　D. V$DATABASE

答案：C

1815. Oracle 数据库中，初始化参数 AUDIT_TRAIL 为静态参数，使用以下（ ）命令可以修改其参数值。

A. ALTER SYSTEM SET AUDIT_TRAIL=DB

B. ALTER SYSTEM SET AUDIT_TRAIL=DB DEFERRED

C. ALTER SESSION SET AUDIT_TRAIL=DB

D. ALTER SYSTEM SET AUDIT_TRAIL=DB SCOPE=SPFILE

答案：D

1816. Oracle 数据库中，（ ）类型的数据库用来存储大的文本，比如存储非结构化的 XML 文档。

A. CLOB　　　　　　　　　　　　B. DATA

C. BLOB　　　　　　　　　　　　D. TIMESTAMP

答案：A

1817. Oracle 数据库中，（ ）命令用于建立文本式的备份控制文件。

A. ALTER DATABASE BACKUP CONTROLFILE TO TRACE

B. ALTER DATABASE BACKUP CONTROLFILE TO BACKUP

C. ALTER DATABASE BACKUP CONTROLFILE TO 'filename'

D. ALTER DATABASE BACKUP CONTROLFILE TO TEXT 'filename'

答案：A

1818. Oracle 数据库在 Open 状态下，DBA 停止了监听，对于当前正在连接的会话会发生什么？（ ）

A. 会话仅能执行查询　　　　　　B. 会话没有任何影响

C. 会话被中断　　　　　　　　　D. 会话不允许执行任何操作，知道监听被重新启动

答案：B

1819. Oracle 数据库运行在（ ）模式时启用 ARCH 进程。

A. PARALLEL Mode　　　　　　B. ARCHIVE LOG Mode

C. NOARCHIVELOG Mode　　　　D. RAC Mode

答案：B

1820. Oracle 数据库由多种文件组成，以下不是二进制文件的是（ ）。

A. pfile.ora　　　　　　　　　　B. control file

C. spfile　　　　　　　　　　　D. system.bdf

答案：A

1821. Oracle 数据库物理结构包括三种文件，以下不正确的是（ ）。

A. 系统文件　　　　　　　　　　B. 日志文件

C. 数据文件　　　　　　　　　　D. 控制文件

答案：A

1822. Oracle 数据库逻辑存储结构不包括（ ）。

A. 操作系统块　　　　　　　　　B. 表空间

C. 区　　　　　　　　　　　　　D. 数据块

答案：A

1823. Oracle 数据库的角色中，（ ）拥有所有的系统权限。

A. CONNECT　　　　　　　　　B. RESOURCE

C. DBA　　　　　　　　　　　D. SCOTT

答案：C

1824. Oracle 默认情况下口令的传输方式是（ ）。

A. 明文传输　　　　　　　　　　B. DES 加密传输

C. RSA 加密传输　　　　　　　　D. AES 加密传输

答案：A

1825. Oracle 分配磁盘空间的最小单位是（ ）。

A. 数据块　　　　　　　　　　　B. 表空间

一、单项选择题

C. 表   D. 区间

答案：D

1826. Oracle 的（ ）是 Oracle 服务器在启动期间用来标识物理文件和数据库结构的二进制文件。

A. 控制文件   B. 日志文件

C. 输出文件   D. 数据文件

答案：A

1827. Oracle Golden Gate 可以在异构的 IT 基础架构之间实现大量数据（ ）一级的实时复制。

A. 秒   B. 毫秒

C. 微妙   D. 亚秒

答案：D

1828. MySQL 返回当前日期的函数是（ ）。

A. curtime   B. adddate

C. curnow   D. curdate

答案：D

1829. 下面关于 Random Forest 和 Gradient Boosting Trees 说法正确的是（ ）

A. Random Forest 的中间树不是相互独立的，而 Gradient Boosting Trees 的中间树是相互独立的

B. 两者都使用随机特征子集来创建中间树

C. 在 Gradient Boosting Trees 中可以生成并行树，因为它们是相互独立的

D. 无论任何数据，Gradient Boosting Trees 总是优于 Random Forest

答案：B

1830. Diane 是一个新 DBA，当数据库服务器正在运行时她发出了关闭数据库的命令，等一会儿，她发现 Oracle 正在等待所有用户主动断开，她使用的是哪一个关闭命令？（ ）

A. NORMAL   B. ABORT

C. IMMEDIATE   D. NONE

答案：A

1831. DELETE FROM S WHERE 年龄 >60 语句的功能是（ ）。

A. 从 S 表中彻底删除年龄大于 60 岁的记录

B. S 表中年龄大于 60 岁的记录被加上删除标记

C. 删除 S 表

D. 删除 S 表的年龄列

答案：B

1832. delete from employee 语句的作用是（　　）。

A. 删除当前数据库中整个 employee 表，包括表结构

B. 删除当前数据库中 employee 表内的所有行

C. 由于没有 where 子句，因此不删除任何数据

D. 删除当前数据库中 employee 表内的当前行

答案：B

1833. Cat 使用带有 WITH ADMIN OPTION 子句的 DCL 语句将 DROP ANY TABLE 系统权限授予了 Fox，而 Fox 又将这一权限授予 Dog，如果 Cat 的权限被收回，除了 Cat 以外，哪些用户将丧失他们的权限？（　　）

A. 只有 Dog　　　　　　　　　　B. 只有 Fox

C. Dog 和 Fox　　　　　　　　　D. 没有其他用户丧失权限

答案：D

1834. Bob 试图正常关闭数据库，Oracle 说实例处于空闲状态，他试图启动数据库，Oracle 说数据库已启动，Bob 最好使用什么命令强制关闭数据库？（　　）

A. NORMAL　　　　　　　　　　B. ABORT

C. IMMEDIATE　　　　　　　　D. NONE

答案：B

1835. BitMap 索引提高下面哪种情况的性能？（　　）

A. 在查询一个有 50000 条记录表的表列，该表列值只有四个不同的值时

B. 当被索引的列值更改时

C. 当每次仅删除一条或两条记录时

D. 当一次插入上百条记录时

答案：A

1836. （　　）语句不会建立隐式事务。

A. Insert　　　　　　　　　　　B. Update

C. Delete　　　　　　　　　　　D. Select

答案：D

1837. （　　）内存区域用来存储最近执行的语句的解析结果。

A. DATA BUFFER CACHE　　　　B. LIBRARY CACHE

C. DICTIONARY CACHE　　　　 D. LOG BUFFER CACHE

答案：B

1838. （　　）进程负责记录由事务提交的变化信息。

一、单项选择题

A. DBWR B. SMON

C. CKPT D. LGWR

答案：D

1839.（　） 进程负责管理用户会话连接。

A. PMON B. SMON

C. SERV D. NET8

答案：A

1840.（　） 进程负责把修改后的数据块写入数据文件。

A. LGWR B. DBWR

C. PMON D. SMON

答案：B

1841.（　） 参数用来设置数据块的大小。

A. DB_BLOCK_BUFFERS B. DB_BLOCK_SIZE

C. DB_BYTE_SIZE D. DB_FILES

答案：B

1842.（　） 文件不是 Oracle 启动时必需的。

A. 参数文件 B. 控制文件

C. 数据文件 D. 归档文件

答案：D

1843.（　） 是 Oracle 中有效的后台服务进程。

A. ARCH B. LGWR

C. DBWR D. 以上所有项

答案：D

1844.（　） 是 Oracle 数据库对象的别名，可以强化对象的安全性。

A. 触发器 B. 视图

C. 表 D. 同义词

答案：D

1845.（　） 可以用于存储 4GB 字节的数据。

A. Clob B. long

C. Text D. Varchar2

答案：A

1846. 执行 CREATE DATABASE 命令之前，应该发出的命令是（　）。

A. STARTUP INSTANCE B. STARTUP NOMOUNT

C. STARTUP MOUNT   D. 以上都不是

答案：B

1847. 在 Oracle 中，有一个名为 seq 的序列对象，以下语句能返回下一个序列值的是（　　）。

A. select seq. ROWNUM from dual   B. select seq. ROWID from dual

C. select seq. CURRVAL from dual   D. select seq. NEXTVAL from dual

答案：D

1848. 下面哪个系统预定义角色允许一个用户创建其他用户？（　　）

A. CONNECT   B. DBA

C. RESOURCE   D. SYSDBA

答案：B

1849. Oracle 中，（　　）分区允许用户明确地控制无序行到分区的映射。

A. 散列   B. 范围

C. 列表   D. 复合

答案：A

1850. Linux 平台下 MySQL 的安装方式不包括（　　）。

A. RPM 包   B. 图形化安装

C. 二进制包   D. 源码包

答案：B

1851. Oracle 存储过程定义如下：CREATE OR REPLACE PROCEDURE DELETE_PLAYER (V_ID IN NUMBER) IS BEGIN DELETE FROM PLAYER WHERE V_ID=31；EXCEPTION WHEN STATS_EXIST_EXCEPTION THEN DBMS_OUTPUT. PUT_LINE ('can't delete this player, child records exist in PLAYER_BAT_STAT table')；END; 为什么该过程编译会出错？（　　）

A. 在 STATA_EXIST_EXCEPTION 后没有打逗号

B. STATS_EXIST_EXCEPTION 没有声明为 number 类型

C. STATS_EXIST_EXCEPTION 没有声明为 exception 类型

D. 在 EXCEPTION 区只允许使用预定义异常

答案：C

1852. 下列（　　）参数用于设置 Oracle 限制用户登录失败的次数。

A. FAILED_LOGIN_ATTEMPTS   B. PASSWORD_LOCK_TIME

C. PASSWORD_GRACE_TIME   D. PASSWORD_LIFT_TIME

答案：A

1853. 下列（　　）参数用于设置 Oracle 用户口令的有效使用时间。

A. FAILD_LOGIN_ATTEMPTS   B. PASSWORD_LOCK_TIME

一、单项选择题

  C. PASSWORD_GRACE_TIME   D. PASSWORD_LIFT_TIME

答案：D

1854. 在 Oracle 环境下，如果发出 RMAN 命令：backup incrrmental level 1; 而不存在级别 0 的备份，将发生什么情况？（ ）

  A. 此命令将失败   B. 增量备份将基于最新的完整备份

  C. RMAN 将执行级别 0 的备份   D. RMAN 将执行曾经更改过的所有块的级别 1 累计备份

答案：C

1855. 在 Oracle 环境下，如果执行下列命令 alter system set optimizer_mode=al_rows scope=spfile；alter system set optimizer_mode=rulealter session set optimizer_mode=first_rows。下次启动后，会话的 OPTIMIZER_MODE 参数的设置是什么？（ ）

  A. all_rows   B. rule

  C. fisrt_rows   D. 以上都不是

答案：B

1856. 要在 Oracle 11g RAC 环境下修改 PUBLIC IP 和 VIP，正确的操作顺序是（ ）。①使用 oifcfg 修改集群内 PUBLIC 网卡接口信息；②使用 srvctl 修改 vip 信息；③使用 oifcfg 修改集群内 PRIVATE 网卡接口信息；④修改集群内网络地址及子网掩码；⑤停止所有节点数据库资源；⑥检查并启动 nodeapps 资源和数据库实例；⑦停止所有 nodeapps 资源。

  A. ⑤⑦①②④⑥   B. ⑤⑦①③④②⑥

  C. ⑤⑦①④②⑥   D. ⑤⑦①③②④⑥

答案：C

1857. 在将格式化的文本文件导入 Oracle 时我们经常采用的是 sqlload 命令，下面正确的写法是（ ）。

  A. sqlldr username/password control = data_file

  B. sqlldr username/password rows =128 control = data_file

  C. sqlldr username/password control = data_file rows = 64

  D. sqlldr username/password control = data_file. ctl

答案：D

1858. Oracle、MSsQL、MySQL 三种数据库，分别有最高权限用户，以下哪一列是正确的？（ ）

  A. SYS、Root、SA   B. Root、SSYS

  C. Dbsnmp、SRoot   D. SYS、SA、Root

答案：D

1859. 以下 4 个选项（　）是查看 Oracle 补丁是否安装成功的命令。

A. opatch install　　　　　　　　B. opatch lsinventory

C. opatch apply　　　　　　　　　D. opatch setup

答案：B

1860. 以下 4 个选项（　）是 Oracle 补丁回滚的命令。

A. opatch install　　　　　　　　B. opatch lsinventory

C. opatch apply　　　　　　　　　D. opatch rollback –id

答案：D

1861. 以下（　）命令是查看当前数据库补丁使用情况的。

A. select comp_name, version from dba_server_registry

B. select name from v$database

C. select status from v$instance

D. select version from v$database

答案：A

1862. 以下 4 个选项（　）是 Oracle 补丁安装的命令。

A. opatch install　　　　　　　　B. opatch lsinventory

C. opatch apply　　　　　　　　　D. opatch setup

答案：C

1863. Oracle 补丁安装时可用（　）命令查看帮助。

A. opatch install　　　　　　　　B. opatch lsinventory

C. opatch apply　　　　　　　　　D. opatch –help

答案：D

1864. 某一平台的某一版本，如果两次 CPU 发布期间没有发现新的安全漏洞，则新发布的 CPU 与前一版本（　）。

A. 完全相同　　　　　　　　　　B. 不完全相同

C. 完全不同　　　　　　　　　　D. 有可能相同有可能不同

答案：A

1865. 在发布一个 PSR 后发现的新 Bug，只能把其补丁收入到下一个 PSR 中。如果对数据库有实质性影响，则这一补丁一般以（　）的形式向用户提供。

A. 个别补丁　　　　　　　　　　B. 诊断补丁

C. 安全补丁　　　　　　　　　　D. 临时补丁

答案：A

1866. CPU 和 PSU 补丁分为两部分，首先通过（　）命令，随后还需要运行 cat_bundle.sql。

一、单项选择题

A. opatch   B. dump
C. cp   D. tar

答案：A

1867. 在 SQLPLUS 中，执行外部命令所用的命令是（ ）。

A. /   B. !
C. EXE   D. 不能在 SQLPLUS 中直接运行外部命令

答案：B

1868. 以下哪个 GoldenGate 是管理进程默认使用的端口？（ ）

A. 7001   B. 1521
C. 7839   D. 80

答案：C

1869. 以下哪个产品是国网自主研发的数据库？（ ）

A. sg-rdb   B. sg-uap
C. sg-asp   D. sg-mysql

答案：A

1870. 对 MySQL 数据的可用性和可靠性，哪个硬件存储选项的稳定性最低？（ ）

A. RAID5   B. iSCSI
C. SAN（Storage Area Network）   D. NFS（Networked File System）

答案：D

1871. 在 Oracle 12C 中，执行 alter pluggable database pdb_name close immediate; 后，该 pdb 的状态是（ ）。

A. MOUNTED   B. CLOSE
C. READ ONLY   D. OPEN

答案：A

1872. 使用 MySQL 客户端远程连接数据库服务器，描述错误的是（ ）。

A. 必须指定服务器主机名或 IP   B. 可以设置空密码
C. 连接后不能修改密码   D. 可以执行 SQL 脚本

答案：C

1873. 关于 MySQL 授权表的描述，错误的是（ ）。

A. 通过 flush privileges 刷新授权表   B. 保存了明文密码
C. 可以 insert 授权表创建用户   D. --skip-grant-tables 参数，可以临时不加载授权表

答案：B

1874. 在 MySQL 中导出数据的方式，不包括（ ）。

A. MySQLdump　　　　　　　　B. select...into outer...

C. expdp　　　　　　　　　　　D. xtrabackup

答案：C

1875. 关于 Oracle 的数据文件描述错误的是（　　）。

A. 与操作系统的文件是一一对应关系　　B. 创建后大小就不能改变了

C. 可以配置自动扩展大小　　　　　　　D. 可以存放于多个目录下

答案：B

1876. Oracle 创建表空间时，创建表空间的对象的默认存储参数中，INITIAL 参数和（　　）参数通常大小相同。

A. MAXEXTENTS　　　　　　　B. NEXT

C. MINEXTENTS　　　　　　　 D. PCTINCREASE

答案：B

1877. 下列哪个命令是用于 MySQL 中数据导出的？（　　）

A. exp　　　　　　　　　　　　B. MySQLdump

C. expdp　　　　　　　　　　　D. output

答案：B

1878. MySQL 中，预设的、拥有最高权限超级用户的用户名为（　　）。

A. DBA　　　　　　　　　　　　B. SYS

C. SYSTEM　　　　　　　　　　D. root

答案：D

1879. 存储过程是一组预先定义并（　　）的 Transact-SQL 语句。

A. 保存　　　　　　　　　　　　B. 编写

C. 编译　　　　　　　　　　　　D. 解释

答案：C

1880. MySQL 进入要操作的数据库 TEST 用以下哪一项？（　　）

A. IN TEST　　　　　　　　　　B. SHOW TEST

C. USER TEST　　　　　　　　 D. USE TEST

答案：D

1881. 在默认概要文件中，资源限制参数 SESSION_PER_USER 的初始值是（　　）。

A. 1　　　　　　　　　　　　　B. 2

C. 3　　　　　　　　　　　　　D. UNLIMITED

答案：D

1882. 假设正在管理一个概要文件的口令设置。如果要确保应该用户在更改三次密码之前

一、单项选择题

不能重新使用当前的密码，请问要使用以下的哪一个参数？（ ）

A. PASSWORD_LIFE_TIME   B. PASSWORD_REUSE_MAX

C. PASSWORD_GRACE_TIME   D. PASSWORD VERIFY FUCTION

答案：B

1883. Oracle12c 在同一个容器中切换不同 PDB 的命令是（ ）。

A. alter system set session='PDB_name'   B. alter session set container=PDB_name

C. alter system set container=PDB_name   D. alter session set sesson='PDB_name'

答案：B

1884. 在以下的 Oracle 内存结构中，哪一个存储了最近执行过的 SQL 语句，以及最近访问过的数据定义？（ ）

A. PGA   B. 共享池（Share Pool）

C. 重做日志缓冲区（Redo Log Buffer）   D. 数据库高速缓冲区（Database Buffer Cache）

答案：B

1885. MySQL 事务主要用于处理操作量大，复杂度高的数据，以下不是事务特性的是（ ）。

A. 原子性   B. 一致性

C. 隔离性   D. 短暂性

答案：D

1886. 下列不是 MySQL 导入数据命令的是（ ）。

A. mysql   B. source

C. load data   D. imp

答案：D

1887. 使用 AUTOTRACE 工具进行调优时，如果想只显示执行计划，应该用到的选项是（ ）。

A. set autotrace on   B. set autotrace traceonly

C. set autotrace traceonly explain   D. set autotrace statistics

答案：C

1888. 下列哪个语句是杀死 Oracle 数据库中会话的命令格式？（ ）

A. alter system kill 'SID，SERIAL#'   B. alter system kill session 'SID，SERIAL#'

C. alter system kill session 'SID'   D. alter system kill 'SID'

答案：B

1889. 段是表空间中一种逻辑存储结构，以下哪个不是 Oracle 数据库使用的段类型？（ ）

A. 索引段   B. 临时段

C. 回滚段   D. 代码段

答案：D

1890. 一个不熟练的 DBA 在用户还在访问数据库的时候删除了 ALTER 日志，你要怎么恢复这个日志？（ ）

A. 什么都不做　　　　　　　　B. 重启数据库

C. 执行数据库恢复操作　　　　D. 从最近的备份中恢复数据库

答案：A

1891. 如果不重新启动实例，将无法更改哪些参数？（ ）

A. MEMORY_MAX_TARGET　　　　B. MEMORY_TARGET

C. PGA_AGGERGATE_TARGET　　D. SGA_TARGET

答案：A

1892. 你处于正在更新一个非常重要的表的事务中。数据库正在运行的机器因为断电重启，这导致数据库实例故障。在这种情况下哪些语句是正确的？（ ）

A. 完成恢复需要联机重做日志和归档日志

B. 下一次数据库实例启动的时候会提交未提交的事务

C. 下一次数据库打开会自动回滚未提交的事务

D. DBA 执行数据库恢复去恢复未提交的事务

答案：C

1893. 在 Oracle 中，关于锁，下列描述不正确的是（ ）。

A. 锁用于在用户之间控制对数据的并发访问

B. 可以将锁归类为行级锁和表级锁

C. insert、updat、delete 语句自动获得行级锁

D. 同一时间只能有一个用户锁定一个特定的表

答案：D

1894. 在 ASM 实例中，增加参数 ASM_POWER_LIMIT，参数的值会有什么影响？（ ）

A. DBWR 进程会增加

B. ASMB 进程增加

C. DBWR_TO_SLAVES 增加

D. ASM 进程完成平衡的速度更快，但是会导致更高的 I/O

答案：D

1895. 查看 MySQL 数据库使用下列哪个命令？（ ）

A. list database　　　　　　B. list databases

C. show database　　　　　　D. show databases

答案：D

1896. 属于 SYSTEM 表空间的数据文件损坏而且没有此文件的可用备份，那么您将如何恢

一、单项选择题

复这个数据文件？（ ）

A. 此数据文件无法恢复

B. 此数据文件会自动从 SYSTEM 备份中恢复

C. 将此表空间脱机、删除，然后通过跟踪文件重建

D. 使用 RMAN 恢复这个数据文件

答案：A

1897. （ ）是以太网的标准。

A. IEEE 802.3　　　　　　　　　B. IEEE 802.3u

C. IEEE 802.3z/ab　　　　　　　D. IEEE 802.3ae

答案：A

1898. 1000Base-T 指最大传输速率为（ ）。

A. 1Mbit/s　　　　　　　　　　B. 10Mbit/s

C. 100Mbit/s　　　　　　　　　D. 1000Mbit/s

答案：D

1899. ARP 协议的作用是（ ）。

A. 将端口号映射到 IP 地址　　　B. 连接 IP 层和 TCP 层

C. 广播 IP 地址　　　　　　　　D. 将 IP 地址映射到第二层地址

答案：D

1900. CSMA/CD 应用在 OSI 的第（ ）层。

A. 1　　　　　　　　　　　　　B. 2

C. 3　　　　　　　　　　　　　D. 4

答案：B

1901. DNS 服务器和 DHCP 服务器的作用是（ ）。

A. 将 IP 地址翻译为计算机名、为客户机分配 IP 地址

B. 将 IP 地址翻译为计算机名、解析计算机的 MAC 地址

C. 将计算机名翻译为 IP 地址、为客户机分配 IP 地址

D. 将计算机名翻译为 IP 地址、解析计算机的 MAC 地址

答案：C

1902. 采用 CSMA/CD 的网络中发生冲突时，需要传输数据的主机在回退时间到期后做何反应？（ ）

A. 主机恢复传输前侦听模式　　　B. 造成冲突的主机优先发送数据

C. 造成冲突的主机重新传输最后 16 个帧　　D. 主机延长其延迟时间以便快速传输

答案：A

1903. 以太网交换机采用（　　）交换方式。

A. 目的地址　　　　　　　　　　B. 冲突检测

C. 存储转换　　　　　　　　　　D. 载波侦听

答案：C

1904. 以太网交换机机的工作温度范围是（　　）。

A. −40℃～+50 ℃　　　　　　　B. 0℃～+50 ℃

C. −40℃～+85　　　　　　　　 D. 40℃～+125 ℃

答案：C

1905. 以太网可以采用的传输介质有（　　）。

A. 普通双绞线　　　　　　　　　B. 屏蔽双绞线

C. 光纤　　　　　　　　　　　　D. 以上都是

答案：D

1906. 检验本机各端口的网络信息应用以下哪个命令？（　　）

A. ping　　　　　　　　　　　　B. tracert

C. netstat　　　　　　　　　　　D. ipconfig

答案：C

1907. 接入网主要分为有线接入网和（　　）接入网。

A. 铜线　　　　　　　　　　　　B. 光纤

C. 无线　　　　　　　　　　　　D. 卫星

答案：C

1908. 在以太网中，是根据哪些地址来区分不同的设备的？（　　）

A. LLID　　　　　　　　　　　　B. MAC

C. IP　　　　　　　　　　　　　D. IPX 地址

答案：B

1909. 下列协议中不属于应用层协议的是（　　）。

A. FTP　　　　　　　　　　　　B. Telnet

C. HTTP　　　　　　　　　　　 D. ICMP

答案：D

1910. 以下内容哪些是路由信息中所不包含的？（　　）

A. 目标网络　　　　　　　　　　B. 源地址

C. 路由权值　　　　　　　　　　D. 下一跳

答案：B

1911. 不能通过以下哪些方式登录交换机设备配置？（　　）

一、单项选择题

A. 通过 AUX 口登录　　　　　　　B. 通过 Telnet 登录

C. 通过进入 Bootrom 的方式　　　　D. 通过 Console 口登录

答案：C

1912. TCP/IP 协议分为四层，分别为应用层、传输层、网际层和网络接口层，不属于应用层协议的是（　　）。

A. SNMP　　　　　　　　　　　B. UDP

C. TELNET　　　　　　　　　　D. FTP

答案：B

1913. 保留给自环测试的 IP 地址是（　　）。

A. 127.0.0.0　　　　　　　　　　B. 127.0.0.1

C. 172.0.0.9　　　　　　　　　　D. 172.0.0.1

答案：B

1914. IP 地址中，网络部分全 0 表示（　　）。

A. 主机地址　　　　　　　　　　B. 网络地址

C. 所有主机　　　　　　　　　　D. 所有网络

答案：D

1915. IP 数据报的最大长度为（　　）。

A. 1500　　　　　　　　　　　　B. 65 535

C. 53　　　　　　　　　　　　　D. 25 632

答案：B

1916. IP 网中一般是通过（　　）获取域名所对应的 IP 地址。

A. WWW 服务器　　　　　　　　B. FTP 服务器

C. DNS 服务器　　　　　　　　　D. SMTP 服务器

答案：C

1917. 100Base-Tx 的 5 类双绞线最大传输距离是（　　）。

A. 50 m　　　　　　　　　　　　B. 100 m

C. 150m　　　　　　　　　　　　D. 200m

答案：B

1918. Ping 实际上是基于（　　）协议开发的应用程序。

A. ICMP　　　　　　　　　　　　B. IP

C. TCP　　　　　　　　　　　　D. UDP

答案：A

1919. 以太网的媒体访问控制方法为（　　）。

A. CSMA/CD B. TOKEN RING
C. TOKEN BUS D. CSMA/CA

答案：A

1920.（　）不但可以消除交换循环，而且使得在交换网络中通过配置冗余备用链路来提高网络的可靠性。

A. OSPF 协议 B. VTP 协议
C. STP 协议 D. 以上都不对

答案：C

1921. 在 IP 网络上，对语音质量影响最大的是（　）。

A. 延迟 B. 抖动
C. 丢包 D. 漂移

答案：A

1922. OSPF 属于哪一种类型的路由协议？（　）

A. 距离矢量 B. 链路状态
C. 混合 D. 生成树协议

答案：B

1923. 当路由器接收的 IP 报文的 TTL 值等于 0 时，采取的策略是（　）。

A. 丢掉该分组 B. 将该分组分片
C. 转发该分组 D. 以上均不对

答案：A

1924. 哪一种局域网技术使用了 CSMA/CD 技术？（　）

A. Ethernet B. Token Ring
C. FDDI D. 以上所有

答案：A

1925. 用户 A 通过计算机网络向用户 B 发消息，表示自己同意签订某个合同，随后用户 A 反悔，不承认自己发过该条消息为了防止这种情况发生，应采用（　）。

A. 数字签名技术 B. 消息认证技术
C. 数据加密技术 D. 身份认证技术

答案：A

1926. 下列（　）不属于数据链路层的主要功能。

A. 提供对物理层的控制 B. 差错控制
C. 流量控制 D. 决定传输报文的最佳路由

答案：D

一、单项选择题

1927. PPP 协议的协商报文中，什么参数用来检测链路是否发生自环？（ ）

A. MRU　　　　　　　　　　B. MTU

C. MagicNumber　　　　　　D. ACCM

答案：C

1928. 交换机端口 A 配置成 100/1000M 自协商工作状态，与 100/1000M 自协商网卡连接，自协商过程结束后端口 A 的工作状态是（ ）。

A. 100M 半双工　　　　　　B. 100M 全双工

C. 1000M 半双工　　　　　　D. 1000M 全双工

答案：D

1929. 以太网交换机一个端口在接收到数据帧时，如果没有在 MAC 地址表中查找到目的 MAC 地址，通常如何处理？（ ）

A. 把以太网帧复制到所有端口　　　　　B. 把以太网帧单点传送到特定端口

C. 把以太网帧发送到除本端口以外的所有端口　　D. 丢弃该帧

答案：C

1930. IP 报文头中固定长度部分为多少字节？（ ）

A. 10　　　　　　　　　　B. 20

C. 30　　　　　　　　　　D. 40

答案：B

1931. 当将路由引入到 RIP 路由域中时，如果没有指定一个缺省的 Metirc，那么该路由项的度量值将被设置为（ ）。

A. 15　　　　　　　　　　B. 16

C. 254　　　　　　　　　　D. 255

答案：A

1932. 在网络中广播风暴是如何产生的？（ ）

A. 大量 ARP 报文产生

B. 存在环路的情况下，如果端口收到一个广播报文，则广播报文会复制从而产生广播风暴

C. 站点太多，产生的广播报文太多

D. 交换机坏了，将所有的报文都广播

答案：B

1933. OSPF 协议中 LSR 报文的作用是（ ）。

A. 发现并维持邻居关系

B. 描述本地 LSDB 的情况

C. 向对端请求本端没有的 LSA，或对端主动更新的 LSA

D. 向对方更新 LSA

答案：C

1934. TCP 实现了哪种流量控制方法？（　）

A. ACK
B. 套接字
C. 缓冲技术
D. 窗口技术

答案：D

1935. 利用交换机可以把网络划分成多个虚拟局域网。一般情况下，交换机默认的 VLAN 是（　）。

A. VLAN0
B. VLAN1
C. VLAN10
D. VLAN1024

答案：B

1936. 关于 OSPF 多进程描述错误的是（　）。

A. OSPF 多进程这一概念具有全局的意义，一台设备上只能配置一个进程
B. 路由器的一个接口只能属于某一个 OSPF 进程
C. 不同 OSPF 进程之间的路由交互相当于不同路由协议之间的路由交互
D. 在同一台路由器上可以运行多个不同的 OSPF 进程，它们互不干扰，彼此独立

答案：A

1937. RIP 路由算法所支持的最大 HOP 数为（　）。

A. 10
B. 15
C. 16
D. 32

答案：B

1938. 通过哪条命令可以查看 OSPF 邻居状态信息？（　）

A. display ospf peer
B. display ip ospf peer
C. display ospf neighbor
D. display ip ospf neighbor

答案：A

1939. 一台交换机具有 24 个 100Mbit/s 端口和 2 个 1000Mbit/s 端口，如果所有端口都工作在全双工状态，那么交换机总带宽应为（　）。

A. 4.8Gbit/s
B. 8.8Gbit/s
C. 9.6Gbit/s
D. 6.4Gbit/s

答案：B

1940. 与 10.110.12.29mask255.255.255.224 属于同一网段的主机 IP 地址是（．）。

A. 10.110.12.0
B. 10.110.12.30
C. 10.110.12.31
D. 10.110.12.32

一、单项选择题

答案：B

1941. 以下不属于私有 IP 地址的为（ ）。

A. 10.10.10.1　　　　　　　　　　B. 172.16.0.152

C. 172.168.20.2　　　　　　　　　D. 192.168.2.1

答案：C

1942. 某学校网络的地址是 193.10.192.0/20，要把该网络分成 8 个子网，则对应的子网掩码应该是（ ）。

A. 255.255.254.0　　　　　　　　B. 255.255.255.0

C. 255.255.252.0　　　　　　　　D. 255.255.248.0

答案：A

1943. 在 TCP 三次握手中，对于报文 SYN（seq=b，ack=a+1），下列说法正确的是（ ）。

A. 对序号为 b 的数据包进行确认　　B. 对序号为 a+1 的数据包进行确认

C. 下一个希望收到的数据包的序号为 b　D. 下一个希望收到的数据包的序号为 a+1

答案：D

1944. SNMP 依赖于（ ）工作。

A. IP　　　　　　　　　　　　　　B. ARP

C. TCP　　　　　　　　　　　　　D. UDP

答案：D

1945. 使用 traceroute 命令测试网络可以（ ）。

A. 检验链路协议是否运行正常　　　B. 检验目标网络是否在路由表中

C. 检验应用程序是否正常　　　　　D. 显示分组到达目标经过的各个路由器

答案：D

1946. 10.1.1.225/29 的广播地址是（ ）。

A. 10.1.1.223　　　　　　　　　　B. 10.1.1.224

C. 10.1.1.231　　　　　　　　　　D. 10.1.1.232

答案：C

1947. ARP 协议的作用是由 IP 地址请求 MAC 地址，ARP 响应时（ ）发送。

A. 单播　　　　　　　　　　　　　B. 组播

C. 广播　　　　　　　　　　　　　D. 点播

答案：A

1948. OSPF 属于（ ）类型的路由协议。

A. 距离矢量　　　　　　　　　　　B. 链路状态

C. 混合　　　　　　　　　　　　　D. 生成树协议

答案：B

1949. RIP 协议的路由项在（　　）时间内没有更新会变为不可达。
A. 90s
B. 120s
C. 180s
D. 240s

答案：C

1950. SSH 默认使用 TCP 端口号（　　）。
A. 20
B. 21
C. 22
D. 23

答案：C

1951. STP 的主要目的是（　　）。
A. 防止"广播风暴"
B. 防止信息丢失
C. 防止网络中出现信息回路造成网络瘫痪
D. 使网桥具备网络层功能

答案：C

1952. IP 地址长度是（　　）位。
A. 30
B. 24
C. 32
D. 64

答案：C

1953. 以太网最大传输单元 MTU 缺省值（　　）。
A. 1492
B. 1500
C. 1512
D. 1600

答案：B

1954. 192.168.1.0/28 的子网掩码是（　　）。
A. 255.255.255.0
B. 255.255.255.128
C. 255.255.255.192
D. 255.255.255.240

答案：D

1955. （　　）是指在接入网中采用光纤作为主要传输媒介来实现信息传送的网络形式。
A. 铜线接入网
B. 混合光纤接入网
C. 同轴电缆接入网
D. 光纤接入网

答案：D

1956. DNS 的作用是（　　）。
A. 为客户机分配 IP 地址
B. 访问 HTTP 的应用程序
C. 将计算机名翻译为 IP 地址
D. 将 MAC 地址翻译为 IP 地址

答案：C

一、单项选择题

1957. 子网掩码的设置正确的是（ ）。
A. 对应于网络地址的所有位都设为 0   B. 对应于主机地址的所有位都设为 1
C. 对应于网络地址的所有位都设为 1   D. 以上都不对
答案：C

1958. 一个 VLAN 可以看作是一个（ ）。
A. 冲突域   B. 广播域
C. 管理域   D. 自治域
答案：B

1959. 两个主机之间要进行 UDP 协议通信，首先要进行（ ）次握手。
A. 0   B. 1
C. 2   D. 3
答案：A

1960. TCP 和 UDP 协议的对比中，不正确的是（ ）。
A. UDP 的延时更小   B. UDP 的传输效率更高
C. UDP 不含流量控制功能   D. UDP 不需要源端口号
答案：D

1961. 主流的服务器虚拟化技术不包括（ ）。
A. VirtualBox   B. Xen
C. KVM   D. Hyper-V
答案：A

1962. 业界主流的虚拟化架构类型不包含（ ）。
A. 寄居虚拟化   B. 裸金属虚拟化
C. 全虚拟化   D. 操作系统虚拟化
答案：C

1963. 以下哪些不是云计算的核心优势？（ ）
A. 减少硬件投资   B. 业务快速上线
C. 故障自动恢复   D. 资源独享
答案：D

1964. 虚拟机有两个盘，做快照后又新增了一个磁盘，再还原到快照点，有几个盘？（ ）
A. 2   B. 3
C. 4   D. 5
答案：A

1965. Windows 系统中可以通过配置( )防止用户通过多次登录尝试来猜测其他人的密码。

A. 密码策略 B. 账户锁定策略

C. kerberos 策略 D. 审计策略

答案：B

1966. 操作系统能够采用磁盘作为虚拟内存，一般来说，虚拟内存的大小受到（　　）的限制。

A. 磁盘空间 B. 磁盘空间及 CPU 寻址范围

C. 程序的地址空间 D. 物理内存容量

答案：B

1967. 服务器虚拟化的优势不包括（　　）。

A. 减少服务器的数量 B. 降低管理复杂度

C. 提高数据备份的可靠性 D. 提高服务器的计算效率

答案：D

1968. VMXNET3 的正确定义是（　　）。

A. 用于隔离位于同一个已隔离 VLAN 中的各虚拟机间的流量

B. 用于指定分布式交换机中每个成员端口的端口配置选项

C. VMXNET3 是通过 VMware Tools 实现的第三代模拟虚拟网卡

D. 可让虚拟机中的设备驱动程序绕过虚拟化层，直接访问和控制物理设备

答案：C

1969. 使用 RAID 作为网络存储设备有许多好处，以下关于 RAID 的叙述中不正确的是（　　）。

A. RAID 使用多块廉价磁盘阵列构成，提高了性能价格比

B. RAID 采用交叉存取技术，提高了访问速度

C. RAID0 使用磁盘镜像技术，提高了可靠性

D. RAID3 利用一台奇偶校验盘完成容错功能，减少了冗余磁盘数量

答案：C

1970. 在集群中开启了 DRS 半自动，虚拟主机在启动时，（　　）。

A. 激活虚拟主机位置变更提示，用户手动选择最优主机目标，注册并自动开机启动

B. 虚拟主机根据集群内主机资源消耗情况，自动注册在新的主机并启动

C. 仍然在原主机启动

D. 选择硬件资源更优越的集群下的主机注册并启动

答案：B

1971. 哪种类型的虚拟交换机支持称作端口镜像的高级网络选顶？（　　）

A. 扩展虚拟交换机 B. 分布式虚拟交换机

C. 标准虚拟交换机 D. 企业虚拟交换机

一、单项选择题

答案：B

1972. NSX 中的以下哪种集中安全保护形势负责提供统一恶意软件、防病毒和自检服务？（　）

　　A. Serveice Composer　　　　　　B. 安全控制台

　　C. Sercurity Policy Manager　　　 D. 安全服务

答案：A

1973. 数据中心配置需要介绍与不支持中继或标记 VLAN 的虚拟交换机上行链路相连接的物理交换机端口，这些端口是哪种类型？（　）

　　A. 访问端口　　　　　　　　　　B. 网关端口

　　C. 下行链路端口　　　　　　　　D. 堆栈端口

答案：A

1974. 连接到 Virtual Distributed Switch 的虚拟机可能需要与 NSX 逻辑交换机上的虚拟机进行通信，利用以下哪项功能可以在逻辑交换机上的虚拟机和分布式端口组上的虚拟机之间建立直接以太网连接？（　）

　　A. VXLAN 到 VLAN 的桥接　　　B. VLAN 到 VLAN 的桥接

　　C. VXLAN 到 VXLAN 的桥接　　 D. VXLAN 到 LAN 的桥接

答案：A

1975. 通过以下哪种物理网络连接设备，不同的 IP 子网段上的计算机可以互相进行通信？（　）

　　A. 交换机　　　　　　　　　　　B. 路由器

　　C. 防火墙　　　　　　　　　　　D. 代理

答案：B

1976. 管理员需要从主映像中创建和提供新的虚拟机，而这些映像不能编辑或驱动，哪种类型的资源最适合管理员执行任务？（　）

　　A. 完整克隆　　　　　　　　　　B. 链接克隆

　　C. 模板　　　　　　　　　　　　D. 快照

答案：C

1977. 管理员需要防止两台虚拟机在同一主机上随时运行，管理员应该应用哪种 DRS 规则？（　）

　　A. vm-to-vm affinity　　　　　　 B. vm-to-host affinity

　　C. vm-to-vm anti-affinity　　　　 D. vm-to-host anti-affinity

答案：C

1978. 下面列出的虚拟机操作可以在模板进行（　）。

A. 电源　　　　　　　　　　　　B. 克隆

C. 编辑设置　　　　　　　　　　D. 迁移

答案：B

1979. 当部署一个 OVF 型板，产生的虚拟磁盘片是什么文件格式？（　　）

A. OVF　　　　　　　　　　　　B. VMDK

C. VMX　　　　　　　　　　　　D. VSWP

答案：B

1980. 您正在创建新的虚拟机，并且希望将虚拟机数据直接存储在 SAN LUN 中那么您应选择哪个虚拟磁盘选项？（　　）

A. 创建新的虚拟磁盘　　　　　　B. 不创建磁盘

C. 裸机映射　　　　　　　　　　D. 使用现有虚拟磁盘

答案：C

1981. 使用"Remove from Inventory（从清单移除）"命令从清单中移除了虚拟机，下列哪种方法可将虚拟机返回清单？（　　）

A. 断开主机服务器的连接，然后重新连接

B. 右键单击主机服务器，并选择"Return VM to Inventory（将虚拟机返回清单）"中然后完成向导

C. 使用"New Virtual Machine（新建虚拟机）"向导创建新的虚拟机，但并不创建新的磁盘，而是选择虚拟机的现有磁盘

D. 无法将虚拟机返回清单

答案：C

1982. 在虚拟机中克隆向导可以执行下列哪些任务？（　　）

A. 自定义客户操作系统　　　　　B. 安装客户操作系统补丁程序

C. 创建初始快照　　　　　　　　D. 安装 VMware Tools

答案：A

1983. 要使冷迁移正常运行，虚拟机必须（　　）。

A. 处于关闭状态

B. 宿主机性能高

C. 可以在具有相似的 CPU 系列和步进功能的系统之间移动

D. 仍位于冷迁移之前的同一个数据存储中

答案：A

1984. 哪种类型的虚拟交换机支持称作端口镜像的高级网络？（　　）

A. 扩展虚拟交换机　　　　　　　B. 分布式虚拟交换机

一、单项选择题

C. 标准虚拟交换机　　　　　　D. 企业虚拟交换机

答案：B

1985. 下列关于虚拟机快照的说法中，哪一项是正确的？（　）

A. 快照作为单个文件记录，存储在虚拟机的配置目录中

B. 虚拟机一次只能拍摄一张快照

C. 在拍摄快照过程中可以选择是否捕获虚拟机的内存状态

D. 只能从命令行管理快照

答案：C

1986. 在虚拟机中链接克隆的特点是（　）。

A. 链接克隆消耗的数据存储空间比完整克隆多

B. 链接克隆需要的创建时间比完整克隆长

C. 链接克隆用于减少虚拟桌面的补休和更新操作

D. 链接克隆可以从物理桌面创建

答案：C

1987. ThinApp（瘦身应用程序）为 Horizon View 提供什么作用？（　）

A. ThinApp 用于为虚拟桌面提供补丁和更新过程

B. ThinApp 允许在武本地存储的情况下不熟虚拟桌面

C. ThinApp 用于创建虚拟沙盒以便将应用程序部署到虚拟桌面

D. ThinApp 允许您在最小的磁盘空间中不熟虚拟桌面

答案：C

1988. 主管要求您提供环境中搞维护和维修成本的解决方案，以下哪个解决方案可以帮助减少物理硬件成本？（　）

A. VCenter Operation Manager for View　VCenter（视图操作管理）

B. Thin Clint（精简型计算机）

C. Horizon View Client（地平线视图的客户）

D. Horizon Mirage

答案：B

1989. SSH 到物理机上查看某虚拟机运行状态命令为 vim-cmd vmsvc/（　）.getstate VMID。

A. process　　　　　　　　　B. queue

C. list　　　　　　　　　　　D. power

答案：D

1990. 在资源争用的情况下,系统管理员如何确保虚拟机的 CPU 至少达到 500MHz？（　）

A. 设置虚拟机的 CPU 限制为高　　B. 设置虚拟机的份额为 500MHz

C. 禁用虚拟机的 CPU 限制　　　　　　D. 设置虚拟机的 CPU 预留为 500MHz

答案：D

1991. 在虚拟机控制台中，按（　）分别向客户操作系统发送 Ctrl+Alt+Del 和从虚拟机控制台释放光标。

A. Ctrl+Alt+Del/Ctrl+Alt　　　　　　B. Ctrl+Alt+Ins/Ctrl+Alt

C. Ctrl+Alt+Del/Ctrl+Del　　　　　　D. Ctrl+Alt+Ins/Ctrl+Del

答案：B

1992. 在虚拟机中通过浏览器链接 Web Client Server 使用的 TCP 端口是（　）。

A. 9443　　　　　　　　　　　　　　B. 8080

C. 443　　　　　　　　　　　　　　　D. 80

答案：A

1993. 管理员计划对某个虚拟机同时进行 VMotion 和 Storage VMotion，则该虚拟机应该处于（　）。

A. 关闭状态　　　　　　　　　　　　B. 开启状态

C. 关闭、开启状态都可以　　　　　　D. 虚拟机不支持同时进行 VMotion 和 Storage VMotion

答案：A

1994. 将虚拟机克隆为模板时，虚拟机应该处于（　）。

A. 关闭状态　　　　　　　　　　　　B. 开启状态

C. 关闭、开启状态都可以　　　　　　D. 虚拟机不可以转换成模板

答案：C

1995. 数据中心虚拟化的优点是（　）。

A. 无法直接接触虚拟机　　　　　　　B. 可以省电

C. 用户可以自行调配服务器　　　　　D. 服务器将产生更多热量

答案：B

1996. 第 1 类和第 2 类虚拟化管理程序之间的区别是什么？（　）

A. 第 1 类虚拟化管理程序比第 2 类虚拟化管理程序的速度慢

B. 第 1 类虚拟化管理程序可以取代其他操作系统

C. 第 1 类虚拟化管理程序作为应用程序在 Windows 或 Linux 中运行

D. 第 1 类虚拟化管理程序仅消耗虚拟机使用的资源

答案：C

1997. Distributed Hoover 的作用是（　）。

A. 管理每个 ESi 主机上虚拟机的用电情况　　B. 在非高峰时间自动关闭 ESXi 主机

C. 在非高峰时间自动关闭虚拟机　　　　　　D. 允许用户自行恢复已删除的文件

一、单项选择题

答案：B

1998. 专用池桌面和浮动池桌面之间的差异是（　　）。

A. 专用池桌面不会从逐渐 ESXi Server 移动

B. 浮动池桌面在 ESXi Server 之间自动移动一均衡资源

C. 专用池桌面可由拥有权限的用户修改

D. 浮动池桌面未分配给特定用户

答案：D

1999. 以下哪些不是虚拟机的优势？（　　）

A. 封装性　　　　　　　　　　B. 隔离性

C. 兼容性　　　　　　　　　　D. 独立于硬件

答案：D

2000. 您正考虑将虚拟机用于您的新企业电子邮件服务器，关于这样做的一些好处。以下哪些说法是正确的？（　　）

A. 虚拟机可在运行时自动增加和减少所分配的内存

B. 虚拟机不需要病毒防护，因为它们没有物理硬件

C. 虚拟机的速度比使用相同硬件的物理机更快

D. 虚拟机允许在运行时添加网卡和硬盘等组件

答案：A

2001. 虚拟桌面如何查找最近的打印机？（　　）

A. 打印机位于通过在 ESXi 物理主机上存储的预配置列表中

B. 打印机有管理员为用户选择

C. 打印机按打印作业随机选择

D. 打印机通过 GPO 组策略对象（Group Policy Object）定义

答案：D

2002. 下列哪个选项不可以用于 VAPP 为 IP 配置管理员？（　　）

A. Transient　　　　　　　　　B. Fixed

C. DHCP　　　　　　　　　　D. NAT

答案：D

2003. ESXi 主机的本地用户名是（　　）。

A. Admin　　　　　　　　　　B. Administrator

C. root　　　　　　　　　　　D. administrator@vsphere.local

答案：C

2004. 请阅读下面的定义，选择与它匹配的虚拟机特性："当物理主机上的某台虚拟机停机

时,并不会影响同一主机上的其余虚拟机。"( )

A. 隔离 B. 兼容性

C. 硬件独立性 D. 封装

答案:B

2005. 北京灾备生产区域命名为( )。

A. BJ_ZB-BACKUP B. BJ_ZB-DEVELOP

C. BJ_ZB-PRODUCT D. BJ_ZB-TEST

答案:C

2006. 模板与虚拟机的区别是( )。

A. 模板的虚拟磁盘文件始终以稀疏格式存储

B. 模板无法启动

C. 虚拟机和模板必须存储在不同的数据存储中

D. 虚拟机可以转换为模板,而模板不可以转换为虚拟机

答案:B

2007. 以下哪些不是虚拟机的优势?( )

A. 封装性 B. 隔离性

C. 兼容性 D. 独立于硬件

答案:D

2008. 虚拟机文件构成中,磁盘数据文件的后缀名是( )。

A. vmtx B. vmdk

C. vmsd D. vmx

答案:B

2009. Docker 的对象不包括( )。

A. 镜像 B. 容器

C. 仓库 D. 内存

答案:D

2010. Docker 查看容器日志命令为( )。

A. docker logs B. docker log

C. log D. docker logs

答案:A

2011. Docker 查看所有进程( )。

A. ps −f B. ps −e

C. ps ef D. ps −ef

一、单项选择题

答案：D

2012. Docker 启动某个容器的命令为（ ）。

A. docker start   B. docker stop

C. docker −start   D. docker −stop

答案：A

2013. Docker 的帮助命令是（ ）。

A. docker help   B. docker −help

C. docker −−help   D. −help

答案：C

2014. Docker 删除某个镜像是命令（ ）。

A. docker rmi   B. docker −rmi

C. docker rmi−   D. rmi

答案：A

2015. 谷歌云计算专家埃里克·布鲁尔（Eric Brewer）在旧金山的发布会为 K8S 这款新的开源工具揭牌的时间是（ ）。

A. 2014 年 3 月   B. 2014 年 4 月

C. 2014 年 5 月   D. 2014 年 6 月

答案：D

2016. K8S 集群要求至少需要（ ）主节点（Master）和多个计算节点（Node）。

A. 1 个   B. 2 个

C. 3 个   D. 以上都不是

答案：A

2017. K8S 查看集群状态的命令是（ ）。

A. kubectl −info   B. kubectl cluster−info

C. kubectl −cluster   D. kubectl −clusterinfo

答案：B

2018. K8S 查看容器中输出的日志命令是（ ）。

A. kubectl logs pod−name   B. kubectl −name

C. kubectl logs   D. kubectl −logs −name

答案：A

2019. K8S−yaml 的查看 deployment 的命令是（ ）。

A. kubectl get deploy   B. kubectl deploy

C. kubectl get−deploy   D. kubectl −deploy

答案：A

2020. K8S-yaml 的查看 ReplicaSet 的命令是（　　）。

A. kubectl –get rs　　　　　　　　B. kubectl get

C. kubectl rs　　　　　　　　　　　D. kubectl get rs

答案：D

2021. 下列关于 Docker Container 错误的是（　　）。

A. Docker Container 拥有独立的 IP 地址，通常会由提供服务调用，是一个封闭的"盒子/沙箱"

B. Docker Container 里可以运行不同 OS 的 Image，比如 Ubuntu 的或者 CentOS

C. Docker Container 不建议内部开启一个 SSHD 服务，1.3 版本后新增了 docker exec 命令进入容器内排查问题

D. Docker Container 是 image 的示例，共享内核

答案：A

2022. Docker 提供了丰富的命令集，与容器相关的是（　　）。

A. login　　　　　　　　　　　　B. images

C. rename　　　　　　　　　　　　D. history

答案：B

2023. docker run 命令中，哪个参数用于指定环境变量，使容器中可以使用该环境变量？（　　）

A. –c　　　　　　　　　　　　　　B. –p

C. –e　　　　　　　　　　　　　　D. –u

答案：C

2024. 信息系统上线计划要提前（　　）向总部提出申请。

A. 15 天　　　　　　　　　　　　B. 一个月

C. 两个月　　　　　　　　　　　　D. 90 天

答案：B

2025. 按照《国家电网公司信息系统建转运实施细则》的要求，上线试运行阶段包括哪些环节？（　　）

A. 上线试运行申请、上线试运行、上线试运行验收

B. 上线试运行测试、上线试运行、上线试运行验收

C. 上线试运行申请、上线试测试、上线试运行验收

D. 上线试运行申请、上线试运行测试、上线试运行和上线试运行验收

答案：D

2026. 按照《国家电网公司信息系统建转运实施细则》的要求，系统承建单位组织开展确认测试，测试工作应确保在上线试运行申请提交日期（　　）个工作日前完成，并将测试报告提

一、单项选择题

交运维单位（部门）。

A. 2　　　　　　　　　　B. 3
C. 4　　　　　　　　　　D. 5

答案：D

2027. 公司各单位发现冒用、盗用账号的行为，需立即通知（　　）冻结账号，并通知使用人及使用部门，报信息通信职能管理部门及授权许可部门，由使用部门处理。

A. 运维单位　　　　　　　B. 信息通信职能管理部门
C. 人资部　　　　　　　　D. 业务管理部门

答案：A

2028. （　　）是公司数据基础运维工作的技术支撑单位。

A. 承建厂商　　　　　　　B. 运行维护部门
C. 业务主管部门　　　　　D. 信息化管理部门

答案：A

2029. 一次事故造成（　　）人以上（　　）人以下死亡，或者50人以上100人以下重伤者，为二级人身伤亡事件。

A. 10，30　　　　　　　　B. 20，30
C. 30，50　　　　　　　　D. 10，20

答案：A

2030. 各单位每年应至少组织开展（　　）信息系统方式单（资料）和现场情况是否相符的核查工作，重要信息系统应结合春检、秋检工作增加核查工作次数，新建系统在投运前建设单位需详细编制信息系统方式并及时提交至调度和运检机构。

A. 一次　　　　　　　　　B. 二次
C. 三次　　　　　　　　　D. 五次

答案：A

2031. 各级（　　）是本单位信息系统运行风险预警的管理部门，负责建立本单位信息系统运行风险预警管控机制，负责与本单位业务应用部门的横向协调，负责本单位信息系统运行风险预警管控工作的全过程监督、检查、评价。

A. 信息通信调度　　　　　B. 信通公司
C. 信息通信职能管理部门　D. 国网信通部

答案：C

2032. （　　）负责直调范围内的信息系统运行风险预警工作，并对全网可能导致八级以上信息系统安全事件发布风险预警管控情况进行跟踪督导。

A. 信息通信调度　　　　　B. 国网信通公司

C. 信息通信职能管理部门　　　　D. 国网信通部

答案：B

2033. 业务信息系统上线前应组织对统一开发的业务信息系统进行安全测评，测评合格后（　　）。

A. 可通过验收　　　　　　　　B. 方可上线

C. 可建转运　　　　　　　　　D. 进行升级

答案：B

2034. 发生信息安全突发事件要严格遵照公司要求及时进行（　　），控制影响范围，并上报公司相关职能管理部门和安全监察部门。

A. 事件处置　　　　　　　　　B. 应急处置

C. 事件上报　　　　　　　　　D. 事件分析

答案：B

2035. 信息安全事故调查应遵循（　　）的原则。

A. 实事求是，坚持真理　　　　B. 实事求是，尊重科学

C. 坚持真理，尊重科学　　　　D. 迅速高效，坚持真理

答案：B

2036. 对于已完成建设未上线试运行的信息系统应在上线试运行前完成整改，对于已上线的信息系统要在（　　）完成整改。

A. 3 个月　　　　　　　　　　B. 6 个月

C. 9 个月　　　　　　　　　　D. 1 年

答案：D

2037. 公司各级信息系统调度机构应提前（　　）个工作日发布检修计划公告，并通知信息系统客户服务机构，信息系统客户服务机构应提前通知受检修工作影响的系统用户。

A. 1　　　　　　　　　　　　　B. 2

C. 3　　　　　　　　　　　　　D. 4

答案：A

2038.《国家电网公司安全事故调查规程》安全事故体系由人身、电网、设备和（　　）四类事故组成。

A. 信息系统　　　　　　　　　B. 通信系统

C. 车辆　　　　　　　　　　　D. 交通事故

答案：A

2039. 公司办公计算机信息安全和保密工作原则是（　　）。

A. 谁主管谁负责、谁运行谁负责、谁使用谁负责　　B. 信息安全管理部门负责

一、单项选择题

C. 公司领导负责　　　　　　　　　　D. 各单位及各部门负责人负责

答案：A

2040.《国家电网公司信息系统安全管理办法》中信息系统安全主要任务时确保信息运行和确保信息内容的（　　）。

A. 持续、稳定、可靠 机密性、完整性、可用性

B. 连续、稳定、可靠 秘密性、完整性、可用性

C. 持续、平稳、可靠 机密性、整体性、可用性

D. 持续、稳定、安全 机密性、完整性、确定性

答案：A

2041.《国家电网公司信息系统安全管理办法》关于加强网络安全技术工作中要求，对重要网段要采取（　　）技术措施。

A. 网络层地址与数据链路层地址绑定　　B. 限制网络最大流量数及网络连接数

C. 强制性统一身份认证　　　　　　　　D. 必要的安全隔离

答案：A

2042. 国家电网公司信息系统上下线管理实行（　　）归口管理，相关部门分工负责的制度。

A. 信息化管理部门　　　　　　　　　　B. 业务主管部门

C. 系统运行维护部门　　　　　　　　　D. 建设开发部门

答案：A

2043. 国家电网公司信息系统数据备份与管理规定，对于关键业务系统，每年应至少进行（　　）备份数据的恢复演练。

A. 一次　　　　　　　　　　　　　　　B. 两次

C. 三次　　　　　　　　　　　　　　　D. 四次

答案：A

2044.《国家电网公司信息安全与运维管理制度和技术标准》第二条规定计算机病毒防治工作按照"安全第一、预防为主，（　　），综合防范"的工作原则规范地开展。

A. 谁主管、谁负责　　　　　　　　　　B. 谁运营、谁负责

C. 管理和技术并重　　　　　　　　　　D. 抓防并举

答案：C

2045. 灾备演练依据演练形式可分为桌面演练、（　　）、实际演练三种。

A. 应急演练　　　　　　　　　　　　　B. 模拟演练

C. 现场推演　　　　　　　　　　　　　D. 故障演练

答案：B

2046. 信息系统运行风险预警工作流程包括（　　）、预警发布、预警承办、预警解除四个环节。

A. 风险评估 B. 预警发现
C. 问题发现 D. 隐患发现

答案：A

2047.（　）风险预警由信息系统运维机构报本单位信息通信职能管理部门审核后，由各单位分管领导批准，并报国网信通部备案。

A. 一、二级 B. 三、四级
C. 五、六级 D. 七、八级

答案：C

2048. 以下哪项属于六级信息系统事件？（　）

A. 一类信息系统业务中断，且持续时间 4 小时以上

B. 一类信息系统数据丢失，影响公司生产经营

C. 二类信息系统 24 小时以上的数据丢失

D. 三类信息系统 72 小时以上的数据丢失

答案：A

2049. 地市供电公司级单位本地信息网络不可用，且持续时间（　）小时以上，构成五级信息系统事件。

A. 24 B. 12
C. 8 D. 6

答案：A

2050.《国家电网公司安全事故调查规程》中规定，设备事故共分为（　）级。

A. 5 B. 6
C. 7 D. 8

答案：D

2051. 县供电公司级单位本地信息网络不可用，且持续时间（　）小时以上，定义为六级信息系统事件。

A. 6 B. 12
C. 24 D. 48

答案：D

2052.《国家电网公司安全事故调查规程》规定信息系统事件包括（　）事件。

A. 一至四级 B. 一至六级
C. 四至八级 D. 五至八级

答案：D

2053. 信息系统运行监测实行（　）小时运行值班制，并根据实际情况设置信息系统运行

一、单项选择题

主值、副值。

A. 5×12 B. 7×24
C. 5×24 D. 7×12

答案：B

2054. 定期更换口令，更换周期不超过（　），重要系统口令更换周期不超过 3 个月，最近使用的 4 个口令不可重复。

A. 6 个月 B. 12 个月
C. 3 个月 D. 9 个月

答案：A

2055. 信息内外网办公计算机要明显标识，严禁办公计算机（　），办公计算机不得安装、运行、使用与工作无关的软件。

A. 妥善保管 B. 一机两用
C. 安装正版软件 D. 不开展移动协同办公业务

答案：B

2056. 信息设备运行管理工作坚持（　）的原则，以主动性维护作为工作核心，开展对运行设备日常维护工作。

A. 统一管理、分级调度 B. 优化投资、提升效能
C. 安全第一、预防为主 D. 统一标准、分级负责

答案：C

2057.《国家电网公司信息通信应急管理办法》中，要求公司各级单位应根据演练评估及时修订相应的应急预案，并编制应急演练情况总结报告，于每月（　）日前上报国网信通部。

A. 10 B. 15
C. 20 D. 25

答案：A

2058. 电子商务平台账号口令初始化完成后，用户首次登录应修改口令并定期更换，更换周期不得超过（　），最近使用的（　）口令不可重复。

A. 6 个月，2 个 B. 3 个月，2 个
C. 3 个月，4 个 D. 6 个月，4 个

答案：C

2059.（　）阶段，信息系统承建单位开展非功能性需求调研，纳入需求规格说明书，信息通信职能管理部门组织相关业务部门、运行维护部门等开展需求的评审。

A. 规划计划 B. 系统建设
C. 运行管理 D. 检查考核

— 287 —

答案：B

2060. 信息系统运维单位负责制定系统运行监控方案,视频监控数据保存时间不得少于（　）个月、其他监控数据保存时间不得少于（　）年。

A. 3，1　　　　　　　　　　　B. 3，2
C. 6，1　　　　　　　　　　　D. 6，2

答案：A

2061. 国家电网公司信息化工作坚持"统一领导、统一规划、（　）、统一组织实施"的"四统一"原则。

A. 统一运作　　　　　　　　　B. 统一管理
C. 统一标准　　　　　　　　　D. 统一设计

答案：C

2062. 国网信通部（　）对公司各单位信息通信系统调度运行工作进行检查考核。

A. 每月　　　　　　　　　　　B. 每季度
C. 每半年　　　　　　　　　　D. 每年

答案：D

2063. 对信息外网办公计算机的互联网访问情况进行记录,记录要可追溯,并保存（　）以上。

A. 6 个月　　　　　　　　　　B. 12 个月
C. 3 个月　　　　　　　　　　D. 1 个月

答案：A

2064. 桌面终端系统的管理信息包括基础管理数据、（　）。

A. 操作系统类别　　　　　　　B. 在线 / 离线状态
C. 终端弱口令　　　　　　　　D. 安全事件信息

答案：D

2065. 公司各级单位应根据演练评估及时修订相应的应急预案,并编制应急演练情况总结报告,于每月（　）日前上报国网信通部。

A. 5　　　　　　　　　　　　B. 10
C. 15　　　　　　　　　　　　D. 20

答案：D

2066. 公司信息通信系统检修工作遵循"应修必修、修必修好"的原则,实行统一领导、（　）。

A. 分级管理　　　　　　　　　B. 分级负责
C. 分组管理　　　　　　　　　D. 分组负责

答案：C

2067. 巡检人员应认真填写巡检记录,发现异常故障时应立即报告（　）和信息系统调度

一、单项选择题

机构，协助做好相关现场处理工作。

　　A. 信息系统运维人员　　　　　　B. 信息系统检修人员

　　C. 信息系统主管专责　　　　　　D. 信息系统运行机构负责人

　　答案：D

2068. 信息核心网络故障，造成公司总部与网省电力公司、直属公司网络中断或网省电力公司与各下属单位网络中断，影响范围达80%~100%，且影响时间超过24小时，属于（　　）信息系统事件。

　　A. 三级　　　　　　　　　　　　B. 四级

　　C. 五级　　　　　　　　　　　　D. 六级

　　答案：C

2069. 信息系统上线试运行观察期结束后，系统由（　　）负责日常运行管理、监控和系统应用统计。

　　A. 各单位信息化职能管理部门　　B. 业务主管部门

　　C. 信息系统运维单位　　　　　　D. 系统建设开发部门

　　答案：C

2070. 安全移动存储介质的申请、注册及策略变更应由（　　）进行审核后交由本单位运行维护部门办理相关手续。

　　A. 所在部门负责人　　　　　　　B. 所在部门信息员

　　C. 信息职能部门负责人　　　　　D. 信息职能部门主管专责

　　答案：A

2071. 国家电网公司信息系统应急预案工作原则是：预防为主，常备不懈，超前预想；统一指挥，分级协作；（　　）；技术支撑，健全机制，不断完善。

　　A. 突出重点，有效组织，及时响应　　B. 保证重点，高效组织，适时响应

　　C. 保证重点，有效组织，及时响应　　D. 突出重点，高效组织，及时响应

　　答案：C

2072.《中华人民共和国网络安全法》第二十一条规定，国家实行网络安全（　　）制度。

　　A. 安全评估　　　　　　　　　　B. 等级保护

　　C. 安全检测　　　　　　　　　　D. 安全分析

　　答案：B

2073. 同一停运范围内的信息系统检修工作，应由（　　）统一协调，共同开展检修工作。

　　A. 信息系统调度机构　　　　　　B. 信息系统检修机构

　　C. 信息系统生成厂家　　　　　　D. 信息系统运行机构

　　答案：A

2074. 特殊保障时期,原则上不安排计划检修工作,如有需求,需提前上报申请材料,经( )审批通过后方可执行。

A. 国网信通公司 B. 省公司级信息化职能管理部门
C. 省级信通公司 D. 国网信通部

答案:D

2075. 业务信息系统上线前应组织对统一开发的业务信息系统进行( ),测评合格后方可上线。

A. 安全测评 B. 等保测评
C. 风险测评 D. 可用性测评

答案:A

2076. 一类信息系统 72 小时以上的数据丢失,属于( )。

A. 五级信息系统事件 B. 六级信息系统事件
C. 七级信息系统事件 D. 八级信息系统事件

答案:A

2077. 县公司级单位本地信息网络不可用,且持续时间 48 小时以上,属于( )。

A. 五级信息系统事件 B. 六级信息系统事件
C. 七级信息系统事件 D. 八级信息系统事件

答案:B

2078. 年度运行方式经( )批准后执行。

A. 国网信通部 B. 国网信通公司
C. 省公司级信息化职能管理部门 D. 省级信通公司

答案:A

2079. 因信息系统原因导致涉及国家秘密信息外泄;或信息系统数据遭恶意篡改,对公司生产经营产生( )影响,属于五级信息系统事件。

A. 重大 B. 较大
C. 特别重大 D. 一般

答案:A

2080. 信息系统上线试运行包括( )、试运行两个阶段。

A. 试运行测试 B. 试运行准备
C. 试运行申请 D. 试运行公告

答案:B

2081. 系统承建单位组织开展确认测试,测试工作应确保在上线试运行申请提交日期( )个工作日前完成。

一、单项选择题

A. 1 B. 3
C. 5 D. 7

答案：C

2082. 以下不属于信息系统紧急抢修工作原则的是（　　）。

A. 先调度生产业务，后其他业务　　B. 先上级业务，后下级业务

C. 先营销业务，后其他业务　　D. 先抢通，后修复

答案：C

2083.《国家电网公司信息系统业务授权许可使用管理办法》各单位信息化部门主要职责不包括（　　）。

A. 负责贯彻执行公司信息系统业务授权许可使用相关规章制度

B. 负责组织公司信息系统业务授权许可使用相关信息技术、运行和安全等工作

C. 责组织开展本单位信息系统业务授权许可使用相关信息技术、运行和安全等工作

D. 负责对本单位信息系统业务授权许可使用相关技术、运行和安全等工作情况进行检查、监督、评价和考核

答案：B

2084. 信息化职能管理部门组织运维专家成立验收工作组的验收工作组包括技术审查组、（　　）、文档审查组，对验收申请开展评估，并按照相关验收管理要求，组织开展上线试运行验收工作。

A. 项目监督组　　B. 生产准备组

C. 业务办理组　　D. 后续核实组

答案：B

2085. 国家电网公司网络与信息系统安全运行情况通报工作实行"统一领导、（　　）、逐级上报"的工作方针。

A. 分级管理　　B. 分级负责

C. 分级主管　　D. 分级运营

答案：A

2086. 通过提高国家电网公司信息系统整体安全防护水平，要实现信息系统安全的（　　）。

A. 管控、能控、在控　　B. 可控、自控、强控

C. 可控、能控、在控　　D. 可控、能控、主控

答案：C

2087. 国家电网公司管理信息系统安全防护策略是（　　）。

A. 双网双机、分区分域、等级防护、多层防御

B. 网络隔离、分区防护、综合治理、技术为主

C. 安全第一、以人为本、预防为主、管控结合

D. 访问控制、严防泄密、主动防御、积极管理

答案：A

2088. 信息系统运行监测实行（　）小时运行值班制，并根据实际情况设置信息系统运行主值、副值。

A. 5×8　　　　　　　　　　　　B. 7×24

C. 5×24　　　　　　　　　　　 D. 7×8

答案：B

2089. 同一停运范围内的信息系统检修工作，应由信息系统（　）机构统一协调，共同开展检修工作。

A. 检修　　　　　　　　　　　　B. 调度

C. 业务　　　　　　　　　　　　D. 运维

答案：B

2090. （　）是指事件发生后和事件处置过程中的快速报告，正式报告是指事件处置完毕后编制的报告。

A. 日报告　　　　　　　　　　　B. 随时报告

C. 即时报告　　　　　　　　　 D. 日常报告

答案：C

2091. 《国家电网公司信息通信运行安全事件报告工作要求》规定，发生C类故障、其他系统异常（下发调度联系单），正式报告需要（　）签字，（　）盖章。

A. 省级单位信息通信职能管理部门负责人，省级单位信息通信职能管理部门章

B. 运行单位/部门负责人省级单位信息通信职能管理部门章

C. 运行单位/部门负责人，运行单位/部门行政章

D. 省级单位负责人，省级单位行政章

答案：C

2092. A类和B类机房不间断电源系统、直流电源系统故障，造成机房中自动化、信息或通信设备失电。所属故障类型为（　）。

A. 信息网络类　　　　　　　　　B. 信息安全类

C. 机房电源及空调类　　　　　 D. 通信网络类

答案：C

2093. 《国家电网公司信息通信运行安全事件报告工作要求》规定，按照"分级分类、按期限时、迅速准确、应报必报"的总体要求开展（　）报告工作。

A. 安全事件　　　　　　　　　　B. 日常

一、单项选择题

C. 会议　　　　　　　　　　　　D. 行政

答案：A

2094. 在特级保障时期，A类故障发生后，国网信通调度应迅速通过电话辅以短信方式报送信通部，故障处置过程中，国网信通调度每隔（　）向信通部发送故障处置阶段性进展汇报短信。

A. 半小时　　　　　　　　　　　B. 一小时

C. 一个半小时　　　　　　　　　D. 两小时

答案：B

2095. （　）信息系统包括：受政府严格监管的信息系统；纳入国家关键信息基础设施的信息系统；对公司生产经营活动有重大影响的信息系统。

A. 一类　　　　　　　　　　　　B. 二类

C. 三类　　　　　　　　　　　　D. 以上都不是

答案：A

2096. 信息安全事件发生后，（　）安全督查向（　）信通调度进行报告，同时向信息安全督查管控组报告；省级信通调度向国网信通调度进行报告，同时报告本单位信息通信管理部门。

A. 市级，省级　　　　　　　　　B. 省级，省级

C. 省级，国网　　　　　　　　　D. 国网，国网

答案：B

2097. 省电力公司级以上单位与公司集中式容灾中心间的网络不可用，且持续时间（　）小时以上者属于七级信息事件。

A. 1　　　　　　　　　　　　　 B. 2

C. 3　　　　　　　　　　　　　 D. 4

答案：B

2098. 省电力公司级以上单位与各下属单位间的网络不可用，影响范围达（　），且持续时间（　）小时以上，属于七级信息系统事件。

A. 40%，4　　　　　　　　　　　B. 80%，4

C. 20%，24　　　　　　　　　　 D. 80%，8

答案：A

2099. 机房空气调节系统停运，造成C类机房中的自动化、信息或通信设备停运，且持续时间（　）小时以上，属于六级设备事件。

A. 4　　　　　　　　　　　　　 B. 12

C. 24　　　　　　　　　　　　　D. 48

答案：D

2100. 国网公司信通运行安全事件即时报告是指事件发生后和事件处置过程中的（ ）报告。

A. 口头
B. 书面
C. 快速
D. 正式

答案：C

2101. 国调直调系统保护、安控、自动化、调度电话业务、调度数据网业务通道中断，属于（ ）类故障。

A. A
B. B
C. C
D. D

答案：C

2102. 各分部、省（自治区、直辖市）电力公司所辖电网发生大面积停电，或各单位发生在社会上造成重大影响的事件，需核实本单位信通系统是否受影响及信通对本单位应急工作的支撑情况，按（ ）类故障要求执行报告制度。

A. A
B. B
C. C
D. D

答案：A

2103. 《国家电网公司电力安全工作规程（信息部分）》适用于国家电网公司系统各单位（ ）的信息系统及相关场所，其他相关系统可参照执行。

A. 待投运
B. 已下线
C. 运行中
D. 现场留用

答案：C

2104. 各单位可根据实际情况制定《国家电网公司电力安全工作规程（信息部分）》的实施细则，经（ ）批准后执行。

A. 本单位
B. 上级单位
C. 信息运维单位
D. 信息管理部门

答案：A

2105. 作业人员对《国家电网公司电力安全工作规程（信息部分）》应每（ ）考试一次。

A. 半年
B. 年
C. 三个月
D. 两年

答案：B

2106. 新参加工作的人员、实习人员和临时参加工作的人员（管理人员、非全日制用工等）应经过（ ）后，方可参加指定的工作。

A. 信息安全知识教育
B. 安全培训
C. 考试
D. 规程学习

一、单项选择题

答案：A

2107. 信息作业现场的（　　）和安全设施等应符合有关标准、规范的要求。

A. 工具器 B. 专用设备

C. 生产条件 D. 生产环境

答案：C

2108. 信息作业现场的基本条件之一是机房及相关设施的（　　）性能，应符合有关标准、规范的要求。

A. 接地电阻、过电压保护 B. 接地极、过电流保护

C. 接地极、差动保护 D. 接地电阻、差动保护

答案：A

2109. 信息工作票由工作负责人填写，也可由（　　）填写。

A. 工作票签发人 B. 工作许可人

C. 工作班成员 D. 工作监护人

答案：A

2110. 信息工作票一份由工作负责人收执，另一份由（　　）收执。

A. 工作票签发人 B. 工作许可人

C. 工作班成员 D. 工作监护人

答案：B

2111. 一张信息工作票中，（　　）与工作负责人不得互相兼任。

A. 工作票签发人 B. 工作许可人

C. 工作班成员 D. 工作监护人

答案：B

2112. 在原工作票的安全措施范围内增加工作任务时，应（　　），并在工作票上增添工作项目。

A. 由工作负责人通过工作许可人

B. 由工作票签发人征得工作许可人同意

C. 由工作负责人征得工作票签发人同意

D. 由工作负责人征得工作票签发人和工作许可人同意

答案：D

2113. 已执行的信息工作票、信息工作任务单至少应保存（　　）年。

A. 半 B. 一

C. 两 D. 三

答案：B

2114. 信息工作票的有效期，以（　　）为限。

A. 签发的时间   B. 工作的时间

C. 批准的时间   D. 申请的时间

答案：C

2115. 检修单位的工作票签发人名单应事先送相关（　）备案。

A. 本单位   B. 上级单位

C. 信息运维单位   D. 信息管理部门

答案：C

2116. 工作负责人的安全责任之一是确定需要监护的作业内容，并（　）工作班成员认真执行。

A. 监护   B. 负责

C. 关注   D. 监督

答案：A

2117. 信息检修工作需其他调度机构配合布置安全措施时，应由（　）向相应调度机构履行申请手续。

A. 工作票签发人   B. 工作负责人

C. 工作许可人   D. 工作班人员

答案：C

2118. 信息检修工作需其他调度机构配合布置工作时，应确认相关（　）已完成后，方可办理工作许可手续。

A. 安全措施   B. 管理措施

C. 组织措施   D. 技术措施

答案：A

2119. 信息检修工作全部工作完毕后，工作班应（　）等内容，确认信息系统运行正常，清扫、整理现场，全体工作班人员撤离工作地点。

A. 修改系统账号默认口令   B. 收回临时授权

C. 注销或调整过期账号及其权限   D. 删除工作过程中产生的临时数据、临时账号

答案：D

2120. 在信息系统上工作，下列哪项是保证安全的技术措施？（　）

A. 检查   B. 授权

C. 调试   D. 审计

答案：B

2121. 信息检修前，应检查检修对象及受影响对象的运行状态，并核对（　）是否一致。

A. 运行状态   B. 运行方式

C. 检修方案　　　　　　　　　　　D. 运行方式与检修方案

答案：D

2122. 信息检修工作如需关闭（　　），应确认所承载的业务可停用或已转移。

A. 网络设备、主机设备　　　　　　B. 安全设备、存储设备

C. 网络设备、安全设备　　　　　　D. 主机设备、存储设备

答案：C

2123. 升级操作系统、数据库或中间件版本前，应确认其（　　）对业务系统的影响。

A. 兼容性　　　　　　　　　　　　B. 并行性

C. 并发性　　　　　　　　　　　　D. 一致性

答案：A

2124. 信息设备、业务系统接入公司网络应经（　　）批准，并严格遵守公司网络准入要求。

A. 信息运维单位（部门）　　　　　B. 信息化主管部门

C. 信息架构督查管理部门（单位）　D. 业务归口管理部门（单位）

答案：A

2125. 提供网络服务或扩大网络边界应经（　　）批准。

A. 信息运维单位（部门）　　　　　B. 信息化主管部门

C. 信息架构督查管理部门（单位）　D. 业务归口管理部门（单位）

答案：A

2126.《国家电网公司电力安全工作规程（信息部分）》的一般安全要求中，禁止从任何公共网络直接接入（　　）。

A. 管理信息外网　　　　　　　　　B. 管理信息内网

C. 管理信息网　　　　　　　　　　D. 信息业务网

答案：B

2127. 信息系统检修宜通过具备（　　）功能的设备开展。

A. 统计分析　　　　　　　　　　　B. 回放检索

C. 日志查看　　　　　　　　　　　D. 运维审计

答案：D

2128. 业务数据的导入导出应经过（　　）批准，导出后的数据应妥善保管。

A. 信息运维单位　　　　　　　　　B. 上级信息运维单位

C. 业务主管部门　　　　　　　　　D. 国网信通

答案：C

2129.（　　）泄露、篡改、恶意损毁用户信息。

A. 不宜　　　　　　　　　　　　　B. 禁止

C. 不应　　　　　　　　　　D. 不可

答案：B

2130. 影响其他信息设备正常运行的故障设备应及时（　）。

A. 脱网　　　　　　　　　　B. 停用

C. 更换　　　　　　　　　　D. 改造

答案：A

2131. 信息设备变更用途或下线，应（　）其中数据。

A. 保存　　　　　　　　　　B. 清理

C. 擦除或销毁　　　　　　　D. 迁移

答案：C

2132. 业务系统下线后，所有业务数据应妥善（　）。

A. 保存或销毁　　　　　　　B. 备份

C. 删除　　　　　　　　　　D. 迁移

答案：A

2133. 在拆除信息机房专用空调的加湿罐时，应首先做哪一项工作？（　）

A. 将加湿系统电源切断　　　B. 将加湿罐中的水排出

C. 将加湿罐上的电极及水位探测极拔下　　D. 关闭空调电源

答案：B

2134. 冬季天气恶劣的情况下，下列哪一项针对基站、机房空调的工作不正确？（　）

A. 将温度设定点设高一些　　B. 将温度设定点设低一些

C. 提高空调的除霜触发点　　D. 必要情况下，对空调进行人工除霜

答案：B

2135. 信息机房专用空调加湿罐一般有几个电极？（　）

A. 1个　　　　　　　　　　B. 2个

C. 3个　　　　　　　　　　D. 4个

答案：D

2136. 业务运维工作组织架构以"两级三线"运维体系框架为基础，将二线运维工作细分为（　）和业务运维，确保信息系统业务运维专业化。

A. 软件运维　　　　　　　　B. 硬件运维

C. 系统运维　　　　　　　　D. 专项运维

答案：C

2137. 国家电网公司信息运维遵循"三线运维"的原则，三线是指"一线前台服务台、二线后台运行维护和三线（　）"的三线运行维护架构。

一、单项选择题

A. 原厂家技术支持 　　　　　　　B. 外围技术支持

C. 专家技术支持 　　　　　　　　D. 上门维护服务

答案：B

2138. 信息客服工作内容主要包括服务请求受理、问题受理、信息发布、（　　）、客户回访、业务需求收集和统计分析等。

A. 投诉受理 　　　　　　　　　　B. 故障处理

C. 客户申诉 　　　　　　　　　　D. 客户服务

答案：A

2139. 下列关于中间件的作用描述错误的是（　　）。

A. 中间件降低了应用开发的复杂程度

B. 增加了软件的复用性

C. 中间件应用在分布式系统中

D. 使程序可以在不同系统软件上的移植，从而大大减少了技术上的负担

答案：C

2140. 以下（　　）不属于中间件的特点。

A. 支持分布计算 　　　　　　　　B. 支持标准的协议

C. 支持标准的接口 　　　　　　　D. 须在一个 OS 平台下运行

答案：D

2141. WebLogic 有（　　）种版本的节点管理器。

A. 1 　　　　　　　　　　　　　　B. 2

C. 3 　　　　　　　　　　　　　　D. 4

答案：B

2142. WebLogic 中不能建立的数据源类型为（　　）。

A. 单数据源 　　　　　　　　　　B. 多数据源

C. 数据源工厂 　　　　　　　　　D. 共享数据源

答案：D

2143. 可以使用管理服务器管理和监控 WebLogic 域中的（　　）内容。

A. 服务器和集群 　　　　　　　　B. JMS 和 JDBC 资源

C. WTC 和 Adapter 　　　　　　　D. 以上全部正确

答案：D

2144. 在 HTTP 响应中状态代码 404 表示（　　）。

A. 服务器无法找到请求指定的资源

B. 请求消息中存在语法错误

C. 请求需要通过身份验证和（或）授权

D. 服务器理解客户的请求，但由于客户权限不够而拒绝处理

答案：A

2145. 一个 Domain 中有（　）个 Server 担任管理 Server 的功能。

A. 1 B. 2
C. 3 D. 4

答案：A

2146. WebLogic 域控制台对 LDAP 的配置 ProviderSpecific 中"组搜索范围"有（　）种。

A. 1 B. 2
C. 3 D. 4

答案：B

2147. WebLogic 域中，以下说法（　）是错误的。

A. 有且只有 1 台管理服务器　　　　B. 有 0 到多台托管服务器

C. 有 1 到多台托管服务器　　　　　D. 有 0 到多个 WebLogic 群集

答案：C

2148. 在 weblogic 管理控制台中对一个应用域（或者说是一个网站，Domain）进行 JMS 及 EJB 或连接池等相关信息进行配置后，实际保存在（　）文件中。

A. Config. xml B. bash_profile
C. boot. properties D. test. sh

答案：A

2149. （　）避免在启动 WebLogic 服务的时候输入用户名和密码。

A. 设置 config. xml 文件　　　　　B. 设置 boot. properties 文件
C. 设置 SetDomainEnv. sh 文件　　　D. 无法设置

答案：B

2150. （　）工具在 HP-UX 系统上被用于安装软件。

A. Software Installer B. Software Manager
C. Software Distributor D. Software Administrator

答案：A

2151. （　）是 OMA 参考模型的核心，是基于分布式对象构建应用程序的基础设施，保证了在异构平台上对象的互操作性与可移植性。

A. SIFT B. SURF
C. ORB D. CSDN

答案：C

一、单项选择题

2152. WebLogic Server 名称修改可以通过以下哪个配置文件实现？（ ）

A. setDomainEnv.sh   B. config.xml

C. bsu.sh   D. startWebLogic.sh

答案：B

2153. WebLogic 集群启动顺序正确的是（ ）。

A. Manage、Proxv、Admin   B. Proxy、Admin、Manage

C. Proxy、Manage、Admin   D. Admin、Proxy、Manage

答案：D

2154. WebLogic 是遵循哪个标准的中间件？（ ）

A. DCOM   B. J2EE

C. DCE   D. TCPIP

答案：B

2155. 对于 Server 的 Log，通过 Console 可以做以下哪些管理操作？（ ）

A. 配置 Log 的 Rotation   B. 配置 Log 的路径

C. 配置 Log 的信息输出级别   D. 以上都可以

答案：D

2156. 关于 WebLogic 说法不正确的是（ ）。

A. WebLogic Server 拥有处理关键 Web 应用系统问题所需的性能、可扩展性和高可用性

B. WebLogic Server 以其高扩展的架构体系闻名于业内，包括客户机连接的共享、资源 pooling 以及动态网页和 EJB 组件群集

C. 凭借对 EJB 和 JSP 的支持，以及 WebLogic Server 的 Servlet 组件架构体系，可加速投放市场速度

D. 一个域只能包含一个 WebLogic Server 实例

答案：D

2157. 通过 kill -3 <WLS_pid> 指令，可以产生下面哪种文件？（ ）

A. core dump   B. thread dump

C. JVM GC   D. JMS 消息

答案：B

2158. WebLogic 在 32 位的操作系统上修改 JDK 初始内存时最大可以设置为（ ）。

A. 2G   B. 4G

C. 8G   D. 16G

答案：A

2159. WebLogic Platform 产品安装的必选项是（ ）。

A. BEA WebLogic Server® B. BEA WebLogic Integration™

C. BEA WebLogic Portal™ D. BEA JRockit™

答案：A

2160. 一个 Servlet 可使用哪个方法将客户浏览器重定向到一个新的 URL？（ ）

A. HttpServletResponse 类的 sendStatus 方法 B. HttpServletResponse 类的 sendRedirect 方法

C. HttpServletResponse 类的 setLocale 方法 D. HttpServletResponse 类的 sendError 方法

答案：B

2161. 要暂停一个 WebLogic 受管服务器必须经过以下步骤：在管理控制台的域树上，选择要暂停的服务器，然后在 Monitoring → General 标签页上，（ ）。

A. 选择"kill this server"链接 B. 选择"suspend this server"链接

C. 选择"suspend this connection"链接 D. 选择"stop this server"链接

答案：B

2162. 在一个 WAR 文件包中，请问 web.xml 文件会放在哪一个目录下？（ ）

A. WEB-INF B. APP-INF

C. META-INF D. WEB-INF/lib

答案：A

2163. 运行在 WebLogic 跨网段的集群上的 Web 应用可用什么分发器进行分发？（ ）

A. 内置的 Proxy Servlet B. HTTP 服务器插件

C. F5 big-ip D. 以上都是

答案：C

2164. 下面哪个选项不能作为双机软件用于 Oracle RAC 集群的部署？（ ）

A. HACMP B. Veritas Cluster Server

C. HP Service Guard D. BEA Tuxedo

答案：D

2165. Cognos PowERPlay Transformer 的作用是哪一个？（ ）

A. CUBE 设计 B. CUBE 查询分析

C. 将 CUBE 发布到 Cognos Connection D. 生成 IQD 文件

答案：A

2166. 在安全评估过程中，采取（ ）手段可以模拟黑客入侵过程，检测系统安全脆弱性。

A. 问卷调查 B. 人员访谈

C. 渗透性测试 D. 手工检查

答案：C

2167.《计算机信息系统安全保护条例》是由中华人民共和国（ ）第 147 号发布的。

一、单项选择题

A. 国务院令 B. 全国人民代表大会令
C. 公安部令 D. 国家安全部令

答案：A

2168. 下列不是启动 WebLogic 受管服务器所必需的参数是（ ）。

A. 指定 Java 堆的最大内存与最小内存 B. 设置 Connecttion Pool 选项
C. 指定服务器的名字 D. 指定管理服务器的主机名与监听端口

答案：B

2169. Apache 服务器对目录的默认访问控制是（ ）。

A. "Deny" from "All" B. Order Deny, "All"
C. Order Deny, Allow D. "Allow" from "All"

答案：D

2170. Code Red 爆发于 2001 年 7 月，利用微软的 IIS 漏洞在 Web 服务器之间传播，针对这一漏洞，微软早在 2001 年 3 月就发布了相关的补丁如果今天服务器仍然感染 CodeRed，那么属于哪个阶段的问题？（ ）

A. 微软公司软件的实现阶段的失误 B. 微软公司软件的设计阶段的失误
C. 最终用户使用阶段的失误 D. 系统管理员维护阶段的失误

答案：D

2171. WebLogic 应用发布过程很顺利，没有报错，但是在访问某些功能时报 JSP 编译错误，打不开页面，最可能的原因是（ ）。

A. 应用包发布路径名太长 B. 数据库无法连接造成
C. HTTP Server 启动失败 D. JDK 版本过低

答案：A

2172. 当监控规则（Watch Rule）为真时，通知（Notification）被触发，在 WebLogic 10.xDiagnostic Framework 中，（ ）四种主要类型的 diagnostic notifications 是监控（Watch）使用的。

A. JMX、JMS、SMTP、SNMP B. JMX、RMI、HTTP、HTTPS
C. HTTP、IIOP、T3. RMI D. JMS、JWS、HTTP、JPD

答案：A

2173. 管理员在安装某业务系统应用中间件 Apache Tomcat 时，未对管理员口令进行修改，现通过修改 Apache Tomcat 配置文件对管理员口令进行修改，以上哪一项修改是正确的？（ ）

A. <user username="admin "password="123！@# "roles="tomcat, role1"/>
B. <user username="admin "password="123！@# "roles="tomcat"/>
C. <user username="admin "password="123！@# "roles="admin, manager"/>
D. <user username="admin "password="123！@# "roles="role1"/>

答案：C

2174. 一般情况下，默认安装的 Apache Tomcat 会爆出详细的 banner 信息，修改 Apache Tomcat 哪一个配置文件可以隐藏 banner 信息？（ ）

A. context.xml   B. server.xml
C. tomcat-users.xml   D. web.xml

答案：D

2175. 以下（ ）不能通过 WebLogic 管理控制台进行管理。

A. 配置资源属性   B. 部署应用程序
C. 查看诊断信息   D. 创建域模板

答案：D

2176. 以下（ ）产品特性或工具支持 WebLogic 高可用性。

A. WebLogic 服务器群集   B. 节点管理器
C. RMI   D. WTC

答案：A

2177. 以下（ ）种类型的 JDBC 驱动程序是纯 Java 实现的，它不需要在客户端配置。

A. Type 1   B. Type 2
C. Type 3   D. Type 4

答案：D

2178. 要求某用户针对应用的请求优先级高于其他用户，作为一个 WebLogic 的系统管理员，你应该使用（ ）方法。

A. 利用工作管理器与执行线程模型来设定规则，给用户关联优先级

B. 利用工作管理器公平分享请求类（fair-share-request-class）给用户关联一个优先级

C. 利用工作管理器响应时间请求类（response-time-request-class）给用户关联一个优先级

D. 利用工作管理器上下文请求类（context-request-class）给用户关联一个优先级

答案：D

2179. 关于 JavaBean，下列（ ）是正确的。

A. JavaBean 是可以重复利用、跨平台的软件组件

B. JavaBean 总是有一个 GUI 界面

C. 在 JSP 页面中，JavaBean 的 GUI 界面总会被隐藏

D. 一个位于 JSP 中的 JavaBean 可以使用 Request 等页面隐含对象

答案：A

2180. 修改 WebLogic Server 启动的 heap 配置，不应该在（ ）文件中修改。

A. startNodeManager.sh   B. console 的 server start 参数中

一、单项选择题

C. setDomainEnv.sh   D. startWebLogic.sh

答案：A

2181. WebLogic 服务器管理控制台的访问方式是（　）。

A. http://ip：端口/HAEIPAdmin   B. http://ip：端口/console

C. http://ip：端口/weblogic/console   D. http://ip：端口/wls/console

答案：B

2182. WebLogic 服务器配置数据库信息时，JNDI 名称与数据源名称的关系是（　）。

A. 两者必须一致   B. 两者可以不一致

C. 两者必须与程序中一致   D. 不知道

答案：B

2183. WebLogic 使用（　）实现和管理事务。

A. JDBC   B. JMS

C. JTA   D. EJB

答案：C

2184. WebLogic 域中，以下说法（　）是错误的。

A. 有且只有 1 台管理服务器   B. 有 0 到多台托管服务器

C. 有 1 到多台托管服务器   D. 有 0 到多个 WebLogic 群集

答案：C

2185. WebLogic 诊断框架（WLDF）提供添加诊断代码到 Oracle WebLogic Server 实例中的机制 WebLogic 诊断框架提供了（　）三个关键的诊断特性。

A. Monitors，Actions，Context   B. Actions，Instrumentation，Configuration

C. Joinpoint，Pointcut，Configuration   D. Monitors，Pointcuts，Locations

答案：A

2186. WebLogic 正式服务属于（　）。

A. 开发模式   B. 生产模式

C. 运行模式   D. 商品模式

答案：B

2187.（　）文件不是 WebLogic 自带的文件。

A. startWebLogic.sh   B. setDomainEnv.sh

C. startAdmin.sh   D. startPointBaseConsole.sh

答案：C

2188. proxy plug-in 的作用是（　）。

A. 使得 Web Server 提供静态内容服务   B. 使得 WebLogic 提供动态内容服务

C. 负载均衡请求　　　　　　　　D. 以上所有

答案：C

2189. WebLogic Server 的生命周期包括（　　）。

A. shutdown, admin, resuming, running

B. shutdown, starting, admin, suspend, running

C. shutdown, starting, standby, admin, resuming, running

D. shutdown, starting, standby, admin, suspend, resuming, running

答案：D

2190. 在 WebLogic 10.X 中的 config.xml 中标识 JMS system-resource module 的 4 个属性是（　　）。

A. domain, jms-server, connection factory, destination

B. name, target, subdeployment, descriptor-file-name

C. config.xml, jms-module, subdeployment, descriptor-file-name

D. name, jms-module, subdeployment, descriptor-file-name

答案：B

2191. 在 WebLogic Server 中定义 machine 可以起到的作用是（　　）。

A. 在 Session 复制时选择复制目标 Server 需要　　B. 定义 NodeManager 时需要

C. 绑定 80 端口时需要配置　　　　　　　　　　D. 以上都是

答案：B

2192. 在 WebLogic 集群中，被管理服务器不能采用（　　）方式启动。

A. 命令　　　　　　　　　　　　B. 管理控制台

C. 脚本启动　　　　　　　　　　D. FTP 方式

答案：D

2193. 在 WebLogic 中不同类型的 EJB 涉及的配置文件不同，涉及的配置文件包括 ejbjar.xml、weblogic-ejb-jar.xml，CMP 实体 Bean 一般还需要（　　）配置文件。

A. weblogic-cmprdbms-jar.xml　　　B. config.xml

C. weblogic-bmprdbms-jar.xml　　　D. config-jar.xml

答案：A

2194. WebLogic Server 日志的 rotation 不可以使用（　　）方法。

A. 按访问协议　　　　　　　　　　B. 按时间

C. 按大小　　　　　　　　　　　　D. 不做 rotation

答案：A

2195. WebLogic Server 如果需要监听在 80 端口，那么（　　）说法是正确的。

一、单项选择题

A. 直接配置为 80 端口就可以 B. 需要在 Machine 上配置 Post-UID

C. 绑定 80 端口需要 root 权限 D. B 和 C

答案：C

2196. WebLogic Server 使用（ ）组件连接 Web 服务器。

A. Web Server Plug-Ins B. WTC

C. JDBC D. JMS

答案：A

2197. WebLogic Server 支持（ ）编程模型。

A. Web 应用程序 B. Web 服务

C. EJB D. 以上全部

答案：D

2198.（ ）措施不会对 WebLogic Server 的性能有提高。

A. 适当增加 HEAP B. 设置 JSP Check Seconds

C. 适当加大 session timeout 的时间 D. 适当增大 JDBC Connection Pool 的 statement cache

答案：C

2199. 在 Tomcat 容器中，配置数据库数据源的文件是（ ）。

A. tnsnames.ora B. server.xml

C. client.xml D. config.xml

答案：B

2200. 世界上最早的一个中间件是（ ）。

A. Tomcat B. JBOSS

C. Tuxedo D. WebSphere

答案：C

2201. 下面哪一个中间件是基于 J2EE 的开源代码的应用服务器？（ ）

A. Tomcat B. JBOSS

C Tuxedo D. WebSphere

答案：B

2202. 在 Linux 系统中，网络管理员对 WWW 服务器进行访问、控制存取和运行等控制，这些控制可在（ ）文件中体现。

A. httpd.conf B. lilo.conf

C. inet.conf D. resolv.conf

答案：A

2203. Servlet 通常使用（ ）表示响应信息是一个 Excel 文件的内容。

A. text/css B. text/html

C. application/vnd. ms-excel D. application/msword

答案：C

2204. HttpServletResponse 提供了（　　）方法用于向客户发送 Cookie。

A. addCookie B. setCookie

C. sendCookie D. writeCookie

答案：A

2205. Windows 平台的 ODBC 和 Java 平台的 JDBC 属于（　　）。

A. 数据库访问中间件 B. 远程过程调用中间件

C. 面向消息中间件 D. 实务中间件

答案：A

2206. 以下不属于中间件技术的是（　　）。

A. Java RMI B. CORBA

C. DCOM D. Java Applet

答案：D

2207. 下列技术规范中，（　　）不是软件中间件的技术规范。

A. EJB B. COM

C. TPM 标准 D. CORBA

答案：C

2208. 关于中间件特点的描述，（　　）是不正确的。

A. 中间件可运行于多种硬件和操作系统平台上

B. 跨越网络、硬件、操作系统平台的应用或服务可通过中间件透明交互

C. 中间件运行于客户机/服务器的操作系统内核中，提高内核运行效率

D. 中间件应支持标准的协议和接口

答案：C

2209. WebLogic 中内存设置参数正确的是（　　）。

A. JAVA_OPTS=-Xms512m -Xmx1024m

B. JAVA_OPTS=-server -Xms512m -Xmx1024m

C. MEM_ARGS=-Xms512m -Xmx1024m

D. MEM_ARGS=-server -Xms512m -Xmx1024m

答案：C

2210. WebLogic 的管理单元是（　　）。

A. Domain B. Server

一、单项选择题

C. Machine   D. Cluster

答案：A

2211. WebLogic Admin Server 的默认端口是（　　）。

A. 80   B. 8080

C. 7001   D. 7002

答案：C

2212. WebLogic 静默安装的参数是（　　）。

A. −mode=console   B. −mode=auto

C. −mode=autoInstall   D. −mode=silent

答案：D

2213. WebLogic Server 运行在开发模式下，不具备以下哪项特性？（　　）

A. 自动快速部署   B. 修改代码不用重部署

C. 占用资源小   D. 高性能、高可靠性、高扩展性

答案：D

2214. Linux 系统中，以下哪个文件可以配置 WebLogic Domain 的环境变量？（　　）

A. setDomainEnv.sh   B. startWebLogic.sh

C. stopWebLogic.sh   D. startManagedWebLogic.sh

答案：A

2215. 以下哪种日志不属于 WebLogic 的日志？（　　）

A. Domain Log   B. Server Log

C. Application Log   D. HTTP Log

答案：C

2216. 以下哪个参数是设置 JVM 的持久代初始值？（　　）

A. −Xms   B. −Xmx

C. −XX：PermSize   D. −XX：MaxPermSize

答案：C

2217. WebLogic Cluster 不具备以下哪种特性？（　　）

A. 扩展性   B. 高可用性

C. 负载均衡   D. 主动防御

答案：D

2218. WebLogic Server 补丁升级程序是（　　）。

A. bsu   B. startWebLogic

C. installer   D. nodemanager

答案：A

2219. 在 WebLogic 控制台，哪一个模块中可以新建 WebLogic Server？（　　）

A. 服务器	B. 安全领域

C. 部署	D. 诊断

答案：A

2220. 通过设置（　　）参数来配置线程堆栈的大小。

A. –Xms	B. –Xmx

C. –Xss	D. –Xmn

答案：C

2221. WebLogic 是一个基于（　　）架构的中间件。

A. VC	B. C++

C. J2EE	D. C#

答案：C

2222. 以下（　　）不属于中间件。

A. Ngnix	B. WebLogic

C. Tomcat	D. MySQL

答案：D

2223. 关于 WebLogic Server，以下哪种说法是错误的？（　　）

A. 每个 Domain 中必须只有一个管理 Server

B. 一个管理 Server 只能管理一个 Domain

C. 在生产环境中，建议只让 Admin Server 承担管理功能，不推荐在 Admin Server 上部署应用和资源

D. 在 Managed Server 已经处于运行状态时，Admin Server 也需要一直运行来保持同步

答案：D

2224. WebLogic 数据源的类型不包括（　　）。

A. 一般数据源	B. GridLink 数据源

C. 多数据源	D. 通用数据源

答案：D

2225. JSPs 的表达式（Expressions）的表达方式是（　　）。

A. <！ -- … –>	B. //…

C. <%= … %>	D. {…}

答案：C

2226. Web Services 是用什么来描述的？（　　）

A. HTML B. Net
C. XML D. Perl

答案：C

2227. 在一个域（Domain）中可以有几个 Admin Server？（ ）

A. 1 个 B. 2 个
C. 3 个 D. 可以没有

答案：A

2228. 开发基于 WebLogic 的 Web 应用，主要用什么语言来实现？（ ）

A. Java B. Perl
C. C/C++ D. Net

答案：A

2229. JSPs 提供的是一种什么页面技术？（ ）

A. 静态的 B. 动态的
C. 混合型 D. 复杂型

答案：B

2230. 针对集群中 JMS 配置，手工故障接管需要做哪些工作？（ ）

A. 迁移整个 JMS 服务器 B. 迁移持久的存储
C. 迁移交易日志 D. 以上都需要

答案：D

2231. 在 WebLogic 的（ ）页面中配置 LADP 人员目录的节点。

A. 部署 B. 服务
C. 安全领域 D. 互操作性

答案：C

2232. 下列关于中间件的作用描述错误的是（ ）。

A. 中间件降低了应用开发的复杂程度

B. 增加了软件的复用性

C. 中间件应用在分布式系统中

D. 使程序可以在不同系统软件上移植，从而大大减少了技术上的负担

答案：C

2233. WebLogic 部署中一般在停止服务时采用的正确方式是（ ）。

A. 直接 kill 掉 WebLogic 进程 B. 在控制台的部署中选择当工作完成时停止
C. 在控制台的部署中选择强制停止 D. 在控制台直接删除部署

答案：B

2234. 以下（ ）重部署方式可以不中断客户端对 Web 应用和企业应用访问，同时不改变客户端的状态信息。

A. In-Place redeployment
B. Production redeployment
C. Partial redeployment of static files
D. Partial redeployment of J2EE modules

答案：B

2235. 以下（ ）不能通过 WebLogic 管理控制台进行管理。

A. 配置资源属性
B. 部署应用程序
C. 查看诊断信息
D. 创建域模板

答案：D

2236. 以下关于 WebLogic 管理服务器的说法中，（ ）是错误的。

A. 关闭管理服务器并不影响托管服务器的运行
B. 关闭管理服务器将会导致丢失域的日志条目
C. 关闭管理服务器将会导致 SNMP Agent 功能失效
D. 关闭管理服务器将会同时关闭托管服务器

答案：D

2237. 一个 Hardware 运行 WLS，观察到系统性能下降，发现网络是"瓶颈"，请问你应该（ ）。

A. 增加 Thread Count
B. 分离用来做 Multi-Cast 的 Channel
C. 增加一个 NIC Card
D. B and C

答案：D

2238. 看下面代码 Context ctx = new InitialContext; DataSource ds =（DataSource）ctx. lookup("SomeDatasource")。下面哪个方法能成功获得 JDBC 连接？（ ）

A. Connection con = ds.createConnection
B. Connection con = ds.getConnection
C. Connection con = ds.retrieveConnection
D. Connection con = ctx.getConnection

答案：B

2239. 32 位操作系统中，寻址空间为（ ）。

A. 1G
B. 4G
C. 2G
D. 8G

答案：B

2240. 下面关于进程、线程的说法正确的是（ ）。

A. 进程是程序的一次动态执行过程。一个进程在其执行过程中只能产生一个线程

一、单项选择题

B. 线程是比进程更小的执行单位，是在一个进程中独立的控制流，即程序内部的控制流。线程本身能够自动运行

C. Java 多线程的运行与平台无关

D. 对于单处理器系统，多个线程分时间片获取 CPU 或其他系统资源来运行。对于多处理器系统，线程可以分配到多个处理器中，从而真正地并发执行多项任务

答案：D

2241. WebLogic 中的 Server 是（　　）。

A. 一个物理服务器　　　　　　　B. JVM 中的一个实例

C. 一个应用程序的服务　　　　　D. 一台承载 WebLogic 服务器的机器

答案：B

2242. Autonomy 是 WebLogic 中（　　）的内置搜索工具。

A. Adminserver　　　　　　　　B. Nodemanager

C. Portal　　　　　　　　　　　D. 以上都是

答案：C

2243. 关于 WebLogic Portal 下列说法错误的是（　　）。

A. 内置的搜索工具来自 Autonomy

B. 可以和 Apache Server 一起运行

C. 必须使用 WebLogic 提供的软件进行身份认证

D. 可使用第三方 LDAP 软件进行身份认证

答案：C

2244. WebLogic Server 通过 TLog 日志来保证事务的（　　）。

A. 可用性　　　　　　　　　　　B. 可靠性

C. 保密性　　　　　　　　　　　D. 以上都错

答案：B

2245. 如果存在 IP 多播问题，WLS 会（　　）。

A. 启动但不会加入集群中　　　　B. 报错不会启动

C. 启动加入集群中　　　　　　　D. 以上都错

答案：A

2246. Domain 的 bin 目录存放着哪些文件？（　　）

A. 节点服务器的启停脚本　　　　B. 服务器的启停脚本

C. 操作系统环境变量设置脚本　　D. 以上都对

答案：B

2247. WebLogic 的哪个目录用于存放日志和诊断信息？（　　）

A. Servers/logs B. Servers/domain/logs

C. Servers/server-name/logs D. Servers/server-name/log

答案：C

2248. 在 Web Login Server 中，用户、身份认证信息存在（ ）。

A. Roles 服务中 B. Policies 服务中

C. Filter 服务中 D. LDAP 服务中

答案：D

2249. WebLogic 的 Web 资源定义是基于（ ）。

A. FTP 模式 B. URL 模式

C. SSH 模式 D. 以上都错

答案：B

2250. WebLogic 与 WebShphere 的描述哪个是不正确的？（ ）

A. 它们都是实现 J2EE 规范的软件产品

B. 它们都属于 Java 中间件产品

C. 它们都是位于前端和后端数据库之间负责业务逻辑处理和展示的

D. 它们都必须用图形方式安装

答案：D

2251. 在 JMS 中，如果一个 producer 在发送消息时 consumer 没有 alive，则如何设置才能使得 consumer 起来后接收到消息？（ ）

A. consumer 不可能接收到消息 B. 一定要配置 persistance

C. 只要消息没有 timed out 就可以 D. consumer 总能够接收到消息

答案：B

2252. WebLogic ServerNode Manager 没有哪些安全特性？（ ）

A. limiting connections to specified servers B. password expriration

C. ssl D. digital certification

答案：B

2253. 下面哪个不属于 WebLogic 的概念？（ ）

A. 概要文件 Profile B. Domain

C. Cluster D. Node

答案：A

2254. 在 WebLogid 管理控制台中部署了一个简单的 WAR 包，目前它的状态为 Active。在管理控制台，在应用程序配置标签页下更改一些部署描述符的值。当保存这些更改时，会发生什么？（ ）

一、单项选择题

A. 这些变化暂时保存在内存里

B. 更改不能作用于处于"Active"应用程序

C. 系统会提示选择一个位置来保存更改的部署计划

D. 新版本的部署描述值放在打开的归档文件中

答案：C

2255. 受管服务器 MyServer1 在安全目录中有 boot.properties 文件，startManageWebLogic.sh 脚本文件为服务启动文件。在管理控制台中更改了所有管理员密码，为了能继续使用 boot.properties 引导服务启动，需要做什么？（　　）

A. 这是不可能的。一个 boot.properties 文件只能与管理服务器一起使用

B. 删除 boot.properties 文件，在管理控制台上，在 MyServer 配置下，选择生成引导身份文件

C. 什么都不用做，boot.properties 文件中的用户密码会自动更新

D. 编辑 boot.propetties 文件，以明文形式输入新密码，下次 MyServer 启动时，密码会自动改为加密方式

答案：D

2256. WebLogic Deployment Plan 的用途是（　　）。

A. 用于部署应用   B. 通过可变参数，用于在不同部署环境中切换

C. 定时的部署方案   D. 应用的部署配置文件

答案：B

2257. WebLogic 中不能够建立的数据源类型为（　　）。

A. 单数据源   B. 多数据源

C. 数据源工厂   D. 共享数据源

答案：D

2258. WebLogic 中的数据源在调用时使用的名称为（　　）。

A. 数据源名称   B. JNDI 名称

C. 部署应用名称   D. 驱动名称

答案：B

2259. WebLogic 管理服务器不能提供（　　）服务。

A. Web 服务   B. JMS 服务

C. Socket 服务   D. 补丁服务

答案：D

2260. WebLogic 10.3.6 需要 JDK 最低版本的要求是（　　）。

A. JDK1.5   B. JDK1.6

C. JDK1.7   D. JDK1.8

答案：B

2261. 在一个硬件服务器上运行 WebLogic Server，如果观察到系统性能下降，收集垃圾回收日志，发现 GC 非常频繁，以下手段最恰当的是（ ）。

A. 增加 Backlog
B. 增加 JVM Size
C. 增加 SWAP 区
D. 配置集群

答案：B

2262. 如果 WLS 启动时，JDBC 不能正常启动，则错误级是（ ）。

A. Info
B. warning
C. error
D. critical

答案：C

2263. WebLogic 调优过程中不涉及的方面是（ ）。

A. JVM 内存
B. 线程数量
C. 操作系统内存大小
D. 操作系统参数

答案：C

2264. Linux 环境下，WebLogic 的哪个配置文件可以修改开发和生产模式？（ ）

A. config.xml
B. setDomainEnv.sh
C. startWebLogic.sh
D. commEnv.sh

答案：B

2265. 以下有关数据源高级选项里 Test Frequency 说法正确的是（ ）。

A. 尝试建立数据库连接的间隔秒数
B. 对未用连接进行测试的间隔秒数
C. 测试连接超时的间隔秒数
D. 都不对

答案：B

2266. WebLogic 不支持哪种组件？（ ）

A. JDBC
B. Servlet
C. ODBC
D. EJB

答案：C

2267. 在 WebLogic Server 中定义 machine 可以起到什么作用？（ ）

A. 在 Session 复制时选择复制目标 Server 需要
B. 定义 NodeManager 时需要
C. 定义 Cluster 时需要
D. 以上都是

答案：B

2268. 安全移动存储介质管理系统从（ ）对文件的读写进行访问限制和事后追踪审计。

A. 保密性和完整性
B. 主机层次和服务器层次
C. 主机层次和传递介质层次
D. 应用层次和传递介质层次

一、单项选择题

答案：C

2269. 当安装桌面终端程序提示用户"缺省注册成功"时，（　）。

A. 客户端探头已经注册完毕，可以在桌面系统中查到设备信息

B. 客户端探头未完成注册，在桌面系统中查不到设备信息

C. 客户端探头已注册完毕，在桌面系统中查不到设备信息

D. 客户端探头未完成注册，需重新安装注册

答案：C

2270. 国网桌面终端管理系统扫描器允许创建几个扫描器？（　）

A. 1　　　　　　　　　　　　B. 2

C. 3　　　　　　　　　　　　D. 不限数量

答案：D

2271. 某个文件的权限显示为：-r--r--r--，则文件拥有者具有（　）权限。

A. 读　　　　　　　　　　　　B. 写

C. 执行　　　　　　　　　　　D. 所有

答案：A

2272. 可以通过（　）系统监控内网桌面终端各项指标。

A. IAS　　　　　　　　　　　B. IDS

C. I6000　　　　　　　　　　D. ISS

答案：C

2273. 已注册国网桌面终端计算机与区域管理器二者之间通信使用的两个端口是88和（　）。

A. 22106　　　　　　　　　　B. 22105

C. 22205　　　　　　　　　　D. 22206

答案：B

2274. 以下属于国网桌面终端管理系统主机安全策略的是（　）。

A. 用户密码策略　　　　　　　B. 防违规外联策略

C. 系统自动关机　　　　　　　D. 文件备份策略

答案：A

2275. 硬盘物理坏道是指（　）。

A. 硬盘固件损坏，需重写　　　B. 硬盘磁头损坏

C. 不可修复的磁盘表面磨损　　D. 可以修复的逻辑扇区

答案：C

2276. 桌面系统使用的嗅探驱动软件为（　）。

A. Wireshark　　　　　　　　　　B. Sniffer

C. Nmap　　　　　　　　　　　　D. WinPcap

答案：D

2277. 目前使用的防病毒软件的作用是（　　）。

A. 查出并清除任何病毒　　　　　B. 查出已知名的病毒，清除部分病毒

C. 查出任何已感染的病毒　　　　D. 清除任何已感染的病毒

答案：B

2278. 计算机预防病毒感染有效的措施是（　　）。

A. 定期对计算机重新安装系统　　B. 不要把U盘和有病毒的U盘放在一起

C. 不准往计算机中拷贝软件　　　D. 给计算机安装防病毒的软件，并经常更新

答案：D

2279. 断电会使存储数据丢失的存储器是（　　）。

A. RAM　　　　　　　　　　　　B. 硬盘

C. ROM　　　　　　　　　　　　D. 软盘

答案：A

2280. 在桌管系统后台数据查询中，对设备有三种处理方式，包括"保护""信任""阻断"，其中"保护"的作用是（　　）。

A. 保护设备不被RP攻击阻断　　　B. 禁止修改IP与MC地址

C. 禁止修改终端操作系统的注册表　D. 父目录

答案：A

2281. 正确更新桌面系统补丁库的方式是（　　）。

A. 将桌面系统接到互联网更新补丁库

B. 通过级联方式从上级单位服务器获取补丁

C. 终端更新补丁后，将补丁文件上传到服务器

D. 不能更新

答案：B

2282. 使用防违规外联策略对已注册计算机违规访问互联网进行处理，下面哪项是系统不具备的？（　　）

A. 断开网络　　　　　　　　　　B. 断开网络并关机

C. 仅提示　　　　　　　　　　　D. 关机后不允许再开机

答案：D

2283. 运维人员可通过桌面系统硬件设备控制策略，对终端硬件进行标准化设置，使用禁用功能后，被禁用的设备（　　）。

一、单项选择题

A. 有时能使用，有时不能使用　　B. 重启后可以使用

C. 开机可以使用10分钟　　D. 完全不能使用

答案：D

2284. 以下属于终端软硬件资产信息的是（　　）。

A. 桌面终端的IP地址、MAC地址和计算机名称信息

B. 桌面终端的硬件信息和已安装的软件信息

C. 桌面终端所属人员信息

D. 以上全部正确

答案：D

2285. 以下对终端安全事件审计内容描述正确的是（　　）。

A. 对桌面终端系统密码设置的告警信息进行审计，审计内容包括单位名称、部门名称、使用人、联系电话、IP地址、密码设置违规情况、登录用户、报警时间等

B. 对桌面终端系统用户权限变化的告警信息进行审计，审计内容包括单位名称、部门名称、使用人、联系电话、IP地址、变化情况、登录用户、报警时间等

C. 对桌面终端网络流量的告警信息进行审计，审计内容包括单位名称、部门名称、使用人、联系电话、IP地址、流量情况、登录用户、报警时间等

D. 全部正确

答案：D

2286. 桌面系统区域管理器配置中，非必需配置的选项是（　　）。

A. 区域管理器配置名称　　B. 区域管理器配置IP地址

C. 机构代码　　D. 管理器标识

答案：C

2287. 桌面系统客户端程序版本或功能升级方式描述不正确的是（　　）。

A. 扫描器扫描　　B. 通过软件分发策略下发升级文件

C. 重装操作系统　　D. 通过客户端升级策略

答案：C

2288. 涉及公司重要工作数据必须存放在安全移动存储介质的（　　）。

A. 交换区　　B. 启动区

C. 保密区　　D. 没有要求，可随意存放

答案：C

2289. 专用存储介质启动区通常剩余100KB磁盘空间，某用户将50KB的文档在外网终端上拷入启动区，介质插入内网已注册终端后该文件消失，原因为（　　）。

A. 用户记错了

— 319 —

B. 该文件已经自动隐藏

C. 专用介质插入内网终端后，启动区会初始化，文件已被删除

D. 外网拷贝到介质中的数据在内网终端看不到

答案：C

2290. 下面对专用移动存储介质交换区与保密区登录密码描述错误的是（　　）。

A. 交换区与保密区登录密码需分别设置

B. 登录密码标准一致，均为 8 位以上数字和字母的组合

C. 登录密码区分大小写

D. 登录密码不区分大小写

答案：D

2291. 区域划分与配置中的"没有注册则阻断联网"是指（　　）。

A. 阻断区域内所有未注册计算机　　　　B. 阻断区域内所有未注册计算机，不包括服务器

C. 阻断区域内所有已注册计算机　　　　D. 阻断区域内所有未注册服务器

答案：A

2292. 从数据安全角度出发，数据库至少应（　　）备份一次。

A. 每两周　　　　　　　　　　　　　　B. 每月

C. 每季度　　　　　　　　　　　　　　D. 每半年

答案：A

2293. 按照默认设置安装本系统完成后，要访问 Web 管理页面，应在 IE 地址栏输入（　　）。

A. http://*.*.*.*　　　　　　　　　　　B. http://*.*.*.*/edp

C. http://*.*.*.*/index.asp　　　　　　D. http://*.*.*.*/vrveis

答案：D

2294. 计算机终端资产管理主要针对桌面终端进行哪些方面的管理？（　　）

A. 对终端详细的软、硬件资产现状及变更进行管理

B. 对终端详细的软、硬件资产现状进行管理

C. 对终端软件资产进行管理

D. 对终端硬件资产进行管理

答案：A

2295. 桌面终端标准化管理系统中，下列哪个模块可以查询违规外联？（　　）

A. 策略中心　　　　　　　　　　　　　B. 报警管理

C. 补丁分发　　　　　　　　　　　　　D. 级联总控

答案：B

2296. 桌面终端管控软件中，下列哪一项不能用"设备 IP 占用状况"查询？（　　）

一、单项选择题

A. 虚拟 IP B. 注册 IP
C. 未注册 IP D. 空闲 IP

答案：A

2297. 协同办公中，公文正文无法打开，其解决方法是（　　）。

A. 重装系统 B. 重装 OA 控件
C. 重装浏览器 D. 重装杀毒软件

答案：B

2298. 下面（　　）情况不能在 Windows"安全中心"中查明。

A. 防火墙是否启用 B. 自动更新设置
C. 默认共享的设置 D. 防病毒软件运行状态

答案：C

2299. 一般情况下，外存储器中存储的信息在断电后（　　）。

A. 局部丢失 B. 大部分丢失
C. 不会丢失 D. 全部丢失

答案：C

2300. 按照信息安全加固的可控性原则，信息安全加固工作应该做到人员可控、（　　）可控、项目过程可控。

A. 系统 B. 危险
C. 工具 D. 事故

答案：C

2301. 在 Windows 的回收站中，可以恢复（　　）。

A. 从硬盘中删除的文件或文件夹 B. 从软盘中删除的文件或文件夹
C. 剪切掉的文档 D. 从光盘中删除的文件或文件夹

答案：A

2302. 管理员通过桌面系统下发 IP/MAC 绑定策略后，终端用户修改了 IP 地址，对其采取的处理方式不包括（　　）。

A. 自动恢复其 IP 至原绑定状态 B. 断开网络并持续阻断
C. 弹出提示窗口对其发出警告 D. 锁定键盘鼠标

答案：D

2303. 以下关于桌面系统客户端程序卸载的方式不正确的是（　　）。

A. 在客户端桌面开始—允许输入"uninstalledp"获取卸载密码卸载
B. 桌面终端标准化管理系统终端管理终端点—点控制卸载
C. 通过下发策略设置客户端定时卸载

D. 在控制面板中，通过添加/删除卸载

答案：D

2304. HTTP 是一种（ ）。

A. 超文本传输协议 B. 高级程序设计语言
C. 网址 D. 域名

答案：A

2305. PowerPoint 文档不可以保存为（ ）文件。

A. 演示文稿 B. 文稿模板
C. Web 页 D. 纯文本

答案：D

2306. 桌面终端管理系统的默认审计账号为（ ）。

A. Admin B. root
C. Administrator D. audit

答案：D

2307. 计算机程序必须被调入（ ），才能运行。

A. 内存 B. 硬盘
C. 软盘 D. 网络

答案：A

2308. 对于信息内外网办公计算机及应用系统口令设置，描述正确的是（ ）。

A. 口令设置只针对内网办公计算机，对于外网办公计算机没有要求

B. 信息内外网办公计算机都应严禁空口令、弱口令

C. 可以使用弱口令，但不可使用空口令

D. 以上没有正确选项

答案：B

2309. 木马程序通常不具备（ ）特性。

A. 能够主动传播自己 B. 高度隐藏运行
C. 让系统完全被控制 D. 盗取机密信息

答案：A

2310. 下列（ ）协议是基于 Client/Server 的访问控制和认证协议。

A. 802.1X B. 802.1D
C. 802.1Q D. 802.1W

答案：A

2311. 计算机信息系统的运行安全不包括（ ）。

一、单项选择题

A. 电磁信息泄露　　　　　　　　B. 系统风险管理

C. 审计跟踪　　　　　　　　　　D. 备份和恢复

答案：A

2312. 计算机安全策略违规查询，不可以查询的事件有（　　）。

A. 注册表键值检测　　　　　　　B. 系统弱口令

C. 打开关闭程序　　　　　　　　D. 用户权限变化

答案：C

2313. 策略中心普通文件分发策略，文件分发之前要将文件上传到服务器，默认文件上传到服务器哪个目录下？（　　）

A. VRV/RegionManage/Distribute/patch 目录下

B. VRV/RegionManage/Distribute/Software 目录下

C. VRV/VRVEIS/Distribute/patch 目录下

D. VRV/VRVEIS/Distribute/Software 目录下

答案：B

2314. 安全的口令，长度不得小于（　　）位字符串，要求是字母和数字或特殊字符的混合，用户名和口令禁止相同。

A. 5　　　　　　　　　　　　　　B. 6

C. 7　　　　　　　　　　　　　　D. 8

答案：D

2315. 为了保证 Windows 操作系统的安全，消除安全隐患，经常采用的方法是（　　）。

A. 经常检查更新并安装操作系统　　B. 重命名和禁用默认账户

C. 关闭"默认共享"，合理设置安全选项　D. 以上全是

答案：D

2316. 计算机网卡实现的主要功能是（　　）。

A. 物理层与网络层的功能　　　　B. 网络层与应用层的功能

C. 物理层与数据链路层的功能　　D. 网络层与表示层的功能

答案：C

2317. 北信源数据泄露防护系统的主要功能有（　　）。

①智能发现；②文件删除；③归档审计；④实时监控。

A. ①②③　　　　　　　　　　　B. ①③④

C. ①③　　　　　　　　　　　　D. ②④

答案：B

2318. 桌面终端管理系统中，（　　）功能是与管理信息数据库通信，接收注册程序提供的用

— 323 —

户信息，将用户信息（用户填写的物理信息和系统自动采集的硬件信息）并存入数据库。

A. 区域管理器 B. 扫描器

C. WinPcap 程序 D. 客户端注册程序

答案：A

2319. 下面（ ）不是《国家电网公司办公计算机信息安全和保密管理规定》中桌面终端安全域采取的措施。

A. 入侵检测、病毒防护 B. 事件管理、桌面资产审计

C. 恶意代码过滤、补丁管理 D. 安全准入管理、访问控制

答案：B

2320. 某员工离职，其原有账号应（ ）。

A. 保留 10 个工作日 B. 保留一周

C. 及时清理 D. 不做处理

答案：C

2321. 查看 DNS 主要使用以下哪个命令？（ ）

A. Ping B. Config

C. Nslookup D. Winipcfg

答案：C

2322. 桌面终端标准化管理系统数据接收端口是（ ）。

A. 80 B. 2388

C. 2399 D. 22105

答案：B

2323. 桌面终端标准化管理系统告警接收端口是（ ）。

A. 80 B. 2388

C. 2399 D. 22105

答案：C

2324. 桌面终端标准化管理系统管理员密码加密方式是（ ）。

A. 未加密 B. DES

C. AES D. MD5

答案：D

2325. 桌面终端标准化管理系统运行平台为（ ）。

A. Linux B. Windows

C. UNIX D. 以上都不是

答案：B

一、单项选择题

2326. 桌面终端标准化管理系统客户端关键进程不包括（　　）。

A. VrvInterfaceSrv. exe B. Vrvrf_c. exe

C. Vrvedp_m. exe D. Vrvsafec. exe

答案：A

2327. 以下哪项用来在 Windows 7 的 PC 机上增加物理内存以提升运行速度？（　　）

A. PhysiRAM B. Aero Glass

C. DirectAccess D. ReadyBoost

答案：D

2328. 如果在大型数据集上训练决策树。为了花费更少的时间来训练这个模型，下列哪种做法是正确的？（　　）

A. 增加树的深度 B. 增加学习率

C. 减小树的深度 D. 减少树的数量

答案：C

2329. 桌面终端标准化管理系统专用 U 盘制作工具对移动存储设备数据区进行（　　）加密，以确保数据区内数据的安全。

A. AES B. 3AES

C. DES D. 3DES

答案：A

2330. 一般情况下，桌面终端标准化管理系统客户端注册失败，原因不包括（　　）。

A. 杀毒软件、防火墙拦截 B. 操作系统感染病毒

C. 客户端程序不完整 D. 未添加管理区域

答案：B

2331. 建议采用哪种故障排除方法来处理疑似由网络电缆故障引起的复杂问题？（　　）

A. 自下而上 B. 自上而下

C. 分治法 D. 从中切入

答案：A

2332. 在 Windows 系统安全配置中，以下不属于账号安全配置的是（　　）。

A. 禁用 Guest 账号 B. 更改管理员缺省账号名称

C. 锁定管理员账号 D. 删除与工作无关的账号

答案：C

2333. 下列（　　）情况下不需要运用还原工具进行数据恢复。

A. 硬盘损坏 B. 意外删除

C. 正常关机 D. 文件被恶意篡改

— 325 —

答案：C

2334. Windows 环境下，磁盘扫描程序能（ ）文件分配表错误。

A. 清除　　　　　　　　　　B. 发现

C. 发现和修复　　　　　　　D. 以上都不对

答案：C

2335. 终端使用人异地出差过程中，因特殊工作需要，需卸载桌面终端标准化管理系统客户端程序，正确的卸载方法是（ ）。

A. 在运行输入框中输入 uninstalledp.exe，管理员到网页平台查询卸载密码

B. 网页管理平台终端一点对点控制中，可以执行终端卸载

C. 安装后不能卸载，必须重新安装操作系统

D. 在控制面板中，使用添加/删除卸载

答案：A

2336. 单台桌面终端标准化管理系统扫描器配置可以配置扫描器的数量为（ ）。

A. 1　　　　　　　　　　　B. 2

C. 3　　　　　　　　　　　D. 4

答案：A

2337. 下面对于桌面终端标准化管理系统普通用户创建描述正确的是（ ）。

A. 普通用户由超级用户创建并分配权限

B. 普通用户由审计用户创建并分配权限

C. 桌面系统自带普通用户，无须创建

D. 普通用户由超级用户创建并由审计用户分配权限

答案：A

2338. 在 Windows 7 中可以使用（ ）键彻底删除文件或文件夹。

A. Shift+Del　　　　　　　　B. Ctrl+Del

C. Alt+Del　　　　　　　　　D. Ctrl+Shift+Del

答案：A

2339. SDH 光接口线路码型为（ ）。

A. HDB3　　　　　　　　　　B. 加扰的 NRZ

C. mBnB　　　　　　　　　　D. CMI

答案：B

2340. STM-N 的复用方式是（ ）。

A. 字节间插　　　　　　　　B. 比特间插

C. 帧间插　　　　　　　　　D. 统计复用

答案：A

2341.（　）是用来支持SDH通道层连接的信息结构单元。

A. 容器　　　　　　　　　　　　B. 虚容器

C. 支路单元　　　　　　　　　　D. 支路单元组

答案：B

2342. 1个复帧由（　）帧组成。

A. 16　　　　　　　　　　　　　B. 8

C. 32　　　　　　　　　　　　　D.

答案：A

2343. A、B两站组成点对点的SDH网络，若A站发给B站的光纤断了，则线路告警现象为（　）。

A. A站RLOS、B站MS-RDI　　　　B. A站MS-RDI、B站MS-RDI

C. A站MS-RDI、B站R-LOS　　　 D. A站R-LOS、B站R-LOS

答案：C

2344. R-LOF产生的原因是（　）。

A. 光衰耗过大　　　　　　　　　B. 对端站发送信号无帧结构

C. 本端接收方向有故障　　　　　D. 以上均是

答案：D

2345. SDH从时钟的工作方式有（　）。

A. 锁定工作方式、自由振荡工作方式

B. 保持工作方式和自由运行工作方式

C. 自由运行工作方式和自由振荡工作方式

D. 锁定工作方式、保持工作方式和自由运行工作方式

答案：D

2346. SDH的段开销字节又可以分为（　）字节。

A. SOH　　　　　　　　　　　　B. RSOH

C. MSOH　　　　　　　　　　　 D. RSOH和MSOH

答案：D

2347. SDH的帧结构包含（　）。

A. 通道开销、信息净负荷、段开销

B. 再生段开销、复用段开销、管理单元指针、信息净负荷

C. 容器、虚容器、复用、映射

D. 再生段开销、复用段开销、通道开销、管理单元指针

答案：B

2348. SDH 管理网的传送链路是（　　）。

A. DCC 通路　　　　　　　　　　B. FCC 通路

C. KCC 通路　　　　　　　　　　D. E1 字节

答案：A

2349. SDH 解决同步数字复用频率和相位偏移的方法是（　　）。

A. 码速调整法　　　　　　　　　B. 固定位置映射法

C. 指针调整法　　　　　　　　　D. 以上均是

答案：C

2350. SDH 设备的定时工作方式有（　　）。

A. 外同步定时　　　　　　　　　B. 从 STM-N 接收信号中提取

C. 内部定时　　　　　　　　　　D. 以上均是

答案：D

2351. SDH 设备某个 2M 支路板的一个通道有 T-ALOS 告警，可能的原因有（　　）。

A. 光纤中断　　　　　　　　　　B. 本端没有电信号进来

C. 对端没有电信号进来　　　　　D. 业务配置不对

答案：B

2352. SDH 体系中集中监控功能由（　　）实现。

A. 段开销和通道开销以及 DCC 通道　B. 线路编码的冗余码

C. 帧结构中的 TS0 及 TS15 时隙　　D. 同步复用

答案：A

2353. SDH 网的自愈能力与网络（　　）有关。

A. 保护功能　　　　　　　　　　B. 恢复功能

C. 保护功能、恢复功能　　　　　D. 以上均是

答案：C

2354. STM-16 级别的二纤双向复用段共享保护环中的 ADM 配置下，业务保护情况为（　　）。

A. 两个线路板互为备份

B. 一个板中的一半容量用于保护另一个板中的一半容量

C. 两个线路板一主一备

D. 两个线路板无任何关系

答案：B

2355. STM-N 的整个帧结构可分为（　　）三个主要区域。

A. 高阶通道开销、低阶通道开销、信息净荷

一、单项选择题

B. 再生段开销、复用段开销、信息净荷

C. 段开销、管理单元指针、信息净荷

D. 再生段开销、复用段开销、管理单元指针

答案：C

2356. VC-4 在 SDH 分层功能结构模型中位于（　　）网络。

A. 低阶通道层　　　　　　　　B. 高阶通道层

C. 再生段层　　　　　　　　　D. 复用段层

答案：D

2357. 本端产生支路输入信号丢失，对端相应支路收到（　　）告警。

A. AIS　　　　　　　　　　　B. LOS

C. LOF　　　　　　　　　　　D. LOP

答案：A

2358. 单向通道保护环的触发条件是（　　）告警。

A. MS-AIS　　　　　　　　　B. MS-RDI

C. LOS　　　　　　　　　　　D. TU-AIS

答案：D

2359. 抖动和漂移的变化频率分别为（　　）。

A. 大于 10Hz，小于 10Hz　　　B. 大于 5Hz，小于 5Hz

C. 小于 10Hz，大于 10Hz　　　D. 小于 5Hz，大于 5Hz

答案：A

2360. 对 SDH 设备而言，当所有外部同步定时基准都丢失时，应首先选择工作于内部定时源的是（　　）。

A. 自由运行模式　　　　　　　B. 保持模式

C. 异步模式　　　　　　　　　D. 锁定模式

答案：B

2361. 各种业务信号复用成 STM-N 的步骤是（　　）。

A. 映射、定位、复用　　　　　B. 定位、映射、复用

C. 定位、复用、映射　　　　　D. 复用、映射、定位

答案：A

2362. 关于抖动和漂移的描述中，错误的是（　　）。

A. 抖动和漂移与系统的定时特性有关

B. 抖动指数字信号的特定时刻相对其理想时间位置的短时间偏离。所谓短时间偏离是指变化频率高于 10Hz 的相位变化

C. 漂移指数字信号的特定时刻相对其理想时间位置的长时间的偏离。所谓长时间是指变化频率低于10Hz的相位变化

D. 指针调整可以产生抖动，但2M信号映射过程不会产生抖动

答案：D

2363. 关于虚级联，下列说法正确的是（　）。

A. 虚级联中的VC必须一起传送　　B. 虚级联中的VC必须采用相同的传输路径

C. 虚级联中的VC可独立传送　　　D. 实现虚级联的设备必须在每一个节点都支持该功能

答案：C

2364. 光网络设备调测时，一旦发生光功率过高就容易导致烧毁光模块事故，以下操作符合规范要求的是（　）。

A. 调测前，必须先掌握单板要求的接收光功率参数，严格按照调测指导书说明的收光功率要求进行调测

B. 输入光信号在接入单板接收光口前，不必先测试光功率是否满足调测要求

C. 使用OTDR等能输出大功率光信号的仪器对光路进行测量时，不需要将通信设备与光路断开

D. 可以采用将光纤连接器插松的方法来代替光衰减器

答案：A

2365. 衡量数字通信系统传输质量的指标是（　）。

A. 信噪比　　　　　　　　　　B. 误码率

C. 噪声功率　　　　　　　　　D. 话音清晰度

答案：B

2366. 继电保护装置显示某线路光纤复用2M保护通道异常，网管显示该通道站端光传输设备2M端口LOS告警，不可能的故障原因是（　）。

A. 保护接口装置故障　　　　　B. 2M线断

C. 光传输设备故障　　　　　　D. 数配端子接触不良

答案：C

2367. 简单定位系统故障的方法，按优先级从先到后的顺序是（　）。

①使用网管进行故障定位；②单站自环测试；③逐段环回方法，注意单双向业务；④替换单板方法。

A. ①②③④　　　　　　　　　B. ④①②③

C. ③②④①　　　　　　　　　D. ③②①④

答案：A

2368. 我国基群速率为（　）。

一、单项选择题

A. 64Kb/s   B. 1.5Mb/s
C. 2Mb/s   D. 155Mb/s

答案：C

2369. 下列哪个不属于SDH光接口测试？（　）

A. 平均发送光功率测试   B. 收信灵敏度测试
C. 过载光功率（选测）   D. 平均接收光功率测试

答案：D

2370. 以下关于光分插复用（OADM）描述错误的是（　）。

A. 光分插复用系统是在光域实现支路信号的分插和复用的一种设备

B. 类似于SDH的ADM设备，OADM的基本功能是从WDM传输线路上选择性地分插和复用某些光通道

C. OADM节点可以直接以光信号为操作对象，利用光波分复用技术在光域上实现波长信道的上下

D. OADM节点可以分为动态和静态，静态节点中，可以根据需要选择上下不同波长信号，动态节点中，可以根据需要选择上下不变的波长信号

答案：D

2371. 以下几种自愈方式中，所需时间最长但效率最高的是（　）。

A. 线路保护   B. 环网保护
C. DXC保护恢复   D. 以上均是

答案：C

2372. 用尾纤进行光口自环时，应在收发光口间加装（　），保证光口收光功率在该光板的允许接收光功率范围以内，大于接收灵敏度，小于过载光功率。

A. 光分路器   B. 光合路器
C. 光衰减器   D. 光功率计

答案：C

2373. 在系统测试中，复用段保护环的倒换时间为（　）。

A. 40ms   B. 50ms
C. 小于50ms   D. 大于50ms

答案：C

2374. 1个34M的PDH光设备，可以传输（　）。

A. 16个2M业务   B. 17个2M业务
C. 18个2M业务   D. 以上都是

答案：A

2375. PDH 中的 E3 代表（　）速率的接口。

A. 2.048Mb/s　　　　　　　　　　B. 34.368Mb/s

C. 44.736Mb/s　　　　　　　　　D. 139.264Mb/s

答案：B

2376. 将低速 PDH 支路信号转变成 STM-N 信号依次经历了哪 3 个过程？（　）

A. 映射、定位、复用　　　　　　B. 定位、映射、复用

C. 复用、映射、定位　　　　　　D. 复用、定位、映射

答案：A

2377. 在 PDH 系统中为了从 140Mb/S 的码流中分出一个 2Mb/S 的支路信号，要经过几次分接（　）。

A. 一次　　　　　　　　　　　　B. 二次

C. 三次　　　　　　　　　　　　D. 四次

答案：C

2378. 以下 PD1 板的告警，在解映射前产生的告警是（　）。

A. TU-AIS　　　　　　　　　　　B. LP-TIM

C. LP-RDI　　　　　　　　　　　D. T-LOTC

答案：A

2379. "AIS" 的等效二进制内容是（　）。

A. 一长串 "0"　　　　　　　　　B. 一长串 "1"

C. 一长串 "01"　　　　　　　　 D. 一长串 "110"

答案：B

2380. SDH 中 STM-16 的速率为（　）。

A. 155.520Mb/s　　　　　　　　 B. 622.0800Mb/s

C. 2488.320Mb/s　　　　　　　　D. 9953.280 Mb/s

答案：C

2381. 不是复用段保护启动条件的是（　）。

A. 检测到 MS-AIS 信号　　　　　B. 检测到 AU-AIS

C. 检测到 R-LOS　　　　　　　　D. 检测到 R-LOF

答案：B

2382. 不属于影响 SDH 传输性能的主要传输损伤的是（　）。

A. 误码　　　　　　　　　　　　B. 抖动

C. 漂移　　　　　　　　　　　　D. 滑动

答案：D

一、单项选择题

2383. 采用（　）方式是 SDH 的重要创新，它消除了在常规 PDH 系统中由于采用滑动缓存器所引起的延时和性能损伤。

A. 虚容器结构　　　　　　　　B. 指针处理

C. 同步复用　　　　　　　　　D. 字节间插

答案：B

2384. 第 39 时隙在 VC4 中第几个 TUG3，第几个 TUG2，第几个 TU12（　）。

A. 2、6、3　　　　　　　　　B. 3、6、2

C. 2、5、3　　　　　　　　　D. 3、5、3

答案：B

2385. 第 41 时隙在 VC4 中的第几个 TUG3，第几个 TUG2，第几个 TU12，选（　）。

A. 2、2、3　　　　　　　　　B. 2、6、2

C. 1、3、2　　　　　　　　　D. 2、7、2

答案：D

2386. 对于 STM-N 同步传送模块，N 的取值为（　）。

A. 1、2、3、5　　　　　　　　B. 1、2、4、8

C. 1、4、8、16　　　　　　　 D. 1、4、16、64

答案：D

2387. 电力线载波机不同于其他载波通信设备，它同时只能传输一路频带为（　）的语音信号和复用一定速率的数据信号。

A. 0.3~2.0kHz　　　　　　　　B. 0.3~2.6kHz

C. 0.3~3kHz　　　　　　　　　D. 0.3~3.2kHz

答案：A

2388. 电力线载波机杂音主要来源于（　）。

A. 电力线　　　　　　　　　　B. 机器内部元器件

C. 电源杂音　　　　　　　　　D. 以上都是

答案：A

2389. 对微波通信质量影响最严重的是（　）。

A. 上衰落　　　　　　　　　　B. 下衰落

C. 深衰落　　　　　　　　　　D. 平衰落

答案：C

2390. 高频阻波器和电力线路连接是（　）。

A. 并联　　　　　　　　　　　B. 串联

C. 并联和串连　　　　　　　　D. 以上都不是

答案：B

2391. 关于微波地面效应叙述正确的是（ ）。

A. 当障碍峰顶在收发天线连线以上时信号将全被挡住造成通信中断

B. 当障碍峰顶在收发天线连线以下时，不会对微波信号产生衰耗

C. 地面越光滑，对微波信号衰耗越大

D. 以上都不对

答案：C

2392. 数字微波的通道切换方式为（ ）。

A. 基带切换 B. 群路切换

C. 比特切换 D. 基带无损伤切换

答案：D

2393. 天线的方向图一般都是（ ）。

A. 射线 B. 星型

C. 椭圆型 D. 花瓣型

答案：D

2394. 微波 SDH 信道机为了能使用公务电话，必须启用的字节是（ ）。

A. D1 B. E1

C. D2 D. E2

答案：B

2395. 微波站的防雷接地以及天馈线系统检查应在每年的（ ）来临之前检查。

A. 冬季 B. 雨季

C. 秋季 D. 夏季

答案：B

2396. 以智能天线为基础的多址方式是（ ）。

A. 频分多址（FDMA） B. 时分多址（TDMA）

C. 码分多址（CDMA） D. 空分方式（SDMA）

答案：D

2397. 7 号信令中的信令数据链路占用的时隙可以是（ ）。

A. 0 B. TS16

C. TS31 D. 任一个时隙

答案：D

2398. No. 7 公共信道信令系统中信号传输速率为（ ）。

A. 64Kbit/s B. 2400bit/s

一、单项选择题

C. 2048bit/s   D. 2Mbit/s

答案：A

2399. 中国 1 号信令是一种随路信令方式，它包括线路信令和（ ）。

A. 用户信令   B. 公共信道信令

C. 记发器信令   D. 管理信令

答案：C

2400. 7 号信令产生同抢的主要原因是（ ）。

A. 采用双向电路工作方式   B. 采用公共信道传递信令消息

C. 无防卫时间长   D. 以上均是

答案：A

2401. 公共信道信令方式的 No.7 信令系统是一种新的（ ）信令方式。

A. 交换   B. 传输

C. 局间   D. 通道

答案：C

2402. 请问下列哪一项属于 7 号信号系统中的综合业务数字网（ISDN）用户部分？（ ）

A. TUP   B. DUP

C. MAP   D. ISUP

答案：D

2403. 我国国内 NO.7 信号网采用 24 位的统一编码方式，分为主信令区、分信令区和信令点，其中主信令区占（ ）位。

A. 4   B. 8

C. 12   D. 16

答案：B

2404. 在 No.7 信令系统中，两个 SP 间的 7 号信令链路最多不超过（ ）条。

A. 4   B. 8

C. 16   D. 32

答案：C

2405. 电话网是由（ ）组成的。

A. 用户终端、传输设备两部分组成   B. 用户终端、交换设备两部分组成

C. 传输设备、交换设备两部分组成   D. 用户终端、传输设备和交换设备三部分组成

答案：D

2406. 调度交换机与调度台的接口可采用（ ）。

A. 2B+D   B. RS232（RS422）

C. E1　　　　　　　　　　　　D. 以上三种都是

答案：D

2407. 2B+D 传输速率为（　　）。

A. 1024kbit/s　　　　　　　　B. 96kbit/s

C. 64kbit/s　　　　　　　　　D. 144kbit/s

答案：D

2408. 中继电路的作用是实现（　　）之间的连接。

A. 交换机与交换机　　　　　　B. 交换机与话机

C. 交换机与用户　　　　　　　D. 以上都不对

答案：A

2409. 在我国，交换机馈电电压规定为（　　）V。

A. −48 或 60　　　　　　　　　B. −48 或 −60

C. −24 或 48　　　　　　　　　D. −24 或 −48

答案：A

2410. 在程控交换机中，（　　）是控制系统的核心。

A. 内存　　　　　　　　　　　B. 交换网络

C. 处理机　　　　　　　　　　D. 输入输出设备

答案：C

2411. 两个用户间的每一次成功接续包括以下哪几个阶段？（　　）

A. 呼叫建立阶段→呼叫确认阶段→通话阶段→话终释放阶段

B. 呼叫建立阶段→通话阶段→话终释放阶段

C. 呼叫建立阶段→通话阶段→话终释放阶段→释放确认阶段

D. 以上都不对

答案：B

2412. 数字中继接口电路与哪种板卡配合工作，可组成中国 1 号中继电路、NO. 7 信令中继电路和 Q 信令中继电路？（　　）

A. 数字用户板　　　　　　　　B. 信令协议处理板

C. 中继板　　　　　　　　　　D. 以上都不对

答案：B

2413. 程控机用户电路中，铃流范围，我国规定的是（　　）。

A. 48±15V　　　　　　　　　　B. 60±15V

C. 90±15V　　　　　　　　　　D. 以上都不对

答案：C

一、单项选择题

2414. 下列故障属于用户线故障的是（ ）。

A. 用户线短路　　　　　　　B. 用户线断线

C. 用户线接地　　　　　　　D. 以上均是

答案：D

2415. 引起交换机环路中继电路故障的环节有（ ）。

A. 出/入中继电路　　　　　　B. 中继线路

C. 用户电路　　　　　　　　D. 以上均是

答案：D

2416. 增加数字用户电路板时，软件设置对应电路板类型应该设置为（ ）。

A. HLUT　　　　　　　　　B. HDLU

C. DISP　　　　　　　　　　D. DBRI

答案：B

2417. 程控交换操作系统中，对系统中出现的软件、硬件故障进行分析，识别故障发生原因和类别，决定排除故障的方法，使系统恢复正常工作能力的是（ ）。

A. 维护程序　　　　　　　　B. 管理程序

C. 故障处理程序　　　　　　D. 消息处理程序

答案：C

2418. 在数字音频回放时，需要用（ ）进行还原。

A. 数字编码器　　　　　　　B. 模拟编码器

C. A/D 转换器　　　　　　　D. D/A 转换器

答案：D

2419. 7 号信令使用的误差检测方法是（ ）。

A. NO. 7 奇偶校验　　　　　　B. 循环码校验

C. 卷积码校验　　　　　　　D. 检错重发

答案：B

2420. 数字交换机硬件部分的组成是（ ）。

A. 交换系统和计费系统　　　B. 交换系统和维护系统

C. 话务系统和控制系统　　　D. 交换系统和控制系统

答案：C

2421. 外线用户的出入线音频需经过音频配线架的（ ），方可接入通信终端设备。

A. 保安装置　　　　　　　　B. 避雷装置

C. 报警装置　　　　　　　　D. 防盗装置

答案：A

2422. 12 芯全色谱光纤优先排列顺序是（　　）。

A. 蓝 橙 绿 棕 灰 白 红 黄 黑 粉红 紫 绿　　B. 蓝 橙 绿 棕 灰 白 红 黑 黄 粉红 紫 青绿

C. 蓝 橙 绿 棕 灰 白 红 黑 黄 紫 粉红 青绿　　D. 蓝 橙 绿 棕 灰 黄 红 黑 白 粉红 紫 青绿

答案：C

2423. 1310nm 窗口的光信号在 G.652 光纤中的衰耗大约每千米为（　　）。

A. 0.25dB　　　　　　　　　　B. 0.4dB

C. 0.5dB　　　　　　　　　　D. 0.1dB

答案：B

2424. ADSS 光缆的主要受力（抗拉力）元件是（　　）。

A. 光纤　　　　　　　　　　　B. 油膏

C. 外层 PE 护套　　　　　　　D. 芳纶纱

答案：D

2425. ADSS 光缆是指（　　）。

A. 普通光缆　　　　　　　　　B. 全介质自承式光缆

C. 悬挂于地线上的光缆　　　　D. 以上都不是

答案：B

2426. ADSS 光缆运行时最主要的注意问题是（　　）。

A. 防雷　　　　　　　　　　　B. 防电腐蚀

C. 防渗水及防潮　　　　　　　D. 防外力破坏

答案：B

2427. G.652 单模光纤在（　　）波长上具有零色散的特点。

A. 850nm　　　　　　　　　　B. 1310nm

C. 1550nm　　　　　　　　　D. 1625nm

答案：B

2428. G.652 光纤在工作波长为 1550nm 时，每千米损耗约为（　　）。

A. 0.2dB　　　　　　　　　　B. 1dB

C. ≤0.1dB　　　　　　　　　D. ≥0.5dB

答案：A

2429. GYTA 表示（　　）。

A. 通信用移动油膏钢－聚乙烯光缆　　B. 通信用室（野）外油膏钢－聚乙烯光缆

C. 通信用室（局）内油膏钢－聚乙烯光缆　　D. 通信用室（野）外油膏铝－聚乙烯光缆

答案：D

2430. GYTS 表示（　　）。

一、单项选择题

A. 通信用室（局）内油膏钢－聚乙烯光缆　　B. 通信用移动油膏钢－聚乙烯光缆

C. 通信用室（野）外油膏钢－聚乙烯光缆　　D. 通信用海底光缆

答案：C

2431. OSNR 光信噪比是衡量传输质量的依据之一，请指出下列哪种波分系统在传输 400 千米时 OSNR 值最低？（　　）

A. 5 个跨距段，每段跨距为 100 千米的波分系统

B. 3 个跨距段，每段跨距为 120 千米的波分系统

C. 8 个跨距段，每段跨距为 80 千米的波分系统

D. 6 个跨距段，每段跨距为 80 千米的波分系统

答案：B

2432. 单模光纤的平均接头损耗应不大于 0.1dB/个；障碍处理后光缆的弯曲半径应不小于（　　）缆径。

A. 5 倍　　　　　　　　　　　　B. 10 倍

C. 15 倍　　　　　　　　　　　 D. 20 倍

答案：C

2433. 对于光缆传输线路，故障发生概率最高的部位是（　　）。

A. 光缆内部光纤　　　　　　　　B. 接头

C. 光缆外护套　　　　　　　　　D. 铜导线

答案：B

2434. 根据 Q/GDW758-2012《电力系统通信光缆安装工艺规范》，OPGW 光缆敷设最小弯曲半径应大于（　　）倍光缆直径。

A. 40　　　　　　　　　　　　　B. 20

C. 15　　　　　　　　　　　　　D. 10

答案：A

2435. 根据电力系统通信光缆安装工艺规范，OPGW 光缆敷设最小弯曲半径应大于（　　）倍光缆直径。

A. 20　　　　　　　　　　　　　B. 30

C. 40　　　　　　　　　　　　　D. 50

答案：C

2436. 关于 OPGW 光缆代号中，OPGW-2C1×48SM（AA/AS）85/43-12.5，下列含义不正确的是（　　）。

A. 48：48 根光纤　　　　　　　　B. SM：光纤类型是单模

C. AS：外层是铝包钢线　　　　　D. 12.5：短路电流 12.5kA

答案：C

2437. 关于光功率放大器 BA 的说法正确的是（　）。

A. 工作波长为定波长　　　　　　B. 光功率输入范围是 −32dBm~−22dBm

C. 固定功率输出　　　　　　　　D. 固定增益输出

答案：C

2438. 光接收机的灵敏度主要和（　）有关。

A. 动态范围　　　　　　　　　　B. 误码率

C. 抖动　　　　　　　　　　　　D. 噪声

答案：D

2439. 光缆护层剥除后，缆内油膏可用（　）擦干净。

A. 汽油　　　　　　　　　　　　B. 煤油

C. 酒精　　　　　　　　　　　　D. 丙酮

答案：C

2440. 光通信是利用了光信号在光导纤维中传播的（　）原理。

A. 折射　　　　　　　　　　　　B. 全反射

C. 衍射　　　　　　　　　　　　D. 反射

答案：B

2441. 光纤通信容量大主要是（　）。

A. 光纤细　　　　　　　　　　　B. 设备小

C. 距离长　　　　　　　　　　　D. 频带宽

答案：D

2442. 光纤纤芯折射率为 n_1=1.5，用 OTDR 定时装置测得信号从 A 点到 B 点往返的时间为 15μs，则 A、B 两点间的光纤长度为（　）m。

A. 1500　　　　　　　　　　　　B. 3000

C. 6000　　　　　　　　　　　　D. 4500

答案：A

2443. 光信号在光纤中的传输距离受到色散和（　）的双重影响。

A. 衰耗　　　　　　　　　　　　B. 热噪声

C. 干扰　　　　　　　　　　　　D. 以上都不是

答案：A

2444. 某建设公司到某变电所的光缆电路为 40km，光缆为 1.3μm 波长，衰耗为 0.4dB/km，光缆中间有 10 个死接头，死接头衰耗 0.05dB/个，则光缆的全程衰耗量为（　）dB。

A. 0.1　　　　　　　　　　　　　B. 16

C. 16.5 D. 20

答案：C

2445. 某接头正向测试值 0.08dB，反向测试值 −0.12dB，这一接头损耗为（ ）。

A. 0.08dB B. 0.10dB

C. −0.10dB D. −0.02dB

答案：D

2446. 目前通信光缆大多采用（ ）防止水和潮气进入光缆。

A. 充气 B. 阻水油膏

C. 充电 D. 其他

答案：B

2447. 使用 OTDR 测试光纤长度时，当设置折射率小于光纤实际折射率时，测定的长度（ ）实际光纤长度。

A. 小于 B. 大于

C. 小于等于 D. 大于等于

答案：B

2448. 通信光纤在（ ）处，光纤损耗最小。

A. 0.85μm B. 1.55μm

C. 1.31μm D. 0.45μm

答案：B

2449. 为保证人孔内光缆安全，应将人孔内光缆及接头盒（ ）。

A. 盘放井底 B. 吊挂在托架上

C. 横放在托板上 D. 靠井壁绑扎固定

答案：D

2450. 下面关于拉曼放大器调测和维护注意事项的描述，错误的是（ ）。

A. 拉曼放大板拔纤之后要用 E2000 光口专用防护插销插进拉曼 LINE 光口，防止灰尘进入。插纤之前要先清理光纤连接器上的灰尘

B. 拉曼放大器对近端线路光纤损耗要求非常严格，除连接到 ODF 架上的一个端子外，0~20km 之内不能有连接头，所有接续点必须采用熔纤方式

C. 拉曼放大器输出光功率比较高，维护过程中严禁眼睛直视光口，一定要先关闭拉曼放大器的激光器才能带纤拔板，避免强光烧伤操作人员

D. 拉曼放大器上电后激光器默认是开启的，无须手工将其激光器打开

答案：D

2451. 下面哪些是光纤端面处理要使用的工具？（ ）

A. 光纤护套剥除器、清洗工具、光纤切割刀　　B. 光纤护套剥除器、光纤切割刀、断线钳

C. 光纤护套剥除器、清洗工具、开缆刀　　D. 光纤护套剥除器、清洗工具、断线钳

答案：A

2452. 一般情况下，标准单模光纤在1550nm波长每千米衰耗值的典型值是（　）。

A. 0.35dB/km　　B. 0.20dB/km

C. 0.50dB/km　　D. 0.4dB/km

答案：B

2453. 依据《电力系统通信光缆安装工艺规范》，对OPGW光缆进行引下安装时，余缆宜用φ1.6mm镀锌铁线固定在余缆架上，捆绑点不应少于（　）处，余缆和余缆架接触良好。

A. 1　　B. 2

C. 3　　D. 4

答案：D

2454. 用OTDR测试光纤时，对近端光纤和相邻事件点的测量宜使用（　）脉冲。

A. 30ns　　B. 50ns

C. 窄　　D. 宽

答案：C

2455. 在OPGW光缆所有特性参数中，（　）权重最大，最具有影响力。

A. 总外径　　B. 金属导线的承载面积

C. 额定拉断力（RTS）　　D. 短路电流容量

答案：D

2456. 在光纤通信系统中，EDFA可以显著提高光接收机的灵敏度的应用形式为（　）。

A. 做前置放大器使用　　B. 做后置放大器使用

C. 做功率放大器使用　　D. 做光中继器使用

答案：A

2457. 在目前最常用的G.652光纤中，波长为（　）的光具有最小色散。

A. 850nm　　B. 1310nm

C. 1550nm　　D. 1720nm

答案：B

2458. 正常运行时，光缆的曲率半径不得小于光缆外径的（　）倍。

A. 5　　B. 10

C. 15　　D. 20

答案：C

2459. 盘纤的方法（　），即先将热缩后的套管逐个放置于固定槽中，然后再处理两侧余纤。

A. 先内后外 B. 先大后小

C. 先左后右 D. 先中间后两边

答案：D

2460. 备用光纤（　　）测试 1 次。

A. 半年 B. 1 年

C. 2 年 D. 3 个月

答案：A

2461. 光纤接续，一般应在不低于（　　）℃的条件下进行。

A. 5 B. 0

C. −5 D. −10

答案：C

2462. 光纤在施工和维护时（　　）。

A. 允许任意弯曲 B. 允许弯曲，但弯曲不允许超过弯曲半径

C. 不允许任何弯曲 D. 以上都不是

答案：B

2463. 架空地线复合光缆（OPGW）在（　　）处应可靠接地，防止一次线路发生短路时，光缆被感应电压击穿而中断。

A. 线路构架 B. 进站门型架

C. 光配架 D. 杆塔接地

答案：B

2464. 清洁光纤的酒精浓度一般为（　　）%。

A. 95 B. 90

C. 85 D. 以上都不对

答案：A

2465. 热缩套管应在剥覆（　　）穿入，严禁在端面制作后穿入。

A. 前 B. 后

C. 同时 D. 任何时间

答案：A

2466. 中继段光纤线路竣工验收时，衰耗抽测应不小于光纤纤数的（　　）%。

A. 100 B. 30

C. 50 D. 25

答案：D

2467. 100G 在 OTN 层定义的交叉颗粒为（　　）。

A. ODU3　　　　　　　　　　B. ODU1

C. ODU2　　　　　　　　　　D. ODU4

答案：D

2468. 4 个维度以上的 ROADM 单元通常会选用哪种技术实现？（　　）

A. 平面光波电路型（PLC）　　B. 波长阻断器型（WB）

C. 波长选择开关（WSS）　　　D. 波长调制型（WM）

答案：C

2469. DWDM 系统中，实现波长转换的关键器件是（　　）。

A. EDFA　　　　　　　　　　B. REG

C. OTU　　　　　　　　　　 D. SOA

答案：C

2470. DWDM 系统中，在中继站，一般将 EDFA 应用做（　　）。

A. 线放（LA）　　　　　　　B. 前放（PA）

C. 运放（OA）　　　　　　　D. 功放（BA）

答案：A

2471. EDFA 中用于降低放大器噪声的器件是（　　）。

A. 光耦合器　　　　　　　　B. 波分复用器

C. 光滤波器　　　　　　　　D. 光衰减器

答案：C

2472. G.872 协议中，OTN 的光信道层（Och）的 3 个电域子层不包括（　　）。

A. 光信道净荷单元（OPU）　　B. 光信道数据单元（ODU）

C. 光信道传送单元（OTU）　　D. 光信道监控单元（OSU）

答案：D

2473. ODUk 中的开销 TCM 的作用是（　　）。

A. 通道监视开销　　　　　　B. 路径踪迹标识符开销

C. 串联连接监视开销　　　　D. 通用通信通道开销

答案：C

2474. OTN 的主要节点设备是（　　）。

A. OADM 和 OXC　　　　　　B. REG 和 OXC

C. WDM 和 SDH　　　　　　　D. TM 和 ADM

答案：A

2475. OTN 标准的四层复用结构中，光数据单元 ODU1 的速率接近（　　）。

A. GE　　　　　　　　　　　B. 2.5G

一、单项选择题

C. 5G   D. 10G

答案：B

2476. OTN系统中，OPU1的帧结构大小为4*3810字节，那么OPU2的帧结构大小为（　　）。

A. 4*3810   B. 8*3810

C. 16*3810   D. 32*3810

答案：A

2477. OTN与SDH最大的差别是（　　）。

A. OTN带宽比SDH宽

B. OTN应用比SDH广

C. OTN是基于波长复用技术，SDH是基于时隙复用技术

D. OTN是异步系统，SDH是同步系统

答案：D

2478. WDM系统的最核心部件是（　　）。

A. 合波器/分波器   B. 光放大器

C. 波长转换器   D. 光环形器

答案：A

2479. WDM系统中，使几个光波长信号同时在一根光纤中传输采用（　　）。

A. 光纤连接器   B. 光耦合器

C. 光分波合波器   D. 光放大器

答案：C

2480. 波分复用光纤通信系统在发射端，N个光发射机分别发射（　　）。

A. N个相同波长，经过光波分复用器WDM合到一起，耦合进单根光纤中传输

B. N个不同波长，经过光波分复用器WDM变为相同的波长，耦合进单根光纤中传输

C. N个相同波长，经过光波分复用器WDM变为不同的波长，耦合进单根光纤中传输

D. N个不同波长，经过光波分复用器WDM合到一起，耦合进单根光纤中传输

答案：D

2481. 下列哪种OTN网络保护可不需要APS协议？（　　）

A. 共享保护环   B. 1+1的单向通道保护

C. 1∶n的通道保护   D. 1+1的双向通道保护

答案：B

2482. 下列哪种技术不能用作分波器？（　　）

A. 光栅   B. 阵列波导

C. 介质薄膜   D. 耦合器

答案：D

2483. 以下对于 DWDM 系统的两种基本结构描述正确的是（　）。

A. 单纤单向传输和双纤双向传输　　B. 单纤双向传输和双纤单向传输

C. 单纤单向传输和双纤单向传输　　D. 单纤双向传输和双纤双向传输

答案：B

2484. 在 WDM 系统中，通过（　）控制激光波长在信道中心波长。

A. 光放大技术　　B. 波长锁定技术

C. 变频技术　　D. 光交换技术

答案：B

2485. 在波分复用系统的工作频率中，绝对频率参考点（AFR）是（　）。

A. 193.1THz　　B. 192.1THz

C. 196.0THz　　D. 187.0THz

答案：A

2486. 在波分系统中经过一段传输距离后，收端光信噪比都会有一定程度的降低，其主要原因是（　）。

A. 衰减　　B. 色散

C. EDFA　　D. 合波器

答案：C

2487. 在密集波分复用（DWDM）中，（　）是系统性能的主要限制因素。

A. 非线性效应　　B. 衰减

C. 偏振模色散和非线性效应　　D. 衰减和偏振模色散

答案：C

2488. 最适合 DWDM 传输的光纤是（　）。

A. G.652　　B. G.653

C. G.654　　D. G.655

答案：D

2489. 对 DWDM 系统的功放、线放、预放的描述，正确的是（　）。

A. 功放主要是弥补合波单元插损，提高入纤光功率

B. 线放主要是弥补线路上功率的损失

C. 预放的主要作用是提高系统接收灵敏度

D. 以上都对

答案：D

2490. （　）是 IMS 网络架构中控制层的核心。

一、单项选择题

A. CSCFP B. HSSP
C. GCFP D. MGCF

答案：A

2491. （　　）是 IMS 用户使用的，归属网络分配的全球唯一标识，用于管理、注册、鉴权。

A. IMPU B. IMPI
C. IMSI D. PSI

答案：B

2492. 3GPP 组织在 Release（　　）版本里引入了 IMS 的概念，在 Release（　　）版本里引入了软交换的概念。

A. 4，5 B. 5，4
C. 5，6 D. 99，4

答案：B

2493. CSCF 与 HSS 间是下面哪个接口？（　　）

A. ISC B. Rf
C. Cx D. Sh

答案：C

2494. IMS 的概念最先出现在（　　）领域。

A. 电信 B. 移动
C. 联通 D. 以上都不是

答案：B

2495. IMS 的全称是（　　）。

A. Integrated Mobile Solution（整合的移动通信解决方案）

B. IP Multimedia Sybsystem（IP 多媒体子系统）

C. Intelligent Mobile System（智能的移动通信系统）

D. Interesting Multiple Service（有趣的多样性服务）

答案：B

2496. IMS 网络理论上支持以下哪种接入方式？（　　）

A. SCDMA 数据卡接入 B. XDSL 接入
C. PON 接入 D. 以上都可以接入

答案：D

2497. IMS 网络通过（　　）设备实现与现有行政交换网及公网运营商的互联互通。

A. AGCF B. SBC
C. IM-MGW D. MRFC

答案：C

2498. IMS 域内的核心功能实体使用（　）协议作为其呼叫和会话的控制信令。

A. MGCP
B. SIP
C. H.323
D. SIGTRAN

答案：B

2499. IMS 最早是由哪个组织提出来的？（　）

A. ITU-T
B. 3GPP
C. 3GPP2
D. TISAPN

答案：B

2500. 存储 IMS 网络域内，用户相关信息和业务相关信息的功能实体是（　）。

A. P-SCF
B. HSS
C. MRFC
D. SBC

答案：B

2501. 对于软交换的描述，不正确的说法是（　）。

A. 业务提供和呼叫控制分开
B. 呼叫控制和承载连接分开
C. 提供开放的接口便于第三方提供业务
D. 以 PSTN 网作为承载网络

答案：D

2502. 各省公司建设两套 IMS 核心网元，两套核心网元建议按照（　）方式部署，采用（　）容灾方式。

A. 同城异地，1+1 主备
B. 同省异市，1+1 主备
C. 同城异地，1+1 互备
D. 同省异市，1+1 互备

答案：D

2503. 归属网络运营者提供的唯一全球标识，可以在归属网络中从网络角度标识用户签约数据，用于对 IMS 用户进行鉴权认证。IMPI 在所有的注册请求消息中使用，用于注册、鉴权和授权、管理等目的的是（　）。

A. IMPU
B. IMPI
C. BGCF
D. PSI

答案：B

2504. 国网公司 IMS 系统全网架构采用（　）方案，ENUM/DNS 采用总部、省两级结构组网。

A. 按大区部署
B. 按省部署
C. 按地市部署
D. 总部统一部署

答案：B

一、单项选择题

2505. 可信任终端的信令和媒体流不需要通过（ ）设备进行代理，而非可信终端的信令和媒体流必须经过。

A. AGCF   B. SBC
C. IM-MGW   D. MRFC
答案：B

2506. 软交换包括 4 个功能层面：媒体接入层、传输层、（ ）和业务应用层。

A. 物理层   B. 数据链路层
C. 网络层   D. 控制层
答案：D

2507. 软交换的核心思想是（ ）。

A. 提供更多的新业务   B. 控制与承载分离
C. 维护很便宜   D. 运行更可靠
答案：B

2508. 软交换设备可以处理的事务有（ ）。

A. 控制媒体流的建立和释放   B. IP 包的转发
C. 业务逻辑的建立和解释   D. 音频资源的播放
答案：A

2509. 软交换设备位于软交换网络的（ ）层。

A. 业务层   B. 传输层
C. 接入层   D. 控制层
答案：D

2510. 软交换是基于软件的分布式交换／控制平台，它将（ ）功能从网关中分离出来，从而可以方便地在网上引入多种业务。

A. 释放控制   B. 呼叫控制
C. 数据控制   D. 故障控制
答案：B

2511. 软交换体系中由哪个设备具体完成呼叫路由的选择？（ ）

A. Softswitch   B. 路由器
C. GK   D. MGW
答案：A

2512. 软交换与 IAD 之间通过何种方式相连？（ ）

A. E1 中继线   B. 双绞线
C. 5 类线   D. IP 网络相连，不一定有直接相连的物理链路

答案：D

2513. 通过对语音信号进行编码数字化、压缩处理成压缩帧，然后转换为 IP 数据包在 IP 网络上进行传输，从而达到了在 IP 网络上进行语音通信的目的，这种技术称为（　　）。

A. VoIP B. IP 交换

C. 虚拟电话 D. ATM

答案：A

2514. 在 IMS 系统中，HSS 和 CSCF 之间的接口采用的是什么协议？（　　）

A. SIP B. COPS

C. H.248 D. DIAMETER

答案：D

2515. 在 IMS 终端的注册流程中，UE 发出注册请求，由哪个设备为用户选择 S-CSCF？（　　）

A. AS B. HSS

C. I-CSCF D. MGCF

答案：C

2516. 在 IP 网络上，对语音质量影响最大的是（　　）。

A. 延迟 B. 抖动

C. 丢包 D. 漂移

答案：A

2517. 在 H.261/H.263 视频压缩算法中，块是最基本的编码单位，是由（　　）个像素组成的。

A. 8 行 ×8 列 B. 4 行 ×4 列

C. 16 行 ×16 列 D. 64 行 ×64 列

答案：A

2518. H.263 图像编码技术的最小传输码率为（　　）。

A. <64kbit/s B. <2000kbit/s

C. <4000kbit/s D. <8000kbit/s

答案：A

2519. H.264 编码的视频帧有（　　）3 种。

A. Q、P B. I、P、B

C. Q、B D. T、C、B

答案：B

2520. H.323 标准属于（　　）网络。

A. 分组交换 B. 链路交换

C. 电路交换 D. 光交换

一、单项选择题

答案：A

2521. HDMI 高清接口叙述正确的是（　）。

A. 可以同时传输音、视频信号　　　B. 只能传输音频信号

C. 只能传输视频信号　　　　　　　D. 不能同时传输音视频信号

答案：A

2522. MCU 是开始多点会议的一个必不可少的组件，下面哪个不是其主要功能？（　）

A. 会场接入　　　　　　　　　　　B. 视频交换

C. 音频混合　　　　　　　　　　　D. 故障诊断

答案：D

2523. SIP 的缺省端口号为（　）。

A. 2944　　　　　　　　　　　　　B. 69

C. 5060　　　　　　　　　　　　　D. 9819

答案：C

2524. VP8660 MCU 设备的一块 HPDB 扣板包含（　）个 DSP。

A. 2　　　　　　　　　　　　　　B. 4

C. 6　　　　　　　　　　　　　　D. 8

答案：B

2525. 高清视频会议宽纵比为（　）。

A. 4∶3　　　　　　　　　　　　　B. 16∶9

C. 16∶10　　　　　　　　　　　　D. 16∶8

答案：B

2526. 会场摄像机输出色差分量信号给终端，没有色差分量矩阵，以下哪个矩阵可以替换色差分量矩阵？（　）

A. AV 矩阵　　　　　　　　　　　B. SDI 矩阵

C. RGBHV 矩阵　　　　　　　　　D. HDMI 矩阵

答案：C

2527. 会议电视系统由会议电视终端、传输设备、多点控制设备等组成，以下哪个是会议电视系统中的核心设备？（　）

A. 会议电视终端　　　　　　　　　B. 传输设备

C. 多点控制设备　　　　　　　　　D. 视音频设备

答案：C

2528. 会议电视业务对信道的误码特性有一定的要求，标称速率为 2.048Mbit/s 的国内会议电视电路的比特误码率应满足（　）。

A. 比特误码率≤ 10-9 B. 比特误码率≤ 10-6
C. 比特误码率≤ 10-3 D. 以上均是

答案：B

2529. 开会时一般要求会场上麦克风离电视机保持（ ）米以上的距离，且不要正对扬声器。
A. 0.5 B. 1
C. 3 D. 5

答案：C

2530. 使用会议电视终端9039S"诊断"功能中的视频自环测试项时，视频信号的流向是（ ）。
A. 摄像机→视频输入→视频输出→显示器 B. 摄像机→视频输出→视频输入→显示器
C. 显示器→视频输入→视频输出→摄像机 D. 无固定顺序

答案：A

2531. 视频会议室照明灯光设计三要素不包含（ ）。
A. 色温 B. 色彩
C. 显色系数 D. 照度

答案：B

2532. 视频会议中，为降低回声建议选择下列哪种类型的麦克风？（ ）
A. 全向型 B. 单指向型
C. 双指向型 D. 与麦克风类型无关

答案：B

2533. 视频会议中信息处理的正确过程为（ ）。

A. 采集音视频信号（模拟信号）、信息打包（IP包），经网络传送、模拟采样转换成数字信号、对端接收数据包，解压缩，D/A转换、对信号进行压缩编码、通过显示设备和扩音设备播放

B. 采集音视频信号（模拟信号）、模拟采样转换成数字信号、对信号进行压缩编码、信息打包（IP包），经网络传送、对端接收数据包，解压缩，D/A转换、通过显示设备和扩音设备播放

C. 采集音视频信号（模拟信号）、对信号进行压缩编码、信息打包（IP包），经网络传送、对端接收数据包，解压缩，D/A转换、模拟采样转换成数字信号、通过显示设备和扩音设备播放

D. 采集音视频信号（模拟信号）、模拟采样转换成数字信号、对信号进行压缩编码、对端接收数据包，解压缩，D/A转换、信息打包（IP包），经网络传送、通过显示设备和扩音设备播放

答案：B

2534. 想要将M路视频信号输出至N路显示设备中，需要下列哪种设备？（ ）
A. 信号放大器 B. 视频矩阵
C. VGA分频器 D. 电视墙

一、单项选择题

答案：B

2535. 已知 CIF 的分辨率为 352*288，则 9CIF 的分辨率为（ ）。

A. 1408*1152　　　　　　　　　B. 1280*720

C. 1056*864　　　　　　　　　　D. 704*576

答案：C

2536. 在 H.320 会议电视系统中，多采用（ ）方法进行对图像信号和系统控制信号的差错控制。

A. 自动请求重发（ARQ）　　　　B. 前向纠错（FEC）

C. 混合纠错（HEC）　　　　　　D. 回程校验

答案：B

2537. 在视频会议中，下列哪个音频协议效果最好？（ ）

A. G.711　　　　　　　　　　　　B. G.722

C. G.728　　　　　　　　　　　　D. AAC_LD

答案：D

2538. 召开 720P 25pfs 的视频会议，至少需要（ ）带宽。

A. 1M　　　　　　　　　　　　　B. 768K

C. 512K　　　　　　　　　　　　D. 128K

答案：A

2539. 召开国网行政电视电话会议时，会场为课桌式布置，会场不设主席台，主要领导在听众席第 1 排就座，安排（ ）位领导进入画面。

A. 5　　　　　　　　　　　　　　B. 6

C. 7　　　　　　　　　　　　　　D. 不超过 5

答案：D

2540. UPS 负载设备的启动应遵循（ ）顺序进行。

A. 由大到小　　　　　　　　　　B. 由小到大

C. 因设备而异　　　　　　　　　D. 无顺序要求

答案：A

2541. UPS 主要由（ ）组成。

A. 整流放电器、蓄电池和逆变器　　B. 流充电器、蓄电池和滤波器

C. 整流充电器、滤波器和逆变器　　D. 整流充电器、蓄电池和逆变器

答案：D

2542. 蓄电池使用的（ ）是保证电池正常寿命的关键。环境温度过高，蓄电池中的化学反应加剧，在充电过程中蓄电池的减压阀会频繁开启加速失水速度，从而降低蓄电池的寿命；

放电深度以及放电电流和终止电压与蓄电池寿命之间的关系也是非常密切的。

A. 环境温度、放电深度
B. 充放电电流
C. 电池容量的合理配置
D. 定期维护

答案：A

2543. GFM 电池在 25℃时的均充电压推荐值是（　）。

A. 2.05V
B. 2.15V
C. 2.25V
D. 2.35V

答案：C

2544. 在一行内输入多个命令需要用什么字符隔开？（　）

A. @
B. $
C. ；
D. *

答案：C

2545. 电缆铅皮与周围的腐蚀介质如土壤、地下水、污水等所产生的电化学作用而造成的电缆腐蚀是以下哪项？（　）

A. 土壤腐蚀
B. 晶间腐蚀
C. 电解腐蚀
D. 以上均是

答案：A

2546. 对于基础环境的监控有哪些？（　）

A. 机房电源、机房空调、视频监控、应急措施是否到位
B. 机房电源、机房空调、服务器、视频监控
C. 机房电源、机房空调、服务器、视频监控、应急措施是否到位
D. 机房空调、服务器、应急措施是否到位

答案：C

2547. 对于一般的蓄电池放电实验，放电率不宜太大，通常选择（　）小时放电率。

A. 10
B. 5
C. 8
D. 20

答案：A

2548. 负 48V 直流供电系统采用（　）只铅酸蓄电池串联。

A. 20
B. 22
C. 24
D. 26

答案：C

2549. 搁置不用时间超过三个月和浮充运行达（　）的阀控式密封铅酸蓄电池需进行均衡充电。

一、单项选择题

A. 三个月 B. 六个月
C. 一年 D. 两年

答案：B

2550. 交流变送器的主要作用是（ ）。

A. 检测交流电压/电流 B. 给监控箱提供工作电流
C. 提供检测信号到单体 D. 为控制单元提供信号来保护交流接触器

答案：A

2551. 交流配电屏的额定电流必须大于以下哪个选项？（ ）

A. 最大分路负载电流 B. 电波分路负载电流
C. 各分路电流平均值 D. 各分路额定电流之和

答案：D

2552. 精密仪器发生火灾时，最好选用（ ）。

A. 二氧化碳 B. 干粉
C. 水 D. 二氧化氮

答案：A

2553. 目前开关电源系统普遍推荐采用蓄电池组为（ ）。

A. 富液式铅酸蓄电池 B. 碱性蓄电池
C. 阀控型免维护铅酸蓄电池 D. 镍－氢电池

答案：C

2554. 铅酸蓄电池的标称电压为（ ）。

A. 1.5V B. 2.0V
C. 1.8V D. 3.6V

答案：B

2555. 铅酸蓄电池浮充工作单体电压应为（ ）。

A. 2.23~2.27V B. 2.30~2.35V
C. 2.35~2.40V D. 无要求

答案：A

2556. 设备的通电顺序为（ ），观察各单板指示灯是否正常。

A. 先机柜通电，再风扇通电，最后子架通电 B. 先子架通电，再机柜通电，最后风扇通电
C. 先子架通电，再风扇通电，最后机柜通电 D. 先机柜通电，再子架通电，最后风扇通电

答案：A

2557. 通信机房的室内温度应在（ ）℃。

A. 10~30 B. 15~25

C. 20~30 D. 15~30

答案：D

2558. 通信机房应有良好的环境保护控制设施，防止灰尘和不良气体侵入，保持室内温度在（ ）℃。

A. 15~20 B. 20~30
C. 15~30 D. 25~30

答案：C

2559. 以下关于蓄电池的说法正确的是（ ）。

A. 免维护铅蓄电池不需要每年做核对性容量试验

B. 在对蓄电池进行工作时，扭矩扳手等金属工具要用绝缘胶布进行绝缘处理后再使用

C. 蓄电池浮动充电电压长时间偏离指定值，不会缩短蓄电池的寿命

D. 以上都不对

答案：B

2560. 防酸蓄电池和大容量的阀控蓄电池应安装在（ ）。

A. 专用蓄电池室内、柜内、控制室内、专用电源室内

B. 专用蓄电池室内、控制室内、柜内、专用电源室内

C. 控制室内、专用电源室内、专用蓄电池室内、柜内

D. 专用蓄电池室内、专用电源室内、柜内、控制室内

答案：A

2561. 高频开关整流设备整流模块不得少于（ ）块，并应按（ ）原则配置。

A. 三，N-1 B. 三，N+1
C. 二，N-1 D. 二，N+1

答案：B

2562. 具有蓄电池温度补偿功能的组合电源系统，系统的输出电压会（ ）。

A. 随着蓄电池温度的升高而升高，降低而降低（按照设定的温度补偿系数进行补偿）

B. 随着蓄电池温度的升高而降低，降低而升高（按照设定的温度补偿系数进行补偿）

C. 在一定的温度范围内，随着蓄电池温度的升高而降低，降低而升高（按照设定的温度补偿系数进行补偿）

D. 在一定的温度范围内，随着蓄电池温度的升高而升高，降低而降低（按照设定的温度补偿系数进行补偿）

答案：C

2563. 通信设备运行维护部门应（ ）对通信设备的滤网、防尘罩进行清洗，做好设备防尘、防虫工作。

A. 每月	B. 每季度
C. 每半年	D. 每年

答案：B

2564. 直流母线电压不能过高或过低，允许范围一般是（　）。

A. ±3%	B. ±5%
C. ±10%	D. ±20%

答案：C

2565. 布放光缆时拐弯处应由（　）传递，避免死弯，并确保光缆的曲率半径。

A. 2人	B. 1人
C. 专人	D. 以上都不对

答案：C

2566. 当切割和开剥光缆时，施工人员应戴上合适的（　）和手套，避免施工人员受伤。

A. 防毒面具	B. 安全眼镜
C. 眼镜	D. 以上都不对

答案：B

2567. 电缆沟道、竖井内的金属支架至少应（　）点接地。

A. 一	B. 两
C. 三	D. 四

答案：B

2568. 在光纤回路工作时，应采取相应防护措施防止激光对（　）造成伤害。

A. 皮肤	B. 人眼
C. 手	D. 人体

答案：B

2569. 电缆沟道、竖井内的金属支架的接地点之间的距离不应大于（　）米。

A. 10	B. 20
C. 30	D. 40

答案：C

2570. 根据需要，可另外购买或者有局方提供标准网线和HUB，标准网线的长度由工程勘测决定，建议不超过（　）米。

A. 50	B. 100
C. 150	D. 200

答案：B

2571. 管道建设在人行道上时，管道与建筑物的距离通常保持在（　）m以上，与人行道树的净距不小于（ ）m，与道路边石的距离不小于（ ）m。

A. 1.5，1.0，1.0
B. 1.0，1.5，2.0
C. 2.0，1.5，1.5
D. 2.0，2.0，1.0

答案：A

2572. 管道人孔内光缆接头及余留光缆的安装方式，应根据光缆接头盒的不同和人孔内光（电）缆占用情况进行安装，以下描述不正确的是（ ）。

A. 按设计要求方式对人孔内光缆进行保护和放置光缆安全标示牌
B. 光缆有明显标志，对于两根光缆走向不明显时应做方向标记
C. 尽量安装在人孔内较高位置，减少雨季时人孔内积水浸泡
D. 安装在人孔内较高位置，浸泡在积水内也可以

答案：D

2573. 如果要将两台计算机通过双绞以太网线直接连接，正确的线序是（ ）。

A. 1——1，2——2，3——3，4——4，5——5，6——6，7——7，8—8
B. 1——2，2——1，3——6，4——4，5——5，6——3，7——7，8—8
C. 1——3，2——6，3——1，4——4，5——5，6——2，7——7，8—8
D. 1——2，2——1，3——3，4——5，5——4，6——6，7——7，8—8

答案：C

2574. 在配线连接图模块中下列（ ）是不正确的操作。

A. 设备光口和纤芯连接
B. 光配端子和光配端子连接
C. 设备光口和数配端子连接
D. 光配端子和纤芯连接

答案：C

2575. 对于大型机房，光（电）缆一般均在（ ）敷设。

A. 地板下
B. 槽道内
C. 墙角边
D. 桥架内

答案：B

2576. 光缆拐弯时，弯曲部分的曲率半径应符合规定，一般不小于光缆直径的（ ）。

A. 30 倍
B. 10 倍
C. 20 倍
D. 15 倍

答案：D

2577. 机房内光缆的余留，一般光缆留（ ）供终端连接用。

A. 3m
B. 5m
C. 3m~5m
D. 10m

答案：C

一、单项选择题

2578. 屏蔽双绞线（在没有中继器和其他类似设备的情况下）电缆传送信号的最大距离是（　　）。

A. 100 英尺　　　　　　　　　B. 100 米

C. 50 英尺　　　　　　　　　　D. 1000 米

答案：B

2579. 如果电缆的储存环境温度在零度以下，在进行敷设布放操作前，应将电缆移置室温环境下储存（　　）h以上。

A. 8　　　　　　　　　　　　B. 12

C. 24　　　　　　　　　　　　D. 48

答案：C

2580. 所有并入通信网的通信资源应接受（　　）。

A. 电网调度机构调度　　　　　B. 省信息通信分公司

C. 省公司科信部　　　　　　　D. 电网通信机构调度

答案：D

2581. 从避雷角度考虑交流变压器供电系统在直流配电屏输出端应加（　　）装置。

A. 浪涌吸收　　　　　　　　　B. 防雷保护

C. 接地保护　　　　　　　　　D. 整流稳压

答案：A

2582. 对于进入通信机房的又有铠带又有屏蔽层的电缆，其接地方式是（　　）。

A. 机房内铠带和屏蔽层同时接地，另一端铠带和屏蔽层也接地

B. 机房内铠带和屏蔽层同时接地，另一端只将屏蔽层接地

C. 机房内铠带和屏蔽层同时接地，另一端只将铠带接地

D. 机房内只将屏蔽层接地，另一端铠带和屏蔽层同时接地

答案：B

2583. 防止雷电流感应最有效的办法是（　　）。

A. 接地　　　　　　　　　　　B. 均压

C. 屏蔽　　　　　　　　　　　D. 接闪

答案：C

2584. 每年雷雨季节前应对（　　）和防雷元件进行检查和维护。雷雨季节要加强外观巡视，发现异常应及时处理。

A. 接地网的接地电阻　　　　　B. 接地系统

C. 绝缘装置　　　　　　　　　D. 供电电源

答案：B

2585. 调度通信综合楼的接地电阻一般情况下应小于（ ）Ω。

A. 0.5　　　　　　　　　　　B. 1

C. 2　　　　　　　　　　　　D. 5

答案：B

2586. 通信机房常用的防雷保护装置有（ ）和接地装置。

A. 避雷针　　　　　　　　　　B. 避雷线

C. 避雷器　　　　　　　　　　D. 熔丝

答案：C

2587. 通信机房的接地方式通常采用联合接地方式，即工作地和（ ）共用一组接地体。

A. 零线　　　　　　　　　　　B. 保护地

C. 防雷地　　　　　　　　　　D. 相线

答案：B

2588. 通信机房建筑应有防直击雷的接地保护措施，在房顶上应敷设闭合均压网（带）并与接地网连接。房顶平面任一点到均压带的距离均不应大于（ ）m。

A. 2　　　　　　　　　　　　B. 3

C. 5　　　　　　　　　　　　D. 7

答案：C

2589. 通信机房内环形接地母线如用铜排，其截面不小于（ ）mm²。

A. 75　　　　　　　　　　　　B. 80

C. 90　　　　　　　　　　　　D. 120

答案：C

2590. 接地系统按照功能来分有（ ）三种。

A. 单点接地、多点接地和混合接地　　B. 单点接地、多点接地和联合接地

C. 工作接地、保护接地和防雷接地　　D. 工作接地、保护接地和联合接地

答案：C

2591. 在SDH网管中，光信号帧失步（R_LOF）告警级别为（ ）。

A. 紧急告警　　　　　　　　　B. 主要告警

C. 次要告警　　　　　　　　　D. 提示告警

答案：A

2592. 在进行2Mbit/s传输电路环回法误码测试过程中，当测试仪表显示AIS告警时，不可能的原因是（ ）。

A. 仪表2M发信连接线损坏　　　B. 仪表2M收信连接线损坏

C. 中间电路2M转接不好　　　　D. 中间设备数据设置不正确

一、单项选择题

答案：B

2593. 告警 MS-REI 由（　）字节传递。

A. M1　　　　　　　　　　　B. K2

C. J0　　　　　　　　　　　D. G1

答案：A

2594. 下列哪些是交换循环会造成的后果？（　）

A. 广播风暴　　　　　　　　B. 多帧复制

C. 网络阻塞　　　　　　　　D. 以上选项均是

答案：D

2595. 紧急抢修工作遵循的原则为（　）。

A. 先抢通，后修复　　　　　B. 先电网调度通信业务，后其他业务

C. 先上级业务，后下级业务　D. 以上选项都是

答案：D

2596. 用 OTDR 实施监测时，距离远则选择脉冲宽度应（　）。

A. 小　　　　　　　　　　　B. 大

C. 不变　　　　　　　　　　D. 居中

答案：B

2597. 当对方要求本站 2Mbit/s 信号环回时，以下操作正确的是（　）。

A. 在音频配线架上进行环回

B. 在数字配线架上进行环回

C. 在对应的 PCM 设备 2Mbit/s 输入输出端口上进行环回

D. 以上都可以

答案：B

2598. 通道保护环的保护功能是通过网元支路板的哪种功能来实现的？（　）

A. 双发双收　　　　　　　　B. 双发选收

C. 单发单收　　　　　　　　D. 单发双收

答案：B

2599. 以下关于环回的描述，错误的是（　）。

A. 外环回是指外部的电路信号进入单板以后，在环回点上将输入信号发送回去的环回方式；内环回是指来自交叉的信号在环回点返回交叉板方向的环回方式

B. 使用 8E 命令对线路板的第一个 VC4 做环回，有影响 ECC 的危险

C. 外环回以前叫作本地环回，内环回以前叫作远端环回

D. 用 PTP 对单板做环回，网管查询后在单板上有图标可以显示出来

答案：D

2600. 安全生产理念是（ ）。

A. 保障人身安全 B. 保障人身、设备安全

C. 相互关爱，共保平安 D. 保障设备安全

答案：C

2601. 电力通信中三级通信网所包含站点的电压等级是（ ）。

A. 380V B. 220kV

C. 35Kv D. 110kV

答案：B

2602. 发生（ ）级以上人身、电网、设备和信息系统事故，应立即按资产关系或管理关系逐级上报至国家电网公司。

A. 六 B. 七

C. 四 D. 五

答案：A

2603. 各级信息通信调度机构应按（ ）为周期编制应急演练计划和演练方案，并组织应急演练。

A. 星期 B. 月度

C. 季度 D. 年度

答案：D

2604. 根治习惯性违章行为，必须从企业的（ ）做起，从各级领导抓起。

A. 最高领导 B. 安全第一责任人

C. 基层员工 D. 部门领导

答案：B

2605. 工作票的有效期与延期规定，带电作业工作票（ ）。

A. 不准延期 B. 可延期一次

C. 可延期两次 D. 以上选项均不正确

答案：A

2606. 故障处理要遵循一定的流程和原则，下面的描述错误的是（ ）。

A. 只要能够排除故障，可以采取任何方法

B. 同时出现多处故障时，应按故障的轻重缓急选择处理的顺序

C. 故障处理的一般原则为：先外部，后传输；先单站，后单板；先线路，后支路；先高级，后低级

D. 以上均是

一、单项选择题

答案：A

2607. 检修工作开始前须办理两票什么手续，办理完毕后方可进行检修操作？（ ）

A. 申请 B. 签发
C. 许可 D. 执行

答案：C

2608. 金属管道引入室内前应水平直埋（ ）m以上，埋深应大于0.6m，并在入口处接入接地网。

A. 10 B. 8
C. 5   D. 3

答案：A

2609. 普通架空光缆平行于街道时，最低缆线到地面的最小垂直距离为（ ）m。

A. 3   B. 4
C. 4.5 D. 5

答案：C

2610. 一般事故在事故发生后（ ）内完成调查，五级和六级时间应在事故发生后的（ ）内完成调查，形成事故调查报告书。

A. 30日，15日 B. 15日，30日
C. 10日，15日 D. 7日，15日

答案：A

2611. 通信设备与电路的巡视要求是（ ）。

A. 设备巡视应明确巡检周期、巡检范围、巡检内容、并编制巡检记录表
B. 设备巡视可通过网管远端巡视和现场巡视结合进行
C. 巡视内容包括机房环境、通信设备运行状况等
D. 以上均是

答案：D

2612. 同等责任是指事故发生或扩大由（ ）主体共同承担责任。

A. 一个 B. 二个
C. 三个 D. 多个

答案：D

2613. 现场通信检修使用的标准化文本应具有唯一编号，并保存（ ）以上。

A. 半年 B. 一年
C. 两年 D. 三年

答案：B

2614. 现有通信资源的使用、退出和变更应提前（　）由用户向对应的通信机构提出申请，提交申请单，如涉及其他通信机构所辖通信资源，由本级通信机构向其他通信机构提出申请。

A. 7 个工作日 B. 8 个工作日

C. 9 个工作日 D. 10 个工作日

答案：D

2615. 巡检人员应认真填写巡检记录，发现异常事件时应立即报告（　），并协助做好相关处理工作。

A. 单位负责人 B. 信息系统调度机构

C. 上级部门 D. 信息系统管理机构

答案：B

2616. 依据《电力通信检修管理规程》，若因通信自身原因导致通信检修票开工延期，应在批复开工时间前（　）小时向所属通信调度提出申请，通信调度根据规定批准并进行备案。

A. 1 B. 2

C. 3 D. 4

答案：B

2617. 以下命名规范不正确的是（　）。

A.（500kV 济南变~500kV 长清变）其他业务 B. 山东马可尼光环网传输系统

C. 白杨河传输设备 01 D. 电科院会议电话终端 –02

答案：C

2618. 因通信设备故障及施工改造和电路优化工作等原因需要对原有通信业务运行方式进行调整时，应在（　）小时之内恢复原运行方式。超过该时限，必须编制和下达新的通信业务运行方式单。

A. 12 B. 24

C. 48 D. 72

答案：C

2619.《国家电网公司数据通信网运行维护管理细则》规定，发生重大故障或事件，通信运维单位应积极配合事件调查工作，查明发生经过和原因，一般情况下应在（　）小时内向上级调度及职能管理部门提交处理与分析报告，总结经验教训，制定整改措施并尽快落实。

A. 12 B. 24

C. 48 D. 72

答案：C

2620.（　）应按工程实施顺序对设备和材料、工程施工进度、施工质量、施工文件进行检查和验收。

一、单项选择题

A. 工厂验收   B. 随工验收

C. 阶段性（预）验收   D. 竣工验收

答案：B

2621. 触电急救，首先要使触电者迅速脱离（ ），越快越好。

A. 电源   B. 设备

C. 现场   D. 危险

答案：A

2622. 传输故障处理原则是（ ）。

A. 进行抢修   B. 进行抢通

C. 先抢通再抢修   D. 先抢修再抢通

答案：C

2623. 单机技术指标抽查、系统功能及指标抽查属于光通信设备的（ ）。

A. 工厂验收   B. 随工验收

C. 阶段性（预）验收   D. 竣工验收

答案：A

2624. 凡在离地面（坠落高度基准面）（ ）的地点进行的工作，都应视作高处作业。

A. 3m   B. 2.5m 及以上

C. 2m 及以上   D. 以上选项均不正确

答案：C

2625. 防尘网的主要作用是为机框内部各组件的散热进风提供灰尘过滤功能。为了保证系统散热和通风状况良好，避免防尘网被灰尘堵住，必须（ ）清洗一次。

A. 3 个月   B. 6 个月

C. 9 个月   D. 12 个月

答案：A

2626. 各类作业人员应被告知其作业现场和工作岗位存在的危险因素、防范措施及（ ）。

A. 事故紧急处理措施   B. 紧急救护措施

C. 应急预案   D. 逃生方法

答案：A

2627. 工作地点中，10kV 设备带电部分与工作人员在进行工作中正常活动范围的距离小于（ ）m 时，设备应停电。

A. 0.7   B. 1

C. 0.35   D. 1.5

答案：C

2628. 工作负责人（监护人）应具有相关工作经验，熟悉设备情况和电力安全工作规程，经（　）书面批准的人员。

A. 本单位调度部门　　　　　　　　B. 工区（所、公司）生产领导

C. 本单位安全监督部门　　　　　　D. 以上选项均不正确

答案：B

2629. 工作票一份应保存在工作地点，由（　）收执。

A. 工作负责人　　　　　　　　　　B. 工作票签发人

C. 工作许可人　　　　　　　　　　D. 工作班成员

答案：A

2630. 工作票有破损不能继续使用时，应（　）工作票。

A. 终结　　　　　　　　　　　　　B. 收回

C. 补填新的　　　　　　　　　　　D. 以上选项均不正确

答案：C

2631. 工作票制度规定，其他工作需将高压设备停电，要做安全措施者应填用（　）工作票。

A. 事故应急抢修单　　　　　　　　B. 第二种

C. 带电作业　　　　　　　　　　　D. 第一种

答案：D

2632. 所有工作人员（包括工作负责人）不许（　）进入、滞留在高压室内和室外高压设备区内。

A. 两人　　　　　　　　　　　　　B. 多人

C. 随意　　　　　　　　　　　　　D. 单独

答案：D

2633. 下列哪项不是工程建设单位的职责？（　）

A. 负责收集和整理工程前期文件和竣工文件　B. 负责组织工程文件验收工作

C. 负责对接收的工程文件进行汇总、归档　　D. 负责监督、检查工程建设中的相关文件

答案：D

2634. 许可工作时，工作许可人应和工作负责人在工作票上分别（　）。

A. 注明注意事项　　　　　　　　　B. 确认、签名

C. 签名　　　　　　　　　　　　　D. 补充安全措施

答案：B

2635. 严禁工作人员擅自（　）遮栏（围栏）。

A. 进出　　　　　　　　　　　　　B. 跨越

C. 移动或拆除　　　　　　　　　　D. 以上均是

一、单项选择题

答案：C

2636. 一张工作票的工作负责人只允许变更（　）次，需再次变更工作负责人必须重新办理工作票。

A. 1　　　　　　　　　　　　　B. 2
C. 3　　　　　　　　　　　　　D. 4

答案：A

2637. 以下（　）不属于通信光缆检修的危险点分析。

A. OPGW 感应电伤人　　　　　　B. 泥土或水珠落入熔接机
C. 未断开板卡跳纤进行测试，致使光设备损坏　　D. 微波伤人

答案：D

2638. 以下哪些项目不是通信设备运行环境日常巡视维护的必要项目？（　）

A. 检查机房四周孔洞，发现问题立即进行封堵
B. 检查接地引入线有无锈蚀、断裂，是否接入站内地网
C. 清洗空调设备的过滤网、水槽、冷凝器翅片，擦洗机壳
D. 测试通信机房的接地电阻

答案：D

2639. 因一次线路施工或检修对通信光缆造成影响时，一次线路建设、运行维护部门应提前（　）个工作日通知通信运行部。

A. 3　　　　　　　　　　　　　B. 5
C. 10　　　　　　　　　　　　D. 15

答案：B

2640. 遇有（　）级以上的大风时，禁止露天进行起重工作。

A. 8　　　　　　　　　　　　　B. 6
C. 5　　　　　　　　　　　　　D. 7

答案：B

2641. 在原工作票的停电范围内增加工作任务时，应由工作负责人征得工作票签发人和工作许可人同意，并在工作票上增填（　）。

A. 安全措施　　　　　　　　　　B. 工作地点
C. 工作项目　　　　　　　　　　D. 以上均是

答案：C

2642. 作业人员的基本条件规定，作业人员的体格检查每（　）至少一次。

A. 三年　　　　　　　　　　　　B. 两年
C. 一年　　　　　　　　　　　　D. 四年

答案：B

2643. 作业人员的基本条件之一：具备必要的电气知识和业务技能，且按（　），熟悉本规程的相关部分，并经考试合格。

A. 工龄　　　　　　　　　　B. 职务

C. 工作性质　　　　　　　　D. 以上均是

答案：C

2644. 作业现场的生产条件和安全设施等应符合有关标准、规范的要求，工作人员的（　）应合格、齐备。

A. 穿戴　　　　　　　　　　B. 器材

C. 劳动防护用品　　　　　　D. 以上均是

答案：C

2645. SDH 网络管理主要由哪几部分组成？（　）

A. 配置管理、故障管理、数据管理、维护管理和安全管理

B. 配置管理、数据管理、性能管理、维护管理和安全管理

C. 配置管理、故障管理、性能管理、维护管理和数据管理

D. 配置管理、故障管理、维护管理和安全管理

答案：D

2646. 当 SDH 网管出现 ES 提示信息时，此事件属于网管（　）功能。

A. 故障管理　　　　　　　　B. 配置管理

C. 性能管理　　　　　　　　D. 安全管理

答案：C

2647. 当网络权限设置为 LOCAL 时、用哪个设备可登录网元？（　）

A. 网管终端　　　　　　　　B. 网管服务器

C. LCT　　　　　　　　　　D. 远程 Telnet

答案：C

2648. 当网元之间通过以太网方式连接时，处于同一以太网的网元 EMU 的 IP 地址必须属于（　）。

A. 不同 IP 子网　　　　　　B. 同一 IP 子网

C. 该 IP 子网既可以相同也可以不同　　D. B 类子网

答案：B

2649. 对网管系统的数据只限于"读"操作的用户为（　）。

A. 系统管理用户　　　　　　B. 系统维护用户

C. 系统操作用户　　　　　　D. 系统监视用户

一、单项选择题

答案：D

2650. 以维护为目的的采集设备性能事件的计数周期有15分钟和（　）小时两种。15分钟计数中，ES 事件数最大值为（　）。

A. 42，84 B. 24，900
C. 1，900 D. 24，15

答案：B

2651. 在 SDH 网管中，DCC falure 告警级别为（　）。

A. 紧急告警 B. 主要告警
C. 次要告警 D. 提示告警

答案：A

2652. 在 SDH 网管中，同步定时标志失配（SSMB Mismatch）告警级别为（　）。

A. 紧急告警 B. 主要告警
C. 次要告警 D. 提示告警

答案：B

2653. 在 SDH 网络中，其全程漂动总量不超过（　）微秒。

A. 10 B. 18
C. 20 D. 25

答案：B

2654. 基准时钟一般采用（　）。

A. GPS B. 铯原子钟
C. 铷原子钟 D. 晶体钟

答案：B

2655. （　）是指 STM-N（光口或电口）输入的时钟。

A. T0 B. T1
C. T2 D. T3

答案：B

2656. （　）是指数字信号的特定时刻相对其理想时间位置的短时间偏离。

A. 一般缺陷 B. 抖动
C. 失帧 D. 移位

答案：B

2657. （　）是指在网内设置基准时钟和若干个从时钟，以主基准时钟控制从钟的信号频率。

A. 准同步方式 B. 主从同步方式
C. 互同步方式 D. 混合同步方式

答案：B

2658. G.781 建议长链大于（　）个网元，必须采用 BITS 补偿。

A. 15　　　　　　　　　　　　B. 20

C. 30　　　　　　　　　　　　D. 40

答案：B

2659. G.812 时钟精度比 G.811 时钟（　）。

A. 低　　　　　　　　　　　　B. 一样

C. 高　　　　　　　　　　　　D. 以上均可

答案：A

2660. PRC 基准时钟一般采用（　）。

A. GPS　　　　　　　　　　　B. 铯原子钟

C. 铷原子钟　　　　　　　　　D. 晶体钟

答案：B

2661. 对输入定时信号的规定，当以电缆连接 BITS 输出至业务设备的同步输入时，BITS 输出至业务设备输入间的传输衰减为：对 2048kbit/s 信号在 1024kHz 频率点不应大于（　），对 2048kHz 信号在 2048kHz 频率点不应大于（　）。

A. 5dB，5dB　　　　　　　　B. 6dB，6dB

C. 7dB，7dB　　　　　　　　D. 8dB，8dB

答案：B

2662. 基准主时钟（PRC），由 G.811 建议规范，频率准确度达到（　）。

A. $1 \times 10E^{-11}$　　　　　　　　B. $1 \times 10E^{-10}$

C. $1 \times 10E^{-9}$　　　　　　　　D. $1 \times 10E^{-8}$

答案：A

2663. 可以作为全网同步的最高等级的基准时钟是（　）。

A. 铷原子钟　　　　　　　　　B. 石英晶体振荡器

C. 铯原子钟　　　　　　　　　D. 氢原子钟

答案：C

2664. 描述同步网性能的三个重要指标是（　）。

A. 漂动、抖动、位移　　　　　B. 漂动、抖动、滑动

C. 漂移、抖动、位移　　　　　D. 漂动、振动、滑动

答案：B

2665. 如果没有稳定的基准时钟信号源，光同步传送网无法进行（　）传输指标的测量。

A. 误码　　　　　　　　　　　B. 抖动

C. 漂移 D. 保护切换

答案：C

2666. 时钟板何时进入保持工作模式（ ）。

A. 当前跟踪的时钟基准源丢失的情况下，时钟模块进入保持工作模式

B. 最高优先级别的时钟基准源丢失的情况下，时钟模块进入保持工模式

C. 时钟板出现故障的情况下，时钟模块进入保持工作模式

D. 当可跟踪的全部时钟源都丢失的情况下，时钟模块进入保持工作模式

答案：D

2667. 时钟板在跟踪状态下工作了3天后，由于跟踪时钟源丢失自动进入保持模式，保持时间可以长达（ ）小时。

A. 6 B. 12
C. 24 D. 48

答案：C

2668. 时钟信号可以分为2MHz或2Mbit/s两种，一般优选（ ）。

A. 2MHz B. 2Mbit/s
C. 以上均可 D. 以上均不可

答案：B

2669. 通信网中，时钟的正常工作状态不应包括（ ）。

A. 自由运行 B. 保持
C. 锁定 D. 跟踪

答案：D

2670. 我国数字网的同步方式采用（ ）方式。

A. 准同步 B. 主从同步
C. 互同步 D. 异步

答案：B

2671. 下列哪种类型的时钟精度最高？（ ）

A. PRC B. LPR
C. 二级钟（SSU） D. 三级钟

答案：A

2672. 以下时钟的几种工作模式，精度最高的是（ ）。

A. 跟踪同步模式 B. 同步保持模式
C. 内部自由振荡模式 D. 准同步模式

答案：A

2673. 机器学习训练时，Mini-Batch 的大小优选为 2 个的幂，如 256 或 512。它背后的原因是（　）。

A. Mini-Batch 为偶数的时候，梯度下降算法训练得更快

B. Mini-Batch 设为 2 的幂，是为了符合 CPU、GPU 的内存要求，利于并行化处理

C. 不使用偶数时，损失函数是不稳定的

D. 以上说法都不对

答案：B

2674. 100Base-Tx 的 5 类双绞线最大传输距离是（　）。

A. 50 m　　　　　　　　　　　　B. 100 m

C. 150m　　　　　　　　　　　　D. 200m

答案：B

2675. 100Base-T 指最大传输速率为（　）。

A. 1Mbit/s　　　　　　　　　　　B. 10Mbit/s

C. 100Mbit/s　　　　　　　　　　D. 1000Mbit/s

答案：C

2676. ARP 协议的主要功能是（　）。

A. 将 IP 地址解析为物理地址　　　B. 将物理地址解析为 IP 地址

C. 将主机名解析为 IP 地址　　　　D. 将 IP 地址解析为主机名

答案：A

2677. ARP 协议的作用是（　）。

A. 将端口号映射到 IP 地址　　　　B. 连接 IP 层和 TCP 层

C. 广播 IP 地址　　　　　　　　　D. 将 IP 地址映射到第二层地址

答案：D

2678. BGP 协议使用的传输层协议和端口号是（　）。

A. UDP，176　　　　　　　　　　B. UDP，179

C. TCP，176　　　　　　　　　　D. TCP，179

答案：D

2679. BGP 协议和自治系统之间的正确关系是（　）。

A. BGP 协议只能被应用在自治系统之间，不能被应用在自治系统内部

B. BGP 协议是运行在自治系统之间的路由协议，而 OSPF、RIP 及 IS-IS 等协议应用在自治系统内部

C. BGP 协议通过在自治系统之间传播链路信息的方式来构造网络拓扑结构

D. BGP 协议不能跨多个自治系统而运行

一、单项选择题

答案：B

2680. DNS 服务器和 DHCP 服务器的作用是（ ）。
A. 将 IP 地址翻译为计算机名、为客户机分配 IP 地址
B. 将 IP 地址翻译为计算机名、解析计算机的 MAC 地址
C. 将计算机名翻译为 IP 地址、为客户机分配 IP 地址
D. 将计算机名翻译为 IP 地址、解析计算机的 MAC 地址

答案：C

2681. IPv4 地址包含网络部分、主机部分、子网掩码等，与之相对应的 IPv6 地址包含了（ ）。
A. 网络部分、主机部分、网络长度   B. 前缀、接口标识符、前缀长度
C. 前缀、接口标识符、网络长度   D. 网络部分、主机部分、前缀长度

答案：B

2682. IP 地址 10.1.1.225/29 的广播地址是（ ）。
A. 10.1.1.223   B. 10.1.1.224
C. 10.1.1.231   D. 10.1.1.232

答案：C

2683. IP 数据报的最大长度为（ ）。
A. 1500   B. 65535
C. 53   D. 25632

答案：B

2684. MAC 地址是长度为（ ）位的二进制码。
A. 48   B. 24
C. 16   D. 8

答案：A

2685. NGN（Next Generation Network，下一代网络）是一个定义极其松散的术语，泛指一个大量采用新技术，以（ ）技术为核心，同时可以支持语音、数据和多媒体业务的融合网络。
A. IP   B. TDM
C. ATM   D. ISDN

答案：A

2686. OSI 参考模型中处于最下层的是（ ）。
A. 应用层   B. 会话层
C. 网络层   D. 物理层

答案：D

2687. OSPF 属于哪一种类型的路由协议？（ ）

A. 距离矢量 B. 链路状态

C. 混合 D. 生成树协议

答案：B

2688. OSPF 协议计算路由的过程，下列排列顺序正确的是（　　）。

A. 每台路由器都根据自己周围的拓扑结构生成一条 LSA。

B. 根据收集的所有的 LSA 计算路由，生成网络的最小生成树。

C. 将 LSA 发送给网络中其它的所有路由器，同时收集所有的其他路由器生成的 LSA。

D. 生成链路状态数据库 LSDB。

A. A-B-C-D B. A-C-B-D

C. A-C-D-B D. D-A-C-B

答案：C

2689. 关于信息内网网站，以下描述不正确的一项是（　　）。

A. 门户登录前原则上不链接业务系统

B. 门户登录后业务系统应通过单点登录方式接入门户

C. 业务系统可以单独设置系统入口

D. 严禁利用公司资源在互联网上设立网站

答案：C

2690. Ping 命令使用 ICMP 的哪一种 Code 类型？（　　）

A. Redirect B. Echo Reply

C. Source Quench D. Destination Unreachable

答案：B

2691. RARP 的作用是（　　）。

A. 将自己的 IP 地址转换为 MAC 地址

B. 将对方的 IP 地址转换为 MAC 地址

C. 将对方的 MAC 地址转换为 IP 地址

D. 知道自己的 MAC 地址，通过 RARP 协议得到自己的 IP 地址

答案：D

2692. RIP 属于哪一种类型的路由协议？（　　）

A. 距离矢量 B. 链路状态

C. 混合 D. 静态路由协议

答案：A

2693. TCP/IP 协议分为四层，分别为应用层、传输层、网际层和网络接口层。不属于应用层协议的是（　　）。

一、单项选择题

A. SNMP　　　　　　　　　　B. UDP

C. TELNET　　　　　　　　　D. FFP

答案：B

2694. TCP/IP 协议中，基于 TCP 协议的应用程序包括（　　）。

A. ICMP　　　　　　　　　　B. SMTP

C. RIP　　　　　　　　　　　D. SNMP

答案：B

2695. VPN 使用的主要技术是（　　）。

A. 拨号技术　　　　　　　　B. 专线技术

C. 虚拟技术　　　　　　　　D. 隧道技术

答案：D

2696. 按照 IEEE 802.1Q 标准，VLAN 标识字段在以太网帧的（　　）位置。

A. 源 MAC 地址和目标 MAC 地址前　　B. 源 MAC 地址和目标 MAC 地址中间

C. 源 MAC 地址和目标 MAC 地址后　　D. 不固定

答案：C

2697. 保留给自环测试的 IP 地址是（　　）。

A. 127.0.0.0　　　　　　　　B. 127.0.0.1

C. 224.0.0.9　　　　　　　　D. 126.0.0.1

答案：B

2698. 从原设备到目的设备之间有两跳，使用 tracert 命令检测路径。检测第一跳时，原设备对目的设备的某个较大的端口发送一个 TTL 为 1 的 UDP 报文，当该报文到达中间一跳时，TTL 将变为 0，于是该设备对源设备回应一个 ICMP（　　）消息。

A. Time Exceeded　　　　　　B. Echo Request

C. Echo Reply　　　　　　　　D. Port Unreachable

答案：A

2699. 关于 NGN 网络，以下描述不正确的是（　　）。

A. 以软交换为核心

B. 以光网络和分组型传送技术为基础

C. 具有高速的物理层、高速链路层和高速网络层

D. 是全 IP 化网络

答案：D

2700. 假设某主机 IP 地址为 192.168.10.33，子网掩码为 255.255.255.248，则该主机所在子网的广播地址是（　　）。

A. 192.168.10.40   B. 192.168.10.255

C. 192.168.255.255   D. 192.168.10.39

答案：D

2701. 路由器 RTA 的 E0 接口的 IP 地址为 10.110.10.11，子网掩码为 255.255.0.0，采用 network 半动态发布这条直连路由的命令为（　　）。

A. [RTA－bgp]network10.110.10.11mask255.255.255.0

B. [RTA－bgp]network10.110.10.11mask255.255.255.255

C. [RTA－bgp]network10.110.0.0mask255.255.0.0

D. [RTA－bgp]network10.110.0.0mask0.0.255.255

答案：C

2702. 路由器的性能指标包括（　　）。

A. 路由表能力、背板带宽、吞吐量   B. 丢包率、转发时延、路由协议支持

C. 网络管理能力、可靠性和可用性、时延抖动   D. 以上均是

答案：D

2703. 路由器命令 ip route 172.16.1.0 255.255.255.0 172.16.2.1 是下列哪一种路由？（　　）

A. 静态   B. 缺省路由

C. 动态   D. 网关

答案：A

2704. 路由协议间相互引入对方的路由信息称为双向引入，为了防止双向引入时产生路由环路，可采取（　　）。

A. 不允许在多边界点配置双向引入   B. 使用 filter-policy import

C. 使用 filter-policy export   D. 使用防火墙

答案：B

2705. 目前，我国应用最为广泛的 LAN 标准是基于（　　）的以太网标准。

A. IEEE 802.1   B. IEEE 802.2

C. IEEE 802.3   D. IEEE 802.5

答案：C

2706. 目前，在 ITU-TG.7041 标准中 MSTP 将以太网数据封装的协议是（　　）。

A. 通用成帧规程（GFP）   B. HDLC 帧结构

C. SDH 链路接入规程（LAPS） D. 点到点 PPP 协议

答案：A

2707. 如果 IP 地址为 202.130.191.33，子网掩码为 255.255.255.0，那么网络地址是（　　）。

A. 202.130.0.0   B. 202.0.0.0

C. 202. 130. 191. 33   D. 202. 130. 191. 0

答案：D

2708. 下列所述的哪一个是无连接的传输层协议？（ ）

A. TCP   B. UDP

C. IP   D. SPX

答案：B

2709. 一个 VLAN 可以看作是一个（ ）。

A. 冲突域   B. 广播域

C. 管理域   D. 自治域

答案：B

2710. 以太网交换机依据（ ）转发数据帧。

A. 路由表   B. 邻居表

C. 拓扑表   D. MAC 地址表

答案：D

2711. 源主机 Ping 目的设备时，如果网络工作正常，则目的设备在接收到该报文后，将会向源主机回应 ICMP（ ）报文。

A. Echo Request   B. Echo Reply

C. TTL Exceeded   D. Port Unreachable

答案：B

2712. 在 BGP 协议中，对环路的避免方法是（ ）。

A. 在路由的 Origin 属性中记录路由的起源

B. 在路由的 AS-Path 属性中记录所有途经的 AS

C. 在路由的 Next-Hop 属性中记录路由的下一跳

D. 在路由的 MED 属性中影响另一 AS 的出口选择

答案：B

2713. 在 IP 包头中包括（ ）地址。

A. 源地址   B. 目的地址

C. 源地址和目的地址   D. 在 IP 包头中没有地址

答案：C

2714. 在路由器中，能用以下命令察看路由器的路由表是（ ）。

A. arp -a   B. traceroute

C. route print   D. display ip routing-table

答案：D

2715. 在路由器中，决定最佳路由的因素是（ ）。

A. 最小的路由跳数　　　　　　　B. 最小的时延

C. 最小的 Metric 值　　　　　　D. 最大的带宽

答案：C

2716. 子网掩码的设置正确的是（ ）。

A. 对应于网络地址的所有位都设为 0　　B. 对应于主机地址的所有位都设为 1

C. 对应于网络地址的所有位都设为 1　　D. 以上都不对

答案：C

2717. OTDR 的工作特性中（ ）决定了 OTDR 所能测量的最远距离。

A. 盲区　　　　　　　　　　　　B. 波长

C. 分辨率　　　　　　　　　　　D. 动态范围

答案：D

2718. 当通信电缆连接终端设备时，应用（ ）兆欧表测试电缆绝缘。

A. 1000V　　　　　　　　　　　B. 500V

C. 250V　　　　　　　　　　　　D. 100V

答案：C

2719. 决定 OTDR 纵轴上事件的损耗情况和可测光纤的最大距离的是（ ）。

A. 盲区　　　　　　　　　　　　B. 动态范围

C. 折射率　　　　　　　　　　　D. 脉宽

答案：B

2720. 用万用表测试某对线路，如表针摆动较大，后又回到无穷大，说明被测线路（ ）。

A. 好线　　　　　　　　　　　　B. 断线

C. 混线　　　　　　　　　　　　D. 以上均可能

答案：A

2721. 当发现一条 E1 电路出现故障，要求对端环回，机房测试一般用以下哪种仪表？（ ）

A. OTDR　　　　　　　　　　　B. 万用表

C. 光功率计　　　　　　　　　　D. 2M 综合测试仪

答案：D

2722. 2M 误码仪上哪个指示灯表示设备输出信号有误码？（ ）

A. Bit Error　　　　　　　　　　B. NO Sync

C. NO Signal　　　　　　　　　D. AIS

答案：A

2723. 使用 OTDR 可以测试到的光纤的指标为（ ）。

一、单项选择题

A. 光纤发光强度   B. 光纤折射率

C. 光纤骨架结构   D. 光纤断点

答案：D

2724. 用蜂鸣器判断电缆芯线故障时，电缆两端选好公共线后，在电缆一端某一条芯线上放音，另一端试完所有的芯线都听不到蜂鸣音，则证明放音的这条芯线（ ）。

A. 断线   B. 自混

C. 反接   D. 地气

答案：A

2725. 测量光缆传输损耗时，下列仪器中，（ ）测量结果更精确。

A. OTDR   B. 光源、光功率计

C. PMD 测试仪   D. 光纤熔接机

答案：B

2726. 测量光缆金属护层对地绝缘性能的好坏，一般采用的仪表是（ ）。

A. 万用表   B. 高阻计（即光缆金属护层对地绝缘测试仪）

C. 耐压表   D. 直流电桥

答案：B

2727. 带有光放大器的光通信系统在进行联网测试时，误码率要求为不大于（ ）。

A. $1 \times 10E-12$ B. $1 \times 10E-10$

C. $1 \times 10E-8$ D. $1 \times 10E-6$

答案：A

2728. 根据工程情况和要求，利用 OTDR 进行监测时，可采用远端监视、近端监视和以下哪种方式？（ ）

A. 环回监视   B. 近端环回监视

C. 离线监视   D. 远端环回监视

答案：D

2729. 用单模 OTDR 模块对多模光纤进行测量时，以下哪个结果正确？（ ）

A. 光纤长度   B. 光纤损耗

C. 光接头损耗   D. 回波损耗

答案：A

2730. GPS 系统提供三维定位和定时至少需要（ ）卫星。

A. 二颗   B. 三颗

C. 四颗   D. 五颗

答案：C

2731. 各级信息通信调度机构每年应举行不少于（ ）次的应急演练。

A. 1　　　　　　　　　　　　　B. 2

C. 3　　　　　　　　　　　　　D. 4

答案：B

2732. 通信专业应急预案分为通信设备、通信网络和（ ）。

A. 通信事件　　　　　　　　　　B. 通信电路

C. 通信通道　　　　　　　　　　D. 通信业务

答案：B

2733. 卫星通信系统中，地面哪些方面会造成对卫星通信的干扰？（ ）

A. 无线寻呼　　　　　　　　　　B. 地面噪声

C. 静电场　　　　　　　　　　　D. 中波广播

答案：B

2734. 卫星通信中，地球站采用的天线是（ ）。

A. 双曲面天线　　　　　　　　　B. 抛物面天线

C. 卡塞格伦天线　　　　　　　　D. 以上均可

答案：C

2735. 火灾、地震、台风、洪水等自然灾害发生时，如需要对通信设备进行现场特殊巡视，应制定必要的（ ），并至少两人一组，巡视人员应与派出部门保持通信联络。

A. 安全措施　　　　　　　　　　B. 组织措施

C. 技术措施　　　　　　　　　　D. 以上均是

答案：A

2736. 通信运维单位应做好应急通信系统设备设施的日常运维及（ ）工作，确保在发生自然灾害、电网重大事件等情况下及时启用。

A. 检修　　　　　　　　　　　　B. 消缺

C. 演练　　　　　　　　　　　　D. 购置

答案：C

2737. "最后一公里"可理解为（ ）。

A. 局端到用户端之间的接入部分　　B. 局端到用户端之间的距离为1公里

C. 数字用户线为1公里　　　　　　D. 数字用户线为1公里

答案：A

2738. EPON采用单纤波分复用技术（下行1490nm，上行1310nm），仅需一根主干光纤和一个OLT，传输距离可达（ ）千米。

A. 20　　　　　　　　　　　　　B. 100

一、单项选择题

C. 3　　　　　　　　　　　　D. 50

答案：A

2739. EPON 的国际标准是（　）。

A. ITU-T G. 984　　　　　　　B. IEEE 802. x

C. IEEE 802. 3ah　　　　　　　D. ITU-T G. 982

答案：C

2740. EPON 的组网模式是（　）。

A. 点到点　　　　　　　　　　B. 点到多点

C. 多点到多点　　　　　　　　D. 多点到点

答案：B

2741. EPON 目前可以提供对称上下行带宽为（　）。

A. 1.25Gbit/s　　　　　　　　B. 2.0Gbit/s

C. 2.5Gbp　　　　　　　　　　D. 10Gbit/s

答案：A

2742. EPON 上下行数据分别使用不同的波长进行传输，这两个波长是（　）、（　）；CATV 信号采用的波长是（　）。

A. 850nm，1490nm；1550nm　　B. 1310nm，1490nm；1550nm

C. 850nm，1310nm；15500nm　 D. 1310nm，1550nm；1490nm

答案：B

2743. EPON 网络规划设计中，对光功率影响最大的器件是（　）。

A. 光缆类型　　　　　　　　　B. 法兰盘

C. 分光器　　　　　　　　　　D. 接续盒

答案：C

2744. EPON 系统采用的编码方式是（　）。

A. NRZ 扰码　　　　　　　　　B. 8B/10B 编码

C. 卷积码　　　　　　　　　　D. Turbo 码

答案：B

2745. EPON 系统建议使用的光缆类型为（　）。

A. G. 652　　　　　　　　　　B. G. 653

C. G. 654　　　　　　　　　　D. G. 655

答案：A

2746. EPON 系统支持 802.1Q VLAN，VLAN 数目最大为 4K，MAC 地址表容量为（　）条目。

A. 4K B. 8K
C. 16K D. 32K

答案：C

2747. EPON 系统中，OLT 通过（　　）管理维护通道对终端设备进行配置和维护。

A. OMCI B. OAM
C. TR069 D. SNMP

答案：B

2748. EPON 系统中的测距包括静态测距和（　　）。

A. 近端测距 B. 远端测距
C. 动态测距 D. 随机测距

答案：C

2749. EPON 下行帧结构的特点错误的是（　　）。

A. 下行帧是一个复合帧

B. 下行帧包含多个变长数据包和同步标签

C. 每一个变长数据包对应每一个特定地址的 ONU

D. 每一个数据包都包含变长数据包及校验码几部分

答案：D

2750. FTTB 是指（　　）。

A. 光纤到大楼 B. 光纤到路边
C. 光纤到用户 D. 光纤到交接箱

答案：A

2751. FTTB 与 FTTH 的不同点在于（　　）。

A. OLT 的部署 B. 分光器的部署
C. ONU 的部署 D. 分光比

答案：C

2752. FTTH 是指（　　）。

A. 光纤到大楼 B. 光纤到路边
C. 光纤到用户 D. 光纤到交接箱

答案：C

2753. FTTX 网络，ONU 与 OLT 连接使用的光纤类型为（　　）。

A. 单模 B. 双模
C. 多模 D. 以上都不是

答案：A

一、单项选择题

2754. FTTX 位于 NGN 网络体系结构中的（　）。

A. 网络控制层　　　　　　　　B. 核心交换层

C. 业务管理层　　　　　　　　D. 边缘接入层

答案：D

2755. GPON 中，无源光分路器目前的分支比最大可达到（　）。

A. 1：8　　　　　　　　　　　B. 1：32

C. 1：64　　　　　　　　　　 D. 1：128

答案：D

2756. PTN 技术是下列哪两种技术的结合？（　）

A. 分组包技术和 SDH 技术　　　B. MSTP 技术和 SDH 技术

C. SDH 技术和 WDM 技术　　　D. OTN 技术和 MPLS 技术

答案：A

2757. 若单波功率输入功率为 −5dBm，实际开通 10 波，则合波器的输出功率为（　）。

A. 4dB　　　　　　　　　　　B. −50dB

C. 5dB　　　　　　　　　　　D. −4dB

答案：C

2758. 无源光网络的双向传输技术中，采用（　）方式实现上行信号和下行信号被调制为不同波长的光信号在同一根光纤上传输。

A. 空分复用　　　　　　　　　B. 波分复用

C. 码分复用　　　　　　　　　D. 副载波复用

答案：B

2759. 以下对 EPON 系统传输机制描述正确的是（　）。

A. 下行广播，上行 CSMA/CD　　B. 下行广播，上行 TDMA

C. 上行广播，下行 CSMA/CD　　D. 上行广播，下行 TDMA

答案：B

2760. 在一个 EPON 系统中，（　）既是一个交换机或路由器，又是一个多业务提供平台，它提供面向无源光纤网络的光纤接口，是整个 EPON 系统的核心部件。

A. ONU　　　　　　　　　　　B. OLT

C. POS　　　　　　　　　　　D. ODN

答案：B

2761. （　）负责对通信检修申请票的逐级受理、审核、审批。

A. 检修发起单位　　　　　　　B. 检修申请单位

C. 检修审批单位　　　　　　　D. 检修施工单位

答案：C

2762. 当通信检修需要异地通信机构配合时，（　）应向该通信机构发出通信检修通知单，明确工作内容和要求，由其开展相关工作。

A. 上级通信调度　　　　　　　　B. 本级通信调度
C. 下级通信调度　　　　　　　　D. 以上均可

答案：A

2763. 当通信检修影响信息业务时，（　）应将通信检修申请票提交相应信息专业会签，并根据会签意见和要求开展相关工作。

A. 检修发起单位　　　　　　　　B. 检修申请单位
C. 检修审批单位　　　　　　　　D. 检修施工单位

答案：C

2764. 通信工程所涉及的新设备接入和业务电路的使用，应提前（　）由项目建设单位向对应的通信机构提出申请，提交申请单，同时提供相关工程设计资料。

A. 7 个工作日　　　　　　　　　B. 8 个工作日
C. 9 个工作日　　　　　　　　　D. 10 个工作日

答案：D

2765. 各级通信机构应在收到申请单后的（　）之内下发相应的方式单。若现有通信网络资源无法满足用户提出的需求，由受理申请的通信机构在收到申请单后的（　）之内，以书面形式告知用户。

A. 5 个工作日，5 个工作日　　　B. 5 个工作日，3 个工作日
C. 7 个工作日，5 个工作日　　　D. 5 个工作日，1 个工作日

答案：A

2766. 工作许可人对工作票内所列的内容即使发生很小疑问，也必须向（　）询问清楚，必要时应要求做详细补充。

A. 工作负责人　　　　　　　　　B. 工作票签发人
C. 值班负责人　　　　　　　　　D. 工作班成员

答案：B

2767. 国家电网公司实行（　）的奖惩制度。

A. 安全目标管理
B. 安全目标管理和以责论处
C. 物质奖励与行政处罚相结合
D. 精神奖励为主、物质奖励为辅，思想教育为主、行政处罚为辅

答案：B

2768. 《国家电网公司安全生产工作规定》现场规程宜每（　）年进行一次全面修订、审定

一、单项选择题

并印发。

A. 1~2　　　　　　　　　　B. 2~3

C. 2~4　　　　　　　　　　D. 3~5

答案：D

2769. 因安排检修后发生电网故障，造成变电站内 220 kV 以上任一电压等级母线非计划全停，定为（　）电网事件。

A. 五级　　　　　　　　　　B. 六级

C. 七级　　　　　　　　　　D. 八级

答案：A

2770.《国家电网公司安全事故调查规程》中对于主要责任的归类定义是（　）。

A. 事故发生或扩大主要有一个主体承担责任者

B. 事故发生或扩大有多个主体共同承担责任者

C. 承担事故发生或扩大次要原因的责任者，包括一定责任和连带责任

D. 承担事故发生或扩大连带责任

答案：A

2771. 发电企业、电网企业、供电企业内部基于计算机和网络技术的业务系统，原则上划分为（　）。

A. 生产控制大区和管理信息大区　　B. 内网和外网

C. 安全区和开放区　　　　　　　　D. 控制区和非控制区

答案：A

2772.《国家电网公司安全事故调查规程》中对人身、电网、设备和信息系统四类事故等级分为（　）。

A. 六个等级　　　　　　　　B. 七个等级

C. 八个等级　　　　　　　　D. 九个等级

答案：C

2773. 违章按照性质分为管理违章、（　）和装置违章。

A. 行为违章　　　　　　　　B. 制度违章

C. 安全违章　　　　　　　　D. 运行违章

答案：A

2774.《国家电网公司安全事故调查规程》中的人身事故涵盖电力生产、煤矿及多种产业、（　）、交通、因公外出等发生的本单位各种用工形式的人员和其他相关人员的人身事故。

A. 非生产性办公经营场所　　B. 生产性办公经营场所

C. 非生产性办公场所　　　　D. 生产性经营场所

答案：A

2775. 以下属于重大人身事故（二级人身事件）的是（ ）。

A. 一次事故造成 15 人以上 30 人以下死亡
B. 一次事故造成 50 人以上 80 人以下重伤者
C. 一次事故造成 10 人以上 30 人以下死亡
D. 一次事故造成 30 人以上 100 人以下重伤者

答案：C

2776. 无人员死亡和重伤，但造成 1~2 人轻伤者的事故属于（ ）。

A. 五级人身事件
B. 六级人身事件
C. 七级人身事件
D. 八级人身事件

答案：D

2777. 下列情形属于较大电网事故（三级电网事件）的是（ ）。

A. 造成电网负荷 20000 兆瓦以上的省（自治区）电网减供负荷 13% 以上 30% 以下者
B. 造成直辖市电网减供负荷 50% 以上，或者 60% 以上供电用户停电者
C. 造成电网负荷 600 兆瓦以上的其他设区的市电网减供负荷 40% 以上 60% 以下，或者 50% 以上 70% 以下供电用户停电者
D. 造成电网负荷 2000 兆瓦以下的省（自治区）人民政府所在地城市电网减供负荷 40% 以上，或者 50% 以上供电用户停电者

答案：C

2778. 本单位和本单位承包、承租、承借的工作场所，由于本单位原因，致使劳动条件或作业环境不良，管理不善，设备或设施不安全，发生触电、高处坠落、设备爆炸、火灾、生产建（构）筑物倒塌等造成事故，本单位负（ ）。

A. 主要责任
B. 同等以上责任
C. 次要责任
D. 领导责任

答案：B

2779. 一类业务应用服务完全中断，影响时间超过 2 小时；或二类业务应用服务中断，影响时间超过 4 小时；或三类业务应用服务中断，影响时间超过 8 小时的事件属于（ ）。

A. 五级信息系统事件
B. 六级信息系统事件
C. 七级信息系统事件
D. 八级信息系统事件

答案：C

2780. 同一变电站的操作票应事先连续编号，计算机生成的操作票应在正式出票前连续编号，操作票按编号顺序使用。作废的操作票，应注明"作废"字样，未执行的应注明"未执行"字样，已操作的应注明"已执行"字样。操作票应保存（ ）。

A. 一个月
B. 三个月
C. 六个月
D. 一年

一、单项选择题

答案：D

2781. 单模光纤的色散，主要是由（　）引起的。

A. 模式色散　　　　　　　　　　B. 材料色散

C. 折射剖面色散　　　　　　　　D. 以上选项均不正确

答案：B

2782. 短波长光纤工作的波长约为 0.8μm~0.9μm，属于（　）。

A. 单模光纤　　　　　　　　　　B. 多模光纤

C. 基模光纤　　　　　　　　　　D. 以上选项均不正确

答案：B

2783. 干线光缆工程中，绝大多数为（　）光纤；而尾纤都是（　）光纤。

A. 紧套，松套　　　　　　　　　B. 松套，紧套

C. 紧套，紧套　　　　　　　　　D. 松套，松套

答案：B

2784. 关于 L-16.2 类型激光器的描述，错误的是（　）。

A. 用于局间长距离传输　　　　　B. 激光器信号速率为 STM-16

C. 工作在 1550 窗口，使用 G.652 和 G.654 光纤　　D. 此激光器是定波长激光器

答案：D

2785. 光缆线路施工步骤中的单盘测试作用为（　）。

A. 检查光缆的外观　　　　　　　B. 检验施工质量

C. 竣工的质量　　　　　　　　　D. 检验出厂光缆质量

答案：D

2786. 光缆在杆上做余留弯，其目的是（　）。

A. 抢修备用　　　　　　　　　　B. 缓解外力作用

C. 防强电、防雷　　　　　　　　D. 好看、美观

答案：B

2787. 光纤的传输特性主要包括光纤的（　）。

A. 损耗特性和散射特性　　　　　B. 损耗特性和色散特性

C. 吸收特性和色散特性　　　　　D. 吸收特性和散射特性

答案：B

2788. 光纤数字通信系统中不能传输 HDB3 码的原因是（　）。

A. 光源不能产生负信号光　　　　B. 将出现长连"1"或长连"0"

C. 编码器太复杂　　　　　　　　D. 码率冗余度太大

答案：A

2789. 光纤通信的原理是光的（　　）。

A. 折射原理　　　　　　　　　　B. 全反射原理

C. 透视原理　　　　　　　　　　D. 衍射原理

答案：B

2790. 光纤通信系统基本上是由（　　）组成。

A. 光发送机　　　　　　　　　　B. 光纤

C. 光接收机　　　　　　　　　　D. 以上都是

答案：D

2791. 光纤中纤芯的折射率比包层（　　）。

A. 大　　　　　　　　　　　　　B. 小

C. 一样　　　　　　　　　　　　D. 以上均可

答案：A

2792. 接收机过载功率是在 R 参考点上，达到规定的 BER 所能接收到的（　　）平均光功率。

A. 最低　　　　　　　　　　　　B. 平均

C. 最高　　　　　　　　　　　　D. 噪声

答案：C

2793. 日常维护中，习惯应用的收光功率的单位是（　　）。

A. dB　　　　　　　　　　　　　B. dBm

C. W　　　　　　　　　　　　　D. V

答案：B

2794. 以下光纤种类，哪种最适合开通高速 DWDM 系统？（　　）

A. G.652　　　　　　　　　　　B. G.653

C. G.654　　　　　　　　　　　D. G.655

答案：D

2795. 完成为光信号在不同类型的光媒质上提供传输功能，同时实现对光放大器或中继器的检测和控制等功能是（　　）层。

A. 客户层　　　　　　　　　　　B. 光传输段层

C. 光复用段层　　　　　　　　　D. 光通道层

答案：B

2796. 对于加强型光缆，可采取（　　）的方式布放，以避免加强型光缆外护扭曲变形，损伤纤芯。

A. 机车牵引　　　　　　　　　　B. 倒"8"字

C. 人工拖放　　　　　　　　　　D. 转动光缆盘

一、单项选择题

答案：B

2797. 终端作业是指重做终端、处理终端内断纤、更换线路尾纤等需打开机房内（　　）的维修作业。

A. ODF
B. DDF
C. 终端盒
D. 分配柜

答案：C

2798.（　　）是导致四波混频的主要原因。

A. 波分复用
B. 长距离传输
C. 零色散
D. 相位匹配

答案：C

2799.（　　）是由 SEC（SDH 设备时钟）产生的当前时钟。

A. T0
B. T1
C. T2
D. T3

答案：A

2800. AIS 的等效二进制内容是（　　）。

A. 一连串"0"
B. 一连串"1"
C. "1"和"0"随机
D. 一连串"110"

答案：B

2801. SDH 采用（　　）方式实现多路信号的同步复用。

A. 字节交错间插
B. 指针调节
C. 正码速调整
D. 以上选项均不正确

答案：A

2802. SDH 传输网络传输的数据块称为帧，其中 STM-16 帧的频率是（　　）Hz。

A. 4k
B. 8k
C. 16k
D. 64k

答案：B

2803. SDH 网元的每个发送 STM-N 信号都由相应的输入 STM-N 信号中所提取的定时信号来同步的网元定时方法称为（　　）。

A. 环路定时
B. 线路定时
C. 通过定时
D. 以上选项均不正确

答案：A

2804. SDH 网中不采用 APS 协议的自愈环有（　　）。

A. 二纤单向通道倒换环
B. 二纤单向复用段倒换环

C. 四纤双向复用段倒换环　　　　　　D. 二纤双向复用段倒换环

答案：A

2805. SDH 帧结构中的 B1 字节用作（　　）误码监视。

A. 复用段　　　　　　　　　　　　　B. 再生段

C. 高阶 VC　　　　　　　　　　　　D. 以上选项均不正确

答案：B

2806. SOH 指的是（　　）。

A. 段开销　　　　　　　　　　　　　B. 管理指针

C. 信息净负荷　　　　　　　　　　　D. 以上选项均不正确

答案：A

2807. STM-16 级别的二纤双向复用段共享保护环中的 ADM 配置下，业务保护情况为（　　）。

A. 两个线路板互为备份　　　　　　　B. 一个板中的一半容量用于保护另一板中的一半容量

C. 两个线路板一主一备　　　　　　　D. 两个线路板无任何关系

答案：B

2808. 对于 STM-N 同步传送模块，N 的取值为（　　）。

A. 1，2，3，5　　　　　　　　　　　B. 1，2，4，8

C. 1，4，8，16　　　　　　　　　　 D. 1，4，16，64

答案：D

2809. 高阶虚容器帧的首字节是（　　）。

A. G1　　　　　　　　　　　　　　　B. J1

C. C2　　　　　　　　　　　　　　　D. B3

答案：B

2810. 关于 SDH 系统中指针的作用，下面说法正确的是（　　）。

A. 当网络处于同步工作状态时，用来进行同步信号间的频率校准

B. 当网络失去同步时用作频率和相位校准，当网络处于异步工作时用作频率跟踪校准

C. 指针只能用来容纳网络中的漂移

D. 指针只能用来容纳网络中的抖动

答案：B

2811. 光通信系统的系统误码率一般应小于（　　）。

A. $1 \times 10E-6$　　　　　　　　　B. $1 \times 10E-7$

C. $1 \times 10E-8$　　　　　　　　　D. $1 \times 10E-9$

答案：D

2812. 接收灵敏度是定义在接收点处为达到（　　）的 BER 值，所需要的平均接收功率最小值。

一、单项选择题

A. $1 \times 10E-3$ B. $1 \times 10E-6$

C. $1 \times 10E-7$ D. $1 \times 10E-10$

答案：D

2813. 两纤单向通道环和两纤双向复用段环收发路由分别采用的（　）。

A. 均为一致路由 B. 均为分离路由

C. 一致路由，分离路由 D. 分离路由，一致路由

答案：D

2814. 哪一种自愈环不需要 APS 协议？（　）

A. 二纤双向复用段倒换环 B. 二纤单向复用段倒换环

C. 四纤双向复用段倒换环 D. 二纤单向通道倒换环

答案：D

2815. 判断 SDH 帧失步的最长检测时间为（　）帧。

A. 2 B. 5

C. 7 D. 8

答案：B

2816. 同步状态字节 S1 可以携带的信息有（　）。

A. 网元 ID B. 网元 IP

C. 时钟质量 D. 线路信号频偏

答案：C

2817. 网元指针连续调整的原因为（　）。

A. 该网元节点时钟与网络时钟出现频差 B. 该网元节点时钟与网络时钟出现相差

C. 该网元处在 SDH/PDH 边界处 D. 该网元时钟工作处于保持模式

答案：A

2818. 我国 2M 复用成 AUG 的步骤是（　）。

A. C-12 → VC-12 → TU-12 → TUG-2 → VC-3 → AU-4 → AUG

B. C-12 → VC-12 → TU-12 → TUG-2 → VC-3 → AU-4 → AUG

C. C-12 → VC-12 → TU-12 → TUG-2 → TUG-3 → VC-4 → AU-4 → AUG

D. C-12 → VC-12 → TU-12 → TUG-2 → VC-3 → TUG-3 → AU-4 → AUG

答案：C

2819. 下列告警中是复用段环保护倒换条件的是（　）。

A. HP-SLM B. AU-AIS

C. R-OOF D. R-LOF

答案：D

2820. 下列哪一项不是国标中规定的误码性能参数？（　　）

A. 误码秒（ESR）　　　　　　　　B. 严重误码秒（SESR）

C. 背景块差错比（BBER）　　　　D. 时延（S）

答案：D

2821. 下列是高阶虚容器的是（　　）。

A. VC-12 和 VC-3　　　　　　　　B. VC-3 和 AU-12

C. VC-3 和 VC-4　　　　　　　　D. 以上选项都不正确

答案：C

2822. 下面对两纤单向通道保护环描述正确的是（　　）。

A. 单向业务、分离路由　　　　　B. 双向业务、分离路由

C. 单向业务、一致路由　　　　　D. 双向业务、一致路由

答案：A

2823. 下面对两纤双向复用段保护环描述正确的是（　　）。

A. 单向业务、分离路由　　　　　B. 双向业务、分离路由

C. 单向业务、一致路由　　　　　D. 双向业务、一致路由

答案：D

2824. 一个 2M 通道能传输多少个 64kbit/s 话路？（　　）

A. 24 路　　　　　　　　　　　　B. 30 路

C. 31 路　　　　　　　　　　　　D. 32 路

答案：B

2825. 一个 STM-1 的 SDH 制式 155M 系统，可以传输（　　）。

A. 77 个 VC-12 业务　　　　　　B. 64 个 2M 业务

C. 63 个 2M 业务　　　　　　　　D. 以上选项均不正确

答案：C

2826. 一个 STM-4 可直接提供（　　）个 2M 口。

A. 63　　　　　　　　　　　　　B. 64

C. 252　　　　　　　　　　　　　D. 256

答案：C

2827. 以下不属于 SDH 特点的是（　　）。

A. 同步复用　　　　　　　　　　B. 标准光接口

C. 网管功能强大　　　　　　　　D. 码速调整

答案：D

2828. 以下配置中不需要配交叉板的是（　　）。

一、单项选择题

A. TM B. ADM
C. REG D. DXC

答案：C

2829. 在SDH复接过程中，AU符号代表的意思是（　　）。

A. 容器 B. 虚容器
C. 支路单元 D. 管理单元

答案：D

2830. 在SDH复接过程中，TUG符号代表的意思是（　　）。

A. 支路单元组 B. 容器
C. 虚容器 D. 管理单元

答案：A

2831. 在SDH复接过程中，TU符号代表的意思是（　　）。

A. 容器 B. 虚容器
C. 支路单元 D. 管理单元

答案：C

2832. CWDM系统典型场景是多少个波？（　　）

A. 40/80 B. 48/96
C. 160 D. 8

答案：D

2833. 在ISO的OSI安全体系结构中，以下哪一个安全机制可以提供抗抵赖安全服务？（　　）。

A. 加密 B. 数字签名
C. 访问控制 D. 路由控制

答案：B

2834. C波段（长波段）波长范围是（　　）。

A. 1565nm~1625nm B. 1530nm~1565nm
C. 1310nm~1510nm D. 1510nm~1530nm

答案：B

2835. HP-UX系统中，/etc/hosts.equiv和~/.rhosts文件对以下（　　）命令起作用。

A. rcp B. rsh
C. ftp D. ssh

答案：A

2836. OTN的1+1保护倒换的时间是多少？（　　）

A. <10ms B. <50ms

C. <100ms D. <1s

答案：B

2837. OTN 的分层结构在原有的 SDH 上增加了（ ）。

A. 光通道层 B. 光传输媒质层

C. 复用段层 D. 客户层

答案：A

2838. OTN 网络定义映射和结构的标准协议是（ ）。

A. G.693 B. G.981

C. G.709 D. G.655

答案：C

2839. OTN 系统中，OTU1 的帧结构大小为 4*4080 字节，那么 OTU2 的帧结构大小为（ ）。

A. 4*4080 B. 8*4080

C. 16*4080 D. 32*4080

答案：A

2840. WDM 系统中，使用最多的光放大器为（ ）。

A. SOA B. EDFA

C. SRA D. SBA

答案：B

2841. 基于 C 波段的 40 波系统，波长间隔是多少？（ ）

A. 50GHz B. 100GHz

C. 200GHz D. 300GHz

答案：B

2842. ROADM 所能控制的波长范围与 DWDM 系统所用的波段适配，其工作范围为（ ）。

A. 1565nm~1625nm B. 1530nm~1565nm

C. 1310nm~1510nm D. 1527nm~1568nm

答案：D

2843. NZ-DSF 表示是什么器件？（ ）

A. 色散位移光纤 B. 非色散位移光纤

C. 非零色散位移光纤 D. 普通光纤

答案：C

2844. 光功率的单位 dBm 表示（ ），dB 表示（ ）。

A. 绝对值，相对值 B. 绝对值，绝对值

C. 相对值，绝对值 D. 相对值，相对值

一、单项选择题

答案：A

2845. 对于前向纠错功能描述正确的是（　　）。

A. 前向纠错功能只可能纠正由传输引起的错码，如果发送端信号本身存在误码的话，前向纠错功能是无法纠正误码的

B. 检查前向纠错 OTU 盘是否故障，可以对单盘自环后查看是否误码来实现

C. TM 端站使用的前向纠错 OTU 盘的收发端速率一致

D. 都不正确

答案：A

2846. 地球表面对微波传播的影响主要是（　　）。

A. 反射衰落　　　　　　　　B. 绕射衰落

C. 散射衰落　　　　　　　　D. 以上均是

答案：B

2847. 分集技术中，主要用于克服电平衰落的技术是（　　）。

A. 空间分集　　　　　　　　B. 频率分集

C. 极化分集　　　　　　　　D. 以上选项均不正确

答案：A

2848. 考虑地球表面的弯曲，微波通信距离一般只有（　　）。

A. 几千米　　　　　　　　　B. 几十千米

C. 几百千米　　　　　　　　D. 以上选项均不正确

答案：B

2849. 能消除噪声积累的中继方式是（　　）。

A. 直接中继　　　　　　　　B. 外差中继

C. 基带中继　　　　　　　　D. 以上选项均不正确

答案：C

2850. 数字微波发信机的功率一般为（　　）。

A. 100W　　　　　　　　　　B. 0.1W～10W

C. 10W～50W　　　　　　　　D. 以上选项均不正确

答案：B

2851. 数字微波通信中，微波信道机一般在（　　）上对数字信号进行调制。

A. 射频　　　　　　　　　　B. 中频

C. 基带　　　　　　　　　　D. 以上选项均不正确

答案：B

2852. 在微波收、发信机与天线之间是用（　　）来连接的。

A. 导线 B. 馈线
C. 电缆 D. 以上选项均不正确

答案：B

2853. 电路某点功率电平为 0dBm，表示该点功率为（　）。

A. 0W B. 1MW
C. 1W D. 以上选项均不正确

答案：B

2854. 复用载波机远方保护信号通常占用的频带为（　）。

A. 0.3~2.4kHz B. 2.7~3.4kHz
C. 3.48~3.72kHz D. 2.4~2.7kHz

答案：C

2855. Linux 系统对文件的权限是以模式位的形式来表示，对于文件名为 test 的一个文件，属于 admin 组中 user 用户，以下哪个是该文件正确的模式表示？（　）

A. rwxr-xr-x 3user admin 1024 Sep 1311:58 test

B. drwxr-xr-x 3user admin 1024 Sep 1311:58 test

C. drwxr-xr-x 3user admin 1024 Sep 1311:58 test

D. drwxr-xr-x 3admin user 1024 Sep 1311:58 test

答案：A

2856. 电力载波通信采用的通信方式是（　）。

A. 频分制 B. 时分制
C. 码分制 D. 空分制

答案：A

2857. 我国规定高压电力线载波频率使用范围是（　）。

A. 0.3~3.4kHz B. 40~850kHz
C. 40~500MHz D. 40~500kHz

答案：D

2858. VSAT 指的是（　）。

A. 超短波小口径地球站 B. 甚小口径卫星地球站
C. 超短波通信终端 D. 垂直/水平极化选择器

答案：B

2859. 地球站的天线需要经常校正，这需要靠（　）来完成。

A. 卫星姿态控制 B. 通信控制分系统
C. 天线跟踪伺服系统 D. 电源分系统

一、单项选择题

答案：C

2860. 对 Ku 波段卫星通信的可靠性影响最大的气候现象是（　）。

A. 长期干旱　　　　　　　　　　B. 秋冬季的浓雾天气

C. 夏季长时间的瓢泼大雨　　　　D. 沙尘暴

答案：C

2861. 天线的（　）表征了天线辐射时电磁能量在空间分布的情况。

A. 方向图　　　　　　　　　　　B. 增益特性

C. 机械结构　　　　　　　　　　D. 口径尺寸

答案：A

2862. NO.7 信令方式基本功能结构中的第二级是（　）。

A. 信令数据链路级　　　　　　　B. 信令链路控制级

C. 信令网功能级　　　　　　　　D. 以上选项均不正确

答案：B

2863. 话务量的计量单位是（　）。

A. 比特每秒　　　　　　　　　　B. 比特

C. 爱尔兰　　　　　　　　　　　D. 摩尔

答案：C

2864. Linux 系统用户信息通常存放在哪两个文件中？（　）

A. /etc/password、/etc/shadow　　B. /etc/passwd、/etc/ssh/sshd_config

C. /etc/passwd、/etc/shadow　　　D. /etc/passwd、/etc/aliases

答案：C

2865. 在中国七号信令系统中，数字信令数据链路的传输速率是（　）。

A. 64kbit/s　　　　　　　　　　B. 16kbit/s

C. 4.8kbit/s　　　　　　　　　 D. 8kbit/s

答案：A

2866. （　）不属于程控交换机的用户管理操作。

A. 确定计费方法　　　　　　　　B. 改变用户线的业务类别

C. 增加用户线　　　　　　　　　D. 删除用户线

答案：A

2867. （　）是非标准数字用户接口。

A. 30B+D　　　　　　　　　　　B. 2B+D

C. B+D　　　　　　　　　　　　D. 以上都不对

答案：C

2868. ADSL 下行的最高速率可达（　　）。

A. 1M
B. 7M~8M
C. 100M
D. 32M

答案：B

2869. 按信令的信道分，信令可分为（　　）。

A. 线路信令、路由信令、管理信令
B. 用户信令、局间信令
C. 随路信令、公共信道信令
D. 线路信令、记发器信令

答案：C

2870. 程控机的数据有（　　）三类。

A. 系统数据、局数据、用户数据
B. 系统数据、局数据、程序数据
C. 局数据、用户数据、程序数据
D. 用户数据、系统数据、程序数据

答案：A

2871. 程控机向用户话机馈电是采用（　　）的直流电源。

A. −5V
B. −24V
C. −48V
D. 以上都不对

答案：C

2872. 程控数字交换机用户电路的七大功能"BORSCHT"中，B 是指（　　）。

A. 馈电功能
B. 过压保护功能
C. 振铃功能
D. 以上都不对

答案：A

2873. 程控数字交换机用户电路的七大功能"BORSCHT"中，O 是指（　　）。

A. 馈电功能
B. 过压保护功能
C. 振铃功能
D. 以上都不对

答案：B

2874. 程控数字交换机用户电路的七大功能"BORSCHT"中，R 是指（　　）。

A. 馈电功能
B. 过压保护功能
C. 振铃功能
D. 以上都不对

答案：C

2875. 程控数字交换机用户电路的七大功能"BORSCHT"中，S 是指（　　）。

A. 监视功能
B. 编译码和滤波功能
C. 测试功能
D. 以上都不对

答案：A

2876. 程控数字交换机用户电路的七大功能"BORSCHT"中，C 是指（　　）。

一、单项选择题

A. 监视功能   B. 编译码和滤波功能
C. 测试功能   D. 以上都不对

答案：B

2877. 程控数字交换机用户电路的七大功能"BORSCHT"中，H是指（ ）。
A. 混合电路   B. 过压保护功能
C. 振铃功能   D. 以上都不对

答案：A

2878. 程控数字交换机用户电路的七大功能"BORSCHT"中，T是指（ ）。
A. 监视功能   B. 编译码功能
C. 测试功能   D. 以上都不对

答案：C

2879. 程控数字用户交换机中，完成时隙交换功能的部件是（ ）。
A. 时间接线器   B. 空间接线器
C. 用户接口   D. 外围设备

答案：A

2880. 电话网的信令信号按工作区域分为用户线信令和（ ）。
A. 局间信令   B. 路由信令
C. 线路信令   D. 以上都不对

答案：A

2881. 话务量的基本定义是（ ）。
A. 用户电话通信数量
B. 一定时间范围内发生呼叫次数与每次呼叫平均占用交换设备时长的乘积
C. 单位时间内平均发生的呼叫次数
D. 呼叫占用时长

答案：B

2882. 交换机与调度台之间的接口方式中以下（ ）方式通常不被采用。
A. 2B+D   B. RS232
C. E1   D. T1

答案：D

2883. 数字交换机硬件部分由（ ）组成。
A. 交换系统和计费系统   B. 交换系统和维护系统
C. 话务系统和控制系统   D. 交换系统和控制系统

答案：C

2884. 数字录音系统可以采用的录音启动方式有（　　）。

A. 压控启动　　　　　　　　　B. 音控启动

C. 键控启动　　　　　　　　　D. 以上三种皆可

答案：D

2885. 数字中继接口电路与（　　）配合工作，可组成中国1号中继电路、NO.7信令中继电路和Q信令中继电路。

A. 数字用户板　　　　　　　　B. 信令协议处理板

C. 中继板　　　　　　　　　　D. 以上都不对

答案：B

2886. 通常一台数字程控交换机包含了公共控制板、交换矩阵板、中继接口板、用户接口板等，其中中继接口板的接口类型在电力通信中常用的是（　　）。

A. 4WE/M　　　　　　　　　　B. 2W环路

C. E1　　　　　　　　　　　　D. 以上三种都有

答案：D

2887. 下列各项不是引起Q信令中继电路故障因素的是（　　）。

A. 中继电路板损坏　　　　　　B. 数字配线架接头接触不良或虚焊

C. PCM设备故障　　　　　　　D. 传输电路故障

答案：C

2888. 在话务量理论中，爱尔兰与百秒呼的关系是（　　）。

A. 1爱尔兰=100百秒呼　　　　B. 1爱尔兰=36百秒呼

C. 1爱尔兰=10百秒呼　　　　 D. 1爱尔兰=6百秒呼

答案：B

2889. 在随路信令方式中，信令和话音信号是（　　）。

A. 两者在同一条话路内传送　　B. 两者通过专用的信令链路传送

C. 两者在不同话路内传送　　　D. 信令通过单独的信令链路传送

答案：A

2890. UNIX系统中 /etc/syslog.conf 文件中有这样一行，即 *.alert root，其含义是（　　）。

A. 将所有设备产生的alert和emerg级别的消息，发送给root用户

B. 将所有设备产生的alert级别的消息，发送给root用户

C. 将alert设备产生的所有消息，记录到名为root的文件中

D. 将所有设备产生的alert级别的消息，记录到名为root的文件中

答案：A

2891. 下一代网络（NGN）是以（　　）技术为核心的开放性网络。

一、单项选择题

A. 软交换 B. 电路传输
C. 功率控制 D. 波分复用

答案：A

2892.（ ）不是 IP 路由器应具备的主要功能。

A. 转发所收到的 IP 数据报 B. 为需要转发的 IP 数据报选择最佳路径
C. 维护路由表信息 D. 分析 IP 数据报所携带的 TCP 内容

答案：D

2893.（ ）的安全机制有了很大的增强，它支持 MD5/SHA 认证方式。

A. SNMPv2 和 SNMPv3 B. SNMPv2
C. SNMPv3 D. 以上都不对

答案：C

2894.（ ）是路由信息中所不包含的。

A. 目标网络 B. 源地址
C. 路由权值 D. 下一跳

答案：B

2895. BGP 是在（ ）之间传播路由信息的动态路由协议。

A. 主机 B. 子网
C. 区域（area） D. 自治系统（AS）

答案：D

2896. IP 地址中，网络部分全 0 表示（ ）。

A. 主机地址 B. 网络地址
C. 所有主机 D. 所有网络

答案：D

2897. IP 网中一般是通过（ ）获取域名所对应的 IP 地址。

A. WWW 服务器 B. FTP 服务器
C. DNS 服务器 D. SMTP 服务器

答案：C

2898. Ping 命令是用（ ）协议来实现的。

A. SNMP B. SMTP
C. ICMP D. IGMP

答案：C

2899. RIP 是指（ ）。

A. 路由距离协议 B. 路由向量协议

C. 路由选择协议　　　　　　　　D. 路由信息协议

答案：D

2900. SNMP 依赖于（　）工作。

A. IP　　　　　　　　　　　　B. ARP

C. TCP　　　　　　　　　　　 D. UDP

答案：D

2901. 按照防火墙的实现方式，可以将防火墙划分为（　）。

A. 独立式防火墙和集成式防火墙　　　　B. 边界防火墙和个人防火墙

C. 包过滤防火墙、代理型防火墙和状态检测型防火墙　　D. 软件防火墙和硬件防火墙

答案：D

2902. 当路由器接收的 IP 报文的 TTL 值等于 0 时，采取的策略是（　）。

A. 丢掉该分组　　　　　　　　B. 将该分组分片

C. 转发该分组　　　　　　　　D. 以上均不对

答案：A

2903. 当路由器接收的 IP 报文的目的地址不在同一网段时，采取的策略是（　）。

A. 丢掉该分组　　　　　　　　B. 将该分组分片

C. 转发该分组　　　　　　　　D. 以上答案均不对

答案：C

2904. 快速以太网 Fast Ethernet 的数据传输速率为（　）。

A. 10Mbit/s　　　　　　　　　B. 100Mbit/s

C. 10Gbit/s　　　　　　　　　D. 100Gbit/s

答案：B

2905. 路由器工作在 TCP/IP 网络模型的（　）。

A. 链路层　　　　　　　　　　B. 网络层

C. 传输层　　　　　　　　　　D. 以上都不对

答案：B

2906. 每个路由条目至少要包含以下内容（　）。

A. 路由条目的来源、目的网络 MAC 地址、下一跳（Next Hop）地址或数据包转发接口

B. 路由条目的来源、目的网络 IP 地址及其子网掩码、下一跳（Next Hop）地址

C. 路由条目的来源、目的网络 IP 地址及其子网掩码、下一跳 IP 地址或数据包转发接口

D. 路由条目的来源、目的网络 IP 地址及其子网掩码、下一跳的 MAC 地址或数据包转发接口

答案：C

一、单项选择题

2907. ( ) 局域网技术使用了 CSMA/CD 技术。

A. Ethernet
B. Token Ring
C. FDDI
D. 以上所有

答案：A

2908. 网络交换机工作在 OSI 七层的（ ）。

A. 一层
B. 二层
C. 三层
D. 三层以上

答案：B

2909. 网络中使用 ICMP 协议的命令是（ ）。

A. format
B. chkdsk
C. traceroute
D. 以上均是

答案：C

2910. 以下协议不是基于 TCP 协议的是（ ）。

A. SMTP
B. FTP
C. TELNET
D. SNMP

答案：D

2911. 一组 IP 地址中，不可能在公网中出现的是（ ）。

A. 202.204.206.192
B. 10.1.7.7
C. 100.100.100.100
D. 150.150.150.150

答案：B

2912. 在 IP 包头中包括（ ）。

A. 源地址
B. 目的地址
C. 源和目的地址
D. 在 IP 包头中没有地址

答案：C

2913. 在 ISO/OSI 参考模型中，网络层的主要功能是（ ）。

A. 组织两个会话进程之间的通信，并管理数据的交换

B. 数据格式变换、数据加密与解密、数据压缩与恢复

C. 路由选择、拥塞控制与网络互连

D. 确定进程之间通信的性质，以满足用户的需要

答案：C

2914. 在公钥密码体系中，下面（ ）是不可以公开的。

A. 公钥
B. 公钥和加密算法
C. 私钥
D. 私钥和加密算法

答案：C

2915. 某 Linux 系统由于 root 口令过于简单，被攻击者猜解后获得了 root 口令，发现被攻击后，管理员更改了 root 口令，并请安全专家对系统进行检测，在系统中发现有一个文件的权限如下 –r–s––x––x 1 test tdst 10704 apr 15 2002/home/test/sh。请问以下哪种描述是正确的？（　　）

A. 该文件是一个正常文件，test 用户使用的 Shell，test 不能读该文件，只能执行

B. 该文件是一个正常文件，是 test 用户使用的 Shell，但 test 用户无权执行该文件

C. 该文件是一个后门程序，该文件被执行时，运行身份是 root，test 用户间接获得了 root 权限

D. 该文件是一个后门程序，由于所有者是 test，因此运行这个文件时文件执行权限为 test

答案：C

2916. 速率分别为 2Mbit/s，384kbit/s，128kbit/s 的会议电视系统互通时，工作速率应为（　　）。

A. 128kbit/s B. 384kbit/s

C. 2Mbit/s D. 以上均可

答案：A

2917. 下列说法不正确的是（　　）。

A. 视频会议系统是一种分布式多媒体信息管理系统

B. 视频会议系统是一种集中式多媒体信息管理系统

C. 视频会议系统的需求是多样化的

D. 视频会议系统是一个复杂的计算机网络系统

答案：B

2918. 召开 1080P 25PFS 的视频会议，至少需要（　　）带宽。

A. 10M B. 5M

C. 2M D. 1M

答案：C

2919. G.781 建议长链大于（　　）个网元，必须采用 BITS 补偿。

A. 15 B. 20

C. 30 D. 50

答案：B

2920. 在 2.048kbit/s 复帧结构中的（　　）时隙作为传递 SSM 的信息通道。

A. TS0 B. TS1

C. TS16 D. TS30

答案：A

一、单项选择题

2921. 在 SDH 网络中传送定时要通过的接口种类有：2048kHz 接口、2048kbit/s 接口和（　）接口 3 种。

A. 34Mbit/s
B. 8Mbit/s
C. STM-N
D. STM-0

答案：C

2922. 启用 SYN 攻击保护，可提高系统安全性，相应的 Windowns 注册表项为（　）。

A. HKEY_LOCAL_MACHINE/SYSTEM/CurrentControlSet/Services 下 SynAttackProtect 键值
B. HKEY_LOCAL_MACHINE/SYSTEM/CurrentControlSet/Services 下 TcpMaxPortsExhausted 键值
C. HKEY_LOCAL_MACHINE/SYSTEM/CurrentControlSet/Services 下键值 TcpMaxHalfOpen
D. HKEY_LOCAL_MACHINE/SYSTEM/CurrentControlSet/Services

答案：A

2923. （　）是不属于设备维护检修制度中规定的对蓄电池放电的要求。

A. 每年应以实际负荷做一次核对性放电试验，放出额定容量的 30%~40%
B. 每三年应做一次容量试验（放出额定容量的 80%），使用六年后宜每年一次
C. 每月对各电池的端电压测量一次
D. 蓄电池放电试验期间，每小时应测量一次端电压

答案：C

2924. −48V 直流供电系统采用（　）只铅酸蓄电池串联。

A. 24
B. 25
C. 23
D. 48

答案：A

2925. C10 代号的含义为（　）。

A. 电池放电 20 小时释放的容量（单位 Ah）
B. 电池放电 10 小时释放的容量（单位 Ah）
C. 电池放电 20 小时释放的能量（单位 W）
D. 电池放电 10 小时释放的能量（单位 W）

答案：B

2926. 电能的实用单位是（　）。

A. 千瓦时
B. 千瓦
C. 伏时
D. 安时

答案：A

2927. 电源设备监控单元的（　）是一种将电压或电流转换为可以传送的标准输出信号的器件。

A. 传感器
B. 变送器

C. 逆变器 D. 控制器

答案：B

2928. 阀控式蓄电池额定容量规定的环境温度为（ ）。

A. 15℃ B. 25℃

C. 30℃ D. 35℃

答案：B

2929. 各种通信设备应采用（ ）空气开关或直流熔断器供电，禁止多台设备共用一支分路开关或熔断器。

A. 可靠的 B. 独立的

C. 安全的 D. 合格的

答案：B

2930. 铅酸蓄电池10小时放电单体终止电压为（ ）。

A. 1.9V B. 1.85V

C. 1.8V D. 1.75V

答案：C

2931. 铅酸蓄电池的电解液是（ ）。

A. H_2O B. H_2SO_4

C. $H_2SO_4+H_2O$ D. 以上选项均不正确

答案：C

2932. 通信局（站）的交流供电系统应采用的供电方式有（ ）。

A. 三相四线制 B. 三相五线制

C. 两线制 D. 交流220V

答案：B

2933. 通信行业一般采用（ ）作为直流基础电压。

A. 48V B. 36V

C. −48V D. −36V

答案：C

2934. 通信用高频开关电源系统中，协调管理其他单元模块的是（ ）。

A. 交流模块 B. 直流模块

C. 整流模块 D. 监控模块

答案：D

2935. 通信组合电源系统具备很强的防雷能力，交流配电部分所用的OBO防雷器有显示窗口，窗口采用机械标贴板，标贴板绿色时表示防雷器工作正常，（ ）时表示故障。

一、单项选择题

A. 黄色　　　　　　　　　　　　　B. 绿色

C. 红色　　　　　　　　　　　　　D. 蓝色

答案：C

2936. 蓄电池均衡充电时，通常采用（　　）方式。

A. 恒压限流　　　　　　　　　　　B. 恒流限压

C. 低压恒压　　　　　　　　　　　D. 恒流恒压

答案：A

2937. 在后备式 UPS 中，只有当市电出现故障时（　　）才启动进行工作。

A. 逆变器　　　　　　　　　　　　B. 电池充电电路

C. 静态开关　　　　　　　　　　　D. 滤波器

答案：A

2938. 在开关电源中，多个独立的模块单元并联工作，采用（　　）技术，使所有模块共同分担负载电流，一旦其中某个模块失效，其他模块再平均分担负载电流。

A. 均流　　　　　　　　　　　　　B. 均压

C. 恒流　　　　　　　　　　　　　D. 恒压

答案：A

2939. 1∶32 的光分器，光功率损耗约为（　　）dB。

A. 9　　　　　　　　　　　　　　B. 12

C. 15　　　　　　　　　　　　　D. 18

答案：C

2940. GPON 对于其他的 PON 标准而言，下行速率高达（　　）bit/s，其非对称特性更能适应宽带数据业务市场。

A. 2.5G　　　　　　　　　　　　B. 10G

C. 1G　　　　　　　　　　　　　D. 622M

答案：A

2941. 关于光分路器说法错误的是（　　）。

A. 光分路器为无源光纤分路器　　　B. 是一个连接 OLT 和 ONU 的无源设备

C. 它的功能是分发下行数据并集中上行数据　　D. 如果断电，则光分路器无法正常工作

答案：D

2942. 蓝牙技术工作在（　　）的 ISM 频段上。

A. 900 MHz　　　　　　　　　　　B. 2.4GHz

C. 4GHz　　　　　　　　　　　　D. 5GHz

答案：B

2943. WiMAX 采用的标准是（　）。

A. IEEE 802.11　　　　　　　　B. IEEE 802.12

C. IEEE 802.3　　　　　　　　　D. IEEE 802.16

答案：D

2944. ZigBee 的最高传输速率为（　）。

A. 200kbit/s　　　　　　　　　B. 250kbit/s

C. 400kbit/s　　　　　　　　　D. 100kbit/s

答案：B

2945. 通常 ZigBee 的工作频段是（　）。

A. 2.4GHz　　　　　　　　　　B. 800MHz

C. 1000MHz　　　　　　　　　D. 4.8GHz

答案：A

2946. 特别重大人身事故（一级人身事件）是指一次事故造成（　）人以上死亡，或者 100 人以上重伤。

A. 20　　　　　　　　　　　　B. 30

C. 40　　　　　　　　　　　　D. 50

答案：B

2947. 下列情形不属于重大电网事故（二级电网事件）的是（　）。

A. 造成区域性电网减供负荷 10% 以上 30% 以下者

B. 造成电网负荷 10000 兆瓦以上的省（自治区）电网减供负荷 5% 以上 20% 以下者

C. 造成电网负荷 1000 兆瓦以上 5000 兆瓦以下的省（自治区）电网减供负荷 50% 以上者

D. 造成电网负荷 600 兆瓦以上的其他设区的市电网减供负荷 60% 以上，或者 70% 以上供电用户停电者

答案：B

2948.（　）事故应报送月度事故快报。

A. 五级以上　　　　　　　　　B. 六级以上

C. 七级以上　　　　　　　　　D. 以上选项均不正确

答案：D

2949. 直流换流站直流电源应采用（　）台充电、浮充电装置，两组蓄电池组、三条直流配电母线（直流 A、B 和 C 母线）的供电方式。

A. 一　　　　　　　　　　　　B. 二

C. 三　　　　　　　　　　　　D. 四

答案：C

一、单项选择题

2950. 按《电力系统通信站安装工艺规范》要求，户外架空交流供电线路接入通信站除采用多级避雷器外，还应采用至少（ ）以上的电缆以直埋或穿钢管管道的方式引入。

A. 5m
B. 10m
C. 15m
D. 20m

答案：B

2951. 在进行通信故障抢修工作时可以不使用操作票，但操作完毕后应（ ）。

A. 做好记录
B. 补开工作票
C. 补开操作票
D. 向主管部门报告

答案：A

2952. 因通信自身原因未能按时开、竣工，检修施工单位应向所属通信调度提出延期申请，经逐级申报、批准后，相关通信调度予以批复；因其他专业工作、恶劣天气等原因造成延期，检修施工单位应向所属通信调度报告，通信调度进行备案。通信检修申请票可以延期（ ）次。

A. 1
B. 2
C. 3
D. 4

答案：A

2953. 光接口 S-16.1 表示的意思为（ ）。

A. 工作在 G.652 光纤的 1310nm 波长区，传输速率为 2.5G 的长距离光接口
B. 工作在 G.652 光纤的 1550nm 波长区，传输速率为 2.5G 的长距离光接口
C. 工作在 G.655 光纤的 1550nm 波长区，传输速率为 2.5G 的短距离光接口
D. 工作在 G.652 光纤的 1310nm 波长区，传输速率为 2.5G 的短距离光接口

答案：D

2954. 光收发信机对二进制进行扰码是出于（ ）的原因。

A. 利于线路时钟的提取
B. 利于误码检测
C. 利于帧同步信号的提取
D. 利于通道开销的提取

答案：A

2955. 决定光纤通信中继距离的主要因素是（ ）。

A. 光纤的型号
B. 光纤的损耗和传输带宽
C. 光发射机的输出功率
D. 光接收机的灵敏度

答案：B

2956. 色散位移光纤通过改变折射率分布，将 1310m 附近的零色散点，位移到（ ）m 附近。

A. 980
B. 1310
C. 1550
D. 1650

答案：C

2957. 通常，各种色散的大小顺序是（　）。

A. 模式色散 >> 波导色散 > 材料色散　　B. 模式色散 >> 材料色散 > 波导色散

C. 材料色散 >> 模式色散 > 波导色散　　D. 材料色散 >> 波导色散 > 模式色散

答案：B

2958. 2M 电信号的码型是（　）。

A. HDB3　　　　　　　　　　　　　　B. 加扰的 NRZ

C. CMI　　　　　　　　　　　　　　　D. 以上均不正确

答案：A

2959. B2 一次最多可以监测到（　）个误码块。

A. 1　　　　　　　　　　　　　　　　B. 8

C. 16　　　　　　　　　　　　　　　　D. 24

答案：D

2960. SDH 的一个 STM-1 可直接提供（　）个 2M。

A. 4　　　　　　　　　　　　　　　　B. 16

C. 48　　　　　　　　　　　　　　　　D. 63

答案：D

2961. SDH 段开销的 S1 字节规定的同步质量等级已经启用了（　）种，其中（　）种是 ITU-T 已经规定的等级。

A. 4，6　　　　　　　　　　　　　　　B. 6，4

C. 4，8　　　　　　　　　　　　　　　D. 8，4

答案：B

2962. SDH 网络仅要求 SDH 设备信号的时钟精度在（　）同步容限之内工作。

A. $\pm 1 \times 10E-11$　　　　　　　　　　B. $\pm 1 \times 10E-10$

C. $\pm 1.6 \times 10E-8$　　　　　　　　　　D. $\pm 4.6 \times 10E-6$

答案：D

2963. 测试 100GHz 间隔的波长中心频率偏移要求（　）。

A. $\pm 5GHz$　　　　　　　　　　　　B. $\pm 10GHz$

C. $\pm 20GHz$　　　　　　　　　　　　D. $\pm 50GHz$

答案：B

2964. 我国 2M 复用成 STM-N 的步骤是（　）。

A. C-12 → VC-12 → TU-12 → TUG-2 → VC-3 → AU-4 → STM-N

B. C-12 → VC-12 → TU-12 → TUG-2 → VC-4 → AU-4 → STM-N

C. C-12 → VC-12 → TU-12 → TUG-2 → TUG-3 → VC-4 → AU-4 → STM-N

D. C–12 → VC–12 → TU–12 → TUG–2 → VC–3 → TUG–3 → AU–4 → STM–N

答案：C

2965. 在 SDH 系统中，电接口线路码型为（　）。

A. BIP　　　　　　　　　　B. CMI

C. HDB3　　　　　　　　　D. NRZ

答案：B

2966. 在 SDH 系统中，光接口线路码型为（　）。

A. BIP　　　　　　　　　　B. CMI

C. HDB3　　　　　　　　　D. NRZ

答案：D

2967. 下面不是光纤中主要的非线性效应的是（　）。

A. SRS　　　　　　　　　　B. SBS

C. FWM　　　　　　　　　 D. CS

答案：D

2968. 大气湍流引起的微波衰落是（　）。

A. 闪烁衰落　　　　　　　 B. K 型衰落

C. 波导型衰落　　　　　　 D. 多径衰落

答案：A

2969. 如果微波射线通过大气波导，而收发信点在波导层外，则接收点的场强除了直射波和地面反射波外，还有波导层边界的反射波，形成严重的干涉型衰落。这种衰落是（　）。

A. 闪烁衰落　　　　　　　 B. 波导型衰落

C. K 型衰落　　　　　　　 D. 多径衰落

答案：B

2970. 微波通信中，电平衰落服从（　）。

A. 正态分布　　　　　　　 B. 瑞利分布

C. 随机分布　　　　　　　 D. 以上选项均不正确

答案：B

2971. 电力载波通信中，净衰耗通常是指电路对测试信号频率 800Hz 的衰耗，该值应（　）。

A. 越大越好　　　　　　　 B. 越小越好

C. 必须大于 0dB，通常取 7dB　　D. 以上选项均不正确

答案：C

2972. 某载波通路对 800Hz 信号的净衰减为 7dB，对通路稳定度要求大于 4.78dB，则通路净衰减频率特性的最大负偏差为（　）dB。

A. 2 B. 2.22
C. 2.2 D. 11.78

答案：B

2973. 天线的极化通常指在最大辐射方向上（ ）的取向。

A. 电场矢量 B. 磁场矢量
C. 电磁场矢量 D. 能量大者

答案：A

2974. 在以下波段中，大气衰耗最小的是（ ）。

A. X 波段 B. C 波段
C. Ku 波段 D. L 波段

答案：D

2975. 7 号信令系统信号单元中，BIB 表示（ ）。

A. 前向表示语 B. 后向表示语
C. 前向顺序号码 D. 后向顺序号码

答案：B

2976. 一般情况下，交换机用户的馈电电压为 DC-48V，用户线环阻为（ ）Ω（包括话机内阻 300Ω），环路电流应不低于（ ）mA。

A. 1600，18 B. 600，20
C. 1800，18 D. 3000，20

答案：C

2977. 一个电话系统在 T 内有 C 次呼叫，每次呼叫平均占用时间为 t，则话务量是（ ）。

A. (CT)/t B. (Ct)/T
C. (Tt)/C D. Ct

答案：B

2978. 10.254.255.19/255.255.255.248 的广播地址是（ ）。

A. 10.254.255.23 B. 10.254.255.24
C. 10.254.255.255 D. 10.255.255.255

答案：A

2979. BGP 协议能够避免路由环路是因为（ ）。

A. BGP 通过在每条路由上标识发送者 Router ID 来避免环路

B. BGP 协议是基于链路状态的路由协议，从算法上避免了路由环路

C. BGP 协议通过水平分割和毒性逆转来避免路由环路

D. 在 AS 内部从 IBGP 邻居学到的路由不再向另一个 IBGP 邻居转发，在路由的 AS-Path

属性中记录着所有途经的 AS，BGP 路由器将丢弃收到的任何一条带有本地 AS 的路由，避免了 AS 间的路由环路

答案：D

2980. 如果只允许 IP 地址为 192.168.12.24 的主机访问外部网，则正确的配置为（　　）。

A. access-list 101 permit ip 192.168.12.24 0 any

B. access-list 101 permit ip 192.168.12.24 255.255.255.255 any

C. access-list 101 permit ip any 192.168.12.24 0

D. access-list 101 permit ip any 192.168.12.24 255.255.255

答案：B

2981. 用户 A 通过计算机网络向用户 B 发消息，表示自己同意签订某个合同，随后用户 A 反悔，不承认自己发过该条消息。为了防止这种情况发生，应采用（　　）。

A. 数字签名技术　　　　　　　B. 消息认证技术

C. 数据加密技术　　　　　　　D. 身份认证技术

答案：A

2982. 目前，在数据传输中主要有三种差错控制方法。在 H.320 会议电视系统中，多采用（　　）方法进行对图像信号和系统控制信号的差错控制。

A. 自动请求重发　　　　　　　B. 前向纠错

C. 混合纠错　　　　　　　　　D. 以上选项均不正确

答案：B

2983. 严重误码秒（SES）是指误码率（　　）的秒。

A. ≤10E-6　　　　　　　　　　B. >10E-6

C. ≥10E-3　　　　　　　　　　D. <10E-3

答案：C

2984. 铅酸蓄电池在放电过程中，正负极板上的活性物质都不断地转化为（　　）。

A. 二氧化铅　　　　　　　　　B. 硫酸铅

C. 硫酸　　　　　　　　　　　D. 铅

答案：B

2985. 以下 Windows 注册表中，常常包含病毒或者后门启动项的是（　　）。

A. HKEY_LOCAL_MACHINE/SOFTWARE/Microsoft/WindowsNT/CurrentVersion/ICM

B. HKEY_LOCAL_MACHINE/SOFTWARE/Microsoft/Windows/CurrentVersion/Run

C. HKEY_CURRENT_SUER/Software/Microsoft/Shared

D. HKEY_CURRENT_USER/Software/Microsoft/Cydoor

答案：B

2986. GPON 的上下行速度不包括（　　）。

A. 0.62208 Gbit/s-up，1.24416 Gbit/s down   B. 2.48832 Gbit/s-up，1.24416 Gbit/s down

C. 0.62208 Gbit/s-up，2.48832 Gbit/s down   D. 2.48832 Gbit/s-up，2.48832 Gbit/s down

答案：B

2987. 无线局域网（WLAN）中 MAC 所对应的标准为 IEEE 802.11，采用的 MAC 协议是（　　）。

A. CSMA/CD   B. TDMA

C. CSMA/CA   D. CSMA/CS

答案：C

2988. WLAN 采用的 IEEE 802.11g 标准工作在（　　）的频段上。

A. 900 MHz   B. 2.4GHz

C. 4GHz   D. 5GHz

答案：B

2989. 以下不属于工业交换机与商用交换机的差异性的是（　　）。

A. 电力备份   B. 温度要求

C. 无风扇设计   D. 以太网接口数

答案：D

2990. 交换机的三项主要功能为学习、转发/过滤、（　　）。

A. 消除回路   B. 记忆 MAC 地址

C. 寻找路由   D. 处理数据格式

答案：A

2991. 交换机的帧转发方式为存储式转发、（　　）。

A. 碎片隔离式转发、直通式转发   B. 记忆转发

C. 过滤转发   D. 学习转发

答案：A

2992. 通用多协议标记交换（GMPLS）的体系结构扩展了 MPLS，将（　　）和空间交换系统包含进来，并对 MPLS 在光域的应用进行了相应扩展。

A. 时分系统   B. 码分系统

C. 频分系统   D. 波分系统

答案：A

2993. 下列哪种设备可以隔离 ARP 广播帧？（　　）

A. 路由器   B. 网桥

C. 以太网交换机   D. 集线器

答案：A

一、单项选择题

2994. 在 ASON 网络中,不同的 ASON 域之间需要对接,标准的接口是（　　）。

A. UNI 2.0　　　　　　　　　　B. E-NNI

C. UNI 1.0　　　　　　　　　　D. I-NNI

答案:B

2995. ASON 众多标准中属于总纲性的标准是（　　）。

A. ITU-T G.7712　　　　　　　B. ITU-T G.7713

C. ITU-T G.8080　　　　　　　D. ITU-T G.8081

答案:C

2996. 目前在 C 波段实现 80 波的 DWDM 系统,相邻波长频率间隔是（　　）。

A. 100GHz　　　　　　　　　　B. 80GHz

C. 50GHz　　　　　　　　　　 D. 30GHz

答案:C

2997. 下列技术哪个不是 MSTP 的关键技术?（　　）

A. 光源技术　　　　　　　　　B. 二层交换技术

C. 内嵌 MPLS 技术　　　　　　D. 内嵌 RPR 技术

答案:A

2998. 为增大光接收机的接收动态范围,应采用（　　）电路。

A. ATC　　　　　　　　　　　 B. AGC

C. APC　　　　　　　　　　　 D. ADC

答案:B

2999. 以下不属于 H.323 系统控制的是（　　）。

A. H.245 控制协议　　　　　　 B. RAS 控制

C. 呼叫控制　　　　　　　　　D. RS-485

答案:D

3000. 电视会议业务是一种多点之间的双向通信业务,限于目前的网络,多点间电视会议信号的切换必须用专用的设备（　　）来完成。

A. EPG　　　　　　　　　　　 B. MCU

C. MG　　　　　　　　　　　　D. MGC

答案:B

3001. 下面关于数字视频质量、数据量、压缩比的关系的论述哪些是正确的?（　　）

A. 数字视频质量越高,数据量越大

B. 随着压缩比的增大,解压后数字视频质量开始下降

C. 压缩比越大,数据量越小

D. 数据量和压缩比是一对矛盾

答案：C

3002. SDH 映射单元中，容器 C-12 的速率为（　　）Mbit/s。

A. 1.600　　　　　　　　　　　　B. 2.176

C. 6.784　　　　　　　　　　　　D. 48.384

答案：B

3003. MPLS 根据标记对分组进行交换，其标记中包含（　　）。

A. MAC 地址　　　　　　　　　　B. IP 地址

C. VLAN 编号　　　　　　　　　　D. 分组长度

答案：B

3004. 关于 OTN 映射中 GFP 帧的封装，说法错误的是（　　）。

A. GFP 的帧长度是可变的　　　　　B. GFP 帧的封装阶段可插入空闲帧

C. 可跨越 OPUk 帧的边界　　　　　D. 要进行速率适配和扰码

答案：D

3005. 电网运行的客观规律包括（　　）。

A. 瞬时性、快速性、电网事故发生突然性　　B. 同时性、平衡性、电网事故发生突然性

C. 变化性、快速性、电网事故发生突然性　　D. 异步性、变化性、电网事故发生突然性

答案：B

3006. 电力调度自动化系统是由（　　）构成。

A. 远动系统、综自系统、通信系统　　B. 子站设备、数据传输通道、主站系统

C. 综自系统、远动系统、主站系统　　D. 信息采集系统、信息传输系统、信息接收系统

答案：B

3007. SCADA 中前置机担负着（　　）等任务。

A. 保存所有历史数据　　　　　　　B. 对电网实时监控和操作

C. 数据通信及通信规约解释　　　　D. 基本 SCADA 功能和 AGC/EDC 控制与显示

答案：C

3008. 自动发电控制 AGC 的英文全称为（　　）。

A. Automatic Generating Control　　B. Automatic Generation Control

C. Automation Generating Control　　D. Automation Generation Control

答案：B

3009. 整个电力二次系统原则上分为两个安全大区：（　　）。

A. 实时控制大区、生产管理大区　　B. 生产控制大区、管理信息大区

C. 生产控制大区、生产应用大区　　D. 实时控制大区、信息管理大区

一、单项选择题

答案：B

3010. 由于发生了一起针对服务器的口令暴力破解攻击，管理员决定对设置账户锁定策略以对抗口令暴力破解。他设置了以下账户锁定策略：复位账户锁定计数器 5 分钟，账户锁定时间 10 分钟，账户锁定阀值 3 次无效登录，以下关于上述策略设置后的说法正确的是（　　）。

A. 设置账户锁定策略后，攻击者无法再进行口令暴力破解，所有输错了密码的用户都会被锁住

B. 如果正常用户不小心 3 次输错了密码，那么该用户就会被锁定 10 分钟，10 分钟内即使输入正确的密码，也无法登录系统

C. 如果正常用户不小心连续 3 次输入错误密码，那么该用户账号就会被锁定 5 分钟，5 分钟内即使提交了正确的密码也无法登录系统

D. 攻击者在进行口令破解时，只要连续 3 次输错密码，该用户就会被锁定 10 分钟，而正常用户登录不受影响

答案：B

3011. "地市供电公司级以上单位所辖通信站点单台传输设备、数据网设备，因故障全停，且时间超过（　　）小时。"属于八级设备事件。

A. 1　　　　　　　　　　　　B. 2

C. 4　　　　　　　　　　　　D. 8

答案：D

3012.《国家电网公司十八项电网重大反事故措施》规定县公司本部、县级及以上调度大楼、（　　）应具有两个及以上独立的光缆敷设沟道（竖井）。

A. 下级调度机构、集控中心（站）

B. 重要变电站、直调发电厂和重要风场

C. 地（市）级及以上点位生产运行单位、220kV 及以上电压等级集控站、省级及以上调度管辖范围内发电厂（含重要新能源厂站）

D. 下级调度机构及所有变电站和发电厂

答案：C

3013.《国家电网公司通信系统突发事件处置应急预案》为国家电网公司（　　）。

A. 突发事件应急处置现场预案　　　B. 突发事件应急总体预案中的一部分

C. 突发事件应急预案体系中的专项预案　D. 突发事件应急处置管理规定

答案：C

3014. DHCP 服务器的作用是（　　）。

A. 分配 IP 地址等配置　　　　　B. 域名解析

C. 解析 IP 地址　　　　　　　　D. 实现远程管理

答案：A

3015. DL/T634.5104-2002 规约一般适用于（　）。

A. 音频传输方式　　　　　　　　B. RS232 数字传输方式

C. RS-485 总线传输方式　　　　D. 网络传输方式

答案：D

3016. IPSec 协议和（　）VPN 隧道协议工作于网络的同一层次。

A. PPTP　　　　　　　　　　　　B. L2TP

C. GRE　　　　　　　　　　　　 D. 以上都是

答案：C

3017. 当前值班员可以是多少人？（　）

A. 1 人　　　　　　　　　　　　B. 2 人

C. 3 人　　　　　　　　　　　　D. 多人

答案：A

3018. 地市级以上电力调度控制中心通信中心站的调度交换录音系统故障，造成（　）天以上数据丢失或影响电网事故调查处理，认定为八级事件。

A. 7　　　　　　　　　　　　　　B. 1

C. 3　　　　　　　　　　　　　　D. 5

答案：A

3019. 电力生产与电网运行应遵循（　）的原则。

A. 安全、优质、经济　　　　　　B. 安全、稳定、经济

C. 连续、优质、稳定　　　　　　D. 连续、优质、可靠

答案：A

3020. 电力调度数据网应当在专用通道上使用（　）网络设备组网，在（　）层面上实现与电力企业其他数据网及外部公共信息网的安全隔离。

A. 独立的，应用　　　　　　　　B. 不同的，物理

C. 独立的，物理　　　　　　　　D. 不同的，应用

答案：C

3021. 电力系统通信主要是为电力生产服务，同时为基建、防汛、（　）等服务。

A. 调度管理　　　　　　　　　　B. 信息收集

C. 财务管理　　　　　　　　　　D. 行政管理

答案：D

3022. 电力线载波通信用的结合滤波器、高频电缆的维护、接地开关的操作，应由（　）负责。

A. 通信人员　　　　　　　　　　B. 调度人员

C. 高压人员　　　　　　　　　　D. 变电站人员

答案：A

3023. 电网通信设备统计分析中电网管理通信业务不包含以下哪一项？（　　）

A. 行政电话业务　　　　　　　　B. 调度电话业务

C. 电视电话会议业务　　　　　　D. 综合数据网业务

答案：B

3024. 电信管理网 TMN 相关的建议是 ITU-T 的（　　）系列。

A. G.783　　　　　　　　　　　B. G.786

C. M.30　　　　　　　　　　　D. M.21

答案：C

3025. 对于 TCP SYN 扫描，如果发送一个 SYN 包后，对方返回（　　）表明端口处于开放状态。

A. ACK　　　　　　　　　　　　B. SYN/ACK

C. SYN/RST　　　　　　　　　　D. RST/ACK

答案：B

3026. 二次设备统计分析中通信光缆统计不包含以下哪一项？（　　）

A. OPGW 光缆　　　　　　　　　B. ADSS 光缆

C. OPLC 光缆　　　　　　　　　D. 普通光缆

答案：C

3027. 各级通信机构应在收到申请单后的（　　）个工作日之内下发相应的方式单。

A. 2　　　　　　　　　　　　　B. 3

C. 4　　　　　　　　　　　　　D. 5

答案：D

3028. 根据《电力系统通信管理规程》，由于通信电路和设备故障引起（　　），不被评价为事故。

A. 继电保护不正确动作　　　　　B. 继电保护不正确动作造成电力系统事故

C. 使电力系统事故延长　　　　　D. 造成人身伤亡

答案：A

3029. 国家电网公司电网调度的三项分析制度不包括（　　）。

A. 电网运行安全分析制度　　　　B. 电网运行分析制度

C. 电网运行方式分析制度　　　　D. 电网二次设备分析制度

答案：C

3030. 行政电话的业务通道统计口径，是按照传输网中每占用一个（　　）通道，算作一个调度电话业务通道。

A. 8K　　　　　　　　　　　　　B. 56K

C. 64K D. 2M

答案：C

3031. 互联网出口必须向公司信息化主管部门进行（　）后方可使用。

A. 备案审批 B. 申请

C. 说明 D. 提交

答案：A

3032. 检修申请单位填写通信检修申请票需向（　）提出检修申请。

A. 所属通信运维单位 B. 通信设备资产所属单位

C. 所属通信调度 D. 设备现场运行人员

答案：C

3033. 检修审批应按照通信调度管辖范围及下级服从上级的原则进行，以（　）批复为准。

A. 电网调度 B. 本级通信调度

C. 上级通信调度 D. 最高级通信调度

答案：D

3034. 六级电网事件是指（　）系统中，继电保护或自动装置不正确动作致使越级跳闸。

A. 110kV（含66kV）以下 B. 110kV（含66kV）以上220kV以下

C. 220kV（含330kV） D. 500kV以上800kV以下

答案：C

3035. 如因故未能按时开、竣工，检修责任单位应以电话方式向所属通信调度提出延期申请，经逐级申报批准后，相关通信调度视情况予以批复。检修票最多可以延期（　）次。

A. 0次 B. 1次

C. 2次 D. 3次

答案：B

3036. 年度运行方式的编制工作应于（　）完成。

A. 次年一月底以前 B. 次年二月底以前

C. 次年三月底以前 D. 次年四月底以前

答案：A

3037. 通信调度每天必须在规定的（　），向上级通信调度汇报所辖范围内通信系统前24小时的运行情况。

A. 8：30–9：30 B. 9：30–10：30

C. 17：30–18：30 D. 19：30–20：30

答案：A

3038. 通信运行统计应包括（　）等。

一、单项选择题

A. 光纤通信设备 B. 光缆的故障次数

C. 故障时间、故障原因及责任单位 D. 以上选项都是

答案：D

3039. 通信运行与检修工作中，以下说法不正确的是（ ）。

A. 建立健全通信事故及紧急突发事件时的组织措施和技术措施，制定各项切实可行的反事故预案，并经常开展反事故演习

B. 为确保电力通信网的安全稳定运行，各级电网调度机构必须设立相应的通信调度部门，根据情况可不必实行 24 小时有人值班

C. 应建立健全通信设备缺陷处理规定，明确缺陷处理的工作流程和处理时限，并建立消缺记录和消缺率统计

D. 在故障处理期间，涉及故障处理的有关单位和人员，不得随意离开工作现场

答案：B

3040. 统计实用电路运行率，传输速率 2M 以上的通道，实际使用的带宽折算成（ ）容量的电路数来统计。

A. 2M B. 8M

C. 34M D. 155M

答案：A

3041. 下级通信调度应在规定的时段向上级通信调度汇报所辖通信网前（ ）的运行情况。

A. 48h B. 24h

C. 12h D. 6h

答案：B

3042. 下列哪一项不属于电力通信现场作业人员应遵守的一般要求？（ ）

A. 现场作业人员应具备必要的通信知识，掌握通信专业工作技能

B. 所有进入现场的作业人员必须按照规定着装并正确使用劳动防护用品

C. 临时作业人员可在专人带领和监护下，直接从事相关作业

D. 现场作业人员应身体健康、无妨碍工作的疾病，精神状态良好

答案：C

3043. 下列选项中，不完全属于信息通信调度"六个能力"建设内容的是（ ）。

A. 指挥协调能力、全景展现能力 B. 资源管控能力、分析预测能力

C. 分析预测能力、应急处置能力 D. 安全管控能力、资源调配能力

答案：B

3044. 下列与通信调度相关的描述中不正确的选项是（ ）。

A. 各级通信调度室是其管辖范围内电力通信网通信检修工作的指挥协调机构

B. 检修申请单位应针对每件检修工作分别填写通信检修申请票,并向所属通信调度提出检修申请

C. 影响下级电网通信业务的通信检修工作,通信调度应通过通信检修通知单告知下级通信机构有关情况,由下级通信机构组织相关业务部门办理会签程序

D. 通信检修均可先向有关通信调度口头申请,后补相关手续

答案:D

3045. 下列哪一项说法不正确?( )

A. 在通信电路事故抢修时采取的临时措施,故障消除后可继续保留

B. 下级通信调度应在规定的时段向上级通信调度汇报所辖通信网前 24h 的运行情况

C. 并网发电企业与通信网互连的通信资源,不论其产权或隶属关系,均属于通信调度管辖范围

D. 上级通信调度应在规定的时段向下级通信调度披露所辖通信网前 24h 的运行情况

答案:A

3046. 下列哪一项不属于通信检修的原则?( )

A. 分级调度 B. 逐级审批

C. 规范操作 D. 分级管理

答案:D

3047. 下列哪一项不属于通信设备运行统计指标?( )

A. 设备运行率 B. 业务保障率

C. 告警确认率 D. 电路运行率

答案:C

3048. 现有通信资源的使用、退出和变更应提前( )个工作日由用户向对应的通信机构提出申请,提交申请单。

A. 5 B. 10

C. 15 D. 30

答案:B

3049. 信息通信调度机构是信息通信系统运行的组织、指挥、协调和( )的机构。

A. 运行 B. 检修

C. 建设 D. 监控

答案:D

3050. 一般人身事故(四级人身事件)是指一次事故造成( )人以下死亡,或者( )人以下重伤者。

A. 30人,100人 B. 10人,50人

一、单项选择题

C. 5 人，20 人 D. 3 人，10 人

答案：D

3051. 已终结的工作票、事故应急抢修单、工作任务单应保存（　　）。

A. 三个月 B. 半年
C. 一年 D. 两年

答案：C

3052. 因一次线路施工或检修对通信光缆造成影响时，一次线路建设、运行维护部门应提前（　　）个工作日通知通信运行部门，并按照电力通信检修管理规定办理相关手续，如影响上级通信电路，必须报上级通信调度审批后，方可批准办理开工手续。

A. 3 B. 5
C. 7 D. 10

答案：B

3053. 应建立复用保护通道的（　　）记录，定期对复用保护通道的运行情况进行分析总结，努力提高复用保护通道的安全运行水平。

A. 运行方式 B. 运行资料
C. 运行统计 D. 指标分析

答案：C

3054. 在话路出现故障时，对于重要用户（如电力生产调度、防汛指挥等专用电路）判明在（　　）分钟之内不能修复时，应采取迂回转接或相应的应急措施，并将情况告知有关部门领导。

A. 10 B. 15
C. 20 D. 30

答案：D

3055. 在计算业务保障统计指标时，与业务保障率无关的是（　　）。

A. 中断业务条数 B. 平均中断时间
C. 业务条数 D. 全月日历时间

答案：B

3056. 在开展应急预案演练前，应制定演练方案，应明确演练的哪些内容？（　　）

A. 目的和范围 B. 目的和步骤
C. 步骤和保障措施 D. 目的、范围、步骤和保障措施等

答案：D

3057. 直调系统通信部门（　　）应对承载国调调度业务的通信电路和设备运行情况进行总结和统计，针对存在的问题制定相应的整改措施和完成时间，提出事故预想和相应的反事故措施。

A. 每半个月 B. 每个月

C. 每个季度   D. 每半年

答案：C

3058. 专项统计分析评价是依据专项统计数据，针对重大缺陷和隐患进行的不定期统计分析评价，评价结论应（　）年度统计分析评价报告。

A. 纳入   B. 不纳入

C. 按各单位需要纳入   D. 做单独

答案：A

3059. 做通信电源系统的任何试验时，必须了解所在电网当时的运行情况，在确认不影响电网安全运行的情况下，经（　）批准后，方可实施。

A. 电网调度   B. 通信调度

C. 部门领导   D. 电源专工

答案：B

3060. OSI 模型的（　）建立、维护和管理应用程序之间的会话。

A. 传输层   B. 会话层

C. 表示层   D. 应用层

答案：B

3061. （　）按顺序包括了 OSI 模型的各个层次。

A. 物理层、数据链路层、网络层、传输层、会话层、表示层和应用层

B. 物理层、数据链路层、网络层、传输层、系统层、表示层和应用层

C. 物理层、数据链路层、网络层、转换层、会话后、表示层和应用层

D. 表示层、数据链路层、网络层、传输层、会话层、物理层和应用层

答案：A

3062. 10.1.1.225/29 的广播地址是（　）。

A. 10.1.1.223   B. 10.1.1.224

C. 10.1.1.231   D. 10.1.1.232

答案：C

3063. 10Base-T 以太网中，以下说法不正确的是（　）。

A. 10 指的是传输速率为 10Mbit/s   B. Base 指的是基带传输

C. 10Base-T 是以太网的一种配置   D. T 指的是以太网

答案：D

3064. 802.11a 最高速率可达 54M，工作在（　）ISM 频段上。

A. 1GHz   B. 2.4GHz

C. 5GHz   D. 10GHz

一、单项选择题

答案：C

3065. ARP 协议的作用是由 IP 地址请求 MAC 地址，ARP 响应是（　　）发送。

A. 单播 B. 组播
C. 广播 D. 点播

答案：A

3066. ATM（异步传输模式）技术中"异步"的含义是（　　）。

A. 采用的是异步串行通信技术 B. 网络接口采用的是异步控制方式
C. 周期性地插入 ATM 信元 D. 可随时插入 ATM 信元

答案：C

3067. ATM 信元由 53 个字节组成，前（　　）个字节是信头，其余（　　）个字节是信息字段。

A. 5，48 B. 6，47
C. 8，45 D. 9，44

答案：A

3068. A 站和 B 站组成一条点对点的链路，若 A 站发给 B 站的光纤断了，则以下描述的线路告警现象正确的是（　　）。

A. A 站 R-LOS、B 站 MS-RDI B. A 站 MS-RDI、B 站 MS-RDI
C. A 站 MS-RDI、B 站 R-LOS D. A 站 R-LOS、B 站 R-LOS

答案：C

3069. BGP 使用 TCP 作为传输协议，使用端口号为（　　）。

A. 79 B. 179
C. 89 D. 189

答案：B

3070. BGP 是在（　　）之间传播路由的协议。

A. 主机 B. 子网
C. 区域（Area） D. 自治系统（AS）

答案：D

3071. BGP 路由协议是基于 TCP 的，它的端口号是（　　）。

A. 179 B. 520
C. 89 D. 4

答案：A

3072. BGP 使用（　　）报文来传递版本号和自治系统号。

A. Open packet B. Update packet
C. Keepalive packet D. Notification packet

答案：A

3073. BGP 相邻体在传递路由信息时，一定会携带的属性是（　　）。

A. Local-preference
B. MED
C. Origin
D. Community

答案：C

3074. CHAP 认证需要（　　）次握手。

A. 2
B. 3
C. 4
D. 5

答案：B

3075. CSMA（载波监听多路访问）控制策略其中一种是："一旦介质空闲就发送数据，假如介质是忙的，继续监听，直到介质空闲后立即发送数据；如果有冲突就退避，然后再尝试。"这种退避算法称为（　　）算法。

A. 1-坚持 CSMA
B. 非-坚持 CSMA
C. P-坚持 CSMA
D. 0-坚持 CSMA

答案：A

3076. DHCP 客户端是使用哪个地址来申请一个新的 IP 地址的？（　　）

A. 0.0.0.0
B. 10.0.0.1
C. 127.0.0.1
D. 255.255.255.255

答案：A

3077. FRR 技术不包括（　　）。

A. VPN FRR
B. TE FRR
C. IP FRR
D. Ethernet FRR

答案：D

3078. HTTP 协议工作于 TCP/IP 协议栈的（　　）。

A. 数据链路层
B. 网络层
C. 传输层
D. 应用层

答案：D

3079. IEEE 1394a 目前可用的传输速率是（　　）。

A. 100Mbit/s
B. 200Mbit/s
C. 400Mbit/s
D. 1600Mbit/s

答案：C

3080. IEEE802.3z 的传输速率是（　　）。

A. 10Mbit/s
B. 100Mbit/s

一、单项选择题

C. 1Gbit/s D. 10Gbit/s

答案：C

3081. IGP 的作用范围是（　　）。

A. 区域内 B. 局域网内

C. 自治系统内 D. 自然子网范围内

答案：C

3082. IPSec 协议是开放的 VPN 协议。对它的描述有误的是（　　）。

A. 可以适应于向 IPv6 迁移 B. 可以提供在网络层上的数据加密保护

C. 可以适应设备动态 IP 地址的情况 D. 支持除 TCP/IP 外的其他协议

答案：D

3083. IPSec 在哪种模式下把数据封装在一个 IP 包传输以隐藏路由信息？（　　）

A. 隧道模式 B. 管道模式

C. 传输模式 D. 安全模式

答案：A

3084. IPv6 不采用以下哪种类型的网络地址？（　　）

A. 单播 B. 组播

C. 广播 D. 任播

答案：C

3085. IPv6 中 IP 地址长度为（　　）。

A. 32 位 B. 48 位

C. 64 位 D. 128 位

答案：D

3086. IP 地址通常被分成 A、B、C 三类。在一个 C 类地址中，最多可以分出（　　）个子网。

A. 128 B. 126

C. 62 D. 64

答案：D

3087. IP 地址中，主机号全为 1 的是（　　）。

A. 回送地址 B. 某网络地址

C. 有限广播地址 D. 广播地址

答案：D

3088. IP 路由发生在（　　）。

A. 物理层 B. 数据链路层

C. 网络层 D. 传输层

答案：C

3089. IS-IS 分为（ ）拓扑结构。

A. 2 层 B. 3 层
C. 4 层 D. 5 层

答案：A

3090. Kompella 方式中，分配 VC 标签的协议是（ ）。

A. LDP B. MP-BGP
C. RSVP D. 手工配置

答案：B

3091. LAN 在基于广播的以太网中，所有的工作站都可以接收到发送到网上的（ ）。

A. 电信号 B. 比特流
C. 广播帧 D. 数据包

答案：C

3092. Martini 方式中，分配 VC 标签的协议是（ ）。

A. LDP B. MP-BGP
C. RSVP D. 手工配置

答案：A

3093. OSPF 使用 IP 报文直接封装协议报文，使用的协议号是（ ）。

A. 23 B. 89
C. 520 D. 170

答案：B

3094. OSPF 协议以（ ）报文来封装自己的协议报文，协议号是 89。

A. IP B. IPX
C. TCP D. UDP

答案：A

3095. OSPF 协议中，在同一区域（区域 A）内，下列说法正确的是（ ）。

A. 每台路由器生成的 LSA 都是相同的

B. 每台路由器的区域 A 的 LSDB（链路状态数据库）都是相同的

C. 每台路由器根据该 LSDB 计算出的最短路径树都是相同的

D. 每台路由器根据该最短路径树计算出的路由都是相同的

答案：B

3096. PPPOE 包含（ ）。

A. 发现阶段和验证阶段 B. 发现阶段和会话阶段

一、单项选择题

C. 验证阶段和会话阶段　　　　　　D. 验证阶段和拆链阶段

答案：B

3097. RIP 协议的路由项在（　）内没有更新会变为不可达。

A. 90s　　　　　　　　　　　　　B. 120s

C. 180s　　　　　　　　　　　　　D. 240s

答案：C

3098. RIP 协议是基于（　）。

A. UDP　　　　　　　　　　　　　B. TCP

C. ICMP　　　　　　　　　　　　　D. Raw IP

答案：A

3099. RIP 协议引入路由保持机制的作用是（　）。

A. 节省网络带宽　　　　　　　　　B. 防止网络中形成路由环路

C. 将路由不可达信息在全网扩散　　D. 通知邻居路由器哪些路由是从其他处得到的

答案：B

3100. SDH 信号在光纤上传输前需要经过扰码。下列字节中，不进行扰码的是（　）。

A. C2　　　　　　　　　　　　　　B. J1

C. B1　　　　　　　　　　　　　　D. A1、A2

答案：D

3101. SNMPV2 弥补了 SNMPV1 的（　）弱点。

A. 安全性　　　　　　　　　　　　B. 数据组织

C. 性能管理　　　　　　　　　　　D. 安全性和数据组织

答案：D

3102. SSL-VPN 所采用的封装协议是 SSL（安全套接字层），SSL 协议工作在 OSI 模型的（　）。

A. 数据链路层　　　　　　　　　　B. 网络层

C. 传输层　　　　　　　　　　　　D. 应用层

答案：C

3103. STM-1 的传输速率是（　）。

A. 155.52Mbit/s　　　　　　　　　　B. 100Mbit/s

C. 1Gbit/s　　　　　　　　　　　　D. 10Gbit/s

答案：A

3104. STP 的基本原理是通过在交换机之间传递一种特殊的协议报文来确定网络的拓扑结构，（　）协议将这种协议报文称为"配置报文"。

A. 802.1b B. 802.1d
C. 802.1p D. 802.1q

答案：B

3105. STP 拓扑收敛速度较慢，端口必须等待（ ）的延迟才能迁移到转发状态。

A. 15s B. 30s
C. 45s D. 60s

答案：B

3106. SVC 方式中，分配 VC 标签的协议是（ ）。

A. LDP B. MP-BGP
C. RSVP D. 手工配置

答案：D

3107. TCP 实现了哪种流量控制方法？（ ）

A. ACK B. 套接字
C. 缓冲技术 D. 窗口技术

答案：D

3108. TCP 是互联网中的传输层协议，使用（ ）次握手协议建立连接。这种建立连接的方法可以防止产生错误的连接。

A. 1 B. 2
C. 4 D. 3

答案：D

3109. TCP 握手中，缩写 RST 指的是（ ）。

A. Reset B. Response
C. Reply State D. Rest

答案：A

3110. Telnet 通过 TCP/IP 协议模块在客户机和远程登录服务器之间建立一个（ ）。

A. UDP B. ARP
C. TCP D. RARP

答案：C

3111. USB 2.0 接口的数据传输速率最高可达（ ）。

A. 400Mbit/s B. 480Mbit/s
C. 500Mbit/s D. 560Mbit/s

答案：B

3112. VLAN 的划分不包括以下哪种方法？（ ）

A. 基于端口 B. 基于 MAC 地址
C. 基于协议 D. 基于物理位置

答案：D

3113. VLAN 在现代组网技术中占有重要的地位，同一个 VLAN 中的两台主机（　　）。

A. 必须连接在同一台交换机上 B. 可以跨越多台交换机
C. 必须连接在同一台集线器上 D. 可以跨越多台路由器

答案：B

3114. VPN 与专线相比最大的优势是（　　）。

A. 可管理性 B. 安全性
C. 经济性 D. 稳定性

答案：C

3115. VRRP 协议中虚拟路由器的 priority 范围是（　　）。

A. 0~100 B. 0~255
C. 0~65535 D. 0~128

答案：B

3116. Windows 环境下可以用来修改主机默认网关设置的命令是（　　）。

A. route B. ipconfig
C. NET D. nbstat

答案：A

3117. WWW 是近年来迅速崛起的一种 Internet 服务，它的全称是（　　）。

A. World Wide Wait B. World Wais Web
C. World Wide Web D. Website of World Wide

答案：C

3118. 不管有没有收到下游返回的标签映射消息它都立即向其上游发送标签映射消息，这种标签控制模式为（　　）标签分配控制。

A. DU B. 有序
C. 自由 D. 独立

答案：D

3119. 不能（　　）登录设备对系统进行配置。

A. 通过 AUX 口登录 B. 通过 Telnet 登录
C. 通过进入 BootRom 的方式 D. 通过 Console 口登录

答案：C

3120. 不属于网络传输介质的是（　　）。

A. 光纤 B. 同轴电缆
C. 屏蔽双绞线（STP） D. 调制解调器

答案：D

3121. 不属于以太网交换机的交换方式的是（ ）。

A. 分组交换 B. 存储转发式交换
C. 直通式交换 D. 碎片过滤式交换

答案：D

3122. 不同厂家、不同容量、不同型号的蓄电池组严禁并联使用，不同时期的蓄电池并联使用时其投产使用年限相差应不大于（ ）年。

A. 1 B. 2
C. 3 D. 5

答案：B

3123. 不影响网络布线中数据信号的传递质量的是（ ）。

A. 远端窜扰 B. 信号衰减
C. 结构返回损耗 D. 近端窜扰

答案：A

3124. 出于安全原因，网络管理员需要阻止外网主机 Ping 核心网络，（ ）协议需要使用 ACL 来阻止。

A. IP B. ICMP
C. TCP D. UDP

答案：B

3125. 从整个 Internet 的观点出发，如何有效地减少路由表的规模？（ ）

A. 增加动态路由的更新频率 B. 使用路由过滤策略
C. 划分 VLAN D. 路由聚合

答案：D

3126. 带有 802.1Q 标记的以太网帧格式中 VLAN ID 占（ ）bit。

A. 8 B. 10
C. 12 D. 14

答案：C

3127. 当部署 QoS 时，对数据流的复杂分类通常部署在网络中的（ ）部分。

A. 边缘接入层 B. 汇聚层
C. 核心层 D. 数据链路层

答案：A

一、单项选择题

3128. 当交换机控制系统正常工作时,用户摘机没有听到拨号音,那么故障点不可能的是( )。

A. 用户话机　　　　　　　　　　B. 交换机信号音板

C. 用户线路　　　　　　　　　　D. 环路中继板

答案:D

3129. 当路由器接收的 IP 报文的 TTL 值等于 1 时,应采取的策略是( )。

A. 丢掉该分组　　　　　　　　　B. 将该分组分片

C. 转发该分组　　　　　　　　　D. 以上答案均不对

答案:D

3130. 当水平电缆长度超过 EIA/TIA 568B 定义的最大长度时,会出现( )的情况。

A. 无法传输信号　　　　　　　　B. 传输信号被衰减

C. 信号只能传输到最大长度,然后停止　D. 工作站不能向超过最大长度的点发送消息

答案:B

3131. 当网桥的优先级一致时,以下( )将被选为根桥(the root bridge)。

A. 拥有最小 MAC 地址的网桥　　　B. 拥有最大 MAC 地址的网桥

C. 端口优先级数值最低的网桥　　　D. 端口优先级数值最高的网桥

答案:A

3132. 当我们与某远程网络连接不上时,就需要跟踪路由查看,以便了解在网络的什么位置出现了问题,满足该目的的命令是( )。

A. ping　　　　　　　　　　　　B. ifconfig

C. traceroute　　　　　　　　　　D. netstat

答案:C

3133. 当主机发送 ARP 请求时,启动了 VRRP 协议的( )用( )MAC 来进行回应。

A. Master 网关,自己的物理　　　B. Master 网关,虚拟

C. Slave 网关,自己的物理　　　　D. Slave 网关,虚拟

答案:B

3134. 对误码率进行观察测试时,测试时间不得少于( )。

A. 1 小时　　　　　　　　　　　B. 24 小时

C. 15 天　　　　　　　　　　　D. 一个月

答案:B

3135. 对于 RIP 协议,可以到达目标网络的跳数(所经过路由器的个数)最多为( )。

A. 12　　　　　　　　　　　　　B. 15

C. 16　　　　　　　　　　　　　D. 没有限制

答案：B

3136. 对于交换机数字中继电路故障的判断和处理，可以采取的方法有（　　）。

A. 查看告警记录　　　　　　　　B. 调用诊断程序

C. 采用自环检测　　　　　　　　D. 以上三种皆可

答案：D

3137. 二次设备统计分析中通信电源设备统计不含以下哪一项？（　　）

A. 整流设备　　　　　　　　　　B. UPS 专用蓄电池组

C. 通信专用蓄电池组　　　　　　D. 太阳能

答案：B

3138. 访问控制列表一般无法过滤的是（　　）。

A. 进入和流出路由器接口的数据包流量　　B. 访问目的地址

C. 访问目的端口　　　　　　　　D. 访问服务

答案：A

3139. 高层的协议将数据传递到网络层后，形成（　　），而后传送到数据链路层。

A. 数据帧　　　　　　　　　　　B. 信元

C. 数据包　　　　　　　　　　　D. 数据段

答案：C

3140. 根据 MAC 地址划分 VLAN 的方法属于（　　）。

A. 静态划分　　　　　　　　　　B. 动态划分

C. 水平划分　　　　　　　　　　D. 垂直划分

答案：B

3141. 根据 RSTP 协议原理，交换机的端口状态不包括（　　）。

A. Forwarding　　　　　　　　　B. Listening

C. Learning　　　　　　　　　　D. Discarding

答案：B

3142. 根据 STP 协议原理，根交换机的所有端口都是（　　）。

A. 根端口　　　　　　　　　　　B. 指定端口

C. 备份端口　　　　　　　　　　D. 阻塞端口

答案：B

3143. 关于 Ad Hoc 网络的描述中，错误的是（　　）。

A. 是一种对等式的无线移动网络　　B. 采用无基站的通信模式

C. 在 WLAN 的基础上发展起来　　　D. 在军事领域应用广泛

答案：C

一、单项选择题

3144. 光纤通信的原理主要基于光的（ ）。

A. 折射原理　　　　　　　　　B. 全反射原理

C. 透视原理　　　　　　　　　D. 散射

答案：B

3145. 国网应急卫星通信系统采用的多址方式是（ ）。

A. TDMA　　　　　　　　　　B. FDMA

C. CDMA　　　　　　　　　　D. SDMA

答案：B

3146. 很多协议使用 PPP 作为上层封装协议，如 L2TP、PPPoE 等，主要看中了 PPP（ ）方面的优势。

A. 验证能力　　　　　　　　　B. 多协议支持

C. 点到点特性　　　　　　　　D. 良好的兼容性

答案：A

3147. 机房的地板是静电产生的主要来源，对于各种类型的机房地板，都要保证从地板表面到接地系统的电阻在（ ），下限值是为了保证人身防静电的电阻值，上限值则是为了防止因电阻值过大而产生静电。

A. $10^2\Omega \sim 10^5\Omega$　　　　　　　B. $10^8\Omega \sim 10^{10}\Omega$

C. $10^5\Omega \sim 10^8\Omega$　　　　　　　D. $10\Omega \sim 10^4\Omega$

答案：C

3148. 计算机网卡实现的主要功能是（ ）。

A. 物理层与网络层的功能　　　B. 网络层与应用层的功能

C. 物理层与数据链路层的功能　D. 网络层与表示层的功能

答案：C

3149. 检测到下列哪种告警，不会往下一功能块插入全"1"信号，同时上报告警（ ）。

A. TU-LOP　　　　　　　　　B. TU-AIS

C. R-LOS　　　　　　　　　　D. LP-RDI

答案：D

3150. 检查性试验放电容量为（ ）的额定容量，深度放电的放电容量为 80% 以上的额定容量。

A. 10%~15%　　　　　　　　B. 15%~20%

C. 20%~30%　　　　　　　　D. 30%~40%

答案：D

3151. 将物理信道的总带宽分割成若干个与传输单个信号带宽相同的子信道，每个子信道传输一路信号,这种复用技术被称为( )。

A. 空分多路复用技术　　　　　　B. 同步时分多路复用技术
C. 频分多路复用技术　　　　　　D. 异步时分多路复用技术

答案:C

3152. 交换机的 MAC 地址表存放在( )。

A. RMON　　　　　　　　　　　B. ROM
C. RAM　　　　　　　　　　　　D. Flash Card

答案:C

3153. 进行网络互连,当总线网的网段已超过最大距离时,可用( )来延伸。

A. 路内器　　　　　　　　　　　B. 中继器
C. 网桥　　　　　　　　　　　　D. 网关

答案:B

3154. 近年来,发展迅速的云计算属于下列哪方面的技术?( )

A. 超大规模分布式计算　　　　　B. 扰动识别
C. 故障分析　　　　　　　　　　D. 工作站并行处理

答案:A

3155. 就交换技术而言,局域网中的以太网采用的是( )。

A. 分组交换技术　　　　　　　　B. 电路交换技术
C. 报文交换技术　　　　　　　　D. 分组交换与电路交换结合技术

答案:A

3156. 局域网需要 MPLS VPN 的主要原因是( )。

A. 为提高交换速度　　　　　　　B. 实现基于网络层的访问控制隔离
C. 实现 VPN 加密　　　　　　　　D. 降低网络管理复杂度

答案:C

3157. 决定网络中根桥(root bridge)的是( )。

A. 优先权　　　　　　　　　　　B. 接入交换机的链路成本
C. MAC 地址　　　　　　　　　　D. 桥 ID

答案:D

3158. 开关量接入通信监控系统时,( )的情况下不需要采取隔离措施。

A. 节点不满足耐压要求　　　　　B. 节点不满足耐流要求
C. 不能确定节点为常开还是常闭　D. 节点为有源信号

答案:C

3159. 快速以太网是由( )标准定义的。

一、单项选择题

A. IEEE 802.1Q B. IEEE 802.3u
C. IEEE 802.4   D. IEEE 802.3i

答案：B

3160. 利用交换机可以把网络划分成多个虚拟局域网（VLAN）。一般情况下，交换机默认的VLAN是（ ）。

A. VLAN0   B. VLAN1
C. VLAN10   D. VLAN1024

答案：B

3161. 路由器网络层的基本功能是（ ）。

A. 配置IP地址   B. 寻找路由和转发报文
C. 将MAC地址解释成IP地址 D. 防病毒入侵

答案：B

3162. 路由协议存在路由自环问题的是（ ）。

A. RIP   B. BGP
C. OSPF   D. IS-IS

答案：A

3163. 路由信息包含在（ ）BGP报文里边。

A. Notification   B. Open
C. Update   D. Keep-alive

答案：C

3164. 某公司的网络地址是202.100.192.0/20，要把该网络分成16个子网，则对应的子网掩码应该是（ ）。

A. 255.255.240.0   B. 255.255.224.0
C. 255.255.254.0   D. 255.255.255.0

答案：D

3165. 某局域网采用SNMP进行网络管理，所有被管设备在15分钟内轮询一次，网络没有明显拥塞，单个轮询时间为0.4s，则该管理站最多可支持（ ）个设备。

A. 18000   B. 3600
C. 2250   D. 90000

答案：C

3166. 某银行为用户提供网上服务，允许用户通过浏览器管理自己的银行账户信息。为保障通信的安全性，该Web服务器可选的协议是（ ）。

A. HTTPS   B. SNMP

C. HTTP   D. POP

答案：A

3167. 奈奎斯特定理描述了有限带宽、无噪声信道的最大数据传输速率与信道带宽的关系。对于二进制数据，若信道带宽 B=3000Hz，则最大数据传输速率为（   ）。

A. 300bit/s   B. 3000bit/s

C. 6000bit/s   D. 2400bit/s

答案：C

3168. 判断下面哪一项是正确的？（   ）

A. Internet 中的一台主机只能有一个 IP 地址

B. 一个合法的 IP 地址在一个时刻只能有一个主机名

C. Internet 中的一台主机只能有一个主机名

D. IP 地址与主机名是一一对应的

答案：B

3169. 如果 Ethernet 交换机一个端口的数据传输速度是 100Mbit/s，该端口支持全双工通信，那么这个端口的实际数据传输速率可以达到（   ）。

A. 50Mbit/s   B. 100Mbit/s

C. 200Mbit/s   D. 400Mbit/s

答案：C

3170. 如果节点的 IP 地址为 128.202.10.38，子网掩码为 255.255.255.0，那么该节点所在子网的网络地址为（   ）。

A. 128.0.0.0   B. 128.202.0.0

C. 128.202.10.0   D. 128.202.10.38

答案：C

3171. 软交换在下一代网络中的位置为（   ）。

A. 业务层   B. 控制层

C. 传送层   D. 接入层

答案：B

3172. 三层交换中的二层链路不能是（   ）。

A. 802.5   B. 以太网

C. ATM   D. 帧中继

答案：D

3173. 时钟保护倒换的触发条件是（   ）。

A. S1 字节检测现用时钟源丢失，并启动时钟保护协议

B. 合理配置时钟优先级

C. 合理配置时钟ID

D. 合理划分时钟子网

答案：A

3174. 使用子网规划的目的是（ ）。

A. 将大的网络分为多个更小的网络　　B. 提高IP地址的利用率

C. 增强网络的可管理性　　D. 以上都是

答案：D

3175. 什么根本原因导致DWDM波分目前没有使用1310 nm所在波段传输业务？（ ）

A. 该窗口光纤损耗大　　B. 该窗口没有适合的光放大器

C. 该窗口色散系数较大　　D. 该窗口已经被监控波长占用

答案：B

3176. 属于第二层的VPN隧道协议的是（ ）。

A. IPSec　　B. GRE

C. PPTP　　D. 以上皆不是

答案：C

3177. 数据在传输过程中所出现差错的类型主要有突发差错和（ ）。

A. 计算差错　　B. 奇偶校验差错

C. 随机差错　　D. CRC校验差错

答案：C

3178. 数字程控交换机用于定义拨号控制，功能、路由、连接、承载能力和拆线性能的数据设置对象是（ ）。

A. 收集路由表　　B. 拨号控制表

C. 用户分机表　　D. 服务级别表

答案：D

3179. 数字通信系统8Mbit/s信号要求的频偏范围为（ ）。

A. ±20 ppm　　B. ±30 ppm

C. ±15 ppm　　D. ±40 ppm

答案：B

3180. 数字通信系统有两个主要的性能指标是传输速率和（ ）。

A. 误码率　　B. 接收灵敏度

C. 衰减　　D. 色散

答案：A

3181. 双绞线电缆中的 4 对线用不同的颜色来标识，EIA/TIA 568A 规定的线序为（　）。

A. 橙白 橙 绿白 蓝 蓝白 绿 褐白 褐
B. 蓝白 蓝 绿白 绿 橙白 橙 褐白 褐
C. 绿白 绿 橙白 蓝 蓝白 橙 褐白 褐
D. 绿白 绿 橙白 橙 蓝白 蓝 褐白 褐

答案：C

3182. 提供一些控制功能，诸如信令处理、承载连接控制、设备控制、网守和代理信令等功能的是软交换的（　）。

A. 传输平面
B. 应用平面
C. 控制平面
D. 数据平面

答案：C

3183. 调度台的主要功能是（　）。

A. 设有功能键、对象键、手机、扬声器和显示，并具有免提功能
B. 各种呼叫状态应有可见可闻显示，应有主叫用户号码显示功能
C. 调度台具有组呼和缩位拨号功能，多个调度台对象键应具有来话多重位显示性能
D. 以上所有

答案：D

3184. 通信监控系统遥测单元采集的是（　）。

A. 工作量
B. 单元量
C. 开关量
D. 模拟量

答案：D

3185. 通信网的三大支撑网是（　）。

A. 接入网、城域网、广域网
B. 传输网、交换网、数据网
C. 信令网、同步网、管理网
D. 交换网、同步网、管理网

答案：C

3186. 通信子网一般由 OSI 参考模型的（　）。

A. 低三层组成
B. 高三层组成
C. 中间三层组成
D. 以上都不对

答案：A

3187. 推入一层 MPLS 标签的报文比原来 IP 报文多（　）个字节。

A. 4
B. 8
C. 16
D. 32

答案：A

3188. 网管员在分析出某网络中一个网段上的利用率和冲突都大幅上升时，解决的办法有（　）。

一、单项选择题

A. 延长网络线缆
B. 改变传输介质
C. 添置中继器
D. 把该网段中计算机继续分段，中间通过网桥或路由器连接

答案：D

3189. 网络层、数据链路层和物理层传输的数据单位分别是（　　）。

A. 报文、帧、比特
B. 包、报文、比特
C. 包、帧、比特
D. 数据块、分组、比特

答案：C

3190. 网络的传输速率是 10Mbit/s，其含义是（　　）。

A. 每秒传输 10M 字节
B. 每秒传输 10M 二进制位
C. 每秒可以传输 10M 个字符
D. 每秒传输 10000000 二进制位

答案：B

3191. 网络故障管理的目的是保证网络能够提供连续、可靠的服务，这主要是（　　）。

A. 故障信息的发布
B. 网络故障应急方案的制定
C. 网络故障现场的保护
D. 故障设备的发现、诊断、恢复和故障排除等

答案：D

3192. 网络监视及协议分析常用在网络的（　　）管理和故障管理等方面。

A. 流量
B. 速度
C. 性能
D. 状态

答案：C

3193. 无线局域网所用的 WEP 协议工作在 OSI 参考模型的（　　）。

A. 数据链路层
B. 网络层
C. 传输层
D. 应用层

答案：A

3194. 下列（　　）OSPF 报文中会出现完整的 LSA 信息。

A. HELLO 报文（Hello Packet）
B. DD 报文（Database Description Packet）
C. LSR 报文（Link State Request Packet）
D. LSU 报文（Link State Update Packet）

答案：D

3195. （　　）协议能够提供一个方法在交换机共享 VLAN 配置信息上。

A. VTP
B. STP
C. ISL
D. 802.1Q

答案：A

3196. （　　）属于生产类通信业务。

A. 行政电话 B. 继电保护
C. 电视电话会议 D. 综合数据网

答案：B

3197. 下列是外部网关路由协议的是（ ）。

A. RIP B. OSPF
C. IGRP D. BGP

答案：D

3198. 下列缩写不正确的是（ ）。

A. APS－自动保护倒换 B. AUG－管理单元组
C. ODF－数字分配架 D. NE－网元

答案：C

3199. 下列协议中不属于应用层协议的是（ ）。

A. FTP B. TELNET
C. HTTP D. ICMP

答案：D

3200. 下列选项中不需要APS协议的OTN网络保护方式是（ ）。

A. 1+1的单向通道保护 B. 1：N的通道保护
C. 共享环境保护 D. 1+1的双向通道保护

答案：A

3201. 下列组播协议中，哪个协议直接与点播主机联系，运行该协议的路由器负责管理组用户主机加入、离开，通过维护用户数据，发送组播数据到主机？（ ）

A. IGMP B. PIM-DM
C. PIM-SM D. MSDP

答案：A

3202. 下列地址中属于单播地址的是（ ）。

A. 172.31.128.255/18 B. 10.255.255.255
C. 192.168.24.59/30 D. 224.105.5.211

答案：A

3203. 下列路由协议中，支持IPv6的是（ ）。

A. RIPv2 B. RIP
C. OSPFv2 D. OSPFv3

答案：D

3204. 下列有关BGP协议的描述，错误的是（ ）。

一、单项选择题

A. BGP 是一个很健壮的路由协议 B. BGP 可以用来检测路由环路
C. BGP 无法聚合同类路由 D. BGP 是由 EGP 继承而来的

答案：C

3205. 下列论述中不正确的是（　）。

A. IPv6 具有高效 IP 包头 B. IPv6 增强了安全性
C. IPv6 地址采用 64 位 D. IPv6 采用主机地址自动配置

答案：C

3206. 许多网络通信需要进行组播，以下选项中不采用组播协议的应用是（　）。

A. VOD B. NetMeeting
C. CSCW D. FTP

答案：D

3207. 选出基于 TCP 协议的应用程序（　）。

A. Ping B. TFTP
C. TELNET D. OSPF

答案：C

3208. 要将报文交付到主机上的正确的应用程序必须使用（　）地址。

A. 端口 B. IP
C. 物理 D. 上述都不是

答案：A

3209. 一个 139.264Mbit/s 的 PDH 支路信号可以复用成一个（　）。

A. STM-4 B. STM-1
C. TU-12 D. AU-3

答案：B

3210. 一个三层 MPLS VPN 网络，PE 路由器配置多少个路由表？（　）

A. 只有一个全局路由表 B. 几个虚拟路由表
C. 一个全局路由表和几个虚拟路由表 D. 和 PE 路由器的内存大小有关系

答案：C

3211. 一台 IP 地址为 10.110.9.113/21 的主机在启动时发出的广播 IP 是（　）。

A. 10.110.9.255 B. 10.110.15.255
C. 10.110.255.255 D. 255.255.255.255

答案：B

3212. 一台交换机具有 48 个 10/100Mbit/s 端口和 2 个 1000Mbit/s 端口，如果所有端口都工作在全双工状态，那么交换机总带宽应为（　）。

A. 4.4Gbit/s B. 6.4Gbit/s

C. 13.6Gbit/s D. 8.8Gbit/s

答案：C

3213. 以太网帧的总长度范围为（ ）。

A. 18~1518 bytes B. 46~1500 bytes

C. 64~1518 bytes D. 64~1500 bytes

答案：C

3214. 下列哪个是有效的 IP 地址？（ ）

A. 10.1.0.1 B. 100.200.300

C. 10.50.100.500 D. www.cctv.com

答案：A

3215. 下列哪个选项是正确的 Ethernet MAC 地址？（ ）

A. 00-01-AA-08 B. 00-01-AA-08-0D-80

C. 1203 D. 192.2.0.1

答案：B

3216. 以下哪一项为危险操作，可能引起业务中断，维护中不能轻易操作？（ ）

A. 将上报 R-LOS 告警的光口环回 B. 将上报 T-ALOS 告警的电口环回

C. 查询性能数据 D. 搜索保护子网

答案：A

3217. 以下不属于动态路由协议的是（ ）。

A. RIP B. ICMP

C. IGRP D. OSPF

答案：B

3218. 以下不属于故障检测技术的是（ ）。

A. OAM B. APS

C. BFD D. FRR

答案：D

3219. 以下不属于组播路由协议的是（ ）。

A. PIM B. RIP

C. MSDP D. DVMRP

答案：B

3220. 以下关于二层交换机的描述，不正确的是（ ）。

A. 解决了广播泛滥问题 B. 解决了冲突严重问题

一、单项选择题

C. 基于源地址学习 D. 基于目的地址转发

答案：A

3221. 以下关于距离矢量路由协议描述中错误的是（ ）。

A. 简单，易管理 B. 收敛速度快

C. 报文量大 D. 为避免路由环做特殊处理

答案：B

3222. 以下命令中与调试网络无关的是（ ）。

A. ping B. traceroute

C. ipconfig D. cp

答案：D

3223. 以下哪个选项不是路由器的功能（ ）。

A. 安全性与防火墙 B. 路径选择

C. 隔离广播 D. 第二层的特殊服务

答案：D

3224. 以下内容（ ）是路由信息中不包含的。

A. 目标网络 B. 源地址

C. 路由权值 D. 下一跳

答案：B

3225. 以下不属于内部网关协议的是（ ）。

A. ISIS B. RIP

C. OSPF D. BGP

答案：D

3226. 以下属于物理层设备的是（ ）。

A. 网桥 B. 以太网交换机

C. 中继器 D. 网关

答案：C

3227. 以下协议中支持可变长子网掩码（VLSM）和路由汇聚功能（Route Summarization）的是（ ）。

A. IGRP B. OSPF

C. VTP D. RIPv1

答案：B

3228. 因特网所采用的标准网络协议是（ ）。

A. IPS/SPX B. TCP/IP

C. NETBEUL D. MODEM

答案：B

3229. 应用程序 Ping 发出的是（　　）报文。

A. TCP 请求报文 B. TCP 应答报文

C. ICMP 请求报文 D. ICMP 应答报文

答案：C

3230. 采用（　　）命令可指定下次启动使用的操作系统软件。

A. startup B. boot-loader

C. bootfile D. boot-startup

答案：B

3231. 用（　　）的方式是 SDH 的重要创新，它消除了在 PDH 系统中由于采用滑动缓存器所引起的延时和性能损伤。

A. 虚容器结构 B. 指针处理

C. 同步复用 D. 字节间插

答案：B

3232. 用 2Mbit/s 传输测试仪表测试 2M 通道时，选择的测试伪随机码型为（　　）。

A. 29-1 B. 211-1

C. 213-1 D. 215-1

答案：D

3233. 用计算机生成或打印的工作票应使用统一的（　　）。

A. 纸张和颜色 B. 票面格式

C. 字体和字号 D. 编号

答案：B

3234. 由于帧中继可以使用链路层来实现复用和转接，所以帧中继网中间节点中只有（　　）。

A. 物理层和链路层 B. 链路层和网络层

C. 物理层和网络层 D. 网络层和运输层

答案：A

3235. 有一种运行于以太网交换机的协议，能提供交换机之间的冗余链路，同时能避免环路的产生，网络正常时阻断备份链路，主用链路不可用掉时，激活备份链路，此协议是（　　）。

A. STP B. VRRP

C. RIP D. GVRP

答案：A

3236. 在 MPLS VPN 技术中，下列关于 CE 的说法不正确的是（　　）。

一、单项选择题

A. 用户网络边缘设备，有接口直接与服务提供商 SP（Service Provider）网络相连

B. CE 可以是路由器或交换机，也可以是一台主机

C. CE "感知" 不到 VPN 的存在

D. 需要支持 MPLS

答案：D

3237. 在 OSPF 协议计算出的路由中，（　）路由的优先级最低。

A. 区域内路由   B. 区域间路由

C. 第一类外部路由   D. 第二类外部路由

答案：D

3238. 在 RIP 中 metric 等于（　）为不可达。

A. 8   B. 9

C. 10   D. 16

答案：D

3239. 在 SDH 设备的在线传输性能监测中，使用了 G.826 定义的几项指标用以评价 SDH 网络的传输性能质量，ES 定义为一段时间内传输发生一个以上的误块但误块，总数还未超过总块数的 30%，问 ES 的 "一段时间" 是指一秒钟还是 15 分钟/24 小时（　）；BBE 定义为一段时间内扣掉 UAS 和 SES 时间后，剩下时间内发生的误块，问 BBE 的 "一段时间" 是指一秒钟还是 15 分钟/24 小时（　）。

A. 一秒钟，15 分钟/24 小时   B. 一秒钟，一秒钟

C. 15 分钟/24 小时，一秒钟   D. 15 分钟/24 小时，15 分钟/24 小时

答案：A

3240. 在 SNMP 术语中通常被称为管理信息库的是（　）。

A. MIB   B. SQL Server

C. InformationBase   D. Oracle

答案：A

3241. 在 VLANQoS 技术中，标记 VLAN 报文的优先级一共有（　）级。

A. 8   B. 16

C. 32   D. 64

答案：A

3242. 在计算机网络中可以连接不同传输速率并运行于各种环境的局域网和广域网还可以采用不同协议的互联设备是（　）。

A. 集线器   B. 路由器

C. 网关   D. 网桥

答案：C

3243. 在路由器的配置过程中查询以 S 开头的所有命令的方法是（　）。

A. 直接使用？ B. S？

C. SS？ D. DIR S*

答案：B

3244. 在路由器对 IP 包头的合法性验证中，对数据的有效性做验证的方法是（　）。

A. IP 校验和 B. IP 包处理时间

C. IP 数据包时间戳 D. IP 数据包校验和

答案：D

3245. 在配置命令 super password [simple|cipher] password 里，参数 simple 表示（　）。

A. 加密显示 B. 明文显示

C. 不显示 D. 以上说法都不正确

答案：B

3246. 在网络管理中，通常需要监视网络吞吐率、利用率、错误率和响应时间，监视这些参数主要是（　）功能域的主要工作。

A. 配置管理 B. 故障管理

C. 安全管理 D. 性能管理

答案：D

3247. 在一个 B 类网络中，掩码为 255.255.240.0 的 IP 地址中的网络地址和子网地址占用了（　）位。

A. 18 bit/s B. 19 bit/s

C. 20 bit/s D. 在 B 类网络中，这是一个错误的子网掩码

答案：C

3248. 在以太网中，是根据（　）地址来区分不同的设备的。

A. LLC 地址 B. MAC 地址

C. IP 地址 D. IPX 地址

答案：B

3249. 在以太网中 ARP 报文分为 ARP Request 和 ARP Response，其中 ARP Request 在网络中是以（　）方式传送。

A. 多播 B. 单播

C. 组播 D. 广播

答案：D

3250. 在以下给出的地址中，不属于子网 192.168.64.0/20 的主机地址的是（　）。

A. 192.168.78.17　　　　　　　　B. 192.168.79.16

C. 192.168.82.14　　　　　　　　D. 192.168.66.15

答案：C

3251. 在以下网络协议中，（　　）协议属于数据链路层协议。

A. TCP　　　　　　　　　　　　B. UDP

C. IP　　　　　　　　　　　　　D. VTP

答案：D

3252. 在与 FTP 主机建立连接时，如果没有该主机的有效账号可以试探使用匿名用户连接。匿名用户名称是（　　）。

A. anli@nbu.edu.cn　　　　　　B. anonymous

C. guest　　　　　　　　　　　 D. anounymus

答案：B

3253. 帧中继采用（　　）技术，能充分利用网络资源，因此帧中继具有吞吐量高、时延低、适合突发性业务等特点。

A. 存储转发　　　　　　　　　　B. 虚电路技术

C. 半永久连接　　　　　　　　　D. 电路交换技术

答案：B

3254. 通信作业指导卡指对于（　　）作业和比较简单的作业，为简化现场作业程序，便于现场实际使用，把作业指导书中最核心的部分提取出来，形成的一种简化的作业指导书。

A. 大型检修　　　　　　　　　　B. 小型检修

C. 通信设备巡视　　　　　　　　D. 通信光缆巡视

答案：B

3255. 通信现场标准化（　　）作业，应编制三措一案。

A. 大型检修　　　　　　　　　　B. 小型检修

C. 通信设备巡视　　　　　　　　D. 通信光缆巡视

答案：A

3256. 涉及通信电源设备的试验、切换、充放电，需要顺序操作多个开关、刀闸的作业过程必须填写通信（　　）。

A. 工作票　　　　　　　　　　　B. 操作票

C. 三措一案　　　　　　　　　　D. 巡视卡

答案：B

3257. 电力通信现场标准化作业规范明确光缆确保运行时其弯曲半径不应小于光缆半径的（　　）倍。

A. 5   B. 10
C. 20   D. 30
答案：C

3258. 通信光缆有额定张力（拉力）限制，对于普通光缆，牵引力不应超过光缆允许张力的（　）%。
A. 50   B. 60
C. 70   D. 80
答案：D

3259. 电力特种光缆紧线时，应在无雷电、风力小于（　）级的大风、雾、雪和雨的白天进行，确保各观测档的驰度满足设计要求。
A. 四   B. 五
C. 六   D. 七
答案：B

3260. 小型通信检修作业的作业文本包括（　）和变电站（线路）工作票或通信工作票和通信操作票。
A. 三措一案   B. 作业指导书
C. 作业指导卡   D. 巡视卡
答案：C

3261. 电力通信现场标准化作业规范明确熔接后的纤芯应使用热缩管保护，光纤在余线盘固定及盘绕的曲率半径应大于（　）mm，避免对 1.55 μm 波长产生附加衰减。
A. 25   B. 30
C. 32   D. 37.5
答案：D

3262. 电力通信网承载的业务中，2 Mbit/s 通道必须配置为 1+0 运行方式的为（　）。
A. 电视电话会议   B. 安全自动装置
C. 纵联电流差动保护   D. 通信监控
答案：C

3263. 全数字同频电力线载波机是指收发频率相同，主要采用了（　）技术。
A. 相同   B. 不相同
C. 频率抵消   D. 回波抵消
答案：D

3264. 各级通信机构应制定年度计划编制工作时间表，按时完成下年度计划的制订、汇总并逐级上报，于每年（　）前报送至国信通汇总审核，国网信通部于 12 月 10 日前完成年度计

一、单项选择题

划的审核和下达。

A. 11月5日 B. 11月10日
C. 11月15日 D. 11月20日

答案：C

3265. 各级通信机构应制定月度计划编制工作时间表，按时完成下月度计划的制订、汇总并逐级上报，于每月（ ）前报送至国信通汇总审核，国网信通部于每月28日前完成月度计划的审核和下达。

A. 25日 B. 26日
C. 27日 D. 28日

答案：A

3266. 各级通信机构应于每年（ ）之前完成所辖通信网年度运行方式的编制工作，年度运行方式的上年度统计数据截止时间为上一年12月31日。

A. 1月15日 B. 1月20日
C. 1月25日 D. 1月底

答案：D

3267. 电力二次系统安全防护的主要原则是什么？（ ）

A. 安全分区 B. 网络专用
C. 横向隔离 D. 安全分区、网络专用、横向隔离、纵向认证

答案：D

3268.《国家电网公司十八项电网重大反事故措施》5.15规定：（ ）kV及以上电压等级单元制接线的发变组，在三相不一致保护动作后仍不能解决问题时，应使用具有电气量判据的断路器三相不一致保护去起动发变组的断路器失灵保护。

A. 110 B. 220
C. 330 D. 500

答案：B

3269. 每张操作票只能填写（ ）个操作任务。

A. 一 B. 二
C. 三 D. 四

答案：A

3270. 下列选项中，不是光功率单位的是（ ）。

A. dB B. dBm
C. W D. H

答案：D

3271. 关于随工验收的叙述中,错误的是( )。

A. 随工验收应对工程的隐蔽部分边施工边验收

B. 在竣工验收时一般要对隐蔽工程进行复查

C. 随工代表随工时应做好详细记录

D. 随工记录应作为竣工资料的组成部分

答案:B

3272. 光缆适用温度为( )。

A. −40℃~+60℃ B. −5℃~+60℃
C. −40℃~+50℃ D. −5℃~+50℃

答案:A

3273. 光纤色散的表示方法是( )。

A. 时延 B. 损耗
C. 衰减 D. 以上选项均不正确

答案:A

3274. 光纤通信之所以能够飞速发展,是由于它具有一些突出的特点,以下哪一项不是其特点?( )

A. 传输频带宽,通信容量大 B. 损耗低
C. 受电磁干扰 D. 以上选项均不正确

答案:C

3275. ( )中需处理 STM-N 帧中的 RSOH,且不需要交叉连接功能。

A. TM B. ADM
C. REG D. DXC

答案:C

3276. ( )个 STM-1 同步复用构成 STM-4。

A. 2 B. 3
C. 4 D. 5

答案:C

3277. DWDM 的中文解释是( )。

A. 空分复用 B. 时分复用
C. 波分复用 D. 密集波分复用

答案:D

3278. ITU-T 规定,基准定时链路上 SDH 网元时钟个数不能超过( )个。

A. 200 B. 60

一、单项选择题

C. 12　　　　　　　　　　　　D. 8

答案：B

3279. PDH 信号最终复用成 SDH 光信号，需经过（　　）三个步骤。

A. 定位、映射、复用　　　　　B. 复用、映射、定位

C. 映射、定位、复用　　　　　D. 定位、映射、复用

答案：C

3280. SDH 复用结构中，不支持（　　）速率的复用。

A. 2M　　　　　　　　　　　　B. 8M

C. 140M　　　　　　　　　　　D. 34M

答案：B

3281. SDH 设备如果通过 2M 通道传递时钟，对定时性能影响最小的是（　　）。

A. 映射过程　　　　　　　　　B. 去映射过程

C. TU 指针调整　　　　　　　　D. AU 指针调整

答案：B

3282. SDH 为低阶通道层与高阶通道层提供适配功能的信息结构称为（　　）。

A. 容器 C　　　　　　　　　　B. 虚容器 VC

C. 支路单元 TU　　　　　　　　D. 管理单元 AU

答案：C

3283. SDH 中 STM-64 的数据速率为（　　）。

A. 155.520 Mbit/s　　　　　　B. 622.0800 Mbit/s

C. 2488.320 Mbit/s　　　　　 D. 9953.280 Mbit/s

答案：D

3284. 对防静电器件的拆包装和重新包装应该在（　　）。

A. 任何房间里　　　　　　　　B. 暗室里

C. 防静电工作台上　　　　　　D. 确定周围没有静电场的地方

答案：C

3285. 对网状、网规划、网络保护推荐使用（　　）。

A. 单向通道保护　　　　　　　B. SNCP 保护

C. 双向复用段保护　　　　　　D. 单向复用段保护

答案：B

3286. 对于 10G 的 SDH 设备，最小的交叉单位是（　　）。

A. VC12　　　　　　　　　　　B. VC4

C. VC4-4　　　　　　　　　　 D. VC4-16

答案：A

3287. 对于某正常工作的 SDH 网元，如果突然由于某些故障造成其所有定时参考信号失效，该网元将会（ ）。

A. 无法工作，业务中断　　　　　　B. 进入锁定模式

C. 进入自由振荡模式　　　　　　　D. 进入保持模式

答案：D

3288. 二纤单向通道保护环的网络容量是（ ）。

A. M × STM-N　　　　　　　　　　B. STM-N

C. M/2 × STM-N　　　　　　　　　D. STM-N/2

答案：B

3289. 复用段以下的几种工作方式优先级别最高的是（ ）。

A. 强制倒换　　　　　　　　　　　B. 人工倒换

C. 自动倒换　　　　　　　　　　　D. 练习倒换

答案：A

3290. 关于 SDH 描述错误的是（ ）。

A. SDH 信号线路接口采用世界性统一标准规范

B. 采用了同步复用方式和灵活的映射结构，相比 PDH 设备节省了大量的复接 / 分接设备（背靠背设备）

C. 由于 SDH 设备的可维护性增强，相应的频带利用率也比 PDH 要低

D. 国标规定我国采用北美标准

答案：D

3291. 既可在再生器处接入，又可在终端设备处接入的开销信息是（ ）。

A. 高阶通道开销　　　　　　　　　B. 低阶通道开销

C. 再生段开销　　　　　　　　　　D. 复用段开销

答案：C

3292. 数字通信的长距离，无噪声积累传输是通过（ ）来实现的。

A. 光纤传输　　　　　　　　　　　B. 再生中继

C. 提高信噪比　　　　　　　　　　D. 无误码传输

答案：B

3293. 提供高阶通道层和复用段层适配功能的信息结构是（ ）。

A. TU　　　　　　　　　　　　　　B. TUG

C. AU　　　　　　　　　　　　　　D. VC

答案：C

一、单项选择题

3294. 通道保护倒换发生后，PS 告警从（　）上报网管，MSP 保护倒换发生后，PS 告警从（　）上报网管。

A. 线路板，交叉板　　　　　　　　　B. 支路板，交叉板

C. 支路板，线路板　　　　　　　　　D. 支路板，主控板

答案：B

3295. 下列（　）的保护通道不是空闲的（不传额外业务）。

A. 两纤单向通道环　　　　　　　　　B. 两纤双向复用段环

C. 四纤双向复用段环　　　　　　　　D. 两纤单向复用段环

答案：A

3296. 下列哪一项不是 STM-N 帧结构的组成部分？（　）

A. 管理单元指针　　　　　　　　　　B. 段开销

C. 通道开销　　　　　　　　　　　　D. 净负荷

答案：C

3297. 下列几种典型的 SDH 自愈环中，（　）可以抗多点失效，适合均匀型分布、大业务量应用场合。

A. 二纤单向通道保护环　　　　　　　B. 二纤双向通道保护环

C. 二纤双向复用段保护环　　　　　　D. 四纤双向复用段保护环

答案：D

3298. 限制光信号传送距离的条件，下面说法错误的是（　）。

A. 激光器发模块发送功率　　　　　　B. 激光器收模块接收灵敏度

C. 发光模块的色散容限　　　　　　　D. 收光模块色散容限

答案：D

3299. 以下几种传输网物理拓扑类型中（　）安全性最高。

A. 线性　　　　　　　　　　　　　　B. 树型

C. 环型　　　　　　　　　　　　　　D. 星型

答案：C

3300. 在 SDH 传送网分层模型中 VC-3、VC-4 属于（　）。

A. 电路层　　　　　　　　　　　　　B. 低阶通道层

C. 高阶通道层　　　　　　　　　　　D. 以上选项均不正确

答案：C

3301. 在 SDH 段开销中，以下字节属于 RSOH 的是（　）。

A. K1　　　　　　　　　　　　　　　B. B2

C. D3　　　　　　　　　　　　　　　D. 以上选项均不正确

答案：C

3302. 在 STM-16 信号中的 S1 字节数为（　）。

A. 1 B. 4

C. 8 D. 16

答案：A

3303. SDH 的中继型设备（REG）一般采用（　）定时方式。

A. 环路定时 B. 线路定时

C. 通过定时 D. 内部定时

答案：B

3304. Linux 系统下，Apache 服务器的配置文件是（　）。

A. 共有一个文件是 /etc/http/conf/srm.conf

B. 共有两个文件分别是 /etc/http/conf/httpconf、/etc/http/conf/access.conf

C. 共有三个文件 /etc/http/conf/httpconf、/etc/http/conf/access.conf、/etc/http/conf/user.conf

D. 以上都不正确

答案：D

3305. OTN 网络中，标准 ODU2 和 10GE LAN 的比特率关系，以下说法正确的是（　）。

A. ODU2 的比特率比 10GE 大 B. ODU2 的比特率比 10GE 小

C. ODU2 的比特率和 10GE 正好匹配 D. 不一定，看 10GE 的载荷情况

答案：B

3306. 根据 ITU-T G.692 建议的要求，在 DWDM 系统中，激光器的中心波长的偏差不应该大于光信道间隔的（　）。

A. 1/5 B. 1/10

C. 1/20 D. 1/100

答案：B

3307. OPUk 净荷结构标识开销是（　）。

A. RES B. PSI

C. PJO D. NJO

答案：B

3308. PTN 设备做路径和环网保护时要求倒换时间（　）。

A. 不大于 10ms B. 不大于 20ms

C. 不大于 50ms D. 不大于 100ms

答案：C

3309. PTN 系统中对于传统 E1 等 TDM 业务采用以下哪种方式进行传送？（　）

一、单项选择题

A. 端到端伪线仿真（PWE3）   B. VRRP 技术
C. BFD 技术   D. QinQ 技术

答案：A

3310. 从占用频带来看，单边带比双边带（　　）。
A. 宽   B. 窄
C. 一样   D. 以上选项均不正确

答案：B

3311. 由地球站发射给通信卫星的信号常被称为（　　）。
A. 前向信号   B. 上行信号
C. 上传信号   D. 上星信号

答案：B

3312. 由通信卫星转发给地球站的信号常被称为（　　）。
A. 下行信号   B. 后向信号
C. 下传信号   D. 下星信号

答案：A

3313. 中国 1 号信号系统中，记发器前向 I 组 KC 信号的基本含义是（　　）。
A. 主叫用户类别   B. 长途接续类别
C. 市内接续类别   D. 以上选项均不正确

答案：B

3314. （　　）是程控交换机的核心。
A. 话路系统   B. 控制系统
C. 信令系统   D. 以上选项均不正确

答案：B

3315. 综合业务数字网中 30B + D 中的 D 信道的速率为（　　）。
A. 64 kbit/s   B. 32 Mbit/s
C. 16 kbit/s   D. 24 kbit/s

答案：A

3316. NO. 7 信令系统的四个功能级中前三个功能级相当于 OSI 七层模型中的（　　）。
A. 第一层   B. 第一、二层
C. 第二、三层   D. 第一、二、三层

答案：D

3317. 程控机用户电路的过压保护电路是（　　）。
A. 一次过压保护   B. 二次过压保护

C. 一次和二次过压保护 D. 以上都不对

答案：B

3318. 程控数字交换机直接负责电话交换的软件是（　）。

A. 执行管理程序 B. 呼叫处理程序

C. 系统监视程序 D. 维护和运行程序

答案：B

3319. 在语音信箱系统中，通常采用（　）来存储大量的语音信息。

A. 软盘 B. 硬盘

C. RAM D. ROM

答案：B

3320. （　）不但可以消除交换循环，而且使得在交换网络中通过配置冗余备用链路来提高网络的可靠性成为可能。

A. OSPF 协议 B. VTP 协议

C. STP 协议 D. 以上选项均不正确

答案：C

3321. （　）是一种含有非预期或隐藏功能的计算机程序，是指表面上是有用的软件，实际却是危害计算机安全并导致严重破坏的计算机程序。

A. 蠕虫 B. 病毒

C. 木马 D. 黑客

答案：C

3322. 在 Internet 中上传和下载文件主要采用（　）协议。

A. SNMP B. Telnet

C. FTP D. DNS

答案：C

3323. IP 协议依靠 OSI 模型中的（　）来确定数据包是否丢失和要求重发。

A. 应用层 B. 表示层

C. 会话层 D. 传输层

答案：D

3324. WWW 客户机与 WWW 服务器之间通信使用的传输协议是（　）。

A. FTP B. POP3

C. HTTP D. SMTP

答案：C

3325. 按照防火墙工作原理可以将防火墙划分为（　）。

一、单项选择题

A. 独立式防火墙和集成式防火墙　　B. 边界防火墙和个人防火墙

C. 包过滤防火墙、代理型防火墙和状态检测型防火墙　　D. 软件防火墙和硬件防火墙

答案：C

3326. 电力调度数据网承载（　　）业务。

A. 生产控制大区　　B. 管理信息大区

C. A、B 皆是　　D. 以上选项均不正确

答案：A

3327. 电力调度数据网划分为逻辑隔离的实时子网和非实时子网，分别用于连接（　　）。

A. 安全Ⅱ区和安全Ⅲ区　　B. 安全Ⅰ区和安全Ⅱ区

C. 安全Ⅲ区和安全Ⅳ区　　D. 以上选项均不正确

答案：B

3328. 开放系统互联网络中，（　　）具有校验、确认和反馈重发功能。

A. 物理层　　B. 数据链路层

C. 会话层　　D. 传输层

答案：B

3329. 网络管理员最常用的远程登录方式就是（　　）。

A. ping　　B. login

C. telnet　　D. trace

答案：C

3330. 在 IP 协议中用来进行组播的 IP 地址是（　　）。

A. A 类　　B. B 类

C. C 类　　D. D 类

答案：D

3331. 视频会议系统最著名的标准是（　　）。

A. H.261 和 H.263　　B. H.320 和 T.120

C. G.723 和 G.728　　D. G.722 和 T.127

答案：B

3332. 在 SDH 中，SSM 是通过 MSOH 中（　　）字节来传递的。

A. S1　　B. A1

C. B2　　D. C2

答案：A

3333. 阀控式蓄电池的 C3 为 C10 的（　　）倍。

A. 1　　B. 0.55

C. 0.75　　　　　　　　　　　　D. 0.85

答案：C

3334. 使用绝对路径名访问文件是从（　）开始按目录结构访问某个文件。

A. 当前目录　　　　　　　　　　B. 用户主目录

C. 根目录　　　　　　　　　　　D. 父目录

答案：C

3335. 中断处理结束后，需要重新选择运行的进程，此时操作系统将控制转到（　）。

A. 原语管理模块　　　　　　　　B. 进程控制模块

C. 恢复现场模块　　　　　　　　D. 进程调度模块

答案：D

3336.（　）是 Windows 操作系统、硬件设备及应用程序得以正常运行和保存设置的核心"数据库"，也可以说是一个非常巨大的树状分层结构的数据库系统。

A. 注册表　　　　　　　　　　　B. 系统服务

C. 端口　　　　　　　　　　　　D. 进程

答案：A

3337.（　）命令可以用来查看 Windows XP 系统启动项。

A. Msconfig　　　　　　　　　　B. Ipconfig

C. Services.msc　　　　　　　　D. Format

答案：A

3338. 从安全角度考虑，Windows 2000 及以后的操作系统采用的文件系统是（　）。

A. CFS　　　　　　　　　　　　B. CDFS

C. FAT　　　　　　　　　　　　D. NTFS

答案：D

3339. 利用磁盘备份软件 ghost 进行 Windows 系统镜像后，存在本地磁盘非系统盘符。在 DOS 下进行系统还原时，应选择（　）。

A. Disk to Disk　　　　　　　　B. Image to Disk

C. Partition from Image　　　　D. Partiton to Image

答案：C

3340. 32 位分区表 FAT32 可以支持的最大单个文件容量为（　）。

A. 500 MB　　　　　　　　　　　B. 2 GB

C. 4 GB　　　　　　　　　　　　D. 8 GB

答案：C

3341. 在 Windows 命令窗口中输入（　）命令可以查看 DNS 服务器的 IP。

一、单项选择题

A. DNSserver
B. Nslookup
C. DNSconfig
D. DNSip

答案：B

3342. FBD（全缓冲）内存和以前的 DDR Ⅱ 内存相比，具有的优势有（　　）。

A. 高容量
B. 兼容性更好
C. 可靠性更好
D. 以上都对

答案：D

3343. FTP 的数据在主动传输模式下数据传输端口是（　　）。

A. 80
B. 7001
C. 20
D. 21

答案：C

3344. Office 默认自动保存的时间为（　　）一次。

A. 3 分钟
B. 5 分钟
C. 10 分钟
D. 15 分钟

答案：C

3345. Regedit32.exe 会启动（　　）程序。

A. 注册表编辑器
B. 组策略编辑器
C. 系统文件检查程序
D. 驱动程序签名检查程序

答案：A

3346. 破解 WebLogic 数据库密码过程中需要在服务器上下载（　　）文件至本地。

A. DefaultAuthenticatorInit.ldift
B. DefaultRoleMapperInit.ldift
C. SerializedSystemIni.dat
D. XACMLRoleMapperInit.ldift

答案：C

3347. Windows 环境下，利用 FDISK 对硬盘分区，以下分区类型一定不会出现的是（　　）。

A. 主 DOS 分区
B. 扩展 DOS 分区
C. 逻辑 DOS 分区
D. 非系统分区

答案：D

3348. Windows 系统下使用（　　）组合键可以快速锁定计算机。

A. Ctrl+L
B. Shift+L
C. Win+L
D. Alt+L

答案：C

3349. WPS 表格编辑过程中撤销上一步操作的命令组合键是（　　）。

A. Ctrl+D
B. Ctrl+Z

C. Shift+Z   D. Shift+D

答案：B

3350. 策略中心普通文件分发策略，文件分发之前要将文件上传到服务器。默认文件上传到服务器（　　）目录下。

A. VRV/RegionManage/Distribute/patch

B. VRV/RegionManage/Distribute/Software

C. VRV/VRVEIS/Distribute/patch

D. VRV/VRVEIS/Distribute/Software

答案：B

3351. 代理服务器所具备的特点是（　　）。

A. 通过代理服务器访问网络，对用户层面来说是透明的

B. 代理服务器能够弥补协议本身存在的缺陷

C. 代理服务器能够支持所有的网络协议

D. 代理服务器会降低用户访问网站的速度

答案：A

3352. 在运行栏里输入（　　）命令可以打开注册表编辑器。

A. msconfig   B. winipcfg

C. regedit   D. cmd

答案：C

3353. 当安装桌面终端程序提示用户"缺省注册成功"时，（　　）。

A. 客户端探头已经注册完毕，可以在桌面系统中查到设备信息

B. 客户端探头未完成注册，在桌面系统中查不到设备信息

C. 客户端探头已注册完毕，在桌面系统中查不到设备信息

D. 客户端探头未完成注册，需重新安装注册

答案：C

3354. 当共享文件夹权限和NTFS权限结合时，最终的权限为（　　）。

A. 共享文件夹权限   B. NTFS权限

C. 两者之中更严格的权限   D. 权限消失

答案：C

3355. 低级格式化一般在（　　）情况下使用。

A. 重新安装操作系统   B. 硬盘出现物理坏道

C. 硬盘出现逻辑坏道   D. 硬盘分区表损坏

答案：C

一、单项选择题

3356. 对于信息内外网办公计算机及应用系统口令设置，描述正确的是（ ）。

A. 口令设置只针对内网办公计算机，对于外网办公计算机没有要求

B. 信息内外网办公计算机都应避免空口令、弱口令

C. 可以使用弱口令，但不可使用空口令

D. 以上选项均不正确

答案：B

3357. 非正常关机的危害为（ ）。

A. 病毒发作　　　　　　　　B. 电源损坏

C. 应用程序数据丢失　　　　D. 硬盘损坏

答案：C

3358. 高速缓存主要用来解决（ ）问题。

A. 高速设备与低速设备之间通信速度不匹配

B. CPU 与内存之间通信速度不匹配

C. 增加存储器容量

D. 降低硬件价格

答案：A

3359. 公司办公网速度奇慢，对 DNS 的 Ping 值非常高，不可能是（ ）问题。

A. 网内 RP 攻击　　　　　　B. 某人在下载

C. 路由器 DNS 地址设置不对　　D. 路由器或交换机自身故障

答案：C

3360. 关于 Windows 虚拟内存，以下说法错误的是（ ）。

A. 默认虚拟内存是个固定值　　B. 虚拟内存会比物理内存大

C. 虚拟内存会比物理内存慢　　D. 虚拟内存所在分区空间不足时，会报虚拟内存不足

答案：A

3361. 管理员通过桌面系统下发 IP/MAC 绑定策略后，终端用户修改了 IP 地址，对其采取的处理方式不包括（ ）。

A. 自动恢复其 IP 至原绑定状态　　B. 断开网络并持续阻断

C. 弹出提示窗口并对其发出警告　　D. 锁定键盘鼠标

答案：D

3362. 国家电网公司专用存储介质启动区内包含 3 个文件，EdpEDisk.exe、EdpEDisk.chm、EdpEDisk_gjdw.dll，误删除后，下面描述正确的是（ ）。

A. 手工删除后，文件不可恢复，需重新制作

B. 手工删除后，插入已注册的内网终端中，三个文件均可以自动恢复

C. 手工删除后，插入已注册的内网终端中，EdpEDisk.exe 可自动恢复

D. 手工删除后，插入已注册的内网终端中，EdpEDisk.chm 可自动恢复

答案：B

3363. 计算机不能从硬盘启动的原因，下列说法不正确的是（ ）。

A. 硬盘没有连接电源线　　　　　B. 硬盘没有连接数据线

C. 硬盘没有建立两个以上分区　　D. 硬盘没有进行初始化

答案：C

3364. 计算机的 BIOS 设置功能的作用是（ ）。

A. 检查系统的配置　　　　　　　B. 配置系统中的软件

C. 设置操作系统　　　　　　　　D. 设置系统参数

答案：D

3365. 计算机的一级高速缓存记为（ ）。

A. C1　　　　　　　　　　　　　B. L1

C. Cache1　　　　　　　　　　　D. Cache

答案：B

3366. 计算机网络最突出的优势是（ ）。

A. 信息流通　　　　　　　　　　B. 数据传送

C. 资源共享　　　　　　　　　　D. 降低费用

答案：C

3367. 计算机硬盘工作时应特别注意避免（ ）。

A. 噪声　　　　　　　　　　　　B. 震动

C. 潮湿　　　　　　　　　　　　D. 日光

答案：B

3368. 计算机硬盘属于（ ）。

A. 输出设备　　　　　　　　　　B. 输入设备

C. 内存储设备　　　　　　　　　D. 外存储设备

答案：D

3369. 内网计算机正确更新系统补丁库的方式是（ ）。

A. 将桌面系统接到互联网更新补丁库

B. 通过级联方式从上级单位服务器获取补丁

C. 终端更新补丁后，将补丁文件上传到服务器

D. 不能更新

答案：B

一、单项选择题

3370. 计算机指令系统中寻址方式取得操作数最慢的是（　　）。

A. 寄存器间寻址　　　　　　　　　B. 基址寻址

C. 存储器间寻址　　　　　　　　　D. 相对寻址

答案：C

3371. 将计算机 D 盘的文件系统由 FAT32 无损转换为 NTFS 的命令是（　　）。

A. format D:/fs:ntfs　　　　　　　B. convert D:/fs:ntfs

C. dcpromo D:/fs:ntfs　　　　　　D. 以上选项均不正确

答案：B

3372. 开机后按（　　）键可以进入 Windows 操作系统的安全模式。

A. F1　　　　　　　　　　　　　　B. F8

C. Delete　　　　　　　　　　　　D. Alt

答案：B

3373. 可以同时打开的应用程序窗口数是（　　）。

A. 一个　　　　　　　　　　　　　B. 二个

C. 三个　　　　　　　　　　　　　D. 多个

答案：D

3374. 利用终端端口管理，不可以（　　）。

A. 查看远程计算机连接协议类型、　B. 查看远程计算机 IP 地址、端口号

C. 远程切断连接端口　　　　　　　D. 远程启动端口

答案：D

3375. 利用终端管理中的"运行程序"，不可以做到（　　）。

A. 强行指定客户端运行以 EXE 为后缀的程序

B. 强行指定客户端运行以 COM 为后缀的程序

C. 强行指定客户端运行以 BAT 为后缀的程序

D. 强行指定客户端运行任何后缀的程序

答案：D

3376. 默认安装的 Windows XP 操作系统中会有（　　）个可登录的用户。

A. 1　　　　　　　　　　　　　　　B. 2

C. 3　　　　　　　　　　　　　　　D. 4

答案：B

3377. 某客户端计算机，能够访问企业内部网站，无法访问企业内部办公自动化系统，（　　）不会导致这个问题。

A. 域名解析 DNS 系统存在故障　　　B. 客户端计算机的子网掩码设置有误

C. 交换机 ACL 设置有误　　　　　　D. 边界防火墙故障

答案：D

3378. 屏幕保护程序能够（　　）。

A. 节约电能　　　　　　　　　　　B. 延长计算机显示器寿命

C. 保护 CPU　　　　　　　　　　　D. 保护电源

答案：B

3379. 如需对网络上的共享文件进行强行指定访问，可以使用（　　）命令。

A. net use //ip//share username/pass　　　B. net use //ip//share pass/username

C. net use //ip//share pass /user:username　　D. net use //ip//share pass/user:username

答案：C

3380. 软件分发策略可以通过桌面系统服务器向客户端分发各种文件，下面描述错误的是（　　）。

A. 可以指定终端接收分发文件的路径

B. 管理员上传需要分发的文件时，不能上传桌面路径的文件

C. 可以检测终端是否已安装、已存在分发的文件

D. 文件分发失败后，没有相应记录

答案：D

3381. 若通过桌面系统对终端施行 IP、MAC 地址绑定，该网络 IP 地址分配方式应为（　　）。

A. 静态　　　　　　　　　　　　　B. 动态

C. 静态达到 50% 以上即可　　　　　D. 均可

答案：A

3382. 设置隐藏共享的方式是在共享资源的共享名后加上（　　）符号。

A. $　　　　　　　　　　　　　　B. &

C. !　　　　　　　　　　　　　　D. #

答案：A

3383. 使用 FORMAT 命令加参数 S，在硬盘上不会产生的文件是（　　）。

A. COMMAND. COM　　　　　　　　B. IO. SYS

C. AUTOEXE. BAT　　　　　　　　　D. MSDOS. SYS

答案：C

3384. 使用 Ghost 程序在做整盘对拷时，假如目标盘容量大于源盘，结果会是（　　）。

A. 多余的空间会单独闲置出来重新创建

B. Ghost 程序会按比例重新增加调整每个分区容量

C. Ghost 会报错无法复制

D. 以上答案都不对

一、单项选择题

答案：B

3385. 数据传输率是衡量硬盘速度的一个重要参数，分为内部和外部传输率，其内部传输率是指（　　）。

A. 硬盘的高缓到内存　　　　　　B. CPU 到 Cache

C. 内存到 CPU　　　　　　　　　D. 硬盘的磁头到硬盘的高缓

答案：D

3386. 通过设置浏览器的安全选项中的（　　）设置可以拒绝访问的网站。

A. Internet 站点　　　　　　　　B. 本地 Intranet

C. 受信任站点　　　　　　　　　D. 受限制站点

答案：D

3387. 通过注册后的加密 U 盘的（　　）保存限于内网访问的文件。

A. 交换区　　　　　　　　　　　B. 保密区

C. 启动区　　　　　　　　　　　D. 移动区

答案：B

3388. 为了保障 Windows 客户端不感染计算机病毒，（　　）措施不正确。

A. 提高安全意识和防范技能，合理使用网络资源

B. 使用足够复杂的操作系统密码

C. 在组策略中开启对账户登录、对象访问、过程追踪的安全审计功能

D. 不访问不可靠的网站，不安装、运行来源不明的软件、插件

答案：C

3389. 系统启动时蓝屏通常不会由（　　）情况造成。

A. 内存条故障　　　　　　　　　B. 键盘线接触不良

C. 硬盘工作模式设置不当　　　　D. 某些声卡驱动安装错误

答案：B

3390. 下列（　　）协议是基于 Client/Server 的访问控制和认证协议。

A. 802.1X　　　　　　　　　　　B. 802.1D

C. 802.1Q　　　　　　　　　　　D. 802.1W

答案：A

3391. 下列文件属于图像文件的是（　　）。

A. DAT 文件　　　　　　　　　　B. GIF 文件

C. DBF 文件　　　　　　　　　　D. DOC 文件

答案：B

3392. 下面（　　）情况不能在"Windows 安全中心"中查明。

A. 防火墙是否启用
B. 自动更新设置
C. 默认共享的设置
D. 防病毒软件运行状态

答案：C

3393. 下面（　）不是微软操作系统中常见的文件系统。

A. CFS
B. CDFS
C. FAT
D. NTFS

答案：A

3394. 下面对专用移动存储介质交换区与保密区登录密码描述正确的是（　）。

A. 交换区与保密区登录密码须分别设置

B. 输入一次密码即可同时登录交换区与保密区

C. 交换区可使用空口令登录

D. 交换区可使用空口令登录，保密区需输入登录密码

答案：A

3395. 下面关于扩展分区和逻辑分区的说法，正确的是（　）。

A. 一个扩展分区可以划分为多个逻辑分区

B. 一个逻辑分区可以划分为多个扩展分区

C. 扩展分区与逻辑分区是相互独立的

D. 必须先建立逻辑分区，才能创建扩展分区

答案：A

3396. 安全移动存储介质按实际使用需求可以划分为（　）。

A. 交换区和保密区
B. 验证区和保密区
C. 交换区和数据区
D. 数据区和验证区

答案：A

3397. 以下对终端安全事件审计内容描述正确的是（　）。

A. 对桌面终端系统密码设置的告警信息进行审计，审计内容包括单位名称、部门名称、使用人、联系电话、IP地址、密码设置违规情况、登录用户、报警时间等

B. 对桌面终端系统用户权限变化的告警信息进行审计，审计内容包括单位名称、部门名称、使用人、联系电话、IP地址、变化情况、登录用户、报警时间等

C. 对桌面终端网络流量的告警信息进行审计，审计内容包括单位名称、部门名称、使用人、联系电话、IP地址、流量情况、登录用户、报警时间等

D. 以上选项全部正确

答案：D

3398. 以下哪种方式不能使桌面终端标准化管理系统客户端程序版本或功能升级？（　）

一、单项选择题

A. 扫描仪扫描　　　　　　　　　　B. 通过软件分发策略下发升级文件

C. 重装操作系统　　　　　　　　　D. 通过客户端升级策略

答案：C

3399. 在"设备管理器"窗口中，如果某个设备前出现黄色的问号或叹号，则表明（　）。

A. 没有安装此设备　　　　　　　　B. 此设备损坏，系统无法识别

C. 此设备驱动程序未能正确安装　　D. 此设备正常工作，但驱动程序不是最新版本

答案：C

3400. 在 Windows 环境下，DHCP 客户端可以使用（　）命令重新获得 IP 地址。

A. ipconfig /release　　　　　　　B. ipconfig /reload

C. ipconfig /renew　　　　　　　　D. ipconfig /all

答案：C

3401. 在 Windows 中，将整个桌面画面复制到剪贴板的操作是（　）。

A. Print Screen　　　　　　　　　 B. Ctrl+Print Screen

C. Alt+Print Screen　　　　　　　 D. Shift+Print Screen

答案：A

3402. 在 Windows 中使用（　）命令可以检查磁盘碎片。

A. Defrag 驱动器　　　　　　　　　B. Defrag 驱动器 -a

C. Defrag 驱动器 -v　　　　　　　 D. Defrag 驱动器 -v

答案：B

3403. 在 WPS 文件中，经常会出现一些跨页的表格，但是如果每页都需要同样的重复标题行，（　）操作最为快捷。

A. 将标题行进行拷贝，然后在每页首行进行粘贴

B. 选择工具栏上的格式刷，在每页首行刷一遍

C. 对页面设置进行调整

D. 选择首页的标题行，然后选择菜单下的"表格｜标题行重复"

答案：D

3404. 在系统菜单的"开始—运行"里执行 sfc /scannow 命令的作用是（　）。

A. 立即扫描所有受保护的系统文件，并用正确的 Microsoft 版本替换错误的版本

B. 在重新启动计算机时一次性扫描所有受保护的系统文件

C. 在每次启动计算机时都扫描所有受保护的系统文件

D. 立即清空文件缓存并扫描所有受保护的系统文件

答案：A

3405. 终端安全运行指标中，属于 5 分钟上报周期的指标是（　）。

A. 终端注册率 B. 安装防病毒软件的终端数
C. 违规外联告警数 D. 补丁安装率

答案：A

3406. 终端违规行为的安全警告不包括（　　）。

A. 对桌面终端登录 OA 输错密码进行警告　　B. 对桌面终端存在的弱口令情况进行警告
C. 对桌面终端系统用户权限变化进行警告　　D. 对网络桌面终端网络流量进行监控报警

答案：A

3407. 终端文件保护及审计属于（　　）。

A. 终端安全管理 B. 终端行为管理
C. 终端资产管理 D. 终端软件管理

答案：B

3408. 注册表中，（　　）根键定义了当前用户的所有配置。

A. HKEY_CLASSES_ROOT B. HKEY_CURRENT_USER
C. HKEY_LOCAL_MACHINE D. HKEY_USERS

答案：B

3409. 桌面系统中，数据重整的作用是（　　）。

A. 删除 IP 和 MAC 重复的数据 B. 区域 IP 范围改变
C. 长时间未使用 D. 以上选项全部正确

答案：D

3410. 桌面终端标准化管理系统的配置、策略、审计等数据信息保存在数据库中，数据库文件是（　　）。

A. Uninstalledp.exe B. Vrvpolicy.xml
C. Script.sql D. Vrveis.ldf、vrveis.mdf

答案：D

3411. 桌面终端标准化管理系统客户端注册时提示（　　）信息时，表示客户端探头已经注册完毕，但还没有与区域管理器通信。

A. 注册成功 B. 缺省注册成功
C. 注册失败 D. 以上选项都不是

答案：B

3412. 某单位外包开发的软件在使用前应该（　　）。

A. 执行全面的安全性测试 B. 直接使用
C. 仅对关键程序进行检查 D. 仅对核心程序检查

答案：A

一、单项选择题

3413. Windows XP 安装 SP3 补丁后，（　）可解决电子公文传输系统中 CEB 文件打开无文件头现象。

A. 禁用防火墙　　　　　　　　　　B. 重启计算机
C. 安装 3.2 版本以上 Apabi 阅读软件　　D. 要求发文部门重发文件

答案：C

3414. Windows 环境下，打印机无法打印时应检查（　）系统服务是否启用。

A. Alerter　　　　　　　　　　　B. Server
C. Print Spooler　　　　　　　　D. QoS RSVP

答案：C

3415. 下列性能指标中，反映扫描仪的图像扫描清晰程度的是（　）。

A. 色彩位数　　　　　　　　　　B. 分辨率
C. 扫描幅面　　　　　　　　　　D. 与主机的接口

答案：B

3416. 下面有关 NTFS 文件系统的描述中不正确的是（　）。

A. NTFS 可自动修复磁盘错误　　　B. NTFS 可防止未授权用户访问文件
C. NTFS 没有磁盘空间限制　　　　D. NTFS 支持文件压缩功能

答案：C

3417. 通过以下哪种方式传输文件速度最快？（　）

A. 802.3u 标准的局域网　　　　　B. USB 2.0 Full Speed
C. USB 2.0 High-Speed　　　　　D. 802.11n 标准的无线网络

答案：C

3418. WPS 表格中，在使用"条件格式"时，最多只能设置（　）种条件。

A. 4　　　　　　　　　　　　　　B. 3
C. 2　　　　　　　　　　　　　　D. 1

答案：B

3419. 从网页中复制内容到 WPS 文件中，仅保留内容，不复制任何格式，应执行以下（　）操作。

A. "编辑"菜单中的"粘贴"
B. "编辑"菜单中"选择性粘贴"中的"无格式文本"
C. "编辑"菜单中"选择性粘贴"中的"带格式文本（html）"
D. "编辑"菜单中"选择性粘贴"中的"WPS 文字数据"

答案：B

3420. WPS 表格中，如果希望将数值设置为人民币大写，应该在单元格格式中选择（　）

下的"人民币大写"格式。

A. 数值格式　　　　　　　　　　B. 特殊格式

C. 会计专用　　　　　　　　　　D. 货币格式

答案：B

3421. 桌面系统区域管理器默认使用的端口为 88 端口，若该端口被其他应用程序占用时，将自动更改为（　）端口。

A. 80　　　　　　　　　　　　　B. 188

C. 288　　　　　　　　　　　　 D. 2388

答案：B

3422. 以下终端违规行为安全告警事件不包括（　）。

A. 对桌面终端注册表键值与管理员设置不符的情况进行告警

B. 对桌面终端登录邮箱输错密码进行告警

C. 对桌面终端运行资源进行监控报警，当桌面终端的 CPU、内存、硬盘等的资源占用率和剩余空间超过管理员设定阈值时进行告警

D. 对桌面终端违规外联行为进行告警

答案：B

3423. 下面对桌面终端标准化管理系统软件分发描述不正确的是（　）。

A. 可进行 exe、txt 类型的软件分发功能

B. 可以对软件分发是否成功进行查询

C. 管理员不可以对文件分发到桌面终端后的路径进行设置

D. 软件分发策略的制定，对不同的桌面终端提供不同的软件分发功能

答案：C

3424. 以下对补丁检测工作方式描述不正确的是（　）。

A. 自动对桌面终端进行补丁检测，并对补丁状况做出统计

B. 通过设置，桌面终端只有在指定的时间点才能执行补丁管理的策略

C. 桌面终端根据自身的版本、语言环境选择适当的补丁进行安装

D. 桌面终端应将服务器所有补丁下载到本地，再根据策略进行选择性安装

答案：D

3425. 通过桌面系统，终端点一点控制终端访问审计功能，可以远程实时审计客户端的访问（　）。

A. 终端访问的页面　　　　　　　B. 终端拷贝过的文件

C. 终端上传的文件　　　　　　　D. 终端下载的文件

答案：A

一、单项选择题

3426. 通过桌面系统终端管理功能，终端点—点控制中的修改网络配置不能远程修改客户端机器的（　）配置。

A. 计算机名称　　　　　　　　B. IP 地址

C. 网关　　　　　　　　　　　D. DNS

答案：C

3427. 桌面终端标准化管理系统区域管理器配置中，非必需配置的选项是（　）。

A. 区域管理器配置名称　　　　B. 区域管理器配置 IP 地址

C. 机构代码　　　　　　　　　D. 管理器标识

答案：C

3428. 关于域环境中的认证方式，描述正确的是（　）。

A. 域环境中，默认的认证方式是 NTLM

B. 域环境中，默认先使用 NTLM 进行认证，失败后使用 kerberos 认证

C. 域环境中，默认的认证方式是 LM

D. 域环境中，默认先使用 kerberos 进行认证，失败后使用 NTLM 认证

答案：D

3429. 以下对桌面终端标准化管理系统客户端程序卸载的方式不正确的是（　）。

A. 在客户端桌面，开始—运行输入"uninstalledp"获取卸载密码卸载

B. 桌面终端标准化管理系统终端管理终端点—点控制卸载

C. 通过下发策略设置客户端定时卸载

D. 在控制面板中，通过添加/删除卸载

答案：D

3430. 安全移动存储介质管理系统从（　）对文件的读写进行访问限制和事后追踪审计。

A. 保密性和完整性　　　　　　B. 主机层次和服务器层次

C. 主机层次和传递介质层次　　D. 应用层次和传递介质层次

答案：C

3431. 下列对桌面系统共享目录查询描述不正确的是（　）。

A. 可通过共享名、共享模式查询　　B. 查询到共享文件后，能够以只读模式查看

C. 可查询共享路径　　　　　　　　D. 查询内容结果包括部门名称、使用人、IP 地址

答案：B

3432. 依据《电力行业信息系统等级保护定级工作指导意见》，国家电网公司信息系统的安全保护等级不包括（　）。

A. 二级　　　　　　　　　　　B. 三级

C. 四级　　　　　　　　　　　D. 五级

答案：D

3433. 在Windows中，剪贴板是程序和文件间用来传递信息的临时存储区，此存储器是（ ）。

A. 回收站的一部分   B. 硬盘的一部分
C. 内存的一部分   D. 软盘的一部分

答案：C

3434. 共享权限可分为（ ）种。

A. 1   B. 2
C. 3   D. 4

答案：C

3435. 外网邮件发送附件大小限制为（ ）。

A. 10M   B. 20M
C. 30M   D. 40M

答案：A

3436. NTFS 权限中，文件夹有（ ）种标准权限，文件有（ ）种标准权限。

A. 5，3   B. 5，6
C. 6，5   D. 3，5

答案：C

3437. Windows XP 能够升级到哪个版本的 Windows Server 2003？（ ）

A. 标准版   B. 企业版
C. 数据中心版   D. 以上都不对

答案：D

3438. 在 NTFS 分区 C 中，某一个经过 NTFS 压缩的文件 File 从文件夹 A 移动到另一个 FAT32 分区 D 的文件夹 B 内，其压缩属性（ ）。

A. 属性消失   B. 继承文件夹 B
C. 保持不变   D. 以上选项均不正确

答案：A

3439. 以下哪个操作系统能够升级到 Windows Server 2003？（ ）

A. Windows 98   B. Windows XP
C. Windows 2000 Server   D. Windows Me

答案：C

3440. 在 NTFS 分区 C 中，有一个文件夹 A，对用户 Eric 设置 A 的共享权限为完全控制，NTFS 权限为只读，当 Eric 通过网络访问 A 时，他所得到的权限为（ ）。

A. 完全控制   B. 只读

C. 修改　　　　　　　　　　　　D. 以上选项都不对

答案：B

3441. 网络操作系统是指安装在服务器上的操作系统，下面哪项是不正确的？（　　）

A. UNIX　　　　　　　　　　　　B. Windows 2003 Server

C. Windows 2000 Server　　　　　D. Windows XP Professional

答案：D

3442. 具有 EFS 功能的文件系统是（　　）。

A. FAT　　　　　　　　　　　　B. FAT32

C. FAT64　　　　　　　　　　　D. NTFS

答案：D

3443. Windows 2003 系统环境下，终端服务（TS）客户端软件的源文件位于 Windows 系统夹的（　　）。

A. System32/clients　　　　　　　B. System32/clients/tsclient/win32

C. Clients/tsclient/win32　　　　　D. System32/tsclients

答案：B

3444. 支持 NTFS 分区的操作系统不包括（　　）。

A. Windows XP　　　　　　　　　B. Windows 98

C. Windows 2000　　　　　　　　D. Windows 2003

答案：B

3445. 在 Windows 系统中，如果要输入 DOS 命令，则在"运行"对话框中输入（　　）。

A. CMD　　　　　　　　　　　　B. MMC

C. AUTOEXE　　　　　　　　　　D. TTY

答案：A

3446. 以下不是 NTFS 标准权限的是（　　）。

A. 修改　　　　　　　　　　　　B. 完全控制

C. 删除　　　　　　　　　　　　D. 只读

答案：C

3447. 查看本机 TCP/IP 配置时可使用（　　）命令。

A. ipconfig　　　　　　　　　　　B. netstat

C. arp　　　　　　　　　　　　　D. renew

答案：A

3448. 下列哪项不是事件日志中的事件类型？（　　）

A. 信息　　　　　　　　　　　　B. 告警

C. 错误　　　　　　　　　　　D. 提示

答案：D

3449. 访问局域网络上的计算机时，下面哪种方式是不对的？（　　）

A. 使用网上邻居　　　　　　　B. 在运行栏输入 UNC 路径

C. 搜索计算机　　　　　　　　D. 本地连接

答案：D

3450. Windows Server 2003 的四个版本中，不能作为域控制器的是（　　）。

A. Web 版　　　　　　　　　　B. 标准版

C. 企业版　　　　　　　　　　D. 数据中心

答案：A

3451. 终端安全防护中重点终端类型包括（　　）。

A. 配电网子站终端　　　　　　B. 信息内、外网办公计算机终端

C. 信息采集类终端　　　　　　D. 以上选项都正确

答案：D

3452. 信息网络管理包括哪些管理工作（　　）。

A. IP 资源管理　　　　　　　　B. 网络互连

C. 信息网接入　　　　　　　　D. 以上选项都包括

答案：D

3453. 设备变更后，需要在（　　）内更新设备台账。

A. 4 小时　　　　　　　　　　B. 8 小时

C. 12 小时　　　　　　　　　 D. 24 小时

答案：D

3454. 对于私自改动办公内网 IP 地址的行为，以下描述正确的是（　　）。

A. 所在部门可取消其接入信息网络资格

B. 信息化职能管理部门可取消其接入信息网络资格

C. 在不影响他人使用的情况下，可以更改

D. 以上选项都可以

答案：B

3455. 信息内网桌面终端标准化管理系统采用几级部署模式？（　　）

A. 一级　　　　　　　　　　　B. 二级

C. 三级　　　　　　　　　　　D. 四级

答案：C

3456. 已注册桌面系统客户端程序的终端通过补丁自动分发策略下载和安装补丁的过程，

一、单项选择题

下面哪一项描述是正确的？（　　）

A. 下载全部补丁，重新安装全部补丁

B. 下载全部补丁，只安装该终端所缺少的补丁

C. 根据客户端程序对该终端检测的结果，下载该终端缺少的补丁，并安装这些补丁

D. 以上描述全部错误

答案：C

3457. 桌面管理系统中审计账户（Audit）审计的内容包括（　　）。

A. 管理员登录的时间、IP 地址　　　B. 管理员修改、下发、启用系统策略的记录

C. 管理员删除告警数据的记录　　　D. 以上选项全部正确

答案：D

3458. 在数据查询中，对设备有三种处理方式，即"保护""信任""阻断"，其中"保护"的作用是（　　）。

A. 保护设备不被 ARP 攻击阻断　　　B. 禁止修改 IP 与 MAC 地址

C. 禁止修改终端操作系统的注册表　　D. 使注册终端不受策略限制

答案：A

3459. 终端注册桌面终端标准化管理系统客户端程序时显示 IP 段没有分配、找不到所属区域，原因是（　　）。

A. 没有将该客户端所在的 IP 范围添加到允许注册的 IP 范围内

B. 终端与服务器之间有防火墙

C. 服务器端区域管理器没有打开

D. 以上描述全部错误

答案：A

3460. 下列对于敏感信息的查询中，上外网痕迹查询内容，描述不正确的是（　　）。

A. 可查询终端上外网地址　　　　　B. 可通过 IE 缓存检测查询

C. 可通过 Cookie 信息检测查询　　　D. 可通过收藏夹检测查询

答案：A

3461. 移动存储介质制作时，"支持灾难恢复"选项是指（　　）。

A. 支持数据恢复　　　　　　　　　B. 支持密码重置

C. 支持数据自动备份到服务器　　　D. 支持本地自动备份考入专用介质数据

答案：B

3462. 正确更新桌面终端标准化管理系统补丁库的方式是（　　）。

A. 将桌面系统接到互联网更新补丁库

B. 通过级联方式从上级单位服务器获取补丁

C. 终端更新补丁后，将补丁文件上传到服务器

D. 不能更新

答案：B

3463. 使用桌面终端标准化管理系统做软件分发时，关于上传文件描述正确的是（　　）。

A. 所有计算机都可以上传文件到服务器

B. 只有注册了的计算机可以上传文件到服务器

C. 只有指定授权的注册计算机可以上传文件到服务器

D. 只有指定授权的注册或非注册计算机可以上传文件到服务器

答案：B

3464. 以下不是桌面系统审计用户 Audit 可以审计的信息是（　　）。

A. USB 标签制作查询　　　　B. 用户操作日志

C. 用户补丁下载日志　　　　D. 策略操作日志

答案：C

3465. 安全移动存储介质保密区（　　）在外网终端上拷贝、读取数据。

A. 不能　　　　　　　　　　B. 输入登录密码后可以

C. 格式化启动区后可以　　　D. 删除启动区文件后可以

答案：A

3466. 使用防违规外联策略对已注册计算机违规访问互联网进行处理，下面哪一项是系统不具备的？（　　）

A. 断开网络　　　　　　　　B. 断开网络并关机

C. 仅提示　　　　　　　　　D. 关机后不允许再开机

答案：D

3467. 关于 Windows 用户口令的有效期，下列描述正确的是（　　）。

A. 超过有效期之后系统会自动废止当前的用户口令，用户必须重新向管理员申请口令

B. 系统只允许每个用户设置自己口令的有效期

C. 即使设置了有效期，在有效期之内和之外，用户依然可以随意更改口令

D. 可以在计算机管理中设置口令的有效期

答案：C

3468. 桌面管控系统服务器级联时所使用的端口是（　　）。

A. 80、88、2388、2399　　　　B. 80、88、2388、2399、22105

C. 80、88、22105　　　　　　D. 88、22105

答案：A

3469. 在互联网和信息内网上发布所有信息必须履行（　　）发布流程。

A. 审计 B. 审核

C. 申请 D. 审查

答案：B

3470. 策略编辑完成，按 IP 地址分配对象分发策略时，应该将输入法调整为英文，IP 与 IP 之间用（ ）号隔开。

A. "," B. "."

C. "\" D. ";"

答案：D

3471. 在（ ）文件里，可以显示出当前系统所有用户的 UID 和 GID。

A. /etc/id B. /etc/passwd

C. /etc/group D. /etc/profile

答案：B

3472. 桌面终端标准化管理系统级联状态下，上级服务器制定的强制策略，下级管理员是否可以修改、删除？（ ）

A. 下级管理员无权修改，不可删除 B. 下级管理员无权修改，可以删除

C. 下级管理员可以修改，可以删除 D. 下级管理员可以修改，不可删除

答案：A

3473. 由 5 块 500G 硬盘组成的 RAID 5 容量是（ ）。

A. 3T B. 2.5T

C. 2T D. 1.5T

答案：C

3474. HBA 卡的接口为（ ）。

A.RJ-45 B.PS/2

C.USB D.FC

答案：D

3475. 如果管理员想让工作组中的用户能够配置本机的网络 IP，但是又不想让他们拥有其他的管理权限，那么应该将其加入（ ）组。

A. Administrators B. Power users

C. Users D. Network configuration operators

答案：D

3476. 系统管理员口令修改间隔不得超过（ ）个月。

A. 1 B. 2

C. 3 D. 6

答案：C

3477. 在 Windows XP 中，要将当前窗口中的全部内容拷入剪贴板，应该使用（　）。

A. Print Screen
B. Alt+Print Screen
C. Ctrl+Print Screen
D. Ctrl+P

答案：B

3478. （　）设备既是输入设备又是输出设备。

A. 键盘
B. 打印机
C. 硬盘
D. 显示器

答案：C

3479. 基本磁盘最多能够划分（　）个主分区。

A. 1
B. 2
C. 3
D. 4

答案：D

3480. 在 Windows 7 的各个版本中，支持功能最多的是（　）。

A. 家庭普通版
B. 家庭高级版
C. 专用版
D. 旗舰版

答案：D

3481. 如果手动配置 IP，（　）是必须的。

A. 手动配置 IP 地址 / 子网掩码
B. 手动配置 WINS 服务器
C. 手动配置 DNS 服务器
D. 手动配置缺省网关

答案：A

3482. 以下（　）命令用于查看网卡的 MAC 地址。

A. ipconfig /release
B. ipconfig /renew
C. ipconfig /all
D. ipconfig /registerdns

答案：C

3483. 查看编辑操作系统本地策略，可以在开始 / 运行中输入（　）。

A. edit.msc
B. gpedit.msc
C. regedit32
D. regedit

答案：B

3484. 在 NTFS 分区 C 中，某一个经过 NTFS 压缩的文件 File 从文件夹 A 移动到同一分区的另一个文件夹 B 内，其压缩属性（　）。

A. 保持不变
B. 继承文件夹 B
C. 属性消失
D. 以上选项都不对

一、单项选择题

答案：A

3485. 将 FAT 转换为 NTFS 分区的完整命令是（　　）。

A. convert 需要转换的盘符：/fs:fat　　　B. convert 需要转换的盘符：/fs:ntfs

C. chang 需要转换的盘符：/fs:ntfs　　　D. chang 需要转换的盘符：/fs:fat

答案：B

3486. 以下密码符合强密码规则的是（　　）。

A. 200601099691　　　B. qweArty12345！

C. abcdefghijklmnopq　　　D. adfdf123sfas

答案：B

3487. 计算机系统在使用一段时间后，会产生很多没用的文件，清除系统中这些文件的方法是（　　）。

A. 磁盘清理　　　B. 磁盘碎片整理

C. 磁盘查错　　　D. 找出这些没用的文件并删除

答案：A

3488. 涉密信息查询的方式包括（　　）。

A. 策略文件检查　　　B. 策略动态检查

C. 用户自查　　　D. 以上选项均正确

答案：D

3489. 按照默认设置安装完桌面终端标准化管理系统后，首次通过浏览器访问 Web 管理页面，应在 IE 地址栏输入（　　）。

A. http://*.*.*.*　　　B. http://*.*.*.*/edp

C. http://*.*.*.*/index.asp　　　D. http://*.*.*.*/vrveis

答案：D

3490. 桌面终端标准化管理系统最多可以支持（　　）级联。

A. 一级　　　B. 二级

C. 三级　　　D. 三级以上

答案：D

3491. 桌面终端标准化管理系统服务器端相关组件的正确安装顺序为（　　）。

A. SQL Server 数据库，IIS 6.0 服务，安装 WinPcap 驱动程序，初始化数据库，安装网页平台，安装区域管理器

B. 安装 WinPcap 驱动程序，初始化数据库，安装网页平台，安装区域管理器，IIS 6.0 服务，SQL Server 数据库

C. 安装网页平台，安装区域管理器，IIS 6.0 服务，安装 WinPcap 驱动程序，SQL Server

— 481 —

数据库，初始化数据库

D. 安装顺序不分前后

答案：A

3492. 对于"一机两用"描述正确的是（　　）。

A. 同一台计算机既上信息内网，又上信息外网或互联网

B. 同一台计算机只能上信息内网，不能上信息外网或互联网

C. 同一台计算机不能上信息内网，只能上信息外网或互联网

D. 同一台计算机两个人使用

答案：A

3493. 涉及公司重要工作数据必须存放在安全移动存储介质的（　　）。

A. 交换区　　　　　　　　　　B. 启动区

C. 保密区　　　　　　　　　　D. 没有要求，可随意存放

答案：C

3494. 安全移动存储介质应由（　　）统一销毁，并做好记录。

A. 信息运维部门（单位）　　　B. 使用人

C. 使用人在部门　　　　　　　D. 以上选项都正确

答案：A

3495. 以下对桌面终端标准化管理系统审计用户权限描述最全面的是（　　）。

A. 审计所有用户的用户登录日志、用户操作日志、策略操作日志及USB标签制作查询

B. 审计超级用户的用户登录日志、操作日志

C. 审计所有用户的用户操作日志、策略操作日志

D. 审计所有用户的用户登录日志、用户操作日志

答案：A

3496. 移动存储介质在客户端的接入、读取、写入情况，能够通过桌面终端标准化管理系统导出（　　）格式报表。

A. PPT、PDF　　　　　　　　B. XML、Word

C. XML、Excel　　　　　　　D. Excel、Word

答案：D

3497. 移动存储介质密码还原机可设置为（　　）模式。

A. 5+1　　　　　　　　　　　B. 6+1

C. 7+1　　　　　　　　　　　D. 8+1

答案：A

3498. 桌面终端标准化管理系统正确更新操作系统漏洞补丁库的方式是（　　）。

一、单项选择题

A. 通过互联网获取补丁，移动存储介质拷贝补丁

B. 将桌面终端标准化管理系统接到互联网更新补丁库

C. 重装桌面终端标准化管理系统

D. 不能更新

答案：A

3499. 桌面终端标准化管理系统的用户类型不包括（　　）。

A. 超级用户　　　　　　　　　　B. 普通用户

C. 审计用户　　　　　　　　　　D. 来宾用户

答案：D

3500. 下列操作行为正确的是（　　）。

A. 将下载后的文件立即扫描杀毒　　　　B. 下载打开陌生人发送的 Flash 游戏

C. 从互联网上下载软件后直接双击运行　　D. 打开安全优盘时不预先进行病毒扫描

答案：A

3501. 制作移动存储密码还原设备添加设备 IP 后单击"授权"的含义描述正确的是（　　）。

A. 单击授权后，制作的移动存储密码还原机才能生效

B. 单击授权后，制作的移动存储密码还原机只可以还原由自己制作的移动存储介质密码

C. 单击授权后，制作的移动存储密码还原机可以还原所有制作的移动存储介质密码

D. 单击授权后，制作的移动存储设备标签才可以拿到密码还原机上还原

答案：B

3502. 补丁文件默认情况下存放在桌面终端标准化管理系统服务器（　　）目录下。

A. VRV/RegionManage/Distribute/patch

B. VRV/RegionManage/Distribute/Software

C. VRV/VRVEIS/Distribute/patch

D. VRV/VRVEIS/Distribute/Software

答案：A

3503. 外网补丁下载服务器补丁更新方式为以（　　）方式探测补丁厂商网站补丁更新状况。

A. 不定期　　　　　　　　　　B. 实时

C. 每日随机　　　　　　　　　D. 每月第二周

答案：B

3504. 终端涉密检查的文件动态监控是指（　　）。

A. 在文件打开和关闭的瞬间对此文档进行检索　　B. 随机抽取文档进行检索

C. 文档拷贝过程中，进行检索　　　　　　　　　D. 对删除文档进行检索

答案：A

3505. 终端安全事件统计不包括（　　）。

A. 对桌面终端运行资源的告警数量进行统计

B. 对桌面终端 CPU 型号进行统计

C. 对桌面终端安装杀毒软件的情况进行统计

D. 对桌面终端违规外联行为的告警数量进行统计

答案：B

3506. 在 Windows 的回收站中，可以恢复（　　）。

A. 从硬盘中删除的文件或文件夹　　B. 从软盘中删除的文件或文件夹

C. 剪切掉的文档　　D. 从光盘中删除的文件或文件夹

答案：A

3507. 将十进制 50 转化为二进制数是（　　）。

A. 110110　　B. 101010

C. 110001　　D. 110010

答案：D

3508. 在 PC 机中存储一个汉字需（　　）个字节。

A. 2　　B. 1

C. 3　　D. 4

答案：A

3509. 桌面终端的范围包括信息网的（　　）。

A. 台式机、笔记本电脑、外设　　B. 台式机、笔记本电脑

C. 台式机、外设　　D. 笔记本电脑、外设

答案：A

3510. 已注册桌面系统客户端程序的终端与桌面系统服务器上的区域管理器之间通信使用的两个端口是（　　）。

A. 88，22105　　B. 80，4000

C. 22105，22106　　D. 88，8900

答案：A

3511. 运维人员可通过桌面系统硬件设备控制策略，对终端硬件进行标准化设置，使用禁用功能后，被禁用的设备（　　）。

A. 有时能用，有时不能使用　　B. 重启后可以使用

C. 开机可以使用 10 分钟　　D. 完全不能使用

答案：D

3512. 桌面系统审计数据可以导出为（　　）格式。

一、单项选择题

A. Word、Excel B. PPT、ZIP
C. PDF D. TXT

答案：A

3513. 桌面系统的配置、策略、审计等数据信息保存在数据库中，数据库文件是（ ）。

A. Uninstalledp. exe B. Vrvpolicy. xml
C. Script. sql D. Vrveis. ldf、vrveis. mdf

答案：D

3514. 桌面系统的配置、策略、审计等数据信息保存在数据库中，以 SQL Server 2000 为例，保存的路径是（ ）。

A. X:/Microsoft SQL Server/MSSQL/Data B. X:/VRV/VRVEIS/
C. X:/VRV/RegionManage/ D. X:/VRV/IMSInterface/

答案：A

3515. 信息外网桌面终端标准化管理系统采用（ ）部署模式。

A. 一级 B. 二级
C. 三级 D. 四级

答案：B

3516. 运维人员对安全移动存储介质内的备份数据进行恢复时，必须有（ ）以上相关人员在场。

A. 1 名 B. 2 名
C. 3 名 D. 4 名

答案：B

3517. 运用桌面系统功能，对终端涉密信息查询的方式包括（ ）。

A. 策略文件检查 B. 策略动态检查
C. 用户自查 D. 以上选项均正确

答案：D

3518. 桌面系统服务器端补丁下载默认存放路径是（ ）。

A. X:/vrv/vrveis/Distribute/Patch B. X:/vrv/ RegionManage /Distribute/Patch
C. X:/vrv/vrveis/Distribute D. X:/vrv/ RegionManage /Distribute

答案：B

3519. 桌面终端标准化管理系统访问 Web 管理平台管理员 Admin 密码是用什么方式加密的？（ ）

A. 未加密 B. DES
C. AES D. MD5

答案：D

3520. 假设用户 Guest 拥有文件 Test 的所有权，现在他希望设置该文件的权限使得该文件仅他本人能读、写和执行，如果他用 ls-al 查看设置好的文件权限位，并将显示结果换算成形如 XXX 的数字表达，结果是（ ）。

  A. 566   B. 666

  C. 700   D. 777

答案：C

3521. 如果系统 umask 值为 022，那么系统默认文件权限应该是（ ）。

  A. 755   B. 577

  C. 644   D. 466

答案：C

3522. 在 Vi 编辑器中，保存修改过的文件并退出，所使用的命令是（ ）。

  A. :w!   B. :wq!

  C. :q   D. :q!

答案：B

3523. Linux 文件系统的文件都按其作用分门别类地放在相关的目录中，对于外部设备文件，一般应将其放在（ ）目录中。

  A. /bin   B. /etc

  C. /dev   D. /lib

答案：C

3524. 在 HP-UX 系统中，配置（含网卡地址、激活状态、地址）可通过修改（ ）文件来实现。

  A. /etc/config.d/netconf   B. /etc/rc.config.d/ipconf

  C. /etc/rc.onfig.d/netconf   D. /etc/rc.config/ipconf

答案：C

3525. 在 HP-UX 系统中，以下关于 root 用户的说法正确的是（ ）。

  A. /etc/host.equiv 对 root 用户无效   B. .rhosts 在 /etc/hosts.equiv 之前应用

  C. .rhosts 在 /etc/hosts.equiv 之后应用   D. 使用 Berkley Internet 服务需要提供密码

答案：A

3526. 在 Linux 系统中，提供 DHCP 服务的程序是（ ）。

  A. /etc/networks/dhcpd   B. /usr/sbin/dhcp

  C. /etc/networks/dhcp   D. /usr/sbin/dhcpd

答案：D

3527. 在 HP-UX 系统中，用（ ）文件来配置网络参数如主机名、IP 地址、子网掩码。

A. /etc/rconfig. d/ipconf B. /etc/rconfig. d/ifconf
C. /etc/rconfig. d/netconf D. /etc/rconfig. d/bootconf

答案：C

3528. 在 Linux 系统中，下列哪一个命令可以用来激活服务的不同运行级别（ ）。

A. active B. chkconfig
C. turn D. make level

答案：B

3529. 在 Linux 系统中，/etc/fstab 文件中的（ ）参数一般用于加载 CD-ROM 等移动设备。

A. Adefaults Bsw Crw B. ro Dnoauto
C. Adefaults Bsw Crw 和 ro Dnoauto D. 以上选项都不是

答案：C

3530. 安装 Windows ACtive DireCtory. 所必需的网络服务是（ ）。

A. DHCP B. DNS
C. WINS D. 不必需

答案：B

3531. 在 ISO27001 中，对信息安全描述和说明的是（ ）。

A. 保护信息免受各方威胁

B. 确保组织业务连续性

C. 将信息不安全带来的损失降低到最小，获得最大的投资回报和商业机会

D. 以上选项都是

答案：D

3532. 在 Windows Server 2003 支持的文件系统格式中，能够支持文件权限的设置、文件压缩、文件加密和磁盘配额等功能的文件系统为（ ）。

A. FATl6 B. NTFS
C. FAT32 D. HPFS

答案：B

3533. 查看 EMC 多路径软件的命令是（ ）。

A. fget_config-Av B. powermt display dev=all
C. dlnkmgr view-lu D. sanlun lun show-p

答案：B

3534. 在 Vi 命令中，（ ）命令可以将光标向上移动一行。

A. H B. J
C. K D. L

答案：C

3535. Windows server 2003 操作系统注册表共有 6 个根键，其中（　　）根键用于存储与系统有关的信息。

A. HKEY_USERS
B. HKEY_CLASSES_ROOT
C. HKEY_LOCAL_MACHINE
D. HKEY_PERFORMANCE_DATA

答案：C

3536. 在 Linux 系统中网络管理员对 WWW 服务器进行访问、控制存取和运行等，这些控制可在（　　）文件中体现。

A. http.conf
B. lilo.conf
C. inet.conf
D. resolv.conf

答案：A

3537. 在 Linux 系统中，使用 rpm 命令安装 RPM 包使用的参数是（　　）。

A. -i
B. -v
C. -h
D. -e

答案：A

3538. 在 Linux 系统中，使用 rpm 命令删除 RPM 包使用的参数是（　　）。

A. -i
B. -v
C. -h
D. -e

答案：D

3539. 从资源管理的角度看，操作系统中进程调度是为了进行（　　）。

A. I/O 管理
B. 作业管理
C. 处理机管理
D. 存储器管理

答案：C

3540. 在 Windows Server 2003 操作系统中，通过安装（　　）组件来创建 FTP 站点。

A. IIS
B. IE
C. POP3
D. DNS

答案：A

3541. Linux 的 EXT2/EXT3 文件系统具有属性功能。可以使用（　　）命令列出文件的属性，使用（　　）命令改变文件的属性。

A. lsattr；chattr
B. ls；chmod
C. ls；chattr
D. lsattr；chmod

答案：A

3542. 操作系统的（　　）部分直接和硬件打交道，（　　）部分和用户打交道。

一、单项选择题

A. Kernel；Shell B. Shell；Kernel
C. BIOS；DOS D. DOSS；BIOS

答案：A

3543. 在 Windows 系统中，查看本机开放了哪个端口的命令是（ ）。

A. nmap B. net share
C. net view D. netstat

答案：D

3544. Linux 系统中为了保证在启动服务器时自动启动 DHCP 进程，可将（ ）文件中的 dhcpd=no 改为 dhcpd=yes。

A. rc. inet1 B. lilo. conf C
C. inetd. conf D. http. conf

答案：A

3545. Linux 系统默认使用的 Shell 是（ ）。

A. sh B. bash
C. csh D. ksh

答案：B

3546. 以下命令中，不是用来备份的命令是（ ）。

A. tar B. cpio
C. ctsnap D. backup

答案：C

3547. Linux 提供多种远程联机服务，下面（ ）服务可以实现数据加密通信。

A. Telnet B. Rlogin
C. Ssh D. Bind

答案：C

3548. 系统的 Hosts 文件扩展名是（ ）。

A. tet B. rtf
C. sam D. 没有扩展名

答案：D

3549. 进程和程序的一个本质区别是（ ）。

A. 前者为动态的，后者为静态的 B. 前者存储在内存，后者存储在外存
C. 前者在一个文件中，后者在多个文件中 D. 前者分时使用 CPU，后者独占 CPU。

答案：A

3550. 一个经过 NTFS 压缩的文件，从 C 盘（NTFS 分区）的文件夹 A 中移动到 D 盘（FAT32

分区）的文件夹 B 内，其压缩属性（　　）。

A. 属性消失　　　　　　　　　　B. 继承文件夹 B

C. 保持不变　　　　　　　　　　D. 以上都不对

答案：A

3551. Linux 文件权限一共 10 位长度，分成四段，第三段表示的内容是（　　）。

A. 文件类型　　　　　　　　　　B. 文件所有者的权限

C. 文件所有者所在组的权限　　　D. 其他用户的权限

答案：C

3552. Linux 系统中有多种配置 IP 地址的方法，使用下列的（　　）方法配置以后，新配置的 IP 地址可以立即生效。

A. 修改 /etc/sysconfig/network-script.．s/ifcfg-eth0 文件

B. 使用命令：netconfig

C. 使用命令：ifconfig

D. 修改 /etc/sysconfig/network 文件

答案：C

3553. 在 Windows 系统中，对所有事件进行审核是不现实的，下面不建议审核的事件是（　　）。

A. 用户登录及注销　　　　　　　B. 用户及用户组管理

C. 用户打开、关闭应用程序　　　D. 系统重新启动和关机

答案：C

3554. 在 Windows 系统中，可以设置文件的权限，如果一个用户对一个文件夹有了完全控制权限后，下面（　　）描述是错误的。

A. 用户可以删除该文件夹　　　　B. 用户可以删除该文件夹内的文件夹和文件

C. 用户不可以删除此文件夹内的子文件　　D. 用户可以在该文件夹内创建文件

答案：C

3555. 在 Windows Server 2003 的域安全策略中，如果想实现登录时不显示上次的登录名应该在（　　）中设置。

A. 用户权利指派　　　　　　　　B. 安全选项

C. 用户策略　　　　　　　　　　D. 审计策略

答案：B

3556. 有一台系统为 Windows Server 2003 的计算机，在其 NTFS 分区有一个共享文件夹，用户 xiaoli 对该文件的共享权限为读取，可是他通过网络访问该文件时却收到拒绝访问的提示，可能的原因是（　　）。

A. 用户账户 xiaoli 不属于 Everyone 组　　B. 用户账户 xiaoli 不是该文件的所有者

一、单项选择题

C. 用户账户 xiaoli 没有相应的共享权限　　D. 用户账户 xiaoli 没有相应的 NTFS 权限

答案：D

3557. 中断处理结束后，需要重新选择运行的进程，此时操作系统将控制转到（　　）。

A. 原语管理模块　　　　　　　　　　B. 进程控制模块

C. 恢复现场模块　　　　　　　　　　D. 进程调度模块

答案：D

3558. 下列不属于 Shell 功能的是（　　）。

A. 中断　　　　　　　　　　　　　　B. 文件名的通配符

C. 管道功能　　　　　　　　　　　　D. 输入输出重定向

答案：A

3559. 采用数据交错存储技术，将用于校验的数据集中存储到磁盘阵列的某一个设定的磁盘中，这种技术被称为（　　）。

A. RAID 0　　　　　　　　　　　　　B. RAID 1

C. RAID 3　　　　　　　　　　　　　D. RAID 5

答案：C

3560. 通常见到的 SAN 存储网络拓扑结构，其系统构成主要由服务器（　　）。

A. 交换机和光纤磁盘阵列　　　　　　B. 光纤交换机和磁盘阵列

C. 交换机和磁盘阵列　　　　　　　　D. 光纤交换机和光纤磁盘阵列

答案：D

3561. Oracle 中的（　　）参数用来设置数据块的大小。

A. DB_BLOCK_BUFFERS　　　　　　B. DB_BLOCK_SIZE

C. DB_BYTE_SIZE　　　　　　　　　D. DB_FILES

答案：B

3562. Oracle 中（　　）导致 PL/SQL 中 While 循环结束。

A. 控制传递给 exit 语句　　　　　　　B. Boolean 变量或表达式值为 null

C. Boolean 变量或表达式值为 true　　 D. Boolean 变量或表达式值为 false

答案：D

3563. Oracle 中的（　　）函数能返回字符串的首字符。

A. LTRIM　　　　　　　　　　　　　B. RTRIM

C. MOD　　　　　　　　　　　　　　D. INSERT

答案：B

3564. （　　）是存储在计算机内有结构的数据的集合。

A. 数据库系统　　　　　　　　　　　B. 数据库

C. 数据库管理系统　　　　　　　D. 数据结构

答案：B

3565. Oracle 数据库中表空间与数据文件关系描述正确的是（　　）。

A. 一个表空间只能对应一个数据文件　　B. 一个表空间对应多个数据文件

C. 一个数据文件可以对应多个表空间　　D. 表空间与数据文件没任何对应关系

答案：B

3566. Oracle 数据库中，当数据实例失败的时候，（　　）文件包含着提交的和没有提交的数据。

A. 控制文件　　　　　　　　　　B. 在线日志文件

C. 归档文件　　　　　　　　　　D. 数据文件

答案：B

3567. Oracle 数据库的众多后台进程中，对应重做日志写进程的是（　　）。

A. LGWR　　　　　　　　　　　　B. PMON

C. SMON　　　　　　　　　　　　D. DBWR

答案：A

3568. Oracle 数据库由多种文件组成，以下不是二进制文件的是（　　）。

A. pfile.ora　　　　　　　　　　B. control file

C. spfile　　　　　　　　　　　D. system.bdf

答案：A

3569. Oracle 数据库运行在（　　）模式时启用 ARCH 进程。

A. PARALLEL Mode　　　　　　　B. ARCHIVE LOG Mode

C. NOARCHIVELOG Mode　　　　　D. RAC Mode

答案：B

3570. Oracle 数据库在 Nomount 模式时，以下（　　）命令将数据库启动到 Mount 模式。

A. STARTUP　　　　　　　　　　B. STARTUP MOUNT

C. ALTER DATABASE MOUNT　　　D. ALTER DATABASE OPEN

答案：C

3571. Oracle 数据库中，（　　）命令用于建立文本式的备份控制文件。

A. ALTER DATABASE BACKUP CONTROLFILE TO TRACE

B. ALTER DATABASE BACKUP CONTROLFILE TO BACKUP

C. ALTER DATABASE BACKUP CONTROLFILE TO 'filename'

D. ALTER DATABASE BACKUP CONTROLFILE TO TEXT 'filename'

答案：A

3572. Oracle 数据库中，物理磁盘资源不包括（　　）。

一、单项选择题

A. 控制文件 B. 重做日志文件
C. 数据文件 D. 系统文件

答案：D

3573. Oracle 数据库中的 Schema 是指（ ）。

A. 数据库中对象的物理组织 B. 数据库中对象的逻辑组织
C. 索引的集合 D. 备份方案

答案：B

3574. Oracle 提供的（ ），能够在不同硬件平台上的 Oracle 数据库之间传递数据。

A. 归档日志运行模式 B. RECOVER 命令
C. 恢复管理器（RMAN） D. Export 和 Import 工具

答案：D

3575. Oracle 通过（ ）参数，DBA 可以限制给定数据文件的扩展量。

A. AUTOEXTEND B. MAXSIZE
C. CONTROL_FILES D. SGA_MAX_SIZE

答案：B

3576. Oracle 中，有一个名为 seq 的序列对象，以下哪个语句能返回序列值但不会引起序列值增加？（ ）

A. select seq.ROWNUM from dual B. select seq.ROWID from dual
C. select seq.CURRVAL from dual D. select seq.NEXTVAL from dual

答案：C

3577. Oracle 中，执行语句：SELECT address1||,||address2||,||address3AddressFROM employ; 将会返回（ ）列。

A. 0 B. 1
C. 2 D. 3

答案：B

3578. Oracle 中 SQL 里的字符连接符是（ ）。

A. / B. *
C. || D. #

答案：C

3579. 数据库中的锁一般用于提供（ ）。

A. 数据的可用性和安全性 B. 数据的完整性和一致性
C. 数据的可用性和易于维护性 D. 数据的安全性和排他性

答案：B

3580. Oracle 中，PGA 内存区域不包括（ ）。

A. 会话内存　　　　　　　　　　B. 专用 SQL 区

C. 工作区　　　　　　　　　　　D. 大池

答案：D

3581. SELECT 语句中使用（ ）子句来显示工资超过 5000 的员工。

A. ORDER BY SALARY ⩾ 5000　　B. GROUP BY SALARY > 5000

C. WHERE SALARY ⩾ 5000　　　　D. WHERE SALARY > 5000

答案：D

3582. Oracle 中，SQL 语句中修改表结构的命令是（ ）。

A. MODIFY TABLE　　　　　　　B. MODIFY STRUCTURE

C. ALTER TABLE　　　　　　　　D. ALTER STRUCTURE

答案：C

3583. SQL 语言集数据定义功能、数据操纵功能和数据控制功能于一体。下列语句中，（ ）属于数据控制功能。

A. GRANT　　　　　　　　　　　B. CREATE

C. INSERT　　　　　　　　　　　D. SELECT

答案：A

3584. Unix 系统中的 Oracle 10G RAC 环境下，以下（ ）方式不能停止数据库服务。

A. sqlplus 逐个登录每个 RAC 节点的实例，shutodwn 实例

B. lsnrctl stop 停止对应的监听服务

C. crs_stop 命令停止对应的数据库服务

D. srvctl 命令停止对应在数据库服务

答案：B

3585. 不能激活触发器执行的操作是（ ）。

A. DELETE　　　　　　　　　　　B. UPDATE

C. INSERT　　　　　　　　　　　D. SELECT

答案：D

3586. 下列叙述中关于 Oracle 中部分匹配查询的通配符 "_"，正确的是（ ）。

A. "_" 代表多个字符　　　　　　　B. "_" 可以代表零个或多个字符

C. "_" 不能与 "%" 一同使用　　　　D. "_" 代表一个字符

答案：D

3587. 采用 ASM 存储模式在 Oracle 10G 数据库中，如果在数据库正常运转的情况下，采用 shutdown immediate 命令直接关闭了 ASM 实例，会出现以下什么情况？（ ）

一、单项选择题

A. 依赖该 ASM 实例的数据库在 ASM 实例关闭前，以 shutdown abort 模式关闭

B. 依赖该 ASM 实例的数据库在 ASM 实例关闭后，以 shutdown abort 模式关闭

C. 依赖该 ASM 实例的数据库在 ASM 实例关闭前，以 shutdown immediate 模式关闭

D. 依赖该 ASM 实例的数据库在 ASM 实例关闭后，以 shutdown immediate 模式关闭

答案：C

3588. Oracle 的参数文件中，下列（　　）符号开头的行表示注释行。

A. $ B. %
C. ! D. #

答案：D

3589. 如果应用程序需要的数据已经在内存中，则称作（　　）。

A. Cache Read B. Cache Hit
C. Cache Miss D. Cache Latch

答案：B

3590. 如果在 Oracle 数据库中误删除一个表的若干数据，我们可以采用（　　）技术恢复。

A. FLASHBACK B. DATA MINING
C. RMAN D. 以上选项都不是

答案：A

3591. Oracle 中，如果在新建用户时指定了 IDENTIFIED EXTERNALLY 子句，则说明这个用户符合下列哪种身份验证？（　　）

A. 只能通过数据库进行身份验证

B. 可以通过数据库进行身份验证，并且可以不提供口令

C. 只能通过操作系统进行身份验证

D. 只能通过外部的网络服务进行身份验证

答案：C

3592. 设定允许的 IP 和禁止的 IP，在 Oracle 9i 及以后版本中真正起作用的是（　　）网络配置文件。

A. listener.ora B. lsnrctl.ora
C. sqlnet.ora D. tnsnames.ora

答案：C

3593. 使用（　　）命令在 Oracle Rman 状态下，查看数据库引擎的报错。

A. show log B. print log
C. alert log D. list log

答案：C

3594. 下列哪个 SQL 关键词不可以实现模糊查询？（　　）

A. OR
B. Not between
C. Not IN
D. Like

答案：A

3595. 数据库中事务提交使用的命令通常是（　　）。

A. rollback
B. commit
C. help
D. update

答案：B

3596. 试图在 Oracle 生成表时遇到下列错误：ORA-00955-name is already used by existing object。下列哪种做法无法纠正这个错误？（　　）

A. 以不同的用户身份生成对象
B. 删除现有同名对象
C. 改变生成对象中的列名
D. 更名现有同名对象

答案：C

3597. 输入数据违反完整性约束导致的数据库故障属于（　　）。

A. 事务故障
B. 系统故障
C. 介质故障
D. 网络故障

答案：A

3598. Oracle 中，数据库的默认启动选项是（　　）。

A. MOUNT
B. NOMOUNT
C. READ ONLY
D. OPEN

答案：D

3599. 数据库的特点之一是数据的共享，严格地讲，这里的数据共享是指（　　）。

A. 同一个应用中的多个程序共享一个数据集合
B. 多个用户、同一种语言共享数据
C. 多个用户共享一个数据文件
D. 多种应用、多种语言、多个用户相互覆盖地使用数据集合

答案：D

3600. 数据库管理系统能实现对数据库中数据的查询、插入、修改和删除等操作，这种功能称为（　　）。

A. 数据定义功能
B. 数据管理功能
C. 数据操纵功能
D. 数据控制功能

答案：C

3601. Oracle 数据库启动过程中，在（　　）阶段读取参数文件。

一、单项选择题

A. 打开数据库 B. 装载数据库
C. 实例启动 D. 以上选项均是

答案：C

3602. Oracle 数据库启动和关闭信息记载到下列哪个文件中？（ ）

A. 预警文件 B. 后台进程跟踪文件
C. 用户进程跟踪文件 D. 控制文件

答案：A

3603. Oracle 中数据库运行的状态不包括（ ）。

A. Running B. Nomount
C. Mount D. Open

答案：A

3604. 数据库中，数据的物理独立性是指（ ）。

A. 数据库与数据库管理系统的相互独立
B. 用户程序与 DBMS 的相互独立
C. 用户的应用程序与存储在磁盘上数据库中的数据是相互独立的
D. 应用程序与数据库中数据的逻辑结构相互独立

答案：C

3605. Oracle 数据库系统中用于恢复数据的最重要文件是（ ）。

A. 备份文件 B. 恢复文件
C. 日志文件 D. 备注文件

答案：C

3606. Oracle 中，数据块的（ ）三个部分合称为块头部。

A. 标题、表目录、空闲区 B. 表目录、行目录、行数据区
C. 块头部、行数据、行头部 D. 表目录、行目录、标题

答案：D

3607. Oracle 中，数据字典表和视图存储在（ ）表空间中。

A. USERS TABLESPACE B. SYSTEM TABLESPACE
C. TEMPORARY TABLESPACE D. 以上选项均不是

答案：B

3608. Oracle 中，下列哪个数据字典视图包含存储过程的代码文本？（ ）

A. USER_OBJECTS B. USER_TEXT
C. USER_SOURCE D. USER_DESC

答案：C

3609. 利用（ ）命令，可以停止计算机上的某个服务。

A. sc config　　　　　　　　　B. net stop

C. enable　　　　　　　　　　D. Shut down

答案：B

3610. 位图索引通常适合建立于（ ）的列。

A. 索引基数高　　　　　　　　B. 插入率高

C. 索引基数低　　　　　　　　D. 修改率高

答案：C

3611. 下列哪个不是 Oracle DataGuard 中的运行模式？（ ）

A. MAXIMIZE PROTECTION　　　B. MAXIMIZE PERFORMANCE

C. MAXIMIZE AVAILABILITY　　D. MAXIMIZE STANDBY

答案：D

3612. Oracle 中，下列哪个不是一个角色？（ ）

A. CONNECT　　　　　　　　　B. DBA

C. RESOURCE　　　　　　　　D. CREATE SESSION

答案：D

3613. Oracle 中，（ ）参数用于设置限制用户登录失败的次数。

A. FAILD_LOGIN_ATTEMPTS　　B. PASSWORD_LOCK_TIME

C. PASSWORD_GRACE_TIME　　D. PASSWORD_LIFE_TIME

答案：A

3614. Oracle 中，（ ）参数用于设置用户口令的有效使用时间。

A. FAILD_LOGIN_ATTEMPTS　　B. PASSWORD_LOCK_TIME

C. PASSWORD_GRACE_TIME　　D. PASSWORD_LIFE_TIME

答案：D

3615. 下列哪个进程不是 Oracle 必需的后台进程？（ ）

A. DBWR 数据写入进程　　　　B. LGWR 日志写入进程

C. SMON 系统监视进程　　　　D. ARCn 日志归档进程

答案：D

3616. 下列哪个语句可以查看 Oracle 数据库字符集？（ ）

A. select user ('language') from dual　　B. select language from dual

C. select userenv from dual　　D. select userenv ('language') from dual

答案：D

3617. 下列哪个语句是杀死 Oracle 数据库中会话的命令格式？（ ）

一、单项选择题

A. alter system kill 'SID，SERIAL#'　　B. alter system kill session 'SID，SERIAL#'

C. alter system kill session 'SID'　　D. alter system kill 'SID'

答案：B

3618. Oracle 中，（　　）表空间是运行一个数据库必须的表空间。

A. ROOLBACK　　　　　　　　B. TOOLS

C. TEMP　　　　　　　　　　D. SYSTEM

答案：D

3619. 下列不属于 Oracle 逻辑结构的是（　　）。

A. 区　　　　　　　　　　　B. 段

C. 表空间　　　　　　　　　D. 数据文件

答案：D

3620. 下列哪个 SQL 语句将 USER 表的名称更改为 USERINFO？（　　）

A. ALTER TABLE USER RENAME AS USERINFO

B. RENAME TO USERINFO FROM USER

C. RENAME USER TO USERINFO

D. RENAME USER AS USERINFO

答案：C

3621. 下列哪个不是 Oracle 程序设计中的循环语句？（　　）

A. for...end for　　　　　　　B. loop...end loop

C. while...end loop　　　　　　D. for...end loop

答案：A

3622. 下列系统中不属于关系数据库管理系统的是（　　）。

A. Oracle　　　　　　　　　　B. SQL Server

C. IMS　　　　　　　　　　　D. DB2

答案：C

3623. 下列系统中属于关系数据库管理系统的是（　　）。

A. AIX　　　　　　　　　　　B. DB2

C. IOS　　　　　　　　　　　D. NTFS

答案：B

3624. 下列不属于 Oracle 数据库提供的审计形式的是（　　）。

A. 备份审计　　　　　　　　　B. 语句审计

C. 特权审计　　　　　　　　　D. 模式对象设计

答案：A

3625. 下列对 Oracle 的索引描述正确的是（　　）。

A. 索引是一种数据库对象，可以改变表的逻辑结构

B. 当表中记录增加或删除时，索引结构不发生变化

C. 只有当按指定的索引列的值查找或按索引列的顺序存取表时，才可利用索引提高性能

D. 索引不占用存储空间

答案：C

3626. 下列 Oracle 数据库操作中，（　　）是可以在 RMAN 中执行的。

A. 建立表空间　　　　　　　　　B. 启动数据库

C. 创建用户　　　　　　　　　　D. 为用户授权

答案：B

3627. 下列关于数据库系统的正确叙述是（　　）。

A. 数据库系统减少了数据冗余

B. 数据库系统避免了一切冗余

C. 数据库系统中数据的一致性是指数据类型一致

D. 数据库系统比文件系统能管理更多的数据

答案：A

3628. 在 Oracle 中，要查询已经建立的备份集的信息，应查询（　　）动态性能视图。

A. V$BACKUP　　　　　　　　　B. V$DATAFILE

C. V$BACKUP_SET　　　　　　　D. V$BACKUP_PIECE

答案：C

3629. 要在 Oracle 中使用日期信息的格式掩码。下列哪个函数或语句不适合这个格式掩码？（　　）

A. to_date　　　　　　　　　　　B. to_char

C. alter session set nls_date_format　　D. to_number

答案：D

3630. 要在 Oracle 的 RMAN 中启用控制文件自动备份功能，下列哪个命令是正确的？（　　）

A. CONFIGURE CONTROLFILE AUTOBACKUP

B. CONFIGURE CONTROLFILE AUTOBACKUPON

C. CONFIGURE CONTROLFILE AUTOBACKUP START

D. CONFIGURE CONTROLFILE AUTOBACKUP STARTUP

答案：B

3631. 在 Oracle 中，下列不属于字符数据类型的是（　　）。

A. VARCHAR2　　　　　　　　　B. Long

C. Long raw　　　　　　　　　　D. Clob

一、单项选择题

答案：C

3632. SQL 语言中用于限制分组函数的返回值的子句是（ ）。

A. Where　　　　　　　　　　B. Having

C. Order by　　　　　　　　　D. 无法限定分组函数的返回

答案：B

3633. 在 Oracle 中，下列哪个语句可以查看当前用户下的表？（ ）

A. select * from user_tab_privs　　　B. select * from user_tables

C. select * from user_role_privs　　　D. select * from user_sequences

答案：B

3634. 在 Oracle 中，获取前 10 条记录的关键字是（ ）。

A. Top　　　　　　　　　　B. First

C. Limit　　　　　　　　　　D. Rownum

答案：D

3635. 在 PL/SQL 代码段的异常处理块中，捕获所有异常的关键词是（ ）。

A. Others　　　　　　　　　B. All

C. Exception　　　　　　　　D. Errors

答案：A

3636. 在 SQL 的查询语句中，用于分组查询的语句是（ ）。

A. ORDER BY　　　　　　　B. WHERE

C. GROUP BY　　　　　　　D. HAVING

答案：C

3637. 在 Windows 系统中，Oracle 的（ ）服务是使用 iSQL*Plus 必须的。

A. OracleHOME_NAMETNSListener　　　B. OracleServiceSID

C. OracleHOME_NAMEAge　　　　　　　D. OracleHOME_NAMEHTTPServer

答案：B

3638. 在关系模型中，实现"关系中不允许出现相同元组"的约束是通过（ ）。

A. 候选键　　　　　　　　　B. 主键

C. 外键　　　　　　　　　　D. 超键

答案：B

3639. 在关系数据库管理系统中，创建的视图在数据库三层结构中属于（ ）。

A. 外模式　　　　　　　　　B. 中模式

C. 内模式　　　　　　　　　D. 概念模式

答案：A

3640. 在关系型数据库中，有一个关系：学生（学号、姓名、系别），规定学号的值域是 8 个数字组成的字符串，这一规则属于（　）。

　　A. 实体完整性约束　　　　　　　B. 参照完整性约束

　　C. 用户自定义完整性约束　　　　D. 关键字完整性约束

　　答案：C

3641. 在默认情况下，Oracle 系统检查点的发生频率至少与下列哪个事件的发生次数一致？（　）

　　A. 重做日志切换　　　　　　　　B. 执行 UPDATE 语句

　　C. 执行 INSERT　　　　　　　　D. SMON 合并表空间中的碎片

　　答案：A

3642. 在数据库设计过程中，下列不属于第二范式特征的是（　）。

　　A. 数据冗余　　　　　　　　　　B. 列值重复且内涵

　　C. 更新异常　　　　　　　　　　D. 插入异常

　　答案：B

3643. 在数据库中，产生数据不一致的根本原因是（　）。

　　A. 数据存储量太大　　　　　　　B. 没有严格保护数据

　　C. 未对数据进行完整性控制　　　D. 数据冗余

　　答案：D

3644. 主键对应的关键字是（　）。

　　A. FOREIGN KEY　　　　　　　　B. CHECK

　　C. NOT NULL　　　　　　　　　D. PRIMARY KEY

　　答案：D

3645. Oracle 中，属于 SYSTEM 表空间的数据文件损坏而且没有此文件的可用备份。那么怎样才能恢复这个数据文件？（　）

　　A. 此数据文件无法恢复

　　B. 此数据文件会自动从 SYSTEM 自动备份中恢复

　　C. 将此表脱机、删除，然后通过跟踪文件重建

　　D. 使用 RMAN 恢复这个数据文件

　　答案：A

3646. 在建表时如果希望某列的值在一定的范围内，应建什么样的约束？（　）

　　A. primary key　　　　　　　　B. unique

　　C. check　　　　　　　　　　　D. not null

　　答案：C

3647. 在 CREAT TABLESPACE 语句中使用（　）关键字可以创建临时表空间。

A. TEMP	B. BIGFILE
C. TEMPORARY	D. EXTENT MANAGEMENT LOCAL

答案：C

3648. Oracle 中，用于显示所有表空间描述信息的视图为（　　）。

A. V$TABLESPACE	B. DBA_TABLESPACES
C. USER_TABLESPACES	D. TABLESPACE

答案：B

3649. Oracle 中拥有所有系统级管理权限的角色是（　　）。

A. ADMIN	B. SYSTEM
C. SYSMAN	D. DBA

答案：D

3650. 下列关于 Oracle 10g 的用户口令设置规则错误的是（　　）。

A. 口令不得以数字开头	B. 口令可以与用户名相同
C. 口令不得使用 Oracle 的保留字	D. 口令长度必须在 4~30 个字符

答案：D

3651. 下列不属于 Oracle 数据库状态的是（　　）。

A. OPEN	B. MOUNT
C. CLOSE	D. READY

答案：D

3652. 下列不是 Oracle 中常用的数据对象权限的是（　　）。

A. DELETE	B. REVOKE
C. INSERT	D. UPDATE

答案：B

3653. 关于 Oracle 数据库系统，下列说法中正确的是（　　）。

A. 只要在存储过程中有增、删、改语句，一定加自治事务

B. 在函数内可以修改表数据

C. 函数不能递归调用

D. 以上说法都不对

答案：B

3654. 下列不属于 Oracle 表空间的是（　　）。

A. 大文件表空间	B. 系统表空间
C. 撤销表空间	D. 网格表空间

答案：D

3655. 删除数据库的语句是（　　）。

A. DELETED DATABASE　　　　B. REMOVE DATABASE

C. DROP DATABASE　　　　　　D. UNMOUNT DATABASE

答案：C

3656. Oracle 中，哪种表空间可以被设置为脱机状态？（　　）

A. 系统表空间　　　　　　　　B. 撤销表空间

C. 临时表空间　　　　　　　　D. 用户表空间

答案：D

3657. 关于触发器，下列说法正确的是（　　）。

A. 可以在表上创建 INSTEAD OF 触发器

B. 语句级触发器不能使用":old"和":new"

C. 行级触发器不能用于审计功能

D. 触发器可以显示调用

答案：B

3658. 关闭 Oracle 数据库的命令是（　　）。

A. CLOSE　　　　　　　　　　B. EXIT

C. SHUTDOWN　　　　　　　　D. STOP

答案：C

3659. 当数据库服务器上的一个数据库启动时，Oracle 将分配一块内存区间，叫作系统全局区，英文缩写为（　　）。

A. VGA　　　　　　　　　　　B. SGA

C. PGA　　　　　　　　　　　D. GLOBAL

答案：B

3660. Oracle 中，创建密码文件的命令是（　　）。

A. ORAPWD　　　　　　　　　B. MAKEPWD

C. CREATEPWD　　　　　　　　D. MAKEPWDFILE

答案：A

3661. 数据库中撤销用户指定权限的命令是（　　）。

A. REVOKE　　　　　　　　　B. REMOVERIGHT

C. DROPRIGHT　　　　　　　　D. DELETERIGHT

答案：A

3662. Oracle 密码的复杂度限制中约定，用户密码最少为（　　）个字符。

A. 3　　　　　　　　　　　　B. 4

一、单项选择题

C. 5   D. 6

答案：B

3663. Oracle 管理数据库存储空间的最小数据存储单位是（ ）。

A. 数据块   B. 表空间

C. 表   D. 区间

答案：A

3664. Oracle 分配磁盘空间的最小单位是（ ）。

A. 数据块   B. 表空间

C. 表   D. 区间

答案：D

3665. 在 Oracle 中，当用户要执行 SELECT 语句时，下列哪个进程从磁盘获得用户需要的数据？（ ）

A. 用户进程   B. 服务器进程

C. 日志写入进程（LGWR）   D. 检查点进程（CKPT）

答案：B

3666. 在 Oracle 中，一个用户拥有的所有数据库对象统称为（ ）。

A. 数据库   B. 模式

C. 表空间   D. 实例

答案：B

3667. Oracle 数据库中，通过（ ）可以以最快的方式访问表中的一行。

A. 主键   B. 唯一索引

C. ROWID   D. 全表扫描

答案：C

3668. 在 Oracle 中，有一个教师表 teacher 的结构如下：ID NUMBER（5）NAME VARCHAR2（25）EMAIL VARCHAR2（50）下面哪个语句显示没有 E-mail 地址的教师姓名？（ ）

A. SELECT name FROM teacher WHERE email = NULL

B. SELECT name FROM teacher WHERE email 〈〉 NULL

C. SELECT name FROM teacher WHERE email IS NULL

D. SELECT name FROM teacher WHERE email IS NOT NULL

答案：C

3669. 在 Oracle 中，游标都具有下列属性，除了（ ）。

A. %NOTFOUND   B. %FOUND

C. %ROWTYPE   D. %ROWCOUNT

答案：C

3670. Oracle 中，（　）函数通常用来计算累计排名、移动平均数和报表聚合等。

A. 汇总　　　　　　　　　　　　B. 分析
C. 分组　　　　　　　　　　　　D. 单行

答案：B

3671. 点击率预测是一个正负样本不平衡问题（如 99% 的没有点击，只有 1% 点击）。假如在这个非平衡的数据集上建立一个模型，得到训练样本的正确率是 99%，则下列说法正确的是（　）。

A. 模型正确率很高，不需要优化模型　　B. 模型正确率并不高，应该建立更好的模型
C. 无法对模型做出好坏评价　　　　　　D. 以上说法都不对

答案：B

3672. （　）锁用于锁定表，允许其他用户查询表中的行和锁定表，但不允许插入、更新和删除行。

A. 行共享　　　　　　　　　　　B. 行排他
C. 共享　　　　　　　　　　　　D. 排他

答案：C

3673. Oracle 中，使用（　）命令可以在已分区表的第一个分区之前添加新分区。

A. 添加分区　　　　　　　　　　B. 截断分区
C. 拆分分区　　　　　　　　　　D. 不能在第一个分区前添加分区

答案：C

3674. Oracle 中，（　）分区允许用户明确地控制无序行到分区的映射。

A. 散列　　　　　　　　　　　　B. 范围
C. 列表　　　　　　　　　　　　D. 复合

答案：A

3675. Oracle 中，可以使用（　）伪列来访问序列。

A. CURRVAL 和 NEXTVAL　　　　　B. NEXTVAL 和 PREVAL
C. CACHE 和 NOCACHE　　　　　　D. MAXVALUE 和 MINVALUE

答案：A

3676. 在连接视图中，当（　）时，该基表被称为键保留表。

A. 基表的主键不是结果集的主键　　B. 基表的主键是结果集的主键
C. 基表的主键是结果集的外键　　　D. 基表的主键不是结果集的外键

答案：B

3677. Oracle 中，要以自身的模式创建私有同义词，用户必须拥有（　）系统权限。

A. CREATE PRIVATE SYNONYM　　　B. CREATE PUBLIC SYNONYM

一、单项选择题

C. CREATE SYNONYM   D. CREATE ANY SYNONYM

答案：C

3678. Oracle 中以零作除数时会引发（　　）异常。

A. VALUE_ERROR   B. ZERO_DIVIDE
C. STORAGE_ERROR   D. SELF_IS_NULL

答案：B

3679. Oracle 中，要更新游标结果集中的当前行，应使用（　　）子句。

A. WHERE CURRENT OF   B. FOR UPDATE
C. FOR DELETE   D. FOR MODIFY

答案：A

3680. Oracle 中，用于处理得到单行查询结果的游标为（　　）。

A. 循环游标   B. 隐式游标
C. REF 游标   D. 显式游标

答案：B

3681. Oracle 中，公用的子程序和常量在（　　）中声明。

A. 过程   B. 游标
C. 包规范   D. 包主体

答案：C

3682. Oracle 中，（　　）包用于显示 PL/SQL 块和存储过程中的调试信息。

A. DBMS_OUTPUT   B. DBMS_STANDARD
C. DBMS_INPUT   D. DBMS_SESSION

答案：A

3683. Oracle 中，（　　）参数用于确定是否要导入整个导出文件。

A. CONSTRAINTS   B. TABLES
C. FULL   D. FILE

答案：C

3684. CA 属于 ISO 安全体系结构中定义的（　　）。

A. 认证交换机制   B. 通信业务填充机制
C. 路由控制机制   D. 公证机制

答案：D

3685. PKI 支持的服务不包括（　　）。

A. 非对称密钥技术及证书管理   B. 目录服务
C. 对称密钥的产生和分发   D. 访问控制服务

答案：D

3686. 不能防止计算机感染病毒的措施是（　）。

A. 定时备份重要文件

B. 经常更新操作系统

C. 除非确切知道附件内容，否则不要打开电子邮件附件

D. 重要部门的计算机尽量专机专用与外界隔绝

答案：A

3687. 不属于VPN的核心技术的是（　）。

A. 隧道技术　　　　　　　　B. 身份认证

C. 日志记录　　　　　　　　D. 访问控制

答案：C

3688. 攻击者用传输数据来冲击网络接口，使服务器过于繁忙以至于不能应答请求的攻击方式是（　）。

A. 拒绝服务攻击　　　　　　B. 地址欺骗攻击

C. 信号包探测程序攻击　　　D. 会话劫持

答案：A

3689. 基于网络的入侵监测系统的信息源是（　）。

A. 系统的审计日志　　　　　B. 系统的行为数据

C. 应用程序的事务日志文件　D. 网络中的数据包

答案：D

3690. 数字签名要预先使用单向Hash函数进行处理的原因是（　）。

A. 多一道加密工序使密文更难破译

B. 提高密文的计算速度

C. 缩小签名密文的长度，加快数字签名和验证签名的运算速度

D. 保证密文能正确还原成明文

答案：C

3691. 包过滤防火墙工作在OSI网络参考模型的（　）。

A. 数据层　　　　　　　　　B. 数据链路层

C. 网络层　　　　　　　　　D. 应用层

答案：C

3692. 防火墙提供的接入模式不包括（　）。

A. 网关模式　　　　　　　　B. 透明模式

C. 混合模式　　　　　　　　D. 旁路模式

一、单项选择题

答案：D

3693.（　）加强了 WLAN 的安全性。它采用了 802.1x 的认证协议、改进的密钥分布架构及 AES 加密。

A. 802.11i　　　　　　　　　B. 802.11j
C. 802.11n　　　　　　　　　D. 802.11e

答案：A

3694.（　）负责信息系统运行文档的接收和系统生命周期内运行文档的管理。

A. 运行维护部门　　　　　　　B. 业务部门
C. 信息化职能管理部门　　　　D. 系统开发单位

答案：A

3695.（　）属于 Web 中使用的安全协议。

A. PEM、SSL　　　　　　　　B. S-HTTP、S/MIME
C. SSL、S-HTTP　　　　　　　D. S/MIME、SSL

答案：C

3696.（　）通信协议不是加密传输的。

A. STFP　　　　　　　　　　B. TFTP
C. SSH　　　　　　　　　　　D. HTTPS

答案：B

3697.《国家电网公司信息系统安全管理办法》关于加强网络安全技术工作中要求，对重要网段要采取（　）技术措施。

A. 网络层地址与数据链路层地址绑定　　B. 限制网络最大流量数及网络连接数
C. 强制性统一身份认证　　　　　　　　D. 必要的安全隔离

答案：A

3698.《信息系统安全等级保护基本要求》将信息安全指标项分为三类，（　）不属于等保指标项分类。

A. 服务保证类（A）　　　　　　B. 信息安全类（S）
C. 完整保密类（C）　　　　　　D. 通用安全保护类（G）

答案：C

3699. 802.1x 是基于（　）的一项安全技术。

A. IP 地址　　　　　　　　　B. 物理端口
C. 应用类型　　　　　　　　D. 物理地址

答案：B

3700. ARP 欺骗可以对局域网用户产生（　）威胁。

— 509 —

A. 挂马 B. DNS 毒化

C. 中间人攻击 D. 以上选项均是

答案：D

3701. HTTPS 是一种安全的 HTTP 协议，它使用（ ）来保证信息安全。

A. IPSec B. SSL

C. SET D. SSH

答案：B

3702. IIS 写权限对网站系统的安全是致命的，以下关于 IIS 写权限叙述错误的是（ ）。

A. 利用 IIS 写权限可以删除网站目录下某个文件

B. 利用 IIS 写权限可以直接写入脚本文件到网站目录下

C. 利用 IIS 写权限可以获取 WebShell，从而控制网站

D. 利用 IIS 写权限可以把一个 TXT 文件变成脚本文件

答案：B

3703. instsrv.exe 是（ ）工具。

A. 安装服务 B. 安装软件

C. 启动服务 D. 关闭服务

答案：A

3704. IPSec 技术的 IKE（Internet Key Exchange）协议不包含以下哪个协议？（ ）

A. SKEME B. Oakley

C. ISAKMP D. Diffie-Hellman

答案：D

3705. ISO 定义的安全体系结构中包含（ ）种安全服务。

A. 4 B. 5

C. 6 D. 7

答案：B

3706. Linux 系统下，为了使得 Ctrl+Alt+Del 关机键无效，需要注释掉下列的行：ca::ctrlaltdel:/sbin/shutdown–t3–rnow。该行是包含于下面哪个配置文件的？（ ）

A. /etc/rc.d/rc.local B. /etc/lilo.conf

C. /etc/inittab D. /etc/inetconf

答案：C

3707. 一台主机要实现通过局域网与另一个局域网通信，需要做的工作是（ ）。

A. 配置域名服务器

B. 定义一条本机指向所在网络的路由

一、单项选择题

C. 定义一条本机指向所在网络网关的路由

D. 定义一条本机指向目标网络网关的路由

答案：C

3708. msconfig 命令可以用来配置（   ）。

A. 系统配置　　　　　　　　　　　B. 服务配置

C. 应用配置　　　　　　　　　　　D. 协议配置

答案：A

3709. NTScan 是一款暴力破解 NT 主机账号密码的工具，它可以破解 Windows NT/2000/XP/2003 的主机密码，但是在破解的时候需要目标主机开放（   ）端口。

A. 3389　　　　　　　　　　　　　B. 1433

C. 135　　　　　　　　　　　　　　D. 80

答案：C

3710. PKI 的主要组成不包括（   ）。

A. 证书授权 CA　　　　　　　　　　B. SSL

C. 注册授权 RA　　　　　　　　　　D. 证书存储库 CR

答案：B

3711. PKI 能够执行的功能是（   ）。

A. 确认计算机的物理位置　　　　　B. 鉴别计算机消息的始发者

C. 确认用户具有的安全性特权　　　D. 访问控制

答案：B

3712. Proxy 技术广泛运用于互联网中，以下（   ）不属于 Proxy 技术在信息安全领域的特点。

A. 在确保局域网安全的环境下提供 Internet 信息服务

B. 对进入局域网的 Internet 信息实现访问内容控制

C. 可通过一个公用 IP 地址供多个用户同时访问 Internet

D. 在内部网络和外部网络之间构筑起防火墙

答案：C

3713. SMTP 和 POP3 协议所使用的默认端口号分别是（   ）和（   ）。

A. 25，995　　　　　　　　　　　　B. 995，465

C. 25，465　　　　　　　　　　　　D. 465，110

答案：B

3714. Smurf 攻击技术属于以下（   ）类型的攻击。

A. 拒绝服务　　　　　　　　　　　B. 缓冲区溢出

C. 分布式拒绝服务　　　　　　　　D. 特洛伊木马

答案：A

3715. SQL 杀手蠕虫病毒发作的特征是（　　）。

A. 大量消耗网络带宽　　　　　　B. 攻击个人 PC 终端

C. 破坏 PC 游戏程序　　　　　　D. 攻击手机网络

答案：A

3716. 与 OSI 模型会话层相对应的加密协议是（　　）。

A. SET　　　　　　　　　　　　B. ICMP

C. ARP　　　　　　　　　　　　D. SSL

答案：D

3717. SSL 是保障 Web 数据传输安全性的主要技术，它工作在（　　）。

A. 链路层　　　　　　　　　　　B. 网络层

C. 会话层　　　　　　　　　　　D. 应用层

答案：C

3718. SSL 提供哪些协议上的数据安全？（　　）

A. HTTP、FTP 和 TCP/IP　　　　B. SKIP、SNMP 和 IP

C. UDP、VPN 和 SONET　　　　D. PPTP、DMI 和 RC4

答案：A

3719. SYN 风暴属于（　　）攻击。

A. 拒绝服务　　　　　　　　　　B. 缓冲区溢出

C. 操作系统漏洞　　　　　　　　D. 社会工程学

答案：A

3720. Telnet 服务自身的主要缺陷是（　　）。

A. 不用用户名和密码　　　　　　B. 服务端口 23 不能被关闭

C. 明文传输用户名和密码　　　　D. 支持远程登录

答案：C

3721. UDP 端口扫描是根据（　　）返回信息判断的。

A. 扫描开放端口的返回信息　　　B. 扫描关闭端口的返回信息

C. 两者都有　　　　　　　　　　D. 两者都没有

答案：B

3722. umask 位表示用户建立文件的默认读写权限，（　　）表示用户所创建的文件不能由其他用户读、写、执行。

A. "022"　　　　　　　　　　　B. "700"

C. "077"　　　　　　　　　　　D. "755"

一、单项选择题

答案：C

3723. Windows 有一个自带的管理 Telnet 工具，该工具是（　）。

A. tlntadmn　　　　　　　　　　B. Telnet

C. instsrv　　　　　　　　　　　D. System32

答案：A

3724. Windows 系统进程权限的控制属于（　）。

A. 自主访问控制　　　　　　　　B. 强制访问控制

C. 基于角色的访问控制　　　　　D. 流访问控制

答案：A

3725. 安全事故调查应坚持（　）的原则，及时、准确地查清事故经过、原因和损失，查明事故性质，认定事故责任，吸取事故教训，提出整改措施，并对事故责任者提出处理意见，做到"四不放过"。

A. 实事求是、尊重科学　　　　　B. 依据国家法规

C. 行业规定　　　　　　　　　　D. 相关程序

答案：A

3726. 安全域的具体实现可采用的方式为（　）。

A. 物理防火墙隔离　　　　　　　B. 虚拟防火墙隔离

C. VLAN 隔离等形式　　　　　　D. 以上选项都是

答案：D

3727. 安全域实现方式以划分（　）区域为主，明确边界以对各安全域分别防护，并且进行域间边界控制。

A. 逻辑　　　　　　　　　　　　B. 物理

C. 网络　　　　　　　　　　　　D. 系统

答案：A

3728. 关于数字证书，（　）是错误的。

A. 数字证书包含有证书拥有者的私钥信息　B. 数字证书包含有证书拥有者的公钥信息

C. 数字证书包含有证书拥有者的基本信息　D. 数字证书包含有 CA 的签名信息

答案：A

3729. 管理员在安装某业务系统应用中间件 Apache Tomcat，未对管理员口令进行修改，现通过修改 Apache Tomcat 配置文件，对管理员口令进行修改，以下哪一项修改是正确的？（　）

A. <user username="admin" password="123！@#" roles="tomcat, role1"/>

B. <user username="admin" password="123！@#" roles="tomcat"/>

C. <user username="admin" password="123！@#" roles="admin, manager"/>

D. <user username="admin "password="123！@#"roles="role1"/>

答案：C

3730. 管理员在查看服务器账号时，发现服务器 Guest 账号被启用，查看任务管理器和服务管理时，并未发现可疑进程和服务，使用（　）工具可以查看隐藏的进程和服务。

A. Burp Suite　　　　　　　　B. Nmap

C. XueTr　　　　　　　　　　D. X-Scan

答案：C

3731. 国家电网公司管理信息系统安全防护策略是（　）。

A. 双网双机、分区分域、等级防护、多层防御

B. 网络隔离、分区防护、综合治理、技术为主

C. 安全第一、以人为本、预防为主、管控结合

D. 访问控制、严防泄密、主动防御、积极管理

答案：A

3732. 国家电网公司信息安全防护体系中所指的纵向安全边界不包括（　）。

A. 国家电网与各网省公司的网络接口　　B. 各网省公司与地市公司间的网络接口

C. 上级公司与下级公司间的网络接口　　D. 各公司与因特网间的网络接口

答案：D

3733. 某新闻news.asp网页的id变量存在SQL注入漏洞，以下验证方法中，（　）是错误的。

A. 提交 news、asp？id=1 and 1=1 和 提交 news、asp？id=1 and 1=2

B. 提交 news、asp？id=1 and 1=3 和 提交 news、asp？id=1 and 2=2

C. 提交 news、asp？id=1 and 1<2 和 提交 news、asp？id=1 and 4>3

D. 提交 news、asp？id=1 and 2<3 和 提交 news、asp？id=1 and 4>5

答案：C

3734. 某业务系统存在上传功能，上传页面上传的文件只能到 upload 目录，由于上传页面没有过滤特殊文件后缀，存在上传漏洞，短时间内厂家无法修改上传页面源码，现采取以下措施。哪种措施可以暂时防止上传漏洞危害又不影响业务系统正常功能？（　）

A. 删除上传页面　　　　　　　B. 禁止 upload 目录执行脚本文件

C. 禁止 upload 目录访问权限　　D. 以上措施都不正确

答案：B

3735. 某银行为了加强自己的网站的安全性，决定采用一个协议，应该采用（　）协议。

A. FTP　　　　　　　　　　　B. HTTP

C. SSL　　　　　　　　　　　D. UDP

答案：C

一、单项选择题

3736. 能够对 IP 欺骗进行防护的是（　　）。

A. 在边界路由器上设置到特定 IP 的路由　B. 在边界路由器上进行目标 IP 地址过滤

C. 在边界路由器上进行源 IP 地址过滤　　D. 在边界防火墙上过滤特定端口

答案：C

3737. 能够提供机密性的 IPSec 技术的是（　　）。

A. AH　　　　　　　　　　　　　　　　B. ESP

C. 传输模式　　　　　　　　　　　　　D. 隧道模式

答案：B

3738. 能最有效地防止源 IP 地址欺骗攻击的技术是（　　）。

A. 策略路由（PBR）　　　　　　　　　B. 单播反向路径转发（uRPF）

C. 访问控制列表　　　　　　　　　　　D. IP 源路由

答案：B

3739. 审计日志用来记录非法的系统访问尝试的审计追踪，一般会包括（　　）。

A. 访问用户信息　　　　　　　　　　　B. 事件或交易尝试的类型

C. 操作终端信息　　　　　　　　　　　D. 被获取的数据

答案：D

3740. 实现源的不可否认业务中，第三方既看不到原数据，又节省了通信资源的是（　　）。

A. 源的数字签字　　　　　　　　　　　B. 可信赖第三方的数字签字

C. 可信赖第三方对消息的杂凑值进行签字　D. 可信赖第三方的持证

答案：C

3741. 要能够进行远程注册表攻击必须（　　）。

A. 开启目标机的 Service 的服务

B. 开启目标机的 Remote Registy Service 服务

C. 开启目标机的 Server 服务

D. 开启目标机的 Remote Routig 服务

答案：B

3742. 一般情况下，保护防火墙所在主机的防火墙规则都添加在（　　）内置链中，以挡住外界访问本机的部分数据包。

A. OUTPUT　　　　　　　　　　　　　B. INPUT

C. FORWARD　　　　　　　　　　　　D. 任意一个

答案：B

3743. 一般情况下，操作系统输入法漏洞，通过（　　）端口实现。

A. 135　　　　　　　　　　　　　　　B. 139

C. 445　　　　　　　　　　　　D. 3389

答案：D

3744. 一般情况下，防火墙（　　）。

A. 能够防止外部和内部入侵　　　B. 不能防止外部入侵而能防止内部入侵

C. 能防止外部入侵而不能防止内部入侵　　D. 能够防止所有入侵

答案：C

3745. 一般情况下，默认安装的 Apache Tomcat 会爆出详细的 Banner 信息，修改 Apache Tomcat 哪一个配置文件可以隐藏 Banner 信息（　　）。

A. context.xml　　　　　　　　B. server.xml

C. tomcat-users.xml　　　　　　D. web.xml

答案：D

3746. 一条完整的防火墙访问控制策略至少是（　　）元组。

A. 3　　　　　　　　　　　　　B. 4

C. 5　　　　　　　　　　　　　D. 6

答案：C

3747. 以 r 开头的守护进程常称 r* 命令，r* 命令已经被证实存在安全风险。对于确实需要的服务，应该尽量选用（　　），以增加其安全防范。

A. 最新的版本程序　　　　　　　B. 稳定版

C. 测试版　　　　　　　　　　　D. 随操作系统发行的版本

答案：A

3748. 以国家电网公司统推系统为例，下列（　　）之间需要部署逻辑强隔离装置。

A. ERP 系统域和外网门户网站系统域　　B. 外网门户网站系统域和外网桌面终端域

C. ERP 系统域和内网桌面终端域　　　　D. 电力市场交易系统域和财务管控系统域

答案：A

3749. 以下（　　）工作是国家信息安全保障工作的基本制度。

A. 信息安全技术培训　　　　　　B. 信息安全等级保护

C. 信息安全法制建设和标准化建设　　D. 信息安全人才培养

答案：B

3750. 在许多组织机构中，产生总体安全性问题的主要原因是（　　）。

A. 缺少安全性管理　　　　　　　B. 缺少故障管理

C. 缺少风险分析　　　　　　　　D. 缺少技术控制机制

答案：A

3751. 在一个局域网环境中，其内在的安全威胁包括主动威胁和被动威胁，（　　）属于被动威胁。

A. 报文服务拒绝　　　　　　　　B. 假冒

C. 数据流分析　　　　　　　　　D. 报文服务更改

答案：C

3752. 在以下人为的恶意攻击行为中，属于主动攻击的是（　）。

A. 身份假冒　　　　　　　　　　B. 数据窃听

C. 数据流分析　　　　　　　　　D. 非法访问

答案：D

3753. 在远程管理 Linux 服务器时，以下（　）方式采用加密的数据传输。

A. Telnet　　　　　　　　　　　B. Rlogin

C. SSH　　　　　　　　　　　　D. RSH

答案：C

3754. 针对内部人员造成的泄密或入侵事件，应该优先考虑采用（　）技术。

A. 防病毒产品　　　　　　　　　B. 防火墙

C. 对网络资源的使用进行审计　　D. 漏洞扫描

答案：C

3755. 中间件 WebLogic 和 Apache Tomcat 的默认端口是（　）。

A. 7001. 80　　　　　　　　　　B. 7001. 8080

C. 7002. 80　　　　　　　　　　D. 7002. 8080

答案：B

3756. 主要用于防火墙的 VPN 系统，与互联网密钥交换 IKE 有关的框架协议是（　）。

A. IPSec　　　　　　　　　　　B. L2TP

C. PPTP　　　　　　　　　　　D. GRE

答案：A

3757. 主要用于加密机制的协议是（　）。

A. HTTP　　　　　　　　　　　B. FTP

C. TELNET　　　　　　　　　　D. SSL

答案：D

3758. 《国家电网公司信息机房设计及建设规范》规定 UPS 供电时间最小不少于（　）。

A. 30 分钟　　　　　　　　　　 B. 1 小时

C. 2 小时　　　　　　　　　　　D. 4 小时

答案：C

3759. 按照《国家电网公司信息机房管理规范》，信息机房两相对机柜正面之间的距离不应小于（　）米。

A. 1　　　　　　　　　　　B. 1.2

C. 1.5　　　　　　　　　　D. 2

答案：B

3760. 信息机房各种记录至少应保存（　）。

A. 半年　　　　　　　　　　B. 一年

C. 两年　　　　　　　　　　D. 长期

答案：B

3761. 信息机房监控系统的视频数据保存时间应不少于（　）。

A. 一个月　　　　　　　　　B. 三个月

C. 六个月　　　　　　　　　D. 一年

答案：B

3762.《国家电网公司信息网络运行管理规定》对进出机房的人员进行详细登记，有关的登记记录应保存的最短日期是（　）。

A. 1年　　　　　　　　　　B. 2年

C. 3年　　　　　　　　　　D. 4年

答案：A

3763. 外单位因工作需要进入机房进行操作时，进入前的流程为（　）。

A. 填写机房进出纸质单、填写机房进出电子单及派人进行机房操作监督

B. 打电话向机房管理员确认、填写机房进出纸质单、填写机房进出电子单

C. 打电话向机房管理员确认、填写机房进出电子单及派人进行机房操作监督

D. 打电话向机房管理员确认、填写机房进出纸质单、填写机房进出电子单及派人进行机房操作监督

答案：D

3764. 安全等级是国家信息安全监督管理部门对计算机信息系统（　）的确认。

A. 规模　　　　　　　　　　B. 重要性

C. 安全保护能力　　　　　　D. 网络结构

答案：B

3765. 根据公安部信息系统实现等级保护的要求，信息系统的安全保护等级分为（　）级。

A. 3　　　　　　　　　　　B. 4

C. 5　　　　　　　　　　　D. 6

答案：C

3766.《信息系统安全等级保护实施指南》（GB/T 22240-2008）将（　）作为实施等级保

护的第一项重要内容。

A. 安全规划　　　　　　　　　B. 安全评估

C. 安全定级　　　　　　　　　D. 安全实施

答案：C

3767. 等级保护定级中，当信息系统包含多个业务子系统时，对每个业务子系统进行安全等级确定，最终信息系统的安全等级应当由（　　）所确定。

A. 业务子系统的安全等级平均值　　B. 业务子系统的最高安全等级

C. 业务子系统的最低安全等级　　　D. 以上说法都错误

答案：B

3768. 信息和信息系统的安全保护等级共分（　　）级，第三级是（　　）。

A. 4级，指导保护级　　　　　　B. 4级，监督保护级

C. 5级，指导保护级　　　　　　D. 5级，监督保护级

答案：D

3769. 下列（　　）不属于信息系统的安全等级要求。

A. 自主保护级　　　　　　　　B. 监督保护级

C. 强制保护级　　　　　　　　D. 专用保护级

答案：D

3770. 信息系统安全等级保护测评原则不包括（　　）。

A. 客观性和公正性原则　　　　B. 经济性和可靠性原则

C. 可重复性和可再现性原则　　D. 结果完善性原则

答案：B

3771. 根据国家电网公司信息安全标准中关于《管理信息系统安全等级保护基本要求》的规定，以下（　　）选项不属于该规定中的第三级基本技术要求范畴。

A. 应提供异地数据备份功能，利用通信网络将关键数据定时批量传送至备用场地

B. 机房应采用防静电地板

C. 机房应设二氧化碳、七氟丙烷等灭火系统能够自动灭火

D. 应对重要服务器进行监视，包括监视服务器的CPU、硬盘、内存、网络等资源的使用情况

答案：C

3772. 下面不属于国家电网公司信息系统安全保护等级定级原则的是（　　）。

A. 系统重要　　　　　　　　　B. 等级最大化

C. 突出重点　　　　　　　　　D. 按类归并原则

答案：A

3773. 信息系统安全保护等级中信息系统的重要性由以下要素决定：信息系统的影响深度，

信息系统的影响广度，信息的安全性，包括信息的（　）。

A. 机密性、完整性和可用性　　　　B. 重要性、完整性和必要性

C. 重要性、机密性和必要性　　　　D. 机密性、完整性和必要性

答案：A

3774. 国家电网公司人力资源管理系统和项目管理系统分别属于信息系统安全保护等级的（　）。

A. 2级、2级　　　　　　　　　　　B. 2级、3级

C. 3级、2级　　　　　　　　　　　D. 3级、3级

答案：A

3775. 通过提高国家电网公司信息系统整体安全防护水平，要实现信息系统安全的（　）。

A. 管控、能控、在控　　　　　　　B. 可控、自控、强控

C. 可控、能控、在控　　　　　　　D. 可控、通控、主控

答案：C

3776. 电力二次系统安全防护原则是（　）。

A. 安全分区、网络专用、横向隔离、纵向认证

B. 安全分区、网络专用、纵向隔离、横向认证

C. 网络分区、设备专用、横向隔离、纵向认证

D. 网络分区、设备专用、纵向隔离、横向认证

答案：A

3777. 下面（　）不符合国家电网公司"双网隔离"的政策。

A. 信息内网定位为公司信息化"SG186"工程业务应用承载网络和内部办公网络

B. 信息外网定位为对外业务网络和访问互联网用户终端网络

C. 信息内、外网之间实施强逻辑隔离的措施

D. 安全第一、预防为主、管理和技术并重，综合防范

答案：D

3778.《国家电网公司安全事故调查规程》中安全事故体系由人身、电网、设备和（　）四类事故组成。

A. 信息系统　　　　　　　　　　　B. 通信系统

C. 车辆　　　　　　　　　　　　　D. 交通事故

答案：A

3779. 根据《国家电网公司安全事故调查规程》规定，四不放过不包括（　）。

A. 事故原因未查清不放过　　　　　B. 责任人员未找到不放过

C. 整改措施未落实不放过　　　　　D. 有关人员未受到教育不放过

一、单项选择题

答案：B

3780. 四不放过为（　　）、责任人员未处理不放过、整改措施未落实不放过、有关人员未受到教育不放过。

A. 未撤职不放过 　　　　　　　　B. 未通报处理不放过

C. 事故原因未查清不放过 　　　　D. 未批评教育不放过

答案：C

3781. 根据《国家电网公司安全事故调查规程》规定，信息系统事件最高级为（　　）。

A. 4 级 　　　　　　　　　　　　B. 5 级

C. 6 级 　　　　　　　　　　　　D. 7 级

答案：B

3782.《国家电网公司信息系统事故调查及统计》规定，各区域电网公司、省（自治区、直辖市）电力公司、国家电网公司直属单位或其所属任一地区供电公司本地网络完全瘫痪，且影响时间超过（　　）小时，将构成二级信息系统事故。

A. 12 　　　　　　　　　　　　　B. 24

C. 32 　　　　　　　　　　　　　D. 40

答案：A

3783. Ⅱ级信息系统突发事件是指对区域电网公司、省（直辖市、自治区）电力公司和对社会提供服务的公司直属单位，因下列原因对所服务社会用户的生产、生活造成严重影响，影响用户数量是本单位服务总用户数量的（　　）。

A. 50% 以上，90% 以下 　　　　　B. 50% 以上，80% 以下

C. 30% 以上，50% 以下 　　　　　D. 30% 以上，90% 以下

答案：A

3784. 一类业务应用服务完全中断，影响时间超过 2 小时；或二类业务应用服务中断，影响时间超过 4 小时；或三类业务应用服务中断，影响时间超过 8 小时，属于（　　）。

A. 五级信息系统事件 　　　　　　B. 六级信息系统事件

C. 七级信息系统事件 　　　　　　D. 八级信息系统事件

答案：C

3785. 一类业务应用服务完全中断，影响时间超过 30 分钟；或二、三类业务应用服务中断，影响时间超过 1 小时属（　　）级信息系统事件。

A. 五 　　　　　　　　　　　　　B. 六

C. 七 　　　　　　　　　　　　　D. 八

答案：D

3786. 根据《国家电网公司信息系统事故调查及统计规定》要求，各单位信息管理部门对

各类突发事件的影响进行初步判断，有可能是一级事件的，须在（　）内向公司信息化工作部进行紧急报告。

A. 30 分钟　　　　　　　　　　B. 40 分钟

C. 50 分钟　　　　　　　　　　D. 60 分钟

答案：A

3787.（　）以上信息系统事件，事故报告（表）逐级统计上报至国家电网公司，同时，省电力公司还应报相关分部。

A. 五级　　　　　　　　　　　B. 六级

C. 七级　　　　　　　　　　　D. 八级

答案：D

3788.《国家电网公司信息系统安全管理办法》中明确定义，（　）是本单位网络与信息安全第一责任人，各单位信息化领导小组负责本单位网络与信息安全重大事项的决策和协调。

A. 信息安全专责　　　　　　　B. 信息部门领导

C. 各单位主要负责人　　　　　D. 信息系统用户

答案：C

3789.（　）是公司网络与信息安全的保障管理部门，具体负责公司信息系统的网络与信息安全应急工作。

A. 公司信息工作办公室　　　　B. 科技信通部

C. 安检部门　　　　　　　　　D. 安检部门和有关领导

答案：A

3790. 公司各单位在执行网络与信息系统安全运行快报上报时，需在（　）小时内完成上报工作。

A. 8　　　　　　　　　　　　　B. 12

C. 24　　　　　　　　　　　　 D. 36

答案：C

3791. 公司网络与信息系统安全运行情况通报的工作原则是（　）。

A. 谁主管谁负责，谁运行谁负责　　B. 谁运行谁负责，谁使用谁负责

C. 统一领导、分级管理、逐级上报　　D. 及时发现、及时处理、及时上报

答案：A

3792. 国家电网公司网络与信息系统安全运行情况通报工作实行"统一领导、（　）、逐级上报"的工作方针。

A. 分级管理　　　　　　　　　B. 分级负责

C. 分级主管　　　　　　　　　D. 分级运营

一、单项选择题

答案：A

3793. 国家电网公司信息网络和信息系统安全运行情况通报不包括（　　）。

A. 周报 　　　　　　　　　　　　B. 月报

C. 年报 　　　　　　　　　　　　D. 特殊时期安全运行日报

答案：A

3794.《国家电网公司办公计算机信息安全和保密管理规定》中桌面终端安全域不会采取的措施是（　　）。

A. 安全准入管理、访问控制 　　　B. 入侵检测、病毒防护

C. 恶意代码过滤、补丁管理 　　　D. 事件管理、桌面资产审计

答案：D

3795.《国家电网公司信息内网计算机桌面终端系统管理规定（试行）》规定，下面哪个不是公司信息内网桌面终端系统的基线策略？（　　）

A. 用户密码检测 　　　　　　　　B. 资产信息采集

C. 补丁检测更新 　　　　　　　　D. 个人防火墙启用情况

答案：D

3796. 公司信息内网桌面终端系统采用（　　）基线策略。

A. 资产信息采集、用户权限策略、补丁检测更新、违规外联策略、用户密码检测、杀毒软件策略

B. 资产信息采集、用户应用管理、补丁检测更新、违规外联策略、用户密码检测、杀毒软件策略

C. 资产信息采集、用户权限策略、违规外联策略、杀毒软件策略

D. 资产信息采集、用户权限策略、补丁检测更新、用户配置管理、用户密码检测、杀毒软件策略

答案：A

3797.（　　）办公计算机及其外设不能存储、处理涉及国家秘密的信息，不能接入与互联网连接的信息网络。

A. 信息外网 　　　　　　　　　　B. 涉密系统

C. 保密网络 　　　　　　　　　　D. 信息内网

答案：D

3798. 按照国网公司安全管理规定，办公计算机可以安装（　　）软件。

A. CS 游戏 　　　　　　　　　　B. 网上下载的 Microsoft Office 2007

C. 公司集中采购的 Microsoft Office 2003　D. QQ

答案：C

3799. 公司办公计算机信息安全和保密工作原则是（　　）。

A. 谁主管谁负责、谁运行谁负责、谁使用谁负责　　B. 信息安全管理部门负责

C. 公司领导负责　　D. 各单位及各部门负责人负责

答案：A

3800. 公司的工作除产生国家秘密外，还有公司商业秘密一级、商业秘密二级、（　　）。分别标识为"商密一级""商密二级""内部事项"或"内部资料"。

A. 商业秘密　　B. 商密三级

C. 工作秘密　　D. 工作档案

答案：C

3801. 在个人内网计算机上存放"秘密"标识的文件，这违反了（　　）规定。

A. 严禁在连接互联网的计算机上处理、存储涉及国家秘密和企业秘密信息

B. 严禁在信息内网计算机上存储、处理国家秘密信息

C. 严禁将涉及国家秘密的计算机、存储设备与信息内外网和其他公共信息网络连接

D. 禁止信息内网和信息外网计算机交叉使用

答案：B

3802. 国家电网公司信息系统运行维护坚持（　　）原则，确保全公司信息系统稳定、可靠、安全的运行。

A. 运行与安全并重、建设与应用并重　　B. 管理与维护并重、应用于完善并重

C. 开发与推广并重、功能与使用并重　　D. 制度与落实并重、技术与人员并重

答案：A

3803. 国家重要活动期间，特别要求需采取特殊运维保障措施的运行维护内容属于（　　）运维工作活动。

A. 第一级　　B. 第二级

C. 第三级　　D. 第四级

答案：D

3804. 信息系统运行与维护工作要求实现作业标准化、操作流程化管理（　　）。

A. 制度化　　B. 统一化

C. 规范化　　D. 职能化

答案：C

3805. 国家电网公司信息运维遵循"三线运维"的原则，三线是指"一线前台服务台，二线后台运行维护和三线（　　）"的三线运行维护架构。

A. 厂家技术支持　　B. 专家技术支持

C. 上门维护服务　　D. 外围技术支持

一、单项选择题

答案：D

3806.国家电网公司信息系统上下线管理实行（　）归口管理，相关部门分工负责的制度。

A. 信息化管理部门　　　　　　　　B. 业务主管部门

C. 系统运行维护部门　　　　　　　D. 建设开发部门

答案：A

3807.应对系统相关人员进行应急预案培训，应急预案的培训应至少（　）举办一次。

A. 每三个月　　　　　　　　　　　B. 每年

C. 每月　　　　　　　　　　　　　D. 不定期

答案：B

3808.《国家电网公司应用软件通用安全要求》中规定，应用软件部署后，（　）是可以存在的用户或口令。

A. 实施过程中使用的临时用户　　　B. 隐藏用户和匿名用户

C. 管理员的初始默认口令　　　　　D. 管理员分发给用户并经用户修改过的口令

答案：D

3809. 根据公司信息系统运行维护范围，按照运行维护的具体要求将运行维护工作内容划分为（　）个等级。

A. 三　　　　　　　　　　　　　　B. 四

C. 五　　　　　　　　　　　　　　D. 六

答案：B

3810.国家电网公司信息系统运行维护规程—总册中规定，设备检修时间超过（　）或影响业务处理超过（　）的须列入月度检修工作计划，经信息化职能管理部门批准后方可实施。

A. 8 小时，4 小时　　　　　　　　B. 4 小时，8 小时

C. 12 小时，24 小时　　　　　　　D. 24 小时，12 小时

答案：A

3811.国家电网公司规定的信息系统计划检修类型不包括以下哪一项？（　）

A. 月检修　　　　　　　　　　　　B. 周检修

C. 临时检修　　　　　　　　　　　D. 统一下达检修

答案：C

3812. 运行维护人员在已正式投入运行的信息网络、基础应用系统、业务应用系统、安全防护系统、存储备份系统、机房电源系统，以及辅助系统上进行设备安装、调试、故障检修、安全性测试、预防性试验、备份与恢复、软件变更等工作，执行工作票制度，应（　）。

A. 填写信息系统工作票　　　　　　B. 填写信息系统业务受理单

C. 填写托管系统维护申请单　　　　D. 向负责人口头申请

答案：A

3813.《信息系统工作票》经签发人审核并签发后生效，由工作负责人组织实施。实施完成后由工作负责人将工作票移检修组存档。涉及可能造成信息系统（ ）及以上事件的操作需附加填写《信息系统操作票》，操作票不可单独开出，操作票应依附于工作票。

A. 一级　　　　　　　　　　　B. 六级
C. 七级　　　　　　　　　　　D. 八级

答案：D

3814. 检修操作因故未能完成、执行回滚或取消时，工作负责人应及时对出现的问题进行记录，并通知相关业务部门。一级检修操作因故未能完成、执行回滚或取消时，工作负责人需将原因通过（ ）上报国网信调中心，并如实填写检修报告。

A. 门户　　　　　　　　　　　B. IPS
C. IDS　　　　　　　　　　　D. ERP

答案：C

3815. 一般情况下，要求在接到故障报修后（ ）之内到达现场。

A. 1 小时　　　　　　　　　　B. 2 小时
C. 4 小时　　　　　　　　　　D. 8 小时

答案：A

3816. 信息系统告警管理中，运行组判定告警事件为信息系统缺陷后，应按照（ ）条款执行。

A. 检修管理　　　　　　　　　B. 运行管理
C. 缺陷管理　　　　　　　　　D. 安全管理

答案：C

3817.《国家电网公司信息系统口令管理暂行规定》用户登录事件要有记录和审计，同时限制同一用户连续登录次数，一般不超过（ ）次。

A. 3　　　　　　　　　　　　B. 4
C. 5　　　　　　　　　　　　D. 6

答案：A

3818. 信息系统账号定期清理时间间隔不得超过（ ）个月。

A. 2　　　　　　　　　　　　B. 3
C. 4　　　　　　　　　　　　D. 5

答案：B

3819. 国家电网公司信息系统数据备份与管理规定，对于关键业务系统，每年应至少进行（ ）备份数据的恢复演练。

一、单项选择题

A. 一次 B. 两次
C. 三次 D. 四次

答案：A

3820. 按照《国家电网公司信息系统数据备份与管理规定》的要求，数据完全备份周期不得大于（　　）时间。

A. 一周 B. 半个月
C. 一个月 D. 两个月

答案：C

3821. 为保障管理信息系统运行可靠，数据备份应具备可靠的备份介质及至少（　　）份以上拷贝。

A. 1 B. 2
C. 3 D. 4

答案：B

3822.《信息系统灾难恢复规范》（GB/T 20988—2007）对灾难恢复能力划分为6个等级，从第（　　）级开始要求实现"采用远程数据复制技术，并利用通信网络将关键数据实时复制到备用场地"。

A. 3 B. 4
C. 5 D. 6

答案：C

3823. 信息化建设实行"总体规划、（　　）、典型设计、试点先行"的工作方针。

A. 强化集约 B. 强化整合
C. 强化管理 D. 强化组织

答案：B

3824. 国家电网公司信息项目建设要坚持标准化建设原则，按照统一功能规范、（　　）、统一开发平台、统一产品选型的要求。

A. 统一软件厂家 B. 统一技术标准
C. 统一开发语言 D. 统一界面风格

答案：B

3825.《国家电网公司信息系统安全管理办法》规定，在规划和建设信息系统时，信息系统安全防护措施应按照"三同步"原则，与信息系统建设同步规划、同步（　　）、同步投入运行。

A. 建设 B. 批准
C. 施工 D. 安全

答案：A

3826.《国家电网公司应用软件通用安全要求》中规定,应用软件的开发应该在专用的（ ）中进行。

A. 开发环境 B. 测试环境
C. 模拟环境 D. 运行环境

答案：A

3827. 公司信息系统实用化评价标准由（ ）负责组织制定、完善和执行评价。

A. 信息化职能管理部门 B. 业务归口管理部门
C. 信息审计部门 D. 各省（市）公司

答案：B

3828.《国家电网公司信息系统安全管理办法》中信息系统安全主要任务是确保系统运行（ ）和确保信息内容的（ ）。

A. 持续、稳定、可靠，机密性、完整性、可用性
B. 连续、稳定、可靠，秘密性、完整性、可用性
C. 持续、平稳、可靠，机密性、整体性、可用性
D. 持续、稳定、安全，机密性、完整性、确定性

答案：A

3829.《国家电网公司信息安全与运维管理制度和技术标准》第二条规定，计算机病毒防治工作按照"安全第一、预防为主，（ ），综合防范"的工作原则规范地开展。

A. 谁主管、谁负责 B. 谁运营、谁负责
C. 管理和技术并重 D. 抓防并举

答案：C

3830.《国家电网公司管理信息系统实用化评价导则》规定，不属于管理信息系统功能完备性评价中易用性要求的是（ ）。

A. 易理解性 B. 易浏览性
C. 易升级性 D. 可移植性

答案：C

3831.《国家电网公司管理信息系统实用化评价导则》规定，系统实用化的基本条件是系统建成并验收合格，正式投运后已连续稳定运行六个月以上，系统运行完好率不低于（ ）。

A. 0.9 B. 0.95
C. 0.98 D. 0.99

答案：C

3832. 在信息安全加固工作中应遵循的原则有（ ）。

A. 规范性原则 B. 可控性原则

C. 最小影响和保密原则　　　　D. 以上选项都是

答案：D

3833. 根据《国家电网公司信息安全加固实施指南（试行）》，信息安全加固流程中，（　　）不属于验证总结阶段的工作内容。

A. 系统核查　　　　　　　　B. 加固验证

C. 数据整理　　　　　　　　D. 数据备份

答案：D

3834. 计算机系统实体发生重大事故会对企业运营造成重大影响，为尽可能减少损失，应制订（　　）。

A. 应急计划　　　　　　　　B. 恢复计划

C. 抢救计划　　　　　　　　D. 解决计划

答案：A

3835. 健全信息安全保障体系，要提升公司应对安全的预警能力、保护能力、检测能力、反应能力、恢复能力、（　　）。

A. 对抗能力　　　　　　　　B. 控制能力

C. 应急能力　　　　　　　　D. 反击能力

答案：D

3836. 三级信息系统突发事件应急处理结束后应密切关注、监测系统（　　）天，确认无异常现象。

A. 1　　　　　　　　　　　B. 2

C. 5　　　　　　　　　　　D. 7

答案：B

3837. 设备进入机房需提前（　　）申请，以便准备相关配套环境。

A. 10 天　　　　　　　　　　B. 7 天

C. 15 天　　　　　　　　　　D. 5 天

答案：C

3838. 属于国家秘密的测绘资料需公开发表的，须经（　　）进行技术处理。

A. 当地测绘部门　　　　　　B. 省新闻出版局

C. 省测绘部门　　　　　　　D. 省保密部门

答案：C

3839. 信息机房应设事故照明，其照度在距地面 0.8m 处，不应低于（　　）勒。

A. 1.1　　　　　　　　　　　B. 3.1

C. 5.1　　　　　　　　　　　D. 7.1

答案：C

3840. 不属于管理信息系统功能完备性评价中基本容错要求的是（　　）。

A. 系统容错
B. 录入容错
C. 验证容错
D. 极限容错

答案：C

3841. 信息机房中主要通道依据需要应设事故照明，其照度在距地面 0.8m 处，不应低于（　　）勒。

A. 1.1
B. 3.1
C. 5.1
D. 7.1

答案：A

3842. 区域电网公司、省（自治区、直辖市）电力公司、国家电网公司直属单位财务（资金）管理业务应用完全瘫痪，影响时间超过 2 个工作日，应为（　　）信息系统事故。

A. 一级
B. 二级
C. 三级
D. 四级

答案：A

3843. 《涉及国家秘密的信息系统分级保护技术要求》被定为（　　）。

A. BMB17
B. BMB20
C. BMB22
D. BMB23

答案：A

3844. 国家电网公司各单位发生二级及以上的信息系统事故应在事故发生后（　　）小时内，以书面材料向国家电网公司安全监察部报告，同时向信息化工作部报告。

A. 8
B. 16
C. 24
D. 32

答案：B

3845. 对国家电网公司区域网公司、省（自治区、直辖市）电力公司和对社会提供服务的公司直属单位，因应用系统数据丢失原因对所服务社会用户的生产、生活造成影响，影响用户数量在本单位服务总用户数量在 20%~50% 的信息系统事件属于（　　）级突发事件。

A. Ⅰ
B. Ⅱ
C. Ⅲ
D. Ⅳ

答案：C

3846. 国家电网公司区域网公司、省（自治区、直辖市）电力公司、公司直属单位出现大面积的有害信息传播，影响范围大，性质恶劣，影响各单位内部用户数在 50%~90% 的信息系统事件属于（　　）级突发事件。

一、单项选择题

A. Ⅰ B. Ⅱ
C. Ⅲ D. Ⅳ

答案：B

3847. 按照国家电网公司对应急处理后期观察的要求，Ⅰ级信息系统突发事件应急处理结束后应密切关注、监测系统（　　），确认无异常现象。

A. 2 天 B. 3 天
C. 1 周 D. 2 周

答案：D

3848. 三级信息系统突发事件应急处理结束后应密切关注、监测系统（　　）天，确认无异常现象。

A. 1 B. 2
C. 5 D. 7

答案：B

3849. 国家电网公司区域网公司、省（自治区、直辖市）电力公司、国家电网公司直属单位营销管理业务应用完全瘫痪，影响时间超过（　　）小时，构成一级信息系统事故。

A. 48 B. 24
C. 12 D. 6

答案：A

3850. 国家电网公司区域网公司、省（自治区、直辖市）电力公司、国家电网公司直属单位财务（资金）管理业务应用完全瘫痪，影响时间超过2个工作日，应为（　　）级信息系统事故。

A. 一 B. 二
C. 三 D. 四

答案：B

3851. 《国家电网公司信息系统事故调查及统计》规定包括，各区域电网公司、省（自治区、直辖市）电力公司、国家电网公司直属单位或其所属任一地区供电公司本地网络完全瘫痪，且影响时间超过（　　）小时，将构成二级信息系统事故。

A. 12 B. 24
C. 32 D. 40

答案：B

3852. 中间件的特性是（　　）。

A. 易用性 B. 位置透明性
C. 消息传输的完整性 D. 以上选项都是

答案：D

3853. 以下哪一项不属于中间件的特点？（ ）

A. 支持分布计算　　　　　　　　B. 支持标准的协议

C. 支持标准的接口　　　　　　　D. 须在一个 OS 平台下运行

答案：D

3854. 由于中间件需要屏蔽分布环境中异构的操作系统和网络协议，它必须能够提供分布环境下的通信服务，我们将这种通信服务称为平台。基于目的和实现机制的不同，我们将平台分为以下主要几类：远程过程调用、面向消息的中间件、（ ）和事务处理监控。

A. 通信服务　　　　　　　　　　B. 对象请求代理

C. 数据同步　　　　　　　　　　D. 对象事务管理

答案：B

3855. 在 Web Services 中，客户与服务之间的标准通信协议是（ ）。

A. 简单对象访问协议　　　　　　B. 超文本传输协议

C. 统一注册与发现协议　　　　　D. 远程对象访问协议

答案：A

3856. WebLogic Server 有（ ）安装方式。

A. Graphical Mode，Console Mode，Secure Mode

B. Graphical Mode，Console Mode，Silent Mode

C. Script Mode，Console Mode，Silent Mode

D. Script Mode，Console Mode，Secure Mode

答案：B

3857. （ ）是为了避免在启动 WebLogic 服务的时候输入用户名和密码。

A. 设置 config. xml 文件　　　　　B. 设置 boot. properties 文件

C. 设置 SetDomainEnv. sh 文件　　D. 无法设置

答案：B

3858. 建立 WebLogic 新的域过程中，选择域源的步骤中，域支持的 BEA 产品中不包含的是（ ）。

A. WebLogic Portal　　　　　　　B. WebLogic Server

C. WebLogic Integration　　　　　D. WebLogic Beaservet

答案：D

3859. 评估模型之后，发现模型存在高偏差（High Bias），应该如何解决？（ ）

A. 减少模型的特征数量　　　　　B. 增加模型的特征数量

C. 增加样本数量　　　　　　　　D. 以上说法都正确

答案：B

3860. 下列文件中，用户 WebLogic 配置和创建域的命令是（ ）。

一、单项选择题

A. startWebLogic

B. /bea/wlserver_10. 0/common/bin/config. sh

C. /bea/my_project/domain/my_domain/startWeblogish

D. /bea/common/config. sh

答案：B

3861. WebLogic Admin Server 的启动脚本名称为（ ）。

A. startAdmin Server. cmd　　　　B. startServer. cmd

C. startWeblogi. cmd　　　　　　　D. startAdmin. cmd

答案：C

3862. WebLogic Domain 中除了 Admin Server 以外，还包含（ ）。

A. ManagedServer　　　　　　　B. Admin

C. Server　　　　　　　　　　　D. Console Server

答案：A

3863. 可以在 WebLogic Server 部署中对下列哪种类型的对象进行群集？（ ）

A. Servlet　　　　　　　　　　　B. JSP

C. EJB　　　　　　　　　　　　　D. 以上选项都可以

答案：D

3864. 客户可以通过（ ）实现对自己的应用、服务进行模板订制。

A. extensible template　　　　　　B. textneible domain

C. configuration template　　　　　D. 配置文件

答案：A

3865. 两个应用，如果想使一个应用 A 比另外一个应用 B 早部署，则需要（ ）。

A. A 的 load order 小于 B 的 load order　　B. A 的 load order 大于 B 的 load order

C. A 的 load order 等于 B 的 load order　　D. 不可能做到

答案：A

3866. 在 HTTP 响应中状态代码 404 表示（ ）。

A. 服务器无法找到请求指定的资源　　B. 请求消息中存在语法错误

C. 请求需要通过身份验证／授权　　　D. 服务器理解客户的请求，但由于客户权限不够而拒绝处理

答案：A

3867. 在 J2SE 规范中 Servlet 类的实例化是由（ ）完成的。

A. Servlet 容器　　　　　　　　　B. Web 服务器的 HTTP 引擎

C. 浏览器　　　　　　　　　　　D. Java 编译

答案：A

3868. 在 JMS 中，如果一个 producer 在发送消息时 consumer 没有连接到 WebLogic Server，则设置（　　）才能使得 consumer 连接到 WebLogic Server 后还能够接收到消息。

A. consumer 不可能接收到消息　　　　B. 一定要配置 persistence

C. 只要消息没有 timed out 就可以　　　D. consumer 总能够接收到消息

答案：B

3869. 在 Managed Server MSI 模式下，如果 Admin Server Crash, 启动 Managed Server 需要（　　）。

A. 将 Domain 的配置文件拷贝到 Managed Server

B. 将 Domain 安全相关的文件拷贝到 Managed Server

C. 将 Console 应用拷贝到 Managed Server

D. A 和 B

答案：D

3870. WebLogic 可以根据（　　）定义 role。

A. Group Membership　　　　　　　B. Client IP

C. HTTP header　　　　　　　　　　D. 以上选项都对

答案：A

3871. WebLogic 生产模式下默认的 JDK 是（　　）。

A. Sun JDK　　　　　　　　　　　　B. Jrockit JDK

C. IBM JDK　　　　　　　　　　　　D. HP JDK

答案：B

3872. WebLogic 为了实现管理互动，每个域都需要它自己的（　　）。

A. Administration 服务器　　　　　　B. Configuration 程序助理

C. Ant Task　　　　　　　　　　　　D. Node 服务器

答案：A

3873. WebLogic 应用发布过程很顺利，没有报错，但是在访问某些功能时报 JSP 编译错误，打不开页面，这种情况最可能的原因是（　　）。

A. 应用包发布路径名太长　　　　　　B. 数据库无法连接造成的

C. HTTP Server 启动失败　　　　　　D. JDK 版本过低

答案：A

3874. WebLogic 在开发模式下 JDBC Connection Pool Capacity 默认的容量是（　　）。

A. 5　　　　　　　　　　　　　　　B. 10

C. 15　　　　　　　　　　　　　　　D. 25

答案：C

一、单项选择题

3875. WebLogic 正常启动后，显示的运行状态为（　　）。

A. RUNNING　　　　　　　　B. Started

C. Resume　　　　　　　　　D. Suspen

答案：A

3876. 当监控规则（Watch Rule）为真时，通知（Notification）被触发，在 WebLogic 10. xDiagnostic Framework 中,（　　）四种主要类型的 Diagnostic Notifications 是监控（Watch）使用的。

A. JMX，JMS，SMTP，SNMP　　　B. JMX，RMI，HTTP，HTTPS

C. HTTP，IIOP，T3，RMI　　　　　D. JMS，JWS，HTTP，JPD

答案：A

3877. 对于 Server 的 log，通过 Console 可以做（　　）管理操作。

A. 配置 log 的 rotation　　　　　　B. 配置 log 的路径

C. 配置 log 的信息输出级别　　　　D. 以上选项都可以

答案：D

3878. 关于 Multi-Data source，下面的（　　）描述是比较准确的。

A. 包含一个连接池，容纳 JDBC Connections

B. 包含一个连接池，不能容纳 JDBC Connections

C. 一个连接池，容纳 JDBC Connections，并有负载均衡和高可用性的功能

D. 一个连接池，容纳 JDBC Connections，并有负载均衡和高可用性的功能，但不能同时实现这两个功能

答案：D

3879. 如果 WLS 启动时，JDBC 不能正常启动，则错误级别是（　　）。

A. Info　　　　　　　　　　B. Warning

C. Error　　　　　　　　　　D. Notice

答案：C

3880. 如果要配置一个基于 Java 的节点管理器，（　　）不适用于该配置。

A. 可以配置节点管理器作为 Windows 启动服务或 UNIX 平台守护进程

B. 可以在命令行或 nodemanager. properties 文件指定 Node Manager 的属性

C. 在命令行更改 Node Manager 属性，会覆盖 nodemanager. properties 属性文件里的值

D. 如果一个机器上安装有多个 Manager Server，就应该为每个 Manager Server 安装独立的 Node Manager

答案：D

3881. 如果一个 Admin Server 和 4 个 Managed Server 部署在同一个设备上，且需要经常更新应用，则应该采用（　　）模式会节约大量部署时间。

A. External Stage				B. Nostage
C. Stage				D. 无须额外设置

答案：B

3882. 如果一个 WebLogic Server 运行在公网并且服务端口是 80 端口，（　）才能使得外界不能访问 Console。

A. Disable Console			B. 用 SSL
C. Admin Port			D. Disable Console 和 Admin Port

答案：A

3883. 如下（　）是标准的 BEA 错误号。

A. Error-0001			B. WLS-00002
C. BEA-12345			D. 以上所有

答案：C

3884. 调整 WebLogic 内存大小的文件是（　）。

A. setDomainEnv			B. startManagedWebLogic
C. startWebLogic			D. startPointBaseConsole

答案：A

3885. 关于 Node Manager，（　）说法是错误的。

A. Node Manager 有 Java 版和 SSH 版两个版本

B. Node Manager 可以查看 Server 的日志文件

C. Node Manager 可以自动侦测到所有 Managed Server 的 crash 并重启

D. Node Manager 接管 Managed Server 的标准输出并输入为 <server name>.out 文件

答案：B

3886. 关于 JavaBean，下列说法正确的是（　）。

A. JavaBean 是可以重复利用、跨平台的软件组件

B. JavaBean 总是有一个 GUI 界面

C. 在 JSP 页面中，JavaBean 的 GUI 界面总会被隐藏

D. 一个位于 JSP 中的 JavaBean 可以使用 request 等页面隐含对象

答案：A

3887. 关于 WebLogic 中的 Server，下面正确的说法是（　）。

A. 一个 Server 最多可以和一个机器（Machine）关联

B. 占用一定数量的内存，是多线程的

C. 是执行在单一 Java 虚拟机中的 WebLogic Server 的实例

D. 以上选项都对

答案：D

3888. 修改 WebLogic Server 启动的 heap 配置，不应该在（　　）文件中修改。

A. startNodeManager.sh　　　　B. Console 的 server start 参数中

C. setDomainEnv.sh　　　　　　D. startWebLogic.sh

答案：A

3889. Windows 环境下，WebLogic 系统中 Domain 的配置参数文件是（　　）。

A. Domain 所在目录下 /config/config.xml

B. Domain 所在目录下 /bin/setDomainEnv.cmd

C. Domain 所在目录下 /bin/commEnv.cmd

D. Domain 所在目录下 /config/commEnv.cmd

答案：A

3890. 不属于 WebLogic 集群默认负载算法的是（　　）。

A. 循环算法　　　　　　　　　　B. 基于权数

C. 随机　　　　　　　　　　　　D. 后序法

答案：D

3891. 你配置了一个集群环境，Admin Server 和一个包含 8 个 Managed Server 的 Cluster，Admin Server 在独立的硬件服务器上，8 个 Managed Server 平均分在 4 个相同的硬件服务器上，客户关心 Admin Server 的 Crash 对 Cluster 的影响，请问将如何处理？（　　）。

A. 配置 Admin Server 的 Cluster　　　B. 将 Admin Server 加入 Cluster

C. 配置 Managed Server MSI　　　　　D. 配置复制组

答案：C

3892. 配置了一个集群环境，Admin Server 和一个包含 8 个 Managed Server 的 Cluster，Admin Server 在独立的硬件服务器上，8 个 Managed Server 平均分在 4 个相同的硬件服务器上，4 个硬件服务器平均分在两个房间，客户关心 HTTP Session 数据的 Fail-over，（　　）使得 HTTP Session 数据能够 Fail-over 到不同的房间。

A. 配置复制组　　　　　　　　　　B. 配置 Machine

C. A 和 B 都不行　　　　　　　　　D. A 或 B 都可以

答案：A

3893. 逻辑回归与多元回归分析有哪些不同之处？（　　）

A. 逻辑回归用来预测事件发生的概率　　B. 逻辑回归用来计算拟合优度指数

C. 逻辑回归用来对回归系数进行估计　　D. 以上选项都是

答案：D

3894. WebLogic 的存储转发（store-and-forward）被用来（　　）。

A. 在群集中给被管服务器可靠的发送配置

B. 存储日志消息,并发送给管理服务器生产域日志

C. 在 WebLogic 服务器实例的应用之间可靠的存储和分发 JMS 消息

D. 可靠的存储和转发 EJB 请求给后端的 EJB 集群

答案:C

3895. WebLogic 服务器 Session 锁定后,通过( )解锁。

A. 重启服务器　　　　　　　　B. 登录 Console 控制"解除锁定"

C. 重新建立域　　　　　　　　D. 登录 Portal 控制台解决

答案:B

3896. WebLogic 服务器管理控制台的访问方式是( )。

A. http://ip: 端口 /HAEIPAdmin　　B. http://ip: 端口 /console

C. http://ip: 端口 /weblogic/console　　D. http://ip: 端口 /wls/console

答案:B

3897. WebLogic 服务器配置数据库信息时,JNDI 名称与数据源名称的关系是( )。

A. 两者必须一致　　　　　　　　B. 两者可以不一致

C. 两者必须与程序中一致　　　　D. 不知道

答案:B

3898. WebLogic 集成服务器的启动顺序是( )。

A. Admin Server、Proxy、各节点服务　　B. Proxy、Admin Server、各节点服务

C. 各节点服务、Admin Server、Proxy　　D. 各节点服务、Proxy、Admin Server

答案:A

3899. WebLogic 集群发布工程时安装到第三步时,选择( )是正确的。

A. Admin Server　　　　　　　　B. Cluster_1

C. Proxy　　　　　　　　　　　　D. 全选

答案:B

3900. WebLogic 建立域时连接 Oracle 数据库时需要使用 oracle.jdbc.xa.client.OracleXADataSource 驱动的数据源有( )个。

A. 2　　　　　　　　　　　　　　B. 3

C. 4　　　　　　　　　　　　　　D. 5

答案:B

3901. 运行在生产模式的 WebLogic Server 部署方法有( )。

A. 在 Console 中部署　　　　　　B. 在 WLST 中部署

C. 自动部署　　　　　　　　　　D. A 和 B

一、单项选择题

答案：D

3902. 运维人员在检查服务器 JDK 时，发现 JDK 版本过低，于是安装新的 JDK 后，发现 JDK 的版本还是远来的，下列方法错误的是（ ）。

A. 修改系统环境变量 JAVA_HOME　　B. 修改当前用户的 JAVA_HOME

C. 在命令行时，set JAVA_HOME　　D. 安装 jre

答案：D

3903. WebLogic 默认的 Web 端口是（ ）。

A. 8080　　B. 80

C. 7001　　D. 6001

答案：C

3904. WebLogic 使用（ ）实现和管理事务。

A. JDBC　　B. JMS

C. JTA　　D. EJB

答案：C

3905. WebLogic 有（ ）种版本的节点管理器。

A. 1　　B. 2

C. 3　　D. 4

答案：B

3906. 一个 Domain 中有（ ）个 Server 担任管理 Server 的功能。

A. 1　　B. 2

C. 3　　D. 4

答案：A

3907. WebLogic 域控制台对 LDAP 的配置 Provider Specific 中"组搜索范围"有（ ）种。

A. 1　　B. 2

C. 3　　D. 4

答案：B

3908. WebLogic 域中，以下说法错误的是（ ）。

A. 有且只有 1 台管理服务器　　B. 有 0 到多台托管服务器

C. 有 1 到多台托管服务器　　D. 有 0 到多个 WebLogic 群集

答案：C

3909. WebLogic Server 的缺省安全策略中，对（ ）做了约束。

A. 口令的长度　　B. 口令必须包含的字母

C. 口令的强度　　D. 口令不能包含的数字

答案：A

3910. Servlet 通常使用（　）表示响应信息是一个 Excel 文件的内容。

A. text/css
B. text/html
C. application/vnd. ms-excel
D. application/msword

答案：C

3911. Servlet 可通过由容器传递来的 HttpServletRequest 对象的（　）方法来获取客户请求的输入参数。

A. getParameter
B. getProtocol
C. getContentType
D. getAttribute

答案：A

3912. HttpServletResponse 提供了（　）方法用于向客户发送 Cookie。

A. addCookie
B. setCookie
C. sendCookie
D. writeCookie

答案：A

3913. MySession 引用某 HttpSession 对象，当调用 mySession.setAttribute 方法替换一个已经存在的会话属性时，一个 HttpSessionBindingEvent 对象将发往（　）。

A. HttpSessionListener 的 attributeReplaced 方法
B. ServletContextListener 的 attributeReplaced 方法
C. HttpSessionAttributeListener 的 attributeReplaced 方法
D. HttpSessionBindingListener 的 attributeReplaced 方法

答案：C

3914. WebLogic Portal（　）管理功能。

A. 提供分级授权
B. 提供门户访问控制
C. 提供各种缓存
D. 以上选项都对

答案：D

3915. WebLogic Portal 提供（　）门户访问分析功能。

A. 统计门户整体访问量
B. 按照门户栏目统计访问量
C. 统计门户访问响应时间
D. 以上选项都对

答案：D

3916. 下面 WebLogic Portal 主要功能，（　）是错误描述。

A. 提供 BS 系统页面统一访问
B. 提供个性化
C. 提供业务流程和工作流功能
D. 提供内容管理架构

答案：C

一、单项选择题

3917. 有关 WebLogic Portal 的描述，（ ）是错误的。

A. 可使用第三方 LDAP 软件进行身份认证　　B. 运行在 WebLogic Server 上

C. 只能独立运行　　D. 可以和 Apache Server 一起运行

答案：C

3918. 有关 WebLogic Portal 的描述，（ ）是正确的。

A. 必须使用 WebLogic 提供的软件进行身份认证

B. 必须使用 WebLogic 提供的软件进行身份认证

C. 只能独立运行

D. 可以和 Apache Server 一起运行

答案：D

3919. WebLogic Portal 中内置的搜索工具来自（ ）。

A. Autonomy　　B. Baidu

C. Google　　D. TurboCMS

答案：A

3920. （ ）是 Portlet。

A. 路由的监听端口　　B. 门户中展示 Web 内容的一种机制

C. Web 服务器上存储的凭证　　D. 只是为 Session 存储的凭证

答案：B

3921. Portal 的定制信息保存在（ ）中。

A. 服务器内存　　B. 数据库

C. 配置文件　　D. 日志文件

答案：B

3922. 从国家电网公司总部的企业门户系统访问网省公司企业门户系统是通过（ ）。

A. 数据交换　　B. 门户级联

C. 个性化定制　　D. 横向集成

答案：B

3923. 当 WebLogic 集群中的某个受管服务器意外退出时，其尚未完成的事务将会（ ）处理。

A. 自动迁移到健康的服务器上继续　　B. 手工迁移

C. 回滚　　D. 产生未决事务

答案：A

3924. 下面陈述中，（ ）不属于集群的典型的优点。

A. 提升性能　　B. 高可用性

C. 高扩展性　　D. 负载均衡

答案：A

3925. 集群中 Multicast 主要用于（　　）。

A. WebLogic Server 心跳检测　　　　B. Cluster JNDI 同步

C. Session 复制　　　　D. A 和 B

答案：D

3926. 集群中的所有 Server 需使用（　　）版本的 WebLogic。

A. 不同　　　　B. 相同

C. 任意　　　　D. 以上选项都不是

答案：B

3927. 向 WebLogic 集群上更新应用版本，对运行中的业务有什么影响？（　　）

A. 用户可以平滑迁移到新版本应用　　　　B. 用户需要重新登录

C. 用户会遇到无效页面　　　　D. 用户必须在应用更新后才能继续使用

答案：A

3928. Performance Pack 是做（　　）的。

A. Native I/O，快速接收客户请求　　　　B. 性能调整工具

C. 内存调优工具　　　　D. 数据压缩工具

答案：A

3929. JVM 的（　　）参数是打开垃圾回收日志文件。

A. −verbose:gc　　　　B. −Xprof

C. −Xms　　　　D. −server

答案：A

3930. Garbage Collection Logs 在收集 GC 细节时使用 −verbosegc 提供（　　）方面的帮助。

A. Java Heap　　　　B. Native Memory

C. Threads　　　　D. OS Kernel

答案：A

3931. （　　）措施不会对 WebLogic Server 的性能有提高。

A. 适当增加 Heap　　　　B. 设置 JSP Check Seconds 为 1

C. 适当加大 session timeout 的时间　　　　D. 适当增大 JDBC Connection Pool 的 Statement Cache

答案：C

3932. 查看本机 Java Development Kit 版本的命令是（　　）。

A. Javac　　　　B. Java-X

C. Java-version　　　　D. Java-dsa

答案：C

一、单项选择题

3933. Apache 的配置文件名是（ ）。

A. apache.conf
B. apached.conf
C. http.conf
D. httpd.conf

答案：D

3934. 在 J2EE 开发中，以下各项中（ ）属于常用的设计模式。

A. 工厂模式
B. 建造模式
C. 原始模型模式
D. 以上选项都对

答案：D

3935. 在 Tomcat 服务器中，一个 Servlet 实例在（ ）创建。

A. Tomcat 服务器启动时
B. 客户浏览器向 Tomcat 申请访问该 Servlet 时
C. 在 JBuilder 成功编译包含该 Servlet 的 Web 应用工程后
D. 在将包含该 Servlet 的 Web 应用工程部署到 Tomcat 服务器后

答案：A

3936. 在 Tomcat 容器中，配置数据库数据源的文件是（ ）。

A. tnsnames.ora
B. server.xml
C. client.xml
D. config.xml

答案：B

3937. Tomcat（ ）参数是最大线程数。

A. maxProcessors
B. maxSpareThreads
C. maxThreads
D. acceptCount

答案：C

3938. Tomcat 默认访问端口为（ ）。

A. 80
B. 7001
C. 8080
D. 8001

答案：C

3939. 在用 Tomcat 发布 Web 应用时，直接用 JDBC 访问数据库，以下（ ）方式是正确的。

A. 把 JDBC 驱动程序拷贝到 Web 应用的 WEB-INF/lib 目录下
B. 把 JDBC 驱动程序拷贝到 conf 目录下
C. 把 JDBC 驱动程序拷贝到 bin 目录下
D. 把 JDBC 驱动程序拷贝到 server 目录下

答案：A

3940. 已知 Tomcat 的安装目录为 "D:/Tomcat406/"，MyFirstWeb.war 是一个打包好的 Java

Web 应用程序，为了将其部署到该 Tomcat 服务器，应该将该 WAR 文件拷贝到（　　）。

A．D：/Tomcat406/bin	B．D：/Tomcat406/serv

C．D：/Tomcat406/webapps	D．D：/Tomcat406/common

答案：C

3941．Data Manager 是（　　）类型的工具。

A．ASP	B．DBMS

C．ETL	D．ERP

答案：C

3942．机房不间断电源系统、直流电源系统故障，造成 A 类机房中的自动化、信息或通信设备失电，且持续时间 8 小时以上，这属于（　　）事件。

A．五级设备	B．六级设备

C．五级信息系统	D．六级信息系统

答案：A

3943．《国家电网公司信息通信运行安全事件报告工作要求》规定，发生调规六级事件，正式报告需要（　　）签字，（　　）盖章。

A．省级单位信息通信职能管理部门负责人，省级单位行政章

B．省级单位信息通信职能管理部门负责人，省级单位信息通信职能管理部门章

C．省级单位负责人，省级单位行政章

D．省级单位负责人，省级单位信息通信职能管理部门章

答案：C

3944．（　　）特指党和国家的重要会议时期、重大活动时期及公司总部确定为（　　）的时期。

A．特级保障时期，特级保障	B．重要保障时期，重要保障

C．一般保障时期，一般保障	D．普通保障时期，普通保障

答案：A

3945．（　　）问题报送信通部运行处处长（副处长）、安全技术处处长（副处长）、调度运行管理专责、信息安全管理专职。

A．信息安全类	B．通信网络类

C．信息系统类	D．以上全部类别

答案：A

3946．《国家电网公司安全事故调查规程》规定，各有关单位接到事故报告后，应当依照规定立即上报事故情况，每级上报的时间不得超过（　　）小时。

A．1	B．2

C．3	D．4

一、单项选择题

答案：A

3947.《国家电网公司安全事故调查规程》规定，即时报告可以电话、电传、电子邮件、短信等形式上报。五级以上的即时报告事故均应在（　）小时以内以书面形式上报。

A. 8　　　　　　　　　　　　　B. 12
C. 24　　　　　　　　　　　　　D. 48

答案：C

3948.《国家电网公司安全事故调查规程》规定，六级人身事件是指无人员死亡和重伤，但造成5人以上及（　）人以下轻伤者。

A. 8　　　　　　　　　　　　　B. 10
C. 15　　　　　　　　　　　　　D. 20

答案：B

3949.《国家电网公司安全事故调查规程》信息通信部分修订条款规定，C类机房中的自动化、信息或通信设备被迫停运，且持续时间在48小时以上的属于（　）设备事件。

A. 八级　　　　　　　　　　　　B. 七级
C. 六级　　　　　　　　　　　　D. 五级

答案：C

3950.《国家电网公司安全事故调查规程》中对人身、电网、设备和信息系统四类事故等级分为（　）。

A. 五个等级　　　　　　　　　　B. 六个等级
C. 七个等级　　　　　　　　　　D. 八个等级

答案：D

3951.《国家电网公司信息通信运行安全事件报告工作要求》明确了各单位发生疑似或即将导致八级及以上事件的故障，按（　）类故障要求执行报告制度。

A. A　　　　　　　　　　　　　B. B
C. C　　　　　　　　　　　　　D. D

答案：A

3952.《国网信通部关于印发〈国家电网公司信息通信运行安全事件报告工作要求〉的通知》（信通运行〔2016〕177号）从何时起执行（　）。

A. 2016年12月1日　　　　　　　B. 2017年1月1日
C. 2016年6月1日　　　　　　　　D. 2017年3月1日

答案：B

3953. A类机房中的自动化、信息或通信设备失电，且持续8小时，属于（　）设备事件。

A. 五级　　　　　　　　　　　　B. 六级

C. 七级　　　　　　　　　　　D. 八级

答案：B

3954.《国家电网公司信息通信安全运行事件报告工作要求》规定，发生信息通信系统运行事件，即时报告是指事件发生后和事件（　　）的快速报告。

A. 处置过程中　　　　　　　　B. 处置完毕后

C. 处置困难时　　　　　　　　D. 处置分析后

答案：A

3955. 省电力公司级以上单位本部通信站通信业务全部中断，属于（　　）级设备事件。

A. 五　　　　　　　　　　　　B. 六

C. 七　　　　　　　　　　　　D. 八

答案：A

3956. 国家电力调度控制中心、国家电网调控分中心或省电力调度控制中心与直接调度范围内 10% 以上厂站的调度电话、调度数据网业务及实时专线通信业务全部中断，属于（　　）级设备事件。

A. 五　　　　　　　　　　　　B. 六

C. 七　　　　　　　　　　　　D. 八

答案：A

3957. "国家电力调度控制中心、国家电网调控分中心或省电力调度控制中心与直接调度范围内 30% 以上厂站的调度数据网业务全部中断"属于（　　）级设备事件。

A. 五　　　　　　　　　　　　B. 六

C. 七　　　　　　　　　　　　D. 八

答案：A

3958. 国家电力调度控制中心、国家电网调控分中心或省电力调度控制中心与直接调度范围内（　　）以上厂站的调度电话业务全部中断，且持续时间 4 小时以上，属于五级设备事件。

A. 10%　　　　　　　　　　　B. 20%

C. 30%　　　　　　　　　　　D. 50%

答案：C

3959. 国家电力调度控制中心、国家电网调控分中心或省电力调度控制中心与直接调度范围内（　　）以上厂站的调度电话业务全部中断，且持续时间（　　）小时以上，属于五级设备事件。

A. 50%，4　　　　　　　　　　B. 30%，8

C. 30%，4　　　　　　　　　　D. 50%，8

答案：C

3960. 对于出现的系统告警，要求省级调度员核查故障类型，A 类故障发生后立即（最多

一、单项选择题

不超过（　）分钟，通过调度电话向国网信通调度进行口头汇报。

A. 10　　　　　　　　　　B. 15

C. 20　　　　　　　　　　D. 30

答案：C

3961. 安全天数一般（　）为一个周期。

A. 50 天　　　　　　　　　B. 100 天

C. 200 天　　　　　　　　D. 300 天

答案：B

3962. SAP 系统采购招标中，没有供应商投标，或者没有合格标的，或者重新招标未能成立的可采用的采购方式是（　）。

A. 公开招标　　　　　　　B. 竞争性谈判

C. 单一来源　　　　　　　D. 询价

答案：B

3963. SAP 系统中，ERP 从 MDM 平台同步的物资主数据不包括（　）。

A. 分类主数据　　　　　　B. 供应商主数据

C. 服务主数据　　　　　　D. 仓位主数据

答案：D

3964. SAP 系统中，ERP 实施团队在（　）环境中进行系统配置。

A. 生产　　　　　　　　　B. 培训

C. 测试　　　　　　　　　D. 开发

答案：D

3965. SAP 系统中，以下关于供应商主数据提报注意事项的描述，错误的是（　）。

A. 供应商名称、通信地址需与企业法人营业执照一致，且在所有标点符号需在半角状态下编辑（尤其注意括号）

B. 组织机构代码为 9 位数字及字母，且不能存在空格和"-"，比如扫描件显示为 CN78013675-X，正确填写规范为"78013675X"，个体经营单位法人没有组织机构代码，请填写法人的身份证号

C. 除政府机构外，工商登记号前加大写字母 C，政府机构工商登记号前的大写字母 G 保留，不加 C，政府机关没有工商登记号的请填写"政府"，工商登记号前缀字母必须大写，各数字之间不能有空格，且末尾的"-"不能缺省，如"C5001010000141793-4-1"

D. 税号必须为 15 位或者 18 位

答案：D

3966. SAP 系统中，对于校验增强处理的事务代码是（　）。

A. OB28 B. OB52
C. OBBH D. OB25

答案：A

3967. SAP 系统中，SAPSolutionManager 系统不包括（ ）功能。

A. 蓝图管理 B. 配置管理
C. 测试计划管理 D. 系统备份管理

答案：D

3968. SAP 系统中，对供应商是分 3 个层级来维护的，不包括（ ）。

A. 集团级 B. 公司级
C. 采购组织级 D. 需求部门

答案：D

3969. SAP 系统中，不属于物料主数据信息的是（ ）。

A. 计量单位信息 B. 统驭科目信息
C. 评估范围信息 D. 存储地点信息

答案：B

3970. SAP 系统中，采购订单创建并保存后，仍然可以修改以下哪种信息？（ ）

A. 采购订单类型 B. 供应商
C. 合同总价 D. 服务类型

答案：C

3971. SAP 系统中，查看当前用户登录情况的事务代码是（ ）。

A. SM01 B. SM03
C. SM02 D. SM04

答案：D

3972. SAP 系统中，查看后台作业是否完成，需要使用事务代码（ ）。

A. SE03 B. SM01
C. SMIT D. SM37

答案：D

3973. SAP 系统中，查询客户余额的事务代码是（ ）。

A. FBL5N B. FBL1N
C. FK10N D. FD10N

答案：D

3974. SAP 系统中，查询某一项目采购订单的事务代码是（ ）。

A. ME5J B. ME2J

一、单项选择题

C. ME21N　　　　　　　　　　D. CJ2C

答案：B

3975. SAP 系统中，查询通知单的事务代码是（　　）。

A. IW31　　　　　　　　　　　B. IW32

C. IW22　　　　　　　　　　　D. IW23

答案：B

3976. SAP 系统中，查找数据库表的事务代码是（　　）。

A. SE80　　　　　　　　　　　B. SE11

C. SE37　　　　　　　　　　　D. SM30

答案：B

3977. SAP 系统中，程序中执行了下面一段代码：DATA it_sflight type sflight with header line. Loop at it_sflight. it_sflight-carrid = 'AA'. Modify it_sflight. Endloop. 该段语法中出现了四次 it_sflight，其中后三次分别代表的是（　　）。

A. 内表、内表、内表　　　　　　B. 内表、结构、内表

C. 内表、结构、结构　　　　　　D. 内表、内表、结构

答案：B

3978. SAP 系统中，创建供应商退货采购订单，通过 MIGO 进行收货时，自动产生的退货移动类型是（　　）。

A. 101　　　　　　　　　　　　B. 102

C. 122　　　　　　　　　　　　D. 161

答案：D

3979. SAP 系统中，从采购订单中穿透查询采购订单的收货情况，应该在行项目细节中（　　）。

A. 单击"账户分配"页签查看　　　B. 单击"采购订单历史"页签查看

C. 单击"评估"页签查看　　　　　D. 单击"客户数据"页签查看

答案：B

3980. SAP 系统中，单个显示物资采购申请的事务代码是（　　）。

A. ME51N　　　　　　　　　　B. IW31

C. ME53N　　　　　　　　　　D. ME23N

答案：C

3981. SAP 系统中，当用户正在进行某个 T-CODE 操作时，发现没有相应权限，可立刻在 T-CODE 输入框中输入 T-CODE（　　）查看自己的权限数据，从而找出自己所缺的权限。

A. /nsu53　　　　　　　　　　B. SU53

C. /nsu21　　　　　　　　　　D. SU21

答案：A

3982. SAP 系统中，导致无法进行收货的原因不包括（　）。

A. 订单审批未通过　　　　　　　B. 物料账已关闭

C. 订单"交货已完成"标准已打钩　D. 收货已全部冲销

答案：D

3983. SAP 系统中，发票校验时所说的三单匹配，不包括（　）。

A. 入库单　　　　　　　　　　　B. 发票

C. 采购订单　　　　　　　　　　D. 银行对账单

答案：D

3984. SAP 系统中，服务订单进行确认和付款的次数是（　）。

A. 1 次　　　　　　　　　　　　B. 2 次

C. 3 次　　　　　　　　　　　　D. 多次

答案：D

3985. SAP 系统中，根据 SAP 系统设计逻辑，采购订单收货与发票校验的先后操作关系是（　）。

A. 必须先收货，后发票校验　　　B. 必须发票校验，后收货

C. 两者没有必然的先后关系　　　D. 以上选项都不正确

答案：C

3986. SAP 系统中，工单对应的领料单应该在什么时间打印？（　）

A. 工单下达开工后　　　　　　　B. 工单技术完成后

C. 工区/地市局检修专责审批材料计划后　D. 班组长维护工单维修组件后

答案：A

3987. SAP 系统中，供应商冻结的操作事务代码是（　）。

A. FK06　　　　　　　　　　　　B. FK05

C. FD05　　　　　　　　　　　　D. FD06

答案：B

3988. SAP 系统中，国网 MDM 物料主数据的描述是按以下哪种规则生成的？（　）

A. 物料类型描述＋物料组描述＋特征值　B. 物料类型描述＋特征值

C. 物料组描述（物料小类描述）＋特征值　D. 批次号＋特征值

答案：C

3989. SAP 系统中，国网的物料编码开头数字为（　）。

A. J　　　　　　　　　　　　　　B. M

C. 5　　　　　　　　　　　　　　D. 1

一、单项选择题

答案：C

3990. SAP 系统中，何时可以对服务采购订单进行确认收货？（　　）

A. 创建完成服务采购订单后　　　　B. 服务采购订单审批完成后

C. 工单技术完成后　　　　　　　　D. 工单下达后

答案：B

3991. SAP 系统中，很多表当中都有一个字段，叫作 MANDT，为第一个主键，这个字段的用处是（　　）。

A. 区分后台数据库的类型　　　　　B. 区分表中记录属于哪个客户端（Client）

C. 区分表的数据量大小　　　　　　D. SAP 系统保留字段

答案：B

3992. SAP 系统中，进行用户角色修改的事务代码是（　　）。

A. MIGO　　　　　　　　　　　　B. CJ20N

C. SU01D　　　　　　　　　　　　D. PFCG

答案：D

3993. SAP 系统中，可以查看采购申请信息的标准表的名称是（　　）。

A. EKKO　　　　　　　　　　　　B. EBAN

C. EKPO　　　　　　　　　　　　D. MARA

答案：B

3994. SAP 系统中，可以使用哪个事务代码对 SAP 透明表进行在线重组？（　　）

A. SE11　　　　　　　　　　　　B. SE13

C. SE14　　　　　　　　　　　　D. SE16

答案：C

3995. SAP 系统中，可以最多同时打开（　　）个月物料账期。

A. 一　　　　　　　　　　　　　B. 两

C. 三　　　　　　　　　　　　　D. 四

答案：B

3996. SAP 系统中，库存盘点的过程中，不包括的步骤是（　　）。

A. 创建盘点凭证　　　　　　　　B. 进行物料移动

C. 查看差异清单　　　　　　　　D. 差异过账

答案：B

3997. SAP 系统中，扩充物料的工厂使用的事务代码是（　　）。

A. MM01　　　　　　　　　　　　B. MM02

C. MM03　　　　　　　　　　　　D. MM04

答案：A

3998. SAP 系统中，内部订单月末结算前需要维护（　　）。

A. 结算规则　　　　　　　　B. 主数据

C. 公司代码　　　　　　　　D. 成本中心

答案：A

3999. SAP 系统中，批量审批采购申请的事务代码是（　　）。

A. ME54N　　　　　　　　　B. ME29N

C. ME55　　　　　　　　　　D. ME28

答案：C

4000. SAP 系统中，物资保证期的起算点是（　　）。

A. 合同签订时间　　　　　　B. 合同规定交货日期

C. 实际交货日期　　　　　　D. 合同货物通过验收并投运

答案：D

4001. SAP 系统中，物资采购申请上传总部 ERP 系统时，以下说法正确的是（　　）。

A. 所有类型采购申请都可以上传　　B. 上传成功后会接收到反馈消息

C. 上传后仍能修改采购申请　　　　D. 以上说法均不正确

答案：D

4002. SAP 系统中，物资采购申请与服务采购申请的区分点是（　　）。

A. 科目分配类别　　　　　　B. 项目类别

C. 凭证类别　　　　　　　　D. 采购组

答案：B

4003. SAP 系统中，物资收发货的凭证类型是（　　）。

A. SA、SB　　　　　　　　　B. AB、BA

C. AA、AF　　　　　　　　　D. WA、WE

答案：D

4004. SAP 系统中，系统内维护的服务主数据查看方式为（　　）。

A. AC03　　　　　　　　　　B. AC04

C. AC05　　　　　　　　　　D. AC06

答案：A

4005. SAP 系统中，项目采购申请的查询事务代码是（　　）。

A. ME2J　　　　　　　　　　B. ME4J

C. ME5J　　　　　　　　　　D. ME6J

答案：C

一、单项选择题

4006. SAP系统中,修改采购订单的价格使用的事务代码是( )。
A. ME21N   B. ME22N
C. ME23N   D. ME52N
答案:B

4007. SAP系统中,修改预留的事务代码是( )。
A. MB21   B. MB22
C. MB23   D. MB25
答案:B

4008. SAP系统中,一个采购申请可以对应( )行项目。
A. 一个   B. 一个或多个
C. 多个   D. 没有
答案:B

4009. SAP系统中,以下不能在ME23N的采购订单历史中直接显示的信息是( )。
A. 收货信息   B. 发货信息
C. 发票校验信息   D. 预付款信息
答案:B

4010. SAP系统中,以下哪个指标不属于物资同业对标指标?( )
A. 物资计划报送合格率 B. 物资标准化率
C. 采购订单准确性   D. 物资合同签订率
答案:D

4011. SAP系统中,以下哪些字段可以被用作权限控制?( )
A. 人事范围   B. 员工组,员工子组
C. 信息类型,信息子类型 D. 以上选项都是
答案:D

4012. SAP系统中,默认情况下,用户在登录系统时输入密码( )次不正确用户名会被锁定。
A. 1   B. 2
C. 3   D. 5
答案:D

4013. SAP系统中,用户在使用LSMW导入数据时,用户需要从哪一步开始操作?( )
A. Specify Files   B. Assign Files
C. Read Data   D. Display Read Data
答案:A

4014. SAP系统中,语句loop at itab into wa.的准确意思是( )。

A. 把 wa 中的值进行循环，每一次循环都写回内表

B. 求出迷宫 itab 的出口放在 wa 里

C. 对内表 itab 的数值列进行累加放入 wa 中

D. 对内表 itab 进行循环，把循环中每一行的结果写入结构 wa 中

答案：D

4015. SAP 系统中，在 ABAP/4 的开发工作中，哪个 TCODE 是直接进入就可以创建程序、函数组及程序内部各种元素的？（　　）

A. SE80　　　　　　　　　　B. SE11

C. SE93　　　　　　　　　　D. SE16

答案：A

4016. SAP 系统中，以下哪个事务代码可以查看并删除用户锁定条目？（　　）

A. SM04　　　　　　　　　　B. SM50

C. SM12　　　　　　　　　　D. SM30

答案：C

4017. SAP 系统中，所谓"物料"是指所有需要列入计划、实现采购、控制库存、控制成本的有形、无形物的统称，其范围包括（　　）。

A. 一般物资和服务　　　　　　B. 一般物资

C. 服务　　　　　　　　　　D. 外部物资

答案：A

4018. SAP 系统中，在 MM 的组织架构中，库存地点必须存在于（　　）。

A. 工厂　　　　　　　　　　B. 公司代码

C. 采购组织　　　　　　　　D. 集团

答案：A

4019. SAP 系统中，模糊查询的匹配符是（　　）。

A. *　　　　　　　　　　　B. %

C. #　　　　　　　　　　　D. !

答案：A

4020. SAP 系统中，在 Transact-SQL 语法中，SELECT 语句将多个查询结果返回一个结果集合的运算符是什么？（　　）

A. JOIN　　　　　　　　　　B. UNION

C. INTO　　　　　　　　　　D. LIKE

答案：B

4021. SAP 系统中，在报表程序的屏幕事件里，有一个事件叫作 AT LINE-SELECTION．

一、单项选择题

参见如下代码：WRITE / 'ABAP'. AT LINE-SELECTION. WRITE / 'TEST'. 那么，以下哪种情况会发生？（　　）

　　A. 先显示出一行 ABAP，当用户双击一次时，屏幕上在原来 ABAP 行下面换行一次显示出一行新的 TEST

　　B. 先显示出一行 ABAP，当用户双击一次时，屏幕上每次只显示出一行的 TEST 取代原先的屏幕

　　C. 先显示出一行 ABAP，当用户双击一次时，屏幕上永远只显示出一行 TEST（放在原来 ABAP 行下面）

　　D. 先显示出一行 ABAP，当用户第一次双击时，产生一个新屏幕，显示一行 TEST，然后每次双击都在其下换行显示一行新的 TEST

　　答案：B

4022. 在 SAP 系统采购订单过程中，订单的行项目的物料价格是（　　）。

A. 含税单价　　　　　　　　　　B. 不含税单价

C. 含税总价　　　　　　　　　　D. 不含税总价

答案：B

4023. SAP 系统中，在打开系统菜单时，为了显示出各个事务的技术名称，应该怎样设置？（　　）

A. ERP 初始界面菜单项中：系统—用户参数文件—显示技术

B. ERP 初始界面菜单项中：细节—设置—显示技术名称

C. ERP 初始界面菜单项中：菜单—用户菜单—显示技术名称

D. ERP 初始界面菜单项中：细节—技术明细—显示技术名称

答案：B

4024. SAP 系统中，在命令栏中关闭当前会话但不退出 SAP 系统的事务代码，以下正确的是（　　）。

A. /N　　　　　　　　　　　　　B. /OME21N

C. MV50　　　　　　　　　　　　D. /NEX

答案：A

4025. SAP 系统中，在盘点时我们一般要先设置（　　）来禁止对盘点物料进行过账操作。

A. 过账冻结　　　　　　　　　　B. 物料冻结

C. 以上 2 个都是　　　　　　　　D. 以上都不是

答案：A

4026. SAP 系统中，在权限配置的"角色"中增加用户状态的（　　），使拥有该角色的用户能够设置对应的用户状态。

A. 授权码　　　　　　　　　　　B. 事务代码

C. 业务对象　　　　　　　　D. 角色

答案：A

4027. SAP 系统中，在日常工作中，有时需要判定用户是否已登录 ERP 系统，最好使用 TCODE（　）查询。

A. SM04　　　　　　　　　B. SM50

C. AL08　　　　　　　　　D. SM66

答案：C

4028. SAP 系统中，在收藏夹中可以为自己创建的内容有（　）。

A. 事务代码　　　　　　　B. 网址

C. 其他类型文件　　　　　D. 以上选项都可以

答案：D

4029. SAP 系统中，在资产设备管理中，SAP 系统所需要使用的一些基础数据我们称之为"主数据"，以下哪一项不是资产设备管理模块中的主数据？（　）

A. 物料主数据　　　　　　B. 功能位置主数据

C. 设备主数据　　　　　　D. 工作中心主数据

答案：A

4030. SAP 系统中，直接进入就可以查询表的结构是哪个 TCODE？（　）

A. SE80　　　　　　　　　B. SE11

C. SE93　　　　　　　　　D. SE16

答案：B

4031. SAP 系统中，制定年度采购策略，确定采购模式、采购批次、采购方式，制订采购计划，主要依据的是（　）。

A. 批次采购计划　　　　　B. 协议库存计划

C. 年度物资需求计划　　　D. 批次外采购计划

答案：C

4032. 在 MDM 系统中，某网存在会计科目 A，但在其 ERP 系统中此科目编码被冻结，需要选择以下哪项操作？（　）

A. 申请科目　　　　　　　B. 在 ERP 中解冻此科目

C. 状态同步　　　　　　　D. 数据分发

答案：C

4033. 下列各项中，哪一项不是文件型病毒的特点？（　）

A. 病毒以某种形式隐藏在主程序中，并不修改主程序

B. 以自身逻辑部分取代合法的引导程序模块，导致系统瘫痪

C. 文件型病毒可以通过检查主程序长度来判断其存在

D. 文件型病毒通常在运行主程序时进入内存

答案：B

4034. 在 SAP 系统中，查询维修工单的系统状态的事务代码是（　　）。

A. IW33　　　　　　　　　　　B. IW01

C. IE01　　　　　　　　　　　D. IE03

答案：A

4035. 在 SAP 系统中，更改设备主数据的维护工厂字段的事务代码是（　　）。

A. IE02　　　　　　　　　　　B. CJ20N

C. CT04　　　　　　　　　　　D. CL02

答案：A

4036. 在 SAP 系统中，工单完成时间的确认如果有误，可以使用的处理方法有（　　）。

A. 删除时间确认的条目，再重新确认

B. 对已确认的时间确认条目打删除标识，再重新确认

C. 对已确认的时间确认不再处理，再用负的时间来冲多确认的时间

D. 可以取消原确认

答案：D

4037. 在 SAP 系统中，批量查看设备的事务代码是（　　）。

A. IE03　　　　　　　　　　　B. IH08

C. IL03　　　　　　　　　　　D. IW31

答案：B

4038. 在 SAP 系统中，以下哪项不是设备台账考核的指标类型？（　　）

A. 设备台账完整性　　　　　　B. 设备台账准确性

C. 设备台账录入及时性　　　　D. 设备台账投运及时率

答案：D

4039. 在 SAP 系统中，未下达的维修工单删除的系统操作是：打开要删除的工单，先单击菜单栏（　　），再单击订单→功能→删除标识→设置。

A. 订单→功能→完成→取消技术完成　　B. 订单→功能→完成→完成（业务）

C. 订单→功能→完成→取消完成业务　　D. 订单→功能→完成→没有执行

答案：D

4040. 国网公司 ERP 与 PMS 在设备管理功能划分上，ERP 侧重于设备的（　　）。

A. 生产技术管理　　　　　　　B. 资产管理

C. 维护过程资源控制及费用管理　　D. B 和 C

答案：D

4041. 在 SAP 系统中，设备与功能位置的关系是（　）。

A. 一对一
B. 多对一
C. 一对多
D. 多对多

答案：B

4042. 在 SAP 系统中，（　）是定义在计划工厂下的一个或一组人/机器。它是维护任务的执行者，并可以用于能力、计划和成本核算。

A. 工作中心
B. 维护工厂
C. 维护计划工厂
D. 成本中心

答案：A

4043. 国网公司 SG186 典设中，SAP ERP 设备管理模块中启用的功能包括（　）。

A. 设备和功能位置主数据管理
B. 维修工单管理
C. 大修工单管理
D. 以上选项都是

答案：D

4044. 在 SAP 系统中，在建立大修工单的时候，下面哪一项的内容用以关联大修项目预算？（　）

A. 计划工厂
B. WBS 元素
C. 设备主数据
D. 工作中心主数据

答案：B

4045. 在国网公司 SG186 典设中，设备的用户状态不包括下列（　）状态。

A. 退库停用
B. 报废
C. 在用
D. 备用

答案：D

4046. 按 SG186 典设方案，在 SAP 系统中，大修工单无法下达的可能原因不包括（　）。

A. 大修项目未下达
B. 没有填写 WBS 元素
C. 没有挂接设备
D. 预算不足

答案：C

4047. ERP 设备模块中，大修工单的 WBS 元素的主要作用是（　）。

A. 表示检修工作的类型
B. 指明维修工作的施工单位
C. 控制大修费用
D. 有作用

答案：C

4048. 按财务集约化规范，在 SAP 系统 PM 模块中，主设备和资产的对应关系是（　）。

A. 一对一
B. 多对一

一、单项选择题

C. 多对多　　　　　　　　　　　D. 一对一或是多对一

答案：A

4049. 在SAP系统中，某部门在执行一项检修任务时，同时涉及物料及服务需求，该部门人员于2013.3.15录入该维修工单，维修工单的日期信息如下："基本开始日期——2013.3.1""基本完成日期——2013.4.1""计划类型——向前准时"、勾选"自动计划"。该工单自动生成的预留及采购申请中，下列日期显示正确的一组为（　　）。

A. 预留需求日期2013.3.1，采购申请请求日期2013.3.1，采购申请交付日期2013.3.1

B. 预留需求日期2013.3.1，采购申请请求日期2013.3.1，采购申请交付日期2013.3.15

C. 预留需求日期2013.3.1，采购申请请求日期2013.3.15，采购申请交付日期2013.4.1

D. 预留需求日期2013.3.15，采购申请请求日期2013.3.15，采购申请交付日期2013.4.1

答案：D

4050. 在SAP系统中，工单里提报物料时，可点击物料后的（　　）查看仓库是否有库存。

A. 库位（SLoc）　　　　　　　　B. 工厂

C. 批次　　　　　　　　　　　　D. 特殊库存

答案：A

4051. 在SAP系统中，单个查看设备的事务代码是（　　）。

A. IE03　　　　　　　　　　　　B. IE01

C. IL03　　　　　　　　　　　　D. IW31

答案：A

4052. 按SG186典设方案，在SAP系统中，工单中外委服务工序里的控制码要维护成（　　）。

A. PM01　　　　　　　　　　　　B. PM02

C. PM03　　　　　　　　　　　　D. PM04

答案：C

4053. 按国网公司检修业务结算规范，在SAP系统中，在PM后台配置中，工单结算规则一般应维护成（　　）。

A. 成本中心　　　　　　　　　　B. 项目WBS

C. 成本要素　　　　　　　　　　D. 固定资产

答案：A

4054. 按SG186典设方案，一般来说，功能位置第四层不用来代表（　　）。

A. 变电站　　　　　　　　　　　B. 部门

C. 专业　　　　　　　　　　　　D. 班组

答案：C

4055. 在SAP系统中，更改设备的事务代码是（　　）。

A. IE01　　　　　　　　　　　　B. IE02

C. IE03　　　　　　　　　　　　D. IEO4

答案：B

4056. 在SAP系统中，批量查看设备的事务代码是（　　）。

A. IH08　　　　　　　　　　　　B. IL03

C. IW33　　　　　　　　　　　　D. IE02

答案：A

4057. 在SAP系统中，工单的技术完成通常在（　　）情况下进行。

A. 工单包含工作已经全部完成，包括已经在系统中对外委服务进行了收货确认

B. 工单已经下达后可随时完成

C. 工单创建后可随时完成

D. 工单业务完成后

答案：A

4058. 按SG186典设方案，在SAP系统中，工单中外委服务的采购申请一般在（　　）产生。

A. 工单保存后　　　　　　　　　B. 工单下达后

C. 技术完成时　　　　　　　　　D. 业务完成时

答案：B

4059. 按SG186典设方案，一般通过维护修理工单和（　　）的挂接，可以做到对维护修理成本的预算化管理。

A. 项目WBS　　　　　　　　　　B. 物资

C. 科目　　　　　　　　　　　　D. PMS

答案：A

4060. 在SAP系统中，在国网典设中，维修工单到达（　　）状态时，物料组件预留生效。

A. 创建　　　　　　　　　　　　B. 下达

C. TECO　　　　　　　　　　　　D. CLSD

答案：B

4061. 在SAP系统中，工单下达的快捷组合键是（　　）。

A. Ctrl+F1　　　　　　　　　　　B. Ctrl+F2

C. Ctrl+F3　　　　　　　　　　　D. Ctrl+F4

答案：A

4062. 按SG186典设规范，非生产性设备编码前两位的含义是（　　）。

A. 网省代码　　　　　　　　　　B. 地市代码

C. 设备类型代码　　　　　　　　D. 生产与非生产设备区分码

一、单项选择题

答案：A

4063. 在 SAP 系统中，非生产设备主数据应由哪个岗位的人员创建？（　　）

A. 财务部　　　　　　　　　　B. 设备主人

C. 检修专工　　　　　　　　　D. 物资部门

答案：B

4064. 在 SAP 系统中，对于生产类订单或非生产类订单的维修过程，以下工作流程描述正确的选项是（　　）。

A. 项目定义→订单定义→打印领料单→服务采购及确认→技术性完成

B. 项目定义→订单定义→打印领料单→技术性完成→服务采购以及确认

C. 项目定义→订单定义→技术性完成→服务采购及确认→打印领料单

D. 三者都正确

答案：A

4065. 在 SAP 系统中，工资结果转存的流程是什么？（　　）

A. 转存→校验→上报　　　　　　B. 转存→校验→申报

C. 校验→转存→上报　　　　　　D. 校验→转存→申报

答案：B

4066. 在 SAP 系统中，以下哪个信息类型不是运行工资核算前必须维护的信息类型？（　　）

A. 银行信息（0009）　　　　　　B. 计划工作时间（0007）

C. 合同要素〔001（6）〕　　　　D. 所得税〔053（1）〕

答案：C

4067. 在 SAP 系统中，核算工资时报错：工资或奖金发生回溯，通过事务代码（　　）处理。

A. PA01　　　　　　　　　　　B. PU01

C. PU03　　　　　　　　　　　D. PA03

答案：C

4068. SAP 系统组织结构中处于最高级别的是（　　）。

A. 集团　　　　　　　　　　　　B. 公司

C. 工厂　　　　　　　　　　　　D. 库存地

答案：A

4069. 在 SAP 系统中，在配置自动过账时，下列参数和科目分配无关的是（　　）。

A. 评估分组代码　　　　　　　　B. 移动类型

C. 科目修改　　　　　　　　　　D. 评估类

答案：B

4070. 在 SAP 系统中，员工的人事信息的历史记录（　　）。

A. 不能存储，系统始终保存最新的记录　B. 所有信息按时间段存储，历史信息完整保存

C. 部分信息类型可以保存历史信息　D. 以上选项都不正确

答案：B

4071. ERP 人资模块中，定界组织单位的先决条件是（　）。

A. 所有上级组织单位已被定界或删除　B. 与上级组织单位的关系已经定界或删除

C. 所有所属职位已经定界或删除　D. 与成本中心的关系已经定界或删除

答案：C

4072. 在 SAP 系统中，下列关于撤销组织机构描述正确的是（　）。

A. 可以在任何时候进行组织机构撤销

B. 必须在月报完成后进行撤销

C. 在编制完年报报表后就可以进行撤销

D. 需要在年报上报后并且上报一月份月报前进行撤销

答案：D

4073. 统一用户框架系统中，和 ERP 人资系统有关联的用户属性是（　）。

A. 用户统一码　B. 用户名

C. 用户编码　D. 人资编码

答案：D

4074. 在 SAP 系统中，关于组织信息类型"内设机构信息"，以下说法正确的是（　）。

A. 在同一时间段内只能存在一条

B. 在同一时间段内可以存在多条

C. 对于不同的组织单位，可以存在的条数不同

D. 以上说法都不对

答案：A

4075. 在 SAP 系统中，以下关于信息类型 0008 基本工资和 0007 计划工作时间说法正确的是（　）。

A. 先维护 0008，再维护 0007　B. 先维护 0007，再维护 0008

C. 没有维护先后顺序　D. 可以不维护 0007，直接维护 0008

答案：B

4076. 在 SAP 系统中，只记录缺勤和加班记录的是（　）考勤。

A. 正向　B. 逆向

C. 粗放式　D. 精细化

答案：B

4077. 在 SAP 系统中，薪资计算中，与薪资核算相关的必须正确维护的人事信息有（　）。

一、单项选择题

A. 计划工作时间　　　　　　　　B. 所得税

C. 组织分配　　　　　　　　　　D. 以上选项都是

答案：D

4078. 在SAP系统中，下列哪些选项不是人员增加的原因？（　　）

A. 从农村招收　　　　　　　　　B. 录用的转业军人

C. 录用的技校生　　　　　　　　D. 录用的博士生

答案：D

4079. 在SAP系统中，某员工原来缴纳社保，后来不再缴纳，需要对该员工的缴纳规则进行的操作是（　　）。

A. 定界　　　　　　　　　　　　B. 删除

C. 新建　　　　　　　　　　　　D. 冻结

答案：A

4080. 在SAP系统中，专家模式下维护职位的事务代码是（　　）。

A. PPOME　　　　　　　　　　　B. PO10

C. PO13　　　　　　　　　　　　D. PA30

答案：C

4081. 在SAP系统中，需要在工资核算前维护的考勤信息类型是（　　）。

A. 0007 计划工作时间　　　　　B. 2001 缺勤信息

C. 2006 缺勤定额信息　　　　　D. 2010 缺勤定额

答案：A

4082. 在SAP系统中，创建根组织事务代码是（　　）。

A. PPOCE　　　　　　　　　　　B. PPOME

C. PPOSE　　　　　　　　　　　D. PO10

答案：A

4083. 在SAP系统中，员工的信息类型记录，在同一时间段内（　　）。

A. 只能有一条

B. 可以有多条

C. 根据不同的信息类型，可以有一条或多条

D. 以上选项都不正确

答案：C

4084. 在SAP系统中，工资核算时下面哪个信息类型不是必须要维护的？（　　）

A. 基本工资　　　　　　　　　　B. 经常性支付

C. 银行账户　　　　　　　　　　D. 社保信息

答案：B

4085. 在 SAP 系统中，人员入职时间不能（　　）职位的起始时间。

A. 早于　　　　　　　　　　　　B. 晚于

C. 等于　　　　　　　　　　　　D. 以上选项均不对

答案：A

4086. 在 SAP 系统中，入职（见习）人事事件中入职员工需要选择的员工子组是（　　）。

A. 专业技术人员　　　　　　　　B. 技能人员

C. 一般管理人员　　　　　　　　D. 见习人员

答案：D

4087. 在 SAP 系统中，基层单位的职能部门定员是在哪里进行维护的？（　　）

A. 单位信息　　　　　　　　　　B. 部门信息

C. 基础数据　　　　　　　　　　D. 编制信息

答案：B

4088. 在 SAP 系统中，人事范围和人事子范围的关系是（　　）。

A. 一对一　　　　　　　　　　　B. 一对多

C. 多对一　　　　　　　　　　　D. 多对多

答案：B

4089. 在 SAP 系统中，如果想修改岗位相关信息，在组织管理模块常用的 PPOME 操作中，首先进行哪个步骤？（　　）

A. 修改岗位所属部门　　　　　　B. 修改职务信息

C. 选定预览时间　　　　　　　　D. 修改岗位类别

答案：C

4090. 在 SAP 系统中，进行删除部门的动作要执行的操作是（　　）。

A. 删除　　　　　　　　　　　　B. 定界

C. 复制　　　　　　　　　　　　D. 分配

答案：B

4091. 在 SAP 系统中，以下组织机构的创建与撤销要求中，哪个是不正确的？（　　）

A. 创建规范：单位下面可以挂单位或部门，部门下面可以挂部门；单位下面不允许直接挂岗位，所有的岗位均挂在部门或班组下

B. 界面操作要求：PPOME/PPOSE 界面禁止拖拽，批量的组织机构调整按照正常的业务要求进行

C. 撤销要求：单位撤销时，前台只能选择"定界关系"，不得出现游离于组织机构外的组织

D. 根节点要求：每个单位系统（非多个公司的并存系统）原则上只允许存在一个根节点

一、单项选择题

答案：B

4092. 以下 ERP-HR 系统兼职（兼岗）业务统一规范中，哪一条不正确？（ ）

A. 主岗的占比应大于兼岗的占比，要求主岗百分比大于等于 70%，兼岗之和小于等于 30%

B. 主岗的占比与兼岗的占比，比例之和应为 100%

C. 如属兼任社会职务，不在该人员的组织分配中体现，可记录在该人员的"学术团体与社会兼职情况"信息中

D. 如对非企业编制岗位的兼任，如工会类职务、党内职务等，不应维护为兼职

答案：A

4093. 在 SAP 系统中，下面哪个不是人事管理的事务代码？（ ）

A. PA20　　　　　　　　　　B. PA30

C. PA40　　　　　　　　　　D. PO10

答案：D

4094. 下列选项属于人力资源的时效性特点的是（ ）。

A. 人力资源存在于人体之中，与人的自然生理特征相联系

B. 人力资源的形成、开发、使用都受到时间方面的制约和限制

C. 人力资源是一种可以再生的资源

D. 人力资源是一种能动的资源

答案：B

4095. 在 SAP 系统中，人事管理中的三种结构类型分别为（ ）。

A. 组织结构、人事结构、工资结构　　B. 公司结构、单位结构、部门结构

C. 组织结构、企业结构、人员结构　　D. 公司结构、企业结构、单位结构

答案：C

4096. 在 SAP 系统中，下列哪些状态不属于国网编码的人员状态编码？（ ）

A. 在岗工作　　　　　　　　B. 管理者

C. 外借　　　　　　　　　　D. 待岗

答案：B

4097. 在 ERP 系统人资模块中，通过特别查询来查询人员信息时，在输出区域中，如果需要将人员编号和姓名一并输出，应右键单击人员编号处选择（ ）。

A. 仅文本　　　　　　　　　B. 仅值

C. 值和文本　　　　　　　　D. 以上都不正确

答案：C

4098. 在 SAP 系统中，某员工获得高级经济师称号，应维护的信息类型是（ ）。

A. 专业技术资格信息　　　　B. 职业技能鉴定信息

C. 专家人才信息　　　　　　　　D. 表彰奖励信息

答案：A

4099. 在 SAP 系统中，在 PPOME 模式中，创建组织单元或岗位之前需要对（　　）进行设置。

A. 职员分配　　　　　　　　　　B. 基本数据

C. 图标图例　　　　　　　　　　D. 日期和预览期间

答案：D

4100. 在 SAP 系统中，撤销一个岗位的正确操作是（　　）。

A. 定界—指定　　　　　　　　　B. 定界—对象

C. 删除—指定　　　　　　　　　D. 删除—对象

答案：B

4101. 在 SAP 系统中，进行奖金核算前必须（　　）。

A. 删除工资结果　　　　　　　　B. 更正工资核算

C. 退出工资核算　　　　　　　　D. 检查工资核算结果

答案：C

4102. 在 SAP 系统中，总体显示组织单位、职位、人员情况的事务代码是（　　）。

A. PO10　　　　　　　　　　　　B. PO13

C. PPOSE　　　　　　　　　　　D. PPOCE

答案：C

4103. 在 SAP 系统中，不与工资一起发放的是（　　）。

A. 基本工资　　　　　　　　　　B. 经常性支付/扣除

C. 附加非周期性支付　　　　　　D. 额外支付

答案：C

4104. 在 SAP 系统中，某工程项目预算下达 40 万元，提出服务采购申请 33 万元，根据该采购申请创建服务采购订单 25 万元，当年确认服务工程款 22 万元，该项目可供其他物资或服务采购的预算为（　　）。

A. 7 万元　　　　　　　　　　　B. 18 万元

C. 15 万元　　　　　　　　　　D. 3 万元

答案：C

4105. SAP 系统中，"SG186" 工程财务应用建设应当遵循的原则不包括（　　）。

A. 功能完整、管控有力　　　　　B. 资源共享、高度统一

C. 信息真实　　　　　　　　　　D. 符合法规

答案：C

4106. SAP 系统中，2013 年年初，某单位需完成一笔 200 万元的捐赠支出业务，应如何处理？（　　）

一、单项选择题

A. 在SAP系统中完成记账

B. 在财务管控中完成记账

C. 进入MDM系统中进行业务申请，审批通过后在SAP中完成记账

D. 以上选项都不是

答案：C

4107. SAP系统中，财务管理应付账款子模块的英文简称是（　　）。

A. AP   B. AR

C. AA   D. FA

答案：A

4108. SAP系统中，项目管理模块通过（　　）进行费用控制。

A. WBS元素   B. 网络

C. 活动   D. 工单

答案：A

4109. SAP系统中，对固定资产卡片进行冻结的事务代码是（　　）。

A. AS04   B. AS05

C. AS06   D. AS07

答案：B

4110. SAP系统中，想要查询某供应商的余额时，使用的事务代码是（　　）。

A. FBL1N   B. FK10N

C. FAGLB03   D. FAGLL03

答案：B

4111. SAP系统中，资产会计年终结算，在变更新的会计年度的同时，需要结转资产余额，对应的事务代码是（　　）。

A. AJRW   B. ABST2

C. AJAB   D. AJJB

答案：C

4112. SAP系统中，项目模块中的活动类型，不包含下面哪项？（　　）

A. 外部活动   B. 内部活动

C. 协作活动   D. 服务活动

答案：C

4113. SAP系统中，凭证过账后，下列字段不可以进行更改的是（　　）。

A. 凭证抬头文本   B. 行项目文本

C. 参照   D. 成本中心

答案：D

4114. SAP 系统中，（　）记账时不需要选择原因代码。

A. 资产类科目　　　　　　　　B. 现金科目

C. 银行存款科目　　　　　　　D. 其他货币资金科目

答案：A

4115. SAP 系统中，财务模块反映项目不能记账，可能的情况有（　）。

A. 项目预算已下达　　　　　　B. 项目已经完工

C. 项目已经技术性关闭　　　　D. 记账金额超过预算

答案：D

4116. SAP 系统中，事务代码 CJ30 的功能是（　）。

A. 编制项目预算　　　　　　　B. 创建项目定义

C. 创建项目 WBS　　　　　　　D. 创建网络

答案：A

4117. SAP 系统中，项目定义的主表是（　）。

A. PRPS　　　　　　　　　　　B. PROJ

C. BKPF　　　　　　　　　　　D. BSBU

答案：B

4118. SAP 系统中，主折旧范围用于记录资产价值和折旧信息，系统默认主折旧范围是（　）。

A. 0　　　　　　　　　　　　　B. 1

C. 10　　　　　　　　　　　　D. 20

答案：B

4119. SAP 系统中，与固定资产折旧有关的凭证类型为（　）。

A. SA　　　　　　　　　　　　B. AA

C. AB　　　　　　　　　　　　D. AF

答案：D

4120. SAP 系统中，不属于转移过账的移动类型是（　）。

A. 309　　　　　　　　　　　　B. 311

C. 322　　　　　　　　　　　　D. 332

答案：D

4121. SAP 系统中，查询某一项目实际发生成本的事务代码是（　）。

A. MBBS　　　　　　　　　　　B. MB25

C. CJI3　　　　　　　　　　　D. CN42N

答案：C

一、单项选择题

4122. SAP 系统中，查询物料当前的记账期间的事务代码是（ ）。

A. MMRV B. MMPV
C. MMCV D. 以上选项都不是

答案：B

4123. SAP 系统中，查询总账科目余额的事务代码为（ ）。

A. FB03 B. FAGLB03
C. FK10N D. FD10N

答案：B

4124. 长期借款是指借款期限在（ ）的借款。

A. 1 年以内 B. 1 年以上
C. 2 年以上 D. 5 年以上

答案：B

4125. SAP 系统中，成本要素不包括 FI 中的（ ）。

A. 费用科目 B. 成本科目
C. 收入科目 D. 现金科目

答案：D

4126. SAP 系统中，成本中心建立后，可以根据不同的管理需要将成本中心归集为（ ）。

A. 成本中心组 B. 初级成本要素
C. 公司代码 D. 基金中心

答案：A

4127. SAP 系统中，创建成本中心的 T-CODE 是（ ）。

A. KS02 B. KS01
C. KS03 D. FS00

答案：B

4128. SAP 系统中，创建项目参数文件的 T-CODE 是（ ）。

A. OPS5 B. OK02
C. OPSA D. OPS9

答案：C

4129. 从 2013 年 1 月 1 日起，应收应付、预收预付、其他应收应付等往来重分类，长期应收款、贷款等长期资产重分类，长期应付款、长期借款、应付债券等长期负债重分类业务应该怎么处理？（ ）

A. 须在正常期间进行账务处理，内部交易双方在同一期间处理并提取到对账平台对账，不允许进行单边重分类处理

B. 单边处理后，进行本单位对账

C. 可以不在同一会计期间处理，只要不提到对账平台就可以

D. 以上选项都对

答案：A

4130. SAP 系统中，大修工单的"WBS 元素"的主要作用是（　　）。

A. 表示检修工作的类型　　　　B. 指明维修工作的施工单位

C. 控制大修费用　　　　　　　D. 以上选项都是

答案：C

4131. 在 SAP 系统中进行单体工程信息调整时，根据国网公司下发的标准规范要求，以下（　　）不能调整。

A. 工程名称　　　　　　　　　B. 工程规模

C. 工程编号　　　　　　　　　D. 建设性质

答案：C

4132. SAP 系统中，当项目系统状态为"CLSD"之后，能够进行的操作是（　　）。

A. 服务确认　　　　　　　　　B. 工程转资

C. 进度款支付　　　　　　　　D. 质保金支付

答案：D

4133. SAP 系统中，对 WBS 描述正确的是（　　）。

A. WBS 产生费用后，不允许删除　　B. 不同的项目之间，WBS 编码可以相同

C. WBS 系统状态为 DEL，表示已关闭　D. WBS 只允许有一个首层

答案：A

4134. SAP 系统中，对成本科目进行调账时，成本科目在贷方，以下说法正确的是（　　）。

A. 借方勾选反记账，贷方不是必须勾选反记账

B. 贷方勾选反记账，借方不是必须勾选反记账

C. 借贷双方均不是必须勾选反记账

D. 借贷双方均需要勾选反记账

答案：B

4135. SAP 系统中，费用中的成本对象不会有（　　）。

A. WBS 元素　　　　　　　　　B. 工单

C. 成本中心　　　　　　　　　D. 采购订单

答案：D

4136. SAP 系统中，根据国网相关规定，基建项目 WBS 编码第（　　）位能够识别基建项目小类（如变电、架空线路、电缆线路等）。

一、单项选择题

A. 11   B. 13
C. 15   D. 17

答案：C

4137. 一般满足（　）条件时，财务部门才在 SAP 系统中进行工程预付款支付。

A. 有合同，有发票   B. 有合同，无发票
C. 无合同，无发票   D. 无合同，有发票

答案：B

4138. SAP 系统中，供应商统驭科目在供应商信息的哪个层次？（　）

A. 一般数据层   B. 公司代码数据层
C. 采购数据层   D. 增强信息层

答案：B

4139. SAP 系统中，固定资产模块中，资产类别不能决定（　）。

A. 原值会计科目   B. 累计折旧会计科目
C. 折旧方法   D. 资产折旧开始日期

答案：D

4140. SAP 系统中，关于工作分解结构（Work Breakdown Structure）说法错误的是（　）。

A. WBS 是对上述逐级分解复杂工作原则的体现

B. WBS 是以层次结构的形式，将完成一个项目所需执行的任务层层细分，以便于项目的管理、统计和分析

C. 工作分解结构提供了关于项目的概览，并且为项目的组织结构与协调合作奠定了基础，同时显示了项目在工作时间和金钱上的花费，可以用它来制订时间和成本计划，并分配预算

D. WBS 层级划分由财务人员说了算

答案：D

4141. SAP 系统中，关于过账操作，以下哪一项是正确的？（　）

A. 每个人事范围每个月的工资只能生成一张凭证

B. 过账时可以在一张凭证上有多个成本中心

C. 可以将奖金过账到订单等其他成本要素

D. 可以对员工维护成本中心分配

答案：D

4142. SAP 系统中，国网推广 ERP 系统中通过（　）字段辅助统计财务现金流量。

A. 支付交易   B. 业务范围
C. 分配   D. 原因代码

答案：D

4143. SAP 系统中，过账码 40 对应的科目类型及记账方向是（　　）。

A. 客户发票、借方　　　　　　　　B. 供应商发票、贷方

C. 总账、借方　　　　　　　　　　D. 资产、贷方

答案：B

4144. SAP 系统中，会计核算中查找凭证单据不属于有效查询设置的是（　　）。

A. 开始日期　　　　　　　　　　　B. 凭证类型

C. 科目　　　　　　　　　　　　　D. 结束日期

答案：D

4145. SAP 系统中，会计凭证属于那个记账期间，是由（　　）确定的。

A. 凭证日期　　　　　　　　　　　B. 过账日期

C. 输入日期　　　　　　　　　　　D. 基线日期

答案：B

4146.《国家电网公司项目分类与编码规范（试行）—20130202》中 110kV 基建项目的项目编码为（　　）。

A. 5 层 10 位　　　　　　　　　　B. 5 层 12 位

C. 4 层 10 位　　　　　　　　　　D. 4 层 12 位

答案：B

4147. SAP 系统中，记账凭证不包括（　　）。

A. 借款凭证　　　　　　　　　　　B. 收款凭证

C. 付款凭证　　　　　　　　　　　D. 转账凭证

答案：A

4148. SAP 系统中，技改项目预算的管控精细度到（　　）。

A. 首层 WBS（单项工程层次）

B. 第二层 WBS（建筑工程、安装工程、设备费用、其他费用等层次）

C. 第三层 WBS（主变压器系统、配电装置系统等层次）

D. 第四层 WBS

答案：B

4149. SAP 系统中，科目汇总表查询时，不可以进行以下哪种数据的查询？（　　）

A. 实际数　　　　　　　　　　　　B. 预算数

C. 抵销数　　　　　　　　　　　　D. 合并数

答案：B

4150. SAP 系统中，科目汇总表查询提供灵活的查询条件，并支持组合条件查询，如按（　　）等。

一、单项选择题

A. 会计科目　　　　　　　　　　　B. 显示级次

C. 会计期间　　　　　　　　　　　D. 以上选项都是

答案：D

4151. SAP系统中，科目明细表查询信息时，不是选择条件的是（　　）。

A. 科目级次　　　　　　　　　　　B. 供电单位

C. 会计期间　　　　　　　　　　　D. 凭证号

答案：D

4152. SAP系统中，可以得到资产负债表与损益表的组织机构有（　　）。

A. 财务管理范围　　　　　　　　　B. 控制范围

C. 利润中心　　　　　　　　　　　D. 成本中心

答案：C

4153. SAP系统中，内部订单单个结算的T-CODE为（　　）。

A. KO88　　　　　　　　　　　　B. CJ88

C. KO8G　　　　　　　　　　　　D. CJ8G

答案：A

4154. SAP系统中，配置预算参数文件时，对于"分配控制：总计"与"作业控制：下达"这两者都没有勾选，则该预算参数文件的预算控制方式为（　　）。

A. 以总体预算控制　　　　　　　　B. 以年度预算控制

C. 以发布的总体预算控制　　　　　D. 以发布的年度预算控制

答案：B

4155. SAP系统中，凭证类型及凭证号的生成方式是（　　）。

A. 全部手动生成　　　　　　　　　B. 全部自动生成

C. 自动生成类型，手动生成凭证　　D. 手动生成类型，自动生成凭证

答案：B

4156. 企业已计提坏账准备的应收账款确实无法收回，按管理权限报经批准作为坏账转销时，应编制的会计分录是（　　）。

A. 借记"资产减值损失"科目贷记"坏账准备"科目

B. 借记"管理费用"科目贷记"应收账款"科目

C. 借记"坏账准备"科目贷记"应收账款"科目

D. 借记"坏账准备"科目贷记"资产减值损失"科目

答案：C

4157. SAP系统中，清账凭证重置的功能为（　　）。

A. 取消清账动作　　　　　　　　　B. 进行收款清账

C. 冲销收款凭证　　　　　　　　D. 清算预收款

答案：A

4158. 如果固定资产可回收价值低于账面价值，财务资产部门资产核算人员应向相关领导报备（　　）的计提。

A. 固定资产减值准备　　　　　　B. 固定资产折旧
C. 摊销　　　　　　　　　　　　D. 损失

答案：A

4159. SAP 系统中，若计提资产折旧已经计提成功，又新增了低值易耗品，重新摊销时需要在 AFAB 界面选择（　　）。

A. 计划内记账运行　　　　　　　B. 重复
C. 重新启动　　　　　　　　　　D. 计划外过账运行

答案：B

4160. SAP 系统中，使用某用户账号查看项目时，WBS 元素显示为蓝色，原因是（　　）。

A. 项目被锁定　　　　　　　　　B. 账号没有权限
C. 项目处于显示模式　　　　　　D. 对 WBS 元素进行了"标识删除"操作

答案：D

4161. SAP 系统中，事务代码：F.07 的作用是（　　）。

A. 结转总账科目余额至下一年度　B. 应收、应付科目月结转
C. 会计凭证编码范围　　　　　　D. 资产会计财政年度变更

答案：B

4162. SAP 系统中，手工记账到 WBS 时，系统提示：不允许"FI:记账"〔WBS71004812000（5）〕，对此错误理解正确的是（　　）。

A. 该 WBS 已经技术性关闭　　　B. 该 WBS 已经删除
C. 该 WBS 未下达　　　　　　　D. 该 WBS 未创建

答案：C

4163. SAP 系统中，通常公司代码凭证编号是分（　　）按年进行流水编号。

A. 总账科目　　　　　　　　　　B. 凭证类型
C. 过账期间　　　　　　　　　　D. 科目

答案：B

4164. 下列不属于 SAP 系统实施上线切换动态数据的是（　　）。

A. 科目余额　　　　　　　　　　B. 供应商主数据
C. 库存余额　　　　　　　　　　D. 供应商未清项

答案：B

一、单项选择题

4165. SAP 系统中，下列哪个表存储 WBS 元素信息？（　　）
A. PROJ B. EKKO
C. EBAN D. PRPS
答案：D

4166. SAP 系统中，下列有关项目状态参数文件和网络状态参数文件的描述正确的是（　　）。
A. 项目状态参数文件和网络状态参数文件可以是同一状态参数文件
B. 项目状态参数文件每种项目类型一个，网络状态参数文件仅有一个
C. 项目状态参数文件仅有一个，网络状态参数文件每种项目类型一个
D. 项目状态参数文件和网络状态参数文件都仅有一个
答案：A

4167. SAP 系统中，下面对科目汇总表中按科目查询的方案描述，哪个是错误的？（　　）
A. 科目汇总表查询方案中可以显示下级对象
B. 科目汇总表查询方案中可以显示科目辅助信息
C. 科目汇总表查询方案中可以只显示底层科目
D. 科目汇总表查询方案中可以显示停用科目数据
答案：B

4168. SAP 系统中，下面哪个不是项目架构的基本组成？（　　）
A. 项目定义 B. WBS 元素
C. 作业（活动） D. 采购订单
答案：D

4169. SAP 系统中，显示基金中心的事务代码是（　　）。
A. FMSA B. FMSB
C. FMSC D. FMSD
答案：C

4170. SAP 系统中，项目编码的第 3、4 位代表（　　）。
A. 项目类型 B. 网省公司代码
C. 项目管理单位代码 D. 年度代码
答案：B

4171. SAP 系统中，项目的承诺产生的来源是（　　）。
A. 收货物资采购订单的物料凭证 B. 发票校验凭证
C. 未清采购申请和未清采购订单 D. 确认服务采购订单物料凭证
答案：C

4172. SAP 系统中，项目结算完成后，要保证项目发生数与结算转出数（　　），项目成本科

目余额（　　）。

  A. 不一致，为零   B. 一致，不为零

  C. 一致，为零   D. 不一致，不为零

  答案：C

4173. SAP 系统中，项目决算后，财务工程岗为了防止前端再发生业务，需要在项目构造器中对项目进行（　　）。

  A. 技术性完成   B. 关闭

  C. 打删除标志   D. 以上选项都不对

  答案：B

4174. SAP 系统中，项目上的结算规则维护在（　　）。

  A. 发送方   B. 接受方

  C. 资产方   D. 费用方

  答案：A

4175. SAP 系统中，以下（　　）字段作为现金流量表项目的标识。

  A. 功能范围   B. 贸易伙伴

  C. 排序码   D. 原因代码

  答案：D

4176. SAP 系统中，以下不属于标准成本体系的是（　　）。

  A. 定额项目   B. 基数项目

  C. 定额系数   D. 预算属性

  答案：D

4177. 以下关于账务查询功能说法错误的是（　　）。

  A. 科目汇总表查询可穿透到对象汇总表查询   B. 对象汇总表可穿透到科目明细账查询

  C. 日记账查询可穿透到明细账查询   D. 明细账查询可穿透到凭证查询

  答案：C

4178. 以下哪项纳入国网主数据平台统一管理？（　　）

  A. 项目分类   B. WBS 架构

  C. 项目编码   D. 项目负责人

  答案：B

4179. 以下哪项属于投资预算？（　　）

  A. 财务费用预算   B. 固定资产折旧预算

  C. 固定资产零购预算   D. 现金流量预算

  答案：C

一、单项选择题

4180. SAP 系统中，以下选项中，（　）不能在折旧码中定义。

A. 固定资产的折旧年限　　　　　B. 固定资产的残值率

C. 固定资产所属的成本中心　　　D. 固定资产的折旧方法

答案：C

4181. 员工报销系统与 SAP 系统的（　）模块高度集成。

A. 资产　　　　　　　　　　　　B. 基金

C. 差旅　　　　　　　　　　　　D. 项目

答案：C

4182. SAP 系统中，月末对项目结算之前需要维护结算规则，采用的事务代码是（　）。

A. CJ88　　　　　　　　　　　　B. CJ02

C. CJ03　　　　　　　　　　　　D. CJI3

答案：B

4183. SAP 系统中，使用 AS01 创建资产主数据时，哪种情况下需勾选"资本化记账"？（　）

A. 当月新增资产

B. 本年以前月份新增且当月该资产已经正常使用

C. 本年以前月份新增但一直没有使用的资产

D. 以前年度新增资产

答案：B

4184. SAP 系统中，当项目状态为关闭后，以下哪些操作还能够进行？（　）

A. 把关闭状态调整为"未关闭"　　B. 调整项目结构

C. 对该项目的 WBS 进行记账　　　D. 对项目的采购订单进行收发货

答案：A

4185. 按财务集约化科目替代方案，目前工单费用是通过以下哪个字段来区别所要归集的会计科目的？（　）

A. PM 作业类型　　　　　　　　　B. 设备编号

C. 工单类型　　　　　　　　　　D. 电压等级

答案：A

4186. SAP 系统中，项目月结时产生的会计分录为（　）。

A. 借：在建工程；贷：应付暂估　　B. 借：在建工程；贷：应付账款

C. 借：在建工程；贷：项目成本转出　D. 借：在建工程；贷：工程物资

答案：C

4187. SAP 系统中，在 ERP 中，以下哪一类科目可以直接过总账？（　）

A. 固定资产类统驭科目　　　　　B. 银行类科目

C. 应收类统驭科目　　　　　　D. 应付类统驭科目

答案：B

4188. SAP 系统中，成本对象不包括（　　）。

A. 成本中心　　　　　　　　　B. 内部订单

C. WBS 要素，网络　　　　　　D. 基金中心

答案：D

4189. SAP 系统中，年末结账时，对所有损益类科目的余额自动通过（　　）科目结转到下一年度。

A. 总账　　　　　　　　　　　B. 留存收益

C. 本年利润　　　　　　　　　D. 期末摊销

答案：C

4190. 在编制预算本部门预算时，下月预算数等于（　　）。

A. 上旬预算数　　　　　　　　B. 中旬预算数

C. 下旬预算数　　　　　　　　D. 以上三项之和

答案：D

4191. 在国网6种虚拟库类型中，以"93"开头的属于（　　）。

A. 项目直发虚拟库　　　　　　B. 供应商代保管库

C. 借用物资库　　　　　　　　D. 非项目直发虚拟库

答案：B

4192. SAP 系统中，会计科目的主数据哪些字段不属于公司代码层？（　　）

A. 税务类型　　　　　　　　　B. 科目组

C. 统驭科目类型　　　　　　　D. 字段状态组

答案：B

4193. SAP 系统中，在配置自动过账时，下列哪些参数和科目分配无关？（　　）

A. 评估分组代码　　　　　　　B. 移动类型

C. 科目修改　　　　　　　　　D. 评估类

答案：B

4194. SAP 系统中，下列对成本中心（组）的论述中，不正确的是（　　）。

A. 成本中心是公司内部费用发生的最小责任单元

B. 每个成本中心都隶属于某一个利润中心

C. 成本中心在成本控制范围下不仅限于公司代码内部使用，也能跨公司代码应用

D. 对于成本中心分组设置，SAP 系统中有成本中心标准层次结构和非标准层次结构两种设置方式

一、单项选择题

答案：C

4195. SAP 系统中，在项目系统中当发生（　）会占用预算。

A. 服务确认和发料　　　　　　　　B. 状态变化和采购

C. 预留和进度确认　　　　　　　　D. 状态变化和预留

答案：A

4196. SAP 系统中，在项目转资时，选择结算的处理类型为（　）。

A. 自动　　　　　　　　　　　　　B. 按期间

C. 完全结算　　　　　　　　　　　D. 项目相关的收入订单

答案：C

4197. 账销案存资产是指（　）。

A. 核销但有价值的资产　　　　　　B. 核销无价值资产

C. 未登记的资产　　　　　　　　　D. 已登记未核销的资产

答案：A

4198. 资金监控中银行可提供余额的情况下，目前无法查询到以下哪种余额？（　）

A. 单位余额　　　　　　　　　　　B. 银行余额

C. 账户可用余额　　　　　　　　　D. 账户指定时间的实际余额

答案：C

4199. 自 2013 年 1 月 1 日起，本单位对账的要求是（　）。

A. 系统中只允许科目相同、方向相同、金额互为相反数的对账记录进行本方单位对账

B. 本方单位对账功能只能用于凭证差错更正时原编制错误凭证和红字冲销凭证之间的对账

C. 不能将确认应收凭证与实际收款凭证进行本方单位对账

D. 以上选项全部正确

答案：D

4200. 在协同办公中，档案文件由中间库到整编库可通过下列（　）操作完成。

A. 鉴定　　　　　　　　　　　　　B. 打回

C. 归档　　　　　　　　　　　　　D. 编目

答案：A

4201. 在协同办公中，不属于档案管理整编工作的内容是（　）。

A. 检查文件信息的完全性和正确性　B. 填写保管期限、密级、分类等信息

C. 进行组卷或编号　　　　　　　　D. 档案检索

答案：D

4202. 根据国网协同办公系统的实用化评价最新要求，所有业务流程单个处理环节（待办）的平均办理时长不得超过（　）小时。

A. 100 B. 32
C. 200 D. 300

答案：B

4203. 在协同办公中，以下（　）文种适用于向上级单位汇报工作、反映情况，答复上级单位的询问或交办事项、上报有关材料等。

A. 通知 B. 报告
C. 意见 D. 函

答案：B

4204. 在协同办公中，用户信息同步失败后，应该在系统管理的配置管理的（　）功能重新进行同步。

A. 数据导入 B. 用户配置
C. 同步管理 D. 部门同步

答案：C

4205. 在协同办公系统配置过程中，下列（　）模块可以配置发文管理的补充归档权限。

A. 模块授权 B. 界面管理
C. 系统配置 D. 流程引擎

答案：A

4206. 协同办公系统与下面的（　）系统有做了集成。

A. PMS B. ERP
C. IMS D. IRS

答案：C

4207. 在协同办公中，用户被删除后，对原数据查看权限有什么影响，以下说法正确的是（　）。

A. 不影响，重新注册，能继续查看原来的数据　　B. 有影响，删除后不能恢复
C. 可以恢复，但是原来有权限的数据都查看不了　　D. 以上选项都不对

答案：A

4208. 在协同办公中，单击待办文件，出现登录页面，处理方法应是（　）。

A. 上一用户撤办后重发 B. 服务重启
C. 同步对应文件流程 D. 删除文件后重新起草

答案：C

4209. 在协同办公系统中，有用户说发文拟稿时无法起草 WPS 正文，以下原因不可能存在的是（　）。

A. 客户端计算机未安装协同办公系统控件或控件没有安装成功　　B. 用户没权限
C. 文件密级类型是内部事项　　D. 计算机未安装 WPS

一、单项选择题

答案：C

4210. 在协同办公系统中，发文管理综合查询中不能按照以下哪个字段进行查询？（ ）

A. 文件字范围　　　　　　　　B. 当前办理人

C. 签发人　　　　　　　　　　D. 联网分发

答案：D

4211. 在协同办公系统中，档案管理系统中不包括以下哪个角色？（ ）

A. 全宗档案管理员　　　　　　B. 系统档案员

C. 档案收集整编员　　　　　　D. 参建单位档案管理员

答案：C

4212. 协同办公系统中，打开待办、待阅文件提示无权查看该文件，可能的原因是（ ）。

A. 流程不同步　　　　　　　　B. 复制冲突

C. 流程已作废　　　　　　　　D. 权限不足

答案：A

4213. 协同办公系统中，查询文件时发现系统中有两个或多个完全一样的文件，但只有一个有正文和附件，可能的原因是（ ）。

A. 用户流转了多份文件　　　　B. 文件作废时出现异常

C. 流程不同步　　　　　　　　D. 文件复制冲突

答案：D

4214. 在协同办公中，以下对成文日期和印发日期理解正确的是（ ）。

A. 成文日期略早于印发日期　　B. 印发日期是公文的生效日期

C. 成文日期略晚于印发日期　　D. 成文日期与印发日期是同一天

答案：A

4215. 在协同办公中，不属于"附件管理"窗口中的操作是（ ）。

A. 上移、下移　　　　　　　　B. 删除

C. 查看修改痕迹　　　　　　　D. 重命名

答案：C

4216. 在发文中：国电办、国电财、国电人等文件字共用一个文号配置，当编国电财5号后，下个编号用的文件字为国电办，正确编号结果是（ ）。

A. 国电财6号　　　　　　　　B. 国电办6号

C. 国电办1号　　　　　　　　D. 国电办5号

答案：B

4217. 在协同办公中，对于正文的处理，不支持（ ）功能操作。

A. 自动加载附件内容　　　　　B. 隐藏红头

C. 引入文章　　　　　　　　　D. 格式化正文

答案：A

4218. 在协同办公中，用户打开待办文件显示"张三"正在编辑此文件，但是张三并没有在编辑此文档，正确的操作是（　　）。

A. 通知用户"张三"关闭　　　　B. 通过文档 ID 在临时文档库中删除
C. 结束处理"张三"待办　　　　D. 编写代理在文档库中删除"张三"

答案：B

4219. 在协同办公中，档案管理工作的核心部分是（　　）。

A. 收集　　　　　　　　　　　B. 整理
C. 鉴定　　　　　　　　　　　D. 保管

答案：B

4220. 在协同办公中，全宗号、目录号、卷号、件号或页号统称为（　　）。

A. 档号　　　　　　　　　　　B. 归档号
C. 分类号　　　　　　　　　　D. 文书处理号

答案：B

4221. 在协同办公中，正常的发文流程运转过程中以下顺序正确的是（　　）。

A. 公文起草→公文校核→公文签发→公文审批→公文归档
B. 公文起草→公文签发→公文校核→公文审批→公文归档
C. 公文起草→公文校核→公文审批→公文签发→公文归档
D. 公文起草→公文签发→公文审批→公文校核→公文归档

答案：C

4222. 在协同办公中，对发文文号要求的格式是（　　）。

A. 文件字＋〔年度〕＋序号　　　B. (年度) ＋文件字＋序号
C. 文件字＋[年度]＋序号　　　D. [年度]＋文件字＋序号

答案：A

4223. 在协同办公中，发文整个流程已经办理完毕了，要求要添加一个附件，以下做法完全不正确的是（　　）。

A. 将文件转送到起草环节进行添加附件
B. 将文件转送到排版环节进行添加附件
C. 用管理员的身份单击"附件管理"按钮进行添加附件
D. 在文件中单击"查看附件"按钮进行添加附件

答案：D

4224. 在协同办公中，文件定版的正确操作步骤是（　　）。

一、单项选择题

A. 转版→盖章→编号→生成正式文件　　B. 盖章→转版→编号→生成正式文件

C. 转版→盖章→生成正式文件→编号　　D. 编号→生成正式文件→转版→盖章

答案：D

4225. 如果 Domino 服务器应用程序和数据目录都在 D 盘上，随着数据量增长，想保持应用程序继续在 D 盘，但数据目录放在空间比较大的 F 盘，最合理的做法是（　　）。

A. 重新安装　　　　　　　　　　　　B. Notes 管理端→文件→新建→文件夹

C. 限制数据增长　　　　　　　　　　D. 删除历史数据

答案：B

4226. 在 Domino 开发工具中，以下（　　）不位于 Designer 的共享资源中。

A. 图像　　　　　　　　　　　　　　B. 大纲

C. 文件　　　　　　　　　　　　　　D. 样式表

答案：B

4227. 在 Domino 服务器上进行数据库新建拷贝操作时，指定要拷贝的内容不包括（　　）。

A. 数据库设计和文档　　　　　　　　B. 仅数据库设计

C. 仅文档　　　　　　　　　　　　　D. 存取控制列表

答案：C

4228. 在协同办公中，文件已经流转到多个阅办的环节，经讨论后决定将此文件从系统中作废，以下做法最正确的是（　　）。

A. 将文件特送到起草环节进行作废　　B. 将文件特送到排版环节进行作废

C. 用管理员的身份直接删除　　　　　D. 后台直接删除 Domino 数据即可

答案：A

4229. 在协同办公中，已经查看过的知会文件，还可以在（　　）菜单下查看。

A. 知会消息　　　　　　　　　　　　B. 待阅文件

C. 办公快车道→已办已阅→历史知会文件　　D. 部门工作台

答案：C

4230. 在协同办公发文中，需要将文件通过电子公文传输平台发送到其他公司的操作是（　　）。

A. 联网发送　　　　　　　　　　　　B. 内部分发

C. 联网分发　　　　　　　　　　　　D. 内部传阅

答案：C

4231. 在协同办公系统中，需要将一个用户设置为收发文用户的正确配置是（　　）。

A. 配置为管理员　　　　　　　　　　B. 配置为 DT 用户

C. 配置为文书用户　　　　　　　　　D. 配置为公司领导

答案：B

4232. 在协同办公中,发文拟稿时普通用户不能操作的选项是( )。

A. 起草正文　　　　　　　　　　B. 批阅正文

C. 编号、排版　　　　　　　　　D. 查看附件

答案:C

4233. 在协同办公中,普通用户看不到的链接是( )。

A. 档案管理　　　　　　　　　　B. 个人工作台

C. 公文管理　　　　　　　　　　D. 系统管理

答案:D

4234. 在协同办公中,在发文的文书封发环节,必须进行( )操作才能生成正式文件。

A. 批阅正文　　　　　　　　　　B. 编号

C. 填写归档信息　　　　　　　　D. 联网分发

答案:B

4235. 在协同办公中,关于车辆回归登记和签派的用法,以下说法正确的是( )。

A. 先签派,再回归登记　　　　　　　　　　B. 先回归登记,再签派

C. 回归登记后,车辆状态不变化,只是登记使用车辆信息　　D. 以上说法都不对

答案:A

4236. 在协同办公中,同一用户能够同步的系统中不包括( )。

A. 搜索引擎　　　　　　　　　　B. 档案系统

C. 电子公文传输系统　　　　　　D. 任务协作

答案:C

4237. 在协同办公中,对 Domino 的 NSF 数据库进行维护,下面( )维护的操作不适合上班期间使用。

A. 数据库的视图索引更新　　　　B. 修复数据库

C. 批量替换数据库的设计　　　　D. 数据库的新建拷贝至本地备份

答案:C

4238. 在协同办公中,对公司内部会议室使用情况进行管理的模块是( )。

A. 计划内会议管理　　　　　　　B. 计划外会议管理

C. 内部会议管理　　　　　　　　D. 大事记

答案:C

4239. 在协同办公中,以下( )模块没有起草正文的功能。

A. 信访管理　　　　　　　　　　B. 出差管理

C. 督查督办　　　　　　　　　　D. 信息采编

答案:B

一、单项选择题

4240. 在协同办公中,起草签报时必填项是( )。

A. 签报标题 B. 拟稿人电话
C. 文件形式 D. 公司领导

答案:D

4241. 在协同办公中,能反映会议室占用情况的应用模块是( )。

A. 计划内会议管理 B. 计划外会议管理
C. 内部会议管理 D. 大事记

答案:C

4242. 在协同办公中,关于发文管理下列说法不正确的是( )。

A. 发文进行内部分发,在流程记录不产生审批记录
B. 发文流程记录不记录跨单位分发记录
C. 文件联网分发后,如果接收单位还未接收,可通过联网撤回功能撤销
D. 发文流程记录会记录联网分发及内部分发信息

答案:B

4243. 在协同办公中,收文过程经( )后开始计算环节办理时长。

A. 收文登记 B. 接收联网公文
C. 文书发送至部门主任拟办 D. 联网收文提示有待收公文

答案:C

4244. 在协同办公中的任务协作中,制订的计划经过( )操作后,才会计入实用化评价中任务数量。

A. 上报审核 B. 审批下发
C. 任务反馈 D. 任务结束

答案:B

4245. 在协同办公中,对于出差人员,在协同办公的( )模块下,可以填写出差申请单。

A. 公文管理 B. 综合协调
C. 办公事务 D. 信息综合

答案:C

4246. 在协同办公中的任务协作中,( )不是系统提供的任务状态分类。

A. 计划中 B. 未结束
C. 执行中 D. 已归档

答案:B

4247. 在协同办公中,以下公文流程顺序排列正确的是( )。

①公文签发;②公文核稿;③公文排版;④公文审批;⑤公文用印盖章。

A. ④⑤②①③ B. ⑤④③①②
C. ④②①③⑤ D. ②④⑤①③

答案：C

4248. 在协同办公中，默认打印红色电子印章次数是（ ）。

A. 1 次 B. 3 次
C. 2 次 D. 不限制

答案：C

4249. 在协同办公中，不属于填写意见方式的是（ ）。

A. 覆盖 B. 追加
C. 自动计算 D. 累加

答案：D

4250. 在协同办公中，发文的正文字体是（ ）。

A. 方正仿宋_GBK 一号 B. 方正仿宋_GBK 二号
C. 方正仿宋_GBK 三号 D. 方正仿宋_GBK 四号

答案：C

4251. 在协同办公中，不属于新建任务的选项是（ ）。

A. 新建根任务 B. 导出子任务
C. 导入子任务 D. 新建子任务

答案：B

4252. 在协同办公中，流程跟踪图中蓝色的节点表示（ ）。

A. 未走过的流程节点 B. 当前流程节点
C. 已走过的节点 D. 以上选项都不对

答案：A

4253. 在协同办公中，（ ）模块没有流程。

A. 签报管理 B. 电子公告
C. 信息采编 D. 综合信息

答案：D

4254. 在协同办公中，应用模块不包括（ ）模块。

A. 公文管理，会议管理 B. 督察督办，值班管理
C. 信息工作，综合协调 D. 电子邮件

答案：D

4255. 在协同办公中，如何查看文件在整体流程图中的当前待办环节及待办人员？（ ）

A. 单击"流程跟踪图" B. 单击"同步流程"

一、单项选择题

C. 单击"催办"　　　　　　　　D. 单击"知会"

答案：A

4256. 在协同办公中，内部会议通知可通过（　　）操作将通知显示在系统首页会议通知栏目中。

A. 发布　　　　　　　　　　　　B. 发送

C. 提交　　　　　　　　　　　　D. 关闭

答案：A

4257. 在协同办公中，在哪个模块配置信息投稿的人员权限？（　　）

A. 单位信息　　　　　　　　　　B. 信息投稿权限配置中

C. 信息投稿参数配置中　　　　　D. 信息采编流程配置

答案：A

4258. 在协同办公中，（　　）的文件属于传阅性文件，不影响待办时长。

A. 电子公告　　　　　　　　　　B. 我的日程

C. 首页待办文件　　　　　　　　D. 内部分发

答案：D

4259. 在协同办公系统里从其他文件（如 Word 等）中拷贝文件内容后，应选中正文内容，可使用（　　）功能对正文格式进行规范。

A. 正文管理　　　　　　　　　　B. 引入文章

C. 更换模板　　　　　　　　　　D. 格式化正文

答案：D

4260. 在协同办公系统中，关于用户登录的机制说法正确的是（　　）。

A. 只能用域名登录，不能用服务器 IP 登录系统

B. 可以用域名或服务器 IP 登录系统

C. 一般都用 IP 登录

D. 以上选项都不对

答案：A

4261. 在协同办公中，Domino 服务器文档中，Java 服务器小程序支持需配置为（　　）。

A. 无　　　　　　　　　　　　　B. 第三方服务器小程序支持

C. Domino 服务器小程序管理器　　D. Domino 服务器

答案：C

4262. 关于协同办公系统（1.9 版本）说法正确的是（　　）。

A. 该版本里用户无须验证 Domino　　B. 增加了统一查询功能

C. 增加了内部分发库，以前版本没有这个库　　D. Main 库不再使用了，可以删除

答案：B

4263. 在协同办公系统中，（ ）模块有生成正式文件的功能。

A. 发文管理　　　　　　　　　B. 出差管理

C. 督查督办　　　　　　　　　D. 电子公告

答案：A

4264. 在协同办公系统中，作废的文件说明正确的是（ ）。

A. 可以将作废的文件彻底删除　　B. 作废后无法还原

C. 作废后垃圾箱里数据会定时自动清理　D. 作废后文件只有管理员才能看到

答案：A

4265. 在协同办公系统中文件条目删除后可以在（ ）中还原已删除文件。

A. 待办文件　　　　　　　　　B. 垃圾箱

C. 所有文件　　　　　　　　　D. 已归档文件

答案：B

4266. 在协同办公中，发文是否归档可以在（ ）菜单下查看。

A. 办毕文件　　　　　　　　　B. 关注文件

C. 补充归档　　　　　　　　　D. 综合查询

答案：C

4267. 在协同办公系统中不属于督办模块的主要功能为（ ）。

A. 督办通知单　　　　　　　　B. 督办反馈

C. 督办报告　　　　　　　　　D. 督办进展说明

答案：D

4268. 在协同办公系统中督办项目未实现跨单位功能的是（ ）。

A. 督办报告　　　　　　　　　B. 督办通知单

C. 督办计划　　　　　　　　　D. 督办结束（变更）

答案：A

4269. 在协同办公中，公司内部会议室使用情况一般在（ ）模块里。

A. 计划内会议管理　　　　　　B. 计划外会议管理

C. 内部会议管理　　　　　　　D. 大事记

答案：C

4270. 在协同办公系统中内部会议模块不包含（ ）功能。

A. 会议结束　　　　　　　　　B. 会议变更

C. 会议删除　　　　　　　　　D. 会议合并

答案：D

一、单项选择题

4271. 在协同办公系统中不属于车辆管理范畴的是（　　）。

A. 油耗管理　　　　　　　　　　B. 维修保养

C. 车辆派遣及回归　　　　　　　D. 车辆报废

答案：D

4272. 在协同办公系统中车辆管理模块一般不需要配置（　　）。

A. 表单定制字段　　　　　　　　B. 司机信息

C. 车辆信息　　　　　　　　　　D. 模板配置

答案：A

4273. 在协同办公系统中车辆回归登记和签派顺序，以下说法正确的是（　　）。

A. 先签派，再回归登记　　　　　B. 先回归登记，再签派

C. 回归登记后，车辆状态不变化，只是登记使用车辆信息　　D. 以上说法都不对

答案：A

4274. 在协同办公系统中用车申请过程不会用到的操作为（　　）。

A. 选择车辆　　　　　　　　　　B. 删除车辆

C. 签派　　　　　　　　　　　　D. 回归登记

答案：B

4275. 在协同办公系统中关于信息采编的流程配置不包括（　　）配置。

A. 转换 CEB 文件　　　　　　　B. 刊物审核

C. 刊物签发　　　　　　　　　　D. 定版发布

答案：A

4276. 在协同办公系统中发文模块里（　　）功能支持针对不同的单位发送不同的附件。

A. 发送　　　　　　　　　　　　B. 上传附件

C. 附件分发表　　　　　　　　　D. 补发

答案：C

4277. 在协同办公系统发文模块里，刚起草还没进行发送的文件要在（　　）中查找。

A. 待办待阅文件　　　　　　　　B. 拟办文件

C. 经办文件　　　　　　　　　　D. 办结文件

答案：B

4278. 在协同办公系统中，（　　）模块有走数据交换模式的跨单位功能。

A. 系统门户　　　　　　　　　　B. 发文管理

C. 系统管理　　　　　　　　　　D. 办公用品

答案：B

4279. 在协同办公系统中，（　　）模块应用，流程配置比较多。

A. 出差管理 B. 督查督办
C. 每日要情 D. 电子公告

答案：B

4280. 在协同办公系统中，首页底部中间提示信息重复显示，可能是（ ）导致的。

A. 初始化配置复制冲突 B. 定制方案有问题
C. LOGO 设置有无内胎 D. 菜单设置有问题

答案：A

4281. 在协同办公系统中，电子公告的标题颜色可使用不同的颜色，但不包含（ ）。

A. 黑色 B. 红色
C. 灰色 D. 蓝色

答案：C

4282. 在协同办公中，以下属于协同办公归档档案的定时归档条件的是（ ）。

A. 办结后归档 B. 办结后归档且分类号不能为空
C. 自定义 D. 以上选项都正确

答案：D

4283. 在协同办公中，文书在发文过程中出现没有联网分发按钮，可能的原因是（ ）。

A. 文件损坏了 B. 正文是 Word 格式
C. 基本信息中联网分发选择为"否" D. 没有附件

答案：C

4284. 状态检修是一种（ ）策略。

A. 故障后检修 B. 改进性检修
C. 预防性检修 D. 定期性检修

答案：C

4285. PMS 中，（ ）不是技改项目信息中"改造目的"的选项内容。

A. 提升设备运行可靠性 B. 减低电网运行成本
C. 提升电网输送能力 D. 提升电网智能化水平

答案：B

4286. PMS 中，省公司运检部负责（ ）设备维护班组的审核、调整。

A. 跨省单位 B. 跨地市单位
C. 跨县单位 D. 跨辖区

答案：B

4287. PMS 中，流程图用图形表示一个流程的处理过程，已完成的活动加（ ）边框表示。

A. 绿色 B. 蓝色

一、单项选择题

C. 红色   D. 黄色

答案：A

4288. PMS 中，两票管理中相关考核指标正确的是（　　）。

A. 没有将操作票纳入考核范围

B. 两票管理指的是第一种工作票和第二种工作票

C. 被考核的工作票包括删除票、作废票、未执行票和典型票

D. 两票指的是工作票和操作票，但涉及操作票的指标均只统计不评价得分

答案：D

4289. PMS 中，进行工作流处理操作时，（　　）描述不正确。

A. 单击"发送"按钮可以发送任务到下一环节

B. 单击"回退"按钮可以回退任务到上一环节

C. 单击"中止"按钮可以中止任务和对应的流程

D. 单击"刷新"按钮，可以结束对应的流程

答案：D

4290. PMS 中，技术改造管理不包括（　　）。

A. 项目新建   B. 技改规划管理

C. 大修管理   D. 技改储备库管理

答案：C

4291. PMS 中，技改规划审核流程不包含（　　）环节。

A. 规划编制   B. 地市公司审核

C. 工区领导审核   D. 省公司审核

答案：C

4292. PMS 中，技改规划审核过程中，审核人对规划具有完全的修改权，修改时，（　　）不可修改。

A. 规划期   B. 项目名称

C. 项目类型   D. 总投资

答案：A

4293. PMS 中，技改大修模块不包含（　　）。

A. 技改项目新建   B. 大修规划编制

C. 大修储备库维护   D. 技改规划审核

答案：B

4294. PMS 中，大修计划编制及调整模块不包括（　　）。

A. 已上报   B. 已退回

C. 已审核 D. 已批复

答案：C

4295. PMS 中，大修储备项目从新建项目中导入时项目状态至少是（　）。

A. 未评审 B. 已评审
C. 已批复 D. 已立项

答案：B

4296. 在 PMS 五大中心中，关于标准中心所包含功能描述错误的是（　）。

A. 可以维护工器具类型 B. 可以维护设备缺陷部位
C. 可以维护设备缺陷现象 D. 可以维护设备型号

答案：A

4297. 在 PMS 五大中心中，（　）主要进行电网设备运行状态量的评价和跟踪，为工作计划的制订提供决策依据，代表了整个电网生产管理的评估监督和价值取向。

A. 评价中心 B. 标准中心
C. 运行工作中心 D. 计划任务中心

答案：A

4298. 在 PMS 技改大修模块中，新建计划时只能从（　）导入项目。

A. 项目池 B. 规划库
C. 储备库 D. 计划库

答案：C

4299. 在 PMS 技改大修模块中，（　）模块不具有新建或导入项目的功能。

A. 技改计划编制及调整 B. 技改储备库维护
C. 技改计划上报总部 D. 技改储备项目上报总部

答案：D

4300. 设备参数规范以（　）为基础，按照《生产管理信息系统设备参数规范》要求及生产业务设备管理需求，对生产设备的主要技术参数和管理参数进行规范。

A. 设备类型 B. 资产代码
C. 设备种类 D. 设备分类代码

答案：D

4301. 关于 PMS 纵向贯通，以下说法正确的是（　）。

A. 实现总部、分部、省公司 PMS 纵向贯通
B. 实现 PMS 系统中设备中心、计划任务中心、运行工作中心的纵向贯通
C. 实现与 ERP、IMS、状态监测等系统的纵向贯通
D. 实现 PMS 系统中计划任务中心、运行工作中心、评价中心的纵向贯通

一、单项选择题

答案：A

4302. 根据公司《生产管理信息系统实用化评价指标》（生技改〔2012〕29号），以下不属于设备台账各指标的评价范围的设备是（　）。

A. 资产性质为"用户"的设备　　　B. 在运的设备
C. 正在做试验的设备　　　　　　D. 正在消缺的设备

答案：A

4303. 根据公司《生产管理信息系统实用化评价指标》（生技改〔2012〕29号），设备台账完整性指标考核的设备台账为（　）。

A. 2000年1月1日后录入系统中的设备　　B. 2000年1月1日后投运且发布的设备
C. 统计当月录入系统的设备　　　　　　D. 系统中已录入的所有设备

答案：B

4304. 根据公司《生产管理信息系统实用化评价指标》（生技改〔2012〕29号），设备台账完整性采用（　）统计方法。

A. 系统自动　　　　　　　　　　B. 人工抽查
C. 系统自动统计和人工抽查　　　D. 既不是人工抽查也不是自动

答案：C

4305. 根据公司《生产管理信息系统实用化评价指标》（生技改〔2012〕29号），缺陷录入及时率指标要求（　）为评价周期依据的。

A. 缺陷发现时间　　　　　　　　B. 缺陷登记时间
C. 缺陷处理时间　　　　　　　　D. 缺陷消除时间

答案：B

4306. 根据公司《生产管理信息系统实用化评价指标》（生技改〔2012〕29号），抽查设备台账需要设备状态为（　）。

A. 录入　　　　　　　　　　　　B. 审核
C. 发布　　　　　　　　　　　　D. 在运

答案：C

4307. 根据公司《生产管理信息系统实用化评价指标》（生技改〔2012〕29号），不纳入工作票归档率考核的工作票包括（　）。

A. 删除票　　　　　　　　　　　B. 作废票
C. 未执行票和典型票　　　　　　D. 以上选项都是

答案：D

4308. 根据《国家电网公司生产管理系统设备参数规范》国家电网生〔2008〕462号，设备名称编号中的非汉字字符一律使用（　）。

A. 半角字符 B. 全角字符
C. 半角或全角字符 D. 以上选项均不对

答案：A

4309. 各单位应建立本单位 PMS 设备台账管理责任体系，原则上根据设备的产权归属，由（　　）负责建立台账并确保设备数据维护及时、规范、完整。

A. 管理部门 B. 设备运维单位
C. 供电局 D. 省公司

答案：B

4310. PMS 系统首页的任务统计栏默认是对（　　）的任务进行统计。

A. 1 个月 B. 3 个月
C. 半年 D. 1 年

答案：B

4311. PMS 是在全国范围内建立的，并推行覆盖电网生产全过程。实现（　　）的生产管理标准化系统。

A. 纵向集成 B. 横向贯通
C. 横向集成和纵向贯通 D. 纵向集成和横向贯通

答案：C

4312. PMS 基于五大中心的设计思想进行构建，其中（　　）为 PMS 的核心。

A. 设备中心 B. 标准中心
C. 运行工作中心 D. 评价中心

答案：A

4313. 生产管理系统设备代码的编码原则是（　　）。

A. 唯一性、稳定性、适应性、扩展性、易用性
B. 唯一性、稳定性、规范性、扩展性、易用性
C. 唯一性、可靠性、规范性、扩展性、易用性
D. 唯一性、可靠性、扩展性、易用性

答案：A

4314. PMS 中新建工作票时，系统提示"正在下载数据"，并且没有"新建"按钮，对该问题首要处理方式应为（　　）。

A. 为当前登录人分配工作负责人权限
B. 为当前登录人分配班长权限
C. 将系统服务器地址添加为可信站点，并调整自定义级别为低
D. 将当前登录人所在班组的班组性质修改为"检修"

一、单项选择题

答案：C

4315. PMS 中，最小的图形绘制单元，如一条线、一个矩形等叫作（　）。

A. 图元组　　　　　　　　　　　B. 图元

C. 图素　　　　　　　　　　　　D. 元素

答案：B

4316. PMS 中，在缺陷流程中，运行专工审核环节执行者范围应选择（　）。

A. 所有用户　　　　　　　　　　B. 单个用户

C. 一组用户　　　　　　　　　　D. 任何用户

答案：B

4317. PMS 中，在单线图编辑器中仅对图形的台账信息进行修改，对修改的单线图说法正确的是（　）。

A. 不需要提交，可直接更新数据　　B. 需要提交，才能更新数据

C. 保存，提交后可更新　　　　　　D. 保存不提交后可更新记录

答案：D

4318. PMS 中，（　）与输电专业无关。

A. 管理级别　　　　　　　　　　B. 单位级别

C. 专业性质　　　　　　　　　　D. 是否法人单位

答案：A

4319. PMS 中，删除已经启动流程的缺陷时，缺陷登记环节必须配置流程的（　）权限。

A. 消除权和终止权　　　　　　　B. 消除权和删除权

C. 终止权和删除权　　　　　　　D. 配置权和删除权

答案：C

4320. PMS 中，变电运行业务管理上要求交接班新增一项小结内容，则系统中需要在（　）中进行配置。

A. 调度命令记录配置　　　　　　B. 设备缺陷消缺记录配置

C. 交接班小结配置　　　　　　　D. 工作任务单配置

答案：C

4321. PMS 中，（　）是抽象的设备模型概念，反映不同类型设备之间的父与子的关系。

A. 设备直属关系　　　　　　　　B. 设备隶属关系

C. 设备层次关系　　　　　　　　D. 设备父子关系

答案：B

4322. PI3000 中，主控台启动后缺省显示起始页视图。起始页包含（　）。

A. 最近使用的菜单和公告　　　　B. 最近使用的菜单和窗口

C. 最近使用的菜单和用户菜单　　　　D. 最近使用的菜单和工作任务

答案：A

4323. PI3000 中，针对任务的重要程度和时间利用度，可以设置不同的任务执行优先级，（　　）将利用更多的 CPU 时间段。

A. 低优先级任务　　　　B. 高优先级任务

C. 临时任务　　　　D. 工作计划

答案：B

4324. PI3000 中，在下列（　　）菜单能查找系统内所涉及的表。

A. 模型设计器　　　　B. 系统参数配置

C. 任务调度定义器　　　　D. 菜单建模

答案：A

4325. PI3000 中，在类型 A 中有一个属性"企业部门"，该属性要参与查询统计，如果用属性含义来实现该属性的填写，你觉得用（　　）类型的属性含义最合适。

A. Longtext　　　　B. IDStringPicker

C. BD_ID_Selector　　　　D. BD_Name_Selector

答案：C

4326. PI3000 中，（　　）模型不能在一个类型下新建。

A. 属性　　　　B. 状态

C. 分级方案　　　　D. 过滤方案

答案：C

4327. PI3000 中，属性安全域的含义是（　　）。

A. 定义某些角色具有什么权限，不具有什么权限

B. 定义某个属性某些角色有什么权限

C. 定义某个属性某些角色不具有什么权限

D. 定义某个类型某些角色有什么权限

答案：A

4328. PI3000 中，（　　）不是属性含义的模板。

A. IDStingPicker　　　　B. StringPicker

C. BDNameSelector　　　　D. BD_ID_Selector

答案：C

4329. PI3000 中，（　　）不是流程的权限。

A. 流程管理权　　　　B. 流程删除权

C. 查看日志权　　　　D. 删除日志权

一、单项选择题

答案：D

4330. PI3000中，（　）不是界面方案的方案类型。

A. VGRID B. WebGrid
C. VWebGRID D. GRID

答案：C

4331. PI3000中，（　）不是关联的表现方式。

A. 分组 B. 分组+聚合
C. 聚合 D. 分组+直连

答案：D

4332. PI3000中，（　）不是报表提供的报表项。

A. 文本框 B. 输入框
C. 矩阵 D. 表格

答案：B

4333. PI3000中，（　）可以实现角色的新建。

A. 对象模型 B. 应用模型
C. 安全模型 D. 工作流模型

答案：C

4334. PI3000中，调度服务支持（　）任务执行方式。

A. 分布式 B. 结构式
C. 集中式 D. 分散式

答案：A

4335. PI3000中，任务调度系统能监控任务调度服务的运行状态和（　）。

A. 内存 B. 结构形式
C. 资源占用 D. 运行位置

答案：C

4336. PI3000中，任务调度系统对于异常失败的任务进行（　）处理。

A. 报错 B. 废弃不执行
C. 重新执行 D. 任务执行失败处重新执行。

答案：D

4337. PI3000中，任务模型定义界面和任务的监控查询界面，任务调度系统允许（　）触发任务，强制暂停、继续、结束任务。

A. 手工 B. 代码
C. 程序 D. 自动

答案：A

4338. PI3000中，基础代码主要用于平台的（ ）模型。

A. 关联 B. 属性

C. 属性含义 D. 界面方案

答案：C

4339. PI3000中，过滤方案最重要的要设置（ ）属性。

A. 过滤字符串的 B. 动态过滤的

C. 扩展定义的 D. 对象标题表达式的

答案：B

4340. PI3000中，关键点在（ ）模型中定义。

A. 过滤方案 B. 分级方案

C. 界面方案 D. 时标

答案：B

4341. PI3000中，分级方案主要用于（ ）。

A. 二型视图导航树，实现导航树的分级 B. 流程环节中设置环节的执行者来源

C. 设置类型的过滤方案 D. 设置类型的界面方案

答案：B

4342. PI3000中，不属于工作流定义的关键点是（ ）。

A. 设置信封对象 B. 画图流程

C. 设置权限环节 D. 收回权限环节

答案：D

4343. PI3000中，不能对模块类型进行（ ）访问控制。

A. 修改权 B. 创建权

C. 删除权 D. 只读权

答案：D

4344. PI3000中，标准对象在平台系统（ ）表和本身的数据表中均存在记录。

A. MWT_OM_OBJ B. MWT_ud_OBJ

C. MWT_ud_sbd D. MW_OM_OBJ

答案：A

4345. PI3000中，报表定义过程主要不包括（ ）。

A. 数据的准备 B. 设计报表模板

C. 报表的发布 D. 报表的审核

答案：D

一、单项选择题

4346. PI3000 中,"是否以两列方式"在（ ）界面方案中才能设置。

A. WebGrid　　　　　　　　　B. Grid

C. VGRID　　　　　　　　　　D. WEBVGRID

答案：D

4347. PI3000 中,（ ）在平台系统 MWT_OM_OBJ 中不存在记录,数据只存放在本身数据表中。

A. 数据对象　　　　　　　　　B. 结构对象

C. 标准对象　　　　　　　　　D. 参数对象

答案：B

4348. PI3000 平台主要的属性含义不包括（ ）。

A. StringPicker　　　　　　　B. IDStringPicker

C. BD_ID_Selector　　　　　　D. Time

答案：D

4349. PI3000 主控台所依赖的运行环境是（ ）。

A. JAVA　　　　　　　　　　 B. J2ME

C. J2EE　　　　　　　　　　 D. Net Framework 2.0

答案：D

4350. PI3000 调试信息的功能是（ ）。

A. 显示所要调试的对象的详细信息　　B. 显示用户信息

C. 显示当前任务　　　　　　　　　　D. 显示用户菜单

答案：A

4351. PI3000 工作任务中当前任务显示的是（ ）。

A. 登录用户的信息　　　　　　　　　B. 与登录用户相关的已处理的工作流信息

C. 与登录用户相关的未处理的工作流任务　D. 登录用户的保留任务

答案：C

4352. PMS 中,输电架空线路缺陷登记模块,维护"缺陷描述"应先维护（ ）。

A. 线路名称　　　　　　　　　B. 设备部件

C. 部件种类　　　　　　　　　D. 具体部件

答案：B

4353. PMS 中,（ ）需尽快处理,消除时间一般不得超过 7 天,最长不得超过 1 个月,消除前应加强监督。

A. 一般缺陷　　　　　　　　　B. 危急缺陷

C. 重大缺陷　　　　　　　　　D. 严重缺陷

答案：D

4354. PMS 中，按照缺陷性质分类，下列关于输电缺陷的描述正确的是（   ）。

A. 输电缺陷应在发生后 24 小时内录入系统   B. 危急缺陷应在发现后 24 小时内消缺

C. 紧急缺陷和一般缺陷不统计消缺及时率   D. 以上说法均正确

答案：B

4355. PMS 中，班组可以在（   ）环节进行输电线路基本信息的修改。

A. 班组长审核   B. 工区专职审核

C. 参数修改   D. 发送完成

答案：C

4356. PMS 中，电缆段台账维护描述不正确的是（   ）。

A. 电缆名称可以通过手工选择的方式进行维护

B. 电缆名称的命名方式为起点位置名称+终点位置名称

C. 电缆段的起点类型可选为间隔、杆塔

D. 电缆段的终点类型可选为间隔、杆塔

答案：A

4357. PMS 中，对于分段线路的权限控制，应使用系统（   ）菜单进行维护。

A. 线路台账维护   B. 线路维护权限配置

C. 杆塔台账维护   D. 线路维护班组变更管理

答案：B

4358. PMS 中，关于输电架空设备台账的维护次序，正确的是（   ）。

A. 线路→杆塔→导线→杆塔附件   B. 线路→杆塔附件→导线→杆塔

C. 线路→导线→杆塔→杆塔附件   D. 导线→杆塔→线路→杆塔附件

答案：A

4359. PMS 中，关于输电架空线路巡视周期维护的权限控制正确的是（   ）。

A. 基层单位主导方式   B. 地市公司主导方式

C. 法人单位主导方式   D. 维护班组主导方式

答案：D

4360. PMS 中，（   ）不是电缆段的起点或终点类型。

A. 间隔   B. 杆塔

C. 电缆小间   D. 电缆沟

答案：D

4361. PMS 中，（   ）查询菜单不属于设备中心。

A. 输电设备浏览树   B. 线路查询统计

一、单项选择题

C. 输电设备异动查询统计　　　　　D. 工器具查询统计

答案：A

4362. PMS 中，（　　）不属于输电架空变更（异动）管理功能。

A. 线路切改　　　　　　　　　　　B. 线路停用

C. 引用退役杆塔　　　　　　　　　D. 更换导线、地线

答案：C

4363. PMS 中，（　　）既能登记缺陷还能登记隐患记录。

A. 巡视记录　　　　　　　　　　　B. 故障记录

C. 检测记录　　　　　　　　　　　D. 检修记录

答案：A

4364. PMS 中，缺陷记录在（　　）环节可以直接形成工作任务单。

A. 缺陷登记　　　　　　　　　　　B. 领导审核

C. 消缺安排　　　　　　　　　　　D. 消缺结果登记

答案：C

4365. PMS 中，输电缺陷流程中在（　　）环节可以把缺陷加入任务池或开工作任务单。

A. 班组登记　　　　　　　　　　　B. 生技部审核

C. 运行专责审核　　　　　　　　　D. 检修专责审核

答案：D

4366. PMS 中，输电架空变更（异动）管理中不包括（　　）。

A. 线路切改　　　　　　　　　　　B. 更换导地线

C. 线路更换　　　　　　　　　　　D. 线路停用

答案：C

4367. PMS 中，输电一般缺陷流程中在（　　）环节可以把缺陷加入任务池。

A. 班组登记　　　　　　　　　　　B. 生技部审核

C. 运行专责审核　　　　　　　　　D. 检修专责消缺安排

答案：D

4368. PMS 中，输电一般缺陷通过工作任务单进行消缺处理，当工单进行任务处理时不可关联（　　）。

A. 工作票　　　　　　　　　　　　B. 修试记录

C. 停电申请单　　　　　　　　　　D. 故障记录

答案：D

4369. PMS 中，物理杆塔和运行杆塔的对应关系是（　　）。

A. 一对一　　　　　　　　　　　　B. 一对多

C. 多对一　　　　　　　　　　D. 多对多

答案：B

4370. PMS 中，下列不属于输电线路结构形式的是（　）。

A. 架空　　　　　　　　　　　B. 电缆

C. 混合　　　　　　　　　　　D. 交流

答案：D

4371. PMS 中，（　）菜单不能进行输电缺陷记录的登记。

A. 输电架空线路巡视记录登记　　B. 输电架空线路检测记录登记

C. 输电架空线路外部隐患记录登记　D. 输电故障记录登记

答案：C

4372. PMS 中，（　）设备可以登记输电试验报告。

A. 电缆　　　　　　　　　　　B. 杆塔

C. 导线　　　　　　　　　　　D. 地线

答案：A

4373. PMS 中，（　）不是拉线的分类方式。

A. 导拉　　　　　　　　　　　B. 合力

C. 地线　　　　　　　　　　　D. 腰拉

答案：C

4374. PMS 中，（　）不是任务池的来源。

A. 缺陷　　　　　　　　　　　B. 计划

C. 周期性工作　　　　　　　　D. 临时任务

答案：B

4375. PMS 中，下列关于输电设备台账的权限控制描述不正确的是（　）。

A. 基层单位主导方式　　　　　B. 地市公司主导方式

C. 法人单位主导方式　　　　　D. 维护班组主导方式

答案：B

4376. PMS 中，（　）工作类型可以直接推动缺陷的流程。

A. 预试　　　　　　　　　　　B. 部检

C. 小修　　　　　　　　　　　D. 消缺

答案：D

4377. PMS 中，下列（　）可以在保存巡视记录时同时更新巡视周期维护中的上次巡视时间。

A. 特殊巡视　　　　　　　　　B. 周期巡视

C. 故障巡视　　　　　　　　　D. 监察性巡视

一、单项选择题

答案：B

4378. PMS 中，下面关于线路变更异动描述正确的是（ ）。

A. 线路合并可以对线路 1 的起点位置进行修改

B. 线路开剖可以修改线路 1 的终点位置

C. 改变线路起点和终点只可以修改线路的起点位置

D. 增加电缆段可以修改线路的终点位置

答案：B

4379. PMS 中，（ ）不是电力线路第二种工作票的环节。

A. 待接票　　　　　　　　　B. 待许可

C. 待签发　　　　　　　　　D. 待终结

答案：B

4380. PMS 中，（ ）符合工作任务单与检修计划、工作任务之间的对应关系。

A. 1 个工单对应多个检修计划和多个工作任务

B. 1 个工单对应 1 个检修计划

C. 1 个工单对应 1 个工作任务

D. 1 个工单对应多个检修计划和 1 个工作任务

答案：A

4381. PMS 中，执行输电架空设备异动后，如果被异动的线路上没有杆塔，该线路被置为（ ）状态。

A. 退运　　　　　　　　　　B. 待报废

C. 切改　　　　　　　　　　D. 停运

答案：B

4382. PMS 中，在工作票管理菜单中，由工作票签发人退回的工作票，工作负责人可以在（ ）票箱里查询到。

A. 草稿箱　　　　　　　　　B. 收件箱

C. 作废票　　　　　　　　　D. 未执行票

答案：B

4383. PMS 中，以配电线路台账为例，其设备履历不包括（ ）。

A. 缺陷信息　　　　　　　　B. 台账修改记录

C. 检修记录　　　　　　　　D. 巡视信息

答案：B

4384. PMS 中，修试记录登记时，可分两种情况：一种是不启用运检分离的情况，也就是运检合一的情况；另一种是启用运检分离的情况，这时（ ）登记修试记录，（ ）在"修试记录验收"中对修试记录进行验收。

A. 运行人员，检修人员　　　　B. 检修人员，运行人员

C. 检修人员，管理人员　　　　D. 运行人员，管理人员

答案：B

4385. PMS 中，新增站内设备时，柜内断路器、负荷开关等设备应挂接在（　）节点下。

A. 配电站房　　　　　　　　　B. 开关柜

C. 母线　　　　　　　　　　　D. 柜内设备

答案：B

4386. PMS 中，新增配电设备首次登记巡视信息前需要进行（　）和巡视内容配置。

A. 巡视类型　　　　　　　　　B. 巡视结果

C. 巡视人员　　　　　　　　　D. 巡视周期

答案：D

4387. PMS 中，（　）不是 PMS 的配电任务等级分类。

A. 紧急任务　　　　　　　　　B. 临时任务

C. 重要任务　　　　　　　　　D. 一般任务

答案：B

4388. PMS 中，维护配电站开关柜内设备时，需要在（　）菜单中进行维护。

A. 设备中心→设备台账管理→配电按班组指定维护线路

B. 设备中心→设备台账管理→配电设备按线路导航

C. 设备中心→设备台账管理→配电站房及站内设备维护

D. 设备中心→设备台账管理→配电线路台账维护

答案：C

4389. PMS 中，维护配电设备的图形信息应使用（　）工具。

A. Photoshop　　　　　　　　B. Visio

C. AutoCAD　　　　　　　　　D. PI3000 编辑器

答案：D

4390. PMS 中，如果巡视记录已（　）或者已登记缺陷，将不能删除。

A. 统计　　　　　　　　　　　B. 归档

C. 登记　　　　　　　　　　　D. 查询

答案：B

4391. PMS中，配电专业中，什么工作类型的班组工作任务单只能登记一条修试记录？（　）

A. 消缺工作　　　　　　　　　B. 周期性工作

C. 临时工作任务　　　　　　　D. 检测工作

一、单项选择题

答案：A

4392. PMS 中，配电周期工作维护中可选的配电设备类型不包括（　　）。

A. 电缆线路　　　　　　　　　B. 架空线路
C. 站内配电一次设备　　　　　D. 公共设施

答案：D

4393. PMS 中，配电修试记录的填写时间应该在工作票（　　），工作任务单处理完成前进行登记。

A. 完成后　　　　　　　　　　B. 完成前
C. 终结后　　　　　　　　　　D. 以上选项均不正确

答案：C

4394. PMS 中，配电同杆架设管理界面中，左侧待同杆列表的杆塔数量应（　　）右侧待同杆列表的杆塔数量。

A. 小于　　　　　　　　　　　B. 大于
C. 等于　　　　　　　　　　　D. 以上都可以

答案：C

4395. PMS 中，配电同杆架设管理界面中，单击（　　）按钮，将保留左边待同杆列表中的杆塔的物理信息作为同杆后杆塔的物理信息。

A. 向左同杆　　　　　　　　　B. 向右同杆
C. 左右同杆　　　　　　　　　D. 确认同杆

答案：A

4396. PMS 中，配电缺陷流程的（　　）是自动推进的。

A. 缺陷登记　　　　　　　　　B. 设备管理单位审核
C. 消缺工作安排　　　　　　　D. 消缺结果验收

答案：D

4397. PMS 中，配电检修人员在接受工作任务单指派负责人后，工作任务单的状态变化为（　　）。

A. 任务已完成　　　　　　　　B. 任务已分配
C. 任务已安排　　　　　　　　D. 任务已取消

答案：C

4398. PMS 中，配电故障记录中故障性质不包括（　　）。

A. 事故　　　　　　　　　　　B. 障碍
C. 故障　　　　　　　　　　　D. 异常

答案：C

4399. PMS 中，配电工作任务池管理中，新建任务池任务时，任务类型不包括（　）。

A. 计划性运行工作　　　　　　　　B. 计划性检修工作

C. 非计划工作　　　　　　　　　　D. 周期性工作

答案：D

4400. PMS 中，进行配电月计划"顺延"操作时，此条月计划的计划状态必须是（　）状态。

A. 发布　　　　　　　　　　　　　B. 制定

C. 审核　　　　　　　　　　　　　D. 取消

答案：A

4401. PMS 中，对于需要停电的工作，在编制工作任务单的同时编制停电申请单，申请单中不要求明确（　）。

A. 调度部门批复的停电时间　　　　B. 停电工作内容

C. 停电范围　　　　　　　　　　　D. 工作班组

答案：D

4402. PMS 中，电缆类设备台账包括电缆、电缆终端头和（　）。

A. 分段线路　　　　　　　　　　　B. 电缆分界室

C. 电缆中间接头　　　　　　　　　D. 电缆分支箱

答案：C

4403. PMS 中，从工作票的分类树中选择"典型票"节点，系统将典型票显示在右侧列表中。选中想要利用的历史票后，单击"复制"按钮，系统复制一张工作票放到当前登录用户的（　）中。

A. 收件箱　　　　　　　　　　　　B. 草稿箱

C. 发件箱　　　　　　　　　　　　D. 存档箱

答案：B

4404. PMS 中，处理班组任务单时，系统会检查工作任务单关联的任务是否都已完成，如果工作任务单关联的班组任务单都已完成，但关联的任务还存在未完成时，工作任务单的状态变为（　）。

A. 已结束未完成　　　　　　　　　B. 已结束已完成

C. 已结束　　　　　　　　　　　　D. 未完成

答案：A

4405. PMS 中，编制工作票时必须制定工作任务单并建立与工作任务单的关联，没有工作任务单不允许编制工作票。工作票回填前，工作负责人应再次核实 PMS 工作票是否与 PMS 任务单关联，未关联的先进行关联。需要关联任务单的工作票不包括（　）。

A. 电力线路第一种工作票　　　　　B. 电力线路第二种工作票

一、单项选择题

C. 电力线路带电作业工作票　　　　D. 事故应急抢修单

答案：D

4406. PMS 中，包含多种配电设备的查询方式，其中不包含（　）。

A. 配电站房统计　　　　　　　　　B. 配电设备按局统计

C. 配电设备按线路统计　　　　　　D. 绝缘子查询

答案：D

4407. PMS 中，配网工作计划综合信息界面中，系统默认过滤出时间段内所有工作计划，用户可以设置的过滤条件不包括（　）。

A. 计划开始时间　　　　　　　　　B. 计划结束时间

C. 线路/站房　　　　　　　　　　D. 电压等级

答案：D

4408. 在 PMS 配电专业中，可以在保存巡视记录的同时更新巡视周期维护中的上次巡视时间的巡视类型是（　）。

A. 特殊巡视　　　　　　　　　　　B. 周期巡视

C. 故障巡视　　　　　　　　　　　D. 监察性巡视

答案：B

4409. PMS 中，以下哪种不属于配电检测记录的类型？（　）

A. 电缆测温记录　　　　　　　　　B. 配电架空设备测温记录

C. 接地电阻测量及整改记录　　　　D. 导线测温记录

答案：D

4410. 根据国家电网公司《电力安全工作规程》（线路部分），电力电缆工作前应详细核对电缆标志牌的名称与（　）所填写的相符，安全措施正确可靠后，方可开始工作。

A. 记录　　　　　　　　　　　　　B. 工作票

C. 实际　　　　　　　　　　　　　D. 运行图

答案：B

4411. PMS 中，追回或取消已经指定工作负责人的工作任务单时，需要通知班组进行（　）操作后，才能进行工作任务单的追回或取消。

A. 取消任务受理　　　　　　　　　B. 设备缺陷消缺

C. 计划任务中心　　　　　　　　　D. 调度命令记录

答案：A

4412. PMS 中，在新建变电工作任务单时，可以选择（　）或任务池中的临时任务。

A. 已经发布的工作计划　　　　　　B. 已经发布的年计划

C. 已经发布的月计划　　　　　　　D. 停电申请单

答案：A

4413. PMS 中，运行值班人员若发现以前班次的运行值班记事填写错误，应该在（ ）中修改运行记事。

A. 运行值班管理—变电运行日志　　B. 运行值班管理—变电运行日志查询

C. 运行值班管理—缺陷管理　　　　D. 缺陷管理

答案：A

4414. PMS 中，（ ）不属于变电缺陷记录"发现归属"的选项内容。

A. 保护　　　　　　　　　　　　B. 运行

C. 检修　　　　　　　　　　　　D. 其他

答案：A

4415. PMS 中，以下关于变电设备变更（异动）功能描述不正确的是（ ）。

A. 设备可以整站退运　　　　　　B. 设备不可以整站投运

C. 投运时，可以选择原有位置挂接设备　D. 投运时，只允许选择状态为"库存备用"的设备

答案：D

4416. PMS 中，新建变电站后，在一次设备台账中维护该站设备时，设备的电压等级没有选项，原因是（ ）。

A. 变电站"电压等级范围"未维护　B. 新建变电站时"电压等级"设置错误

C. 该设备没有电压等级　　　　　D. 浏览器缓存问题

答案：A

4417. PMS 中，下列哪一项不是任务池的来源？（ ）

A. 周期性工作　　　　　　　　　B. 计划

C. 缺陷　　　　　　　　　　　　D. 临时任务

答案：B

4418. PMS 中，下列不存放在备品备件仓库中的设备台账是（ ）。

A. 试验设备台账　　　　　　　　B. 线路台账

C. 非现场安装仪器仪表台账　　　D. 工器具台账

答案：B

4419. PMS 中，不属于变电运行日志菜单中功能标签页内容的是（ ）。

A. 运行记事　　　　　　　　　　B. 待验收修试记录

C. 保留任务　　　　　　　　　　D. 未终结工作票

答案：C

4420. PMS 中，下列关于变电一次设备导航描述正确的是（ ）。

A. 运行班组—变电站—电压等级—间隔单元—运行位置—设备

一、单项选择题

B. 运行班组—变电站—运行位置

C. 运行班组—变电站—间隔单元

D. 运行班组—变电站—电压等级—间隔单元—设备

答案：A

4421. PMS中，任务池用于将生产运行中发现的缺陷、周期性工作及（ ）安排生成工作任务信息，为检修计划的制订、工作任务单的编制提供任务来源。

A. 临时工作任务 B. 变电月计划

C. 变电周计划 D. 变电年计划

答案：A

4422. PMS中，利用操作票典型票开票时，选中典型票，单击"复制"按钮，系统复制一张典型票到登录用户的草稿箱中，其票状态为（ ）。

A. 生成票 B. 打印票

C. 存档票 D. 典型票

答案：A

4423. PMS中，将工作票存档后，该票整个流程结束，并自动产生的电子章是（ ）。

A. 已执行 B. 已完成

C. 已结束 D. 已存档

答案：A

4424. PMS中，关于停电申请单说法错误的是（ ）。

A. 一个停电申请单只能关联一个任务单

B. 一个停电申请单只能关联多个任务单

C. 停电范围默认与停电间隔一致，选择停电间隔之后，可以对停电范围进行修改

D. 流程启动后，停电申请单不允许修改

答案：B

4425. PMS中，关于停电工作任务中工作任务单与检修计划、工作任务之间的对应关系，下列描述正确的是（ ）。

A. 1个工作任务单可对应多个检修计划和多个工作任务

B. 1个工作任务单对应多个检修计划和0个工作任务

C. 1个工作任务单对应1个工作任务和0个检修计划

D. 1个工作任务单对应多个检修计划和1个工作任务

答案：A

4426. PMS中，工作负责人单击"任务处理"按钮后，弹出工作任务单处理对话框，在此页面中，工作负责人不可进行（ ）操作。

A. 工作票 B. 修试记录
C. 作业文本 D. 缺陷登记

答案：D

4427. PMS 中，多个任务编入同一条计划时，任务需具备（ ）条件。

A. 工作类型一致 B. 工作时间一致
C. 所属变电站一致 D. 任务来源一致

答案：C

4428. PMS 中，电力电容器的录入原则是（ ）。

A. 分相建立

B. 不分相

C. 分相设备分相建立，整体设备则不分相

D. 35kV 及以上电压等级分相建立，35kV 以下不分相

答案：B

4429. PMS 中，倒闸操作票在（ ）环节，票面控件出现"作废"和"未执行"。

A. 新建 B. 打印
C. 回填 D. 归档

答案：C

4430. PMS 中，变电站退运操作不包括（ ）操作。

A. 整站退运 B. 间隔退运
C. 运行位置退运 D. 设备退运

答案：C

4431. PMS 中，变电站内所有二次保护屏、自动化屏均在（ ）模块建立。

A. 继电保护及自动化装置设备台账管理 B. 变电一次设备台账管理
C. 变电站屏柜维护 D. 变电站单元维护管理

答案：C

4432. PMS 中，变电运行人员在运行日志中登记调度令记录时，发令单位是（ ）。

A. 根据单位部门中的调度编程进行设置的 B. 根据单位部门中的调度编号进行设置的
C. 根据单位部门中的专业性质进行设置的 D. 根据单位部门中的调度编码进行设置的

答案：C

4433. PMS 中，变电运行人员发现运行设备的缺陷后，在（ ）中登记缺陷，可以生成相应的缺陷运行记事。

A. 运行工作中心—缺陷管理 B. 运行日志—增加记事
C. 设备中心 D. 计划任何中心

一、单项选择题

答案：B

4434. PMS 中，变电工作任务单不能关联（　　）。

A. 修试记录　　　　　　　　B. 试验报告

C. 工作票　　　　　　　　　D. 操作票

答案：D

4435. PMS 中，变电工器具管理中维护工器具台账时，无法选择存放地点，需要在（　　）模块中先维护仓库。

A. 备品备件仓库维护　　　　B. 非现场安装仪器仪表

C. 设备台账管理　　　　　　D. 运作工作中心

答案：A

4436. PMS 中，"计划类型"不包括（　　）。

A. 年度计划　　　　　　　　B. 月度计划

C. 季度计划　　　　　　　　D. 工作计划

答案：C

4437. PMS 中，"变电设备工作周期设置"中，要求设置设备的（　　），以便系统能进行相关工作的提醒。

A. 本次工作日期　　　　　　B. 上次工作日期

C. 投运日期　　　　　　　　D. 出厂日期

答案：B

4438. 生产管理系统"五大中心"包括（　　）。

A. 标准中心、设备中心、运行工作中心、计划任务中心、评价中心

B. 标准中心、设备中心、工作任务单、计划任务中心、评价中心

C. 标准中心、设备中心、运行工作中心、工作任务单、评价中心

D. 标准中心、调度中心、运行工作中心、计划任务中心、评价中心

答案：A

4439. PMS 中，（　　）不属于站内接线图的图形类型。

A. 导航图　　　　　　　　　B. 单线图

C. 一次图　　　　　　　　　D. 二次图

答案：B

4440. PMS 中，下列关于调度令记录描述不正确的是（　　）。

A. 接受调度令选择发令单位时，只能选择到该变电站指定维护班组时配置的调度机构

B. 在接受预令后，可以通过"受令"将预令转为动令

C. 当状态为执行中的调度令存在登记错误时，可以对其进行修改操作

D. 当状态为已执行的调度令存在登记错误时，可以对其进行作废操作

答案：D

4441. PMS 中，（　　）不是变电缺陷流程中的必备环节。

A. 缺陷登记　　　　　　　　　B. 检修审核

C. 消缺安排　　　　　　　　　D. 消缺登记

答案：B

4442. 在营销系统中，故障报修业务流程在客户回访环节，回访次数（　　）次算是回访失败，可以直接归档。

A. ≥1　　　　　　　　　　　　B. ≥2

C. ≥3　　　　　　　　　　　　D. ≥4

答案：D

4443. 在营销系统中，（　　）指电网经营企业与电力客户之间进行电量结算的电能计量装置安装位置。

A. 客户电能计量点　　　　　　B. 关口电能计量点

C. 发电上网关口　　　　　　　D. 跨国输电关口

答案：A

4444. 在营销系统中，（　　）收费是指根据与客户签订的电费结算协议，供电单位委托开户银行从客户的银行账户上扣除电费的缴费方式。

A. 坐收　　　　　　　　　　　B. 特约委托

C. 走收　　　　　　　　　　　D. 代扣

答案：B

4445. "大营销"体系建设主要目标中的（　　）是指省、地市、县公司营销组织设置规范、功能统一、层级简约，实现指挥通畅、运作高效。

A. 管控实时化　　　　　　　　B. 管理专业化

C. 机构扁平化　　　　　　　　D. 服务协同化

答案：C

4446. 在营销系统中，《供电营业规则》规定，用户对供电企业对其电能表校验结果有异议时，可向（　　）申请检定。

A. 上级供电企业　　　　　　　B. 同级及上级电力管理部门

C. 计量行政主管部门　　　　　D. 供电企业上级计量检定机构

答案：D

4447. 在营销系统中，《电能计量装置技术管理规程 DL/T448—2000》第 8.4 条规定，临时检定的电能表、互感器暂封存（　　）。

一、单项选择题

A. 20 天　　　　　　　　　　B. 1 个月
C. 3 个月　　　　　　　　　　D. 半年

答案：B

4448. 在营销系统中，电力供应与使用双方应当根据（　）的原则，按照国务院制定的电力供应与使用办法签订供用电合同，确定双方的权利义务。

A. 协商一致　　　　　　　　　B. 平等互利、协商一致
C. 公平、自愿　　　　　　　　D. 平等自愿、协商一致

答案：D

4449. 在营销系统中，95598 故障报修区县接单分理时间要求在多长时间内处理完毕？（　）

A. 2 分钟　　　　　　　　　　B. 3 分钟
C. 5 分钟　　　　　　　　　　D. 10 分钟

答案：B

4450. 在营销系统中，95598 系统呼入统计中，人工接通率的统计，对接通的判断是以以下哪种电话状态来判断的？（　）

A. 呼入　　　　　　　　　　　B. IVR 转人工
C. 到达人工　　　　　　　　　D. 转人工成功

答案：D

4451. 在营销系统中，95598 意见业务需要在业务完成归档后（　）个工作日内进行回访。

A. 5　　　　　　　　　　　　B. 6
C. 7　　　　　　　　　　　　D. 8

答案：C

4452. 在营销系统中，95598 咨询业务和查询业务的区别是（　）。

A. 查询只能处理直接回复客户的事情　　B. 查询业务不能处理停电信息的查询
C. 咨询业务不能处理停电信息的查询　　D. 咨询只能处理直接回复客户的事情

答案：A

4453. 在营销系统中，可能将电费锁定的收费方式有（　）。

A. 坐收　　　　　　　　　　　B. 走收
C. 代收　　　　　　　　　　　D. 以上选项都对

答案：B

4454. 在营销系统中，业扩服务时限达标率统计规则不包括下列哪个流程节点？（　）

A. 供电方案答复　　　　　　　B. 受电工程设计审核
C. 装表接电　　　　　　　　　D. 业务收费

答案：D

4455. 在营销系统中，一个客户可以在（ ）家银行办理电费代扣。

A. 1
B. 2
C. 3
D. 无限制

答案：A

4456. SG186营销业务应用系统典型设计中有（ ）个业务类。

A. 7
B. 8
C. 17
D. 19

答案：D

4457. 在营销系统中，按公式法计算变损时，对应的修正系数K值取决于（ ）。

A. 生产班次
B. 厂休日
C. 负荷性质
D. 运行容量

答案：A

4458. 在营销系统中，按容需对比计算基本电费时，当（ ）时，则按需量电价计算基本电费。

A. 容量＜需量
B. 容量＞需量
C. 容量＝需量
D. 容量≤需量*105%

答案：A

4459. 在营销系统中，不属于系统故障类别的是（ ）。

A. 主机故障
B. 磁盘故障
C. 数据库故障
D. 由于没有配置权限而导致流程无法发送

答案：D

4460. 在营销系统中，参与非政策性退补计费月份必须要求（ ）。

A. 大于或等于当前计费月
B. 小于或等于当前计费月
C. 小于当前计费月
D. 以上选项皆可

答案：A

4461. 在营销系统中，参与关口计量点电能计量装置竣工验收，验收内容包括电能计量装置技术资料审查、现场核查、验收试验等，根据验收情况会签验收报告，提出处理意见，验收不合格的电能计量装置需（ ）。

A. 经整改后再验收
B. 不用整改
C. 提出意见
D. 将资产状态改为合格

答案：A

4462. 在营销系统中，操作员要为一户变更，原户的电能表计损坏，现需要更换表计，应该选择（ ）业扩业务流程进行换表。

一、单项选择题

A. 计量点变更 B. 改类
C. 计量装置故障 D. 计量装置改造

答案：C

4463. 在营销系统中，抄表机下装时，根据抄表机操作要求，正确设置抄表机参数，即型号、品牌、端口和（　　），使抄表机处于通信状态。

A. 通信波特率 B. 抄表方式
C. 抄表机编号 D. 抄表机时间

答案：A

4464. 在营销系统中，抄表计划审核完成后，要重新计算电量电费，如何操作？（　　）

A. 让技术支持把抄表计划状态改为数据准备，计划注销重新制订，重新抄表
B. 回退计划，退回到计算
C. 将要计算的用户提交异常，在异常管理中计算
D. 计划解锁，可以回到计算状态，重新计算

答案：D

4465. 在营销系统中，大工业用电类别的用户，计量装置分类不应为几类？（　　）

A. Ⅱ B. Ⅲ
C. Ⅳ D. Ⅴ

答案：D

4466. 在营销系统中，当使用抄表机进行抄表时，抄表数据已成功下载到抄表机内，抄表计划任务状态为（　　）。

A. 数据准备 B. 抄表数据下载
C. 抄表数据上传 D. 抄表数据复核

答案：B

4467. 在营销系统中，低压非居民客户答复供电方案时限不应超过（　　）个工作日。

A. 7 B. 15
C. 30 D. 20

答案：A

4468. 在营销系统中，电话弃话率低于（　　）。

A. 20% B. 10%
C. 5% D. 0

答案：A

4469. 在营销系统中，电价管理模块中销售侧主要的数据来源取自哪个集成的系统？（　　）

A. 电力交易运营系统 B. 营销管理系统

C. ERP 物资模块 　　　　　　　　D. 中电财外部系统

答案：B

4470. 在营销系统中，电力弹性系数是指（　　）。

A. 电能消费增长速度与国民经济增长速度的比值

B. 电能消费增长速度与工业总产值增长速度的比值

C. 国民经济增长速度与电能消费增长速度的比值

D. 工业总产值增长速度与电能消费增长速度的比值

答案：A

4471. 在营销系统中，电力客户服务系统人工座席接通率要达到（　　）。

A. 70%　　　　　　　　　　　　B. 85%

C. 90%　　　　　　　　　　　　D. 95%

答案：B

4472. 在营销系统中，电力企业对事故发生负有责任的，由电力监管机构依照下列规定处以罚款：发生一般事故的（　　）。

A. 10 万元以上 20 万元以下　　　B. 20 万元以上 50 万元以下

C. 50 万元以上 200 万元以下　　 D. 200 万元以上 500 万元以下

答案：A

4473. 在营销系统中，电力需求侧管理的作用有（　　）。

A. 减少电源建设和电网建设的投入　　B. 改善电网的负荷特性

C. 降低电力客户的用电成本　　　　　D. 以上选项都是

答案：D

4474. 在营销系统中，电能表、互感器的检定过程中，取得计量检定员证的人员错误的做法是（　　）。

A. 要做好检定初始记录　　　　　B. 检定记录字迹工整

C. 检定记录需要检定员签字　　　D. 不需要做检定记录

答案：D

4475. 在营销系统中，电能表的额定电压是根据（　　）确定的。

A. 负荷电流　　　　　　　　　　B. 额定电流

C. 电网供电电压　　　　　　　　D. 设备容量

答案：C

4476. 在营销系统中，电能计量装置的首次检验是指新投运或改造后的高压电能计量装置投运后的（　　）内进行的首次现场检验。

A. 1 个月　　　　　　　　　　　B. 2 个月

C. 3 个月　　　　　　　　　　　D. 6 个月

答案：A

4477. 在营销系统中，电能计量装置至少每（　）进行误差比对一次，发现问题及时处理。

A. 3 个月　　　　　　　　　　　B. 6 个月

C. 1 年　　　　　　　　　　　　D. 2 年

答案：B

4478. 在营销系统中，对不具备安装计量装置条件的临时用电客户，可按其（　）计收电费。

A. 用电容量、使用时间、规定的电价　　B. 电压等级、使用时间、规定的电价

C. 电压等级、基本电费、规定的电价　　D. 用电容量、使用时间、计量方式

答案：A

4479. 在营销系统中，对查获用户擅自使用已经在供电企业办理暂停使用手续的电力设备，属于（　）用电行为，应停用违约使用的设备。

A. 窃电　　　　　　　　　　　　B. 违法

C. 违约　　　　　　　　　　　　D. 违章

答案：C

4480. 在营销系统中，对申请移动表的客户在其（　）不变的条件下，允许办理。

A. 用电容量　　　　　　　　　　B. 用电地址

C. 供电点　　　　　　　　　　　D. 以上选项都是

答案：D

4481. 在营销系统中，复费率客户第一次购200度电，第二次需要购电500度，其中购电前谷段用量为75度，需缴纳金额（平段电价0.48，谷段电价0.3）（　）。

A. 262.5　　　　　　　　　　　B. 253.5

C. 226.5　　　　　　　　　　　D. 217.5

答案：C

4482. 在营销系统中，高压互感器每（　）年现场检验一次，当现场检验互感器误差超差时，应查明原因，制订更换或改造计划，尽快解决，时间不得超过下一次主设备检修完成日期。

A. 10　　　　　　　　　　　　　B. 1

C. 3　　　　　　　　　　　　　 D. 4

答案：A

4483. 在营销系统中，高压新装流程，现场勘察方案，计量点一的电压互感器变比为10000/100，电流互感器为75/5，则这个计量点一的综合倍率是（　）。

A. 100　　　　　　　　　　　　 B. 500

C. 1500　　　　　　　　　　　　D. 5000

答案：C

4484. 在营销系统中，根据《电力供应与使用条例》规定，盗窃电能的由电力管理部门责令停止违法行为，追缴电费并处应缴电费（ ）倍以下的罚款。构成犯罪的，依法追究刑事责任。

A. 三 B. 四
C. 五 D. 六

答案：C

4485. 在营销系统中，根据服务范围内的客户的用电负荷性质、电压等级、服务要求等情况，确定客户的用电检查周期，对高危及重要客户每（ ）检查一次。

A. 1 个月 B. 2 个月
C. 3 个月 D. 6 个月

答案：C

4486. 在营销系统中，根据公司营销部文件执行"晚间应急售电"的服务时间（不含节假日）为（ ）。

A. 每日晚 18：00 至次日早 6：00 B. 每日晚 19：00 至次日早 6：00
C. 每日晚 22：00 至次日早 6：00 D. 全天均可

答案：B

4487. 在营销系统中，根据国网公司运行评价相关规定，客户服务电话及时接通是指（ ）。

A. 客服人员在响铃 6 秒以内接听电话 B. 客服人员在响铃 6 声以内接听电话
C. 客服人员在响铃 3 秒以内接听电话 D. 客服人员在响铃 3 声以内接听电话

答案：B

4488. 在营销系统中，供电合同是供用电双方就各自的权利和义务协商一致所形成的（ ）。

A. 承诺 B. 文本
C. 法律文书 D. 协议

答案：C

4489. 在营销系统中，供电频率超出允许偏差给用户造成损失的，供电企业应按用户每月在频率不合格的累计时间内所用的电量，乘以当月用电的平均电价的（ ）给予赔偿。

A. 20% B. 30%
C. 15% D. 10%

答案：A

4490. 在营销系统中，供电企业对查获的窃电者，有权追补电费，并加收（ ）。

A. 罚款 B. 罚金
C. 滞纳金 D. 违约使用电费

答案：D

一、单项选择题

4491. 在营销系统中,供电企业若对欠费客户停止供电时,不需要满足下列什么条件?（ ）

A. 客户同意　　　　　　　　　　B. 经催缴,在期限内仍未缴纳

C. 逾期欠费已超过 30 天　　　　D. 停电前应按有关规定通知客户

答案：A

4492. 在营销系统中,供电企业接到用户事故报告后,派人赴现场调查,应在（ ）天内协助用户提出事故调查报告。

A. 3　　　　　　　　　　　　　B. 5

C. 7　　　　　　　　　　　　　D. 9

答案：C

4493. 在营销系统中,供电企业应当在其营业场所公告用电的（ ），并提供用户须知的资料。

A. 规定和收费标准　　　　　　　B. 程序和收费标准

C. 程序、制度和收费标准　　　　D. 程序、制度和规定

答案：C

4494. 在营销系统中,供电企业在接到居民用户家用电器损坏投诉后,应在（ ）小时内派工作人员赴现场进行调查、核实。

A. 6　　　　　　　　　　　　　B. 8

C. 12　　　　　　　　　　　　　D. 24

答案：D

4495. 在营销系统中,供电营业规则规定,100kVA 及以上高压供电的用户,功率因数为（ ）以上。

A. 0.8　　　　　　　　　　　　B. 0.85

C. 0.9　　　　　　　　　　　　D. 0.95

答案：C

4496. 在营销系统中,购电操作时,系统提示"写卡电量应大于 0"是因为（ ）。

A. 购电量＋补加电量－扣减电量≤0　　B. 购电量≤0

C. 购电量－扣减电量≤0　　　　　　　D. 购电量－补加电量＋扣减电量≤0

答案：A

4497. 在营销系统中,故障处理环节,下列内容不能修改的是（ ）。

A. 三级分类　　　　　　　　　　B. 现场分类

C. 到达现场时间　　　　　　　　D. 电压等级

答案：C

4498. 在营销系统中,关于电量的计算顺序,下列给出的计算顺序正确的是：①抄见电量

的计算；②变损电量的计算；③结算电量的计算；④定比定量的计算；⑤主分表扣减的计算；⑥线损电量的计算。（ ）

A. ②①④③⑤⑥ B. ⑥④③①②⑤
C. ①④⑤②⑥③ D. ⑥⑤③④②①

答案：C

4499. 在营销系统中，国家电网公司承诺，供电设施计划检修停电时，提前（ ）天向社会公告。

A. 3 B. 5
C. 7 D. 10

答案：C

4500. 在营销系统中，互感器计量器具原始记录至少保存（ ）检定周期。

A. 2个 B. 3个
C. 4个 D. 5个

答案：A

4501. 在营销系统中，基本电费计算时，与下列哪些无关？（ ）

A. 用户电价 B. 铭牌容量
C. 定价策略类型 D. 变损编号

答案：D

4502. 在营销系统中，计量标准器和标准装置的周期受检率与周检合格率为多少？（ ）

A. 周期受检率应不小于100%，周检合格率应不小于98%
B. 周期受检率应不小于100%，周检合格率应不小于95%
C. 周期受检率应不小于90%，周检合格率应不小于98%
D. 周期受检率应不小于90%，周检合格率应不小于95%

答案：A

4503. 在营销系统中，计量投运前流程是什么流程归档后带出来的？（ ）

A. 小区新装 B. 高压新装
C. 低压批量 D. 充电桩考核

答案：A

4504. 在营销系统中，检定电能表时，其实际误差应控制在规程规定基本误差限的（ ）以内。

A. 60% B. 70%
C. 80% D. 90%

答案：B

一、单项选择题

4505. 在营销系统中，考核电量管理包括考核电量获取、供售电量调整和（ ）。

A. 台区线损统计　　　　　　　　B. 线路线损统计

C. 考核单元管理　　　　　　　　D. 考核电量计算

答案：D

4506. 在营销系统中，客户服务满意率要达到（ ）。

A. 97%　　　　　　　　　　　　B. 98%

C. 99%　　　　　　　　　　　　D. 100%

答案：A

4507. 在营销系统中，客户欠电费需依法采取停电措施的，提前（ ）天送达停电通知书。

A. 7　　　　　　　　　　　　　B. 3

C. 5　　　　　　　　　　　　　D. 12

答案：A

4508. 在营销系统中，两部制电价把电价分成两个部分：一部分是以用户用电容量或需量计算的基本电价，另一部分是以用户耗用的电量计算的（ ）。

A. 有功电价　　　　　　　　　　B. 无功电价

C. 电度电价　　　　　　　　　　D. 调整电价

答案：C

4509. 在营销系统中，每天的客户工单关闭率为（ ）。

A. 97%　　　　　　　　　　　　B. 98%

C. 99%　　　　　　　　　　　　D. 100%

答案：D

4510. 在营销系统中，某低压台区考核表上月表示数为10932，本月表示数为11982，该考核表电流互感器为500/5，该台区的考核表电量为（ ）。

A. 105000　　　　　　　　　　　B. 10500

C. 525000　　　　　　　　　　　D. 52500

答案：A

4511. 在营销系统中，某电力用户找人私拆电能表窃电，被供电公司用电检查人员发现，按照相关规定，供电公司对其进行处理。上述场景的处理不涉及下列营销业务应用系统的哪个功能模块？（ ）

A. 计量点管理　　　　　　　　　B. 用电检查

C. 电费收缴及营销账务　　　　　D. 资产管理

答案：A

4512. 在营销系统中，某供电局当月抄表计划全部为哪种状态，才可以进行抄表计划归档？

( )

  A. 初始化   B. 数据准备

  C. 计算   D. 发行

  答案：D

4513. 在营销系统中，某客户原来是非工业客户，现从事商业经营，该客户应办理（ ）用电手续。

  A. 新装   B. 改类及更名

  C. 更名过户   D. 销户

  答案：B

4514. 在营销系统中，某用户擅自向另一用户转供电，供电企业对该户应（ ）。

  A. 当即拆除转供线路

  B. 处以其供出电源容量收取每千瓦（千伏安）500元的违约使用电费

  C. 当即拆除转供线路，并按其供出电源容量收取每千瓦（千伏安）500元的违约使用电费

  D. 当即停该户电力，并按其供电电源容量收取每千瓦（千伏安）500元的违约使用电费

  答案：C

4515. 在营销系统中，某用户需要受理变更业务，原户有01、02两个实抄计量点，现要拆除02计量点及以下计量装置，其他不变，最合适选择的业务流程是（ ）。

  A. 减容   B. 分户

  C. 改类   D. 计量装置故障

  答案：C

4516. 在营销系统中，某用户有300kVA和500kVA受电变压器各一台，运行方式互为备用，应按哪台设备容量且计收基本电费？（ ）

  A. 300 kVA   B. 500 kVA

  C. 800 kVA   D. 400 kVA

  答案：B

4517. 在营销系统中，某自来水厂装接容量600kVA，应执行（ ）电价。

  A. 非工业   B. 大工业

  C. 大工业峰谷   D. 普通工业

  答案：B

4518. 在营销系统中，农业用电在电网高峰负荷时的功率因数应达到（ ）。

  A. 0.9以上   B. 0.85以上

  C. 0.8以上   D. 无限制

  答案：B

一、单项选择题

4519. 在营销系统中,窃电时间无法查明时,窃电天数至少以( )计算每天的窃电时间;电力用户按 12 小时计算;照明用户按 6 小时计算。

A. 30 天　　　　　　　　　　　B. 60 天

C. 180 天　　　　　　　　　　 D. 360 天

答案:C

4520. 在营销系统中,确认代收单位根据客户的应收电费、违约金等数据收取客户电费。如果代收单位只收应收电费,则把( )数据拆分出来,予以保留,待营业厅通过坐收方式缴纳电费违约金。

A. 实收电费　　　　　　　　　B. 应收代征电费

C. 应收目录电费　　　　　　　D. 应收电费违约金

答案:D

4521. 在营销系统中,擅自使用已在供电企业办理暂停手续的电力设备的,除两部制电价用户外,其他用户应承担擅自使用或启用封存设备容量每次每千瓦(千伏安)( )的违约使用电费。

A. 20 元　　　　　　　　　　　B. 30 元

C. 40 元　　　　　　　　　　　D. 50 元

答案:B

4522. 在营销系统中,使用临时电源的用户改为正式用电,应按什么办理?( )

A. 用户无须再办理手续　　　　B. 新装用电

C. 供电企业直接转为正式用电　D. 变更用电

答案:B

4523. 在营销系统中,私自迁移、改动或擅自操作供电企业的用电计量装置、电力负荷管理装置,用电客户(不属于居民用户)应承担每次( )元的违约使用电费。

A. 500　　　　　　　　　　　　B. 1000

C. 2000　　　　　　　　　　　 D. 5000

答案:D

4524. 在营销系统中,同时存在定比定量分有涉及电费计算时,若用电客户没有对定比、定量设定计算顺序,则采用( )方法。

A. 任意顺序的　　　　　　　　B. 先计算定量再计算定比的

C. 先计算定比再计算定量的　　D. 定量定比平摊的

答案:B

4525. 在营销系统中,投诉回单确认工作由( )完成。

A. 投诉受理人员　　　　　　　B. 投诉分理人员

C. 工单派发人员　　　　　　　　D. 投诉回访人员

答案：B

4526. 在营销系统中，系统可以自动完成单边账处理，但是在哪些情况下，需要由人工确认后才能处理？（　　）

A. 差异笔数较大　　　　　　　　B. 差异金额较大

C. 到账金额和交易对账文本不一致　　D. 以上选项都是

答案：D

4527. 在营销系统中，下列（　　）选项属于营销管理新四功能模块。

A. 客户关系管理　　　　　　　　B. 缴费管理

C. 业扩报装　　　　　　　　　　D. 电能计量管理

答案：A

4528. 下列不属于营销自动化系统的是（　　）。

A. 营销业务应用　　　　　　　　B. 用电信息采集

C. 营销分析与辅助决策系统　　　D. 故障抢修系统

答案：D

4529. 在营销系统中，下列法律、法规和规章，不是供电企业查处窃电行为依据的是（　　）。

A.《电力供应与使用条例》　　　B.《用电检查管理办法》

C.《供电营业规则》　　　　　　D.《供用电监督管理办法》

答案：D

4530. 在营销系统中，下列级别中不属于用户重要性等级的是（　　）。

A. 特级　　　　　　　　　　　　B. 一级

C. 二级　　　　　　　　　　　　D. 三级

答案：D

4531. 在营销系统中，下列选项中不需要执行非居民照明电价的是（　　）。

A. 路灯　　　　　　　　　　　　B. 大工业客户生产照明用电

C. 大工业客户办公，厂区照明用电　　D. 非工业和普通工业客户中的生产照明用电

答案：B

4532. 在营销系统中，下列选项中属于临时用电的是（　　）。

A. 市政建设用电　　　　　　　　B. 基建工地用电

C. 防汛排涝用电　　　　　　　　D. 以上选项全是

答案：D

4533. 在营销系统中，下列营销业务处理中需要注销合同的是（　　）。

A. 非居民新装　　　　　　　　　B. 高压新装

一、单项选择题

C. 计量故障换表   D. 销户

答案：D

4534. 在营销系统中，下面关于计量点主用途类型说法不正确的是（　）。

A. 计量点主用途类型分为售电侧结算、关口抄表、台区线路抄表

B. 售电侧结算说明本计量点是正常抄表，参与正常电费结算

C. 关口抄表说明本计量点的电量不参与正常电费结算

D. 台区线路抄表说明本计量点的电量参与正常电费结算

答案：D

4535. 在营销系统中，新建抄表段时，抄表段的抄表周期不可以为（　）。

A. 每月多次   B. 每月
C. 双月   D. 三个月

答案：D

4536. 在营销系统中，新增抄表段申请时，如果该抄表段中的用户都是分次结算的用户，该抄表段应选择哪个抄表周期？（　）

A. 每月   B. 双月
C. 每月多次   D. 半年

答案：C

4537. 在营销系统中，需要对抄表段中的用户调整到别的抄表段时，通过哪个功能实现？（　）

A. 调整客户抄表段   B. 新户分配抄表段
C. 抄表顺序调整   D. 抄表段维护申请

答案：A

4538. 在营销系统中，一户按照正常抄表算费，电费结算方式为（　）。

A. 分期结算   B. 抄表结算
C. 购电结算   D. 卡表结算

答案：B

4539. 在营销系统中，一户进行换表，旧表示数在（　）环节进行录入。

A. 现场勘查   B. 安装信息录入
C. 业务审批   D. 拆回设备入库

答案：B

4540. 在营销系统中，以下描述正确的是（　）。

A. 计划检修停电发布没有时间限制，只要在停电开始前都可以

B. 计划检修停电发布以后不可以进行修改

C. 案头时间是指第一个电话挂机到第二个电话接起的时间

D. 为了提高座席利用率,座席人员不可以长期处于置忙状态

答案:D

4541. 在营销系统中,以下哪个流程环节不是专项检查工作管理流程的标准环节?( )

A. 任务分派　　　　　　　　B. 打印检查工作单

C. 业务审批　　　　　　　　D. 现场检查结果处理

答案:C

4542. 在营销系统中,以下哪类计量方式的用户计算变损?( )

A. 高供高计　　　　　　　　B. 高供低计

C. 低供低计　　　　　　　　D. 以上皆应计算

答案:B

4543. 以下哪一个数据库用户不属于营销分析与辅助决策系统?( )

A. epbi　　　　　　　　　　B. dwth

C. psdss_busi　　　　　　　D. psdss_dw

答案:B

4544. 在营销系统中,以下哪种操作不需要进行审批?( )

A. 余额结转　　　　　　　　B. 非政策性退补

C. 发票补打　　　　　　　　D. 退费

答案:C

4545. 在营销系统中,以下选项不属于95598热线服务的业务是( )。

A. 投诉举报　　　　　　　　B. 故障报修

C. 意见建议　　　　　　　　D. 电费收缴

答案:D

4546. 在营销系统中,以下选项电能表准确度等级错误的是( )。

A. 0.2　　　　　　　　　　B. 0.5

C. 1　　　　　　　　　　　D. 1.5

答案:D

4547. 在营销系统中的意见归档环节,以下说法错误的是( )。

A. 如果有受理录音,可对电话录音进行回放

B. 可以查询已归档的意见工单

C. 不可以批量进行意见归档处理

D. 可以打印或以Word、Excel文件导出工单

答案:C

一、单项选择题

4548. 在营销系统中，营财应收、实收电费集成的单据会以（　　）为单位传递到管控系统。

A. 天 B. 周

C. 月 D. 小时

答案：A

4549. 营销分析与辅助决策系统（大一系统）报表上报的正确流程是（　　）。

A. 校验、生成、报审批、上报 B. 校验、生成、上报、报审批

C. 生成、报审批、校验、上报 D. 生成、校验、报审批、上报

答案：D

4550. 营销分析与辅助决策系统报表中环比定义为（　　）。

A.（本期－上期）/本期 B.（本期－同年累计）/同期累计

C.（本期－上期累计）/上月累计 D.（本期－上期）/上期

答案：D

4551. 营销分析与辅助决策系统中，报表已报审批，但未上报，此时若发现报表错误，该如何操作？（　　）

A. 回退 B. 解锁

C. 解锁申请 D. 审计修改

答案：A

4552. 营销分析与辅助决策系统中，以下哪个操作可查看修改版本报表所修改的内容？（　　）

A. 校验 B. 审计修改

C. 编辑 D. 报审批

答案：B

4553. 营销分析与辅助决策系统中，以下哪一项不是八大高耗能行业？（　　）

A. 钢铁 B. 电解铝

C. 房地产开发经营 D. 水泥

答案：C

4554. 营销分析与辅助决策系统中，以下哪一项电压等级属于低压？（　　）

A. 交流 35kV B. 交流 380V

C. 交流 220kV D. 交流 10kV

答案：B

4555. 营销系统 Oracle 数据库版本为哪一项？（　　）

A. 9i B. 11g

C. 10g D. 12c

答案：B

4556. 在营销系统中,营销系统采用以下哪个中间件软件?( )

A. Tomcat
B. WebLogic
C. JBoss
D. CICS

答案:B

4557. 营销系统负载均衡采用什么模式?( )

A. F5
B. HTTP
C. Proxy
D. Array

答案:A

4558. 在营销系统中,低压新装的电压等级为( )属于低压用户。

A. 220V
B. ≤380V
C. ≤1kV
D. ≤10kV

答案:B

4559. 在营销系统中,"客户档案统一视图"中( )项里可查看用户的变压器具体信息。

A. 电源
B. 计费信息
C. 计量装置
D. 受电设备

答案:D

4560. 在营销系统中,新装流程在现场勘查计费方案的定价策略类型为两部制,基本电费计算方式不能选择( )。

A. 按容量
B. 按需量
C. 按容需对比
D. 不计算

答案:D

4561. 在营销系统中,影响基本费算法的变压器数据不包括( )。

A. 冷热备标志
B. 变损计算方式
C. 到期日期
D. 变动容量

答案:B

4562. 在营销系统中,用电计量装置原则上应装在供电设备的( )。

A. 装设地点
B. 附近
C. 区域内
D. 产权分界处

答案:D

4563. 在营销系统中,用电客户的计量方式为以下哪种类型可以加收变损?( )

A. 高供高计
B. 高供低计
C. 低供低计
D. 高供高计、高供低计、低供低计

答案:B

一、单项选择题

4564. 在营销系统中，用电客户受理完销户流程后，系统的合同状态为（　　）。

A. 未签 B. 正常
C. 超期 D. 作废

答案：D

4565. 在营销系统中，用户电费违约金的计算：除居民外其他用户跨年度欠费部分每日按欠费总额的（　　）计算。

A. 1/1000 B. 2/1000
C. 3/1000 D. 4/1000

答案：C

4566. 在 ISO/OSI 定义的安全体系结构中，没有规定（　　）。

A. 对象认证服务 B. 数据保密性安全服务
C. 访问控制安全服务 D. 数据可用性安全服务

答案：D

4567. 在营销系统中，用户减容减少用电容量的期限，应根据用户所提出的申请确定，但最短期限不得少于（　　）。

A. 1 年 B. 9 个月
C. 6 个月 D. 3 个月

答案：C

4568. （　　）命令可以将普通用户转换成超级用户。

A.super B.passwd
C.tar D.su

答案：D

4569. 在营销系统中，用户应当安装用电计量装置。用户使用的电力电量以（　　）依法认可的用电计量装置的记录为准。

A. 计量检定机构 B. 供电企业
C. 电力管理部门 D. 县级以上地方人民政府经济综合主管部门

答案：A

4570. 在营销系统中，用户正在走改类流程，此时用户档案中用户的状态是（　　）。

A. 正常用电客户 B. 当前新装客户
C. 当前变更客户 D. 已销户客户

答案：C

4571. 在营销系统中，由于计量故障、抄表失误、档案差错、违约窃电等原因，造成的应收电费错误，应采用什么方式进行处理？（　　）

A. 异常管理 B. 退费
C. 余额结转 D. 非政策性退补

答案：D

4572. 在营销系统中，有下列哪种情形的，不经批准即可对用户终止供电，但事后应报告本单位负责人？（　　）

A. 不可抗力和紧急避险
B. 对危害供用电安全，扰乱供用电秩序，拒绝检查者
C. 受电装置经检验不合格，在指定期间未改善者
D. 确有窃电行为

答案：A

4573. 在营销系统中，幼儿园应执行（　　）电价。

A. 居民照明电价 B. 一般工商业（商业电价）
C. 一般工商业（非居民电价） D. 一般工商业（非工业）

答案：A

4574. 在营销系统中，运行中的35kV及以上的电压互感器二次回路，其电压至少每（　　）年测试一次。

A. 2 B. 3
C. 4 D. 5

答案：A

4575. 在营销系统中，在代扣完成后，对于扣款不成功的处理，以下哪项是不正确的？（　　）

A. 对未扣款成功的电费进行解锁，记录扣款不成功的原因
B. 因客户账户错误导致扣款不成功时，应核查处理
C. 因资金不足导致扣款不成功时，通过95598业务处理或催费人员及时通知客户
D. 修改用户档案缴费方式

答案：D

4576. 在营销系统中，在电价低的供电线路上，擅自接用电价高的用电设备或私自改变用电类别的，应按实际使用日期补交其差额电费，并承担（　　）差额电费的违约使用电费。

A. 1倍 B. 2倍
C. 3倍 D. 4倍

答案：B

4577. 在营销系统中，在电力系统正常状况下，电网装机容量在300万kW及以上的，对供电频率的允许偏差为（　　）。

A. ±0.2Hz B. ±0.1Hz

一、单项选择题

C. ±0.5Hz D. 0.1Hz

答案：A

4578. 在营销系统中，在电能表或者互感器库房盘点中，如果盘盈盘亏分析结果为设备存放区、储位错误，可通过（　　）功能进行盘盈盘亏处理。

A. 报废 B. 淘汰
C. 退换 D. 移表位

答案：D

4579. 在营销系统的业扩流程中，如果将现场勘查环节中的"是否有工程"选择成"是"，会触发系统流程的哪个环节？（　　）

A. 竣工验收 B. 竣工报验
C. 供电工程进度跟踪 D. 送电

答案：C

4580. 在营销系统中，在一些重大活动开展之前，应在SG186营销业务系统中及时制订（　　）。

A. 违约用电检查计划 B. 窃电处理计划
C. 专项检查计划 D. 周期检查计划

答案：C

4581. 在营销系统中，在意见回访过程中如果客户反映该意见未处理结束，则（　　）。

A. 可以直接流转至意见归档环节 B. 需要将当前工单归档，重新发起意见工单
C. 应间隔一段时间后再进行回访 D. 根据流程设置发送至相关部门再次处理

答案：D

4582. 在营销分析与辅助决策系统中，报表查询中上级单位用户看到上报单位有呈现为"红色"单位图标，说明该单位（　　）。

A. 已上报 B. 已解锁
C. 已回退 D. 未上报

答案：B

4583. 在营销分析与辅助决策系统中，每（　　）分钟向IMS系统发送"系统健康运行时长"指标。

A. 5 B. 10
C. 30 D. 60

答案：A

4584. 在营销分析与辅助决策系统中，在（　　）主题中可使用"报表催办"功能进行督促上报。

A. 首页代办工作 B. 报表查询

— 631 —

C. 报表编辑　　　　　　　　　D. 以上三项均是

答案：C

4585. 在营销分析与辅助决策系统中用户登录时，在登录界面的右上角没有显示的是（　）。

A. 登录名　　　　　　　　　　B. 密码

C. 注销　　　　　　　　　　　D. 回退

答案：D

4586. 在营销业务应用典型设计中，（　）不属于电费管理功能模块。

A. 抄表管理　　　　　　　　　B. 核算管理

C. 线损管理　　　　　　　　　D. 供用电合同管理

答案：D

4587. 在营销业务应用典型设计中，有（　）个数据主题域。

A. 8　　　　　　　　　　　　　B. 9

C. 10　　　　　　　　　　　　 D. 11

答案：C

4588. 在营销系统中，新装增容及变更用电简称（　）。

A. 业扩　　　　　　　　　　　B. 业务申请

C. 业务受理　　　　　　　　　D. 新增变更

答案：A

4589. 在营销系统中，咨询单中的"咨询类型"操作描述正确的是（　）。

A. 需要手工录入　　　　　　　B. 内容可以为空

C. 没有列入标准设计　　　　　D. 只能从可选项中选择

答案：D

4590. 在营销系统中，咨询回复过程中，如果是呼叫中心人工电话回复客户，则获取（　），与该咨询单建立关联。

A. 客户联系信息　　　　　　　B. 咨询处理信息

C. 电话录音信息　　　　　　　D. 流程信息

答案：C

4591. 在营销系统中，资产管理中的临时检定是指对电能计量器具的准确性、可靠性及功能等有异（疑）议所进行的（　）检定工作。

A. 实验室　　　　　　　　　　B. 室外

C. 现场　　　　　　　　　　　D. 返回厂家

答案：A

4592. 在营销系统中，走（　）流程可以修改用户检查周期。

一、单项选择题

A. 改类 B. 客户检查周期定义
C. 更改缴费方式 D. 更名

答案：B

4593. 在营销系统中，走收发票已领用，但钱未收回，在走收销账时应该如何处理？（ ）

A. 走收打印撤还 B. 撤销打印
C. 领用撤还 D. 取消打印

答案：A

4594. 门户、目录管理事故处理，包括恢复服务、故障定位、原因分析、故障排除及协调厂商维保服务等，要求（ ）日内解决或提交解决方案。

A. 1 B. 2
C. 3 D. 4

答案：C

4595. 根据公司信息系统运行维护范围，按照运行维护具体要求将运行维护工作内容划分为（ ）个等级。

A. 3 B. 4
C. 6 D. 8

答案：B

4596. 客户服务请求受理，第三级服务请求受理处理响应时间在（ ）分钟以内。

A. 30 B. 60
C. 15 D. 120

答案：A

4597. 信息系统第三级维护安全检查频率为（ ）一次。

A. 每月 B. 每季度
C. 每半年 D. 每年

答案：C

4598. 公司信息运维总体架构采用（ ）级运维中心的模式。

A. 一 B. 二
C. 三 D. 四

答案：B

4599. 信息系统应急演练第三级维护每（ ）一次。

A. 半年 B. 1年
C. 2年 D. 3年

答案：B

4600. 信息系统账号按照使用角色不同至少可划分为系统审计员账号、系统管理员账号、( )账号、普通用户账号四类。

A. 超级管理员　　　　　　　　　B. 业务审计员

C. 业务配置员　　　　　　　　　D. 业务操作员

答案：C

4601. 系统下线前，由信息化职能管理部门组织对系统下线进行( )。

A. 风险评估　　　　　　　　　　B. 实用化评价

C. 安全检查　　　　　　　　　　D. 资源评估

答案：A

4602. 下列哪一项不属于国网公司信息化工作部主要职责？( )

A. 负责公司信息系统调度运行工作的管理

B. 负责建立公司信息系统调度运行工作的管理制度、标准和规范体系

C. 负责公司信息系统调度运行工作的监督、检查、考核和评价工作

D. 负责公司信息系统升级数据备份工作

答案：D

4603. 根据运行维护分类，二线运行维护是保障信息系统安全、持续、可靠、稳定运行的核心。主要工作是( )。

A. 负责信息系统使用过程中的服务请求和问题解答

B. 负责信息系统运行状态监测

C. 承担建设信息系统的使用培训

D. 负责解决信息系统后台功能问题

答案：D

4604. 当发生同一设备（或数据库、中间件等）属多个运行维护等级时，按照( )进行运行维护。

A. 高级别　　　　　　　　　　　B. 低级别

C. 最高级　　　　　　　　　　　D. 最低级

答案：A

4605. ( )负责人为单位和部门的办公计算机信息安全和保密工作的责任人。

A. 各单位　　　　　　　　　　　B. 各部门

C. 各单位及各部门　　　　　　　D. 运行维护

答案：C

4606. ( )是公司信息化归口管理的职能部门。

A. 公司信通部　　　　　　　　　B. 公司科技部

一、单项选择题

C. 公司安监部　　　　　　　　　D. 公司质量部

答案：A

4607. 通过提升国家电网公司信息系统整体安全防护水平，要实现信息安全的（　　）。

A. 管控、能控、在控　　　　　　B. 可控、能控、在控

C. 可控、自控、强控　　　　　　D. 可控、能控、主控

答案：B

4608. 公司外部人员原则上只分配临时账号，其用户账号及权限的新增、撤销或变更由（　　）提出申请并审核。

A. 归口管理业务部门　　　　　　B. 归口配合管理部门

C. 信息化职能管理部门　　　　　D. 信息系统运行维护单位

答案：B

4609. 公司运维体系"两级三线"中的"两级"指的是（　　）。

A. 国家电网公司总部和省公司两级　　B. 规划建设和运行维护两级

C. 省电力公司和市电力公司两级　　　D. 以上选项都不是

答案：A

4610. （　　）公司信息运维中心在业务上对基层单位的信息运维组提供技术支持和指导。

A. 国网　　　　　　　　　　　　B. 网省（自治区、直辖市）

C. 地市　　　　　　　　　　　　D. 以上选项都正确

答案：B

4611. 信息系统中的编码维护属于（　　）的内容。

A. 基础应用　　　　　　　　　　B. 业务应用

C. 平台应用　　　　　　　　　　D. 安全应用

答案：A

4612. 以下哪项不是按照信息系统账号的使用状态进行分类的？（　　）

A. 激活账号　　　　　　　　　　B. 休眠账号

C. 管理员账号　　　　　　　　　D. 已注销账号

答案：C

4613.《国家电网公司信息系统账号权限管理规范（试行）》规定，各级业务部门是信息系统使用的归口管理部门，负责对归口管理本专业信息系统临时账号的操作进行（　　）和审计。

A. 监督　　　　　　　　　　　　B. 检查

C. 考核　　　　　　　　　　　　D. 监管

答案：A

4614. 上线试运行的初期，应该安排一定时间的（　　）期。

A. 考察 B. 观测
C. 观察 D. 试验

答案：C

4615. 系统试用是指在系统上线试运行前，以（ ）为目的，以各种方式提供给用户试用，此期间的用户数据仅作为测试使用。

A. 考察系统的实际使用 B. 征集用户意见
C. 考察系统的运行状况 D. 以上选项都正确

答案：B

4616. 以下不属于信息运维工作的是（ ）。

A. 客户服务 B. CT、PT 运维
C. 安全保障 D. 桌面运维

答案：B

4617. 第三级业务应用系统的运维人员需要（ ）清理系统自身产生的垃圾数据。

A. 每 1 月 B. 每季度
C. 每半年 D. 每 1 年

答案：A

4618. 根据《公司信息系统运维工作规范（试行）》，在公司范围内使用的人资、财务、生产、ERP、营销等业务系统，业务应用运维巡检频率为（ ）。

A. 每月 1 次 B. 每季度 1 次
C. 每半年 1 次 D. 每年 1 次

答案：A

4619. 业务应用系统的运维人员需（ ）提交数据质量分析报告。

A. 每周 B. 每天
C. 每月 D. 每季度

答案：C

4620. 信息系统账号按照使用周期不同可划分为长期使用账号和临时账号，临时账号必须有使用时间期限，到期即应转为（ ）状态。

A. 删除 B. 锁定
C. 注销 D. 休眠

答案：D

4621. 上线试运行阶段包括（ ）等环节。

A. 上线试运行申请、上线试运行和上线试运行验收
B. 上线试运行申请、上线试运行测试、上线试运行验收

一、单项选择题

C. 上线试运行测试、上线试运行和上线试运行验收

D. 上线试运行申请、上线试运行测试、上线试运行和上线试运行验收

答案：D

4622. 国家电网公司信息运行维护遵循（　　）原则。

A. 统一运维　　　　　　　　　B. 内外分开

C. 安全第一　　　　　　　　　D. 三线运维

答案：D

4623. 信息系统上线试运行观察期不得短于上线试运行期的多少？（　　）

A. 1/5　　　　　　　　　　　B. 1/4

C. 1/3　　　　　　　　　　　D. 1/2

答案：C

4624. （　　）负责系统的日常运行维护，除保证系统所需网络和软硬件环境正常外，还应对系统应用情况进行实时监控，做好应用统计，保证系统安全、可靠和稳定运行。

A. 系统建设开发单位　　　　　B. 信息化管理部门

C. 业务主管部门　　　　　　　D. 运行维护单位

答案：D

4625. 系统运维工作中业务应用包括系统调优、故障处理、技术支持和（　　）。

A. 现场支持　　　　　　　　　B. 操作系统安装

C. 桌面故障处理　　　　　　　D. 网络故障调试

答案：A

4626. （　　）负责相关信息系统上下线的业务许可、系统用户的权限分配，并共同参与测试、组织和审核、上线试运行验收。

A. 信息化管理部门　　　　　　B. 系统建设开发单位

C. 业务主管部门　　　　　　　D. 运行维护单位

答案：C

4627. 上线试运行初期安排一定时间的观察期，观察期内由（　　）和运行维护单位共同安排人员进行运行监视、调试、备份和记录。

A. 信息化管理部门　　　　　　B. 业务主管部门

C. 系统建设开发单位　　　　　D. 安全管理单位

答案：C

4628. 信息系统业务应用账号权限的新增、撤销与变更申请由（　　）负责审批。

A. 业务主管部门　　　　　　　B. 信息化管理部门

C. 系统运行维护部门　　　　　D. 建设开发部门

— 637 —

答案：A

4629. 验收时发现影响系统上线正式运行的重大问题，系统完成整改并连续稳定运行（　　）后，方可再次申请验收。

A. 1 个月　　　　　　　　　　　　B. 2 个月

C. 3 个月　　　　　　　　　　　　D. 6 个月

答案：A

4630. 前台客户服务属于（　　）运维。

A. 一线　　　　　　　　　　　　　B. 二线

C. 三线　　　　　　　　　　　　　D. 都不是

答案：A

4631. 信息系统后台运行维护属于（　　）运维。

A. 一线　　　　　　　　　　　　　B. 二线

C. 三线　　　　　　　　　　　　　D. 四线

答案：B

4632. 系统安装调试完成后，运行维护单位即可组织系统建设开发单位开展系统上线试运行测试，测试应在（　　）内完成。在上线试运行测试完成前，不对外提供服务。

A. 一周　　　　　　　　　　　　　B. 两周

C. 一个月　　　　　　　　　　　　D. 两个月

答案：C

4633. 业务应用系统故障处理必须（　　）。

A. 由运行维护部门牵头组织故障调查，出具调查报告　　　B. 开发单位自查自纠

C. 使用单位要求开发单位改进完善　　　D. 重新启动，并记录

答案：A

4634. 下列哪种类型的 message 会引起数据库回滚？（　　）

A. E　　　　　　　　　　　　　　B. A

C. I　　　　　　　　　　　　　　D. W

答案：B

4635. 报表程序中下列哪个事件只会执行一次？（　　）

A. INITIALIZATION　　　　　　　　B. LOAD-OF-PROGRAM

C. START-OF-SELECTION　　　　　　D. AT SELECTION-SCREEN

答案：B

4636. 关于子屏幕，下列哪项是正确的？（　　）

A. 调用子屏幕，需要用到 CALL SUBSCREEN 命令

B. 子屏幕可以包含带有 AT EXIT-COMMAND 附加关键字的模块

C. 子屏幕有自己的 OK-CODE

D. 子屏幕模块中可以使用 SET SCREEN 语句

答案：A

4637. 开发中向 SAP 表中添加字段的方法除了 Append 结构外还可以（　）。

A. 直接修改标准表　　　　　　　　B. 自定义 Include

C. 新建一个包含原表所有字段和新增字段的表　　D. 无其他方法

答案：B

4638. 已经定义了一个包含必输字段的屏幕，现在需要单击"取消"就可以不用输入必输信息而直接退出，如何处理？（　）

A. 取消功能必须要指定功能码"BACK"

B. 不需要做任何处理

C. 无法实现，必输检查肯定是先执行的

D. 取消的功能码类型必须是 E，而且在 AT EXIT-COMMAND 的 Module 中进行处理

答案：D

4639. 要删除内表中相邻重复行，下面哪个条件是必需的？（　）

A. 定义内表行结构时，比对字段必须按照特定的顺序来定义

B. 必须为该内表设置关键字

C. 必须检查比对字段是否为初始值

D. 必须对比对字段进行排序

答案：D

4640. 下列哪种增强不在 Enhancement Spot 中管理？（　）

A. ENHANCEMENT POINT　　　　　B. CLASSIC BADI

C. ENHANCEMENT SECTION　　　　D. NEW BADI

答案：B

4641. 通过 SELECT-OPTIONS 语句声明的选择屏幕元素会自动声明一个同名的（　）。

A. 带表头的内表　　　　　　　　B. 不带表头的内表

C. 结构　　　　　　　　　　　　D. 视图

答案：A

4642. 下列哪种内表通过唯一主键搜索某内表行效率最高？（　）

A. STANDARD TABLE　　　　　　B. SORTED TABLE

C. HASHED TABLE　　　　　　　D. INDEX TABLE

答案：C

4643. 下列哪种不是数据库字典对象？（ ）

A. 数据库表　　　　　　　　　B. 内表

C. 锁对象　　　　　　　　　　D. 数据元素

答案：B

4644. 在列表输出屏幕中双击某行触发的事件是（ ）。

A. START-OF-SELECTION　　　　B. AT SELECTION-SCREEN

C. AT LINE-SELECTION　　　　D. INITIALIZATION

答案：C

4645. 使用 Native SQL 操作外部 Oracle 数据库数据时不能使用的关键字是（ ）。

A. INSERT　　　　　　　　　　B. UPDATE

C. MODIFY　　　　　　　　　　D. DELETE

答案：C

4646. 在程序中调用另一个程序时，下列哪种调用方法无法通过 ABAP 内存传递数据？（ ）

A. SUBMIT　　　　　　　　　　B. SUBMIT AND RETURN

C. CALL TRANSACTION　　　　　D. LEAVE TO TRANSACTION

答案：D

4647. 下列哪个语句用于无条件完全终止循环？（ ）

A. CONTINUE　　　　　　　　　B. CHECK

C. EXIT　　　　　　　　　　　D. BREAK

答案：C

4648. 父类对子类的可见部分包括（ ）。

A. 公有部分、保护部分　　　　B. 公有部分、私有部分

C. 公有部分　　　　　　　　　D. 公有部分、保护部分、私有部分

答案：A

4649. 下列关于抽象类和抽象方法的描述不正确的是（ ）。

A. 抽象类不能通过 CREATE OBJECT 语句创建类对象

B. 抽象类作为派生类的模板

C. 抽象类只能含有抽象方法

D. 抽象方法不能在类本身中实现

答案：C

4650. 下列关于接口的描述不正确的是（ ）。

A. 接口可以被任意多个不同的类实现　　B. 接口使类实现了多态性

C. 接口的实现只能出现在公有部分　　　D. 接口的实现类可以只包含接口的部分方法实现

答案：D